生殖生物学

（第二版）

杨增明　孙青原　夏国良　主编

科学出版社

北京

内 容 简 介

《生殖生物学》自2005年出版以来得到了国内同行广泛的好评。然而，随着各种新兴技术的引入，近年来在生殖生物学基础研究和临床方面取得了跨越式的发展，原来版本中的一些概念和内容已经过时，急需更新。此次再版，在原来的基础上，对原有的章节安排进行了较大幅度的调整，一些章节的更新幅度在70%以上，尽量做到既简单易懂，又可以反映学科最新发展。

本书综合了国内外近年来在生殖生物学领域的研究论文和著作，介绍了性别决定、生殖细胞的发育及成熟、受精机理、胚胎发育、胚胎着床、胎盘的形成、分娩、生殖免疫等方面的基本知识和国内外的最新研究动态，并介绍了生殖激素、辅助生殖、环境对生殖的影响及现代生殖生物学实验技术等内容。本书以小鼠、人和家畜为主，既介绍哺乳动物生殖的共性，又具体阐述各类动物的特性，力求从广度、深度和新颖性方面，比较系统和全面地介绍生殖生物学的基础理论和最新进展。

本书主要面向综合性大学、医学院校、农林院校、师范院校及相关的科研院所从事生殖生物学、动物胚胎学、发育生物学、生殖医学、动物遗传育种与繁殖学、妇产科、野生动物科学等专业的科研与教学人员、研究生及本科生，可作为相关专业的参考书。

图书在版编目（CIP）数据

生殖生物学/杨增明，孙青原，夏国良主编. —2版. —北京：科学出版社，2019.3

ISBN 978-7-03-060784-3

Ⅰ. ①生… Ⅱ.①杨… ②孙… ③夏… Ⅲ. ①生殖生理学–生物学 Ⅳ.①Q492

中国版本图书馆CIP数据核字（2019）第043862号

责任编辑：李秀伟 / 责任校对：郑金红
责任印制：吴兆东 / 封面设计：无极书装

科学出版社 出版
北京东黄城根北街16号
邮政编码：100717
http://www.sciencep.com
北京建宏印刷有限公司印刷
科学出版社发行　各地新华书店经销
*
2005年1月第 一 版　开本：787×1092 1/16
2019年3月第 二 版　印张：39 1/4
2024年11月第六次印刷　字数：930 000

定价：389.00元
(如有印装质量问题，我社负责调换)

第二版编委会名单

主　编　杨增明　孙青原　夏国良

参编人（按姓氏笔画排序）

王　超　中国农业大学

王义炎　温州医科大学

王震波　中国科学院动物研究所

刘佳利　中国农业大学

刘晓雨　同济大学

孙　刚　上海交通大学

孙青原　中国科学院大学

杨增明　华南农业大学

张　华　中国农业大学

陆江雯　上海交通大学

陈咏梅　中国医学科学院基础医学研究所

范衡宇　浙江大学

秦莹莹　山东大学

夏国良　中国农业大学

高　飞　中国科学院大学

高绍荣　同济大学

崔　胜　中国农业大学

彭景楩　中国科学院动物研究所

葛仁山　温州医科大学

韩代书　中国医学科学院基础医学研究所

第一版编委会名单

主　编　杨增明　东北农业大学

　　　　孙青原　中国科学院动物研究所

　　　　夏国良　中国农业大学

编　委（按姓氏笔画排序）

　　　　刁红录　东北农业大学

　　　　王松波　中国农业大学

　　　　文端成　中国科学院动物研究所

　　　　田文儒　莱阳农学院

　　　　宁　刚　中国农业大学

　　　　李文英　上海计划生育研究所

　　　　杨建鸽　中国农业大学

　　　　范衡宇　中国科学院动物研究所

　　　　栾黎明　东北农业大学

　　　　高尔生　上海计划生育研究所

　　　　陶　勇　安徽农业大学

　　　　崔　胜　中国农业大学

　　　　彭景楩　中国科学院动物研究所

　　　　韩代书　中国医学科学院基础医学研究所

　　　　谭慧宁　东北农业大学

前　言

生殖是物种繁衍的永恒主题，是动物及人类繁衍的必经过程，同时也是保证生物多样性的基础。目前，随着社会和经济的不断发展，人类的生殖健康受到极大的影响，不孕症的发病率在逐年上升，而且病因也趋于复杂化，使得辅助生殖技术面临极大的挑战。此外，随着我国畜牧业的迅速发展，人们对奶牛、肉牛、山羊、绵羊及猪等的数量需求和质量提高提出了更高的要求。这些需求不仅对生殖生物学研究提出了新的挑战，也为生殖生物学的发展提供了一个难得的机遇。

《生殖生物学》自 2005 年出版以来得到了广泛的好评，但自出版到现在已有 14 年时间。近年来，随着各种单细胞组学、基因敲除和条件性基因敲除、诱导多能干细胞、表观遗传及 CRISPR/Cas9 基因编辑等新技术的引入，对生殖过程调控及功能的了解有了跨越式的进步，我国在生殖生物学基础研究和临床方面也取得了突飞猛进的发展。2005 年版中的一些概念和内容已经过时，急需补充和修订。

此次再版，在原来的基础上，对原有的章节安排进行了较大幅度的调整，删除了一些研究较少及关注较少的内容，根据国内从事相关领域研究的人员情况，新加入了一些最近的研究热点内容和读者关注较多的内容。在此次修订中，一些章节的更新幅度在 70%以上，不仅介绍了相关基础知识，也增加了本领域最新的研究进展和我国学者近些年的一些优秀成果，书中参考文献绝大部分为最近十年的文献。书稿图文并茂，字斟句酌，尽量做到既简单易懂，又能反映学科最新发展。此外，随着一些第一版参编人员的退休及工作调动等，此次修订重新优化组合了参编人员，补充了一批活跃在生殖生物学相关领域并取得突出成绩的优秀人才，这些专家活跃在科研、教学或临床一线，了解相关领域的研究内容及最新进展，在注重基础理论和机理方面的内容外，也适当介绍一些相关领域的最新技术，希望对从事相关研究和生殖医学临床人员有所裨益。自 2005 年出版以来，国内的很多同行对书中的一些内容提出了建设性的意见或建议，在这次修订中，我们也尽可能进行了修正或改正。在此，我们对各位同行的关心和支持表示衷心的感谢！

本书综合了国内外近年来在生殖生物学领域的重要研究论文和著作，介绍了生殖生物学的发展历史、性别决定及性腺发育、生殖器官的结构与功能、生殖激素、生殖细胞的发育及成熟、受精机理、胚胎发育、胚胎着床、胎盘的形成和分娩的机理，并对生殖疾病与辅助生殖技术、生殖免疫及环境对生殖的影响等热门问题也进行了介绍。此外，对生殖生物学中一些最新的研究技术也简要进行了介绍。由于篇幅所限和参编人员掌握的材料不一定很全面等，有些国内外同行的研究成果可能没有被介绍，一些成果虽有介绍，但相关的文献未能列在参考文献中，在此深表歉意。本书既介绍了小鼠、人、家畜等哺乳动物生殖的共性，又具体阐述了各类动物的特性。在内容编写方面，注重生殖生物学基础理论与人类医学临床及畜牧业方面的结合，这些方面的内容将为从事生殖医学及动物繁殖学领域的人员提供很好的参考资料，也是生殖生物学方面一本优秀的教科书或参考书。

华南农业大学生殖生物学实验室的顾小伟、梁宇翔、李舒芸、刘跃芳、郑宏涛、胡威、宋卓及杨宸等参与校稿工作，在此一并表示谢意！

杨增明　孙青原　夏国良

2019年2月18日

目　录

第一章　生殖及生殖生物学

“天地之大德曰生。”生命永远是宇宙中最宝贵的，具有无可争辩的意义，是第一本位的。“种”的繁衍生殖自然就具有无与伦比的重要意义。生命的承传和沿袭是人类赖以永恒存在的源泉。宇宙中的一切事物，因为有了生命的存在才显示了自身的价值和意义。每个有生命的个体总会以某种方式繁衍与自己性状相似的后代以延续生命，这就是生殖（reproduction）。从生理学的角度来看，生殖是一切生物体的基本特征之一，一个个体可以没有生殖而生存，但一个物种的延续则必须依赖于生殖。

生物通过生殖实现亲代与后代个体之间生命的延续。尽管遗传信息决定了后代延承亲代的特征，但遗传是通过生殖而实现的。亲代遗传信息在传递过程中会发生变化，从而使物种在维持稳定的基础上不断进化成为可能。生命的延续本质上是遗传信息的传递。在生物代代繁衍的过程中，遗传和变异与环境的选择相互作用，导致生物的进化。因此，生殖过程本身除了是生物由一代延续到下一代的重要生命现象外，与遗传、进化，甚至生命起源的问题也紧密相关。

一、生殖现象的研究历史

Aristotle（公元前 384—公元前 322）是最早系统从事动物生殖与发育方面研究的学者，首先提出了胚胎是由简单到复杂逐渐形成的观点。1683 年 Antoni van Leeuwenhoek（1632—1723）首次在精液中发现了精子，并提出“精源说”，认为在精子中存在人的雏形，发育只是这个雏形的放大而已。以后 Marcello Malpighi（1628—1694）和 Jan Swamerdam（1637—1680）等又提出了“卵源说”，认为在卵子中存在一个人的雏形。此后，Charles Bonnet（1720—1793）在蚜虫中首次发现了孤雌生殖现象。

Lazzaro Spallanzani（1729—1799）首次成功地进行了青蛙的人工授精，并发现在缺乏精子穿入时，则卵子发生退化。在进行狗的实验时，他提出只有当卵子和精液共同存在时，才能产生一个新的个体。Caspar Friedrich Wolff（1738—1794）观察到，从受精卵的卵黄中形成了有形态结构的胚胎。Carl Ernst von Baer（1792—1876）对几种哺乳动物的卵子进行了比较研究。以后，Ernst Haeckel（1834—1919）提出了个体发育是系统发育简要重演的观点。

Oscar Hertwig（1849—1922）和 Richard Hertwig（1850—1937）兄弟进一步对受精现象进行了研究，提出受精的本质是雌雄配子细胞核的融合。并且，Oscar Hertwig 在海胆的卵子中观察到极体及极体中的细胞核。

1883 年，van Beneden 在蛔虫受精卵的第一次有丝分裂纺锤体上看到四条染色体，其中两条来自父方，两条来自母方，提出父母的染色体通过精卵的融合传给子代。此后，Theodor Boveri（1862—1915）通过对蛔虫卵的进一步观察，提出了染色体理论，并通过实验证实了染色体对发育的重要性。20 世纪初，美国生物学家第一次将 X 染色体和昆虫的性别决定联系起来。以后有人将 XX 性染色体与雌性对应，而 XY 及 XO 与雄性相联系，并提出一种特异的核成分在性别表型决定中起作用，即性别由遗传而非环境决定。虽然，自 1921 年以来，就已知道男性中具有 X 和 Y 染色体，而女性中具有两条 X 染色体，但这些染色体在人性别决定中的作用一直不清楚。1959 年首次证明，Y 染色体在小鼠和人类的性别决定中起关键作用。自 1978 年世界第一例试管婴儿在英国出生以来，人类辅助生殖技术（assisted reproductive technology，ART）的出现为全球不孕不育患者解除病痛提供了新的途径。据统计，目前全世界已诞生了超过 800 万试管婴儿，大约每出生 100 个婴儿中，就有一个是试管婴儿。在一些发达国家，试管婴儿占出生婴儿的 5%以上。辅助生殖技术的发展前景受到多学科的关注。

二、生殖过程

生殖是指所有的生物能够产生与它们自己相同或相似的、新的生物的能力，也是指单细胞或多细胞的动物或植物自我复制的能力。在各种情况下，生殖都包括一个基本的过程，亲本的原材料或转变为后代，或变成将发育成后代的细胞。生殖过程中也总是发生遗传物质从亲本到后代的传递，从而使得后代也能复制它们自己。在不同生物中，尽管生殖过程所采取的方式和复杂性变化很大，但都可分为两种基本的生殖方式，即无性生殖（asexual reproduction）和有性生殖（sexual reproduction）。在无性生殖中，一个个体可分成两个或两个以上相同或不同的部分，仅有一个亲本的参与，生殖过程中没有配子的形成。在有性生殖过程中，特化的雄性生殖细胞和雌性生殖细胞发生融合，形成的合子同时携带有两个亲本的遗传信息。

1. 无性生殖

无性生殖的优点在于可使有益的性状组合持续保持，而不发生改变，并且不需要经过易受环境因素影响的早期胚胎发育的生长期，常见于大多数的植物、细菌、原生生物及低等的无脊椎动物中。单细胞生物常以分裂（fission）方式或有丝分裂（mitosis）方式，分成两个新的、相同的个体。所形成的细胞可能聚集在一起形成丝状（如真菌），也可能成群生长（如葡萄球菌）。断裂或裂片生殖（fragmentation）是指在丝状的生物中，身体的一部分断裂后，发育形成一个新的个体。孢子生殖或孢子形成（sporulation）为原生动物及许多植物的一种无性生殖方式。一个孢子是一个生殖细胞，不需要受精就能形成一个新的个体。在水螅等一些低等动物和酵母中，出芽为一种常见的生殖方式。在身体表面长出一个小突起后，逐渐长大，并与身体分离后形成一个新的个体。在海绵的内部也可长出小芽，称为芽球（gemmule）。

再生是无性生殖的一种特化形式，海星和蝾螈等动物可通过再生替代受伤或丢失的部分。很多植物通过再生可产生一个完整的个体。分类上越低等的动物，其完全再生的能力也就越强。到现在为止，还未见到脊椎动物具有再生完整个体的能力。但通过实验的手段，已在鱼类、两栖类和哺乳类等脊椎动物中获得了无性生殖的个体。特别需要提到的是，1997 年首次通过体细胞核移植手段，获得了无性生殖的哺乳动物——克隆绵羊。

自然条件下的无性生殖包括孤雌生殖和孤雄生殖等。人工辅助无性生殖是指物理或化学因子作用于卵子后的单性生殖，以及利用细胞核移植技术而进行的动物克隆。

2. 有性生殖

在有性生殖的生物体（高等生物）中含有两大类细胞，一是构成组织和器官并执行各种功能的体细胞（somatic cell），二是携带有特定的遗传信息并具有受精后形成合子能力的生殖细胞（germ cell）。生殖细胞又包括卵子和精子两类。有性生殖周期是体细胞与生殖细胞相互转变的过程。在高等生物的机体中，只有一小部分细胞为生殖细胞，然而它们却是正常生命周期中的一个关键环节。

有性生殖发生在很多的单细胞生物及所有的动物和植物中。除在个别动物中可进行孤雌生殖外，有性生殖是高等的无脊椎动物和所有的脊椎动物自然情况下唯一的一种生殖方式。有性生殖过程中，一种性别的细胞（配子）被另一种性别的细胞（配子）受精后，产生一个新的细胞（合子或受精卵），以后受精卵发育形成一个新的个体。两个结构相同但生理上不同的同形配子（isogamete）的结合，被称为同配生殖（isogamy），仅见于低等的水绵属的绿藻（spirogyra）和一些原生动物等。异配生殖（heterogamy）是指两种明显不同的配子的结合，即精子和卵子的结合。许多生物具有特殊的生殖机制来保证受精的进行。在陆生动物中，通过交配进行体内受精，从而为受精和胚胎发育提供了一个适宜的环境。

有性生殖的优越性在于来自两个亲本的细胞核融合后，子代可源源不断地继承各种各样的性状组合，从而具有很大的发生变异的空间，对于改进物种本身及物种的生存具有重要的意义。精卵结合形成的子代在遗传学上互不相同，也不同于各自的亲代，从而保证了物种的多样性。有性生殖产生的后代中随机组合的基因对物种可能有利，也可能不利，但至少会增加少数个体在难以预料和不断变化的环境中存活的机会，从而为物种的延续提供有利的条件。此外，在进行有性生殖的物种中，生命周期中都具有二倍体和单倍体交替的特征。二倍体的物种每一基因都有两份，其中一份在功能上处于备用状态，对各种突变等具有一定的抵御作用，这也可能是高等生物以有性生殖为主的原因。因为即使在细菌等进行无性生殖的生物中，也发生遗传物质的交换。在蚯蚓等雌雄同体（hermaphrodite）的动物中，由于解剖结构的特化或雌雄配子的成熟时间不同，总是避免自体受精的发生。

生殖过程不是一个连续的活动，受一些型式和周期的约束。通常，这些型式和周期与环境条件有关，从而使得生殖过程能有效地进行。例如，一些有发情周期的动物仅在一年的一段时间内发情，使得后代能在适宜的环境条件下出生。同样，这些型式和周期也受激素和季节因素的控制，使得生殖过程中的能量消耗得到很好的控制，从而最大限度地提高了后代的生存能力。

三、生殖生物学

生殖是亲代与后代个体之间生命延续的过程。生殖生物学（Reproductive biology）是研究整个生殖过程的一门学科，既是发育生物学的一个分支，又是生理学的一个分支，属于一门新的充满活力的，融合了现代生物化学、细胞生物学、内分泌学和分子生物学等的交叉学科。过去的几十年中，在生殖生物学研究领域取得了许多世人瞩目的重大突破。例如，对下丘脑-垂体-性腺内分泌轴系这一重大理论问题的揭示，导致了口服避孕药的诞生；从精子获能、卵子成熟和受精等基础研究着手而创立的“试管婴儿”技术，使国内外成千上万的不育夫妇获得了后代；1997 年克隆绵羊“多莉”的诞生，无疑对未来人类社会产生深远的影响。生殖生物学已成为生物学中一个活跃的、充满机遇和挑战的重要研究领域。

生殖生物学主要研究性别决定、性腺发育、配子发生、受精、胚胎发育及着床、妊娠维持、胎盘发育和分娩等过程的调控，以及生殖道的恶性肿瘤、异常妊娠、生殖道感染、环境和职业性危害等对生殖的影响等问题。此外，生殖生物学也研究在青春期、泌乳期、衰老期和妊娠期等过程中与生殖相关的内分泌变化，以及性行为的形成和影响因素等。

随着人工授精、体外受精、卵质内单精子注射（ICSI）、胚胎移植、细胞核移植，以及很多辅助生殖技术的广泛应用，生殖生物学在生物学、医学及畜牧业中的地位越来越重要。最近 20 年来，细胞生物学、分子生物学、生物化学和生理学等学科飞速发展，各种现代生物学技术已广泛渗透到生殖生物学的研究过程中，使得人们对生殖过程中的各种现象及其分子机制的了解有了长足的进步。

四、生殖生物学的相关学科

随着生殖生物学的迅速发展，生殖生物学的研究范围也在逐步扩大，与很多学科间的交叉也变得越来越明显，这里仅简单介绍与生殖生物学相关性很强的一些学科。

1. 动物胚胎学

动物胚胎学（Embryology）是研究动物个体发育过程中形态结构及其生理功能变化的一门科学，实际上是对受精和出生之间动物发育过程的研究。个体发育包括生殖细胞的起源、发生、成熟、受精、卵裂、胚层分化、器官发生，直至发育为新个体，以及幼体的生长、发育、成熟、衰老和死亡。通常也将个体发育的整个过程分为胚前发育、胚胎发育和胚后发育。胚前发育主要研究生殖细胞的起源，单倍体的精子和卵子的发生、形成和成熟。胚胎发育是指从受精到分娩或孵出前的发育过程。胚后发育包括出生或孵出的幼体的生长发育、性成熟、体成熟，以及以后的衰老和死亡。胚胎学一般只研究胚前发育和胚胎发育。

2. 发育生物学

发育生物学（Developmental biology）是在动物胚胎学的基础上，结合细胞生物学、遗传学和分子生物学等学科的发展，而逐渐形成的一门新兴学科，是应用现代生物学的技术，来研究生物发育本质的科学，主要研究生殖细胞的发生、受精、胚胎发育、生长、衰老和死亡等过程，分析从受精一直到主要胚胎器官形成时动物发育的基本现象及型式，偏重于研究细胞决定及分化的机制，以及形态发生过程中细胞间的相互作用等问题。

3. 动物繁殖学

动物繁殖学（Animal reproduction or theriogenology）主要研究家畜和家禽生殖过程中的形态、生理和功能的变化，以及调节和控制生殖过程的相关技术，是畜牧科学的一个重要组成部分，主要包括家畜和家禽的生殖生理、繁殖技术，家畜繁殖力的评价及家畜生产的影响因素和管理等。

4. 生殖医学

生殖医学（Reproductive medicine）是一门综合性的新兴学科，包括范围很广，涉及生育、不育、节育和出生缺陷等。生殖医学的主要任务是通过常规的诊断和治疗措施，将现在的各种生殖技术应用于不育患者，使其产生后代。自 1978 年，世界上第一例试管婴儿诞生以来，辅助生殖技术得到了突飞猛进的发展。在国外及国内，大量的生殖医学中心或辅助生殖中心相继建立，为越来越多的不孕症患者解除了痛苦。在提供的服务方面，也由简单的人工授精及体外受精，逐渐向卵质内单精子注射、着床前胚胎的遗传诊断等多方位发展。

5. 产科学

产科学（Obstetrics）主要是研究妊娠、分娩、胎儿出生及出生后事件的一门临床科学，它的任务是既要保证产生一个健康的后代，又要确保母体的健康不受损害。可通过超声等手段来判断子宫内的情况，对母体子宫的大小、妊娠期的长短、胎儿的大小和位置等进行分析，从而使胎儿顺利产出。在异常情况下，通过剖腹产手术等来保证胎儿的分娩。

6. 妇科学和男科学

妇科学（Gynecology）主要研究雌性生殖系统各种失调的一门科学，现代妇科学涉及月经失调、绝经、生殖器官的感染性疾病和异常发育、性激素紊乱、良性和恶性肿瘤，以及各种与避孕相关的问题。由妇科学产生的一门分支学科为生殖医学。与妇科学相对应，产生了男科学或男性学（Andrology），主要研究男性生殖器官的各种异常或病变，以及男性的不孕症等问题。

事实上，与生殖生物学相关的学科还有很多，特别是内分泌学、细胞生物学和分子生物学的研究进展对于阐明生殖过程的机理起到了巨大的推动作用。

五、生殖生物学的发展前景

据报道，不孕症在发达国家的发病率为 15%～20%。自从世界上第一例试管婴儿路易斯·布朗（Louise Brown）1978 年 7 月 25 日在英国诞生以来，体外受精、促排卵技术、显微受精、胚胎培养和胚胎冷冻等辅助生殖技术迅速发展，并不断完善，已为很多不孕症患者解除了痛苦。据估计，全世界每年大约有 50 万例试管婴儿出生。中国大陆的第一例试管婴儿自 1988 年出生以来，辅助生殖技术已在全国的绝大多数地区得到推广。

性和生殖健康是人们生活和幸福的核心内容。生殖健康的主要内容是保证妊娠的正常及安全进行，使用更安全可靠的避孕措施，以及防治生殖道的感染等。由于世界人口的猛增，直接危及人的生活环境和生活质量，而且对自然环境的破坏也在逐年增加。控制人口数量及提高人口质量是当今世界亟待解决的问题。在生育调节方面，20 世纪 90 年代以前的生殖研究主要是围绕下丘脑-垂体-性腺所构成的生殖轴系，作为开发避孕药的出发点，即干扰激素和生殖轴系之间的相互作用。这些避孕方法的主要缺陷是有不良反应。随着社会的发展和生活水平的提高，人们对避孕措施的安全性、可靠性和多样性的要求也越来越高，而且在达到避孕效果的同时也要兼具预防生殖道感染的功能。人们逐渐开始认识到，最理想的抗生育靶点应当是在生殖过程中起直接作用的细胞和因子。因此，加强以生育控制为目的的基础研究，寻找生殖细胞的发生、成熟、受精和胚胎着床等生殖过程中可控制的关键环节，以此发展新一代避孕技术，已成为 21 世纪生殖生物学研究与发展的主要目标。随着生殖生物学基础研究的深入及对生殖相关的重要基因和分子的认识，通过干扰基因表达或表达产物的功能，最终有望发展出对其他正常生理功能没有影响或影响很小的避孕药或避孕方法。另外，由于艾滋病等传染病的广泛流行，对预防生殖道感染的要求也越来越高。现在迫切需要普及生育方面的知识，提供安全及高效的避孕措施，控制生殖相关疾病的传播。

近年来，随着我国国民经济及畜牧业方面的迅速发展，对提高家畜的繁殖力及加速家畜的品种改良方面提出了更高的要求。在奶牛、肉牛、绵羊、山羊和猪的繁殖方面，逐渐发展了超数排卵、卵母细胞体外成熟、体外受精、性别鉴定、胚胎分割、动物克隆、转基因及基因敲除等方面的一系列技术。随着人们对肉、蛋和奶的需求逐年增加，迫切需要增加奶牛、肉牛、鸡、绵羊、山羊和猪等的数量，并提高其质量。近年来，各种辅助生殖技术已在畜牧业中得到广泛应用，人工输精、体外受精、超数排卵、胚胎移植、性别鉴定及转基因等在逐步完善和推广。特别是最近，随着克隆牛、克隆羊、克隆猪的问世，以及基因敲除家畜的获得，极大地促进了对家畜生殖机理的研究，并加速了各种辅助生殖技术在家畜中的应用，对促进家畜的品种改良及提高繁殖力方面具有重要的意义。

在野生动物保护方面，提高野生动物的繁殖力也迫在眉睫。目前，需要了解这些动物的基本生殖过程，通过激素处理、人工授精、体外受精、胚胎分割、性别鉴定和克隆等技术手段，有望在短时间内增加濒危物种的种群数量。在宠物的饲养方面，了解基本的生殖过程，利用现代生殖技术在提高繁殖力及加速品种改良等方面也具有重要的意义。

随着社会和经济的不断发展，人类对大自然的干预日益加剧。废水、废气、废渣、农药和化肥等大量的化学物质通过各种途径排入环境，造成了严重的环境污染。噪声、农药残留和射线等各种环境因素对生殖过程的影响也越来越受到人们的重视。凡是能够影响机体内外环境改变的因素，都将会对生殖健康产生一定程度的影响。目前越来越多的证据表明，许多人工合成的化学物质可干扰人类及野生动物的生长发育，导致人类的不孕不育率、畸胎率和自然流产率上升。

随着社会工业化和现代化的不断发展，人类对野生动物的生存环境不断蚕食，导致大量的野生动物灭绝或濒临灭绝。由于这些动物的数量有限及难以接近等原因，对野生动物基本生殖过程的了解仍很有限。目前也迫切需要利用现有的生殖生物学知识和技术，来促进对野生动物生殖过程的了解，并将现有的辅助生殖技术应用于野生动物，从而延缓或防止野生动物的灭绝，并使一些具有食用和药用价值的动物得到迅速繁殖。

近年来随着CRISPR/Cas9基因敲除、条件性基因敲除、诱导多能干细胞（iPS细胞）、各种组学技术、RNA干涉、单细胞测序、表观遗传和细胞分离技术等方面的飞速发展，以及基因组和后基因组时代的发展和推动，对生殖过程基本调控机制的了解也越来越多。现代分子生物学和细胞生物学理论与技术的发展，极大地推动了生殖生物学研究，使人们对生殖现象的认识深入到细胞和分子水平。从本质上讲，生殖过程是个体生命活动的一部分，与其他生命现象遵循共同的基本规律，如基因的时空特异性表达调控，细胞的增殖、分化和凋亡，细胞之间的信号传导和细胞外基质的相互作用等。但是，由于生殖过程在生命活动中具有特殊使命，因此也具有生殖细胞发生、性周期、受精、妊娠和分娩等独特现象。

（杨增明，孙青原，夏国良）

第二章　性别决定与性腺发育

第一节　原始生殖细胞的特化与定向迁移

一、原始生殖细胞特化

生殖细胞是物种世代交替的桥梁和纽带，是唯一一类能将亲代遗传物质传递给子代的细胞。原始生殖细胞（primordial germ cell）是生殖细胞的前体细胞，它们是在个体发育的早期由上胚层细胞特化形成的。

原始生殖细胞的形成有两种主要的方式，一种是“先成论”（preformation）；另一种是“后生学说”（epigenesis）。先成论是德国科学家 Weismann 在 1898 年提出的。这个理论是指在受精卵的细胞质中存在一种被称为生殖质（germ plasm）的物质，由蛋白质、RNA 等多种物质组成，但是具体成分和确切的功能并不清楚。生殖质只存在于受精卵细胞质的特定部位，胚胎发育过程中，细胞发生不对称分裂，而只有在分裂过程中继承了这种生殖质的细胞最终才能发育为生殖细胞，这种原始生殖细胞的决定方式在低等生物中比较普遍，比如果蝇、线虫等。

在爪蟾受精卵中，生殖质位于植物极，位于小的皮层细胞质区域、没有卵黄的小岛内。这些小岛沿微管排列的方向向植物极迁移，在卵裂过程中定位于最靠近植物极的细胞中。如果将微管破坏后，生殖质就不能迁移到植物极，导致所形成的蝌蚪没有生殖细胞。在原肠形成期间，这些具有生殖质的细胞形成囊胚腔底部的内胚层，但一直到原肠形成后，这些细胞才特化成为生殖细胞。

线虫的生殖质——P 颗粒（posterior granule）在卵细胞的细胞质中均匀分布，受精后迅速地集中到预定的胚胎后部。受精卵在卵裂过程中只有一个卵裂球中具有 P 颗粒。经过 4 次分裂后，含有 P 颗粒的 P4 卵裂球成为生殖细胞系的始祖细胞。

果蝇的生殖质一般被称为极质（pole plasm），位于卵细胞的后端。极质由极粒构成，极粒是一种蛋白质与 RNA 组成的复合体。极质颗粒可以通过透射电镜和扫描电镜观察到。极质对果蝇生殖细胞特化的作用由以下两个主要实验得到了证实：如果用紫外线照射受精卵的后端，破坏极质的活性，成年果蝇就没有生殖细胞形成；另外，如果将受精卵后端的细胞质移植到另一个胚胎的前端，这个胚胎前端的细胞便分化形成生殖细胞。

但是生殖质不是决定生殖细胞的唯一方式。目前，还没有证据证明蝾螈、小鼠和其他哺乳动物生殖细胞的发生与生殖质有关系。因此，荷兰科学家 Nieuwkoop 在 1969 年提出了“后生学说”。这个学说认为某些物种的受精卵中不存在能决定生殖细胞命运的“生殖质”，生殖细胞是在胚胎发育过程中通过细胞间相互作用形成的。他们在 1978 年发表的文章中指出美西钝口螈的胚胎发育过程中没有发现生殖质，说明原始生殖细胞的形成还存在其他调控机制。原始生殖细胞是在第 6 天左右胚胎靠近胚外外胚层的上胚层中形成，位于紧靠原条后部的表胚层中（图 2-1）。这 8～10 个细胞的体积明显比周围的细胞大，而且这些细胞为碱性磷酸酶阳性，所以很容易检测到。如果提前将这一部位的细胞移植到胚胎其他部位，它们就不能发育成为原始生殖细胞。相反，如果把其他部位的细胞移植到这个部位，它们也能发育为原始生殖细胞。这些研究结果说明，小鼠的原始生殖细胞不是提前决定的，而是受到其他因素诱导形成的。

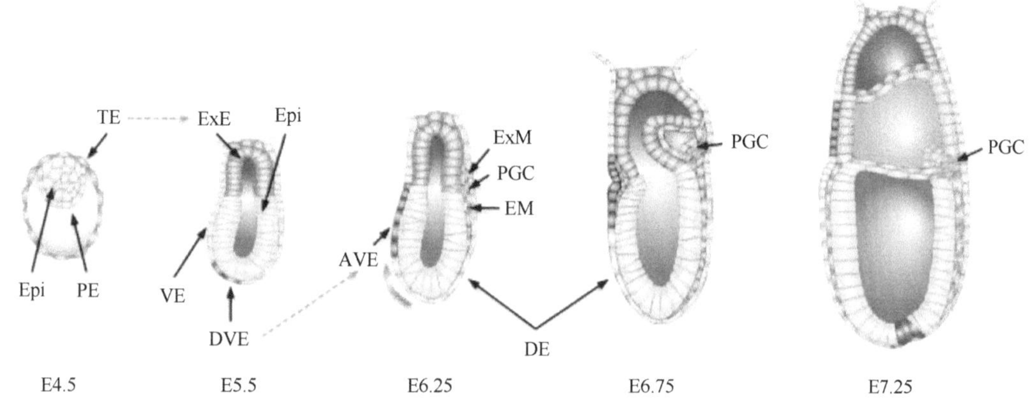

图 2-1　小鼠原始生殖细胞特化示意图（改绘自 Saitou et al.，2012）。TE（trophoectoderm）：滋养外胚层；PE（primitive endoderm）：原始内胚层；Epi（epiblast）：上胚层；ExE（extraembryonic ectoderm）：胚外外胚层；VE（visceral endoderm）：脏壁内胚层；DVE（distal visceral endoderm）：远端内脏内胚层；AVE（anterior visceral endoderm）：前内脏内胚层；ExM（extraembryonic mesoderm）：胚外中胚层；EM（embryonic mesoderm）：胚胎中胚层；PGC（primordial germ cell）：原始生殖细胞；DE（definitive endoderm）：终末内胚层

目前对生殖细胞产生过程中诱导性相互作用的分子机制并不完全了解，但有证据表明胚外外胚层细胞分泌的骨形态发生蛋白（BMP）是原始生殖细胞特化的重要外源诱导因子。据报道，BMP4 是原始生殖细胞特化的重要因子。在 *BMP4* 基因敲除的小鼠中，没有生殖细胞形成。而且，在 *BMP4* 基因敲除的杂合小鼠中，生殖细胞的数目也有所减少。BMP4 信号通路能够维持转录因子 Oct-4 的表达。Oct-4 起初在整个内细胞团中表达，到原肠形成期间则仅在将形成原始生殖细胞的表胚层细胞中表达，之后就仅在生殖细胞中表达。随后研究证明 *BMP2* 和 *BMP8b* 在原始生殖细胞特化过程中也发挥重要作用。敲除这些基因，原始生殖细胞的特化会受到明显的影响，数量明显减少。

前面的研究证明 BMP 信号通路作为外源因子诱导上胚层细胞特化为原始生殖细胞，那么是否存在内源性的调控因子呢？Blimp1 是原始生殖细胞形成过程中一个重要的内源转录因子，缺失这个因子原始生殖细胞就不能形成。原始生殖细胞具有典型的干细胞特征，高表达 *Oct4*、*Sox2*、*Nanog* 等基因。它们能够进行快速的自我更新，细胞数量不断增加，同时又保持原来细胞的特性。最新的研究表明，人的原始生殖细胞特异表达 *Sox17*，该基因在人原始生殖细胞特化过程中发挥重要作用。除了这些基因之外，Stella 是最早出现的一个生殖细胞特异的标记基因，它在原始生殖细胞形成后就开始表达。

二、原始生殖细胞的定向迁移

原始生殖细胞最终要参与性腺的发育，性腺是由生殖细胞和生殖嵴来源的体细胞共同发育形成的。原始生殖细胞最初是在上胚层中形成，而生殖嵴来源于中胚层，二者在空间上具有一定距离。因此，原始生殖细胞形成以后要定向迁移到生殖嵴。

小鼠的原始生殖细胞在胚胎第6.25天左右特化形成，在胚胎第8天位于后肠内胚层和尿囊基部，然后再迁移到相邻的卵黄囊，并在卵黄囊后部集中。最后，原始生殖细胞沿后肠迁移至背肠系膜，并在此分为两群，分别迁移到左侧和右侧生殖嵴中。在胚胎第10天左右，大多数原始生殖细胞已经到达生殖嵴。此后，原始生殖细胞便失去迁移能力。没有到达生殖嵴的原始生殖细胞则进入周围的器官，如肾上腺和肾，这些“迷途”的原始生殖细胞一般不能存活，很快发生凋亡而被清除。如果它们没有发生凋亡，往往会导致肿瘤的发生。人胚胎在受精后第4周时，原始生殖细胞出现在靠近卵黄囊壁的内胚层中，呈圆形、体积较大、嗜碱性。原始生殖细胞从这里开始以阿米巴运动，沿着背肠系膜向生殖嵴所在的部位迁移。在第6周时，约有1000个原始生殖细胞进入生殖嵴中（图2-2）。

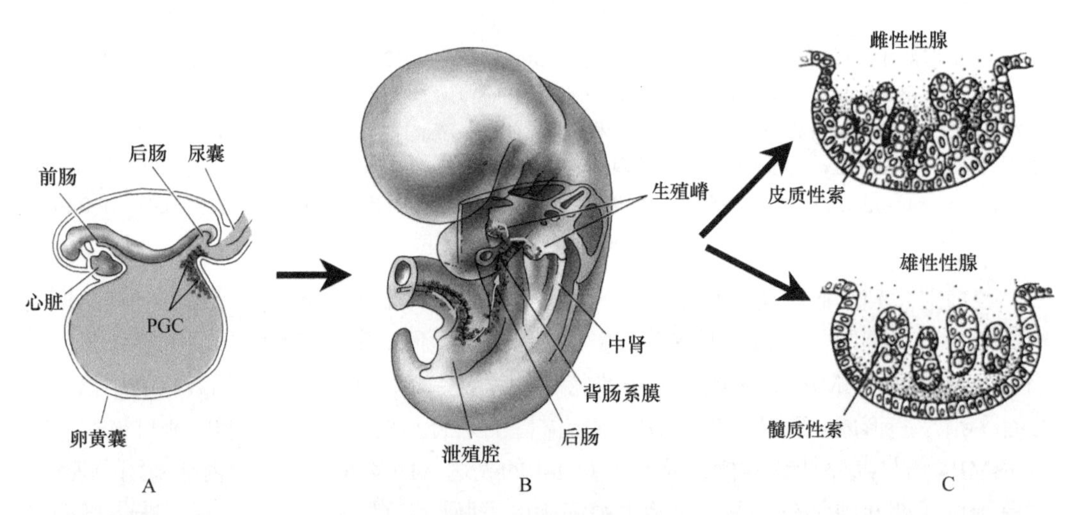

图2-2 示原始生殖细胞的起源、迁移及增殖过程（改绘自Larsen，2002；Gilbert，2003）。A. 原始生殖细胞（PGC）起源于卵黄囊内胚层。B. 原始生殖细胞自后肠及背肠系膜迁移进入生殖嵴中。C. 原始生殖细胞进入雌性或雄性性腺中的发育过程

原始生殖细胞在迁移过程中和到达生殖嵴后两天之内，一直保持快速增殖的状态，数目由原来不到100个，快速增加到大约25 000个。在迁移过程中，许多生长因子对原始生殖细胞的增殖有调控作用，如干细胞因子（SCF）、白血病抑制因子（LIF）、肿瘤坏死因子α（TNFα）、碱性成纤维细胞生长因子（bFGF）、白介素4（IL-4）和转化生长因子β（TGF-β）。这些生长因子不仅可以促进原始生殖细胞数量的增加，而且对小鼠原始生殖细胞在体内和体外的分化有调节作用。这些因子是由原始生殖细胞迁移过程中周围体细胞产生的。

三、原始生殖细胞迁移的调控

在后肠形成之前，原始生殖细胞的迁移是被动进行的，主要是通过形态发生而运动。由后肠到生殖嵴的迁移则是一个主动迁移的过程。原始生殖细胞伸出伪足，以阿米巴运动穿越下面的单个或多个细胞层。原始生殖细胞的迁移是一个复杂的过程，很多因子参与其中。

（一）趋化性

原始生殖细胞在向生殖嵴迁移的过程中，可能受到正在发育的生殖腺产生的一些物质的吸引。在家禽中，已证实具有这种趋化作用。将供体鸡的原始生殖细胞注入鹌鹑胚胎的血管后，供体和受体的原始生殖细胞可同时到达并停留在生殖腺中。如果去除胚胎中的生殖腺区，原始生殖细胞则会迁移至其他区域，如脑区神经管周围。在小鼠生殖嵴的体外培养过程中，也观察到了相似的结果。将第 8.5 天胚胎的原始生殖细胞放入含有第 10.5 天生殖嵴的培养基中，生殖嵴可通过释放某种趋化因子，吸引原始生殖细胞进行定向迁移。已证实，小鼠胚胎的生殖嵴中表达可扩散的转化生长因子β1（TGF-β1），原始生殖细胞则可能表达 TGF-β1 的受体。通过某个信号通路重新组织细胞骨架，使原始生殖细胞发生极化并沿浓度梯度迁移。当在含生殖嵴的培养基中加入很低浓度（1/1500）的 TGF-β1 抗体时，就可阻断生殖嵴的这种趋化作用。以后发现趋化因子 SDF1 可能参与原始生殖细胞的定向迁移调控。在小鼠中敲除这个基因或其受体，原始生殖细胞的定向迁移过程都会受到影响，到达生殖嵴的生殖细胞数量明显减少。另外一些研究发现 Kit 和 KitL 也参与原始生殖细胞定向迁移的调控。但是，最近的研究发现，在生殖嵴缺失的小鼠模型中，原始生殖细胞的迁移过程并没有受到明显的影响。另外，在小鼠胚胎发育过程中，原始生殖细胞在胚胎第 7.5 天开始迁移，而生殖嵴大约在胚胎第 9.5 天才开始发育。因此，哺乳动物原始生殖细胞的定向迁移不一定受到来自生殖嵴分泌因子的调控。

（二）细胞外基质的接触引导

细胞外基质（ECM）是由细胞合成并分泌的，可介导细胞间相互作用的一类大分子物质。ECM 对细胞的生长、分化、活化和迁移等过程有重要的调节作用。已知与原始生殖细胞迁移有关的 ECM 成分有纤粘连蛋白（fibronectin）、层粘连蛋白（laminin）、Ⅳ型胶原、硫酸软骨素蛋白多糖和肌腱蛋白（tenasin-c）等。在迁移过程中，原始生殖细胞与纤粘连蛋白黏附后，便开始迁移出后肠，当迁移结束时，这种黏附作用便减弱。纤粘连蛋白由背肠系膜细胞的内质网合成，在生殖嵴中含量很少，因此原始生殖细胞到达生殖嵴后不再迁移。原始生殖细胞在发育过程中，逐渐丧失与纤粘连蛋白黏附的能力。因此，在迁移前期为被动迁移，而后期则为主动迁移。

以前的研究认为迁移过程中的原始生殖细胞之间是独立的，但用激光共聚焦显微镜观察证实，迁移过程中的原始生殖细胞相互接触并形成广泛的网络。因此，原始生殖细胞之间接触性的黏附作用对其迁移也可能产生重要影响。此外，在电镜下观察发现，在原始生殖细胞表面有一层细纤维衣。迁移过程中，在原始生殖细胞向前伸出的丝状伪足表面这层细纤维衣很明显，厚度可达 30 nm，可能在迁移过程中起重要作用。

第二节 性 别 决 定

性别是生物界最普遍的一种现象，大多数生物都可分为雄性和雌性。性别决定（sex determination）是指在胚胎发育早期，由一个尚未分化的性腺发育为睾丸或卵巢的过程。在不同类型的动物中，环境及遗传因子都能对性别决定过程产生影响。

一、性别决定的遗传因素

性别是所有哺乳动物共有的特征之一。人类在很早之前就开始关注性别分化的现象。早在 2000 多年前，亚里士多德（Aristotle）就提出女性是发育过程中过早停止发育的男性，发育停止是由于母体子宫的低温所致，且认为男性比女性更完美，其原因是男性具有更多的能量。在以后的 1000 多年间，人们一直认为女性为发育不健全的男性，其生殖器也像男性，只是里面的部位没有显露出来而已，并且男性的肋骨比女性多一条。但是后来研究发现，男性和女性的肋骨数相同。当时，还有人认为性别是由环境因素决定的，如母体的营养状况及动物交配时的风向等。甚至还有人认为，左侧睾丸的精液和右侧睾丸的精液所产生的后代性别不同；同样也认为两侧子宫产生的后代性别也不相同。

性染色体（sex chromosome）是指直接与性别决定有关的染色体，其余的染色体则统称为常染色体（autosome）。1891 年，德国细胞学家 Henking 在半翅目昆虫精母细胞的减数分裂过程中发现了一种特殊的染色体，这种染色体实际上是一团异染色质。他在进一步研究这些昆虫的减数分裂时发现，在一半的精子中带有这种特殊的染色质，而另一半精子则没有这种异染色质。当时他对这团异染色质的作用不了解，就起名为“X 染色体”和“Y 染色体”，但并未将这种染色质与性别联系起来。

1902 年美国生物学家 McClung 第一次将 X 染色体与昆虫的性别决定联系起来。后来又有许多细胞学家，特别是 Wilson，在许多昆虫中进行了广泛的研究，并于 1905 年证实，属于半翅目和直翅目的许多昆虫中，雌性个体具有两套染色体，一套染色体称为常染色体，另一套是与性别有关的一对同源染色体，称为性染色体，即两条 X 染色体；而雄性个体也有两套染色体，但只有一条 X 染色体。

遗传型性别决定一般可分为 XY 型和 ZW 型。XY 型为雄性杂合型，是生物界较为普遍的性别决定类型。哺乳类、一些两栖类、一些鱼类及很多昆虫均属此种类型。雄性个体是异配子性别（heterogametic sex），可产生含有 X 或 Y 的两种雄配子，而雌性个体是同配子性别（homogametic sex），只产生含有 X 的一种配子。受精时，X 与 X 结合为 XX，发育成雌性；X 与 Y 结合为 XY，发育成雄性，性别比为 1∶1。例如，人类有 23 对染色体（$2n$=46），其中，22 对为常染色体，1 对为性染色体，即女性的染色体为 44+XX，男性的染色体为 44+XY。与 XY 型相似的还有 XO 型，雌性的性染色体为 XX；

雄性只有 X，而没有 Y，不成对。蝗虫、蟋蟀、蟑螂等直翅目昆虫的性别决定属于此种类型。

（一）睾丸决定因子的发现

哺乳动物的睾丸决定依赖于 Y 染色体的存在。XO 型的小鼠和 XO 型的人并不发育出睾丸组织，而 XXY 型的人和小鼠也并不因为 X 染色体数目多而发育为雌性。这意味着 Y 染色体的存在决定了睾丸的发生，从而也决定了其性别的分化。

自从 1959 年发现 Y 染色体与雄性性别决定有关之后，人们一直在寻找和分离决定性别的基因，并推测 Y 染色体上可能存在着指导睾丸分化的基因，这种基因在人类中被命名为睾丸决定因子（testis-determining factor，TDF），在小鼠中则常被称为 Y 染色体上睾丸决定因子（testis-determining gene on the Y，Tdy）。通过遗传学、生物化学及分子生物学的方法，以及利用对突变体的分析和研究，使 TDF 的搜索范围越来越小，从 3×10^4～4×10^4 kb 减少至编码 80 个氨基酸的约 200 bp。

早在 1959 年首次证明，人类和小鼠的 Y 染色体上含有 TDF。1966 年，Jacobs 等分析了易位和缺失的人 Y 染色体后得出结论，TDF 位于 Y 染色体的短臂 Yp 上。这是寻找 TDF 过程中的一个重大进展。但遗憾的是，此后的 20 年间，人们一直没有重视这一结果，甚至一度陷入 H-Y 抗原是主要的睾丸诱导物的假说中。H-Y 抗原最早是在皮肤移植实验中发现的。他们在将雄性动物皮肤移植给雌性时，发现有排斥现象，而在雄性之间移植时却没有这种排斥。后来发现，这是一种与 Y 染色体共存的、雄性细胞表面特有的组织相容性抗原（histocompatibility antigen），即 H-Y 抗原。抗鼠 H-Y 血清与人、鸟类和两栖类动物均有抗原-抗体交叉反应，说明 H-Y 抗原在进化上比较保守。并且，发生性逆转的 XX 雄性也表达 H-Y 抗原。这些似乎表明 H-Y 抗原与雄性表型是一种因果关系。因此，这种 H-Y 抗原是主要睾丸诱导物的假说盛行了 10 余年，人们以为已经找到了位于 Y 染色体上的 TDF。然而，以后发现一些 XY 小鼠有睾丸，但 H-Y 抗原呈阴性，说明 H-Y 抗原的表达与睾丸的发育不总是相关。另外，也发现了许多 XX 男性中 H-Y 抗原呈阴性。因此，关于 H-Y 抗原决定睾丸分化的观点被否定了。

在 H-Y 抗原被否定后，人们又将研究重点转移到 Y 染色体短臂上。性逆转的发生是指 XX 男性和 XY 女性，发生率虽分别为 1/20 000 和 1/100 000，但为 TDF 在 Y 染色体短臂上的定位提供了一条方便的捷径。Y 染色体短臂由两个功能区组成，即假常染色体配对区（pseudoautosomal pairing region，PAPR）和 Y 染色体特有区。在减数分裂过程中，由于 X 和 Y 染色体之间在 PAPR 以外的区段上发生了异常交换，导致 Y 染色体上缺失部分片段，而 X 染色体上带有部分 Y 染色体片段，这种性染色体异常的个体常常发生性逆转。在 XX 男性的 X 染色体上，带有来自 Y 染色体的短臂部分，他们的表型为男性，说明其易位的 Y 染色体片段中可能包含睾丸决定序列。用雄性特异的 DNA 探针进行缺失图谱分析显示，TDF 位于 Y 染色体上邻近 PAPR 的 1 区上。以后又发现，位于 1A2 区的一个编码锌指蛋白的基因序列 ZFY（zinc finger protein gene of the Y）可能就是 TDF。ZFY 是一种高度保守的 DNA 结合蛋白，具有转录调节因子的功能。小鼠 Y 染色体上具有两个 ZFY 同源基因，即 *Zfy1* 和 *Zfy2*。然而，在 3 个 XX 男性和一个 XX

兼性患者中，虽然 ZFY 缺失，但 1A1 区仍然存在。这表明 ZFY 不是 TDF，睾丸决定基因可能是在 1A1 区上。对有袋类动物 ZFY 的遗传学研究也表明，原兽亚纲动物睾丸的形成类似于真兽亚纲动物，同样取决于 Y 染色体的存在，但其 *ZFY* 基因却位于常染色体，而非 Y 染色体上。此外，小鼠的 *Zfy1* 和 *Zfy2* 基因只在生殖细胞中表达，在胎儿性腺原基中的体细胞内却没有表达，表明可能与胎儿性腺原基中的体细胞无关。由于体细胞在睾丸分化中起着关键性作用，而与生殖细胞无关，以上这些结果均表明 *ZFY* 并不是 *TDF* 基因。

1990 年 Sinclair 等利用染色体步移法，在 Y 染色体短臂上找到了一个足以引起雄性化的更小区段。将这一 35 kb 的片段克隆后作为探针，分别与不同性别的人、小鼠和牛基因组进行 DNA 杂交，并与兔、猪、虎、猩猩和马等动物的基因组 DNA 杂交，都检测到了雄性特异的条带。根据它在染色体上的位置，将其命名为 Y 染色体性别决定区（sex-determining region of Y chromosome），即 SRY。同年，在小鼠中也发现了类似的同源序列，称为 Sry。

1991 年，澳大利亚科学家 Peter Koopman 等将含有 *Sry* 基因的 14 kb Y 染色体片段引入雌性小鼠（XX 型）胚胎中，结果小鼠发育成雄性，其大小、体重、生殖器官、性交配行为与正常 XY 型雄鼠无异，实现了小鼠雌性向雄性的性逆转。其睾丸中虽无精原细胞产生，但能够正常产生雄激素。对这个 14 kb 的片段进行序列分析发现，除 *Sry* 外并不含有其他基因，这表明仅 *Sry* 基因就可导致小鼠发生性逆转。此外，当 Y 染色体上缺失包括 *Sry* 在内的长 11 kb 的片段时，XY 小鼠表型为雌性，并具有正常的繁殖能力，能将突变的 Y 染色体遗传给后代。这些研究表明，在小鼠中 *Sry* 是唯一的性别决定基因。从而证明了 *Sry* 为哺乳动物性别决定的主控基因，它决定了雄性的发育方向。*Sry* 基因的发现使性别决定研究向前迈出了至关重要的一步。随后的研究发现，*Sry* 基因在进化上是非常保守的，利用山羊的 *Sry* 基因可以诱导雌性小鼠发生性别逆转。

1. *SRY* 基因的特性

人和小鼠的 *SRY* 基因在 Y 染色体短臂上的位置有所不同，小鼠的 *Sry* 基因位于一个至少 17 kb 的倒置重复序列内部，*Sry* 基因两侧的碱基序列几乎是相同的，而人的 *SRY* 基因则位于距假常染色体区界 35 kb 的区段内，两侧无倒置重复序列。由于人的 *SRY* 基因紧靠 X 和 Y 染色体发生配对与交换的假常染色体配对区，人比小鼠更易发生由于染色体的异常互换而造成的性逆转现象。

比较人、兔和小鼠的 *SRY*/*Sry* 基因序列发现，*SRY* 基因无内含子结构，转录单位全长约 11 kb。该基因有一多聚腺苷酸位点（AATAAA）和两个转录起始位点，其间是一个开放读码框（open reading frame，ORF），这一序列高度保守，属于高移动性 DNA 结合区（high mobility group box，HMG box）。*SRY* 编码一个 204 个氨基酸的蛋白质，其中高移动性 DNA 结合区编码 79 个氨基酸。含有高移动性 DNA 结合区的蛋白质是一族具有 DNA 结合特性的蛋白质。*SRY* 在进化上具有的高度保守性也是指这一区域。不同动物的高移动性 DNA 结合区具有很高的同源性，但高移动性 DNA 结合区以外的氨基酸序列没有同源性。对 *Sry* 进行突变实验表明，在哺乳动物的进化中高移动性 DNA 结合区是Sry蛋白唯一的功能区。当高移动性DNA结合区突变或缺失后，会因失去结合DNA的能力而导致性逆转。

在小鼠中发现，Sry可诱导某些DNA弯曲85°形成一个类似十字形的结构，然后与之结合。然而，Sry可以无序列限制性地与十字形结构的DNA结合。当DNA弯曲后，其转录受到影响。在生殖嵴中，Sry的高移动性DNA结合区与睾丸决定途径中的某些DNA结合，改变其转录方式，从而指导睾丸分化。因此，SRY蛋白是作为一种转录调节因子起作用的。

2. SRY与睾丸分化

*Sry*基因是在雄性小鼠性腺的体细胞中特异表达，而且它在生殖嵴体细胞中的表达时间范围很窄，自妊娠第10.5天开始，在第11.5天达到峰值，第12.5天时表达水平下降，到第13.5天后已检测不到*Sry*的表达。在Sry的作用下，未分化的生殖嵴体细胞发育为支持细胞（Sertoli cell），支持细胞进一步形成管状的睾丸索结构，并包裹生殖细胞，从而使性腺发育为睾丸。在性别决定过程中，*Sry*基因的表达仅限于生殖嵴的体细胞中，但在成年睾丸中也可见到*Sry*的环形非翻译的转录产物。另外有报道称在大脑中检测到*Sry*基因表达。猪妊娠第21天XY胚胎的未分化生殖嵴中检测到*Sry*基因的表达，到第23天时达到峰值，但一直到妊娠第52天时仍可检测到*Sry*的表达。绵羊胚胎中，最早可在妊娠第23天检测到*Sry*表达，在妊娠第27～44天达到峰值，但一直到妊娠第21周（出生时）仍可检测到*Sry*的转录产物。利用原位杂交发现，最早可在人妊娠第41～44天的生殖嵴中检测到*Sry*表达，在第44天时达到峰值，在妊娠第18周的睾丸索中仍可检测到。

尽管将*Sry*基因转入XX的雌性小鼠胚胎后，所得到的雄性小鼠在很多方面与正常雄鼠一样，但睾丸却比正常的小，而且这种小鼠是不育的，说明Y染色体上还存在其他基因，它们是正常精子发生所必需的。2014年，美国科学家Monika Ward等发现，Y染色体上的另一个基因*Eif2s3y*在精子发生过程中发挥关键作用。在XX的雌性小鼠同时过表达*Sry*和*Eif2s3y*基因后，所得到的性别逆转的雄性小鼠能够产生圆形精子，进一步利用单精注射的方法成功获得了后代。

（二）其他性别决定相关基因

1. *Sox9*基因

*Sox9*也是一个含高移动性DNA结合区的基因，它是一个常染色体上与性别分化有关的基因。*Sox9*基因含有两个内含子及一个开放读码框，编码509个氨基酸残基，与*Sry*基因具有71%的同源性，在进化上十分保守。在雄性性腺的体细胞中，*Sox9*基因在*Sry*基因开始表达后不久开始表达，性别决定完成后*Sry*基因表达下调，但是*Sox9*基因在睾丸支持细胞中持续表达，一直到成年期仍然高表达。目前流行的观点认为，*Sox9*的起始表达受*Sry*基因的调控，且它的表达维持是通过自身正反馈调节实现的，但是这一观点还缺乏直接的实验证据。*Sry*基因仅在哺乳动物中表达，但*Sox9*基因几乎在所有的脊椎动物中均存在。尽管有*Sry*基因存在，当*Sox9*基因仅有一个功能性拷贝时，XY个

体常发育成雌性。另外，利用转基因技术在XX小鼠中过表达*Sox9*，会导致雌性向雄性的性别逆转，说明*Sox9*是一个雄性性别决定基因。另外，*SOX9*基因在控制骨骼发育过程中也发挥关键作用。CD（campomelic dysplasia）综合征是一种致死的先天性骨骼发育异常综合征，并伴有高频的46、XY性反转。*SOX9*基因突变必然导致CD综合征的发生。在临床上，CD综合征患者可能表现为常染色体性逆转的女性，但*SOX9*基因突变并不总是引发性逆转。这可能是由于*Sox9*纯合突变会导致胚胎致死，导致CD综合征的都是杂合突变，因此，并不是所有的*Sox9*突变导致的CD综合征都表现为性别逆转。*SOX9*的下游靶分子很可能是*AMH*基因。*SOX9*能结合到*AMH*的启动子区，可协同激活*AMH*的转录。

2. *Dmrt1* 基因

Dmrt（double-sex and mab 3 related transcription factor）是指与黑腹果蝇的性别决定基因Doublesex（*Dsx*）及秀丽隐杆线虫的性别决定基因Maleabnormab 3（*Mab-3*）同源的一个基因家族，其编码产物均包含一个保守的DM（double-sex and mab3）结构域。*Dmrt*通过锌指结构与特异的DNA序列结合，在性别决定和性腺分化过程中发挥作用。Dm基因家族成员的主要特征是所编码的蛋白质含有可与DNA结合的保守序列DM结构域。

人的*DMRT1*位于9号染色体短臂2区4带3亚带（9p2.4.3），该片段缺失将导致睾丸发育不全，有时甚至引起雄性向雌性的性别逆转。人类基因图谱显示*DMRT1*、*DMRT2*和*DMRT3*均位于9p2.4.3，且以基因簇的形式排布。在9p缺失的性逆转患者中，*DMRT1*和*DMRT2*均缺失，因此9p缺失个体性腺发育不全甚至性逆转可能是*DMRT*基因联合缺失所致。在小鼠中，*Dmrt1*首先在未分化性腺中表达，此后主要定位于睾丸支持细胞和生殖细胞，以及卵巢颗粒细胞和生殖细胞中。*Dmrt1*基因敲除后，雄鼠在胚胎期性腺发育正常，出生后精子发生不能正常进行，从而导致雄性不育。

鸟类的性别也是由性染色体的基因决定，*Dmrt1*定位于Z染色体，被认为是雄性性别决定的最佳候选基因，可能是性别决定通路中的一个上游基因。在鸡胚早期，*Dmrt1*在生殖嵴和中肾管中表达，雄性胚胎的表达水平高于雌性。在性别分化期，*Dmrt1*在睾丸中特异性表达。利用RNA干扰技术抑制早期鸡胚中*Dmrt1*的表达，基因型为ZZ的雄性胚胎出现性腺雌性化，左性腺中性索结构发生紊乱，且*Sox9*的表达显著下降，表明在鸡胚性别决定期，*Dmrt1*可能激活并维持*Sox9*的表达。鸟类性别决定与*Dmrt1*基因的表达量密切相关。睾丸的分化必须具备*Dmrt1*的双拷贝（ZZ），而单拷贝（ZW）*Dmrt1*的性腺则分化为卵巢。

斑马鱼的*Dmrt1*位于5号染色体，在生精细胞和卵母细胞中均有表达。睾丸的表达高于卵巢。虹鳟鱼的*Dmrt1*在雄性睾丸分化期高表达。绿河豚、罗非鱼和花斑剑尾鱼的*Dmrt1*均在雄性成体的性腺中高表达，在卵巢中低表达，在肝、眼、脑、皮肤、心脏、鳃及肾等组织不表达。上述结果表明，*Dmrt1*是脊椎动物遗传性别决定通路中的保守基因，主要在性腺组织中表达，在雄性的表达水平高于雌性，参与雄性的性腺分化和睾丸功能的维持。

（三）雌性性别决定基因

以前的研究一直认为雄性性别决定是一个主动的过程，而雌性的发育是一个被动的过程。但是越来越多的研究结果显示，雌性的发育过程也存在性别决定基因。Wnt/β-catenin 信号通路在卵巢发育过程中起重要作用。*Wnt4* 缺失的雌性小鼠表现为卵巢发育缺陷，同时出现附睾和输精管等结构，表现为部分雌性向雄性性别逆转的现象。如果在雌性个体中同时敲除 *Wnt4* 和 *Foxl2* 基因，性别逆转的现象更为明显，出现了睾丸索样的结构，并表达雄性特异基因 *Sox9* 和 *AMH*。另外，在雄性小鼠生殖嵴体细胞中激活 β-catenin 会导致小鼠的性腺发育为卵巢样结构，性腺体细胞不再表达雄性特异的基因 *Sox9*，而是表达雌性特异的基因 *Foxl2*，同时出现子宫和输卵管等雌性生殖系统的结构。*R-spondin1* 是在临床遗传筛查过程中发现的一个雌性性别决定基因，研究人员通过对发生性别逆转的 XX 男性患者进行遗传筛查时发现，*R-spondin1* 基因突变是致病原因。进一步利用基因敲除的小鼠模型证实，*R-spondin1* 在雌性性腺中特异高表达，在雌性小鼠中敲除该基因会导致雌性向雄性性别逆转。基因敲除的 XX 小鼠性腺中出现睾丸索的结构，同时出现输精管和储精囊等雄性生殖系统的结构。

DAX1 为 dosage sensitive sex-reversal-adrenal hypoplasia congenital-critical region of the X chromosome gene 1 的缩写。在具 46 条染色体的 XY 女性患者中，都有 Y 染色体及整个 *SRY* 基因，但未发育为男性。这些患者的肾上腺发育不全，而且都具有 X 染色体短臂的部分重复，由此推测这一区域含有一个剂量敏感性逆转基因。目前，已从该区域中克隆了 *DAX1* 基因，位于 Xp 区的一个 160 kb 的区域。由于 XY 个体中的两个 *DAX1* 拷贝导致生殖器官女性化，*DAX1* 基因在雌性的性别决定及卵巢的正常发育过程中发挥重要作用。另外，*DAX1* 基因的突变也可解释一些 XX 男性中的性逆转。

DAX1 表达的时相与 *SRY* 相同，即在小鼠受精后第 11.5 天开始表达，且在 XX 和 XY 胚胎的生殖嵴中均有表达，表明可能参与性别决定。当睾丸发育时，*DAX1* 的表达明显降低。但当卵巢发育时，*DAX1* 基因的表达则不变。在正常情况下，雄性个体中 *DAX1* 基因只有一个拷贝，不足以抑制 *SRY* 基因的表达。但若有两个活性拷贝时，可导致 SRY 个体发育为女性。在正常的雌性个体中，*DAX1* 虽然只有一个拷贝，但因无 *SRY* 基因的抵抗作用，所以使卵巢得以正常分化。此外，DAX1 与 SF1 也可形成异源二聚体，抑制 SF1 介导的转录。SF1 也可结合于 *DAX1* 上游的启动子以诱导 *DAX1* 的表达（图 2-3）。

除了胚胎期发挥作用的性别决定基因，有些基因在发育后期或成年个体中发挥作用。2009 年，科学家发现在成年卵巢的颗粒细胞中敲除 *Foxl2* 基因后，卵巢颗粒细胞转分化为睾丸支持细胞样细胞，开始表达支持细胞特异基因 *Sox9*，同时原来的卵泡结构发育为睾丸索样的结构，这个研究首次证实哺乳动物的性别逆转在成年个体中也可以发生。*Dmrt1* 基因敲除以后精子发生过程不能正常进行，但是不会导致雄性个体发生性别逆转。后来的研究发现，在缺失 *Dmrt1* 后，虽然不能导致性别逆转，但是支持细胞转分化为颗粒细胞样细胞，开始表达 *Foxl2* 基因。说明 *Dmrt1* 对哺乳动物支持细胞的细胞谱系维持非常重要。

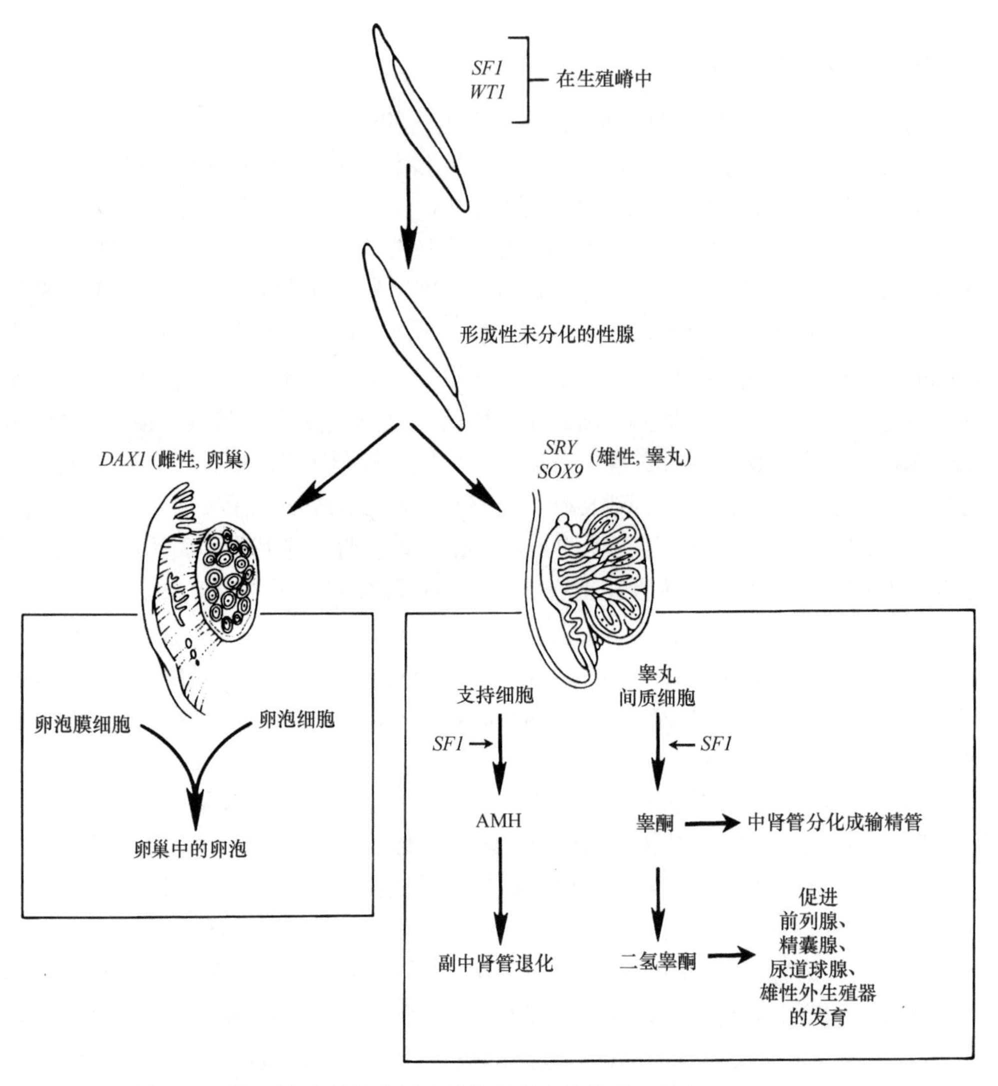

图 2-3　示性别决定相关基因在性腺发育中的作用（引自 Larsen，2002）

（四）ZW 型性别决定

ZW 型性别决定与 XY 型性别决定相反，为雌性杂合型。雌性个体含异型性染色体 ZW，而雄性个体含同型性染色体 ZZ。Z 染色体比 W 染色体要大，因此，雌性的性染色体一大一小，而雄性两条均较大。鸟类、鳞翅目昆虫、部分爬行类、一些两栖类动物的性别决定属于这一类型。例如，在家蚕中，雌蚕的染色体为 27+ZW，雄蚕的染色体为 27 +ZZ。Z 染色体上的性别决定连锁基因研究表明，鸟类的 Z 染色体大约有上千个基因，包含几乎所有已发现的性别连锁基因，但大多数与性别无关。有人利用染色体杂交技术，发现来自 11 个科的 14 个物种的 Z 染色体在进化上有很高的保守性。对鸡 Z 染色体的研究发现其连锁的基因有 *ATP5A1Z*、*IFNA1*/*IFNB1*、*Dmrt1* 基因等，这些基因中 *Dmrt1* 在性别分化中最为重要。后来研究人员在鸡的 Z 染色体上发现 *Dmrt1* 基因，含有保守的 DM 结构域，而在 W 染色体上不存在。

在古颚总目鸟类——鸸鹋中也克隆到仅在 Z 染色体上表达的 *Dmrt1* 基因，其与鸡和人的 *DMRT1* 基因的相似度分别为 88%和 65%。令人惊奇的是，鸸鹋 *Dmrt1* 基因的第 3 内含子与人类相对应的内含子有着 90%的同源性。鸟类与哺乳动物在经过 300 万年的进化分歧后，仍然保留着如此极高相似度的基因区域，说明 *Dmrt1* 是首个可能在不同的物种中都对性别分化产生重要影响的基因。

二、环境依赖的性别决定

除了遗传型性别决定，即染色体决定性别的机制外，还有非染色体决定性别的方式，其中研究最多的是外部环境因素对性别决定的作用。

爬行动物中的一些龟类和所有的鳄鱼类为温度依赖型性别决定（temperature dependent sex determination，TSD）。这些物种常常缺乏性染色体，在发育的一定时期，受精卵所处的温度决定其性别。微小的温度变化可以引起性别比例发生重大的改变。温度依赖型性别决定多见于一些进化上比较古老的动物中，因此推测它是生物界早期的一种性别决定形式，遗传依赖型性别决定可能是由它进化而来的。

爬行动物中鬣蜥的性别决定为温度依赖型。近年来的研究进一步表明，温度依赖型性别决定在爬行类的鳄目、龟鳖目及有鳞目中广泛存在。爬行动物的温度依赖型性别决定分为三种类型：①低温下产生雄性，高温下产生雌性，称为 M-F（雄-雌）模式；②低温下产生雌性，高温下产生雄性，称为 F-M（雌-雄）模式；③在低温和高温下均产生雌性，在中间温度下产生雄性，称为 F-M-F（雌-雄-雌）模式。

美洲的密西西比鳄是目前被广泛研究的一种具温度依赖型性别决定的动物。在 30℃以下的温度孵育时，密西西比鳄的卵将产生 100%的雌性，在 35℃以上孵育时产生约 90%的雌性，在中间范围的温度下孵育以产生雄性为主，其中在 33℃左右时产生 100%的雄性。这是典型的 F-M-F 模式，这种模式在具有温度依赖型性别决定机制的物种中比较常见。

雌激素对温度依赖型性别决定的爬行动物的性别分化可产生显著的影响。在爬行类性腺发生过程中，睾丸来自性腺原基髓质的发育和皮质的退化；卵巢则来自性腺原基皮质的发育和髓质的退化。雌激素对此过程有重要的调节作用。雌激素对性腺原基的皮质和髓质的发育分别起促进和抑制作用，从而决定性腺向雌性方向发育。在爬行动物产生雄性的温度下，用雌激素处理发育中的胚胎，结果观察到卵巢的发生。同样地，在产生雌性的温度下，用雌激素的拮抗剂处理使其体内的雌激素不发挥作用时，或用芳香化酶抑制剂阻断雌激素的合成时，也可诱导胚胎发育为雄性。这表明具有温度依赖型性别决定的爬行动物雌性的发育是被动的。在这些爬行类动物中，在产生雄性的温度下，用雌激素处理正在发育的胚胎，能够使其性别发生逆转的时期，被称为雌激素敏感期。雌激素敏感期与温度的变化密切相关，它们之间很可能存在着协同效应。例如，在产生雄性的温度范围内，如果温度越接近基准温度，引起性逆转所需的雌激素的量就越小，说明温度和外源雌激素很可能是通过相同的途径而起作用的。

许多生物学工作者认为，温度依赖型性别决定和遗传型性别决定很有可能共用一个相同的信号转导通路。对于温度依赖型性别决定的爬行类动物来说，温度是其上游的决定因子，而下游则可能也通过类似哺乳类的 *Sry* 基因来调控其性别决定。爬行类动物中，已经在常染色体上找到了类似哺乳类动物的 *Sry* 基因，即 *Sry* 样基因（SRY related autosomal，*Sra*），但没有发现它们在爬行类动物的性别决定中起作用。爬行类动物常染色体上的 *Sra* 基因很可能是四足动物中 *Sry* 的原始表现形式。在哺乳类中，*Sra* 进化为 *Sry*，而 *Sra* 基因在其他四足动物中被保留下来。此外，与哺乳类性别决定有关的所有基因在爬行类动物中均得到克隆，如 *DAX1*、*WT1*、*SF1*、*SOX9* 和 *AMH* 等，但它们之间的关系，以及它们对性别决定的作用还不是十分清楚。

螠是一种海生的蠕虫，雌虫体形较大，有 5～6 cm，形状像豆子，有一个长吻，吻的顶端分叉；雄虫体形很小，没有消化器官，构造简单，体长仅为雌虫的 1/500，像寄生虫一样生活在雌虫的子宫内。螠的幼虫是中性的，无雌雄之分，在海水中自由游动。如果它落在海底，固着在石头上，就发育成雌虫。如果由于某种机会，幼虫落在雌虫的长吻上，然后进入雌性的子宫中，这个幼虫就发育成了雄虫。若将落在雌虫长吻上的幼虫取下，这个幼虫又变成中性的。由此推测，在长吻上可能存在类似激素的物质影响其性别分化。

另外，激素、营养等外界因素也会参与一些低等生物的性别决定过程。环境依赖型性别决定模式有利也有弊。有利的是它不受 1∶1 性别比的限制，这对其有性繁殖有好处；不利的是环境的改变有可能只产生一种性别的个体，从而使一个物种灭绝。例如，“全球变暖效应”很有可能会影响到某些龟类和鳄鱼的性别比例，从而影响其繁衍生息。

第三节　性腺及附属生殖器官的发育

哺乳动物的性腺是由性腺原基发育形成。性腺原基在发育过程中有两种选择，在不同的性染色体构成的情况下，既可以发育为卵巢（ovary），也可以发育为睾丸（testis）。在胚胎发育的一个特定时期，哺乳动物的性腺发育首先要经历一个未分化期，此时性腺原基既无雄性又无雌性特征，具有双向分化潜能。

在第 4 周人胚胎背壁中线的两侧，即背肠系膜的两侧，各出现一条纵嵴，向腹腔突出，即形成尿生殖嵴（urogenital ridge）。在第 5 周时，两个尿生殖嵴的体腔上皮细胞增厚，中胚层的中部出现一条纵沟，将其分为内、外两部分。其中外侧分化为中肾，内侧部分的间质不断增殖，向腹膜腔突出，形成两条生殖嵴（genital ridge），即性腺原基。人胚胎可以保持性别未分化状态直至第 7 周。在人妊娠第 6 周末，男性和女性的生殖系统在外形上没有区别，而一些细胞和分子水平的微小差异可能已经产生了。生殖系统的两性期（ambisexual）或性未分化期（sex indifferent phase）自第 6 周末结束，从第 7 周开始分别向男性或女性发展（图 2-4）。

性腺的分化发生于原始生殖细胞到达生殖嵴之后，但尚不清楚是到达性腺的原始生殖细胞促进了性腺的分化，还是性腺在分化过程中吸引了原始生殖细胞。原始生殖细胞到达生殖嵴后，仍保持快速的分裂增殖，此时的体细胞也相应增殖。

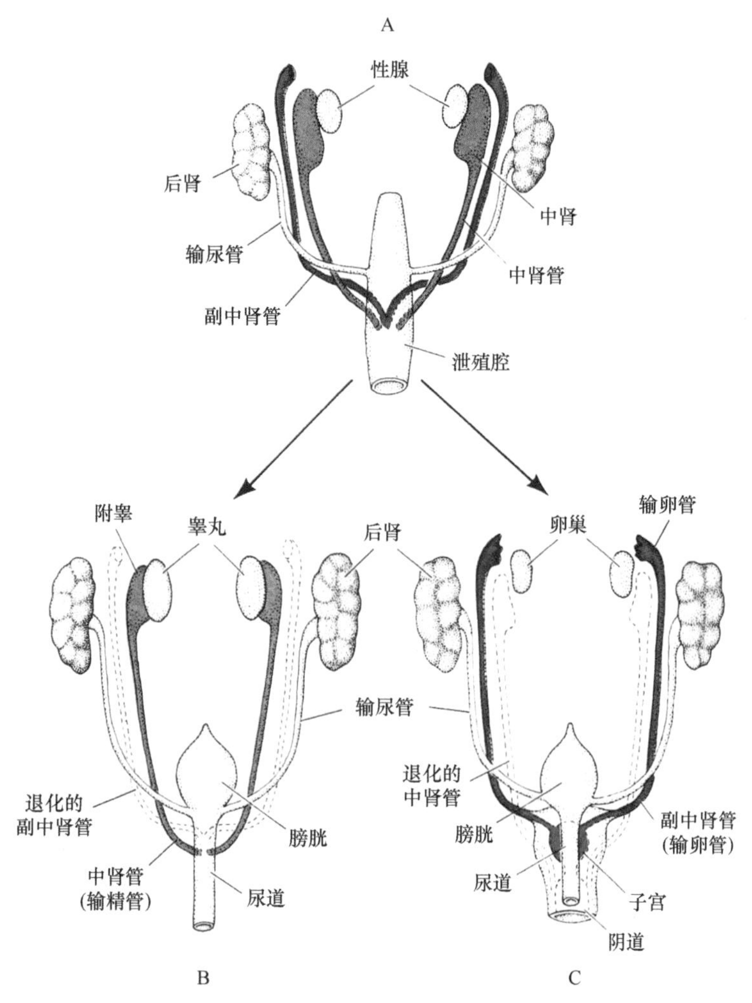

图 2-4　示性腺及生殖管道的发育过程（引自 Gilbert，2003）。
A. 性未分化期；B. 分化为雄性生殖系统；C. 分化为雌性生殖系统

在哺乳动物中，性别决定是由未分化性腺中体细胞的分化决定的。在性别决定过程中，XY 个体的性腺体细胞开始表达 *Sry* 基因，在 *Sry* 的作用下，这些体细胞开始分化成睾丸支持细胞（Sertoli cell），并开始表达 *Sox9* 基因。*Sry* 基因的表达是暂时的，性别决定完成后停止表达，而 *Sox9* 基因持续表达，直到成年睾丸一直表达。如果缺乏 Sry 蛋白，未分化性腺中的体细胞就分化为卵巢的颗粒细胞，从而表达颗粒细胞特异基因 *Foxl2*。支持细胞形成后就会快速聚集，形成管状结构，并包裹生殖细胞，形成睾丸索或精索结构。在青春期，这些与生殖细胞相连的睾丸索变得空心化，分化形成曲细精管（seminiferous tubule）结构。将来的曲细精管远端的睾丸索也发育形成腔，并分化形成一套薄壁的管，称为睾丸网（rete testis）。在正在发育的性腺中央，这些睾丸网的小管与残留的 5～12 个中肾小管相连。在妊娠第 7 周时，睾丸开始变圆，而且与中肾的接触区域也减小。相反，在 XX 个体中，颗粒细胞不会形成明显的结构，因此在显微镜下能够明显地区别雌性和雄性的性腺。

性腺中的生殖细胞虽然没有直接参与性别决定过程，但是在性别决定完成后，它们的命运也发生了改变。在性别决定完成后，雌性和雄性的生殖细胞的有丝分裂都被抑制，不再进一步增殖。但是雌性生殖细胞在性别决定完成以后立刻启动减数分裂过程，并阻滞于第一次减数分裂前期的双线期，直到青春期随着卵泡的成熟，重新启动并完成减数分裂过程。而雄性生殖细胞在性别决定完成后，不会立刻启动减数分裂过程，直到出生后才开始进入减数分裂。造成这种差异的原因并不清楚，目前比较流行的观点认为，生殖细胞的减数分裂受到来自于中肾的视黄酸（retinoid acid，RA）的诱导。性别决定完成后，在视黄酸的作用下，雌性的生殖细胞开始表达 *Stra8* 基因，并启动减数分裂过程。雄性的性腺有睾丸索结构，生殖细胞被支持细胞包围，而支持细胞分泌的 CYP26b1 能够降解来自于中肾的视黄酸，生殖细胞不能接触视黄酸，因此不能启动减数分裂。但是为什么只有这一时期的生殖细胞能够响应视黄酸的诱导，视黄酸是否是唯一的诱导因素，目前还没有明确的结论。

在性别决定过程中，除了睾丸支持细胞和卵巢颗粒细胞外，还会产生另外一类体细胞，被称为激素合成细胞，分别为睾丸间质细胞（Leydig cell）和卵巢的膜间质细胞（theca-interstitium cell）。睾丸间质细胞是在性别分化过程中产生的，在完成性别分化的睾丸中就可以观察到间质细胞。但是卵巢的膜间质细胞是在出生后，随着卵泡的发育而出现的。这类细胞的主要功能是合成雄激素和雌激素，这些性激素是生殖细胞的发育和第二性征维持所必需的。这类细胞是如何分化的，目前还存在争议。性腺中的体细胞大致可分为两类：一类是指睾丸的支持细胞和卵巢的颗粒细胞，它们与生殖细胞直接接触，被称为支持类体细胞；另一类就是激素合成细胞。以前有研究认为，支持类体细胞是来源于性腺原基未分化的体细胞，它们在性别决定基因的作用下分化为睾丸支持细胞和卵巢颗粒细胞。而激素合成细胞是由中肾迁移过来的细胞分化形成的。但是卵巢的膜间质细胞是在出生后随着卵泡的发育形成的，而性腺与中肾只是在性腺发育的早期存在相互接触。另外，人们将性腺与中肾分离，单独培养性腺，结果同样可以产生激素合成细胞。这些结果并不能支持激素合成细胞来源于中肾的观点，当然目前还不能排除有一部分激素合成细胞来源于中肾的可能性。

威尔氏瘤抑制基因 1（Wilms' tumor suppressor gene 1，*WT1*）编码一个具有锌指结构的核转录因子。最早这个基因是在一种小儿肾脏肿瘤——威尔氏瘤中被发现。威尔氏瘤是一种由于中肾芽基异常扩增而导致的肾脏肿瘤，*WT1* 在这种肿瘤中有非常高的突变率。人 *WT1* 基因位于第 17 号染色体，在 *WT1* 发生突变的患者中，除肾功能衰竭和产生威尔氏瘤外，在遗传性别为男性的患者中发生尿道下裂（hypospadias）及隐睾（cryptorchidism）。而在遗传性别为女性的患者中，其性腺由未分化的间充质细胞条组成。这些现象说明这个基因除了在肾脏发育过程中有作用，可能也参与了性别分化的调控。*WT1* 基因在性别决定之前的生殖嵴体细胞中特异高表达。性别决定完成以后在睾丸支持细胞和卵巢颗粒细胞中均有表达。*Wt1* 基因敲除的小鼠胚胎期致死，并且没有性腺和肾脏发育。进一步研究发现，虽然生殖上皮能够形成，但是这些细胞不能进一步增殖，因此生殖嵴不能正常形成。在小鼠和人的正常胚胎中，*WT1* 基因在性腺未分化期的生殖嵴中表达的时间早于 *SRY* 基因的表达，但敲除 *Wt1* 后 *Sry* 基因的表达受到抑制。因此，人

们认为 *WT1* 基因可能直接或间接调控 *SRY* 基因的表达，从而参与性别决定过程。但是最近的研究发现，利用 AMH-Cre 在性别决定后的睾丸支持细胞中特异敲除 *Wt1* 后，睾丸支持细胞就会转分化为具有激素合成能力的间质细胞，提示这两种细胞可能来源于共同的前体细胞，而它们之间分化受 *Wt1* 基因的调控。进一步的研究发现，如果在性别决定前的性腺体细胞中敲除 *Wt1* 基因，睾丸支持细胞和卵巢颗粒细胞都不能分化，生殖嵴中的体细胞都发育为激素合成细胞。这些结果说明支持类体细胞与激素合成类细胞可能来源于共同的前体细胞，它们之间的分化受 *Wt1* 基因调控，在 *Wt1* 基因存在的情况下，未分化的前体细胞分化为支持类体细胞，进一步在性别决定基因的作用下发育为睾丸支持细胞和卵巢颗粒细胞，从而完成性别分化过程。如果缺失 *Wt1* 基因，未分化的前体细胞就发育为激素合成细胞，性别分化过程不能完成（图 2-5）。

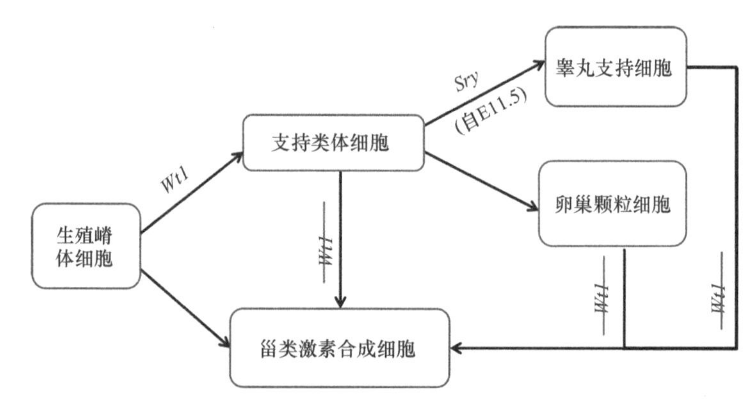

图 2-5　*Wt1* 基因是睾丸支持细胞和卵巢颗粒细胞谱系特化和维持的关键因子

类固醇生成因子 SF1（steroidogenic factor 1）是调控激素合成的一个关键因子。该基因编码一个孤儿核受体（orphan nuclear receptor），属于转录因子的核激素受体家族。SF1 最主要的功能是结合到启动子区域，调节类固醇羟基化酶（steroid hydroxylase enzyme）基因的表达。这些酶可催化胆固醇转化为睾酮。*SF1* 也在未分化性腺的体细胞中表达，表达方式与 *Wt1* 非常相似。敲除 *SF1* 也会导致性腺不能正常发育，同时肾上腺不能发育，说明该基因也参与性腺发育的调控。性别决定完成后，睾丸间质细胞中 *SF1* 的表达显著上调，而支持细胞中的表达显著降低。卵巢中基本检测不到 *SF1* 的表达。作为一种转录因子，SF1 可调节细胞色素 P450 羟化酶（一种可催化大多数类固醇激素合成的酶）的组织特异性表达，还可调节肾上腺和性腺中多个基因的表达，如 3β-羟基类固醇脱氢酶、促肾上腺皮质激素受体等。对 *SF1* 转基因小鼠的研究表明，SF1 还可调节 *AMH* 基因的表达。因此，SF1 可调控雄性表型发育所需的睾酮和 AMH 的合成。那么 Wt1 是如何参与激素合成细胞分化的调控呢？最新的研究表明 *SF1* 的表达受 Wt1 的负调控，在性别分化过程中一部分细胞继续维持 *Wt1* 表达，进一步分化为支持类体细胞。而另一部分细胞中，*Wt1* 的表达消失，失去了对 *SF1* 基因的抑制作用，因此这部分细胞开始高表达 SF1，在 SF1 的作用下，这些细胞分化为激素合成细胞。如果在动物模型中敲除 *Wt1* 基因，*SF1* 的表达会明显升高，因此这些前体细胞就都分化为激素合成细胞，从而导致性别分化不能进行。另外一项研究还发现在卵巢中膜间质细胞的分化受到生殖细胞的诱导。卵细胞分泌的 GDF9 可以诱导颗粒细胞的分化，而颗粒细胞分泌的 DHH 和 IHH 信号能进一步诱导周围的体细胞分化为具有激素合成能力的膜间质细胞。

在性别分化过程中，除了形成睾丸和卵巢，同时会形成与性别相关的一些附属结构，如子宫、输卵管、附睾、输精管等。在哺乳动物的胚胎发育过程中会形成中肾的结构，但是它不会行使肾脏的功能，而是在胚胎发育的后期退化。伴随中肾的发育，出现两套管状的结构，分别为副中肾管（也称为缪勒氏管，Müllerian duct）和中肾管（也称为沃尔夫氏管，Wolffian duct）。但是在性别分化完成以后，不同性别的个体只保留了其中一种结构，另外一种退化。在雄性个体中，睾丸支持细胞分泌的 AMH 诱导副中肾管退化，同时胚胎期睾丸间质细胞合成的少量雄激素能够诱导中肾管进一步发育为附睾、输精管和储精囊等结构。在雌性个体中，胚胎期的卵巢不能合成雄激素，因此中肾管不能进一步发育而发生退化。同时由于卵巢也不能分泌 AMH，所以副中肾管不会退化，进一步发育为输卵管、子宫、子宫颈及阴道上部。

AMH 为抗缪勒氏管激素（anti-Müllerian hormone）的缩写，也称为 MIS（Müllerian inhibiting substance）。该基因编码一个含 560 个氨基酸残基的糖蛋白，属于 TGF-β超家族。它在胚胎期睾丸支持细胞中特异表达。小鼠 *AMH* 基因的启动子序列可结合 Sry 蛋白，很可能直接受 Sry 的激活。在人中，AMH 也是由胎儿的支持细胞产生的一种糖蛋白。在性腺发育中，AMH 的主要作用是在人妊娠第 8～10 周的短时期内，引起副中肾管从头到尾的逐级退化。AMH 主要是结合到副中肾管间充质细胞表达的 AMH 的Ⅱ型受体上，引起上皮细胞的凋亡。将 AMH 或 AMH 的Ⅱ型受体基因敲除后，这些小鼠的副中肾管及其衍生结构并不退化，睾丸可完全下降，并能产生有功能的精子。

在人妊娠第 9 或第 10 周，可能是受到支持细胞的前体细胞分泌的 SRY 蛋白的作用，生殖嵴中的间充质细胞分化形成睾丸间质细胞（Leydig cell）。睾丸间质细胞分泌的睾酮可促进中肾管的存活。在发育的早期，睾酮的分泌是受胎盘来的 hCG 的控制。在以后的发育中，男性胎儿的垂体促性腺激素开始控制睾酮的分泌（图 2-6）。

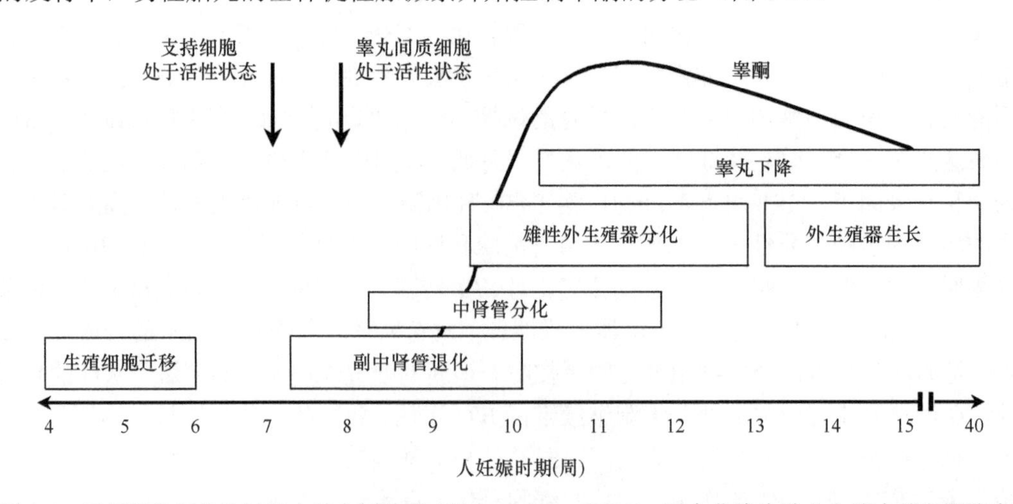

图 2-6　示男性性别分化过程中的主要阶段（引自 Hughes，2001）。图中曲线为胎儿血液中的睾酮浓度。支持细胞处于活性状态表示所分泌的 AMH 引起副中肾管的退化。睾丸间质细胞处于活性状态表示所分泌的睾酮诱导男性性别的分化

在妊娠第8～12周，最初分泌的睾酮刺激中肾管发育为输精管（vasa deferentia）。每个中肾管最顶头的部位退化后，可见到一个残留物，为附睾附件（appendix epididymis）。靠近睾丸的那部分输精管将来分化成卷曲的附睾。第9周时，在附睾区的5～12根中肾管与将来睾丸网的细胞索相接触。

异性孪生母犊不孕（freemartin calves）是由于雌性胎儿与雄性的孪生胎儿共同在子宫中生存导致的。这些母牛虽然具有卵巢，但与公牛一样缺乏由副中肾管形成的器官，因此是不孕的。其中最主要的原因是雄性胎儿血液中的AMH流入雌性胎儿中后，诱导了副中肾管的退化。在罕见的情况下，遗传性别为男性的人也会存在副中肾管。在这些男性中，已证实AMH 和AMH的受体基因发生了突变。这些结果表明，副中肾管的退化是一个主动的过程。

第四节　不同性别胚胎的发育

哺乳动物卵母细胞的受精过程确定了胚胎的性别，也起始了一系列导致性别分化的事件。出生时，雌性和雄性的数目虽然几乎相等，但雄性通常要比雌性重一些。这种出生时体重的差异与胎儿出生前在性别特异性激素环境下的差异性生长有关。

在体外，对牛、绵羊、小鼠、猪和人等的研究发现，雄性胚胎的发育总要比雌性胚胎快一些，而且到胚泡期时雄性胚胎中的细胞数也要比雌性胚胎多一些。在牛人工授精后30 h内卵裂到2-细胞期的胚胎中，雄性胚胎数要比雌性胚胎数多一些。此外，在绵羊、小鼠和人中，Y染色体连锁的基因表达最早可在2-细胞期检测到。

一、配子相互作用和性别比例

在发情周期中，授精时间的不同可能会导致后代的性别比例有所不同。用CD1小鼠实验时，在发情期的早期交配会使雄性胚胎的比例增加，而在发情期的晚期交配则会使雌性胚胎的数目增加。在牛中的情况也很接近，如在发情期的早期进行人工授精，可使后代中的雄性比例明显增加，达到91.7%；如在发情期的晚期进行人工授精，则会使雌性的比例明显增加（92.9%）。另一研究中则发现，在发情开始后第8～10 h进行人工授精时，雄性的比例仅为53.8%；在发情开始后第20～25 h进行人工授精，得到的雄性比例也仅为51.7%。在绵羊中还发现，在排卵前5 h进行人工授精，可使出生时母羔的比例明显增加；而在排卵后5 h进行人工授精，则使出生时公羔的比例明显增加。

在进行体外受精时，精子和卵母细胞一起孵育的时间对所得胚胎的性别也有影响。将体外成熟24 h后的牛卵母细胞随机分为4组，与精子一起孵育6 h、9 h、12 h或18 h。将精子和卵丘细胞洗去后，在含输卵管上皮的共培养系统中再把这些卵母细胞继续培养178 h。在与精子一起孵育较短时间（6 h）的卵母细胞中，卵裂到2-细胞期的比例明显比其他长时间孵育的组中少，但发育到胚泡期的数目在4组中没有区别。另外，在孵育6 h的组中，雄性胚胎数明显多于其他组。而且，在绵羊中也得到了同样的结果。在至少10次的重复实验中均发现，减少精子和卵母细胞在一起孵育的时间可使雄∶雌比达到2∶1。这些结果表明，在起初6 h的受精过程中，Y染色体精子比X染色体精子具有更大的优越性。

二、性别与胚胎发育速度

在一些动物种类中，雄性和雌性胚胎在体外发育的速度不同，但在体内却相同。将小鼠胚胎在体外培养 24 h 后，雄性胚胎的细胞增殖速度要比雌性胚胎快。在具有高浓度葡萄糖的细胞培养系统中，雄性胚胎的发育速度要快。这是由于培养液中的高浓度葡萄糖可加速雄性胚胎的发育，并减慢雌性胚胎的发育。

三、性别相关的基因表达

由于 X 和 Y 染色体不同，雌性和雄性胚胎中由这些染色体编码的基因数目和基因的拷贝数均不同。在小鼠、人和绵羊的雄性胚胎中，SRY 和锌指蛋白 Y 基因均在 2～8-细胞期表达。因此，最初认为雄性胚胎的有丝分裂速度较快是 Y 染色体上基因的早期表达所致，因为 *SRY* 基因具有促有丝分裂活性。但当 *Sry* 基因缺失时，小鼠胚胎中这种差异性生长仍然存在。而且，具有一个 X 染色体而无 Y 染色体的小鼠胎儿（XO）比具有 XX 染色体的胎儿大，其大小接近 XY 胎儿，表明 X 染色体上的基因表达水平和拷贝数对早期胚胎的发育具有重要的调节作用。

此外，由于发生剂量补偿（dosage compensation），具有 XX 染色体的雌性胚胎中一条 X 染色体失活，从而使其 X 染色体连锁基因的表达量与具有 XY 染色体的雄性胚胎中的表达量相近。X 染色体的失活是一个逐渐的过程，是由受精后 X 失活特异基因（X-inactive specific transcript，XIST）的表达所启动的。尽管小鼠中 *XIST* 基因早在 4-细胞期开始表达，牛胚胎中 *XIST* 基因在 8-细胞期开始表达，但失活后 X 染色体的异染色质化要到胚泡期才出现。X 染色体的失活对于正常的胚胎发育是必需的。如果两个 X 染色体在胚胎着床后都处于活性状态，则胚胎发育速度减慢，还会导致胚胎死亡。

在 X 染色体失活及剂量补偿发生前，X 染色体上与代谢紧密相关的基因的过量表达可能导致雌雄胚胎的发育速率有所不同。X 染色体上的葡萄糖-6-磷酸脱氢酶（glucose-6-phosphate dehydrogenase，G6PD）及次黄嘌呤磷酸核糖转移酶（hypoxanthine phosphoribosyl transferase，HPRT）均控制关键的代谢过程。*G6PD* 和 *HPRT* 基因均发生 X 染色体失活。在小鼠、牛和人着床前胚胎中，HPRT 的活性增加，但到胚泡期时则下降。利用 RT-PCR 检测单个牛卵母细胞和胚胎中 *G6PD* 基因的表达时发现，*G6PD* 基因的表达量在 4-细胞期达到峰值。而且，牛的雌性早期胚泡中表达 G6PD 和 HPRT 的量明显比雄性胚泡中多。在体外生产的牛胚胎中，雌性的桑椹胚和胚泡中表达的 G6PD 量要比雄性的桑椹胚和胚泡中分别多 22%和 18%。*HPRT* 基因在雌性桑椹胚和胚泡中的表达量要比雄性的桑椹胚和胚泡中分别多 11%和 10%。然而，这些表达量的差异仍未达到统计学上差异显著的水平。

另外，*ZFY* 基因仅在雄性胚胎中表达。*XIST* 基因仅在雌性胚泡中表达，但雄性的桑椹胚中可检测到低水平的 *XIST* 表达，其表达量相当于雌性胚泡中表达量的 62%。

在雄性和雌性胚胎中检测到的基因表达水平的差异，可能导致雌性和雄性胚胎的发育速度不同，但由于一些结果的可靠性仍需验证，很可能其他一些基因在雌性及雄性胚胎的差异性发育中也起重要作用。

参 考 文 献

桂建芳, 易梅生. 2002. 发育生物学. 北京: 科学出版社.

胡锐颖, 李仲逵, 丁小燕. 2005. 鸟类性别决定机制及性别鉴定的研究进展. 遗传, 27(2): 297-301.

梅洁, 桂建芳. 2014. 鱼类性别异形和性别决定的遗传基础及其生物技术操控. 中国科学(生命科学), 44(12): 1198-1212.

徐晋麟, 徐沫. 1998. 哺乳动物性别决定和性反转. 生物化学与生物物理进展, 25(1): 30-36.

Ando Y, Fujimoto T. 1983. Ultrastructural evidence that chick primordial germ cells leave the blood vascular system prior to migrating to the gonadal anlage. Dev Growth Differ, 25: 345-352.

Anstrom K K, Tucker R P. 1996. Tenascin-C lines the migratory path-way of avian primordial germ cells and hematopoietic progenitor cell. Dev Dyn, 206: 437-440.

Ara T, Nakamura Y, Egawa T, et al. 2003. Impaired colonization of the gonads by primordial germ cells in mice lacking a chemokine, stromal cell-derived factor-1 (SDF-1). Proc Natl Acad Sci U S A, 100: 5319-5323.

Arnold A P, Chen X, Link J, et al. 2013. Cell-autonomous sex determination outside of the gonad. Dev Dyn, 242: 371-379.

Arnold A P. 2017. A general theory of sexual differentiation. J Neurosci Res, 95: 291-300.

Bachtrog D, Mank J E, Peichel C L, et al. 2014. Sex determination: Why so many ways of doing it? PLoS Biol, 12: e1001899.

Bardoni B, Zanaria E, Guioli S, et al. 1994. A dosage sensitive locus at chromosome Xp21 is involved in male to female sex reversal. Nat Genet, 7: 497-501.

Behringer R R, Finagold R L. 1994. Müllerian-inhibiting substance function during mammalian sexual development. Cell, 79: 415-425.

Cao Q P, Gaudette M F, Robinson D H. 1995. Expression of the mouse testis-determining gene *Sry* in male preimplantation embryos. Mol Reprod Dev, 40: 196-204.

Chen M, Zhang L, Cui X, et al. 2017. Wt1 directs the lineage specification of Sertoli and granulosa cells by repressing Sf1 expression. Development, 144: 44-53.

Chen S R, Zheng Q S, Zhang Y, et al. 2013. Disruption of genital ridge development causes aberrant primordial germ cell proliferation but does not affect their directional migration. BMC Biol, 11: 22.

Crews D, Bull J J. 2009. Mode and tempo in environmental sex determination in vertebrates. Semin Cell Dev Biol, 20: 251-255.

Donovan P J, Stott D, Cairns L A, et al. 1986. Migratory and postmigratory mouse primordial germ cells behave differently in culture. Cell, 44: 831-838.

Dranow D B, Tucker R P, Draper B W. 2013. Germ cells are required to maintain a stable sexual phenotype in adult zebrafish. Dev Biol, 376: 43-50.

Eggers S, Ohnesorg T, Sinclair A. 2014. Genetic regulation of mammalian gonad development. Nat Rev Endocrinol, 10: 673-683.

Ezaz T, Stiglec R, Veyrunes F, et al. 2006. Relationships between vertebrate ZW and XY sex chromosome systems. Curr Biol, 16: 736-743.

Fernandino J I, Hattori R S, Moreno Acosta O D, et al. 2013. Environmental stress-induced testis differenttiation: androgen as a by-product of cortisol inactivation. Gen Comp Endocrinol, 192: 36-44.

Ferrari S, Harley V R, Pontiggia A, et al. 1992. SRY, like HMG1, recognizes sharp angles in DNA. EMBO J, 11: 4497-4506.

Ffrench-Constant C, Hollingsworth A, Heasman J, et al. 1991. Response to fibronectin of mouse primordial germ cells before, during and after migration. Development, 113: 1365-1373.

Foster J W, Brennan F E, Hampikian G K, et al. 1992. Evolution of sex determination and the Y chromosome: SRY-related sequences in marsupials. Nature, 359: 531-533.
Foster J W, Dominguez-Steglich M A, Guioli S, et al. 1994. Campomelic dysplasia and autosomal sex reversal caused by mutations in an SRY-related gene. Nature, 372: 525-530.
Gilbert S F. 2003. Developmental Biology. Seventh Edition. Sunderland, MA: Sinauer Associates, Inc.
Ginsburg M, Snow M H, McLaren A. 1990. Primordial germ cells in the mouse embryo during gastrulation. Development, 110: 521-528.
Giuili G, Shen W H, Ingraham H A. 1997. The nuclear receptor SF-1 mediates sexually dimorphic expression of Müllerian inhibiting substance *in vivo*. Development, 124: 1799-1807.
Godin I, Wylie C C, Heasman J. 1990. Genital ridges exert long-range effects on mouse primordial germ cell numbers and direction of migration in culture. Development, 108: 357-361.
Godin I, Wylie C C. 1991. TGF beta 1 inhibits proliferation and has a chemotropic effect on mouse primordial germ cells in culture. Development, 134: 1451-1458.
Gomperts M, Garcia-Castro M, Wylie C, et al. 1994. Interactions between primordial germ cells play a role in their migration in mouse embryos. Development, 120: 135-141.
Graves J A. 2013. How to evolve new vertebrate sex determining genes. Dev Dyn, 242: 354-359.
Gubbay J, Collignon J, Doopman P. 1990. A gene mapping to the sex determining region of the mouse Y chromosome is a member of novel family of embryonically expressed genes. Nature, 346: 245-250.
Gubbay J, Vivian N, Economou A, et al. 1992. Inverted repeat structure of the Sry locus in mice. Proc Natl Acad Sci U S A, 89: 7953-7957.
Harley V R, Goodfellow P N. 1994. The biochemical role of SRY in sex determination. Mol Reprod Dev, 39: 184-193.
Hattori R S, Murai Y, Oura M, et al. 2012. A Y-linked anti-Müllerian hormone duplication takes over a critical role in sex determination. Proc Natl Acad Sci U S A, 109: 2955-2959.
Herpin A, Schartl M. 2015. Plasticity of gene-regulatory networks controlling sex determination: of masters, slaves, usual suspects, newcomers, and usurpators. EMBO Rep, 16: 1260-1274.
Hirano T, Matsuda T, Nakajima K. 1994. Signal transduction through gp130 that is shared among the receptors for the interleukin-6 related cytokines super family. Stem Cell, 12: 262-267.
Hogan B L. 1999. Morphogenesis. Cell, 96: 225-233.
Holleley C E, Sarre S D, O'Meally D, et al. 2016. Sex reversal in reptiles: reproductive oddity or powerful driver of evolutionary change? Sex Dev, 10: 279-287.
Hughes I A. 2001. Minireview: Sex differentiation. Endocrinology, 142: 3281-3287.
Irie N, Weinberger L, Tang W W, et al. 2015. SOX17 is a critical specifier of human primordial germ cell fate. Cell, 160: 253-268.
Jameson S A, Lin Y T, Capel B. 2012. Testis development requires the repression of Wnt4 by Fgf signaling. Dev Biol, 370: 24-32.
Jiang F X, Clark J, Renfree M B. 1997. Ultrastructural characteristics of primordial germ cells and their amoeboid movement to the gonadal ridges in the tammar wallaby. Anat Embryol (Berl), 195: 473-481.
Jimenez R, Barrionuevo F J, Burgos M. 2013. Natural exceptions to normal gonad development in mammals. Sex Dev, 7: 147-162.
Jimenez R, Burgos M. 1998. Mammalian sex determination: joining pieces of the genetic puzzle. BioEssays, 20: 696-699.
Jimenez R, Sánchez A, Burgos M. 1996. Puzzling out the genetics of mammalian sex determination. Trends Genet, 12: 164-171.
Just W, Baumstark A, Süss A, et al. 2007. Ellobius lutescens: sex determination and sex chromosome. Sex Dev, 1: 211-221.
Kawase E, Yamamoto H, Hashimoto K, et al. 1994. Tumor necrosis factor-alpha (TNF-alpha) stimulates proliferation of mouse primordial germ cells in culture. Dev Biol, 161: 91-95.
Keshet E, Lyman S D, Williams D E, et al. 1991. Embryonic RNA expression patterns of the c-kit receptor and its cognate ligand suggest multiple functional roles in mouse development. EMBO J, 10: 2425-2435.

Kim S, Bardwell V J, Zarkower D. 2007. Cell type-autonomous and non-autonomous requirements for Dmrt1 in postnatal testis differentiation. Dev Biol, 307: 314-327.

Kochhar H P S, Peippo J, King W A. 2001. Sex related embryo development. Theriogenology, 55: 3-14.

Koopman P, Gubbay J, Collignon J. 1989. Zfy gene expression, is not compatible with a primary role in mouse sex determination. Nature, 342: 940-942.

Koopman P, Gubbay J, Vivian N, et al. 1991. Male development of chromosomally female mice transgenic for Sry. Nature, 351: 117-121.

Koopman P. 1995. The molecular biology of SRY and its role in sex determination in mammals. Reprod Fertil Dev, 7: 713-722.

Krentz A D, Murphy M W, Kim S, et al. 2009. The DM domain protein DMRT1 is a dose-sensitive regulator of fetal germ cell proliferation and pluripotency. Proc Natl Acad Sci U S A, 106: 22323-22328.

Kuroiwa A, Ishiguchi Y, Yamada F, et al. 2010. The process of a Y-loss event in an XO/XO mammal, the Ryukyu spiny rat. Chromosoma, 119: 519-526.

Larsen W J. 2002. Human Embryology (影印版). Third edition. 北京：人民卫生出版社.

Lin Y T, Capel B. 2015. Cell fate commitment during mammalian sex determination. Curr Opin Genet Dev, 32: 144-152.

Lindeman R E, Gearhart M D, Minkina A, et al. 2015. Sexual cell-fate reprogramming in the ovary by DMRT1. Curr Biol, 25: 764-771.

Liu C, Peng J, Matzuk M M, et al. 2015. Lineage specification of ovarian theca cells requires multicellular interactions via oocyte and granulosa cells. Nat Commun, 6: 6934.

Maatouk D M, DiNapoli L, Alvers A, et al. 2008. Stabilization of beta-catenin in XY gonads causes male-to-female sex-reversal. Hum Mol Genet, 17: 2949-2955.

Maatouk D M, Mork L, Chassot A A, et al. 2013. Disruption of mitotic arrest precedes precocious differenttiation and transdifferentiation of pregranulosa cells in the perinatal Wnt4 mutant ovary. Dev Biol, 383: 295-306.

Maatouk D M, Natarajan A, Shibata Y, et al. 2017. Genome-wide identification of regulatory elements in Sertoli cells. Development, 144: 720-730.

Marshall Graves J A, Peichel C L. 2010. Are homologies in vertebrate sex determination due to shared ancestry or to limited options? Genome Biol, 11: 205.

Matson C K, Murphy M W, Sarver A L, et al. 2011. DMRT1 prevents female reprogramming in the postnatal mammalian testis. Nature, 476: 101-104.

Mcelreavey K, Vilain E, Abbas N. 1993. A regulatory cascade hypothesis for mammalian sex determination: SRY represses a negative regulator of male development. Proc Natl Acad Sci U S A, 90: 3368-3376.

Merchant H. 1975. Rat gonadal and ovarian organogenesis with and without germ cells. An ultrastructural study. Dev Biol, 44: 1-21.

Morrish B C, Sinclair A H. 2002. Vertebrate sex determination: many means to an end. Reproduction, 124: 447-457.

Mulugeta E, Wassenaar E, Sleddens-Linkels E, et al. 2016. Genomes of Ellobius species provide insight into the evolutionary dynamics of mammalian sex chromosomes. Genome Res, 26: 1202-1210.

Munger S C, Capel B. 2012. Sex and the circuitry: progress toward a systems-level understanding of vertebrate sex determination. Wiley Interdiscip Rev Syst Biol Med, 4: 401-412.

Nachtigal M W, Hirokawa Y, Enyeart-VanHouten D L, et al. 1998. Wilms' tumor 1 and Dax-1 modulate the orphan nuclear receptor SF-1 in sex-specific gene expression. Cell, 93: 445-454.

Nakamura M, Kunana T, Miyayma Y. 1991. Ectopic colonization of primordial germ cells in chick embryo lacking the gonads. Anat Rec, 229: 109-115.

Nicol B, Yao H H. 2015. Gonadal identity in the absence of pro-testis factor Sox9 and pro-ovary factor β-catenin in mice. Biol Reprod, 93: 35.

Nishimura T, Tanaka M. 2016. The mechanism of germline sex determination in vertebrates. Biol Reprod, 95: 30.

Ohinata Y, Payer B, O'Carroll D, et al. 2005. Blimp1 is a critical determinant of the germ cell lineage in mice.

Nature, 436: 207-213.

Otake T, Kuroiwa A. 2016. Molecular mechanism of male differentiation is conserved in the SRY-absent mammal, *Tokudaia osimensis*. Sci Rep, 6: 32874.

Page D C, Brown L, Chapelle G. 1987. Exchange of terminal portion of X-Y chromosomal short arm in human XX males. Nature, 328: 437-440.

Palmer M S, Sinclair A H, Berta P. 1989. Genetic evidence that ZFY is not the testis-determining factor. Nature, 342: 937-939.

Parma P, Radi O, Vidal V, et al. 2006. R-spondin1 is essential in sex determination, skin differentiation and malignancy. Nat Genet, 38: 1304-1309.

Pereda J, Motta P M. 1991. A unique fibrillar coat on surface of migrating human primordial germ cells. Development, 110: 521-527.

Pilon N, Daneau I, Paradis V, et al. 2003. Porcine SRY promoter is a target for steroidogenic factor 1. Biol Reprod, 68: 1098-1106.

Quinn A E, Sarre S D, Ezaz T, et al. 2011. Evolutionary transitions between mechanisms of sex determination in vertebrates. Biol Lett, 7: 443-448.

Raverdeau M, Gely-Pernot A, Féret B, et al. 2012. Retinoic acid induces Sertoli cell paracrine signals for spermatogonia differentiation but cell autonomously drives spermatocyte meiosis. Proc Natl Acad Sci U S A, 109: 16582-16587.

Saitou M, Kagiwada S, Kurimoto K. 2012. Epigenetic reprogramming in mouse pre-implantation development and primordial germ cells. Development, 139: 15-31.

Sánchez A, Marchal J A, Romero-Fernández I, et al. 2010. No differences in the *Sry* gene between males and XY females in Akodon (Rodentia, Cricetidae). Sex Dev, 4: 155-161.

Saunders P A, Franco T, Sottas C, et al. 2016. Masculinised behaviour of XY females in a mammal with naturally occuring sex reversal. Sci Rep, 6: 22881.

Sekido R, Lovell-Badge R. 2013. Genetic control of testis development. Sex Dev, 7: 21-32.

Sinclair A H, Foster J W, Spencer J A. 1988. Sequences homologous to ZFY, a candidate human sex-determining gene, are autosomal in marsupials. A gene from the human sex-determining region encodes a protein with homology to a conserved DNA-binding motif. Nature, 336: 780-783.

Sinclair A, Smith C. 2009. Females battle to suppress their inner male. Cell, 139: 1051-1053.

Sinclair C A, Roeszler K N, Ohnesorg T, et al. 2009. The avian Z-linked gene DMRT1 is required for male sex determination in the chicken. Nature, 461: 267-271.

Smith C A, Roeszler K N, Ohnesorg T, et al. 2009. The avian Z-linked gene DMRT1 is required for male sex determination in the chicken. Nature, 461: 267-271.

Tam P P, Zhou S X. 1996. The allocation of epiblast cells to ectodermal and germ-line lineages is influenced by the position of the cells in the gastrulating mouse embryo. Dev Biol, 178: 124-132.

Tanaka S S, Nishinakamura R. 2014. Regulation of male sex determination: genital ridge formation and Sry activation in mice. Cell Mol Life Sci, 71: 4781-4802.

Tomizuka K, Horikoshi K, Kitada R, et al. 2008. R-spondin1 plays an essential role in ovarian development through positively regulating Wnt-4 signaling. Hum Mol Genet, 17: 1278-1291.

Uhlenhaut N H, Jakob S, Anlag K, et al. 2009. Somatic sex reprogramming of adult ovaries to testes by FOXL2 ablation. Cell, 139: 1130-1142.

Urven L E, Erickson C A, Abbott U K, et al. 1988. Analysis of germ line development in the chick embryo using an anti-mouse EC cell antibody. Development, 103: 299-304.

Veyrunes F, Chevret P, Catalan J, et al. 2010. A novel sex determination system in a close relative of the house mouse. Proc Biol Sci, 277: 1049-1056.

Veyrunes F, Perez J, Paintsil S N, et al. 2013. Insights into the evolutionary history of the X-linked sex reversal mutation in *Mus minutoides*: clues from sequence analyses of the Y-linked *Sry* gene. Sex Dev, 7: 244-252.

Vincent S D, Dunn N R, Sciammas R, et al. 2005. The zinc finger transcriptional repressor Blimp1/Prdm1 is dispensable for early axis formation but is required for specification of primordial germ cells in the

mouse. Development, 132: 1315-1325.
Wachtel S S. 1998. X-linked sex-reversing genes. Cytogenet Cell Genet, 80: 222-225.
Whitfield L S, Lovell-Badge R, Goodfellow P N. 1993. Rapid sequence evolution of the mammalian sex-determining gene SRY. Nature, 364: 713-715.
Wilhelm D, Hiramatsu R, Mizusaki H, et al. 2007. SOX9 regulates prostaglandin D synthase gene transcription *in vivo* to ensure testis development. J Biol Chem, 282: 10553-10560.
Wilhelm D, Palmer S, Koopman P. 2007. Sex determination and gonadal development in mammals. Physiol Rev, 87: 1-28.
Yamauchi Y, Riel J M, Stoytcheva Z, et al. 2014. Two Y genes can replace the entire Y chromosome for assisted reproduction in the mouse. Science, 343: 69-72.
Ying Y, Liu X M, Marble A, et al. 2000. Requirement of Bmp8b for the generation of primordial germ cells in the mouse. Mol Endocrinol, 14: 1053-1063.
Ying Y, Zhao G Q. 2001. Cooperation of endoderm-derived BMP2 and extraembryonic ectoderm-derived BMP4 in primordial germ cell generation in the mouse. Dev Biol, 232: 484-492.
Zhang L, Chen M, Wen Q, et al. 2015. Reprogramming of Sertoli cells to fetal-like Leydig cells by Wt1 ablation. Proc Natl Acad Sci U S A, 112: 4003-4008.
Zhao D, McBride D, Nandi S, et al. 2010. Somatic sex identity is cell autonomous in the chicken. Nature, 464: 237-242.
Zhao L, Svingen T, Ng E T, et al. 2015. Female to-male sex reversal in mice caused by transgenic overexpression of Dmrt1. Development, 142: 1083-1088.
Zwingman T, Erickson R, Boyer T. 1993. Transcription of the sex determining region genes *Sry* and *Zfy* in the mouse preimplantation embryo. Proc Natl Acad Sci U S A, 90: 814-817.

（高 飞）

第三章　生殖器官的结构与功能

第一节　雌性生殖器官

雌性生殖器官包括卵巢（ovary）、输卵管（oviduct or uterine tube）、子宫（uterus）、阴道（vagina）、前庭（vestibule）、阴门（vulva）和相关腺体。卵子（ova）的发生、成熟、运输、受精、妊娠及胎儿的出生等功能均由雌性生殖器官完成。

一、卵巢

所有哺乳动物的卵巢是成对的，从性腺原基的形成到发育完成均位于肾脏附近。卵巢的大小与动物的年龄和生殖状态有关。多数成年动物的卵巢游离面突向体腔，主要由外层的皮质（cortex）和内部的髓质（medulla）两部分构成。卵巢的主要功能包括雌性激素的分泌和卵子的产生。

（一）形态与结构

1. 卵巢的形态与基本结构

多数哺乳动物的卵巢为卵圆形，由皮质和髓质两部分组成（图 3-1）。皮质主要由卵泡和黄体组成，并覆盖一层低矮的立方上皮细胞；皮质的基质由疏松结缔组织构成；皮质表面有一层由致密结缔组织构成的白膜。卵巢的髓质主要由疏松的结缔组织和平滑肌

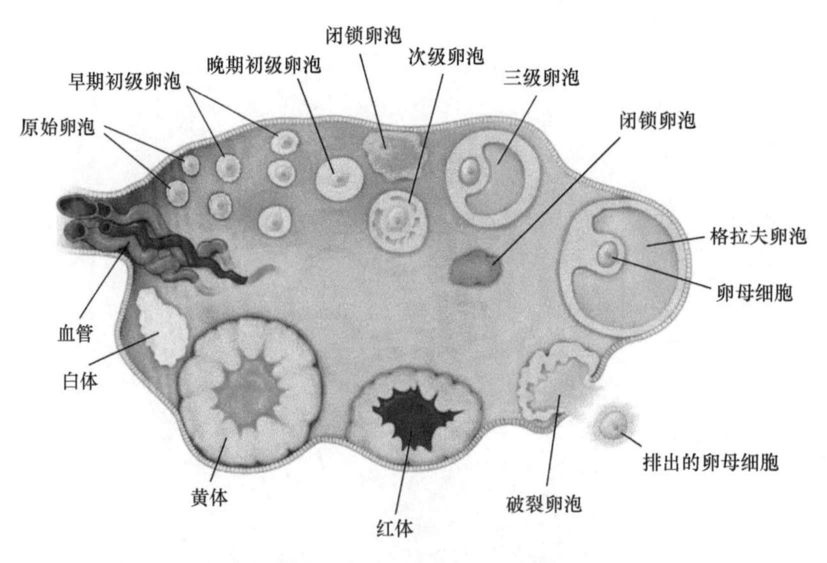

图 3-1　人卵巢结构模式图（引自 Ross and Pawlina，2016）

组成，富含神经、血管和淋巴管，并与卵巢系膜中的平滑肌相连。卵巢网位于髓质部，是由立方上皮细胞或实质细胞束相连而成的不规则的网络管道，这一结构特点在肉食动物和反刍动物中非常明显。

（1）卵泡（ovarian follicle）

根据卵泡的发育时期或生理状态，可将卵泡分为原始卵泡（primordial follicle）、生长卵泡（growing follicle）和成熟卵泡（mature follicle）。其中生长卵泡要经历三个阶级，即初级卵泡（primary follicle）、次级卵泡（secondary follicle）和三级卵泡（tertiary follicle）或格拉夫卵泡（Graafian follicle）。

（2）原始卵泡

原始卵泡由一个大而圆的初级卵母细胞（primary oocyte）和其周围的扁平上皮细胞（squamous epithelial cell）构成。在肉食动物、羊和猪的原始卵泡中，可能有2～6个初级卵母细胞存在的现象，是多卵卵泡（polyovular follicle）。初级卵母细胞大而呈圆形、核内染色质细小而分散，核仁大而明显。胚胎期和出生后，卵巢中大多数是原始卵泡。各种动物在出生时，单个卵巢中的原始卵泡数从数十万到数百万个不等，但在一生中只有几百个卵泡发育到排卵，大多数都退化闭锁。

（3）初级卵泡

原始卵泡启动生长后，发育为初级卵泡。由原始卵泡发育为初级卵泡的主要形态学变化是，卵泡体积增大，卵泡细胞形态发生变化。大多数动物的初级卵泡（图 3-1）是由一个初级卵母细胞和周围的单层立方或柱状卵泡细胞组成。

（4）次级卵泡

随着卵泡的进一步发育，在卵母细胞周围形成多层卵泡细胞或颗粒细胞。卵母细胞外形成一层3～5 μm厚的糖蛋白，称为透明带（zona pellucida）。透明带是由紧贴卵母细胞的颗粒细胞和卵母细胞的分泌产物共同形成的。多层颗粒细胞和由其包围的初级卵母细胞构成次级卵泡（图 3-1）。随着卵泡的继续发育，在颗粒细胞间隙有少量的卵泡液出现。次级卵泡阶段开始出现外周的膜细胞。

（5）三级卵泡

三级卵泡又称为有腔卵泡（antral follicle）（图 3-2 和图 3-3）。三级卵泡的特点是在其中央有一空腔，即卵泡腔。卵泡腔是由次级卵泡的颗粒细胞间隙增大并融合形成的一个较大腔体，其中充满卵泡液。在卵母细胞中央有一球形的细胞核，染色质稀疏呈网状，核仁特别明显。细胞质中的高尔基复合体浓缩，位于细胞膜附近。随着卵泡腔中液体的增多，卵泡腔继续增大，卵母细胞移位远离卵泡中心，通常靠近卵泡的近卵巢中心部。此时称为格拉夫卵泡。在卵母细胞与颗粒细胞层之间形成卵丘（cumulus oophorus）。在较大的三级卵泡中，紧裹在卵母细胞周围的颗粒细胞形成的呈放射状排列的结构，称为放射冠（corona radiata）。

（6）成熟卵泡

当卵泡发育到快排卵时，其中的初级卵母细胞恢复并完成第一次减数分裂，排出第一极体（first polar body），形成次级卵母细胞。但狗和马在排卵后完成第一次减数分裂。第一次减数分裂完成后接着进行第二次减数分裂，但停滞在分裂的中期，直到受精时才完成第二次分裂，卵母细胞释放出第二极体（second polar body）。

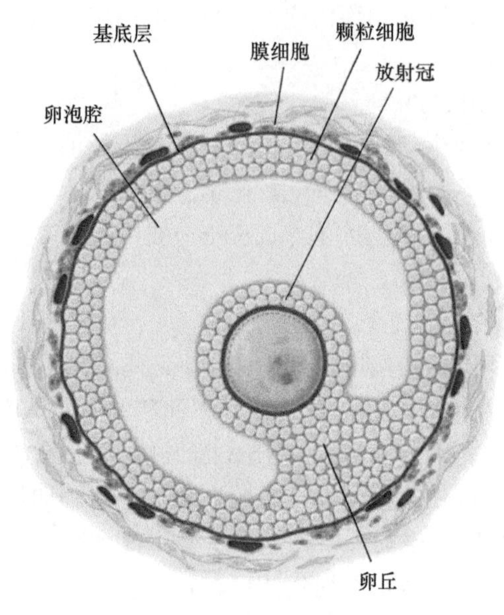

图 3-2　人的格拉夫卵泡（引自 Ross and Pawlina，2016）

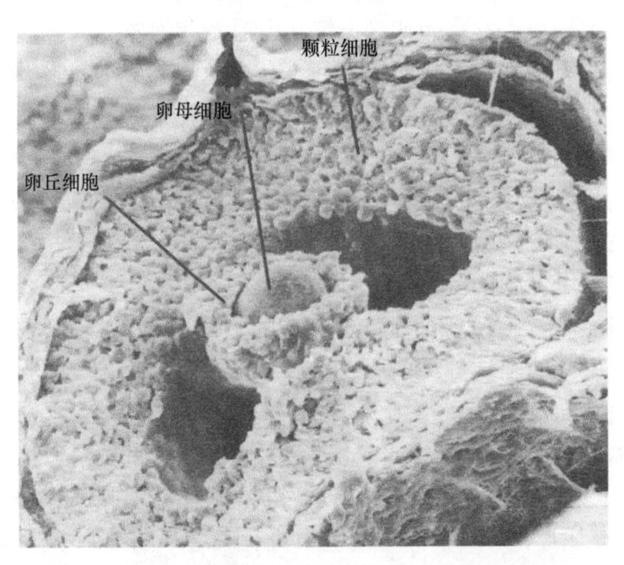

图 3-3　人有腔卵泡扫描电镜图（引自 Mader，1990）

（7）闭锁卵泡（atretic follicle）

动物出生后，卵巢中就有数以百万计的原始卵泡。在个体发育过程中，卵巢内大多数的卵泡不能发育成熟，在发育的不同阶段逐渐退化。初级卵泡退化时，首先是卵母细胞萎缩，进而卵泡细胞离散，结缔组织在卵泡内形成瘢痕。次级卵泡和三级卵泡退化时，卵母细胞核偏位、固缩，透明带膨胀、塌陷；颗粒细胞松散并脱落进入卵泡腔；卵泡液被吸收，卵泡膜内层细胞增大，呈多角形，被结缔组织分隔成团索状，分散在卵巢基质中并形成间质腺。

（8）黄体

进入青春期后，卵巢开始排卵。刚排卵后的卵泡腔内由于充满血液和组织液，称为红体（corpus rubrum）。之后卵泡腔中的血凝块及其组织液被重吸收。与此同时，颗粒细胞和卵泡膜细胞失去原有的形态特征，并取代红体而变为黄体（corpus luteum）（图 3-1）。随后，在黄体中出现结缔组织、脂肪、透明样物质（hyaline-like substances），细胞体积逐渐减小，最终只在卵巢表面形成一个不易被观察到的黄体小疤，即由早期的红棕色变为白色或淡褐色，故称为白体（corpus albicans）。

黄体属于分泌腺，分泌的孕酮（progesterone）能刺激子宫腺体的分泌功能和乳腺发育。在妊娠期，黄体分泌的孕激素主要是维持动物的妊娠过程。

2. 不同动物卵巢的形态与结构特征

人类的卵巢为扁椭圆形。青春期前，卵巢表面光滑；青春期后开始排卵，表面凹凸不平。成年妇女的卵巢大小约为 4 cm×3 cm×1 cm，重 5～6 g，呈灰白色；绝经后卵巢变小变硬。卵巢表面无腹膜，由单层立方上皮覆盖，称为生发上皮（germinal epithelium），其内有一层纤维组织，称为卵巢白膜（tunica albuginea）。白膜内为卵巢实质组织，分为皮质（cortex）和髓质（medulla）两部分。皮质在外层，其中有数以万计的原始卵泡及致密结缔组织；髓质在卵巢的中心部分，含有疏松结缔组织和丰富的血管、神经、淋巴管及少量与卵巢悬韧带相连的平滑肌纤维。髓质内无卵泡。人在出生时，卵巢中有 300 000～500 000 个原始卵泡。

马的卵巢呈豆形，平均长约为 7.5 cm，厚 2.5 cm，表面光滑，覆盖浆膜，借卵巢系膜悬于腰下部、肾后方，其游离缘有一凹陷部称为排卵窝。马卵巢的最外层为髓质，内层为皮质，在排卵小凹处出现生殖上皮。

牛和羊的卵巢为稍扁的椭圆形，羊的较圆、较小，约为 3.7 cm×2.5 cm×1.5 cm。一般位于骨盆前口的两侧附近。未产母牛卵巢稍向后移，多在骨盆腔内；经产母牛卵巢位于腹腔内。性成熟后，成熟的卵泡与黄体可突出于卵巢表面。卵巢囊宽大。

猪的卵巢较大呈卵圆形，其所处的位置、形状、大小及卵巢系膜的宽度在不同年龄的个体间有很大的差异。性成熟前小母猪的卵巢较小，约为 0.4 cm×0.5 cm，表面光滑，呈淡红色，位于荐骨岬两侧稍靠后方，由卵巢系膜固定。接近性成熟时，卵巢体积增大，约为 2 cm×1.5 cm，系膜增宽，卵巢位置稍下垂前移。性成熟后和经产母猪的卵巢更大，长为 3～5 cm，表面有卵泡和黄体突出而呈结节状。卵巢系膜宽 10～20 cm，卵巢位于髋结节前缘约 4 cm 的横断面上，一般左侧卵巢在正中矢状面上，右侧卵巢在正中矢状面稍偏右。

狗卵巢皮质中有非常明显的皮质小管。皮质小管的管腔狭小，衬以立方上皮细胞；卵巢的髓质部富含神经、许多大而卷曲的血管和淋巴管；髓质由疏松的结缔组织和平滑肌组成，并与卵巢系膜中平滑肌相连。卵巢网位于髓质部，是由立方上皮细胞或是实质细胞束相连而成的不规则的网络管道。

（二）卵巢的主要功能

卵巢的功能主要包括生殖激素的分泌和卵子的产生及其排卵。

1. 生殖激素的分泌

卵巢分泌的雌性激素主要有雌激素（estrogen）和孕酮（progesterone）。雌激素主要由颗粒细胞内的芳香化酶作用产生，由卵泡膜细胞产生的雄激素，进入颗粒细胞后由芳香化酶使雄激素芳香化而生成雌激素。孕酮主要由发情后期（metestrus）、间情期（diestrus）、妊娠期的黄体细胞和胎盘产生。雌激素诱导雌性生殖器官的生长、发育及雌性动物的发情行为。孕酮可刺激子宫腺的发育及分泌，使子宫内膜处于接受状态；可阻止卵泡的成熟和再次发情，使动物处于妊娠状态。雌激素和孕激素在促进乳腺的发育方面具有协同作用。卵泡的生长、成熟和雌激素分泌是在垂体促性腺激素——卵泡刺激素（FSH）和黄体生成素（LH）的调节下完成的。另外，卵巢雌激素的分泌又可以诱导排卵前 LH 的大量释放，进而引起排卵和黄体的形成。

2. 卵子的形成及其排卵

在雌性性腺形成时，原始生殖细胞已经存在。随着卵巢的发育，形成初级卵母细胞，周围的细胞形成单层扁平的卵泡细胞，并与初级卵母细胞共同构成原始卵泡。出生前，初级卵母细胞进入并停留在第一次减数分裂前期。性成熟接近排卵时，卵母细胞才恢复并完成第一次减数分裂，即青春期后卵母细胞才完成第一次减数分裂。随着卵泡的发育成熟，卵泡逐渐向卵巢表面移行并向外突出。当卵泡接近卵巢表面时，该处表层细胞变薄，最后破裂，发生排卵（ovulation）。排出的卵母细胞外包有放射冠，进入输卵管漏斗（infundibulum）。在大多数动物中，卵母细胞进入输卵管与精子相遇时放射冠消散。在反刍动物中，排卵时放射冠就已丢失。卵子保持受精能力的时间大约是一天。如果未受精，则被分解吸收。大多数动物是一侧卵巢排卵。马的左侧卵巢排卵量为 60%，而牛大约有 60%～65%的卵是由右侧卵巢排出的。

二、输卵管

输卵管是双侧、弯曲的管道，起始于卵巢并延伸到子宫角（uterine horn），由明显的三部分组成（图 3-4）：①漏斗部（infundibulum），是一个较大的漏斗状结构，邻近卵巢处呈伞状，也称输卵管伞（fimbriae）；②壶腹部（ampulla），是输卵管伞后部的延伸，其管壁较薄；③峡部（isthmus），是与子宫相连的一狭窄的管道。输卵管的管壁由黏膜（mucosa）、肌膜（tunica muscularis）和浆膜（tunica serosa）三层构成，是在雌激素及其他因子的作用下由副中肾管发育而成。

（一）组织结构

1. 黏膜

黏膜上皮属于单层柱状或假复层柱状上皮，由有纤毛柱状细胞和无纤毛柱状细胞构成。无纤毛柱状细胞有分泌功能，其分泌物为卵子提供营养；有纤毛细胞通常分布于输卵管起始端和末尾端。输卵管的固有膜与黏膜下层主要由疏松的结缔组织构成，其中含有许多浆细胞（plasma cell）、肥大细胞（mast cell）和嗜酸性粒细胞（eosinophil）。壶腹部的黏膜上皮和黏膜下层高度折叠。例如，牛的壶腹部大约有 40 个纵行折叠，且每一个折叠又有二级和三级折叠。在峡部有 4～8 个大的折叠，但没有二级或三级折叠。

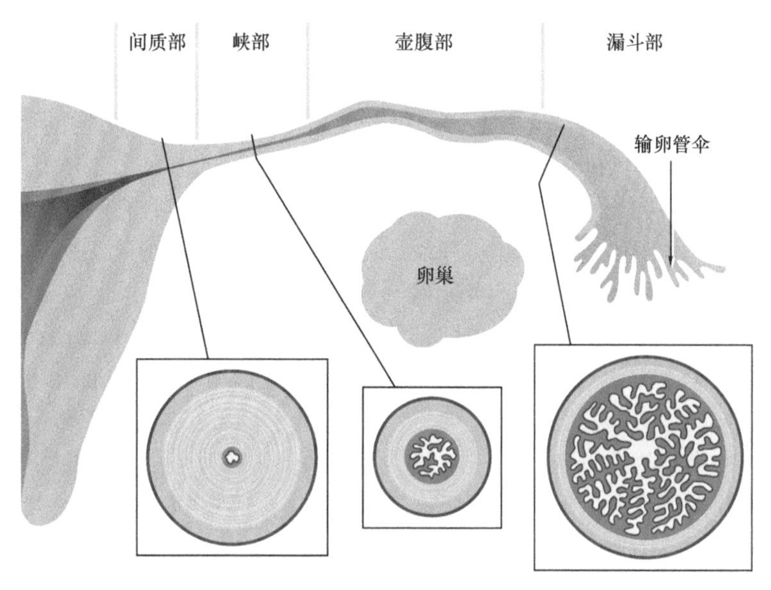

图 3-4　人输卵管模式图（引自 Young et al.，2014）

2. 肌层

肌层主要由环行平滑肌组成，但也有少量的纵行肌和斜行肌。在伞部和壶腹部的肌层较薄；在峡部的肌层明显增厚，与子宫环行肌无明显的界限。

3. 浆膜

由疏松结缔组织构成，含丰富的血管和神经。

（二）功能

输卵管主要作为卵子、精子（spermatozoon）和早期胚胎运行的通道，同时也是生殖细胞停留、吸收营养和受精的部位。

漏斗部围绕卵巢，并由卵巢囊包裹（马无卵巢囊）。漏斗部的游离缘有指状突（伞部）。动物在排卵期，伞部血管充血、肿胀。伞部随平滑肌节律性收缩而在卵巢的表面上部移动。这种结构和功能的变化有利于捕获由卵巢排出的卵母细胞；同时漏斗部上皮细胞的纤毛向子宫方向摆动，能将卵子运送到壶腹部。壶腹部是精子和卵子结合的部位。壶腹部上皮纤毛的运动和平滑肌的收缩共同参与卵子的运动。在峡部肌肉的收缩运动是推动受精卵向子宫方向运动的主要动力。峡部的纤毛运动也有利于受精卵的运动。随着发情周期的变化，峡部肌肉收缩的方向也在发生改变。在卵泡期，逆蠕动收缩将峡部腔内容物送到壶腹部；而在黄体期的分节运动逐渐推动受精卵向子宫方向运动。受精卵通过峡部的时间长短与妊娠时间无关，其通过峡部的时间为 4～5 天。

精子在输卵管内除自身运动外，在一定程度上也依赖于输卵管管壁肌肉的收缩和黏膜上皮纤毛的运动。

三、子宫

子宫（uterus）是一个中空的肌质性器官，通常有两个子宫角和一个子宫体；子宫是孕体（conceptus）着床（implantation）的地方。它是在雌激素的作用下由副中肾管发育来的。在生殖周期中子宫壁经历一系列特定的变化；大多数动物的子宫由子宫角（cornua uteri）、子宫体（uterine body）和子宫颈（cervix uteri）三部分组成，子宫角与输卵管相连，子宫体与阴道（vagina）相连的子宫颈连接，整个子宫通过阔韧带附着于盆腔和腹腔壁上，韧带中含有血管和神经，为子宫提供血液和神经支配。

根据子宫形态可将哺乳动物子宫分为子宫呈一单管状称为单子宫（uterus simplex），如人和灵长类的子宫；在子宫体腔内前部无纵隔的称为双角子宫（uterus bicornis），如猪和马的子宫；在子宫体腔内前部有纵隔将其分开称为双分子宫（uterus bipartitus），如牛、羊、骆驼等动物的子宫。小鼠和有袋类动物有两个子宫，称为双子宫（uterus duplex）动物，其中有袋类动物的双子宫有两个子宫颈，两个阴道；在个别的牛、羊、猪可发现有两个子宫颈和两个完全分开的子宫角，这种结构并不影响其生殖。

（一）子宫的形态结构

1. 子宫的形态

子宫是一个肌质性的中腔器官，借助子宫阔韧带附着于腰下部和骨盆腔的侧壁，大多位于腹腔内，少部分位于骨盆腔内，在直肠与膀胱间。多数家畜的子宫为双子宫，可分为子宫角、子宫体和子宫颈三个部分。子宫的大小、形状、位置和结构因动物的品种、年龄、个体的性周期及妊娠阶段的不同而有很大的差异（图 3-5）。

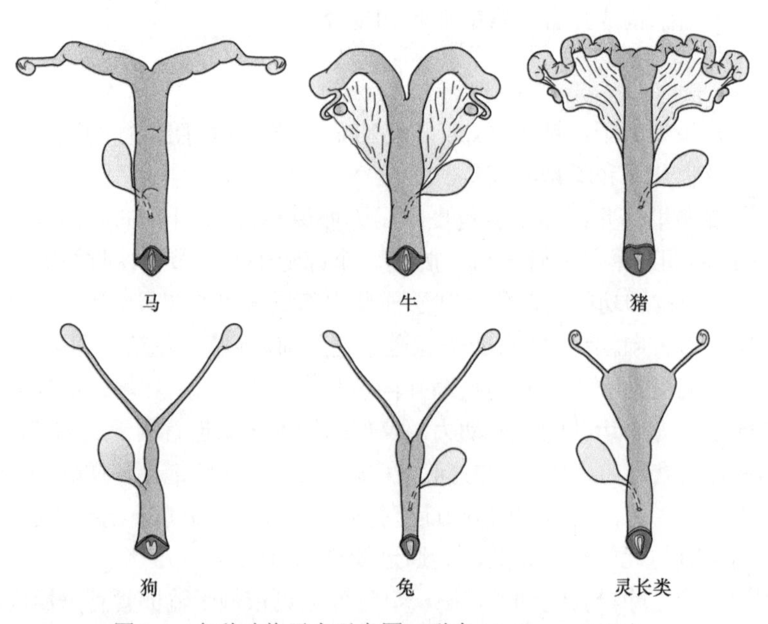

图 3-5 各种动物子宫示意图（引自 Cochran，2011）

人的子宫位于骨盆腔中央，呈倒置梨形，前面扁平而后面稍突出。成年子宫重约 50 g，长 7～8 cm，宽 4～5 cm，厚 2～3 cm，子宫腔容量约为 5 ml。子宫上部较宽，其隆突部为子宫底（fundus uteri），子宫底两侧为子宫角。子宫体下方为子宫颈，呈狭窄的圆柱状。

成年牛的子宫角较长，约为 40 cm，子宫体短，约为 4 cm；而子宫颈较长，约为 10 cm。羊的子宫角长，约为 15 cm，外形像绵羊角；子宫体长为 2 cm；子宫颈长为 4 cm。牛和羊的子宫壁较厚且坚韧。

马的子宫为"Y"形，子宫角稍曲成弓形，背缘凹，腹缘凸出而游离；子宫体长与子宫角长相当，子宫颈后端突入阴道内，有明显的子宫颈阴道部。

猪的子宫角特别长，经产母猪为 12～15 cm，子宫体短，约为 5 cm。仔母猪子宫角细而弯曲，子宫颈长 13 cm 左右。子宫颈与阴道无明显的界限，但其形成两个半圆形的黏膜褶，交错排列，使子宫颈管呈狭窄的螺旋形。

2. 子宫的结构

子宫由子宫内膜（endometrium）、子宫肌层（myometrium）和子宫外膜（perimetrium）三层构成（图 3-6）。

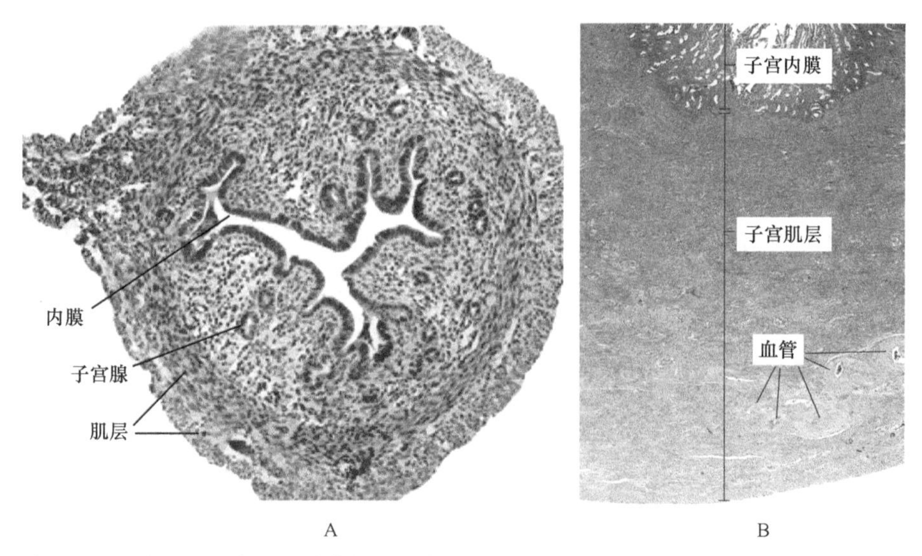

图 3-6　小鼠和人子宫组织结构图（引自 Xu et al., 2014；Ross and Pawlina, 2016）。
A. 小鼠子宫；B. 人子宫

（1）子宫内膜

子宫内膜位于子宫腔面，由上皮和固有层组成。灵长类、啮齿类、马、犬、猫等动物的上皮为单层柱状上皮，而猪和反刍动物的上皮为单层柱状或假复层上皮。固有层由富含血管的胚性结缔组织组成。固有层的浅层有较多的细胞成分，主要为星状细胞，这些细胞借突起互相连接。此外还有巨噬细胞和肥大细胞。固有层的深层，细胞成分较少，有子宫腺分布。大多数动物的子宫腺为弯曲、分支管状腺，管状腺的内层是由有绒毛的单层柱状上皮或无绒毛的单层柱状上皮细胞组成。子宫腺的密度因动物的种类、胎次和发情周期的不同而有差异。

人及灵长类固有层的浅层为功能层，深部较薄的为基底层。在月经周期中，功能层发生部分或全部丢失，而基底层在整个生殖周期中都存在。当功能层丢失后，可以从深部的基底层得到恢复。

子宫阜（caruncle）是反刍动物子宫的一种特殊结构，是位于子宫体和子宫角黏膜上特殊的圆形隆起，富含成纤维细胞和血管。反刍动物的子宫阜部位没有腺体。每侧子宫角有 4 排子宫阜，每排大约有 15 个子宫阜；牛的子宫阜为圆顶状，羊为杯状。子宫阜为胎膜与子宫壁的结合部位。

（2）子宫肌层

子宫肌层是子宫最厚的一层，它主要由内层环行平滑肌和外层纵行平滑肌构成。在两层平滑肌之间及平滑肌深部有大量的动脉血管、静脉血管和淋巴管。

（3）子宫外膜

由疏松的结缔组织组成，其外覆盖腹膜间皮（peritoneal mesothelium）。这一层也有平滑肌细胞、血管、淋巴管和神经纤维。

另外，子宫颈是连接阴道和子宫的一个通道，主要由平滑肌、弹力纤维、血管等构成；黏膜下层高度折叠，有二级和三级折叠，母牛子宫颈有 4 个环行折叠和 15～25 个纵行折叠，每一个折叠都有二级和三级折叠存在，这种折叠可能被错认为是腺体结构。大多数动物的子宫腺不会延伸到子宫颈，在子宫颈的腺体是黏液腺。

（二）功能

肌层是子宫三层结构中最厚的一层，在这一层中丰富的血管为子宫提供营养。在妊娠期，子宫肌层中平滑肌细胞的长度逐渐增长，对胎儿的发育和产出都有重要作用。

子宫内膜中有子宫腺，能分泌多种物质，除对胎儿具有重要的营养作用外，对胚胎着床、妊娠识别及胎儿的存活与发育起着重要的调节作用。在食肉类动物中，子宫内膜分泌活性的改变将导致胚胎着床的延迟。在啮齿类动物中，由子宫分泌白血病抑制因子、降钙素等因子，对子宫接受性的建立和胚胎的着床起作用。在猪、牛、马和羊等家畜中，子宫内膜的分泌物影响胎儿的存活和胚胎的发育。利用孕酮抑制母羊子宫内膜腺的分化，或由其他疾病引起的子宫内膜的纤维化，均可导致不孕、早期胎儿的死亡或早期流产等。

四、阴道

（一）阴道形态与大小

阴道从子宫颈延伸到阴道前庭，是雌性动物的交配器官和胎儿产出的通道。

人的阴道位于骨盆下部的中央，上端包围子宫颈，下端开口于阴道前庭后部，上端较下端宽；前壁与膀胱和尿道相接，后壁与直肠紧贴，前壁长 7～9 cm，后壁长 10～12 cm，平时阴道前后壁相互贴近。阴道黏膜淡红色，并且受性激素的影响而有周期性的变化。牛的阴道长 20～25 cm，妊娠母牛阴道可增至 30 cm 以上。阴道壁较厚，阴道穹窿呈半环状，仅见于阴道前端的背侧和两侧。牛的阴瓣较不明显，在尿道外口的腹侧有一尿道下憩室。马的阴道长为 15～20 cm，阴道穹窿呈环状；母马驹的阴瓣发达，经产的老龄母马的阴瓣常不明显。猪的阴道长 10～12 cm，肌层较厚，直径小；黏膜有皱褶，不形成阴道穹窿。阴瓣为一环形皱褶，阴蒂细长，突出于阴道窝的表面；尿生殖前庭腹侧壁的黏膜形成两对纵褶，前庭许多开口位于纵褶之间。

（二）组织结构

阴道壁由黏膜层（mucosa）、肌层（tunica muscularis）和外膜或浆膜（tunica adventitia or serosa）组成（图 3-7）。

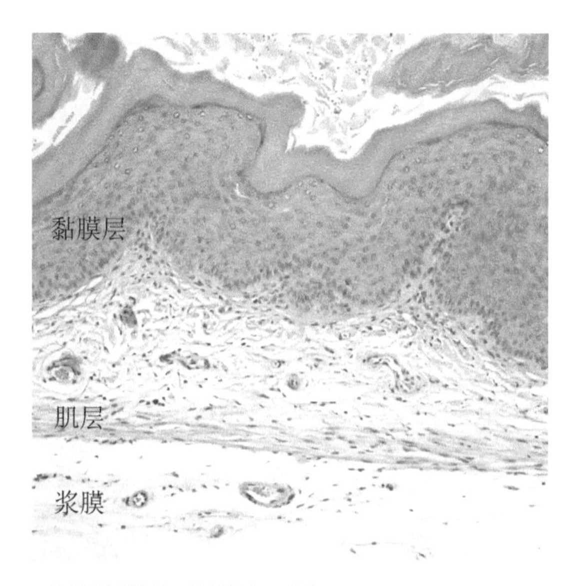

图 3-7　小鼠阴道组织结构图（引自 Treuting and Dintzia，2012）

1. 黏膜层

阴道黏膜上皮为一复层扁平上皮，在发情前期和发情期增厚。固有层（propria）和黏膜下层（submucosa）由疏松结缔组织或致密的不规则结缔组织组成；阴道后部的固有层有少量的淋巴结。阴道黏膜受性激素影响而有周期性的变化。绝经后妇女的阴道黏膜上皮甚薄，皱襞少，伸展性小，易创伤而感染。

2. 肌层

由厚的内环肌层和较薄的外纵行平滑肌组成，内环肌由结缔组织分成束状。

3. 浆膜

浆膜层为疏松的结缔组织，由大量的血管、神经和神经节组成。外部纵行肌可看作是浆膜的一部分。

五、前庭、阴蒂、阴门

（一）前庭

前庭与阴道以处女膜（hymen）为分界；前庭壁上有尿道开口（orifices of the urethra）

和大小前庭腺。除黏膜深部有较多的淋巴小结外，前庭壁类似于阴道后部，特别是在阴蒂，有更多的上皮下淋巴结存在。发生炎症时可能影响生殖。

前庭大腺体与雄性动物的尿道球腺（bulbourethral gland）同源。前庭大腺体是一种复合的管泡黏液腺，位于黏膜层深部，末端的分泌泡含有大的黏液细胞，与腺泡相连的小管内衬柱状黏液细胞和杯状细胞；大管直通前庭，内衬一层厚的复层鳞状上皮细胞，分散或是聚集的淋巴结位于大管周围。在交配时，腺体受压而释放黏液以润滑前庭。前庭小腺体比较小，在大多数动物的前庭黏膜中有散在分布的管状分支黏液腺，衬以复层扁平上皮细胞。

（二）阴蒂（clitoris）

阴蒂位于前庭尾区远端，由阴蒂海绵体、阴蒂头（glans clitoridis）和阴蒂包皮（preputium clitoridis）组成。阴蒂海绵体与阴茎海绵体的结构相似。阴蒂头与阴茎头（glans penis）同源。阴蒂包皮是前庭黏膜的延续，有侧壁和内脏层，内脏层有大量的神经末梢。

（三）阴门（vulva）

阴门由大小阴唇构成，并有皮肤覆盖。皮肤上有汗毛（fine hair）。真皮下有使阴门发生收缩的横纹肌纤维（striated muscle fiber），阴门部有丰富的小血管和淋巴管。动物在发情期阴门充血肿胀，局部温度升高。

第二节　雌性生殖器官的周期性变化

初情期（puberty）是雌性动物初次表现发情并发生排卵的时期。雌性动物进入初情期以后，其生殖器官及性行为重复发生一系列明显的周期性变化称为发情周期（estrous cycle）。本节将主要介绍发情周期过程中雌性生殖器官的周期性变化。

一、发情周期中卵巢的变化

雌性动物在发情周期中，卵巢经历卵泡的生长、发育、成熟、排卵、黄体的形成和退化等一系列变化。

（一）卵泡发育

成年雌性动物的卵泡群中有两种卵泡，一种是生长发育中的少量卵泡，另一种是作为储备的大量原始卵泡。从原始卵泡发育成能够排卵的成熟卵泡，要经历一个复杂的过程。根据卵泡生长阶段不同，可将它们划分为不同的类型或等级（卵泡类型和等级的划分及形态特征参见本章第一节）。雌性动物在内、外环境因素刺激下，下丘脑弓状核分泌的促性腺激素释放激素（GnRH）作用于腺垂体促性腺激素细胞，后者分泌 FSH 和 LH，二者协同作用于卵巢，调节卵泡的生长、发育、成熟并排卵。在发情前 2～3 天，卵巢内卵泡发育很快，卵泡内膜增厚，卵泡液不断增多使得卵泡快速增大。卵泡壁变薄并突出于卵巢表面，成熟卵泡排出，逐渐形成黄体。

（二）黄体的形成及功能调节

排卵后，卵泡液流出，卵泡壁塌陷，颗粒细胞层向卵泡腔内形成皱襞，内膜结缔组织和血管随之长入颗粒层，使颗粒层脉管化。同时，在LH作用下，颗粒细胞变大，形成粒性黄体细胞；梭形内膜细胞也增大，变为膜性黄体细胞。牛、马和肉食动物黄体细胞中含有较多的黄色素颗粒，黄体呈黄色。水牛的黄体在发育过程中为粉红灰色，萎缩时变为灰色。羊因黄素少，黄体为平滑肌色或灰黄色。

排卵后7～10天（牛、羊、猪）或14天（马），黄体发育至最大限度。此后，如卵子已受精，黄体体积增大，称为妊娠黄体，是妊娠期所必需的孕酮的主要来源。机体在缺乏妊娠信号的情况下，前列腺素开始生成，使黄体毛细血管破裂，细胞质溶酶体数量增加，最终黄体被结缔组织取代，成为白体。此时在FSH的影响下，卵巢又有新的卵泡迅速发育，并过渡到下一次发情周期。这种黄体被称为周期黄体，一般比妊娠黄体小。

二、发情周期中生殖道的变化

发情周期中随着卵巢雌激素生成的周期性变化，生殖道也相应发生变化。

发情前期，在雌激素作用下，整个生殖道（主要是黏膜基质）开始充血、水肿。黏膜层稍增厚，上皮细胞增高（阴道则表现为上皮细胞增生或出现角质化），黏液分泌增多；输卵管上皮细胞的纤毛增多；子宫肌细胞肥大，子宫及输卵管肌肉层的收缩及蠕动增强，对催产素的敏感性升高；子宫颈稍开张。

发情期，雌激素的分泌迅速增加，生殖道的上述变化更加明显。此时输卵管的分泌、蠕动及纤毛波动增强；输卵管伞充血、肿胀；子宫黏膜水肿变厚，上皮增高（牛）或增生为假复层（猪），子宫腺体增大延长，分泌增多，子宫颈肿大、松弛、充血，颈口开放；子宫颈流出的黏液量由多到少并变稀。阴道黏膜充血潮红，前庭腺分泌增加，阴唇充血、水肿、松软。上述变化适合于精子在雌性生殖道的通过和运行，为交配及受精提供了有利条件。

排卵后，雌激素分泌减少，新形成的黄体开始产生孕酮。由雌激素引起的生殖道的变化逐渐消退。子宫黏膜上皮细胞在雌激素消失后先是由高变低，以后又在孕激素的作用下增高（牛）。子宫腺细胞于排卵后2天（牛）或3～4天（猪）开始肥大增生，腺体弯曲，分支增多，腺细胞中含有糖原小滴，分泌增多。子宫液主要含有血清蛋白及少量子宫所特有的蛋白质，它供给胚胎早期发育所必需的营养物质。子宫肌蠕动减弱，对雌激素的反应降低。子宫颈收缩，分泌物减少而黏稠。阴道上皮细胞脱落，黏液少而黏稠。阴门肿胀消退。卵子如未受精，黄体萎缩后，孕激素的作用降低，卵巢中又有新的卵泡发育增大，并在雌激素的影响下，开始下一发情周期。

第三节　雄性生殖器官

雄性动物的生殖器官包括成对睾丸（testis）、附睾（epididymis）、输精管（vas deferens）、尿道（urethra）、阴茎（penis）、包皮（prepuce）及副性腺（accessory gland）。

副性腺包括精囊腺（seminal vesicle）、前列腺（prostate gland）和尿道球腺（bulbourethral gland）。雄性动物的生殖系统参与完成精子的发生和成熟，并将精子释放到雌性动物生殖道中。

一、睾丸

睾丸是雄性动物最为重要的生殖器官，主要由曲细精管和间质构成。曲细精管由支持细胞和各级生精细胞组成，前者对生殖细胞具有支持、保护和营养作用，后者包括精原细胞、初级精母细胞、次级精母细胞、精子细胞和精子，它们分别处于不同的发育阶段。构成睾丸的间质包含有动脉血管、静脉血管和间质细胞，血管主要为睾丸提供营养、调节温度和排除代谢产物；睾丸间质细胞分泌雄激素，为精子的发生提供一个合适的激素环境。

（一）睾丸的发育

在脊椎动物，卵巢和睾丸都是由相同的原基组织——生殖嵴（genital ridge）发育和分化而来。在胚胎发育早期，未分化性腺在形态方面无明显的性别间差异，并具有分化成睾丸或卵巢的潜能。尽管哺乳动物间睾丸发育的过程各有不同，但整个过程可分为 4 个阶段：胚胎期睾丸的分化发育、发育的睾丸下降到阴囊、胎儿期睾丸的生长发育及青春期前后睾丸的成熟。下面主要介绍睾丸下降与隐睾及出生后睾丸的发育。

1. 睾丸下降与隐睾

睾丸下降（descent of the testis）是指睾丸从其分化形成的部位，即第 16～24 体节处经腹腔迁移到阴囊的过程。人睾丸的下降有两个明显阶段：第一阶段是在妊娠第 8～15 周，发生穿过腹部的相对移位；第二阶段是腹股沟向阴囊的迁移。下丘脑-垂体-性腺轴（hypothalamo-pituitary-gonadal axis）的正常发育是睾丸正常下降所必需的。已证实，睾丸的下降与 *Insl3* 基因（insulin-like3 gene）、雄激素（androgen）、G-蛋白偶联受体（G-protein-coupled receptor）、CGRP（calcitonin gene-related peptide）因子、同源框基因（homeobox gene）和雌激素等有关。

各种家畜睾丸下降到阴囊的时间分别为，马为妊娠 9～11 个月，牛为妊娠 3.4～4 个月，羊为妊娠 80 天，猪为妊娠 90 天，骆驼睾丸是在出生时下降，而狗和猫分别是在出生后 5 天和 2～5 天。猪、马、狗发生隐睾比较普遍，而在牛、羊和鹿比较少见。人的睾丸最早都在腹腔内，胎儿发育到第 9 个月时睾丸逐渐从腹腔下降到阴囊里。一般出生时，90%左右的男孩睾丸已下降到阴囊；出生后有些男孩睾丸继续下降，1 周岁时有 95%～97%的男孩的睾丸到达阴囊；只有少数男孩到青春期时，睾丸才下降到阴囊。

在人和多数高等哺乳动物中，睾丸的正常功能，特别是产生精子的功能，与温度有密切关系。睾丸产生精子要求一个温度低于体内温度的环境。睾丸的正常位置是在腹腔外的阴囊。如果一侧或是双侧睾丸未下降到阴囊而停留在腹腔则称为隐睾（cryptorchidism）。到目前为止，对隐睾发生的机理不十分清楚。尽管隐睾仍产生雄激素，但不能产生正常的精子。双侧隐睾的动物无生殖能力。

2. 出生后睾丸的发育

从出生到青春期，睾丸都处于连续的发育过程，其中包括睾丸体积逐渐增大和功能的完善。

在灵长类，幼儿期的睾丸有一个相对较长而变化不明显的时期，传统上认为这是睾丸的静止期。实际上，从出生后到幼儿早期，睾丸的体积在短期内快速增大，这主要是由于支持细胞的快速增殖和生精索的增长。与此同时，睾丸间质细胞在胎儿出生后又开始增殖、睾酮分泌增多。睾丸的这种活动在幼儿后期逐渐消退，这与下丘脑-垂体-睾丸轴的调节功能的变化相一致。

青春期开始后，睾丸在形态和功能方面发生显著的变化：一是睾丸间质细胞的分泌功能加强，二是生殖细胞的分化、发育或退化连续发生，这两方面的变化与成熟精子的生成有关。在这个阶段，睾丸的快速生长主要表现在曲细精管直径的增大；支持细胞有丝分裂停止，但它继续分化形成具有完整结构的睾丸屏障。因此，睾丸在青春期前的正常发育与成年动物的生育能力有密切关系。

（二）睾丸的结构

睾丸的组织结构如图 3-8 所示。

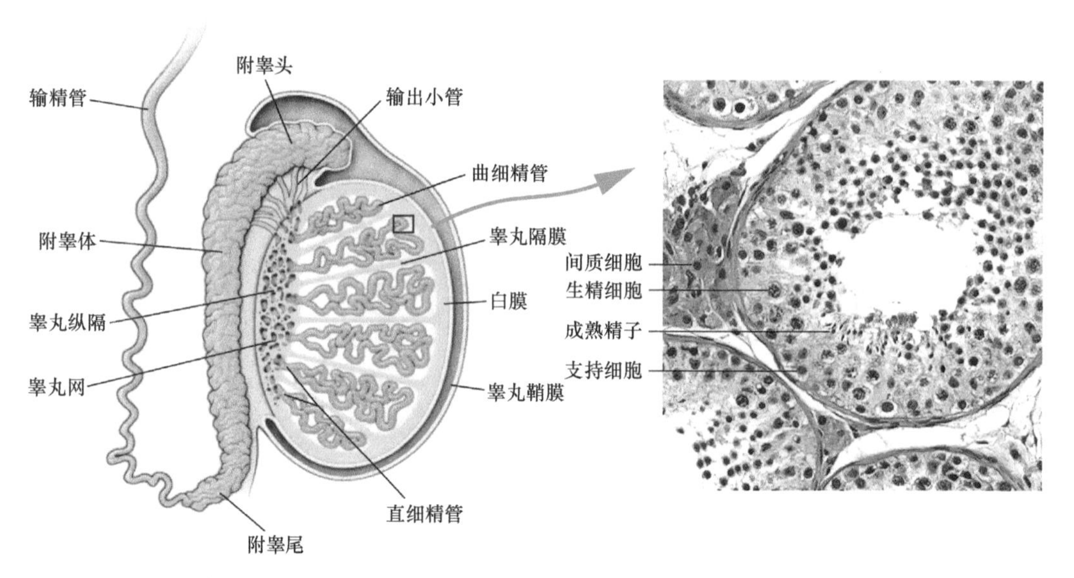

图 3-8　人睾丸与附睾结构（引自 Treuting and Dintzia，2012；Ross and Pawlina，2016）

1. 鞘膜（tunica vaginalis）

鞘膜分为壁层（parietal layer）和脏层（visceral layer）。壁层与阴囊紧密相贴，而脏层包裹睾丸表面，由间皮（mesothelium）和结缔组织构成，不易与白膜（tunica albuginea）分离。

2. 白膜（tunica albuginea）

白膜是一层致密结缔组织囊，主要由胶原纤维（collagen fiber）和少许弹性纤维（elastic fiber）构成。在成年公马、公猪和绵羊还可见平滑肌细胞。大量分支的动脉血管和静脉血管构成血管层（vascular layer）。羊和狗的血管层位于白膜的表层，而猪和马的血管层位于白膜的深层。

3. 睾丸隔膜

白膜的结缔组织深入睾丸实质后，将睾丸分成多个小叶（lobule），称为睾丸隔膜，其组成成分和白膜相同。睾丸隔膜的结缔组织进入睾丸小叶内称为睾丸小梁，与睾丸隔膜相连。猪和狗的睾丸小梁较厚且是完整的隔板；而在反刍动物和猫中较薄而且不完整。每一小叶内有1～4个曲细精管。曲细精管外有基膜。

4. 睾丸纵隔（mediastinum testis）

在睾丸的中央，隔膜与睾丸的疏松结缔组织相连而形成睾丸纵隔。在大多数家畜，睾丸纵隔占据睾丸中央位置。

5. 间质细胞（interstitial cell 或 Leydig cell）

在睾丸的曲细精管间有血管、淋巴管、成纤维细胞、游离单核细胞和间质内分泌细胞，即睾丸间质细胞。睾丸间质细胞产生睾丸雄激素，但公猪和公马也同样产生大量的雌激素。间质细胞因动物的种类、年龄的不同而有很大的变化。成年公牛的间质细胞约占睾丸体积的7%，而公猪的间质细胞较多，占整个睾丸体积的20%～30%，公马的间质细胞也较多。睾丸间质细胞呈束状或簇状存在，相邻的睾丸间质细胞由间隙连接相连。在睾丸组织和淋巴中有高浓度的类固醇。睾丸间质细胞的形态不规则，呈多面形，细胞核为椭圆形。所有动物的睾丸间质细胞含有大量的脂类，滑面内质网上有类固醇脱氢酶（steroid dehydrogenase），线粒体数量增多，内有许多管状嵴，它们参与睾酮的合成。睾酮在细胞内的储存及释放并不引起该细胞形态的明显变化。

6. 曲细精管（convoluted seminiferous tubule）

曲细精管为卷曲的、直径为200～400 μm的小管，曲细精管上皮主要是由支持细胞和生精细胞构成。

（1）支持细胞

该细胞来源于青春期前未分化的性腺支持细胞，有丝分裂活动强，含有大量的粗面内质网，合成的抗缪勒氏管激素可抑制输卵管、子宫、阴道在雄性个体中的发育。在青春期支持细胞分化并伴有形态改变，最后失去有丝分裂能力。在成年动物中，支持细胞不规则地排列在生精小管基膜上，横切面由25～30个支持细胞组成。支持细胞含有脂类物和糖原，大量的微丝、微管和滑面内质网，细胞顶端表面呈锯齿状。另外，位于基膜上细胞的紧密连接为精子发生提供了相对稳定的内环境，睾丸的这一特殊结构被称为血-睾屏障（blood-testis barrier）。

支持细胞的功能包括：①营养、支持、保护生精细胞及精子；②吞噬退化精子和精子脱落的残体；③参与 FSH 对生殖细胞的调节作用，产生雄激素结合蛋白；④分泌含有钾、肌醇（inositol）、谷氨酸铁传递蛋白（glutamate transferrin）等管腔液成分；⑤分泌抑制素（inhibin）等。

（2）生精细胞

生精细胞（spermatogenic cell）是指发育过程中处于不同阶段的精细胞，这些细胞位于支持细胞间或支持细胞之上。从精原细胞发育到精子的一系列过程被称为精子发生（spermatogenesis），一般分为三个阶段：精母细胞的发生（spermatocytogenesis），即精原细胞（spermatogonium）发育为精母细胞（spermatocyte）的过程；精母细胞成熟分裂形成单倍体精子细胞（spermatid）；精子形成（spermiogenesis），即精子细胞发生形态变化产生精子的过程（精子发生的具体过程请参阅第五章）。

7. 直细精管（straight testicular tubule）

直细精管较短，可以认为是曲细精管的延续，与睾丸网相连。在马和猪，有些曲细精管终止于睾丸周边，并通过长距离的直细精管与睾丸网相连。在曲细精管的终末段内衬变形的支持细胞，所有的精子必须通过这些变形细胞间的狭缝进入直细精管。曲细精管终末段的这种结构起到类似阀门的作用，防止睾丸网中的液体逆流到曲细精管而影响精子的发生。直细精管内衬单层扁平或柱状上皮细胞。

8. 睾丸网（rete testis）

睾丸网为直细精管进入睾丸纵隔内分支吻合形成的网状管道，管腔内衬单层扁平或柱状上皮细胞，弹性纤维和收缩细胞位于上皮下。大部分睾丸液是由睾丸网产生的。

（三）睾丸的功能

睾丸的功能主要包括精子的生成和雄性激素的分泌。人的精子从精原细胞开始到成熟需要 65～70 天。在绝大多数动物，一般睾丸的生精功能从青春期开始后，可以持续到其终生。一个初级精母细胞经过减数分裂后产生 4 个单倍体精子。睾丸产生的雄激素主要促使雄性动物第二性征的出现和生殖功能的维持。

二、附睾

哺乳动物的附睾由 8～25 根输出小管和一条长而卷曲的附睾管组成。附睾分为头、体、尾三部分，其外有致密结缔组织所构成的白膜和鞘膜血管层。在公马的白膜层有少量平滑肌散布于整个致密结缔组织中。附睾不仅仅是一个精子运输通道，还是精子浓缩、获得运动能力和受精能力及储存精子的部位。

（一）附睾的发育

附睾是由中肾管发育而来的。在中肾退化进程中，除了输出管外的其他中肾小管完全退化，留下一光滑管通过腹膜与睾丸疏松地连接；中度卷曲的输出管逐渐变得高度卷曲，并穿过薄薄的睾丸系膜进入附睾头侧。60 日龄牛胚胎的附睾为一直管，胚胎发育到 80 天时附睾管开始卷曲成环状，这种环状结构再次生长并卷曲，最终形成高度卷曲的附睾管。所有动物的附睾都可分为三个部分，位于睾丸前端的是附睾头，附睾体沿睾丸侧缘发育，在睾丸后端是附睾尾。附睾的这三个部分没有明显的分界线。

（二）结构与功能

1. 附睾的结构

主要由输出小管（ductuli efferentes）和附睾管（ductus epididymidis）组成（图 3-8）。

（1）输出小管

由 8～25 根输出小管将睾丸网与附睾管连在一起。这些小管聚集在一起形成具有明显组织界限的小叶。输出小管主要由有纤毛或无纤毛柱状细胞构成，另有淋巴细胞散布于上皮基部。无纤毛细胞上还有微绒毛和发育完全的内吞细胞器，它由被膜小泡（coated vesicle）、微泡内陷膜、微小管和吸收空泡组成。

（2）附睾管

以组织学、组织化学和超微结构为标准，可将附睾管分为 6 段，但因动物种类不同而有不同的特点。附睾管极度地弯曲和盘绕，其长度因动物种类不同而不等，公牛和公猪的附睾管长为 40 m，而公马为 70 m。另外，精子完全通过附睾管的时间也因动物种类不同而异，大多数哺乳动物需要 10～15 天的时间。附睾管衬以假复层上皮细胞，外被少量疏松结缔组织和环行平滑肌纤维，在接近附睾尾时平滑肌数量明显增多。附睾上皮中主要有柱状主细胞（principal cell）、基底细胞（basal cell）、晕细胞（halo cell）、亮细胞（clear cell）、顶细胞（apical cell）和狭窄细胞（narrow cell）。

如图 3-9 所示，主细胞是附睾上皮细胞的主要类型，占附睾上皮细胞的 65%～80%。在附睾头部的主细胞数量常常较其他部位多。主细胞通过紧密连接形成血-附睾屏障，可防止针对精子的自身免疫反应。同时，主细胞可分泌多种蛋白质参与精子成熟与附睾腔内微环境形成。基底细胞位于附睾上皮的基底膜，细胞呈半球形扁平伸展，主要参与介导附睾管的吞噬作用。晕细胞在附睾中分布较为广泛，体积较小，胞质透亮，一般位于附睾上皮的基部。晕细胞由单核-巨噬细胞和 T 淋巴细胞构成，主要负责附睾中的免疫功能调节。亮细胞体积较大，顶部含有内涵体和溶酶体等脂质小体，可能

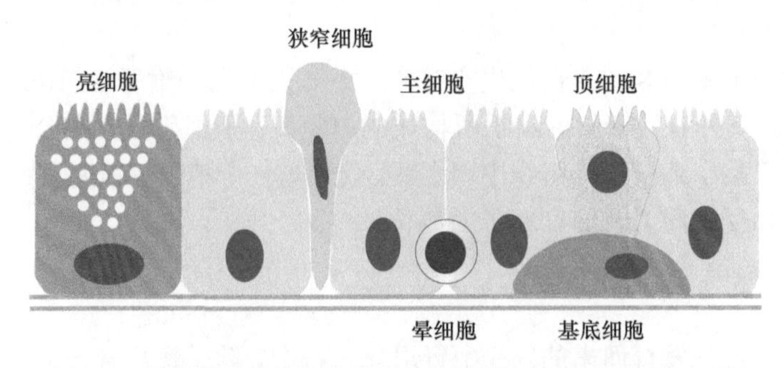

图 3-9 附睾中主要的细胞类型（改绘自 Joseph et al.，2011）

与吞噬精子碎片、清洁附睾腔内环境有关。顶细胞、狭窄细胞与亮细胞一起调节附睾管腔 pH 环境。

2. 附睾的主要功能

（1）输出小管

构成输出小管的两种细胞的结构特点决定了它的功能主要是运送精子和对小管液的重吸收。输出小管的无纤毛细胞上有微绒毛和发育完好的内吞细胞器，有利于对小管液重吸收，从而使管腔中的内环境处于相对的稳定状态，以利于精子的成熟。另外，有纤毛细胞中纤毛的运动可推动精子向附睾管运动，利于精子的成熟与排出。

（2）附睾管

睾丸产生的液体大约有 90%被输出管和附睾管吸收。睾丸支持细胞产生的雄激素结合蛋白也是在附睾管的起始段被吸收。附睾管的另一功能是精子在附睾中逗留期，使精子发生下列形态和功能上的变化：①完善其运动性；②代谢改变；③胞质膜改变（膜上有在受精时发挥识别能力的分子）；④巯基团的结合增加了膜的稳定性；⑤失去胞质中的多余小滴。

三、输精管

输精管是附睾管的延续。附睾管在附睾尾部突然弯曲，然后逐渐变直。输精管的初始段位于精索中，腹腔段位于腹膜折叠中。马和反刍动物的输精管与精囊的排出管相连而构成短的射精管，开口于精阜（colliculus seminalis）进入尿道；猪的输精管和精囊排出管分别开口于尿道；肉食动物没有精囊腺，输精管直接与尿道相接。

输精管黏膜上皮为假复层柱状上皮，在该管尾部则变为单一的柱状上皮。固有膜及黏膜下层为疏松结缔组织及大量的弹性纤维。输精管终末段的固有膜及黏膜层都包含有管泡状腺体。肌层包括内层的内环行肌、外层的纵行肌和少量的斜行肌。

输精管的主要功能是将精子从附睾中输出。另外，输精管腺体段的分泌物有利于精子的运动和生存。

四、副性腺

大多数动物的副性腺包括精囊腺、前列腺和尿道球腺等。肉食动物缺少精囊腺。

（一）精囊腺

成对的精囊腺属于复合管状腺或管泡状腺。腺上皮是假复层柱状上皮，由高柱状细胞和小而圆的基底细胞组成。叶内小管主要是立方上皮或柱状上皮。黏膜下层富含血管及精囊腺小叶。

精囊腺的分泌物为白色或黄白色胶状液体，一般占射精量的 25%～30%，富含果糖，具有为精子提供能量和稀释精子的功能。

（二）前列腺

前列腺的数量不定，位于盆腔部的尿道上皮，属于单管腺泡。根据其局部解剖可将前列腺分为致密部（或称为外部）和扩散部（或称为内部）两部分。整个前列腺由富有平滑肌纤维的结缔组织包裹，平滑肌在致密部较多。被膜的结缔组织伸入腺体内形成的肌质小梁，将腺体分隔成多个单独的小叶。

分泌管、分泌泡及腺体内小管由单一的立方或是柱状上皮细胞组成，有时可见基底细胞。大部分细胞都含有蛋白质分泌颗粒。高柱状细胞具有微绒毛，有时还可见水泡样顶部突起。

前列腺的分泌物为黏稠的蛋白样分泌物，偏碱性。前列腺分泌物的作用主要是中和精液和刺激精子的运动。

（三）尿道球腺

成对的尿道球腺位于尿道球状部的背部两侧。尿道球腺外面包有致密的结缔组织，其中含有横纹肌纤维。被膜伸入腺体的实质，将腺体分隔成多个单独的小叶。叶间结缔组织亦含有横纹肌和平滑肌纤维。尿道球腺的分泌部由高柱状上皮细胞构成，有时可见基底细胞。腺管直接开口于集合管或由单一立方上皮组成小管与集合管相连。集合管由单一立方或柱状上皮组成，多个集合管组成较大的腺内导管。

尿道球腺的黏液和蛋白样分泌物在射精时先流出，具有中和尿道内环境、润滑尿道和阴道的作用。

五、尿道

雄性动物的尿道分为三段，第一段从膀胱到前列腺的后缘，第二段从前列腺后缘到阴茎的球状部，第三段是阴茎的海绵体部分，即从阴茎球状部到尿道外开口。整个尿道黏膜呈现纵向折叠，但在阴茎勃起或排尿时纵向折叠消失。尿道上皮主要是由单层柱状上皮、复层柱状上皮或立方上皮组成的移行上皮。固有膜和黏膜下层由致密结缔组织、弹性纤维、平滑肌和弥散的淋巴组织组成。尿道的第一和第二段衬以血管层，所以尿道亦与动物生殖器的勃起（erection）功能有关。

六、阴茎

阴茎由阴茎海绵体（corpus cavernosa penis）和龟头（glans penis）组成。

如图 3-10 所示，成对的阴茎海绵体在坐骨结节部融合成阴茎体，外被一层致密的结缔组织白膜。该结缔组织膜含有弹性纤维和平滑肌细胞。阴茎内是由完整的结缔组织隔膜分隔的阴茎海绵体。在白膜与小梁间充满海绵状的勃起组织，海绵腔内衬内皮组织，有大量的血管和神经分布。这种结构主要与阴茎的勃起有关。

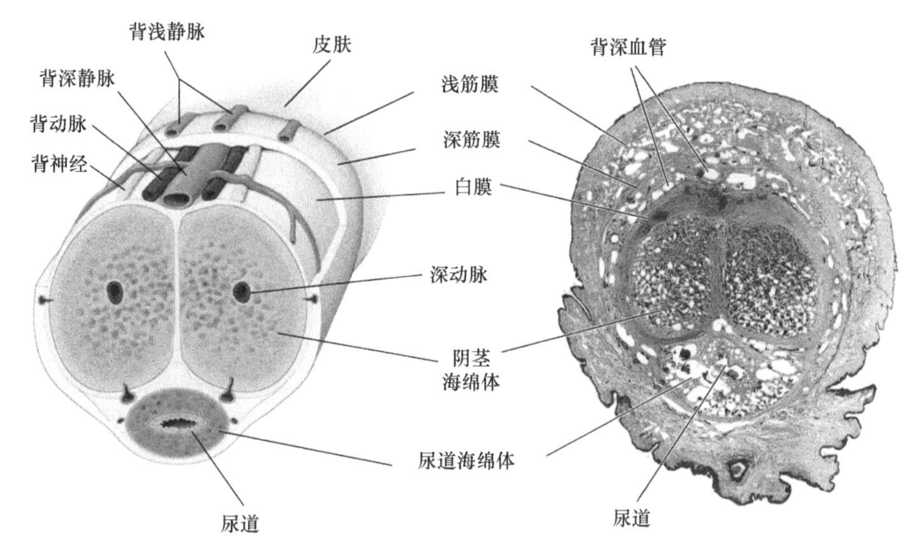

图 3-10　人阴茎横切面图（引自 Ross and Pawlina，2016）

供应阴茎血液的血管主要是螺旋动脉（helicine artery）。螺旋动脉管壁的平滑肌细胞的舒张可导致大量血液进入海绵体空腔中。海绵体内血液的增多压迫静脉管壁，使海绵体中流出的血液减少，最终血液充满海绵体导致阴茎的勃起。当螺旋动脉中平滑肌细胞收缩时，动脉血流减少，充血的静脉逐渐恢复到原有的状态。

参 考 文 献

Adham I M, Steding G, Thamm T, et al. 2002. The overexpression of the insl3 in female mice causes descent of the ovaries. Mol Endocrinol, 16: 244-252.

Bogh I B, Baltsen M, Byskov A G, et al. 2001. Testicular concentration of meiosis-activating sterol is associated with normal testicular descent. Theriogenology, 55: 983-992.

Cochran P E. 2011. Veterinary Anatomy and Physiology: A Clinical Laboratory Manual. 2nd edition. Clifton Park, NY: Delmar Cengage Learning.

Costa W S, Sampaio F J, Favorito L A, et al. 2002. Testicular migration: remodeling of connective tissue and muscle cells in human gubernaculum testis. J Urol, 167: 2171-2176.

Cunningham J G. 2002. Textbook of veterinary physiology. Third Edition. St. Loiuis, MO, USA: W. B. Saunder Company, USA.

De Miguel M P, Marino J M, Gonzalez-Peramato P, et al. 2001. Epididymal growth and differentiation are altered in human cryptorchidism. J Androl, 22: 212-225.

Graves J A. 1998. Evolution of the mammalian Y chromosome and sex-determining genes. J Exp Zool, 281: 472-481.

Hamza A F, Elrahim M, Maaty S A, et al. 2001. Testicular descent: when to interfere? Eur J Pediatr Surg, 11: 173-176.

Haqq C M, King C Y, Ukiyama E, et al. 1994. Molecular basis of mammalian sexual determination: activation of Müllerian inhibiting substance gene expression by SRY. Science, 266: 1494-1500.

Hutson J M, Albano F R, Paxton G, et al. 2000. In vitro fusion of human inguinal hernia with associated epithelial transformation. Cells Tissues Organs, 166: 249-258.

Johnson A D. 1970. The Testis. Volume I, Development, Anatomy, and Physiology. New York: Academic Press.

Joseph A, Shur B D, Hess R A. 2011. Estrogen, efferent ductules, and the epididymis. Biol Reprod, 84: 207-217.

Koopman P, Munsterberg A, Capel B, et al. 1990. Expression of a candidate sex-determining gene during mouse testis differentiation. Nature, 348: 450-452.

Kumagai J, Hsu S Y, Matsumi H, et al. 2002. INSL3/Leydig insulin-like peptide activates the LGR8 receptor important in testis descent. J Biol Chem, 277: 31283-31286.

Lim H N, Hughes I A, Hawkins J R. 2001. Clinical and molecular evidence for the role of androgens and WT1 in testis descent. Mol Cell Endocrinol, 185: 43-50.

Lovell-Badge R, Hacker A. 1995. The molecular genetics of SRY and its role in mammalian sex determination. Philos Trans R Soc Lond B Biol Sci, 350: 205-214.

Mader S S. 1990. Biology. Third Edition. Dubuque, IA: Wm. C. Brown Publishers.

Mayr J M, Lawrenz K, Berghold A. 1999. Undescended testicles: an epidemiological review. Acta Paediatr, 88: 1089-1093.

Plant T M, Zeleznik A J. 2015. Knobil and Neill's Physiology of Reproduction. Fourth edition. London, UK: Academic Press.

Ramasamy M, Di Pilla N, Yap T, et al. 2001. Enlargement of the processus vaginalis during testicular descent in rats. Pediatr Surg Int, 17: 312-315.

Raymond C S, Shamu C E, Shen M M, et al. 1998. Evidence for evolutionary conservation of sex-determining genes. Nature, 391: 691-695.

Reece W O. 2015. Dukes Physiology of Domestic Animals. 13th edition. Ames, IO, USA: Wiley Blackwell.

Ross M H, Pawlina W. 2016. Histology: A Text and Atlas with Correlated Cell and Molecular Biology. 7th edition. Philadelphia, PA, USA: Wolters Kluwer.

Toppari J, Kaleva M. 1999. Maldescendus testis. Horm Res, 51: 261-269.

Treuting P M, Dintzia S M. 2012. Comparative Anatomy and Histology: A Mouse and Human Atlas. London: Elsevier Academic Press.

Xu Y, Ding J, Ma X P, et al. 2014. Treatment with Panax ginseng antagonizes the estrogen decline in ovariectomized mice. Int J Mol Sci, 15: 7827-7840.

Young B, O'Dowd G, Woodford P. 2014. Wheater's Functional Histology: A Text and Colour Atlas. 6th edition. Philadelphia, PA, USA: Elsevier Churchill Livingstone.

Zhang F P, Poutanen M, Wilbertz J, et al. 2001. Normal prenatal but arrested postnatal sexual development of luteinizing hormone receptor knockout (LuRKO) mice. Mol Endocrinol, 15: 172-183.

（刘佳利，崔　胜）

第四章 生 殖 激 素

生理学中把直接作用于动物生殖活动，并以调节生殖过程为主要生理功能的激素称为生殖激素。按来源和分泌器官及转运机制的不同，可将生殖激素分为五大类，即①脑部激素：由脑部各区神经细胞或核团如松果体、下丘脑和垂体等分泌，主要调节脑内和脑外生殖激素的分泌活动；②性腺激素：由睾丸或卵巢分泌，受脑部激素和其他因素的调节和影响，对生殖细胞的发生和发育、卵泡发育、排卵、受精、妊娠和分娩及雌性和雄性动物生殖器官的发育等生殖活动都有直接或间接作用；③胎盘激素：由雌性动物胎盘产生，对于维持妊娠和启动分娩等有直接作用；④其他组织器官分泌的激素：产生于生殖系统外的内分泌组织或器官，对卵泡发育和黄体消退等具有直接调节作用的激素，主要为前列腺素；⑤外激素：由外分泌腺体（有管腺）分泌，主要借助空气和水传播而作用于靶器官，主要影响动物的性行为。在内分泌系统中，下丘脑、垂体和性腺分泌的激素在功能和调节上相互作用，构成了一个完整的神经内分泌生殖调节体系，即下丘脑-垂体-性腺轴（hypothalamus-pituitary-gonadal axis，HPG）。HPG 轴在动物生殖活动的调节中起着核心作用。

第一节 脑部生殖激素

脑组织是神经内分泌激素的主要分泌器官。其中，负责调节生殖活动的神经内分泌激素主要由下丘脑及其周边组织、间脑、垂体及松果体等组织的细胞合成并分泌。

神经内分泌学（neuroendocrinology）是内分泌学和神经科学的融合，主要研究神经组织调节垂体和其他内分泌组织分泌活动的机制，以及机体其他器官组织分泌的类固醇或其他内分泌激素如何反作用于神经系统的机制。其中，内分泌学（endocrinology）是研究内分泌组织分泌的激素进入血液循环到达靶器官或细胞，如何调节其功能的科学。而神经科学（neuroscience）的概念是单个神经元彼此间相互联系所形成的神经系统的活动。神经元能够通过生物电快速和有效地将信息传递到远方的其他神经细胞、腺体细胞或肌细胞表面，再通过突触间化学递质的释放完成信息交流。这两个系统曾经被看作是彼此独立的体系。然而，自从认识到下丘脑内特殊的神经元紧密调节着垂体前叶的内分泌细胞活动，并且通过下丘脑-垂体的相互作用，最终调节整个内分泌系统的动态变化之后，二者才逐渐被一体化研究。

垂体后叶不是真正的腺体组织，而是由下丘脑内某些神经元的突触组成的神经组织。垂体后叶释放的激素产物可以直接进入血液循环。进一步研究发现，神经元调节垂体前叶也是通过释放递质进入血液完成的。不同的是这些递质并不进入体循环，而是严格地限制在与前叶细胞有密切联系的、特殊化的循环系统（垂体门脉系统）中。由于这些神经元所释放的递质在化学组成上与内分泌系统分泌的激素存在很高的同源性，且在作用机理上也有着很高的相似性，使得神经内分泌学受到广泛认可并得到迅速发展。神经内分泌系统的精密运转，一方面保证了个体的情绪变化可对机体各个器官系统的内分泌活动产生影响；另一方面，也为解释内分泌功能的调节对个体精神活动产生影响奠定了结构基础。

本节只重点介绍与生殖内分泌有关的神经内分泌知识。

一、下丘脑与垂体的结构和功能

（一）丘脑下部（下丘脑）

下丘脑（hypothalamus）位于丘脑的腹侧，间脑的基底部，是下丘脑沟以下的神经组织。下丘脑被第三脑室下部均分为左右对称的两半，构成第三脑室下部的侧面和底部，其体积约为整个大脑的 1/300。解剖结构由视交叉、乳头体、灰白结节和正中隆起等组成。下丘脑前端的视交叉前接终板，后部的乳头体接中脑，第三脑室底部从视交叉至乳头体延展有一层灰质被称为灰结节，其在前端增厚成为正中隆起，它向垂体后叶的投射为漏斗柄（部分垂体柄）。

下丘脑内包含许多左右成对的核团，其中与内分泌有关的核团大多在下丘脑的内侧部，可分为三个区：①前区或称为视上区，包括视交叉上核（SCN）、视上核（SON）和室旁核（PVN）等；②中区或称为结节区，包括正中隆起、弓状核和腹内侧核等；③后区或乳头区，包括背内侧核和乳头体核等（图 4-1）。

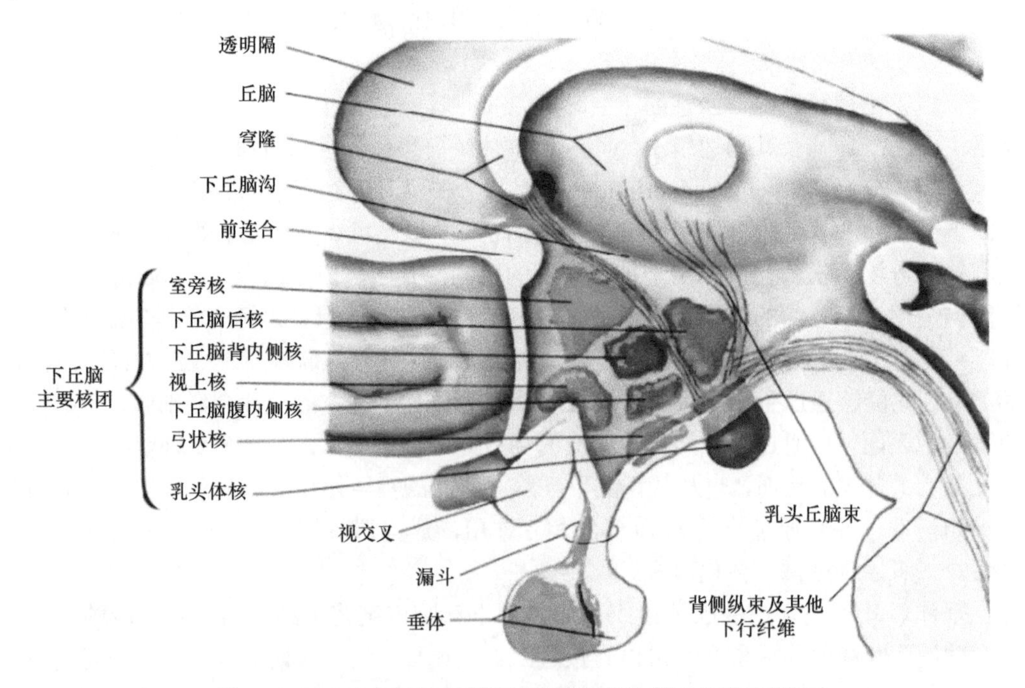

图 4-1 下丘脑内侧区主要神经核团和垂体相对位置示意图
（引自 Devid and Ralph，2006）

构成这些核团的具有内分泌功能的神经细胞有两种：神经内分泌大细胞和神经内分泌小细胞。前者主要分布在视上核和室旁核，主要分泌催产素（oxytocin，OT）和加压素（vassopressin/antidiuretic hormone，VP/ADH）；后者较集中地分布在正中隆起、弓状核、视交叉上核和腹内侧核等，主要分泌各种释放激素并负责调节腺垂体的功能，因此这一部分又统称为下丘脑促垂体区。

（二）垂体

垂体（pituitary）位于丘脑之下的蝶骨垂体凹内，通过狭窄的垂体柄与下丘脑相连。垂体由两个主要部分组成，即腺垂体（adenohypophysis）和神经垂体（neurohypophysis）。也有将垂体分为前叶、中间部和后叶三个部分的分类法。其中前叶与腺垂体，后叶与神经垂体含意相近，但并不完全等同，中间部则是腺垂体的一部分，在人类中发育不完全。

腺垂体由远侧部、结节部和中间部组成。神经垂体由神经部和漏斗部组成。漏斗部包括漏斗柄和灰结节的正中隆起。远侧部和结节部合称为垂体前叶，神经部和中间部合称为垂体后叶。腺垂体和神经垂体由不同的胚层发育而来，其中远侧部来自于内胚层（源自于神经颊囊），而中间部和神经部来自于神经胚层。

（三）下丘脑与垂体的联系

下丘脑控制垂体激素的合成或分泌，其调控是通过血管性和神经性两条途径实现的。其中，下丘脑和垂体后叶之间的联系是神经性的。下丘脑的神经内分泌大细胞发出的轴突作为结节垂体束，穿过正中隆起下行至漏斗柄再进入后叶。后叶释放的激素实际上是由神经内分泌细胞的胞体合成，沿轴突运输到末端后分泌的。因此，垂体后叶可以说是下丘脑的延续部分。垂体后叶由下丘脑垂体束的无髓鞘神经末梢与神经胶质细胞分化的神经纤维组成，并没有腺体细胞存在，也就不能产生激素而只能储存和释放由视上核和室旁核分泌的神经激素。

与此形成鲜明对比的是，下丘脑和垂体前叶间的功能性联系是血管性的。下丘脑虽然没有神经纤维直接进入垂体前叶，但它们之间通过一套独特的血管系统（垂体门脉血管）建立了功能上的联系。由于下丘脑神经元的纤维末梢在正中隆起处大量分布，因此这些神经元合成的激素通过神经纤维末梢分泌到正中隆起，通过扩散，进入下丘脑-垂体门脉血管的毛细血管丛。激素由垂体上动脉在正中隆起处形成的毛细血管丛收集，并汇入长门静脉再进入前叶（图 4-2）。门静脉的血液进而进入为垂体前叶细胞供血的静脉窦。这种下丘脑-垂体门脉循环的作用就是传送由下丘脑小神经元分泌的激素进入前叶。例如，促性腺激素释放激素（gonadotrophin releasing hormone，GnRH）是在下丘脑正中视前核产生的；多巴胺（dopamine，DA）是在弓状核产生的。这两种物质分别从下丘脑通过轴突运输到正中隆起，在那里被释放至组织间隙，并进入门脉系统。

二、下丘脑激素

由下丘脑神经细胞合成并分泌的激素均为多肽类激素，总称为下丘脑调节性多肽（hypothalamic regulatory peptide，HRP）。其中对垂体激素的分泌和释放活动具有促进

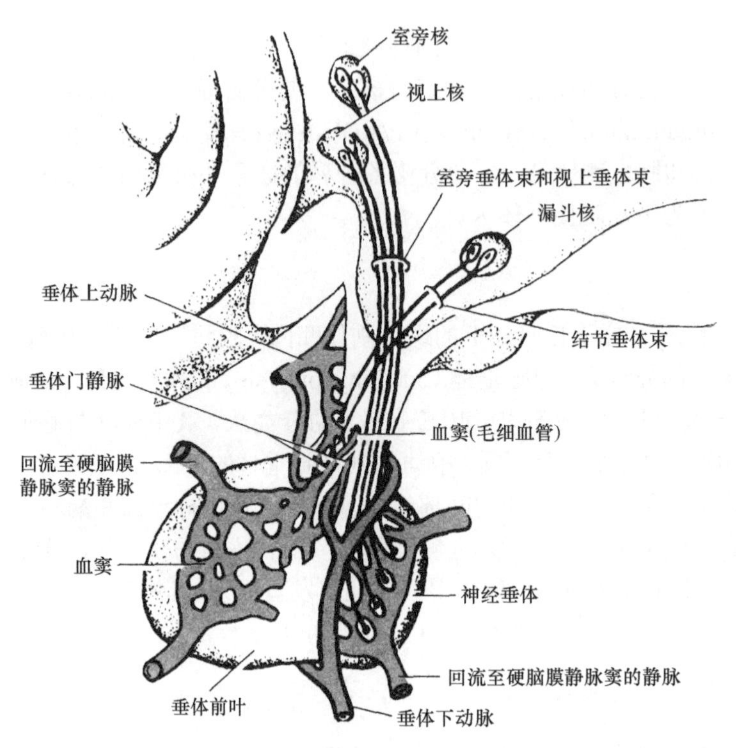

图 4-2　下丘脑与垂体的关系示意图

作用的称为释放激素或释放因子，而另一些对垂体激素的分泌和释放活动具有抑制作用的称为抑制激素或抑制因子。与生殖相关的下丘脑激素主要有促性腺激素释放激素（GnRH）、催产素（OT）、促乳素释放因子（PRH）和促乳素释放抑制因子（PIH）4 种。

（一）促性腺激素释放激素（GnRH）

GnRH 是下丘脑-垂体-性腺轴的关键信号分子。GnRH 最初从绵羊及猪的下丘脑中分别分离得到。现已从各种动物中鉴别出的 GnRH 的分子结构达 15 种之多，且可人工合成。

1. GnRH 的结构

从哺乳类动物组织（猪和羊的下丘脑及人的胎盘）中分离得到的 GnRH 具有相同的化学结构，即都是由 9 种不同氨基酸残基组成的十肽（PGlu-His-Try-Ser-Tyr-Gly-Leu-Arg-Pro-Gly-NH_2）。而在禽类、两栖类及鱼类中其 GnRH 的结构则不相同，其 GnRH 基因内有 3 个内含子和 4 个外显子。在人类，编码 GnRH 的基因（*GNRH1*）定位于 8 号染色体（8p1.2～p21），其半衰期很短（仅 2～3 min）。

2. 合成与运输

GnRH 主要由下丘脑视前区、内侧视交叉前区及弓状核等区域或核团中的肽能神经元合成。在松果体、脊髓液和脑外组织中也发现有其类似物存在。

GnRH 神经元内含有较高浓度的 GnRH，其被合成后即以颗粒或囊泡的形式储存于细胞内。当神经元受到某种刺激时，这些 GnRH 的运输有两条途径：沿轴突输送至正中隆起处释放出来，或通过垂体门脉血液循环进入垂体前叶。有证据显示 GnRH 神经元的轴突最长（2～3mm），可延伸到正中隆起，或进入第三脑室的脑脊髓液中，由正中隆起处的多突室管膜细胞转运至垂体门脉。

3. GnRH 的脉冲式释放

在人体内，GnRH 的节律性分泌对维持月经周期具有非常重要的作用。GnRH 的快速短节律性的释放周期在卵泡期为 60～90 min（成人），表现为高频低幅特征。由此，GnRH 诱发了腺垂体中促性腺激素分泌细胞的始动效应，其结果是细胞中 GnRH 受体表达上调，对 GnRH 的反应性增强。然而，当 GnRH 分泌被激活为连续性释放或者尽管仍是脉冲释放，但释放频率比生理水平高很多时，细胞中 GnRH 受体的水平就会下降，其反应性也会相应下降。在卵泡期的后半段，GnRH 的分泌周期变短，分泌量也随着排卵的临近而增加。但在黄体期，其分泌周期又会迅速变长，其分泌量进一步增加，此时的特征为低频高幅。

4. 调节下丘脑产生 GnRH 脉冲的机制

GnRH 的脉冲式分泌或 GnRH 峰值的出现，是雌激素的正、负反馈环路调节的结果。但问题是现有研究认为在 GnRH 神经元的细胞中不存在雌激素受体，那么，究竟是什么因素在调控着 GnRH 的脉冲式释放？一般认为 GnRH 的分泌受神经递质调控。谷氨酸和去甲肾上腺素是主要的兴奋性递质，而 γ-氨基丁酸和内源性阿片肽类（EOP），如强啡肽阿片（opioid dynorphin，Dyn）等属于抑制性关键递质。γ-氨基丁酸有时也可以作为兴奋性递质刺激 GnRH 神经元。还有三类因子对 GnRH 神经元具有调控作用（图 4-3）。①一些 RF 酰胺相关肽（RFRP）超家族成员，包括吻素（metasin/kisspeptin，KISS1）、26/43RFa、促性腺激素抑制激素（gonadotropin inhibitory hormone，GnIH）及其直系同源物 RFRP 在内的因子。②调控代谢类的神经肽，如瘦素（leptin）、神经肽 Y 和 nesfatin-1。③速激肽，包括神经激肽。此处以吻素为例加以说明（图 4-3）。

在调控生殖活动的 HPG 轴中，下丘脑以脉冲式释放的 GnRH 经垂体门脉系统到达腺垂体参与促性腺激素分泌和合成，进而调控性腺激素的合成和分泌是关键因素。有多种神经元突触和神经胶质细胞释放的递质参与了对 GnRH 神经元的功能调节。激素间的相互调节是通过前馈和反馈（正/负反馈）完成的。HPG 轴的功能受到了外周信号的调节。一是性腺甾体类激素的反馈调节，其中雄激素主要是对 GnRH/FSH/LH 的负反馈调节；而雌激素和孕激素则通过正/负反馈方式调节，反馈的效应依赖于卵巢周期所处的状态。二是调节机体代谢类的外周调节物，如源于脂肪组织的瘦素的兴奋/允许效应。另外，还有一些中枢神经系统分泌的神经递质也参与了对 HPG 轴的调节，在所有对 GnRH 神经元起到兴奋性作用的神经元中，吻素神经元的表现最突出。

人类 GnRH 的脉冲释放与位于下丘脑内侧基底部的弓状核附近存在的下丘脑 GnRH 脉冲产生系统，或称为 GnRH 脉冲发生器有关。继发现人类低促性腺激素性性腺功能低下症是因为患者体内的 G 蛋白偶联受体（GPR54）出现突变，蛋白功能缺失所致以来，

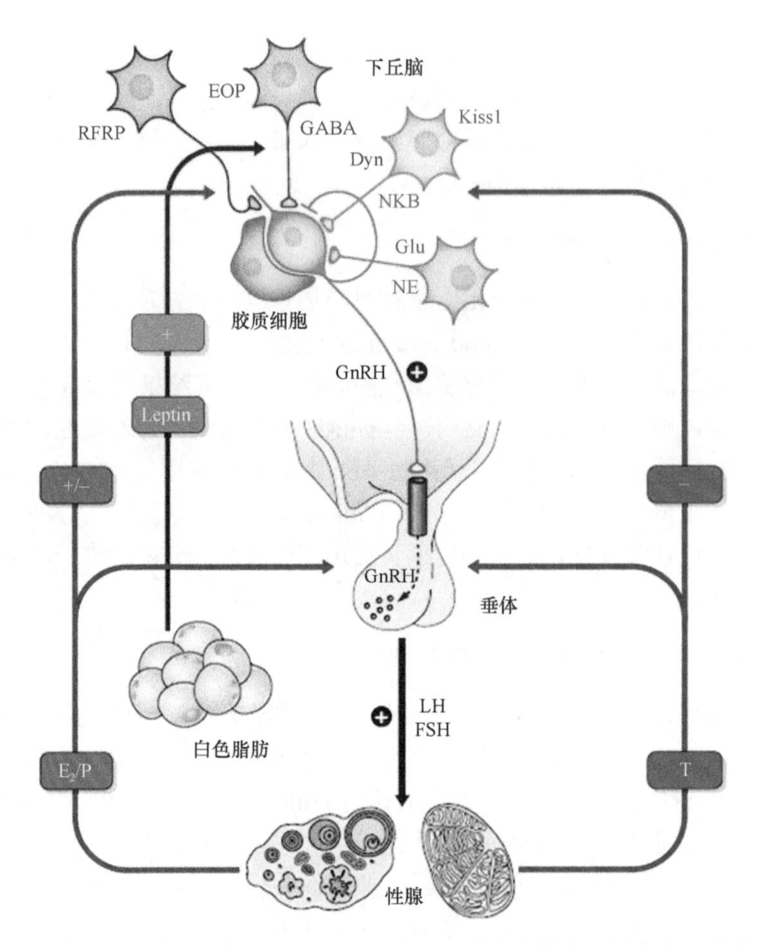

图 4-3 HPG 轴的神经生物学（引自 Pinilla et al.，2012）。为方便描述，图中未区分传入神经元的直接和间接性；一些对 GnRH 神经元有兴奋性和抑制性作用的信号被标记在同一类神经元中，不过 kiss1/NKB/Dyn 信号虽然此处标记于同一个神经元，但其实并不是由同一类神经细胞合成的。以红色标记表示分泌抑制性递质的神经元，蓝色标记表示分泌兴奋性递质的神经元。Glu：谷氨酸；GABA：γ-氨基丁酸；EOP：内源性阿片肽；NE：去甲肾上腺素；NKB：神经激肽 B；Dyn：强啡肽；RFRP：RF 相关肽；T：雄激素；E_2：雌激素；P：孕激素；Leptin：瘦素；Kiss 1：吻素 1；LH：黄体生成素；FSH：卵泡刺激素

人们认识到 GnRH 脉冲发生器的功能发挥不是简单地由位于 POA 的 GnRH 神经元独立完成的事件，而是基于丘脑内侧基底部（mediobasal hypothalamus，MBH）的且受到非常复杂的神经网络调节的结果。首先，GPR54 是 G 蛋白偶联孤儿受体，也是吻素受体。其次，吻素是由 *KISS1* 基因编码的肽类。人类的大部分吻素神经元胞体位于漏斗核，少部分位于延髓视前区。现已发现多种来自同一个蛋白裂解前体，其在结构上彼此相似但半衰期不同，如吻素 54 蛋白具有实时和剂量依赖性效应，其半衰期为 26.6 min；而吻素 10 蛋白的半衰期只有 4 min，统称吻素。由于能够合成吻素的神经网络细胞往往也能合成 NKB 及 Dyn，该网络被称为吻素-神经激肽-强啡肽阿片网络（kisspeptin-neurokinin B-dynorphin，KNDy）。再次，位于漏斗核的吻素介导了人类雌激素的负反馈效应。人类吻素有刺激 LH 和 FSH 分泌的效应。在绝经后妇女体内，其漏斗核中的吻素神经元功能

性肥大且表达的 *KISS1* 的 mRNA 水平比绝经期前妇女高。重要的是，这些肥大的神经元会表达雌激素受体 α（ERα）和神经激肽 B 的 mRNA。这些神经元与吻素神经元具有相似的分布模式。因此，吻素和神经激肽 B 可能是在漏斗核处协同介导雌激素负反馈的。即雌激素可能通过抑制二者从 KNDy 的释放，减少了它们对 GnRH 神经元的刺激性输入信号，进而介导了负反馈作用（图 4-4）。最后，位于腹侧脑室周围白质区的吻素可能介导了雌激素的正反馈。在卵泡发育后期，雌激素的负反馈向正反馈的翻转导致了 GnRH/LH 峰值在排卵前出现。然而，这个过程中的神经内分泌调节机制尚不明确。

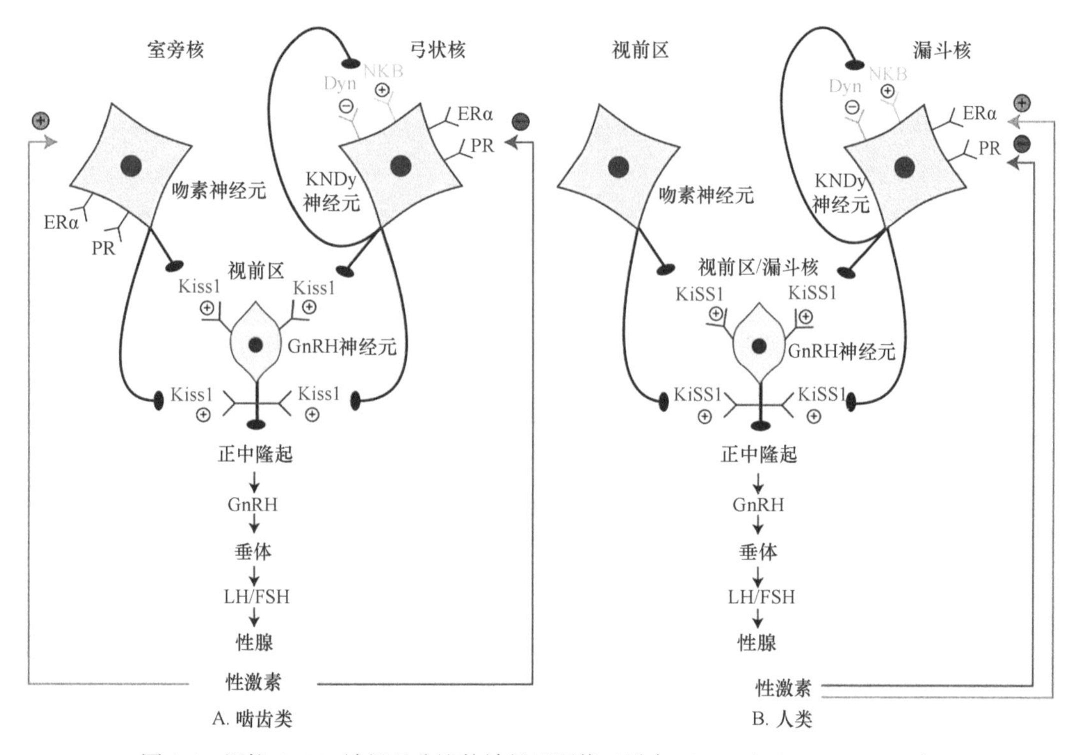

图 4-4　调控 GnRH 神经元分泌的神经元网络（引自 Skorupskaite et al.，2014）

5. GnRH 受体

GnRH 受体属于 GnRH 结合蛋白偶联体系家族成员。GnRH 受体是含有 7 个跨膜结构域的糖蛋白。不同种的 GnRH 受体的 cDNA 结构具有很强的保守性。在大鼠、猪、牛和羊等哺乳动物中，*GnRH* 受体基因也表达于除 HPG 轴外的组织中。

GnRH 对垂体的作用依赖于其与膜受体的特异性结合。GnRH 与受体结合后，首先引起微聚集作用，通过 Gq 和/或 G11 来激活磷脂酶 C，进而通过刺激磷脂酰肌醇（PI）水解，使细胞外 Ca^{2+}内流，从而激活钙调蛋白（CaM）；PI 水解生成二酰基甘油（DAG），并激活蛋白酶 C（PKC），CaM 和 PKC 通过各自的信号通路引起促性腺激素释放。GnRH 对垂体 GnRH 受体的表达有自我调节作用。①小剂量脉冲释放的 GnRH 可使垂体 GnRH 受体上调；而大剂量外源性 GnRH 则引起垂体细胞 GnRH 受体下调，这时促性腺激素的水平也出现下调。据此，临床上可应用大剂量 GnRH 激动剂来抑制垂体-性腺轴活动，从而达到同期发情和同时诱导排卵。②细胞外 Ca^{2+}对 GnRH 诱导其受体上调是必要的，但可能不影响其下调。因此，GnRH 诱导的 GnRH 受体数量的变化可能是一个复杂的系列事件，其中包括受体产生率增加（合成、暴露、再利用）和功能性受体的丢失（降解、内陷化、失活）等。

6. GnRH 的生物学功能

GnRH 对生殖过程的神经内分泌调控起着中心作用，是性行为的重要介导者。它对下丘脑及其以外的一些神经元有兴奋和抑制两种效应。GnRH 在哺乳动物中含量极低，且不同组织中的 GnRH 具有不同的生物学功能。下丘脑中，GnRH 可调控促性腺激素的释放；胎盘中，GnRH 可调控人绒毛膜促性腺激素的分泌；肿瘤中，GnRH 可抑制癌细胞的增殖；消化系统中的 GnRH 的功能目前尚不明确。

（1）在垂体水平的功能

在生理状态下，GnRH 的脉冲式释放可调节 LH/FSH 的值。其原因可能与受 GnRH 调节的 LH 的半衰期较短而 FSH 的半衰期较长有关。LH 和 FSH 对 GnRH 促分泌作用的应答反应有所不同：LH 分泌相应地出现明显脉冲，而 FSH 分泌则缓慢而持久。一是血浆中瞬时 GnRH 的浓度对 LH 和 FSH 水平的调节存在差异。高频的 GnRH 刺激 LH-α mRNA 增加，而不是 LH-β或 FSH-β mRNA 的增加；低频的 GnRH 选择性地诱导 FSH-β mRNA 增加；而生理频率的 GnRH 则会刺激所有亚基 mRNA 的增加。此外，适合的 GnRH 频率对于亚基的糖基化、连接及最终形成有生物活性的 LH 和 FSH 分子是必要的。二是性腺分泌的抑制素对垂体分泌 FSH 具有特异性的抑制效应，这可能是引起 FSH 对 GnRH 的促分泌反应不如 LH 明显的一个重要因素。

（2）在性腺水平的功能

性腺本身可产生 GnRH 类似物。GnRH 在体内可能起到调节生殖系统的发育和生殖细胞形成的作用。妊娠与非妊娠大鼠子宫内膜均能表达 GnRH 及其受体。大剂量的 GnRH 会起到“异相作用”，即具有抑制性腺而产生抗生育作用。GnRH 能抑制去垂体鼠的卵巢和子宫增重；GnRH 不仅能终止正常大鼠的妊娠，也能终止去垂体大鼠的妊娠。推测 GnRH 可能在受体介导下直接参与子宫内膜功能及妊娠维持的调节。

7. 影响 GnRH 分泌的因素

（1）下丘脑调节 GnRH 分泌的两个中枢

目前认为，两性 GnRH 分泌之所以存在差异，是因为在下丘脑存在控制 GnRH 分泌的两个中枢，即紧张中枢和周期中枢。前者主要位于下丘脑的弓状核和腹内侧核，后者位于视交叉上核及内侧视前核。它们的神经突触与下丘脑不同区域的神经分泌细胞相连，控制着这些神经细胞的分泌活动。紧张中枢控制着 GnRH 经常性分泌，使体内 GnRH 维持一定的基础水平。在雌性动物，这一中枢的活动受性腺激素负反馈调节。周期中枢对体内外刺激非常敏感，并且可接受雌激素的正反馈效应。因此在雌性动物，排卵前由于高水平的雌激素的作用，使周期中枢活动增强，导致 GnRH 释放增多而引发排卵前 LH 峰。但在雄性动物，周期中枢因雄激素的抑制而无明显活动，GnRH 分泌主要受紧张中枢的控制。所以雄性动物性活动的周期性变化没有雌性明显。

（2）下丘脑神经递质的传入

生理学研究表明，信号分子对 GnRH 分泌有促进、抑制、促进/抑制双相调节三种作用。详见“调节下丘脑产生 GnRH 脉冲的机制”部分所述。

（3）性腺激素对 GnRH 的调节

垂体是雌激素的主要作用位点，但雌激素对下丘脑也有作用。由于卵巢类固醇激素不直接作用于 GnRH 神经元，它们对 GnRH 神经元活动的影响肯定是通过 MBH 中邻近的神经元系统调节的。研究证明在 KNDy、DA 和 β-END 等诸多神经元中含有雌激素和孕酮，这就为类固醇激素作为神经调质影响神经系统的功能找到了解剖和功能的基础。

1）卵巢类固醇激素对 GnRH 的负反馈调节

在卵巢类固醇激素负反馈作用中（图 4-5），雌激素和孕酮是主要的信号，并具有协同效应。给性腺功能低下的妇女和卵巢摘除的猴子注射药理剂量的孕酮对促性腺激素水平升高几乎没有抑制效应。但在月经周期的黄体期或者经过雌激素预处理后，孕酮在降低促性腺激素峰频率的同时，增加峰的幅度。如前所述，这可能是由于孕酮对下丘脑 β-END 作用的结果。β-END 可以降低 GnRH 脉冲发生器的频率。雌激素的负反馈作用并不是绝对的，而是表现出一种时间和剂量依赖性的变化，即由负反馈抑制变成正反馈促进（引起促性腺激素水平升高）。LH 排卵前峰的时间性不是由下丘脑刺激，而是由从排卵前卵泡发出的信号控制。卵巢是控制 GnRH-促性腺激素水平调节的发情周期（或月经周期）时间性的生物钟（至少在人类和灵长类中如此），且促性腺激素排卵前峰的始动是雌激素正反馈作用（图 4-6）的结果。

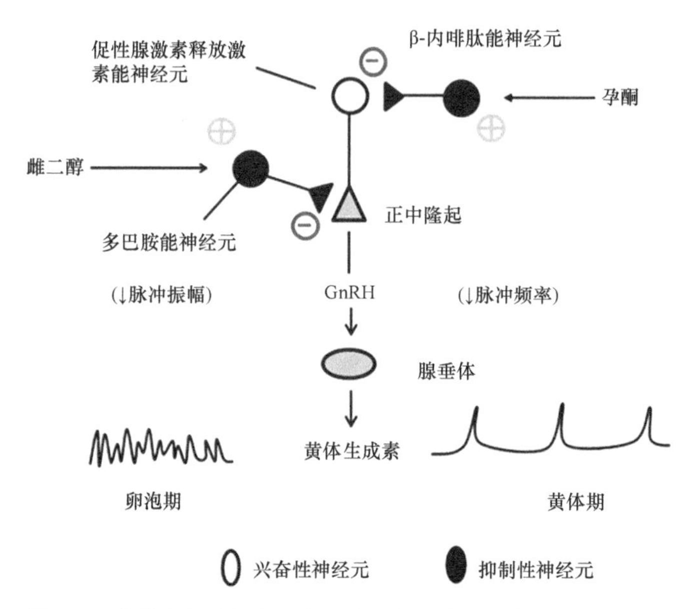

图 4-5　雌激素和孕激素的负反馈调节（改自朗斯塔夫，2006）

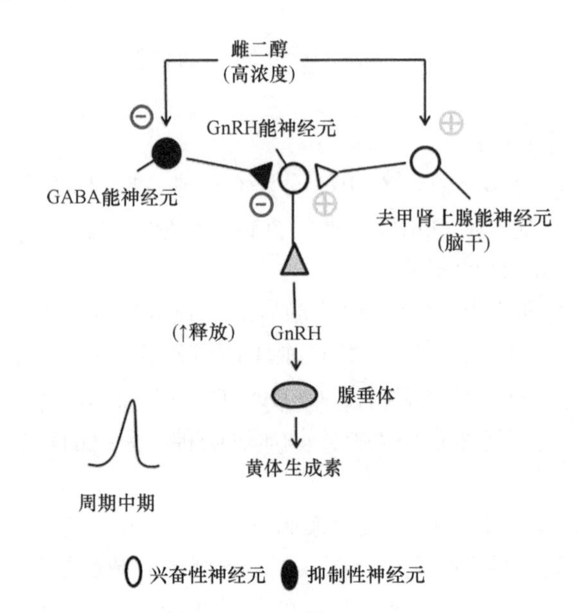

图 4-6　雌激素的正反馈调节（改自朗斯塔夫，2006）

2）性腺含氮激素

目前，性腺所分泌的含氮激素，如抑制素、活化素和卵泡抑制素，都对垂体分泌促性腺激素有调节作用。

（4）松果体激素

哺乳动物体内，松果体分泌抗性腺物质，如褪黑素、5-羟色胺和 8-精加催产素等，经血液循环和脑脊髓液扩散到下丘脑，抑制 GnRH 分泌。

（5）其他因素

由于神经系统的调节是反射性的，刺激各种感觉器官（如视觉、嗅觉、触觉、听觉）产生的信号，传入中枢神经系统后，可反射性调节 GnRH 的分泌。总之，GnRH 神经活动是一个非常复杂的生理过程，它受到许多内外因素的影响和调节。

8. 临床应用

临床上 GnRH 常用于治疗雄性动物性欲减弱、精液品质下降，雌性动物卵泡囊肿和排卵异常等症状。此外，在母猪或母牛发情配种时或配种后 10 天内注射 GnRH 或其类似物，可以提高配种受胎率。

（二）催产素（oxytocin，OT）

OT 是由哺乳动物胎盘分泌的 9 肽神经内分泌激素，主要由下丘脑的催产素神经元合成，沿其轴突运输并储存到垂体后叶，在适当的刺激下以脉冲式释放，透过毛细血管进入血液中对动物体多种生理活动进行调控。

1. OT 的结构与功能的关系

OT 中的二硫键是稳定催产素分子紧密性的重要因素，但并非必需。其活性中心是第 2 位的酪氨酸及第 5 位的天冬酰胺。第 3 位的异亮氨酸与第 8 位的亮氨酸对催产素的生物活性和作用专一性非常重要。改变第 4 位和第 7 位氨基酸残基，可使催产素促子宫收缩的作用更专一。去除第 1 位游离氨基可以减弱催产素的极性，使其渗透性增强而活性提高。第 4 位谷氨酰胺改为苏氨酸，可使促子宫收缩活性成倍增加。将第 7 位脯氨酸残基用噻唑烷基-4-羧酸取代后制成的催产素药物，促子宫收缩活性为天然激素的 2 倍。而将第 1 位的游离氨基改为羟基、第 4 位谷氨酰胺改为苏氨酸制成的类似物，其促子宫收缩活性比天然激素高 8 倍。OT 半衰期为 3～4 min。

2. OT 产生的部位

OT 产生于下丘脑室旁核和视上核等核团神经元。其分泌物经下丘脑-视上垂体束传送至神经垂体，在适宜的刺激下，神经冲动传导到视上核和室旁核位于神经垂体的轴突末梢，末梢发生去极化，导致高阈值电压门控性 L 型和 N 型钙通道打开，Ca^{2+}进入末梢内，促进分泌颗粒出胞，完成对 OT 的释放。其他组织如卵巢、黄体、子宫、胎盘、睾丸、肾上腺、胸腺及胰腺也有 OT 分布。下丘脑合成 OT 的神经元还同时合成 95 肽的神经垂体激素运载蛋白 I，二者属于同一前体的不同剪接片段，在细胞内共同形成神经分泌颗粒。分泌颗粒以每日 2～3 mm 的速度被运送至神经垂体。

3. 生理功能

OT 与其靶器官平滑肌细胞膜上的受体结合后，促使与之相偶联的 G 蛋白激活，从而激活磷脂酶 C，通过细胞内的磷酸肌醇信号系统诱导细胞质 Ca^{2+}浓度升高，通过钙调蛋白的作用，激活蛋白激酶 C，导致子宫在分娩时发生强烈收缩。此外催产素还具有广泛的生理功能，促使围绕乳腺腺泡的肌上皮细胞收缩，参与黄体形成和退化，以及在中枢神经系统中调节母性行为等。

（1）OT 与哺乳动物的分娩

各种哺乳动物分娩起始的机制存在很大的种间差异，虽然 OT 在分娩的引发过程中具有作用，但它是否是启动分娩的关键激素目前没有充分证据。比较公认的是：胎儿肾上腺皮质激素和子宫前列腺素的分泌可能是始动胎儿分娩的关键。

OT 对分娩的起始和维持具有作用。孕激素能降低子宫肌瘤对 OT 的敏感性，而雌激素则对 OT 具有允许作用。在整个妊娠的中前期和妊娠晚期，循环血中的高浓度孕酮使子宫平滑肌保持松弛状态。临产前短时间内，血浆孕酮浓度迅速降低而雌二醇水平升高，子宫平滑肌中 OT 受体（OTR）表达量显著增加（分娩早期的表达量是非妊娠子宫的 200 倍）。此时子宫对 OT 非常敏感，促使子宫收缩能力提高。分娩一旦开始，由于宫缩的作用，以及胎儿头部对宫颈和阴道的刺激加强，下丘脑 OT 神经元活动增强，导致其位于垂体后叶内的轴突末梢释放 OT 并作用于子宫，不但刺激前列腺素（PG）的合成，而且进一步增强子宫收缩，由此形成一个正反馈环路，即 Ferguson 反射，加速分娩过程。分娩后 OTR 产量随即减少。

（2）OT 与卵泡发育和黄体形成

OT 存在于许多动物的卵巢中。在发情前期用 OT 处理，会使小鼠卵泡提前成熟、排卵并形成黄体。颗粒细胞产生的 OT 作用于自身产生的 OTR，以自分泌形式调节卵泡发育过程中类固醇激素的分泌。此外，OT 还可以与促性腺激素相互配合，共同调节围绕卵母细胞的卵丘细胞微环境的功能状态。

（3）OT 及 OT 受体与有蹄动物黄体退化和妊娠识别

在有蹄类动物，OT 对黄体退化有重要的调节作用。反刍类家畜黄体退化和妊娠识别是由子宫内膜上皮细胞产生的 $PGF_{2\alpha}$（20 碳非饱和脂肪酸）、黄体分泌的 OT 和胚胎分泌的干扰素 τ，在雌激素和孕酮的调节下以旁分泌方式相互作用的结果。黄体退化的机制存在相当大的种间差异，并无证据表明 OT 在啮齿类和其他动物中也发挥着和在有蹄类动物中同样的作用。

（4）OT 与哺乳

OT 可以在哺乳时经神经内分泌射乳反射使围绕乳腺腺泡的肌上皮细胞收缩，射出乳汁。OT 对自身释放具有正反馈效应，当血中 OT 浓度达到一个阈值时便发生反射性射乳。垂体后叶在吮乳时以几分钟的间隔脉冲式大量释放 OT，此时血中 OT 浓度可比基础水平高 10 倍，然后又迅速降解。因此，OT 在哺乳过程中最重要且不能被其他途径所替代的功能是：在吮乳刺激下增加泌乳和排乳。OT 也有营养乳腺的作用，可维持哺乳期的乳腺不萎缩。

（5）OT 的其他功能

OT 产生并作用于脑，可刺激雌性大鼠表现母性行为。在人类，其对哺乳期加速产后子宫复原也有一定的意义，因此从保护母婴健康角度出发，应大力提倡母乳喂养。而且，在性交过程中子宫颈和阴道受到的机械扩张性刺激，可反射性地使血液中 OT 升高，引起子宫和输卵管收缩加强，可能有助于精子的运动。

在雄性睾丸中合成的 OT 可参与对雄激素合成和曲细精管收缩的局部调节。来自前列腺的 OT 可影响豚鼠、大鼠、人和犬的前列腺收缩；影响大鼠和犬的前列腺生长。

4. 调节 OT 分泌和释放的因素

OT 的分泌和释放受神经因素和体液因素的调节。刺激阴道和乳腺及异性刺激，都可通过神经传导途径引起 OT 的分泌和释放。雌激素对催产素的合成具有促进作用，对催产素的生物学作用具有协同或允许作用。

5. 临床应用

催产素常用于促进分娩，治疗胎衣不下、子宫脱出、子宫出血和子宫内容物（如恶露、子宫积脓或木乃伊胎）的排出等。事先用雌激素处理，可增强子宫对催产素的敏感性。

三、垂体激素

垂体中分泌激素的细胞主要分布于腺垂体。现已发现的垂体激素至少有 7 种，与生殖相关的主要有促卵泡激素（FSH）、促黄体激素（LH）及催乳素（PRL）。其中促性腺激素（gonadotrophin）是由垂体前叶所合成和分泌的糖蛋白类激素，分别是 FSH 和 LH。这两种激素都是异源二聚体，由 α 亚基和 β 亚基通过共价键结合构成。其中，α 亚基被两种激素通用（来自于同一基因的表达产物）。同时，在其他一些非促性腺激素分子结构中也存在相同的α亚基，如促甲状腺激素、马绒毛膜促性腺素和人绒毛膜促性腺素等，而β亚基的氨基酸在112～118（149），有物种差异。可见β亚基是决定各种激素与其受体结合的特异性，以及决定其功能特异性的关键。

（一）促卵泡激素（follicle stimulating hormone，FSH）

FSH是由动物垂体前叶嗜碱性细胞合成和分泌的一种糖蛋白类促性腺激素，在动物（包括人类）的生殖过程中起着重要作用。

1. FSH的分子结构

FSH分子中主要含有4类碳水化合物，其分子质量在动物间存在种属差异，大致在30 kDa左右。FSH是由两个非共价结合可解离的亚基组成，称为α亚基和β亚基。其中，α亚基基因由3个外显子和3个内含子组成。其氨基酸序列在不同物种中相对保守。其α、β亚基均参与受体结合与信号转导作用。人类FSH分子质量约32 600 Da。FSH在垂体中的含量约35 μg/g，血浆中含量为0.5～1.0 ng/ml，日分泌量约15 μg，半衰期为60 min。

2. 生物学作用

（1）对雄性动物

FSH对雄性动物的作用主要是促进生精上皮发育和精子的形成。FSH可促进精细管的增长，促进生精上皮分裂，刺激精原细胞增殖，并在睾酮的协同作用下促进精子形成。此外FSH还可以促进睾丸的支持细胞分泌雌激素和INH。

（2）对雌性动物

FSH对雌性动物主要是刺激卵泡生长和发育。FSH能提高卵泡壁层细胞的摄氧量，增加其蛋白质合成，并对卵泡内膜细胞分化、颗粒细胞增生和卵泡液的分泌具有促进作用。人类卵泡直径在达到12 mm之前，其颗粒细胞对FSH 的刺激不敏感。在腔前卵泡阶段，尽管可被募集的卵泡颗粒细胞对FSH的诱导应答越来越强，但FSH诱导的芳香化酶的表达仍然很低。优势卵泡往往具有更早出现卵泡直径变大和对 FSH 的反应阈值变低的特征。优势卵泡发育快，因而比其他卵泡率先对 FSH 诱导芳香化酶表达产生效应，从而促进雄激素向雌激素的转化。由优势卵泡所分泌的雌激素和INH转而在卵泡期中期抑制垂体FSH的释放。因此，负向选择卵泡是雌激素和INH共同作用的结果，导致剩余卵泡没有足够的FSH 来帮助其脱离闭锁的命运。

此外，FSH还可在LH的作用下，刺激卵泡成熟和排卵。研究证明：在体内，FSH可以促进性激素受体在卵泡体细胞中的表达。性激素（生理情况下，主要是雌激素）分别与受体结合后，可直接与颗粒细胞中钠肽（BNP/CNP）及卵丘细胞中钠肽受体（NPR2）基因的启动子结合，促进钠肽系统的表达。由于颗粒细胞膜上的NPR2具有鸟苷酸环化酶活性，因而钠肽与其受体的结合导致的结果是促进了颗粒细胞中 cGMP 的合成。后者又通过间隙连接被转运到卵母细胞胞质内，阻止磷酸二酯酶对cAMP的降解，进而维持卵母细胞处于减数分裂阻滞状态。但在体外，FSH却通过未知途径抑制性激素受体的合成，进而促进了cAMP水平在卵母细胞中下调，诱导了卵母细胞恢复减数分裂。

FSH 还能诱导颗粒细胞合成芳香化酶，后者是催化睾酮转变成雌二醇的关键酶。雌激素进而刺激子宫发育。

（3）与 LH/hCG 的协同作用

在生理条件下，FSH 与 LH 有协同作用。例如，给去垂体动物单独注射 FSH 时，卵泡不能达到正常大小，也不分泌雌激素，在这种条件下的阴道、子宫和输卵管保持幼稚状态。给去垂体雄性大鼠单独注射 FSH 虽可刺激曲细精管发育，但对间质细胞无作用。人类体外培养体系中添加 FSH 有助于促进 LH/hCG 对颗粒细胞-黄体细胞分泌功能增强的效果。有 FSH 存在时，hCG 能促进细胞中 cAMP 水平增加 5 倍，相应地，磷酸化 cAMP 反应元件结合蛋白及类固醇激素合成也都得到了增强。同时，LH 依赖的外部信号调节的激酶（ERK1/2）及蛋白激酶 B（PKB/AKT）通路的活性得到了增强，导致其抗细胞凋亡效应更加明显。

3. FSH 受体及作用机制

促性腺激素 FSH 受体（FSHR）和 LH 受体（LHR）都是 G 蛋白偶联受体（GPR），与促甲状腺素受体形成了共同的 GPR 家族。牛 FSHR 是一种由寡聚糖蛋白构成的膜受体，4 个单体由二硫键连接。FSH 与受体的相互作用部分依赖于膜磷脂的存在，通过膜磷脂稳定蛋白构型和介导信号传递；同时也依赖于二硫键的组合，稳定受体构型。人类 FSHR 由 17 个单肽 678 个氨基酸构成，分子质量大约为 75 500 Da，其 *Fshr* 基因定位于 2 号染色体短臂（2p21）上。卵巢 FSHR 的表达上升发生在卵泡期的早期和中期，排卵后迅速下降。

促性腺激素受体的激活机制：胞外长链 N 端识别促性腺激素 β 亚基，7 次折叠的穿膜域随即形成戒指样口袋，以便 α 亚基与之结合，后者随即激活受体。当受体以这种模式被激活后，其胞内结构域随即与 G 蛋白结合，后者被活化。活化后的 G 蛋白随即又激活腺苷酸环化酶，胞内 cAMP 得以合成。这些 cAMP 分子作为胞内信号转导的第二信使，通过激活蛋白激酶 A 对各种基因转录进行调节。此外，促性腺激素受体也通过 Ras 所介导的丝裂原激活蛋白激酶促进细胞分裂。而且促性腺激素受体可以介导对胞内 3-磷酸肌醇通路的激活，促使胞内 Ca^{2+}浓度升高，说明其对激活蛋白激酶 C 也起作用。通常认为 cAMP 和 Ca^{2+}的作用不是彼此独立的，它们在 GPR 信号级联中协同起作用，这种作用模式也适用于促性腺激素受体。

在卵巢中，FSHR 仅存在于颗粒细胞中，膜细胞中不存在。FSH 与 FSHR 结合后产生两方面作用。一方面活化芳香化酶，另一方面诱导 LHR 合成。卵泡内膜细胞在 LH 的作用下可合成 19 碳底物——雄烯二酮或睾酮，这些底物透过基底膜进入颗粒细胞，进而被活化的芳香化酶转变为 17β-雌二醇。而卵泡内膜本身只能产生很少量的雌激素。合成的雌激素协同 FSH 促进颗粒细胞增生、内膜细胞分化、卵泡液形成及卵泡腔扩大，从而使卵泡得以生长和发育。FSH 还可刺激大有腔卵泡颗粒细胞分泌抑制素（INH），而后者反过来会抑制垂体分泌 FSH，这对于优势卵泡的选择具有重要意义。实践证明利用抑制素抗体可以促进 FSH 的释放，达到超数排卵的效果。

FSH 对支持细胞的作用之一就是刺激其分泌一种雄激素结合蛋白。该蛋白质对睾酮有很强的亲和力，其与睾酮的结合可以保持曲细精管腔内睾酮的高水平，从而保证了睾酮对曲细精管内精子发生的促进作用。FSH 对精细胞的释放也起作用。

4. 临床应用

临床上 FSH 主要用于：①长期乏情或间情期过长；②卵巢静止（但对幼稚卵巢无效）、卵泡发育中途停滞或两侧卵巢交替发育（结合使用 LH 可提高疗效）；③对多卵泡发育，FSH 能促使较大卵泡发育成熟，小卵泡闭锁；④对持久黄体能促使其萎缩，诱发卵巢新卵泡生长；⑤胚胎移植时，一般与 LH 配合使用对供体做超数排卵处理；⑥对提高公畜精子密度有一定疗效。

（二）促黄体激素（luteinizing hormone，LH）

促黄体激素又称为间质细胞刺激素，与 FSH 一样，也是由动物垂体前叶嗜碱性细胞合成和分泌的糖蛋白类促性腺激素。

1. LH 及 LH 受体（LHR）

LH 的分子结构与 FSH 类似，分子质量大致也为 30 kDa，也是由 α 亚基和 β 亚基组成的异二聚体。其中 α 亚基为促性腺激素所共有，而 β 亚基具有激素和种间特异性，是激素的特异亚基，能与靶器官受体结合。在人类中，LH 的分子质量约为 29 kDa，在垂体中的含量约为 80 μg/g，血浆中含量为 0.5～1.5 ng/ml，日分泌量约 30 μg，半衰期 19～38 min。

LH 的生理功能是通过分布于性腺细胞膜上的特异性受体 LHR 所介导的。LHR 也是 GPR 型受体。在人类中，LHR 由 26 个单肽 673 个氨基酸构成，分子质量大约 75 kDa。在翻译及修饰完成后加上糖基，实际的分子质量为 85～92 kDa。与 FSH 受体相似的是，人类 *Lhr* 基因也定位于 2 号染色体的短臂上。

在卵巢中，LHR 表达于膜细胞中，伴随卵泡发育，其表达出现上调。而且因为 FSH 的刺激作用，LHR 在高度血管化的排卵前成熟卵泡中的表达也出现快速上调，因而具备了在排卵前对 LH 的反应能力。在睾丸中，LHR 表达于间质细胞中。LH 与受体的结合可通过其胞内信号系统刺激睾丸间质细胞合成和分泌睾酮。

2. 生物学作用

（1）LH 对腔前卵泡的影响

在卵泡发育的整个过程中，LH 发挥着重要的作用。LH 很可能对小卵泡的发育有积极影响。对于早期发育阶段的卵泡（直径 85～150 μm），在形成有腔卵泡的过程中，LH 的供应是必不可少的。这很可能与 LH 诱导早期膜细胞的分化有关。

（2）LH 对卵泡优势化的作用

LH 在卵泡优势化上起重要作用。在大家畜中，卵泡的选择发生在黄体期，即在 LH 刺激下黄体分泌孕酮的旺盛期。卵泡呈批次性的发育，但只有那些正好遇到黄体开始溶解的正在发育的卵泡，才能最终发育成优势卵泡。卵泡启动发育时正好处于促性腺激素高幅低频的波动性分泌时期，而最终能够发育成大卵泡的是正好处于促性腺激素低幅高频的波动性分泌时相的一波卵泡。目前认为，卵泡能否发育成优势卵泡取决于血液中促性腺激素水平、卵泡体细胞中促性腺激素受体的水平及卵泡体细胞激素本身的分泌水平等多方面因素。

（3）LH 对卵母细胞恢复减数分裂的调节

LH 通过其受体促进颗粒细胞中表达 AREG 等表皮生长因子家族的相关分子，这些分子可促进卵母细胞减数分裂的恢复和卵丘扩展。而与此紧密相关的是，LH 峰到来后，会引起颗粒细胞内去乙酰化酶 3（HDAC3）的急剧下调。在生理情况下，AREG 等因子的表达因受到 HDAC3 对 AREG 启动子区组蛋白 H3K14 的去乙酰化作用而被阻止，从而在 LH 峰出现前卵母细胞减数分裂维持阻滞。伴随着 LH 峰的到来，HDAC3 下调，促进了 H3K14 的乙酰化修饰，导致染色质结构活化，进一步促进了转录因子 SP1 结合到 AREG 启动子区域启动 AREG 转录，最终实现了促进卵母细胞成熟的作用。目前发现，体外添加 HDAC3 抑制剂可以起到类似 LH 的作用，即促进颗粒细胞 AREG 表达及卵母细胞成熟过程。

（4）LH 对诱发排卵的调节

对排卵起关键作用的激素是 LH。LH 对于卵泡最后阶段的生长和排卵是必需的。如果没有该激素，即使有再多的 FSH 释放，卵泡也不能发育到适合排卵的阶段。优势卵泡确立以后，卵泡内的雌激素迅速增加，出现了雌二醇（E_2）峰值，而且升高的 E_2 浓度会促进优势卵泡的生长。随着 E_2 峰值的出现，通过正反馈使 GnRH 刺激垂体释放 LH 的量增加，进而造成排卵前的 LH 脉冲频率增加。相反，在黄体退化以前，E_2 浓度及 LH 脉冲频率的升高却并不能达到卵泡期的 LH 脉冲频率，从而无法促成卵泡的最终成熟和排卵。因此高浓度的 E_2 和 LH 保证了优势卵泡的后期生长。黄体退化以后，LH 的脉冲频率进一步升高，经过芳香化酶作用导致排卵前 E_2 浓度也进一步升高。这样在升高的 E_2 浓度和 LH 脉冲频率作用下，LH 开始对颗粒细胞进行调节，导致卵泡壁的终末分化，促使卵泡排卵。可见 LH 对诱发哺乳动物排卵有重要作用。

（5）LH 在雄性动物中的作用

LH 可刺激间质细胞合成和分泌睾酮，这对副性腺发育和精子最后形成起决定作用。

3. 临床应用

临床上 LH 主要用于：①治疗排卵障碍，即成熟卵泡排卵迟缓；②治疗卵泡囊肿；③治疗黄体发育不全引起的早期胚胎死亡或早期习惯性流产；④治疗母畜情期过短而久配不孕；⑤治疗公畜性欲不强、精液和精子量少及隐睾等。

（三）FSH 与 LH 分泌的特点及调控因素

FSH 与 LH 在许多情况下是平行分泌的，但其合成和分泌的调控是一个复杂的过程。从到达促性腺细胞上的许多信号的反应来看，如促性腺激素细胞对下丘脑 GnRH 脉冲分泌的幅度及频率变化的不同敏感性，对性腺类固醇激素（estradiol，E_2；progesterone，P_4）和肽类激素如抑制素（inhibin，INH）、激活素（activin，ACT）和卵泡抑素（follistatin，FS）分泌环境的不同反馈应答，对垂体内 ACT-FS 旁分泌/自分泌调节的不同依赖性，以及对下丘脑兴奋性氨基酸刺激下的不同反应均引发了这两种激素分泌的“不同步”现象。

虽然对促性腺细胞分泌的“不同步”机制尚不完全明确，但人们对输入至垂体促性腺激素细胞的不同信号如何影响垂体促性腺激素的转录、合成及储存等已有所了解。

1. GnRH 对 FSH 和 LH 分泌的差异化调控

根据体内、体外实验及自然性周期中观察到的促性腺激素变化结果，发现垂体 LH/FSH 对 GnRH 的刺激有不同的反应。首先，体内单独注射 GnRH 引起血清 FSH 和 LH 水平升高，但 LH 峰值与基线值的比率比 FSH 大。相反，注射 GnRH 拮抗剂后，血清中 LH 在几小时内迅速下降，而 FSH 则缓慢下降，下降曲线中还会出现一段高水平的“平台期”。进一步地，当动态测定大鼠正常性周期中 GnRH、FSH 和 LH 水平时，发现 LH 易形成脉冲式变化且常伴随 GnRH 脉冲出现，而 FSH 虽有脉冲变化但与 LH 脉冲不同步。

细胞分泌 LH 对 GnRH 脉冲刺激敏感，而分泌 FSH 则较少受 GnRH 脉冲的影响。究其原因，一方面可能是 LH（人类半衰期 19～38 min）在血液循环中清除较 FSH（人类半衰期约 60 min）快造成的。另一方面，FSH 的分泌可能存在着不依赖于 GnRH 调节的方式。①FSH 的分泌机制可能不同于其合成过程。FSH 的合成可能是一种“固有和内在”的过程，很少受 GnRH 调控。但是 FSH 的分泌则需要受到来自性腺和垂体局部产生因子如 ACT、INH 及 FS 的综合调节作用。ACT 可使 FSH 保持持续分泌，而 INH 和 FS（通过抑制 ACT）的作用则可能是抑制 FSH 的过高分泌。ACT 可能是 FSH 合成与分泌必需的“内在”信号。以上结果说明 FSH 的合成与分泌机制很复杂。

2. 调控 FSH/LH 分泌的其他下丘脑因子

下丘脑肽类物质如甘丙肽、P 物质和神经肽 Y 等在体外实验中均能增强 GnRH 促进垂体 LH 和 FSH 分泌的反应，但对 LH 作用比对 FSH 强。

3. 性腺激素反馈和垂体内反馈环路

（1）性腺激素 E_2 和 P_4 反馈调节促性腺激素分泌的特点

一般来说，促性腺激素分泌的波动性在卵泡期增加，而在黄体期降低（图 4-7）。具体表现是：雌激素升高可降低促性腺激素分泌的波幅而提高波的频率（低幅高频），而孕酮含量升高则主要降低促性腺激素分泌波的频率但增加波的幅度（低频高幅）。这说明，在卵泡期，波的频率的增加是由于孕酮的缺失，而波幅的降低是由于雌激素的出现。这种频率增加而波幅下降相结合的特征对于发育中的有腔卵泡最后发育成优势卵泡是非常重要的。

下丘脑和腺垂体对持续升高的雌激素分泌发生的反应，是使促性腺激素分泌增加，这种关系是正反馈关系（图 4-8）。在有腔卵泡最后发育阶段的一天或几天内，雌激素突然持久性地分泌增加，并通过增加 GnRH 波动性释放的频率来促进促性腺激素分泌的增加。促性腺激素峰的作用是诱导卵泡内的变化，导致卵泡破裂排卵。促性腺激素峰的持续时间相对较短（一般 12～24 h），这可能是由于随着卵泡对促性腺激素排卵前峰的反应，卵泡中雌激素的浓度下降。可见这种启动卵泡排卵的特殊生理机制是有反馈性的，因为卵泡能够将自己的成熟状态通过雌激素信号传递给下丘脑和腺垂体，随着卵泡的成熟，雌激素的生成量增加。

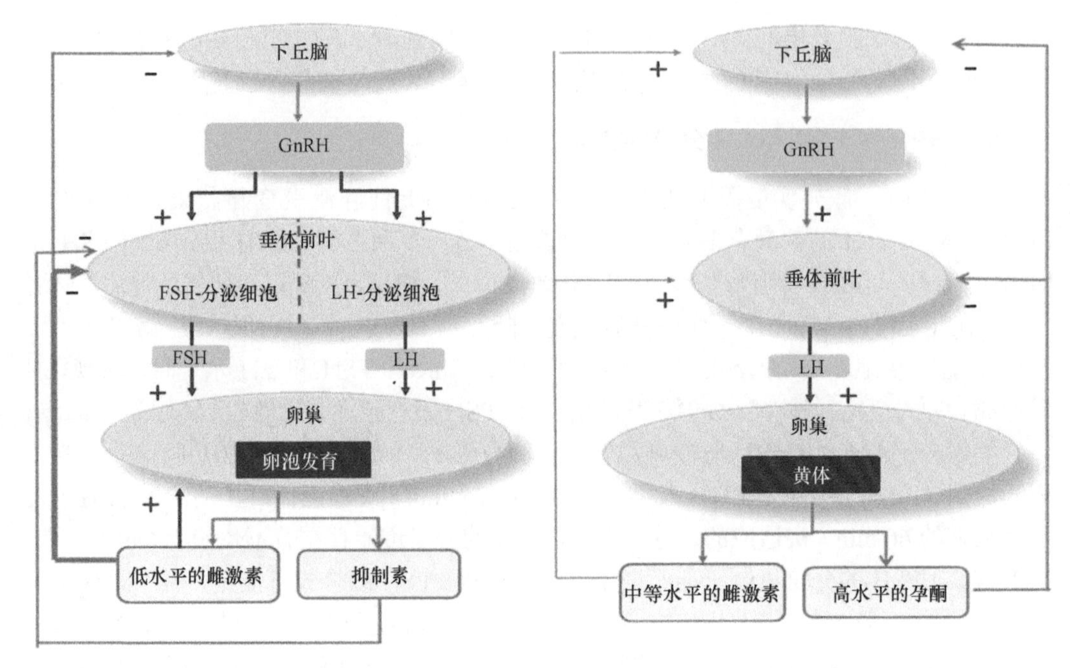

图 4-7 卵泡期、黄体期机体对促性腺激素（FSH 和 LH）分泌的调节（改自 Sherwood et al.，2013）

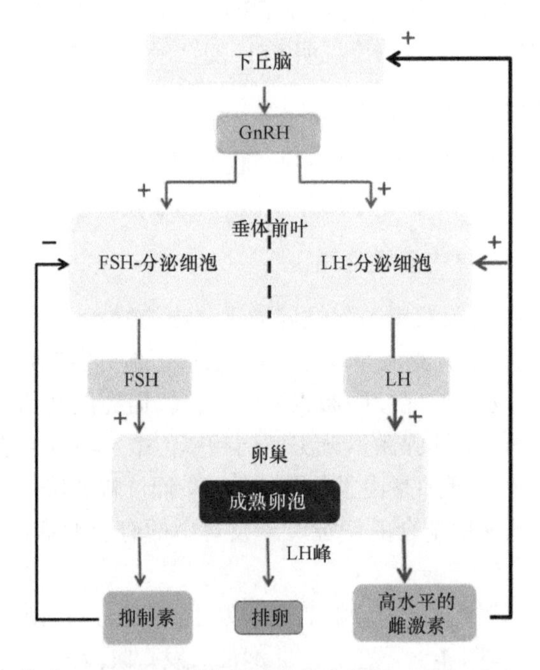

图 4-8 排卵时机体对 FSH 及 LH 峰分泌的差异化调节（改自 Sherwood et al.，2013）

在非排卵期，促性腺激素的分泌受卵巢性激素（雌激素和孕酮）的负反馈调节。特别是雌激素能够负反馈抑制促性腺激素的分泌，这是因为在雌激素低浓度时，负反馈机制敏感。在卵巢摘除后，由于雌激素的抑制作用被清除了，促性腺激素浓度大幅度增加。关于孕酮对促性腺激素波动频率的影响，通常认为是在下丘脑水平。而雌激素则通过影响垂体和下丘脑两个水平来影响促性腺激素的分泌。

在雄性动物中，促性腺激素分泌的控制与雌性的相似。下丘脑 GnRH 的波动性释放影响促性腺激素的波动性分泌。后者反过来引起睾丸中睾酮的波动性分泌。性别之间的一个主要差异是雄性中不存在雌性那样的促性腺激素的正反馈释放。精子在导管系统中不断地生成和排出。这一过程不需要促性腺激素峰的出现。

（2）非类固醇激素调节 FSH 的表达及分泌

性腺类固醇激素能较大幅度减少血液中 LH 浓度，但较少抑制 FSH 分泌。而非类固醇激素活化素（ACT）和抑制素（INH）的正、负反馈作用仅限于血液 FSH、垂体 FSH 及 FSH β 亚基的 mRNA 水平（图 4-9）。卵巢产生的 FS（不属于 TGFβ 超家族成员）与 ACT 结合后，可以抑制 ACT 本身的活性，因而可协助 INH 抑制 FSH 分泌。另外，研究发现垂体前叶也有 ACT 亚基及 FS 的 mRNA 表达，说明其在垂体内也可以发挥局部旁分泌信号作用（和性腺内作用机制一致）。可见，INH 和 ACT 均选择性作用于 FSH 的分泌，独立调控着 FSH 的表达及作用。促性腺激素细胞分泌的 ACT 及结合蛋白 FS 可通过其受体调节 FSH 的分泌，构成垂体内局部反馈环路；亦可通过卵巢颗粒细胞膜 ACT 受体以旁分泌/自分泌方式及改变 FS 的分泌比率，来调控 FSH 的合成与分泌，而不影响 LH 的合成与分泌。

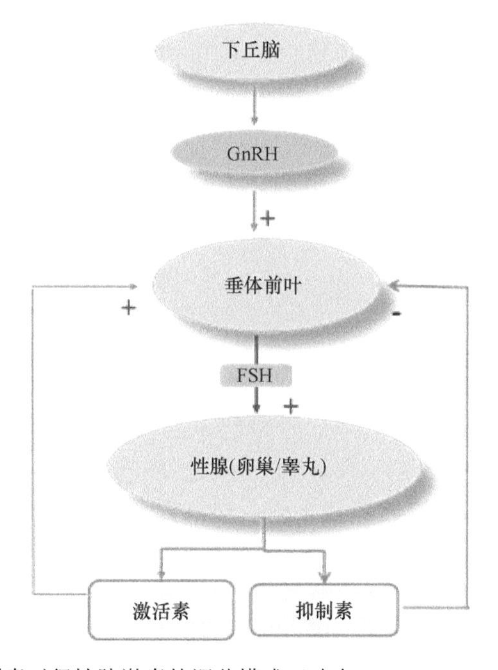

图 4-9　激活素和抑制素对促性腺激素的调节模式（改自 Wijayarathna and de Kretser，2016）

因此，垂体局部调节环路中 ACT/FS 与外周性腺 E_2、P_4、INH 的长反馈信号一起构成调控网络，分别以旁分泌/自分泌、正和负反馈方式共同专一地调控垂体 FSH 的合成与分泌，而不影响 LH 的分泌。

4. 影响 FSH/LH 差异化分泌的其他诸因子

LH 和 FSH 分泌有性别差异。在雄性，用纯化 INH 单克隆抗体免疫组化研究发现新生大鼠睾丸有 INH A 和 BB 亚基，主要在支持细胞表达，间质细胞内亦有少量表达。但成年雄鼠血循环中几乎测不到 INH，其 FSH 值也明显高于成年雌性大鼠。当给予成年雄鼠 INH 抗血清时，其血清中 FSH 的水平亦不增加。说明睾酮有抑制 INH 而升高 FSH 水平的作用。动物处于应激状态时，其 LH/FSH 分泌的情况不同于正常，表现为 FSH 表达与分泌增加，而 LH 分泌往往受抑制。

季节、光照等环境变化或交配活动等外界刺激可通过神经系统调节下丘脑 GnRH 的分泌，进而影响促性腺激素的分泌。仓鼠从短（非繁殖期）转到长（繁殖期）的光周期时，其血清中 FSH 的水平上升是先于 LH 出现的，此时出现低频的 GnRH 脉冲。这与 LH 分泌较 FSH 分泌更依赖于 GnRH 刺激的观点不一致。对该现象的解释一种是动物可能在长的光周期情况下，低频的 GnRH 脉冲刺激适于 FSH 的分泌；而高频的 GnRH 脉冲刺激则适于 LH 的分泌。另一种可能是 INH 负反馈的选择性下降或 ACT 旁分泌途径激活所致。因配子的形成较性激素合成需更长时间，故选择性地促进 FSH 的水平升高，是有利于配子优先形成的。

（四）催乳素（prolactin，PRL）

催乳素又名促乳素，是垂体前叶嗜酸细胞、神经系统（CNS）、胸腺、脾脏、外周血淋巴细胞、乳腺、子宫、胎盘、蜕膜和羊膜等分泌的一种具有广泛生理功能的肽类激素。垂体分泌的 PRL 通过垂体门脉系统进入血液循环，影响生殖活动的许多环节。PLR 是一种在雌雄个体中一物多用的激素，有人也称之为第三种促性腺激素。PRL 主要是对哺乳动物的乳腺发育和泌乳起作用；其次也对有些动物的黄体维持和性行为变化起调节作用。

1. PRL 的化学特性

目前已发现，两栖类、硬骨鱼类、哺乳动物都存在 PRL。从遗传学分析结果看，PRL 可能与生长激素（GH）共同从一个更古老的、共同的祖基因进化而来。哺乳动物 PRL 为 199 个（人为 198 个）氨基酸残基组成的单链蛋白质。PRL 分子内有 3 个二硫键（—S—S—），等电点 pH 为 5.7～5.8 或 6.5（人）。动物种类不同，PRL 分子结构也有差异。敲除 *Prolactin* 基因小鼠尽管排卵正常，但不育，说明其参与了对生殖过程的调节。

2. PRL 受体（PRLR）类型及作用机制

PRL 与受体结合引起广泛的生物学效应，是在脊椎动物进化过程中功能发生分化的典型代表激素。其分布极为广泛，这是 PRL 在体内具广泛的调节作用的基础。PRL 受体属于血蛋白/细胞因子受体超家族成员。在小鼠、大鼠等啮齿类动物，其受体类型基本分为长型和短型两大类，且均为跨膜蛋白。其蛋白质序列和长度差异仅限于细胞内部分，提示其分别通过不同的机制引起生物学效应。在妊娠大鼠的黄体中，PRL 长型和短型受体都有表达，长型受体的表达量要多于短型受体。而其他哺乳动物和禽类 PRLR 结构的不同之处在于哺乳动物只有 1 个胞外配体结合区，而禽类则具有 2 个重复单位的配体结合区。在人类，PRLR 类似于大鼠等的长型受体，即都通过 JAK2-STAT1/STAT5 途径产生作用。但JAK-STAT途径并非PRL与受体作用引发效应的唯一途径。

PRL与其长型受体结合后，受体二聚化后激活细胞内JAK2使之磷酸化，或使STAT1/5磷酸化，激活的蛋白质移位到细胞核内启动一些目标基因的转录，如β-酪蛋白、β-乳球蛋白、α2巨球蛋白及干扰素调节因子-1等，从而介导PRL的促黄体细胞分化和其他作用。

此外，PRL也参与了非多肽激素信号传导的生理效应。有研究显示在乳腺癌细胞膜表面，PRL可以与一种被称为Cyclophilin B的蛋白结合，进入细胞核并激活基因表达。敲降*CypB*基因后发现这些被激活的基因均参与了细胞生长、迁移和癌化，提示PRL可能是女性乳腺癌细胞迁移的“罪魁祸首”之一。

3. 生物学功能

（1）对乳腺发育及泌乳的作用

PRL的主要作用是刺激乳腺发育和促进泌乳。与雌激素和生长激素协同作用于乳腺腺管系统增长；与孕酮协同作用于乳腺腺泡系统发育；与皮质类固醇一起则可激发和维持发育完成的乳腺泌乳。

（2）对卵巢功能的调节

在大鼠等啮齿类动物的卵巢上均有PRLR的表达。研究表明，PRL对其卵巢生理、维持妊娠具有直接的调控作用。PRL对表面有GH受体表达的大黄体细胞的孕酮生成有促进作用，表面有LH受体表达的小黄体细胞对PRL无反应，且激素之间可产生协同作用，促进黄体发育，提高孕酮产量。相关实验证明，正常水平的PRL对维持啮齿类动物黄体功能是必需的。与PRL敲除小鼠所得结果相似，敲除PRLR后的小鼠因胚胎附植无法完成导致不育，这与PRL缺乏导致黄体凋亡而无法分泌孕酮有直接关系。在哺乳动物中，绵羊是目前发现的唯一一种其黄体维持也受PRL调节的动物。

（3）对妊娠维持的影响

既往认为PRL仅为子宫内膜蜕膜化的一种特异性标记物，并不参与内分泌调节或在调节中不起重要作用，这种观点正在被越来越多的实验结果所动摇。动物实验发现，孕早期蜕膜上的PRL及PRLR都有丰富的表达，PRL可刺激妊娠黄体LH/CG受体的表达，促进自身受体的表达，可以与FSH、LH协同作用优化cAMP和P4的合成。提示PRL可能通过自分泌/旁分泌机制调节蜕膜局部环境及机体内分泌状态。

（4）其他方面

PRL可增强某些动物的繁殖行为，增强动物的母性行为，如禽类的抱窝性、鸟类的反哺行为。对于鸟类，可促进鸽子的嗉囊发育，并分泌哺喂雏鸽的嗉囊乳。其对雄性也有效应，如雄鸟育雏（照看受精卵和孵化）期间，其体内的PRL水平很高；加利福尼亚小鼠中存在雄鼠负责照看仔鼠的特殊现象，这与这些雄鼠体内下丘脑部分的PRL分泌水平和受体数量均高于其他啮齿类有关；在家兔中，还与产仔前脱毛和造窝有关。

在雄性个体中，PRL可能具有维持睾酮分泌的作用，并与雄激素协同，刺激副性腺的分泌，以及维持性欲。在人类临床上有一种高催乳素血症的患者，其性欲降低和无生殖能力。两性性高潮时PRL达到峰值，可能与机体获得充分放松和满足感有关。在男性中，PRL 与性交后阴茎无法勃起有关。

PRL 在所有脊椎动物的发育中也起重要作用。在鱼类和两栖类的变形反应中 PRL 促进幼虫的发育，阻止其变形。此外，PRL 也能刺激皮肤发育的各种事件，而且哺乳动物非生殖系统细胞中也发现了 PRL 受体，但作用不详。例如，在淋巴系统中，T 细胞和 B 细胞上都有 PRL 受体，也能产生 PRL。阻断小鼠 PRL 与其受体的结合会导致免疫反应弱化，动物对疾病更易感。

4. 影响 PRL 分泌的因素

尽管催乳素是波动性分泌，但对其分泌的调节主要是抑制性的，因为切断垂体柄或将垂体移植到其他部位（如肾囊中）会导致 PRL 分泌增加。现已证明，下丘脑腹侧中产生的多巴胺（dopamine，DA）是 PRL 分泌的强有力抑制物（图 4-10）。其他抑制 PRL 分泌的因素包括γ-氨基丁酸和促性腺激素相关肽（GAP）。多巴胺的激动剂，如溴隐亭，可以用来抑制 PRL 的分泌，用于治疗高 PRL 血症。

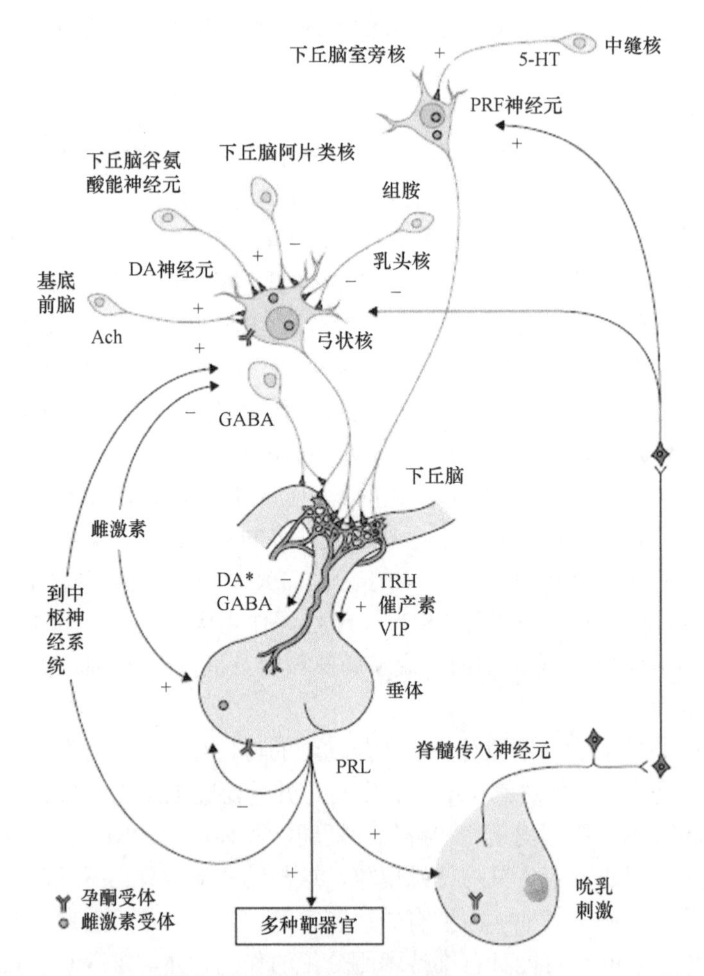

图 4-10　调控催乳素合成和分泌的机制（改自 Riecher-Rössler，2017）。DA：多巴胺；PRL：催乳素；PRF：催乳素释放因子；TRH：促甲状腺素释放激素；VIP：血管活性肠肽；GABA：γ-氨基丁酸；Ach：乙酰胆碱；5-HT：5-羟色胺

对垂体 PRL 分泌有促进作用的因子有促甲状腺激素释放激素（TRH）、雌激素及血管活性肠肽（VIP）等。最早知道的 PRL 释放因子之一是 TRH，尽管在垂体 PRL 分泌细胞上发现有 TRH 受体，但 TRH 和 PRL 分泌之间的生理关系还不清楚。VIP 是另一个强有力的 PRL 分泌的刺激物，其作用机理是通过抑制下丘脑中 DA 的合成而促进 PRL 的分泌。另外，雌激素对 PRL 的分泌也有促进作用，其作用机理是通过降低垂体 PRL 细胞对 DA 的敏感性和增加 PRL 细胞上 TRH 受体的数量实现的。

对蜕膜 PRL 分泌影响最大的激素为孕酮。已知增生期的子宫内膜不产生 PRL，只有从分泌中期开始，在孕酮的持续刺激下，内膜 PRL 产量才会持续上升。孕酮的促 PRL 作用可能是通过激活蜕膜细胞内的腺苷酸环化酶，进而引起 cAMP 信号传递的级联效应所介导的。另外，内膜间质细胞产生的非结合性 hCG-α 亚基亦起协助作用，而一些免疫因子，如 IL-2 则抑制内/蜕膜 PRL 的合成和分泌。

第二节 松果体激素

松果体（pineal gland）是人及动物体内的神经内分泌器官，为一红褐色的豆状小体，长 5～8 mm，宽 3～5 mm。松果体源自神经外胚层，位于间脑顶部，缰连合与后连合之间，四叠体上方的凹陷内，故又名脑上体。它是个感光系统，因此有“第三只眼睛”之称，如七鳃鳗的松果体还保留着眼的形态。松果体通过柄与基部相连，其顶部朝向后方。第三脑室顶部部分伸入柄内形成松果体隐窝，将松果体柄分为上板层与下板层两部分。松果体外包结缔组织软脑膜，并伸入腺体内构成支架，将实质分为不规则的小叶。松果体有丰富的血管，由左、右脉络膜后动脉分支的微动脉穿入松果体被膜，行走于结缔组织之中，然后形成毛细血管网，经静脉汇集起来穿出被膜构成松果体奇静脉，最终汇入大脑大静脉。小叶含有松果体细胞、神经胶质细胞和神经纤维等。该腺体直接受颈上交感神经支配，分泌吲哚类和多肽类激素，其中最重要的是褪黑素。

褪黑素

褪黑素（melatonin，MLT）是由美国皮肤病学家 Lerner 于 1958 年从肉牛松果体中首次分离得到的一种吲哚类激素。应用褪黑素饲喂两栖类动物可使黑色素细胞凝集后皮肤褪色，故而得名。它在多个物种的多个组织中广泛存在，主要参与生物的昼夜节律、视网膜信号的调节及季节性繁殖哺乳动物的生殖调控等多种生理功能的调节。

（一）褪黑素的分布、生物合成及代谢

褪黑素是一种小分子脂溶性物质，相对分子质量 232，化学结构是 *N*-乙酰-5-甲氧色胺。褪黑素存在于脑脊髓液和外围血液中，其分布以下丘脑含量最高，中脑、小脑和桥脑次之，端脑含量最低。从动物全身来说，褪黑素储存最多的器官是松果体，其次是下丘脑、肾上腺、垂体前叶、性腺和生殖器官，因此它很可能在中枢神经系统和外围组织中均发挥作用。

褪黑素主要是由松果体合成的，其他合成部位还有视网膜、眼眶腔的副泪腺、唾液腺、肠的嗜铬细胞及红细胞等。松果体细胞合成褪黑素的过程如下：①色氨酸在色氨酸羟化酶（TPH）的作用下转变成 5-羟基色氨酸；②后者经 5-羟基色氨酸脱羧酶（5-羟色胺-POC）催化成 5-羟色胺；③在 5-羟色胺-*N*-乙酰转移酶（NAT）和羟基吲哚氧位甲基转移酶（HIMOT）的作用下，5-羟色胺经 *N*-乙酰羟色胺转变成褪黑激素（*N*-乙酰-5-甲氧基色胺）。在 5-羟色胺转变成褪黑素过程中，需要两种酶的作用：NAT 和 HIMOT，前者使 5-羟色胺氨基乙酰化，后者使吲哚环羟基甲基化。在此过程中，交感神经影响着 NAT 的活力，而 HIMOT 是全部合成过程中的关键酶。

褪黑素进入血液循环并经脉络膜浓缩后分泌进入脑脊液，与血浆蛋白结合的褪黑素被一些组织摄取，并在肝脏和其他器官中代谢。

1. 褪黑素合成、分泌的节律变化和调节机制

研究显示机体 5-羟色胺的浓度白天高，夜晚低；而褪黑素的浓度白天低，夜晚高。松果体内吲哚类物质的转换是受光照周期调控的，而褪黑素的浓度夜间升高是由 NAT 的活性上升引起的，NAT 是褪黑素合成的一个限速酶。而 HIMOT 的活性控制着夜间褪黑素升高的程度，该酶在动物松果体中浓度最高也与此有关。

目前所知对于哺乳动物来说，光照信息是通过下述途径到达松果体的：光照→视网膜→视交叉→视交叉上核（SCN）→下丘脑室周区和结节区→（经后脑顶盖背侧）→脊髓的胸段→脊髓节前交感神经束→颈上神经节→节后交感神经纤维→松果体实质细胞（图 4-11）。

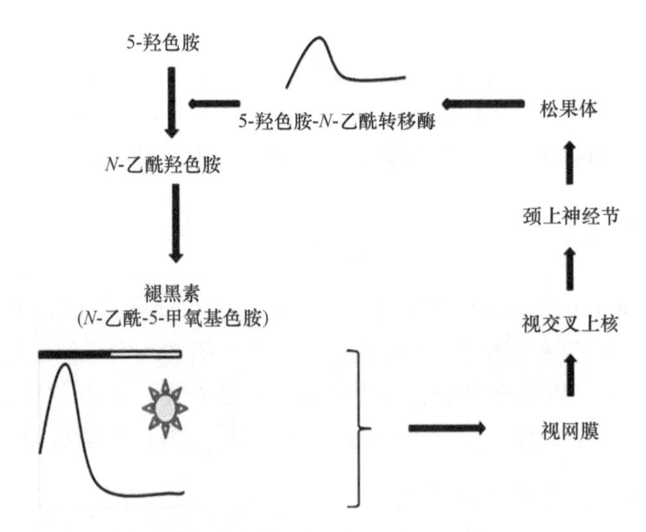

图 4-11 光线对褪黑素分泌的调节（改自 Tosini et al.，2014）

白昼来临时，光照输入到 SCN 的过程由眼内生物钟的主动性门控通道控制。共有两个神经通路共同介导信号的传递过程。一条通路是编码总体亮度（而不包括颜色、形状或动作）的光照信号，被视网膜视锥细胞感受到后，经轴突由视网膜下丘脑束传递到视交叉上核。RHT 释放递质为谷氨酸。另一条通路是在外侧膝状体的体间小叶。

视交叉上核有左右两个核（直径在 10 mm 量级），位于视交叉上方，对称地位于第三脑室两侧。其中腹外侧接受来自视网膜的光信号，而背内侧不直接接受光信号，而是接受来自腹外侧的信号。背侧视交叉上核在快速动眼睡眠及褪黑素水平的节律调节中起到主要作用，而腹侧视交叉上核可能参与控制其他节律。视交叉上核约有 2 万个神经元，大多数的视交叉上核神经元都是 γ-氨基丁酸能神经元，其余递质的分布具有多样性。

当夜晚来临，抑制信号解除，颈上神经节兴奋性升高，此时交感神经节后神经末梢释放的 NE 通过渗透方式作用到松果体腺细胞膜上的 α1、β1 受体，导致 NAT 激活。在松果体信息转导过程中，环核苷酸起着十分重要的作用。cAMP 能诱导激活 NAT，使 5-羟色胺转变为褪黑素的前体物质——*N*-乙酰-5-羟色胺，从而使褪黑素合成增多。

可见，光照对松果体合成褪黑素的调控作用一方面是抑制作用，即对 NAT 活性的抑制；另一方面是使松果体分泌褪黑素的节律同环境昼夜节律同步化，即夜间分泌高于白昼。自然条件下，午夜 12 时至凌晨 2 时褪黑素合成达到高峰，随后逐渐减少至中午 12 时达到最低点。

2. 褪黑素受体（MLTR）的结构、功能及调控

褪黑素受体有膜受体和核受体之分。其中核受体属于孤儿受体超家族成员，具体的作用及机制有待研究。

褪黑素通过与其高亲和性 G 蛋白偶联受体结合发挥其生物学功能。目前克隆得到的褪黑素受体有三种亚型。其中两种，即褪黑素受体 1 和 2 属于 G 蛋白偶联受体家族。第三种受体属于醌还原酶 2，仅在某些物种中存在。

根据褪黑素受体与 ^{125}I -褪黑素结合的药理和动力学特性可将受体分为高亲和性的褪黑素 1 型受体和低亲和性的褪黑素 2 型受体。根据蛋白质同源性又可将褪黑素 1 型受体分为褪黑素 1a、褪黑素 1b、褪黑素 1c 三种亚型。褪黑素 1a 多分布于下丘脑的视交叉上核及垂体结节部，其 N 端含有两个糖基化位点。各种来源的褪黑素 1a 受体间氨基酸水平同源性高达 80%以上。褪黑素 1b 受体基因多在视网膜中表达，其 N 端含有一个糖基化位点，与褪黑素 1a 受体在氨基酸水平的同源性约为 60%。褪黑素 1c 受体与前两种受体相比，C 端多了 66 个氨基酸残基，氨基酸水平的同源性为 60%，跨膜区的同源性则高达 77%。目前哺乳动物中尚未发现褪黑素 1c 型受体，而对于绵羊等具有明显季节性繁殖特征的动物仅在垂体结节部发现褪黑素 1a 型受体，提示垂体结节部可能是褪黑素发挥其生殖效应的作用位点。

处于不同发育阶段的动物体内，褪黑素受体有着不同程度的表达并伴有生理活性的变化。以小鼠为例，新生鼠脑和垂体中的受体含量较高，30 天以后就大为降低，性成熟期有升高，至老年又有降低。机体类固醇水平也可对褪黑素受体进行调控：在大鼠脑中，类固醇通过影响褪黑素受体的表达而影响动物对光照周期的敏感性，并能够降低脑中的褪黑素受体的密度，雌性哺乳动物体内类固醇类激素水平的周期性波动亦能明显地改变褪黑素受体与配体的结合特性。褪黑素受体的密度与褪黑素的血液含量之间存在着类似于下调机制的内在联系，且褪黑素对其受体的这种调控作用会因为褪黑素的消失而得以恢复。由于褪黑素的合成与分泌受到昼夜节律的调节，因此，体内褪黑素受体的密度也会由此而发生规律性的变化。

（二）褪黑素的生理功能与作用机制

褪黑素可通过下丘脑-垂体-性腺轴，在下丘脑水平上调节促性腺激素的分泌，进而影响生殖系统功能；也能与卵巢、睾丸及肾上腺细胞上的β-肾上腺受体结合，进而调节促性腺激素如 LH、PRL 和 FSH 等的合成和分泌。

1. 下丘脑

下丘脑作为性腺轴最高级的神经控制中枢，理应是褪黑素控制动物繁殖的位点。以季节性发情的动物绵羊为例：繁殖季节下丘脑 GnRH 分泌的高频脉冲诱导的神经内分泌变化，是导致卵巢排卵的基础。在不同季节，下丘脑 GnRH 分泌的脉冲频率是不同的，这主要是因为日照变化引起褪黑素分泌模式的改变，从而导致 GnRH 神经元对 E_2 的负反馈敏感性出现变化所致。在下丘脑中，下丘脑前乳头区和室旁核存在褪黑素受体。

2. 垂体

褪黑素可直接抑制仓鼠垂体前叶中 FSH 和 LH 的释放，表明褪黑素可直接作用于垂体。研究发现，在一定范围内，褪黑素不但可抑制促甲状腺素释放激素（TRH）刺激 *Prl* 基因表达效应，还可直接抑制垂体前叶细胞 *Prl* 基因的表达。

褪黑素作用于垂体，主要是通过调节 E_2 对垂体的负反馈，来间接影响 FSH 和 LH 的分泌。E_2 抑制垂体的效果最明显，能很大程度上减少因 GnRH 引起的 LH 分泌。但是，雌二醇对下丘脑和垂体的抑制作用有二相性，即动物处于乏情期，E_2 对下丘脑和垂体抑制作用强；在发情期，E_2 的抑制作用变弱。褪黑素参与调节 E_2 的二相性反馈调节作用。

3. 性腺

褪黑素除了通过下丘脑和垂体间接影响性腺，还能直接作用于性腺调节生殖。

褪黑素可直接影响动物的生精过程。体外实验表明，褪黑素能改变生精细胞的形态和影响睾丸组织细胞 cAMP 的合成。褪黑素可能直接影响大鼠附睾的生理学形态和生殖功能。去势后，附睾内褪黑素受体减少，补充外源性睾酮可增加褪黑素受体数量。褪黑素处理可以引起前列腺变小和副性腺萎缩。睾酮和雌二醇可减弱褪黑素对前列腺细胞的抑制作用。

褪黑素对雌性的生殖有重要的调节作用。首先，人类的排卵前卵泡液中含有很高水平的褪黑素，其水平要高于血液中。褪黑素受体表达于卵巢颗粒细胞中。褪黑素对卵巢的功能影响是多方面的。在卵泡发生、卵泡闭锁、排卵、卵母细胞成熟及黄体形成等方面，褪黑素都可能通过调节活性氧和凋亡过程起作用。例如，褪黑素可刺激牛和小鼠卵母细胞减数分裂的恢复，促进卵母细胞成熟。一定剂量的褪黑素对孕酮分泌有抑制作用，褪黑素是黄体功能潜在的调节因子。

在女性中，很多生殖疾病都与褪黑素有关。例如，褪黑素能改变黄体细胞和卵泡颗粒细胞的形态；调节子宫内膜血管的通透性和子宫内膜的脱落；在鼠乳腺细胞和乳腺肿瘤细胞都发现有褪黑素受体，乳腺褪黑素受体随着昼夜时间、日龄、生殖周期、怀孕和泌乳而变化。褪黑素在多囊卵巢综合征、子宫内膜异位症和卵巢早衰中发挥重要作用。

4. 褪黑素的作用方式

褪黑素对性腺的直接抑制可能是褪黑素与性腺细胞膜上的与腺苷酸环化酶偶联的受体结合，通过调节环核苷酸的含量对性腺起作用。在睾丸组织的培养液中加入褪黑素可增加 cGMP 的产量。

褪黑素及其代谢产物都是强有力的抗氧化剂，其最基本和最重要的作用可能是其作为不依赖于受体的自由基“清道夫”和广谱的抗氧化剂。

第三节　性 腺 激 素

由性腺（gonad）（睾丸和卵巢）产生和分泌的激素统称为性腺激素。卵巢所产生的主要是雌激素、孕酮、松弛素、抑制素和活化素；睾丸所产生的主要是雄激素，以睾酮为主。它们虽然主要分别影响两性，但实际上雌雄两性体内均分别存在着浓度不同的雄性激素与雌性激素。此外，这些激素还可以来自胎盘，肾上腺皮质也可产生少量的雌激素、孕酮及睾酮。它们在化学上属环戊烷多氢菲的衍生物，按其化学本质可分为两大类，即性腺类固醇类激素和性腺含氮激素。

一、性腺的类固醇类激素

类固醇激素又称为甾体激素，属于脂类化合物，它们的基本结构为环戊烷多氢菲核，即甾环，由 A、B、C 和 D 4 个环构成。前三个环构成菲，后一个环即环戊烷，因其结构与胆固醇相似，故称为类固醇激素。

性腺类固醇类激素的生物合成具有共同的途径，其直接前体都是由胆固醇衍化而成的孕烯醇酮，生成何种最终产物主要取决于腺体组织的细胞类型、酶系和调节因子等，其合成的大致过程如图 4-12 所示。

（一）雌激素

雌激素（estrogen）是一类由 18C 的雌甾烷骨架（C18 雌甾烷）组成的类固醇激素，在所有雌性脊椎动物的生殖活动中扮演核心角色。动物体内雌激素主要来源于卵巢的卵泡内膜细胞和卵泡颗粒细胞，黄体、胎盘、肾上腺皮质、乳腺、大脑、脂肪及雄性动物的睾丸也可少量分泌。另外，某些植物也可以产生大量对动物具有生物活性的雌激素，即植物雌激素（phytoestrogen）。雌激素和其他类固醇激素相似，在血液中运输需要和性激素结合蛋白（SHBG）结合。

1. 合成与代谢

动物体内的雌激素主要有雌二醇（estradiol，E_2）、雌酮（estrone）、雌三醇（estriol）、马烯雌酮（equiline）、马萘雌酮（equilenin）等。植物雌激素主要有染料木因、福母乃丁、

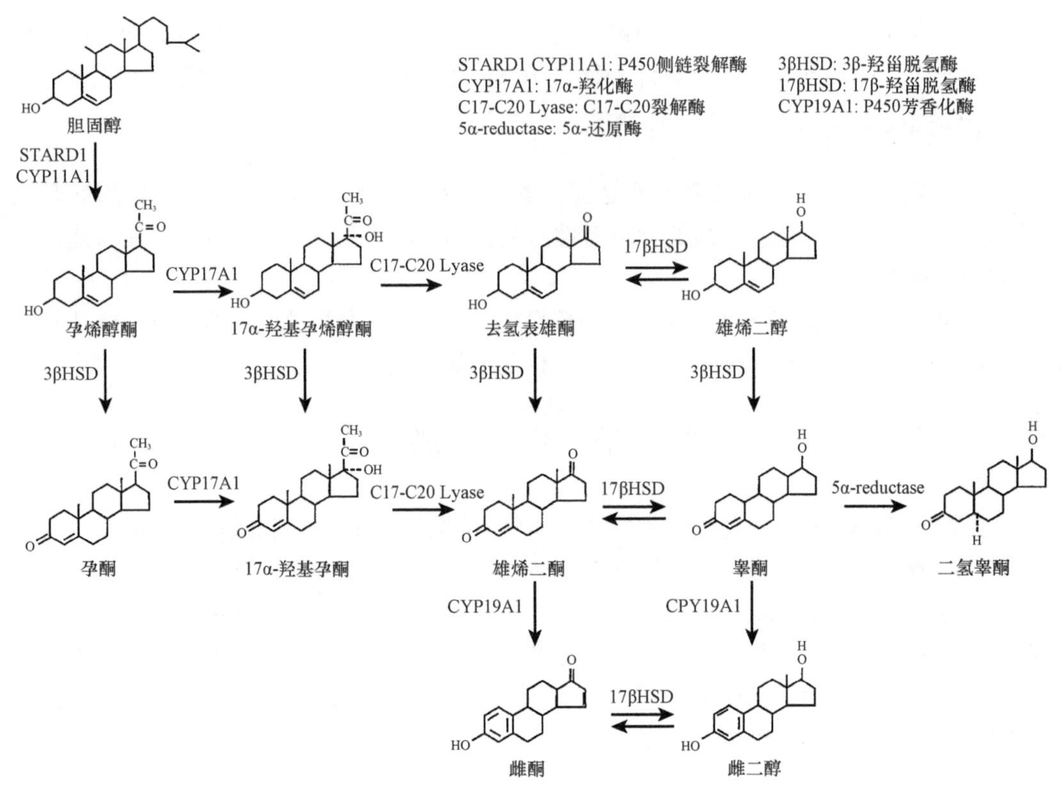

图 4-12　类固醇激素的生物合成途径

黄豆苷原、香豆雌酚、补骨脂丁等。植物雌激素分子中没有类固醇结构，但具有雌激素生物活性。动物体内的雌激素生物活性以 17β-雌二醇最高，主要由卵巢分泌，雌三醇最低。但在人类，胎儿性腺分泌的雌激素主要是雌三醇。

雌激素在卵巢和睾丸内主要由雄激素转化而来。所有的雌激素无一例外都是由芳香化酶（aromatase）催化雄激素合成的。一般认为，其过程是经过“两细胞、两促性腺激素作用模式”实现的，即先经促黄体激素作用于卵泡内膜细胞分泌睾酮（主要是雄烯二酮），睾酮进入颗粒细胞后再经促卵泡激素作用于芳香化酶将睾酮转化为雌激素（主要是雌二醇）。雌激素的合成途径见图 4-12（类固醇激素的生物合成途径）。

卵泡液中和血液中雌激素的含量因性周期不同而有明显变动。雌激素产生后立即释放，并不储存，经过代谢降解过程后由尿、粪排出体外。在血液中约有 2/3 的雌激素与特异性蛋白质结合，与蛋白质结合的雌激素即变为无活性，只有游离的雌激素才能被组织所摄取。这种结合相当疏松，可以方便激素在 30 min 左右被释放到组织中。类固醇激素都有这一特点，由此可使组织中游离状态的激素水平保持平衡，起到缓释作用，而延长激素生理效应的发挥，同时也可以防止此类激素在肝中被迅速分解。另外，口服雌激素会迅速经门静脉被肝脏代谢。

肝脏与雌激素结合形成葡萄糖醛酸苷和硫酸盐，大约 1/5 的结合物被分泌进入胆汁；绝大部分被外分泌进入尿液。同时，肝脏负责将雌酮转化为雌三醇。因此，肝功能受损后雌激素活性会上升，有时候会导致机体出现高雌激素血症。

在男性中，睾丸可合成的雌激素占血液中雌激素的 20%，其余有脂肪、大脑、皮肤和骨骼通过芳香化酶的作用由雄激素转化而来。自 1993 年起，芳香化酶被证实在包括大小鼠、棕熊、公鸡和人类的睾丸组织中表达。其表达定位于长形精子和晚期精子细胞的高尔基体部位，其活性与间质细胞中的活性相类似。随着精子通过附睾，其活性逐步下降。在男性，先天缺乏芳香化酶会导致出生缺陷，如尿道下裂和隐睾症。

尽管绝经后妇女和男性体内没有雌激素的波动，其体内的雌激素含量仍能保持在 100 mmol/L（30 ng/L）。

（1）雌酮（oestrone，E_1）

分子式：$C_{18}H_{22}O_2$，相对分子质量 270.366，生物半衰期 19 h。雌酮由雄烯二酮不可逆转化而来，或者由雌二醇可逆转化而来，它也有一种硫化形式的结构，该结构使得雌酮不易被代谢掉。雌酮硫酸酯、雌酮和雌二醇在体内可以相互随意转化，这对于雌激素的功能调节是很重要的。此外，雌酮磷酸酯是替代治疗中常用的雌激素替代物，理论依据就是认为它可以转化为雌二醇。与雌二醇相似的是，雌酮在月经周期中也是有规律地波动。而且，血浆中雌酮的水平在妊娠后也是逐步增加的。

（2）雌二醇（estradiol，17β-estradiol，oestradiol，E_2）

分子式：$C_{18}H_{24}O_2$，相对分子质量 272.38，生物半衰期约 13 h。雌二醇在卵巢颗粒细胞、肾上腺皮质和睾丸中由芳香化酶负责，从睾酮和雌酮转化而来。血浆雌二醇的水平在月经周期中是有规律波动的，其峰值出现在排卵前，在孕期也有显著上升。体内所有雌激素中，雌二醇的活性最强。然而，因为其代谢相对快，经常会以口服雌酮的方式加以补充。17β-雌二醇的雌激素效应是雌酮的 12 倍（在大鼠为 8 倍），是雌三醇的 80 倍。由此可见，17β-雌二醇的效应是后两者加起来的很多倍，因而被认为是主要的雌激素，当然雌酮的作用也不可忽视。

（3） 雌三醇（estriol，oestriol，E_3）

分子式：$C_{18}H_{24}O_3$，相对分子质量 288.38。由母体经胎盘转运至胎儿肾上腺的孕烯醇酮会被硫化，在胎儿肝脏中被还原并最终在胎盘中被芳香化，从而完成雌三醇的合成。这一系列的反应对于胎儿肝脏和胎盘的发育都至关重要。孕烯醇酮在妊娠第 12 周时开始上升，晚于其他雌激素的上升时间。此外，因为 E_3 及其代谢产物在妊娠妇女的尿液中含量丰富，往往被用来监测胎儿发育的状态。通常，在人类体内，E_3 的水平很低，其生物学活性仅占雌激素活性的 1%左右。

2. 生理作用

雌激素是雌性动物性器官正常发育和维持其正常机能的主要激素。雌激素与孕激素在发挥生理功能时，往往具有协同或者允许效应。例如，雌激素会降低细胞内应答孕激素的阈值，增加细胞对孕激素的敏感性。雌激素的主要功能如下所述。

（1）对雌性动物的作用

雌激素在雌性动物各个生长发育阶段都有一定生理效应：在胚胎期，刺激并维持雌性动物生殖道的发育（如初情期前摘除卵巢，生殖道就不能发育；初情期后摘除卵巢，则生殖道退化）；在初情期前，雌激素对下丘脑 GnRH 的分泌有抑制作用，使雌性动物发生并维持第二性征；在初情期，雌激素对下丘脑及垂体的生殖内分泌活动有促进作用；在发情周期，雌激素对卵巢、生殖道和下丘脑及垂体的生理功能都有调节作用，表现在以下几个方面。

1）刺激卵泡发育。

2）作用于中枢神经系统，诱导发情行为，可以使雌性动物出现性欲及性兴奋（在绵羊和牛中，还需孕激素的参与）。

3）为了增加阴道上皮对创伤和感染的抵抗力，在雌激素的作用下，阴道上皮从立方状向分层改变。儿童时期阴道感染往往仅通过给予适当雌激素即可治愈，原因就在于雌激素对阴道上皮的抵抗力的增强作用。雌激素可刺激成年动物子宫和阴道腺上皮增生、角质化，并分泌稀薄黏液，为交配活动做准备。

4）在子宫中，雌激素显著促进子宫内膜间质并极大刺激子宫内膜腺体的发育。这些腺体的作用对于供应着床受精卵的营养至关重要。雌激素可刺激子宫和阴道平滑肌收缩，促进精子运动，有利于精子与卵子结合；雌激素对输卵管黏膜层的作用类似于其对子宫内膜的作用。雌激素促使输卵管内膜腺体组织的增殖，且更重要的是促进分布在黏膜表面的具有微绒毛结构的上皮的增殖。同时，微绒毛的活力也随之增加。这些微绒毛均是朝向子宫摆动，以促进受精卵向该处移动。

5）在妊娠期，雌激素刺激乳腺泡和管状系统发育；刺激乳腺基质组织的发育；刺激大量乳腺导管系统发育；刺激脂肪沉积于乳腺组织。并对分娩的启动具有一定作用。

6）在分娩期间，雌激素与催产素有协同作用，诱导前列腺素的分泌，刺激子宫平滑肌收缩，有利于分娩。

7）在泌乳期间，雌激素与催乳素有协同作用，可促进乳腺发育和乳汁分泌。

8）雌激素也影响骨骼、肝脏和大脑的功能，促进其向女性化方向发展。雌激素抑制破骨细胞的活性，从而刺激骨的生长。这其中抑制骨吸收的细胞因子，即骨保护素/破骨细胞生成抑制因子也起到了部分作用。在青春期，当女性进入可生育年龄后，其身高就会有几年的快速生长。但是雌激素的另外一个潜在效应是导致长骨末端的骨骺骨化。女性体内雌激素的这种效应远强于男性体内雄激素对骨生长的阻抑作用。其结果是，女性的生长一般比男性早几年停止。由此，女性卵巢摘除之后因为雌激素缺乏，其骨骺在正常年龄没有发生骨化，其身高往往比正常女性高若干厘米。绝经期后，卵巢几乎不再分泌雌激素。雌激素的缺乏导致以下后果：增加骨中破骨细胞的活性；减少骨基质；减少骨中钙和磷的沉积。有些妇女，这种效应非常明显从而导致出现骨质疏松。因为骨质疏松极大地削弱骨的功能并导致骨折，尤其是脊椎骨，因而许多绝经期后的妇女需要给予适当的雌激素替代物以阻止骨质疏松效应发生。

9）雌激素能轻微增加蛋白质的储存。当给予雌激素时，动物的代谢呈现轻微的正氮平衡，故认为雌激素能轻微增加机体总的蛋白质含量。这种效应主要源于雌激素对性器官、骨骼和其他组织的促进生长效应。相反，雄激素促进蛋白质储存的效果要比雌激素强很多，其作用范围也更广。

10）雌激素可提高机体代谢水平促进脂肪沉积。雌激素可以适当提高机体能量代谢率，但其效应只有雄激素的 1/3。雌激素也可以增加脂肪组织在皮下组织和乳腺组织中的沉积，由此导致雌性体内的脂肪占比远大于雄性，雄性体内的蛋白质量更多。雌激素诱导的脂肪沉积也导致女性臀部和大腿部脂肪量增加。

11）其他作用。

雌激素对毛发分布的影响：雌激素对毛发分布的影响较小。不过，青春期后，在腋窝和阴部仍会有毛发分布，这主要是由青春期后雌性肾上腺组织分泌的雄激素造成的。雌激素对皮肤的影响：雌激素的作用导致皮肤有纹理，变得柔软和光滑，但其厚度比儿童和摘除卵巢后的雌性动物要厚。与雄性相比，雌激素的作用也导致雌性皮肤血管化更明显，这可能与单位面积上雌性皮肤的温度升高，以及促进血流增加有关。雌激素对电解质平衡的影响：在化学结构上，雌激素和肾上腺皮质激素具有相似性。雌激素与醛固酮及其他皮质激素一样，都会导致肾小管对钠和水的重吸收增加。这种效应通常比较微弱，仅在孕期因胎盘大量合成雌激素时，才会导致机体水分潴留。

（2）对雄性动物的作用

雌激素对雄性动物的生殖活动调节主要表现为抑制效应。大剂量雌激素可引起雄性胚胎雌性化，并对雄性第二性征和性行为发育有抑制作用。即使是成年雄性动物，用大剂量雌激素处理后也可影响性机能，如精液品质降低，乳腺发育并出现雌性行为特征。对于某些动物，雌激素还可以使雄性睾丸萎缩，副性腺退化，精子生成减少，雄性特征消失。

近期研究发现，在小鼠中，当敲除芳香化酶基因后，饲喂无大豆（含植物性雌激素且与 ERβ 有很高的结合力）饲料时，其精子发生出现下降的时间会提前，说明雌激素参与了对精子发生的调节。

3. 雌激素受体（ER）及其作用机制

雌激素通过 ER 发挥作用是 Mueller 及其同事于 1957 年在观察雌激素在大鼠子宫内的代谢过程中发现并提出的；在 1984 年和 1993 年 Gorski 先后揭示了 66 kDa 的 ERα 在细胞核内的作用及其激活雌激素应答基因转录的机制；1996 年第二个雌激素受体（ERβ）的发现使人们对雌激素的作用方式产生了全新的认识：雌激素不仅仅单纯通过 ERα 发挥作用，其发挥作用的过程是一个复杂的信号转导和转录调控过程。新近研究还发现，ERα 也有两个亚型，分别为 ERα36（36 kDa）和 ERα46（46 kDa）。这些亚型均被发现存在于核/质及胞膜上。

在细胞质中，性激素受体往往与小凹蛋白（Cav1）结合而存在。Cav1 是细胞膜上富含类固醇的脂伐结构（小凹）的结构蛋白。Cav1 作为转运蛋白，也可以将性激素受体转移到胞膜上。例如，当单体的 ER 在其 9 个氨基酸基序的半胱氨酸残基上发生棕榈酰化时，就会促进其与 Cav1 的结合。而 Cav1 向细胞膜上的穿梭也需要自身发生棕榈酰化。雄激素受体和孕激素受体的脂化也与其氨基酸残基的棕榈酰化有关，所有性激素的棕榈酰化都受 ZDHHC 家族成员 ZDHHC7 和 ZDHHC21 的催化。

研究发现雌激素与膜上的 ER（目前认为是 GPR30）结合，可以促使 G 蛋白的 Gαβγ 结构解离，解离后的 Gα-GTPase 亚基参与调节离子通道和磷脂酶 C 及腺苷酸环化酶活性，而 Gβγ 结构也参与激活下游信号。因此，通过雌二醇与膜受体的结合，引起胞内第二信使 cAMP 和 cGMP 的合成，随后激活 PI3K 和 MAPK 信号蛋白。例如，ERα 的膜受体（mERα）可能参与了早期雌激素刺激引起的表观修饰。当 mERα 与雌二醇结合后，会与 PI3K 的 p85α 调节亚基互作，激活 AKT 蛋白。AKT 会使得组蛋白甲基转移酶 PRC2 蛋白的催化亚基 EZH2 磷酸化而失活，从而使得 PRC2 的酶活性下调，组蛋白 H3K27me3 的甲基化水平下降，导致相关基因的转录增加。H3K27me3 是一个抑制性基因转录的分子标记物。有研究显示，当 H3K27me3 水平降低时，成年啮齿类（可能还包括人）对雌激素的基因转录活性应答增强，其发生肿瘤和其他生殖疾病如平滑肌瘤的概率增加。

雌激素膜受体（membrane ER/G protein-coupled estrogen receptor，GPER）由 Pietrwo 和 Szego 于 1977 年首次发现，当时认为质膜上有种能对 17β-雌二醇（17β-E_2）起快速反应的蛋白质。GPER 不仅与胞膜相连，也与内质网结合。目前认为雌激素与 GPER 的结合能力弱于其与核受体的结合。尽管已经制备了多种 GPER 敲除小鼠，但均未发现其对雌性生殖有显著效应，其对雄性的作用似乎也不明显，其生理功能尚有待研究。

细胞膜启动的类固醇受体信号可以在几秒钟（如 Ca^{2+}内流，cAMP 和 cGMP 合成），或者几分钟（如激酶的激活）内产生信号通路蛋白的翻译后修饰效应。该效应有时会与其核受体产生的效应协同，以增强或削弱某些基因的表达，从而实现对多种器官功能活动的调节。

（1）ER 结构与功能的关系

ERα 和 ERβ 都是由三个明显的结构域组成的调节蛋白，氨基端结构域（A/B）是最小的保守区域，该区域存在一个当雌二醇缺乏或选择性雌激素受体调节剂（SERM）存在时也能激活基因转录的活性功能区（AF-1）。雌激素受体的中央控制区包含两个位于调控基因启动子区域并能使之与特异性 DNA 序列结合的锌指基序。在该基序中，ERα 和 ERβ 两种亚型的 DNA 结合区域基本是相同的，二者的同源性高达 59%。羧基端结构域含有构成受体基本功能的配体结合域（LBD），该配体结合域包含与雌激素类化合物结合的口袋结构、雌激素受体二聚化及与辅调节蛋白交互作用的区域，此外，还包含受雌激素约束的基因激活与应答功能区（AF-2）。LBD 中氨基酸组成的不同是 ERα 和 ERβ 亚型各自具有独特转录作用的关键，使得 ERα 和 ERβ 具有不同的调节基因转录的活性，最终发挥不同的临床作用。研究发现 ERα 比 ERβ 在激活基因转录上作用显著，而 ERβ 在抑制基因转录上比 ERα 作用强，因此，推测 ERα 主要是作为基因转录的激动剂，而 ERβ 主要是作为基因转录的抑制剂。

雌激素核受体是核受体超家族中的一种配体依赖的转录因子，可与多种具有某种特殊结构而化学性质表现多样性的物质结合，从而发挥一系列的生理功能。ER 的有效配体要求具有两个被刚性的疏水基团所分隔的羟基基团，且其中具有一个以上的酚羟基。ER 的二级结构包括 12 段 α 螺旋结构（Helix，H1～H12），H3、H6、H8、H11、H12 及 H7 和 H8 之间的无规则卷曲形成 ER 与配体结合的口袋，所有配体沿着 H3 和 H11 的方向进入这个口袋。配体与 ER 的结合是通过配体上的羟基与 ER 上特殊氨基酸之间形成氢键，以及配体的疏水区与口袋中的疏水氨基酸之间的疏水作用来完成的，氢键的形成在此过程中起着主要的作用。不同配体在 ER 容纳配体的口袋中占有的空间部位不同，会导致 ER 的构象发生不同的变化，从而使 ER 表现出激活或抑制状态。

（2）雌激素受体在组织中的分布

ER 的表达具有组织特异性。ERα 在骨骼、生殖器官、肾脏、肝脏和白色脂肪高表达；而 ERβ 在前列腺、卵巢、乳房、子宫和中枢神经系统表达较多。二者发挥作用往往都是通过二聚体形式完成的。在雄性中，ER 也表达于除了下丘脑和睾丸之外的多种非生殖器官或组织中，如肝脏、肌肉和肾脏等。在雄性中，ERα 的作用很重要。ERα 突变的男性会出现精子活力下降的症状，伴随血液中同时出现高水平的促性腺激素及雌激素。

不同生殖器官及同一生殖器官的不同发育阶段雌激素受体不同亚型的表达存在差别。据报道，ERα 和 ERβ 在大鼠卵巢中表现出不同的分布，ERβ 主要表达在卵泡的颗粒细胞中，但 ERα 不在卵泡的颗粒细胞表达。子宫的所有主要细胞类型，包括上皮细胞、间质细胞及平滑肌细胞均可见 ERα 和 ERβ 表达，但 ERα 的表达占优势。在卵巢发育过程中，雌激素受体的两种亚型的表达存在差异，ERβ 的表达量与卵泡的发育及颗粒细胞数目的增多相一致，而在此期间 ERα 的表达则相对恒定。研究表明：ERα 主要在乳腺细胞及雌性生殖组织细胞的增殖和分化过程中起主要作用，ERβ 在卵泡发育、骨骼发育和抑制细胞增殖方面发挥作用。

此外，下丘脑和垂体中也分别存在有雌激素受体，这是雌激素反馈调节促性腺激素分泌的基础。免疫组织化学技术证明在睾丸中也存在雌激素受体。其中 ERβ 在雄性的生殖器官普遍表达，只不过存在物种、年龄、抗体和器官特异性而已。在雄性生殖道中，雄激素受体的表达是普遍的，这与其要发挥的功能相适应。研究发现雌激素及其受体 ERα 在附睾输出小管及附睾的起始段表达，这些部位的 5α 还原酶活性非常高，且基因敲除小鼠的结果显示对该位置的上皮细胞的分化很重要。小鼠 ERβ 被敲除后其生殖道的表型改变没有 ERα 明显，提示后者的作用是主要的。

（3）雌激素对基因表达的转录调节

雌激素核受体是一种 DNA 结合蛋白，其信号传导的经典途径为雌激素进入细胞内，转入胞核与其核受体 ERα 或 ERβ 结合，引起雌激素应答基因的转录激活。雌激素通过雌激素反应元件（ERE）和 AP-1 路径激活或抑制基因转录，其中对前者的研究较为深入。雌激素-受体复合物与 ERE 的结合可使某些基因的转录增强，如可以增强输卵管的卵清蛋白基因转录；也可使一些基因的转录减弱，如可减弱垂体的促性腺激素释放激素（GnRH）基因的转录。ERE 路径至少有三个主要部分需要雌激素调节：ERs（ERα 和 ERβ）、靶基因上的启动子元件和辅调节蛋白。雌二醇与 ER 结合后，引起 ER 构象发生改变，使原来与 ERs 结合的伴侣蛋白游离，暴露 ERs 的二聚化表面和 DNA 结合域（DBD），随后 ER 结合至基因启动子的 ERE 上。雌二醇与 ER 结合后改变了配体结合域（LBD）的构象，使其 AF-2 功能表面暴露，AF-2 表面是 ER 激活基因转录的主要功能区，辅调节蛋白还能支配蛋白乙酰基转移酶（HAT）的活性，ERs 和辅调节蛋白在 ERE 上形成一个复合物，引起组蛋白乙酰基化结合到 DNA 上，从而改变了染色质的结构，使 ER-辅调节蛋白复合物在 ERE 和靶基因转录起始时被募集到基础转录蛋白之间形成一个桥。ER 本身在调节转录上并不活跃，靶基因转录活性的激活或抑制是通过辅调节蛋白介导的。

4. 雌激素的临床应用

在临床上雌激素主要配合其他药物用于诱导发情、人工刺激泌乳、治疗胎盘滞留、人工流产等。尤其在猪中，由于雌激素具有促黄体溶解作用，所以用雌激素处理母猪后配合应用前列腺素，可以诱导母猪同期发情。在其他动物，雌激素单独应用虽可诱导发情，但一般不排卵。因此，用雌激素催情时，必须等到下一个情期才能配种。

（二）雄激素

雄激素（androgen）是一个含 19 个 C 原子的雄甾烷骨架构成的甾体结构（C19 雄甾烷）。雄激素主要由睾丸间质细胞分泌，肾上腺皮质、卵巢和胎盘也可分泌少量雄激素。在平滑肌细胞的内质网中也发现了其合成酶。雄激素种类很多，但由于动物体内雄激素的生物活性以睾酮（testosterone）最高，所以通常以睾酮为代表。雄激素的代谢器官主要是肝。

1. 合成与代谢

睾酮在体内的合成途径见图 4-12。睾酮一般不在体内存留，而很快被利用分解，其降解产物主要为雄酮，通过尿液和粪便排出体外。在睾酮与雄酮代谢过程中，还衍生出几种生物活性比睾酮弱的雄激素，即表雄酮（epiandrosterone）、脱氢表雄酮（dehydroepiandrosterone）、乙炔基睾酮（ethisterone）。血液中的雄激素约有 98%与类固醇激素结合球蛋白结合，只有 2%左右呈游离状态，进入靶细胞。对于雄性动物，除了在胚胎发育阶段有睾酮分泌的波动以外，动物从进入青春期开始，其睾酮的分泌就是持续性的（图 4-13）。正常成年男性每日的分泌量是 4～9 mg（13.90～31.33 mol）。

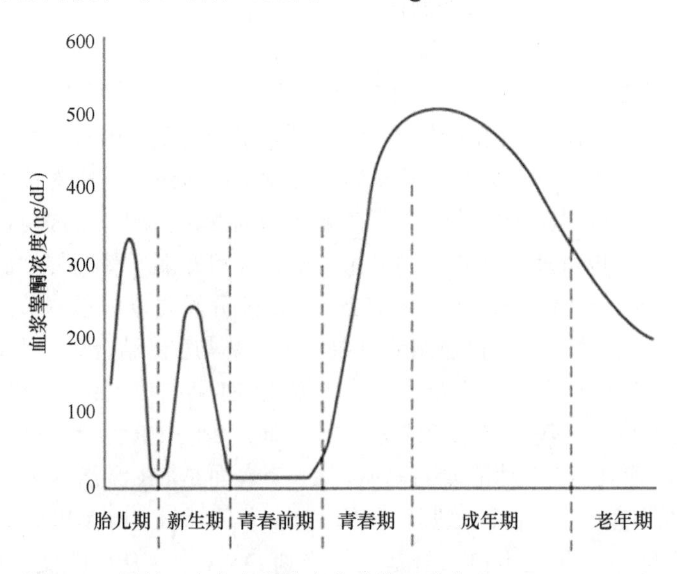

图 4-13 男性一生中睾酮的变化曲线（引自 Kim et al.，2010）

（1）睾酮（testosterone）

分子式：$C_{19}H_{28}O_2$，相对分子质量 288.42，生物半衰期 2～4 h。睾酮主要由男性的睾丸从青春期开始生成。尽管随着年龄增长，其合成量会有轻微下降，但其在血液中的浓度始终保持在 3～13 ng/ml。卵巢也能合成睾酮，但其水平仅维持在 0.2～1.0 ng/ml。此外，肾上腺皮质也能合成微量的睾酮。血液中的绝大多数睾酮是与白蛋白和球蛋白结合后运输的。未结合的仅占总量的 1%～2%。

（2）脱氢表雄酮（DHEA）

分子式：$C_{19}H_{28}O_2$，相对分子质量 288.42，生物半衰期 12 h。主要在肾上腺皮质中合成。DHEA 是人体内最丰富的类固醇激素，也是血液浓度最高的类固醇激素。20 多岁的男性分泌的 DHEA 处于高峰期，随后随着年龄增长开始下降。DHEA 具有轻微的雄激素效应，占睾酮活性的 3%～34%。

（3）雄烯二酮（A4；AE）

分子式：$C_{19}H_{26}O_2$，相对分子质量 286.40。雄烯二酮在性腺和肾上腺皮质合成。其具有微弱的雄激素活性，占雄激素活性的 20%～40%。在绝经期前女性体内，其肾上腺和卵巢等量合成的雄烯二酮的产量大约是 3 mg/d。因此，绝经后其血浆浓度将减少一半。该激素也可用于类固醇激素替代治疗。

（4）5α 双氢睾酮（DHT/5α-DHT）

分子式：$C_{19}H_{30}O_2$，相对分子质量 290.42。在睾丸、肾上腺和发根，睾酮有约 7% 会被转化为该激素。因为从 5α-DHT 无法合成雌激素，因此该激素多被用于涉及雄激素受体的研究。5α-DHT 随后被代谢为 3α 和 3β 葡萄糖醛酸（androstanediol）。它是所有雄激素中具有最强活性的雄激素，其活性大约是睾酮活性的 2.5 倍。

2. 雄激素的生理效应

雄激素在雄性个体发生、生长发育和生殖功能的各方面都起着必不可少的作用，诸如诱导性分化、第二性征的形成和维持、精子发生的起始和维持、维持雄性性欲、垂体激素分泌的反馈调节等。例如，睾酮和其代谢产物 DHT 不仅协助精子发生和释放，其作用于附睾可以促进有受精潜力的精子的成熟和储存。在幼年时期阉割雄性动物，则其生殖器官趋于萎缩退化，副性器官消失。此外其对免疫系统及其他方面都有广泛的作用。对于前列腺，雄激素通过其受体对其发育、生长及功能发挥都起到了重要的调节作用，而 DHT 通过 AR 对前列腺癌的发展起到了基础性作用。

对于生殖管道系统和外生殖器的发育来说，如果个体为雌性，即发育的性腺为卵巢，则副中肾管发育成输卵管、子宫、子宫颈和阴道，而沃夫氏管退化；引起这两个管道变化的重要因素是睾酮。如果个体为雄性，则睾丸网产生副中肾管抑制因子，它引起沃夫氏管发育，而副中肾管退化。可以说：副中肾管是“永久性”的结构，而沃夫氏管是“暂时性”的结构（除非在雄激素作用下，它才发育）。

外生殖器的发育是随着性腺发育的方向而发育的。如果个体在基因型（或遗传型）上是雌性的，则外生殖器组织折叠（阴唇）形成阴门，一个阴蒂发育。如果个体为雄性，睾丸的雄激素促进阴茎（相对于雌性的阴蒂）和阴囊（相当于阴唇）的发育。在性腺外生殖器性别分化过程中，5α-还原酶的出现对于雄激素的作用是非常重要的，因为睾酮必须在细胞内转化成二氢睾酮才能使组织发生雄性化。

个体性别分化的最终完成伴随着下丘脑的性别分化。下丘脑在出生前后时期接触到雄激素可以引起下丘脑性中枢雄性化。如果没有雄激素，下丘脑性中枢将发育为周期化性中枢。以大鼠为例，大鼠下丘脑视前区的中央区（medial preoptic area，MPOA）是性别差异的主要部位，雄性大鼠的MPOA与交配、维持生殖激素的分泌有关，而雌性MPOA则与调节发情周期有关。

在大鼠下丘脑 MPOA 部位存在两个与性别分化相关的核团，分别是前腹侧脑室周围核（AVPN）和性别差异核（SDN）（图 4-14）。动物性别差异与间脑在出生前后的关键时期处于不同的激素环境有关（人类尚不清楚是否如此）。出生前后雄性大鼠的睾酮水平比雌性高，性别差异一旦形成就不再依赖性激素的作用了。大鼠胚胎发育到第 15 天到出生后第 10 天之间时，雄性胎/仔鼠睾丸会分泌高水平的雄激素，后者与脑的解剖、生理和行为的雄性化有关。SDN 核在雄性的核团直径大于在雌性的核团直径。

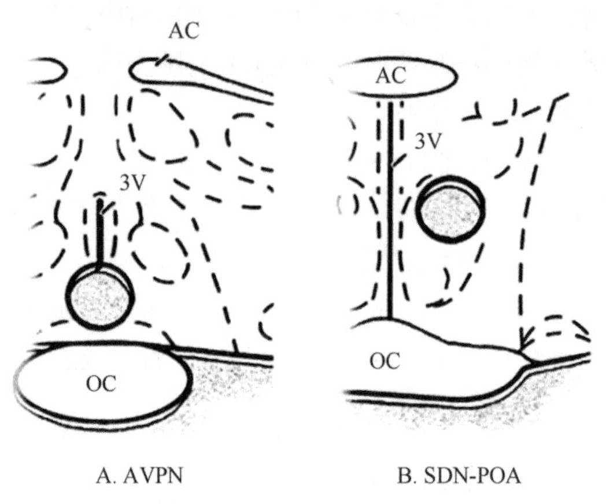

图 4-14　脑部局部解剖显示的神经核团相对位置（引自 Intlekofera and Petersen，2011）。圆圈表示 AVPN 或 SDN-POA 取材分析的部位。OC：视交叉（optic chiasm）；3V：第三脑室（third ventricle）；AC：前联合（anterior commissure）

研究显示出生后 4 天内将大鼠暴露于异常的激素环境（如给雌鼠注射雌激素），成年后出现无排卵性不孕；当给予雌激素后其促性腺激素释放不增加，且性行为（lordosis，脊柱前凸）表现明显减少。解剖后发现这些动物的 MPOA 很大。相反，出生后第 1 天做雄性大鼠睾丸摘除手术，动物成年后给予雌激素时促性腺激素释放增加，同时给予雌激素和孕激素时动物出现脊柱前凸，解剖发现其 MPOA 很小（与雌性大小相近）。如果上述手术发生在动物出生后 10 天，则无以上表型发生。究其原因，可能与下丘脑内雄激素促进神经突起的生长有关。研究认为，位于下丘脑、杏仁核、边缘叶的其他结构和眶额叶皮层等区域的神经元胞体内的雄激素，经芳香化酶转化为雌激素（出生前后表达 ER 的细胞同时表达高水平的神经元芳香化酶），后者与 ER 结合后促进了神经元的生长。

孕晚期母体血液中的雌二醇水平较高，但因为胎儿体内此时含有较高的 α-甲胎蛋白，后者可以与雌激素结合，阻止其通过胎儿的血-脑屏障，因此雌性胎鼠的 MPOA 生长受阻，所以不发生雄性化（图 4-15）。

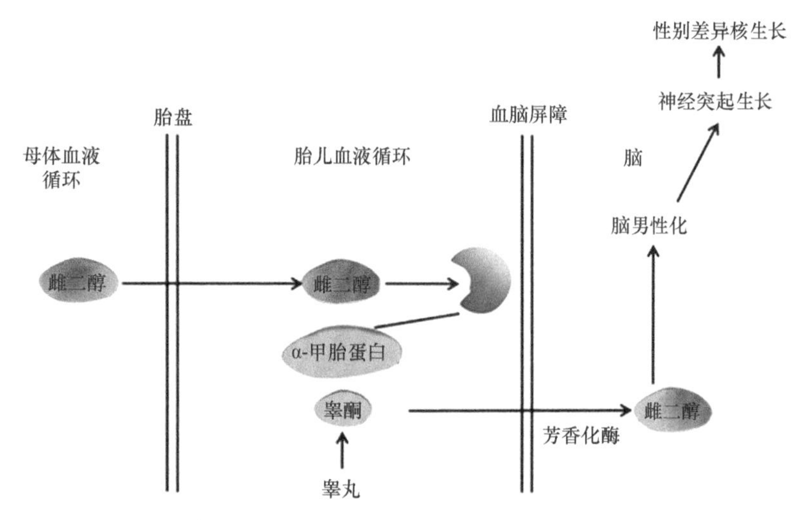

图 4-15 胎儿脑中性别差异核在雌雄动物中的调节机制（改自朗斯塔夫，2006）

新近研究显示，下丘脑的 KISS1 系统，尤其是位于 AVPV 的神经元核团可能参与了青春期和成年期的性别分化。多项研究显示雌性往往在该位置的 KISS1 神经元显著多于雄性。且雌激素可能对该位置的神经元内合成 Kiss1 的 mRNA 有促进作用，提示 KISS1 对脑部性别分化也非常重要。

在整体情况下，雄激素对雌性动物的作用比较复杂。一方面，雄激素对雌激素有拮抗作用，可抑制雌激素引起的阴道上皮角质化。对于幼年动物，雄激素可引起雌性动物雄性化，表现为阴蒂过度生长，变成阴茎状，尤其在胚胎期给母畜应用雄激素，可使雌性胚胎出生后失去生殖能力。另一方面，雄激素对维持雌性动物的性欲和第二性征的发育具有重要作用。此外，雄激素还通过为雌激素生物合成提供原料，提高雌激素的生物活性。雄激素还有促进红细胞生成和促进骨骼肌增生的作用。

3. 雄激素受体（androgen receptor，AR）与作用机制

雄激素的生物活性是由其细胞内受体（核受体）介导的。与其他所有类固醇激素受体一样，AR 也是转录因子。它一旦被雄激素激活便能识别靶因子上专一的 DNA 序列并与之结合，从而调控该基因的转录，继而发挥其调节生殖、免疫和内分泌系统等作用。

（1）雄激素受体的结构和功能

AR 是类固醇激素受体家族的一个成员，其基因由 8 个外显子组成，编码的 AR 是一种核蛋白，由 900 多个氨基酸组成。AR 的基因外显子 1 最大，编码受体的 N 端，N 端的残基最不保守。结构分析表明，N 端结构域与 AR 的转录激活有关。这个区域包含两种多聚体，即多聚谷氨酸和多聚脯氨酸。多聚氨基酸结构被认为在转录激活方面起重要作用。外显子 2 和 3 编码 AR 的 DNA 结合结构域（DBD），该结构域高度保守，由 68 个氨基酸组成，能折叠成两个锌指结构。外显子 4～8 编码受体的铰链区和 LBD，该区域起着形成二聚体和结合配体的作用。有关雄激素的膜受体的研究还有待深入。

（2）AR 的组织分布

AR 在动物组织中分布很广。除了前列腺、精囊、睾丸和附睾等生殖器官外，在中

枢神经系统、皮肤、腺体、骨骼和肌肉等组织中均发现了 AR 的存在。

（3）AR 的作用机制及表达调控

雄激素可以和 AR 结合并通过一系列受体后机制，将胞外雄激素转移到核内，雄激素和 AR 复合物可与 DNA 上的结合位点结合，从而调控特殊的基因表达，继而发挥其调节生殖、免疫和内分泌系统等作用（图 4-16）。

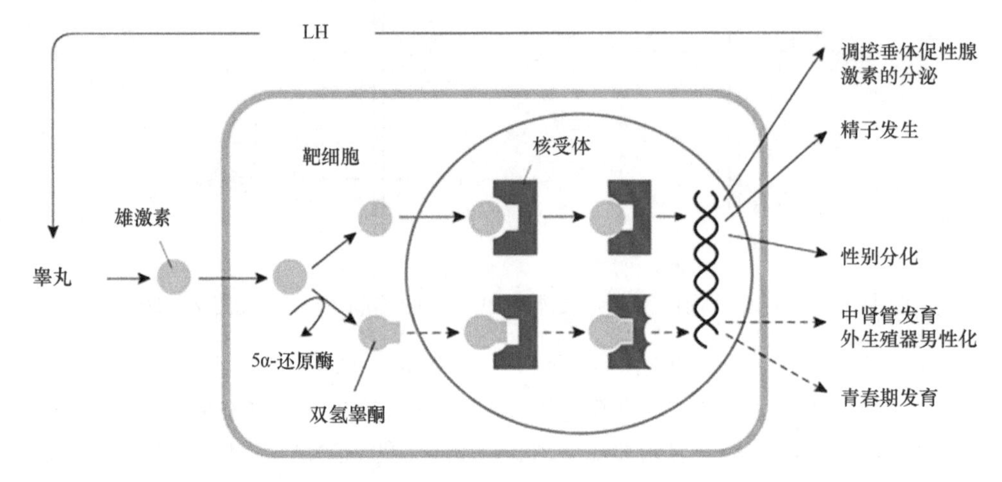

图 4-16　睾酮及双氢睾酮的作用机制（引自 Wilson et al.，1993）

雄激素对其自身受体有着多方面的作用，可以作用于受体的不同环节，包括调节受体的数量、亲和力、活性及代谢等。有研究表明，雄激素诱导 AR 增加是通过增加受体半衰期和合成速度实现的。研究发现在雄激素浓度低时，AR 与具有生理活性的雄激素有高的结合亲和力，然而在雄激素浓度高时则会降低它们的亲和力，且 AR 的核转运和转录活性也会降低。内源性睾酮可控制睾丸内 AR 的表达，这可能与雄激素能降低 AR 的降解速率及控制 AR 蛋白质的生物合成有关。

4. 雄激素的临床应用

雄激素在临床上主要用于治疗公畜性欲不强（如阳痿）和性机能减退症。此外，母畜或去势公畜用雄激素处理后，可用作试情动物。

（三）孕激素

孕激素（progesterone）是一类分子中含 21 个碳原子（C21 孕烷）的类固醇激素。孕激素在雄性和雌性动物体内均存在，既是雄激素和雌激素生物合成的前体，又是具有独立生理功能的性腺类固醇激素。孕激素种类很多，动物体内以孕酮（又称为黄体酮）（progesterone，P_4）的生物活性最高，因此，孕激素常以孕酮为代表。除孕酮外，天然孕激素还有孕烯醇酮等，它们的生物活性不及孕酮高，但可竞争性结合孕酮受体，所以在体内有时甚至对孕酮起拮抗作用。

1. 来源及在发情周期中的水平

在雌性动物第一次出现发情特征之前及所有雄性动物中，孕激素主要由卵泡内膜细胞、颗粒细胞、睾丸间质细胞及肾上腺皮质细胞分泌；在雌性动物第一次发情并形成黄体后，孕激素主要由卵巢上的黄体分泌。此外，胎盘也可分泌孕激素。

孕激素主要用于维持妊娠。其浓度随着非孕期的月经周期呈现剧烈波动。在发情周期中，血浆孕酮在卵泡期一直处于低水平。排卵后，在 LH 作用下，颗粒细胞黄体化，孕酮分泌增加。母体一般在排卵后 7～10 天血浆孕酮水平升至最高，并一直维持到周期的第 15 天左右才逐渐下降。在男性中，孕激素的水平相当于女性卵泡期的水平。血液中的孕激素与雄激素和雌激素一样，主要与球蛋白结合。

孕激素是类固醇代谢通路中最上游的类固醇激素分子，因此被认为是所有类固醇激素的前体。类固醇代谢的第一步是由胆固醇合成孕烯醇酮（prognenolone）。孕激素主要是在肝脏中以孕二醇（pregnanediol）形式代谢，在肾脏中清除。因此，尿液中的孕二醇的浓度反映的是孕激素合成器官的功能状态。几乎所有的孕酮在分泌后几分钟内就会被降解，另有大约 1/10 的孕激素被外分泌进入尿液。因此，可以通过检测尿液中孕激素的水平来估测机体中孕酮形成的速率。

（1）孕酮（progesterone，P_4）

分子式：$C_{21}H_{30}O_2$，相对分子质量 314.46，生物半衰期 34.8～55.13 h。该激素主要由卵巢中的黄体、肾上腺皮质和胎盘合成，其他组织也可合成。其血液浓度随着月经周期的变化而波动。尽管孕酮水平在卵泡期到排卵期都比较低，但因黄体化颗粒细胞的存在，导致其在黄体期水平快速上升。随后，伴随黄体退化，孕酮水平再次下降。胚胎妊娠发生后，胎盘随即开始合成孕酮，从而使妊娠得以维持。

（2） 孕烯醇酮（Pregnenolone，P_5）

分子式：$C_{21}H_{32}O_2$，相对分子质量 316.44。孕烯醇酮位于类固醇激素代谢通路最上游，是所有类固醇激素的前体。孕烯醇酮由肾上腺皮质、睾丸和卵巢膜细胞的线粒体合成，也可以在胎盘中由胆固醇侧链裂解产生。

（3）17α-羟基孕酮（17-P_4/17-OHP）

分子式：$C_{21}H_{30}O_3$，相对分子质量 330.46。尽管该激素主要在肾上腺皮质中合成，黄体也有合成能力。在正常的生理周期中，其血液浓度是 P_4 的 10～1000 倍。孕期检测该激素的水平有助于监控黄体的功能状态。

（4）17α-羟孕烯醇酮（17-P_5/17-OHP）

分子式：$C_{21}H_{32}O_3$，相对分子质量 332.48。该激素主要在肾上腺和性腺中合成。测定 17-OHP 对于诊断先天性肾上腺增生症有作用，该病的发生源于类固醇转换酶 HSD3β2 和 CYP17A1 的突变。

2. 生理功能

在正常母畜体内，孕酮与雌激素共同作用于生殖活动，在很多方面是协同的，或是先后的，或是拮抗的。其主要生理作用如下所述。

（1）促进生殖道发育

生殖道受到雌激素刺激而开始发育，但只有在经过孕酮的作用后，才能发育得更充分。

（2）调节发情

少量孕酮与雌激素有协同作用，促进发情的行为表现。大量孕酮具有对下丘脑或垂体前叶的负反馈作用，抑制 FSH 和 LH 的释放从而抑制发情。因此，血浆孕酮水平的消长，反馈调节影响着性腺的机能。当孕酮水平急剧下降，卵泡即开始发育，引起发情和排卵，所以应用孕酮可以控制发情。大量孕酮还能对抗雌激素的作用，阻止子宫敏感化和抑制发情，所以妊娠期黄体和胎盘分泌的孕酮对妊娠后期产生的雌二醇具有对抗作用。

（3）维持妊娠、安宫保胎

子宫包括两个主要结构，即位于子宫外侧的平滑肌层，称为子宫肌层，以及位于子宫内壁充满了血管和腺体的内膜层，称为子宫内膜。孕酮在子宫内膜从增殖期转变为分泌期、子宫内膜基质细胞分化为蜕膜细胞及胚泡着床和早孕维持中都有重要作用。子宫分化到能使胚胎着床的状态，主要是 E_2 和 P_4 共同作用的结果。雌激素诱导这两层组织的生长，同时也诱导孕激素受体在子宫内膜细胞中的合成。因此，仅当雌激素率先对子宫内膜进行基础性作用之后，孕激素才能起作用。孕酮负责将雌激素刺激后的子宫内膜转化为富含营养和支持作用的、为受精卵着床做好准备的内膜结构。

受孕激素影响，子宫内膜的结缔组织会因累积大量的电解质和水分而变得疏松水肿，这就为受精卵的着床提供了便利。孕酮进一步通过诱导子宫内膜腺体分泌和储存大量的糖原，通过促使内膜血管大量增生，来支持早期胚胎的发育。另外，在家畜如牛、猪和绵羊（不包括马）体内，孕酮还会减弱子宫平滑肌的收缩力，从而为胚胎着床和生长提供一个安静的环境。在马体内，子宫肌层的收缩会促进胚胎在子宫腔的移动，从而减少了 $PGF_{2\alpha}$ 的分泌，阻止了黄体的溶解。

新近研究发现在小鼠妊娠早期胚胎着床阶段，雌二醇可以通过上调 $CD4^+CD25^+$ 调节性 T 细胞启动免疫耐受。妊娠中期雌二醇水平下调而孕酮水平上调，孕酮对小鼠妊娠中期外周和子宫局部 $CD4^+CD25^+$ 的调节性 T 细胞的增殖具有重要作用。

（4）维持乳腺的发育

孕酮能在雌激素刺激乳腺腺管发育的基础上，刺激乳腺腺泡系统的发育，并与雌激素共同维持乳腺的发育。

（5）对雄性下丘脑-垂体-睾丸轴的反馈抑制作用

垂体及生殖腺均检出明显的孕激素受体 mRNA，且呈不同分布特点。人类的生精细胞和精子中含有一定数量的孕酮，提示孕激素与精子产生的数量、精子胞膜完整性、染色体稳定性及受精有关。生理剂量的孕激素可以促进雄激素依赖的雄性性行为；而药理浓度的孕激素则可以抑制雄性性行为。

（6）精子获能和顶体反应的激动剂

多项研究显示，孕酮可能通过激活精子膜 Ca^{2+} 通道参与精子获能。此外，精子顶体反应是完成受精的一个重要步骤。研究发现，除透明带能引起获能精子顶体反应外，孕酮是顶体反应的另一个天然激动剂。孕酮作用于精子能引起快速 Ca^{2+} 内流和钙依赖的磷酸肌醇水解作用，增强精子蛋白的酪氨酸磷酸化及 Cl^- 外流，最终引发顶体反应。

3. 孕激素受体（PR）及作用机制

孕酮发挥生理作用是通过其受体介导的，目前发现的受体也有两类，一类是核受体，一类是膜受体。

1）第一类是经典的配体依赖性核转录因子 PR，属于类固醇核受体超大家族的成员，存在 α 和 β 两种亚型。PR 主要分布于子宫和阴道，输卵管中含量极少。它们均位于细胞核内。卵巢、垂体和大脑未见阳性反应细胞。PR 在子宫内膜表面上皮和间质中的含量变化与胚泡植入平行发展。

孕激素通过其自身受体的介导，与靶基因启动子序列上的孕激素效应元件（PRE）结合，在有关反式因子的协同作用下，精密调控靶基因的表达，从而在雌性性器官的发育、妊娠的建立和维持及肿瘤发生等过程中起着非常重要的作用。

妊娠的建立过程包括受精卵的形成和发育、子宫内膜的蜕膜反应和胚泡着床等诸多环节，受到下丘脑-垂体-卵巢性腺轴激素的精确调控。在这个过程中，孕激素可能是通过调节一些糖蛋白、细胞因子和生长因子的表达，一方面促进胚泡着床，另一方面影响子宫内膜间质细胞的蜕膜化，为着床后的胚胎发育提供良好的环境。例如，仅在子宫上皮细胞表达的黏蛋白 Muc-1 在着床前受到孕激素的负调控，而仅存在于子宫内膜间质细胞的铁蛋白重链（FHC）在妊娠初期受到孕激素的正调控。

2）第二类的孕酮受体属于膜受体（PGRMC）。这类受体的特点是可以实现细胞对孕激素的快速应答，包括 PGRMC1、PGRMC2、脂联素受体 7 和 8（PAQR7/ PAQR8）等。

PGRMC1 是单次跨膜蛋白，含有穿膜的 N 段结构域和胞内的 C 端胞质细胞色素 b5 结构域。PGRMC1 特异性地与孕激素高亲和力结合。PGRMC1 介导的生理效应有组织颗粒细胞或黄体细胞的凋亡和增殖、调控有腔卵泡的发育及抑制 GnRH 神经元兴奋性等。孕酮与其膜受体 PGRMC1 或 PGRMC2 的结合，可以引起胞内 MAPK 和 c-Src 等多个信号通路的激活，从而发挥其生物学效应。

另有很多细胞虽然没有这两种膜受体，但仍能对孕激素产生应答，据此怀疑可能有更多的可以快速应答孕激素的膜受体存在。PAQR 是一类新命名的膜蛋白受体家族，其成员具有比较保守的 7 次跨膜结构域，可能介导了孕激素的效应。例如，PAQR7 最早在海鳟鱼卵巢中发现并被克隆。它在体外与孕酮结合具有高亲和性、特异性和可逆性等特征。在卵巢中它作为 G 蛋白偶联受体激活 Gi 蛋白调控下游的 cAMP 和 MAPK 通路，介导孕酮的非基因组效应来调节卵巢的功能。基于其结构和功能特性，PAQR7 最早被当作孕酮膜受体（mPRα）来命名。PAQR7 主要在卵巢和睾丸等生殖相关组织中表达。

近年发现 PGRMC1 与其结合蛋白 Serpine mRNA 结合蛋白 1（SERBP1）在卵巢细胞和精子细胞中都有表达。在下丘脑 AVPN 和 SDN-POA 区域，PGRMC1、PGRMC2、SERBP1 及 PAQR7 和 PAQR8 等可能共同介导了孕酮和雌激素协同调节生殖活动。

4. 孕激素的分泌调节

在非怀孕妇女体内，孕酮的大量分泌仅见于卵巢周期的后半部分，由黄体分泌。在孕妇体内，大量的孕酮也可以由胎盘分泌，尤其是怀孕 4 个月后更为显著。

除了 LH 是调节孕酮分泌的直接刺激物外，γ-氨基丁酸（GABA）作为一种抑制性神经递质，通过下丘脑-垂体-性腺轴系影响垂体和性腺生理机能，从而参与激素的分泌调节。γ-氨基丁酸除对中枢有作用外，对外周卵巢黄体细胞也有调节孕酮分泌的作用，且可影响黄体细胞自由基生成，从而影响孕酮的分泌。γ-氨基丁酸对卵巢颗粒细胞孕酮的分泌调节随动情期不同而呈现抑制或促进两种截然相反的作用。实验观察到，γ-氨基丁酸引起黄体细胞自由基增多，导致 DNA 断裂，进而孕酮生成量下降，可能与凋亡有关。此外，γ-氨基丁酸与孕酮协同作用，能明显促进精子的获能，提高精子的体外活动能力。

有实验结果表明，表皮生长因子（epithelial growth factor，EGF）对大鼠黄体细胞基础孕酮的分泌也有刺激作用。

5. 类固醇激素合成的限速步骤

通过上述介绍可见，性腺类固醇激素对机体的众多功能调节起着十分重要的作用。因此，如何调节类固醇激素的生物合成就显得特别重要。受激素诱导的真正限速步骤是所有类固醇激素的前体物胆固醇的运输，即从线粒体的外膜运输到线粒体内膜 P450scc 酶的附近。疏水性的胆固醇扩散通过亲水性的内膜是极其困难的，胆固醇从外膜进入到内膜 P450scc 酶中必须通过一种辅助机制进行，这才是其限速步骤。因此，类固醇激素的总产量是受能促进胆固醇从外膜进入内膜的因子控制的。目前认为类固醇激素合成急性调节蛋白（StAR）可能就是唯一的快速调节类固醇激素合成的蛋白质。

6. 孕激素的临床应用

在临床和动物繁殖实践中，孕激素主要用于治疗因黄体机能失调引起的习惯性流产、诱导发情和同期发情。用于诱导发情和周期发情时，孕激素必须连续提供（一般于皮下埋植或用阴道海绵栓）7 天以上。在这种情况下，终止提供孕激素后，母畜即可发情排卵。孕激素用于治疗功能性流产时，使用剂量不宜过大，而且不能突然终止使用。

二、性腺含氮激素

睾丸和卵巢除分泌脂溶性的类固醇激素外，还分泌水溶性的含氮激素。性腺含氮激素主要有抑制素（inhibin，INH）、活化素（activin，ACT）、卵泡抑素（follistatin，FS）和松弛素（relaxin）等，其中 ACT 和 INH 的结构示意图如图 4-17 所示。

（一）INH、ACT 及 FS

INH-ACT-FS 是辅助调控垂体促性腺素分泌的新家族。从结构上讲，三者都是由性腺分泌的糖蛋白激素。它们主要存在于人、猪、大鼠等哺乳动物的卵泡液中，参与调节垂体 FSH 分泌。其中，INH 抑制 FSH 分泌，而 ACT 促进 FSH 分泌。最初发现 FS 能抑制 FSH 的分泌，但其效力仅为 INH 的 10%～30%。现在发现 FS 是 ACT 的结合蛋白或者说是拮抗剂，FS 通过与 ACT 结合，参与如卵泡发生和卵巢功能调节等多种生物学

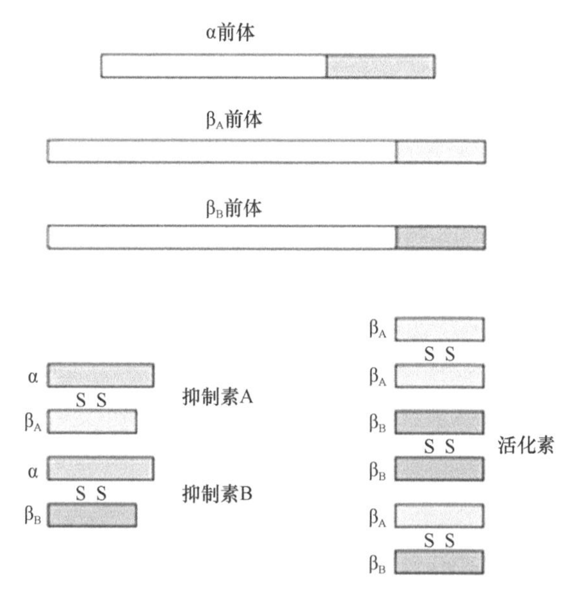

图 4-17 INH 前体蛋白及由前体蛋白剪接而成的 INH 及 ACT 结构（Kim et al.，2010）。SS 代表二硫键

过程。对雌性来讲，其血液中 ACT/FS 的值，或者 ACT/INH 的值的变化影响动物的生殖活动。

1. 化学性质与结构

从组成结构上看，INH 和 ACT 同属于 TGF-β 超家族成员。这两种激素都是由同源的亚基组合构成的，这些亚基包括 α、βA 和 βB。有高度保守性的 β 亚基与转移生长因子（TGF-β）、副中肾管抑制物（AMH）及其他一些对胚胎中胚层发育（包括毛囊发育）起重要作用的基因是同源的。其中，组成 ACT 的都是通过二硫键连接的同源二聚体蛋白，由两个 β 亚基组成（ACT A 含有 βAβA；ACT AB 含有 βAβB；ACT B 含有 βBβB）。与此相反，INH 蛋白来源于三种激素原，这些激素原含有几个多聚基础的残基团（起着裂解和糖基化位点的作用），其具有生物功能的亚基来源于每个前体的终末区，α 亚基有 134 个氨基酸序列。INH 都是异源二聚体蛋白，由一个 β 亚基和结构上相关的 α 亚基组成（INH A 含有 αβA；INH B 含有 αβB）。

牛、猪和羊的睾丸液和卵泡液中 INH 结构相似。牛的 INH 有两种，相对分子质量分别为 5.8 万和 3.1 万。猪的 INH 也有两种（INH A 和 INH B）。各种动物之间 α 链的 85%氨基酸序列相同；反刍动物无 β 链结构。

FS 是一个由单个基因编码的富含半胱氨酸的单链糖蛋白激素。分子量 31～49 kDa，分子量大小取决于其 mRNA 的可变剪切，以及对蛋白质的可变糖基化，目前发现至少有三种分子形式。FS 的基因长约为 6 kb，含有 6 个外显子和 5 个内含子，第一个外显子编码一个 29 个氨基酸的片段。所以一个 FS 的前体有 344 个氨基酸，但最后一个功能区编码的 27 个氨基酸可能会脱去而形成另外一个 317 个氨基酸的前体。这两种前体氨基酸通过修饰信号肽后可形成具有 315 个和 288 个氨基酸的成熟 FS。另外，315 个氨基酸的成熟肽还可能进一步降解为一个含有 300 个氨基酸的成熟 FS。对小鼠、猪等动物和人的研究表明，FS 的一级结构具有高度保守性。FS 通过与 ACT 的 β 亚基相连阻断其与受体的作用，从而抑制 ACT 的生理作用；FS 虽然也与 INH 结合，但其亲和系数较低，起不到抑制 INH 的作用。

2. 来源

INH 主要由雌性动物卵泡颗粒细胞和雄性动物睾丸的支持细胞分泌。在副性腺、生殖道、肾上腺皮质、大脑和垂体等部位也有 INH 蛋白或 α、β 亚基 mRNA 表达，但上述部位即使能够产生 INH 也不一定进入循环，而可能通过自分泌或旁分泌形式发挥作用。INH A 和 INH B 均主要由卵泡颗粒细胞分泌，并共同与雌激素作用于腺垂体，抑制 FSH 的分泌。除了最早的放射免疫法测定技术，目前也有利用 ELISA 对其精确测定的方法，以此区别 INH A 和 INH B。INH B 的浓度在早期到中期有腔卵泡阶段最高，晚期卵泡开始下降。因为腔前卵泡仅能合成 βB 亚基，而在绝经期前后的妇女，由于其卵泡数量有限，故其 INH B 的水平下降导致 FSH 水平上调。随着卵泡的募集，优势卵泡中的 βA 亚基蓄积，导致在卵泡发育晚期的 INH A 水平上升，在月经中期达到峰值。当 LH 峰到来时，会下调所有 INH 亚基的水平，进而诱导黄体中的 βA 亚基水平再次上调。胚胎期小鼠卵巢中就已经开始表达 INH 亚基的 mRNA。

ACT 也主要由卵泡颗粒细胞分泌。其峰值在黄体期向卵泡期转换过程中达到峰值，并促进早期卵泡阶段 FSH 的分泌。与 INH 相似，ACT 对 FSH 释放的刺激作用也不依赖于 GnRH，并需要较长的潜伏期。ACT 也可以上调 FSH 受体在颗粒细胞中的表达，因此可以解释为什么卵泡发生过程中会出现卵泡对 FSH 的依赖性。在所有的 ACT 中，ACT B 可以由大鼠的垂体细胞所分泌，从而通过自分泌或者旁分泌的方式影响促性腺激素的分泌。随着卵泡的生长，出现规律性的 ACT 逐步下调，而 INH A 及 FS 逐步上调。在人类中，FS 的重要作用在于其能中和 ACT 的作用。

FS 的 mRNA 在多种组织和器官中都有表达，这表明 FS 对不同类型的细胞有广泛的调节作用。

3. 生物学作用及作用机制

（1）INH 和 ACT 的内分泌功能

INH 和 ACT 是哺乳动物中调节 FSH 分泌的重要激素。许多研究已经证实在牛、绵羊、马、猪、猴、大鼠和仓鼠中 INH 可抑制垂体分泌 FSH，血液中 FSH 水平和 INH 含量呈负相关。

ACT 和 INH 似乎功能性地相互拮抗：INH 降低 FSH 的自发性产生，并降低低剂量 ACT 的效应，而高剂量 ACT 能克服 INH 的效应，导致净结果为 FSH 分泌受到刺激。最高剂量的 ACT 完全消除 INH 的效应。

INH 和 FSH 间负反馈调节环路的发生时相，在不同物种间存在一定差异。绵羊在妊娠 112～125 天，胎儿循环血液中 INH 已经可以抑制自身 FSH 的分泌。关于人类的研究也发现，妊娠中期胎儿循环血液中 INH 已经参与调节 FSH 分泌。而在马和猩猩胎儿发育中却未能观察到类似结果。啮齿类如大鼠和小鼠至少在产后 20 天已经建立 INH 和 FSH 间的负反馈调节环路。

（2）对颗粒细胞和膜-间质细胞的增殖分化及卵泡发育的作用

卵巢颗粒细胞所产生的 ACT 和 INH 对控制卵泡的发育起重要调节作用，前者被认为是卵泡生存因子，而后者被认为是促闭锁因子。

ACT 可调节颗粒细胞的分化，并且和卵泡的发育阶段相关。通常认为在腔前卵泡和早期有腔卵泡阶段 ACT 促进颗粒细胞分化，而在有腔卵泡成熟发育后期，ACT 抑制颗粒细胞黄体化。

INH 参与对卵泡膜细胞功能的调节，进而影响优势卵泡的选择。INH 可抑制 FSH 诱导的大鼠和牛颗粒细胞表达芳香化酶，进而抑制雌激素的分泌。也有研究报道认为，INH 可促进大鼠颗粒细胞分泌 E_2。大鼠和人卵泡膜细胞体外培养研究发现，INH 可促进 LH 诱导的雄激素分泌。大鼠卵泡体外培养时添加 INH 抗血清可显著抑制雄激素的分泌。可见 INH 通过促进雄激素分泌，间接地增加卵泡雌激素的分泌量，促进可分泌雌激素的卵泡被优势选择。随着优势卵泡的进一步发育，卵泡 INH 和雌激素分泌增加，进而降低 FSH 的分泌水平，使得未被优势化的卵泡成熟发育受阻。

作为 ACT 的结合蛋白，FS 可以中和体外培养的卵巢细胞上 ACT 的活性，这种中和活性有赖于 FS/ACT 的值。

（3）对卵母细胞成熟的作用

卵母细胞和卵泡细胞间的相互作用是协同卵泡各种细胞组分成熟发育的重要途径。由于卵丘细胞可表达大量 INH 亚基，而卵母细胞则表达 ACT 受体，推测 INH/ACT 对卵母细胞成熟可能有一定作用。大鼠、猴和人类中研究发现 ACT 促进卵母细胞恢复减数分裂，而 INH 则抑制卵母细胞的自发成熟。成熟卵泡在排卵前 LH 排卵峰的作用下，颗粒细胞 INH 亚基表达水平显著降低。但灵长类较特殊，猴 INHβ 亚基持续表达至排卵后；人类卵泡发育到中期，黄体是 INH A 的主要分泌源，推测 INH/ACT 可能参与调节灵长类黄体功能。

ACT A 和 FS 能调节卵母细胞胞质的成熟。体外培养含有卵丘细胞的卵母细胞，添加外源的 ACT 和 FS，发现 ACT 可以提高卵母细胞的分化和发育（至囊胚）能力，而外源性的 FS 则明显地降低了卵母细胞发育至囊胚的能力；在去除卵丘细胞后的卵母细胞培养基中添加外源性的 ACT，仍然能提高卵母细胞发育至囊胚的能力，但添加 FS 却不能再降低卵母细胞的发育。这说明 FS 的作用与是否存在卵丘细胞密切相关，从而推测，FS 是通过中和卵丘上的颗粒细胞产生的 ACT 而对卵母细胞的成熟和卵泡的发育起作用的。

（4）参与胎盘 hCG 合成分泌的调节

研究结果表明，FS 不影响 hCG 的基础分泌及基因表达。但对 GnRH 刺激的 hCG 分泌、hCGα 和 hCGβ 的 mRNA 表达有剂量依赖性抑制作用。FS 的作用可能是通过第二信使传导系统——PKC 使转录速率降低而实现的，而不是影响 mRNA 的稳定性。FS 作为一种生理性抑制剂，可能参与胎盘 hCG 合成分泌的调节。

（5）ACT 和 INH 对雄性生殖细胞发育及精子发生的影响

ACT 受体类型与 TGFβ 受体相似，可分为Ⅰ型受体和Ⅱ型受体。已有研究显示，

ACT 可影响原始生殖细胞（PGC）和生殖母细胞的发育。胚胎期和新生大鼠睾丸中可表达 ACT 及其 ACTⅡ型受体。ACTⅠ型和Ⅱ型受体在 PGC 中也有表达。ACT 可减少体外培养的 PGC 和生殖母细胞数量，这是由于 ACT 抑制了 PGC 的有丝分裂活性。支持细胞还可产生 ACT 和 INH 的 βA 亚基及 INH 的 βB 亚基，这些细胞可能对生殖细胞的发育也具有调节作用。由此可见，ACT 生物活性的局部调节支持了生殖细胞的协调发育。

血清和精浆中 FSH 的含量与 INH 的浓度之间存在负相关，精液中精子数与 INH 浓度之间亦存在负相关。INH 除了主要作用于垂体外，还作用于下丘脑和性腺，它与其他睾丸物质如雄激素等相互作用，促使精子的发生。而 FS 在睾丸上可以通过旁分泌的形式调节 ACT 的生物功能的发挥，从而影响精子的生成活动。

（二）松弛素（relaxin）

松弛素又称为耻骨松弛素，主要由妊娠黄体分泌，某些动物的子宫、胎盘也可分泌少量松弛素。猪、牛等动物的松弛素主要来自黄体，而家兔主要来自胎盘。松弛素是一种水溶性多肽，在家畜体内分泌量随妊娠期增加而逐渐增加，在妊娠末期的含量达到高峰，分娩后从血液中消失。

1. 化学性质

松弛素是由 α 和 β 两个亚基通过二硫键连接而成的多肽激素，分子中含有 3 个二硫键。松弛素不是单纯的一种物质，而是一类多肽物质。小鼠松弛素与猪松弛素的结构差异明显，但是关键位置、总的疏水性、非极性、酸性、碱性氨基酸残基非常相似。它们与人的松弛素也各不相同，彼此之间的抗原-抗体交叉反应微弱。

2. 生物学作用

松弛素对哺乳动物的作用远非仅限于对雌性孕期生殖道的影响。在妊娠期其主要作用是影响结缔组织，使耻骨间韧带扩张，抑制子宫肌层的自发性收缩，从而防止未成熟的胎儿流产。在分娩前，松弛素分泌增加，能使产道和子宫颈扩张与柔软，有利于分娩。此外，在雌激素的作用下，松弛素还可促进乳腺发育。

（三）抗副中肾管激素（anti-Müllerian hormone，AMH）

AMH 是一种 140 kDa 的由二硫键连接起来的同源二聚体糖蛋白，它也是 TGF-β 超家族成员。AMH 由雄性性腺的支持细胞分泌，因为可以诱导副中肾管的退化，进而促进雄性性腺的分化而得名。AMH 的存在对中肾管的发育具有促进作用。

该激素发现于 20 世纪 40 年代。后期报道 AMH 在家禽体内不仅在胚胎阶段表达，其在成年动物的卵泡颗粒细胞中也表达。在人类中，AMH 的表达始于出生后。AMH 的作用机制类似于其他 TGF-β 超家族成员。它与胞膜Ⅱ型受体（AMHR2）的胞外结构域结合，磷酸化Ⅰ型受体，继而激活胞内 Smad 蛋白信号通路。AMHR2 的天然配体只有 AMH。

敲除 AMH 小鼠显示原始卵泡的发育是受 AMH 抑制的。当基因被敲除时，被募集的原始卵泡数量显著多于野生型小鼠，仅 4 月龄小鼠卵巢中腔前卵泡和小有腔卵泡的数量显著多于对照组。原始卵泡数量的急剧减少，也就造成了卵泡库的过早耗竭。此外，AMH 可以消除卵泡对 FSH 的敏感性，进而参与了对优势卵泡的选择过程。卵泡尺寸的增大会减少对 AMH 的释放，进而被认为有助于进一步增加优势卵泡的数量。从初级卵泡到直径 4 mm 以上的有腔卵泡中 AMH 都有表达，随着卵泡直径增大到 8 mm，其表达出现下降并最终消失。与此相一致的是，卵泡液中的 AMH 的含量也是随着卵泡体积增大而增加，到直径 8 mm 以上的卵泡中就迅速下降。此外，血浆中 60% 的 AMH 主要来自于直径 5～8 mm 卵泡所分泌的。尽管 AMH 主要由有腔卵泡分泌，其水平也是与原始卵泡的数量相关的，从而可以以 AMH 的水平来间接反映卵泡库的存量。

由于 AMH 的水平在临床上被认为不受月经周期的影响，故可单独作为卵巢储备的单一分子标记物。AMH 的水平和经阴道超声波计算的有腔卵泡的数量之间有紧密联系。二者也与卵巢中的原始卵泡的数量相关。此外，AMH 的水平从青春期早期开始增加，到 20～25 岁时达到平台期，随后逐年下降，直至绝经期到来。不过，因为 AMH 的水平受到双侧卵巢中有腔卵泡数量的影响，因而存在大范围的波动。AMH 的水平也受到类固醇类口服药的影响，如口服避孕药。 因此，就诊检测 AMH 时需要注意患者个人的就医背景。尤其是根据大样本数据结果，服用口服避孕药患者的 AMH 水平比非口服避孕药患者的要低。GnRH 类似物也可以降低 AMH 的水平。基于这些原因，当使用 GnRH 类似物作为癌症治疗药物时，把 AMH 作为一个卵巢资源库的指针的可信度就会下降。再有，AMH 的水平还受到超重、种族差异、维生素 D 水平、AMH 的多态性及吸烟的影响，根据 AMH 来评价卵巢储备时要多加注意。

第四节 胎 盘 激 素

母体妊娠期间胎盘几乎可以产生垂体和性腺所分泌的多种激素，这对于维持孕畜的生理需要及平衡起着重要作用。目前所知，在生产中应用价值较大的胎盘促性腺激素主要有两种，即孕马血清促性腺激素和人绒毛膜促性腺激素。

一、孕马血清促性腺激素

目前在家畜中唯一鉴定出的绒毛膜促性腺激素是马的绒毛膜促性腺激素（equine chorionic gonadotropin，eCG），即孕马血清促性腺激素（pregnant mare serum gonadotropin，PMSG）。主要由马属动物胎盘的尿囊绒毛膜细胞产生，其分泌量因妊娠时期、动物种类、个体和胎儿基因型的不同而有所差异。一般母马于妊娠 37～40 天出现 PMSG，55～75 天时分泌量达高峰，以后下降，120～150 天消失；已研究证实，胎儿的遗传型是影响 PMSG 分泌量最突出的因子。驴怀骡分泌量最高，马怀马次之，马怀骡再次之，驴怀驴最低。

（一）PMSG 的化学性质

PMSG 是一种糖蛋白激素，含糖量为 41%～45%，其糖基为中性己糖，包括半乳糖、

N-乙酰葡萄糖胺、唾液酸、甘露糖、*N*-乙酰半乳糖胺和岩藻糖等。PMSG 分子中的氨基酸数目，以脯氨酸最多，酪氨酸最少。由于 PMSG 分子中含有大量唾液酸和较少的碱性氨基酸，因而在水溶液中呈酸性，等电点 pH 为 1.8～2.4。

PMSG 相对分子质量为 53 000，与其他糖蛋白质激素一样，由 α 和 β 两个亚基组成。α 亚基无论分子大小还是糖基比例，均与 FSH、LH、TSH 和 hCG 类似。β 亚基分子质量较大，具有激素特异性，但只有与 α 亚基结合后才能表现其生物学活性。

PMSG 分子不稳定，高温、酸、碱条件及蛋白质分解酶均可使其丧失生物学活性。此外，冷冻干燥和反复冻融可降低其生物学活性。

该激素兼具 FSH（高）和 LH（低）的活性。由于其半衰期长（骟马为 6 天，兔子和大鼠为 1 天），不同动物注射 eCG 后可有效地刺激卵泡发育和超数排卵。母马 eCG 药检阳性表明已怀孕。eCG 存在于母马的血清，但不存在于其尿液中（很少）。

（二）PMSG 的生物学作用及其机制

PMSG 的生物学作用与 FSH 类似，对雌性动物具有促进卵泡发育、排卵和黄体形成的功能；对雄性动物具有促进精细管发育和性细胞分化的作用。PMSG 能够促进妊娠马属动物初级黄体分泌孕酮并有助于次级黄体的形成（通过卵泡黄体化或排卵形成）。但实际上 eCG 对马属动物妊娠维持的必要性还不清楚，因为初级黄体对于维持妊娠已经足够了。

PMSG 对下丘脑、垂体和性腺的生殖内分泌机能具有调节作用。研究发现，PMSG 通过促进卵巢分泌雌激素和孕激素，反馈性调节下丘脑分泌 GnRH 和垂体分泌 LH。

PMSG 作用的发挥需要下丘脑和垂体的参与。据报道，未成熟大鼠用 PMSG 诱导的排卵可被切除垂体、注射药物（戊巴比妥）和损伤下丘脑所阻断。

（三）PMSG 的临床应用

PMSG 在临床上的应用与 FSH 类似，主要用于诱导发情和超数排卵及单胎动物生多胎，并可用于治疗卵巢静止、持久黄体等症。与 FSH 相比，由于 PMSG 的半衰期长（马 144 h，兔和大鼠 24～26 h），在体内消失的速度慢，因此一次注射与多次注射在体内的效果一致。但是，由于 PMSG 在体内残留时间长，易引起卵巢囊肿。囊肿卵巢分泌的类固醇激素水平异常升高，不利于胚胎发育和着床。故为了克服 PMSG 的残留效应，一般在用 PMSG 诱导发情后，追加 PMSG 抗体，以中和体内残留的 PMSG，提高胚胎质量。

二、绒毛膜促性腺激素

妇女（和灵长类动物）绒毛膜促性腺激素（human chorionic gonadotropin，hCG）是由受孕后胎盘滋养层合胞体细胞合成的激素，随尿排出。通常所谓的 hCG 实际指的是 4 种独立分子化合物的混合物。其每个分子由不同的细胞产生，每个细胞具有完全不同的功能。这些细胞包括绒毛合胞体滋养细胞产生的 hCG；细胞滋养层细胞糖基化的 hCG；多种原发性非滋养细胞恶性肿瘤细胞合成的游离 β 亚单位和腺垂体来源的促性腺激素细胞分泌的 hCG。

尿检 hCG 阳性时，表明妇女已怀孕。hCG 从胎盘滋养层通过血液循环进入卵巢，刺激黄体分泌孕酮维持黄体功能，使子宫内膜保持适合胚胎着床发育的状态。着床 1 天后的胚泡就能产生 hCG，在受孕后 60～70 天达到分泌高峰，以后逐渐降低维持至分娩，其主要功能是促进胚泡发育，维持妊娠。hCG 与促甲状腺素（TSH）、FSH、LH 等同为糖蛋白激素家庭一员。这些激素都具有相同的 α 亚基和各自独特的 β 亚基。α 亚基与信息传导有关，而 β 亚基则产生其激素效应。作为抗原，β 亚基比整个 hCG 分子更具有特异性。

（一）化学性质与结构

1. hCG 的亚基组成

hCG 属糖蛋白类激素，其相对分子质量 46 000，碳水化合物约占其分子质量的 30%，由一条 α 链和一条 β 链以非共价键结合在一起形成二聚体结构，其中 α 亚基相对分子质量为 18 000。α 链含 92 个氨基酸残基，β 链含 145 个氨基酸残基，两个亚基由不同的基因复合体编码，分别位于染色体 6q21.1-23 和 19q13.3。α 链与其他糖蛋白激素，如 FSH、促甲状腺素（TSH）和 LH 中的 α 链相同，β 链具有特异性，决定了 hCG 的生物学活性和免疫学特性。合子形成后 1 周内，滋养层细胞即产生 hCG 取代 LH 的作用，刺激黄体产生大量的孕酮，这对维持妊娠是至关重要的。中和 hCG 的生物学活性能使黄体退化，孕激素下降，子宫内膜脱落、出血，妊娠终止。

TSH 的半衰期是 80 min，FSH 170 min，LH 60 min，而 hCG 长达 11 h。

2. hCG 的初级结构

hCG 的 α 链中共有两个糖基结合位点都是 *N*-联糖。hCG β 链中既有 *N*-联糖又有 *O*-联糖，共有 6 个糖基结合位点。

3. hCG 的高级结构

α 链中含有 10 个 Cys 残基，形成 5 个链内二硫键；β 链中含有 12 个 Cys 残基，形成 6 个链内二硫键，这些二硫键的存在决定了 hCG 的二级结构。α 和 β 具有相似的构型，表现在它们均具有特殊的半胱氨酸结（cystine-knot motif）。hCG 分子结构中螺旋结构很少，仅 α 亚基的 40～50 序列中出现，较多见的是 β 折叠和无规则卷曲。具有特征性的结构是半胱氨酸结，它由 3 条二硫键组成：2 条反向平行的肽链借 2 条二硫键相连成一环状结构，第 3 条二硫键从环中穿过。结的一侧是双股环状的 β 折叠样结构（长环），另一侧是两个 β 发夹样结构。α 和 β 具有相同的核心结构——半胱氨酸结，所不同的是 β 链的发夹样结构展得较开，而 α 链中的长环较大。

4. hCG 的抗原表位

20 世纪 70 年代开始进行 hCG 的人类避孕疫苗的研制，促进了对 hCG 的免疫原性的研究。目前认为，hCG 分子中共有约 20 个抗原表位。对 hCG 分子抗原表位和结构的深入研究有助于开发一个合适的免疫原作为避孕疫苗的靶抗原，进一步推动 hCG 避孕疫苗的研制。

（二）生物学功能及作用机制

1. 对雌性动物的作用

绒毛滋养层细胞能产生大量胚胎发育和维持妊娠所必需的多种激素，如 hCG、孕酮及人胎盘催乳素等，其中以 hCG 的作用最为重要。它通过促进卵巢黄体及胎盘本身产生足够量的孕酮而维持妊娠，同时它还可调节类固醇激素和前列腺素的合成、糖原降解及基质金属蛋白酶和细胞外基质的产生等。

hCG 也参与免疫调节。hCG 降低淋巴细胞活力，具有免疫抑制作用，被认为是母体对胎儿不产生免疫排斥反应的重要机制之一。研究证明，一定浓度范围的两类 T 细胞亚群 TH1 型细胞因子 IFNγ 和 TH2 型细胞因子 IL4 对人绒毛膜组织 hCG 分泌分别有不同程度的抑制作用和促进作用，提示 TH1/TH2 型细胞因子可能是通过影响 hCG 分泌而在早期妊娠过程中起免疫调节作用。

可见在妊娠早期 hCG 是促进子宫内膜及胎盘增生、维持和保障妊娠的主要激素。

hCG 兼具 LH 和 FSH 的活性。不过，与 FSH 相比 hCG 的 LH 活性是主要的。因此，除可促使卵巢黄体生成并分泌孕激素外，还可有效地诱导成熟卵泡排卵。

2. 对雄性动物的作用

hCG 有促进性腺发育的功能，在雄性能使雄性胚胎性腺分化，继而对外生殖器的发育起重要作用，此外还有刺激睾丸中间质细胞活力、增加雄性激素分泌的功能。

在雄性生殖系统的发育过程中，促性腺激素起着非常重要的作用。已知 hCG 经母体胎盘产生后直接与胎儿睾丸间质细胞膜上的相应受体结合并产生效应，在孕早期 hCG 是促进胎儿睾丸发育的主要因素。在孕中后期由于胎儿垂体的发育及功能的逐步完善，胎儿垂体 LH 分泌逐步增加，hCG 浓度相应地逐步下降。但后来增加的 LH 也已证明它仍作用于 hCG 受体，并产生相似的作用，因此 hCG 受体又被称为 LH/hCG 受体。hCG 和 LH 正是通过这种受体来调控胎睾分泌雄激素的整个过程。

LH/hCG 能刺激间质细胞中睾酮合成增加。在成年小鼠睾丸中，hCG 能在转录水平刺激睾酮生成的基本酶：细胞色素 P450 胆固醇侧链裂解酶、细胞色素 P450 17α-羟化酶及 VI 型 3β-羟甾脱氢酶的表达，从而促进睾酮大量分泌，维持正常性功能。

（三）hCG 受体（hCGR）

LH/hCG 受体存在于睾丸间质细胞、卵泡膜层细胞和黄体细胞膜上，该激素与细胞膜上相应的受体结合后通过腺苷酸环化酶系统刺激 DNA 转录。hCG 在哺乳动物的黄体中通过促进胆固醇侧链裂解酶的合成来促进孕酮的合成；在胎儿组织生长过程中，促进蛋白质的合成。hCG 同时还促进 hCG/LH 结合蛋白的合成，从而激活了核酸内切酶和外切酶的活性，进而对其受体的 mRNA 产生切割，实现限制受体表达和下调 LH 受体的生物学效应的目的，即实现了细胞对过多 LH/hCG 刺激的脱敏（图 4-18）。

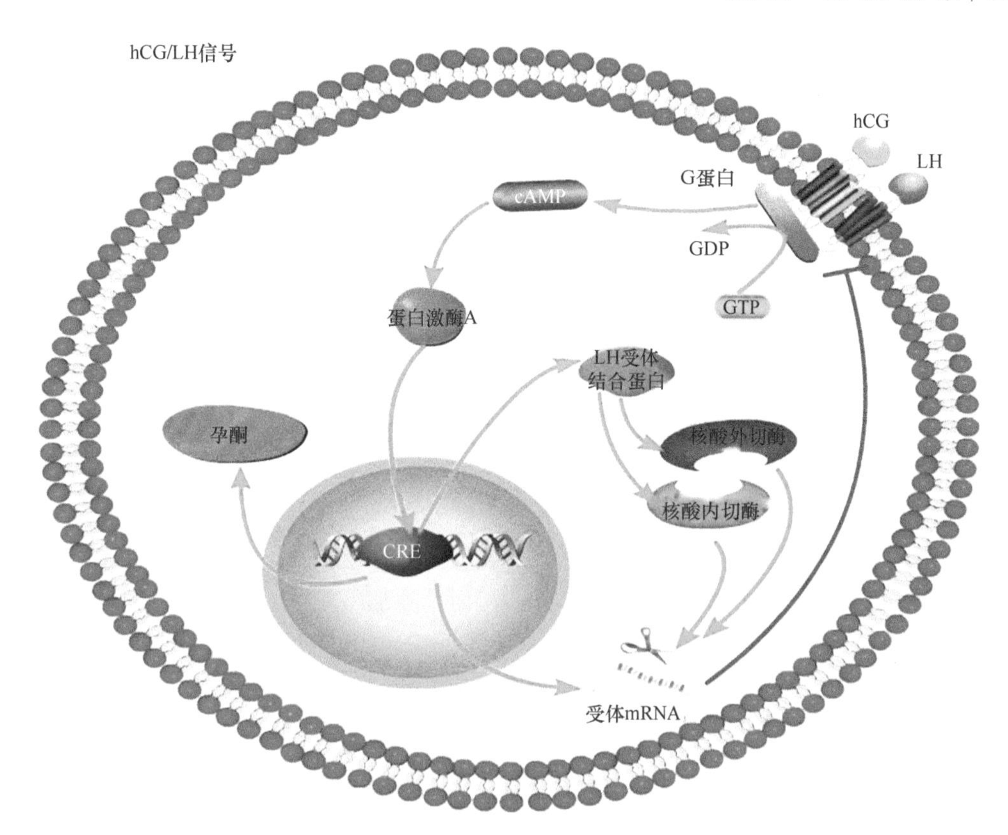

图 4-18　细胞对 LH/hCG 作用的脱敏机制（改自 Laurence，2010）。当 hCG/LH 受体被激活后，会促使 cAMP 水平上升，促进 PKA 的激活。PKA 可以通过促进 DNA 对 LH 受体结合蛋白（LHRBP）的合成来激活核酸内切酶和外切酶，从而将 LH 受体的 mRNA 降解，从而阻断细胞对 hCG/LH 的应答

1. LH/hCG 受体的结构

LH/hCG 受体的结构与 G 蛋白家族偶联的其他受体，如促卵泡激素受体（FSHR）、促甲状腺激素受体（TSHR）和 β-肾上腺激素受体相似。

2. LH/hCG 受体的基因结构

LH/hCG 受体基因 5′旁侧区由 1591 个碱基对组成，转录的起始位点在编码起始位点上游 1085 个碱基对处。5′非编码区非常长，关于 5′旁侧区有关报道不完全一致，但该区有几个值得注意的特点：第一，该区在起始编码上游没有 TATA 盒或 CAAT 盒，在起始编码区后的 160 个碱基中 80%为 G 和 C；第二，介导激素、生长因子和第二信使的转录应答位点也可能存在于 5′旁侧区；第三，有研究表明，在该区可能存在重复转录起始位点。

3. LH/hCG 受体不同结构域与功能的关系

对 LH/hCG 受体的胞外结构域显示出几个有意义的序列特征，其中富含亮氨酸糖蛋白（LRG）家族成员的重复结构形成亲水及疏水性的两性螺旋，介导 LRG 与疏水性和亲水性表面发生反应，LH/hCG 受体的胞外结构域负责结合 LH 和 hCG，该结构域可能

具有结合激素与跨膜结构域发生反应并介导信号传导的功能。LH/hCG 受体胞外微区 N 端的一半对 hCG 具有特异的识别和亲和能力，胞内微区的切除不影响受体与 hCG 的亲和力，胞外微区的三个区域和胞外连接段的氨基酸残基段可能是激素的结合位点，在 G 蛋白受体超家族中具有高度的保守性，特别是胞内第二个连接段的近膜区的氨基酸残基具有高度的保守性，该区突变氨基酸残基对 hCG 的结合力没有影响，其他如第一个胞外段、第六个跨膜区的氨基酸突变其 hCG 的亲和力亦无改变。

（四）影响 hCG 分泌的因素

关于早期滋养层细胞 hCG 的分泌调控十分复杂，其研究尚有不够明确之处。

1. GnRH 与 hCG

在体内，GnRH 可调节垂体 LH 的释放，而 hCG 与 LH 在分子结构和功能上非常相似，且滋养层组织能够合成和分泌 GnRH 样物质，同时也表达 GnRH 受体。体外培养发现：GnRH 可刺激离体滋养层细胞 hCG 分泌；而单独加入雌三醇或孕酮，对离体培养的滋养层细胞 hCG 分泌无影响；将 GnRH 与雌三醇或孕酮合用，则 GnRH 所刺激的 hCG 分泌明显被抑制，且与合用的雌三醇或孕酮的水平相关。从而提示，GnRH 对胎盘滋养层细胞分泌 hCG 有刺激作用，而这种作用受体内性类固醇激素水平的影响。

2. ACT 和 INH 与 hCG

ACT 和 INH 也参与 hCG 合成和释放的调节。胎盘可产生 ACT 和 INH，且 ACT 可加强 GnRH 对胎盘细胞培养物 hCG 释放的刺激作用，而 INH 则既可降低 hCG 的基础释放又能阻断 ACT 对 GnRH 诱导的 hCG 释放的刺激作用。但这些研究大多是在分娩后获得的胎盘组织中进行的，ACT 和 INH 对孕早期胎盘组织 hCG 释放的影响尚有待证实。

3. 自调节机制

外源性 hCG 可降低人分娩胎盘组织内 hCG 亚基 mRNA 水平和蛋白质的分泌，并由此提出了胎盘组织 hCG 生物合成的自调节机制。

4. hCG 和表皮生长因子（EGF）

EGF 是一种可促使多种上皮细胞及间充质细胞分裂的多肽，主要由颌下腺分泌。滋养层细胞合成 EGF 可通过自分泌方式结合 EGF 受体（EGFR），促进滋养层细胞的增殖分化，并促进其分泌 hCG 等激素，并影响滋养层细胞的浸润能力。

hCG 和 EGF 协同调节生精过程。小鼠血清 EGF 主要来源于颌下腺。颌下腺产生 EGF 分泌进入血液或随唾液进入消化道，由胃肠吸收，通过门脉血管进入体循环。切除颌下腺后血清 EGF 降至测不出的水平并伴有生精功能减退，且只有给予 EGF 才能使生精功能恢复至正常水平。研究结果表明，hCG 增强间质细胞合成 EGF，也促进 EGFR 的表达；加强 EGF 及 EGFR 阳性间质细胞的细胞核功能，可恢复颌下腺切除小鼠生精功能。在睾丸内部 hCG 和 EGF 可能通过以下机制共同参与精子发生过程：①hCG 通过促进睾丸间质细胞合成睾酮，后者可增加睾丸 EGF 水平。②EGF 可反作用于睾丸间质细胞，增强 hCG 诱导的间质细胞合成睾酮的功能。③睾丸细胞产生的 TGFα、TGFβ 也可调节 hCG 引发的睾酮合成。

5. 促肾上腺皮质激素释放激素（CRH）与 hCG

人胎盘组织合成和释放 CRH。外源性 CRH 对 hCG 释放有抑制作用，内源性 CRH 通过受体介导的机制抑制 hCG 释放，而且这种抑制作用具有特定的时间依赖性和剂量依赖性。外源 CRH 的作用可被 CRH 拮抗剂所逆转。CRH 除了调节 hCG 的基础分泌外，对于由 GnRH 诱导的 hCG 分泌亦有抑制作用。鉴于 hCG 几乎没有细胞内贮存机制，其激素分泌量基本反映其生物合成量，由此推测，胎盘 CRH 可能是参与 hCG 合成与分泌调控的一种生理性负调节因子。

（五）hCG 的临床应用

市场上提供的 hCG 主要从孕妇尿和孕妇刮宫液中提取得到，与垂体促性腺激素相比，来源广，生产成本低，因此是一种相当经济的 LH 代用品。实际上，由于 hCG 还具有一定的 FSH 的作用，其临床效果往往优于单纯的 LH。hCG 在动物生产和临床上主要用于：①促进母畜卵泡成熟和排卵；②与 FSH 或 PMSG 结合应用，以提高同期发情和超数排卵效果；③治疗雄性动物的睾丸发育不良、阳痿和雌性动物的排卵延迟、卵泡囊肿，以及因孕酮水平降低所引起的习惯性流产等。值得注意的是，由于 hCG 属大分子蛋白质激素，有一定的抗原性，多次频繁使用后（尤其是静脉注射）会引起抗体形成，同时还可能产生免疫性过敏反应（是否由个体差异或药物质量所致还不确定）。

第五节　前 列 腺 素

来源于必需脂肪酸的前列腺素、前列环素和白三烯（LT）构成了一组多聚不饱和的羟化的 20 碳脂肪酸，称为花生酸。从生理学上讲，花生酸是古老的，在非常低剂量情况下就可在许多组织启动不同的生理功能的物质。从特点上讲，它们是普遍合成的，但也存在特殊产物选择性合成的组织特异性。

前列腺素（prostaglandin，PG）是 1935 年分别由英国的 Goldblatt 和瑞典的 von Euler 从人类精液和羊的囊状腺体中发现的。现已证明精液中的前列腺素主要来自精囊。前列腺素几乎存在于身体各种组织和体液中，机体生殖（如精液、卵巢、睾丸、子宫内膜和子宫分泌物及脐带和胎盘血管等）、呼吸和心血管系统等多种组织均可产生 PG。

一、种类与化学结构

前列腺素骨架是含一个五元环的 20 个碳原子的羧酸。从结构上讲，所有的 PG 都有一个“发夹”构型，由一个环戊烷核与两个侧链构成。它们可能是从前列腺烷酸演化而来。初级前列腺素有一个 15-羟基团，并在 13 位碳形成双键。每个类型的前列腺素用字母定义为 A 到 I，表明其在环戊烷环上具备不同的特殊功能基团。字母后的数字表示侧链不饱和的程度，如 PGE_1、PGE_2 和 PGE_3 分别表示在侧链上有 1 个、2 个和 3 个双键。

在环戊烷环上第 9 位的立体化学结构变化用希腊字母表示，排在数字后，如 $PGF_{2\alpha}$ 的构型表示有一个 9-羟基位于戊烷环的下面。$PGF_{2\beta}$（$PGF_{2\alpha}$ 的无活性异构体）表示 9-羟基位于环平面的上面。

在这些前列腺素中，以 PGE_2 和 $PGF_{2\alpha}$ 两型对生殖的调节作用比较重要。

二、前列腺素的生物合成

前列腺素的生成是多途径、多步骤的，其底物为花生四烯酸（AA）。由于细胞外 AA 的浓度很低，绝大多数 AA 结合在磷脂中，因而由磷脂酶 A_2（PLA_2）催化，从磷脂膜中释放的 AA 的多少就成为 PG 合成的限速步骤。AA 首先经前列腺素合酶（PGHS）-环氧合酶（COX）催化，在 C9 和 C11 位置加入氧分子，生成氢过氧化物 PGG_2，然后 PGG_2 经 PGHS-氢过氧化物酶催化生成关键性的中间代谢产物 PGH_2；最后 PGH_2 分三条途径代谢生成一系列有活性的 PG；或经血酸烷（TXAS）合成酶催化生成血栓素 A_2（TXA_2），TXA_2 不稳定，很快代谢为 TXB_2 后进入血液；或经前列环素合成酶生成前列环素，再代谢为稳定产物 PGI_2；或经相应的内环氧化异构酶催化生成 PGE_2、$PGF_{2\alpha}$ 和 PGD_2。

COX 是由花生四烯酸合成 PG 的限速酶，有两种同工型：COX-1 为组成型酶，COX-2 为诱导型酶。

PG 是局部激素。当细胞受到各种刺激时，PG 在细胞膜内合成，其局部发挥作用后迅速在循环中降解，所以在血液中通常只能找到它们的降解产物。

PG 生物失活的第一个和最重要的步骤是 15-羟基团转化成 15-酮基团。15-羟基前列腺素脱氢酶催化这一反应，使其完全失活。一般来说，该酶浓度在肺、胎盘、脾和肾皮质中最高，脑和卵巢及睾丸中的浓度相对较低。其底物包括 PGE、PGF 和 PGI。PG 降解的下一步是酶催化的 13 位双键的还原。其 13,14-PG 还原酶对 15-酮-PG 有高度特异性，和该酶一样也有组织分布特性。随着脱氢酶和还原酶的作用后，代谢物进行羧基化和 ω 氧化，最后代谢产物从尿液中排出。

三、PG 受体（PGR）

PGR 是与 G 蛋白相偶联的跨膜蛋白质，PGE_2 和 $PGF_{2\alpha}$ 的受体分别被称为 EP 和 FP，其中 EP 又分为 EP_1、EP_2、EP_3 和 EP_4 共 4 种亚型，它们通过各自不同的第二信使途径介导 PG 的生理功能，在哺乳动物生殖过程中发挥着关键而复杂的调节作用。卵泡产生的 PG 是排卵所必需的；$PGF_{2\alpha}$ 参与黄体退化；各种 PGE 受体在胚胎着床过程中特异性表达；PG 在分娩过程中也是必不可少的。

四、PG 的生物学作用及其机制

（一）PG 与排卵

哺乳动物的排卵过程非常复杂，卵泡颗粒细胞产生的 PG 是排卵所必需的。COX-2

基因突变后小鼠不能排卵，而 COX-1 突变小鼠排卵不受影响。在牛和马中，排卵前卵泡中检测不到 COX-1 的 mRNA 和蛋白质表达，说明参与排卵过程的 PG 是由 COX-2 合成。

哺乳动物排卵前，LH 大量释放形成排卵前 LH 峰。LH 通过诱导 COX-2 的表达而参与排卵的调节过程。颗粒细胞是卵泡中产生 PG 的主要部位，而不是卵泡膜细胞。在不同物种中，LH 峰与 COX-2 开始表达的时间间隔是不同的，如在大鼠、牛和马中分别为 2～4 h、18 h 和 30 h，但 COX-2 开始表达与排卵的时间间隔是固定的，即 LH 峰诱导 COX-2 的 mRNA 于排卵前 10 h 开始在卵泡颗粒细胞中大量表达。这说明 COX-2 是哺乳动物“排卵时钟”的重要控制信号。LH 峰诱导卵泡组织表达 COX-2 并合成 PG 的作用是由 LH 受体通过 cAMP 信号系统介导的。

PG 生物合成抑制剂能阻止实验动物和非人灵长类的自发排卵及诱发排卵，如 COX-2 抑制剂 NS398 能降低体内发育和体外培养的大鼠卵泡的排卵率。在兔和猕猴中，这种抑制剂处理使卵母细胞滞留在黄体化的卵泡中。人月经周期第 14 天（排卵前）卵泡液中 $PGF_{2\alpha}$ 浓度比其他时间要高几倍。关于 PG 在排卵过程中所起的作用，以前有多种推测，如刺激围绕卵泡的平滑肌收缩，挤压卵泡使之破裂；或增加纤溶酶激活物的活性，激活卵巢组织中的纤溶酶及溶解卵泡壁等。

排卵并不是一个卵泡爆裂的过程，平滑肌收缩不是排卵所必需的且 PG 对组织中纤溶酶的活性也没有影响，所以 PG 具体是怎样导致排卵尚不清楚。但 COX-2 作为排卵的决定因素是确定无疑的，PG 很可能通过诱发一系列与细胞内第二信使相关的反应使排卵过程顺利进行。

（二）前列腺素与黄体退化

黄体是哺乳动物排卵后在排卵部位由卵泡壁颗粒细胞、膜-间质细胞及侵入的血管形成的临时性内分泌器官，其主要功能是产生孕酮，使子宫内膜为着床做准备并维持早期妊娠。在动物未受精、未着床或妊娠终止，新的发情周期起始，卵泡继续发育并分泌雌激素，从而导致黄体经历功能和形态上的退化，即黄体退化。

在家畜等许多动物中，子宫内膜分泌的 $PGF_{2\alpha}$ 是影响黄体退化的主要因素；而对于啮齿类、兔和灵长类而言，其来源于黄体的 $PGF_{2\alpha}$ 是主要的溶黄体物质。在反刍类家畜，黄体退化是由黄体分泌的催产素（OT）协同 $PGF_{2\alpha}$，并在雌、孕激素的调节下以旁分泌相互作用的结果。$PGF_{2\alpha}$ 在黄体退化中的作用还包括降低黄体血流、减少小黄体细胞数目、抑制类固醇激素合成酶的活性、减少类固醇激素合成急性调节蛋白（StAR）基因表达、增加环氧合酶基因表达、抑制脂蛋白刺激的类固醇发生、改变膜流动性和释放黄体 OT 等。这些作用可能介导 $PGF_{2\alpha}$ 在黄体退化中的作用。

$PGF_{2\alpha}$ 抑制类固醇激素合成的效应是由磷酸肌醇第二信使系统介导的，$PGF_{2\alpha}$ 通过活化磷脂酶 C 升高细胞内 Ca^{2+}浓度，降低孕酮生物合成的关键酶 3β-羟类固醇脱氢酶 mRNA 的稳定性，从而降低孕酮水平，抑制孕酮作用。这可能是黄体功能性退化过程中孕酮水平降低的一个原因。此外，前文已述及，StAR 负责将类固醇激素生物合成的底物（胆固醇）转运给细胞色素 P450 单链裂解酶，这是类固醇激素生物合成的关键步骤。$PGF_{2\alpha}$ 诱导黄体退化时血清孕酮和 StAR 水平也下降，故 $PGF_{2\alpha}$ 也通过激活 PKC，减少

StAR 表达而降低孕酮水平。

在 $PGF_{2\alpha}$ 及其类似物诱导黄体孕酮水平下降之后，还可诱导牛、羊及灵长类等多种动物卵巢黄体中出现大量小片段的 DNA。在小鼠、大鼠及羊的卵巢黄体中均存在 $PGF_{2\alpha}$ 的高亲和力受体。假孕小鼠卵巢黄体在第 11 和第 13 天出现凋亡现象，同时 $PGF_{2\alpha}$ 受体 mRNA 的表达也达到峰值，提示 $PGF_{2\alpha}$ 受体表达与黄体细胞凋亡密切相关，其介导的细胞内信号直接参与黄体细胞凋亡的调节。$PGF_{2\alpha}$ 诱导黄体细胞凋亡是通过激活 PLC，后者可增加黄体细胞内 Ca^{2+} 浓度，为诱发凋亡所需的 Ca^{2+}/Mg^{2+} 依赖性核酸内切酶的活化提供基础。

在反刍动物中，OT 由大黄体细胞产生并以分泌颗粒的形式储存于细胞质，在子宫阵发性分泌的 $PGF_{2\alpha}$ 刺激下脉冲式释放。OT 与子宫内膜 OT 受体结合后激活磷酸肌醇-PKC 信号系统，促进子宫吸收 Ca^{2+}，刺激子宫内膜分泌更多的 $PGF_{2\alpha}$，两者形成的正反馈环路使黄体迅速退化。在大鼠黄体退化中，$PGF_{2\alpha}$ 可以促进卵巢一氧化氮合酶活性，而一氧化氮也促进卵巢 $PGF_{2\alpha}$ 表达，两者呈正反馈调节机制。此外，OT 也能增加大鼠卵巢组织中一氧化氮合酶活性。故 $PGF_{2\alpha}$、一氧化氮和 OT 间的相互调节对哺乳动物黄体退化有重要作用。

总之，哺乳动物的黄体退化机制有很大种属特异性，$PGF_{2\alpha}$ 在其中所起的作用也不尽相同。$PGF_{2\alpha}$ 是哺乳动物的主要溶黄体因子，内皮素-1 可能是其下游分子之一。OT 主要通过 $PGF_{2\alpha}$ 之间的正反馈调节参与黄体退化的调控。PRL 和孕酮对黄体有双向调节作用，两者共同作用导致大鼠黄体退化过程中的细胞凋亡。此外，肿瘤坏死因子 α、干扰素-γ、单核细胞趋化蛋白-1、基质金属蛋白酶及 Fas 抗原等多种因子也都参与这一过程的精确调节，在功能性和结构性黄体退化过程中起作用。

（三）PG 与受精

PG 存在于各种哺乳动物的精液中，又能够影响平滑肌的收缩性，因而人们相信，PG 对生殖道平滑肌的一系列调节作用，必然会对受精有促进作用。

研究表明 PG 参与顶体反应。透明带蛋白 ZP3 和颗粒细胞分泌的孕酮被认为是精子顶体反应的生理刺激物。这两种刺激物所引发的信号转导都导致 Ca^{2+} 从细胞外内流。PGE_1 专一性地结合于人精子质膜上并诱导细胞内 Ca^{2+} 瞬时增加，其作用可被毫摩尔浓度的 La^{3+}、Gd^{3+} 和 Zn^{2+} 所阻止。精子表面的这种 PGE 受体的药理特性与已克隆的 PG 受体都不相同，暗示着这可能是一种新型受体。在人精子中，此受体是通过与 G_q 蛋白偶联而诱导 Ca^{2+} 内流和顶体反应的。在生理浓度下 Zn^{2+} 就能阻止 PGE_1 诱发的顶体反应。Zn^{2+} 可能作为精浆中的内源性 Ca^{2+} 通道阻断剂，防止精子过早被 PGE_1 激活而发生顶体反应。

此外，PG 在受精过程中的作用可能还有：①使睾丸被膜、精囊腺和输精管收缩，对射精可能有重要作用；②精液进入阴道后可使子宫颈舒张，利于精子通过；③PG 对子宫肌肉有局部刺激作用，可能促进精子在雌性生殖道内的运输，使之迅速到达受精部位。

（四）PG 与胚胎着床

PG 对啮齿类动物子宫中胚泡的均匀分布、着床和蜕膜反应等过程十分重要。PGE_2

受体（EP）和 $PGF_{2\alpha}$受体（FP）在小鼠着床前子宫中是时间和空间特异性表达的，而且子宫中各种 EP 和 FP 的表达由卵巢分泌的雌激素和孕酮调节，与胚胎的存在与否无关。

EP_1 在妊娠第 6～8 天子宫的次级蜕膜带中表达，可能促进胎盘形成所需的血管发生。EP_2只在第 4 和第 5 天的子宫内膜上皮中表达，与着床所需的子宫内膜上皮分化有关。失去上皮的子宫不能对刺激发生反应而发生蜕膜化。所以子宫内膜上皮发出的信号对起始基质细胞的蜕膜化是很重要的。可能 EP_2的活化造成 cAMP 水平升高，把内膜上皮的信号传递给基质细胞，使之发生蜕膜化。

EP_3和 FP 在妊娠第 3～5 天的子宫肌层的环形肌中表达。已知平滑肌的收缩受胞质 Ca^{2+}水平升高刺激，而受细胞内 cAMP 水平升高抑制，因为 EP_3可抑制腺苷酸环化酶，而 FP 则可动员细胞内 Ca^{2+}。所以在妊娠第 3～5 天，环形肌所表达的 EP_3和 FP 协同作用，介导子宫肌层收缩，调整胚泡间隔，使之在子宫中均匀分布，有利于以后的发育。EP_3还在第 4 天的子宫系膜侧基质细胞中表达，此处是血管发生和胎盘形成的预定位点。EP_3 可能参与调节胚胎附着反应所需的子宫水肿和子宫腔封闭。EP_3 缺失的小鼠不能对各种致热源表现出炎症反应，说明 PGE_2 可能通过 EP_3 使子宫发生局部炎症反应，有利于胚胎着床。

EP_4在妊娠第 3～5 天子宫的上皮和基质中表达，这表明 PGE_2 可能通过活化 EP_4，升高 cAMP 水平，参与着床与蜕膜反应。另外，PG 是血管内皮生长因子（VEGF）的诱导者，而后者刺激血管发生和血管通透性增高。缺失 EP_4的小鼠在子宫中并不致死，但在出生后 3 天内因血管发生受阻而死亡。PGE_2 可能通过 EP_4 诱导出的 VEGF 使着床点处的血管通透性增高，为以后的蜕膜反应和胚胎植入做准备。

着床前胚胎可以合成 $PGF_{2\alpha}$，这已在兔、牛和绵羊中证实。第 3 天和第 7 天的兔胚泡 $PGF_{2\alpha}$ 合成量显著增加（着床发生在第 7 天）。胚泡来源的 $PGF_{2\alpha}$不参与胚胎间隔调整和胚胎定向，而是着床的刺激物。在哺乳动物中，着床点的血管通透性增加是蜕膜反应的先决条件。正处于附着期的第 3 天胚泡迅速合成的 $PGF_{2\alpha}$ 被分泌到邻近的子宫内膜，使之血管通透性增加。

（五）PG 与分娩

PG 是真正启动分娩的关键激素，而孕酮降低只是 PG 作用后导致黄体溶解的结果。

血浆中孕酮浓度迅速降低引发哺乳动物分娩。在妊娠晚期，循环血中的高浓度孕酮使子宫保持松弛。临产前短时间内，血浆孕酮浓度迅速降低，子宫中 OT 受体表达量显著增加，使子宫收缩能力提高。由于受子宫收缩及宫颈和阴道扩张的刺激，下丘脑 OT 神经元活动增强，释放 OT 作用于子宫，刺激其合成 PG，进一步增强子宫收缩，由此形成一个正反馈环路，加速分娩过程。

敲除 $PGF_{2\alpha}$受体基因的小鼠可以正常发育，但不能及时分娩。它们表现出正常的发情周期、排卵、受精和着床，但对外源的 OT 不反应，因为它们不能被诱导合成催产素受体。野生型小鼠在妊娠第 19～21 天，血浆孕酮浓度显著降低。而 *FP* 基因敲除小鼠孕酮浓度却不降低，这表明 *FP* 缺失的小鼠不能分娩是由于不能适时抑制黄体中孕酮的生成。例如，在妊娠第 19 天切除卵巢，就能使之迅速表达 OT 受体，分娩出胎儿。在妊娠小鼠中，$PGF_{2\alpha}$作用于黄体细胞的 FP，导致黄体退化，启始分娩。*COX-1* 基因敲除小鼠也不能正常分娩。*COX-1* 的 mRNA 在子宫蜕膜中表达，而且 *COX-1* 主要合成 $PGF_{2\alpha}$。*COX-1* 基因敲除小鼠不能正常分娩是由于黄体退化受阻，再次证明 $PGF_{2\alpha}$ 与黄体退化的密切关系。

总之，前列腺素参与调节哺乳动物生殖过程的多个环节。作为近距离信号分子，它具有局部、瞬时、作用灵活多样的特点。

实际上，与生殖有关的激素远远不只上面介绍的这几类，但由于篇幅有限，本章只选择了目前已经明确的、比较重要的激素进行了介绍。关于其他激素对生殖的影响及作用机理，本书的其他章节会有一定程度的介绍。

参 考 文 献

陈大元. 2000. 受精生物学——受精机制与生殖工程. 北京：科学出版社.
程满, 余爽, 李娟, 等. 2015. 视交叉上核在昼夜节律中的作用. 生命科学, (11): 1380-1385.
葛秦生. 2008. 实用女性生殖内分泌学. 北京：人民卫生出版社.
顾长贵. 2011. 不同光照条件下的哺乳动物近日节律模型. 上海：华东师范大学博士学位论文.
朗斯塔夫 • A. 2006. 神经科学. 中译本. 韩济生主译. 北京：科学出版社.
王建辰. 1993. 家畜生殖内分泌学. 北京：农业出版社.
威廉 • 里斯. 2014. DUKES 家畜生理学. 第 12 版. 北京：中国农业出版社.
夏国良. 2013. 动物生理学. 北京：高等教育出版社.
杨增明, 孙青原, 夏国良. 2005. 生殖生物学. 北京：科学出版社.
姚泰. 2010. 生理学.第 2 版. 北京：人民卫生出版社.
于龙川. 2012. 神经生物学. 北京：北京大学出版社.
朱大年, 王庭槐. 2013. 生理学. 第 8 版. 北京：人民卫生出版社.
朱士恩. 2006. 动物生殖生理学. 北京：中国农业出版社.
邹乾兴, 罗韬. 2014. 精子中孕酮的非基因组效应. 生理科学进展, 45: 475-478.
Arnal J F, Lenfant F, Metivier R, et al. 2017. Membrane and nuclear estrogen receptor alpha actions: from tissue specificity to medical implications. Physiol Rev, 97: 1045.
Asa S L, Ezzat S. 2002. The pathogenesis of pituitary tumours. Nat Rev Cancer, 2: 836-849.
Bliss S P, Navratil A M, Xie J, et al. 2010. GnRH signaling, the gonadotrope and endocrine control of fertility. Front Neuroendocrinol, 31: 322.
Bouchoucha N, Samara-Boustani D, Pandey A V, et al. 2014. Characterization of a novel cyp19a1 (aromatase) r192h mutation causing virilization of a 46, xx newborn, undervirilization of the 46, xy brother, but no virilization of the mother during pregnancies. Mol Cell Endocrinol, 390: 8-17.
Chian R C, Nargund G, Huang J Y J, et al. 2017. Development of *in vitro* Maturation for Human Oocytes. Switzerland: Springer International Publishing.
Chuffa L G, Lupi-Júnior L A, Costa A B, et al. 2017. The role of sex hormones and steroid receptors on female reproductive cancers. Steroids, 118: 93-108.
Cooke P S, Nanjappa M K, Ko C, et al. 2017. Estrogens in male physiology. Physiol Rev, 97: 995.
David L F, Ralph E J. 2006. 奈特人体神经解剖彩色图谱. 崔益群译. 北京：人民卫生出版社: 177.
Dubé J Y, Lesage R, Tremblay R R. 1976. Androgen and estrogen binding in rat skeletal and perineal muscles. Can J Biochem, 54: 50.
Faulds M H, Zhao C, Dahlman-Wright K, et al. 2012. The diversity of sex steroid action: regulation of metabolism by estrogen signaling. J Endocrinol, 212: 3.

Filardo E J, Quinn J A, Bland K I, et al. 2000. Estrogen-induced activation of erk-1 and erk-2 requires the g protein-coupled receptor homolog, gpr30, and occurs *via* trans-activation of the epidermal growth factor receptor through release of HB-EGF. Mol Endocrinol, 14: 1649-1660.

Flouriot G, Brand H, Denger S, et al. 2000. Identification of a new isoform of the human estrogen receptor-alpha (hER-α) that is encoded by distinct transcripts and that is able to repress her-α activation function 1. The EMBO Journal, 19: 4688-4700.

Gomperts B, Kramer I, Tatham P R. 2010. Signal Transduction. 北京: 科学出版社.

Guo M, Zhang C, Wang Y, et al. 2016. Progesterone receptor membrane component 1 mediates progesterone-induced suppression of oocyte meiotic prophase I and primordial folliculogenesis. Sci Rep, 6: 36869.

Hall J E, Guyton A C. 2010. Guyton and Hall Textbook of Medical Physiology. New York, USA: McGraw-Hill Medical.

Harden A W R. 2008. Williams Textbook of Endocrinology. New York, USA: Saunders/Elsevier.

Intlekofer K A, Petersen S L. 2011. 17β-estradiol and progesterone regulate multiple progestin signaling molecules in the anteroventral periventricular nucleus, ventromedial nucleus and sexually dimorphic nucleus of the preoptic area in female rats. Neuroscience, 176: 86-92.

Jorgez C J, Klysik M, Jamin S P, et al. 2004. Granulosa cell-specific inactivation of follistatin causes female fertility defects. Mol Endocrinol, 18: 953-967.

Kamel R M. 2010. The onset of human parturition. Arch Gynecol Obstet, 281: 975-982.

Kim E B, Susan M, Scott B, et al. 2010. Ganong's Review of Medical Physiology. 23rd Edition. New York, USA: The McGraw-Hill Companies.

Laurence A C. 2010. Biological functions of hCG and hCG-related molecules. Cole Reprod Biol Endocrinol, 8: 102.

Lee M L, Swanson B E, de la Iglesia H O. 2009. Circadian timing of rem sleep is coupled to an oscillator within the dorsomedial suprachiasmatic nucleus. Curr Biol, 19: 848-852.

Levin E R. 2017. Membrane estrogen receptors signal to determine transcription factor function. Steroids, 132: 1-4.

Li J J, Talley D J, Li S A, et al. 1974. An estrogen binding protein in the renal cytosol of intact, castrated and estrogenized golden hamsters. Endocrinology, 95: 1134.

Lilley T R, Wotus C, Taylor D, et al. 2012. Circadian regulation of cortisol release in behaviorally split golden hamsters. Endocrinology, 153: 732-738.

Lishko P V, Botchkina I L, Kirichok Y. 2011. Progesterone activates the principal Ca^{2+} channel of human sperm. Nature, 471: 387-391.

Melmed S, Polonsky K S, Larsen P R, et al. 2017. Williams Textbook of Endocrinology. Amsterdam, Netherland: Elsevier Inc.

Menke D B, Page D C. 2002. Sexually dimorphic gene expression in the developing mouse gonad. Gene Expr Patterns, 2: 359-367.

Mester J, Baulieu E E. 1972. Nuclear estrogen receptor of chick liver. Biochimica et Biophysica Acta (BBA) - General Subjects, 261: 236-244.

Muttukrishna S, Tannetta D, Groome N, et al. 2004. Activin and follistatin in female reproduction. Mol Cell Endocrinol, 225: 45-56.

Nicol B, Yao H H, 2014. Building an ovary: insights into establishment of somatic cell lineages in the mouse. Sex Dev, 8: 243.

Nitta H, Bunick D, Hess R A, et al. 1993. Germ cells of the mouse testis express P450 aromatase. Endocrinology, 132: 1396.

Phillips D J, de Kretser D M. 1998. Follistatin: a multifunctional regulatory protein. Front Neuroendocrinol, 19: 287-322.

Pinilla L, Aguilar E, Dieguez C, et al. 2012. Kisspeptins and reproduction: physiological roles and regulatory mechanisms. Physiol Rev, 92: 1235-1316.

Plant T M, Zeleznik A J, Albertini D F, et al. 2006. Knobil and Neill's Physiology of Reproduction. Amsterdam, Netherland: Elsevier Inc.

Prabuddha C, Roy S K. 2013. Expression of estrogen receptor α 36 (esr36) in the hamster ovary throughout the estrous cycle: effects of gonadotropins. PLoS One, 8: 1291-1300.

Prins G S, Birch L, Habermann H, et al. 2001. Influence of neonatal estrogens on rat prostate development. Reprod Fert Dev, 13: 241.

Riecher-Rössler A, 2017. Sex and gender differences in mental disorders. Lancet Psychiatry, 4: 8-9.

Roa J, Tenasempere M. 2010. Energy balance and puberty onset: emerging role of central mTOR signaling. Trends Endocrinol Metab, 21: 519.

Schwartz M D, Wotus C, Liu T, et al. 2009. Dissociation of circadian and light inhibition of melatonin release through forced desynchronization in the rat. Proc Natl Acad Sci U S A, 106: 17540-17545.

Shaha C. 2008. Estrogens and spermatogenesis. Adv Exp Med Biol, 636: 42-64.

Sherwood L, Klandorf H, Yancey P H. 2013. Animal Physiology—from Genes to Organisms. Boston, MA, USA: Brooks/Cole, Cengage Learning.

Skorupskaite K, George J T, Anderson R A. 2014. The kisspeptin-GnRH pathway in human reproductive health and disease. Hum Reprod Update, 20: 485-500.

Strauss J F, Barbieri R L. 2009. Yen & Jaffe's Reproductive Endocrinology. sixth edition. St. Loiuis, MO, USA: Saunders/Elsevier.

Strünker T, Goodwin N, Brenker C, et al. 2011. The CatSper channel mediates progesterone-induced Ca^{2+} influx in human sperm. Nature, 471: 382-386.

Stumpf W E. 1971. Probable sites for estrogen receptors in brain and pituitary. J Neurovisc Relat, 10: 51-64.

Tamura H, Nakamura Y, Korkmaz A, et al. 2009. Melatonin and the ovary: physiological and pathophysiological implications. Fertil Steril, 92: 328.

Tena-Sempere M. 2006. GPR54 and kisspeptin in reproduction. Hum Reprod Update, 12: 631.

Thomas P, Pang Y, Filardo E J, et al. 2005. Identity of an estrogen membrane receptor coupled to a G protein in human breast cancer cells. Endocrinology, 146: 624.

Tosini G, Owino S, Guillaume J L, et al. 2014. Understanding melatonin receptor pharmacology: latest insights from mouse models, and their relevance to human disease. Bioessays, 36: 778-787.

Tu Z, Ran H, Zhang S, et al. 2014. Molecular determinants of uterine receptivity. Int J Dev Biol, 58: 147-154.

Ubuka T, Son Y L, Bentley G E, et al. 2013. Gonadotropin-inhibitory hormone (GnIH), GnIH receptor and cell signaling. Gen Comp Endocrinol, 190: 10-17.

Vermeulen A, Kaufman J M, Goemaere S, et al. 2002. Estradiol in elderly men. Aging Male, 5: 98-102.

Wang Z, Zhang X, Shen P, et al. 2005. Identification, cloning, and expression of human estrogen receptor-alpha36, a novel variant of human estrogen receptor-alpha66. Biochem Biophys Res Commun, 336: 1023-1027.

Wijayarathna R, de Kretser D M. 2016. Activins in reproductive biology and beyond. Hum Reprod Update, 22: 342-357.

Wilson J D, Griffin J E, Russell W. 1993. Steroid 5-reductase 2 deficiency. Endocr Rev, 14: 577-593.

Yao H H, Matzuk M M, Jorgez C J, et al. 2004. Follistatin operates downstream of Wnt4 in mammalian ovary organogenesis. Dev Dyn, 230: 210-215.

Zhang S, Lin H, Kong S, et al. 2013. Physiological and molecular determinants of embryo implantation. Mol Aspects Med, 34: 939-980.

（王　超，夏国良）

第五章　精 子 发 生

有性生殖生物体中的细胞可以分为两大类：体细胞（somatic cell）和生殖细胞（germ cell）。有性生殖周期是体细胞与生殖细胞相互转变的过程。在胚胎发育的早期，部分体细胞可分化为生殖细胞。生殖细胞在分化过程中经历减数分裂，由二倍体细胞产生单倍体细胞：精子和卵子。精、卵通过受精重新形成二倍体细胞，开始下一轮的生命周期。

在高等生物的机体中，只有一小部分细胞为生殖细胞，然而它们是正常生命周期中的一个关键环节。二倍体细胞在发生减数分裂、形成单倍体细胞的过程中，同源染色体间 DNA 发生重组，产生的每个单倍体生殖细胞都含有不完全相同的基因组合。因此，精卵结合形成的子代在遗传学上互不相同，也不同于它们的亲代，这一生殖模式最大的优点是保持着物种的多样性。

在多数物种中，只有两类生殖细胞：卵子和精子。这两种细胞具有很大的区别，卵子是机体中最大的细胞，一般是不运动的，但通过提供大量生长发育所需的原料来帮助保存母本基因；与此相反，精子通常最小，有较强的运动能力，为流线型，以适应有效的受精，精子通过利用母本资源来扩增父本基因。

精子起源于原始生殖细胞。在胚胎发育的早期，少数细胞形成配子（gamete）的前体，被称为原始生殖细胞（primordial germ cell，PGC）。其后，原始生殖细胞迁移到早期的性腺——生殖嵴（genital ridge），在那里进行一段时间的有丝分裂增殖，然后部分细胞进入减数分裂，并进一步分化为成熟的配子：精子或卵子。睾丸是精子发生的场所，在这里 PGC 发育为原始精原细胞（primitive spermatogonia），青春期开始后进入精子发生过程，经过减数分裂及一系列形态变化，最后形成特殊形态的完整精子。在睾丸中形成的精子并没有完全成熟，需要进入附睾，在附睾管运行过程中，吸收多种物质，发生一系列形态、生理和生化方面的变化，完成成熟过程，形成具有一定活力的精子。

第一节　精子发生微环境

在雄性个体中，生殖嵴发育为雄性生殖腺——睾丸。睾丸的主要功能是产生精子与合成雄激素，为了行使这两方面的功能，睾丸形成了复杂而特殊的微环境。

一、睾丸组织结构

睾丸结构详见第三章。睾丸由曲细精管（seminiferous tubule）与间质（interstitial space）两部分组成，多种类型的睾丸细胞组成睾丸微环境，共同维持睾丸的生理功能。

1. 曲细精管

曲细精管管壁由生精上皮（spermatogenic epithelium）组成，其基膜外环绕着管周肌样细胞（myoid peritubular cell，MPC）。生精上皮由两类细胞组成：Sertoli 细胞（也称为支持细胞）和生精细胞（spermatogenic cell）。生精细胞包括精原细胞、初级精母细胞、次级精母细胞、圆形精子细胞及长形精子细胞，它们由曲细精管基底部向管腔高度有序排列（图 5-1）。

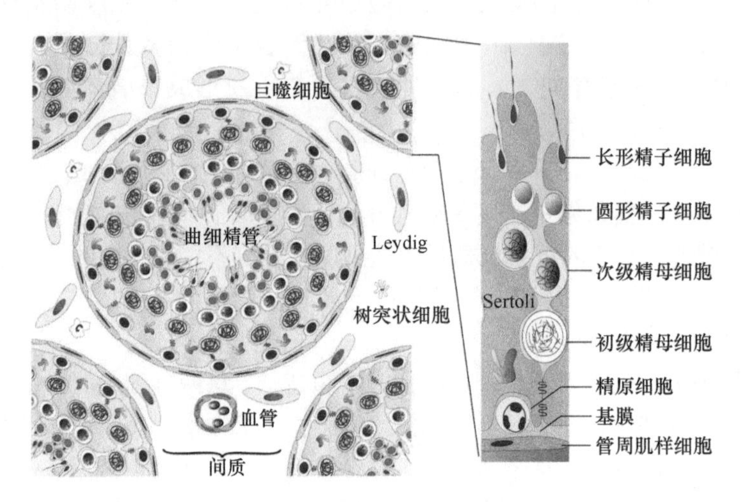

图 5-1　曲细精管结构示意图

（1）管周肌样细胞

管周肌样细胞围绕曲细精管，形成管壁以维持管状的结构，具有较强的收缩功能，有助于精子从睾丸进入附睾。人睾丸中具有多层管周肌样细胞，而在啮齿类动物中只有单层。管周肌样细胞可以分泌多种细胞因子，调节精子发生，影响 Sertoli 细胞的功能，与 Sertoli 细胞共同分泌基膜成分。与其他睾丸细胞相比，对管周肌样细胞功能的认识相对较少，有待深入研究。

（2）Sertoli 细胞

Sertoli 细胞是生精上皮中唯一的体细胞，不再分裂，分布随机，数量恒定，占成年生精上皮的 25%，但在老年睾丸中存在着多核 Sertoli 细胞，表明它们可能在一定情形下恢复了分裂能力，发生了胞质不分裂的有丝分裂。Sertoli 细胞形态复杂，呈高柱状，基底面附着于基膜，游离面则伸向管腔。Sertoli 细胞核形状不规则，常有附核，核仁明显，电镜下可见细胞游离面和侧面形成许多凹槽，其内镶嵌着各级生精细胞。如图 5-2 所示，Sertoli 细胞胞质中富含各种细胞器，如线粒体、高尔基体、内质网、溶酶体、微丝和微管等，在同一 Sertoli 细胞中的不同区域，构成细胞骨架的微丝及微管的数量及分布变化很大，微丝主要分布于细胞核周围及细胞基底部。相邻 Sertoli 细胞在靠近基底部形成血-睾屏障（blood-testis barrier），由 Sertoli 细胞间包括紧密连接（occluding junction）在内的多种连接组成，将生精上皮分为基底室（basal compartment）与管腔室（adluminal compartment）两个部分，形成了精子发生的微环境。精原细胞与前细线期精母细胞位于基底室，处于减数分裂的精母细胞及精子细胞位于管腔室，前细线期精母细胞需要穿过血-睾屏障进入管腔室后才能进行后期的分化。一般认为，基底室可以直接接受血液中的激素，而管腔室则通过 Sertoli 细胞接受激素和营养物质，因此基底室中的细胞更容易受到激素水平的影响。另外，通过紧密连接进行的物质运转依赖于物质分子大小和物理性质，对物质的转运具有筛选作用。血-睾屏障的重要性还有待进一步研究。

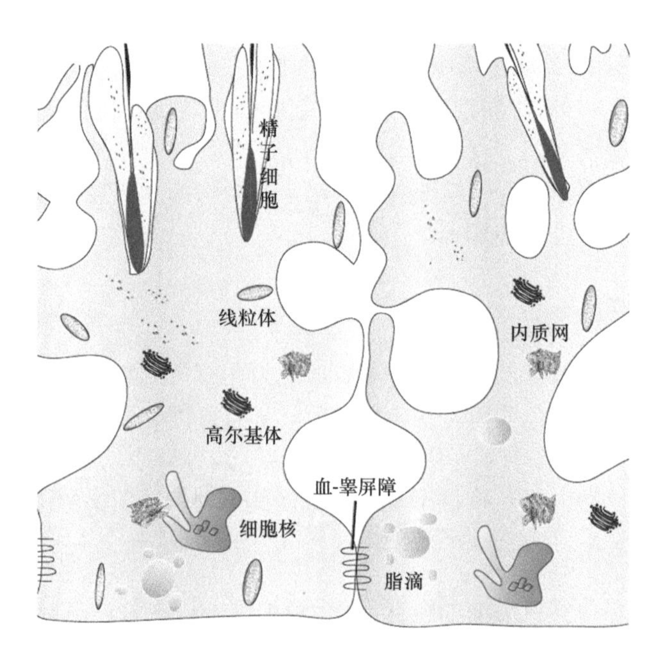

图 5-2　Sertoli 细胞的结构示意图

Sertoli 细胞具有以下重要功能：①Sertoli 细胞支持生精细胞。不同发育阶段的生精细胞位于 Sertoli 细胞的不同位置，为生精细胞发育提供了精密的微环境。②为生精细胞提供营养。曲细精管内缺乏血管，发育后期的生精细胞代谢能力减弱，Sertoli 细胞可为生精细胞提供必要的营养成分与生长因子。③合成雄激素结合蛋白，与睾酮结合，并将其转运至作用靶点。④吞噬残体与凋亡的生精细胞。一方面可清除自身抗原防止自身免疫反应，另一方面 Sertoli 细胞也可利用残体与凋亡的生精细胞作为能源。⑤Sertoli 细胞间形成血-睾屏障，导致了曲细精管液和血浆中化学物质的不同，在维持精子发生的微环境与睾丸免疫豁免环境中具有重要功能。

2. 间质

成熟睾丸中大部分为曲细精管，睾丸间质所占的比例较小，但富含血管和淋巴管。间质由多种类型细胞组成，其中主要为 Leydig 细胞，约占间质细胞的 80%。Leydig 细胞圆形或多边形，核圆居中，胞质强嗜酸性，是机体唯一合成睾酮的细胞。睾酮不仅调节精子发生，而且作用于机体的许多器官组织，行使多种生理功能。此外，间质中还存在着多种免疫细胞，主要为睾丸巨噬细胞与少数其他类型的免疫细胞，如肥大细胞、淋巴细胞等。

Leydig细胞参与维持睾丸的免疫豁免环境，睾酮具有免疫抑制功能，而且睾丸内睾酮的浓度比循环的睾酮浓度高数十倍，Leydig细胞还可分泌其他免疫抑制因子抑制免疫反应。

在成年睾丸中绝大多数细胞为生精细胞，在分化过程中，75%以上的生精细胞发生凋亡。生精细胞凋亡在精子发生中的意义缺乏直接的证据，推测是为节省有限的空间及清除异常的生精细胞。有研究表明凋亡的生精细胞可作为Sertoli细胞的能源，在生精上皮缺少血管的条件下，大量生精细胞的凋亡可能在局部组织的代谢中发挥更积极的意义，这值得深入研究。另外，生精细胞分泌多种细胞因子，包括促炎性因子IL-1与TNF-α。在生理状态下，这些细胞因子有利于正常的精子发生，然而在某些炎症状态下，炎性因子水平升高并参与病理形成。生精细胞还分泌干扰素与抑制免疫的分子，可能参与抵御病毒感染并维持睾丸免疫豁免环境。

二、睾丸免疫微环境

哺乳动物睾丸具有特殊的免疫微环境，表现为两方面的特征：一方面，睾丸是一个免疫豁免器官，防止具有免疫原性的生精细胞诱导有害的免疫反应；另一方面，睾丸容易受到多种病原体的感染，为了克服免疫豁免环境，其自身建立了有效的天然防御机制，抵抗入侵的病原体，睾丸的免疫稳态平衡是行使其生理功能所必需的。

1. 免疫豁免

睾丸的免疫豁免包括三方面的特征：①生精细胞表达许多自身抗原，具有免疫原性，但在睾丸内并没有诱导免疫反应；②将其他组织移植到睾丸，免疫排斥反应很弱，移植物可以长期存活；③将睾丸移植到其他组织，可以耐受免疫排斥。睾丸的组织结构、细胞组成及免疫抑制机制相互作用，共同参与维持睾丸的免疫豁免环境。

血-睾屏障是免疫豁免的重要结构基础，由多种细胞连接组成，比仅由上皮细胞间紧密连接组成的其他屏障，如血-脑屏障、血视网膜屏障、血-附睾屏障更为复杂。血-睾屏障严格限制细胞与10 kDa以上的大分子物质通过，可有效地将位于管腔内的大部分生精细胞自身抗原与间质中的免疫细胞隔离开来。但是，血-睾屏障并不是维持免疫豁免的唯一机制，因为睾丸的间质部分也具有免疫豁免特性，而且位于血-睾屏障之外的精原与细线期精母细胞也会产生具有免疫原性的自身抗原，除了组织结构外，睾丸细胞也参与维持免疫豁免环境。

尽管睾丸属于免疫豁免器官，但间质中存在着多种免疫细胞，主要为睾丸巨噬细胞。生理状态下，ED2型巨噬细胞占大多数，这类巨噬细胞在受到抗原刺激时分泌抗炎症因子，表现出免疫抑制特性。间质中还存在着一定数量的树突细胞，但主要为幼稚型细胞，免疫活性很低。此外还有少量调节性T细胞（Treg），Treg具有很强的免疫抑制功能，因此睾丸中的免疫细胞主要表现为免疫抑制活性，有助于维持免疫豁免环境。

除了免疫细胞外，睾丸组织特异性细胞在维持睾丸免疫豁免中也发挥重要作用。Leydig细胞的主要功能是合成雄激素，雄激素可以抑制自身免疫反应，与男女之间的免疫差异有关，这可能是自身免疫疾病多发于女性的原因之一。抑制Leydig细胞合成睾酮可以破坏睾丸免疫豁免环境。因为免疫细胞并不表达雄激素受体，睾酮不会直接抑制免疫细胞的功能，睾酮是通过抑制 Sertoli 细胞、管周肌样细胞和 Leydig 细胞表达免疫调节因子来发挥免疫抑制功能。Sertoli 细胞分泌免疫抑制因子，抑制免疫反应，因此 Sertoli 细胞可以为移植物提供免疫保护。Sertoli 细胞的吞噬功能有助于维持睾丸免疫稳态，精子发生过程中大部分生精细胞发生凋亡，其余完成最后分化，形成精子，但大部分胞质形成残体脱落，残体与凋亡的生精细胞必须被及时清除，否则裂解后会释放出有害成分与自身抗原。Sertoli 细胞的吞噬功能受损可以诱发自身免疫性睾丸炎，因此，Sertoli 细胞可以从多个层面维持睾丸的免疫稳态。

除了睾酮以外，睾丸细胞分泌多种抑制免疫反应的分子，在维持免疫豁免环境中发挥作用。TGF-β是重要的抗炎因子，Sertoli 细胞、Leydig 细胞与管周肌样细胞均可分泌 TGF-β，抑制移植物的免疫排斥。睾丸巨噬细胞则通过分泌另外一种抗炎因子 IL-10 抑制免疫反应。Sertoli 细胞还可以产生大量 Activin A，抑制 IL-1 与 IL-6 的表达，从而抑制炎症反应。这些抗炎因子是维持睾丸免疫豁免的重要分子基础。此外，睾丸具有多种免疫负调控系统。程序死亡配体 1（programmed death ligand-1，PDL-1）与 Fas 配体（Fas ligand，FasL）可以激活在 T 淋巴细胞上表达的相应受体（PD-1 与 Fas），诱导 T 细胞凋亡，从而抑制免疫反应。PDL-1 与 FasL 均表达于 Sertoli 细胞与生精细胞，是维持睾丸免疫豁免的重要机制之一。TAM（Tyro3、Axl 和 Mer）受体与其配体 Gas6（growth arrest-specific gene product 6）系统可以抑制免疫反应，小鼠睾丸大量表达这一系统。TAM 缺失的小鼠患自身免疫睾丸炎，表现为雄性不育。TAM/Gas6 系统在 Sertoli 与 Leydig 细胞中抑制模式识别受体（pattern recognition receptor，PRR）启动的天然免疫反应，而且 TAM 受体信号通路可以促进 Sertoli 细胞吞噬凋亡的生精细胞，并抑制生精细胞抗原诱导自身免疫反应。因此，TAM/Gas6 系统在维持睾丸免疫豁免中行使重要功能。

2. 睾丸天然免疫系统

尽管睾丸是免疫豁免器官，但它容易受到来自血液循环及下游生殖管道微生物病原体的入侵，为了克服免疫豁免环境，抵御入侵的微生物，睾丸建立了有效的天然防御机制。多数睾丸细胞表达丰富的 PRR，启动抵御病原体的天然免疫反应。PRR 构成了机体的第一道防线，可以识别多种微生物（包括细菌、病毒与寄生虫）。病原体的保守分子，称为病原相关分子模式（pathogen associated molecular pattern，PAMP），包括蛋白质、脂类、糖类及核酸类成分。不同 PAMP 可识别并激活相应 PRR，迅速启动天然免疫反应，并促进获得性免疫反应。目前已发现多种类型的 PRR，在睾丸中研究比较多的包括 Toll 样受体（Toll-like receptor，TLR）、视黄酸诱导基因 I（retinoic acid-inducible gene I，RIG-I）样受体（RIG-I-like receptor，RLR）与 DNA 感受器。

在哺乳动物中已发现 13 个 TLR 成员，TLR 定位于细胞膜上。多数睾丸细胞都表达不同的 TLR。Sertoli 细胞表达多种，包括 TLR2～TLR5，并可以被相应的配体激活，Leydig 细胞表达 TLR3 和 TLR4。Sertoli 与 Leydig 细胞中的 TLR 信号通路被 TAM/Gas6 系统抑制。精原与精母细胞表达 TLR3，启动天然抗病毒反应。TLR11 在圆形精子细胞中表达，并可被刚地弓形虫与尿路致病菌（UPEC）激活，启动天然免疫反应。生精细胞的天然防御能力特别值得关注，因为生精细胞占睾丸细胞的绝大多数，并且曲细精管内环境与免疫细胞被血睾屏障隔离，管腔部分可受到来自下游生殖道微生物的感染，尿路致病菌是常见感染生殖道的致病菌，因此生精细胞的天然防御能力尤其重要，值得深入研究。

RLR 家族包括两个具有功能的成员：RIG-I 与黑色素瘤分化相关蛋白 5 （melanoma differentiation-associated protein 5，MDA5），它们可被病毒 RNA 激活，启动细胞的天然抗病毒反应。RIG-I 与 MDA5 均表达于 Leydig 细胞并启动抗病毒反应，参与睾丸的抗病毒防御。位于细胞质中的 DNA 感受器可以识别 DNA，是近年来 PRR 领域研究的热点。DNA 感受器可以识别不同来源的 DNA 分子，特别是可被病毒 DNA 激活，启动抗病毒反应，是重要的抗病毒机制。目前已发现多个成员，主要的 DNA 感受器包括干扰素诱导蛋白 p204 与环 GMP-AMP 合成酶（cyclic GMP-AMP synthase，cGAS）等。小鼠 Leydig 细胞表达 p204，可被病毒 DNA 分子激活，并诱导表达干扰素及抗病毒蛋白，参与 Leydig 细胞的抗病毒反应。p204 的激活也可诱导 Leydig 细胞表达 cGAS，从而扩大细胞的抗病毒信号通路。Leydig 细胞产生的干扰素以旁分泌方式诱导其他睾丸细胞表达抗病毒蛋白，产生抗病毒能力。因此，Leydig 细胞中 PRR 启动的天然抗病毒反应在睾丸抗病毒中行使关键作用。值得注意的是一些病毒可以诱导睾丸的病理形成，但在自然状态尚未发现病毒诱导的小鼠睾丸病变，表明小鼠睾丸比人类睾丸具有更强的抗病毒能力，这是一个值得关注的问题。PRR 启动的天然免疫反应是一把“双刃剑”，可以抵抗微生物病原体，但高水平的炎性因子也可以损伤组织自身，睾丸细胞产生的炎性因子对睾丸功能的损害有待深入研究。

维持睾丸免疫稳态平衡是正常精子发生的必需条件，在某些病理条件下，如组织损伤、微生物感染及肿瘤等，可破坏这种稳态，引起睾丸炎，是男性不育的重要病因之一。深入研究睾丸免疫稳态机制，可能为相关疾病的防治提供新的理论依据。

第二节　精子发生过程

精子发生（spermatogenesis）是指精原细胞（spermatogonium）经过一系列的分裂增殖、分化变形，最终形成完整精子（spermatozoon）的过程。这一过程是在雄性生殖腺（睾丸）的曲细精管中进行的。精子发生可分为三个时期：有丝分裂期、减数分裂期和精子形成期。精子发生是一个特殊的细胞分化过程，在这一过程中发生了许多特殊的事件，如减数分裂、形态变化等。

精子发生是一个复杂而有规律的细胞分化过程。从精原细胞的分裂增殖、精母细胞的减数分裂到精子细胞变态分化和运行至附睾的成熟过程中，都受到众多基因和激素的协同调控。精子发生过程中三个主要阶段表现为（图 5-3），①精原细胞的有丝分裂期：精原细胞由精原干细胞分化而来，其增殖能力增强，为进入减数分裂做准备。它通过有丝分裂产生两类细胞，一类不进入精子发生周期，继续保持有丝分裂的能力，在下一个周期前一直处于静止状态，称之为“储存的精原干细胞”；另一类进入精子发生周期，通过分化途径形成精子，称之为“更新的精原干细胞”。②精母细胞的减数分裂：进入分化途径的精原细胞发育为初级精母细胞，进行最后一次染色体的复制，为成熟分裂做准备。根据其生长发育顺序及细胞、染色质形态可将初级精母细胞分为前细线期精母细胞、细线期精母细胞、偶线期精母细胞、粗线期精母细胞及双线期精母细胞等几个时相。一个双线期精母细胞发生第一次减数分裂，产生两个次级精母细胞。次级精母细胞的间期很短，不发生染色体复制，很快进行第二次减数分裂，产生单倍体的圆形精子细胞，完成减数分裂。③精子形成期：是精子细胞的分化变态过程，这是精子分化的重要环节。圆形的精子细胞要经过伸长变态的复杂过程，包括细胞核的浓缩变长，顶体的生成，核蛋白的转型，染色质的浓缩包装，核骨架及细胞骨架——中心体（粒）体系的演变，鞭毛、轴丝的发生及尾部的成形分化，细胞质的丢失，精子特异性乳酸脱氢酶 LDH-X 的出现，等等。在此变态过程中，糖原、脂质、蛋白质等代谢产物大量随细胞质排弃，代之以表达 LDH-X 及六碳糖激酶以适应能量需要。在变态后期核蛋白质发生磷酸化和去磷酸化，蛋白质 SH—基向—SS—键转变，以精氨酸为主的鱼精蛋白（protamine）替换以组氨酸为主的核组蛋白（histone），使核蛋白和 DNA 紧密结合，以保证精子基因处于浓缩包装和不活跃状态。

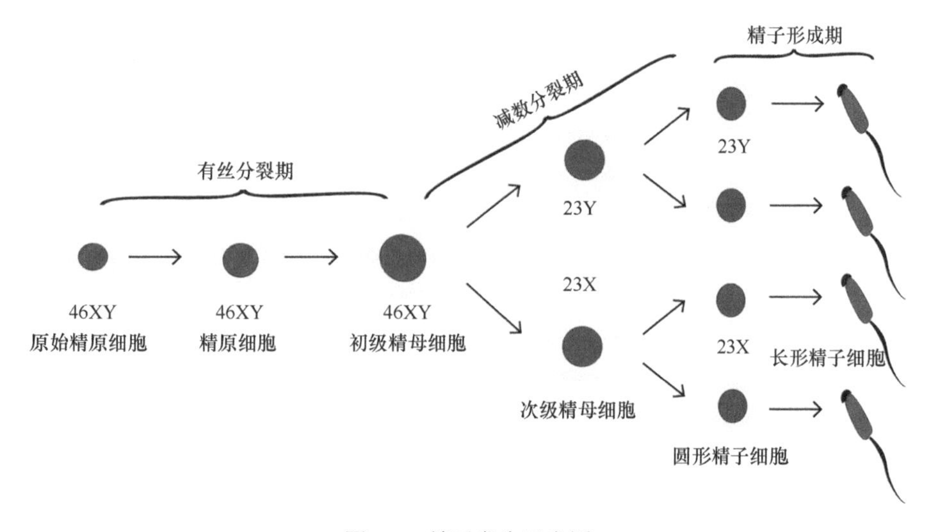

图 5-3　精子发生示意图

原始精原细胞历经精原细胞、精母细胞、精子细胞和精子，其间发生了减数分裂、组蛋白 / 鱼精蛋白替换、精子变态等特异性细胞活动，许多特异性的基因对精子发生过程进行严密的调控。

精子发生过程中的生精细胞可分为以下几个阶段：原始 A 型精原细胞（primitive type A spermatogonium）、A 型精原细胞（type A spermatogonium）、中间型精原细胞（intermediate spermatogonium）、B 型精原细胞（type B spermatogonium）、初级精母细胞（primary spermatocyte）、次级精母细胞（secondary spermatocyte）、圆形精子细胞（round spermatid）、浓缩期精子细胞（condensing spermatid）及精子（spermatozoon）。初级精母细胞又分为前细线期精母细胞（preleptotene spermatocyte）、细线期精母细胞（leptotene spermatocyte）、偶线期精母细胞（zygotene spermatocyte）和粗线期精母细胞（pachytene spermatocyte）。精子发生过程及各期生精细胞特征参照图 5-4。

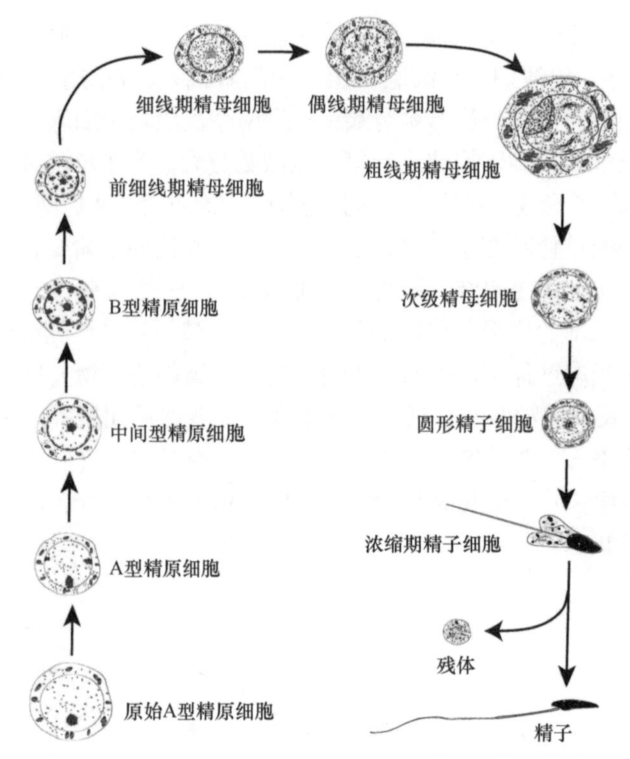

图 5-4　精子发生示意图，示各阶段生精细胞的形态特征

一、有丝分裂

1. 原始 A 型精原细胞

精子在睾丸中的发生起源于原始的 A 型精原细胞，也被称为精原干细胞（spermatogonial stem cell）。这类细胞通过有丝分裂进行增殖，所产生的子代细胞可以分为两类：一类仍保持精原干细胞的特征进行有丝分裂，成为长期精子发生的“源泉”，另一类子代细胞则进入分化途径。

2. A 型精原细胞

一部分原始 A 型精原细胞的子代细胞进入分化过程，首先形成 A 型精原细胞。A 型精原细胞的分化也是一个复杂的过程。目前认为至少要经过以下几个阶段，通过 A_1 型、A_2 型、A_3 型和 A_4 型精原细胞形成中间型精原细胞。

3. B 型精原细胞

B 型精原细胞是精原细胞的最后阶段。在此之前，精原细胞都是通过有丝分裂进行增殖。中间型精原细胞进行最后的有丝分裂，形成 B 型精原细胞，随后停止有丝分裂，由它们发育形成初级精母细胞，进入减数分裂期。

二、减数分裂

配子是单倍体的，这种单倍体的细胞必须通过一种特殊的细胞分裂形式——减数分裂（meiosis）产生。减数分裂仅发生于有性生殖细胞发生过程中的某个阶段，其特点是细胞进行连续两次分裂而DNA只复制一次，结果产生了只含有单倍体遗传物质的细胞。含有单倍体遗传物质的两性生殖细胞通过受精形成合子，染色体又恢复到体细胞的数目，从而可以维持物种的正常繁衍。因此，减数分裂是生物有性生殖的基础。

在减数分裂过程中同源染色体间DNA发生了重组，这就增加了子代发生遗传变异的机会，确保了生物的多样性以更加适应环境的变化，所以减数分裂也是生物进化及生物多样性的基础保证。这些特殊的现象必定受特殊机理的调节。近年来，这一领域的研究集中于寻找减数分裂的特异蛋白，揭示这一过程中染色体出现的一些特殊事件的机理。

B型精原细胞有丝分裂停止后，发育为初级精母细胞，并进入减数分裂期。在这期间，细胞进行了两次减数分裂。初级精母细胞经过第一次减数分裂形成次级精母细胞，次级精母细胞经过第二次减数分裂形成单倍体的精子细胞。两次减数分裂之间的间期或长或短，但无DNA合成。第一次减数分裂可分为前期Ⅰ、中期Ⅰ、后期Ⅰ及末期Ⅰ，第二次减数分裂可分为前期Ⅱ、中期Ⅱ、后期Ⅱ和末期Ⅱ，减数分裂的过程见图5-5。

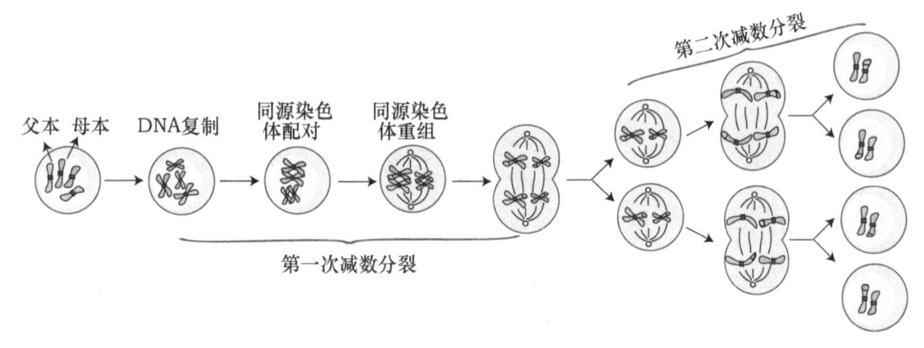

图5-5　减数分裂示意图

处于第一次减数分裂期的细胞为初级精母细胞。初级精母细胞随着第一次减数分裂过程中染色质的变化，又可分为前细线期、细线期、偶线期及粗线期精母细胞。初级精母细胞的体积不断增大，粗线期精母细胞的体积可达到前细线期的2倍以上。第一次减数分裂的时间较长，在人类中可长达22天，分裂后形成次级精母细胞。

次级精母细胞存在时间较短，很快完成第二次减数分裂，形成两个圆形精子细胞，所以在切片中很少看到次级精母细胞。由于在第二次减数分裂前没有进行DNA复制，所以圆形精子细胞中染色体数目减少一半，成为单倍体细胞。圆形精子细胞不再分裂，而是进入一个复杂有序的形态演变过程，形成具有头、颈、尾结构的精子，该过程为精子形成期。

三、精子形成

精母细胞经过两次减数分裂，而DNA只复制一次，形成了单倍体的圆形精子细胞，此后细胞不再分裂，而是进入一系列的形态变化，最后形成具有头、颈、尾结构的完整精子（图5-6）。在这一过程中细胞形态的变化主要表现在以下几个方面。

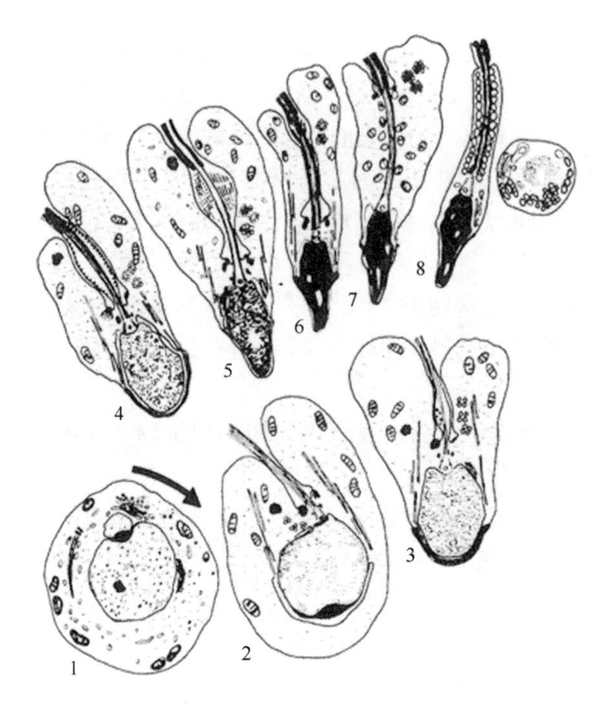

图 5-6　人类精子细胞分化示意图：可根据其顶体形成、核浓缩及尾结构发育分为 8 个阶段（Guraya，1987）

1. 细胞核的变化

细胞核内染色质浓缩、体积变小、偏向细胞的一极，形成精子的头部。染色质的浓缩主要是由于染色质中的组蛋白（histone）被富含精氨酸的鱼精蛋白（protamine）取代。这一碱性蛋白中大量的正电荷，吸引着带负电的 DNA 发生集聚。然而这一蛋白质的替换受哪些因素的调节，以及调节细胞核变化的其他因素还有待进一步的了解。

2. 顶体（acrosome）的形成

精子顶体形成是一个复杂有序的过程，起源于高尔基复合体。精子细胞的高尔基复合体首先产生许多小颗粒，小颗粒融合变大，形成一个大液泡称为顶体囊，内含一个大的颗粒，称为顶体颗粒（acrosomal granule）。然后由于液泡失去液体，以致液泡壁靠近位于核的前半部，组成了一双层膜，称为顶体帽，内有一个顶体颗粒。此后顶体颗粒物质分散于整个顶体帽中，这就是顶体，内含多种水解酶。

顶体的形成受一系列基因的精密调控。多种基因参与顶体形成早期的颗粒融合，高尔基体相关蛋白 GOPC 在早期高尔基颗粒形成与融合中起重要作用，*Gopc* 基因敲除小鼠精子不能形成顶体，表现为圆头精子症，并导致不育。一种顶体基质蛋白 ACRBP 的不同剪切体，与精子顶体的形成有关，ACRBP 缺失小鼠中，不能形成正常的顶体颗粒，表现为雄性不育。自噬相关基因 *Atg7* 缺失的小鼠，精子不能正常形成顶体，因为高尔基体产生的小颗粒无法进一步融合形成顶体颗粒，据此提出了顶体起源的自噬溶酶体假说。两种泛素连接酶 UBR7 与 RNF19 在顶体形成的后期行使功能，参与调节顶体的成熟。尽管发现多种基因与顶体形成有关，但其调节机制缺乏深入的认识，有待进一步研究。

3. 线粒体鞘的形成

在精子形成过程中，精子细胞的线粒体体积变小伸长，并精确地迁移到中段，围绕着中央轴丝而形成螺旋状排列的线粒体鞘。物种不同，线粒体鞘总体构型有很大差别。淡水无脊椎动物和海洋动物比较简单，只是由几个长的线粒体组合起来形成的线粒体鞘；而在哺乳类动物中则形成了典型的螺旋状排列的线粒体鞘。

4. 中心粒的迁移

精子形成早期，两个中心粒迁移至核的后方，当核的后端表面形成一个小凹时，一个中心粒恰好位于小凹之中，称为近端中心粒。它与精子长轴呈横向排列。另一个称为远端中心粒，位于近端中心粒的后方，它的长轴平行于精子长轴，由它产生精子尾部的中央轴丝。哺乳类动物的远端中心粒，在颈段发育完成后，最终消失，有些哺乳类动物的近端中心粒在精子成形后也会丧失。

5. 精子尾部的形成

中央轴丝是构成鞭毛型精子尾部的基本细胞器，其外周还有致密的纤维和纤维鞘，这种粗大的纤维从精子中段起始，并不完全到达尾的末端。

6. 细胞质的变化

精子细胞的大部分细胞质，在精子形成过程中成为残体（residual body）而被抛弃。当细胞核前端形成顶体时，细胞质向后方移动，仅留下一薄层细胞质与质膜覆盖在细胞核上。当尾部的后端生长时，细胞质的大部分附着在精子中段，当线粒体围绕着轴丝时，该处的细胞质和高尔基体成为残余胞质被抛弃，仅剩下一薄层细胞质包围着中段的线粒体。

第三节 生精细胞的结构

一、精原细胞

精原细胞是精子发生的起点，它附着在曲细精管的基底膜上。细胞呈椭圆形或圆形，直径 12 μm，胞核圆形，染色质着色较深，有 1 或 2 个核仁。精原细胞经有丝分裂不断增殖，一部分作为储备干细胞，另一部分进入生长期发育成初级精母细胞。精原细胞的染色体组型在人中为 46,XY、在马中为 66,XY、在猪中为 40,XY、在狗中为 78,XY。

二、初级精母细胞

初级精母细胞，是由精原细胞发育而来，体积增大，最终达到精原细胞体积的 2 倍，细胞器完备、数目增多，细胞核呈圆形，分裂期时间在人中可长达 22 天左右。分裂后形成次级精母细胞。

三、次级精母细胞

由初级精母细胞经第一次减数分裂形成次级精母细胞，位于初级精母细胞近管腔侧，细胞体积比初级精母细胞小。细胞和细胞核均为圆形，核内染色质呈细网状，着色较浅，细胞质较少。次级精母细胞存在时间较短，很快进入第二次减数分裂，形成两个精子细胞，染色体数目减少一半，成为单倍体细胞。由于次级精母细胞存在时间短，所以在切片中少见。

四、圆形精子细胞

次级精母细胞分裂后产生精子细胞，它们靠近管腔。细胞核圆形，着色较深。细胞质少，内含中心粒、线粒体和高尔基复合体等细胞器。精子细胞不再分裂，经过复杂的形态演变后形成精子，该过程为精子形成期。

五、精子

精子发生最终形成长形精子。在睾丸中发育成完整的精子后，还需在附睾中经过一段成熟发育，才成为具有活动能力真正成熟的精子。成熟精子由两个主要部分构成，即头部和尾部。尾部又分成颈段（neck piece）、中段（middle piece）、主段（principal piece）和末段（end piece）。人类成熟精子的结构见图 5-7。

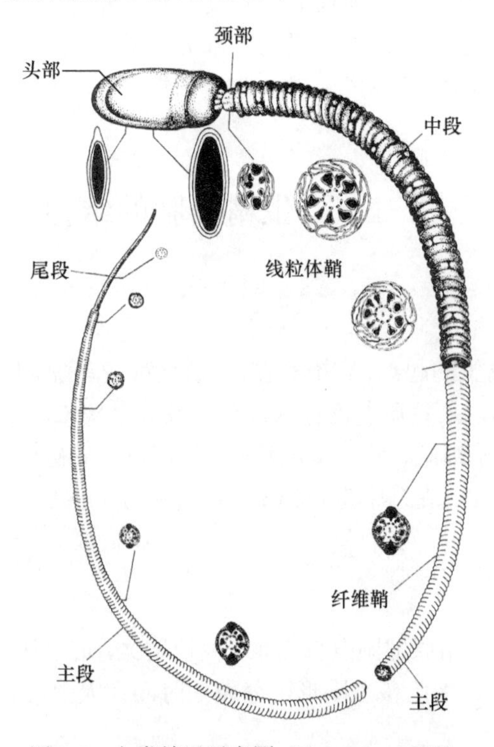

图 5-7　人类精子示意图（Fawcett，1975）

1. 头部

头部的绝大部分，被染色质高度集聚的细胞核所占据，具有几乎不见核孔的双层核被膜。在浓缩的细胞核前端，盖着帽形囊状顶体。顶体后缘的后方，称为头部顶体后区（图 5-8）。

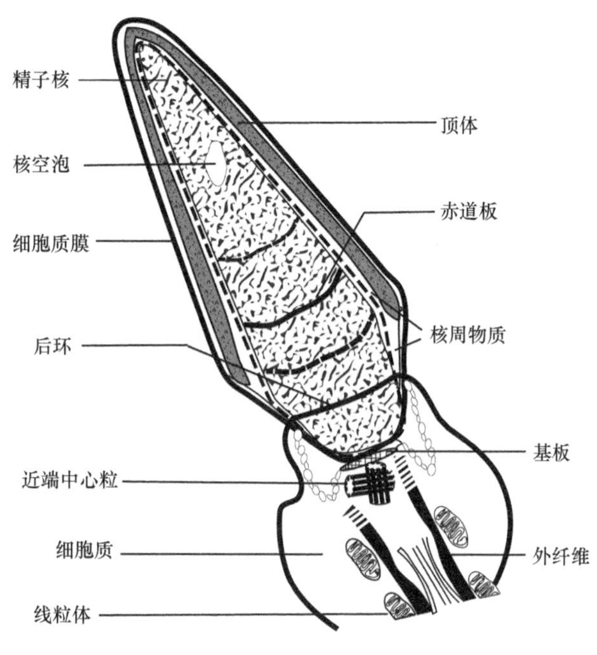

图 5-8　人类精子头部超微结构示意图

精子核的主要特征是其高度浓缩的核物质，由 DNA 和蛋白质组成。精子核体积远小于体细胞的细胞核，一般情况下核的形状与头部的形状一致。核的染色均匀，但在人和猩猩的精子核中出现一些空泡。核是父本遗传物质的携带者，含有单倍体的常染色体及一个性染色体（X 或 Y）。

顶体为一层单位膜包裹的囊凹状结构，靠近核膜的单位膜称为顶体内膜，靠近细胞质膜一侧的单位膜称为顶体外膜，顶体内、外膜平行排列，并在顶体后缘彼此相连。顶体腔中具有不定形基质，其中含有透明质酸酶（hyaluronidase）、神经氨酸酶（neuraminidase）、酸性磷酸酶（acid phosphatase）、β-*N*-乙酰葡糖胺糖苷酶（β-*N*-acetylglucosaminidase）、芳基硫酸酯酶（arylsulfatase）和顶体蛋白（acrosin）等水解酶类。受精时，精子发生顶体反应，质膜和顶体外膜发生融合，形成囊泡，从而使顶体内酶类释放出来，有利于精子通过卵外的各层结构。

顶体后部的狭窄区，称为赤道段（equatorial segment）。受精时，赤道段基本完整无损，而顶体的其他部位，均在顶体反应中丢失。顶体后区的质膜，是受精时精子首先与卵表面接触和发生融合的位置，所以该部位在功能上非常重要。顶体尾侧细胞质浓缩，特化为一薄层环状致密带，紧贴在细胞质膜的内表面，称为顶体后环（postacrosomal ring）。顶体后环紧贴着质膜，在该环尾缘，核膜和质膜紧密相贴，形成一环状黏合线，称为核后环（postnuclear ring）。核后环尾侧，核膜与质膜分开，核膜向下，形成一皱褶，延伸入颈段。在核的后端，有一浅窝，称为植入窝（implantation fossa），恰与尾部颈段凸出的小头相嵌。

用电子显微镜观察精子头部时发现，头部质膜外有呈细丝状和颗粒状的糖萼（glycocalyx）。糖萼较厚，尤其在顶体前缘对应处的质膜外表面最集中。凝集素（lectin）可特异性地与糖萼上的多糖链结合。当用外源凝集素处理精子后，便可阻止受精，说明受精时特异性识别卵母细胞，与糖萼的糖链直接相关。

顶体和细胞核决定了精子头部的形状。不同动物的精子，头部形态差异很大（图5-9）。例如，猪、羊、牛精子头部为扁卵圆形，马的精子头部为完整的椭圆形。人和狗的精子头部为梨状，小鼠精子头部为镰刀状。

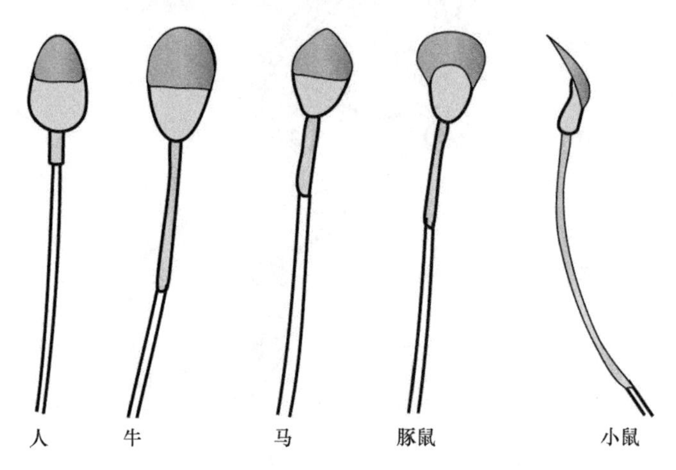

图 5-9　几种代表性动物精子头部形态

2. 尾部

精子尾部的颈段最短，通常为圆柱形，起于近端中心粒（proximal centriole），止于远端中心粒（distal centriole），又称为连接段（connecting piece）。近端中心粒固着于核底部的浅窝中，为短圆筒形，与精子尾部的长轴呈微斜或垂直，在精子的纵切面中，常呈椭圆或圆形。远端中心粒变为基体（basal body），由它产生精子尾部的轴丝。颈段的外面由漏斗状结构包着，漏斗状的扩大部分固着于核的尾端，而另一端则与精子尾部的中段相连。这种漏斗状结构的壁由 9 条粗的纵行纤维组成，它们紧包着中央的腔。这 9 条纤维由致密的和浅色的带间隔组成，以致有横的条纹结构，它向后与尾部中段轴丝外面的纤维带相连。

尾部中段有螺旋状排列的线粒体鞘包绕于外周（图 5-8），内有外周致密纤维（outer dense fiber），中央为二联体微管组成的轴丝复合体（axonemal complex）（图 5-10）。线粒体鞘自中段起始端环绕轴丝，终止在终环上。不同动物的线粒体鞘，旋绕次数有所不同，牛 70～100 次、灵长目 15 次、啮齿动物可多达 300 次。线粒体是细胞产能细胞器，是精子运动的能量供应者，它们提供的 ATP 可使精子通过生殖管道，运行到输卵管的上 1/3 处。

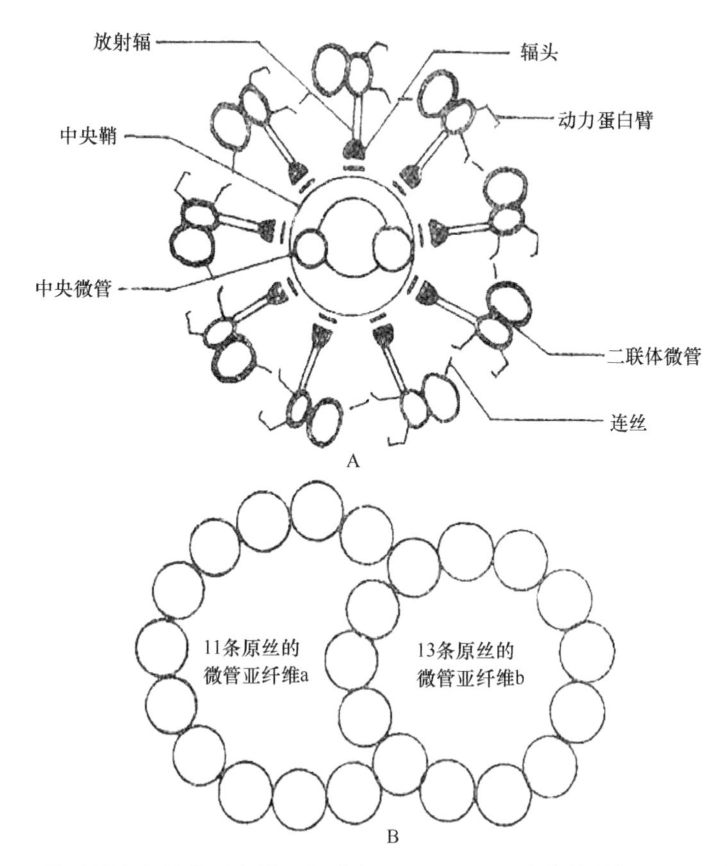

图 5-10 精子尾内部结构示意图（秦鹏春，2001）。A．中央轴丝的“9+2”结构，B. 二联体微管的原丝结构

轴丝是由两根中心单微管及其周围的 9 组二联体微管组成。二联体微管由两个亚单位组成，内侧是一个完全的微管，其横切面呈圆形，管壁由 13 根原丝（protofilament）组成；另一个亚单位是一个不完全的管，横切面呈 C 形。C 形的开口处连接在圆形的壁上，其管壁仅由 11 根原丝组成，即有 3 根原丝是与圆形管共有的。每个二联体微管均有臂样结构与邻近的二联体微管相连（图 5-10）。原丝由微管蛋白（tubulin）组装而成，而臂状结构成分为动力蛋白（dynein），具有 ATP 酶活性，可将化学能转换为机械能。导致鞭毛运动的机理尚待探索，现在已知是相邻微管滑动的结果，与肌纤维收缩时肌丝间相互滑动的机理相似。在整个动物界的鞭毛和纤毛中，微管的排列非常相似。轴丝的外周被一圈 9 条外周致密纤维所围绕，每一根致密纤维与其相对的轴丝二联体微管平行。在尾部的前半部，纤维是粗大的（图 5-9）。以后，纤维逐渐变细直到终止区。在哺乳动物的各个物种间，这种致密纤维的长度和粗细有差异。在有的物种中，纤维很粗且伸展接近尾部的全长；而在另一些物种中，纤维则比较细，且仅终止于主段的近端。致密纤维的功能是增强尾部的硬度，其组成和功能机理尚未完全清楚。中段的周边则被一层质膜所包绕，终环是由局部质膜反折特化而成，它是中段终止的界限，其功能在于当精子前进时，防止线粒体鞘向尾部移动。

尾部主段是精子尾部的主要部分，其中轴由纵行的轴丝构成。轴丝也是“9+2”的微管结构。轴丝的外方包绕一圈 9 条外周致密纤维，再外方则由纤维鞘（fibrous sheath）包裹，鞘由 2 条纵行的纤维柱和一系列半圆形的肋柱（rib column）组成。这种结构与尾部运动相适应。精子尾部的运动是以背腹轴为对称平面做垂直于此平面的左右摆动。主段的最外方也包有连续的质膜。纤维柱和肋柱随着向尾部末端延伸变得纤细，最终消失在主段的末端。

尾部末端较短，结构比较简单，仅由中央“9+2”结构的轴丝和其外周的质膜构成。轴丝在末端的终止方式，因动物不同而略有差异。在有的物种中，9 组二联体微管，分别终止于末端的不同平面，有些动物，中央的两条微管先消失。而在灵长类中，9 组二联体微管，先分散为 18 条游离微管，然后分别终止于末端。在尾部的质膜表面也有少量糖萼和刀豆球蛋白 A 受体。此外，在哺乳动物精子的表面，有血型抗原，包括 A 型抗原与 B 型抗原。如果这些抗原被血型抗体结合，精子将失去活力。在小鼠精子表面存在的组织相容性抗原，称为 H-2 抗原，人精子表面的这种抗原，称为 HLA 抗原。

第四节　精子发生周期

一、生精上皮周期

一代（generation）生精细胞是指一群细胞，在大概相同的时间形成，然后同步通过生精过程。在一定的曲细精管区域，两次分化相同的细胞群相继出现之间，有一个明显的时间间隔，称之为生精上皮周期（cycle of seminiferous epithelium）。不同物种的这一周期长短不同，人的为 16 天、公牛和大鼠的为 13 天、羊和兔的为 10 天、小鼠的为 8.6 天。

不同代的生精细胞组成固定的细胞群体组合，由于精子形成期精密而有序的时间步骤，某一期的精子细胞总是与一定分化期的精母细胞和精原细胞相关。对这些细胞群体进一步的观察表明：在曲细精管的任何一个区域，它们以一定的顺序先后出现。这些细胞群体以规律性的间隔重复出现，代表一个生精上皮周期的多个阶段。由于这些期表示一个连续过程的任意亚群，因此一期的结束与下一期开始间的分界常常是不精确的。对于一定的哺乳动物种属，细胞群体的数目或周期的阶段依据采取的鉴定标准不同而有所不同。

有两种方法常用来鉴定生精小管周期的期相。第一种方法是利用精子细胞核的形态及在生精上皮的位置。更加成熟的生精细胞成簇排列深深嵌在上皮内，对着 Sertoli 细胞的核。其后进一步分化的细胞向管腔移动，最终释放到管腔中。在这一分类方法中，多种染色方法被应用：最常用的是苏木素-伊红（haematoxylin-eosin）染色法，这一分类方法可把大鼠、公羊、公牛、兔、猪、水貂和猴的生精上皮分为 8 个期。在一些研究中这 8 个期又可以进一步细分。

第二种方法用过碘酸-Schiff（PAS）-苏木素，对曲细精管进行组织切片染色。可把发育中的顶体系统染成深紫色，利用顶体来区分精子细胞。利用 PAS-苏木素技术，大鼠中可分为 14 期，仓鼠与豚鼠分为 13 期，小鼠与猴子分为 12 期。在人类可以分为 6 期，然而这期间的界限并不十分清楚，常缺少一代或多代生精细胞，或在组织处理过程中细胞异位。此外，一些研究者否认人类存在精子发生波，与猩猩中的现象相似。导致这种人类和猩猩精子发生无规律模式的因素还不清楚。

把细胞分为一个周期中的可区分的几个阶段有利于研究生精细胞的结构与细胞化学，以及一些因素（物理或化学因素）对有丝分裂、减数分裂及细胞分化的影响。还可以帮助我们对一些物质在生精细胞中进行精确定位。例如，在大鼠生精上皮周期的 12～14 期，Sertoli 细胞中线粒体的体积增大，同时伴随着大量脂质形成，以及内吞活性明显增多，反映了生精上皮周期中 Sertoli 细胞对能量需求的变化。已证明在大鼠中 Sertoli 细胞的内吞活性具有周期性变化的特征。

对生精上皮周期不同阶段的确定，是认识精子发生过程中染色体活动及变化的基础。已经观察到在小鼠中，生精上皮周期中 DNA 的合成发生在 7 个阶段，即 8 期、10 期、12 期、2 期、3 期、5 期、7～8 期，主要涉及 A_1、A_2、A_3、A_4、中间型及 B 型精原细胞。在精子发生过程中，DNA 合成有两个高峰期，第一个高峰期在 4～6 期，对应于中间型及 B 型精原细胞的有丝分裂，第二个高峰位于 8～9 期，反映前细线期精母细胞 DNA 的复制。而主要的 RNA 合成发生在精原细胞和粗线期精母细胞。

二、生精上皮波

每一个生精细胞群，除了环行对称以外，还表现出沿曲细精管长轴有序组织排列，在那里产生精子发生“波”，称为生精上皮波（wave of seminiferous epithelium）。生精上皮周期及生精上皮波是不同的，周期是在生精上皮一个区域，在一定时间内发生的动态的组织学现象；“波”是指在一定时间内细胞群沿曲细精管有序地分布，“波”是空间，而“周期”是时间。

已经报道在多种哺乳动物中存在着生精上皮波。但是在人类中却难以证明这一点，因人类睾丸中的细胞组合不规则。在狒狒睾丸中，可把曲细精管分为三类。第一类包括只有单一细胞组合的曲细精管段，第二类包括两种或多种细胞群有序地排列，而第三类小管只在人的曲细精管中观察到。有关这些在狒狒、猩猩和人类不规则的原因所知甚少。有人认为这种无序可能反映了这些物种生殖能力的退化。但有研究表明，人类生精阶段的排列并不是随机无序的，而是有序地沿管长轴螺旋式排列。

三、生精细胞的同步发育

精子发生过程中的一个特点是生精细胞的同步发育。人们用电镜观察到发育中的雄性细胞群，如精原细胞、精母细胞及精子细胞，通过细胞间桥连接（图 5-11）。这种间桥是由不完整的胞质分裂所致，这种合胞体构成了它们同步发育的基础。尽管在多种哺乳动物中发现这种细胞间桥的现象，然而有关这种间桥相连的确切的细胞数量存在着争论。有研究表明，一组由细胞间桥连接的精子细胞可能有几百个，然而这比理论上的数目要少，可能是精原细胞和精母细胞的退化所致。合胞体可能作为同步分化的装置起作用。也有人认为除了细胞间桥外，还存在着其他因素参与生精细胞的同步分化。

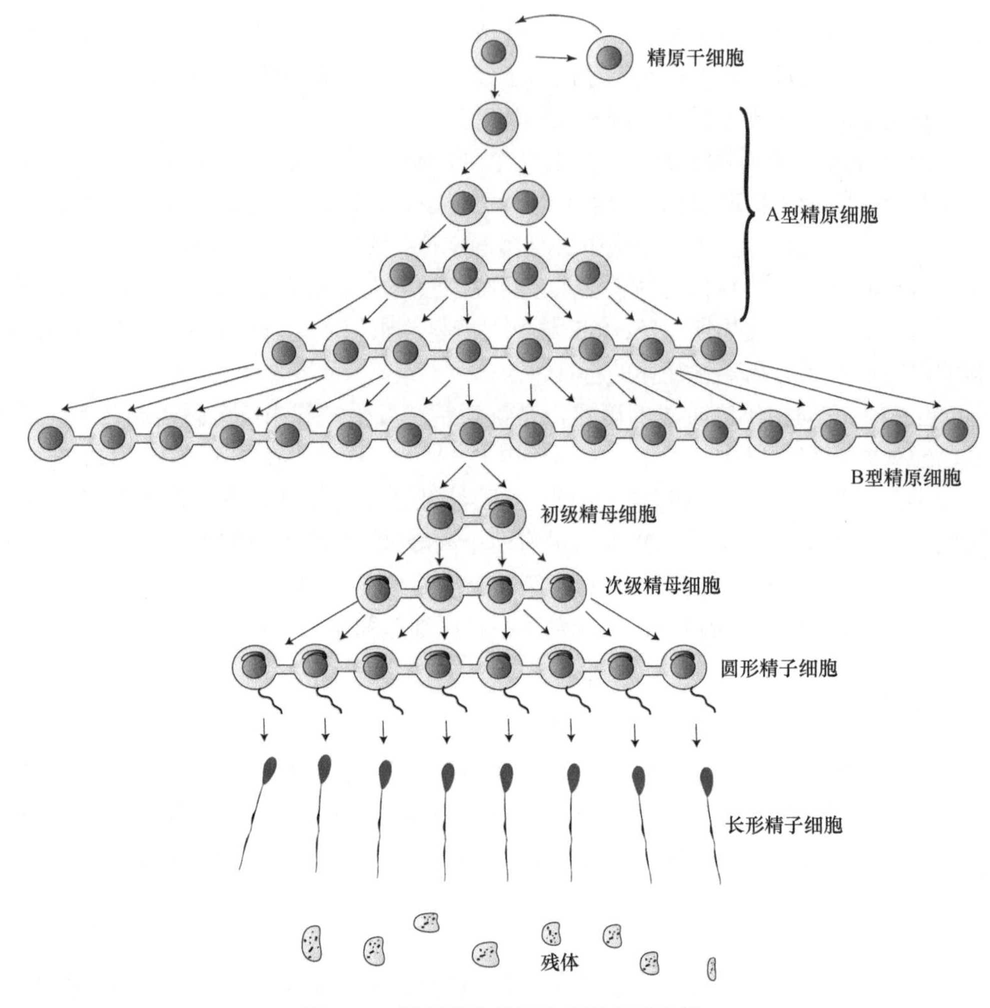

图 5-11 精子发生的同步化现象示意图

第五节 精子发生调控

精子发生是一个特殊的细胞分化过程，在这一过程中发生了许多特殊的事件，而这些特殊的事件存在着独特的调控机制。已知精子发生过程受多种因素的调节，根据调节途径可分为外源调节因素（extrinsic regulator）和内源调节因素（intrinsic regulator）。外源调节因素主要包括激素与旁分泌因子的调节；而内源调节因素是指生精细胞内基因水平的调节。

一、外源调节因素

除了激素与旁分泌因子外，外源调节因素还包括众多的环境因素，由于环境因素的多样性、复杂性，需要专门的著作论述。这里只介绍认识较为清楚的激素及旁分泌因子对精子发生的调控。

1. 精子发生的激素调节

睾丸具有产生精子和分泌雄性激素——睾酮（testosterone）的双重功能。这些功能依赖于垂体促性腺激素（gonadotrophin）——卵泡刺激素（FSH）和黄体激素（LH）的刺激。经典的下丘脑-垂体-睾丸轴系的内分泌调节对精子发生的启动和维持起着重要作用（图 5-12）。

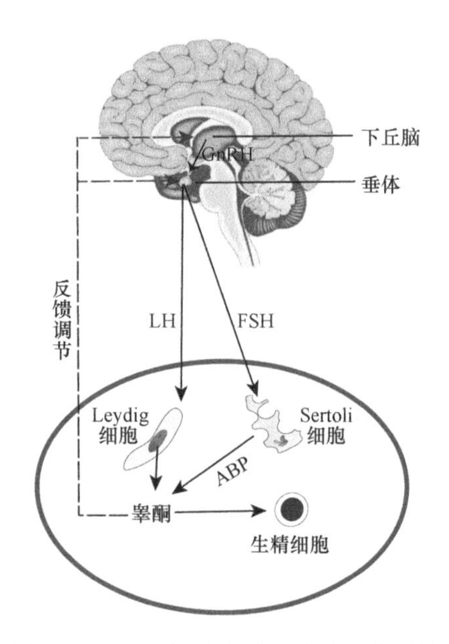

图 5-12 下丘脑-垂体-睾丸内分泌作用轴

下丘脑分泌促性腺激素释放激素（GnRH），可以刺激垂体分泌 FSH 和 LH。LH 可刺激睾丸中的间质细胞（Leydig cell）分泌睾酮，调节精子的发生。FSH 通过与位于 Sertoli 细胞表面的受体结合，作用于 Sertoli 细胞促使其分泌雄激素结合蛋白（androgen binding protein，ABP），FSH 在未成熟的睾丸发育中起着关键作用。睾酮对 FSH 和 LH 的释放有负反馈调节。FSH 与睾酮对青春期人类精子发生的起始及在成年期维持正常的精子发生水平起重要作用。

（1）睾酮的作用机制

间质细胞合成睾酮并分泌到睾丸间隙液（interstitial fluid）中，然后一部分被选择性地输入到睾丸曲细精管中，与 Sertoli 细胞合成的 ABP 结合而影响精子发生。在正常情况下，同一个体睾丸间隙液中的睾酮含量明显高于睾丸静脉血中的睾酮水平，通常前者是后者的 2～4 倍。这可能是由于 Sertoli 细胞向睾丸间隙液中大量分泌 ABP，同时睾丸间隙液中也存在着与血清中浓度相似的白蛋白，而 ABP 与白蛋白都可以结合睾酮。

睾酮是通过与其受体结合而发挥调节精子发生的功能，睾酮受体分布在间质细胞、管周肌样细胞和 Sertoli 细胞的核内，而在生精细胞中则未检测到，表明睾酮是通过 Sertoli 细胞或管周肌样细胞间接作用于生精细胞。临床上睾酮缺乏的患者或雄性激素受体突变的患者表现为原发性无精症。将实验动物的垂体切除、免疫中和 LH、使用抗雄激素受体或用 EDS（ethane dimethane sulfonate）破坏睾丸间质细胞后，可使睾酮作用阻断，导致Ⅶ～Ⅷ期的生精细胞降解。这种降解作用可以通过使用外源睾酮或 LH 而抑制，说明睾酮并非作用于整个精子发生过程，而仅仅作用于精子发生的某一个或几个时期。

除了雄激素受体及 ABP 介导的睾酮调节精子发生外，有人认为睾酮调节精子发生还可能存在雄激素受体非依赖途径，即睾酮直接作用于生精细胞或 Sertoli 细胞的表面，改变某些生化过程，如离子通道的开放等，进而影响基因的转录及蛋白质的合成。这也许部分解释为什么机体内的睾酮量远远高于饱和雄激素受体所需的量，当然这些都需要进一步的研究证实。

（2）FSH 的作用

正常的精子发生除依赖 LH 对间质细胞的作用外，还需要 FSH 对 Sertoli 细胞的作用。FSH 受体位于 Sertoli 细胞的膜上，为腺苷酸环化酶信号通路偶联受体，FSH 对 Sertoli 细胞功能的调控是通过蛋白激酶（PKA）系统完成的。FSH 与受体结合后，激活蛋白激酶，催化蛋白磷酸化，从而调控 Sertoli 细胞的功能。FSH 可诱导 Sertoli 细胞分泌多种蛋白质，包括 ABP、血纤溶蛋白酶原激活因子、离子载体蛋白、转铁蛋白及一些不明功能的蛋白质。研究最多的是 ABP，睾丸中 ABP 的水平与 FSH 处理时间成正比。FSH 还作用于睾丸间质细胞，影响其分裂增殖并诱导其形态和功能的分化。目前，这方面的资料积累的较少。

2. 精子发生的旁分泌调节

旁分泌调节是指一种细胞所分泌的因子作用于相邻的其他细胞，从而调节细胞的生长、分化及功能，是调节精子发生的重要方式。许多因子参与了精子的发生，包括多种生长因子、血管紧张素、钙调蛋白、肌动蛋白、促性腺激素结合抑制剂等。

目前已知有许多生长因子以自分泌或旁分泌的方式调节精子发生中的细胞增殖与分化，研究较多的有胰岛素样生长因子（IGF）、转化生长因子（TGF）、表皮生长因子（EGF）和神经生长因子（NGF）等。IGF 对睾丸的生长发育起着重要的作用，可以增加 LH 与睾丸间质细胞的结合能力，从而增强 LH 诱导睾酮的分泌。如果小鼠编码 IGF-1 的基因发生突变，其睾丸体积小于正常小鼠，而且精子发生仅为正常的 18%。此外 IGF-1 还具有刺激减数分裂前生精细胞 DNA 合成的作用。TGF-α 主要在睾丸间质细胞中表达，而在 Sertoli 细胞及生精细胞中表达较低，TGF 在 Sertoli 细胞中的过量表达可导致精子发生障碍。在大鼠睾丸中，TGF-β_1 在精母细胞及早期圆形精子细胞中表达，而在长形精子细胞中表达明显下降；在 Sertoli 细胞中的表达持续整个睾丸发育过程。TGF-β_2 在精母细胞及早期圆形精子细胞中不表达，而在精子形成过程第 V～VI 期开始表达，在未成年动物睾丸管周肌样细胞和 Sertoli 细胞中亦有表达。TGF-β_3 在动物整个发育过程中睾丸的管周肌样细胞和 Sertoli 细胞中都表达，并且从青春期开始在 Sertoli 细胞中的表达水平明显增高。TGF-β 在睾丸中有序的时空表达提示其在精子发生过程中起着重要作用。EGF 受体在正常人群 Sertoli 细胞和生精细胞中弱表达，而在某些睾丸疾病的不育症病例中，EGF 受体呈强表达，提示睾丸中低水平的 EGF 作用有利于维持正常的精子发生。大鼠和小鼠的生精细胞能产生 NGF，NGF 可能与减数分裂启动 DNA 合成有关。

另有证据表明，生精细胞产生的 NGF 可调节 Sertoli 细胞中 ABP mRNA 水平。

除了生长因子外，还有一些重要的旁分泌调节因子。抑制素（inhibin）是 Sertoli 细胞在 FSH 刺激下所产生并分泌的，具有α和β两个亚基，可抑制精原细胞和早期精母细胞的 DNA 合成。抑制素β亚基的同源二聚体则为激活素（activin）。在未成年动物生精细胞与 Sertoli 细胞的共培养实验中，加入激活素能增加精原细胞 DNA 的合成和细胞增生。在大鼠和人的曲细精管中有白细胞介素-1（IL-1），并且随精子发生的周期性变化而变化，表明可能参与精子发生的调节。维生素 A（V_A）在精子发生中起着重要作用，在大鼠中 V_A 的缺乏直接导致精子发生停止。Sertoli 细胞中有 V_A 结合蛋白可以聚集 V_A 发挥其生理作用。

二、精子发生的基因表达调控

从分子水平看，精子发生和成熟分化过程是一系列特定基因程序性表达的过程，在精子发生的不同阶段，有不同的调节因子调控一些基因按一定的时空顺序进行表达。一个细胞中存在 15 000～20 000 个不同的转录本，但在生精细胞中表达的基因仅有一小部分被证实和报道。精子发生过程中有许多睾丸特异性的基因表达，以产生新的酶类或其他蛋白质分子，从而调控精子发生。其中有些基因编码对生精细胞的特异结构或功能起重要作用的蛋白质；有些基因的表达呈现发育阶段特异性；有些仅在生精细胞转录和表达。对精子发生阶段特异性基因表达的研究，以前大多采用 RT-PCR 及原位杂交等方法，后来采用减除杂交技术，但烦琐且耗时。20 世纪 90 年代建立了 DDRT-PCR 技术，灵敏度高，所需 RNA 少，方法简单，但假阳性率较高。现在基因芯片技术的推广及基因敲除技术的应用，为精子发生特异基因的寻找及相关功能的研究提供了更好的方法，而且取得了许多进展。

精子发生特异基因可以分为三类：①同源基因。仅在生精细胞中表达，但在体细胞中有其同源性的基因及同源性的蛋白质表达。它们通常是某些基因家族的成员，如组蛋白 H1t、热休克蛋白 HSP70-2 和乳酸脱氢酶 C 等。②特异基因。在生精细胞中表达特异蛋白，体细胞中没有同源物，但也有一部分在体细胞中存在同源结构域或同源序列，如联会复合体蛋白 SCP1、过渡蛋白 TSP1 及 TSP2、鱼精蛋白 P1 及 P2。③表达特异转录本的基因。它们在生精细胞中表达的转录本与该基因在体细胞中表达的转录本不同，主要通过选择性的转录起始位点、不同的多聚腺苷酸的聚合信号或位点及选择性剪切产生不同的外显子等多种方式产生。比如睾丸特异的血管紧张素转换酶、己糖激酶 1、囊肿性纤维化跨膜调节子等。这些睾丸中特异表达的基因主要通过调控生精细胞 DNA 的合成、染色体的变化、基因的转录、转录后的加工、mRNA 的翻译及蛋白质的活性及稳定性等诸多方面来调控精子发生。

1. 精原干细胞和精原细胞增殖分化的基因调控

干细胞因子（SCF）是一种水溶性的膜结合蛋白。*kit* 为一种原癌基因，其表达产物是细胞膜上酪氨酸蛋白激酶（TPK）受体。SCF 与生精细胞表面 *kit* 受体相互作用，调控着一系列的信号通路。在胎儿发育期它诱导原始生殖细胞发育，雄性胎儿出生后，它诱导原始生殖细胞开始向尚未分化的性腺转移，同时刺激原始生殖细胞的扩增。有人认为 *kit* 基因是精子发生过程中从精原干细胞向精原细胞分化的启动子。当原始生殖细胞转移完成及性腺分化成睾丸后，原始生殖细胞被 Sertoli 细胞前体包围，封闭在曲细精管中，此小管的微环境暂时阻止生殖细胞进入减数分裂。此阶段 Sertoli 细胞的有丝分裂活性下降甚至完全停止分裂。Sertoli 细胞的数量是睾丸曲细精管的长度及最终产生成熟精子数量的限制因子。因此，在同一空间里，Sertoli 细胞有丝分裂的停止必然会导致精原细胞对有丝分裂信号的更加敏感及精原细胞有丝分裂能力的提高。一旦精子发生启动，精原细胞的有丝分裂活性就被定时激活。最近研究表明，Sertoli 细胞分泌的一种神经胶质源的神经营养因子（glial-derived neurotrophic factor，GDNF）在精原细胞的分化扩增过程中起重要作用。另外，SCF 在精原细胞的分化扩增过程中也起重要作用。

2. 精子发生过程中染色体动力学的基因调控

精母细胞在发生减数分裂前有一段相对较长的时期，10～12 天，主要是停留在粗线期精母细胞阶段。同源染色体的配对（联会）主要发生在细线期和偶线期初级精母细胞阶段，男性不育患者的睾丸活检常常发现精子发生停滞在初级精母细胞阶段，所以研究发生在此阶段的染色体动力学变化及其相关基因的表达显得更有意义。近年来从多种细胞类型中发现了许多参与细胞分裂染色体动力学变化及 DNA 错配修复的蛋白质及其表达基因，其中不少还参与了生精细胞的减数分裂。例如，DNA 错配修复蛋白 MLH1 与减数分裂前的同源染色体联会复合体的形成有关，MLH1 对于雄性和雌性动物的正常生育是必需的，而且在体细胞中有助于维持基因组的稳定性。MSH4 和 MSH5 是两个已被证实的生精细胞特异表达的 DNA 错配修复蛋白，参与减数分裂同源染色体联会。在小鼠中这两个基因的失活会导致精母细胞停滞在粗线期，引起雄性不育。联会复合体蛋白 SCP3 也是一个睾丸特异表达的蛋白质，是联会复合体的结构成分之一。SCP3 敲除的雄性小鼠表现为减数分裂前期生精细胞的大量凋亡及小鼠不育，而雌性 SCP3 敲除小鼠表现为可育，这显示出同样是处于减数分裂前期的初级精母细胞和初级卵母细胞的差异。

在精子形成过程中，细胞核延长并浓缩，精子细胞的浓缩核包含紧密的 DNA 及核蛋白。减数分裂前的核蛋白是体细胞型的核组蛋白，减数分裂之后它先后被过渡蛋白及鱼精蛋白替换而形成精子细胞特异的核蛋白。人类生精细胞中的这种核蛋白替换不如大鼠及小鼠中完全，人精子中的染色体包装表现出明显的个体间差异及精子间差异，并且在 DNA-鱼精蛋白复合体中存在数量不等的组蛋白。人精子中存在的组蛋白可能发挥着一定的功能，如对原核中单倍体基因组的重新激活有一定作用等。但是也有可能组蛋白在精子中的存在和数量是低质量精子的一项指标，它或许引起染色质包装疏散，导致精子中基因组的不稳定。

3. 精子发生中某些基因表达的开关调控

初级精母细胞中 X 和 Y 染色体的配对仅限于这两条性染色体上的假常染色体区，

这两条性染色体在减数分裂前的大部分时期属于异染色质，形成所谓的“性体”（sex body）。在初级精母细胞中，X 和 Y 染色体之间有大量非配对区，“性体”的形成可能有利于掩饰性染色体的不完全配对，阻止向调控系统发送“联会不完整”的信号。“性体”最早在粗线期早期出现，并表现为性染色体上基因转录失活。与之明显不同的是，卵巢中的两条 X 染色体在减数分裂前期均具有转录活性。“性体”中 X 和 Y 染色体的基因转录失活可能对维持正常的精子发生是必要的，也许 X 染色体上某些基因的表达不利于精子发生的顺利进行。减数分裂完成以后，在单倍体圆形精子细胞中 X 和 Y 染色体上的基因转录活性恢复。单倍体精子细胞中基因表达产物在细胞间通过细胞质间桥运输可以使得单倍体细胞具有二倍体细胞的功能。

在体细胞中，X 染色体上的基因 *Pgk1* 表达磷酸甘油激酶 PGK1，它在细胞糖酵解过程中起重要作用。但是在初级精母细胞中，随着“性体”的形成和性染色体基因转录活性的抑制，基因 *Pgk1* 沉默。作为功能性的代偿性反应，常染色体上的 *Pgk2* 基因得以表达，产生 PGK1 的异构体 PGK2。*Pgk2* 基因是一个没有内含子的睾丸特异基因，这属于一种基因功能上的退化。它可能源自 *Pgk1* 的成熟 mRNA，在进化过程中通过逆转录病毒被插入到另外一条染色体的 DNA 序列中而形成。通常情况下这种没有内含子的基因退化表现为基因突变和功能丧失。但 *Pgk2* 成为雄性生精细胞中能量供应的至关重要的一个基因。*Pgk2* 的表达与减数分裂同步发生，并在后期精母细胞和减数分裂后的精子细胞中增加。精子细胞和精母细胞中的丙酮酸脱氢酶 E1 的α亚基也由一个常染色体基因 *Pdhα2* 编码，而它在体细胞中是由 X 染色体上基因所编码，类似的例子还有不少。但必须指出的是，X 染色体的基因转录失活并非是启动精子发生中那些无内含子的退化基因开始表达的唯一原因，常染色体之间的反转录转座也对此有开关作用。

另外，生精细胞中也有一些常染色体基因沉默，需要一些生精细胞特异基因的表达来补偿这些沉默基因的功能。例如，生精细胞特异的 3-磷酸甘油醛脱氢酶（GAPD）、乳酸脱酸酶（LDH）C4 及细胞色素 c 等。小鼠的 *Gapd* 基因表达于圆形精子细胞和正在凝集的精子细胞中，而不表达于粗线期精母细胞，提示该基因在减数分裂后表达，在减数分裂后的精子细胞中发挥重要功能，表明生精细胞会表达一些能够最适应精子特殊功能的蛋白质异构体。磷酸甘油激酶（PGK）、3-磷酸甘油醛脱氢酶、乳酸脱酸酶、丙酮酸脱氢酶（PDH）及细胞色素 c 都参与各种体细胞中普遍存在的产能过程，而精子则可能需要这些蛋白质的异构体来组装一个可以执行特殊功能的复合体。

4. 精子发生中基因转录的调控

基因转录是由染色体结构和转录因子决定。通过一些转基因小鼠模型已经证实，基因的启动子区（约 300 bp）有效地调节报道基因在生精过程中准确地阶段性表达。例如，*Pgk2* 的启动子序列调节该基因在精母细胞和精子细胞中表达；基因 *sp10* 的启动子序列指导该基因在减数分裂完成后的圆形精子细胞中快速表达一种顶体蛋白。还有一些生精细胞特异基因可能通过特殊转录因子的合成来调节其表达，原癌基因 *myb* 家族编码一组 DNA 结合核蛋白，它们作为转录因子控制细胞的生长和分化。*A-myb* 在出生后 10 天小鼠睾丸中表达增加，此时正是初级精母细胞出现的时间。在成年小鼠睾丸中，*A-myb* 在精原细胞和精母细胞的表达水平较高，*B-myb* 在胎儿睾丸生殖母细胞及早期生精细胞中表达水平较高，在减数分裂细胞中表达下降。这些结果表明，*B-myb* 基因在生精细胞早期增殖中可能起了重要作用，而 *A-myb* 对于减数分裂前期（初级精母细胞）的发育很重要。*A-myb* 缺陷的雄鼠精子发生停滞在粗线期精母细胞。另外，*c-myc*、*c-fos*、*c-jun* 等原癌基因也编码转录因子，可能参与了原始生殖细胞的分化和减数分裂的调控。还有一批编码转录因子的基因仅在精子发生过程中表达，如 *Hox-1.4* 及 *Esx-l* 基因。这类基因的按时定量表达可能需要更为复杂的调控机制，包括基因增强子/启动子区、DNA 甲基化、转录因子的表达及染色体结构的变化等多方面的因素。

5. 前体 mRNA 剪切及翻译水平的调控

在浓缩的精子细胞核中，组蛋白被鱼精蛋白替换，染色质的紧密状态使得精子基因组完全失活，但是此阶段也还需要合成一些蛋白质，主要是通过特殊的调控机制，使某些 mRNA 在较长时间内保持稳定和活性，从而合成一些必需蛋白。鱼精蛋白基因就是如此，其翻译远落后于转录。未翻译的 mRNA 序列及 RNA 结合蛋白保证了该基因在转录完成若干天后才开始翻译。这种翻译调控机制已经在转基因小鼠模型中得以证实。在缺乏这一翻译调控的转基因小鼠中，鱼精蛋白提前合成并引起细胞核提前浓缩从而导致精子细胞的发育停滞。翻译水平的调控机制也需要特异的 RNA 结合蛋白的作用来启动翻译活性。基因 *Tarbp2* 编码的蛋白 Prbp 就参与了翻译激活。*Tarbp2* 基因的破坏会导致鱼精蛋白 mRNA 无法完成翻译。所以，基因 *Tarbp2* 缺陷的小鼠表现为鱼精蛋白替换过渡蛋白的延迟及精子细胞后期发育的失败。需要指出的是，RNA 结合蛋白在精子发生早期精原细胞和精母细胞阶段也起重要作用。人 Y 染色体上基因 *RBM* 缺失可引起男性不育就足以证明这一点。该基因编码一种 RNA 结合蛋白，在精母细胞中 RBM 蛋白很可能参与睾丸特异的 mRNA 前体剪切的调控。人 Y 染色体上的基因 *DAZ* 也编码一个 RNA 结合蛋白，它对于男性正常生育是必需的。小鼠基因组中缺乏这一 Y 染色体 *DAZ* 基因，但在人和小鼠的常染色体上都有一个 *DAZ* 同源基因，在小鼠中被称为 *Dazlα*基因。将小鼠的这一基因突变后，可使雄性和雌性小鼠的配子发生完全停止。这表明 RNA 结合蛋白的功能多样性，除了在精子发生后期 mRNA 的剪切加工、运输、稳定性及翻译等方面起作用外，还在雄性和雌性配子发生的减数分裂前期起重要作用。

6. 精子发生中蛋白质活性和稳定性的基因调控

在生殖细胞中，蛋白质的泛素化作用是一个调节蛋白质修饰和降解的重要机制。泛素是一个仅由 76 个氨基酸组成的小蛋白质，虽然小却有着极其重要的功能，在所有细胞类型中都存在，并且在细胞的多种基础代谢过程中都起关键作用。它与细胞底物共价偶联，通过复杂的酶催化途径使底物蛋白质降解，这一过程被称为泛素化作用。人有一个 Y 染色体基因 *USP9Y*（也称为 *DFFRY*），它编码一个酶蛋白，可以催化泛素化作用。这个基因发生突变会使部分精子发生停滞在精母细胞阶段，导致完成减数分裂的精子细胞很少。在酵母中，基因 *RAD6* 编码一个泛素相关的酶（E2），该基因突变后可有多种表型，包括孢子形成减弱。在哺乳动物中，基因 *RAD6* 的两个高度保守的同源序列已经被鉴定，包括 X 染色体的 *HR6A* 基因和常染色体的 *HR6B* 基因。这两个基因在所有细胞类型中都存在，推测它们在配子形成中起重要作用。在 *HR6A* 基因敲除的小鼠和 *HR6B* 基因敲除的小鼠中，体细胞和组织都没有明显的表型改变，可能是因为二者编码的蛋白质同源性高（96%氨基酸序列同源），产生功能上的互相补偿。有趣的是，这两个基因同时敲除的小鼠，胚胎在早期就死亡。*HR6A* 基因敲除的小鼠表现为母体不育（胚胎发育停止在 2-细胞阶段），雄性保持生育能力。相反，*HR6B* 基因敲除的小鼠主要表现是精子发生减弱及有限的雄性不育。减数分裂及减数分裂后的精子细胞发育都受到影响，似乎主要是影响了单倍体精子细胞的核浓缩。RAD6 依赖的蛋白泛素化作用的靶蛋白包括组蛋白 H2A 和 H2B，可能还有其他染色体蛋白。HR6B 依赖的蛋白泛素化作用的靶蛋白可能包括精子发生早期调控基因表达和染色体动力学的蛋白质。另外在哺乳动物精子发生中，HR6B 的泛素相关活性可能在精子细胞中鱼精蛋白替换组蛋白的过程中起重要作用。

三、精子发生相关基因

1. 转录因子基因

目前认为，生精细胞中同时存在基本转录因子及生精细胞特异性调节因子，且这两类因子处于一种平衡状态。当精母细胞完成减数分裂进入精子变态期后，许多必要的减数分裂后基因活化，这时就需要大量的转录因子生成。例如，TATA-结合蛋白（TATA-binding protein，TBP）、转录因子 2B（transcription factor 2B，TF2B）在早期圆形精子细胞中的含量远远大于其他任何细胞。生精细胞中，除了这类基本转录因子的不寻常表达外，更重要的是存在许多睾丸特异性的转录因子或一些基本转录因子的特异转录本形式。正因为如此，生精细胞才表现出其他细胞所没有的特性，发生减数分裂、核蛋白转型、核浓缩、精子变态成形等特殊现象。

（1）3′,5′-环腺苷酸（cAMP）

cAMP 在精子发生的多个阶段均发挥重要作用，尤其对减数分裂后基因（如鱼精蛋白基因 *Prm* 和转型蛋白基因 *Tnp*）的活化是必不可少的。许多减数分裂后基因序列中包含 cAMP 应答元件（cAMP response element，CRE），接受 cAMP 的调控。在体细胞中，CRE 结合蛋白（CRE binding protein，CREB）与相应基因上的 CRE 结合，被蛋白激酶 A 磷酸化后又激活 CREB 结合蛋白（CREB binding protein，CBP），后者具有组蛋白乙酰转移酶活性，可加速包括转录因子在内的许多靶蛋白活化，最终作用于靶基因，调节其转录活性。然而，*CREB* 在睾丸组织内表达甚微，而其家族中的另一成员——CRE 调节因子（cAMP response element modulator，*CREM*）则高水平表达，其 mRNA 在粗线期精母细胞中就已经存在，但一直到减数分裂后，其转录产物才通过选择性剪接方式产生睾丸特异性的转录本，翻译为具有亮氨酸拉链模序的 CREM-τ 蛋白。当 *CREM* 缺失时，小鼠的精子变态成形被阻断在早期，许多减数分裂后基因不能表达。TBP 作为 TATA 盒结合蛋白，是 RNA 聚合酶Ⅱ起始转录的基本因子，然而有很多基因缺乏明显的 TATA 元件，其转录则依赖 TBP 类因子。TBP 相关因子 2（TBP-related factor 2，Trf2）即为哺乳类睾丸组织高度表达的一个 TBP 类因子。当 *Trf2* 突变时，精原细胞和精母细胞的发育正常，而圆形精子细胞的发育则被阻断在变形晚期，而且细胞凋亡严重。在晚期圆形精子细胞阶段，Trf2 对某些精子变态成形相关基因的转录有调控作用。RNA 聚合酶Ⅱ的功能除需要 TBP 外，还要有转录因子Ⅱ（transcription factor 2A，TFⅡA）、TFⅡB、TBP 相关蛋白（TBP-associated proteins，TAF_{II}）等一系列转录因子的存在。近年发现睾丸组织中存在特异形式的 TFⅡA 和 TAF_{II}转录本。TFⅡAτ 是一种睾丸特异形式的 TFⅡA 亚单位，在精子变态成形中有特异作用。睾丸特异形式的 TAF_{II}存在于果蝇中，已有证据显示其对果蝇的精子发生是必要的。TAF_{IIQ} 则是哺乳类动物睾丸特异表达的 TAF_{II}，但功能目前还不明确。

上述几个转录因子在生精细胞内的高水平表达预示着它们对精子发生尤其是精子变态相关基因的转录有重要的调节作用。在精子发生后期，与靶基因 CRE 结合的 CREM 可以被生精细胞特异表达的一种 LIM-only 蛋白（ACT）辅因子激活，与 TFⅡAτ、TAF_{IIQ}等特异性的转录因子结合，在 TFⅡAτ 的作用下，*Trf2* 和靶基因上相关区域的结合趋于稳定，并形成复合物，又在 TAF_{IIQ}等众多转录因子的作用下，RNA 聚合酶Ⅱ参入，构成有效的转录起始复合物，特异地起始基因转录。与经典的 CREB 途径不同，CREM 不发生磷酸化，不通过 CBP 发挥作用。另外，在生精细胞中，同时存在 TBP 和 Trf2，分别调控具有 TATA 盒和无明显 TATA 结构的基因转录。

（2）睾丸-脑 RNA 结合蛋白（testis brain RNA-binding protein，TB-RBP/translin）

TB-RBP 在睾丸及脑组织中可以特异地与靶基因 mRNA 结合，如 Prm1、Prm2、激酶 A 锚定蛋白 4（A-kinase anchoring protein 4，Akap4）及甘油醛-3-磷酸脱氢酶（glyceraldehyde-3-phosphate dehydrogenase-S，Gapds）等。TB-RBP 通过与特异 mRNA 非翻译区保守元件结合，增加 mRNA 的稳定性，参与核浆转运和转录后调节尤其是翻译抑制。大多数靶基因的 mRNA 在其 3′非翻译区有 TB-RBP 的保守结合序列，如 *Prm2* 和 *Akap4*。Akap4 是精子纤维鞘的重要组成成分，可以定向引导蛋白激酶 A 到磷酸化靶位点，参与由 cAMP 介导的信号传导途径，调节精子活力。该基因只在减数分裂后的单倍体精子细胞中表达，如果缺乏会造成精子活力下降而不育。Akap4 与 TB-RBP 及 Ter ATP 酶在核内共同形成 mRNA-TB-RBP-Ter ATP 酶复合物，并通过核孔进入细胞质，穿过精子细胞之间的细胞间桥到达纤维鞘，只有这个复合物解聚后，Akap4 的 mRNA 才能被翻译。Prm2 的 mRNA 同样可以和 TB-RBP 及 Ter ATP 酶形成类似复合物，储存于圆形精子细胞细胞质中，受翻译抑制调节，直到翻译前数天才被释放游离，翻译成鱼精蛋白。TB-RBP 还与 Gapds 的 mRNA 构成复合物，但结合位点却在 5′非翻译区，并且 Gapds 是目前被证实的唯一一个在 5′非翻译区存在 TB-RBP 结合位点的 mRNA。当二者形成 TB-RBP-mRNA 复合物时，翻译延迟。由此看来，TB-RBP 主要参与 Prm2、Akap4、Gapds 等减数分裂后基因的转录后调节，对精子变态成形相关基因进行调控，是精子发生过程必要的转录因子之一。

（3）锌指（zinc finger，ZF）

ZF 基因家族编码具有锌指模序的转录因子，广泛调节生长发育相关基因的表达，其中与精子发生有关的主要有 Zfy 和 Zfp 两类。*Zfy-1* 和 *Zfy-2* 位于 Y 染色体短臂，从减

数分裂期开始表达，在圆形精子细胞中的含量最高。Zfy-1 蛋白是一个具有核定位信号序列的特异性 DNA 结合蛋白，它与靶基因的一定序列结合，引导靶基因穿过核膜，定位于精子细胞核内。Zfp29 和 Zfp37 具有睾丸组织表达特异性，在圆形精子细胞中大量表达，有可能参与精子发生晚期某些相关基因的转录调节。Zfp35 从粗线期精母细胞阶段上调表达，Zfp38 仅在粗线期精母细胞到圆形精子细胞的发育阶段表达，并且是一个较强的转录激活因子，推测该因子可能对精子变态过程中某些基因具有转录激活作用。

（4）热休克蛋白（heat shock protein，hsp）

精子发生过程中有 *hsp70-1*、*hsp70-2*、*hsc70t* 和 *hsp86* 等热休克蛋白基因的表达，*hsp70-2*、*hsc70t* 是生精细胞特异表达基因，其中 *hsc70t* 在减数分裂后表达。*hsp70-2* 基因敲除的雄性小鼠的精子发生被阻断在第一次减数分裂，导致不育，而雌性小鼠正常。免疫共沉淀和体外结合实验显示，*hsp70-2* 在小鼠睾丸中直接与周期蛋白依赖性激酶 1（cyclin dependent kinase1，CDK1）作用，表明它可能作为分子伴侣参与 CDK1 和细胞周期蛋白 Cyclin B1 形成 M 期促进因子（M-phase promoting factor，MPF）复合物。

2. 细胞周期相关基因

细胞周期蛋白及 CDK 与有丝分裂和减数分裂密切相关，有的基因在精子发生过程中表现出阶段特异性表达，可能参与了精子发生过程的调控。就目前所知，与精子发生关系较密切的主要有 Cyclin A1、Cyclin B/CDK1、Cyclin H/CDK7 等。Cyclin A1 只在哺乳类动物睾丸的生精细胞中表达，并且仅在第一次减数分裂前的精原细胞和正处于第一次减数分裂中的精母细胞中表达，当第一次减数分裂完成后迅即消失。通过基因敲除实验发现，*Cyclin A1* 敲除的雄性小鼠不育，其精子发生被阻断在第一次减数分裂前，而雌性小鼠正常。进一步的研究表明，Cyclin A1 作用于第一次减数分裂的 G2/M 转换点，Cyclin A1 与 CDK2 构成的复合物可能通过磷酸化激活 Cdc25 磷酸酶而促进 MPF 的活化，诱导 G2/M 转换的完成，促进减数分裂。Cyclin H 和 CDK7 在精母细胞核中大量表达，其表达特征与 Cyclin A1 相关激酶 CDK2 相似，Cyclin H 和 CDK7 蛋白在减数分裂期间存在，且二者相互作用形成 Cyclin H/CDK7 活性复合物，推测其作用可能是激活 CDK2 的蛋白激酶活性，有助于与 Cyclin A1 形成复合物。

3. 原癌基因

在生精细胞增殖和分化过程中有许多原癌基因的表达，包括 *c-kit*、*c-abl*、*c-raf*、*c-mos*、*c-pim-1*、*c-ras*、*c-fos*、*c-myc*、*c-jun*、*wnt-1*、*wnt-5B*、*wnt-6* 和 *myb* 家族等。*c-kit* 在精原细胞中高表达，它编码的干细胞因子受体通过酪氨酸蛋白激酶活性调控一系列的信号通路，参与精原细胞分化。*c-kit* 突变后，睾丸中分化的精原细胞显著减少。*c-abl* 蛋白激酶原癌基因主要在第一次减数分裂的初级精母细胞中表达，编码具有特异酪氨酸激酶活性的蛋白；*c-mos* 编码一种丝氨酸-苏氨酸蛋白激酶，通过信号传导使 Cdc2 磷酸化，调节精原细胞的减数分裂；小鼠精子细胞中的 *c-pim-1* 基因编码睾丸特异的蛋白激酶活性蛋白。*c-raf* 在有丝分裂活跃的精原细胞和减数分裂前期的初级精母细胞中表达。*c-myc*、*c-fos* 和 *c-jun* 可能是原始生精细胞分化的重要因子。在 *c-myc* 转基因鼠中，*c-myc*

在睾丸中的过度表达可使精子发生停滞在减数分裂期，初级精母细胞大量凋亡，引发不育。B 型精原细胞或初级精母细胞中有 *c-fos* 的表达，它产生的 Fos 蛋白和 *c-jun* 编码的 Jun 蛋白形成异二聚体，对靶基因的 AP-1 位点高度亲和，参与减数分裂期表达基因的转录调控。*myb* 家族编码一组 DNA 结合核蛋白，作为转录因子控制细胞的生长和分化。*A-myb* 和 *B-myb* 在精子发生过程中的表达是阶段特异性的，前者对于减数分裂前期的进一步发育是必要的，而后者在生精细胞早期增殖中可能有重要作用。

4. 细胞凋亡相关基因

在哺乳动物的正常精子发生过程中，存在明显的生精细胞凋亡现象，这是清除过量或异常生精细胞的重要途径之一。体内有许多参与细胞凋亡的调节因子，与精子发生有关的主要有 Bcl-2 家族、Fas/Fas 配体（Fas ligand，FasL）系统、P^{53}、SCF/c-kit 等。Bcl-2 家族包括凋亡诱导因子 Bax、Bak、Bcl-xs、Bad 和 Bok，以及凋亡抑制因子 Bcl-2、Bcl-xl、Bcl-w 和 Mcl 等。Bax、Bad、Bcl-xl、Bcl-2、Bcl-w 和 Bok 都在啮齿类的睾丸中表达，Bak 在人睾丸中表达。利用基因敲除和转基因小鼠研究发现，*Bcl-2* 家族在精子发生中有重要作用。*Bax* 过量表达可诱导细胞凋亡；*Bcl-2* 过量表达则抑制细胞凋亡，*Bax* 敲除的小鼠不能产生成熟精子，曲细精管中有大量不正常的精原细胞累积，最终导致不育。*Bcl-2* 和 *Bcl-xl* 表达水平高的小鼠中，精子发生不正常，同样引起不育。Fas/FasL 系统是调控多种细胞凋亡的途径，Fas 和 FasL 结合后被激活，然后通过胞内肽段的“死亡结构域”（death domain）激活相关的 Caspases 蛋白激酶级联反应，引发细胞凋亡。睾丸生精上皮大量表达 FasL，除定位在 Sertoli 细胞外，FasL 主要在粗线期精母细胞和精子细胞中表达，Fas 也主要在精母细胞和精子细胞中表达。利用反义 RNA 技术抑制 *FasL* 的表达后，生精细胞的凋亡程度显著降低，说明 Fas/FasL 系统是调控生精细胞凋亡的关键性因子。p53 是一个肿瘤抑制蛋白，用转基因小鼠和原位杂交方法研究发现，p53 在睾丸组织中的含量相当高。p53 敲除小鼠的精母细胞不能完成减数分裂，并形成多核巨细胞。p53 是 *Bax* 基因的转录激活因子，因此它的作用机制是通过上调 *Bax* 的表达来诱发生精细胞的自发性凋亡，参与精子的质量控制，减少有缺陷的生精细胞，保证雄性配子的遗传稳定性。SCF 是 c-kit 受体酪氨酸蛋白激酶的相应配体，二者结合后，c-kit 被激活，抑制线粒体膜的去极化，保持细胞的氧化还原状态，从而间接抑制 p53 诱导的细胞凋亡，维持原始生精细胞及精原细胞的生长和存活。对热压或十一酸睾酮诱导的生精细胞凋亡的研究发现，Fas/FasL 系统参与十一酸睾酮诱导的生精细胞凋亡，周期蛋白依赖性激酶抑制因子 p16 通过抑制精原细胞的有丝分裂阻止精原细胞的增殖，在热压或十一酸睾酮诱导的生精细胞凋亡中发挥作用，而热休克蛋白 hsp70-2 似乎不参与这一过程。TR2 和 TR3 是两个温度敏感的孤儿受体，TR2 主要在精母细胞和圆形精子细胞中表达，TR3 主要在精原细胞和初级精母细胞中表达，二者可能在生精细胞分化和调节中发挥重要作用。

5. 核蛋白转型相关基因

精子发生的特征之一是体细胞组蛋白逐渐被睾丸特异的生精细胞组蛋白变异体代替。在精子变态早期，转型蛋白（transition protein，TP）又代替了组蛋白变异体，然后鱼精蛋白（protamine，MP）代替转型蛋白完成精子细胞核蛋白的转换。组蛋白变异体包括 H1t、H1a、TH2A、TH2B 和 TH3。睾丸特异性 *H1t* 只在粗线期精母细胞中转录，其上游有一特异的 TE 元件，供核蛋白因子识别和结合，接受转录调控，相应蛋白可结合于 DNA 连接区而影响染色体的结构。*TH2A* 和 *TH2B* 在减数分裂前精母细胞中占优势，基因转录水平达最高，*TH2A* 和 *TH2B* 的表达可能与 DNA 的甲基化有关，从而参与核小体的形成。从小鼠和大鼠圆形精子细胞中，已得到一个精子细胞特异性组蛋白变异体 ssH2B，其 mRNA 和编码蛋白只在圆形精子细胞中能够检测到，具有明显的阶段特异性，但具体的作用还不明确。TH3 和 H1a 在精原细胞中含量最高，可能在精原细胞增殖及为减数分裂做准备的早期分化阶段中起作用。TP 编码基因 *Tnp* 的 mRNA 在圆形精子细胞中合成，受翻译抑制调控，7 天后才能在长形精子细胞中检测到相应的蛋白质。在 *Tnp2* 突变小鼠模型中，精子发生似乎不受影响，可能 TP2 的重要意义在于维持 MP2 的正常形成，而不是精子变态和核蛋白转型的直接参与者。

核蛋白转型过程中，鱼精蛋白的翻译远落后于相应 mRNA 的转录，这是众多因子在转录后水平上进行调控的结果。转录后调控是精子发生后期相当重要的一种翻译调控方式，此期 mRNA 的储存和翻译激活对许多精子发生后期特异蛋白及成熟精子表面蛋白来说有着重要意义。实际上，减数分裂结束后，早期圆形精子细胞内会立刻出现高水平的基因转录及转录相关蛋白的成倍增加，诸如 *Prm* 和 *Tnp* 等大量基因的 mRNA 已被合成，但由于较长 poly（A）尾的存在，使其以细胞质核蛋白颗粒（cytoplasmic ribonucleoprotein，mRNP）的形式先储存起来，延迟翻译。直到 poly（A）尾被脱腺苷化变短后，这些基因才在晚期精子细胞阶段翻译活化。早期圆形精子细胞内 *Prm1* 的 mRNA 3′非翻译区有一特异的翻译调控元件 TCE，由 17 个核苷酸序列构成，是介导 *Prm1* 翻译抑制的核心区域。小鼠生精细胞特异的 Y-box 蛋白（mouse germ cell-specific Y-box protein，MSY）家族的 MSY2 和 MSY4 按照一定顺序与 TCE 结合，形成 mRNP 后储存于细胞质中，一方面保护 *Prm1* 免于降解，保持其稳定性和活性，另一方面起到翻译抑制作用。如果这种机制消失，MP 就会提前合成，细胞核提前浓缩，导致精子细胞发育停滞。长形精子细胞中，*Prm1* 的翻译激活也需要特异的 RNA 结合蛋白，*Tarbp2* 编码的细胞质双链 RNA 结合蛋白 Prbp（在人中则为 TRBP）可以对处于翻译抑制状态的 *Prm1* mRNA 进行调控，使翻译起始。*Tarbp2* 在减数分裂后期的生精细胞和圆形精子细胞中表达水平最高。*Tarbp2* 突变小鼠中，*Prm1* 和 *Prm2* 的 mRNA 不能正常起始翻译，最终导致不育。Prbp 有可能作为一个分子伴侣，在特定基因的翻译调节过程中发挥作用。

6. 细胞骨架蛋白基因

细胞骨架蛋白基因在生精细胞中也阶段特异性表达。小鼠生精细胞中只发现两种细胞质肌动蛋白：β-肌动蛋白和 γ-肌动蛋白。γ-肌动蛋白 mRNA 在粗线期精母细胞和早期精子细胞中表达较高，后来下降；而 β-肌动蛋白 mRNA 水平在圆形精子细胞中高于精母细胞和残体中。有人认为 β-肌动蛋白和 γ-肌动蛋白不同的表达对细胞形态变化或线粒体从细胞核周围移向细胞膜和鞭毛轴丝起了重要作用。α-微管蛋白 mRNA 广泛分布于所有生精细胞中，但是在精子变态过程中其表达量增加。精子发生过程中细胞形态和大小的显著变化提示在睾丸中富含细胞骨架蛋白。肌动蛋白和微管蛋白除了控制正在发育的生精细胞的形态变化外，还在有丝分裂和减数分裂中起重要作用，并对多种睾丸特异结构及精子轴丝的形成非常重要。

四、翻译后的调控

1. 组蛋白修饰

组蛋白修饰是基因表达的重要调控机制，也可以遗传给后代。组蛋白修饰可以改变组蛋白八聚体的稳定性，从而影响 DNA 与组蛋白的相互作用及染色质的构象。在精子发生后期，组蛋白修饰可以促使组蛋白被鱼精蛋白替代，从而促进染色质的浓缩。组蛋白可发生多种形式的翻译后修饰。

（1）磷酸化

组蛋白的磷酸化广泛调节细胞的许多生物学过程。磷酸化多发生在丝氨酸、苏氨酸与酪氨酸残基，对基因表达具有重要影响。在精子发生过程中，组蛋白表现出动态的磷酸化修饰，如 H4S1 磷酸化出现在减数分裂的精母细胞中，在染色质浓缩的精子变形过程中磷酸化的 H4S1 水平升高，因此认为这种修饰与组蛋白向鱼精蛋白的转换有关。在精子变态过程中出现了许多特殊的组蛋白磷酸化，它们的确切功能还有待于进一步研究。

（2）乙酰化

组蛋白的乙酰化参与精子发生后期组蛋白向鱼精蛋白的转换。组蛋白 H4 乙酰化能够解除紧密的染色质结构，有助于组蛋白的释放及鱼精蛋白的掺入。H2A 和 H2B 乙酰化发生在精原细胞与前细线期精母细胞，但其在精子发生中的功能尚不明确。

（3）甲基化

蛋白质甲基化发生于丝氨酸与精氨酸残基，在甲基化转移酶的催化下产生甲基化。目前已对组蛋白甲基化进行了比较广泛的研究，发现其对染色质的动态结构具有重要的影响，在调节细胞增殖与分化发挥重要功能。组蛋白 H3K79 甲基化只出现在组蛋白向鱼精蛋白转换的长形精子细胞中，与组蛋白 H4 乙酰化相关。这种甲基化标志在进化上高度保守，表明可能在组蛋白被鱼精蛋白替换中起重要作用。与丝氨酸甲基化相似，精氨酸甲基化也是一种常见的翻译后修饰，精氨酸甲基化水平在单倍体的精子细胞中最高，参与组蛋白向鱼精蛋白的转换。

2. 泛素化降解

泛素是一个小分子多肽，只有 76 个氨基酸残基，泛素化在三种酶的作用下完成。首先是泛素激活酶（E1）激活泛素，活化的泛素转移到泛素连接酶（E2）并激活 E2，活化的 E2 在泛素连接酶（E3）的作用下识别蛋白质底物，并将泛素与靶蛋白结合，使靶蛋白泛素化，多次重复这一过程形成具有寡聚泛素链的泛素化靶蛋白。泛素化标签被蛋白酶体识别，进而将靶蛋白降解。RNF8 是一种泛素 E3 连接酶，敲除 RNF8 导致后期精子发生缺陷，长形精子细胞数量减少，DNA 不能正常浓缩，精子头部形态异常，RNF8 介导的 H2A/H2B 的泛素化在组蛋白向鱼精蛋白的转换中发挥重要作用。然而 RNF8 调节精子发生的详细机制有待进一步研究。

五、非编码 RNA 的调节

非编码 RNA（non-coding RNA，ncRNA）的发现及功能研究是近代生命科学领域的重大进展，ncRNA 对许多生命过程具有重要的调节作用。迄今研究比较多的 ncRNA 可分为三类：微小 RNA（microRNA，miRNA），长链非编码 RNA（long non-coding RNA，lncRNA）与环状 RNA（circular RNA，cirRNA），在精子发生过程中丰富表达这三类 ncRNA。此外还表达与生精细胞 Piwi 蛋白特异结合的一类 ncRNA，称之为 piwi 相互作用 RNA（piwi-interacting RNA，piRNA）。ncRNA 在精子发生过程中可能行使重要的功能，特别是 piRNA、miRNA 与 lncRNA 对精子发生的调节作用研究已取得了许多进展。

1. piRNA

piRNA 是一类与生精细胞特异 Piwi 蛋白相结合的非编码 RNA，可以调控基因表达与维持基因稳定性。某些基因（称为 piRNA 簇）转录产生 piRNA 前体，随后经过加工形成初级 piRNA，成熟后的 piRNA 与 Piwi 蛋白相互作用，从而调节基因表达。Piwi 是一类生精细胞特异的蛋白质，主要包括三个成员：Miwi、Mili 和 Miwi2。piRNA 与 Piwi 蛋白结合形成复合物，可以调控精子发生过程中的基因表达，从而调节精子发生过程。哺乳动物 Piwi 蛋白主要表达于减数分裂的生精细胞中，是正常精子发生所必需的。敲除 *Piwi* 基因的小鼠不能正常产生精子，导致雄性不育。Miwi 主要表达于粗线期精母细胞与圆形精子中，敲除 *Miwi* 精子发生被阻滞在圆形精子阶段，不能形成长形精子。Mili 蛋白主要存在于早期的精母细胞中，参与维持 mRNA 的稳定性，敲除 *Mili* 小鼠的精子发生滞留在粗线期精母细胞阶段。与 *Mili* 敲除小鼠类似，敲除 *Miwi2* 的小鼠中，生精细胞早期的减数分裂出现缺陷。在精子发生过程中，减数分裂的粗线前期 piRNA 主要与 Mili 或 Miwi2 相互作用，而粗线期 piRNA 同 Miwi 结合，参与维持雄性生精细胞的稳定性、调节减数分裂过程、沉默精子发生后期的基因表达。因此 piRNA 对精子发生具有重要的调节作用。

2. miRNA

第一个 miRNA——Let7 是 2000 年在果蝇中被发现的，随后发现 miRNA 是一类长度 21～23 核苷酸小分子的非编码单链 RNA 分子，在进化上具有高度的保守性，可在转录水平调节基因表达，也可降解与其互补的 mRNA。在哺乳动物精子发生过程中不同阶段的生精细胞表达多种 miRNA，精密调控精子发生。在小鼠精原干细胞中发现了许多 miRNA，其中 miR-20 和 miR-21 调控细胞的自我更新与干性维持，而 miR-146 和 miR-17-92 则与精原干细胞进入分化过程有关，其中 miR-17-92 可以抑制精母细胞在减数分裂过程中发生凋亡。miR-449 对小鼠精子发生过程中的减数分裂具有重要的调节作用。鱼精蛋白表达并替代组蛋白是精子发生后期染色体浓缩的基础，miR-469 与 miR-122a 则参与鱼精蛋白 mRNA 的翻译与鱼精蛋白/组蛋白的替换。

3. lncRNA

与 miRNA 相比，lncRNA 是一类分子较长（大于 200 核苷酸）的非编码 RNA，对细胞的增殖与分化具有重要的调节作用，通过多种机制行使其功能：①与 DNA 的启动子结合，干扰 mRNA 转录；②与 mRNA 结合，干扰 mRNA 的剪切与翻译；③与 mRNA 结合形成互补的双链 RNA，进一步被剪切为 miRNA 行使功能；④与蛋白质结合调节蛋白质的功能。

在精子发生过程中存在着大量的 lncRNA，在小鼠睾丸发育过程中发现了 8000 多种 lncRNA，有 3000 多种 lncRNA 存在差异表达，不同分化阶段的生精细胞中均含有多种 lncRNA，这种表达特征表明 lncRNA 参与调节精子发生过程。然而对 lncRNA 在精子发生中的确切功能还认识很少，迄今只有少数几种 lncRNA 的功能被揭示。精子发生过程中特异表达的两种 lncRNA（spga-lncRNA1 和 spga-lncRNA2）表达于 A 型精原细胞，可以抑制 A 型精原细胞的分化，在维持精原干细胞的自我更新中发挥作用。lncRNA Tsx 特异表达于粗线期精母细胞，敲除 *Tsx* 导致大量粗线期精母细胞凋亡，表明 *Tsx* 参与调节减数分裂过程。Dmrt1 是一种转录因子，可以促进精原细胞进入分化过程，而 lncRNA Dmr 可以抑制 Dmrt1 的表达，从而调节精子发生。

4. circRNA

这类 RNA 缺少 5′端帽与 3′端的 poly（A），它们通过共价键形成闭合的环状结构，circRNA 在物种进化中具有高度保守性，广泛存在于多种类型的细胞中，可以在转录和转录后水平调控基因表达。虽然在睾丸中存在丰富的 circRNA，但其在精子发生中的功能有待研究。已知 Y 染色体性别决定基因（*SRY* 基因）转录成的 RNA 在成年睾丸中以环状形式存在于胞质中，不具有翻译功能，*SRY* 基因外显子的反向重复序列可直接转录成 circRNA。SRY 的 circRNA 含有 16 个 miR-138 的结合位点，并抑制 miR-138 靶基因的表达水平，从而调控 miR-138 在精子发生中的功能。

第六节　精 子 成 熟

哺乳动物的精子在睾丸中可发育为高度分化的完整精子，但它们还不具备运动和使卵受精的能力，需要经过附睾头部、体部和尾部后，才能获得运动及受精的能力。在这一过程中，精子发生了一系列生理生化及形态方面的变化，称之为精子的成熟。但低等脊椎动物（鱼类及两栖类）及非脊椎动物的精子不需要这一过程，一旦离开睾丸，就具备受精能力。

一、精子进入附睾

在曲细精管中，生精细胞发育为完整的精子，但此时的精子还不能主动地运动，而是被动地随着由 Sertoli 细胞分泌的液体流入睾丸网（rete testis），后经输出小管，在其鞭毛摆动及平滑肌收缩的作用下进入附睾头部。附睾的实质是一组管道系统，头部系由 15～20 条睾丸输出小管构成的附睾圆锥，然后会合成一条附睾管，高度盘曲成附睾体和尾部，最后演变成输精管。管道在附睾头部较细，在附睾尾部变粗，为成熟精子储存的主要部位。

二、附睾对精子的浓缩

在曲细精管和睾丸网中，精子在管腔液体中的密度不高，但进入附睾后密度增加。这是由于其中的水分被附睾管上皮细胞吸收的结果。这种水分的吸收还使得附睾中的K^+和谷氨酸的浓度升高，导致附睾的内环境 pH 偏酸性（pH 6.48～6.61）。这种酸性环境有利于精子处于一种静息状态，积存能量，可存活几个月。大鼠附睾头部的精子密度为0.66×10^9个/ml，而尾部为1.84×10^9个/ml。人睾丸产生的精子，约有 70%储存于附睾，其中一部分最终被解体吸收，只有少部分随射精排出。

三、精子获得受精能力的部位

哺乳动物精子在附睾中获得受精能力的部位因动物种类不同而异。一般来说，大多数物种的精子到达附睾尾部近侧端时，才完全获得受精能力。但在一些动物（如牛等）最早出现受精能力的精子位于附睾头部，而在另一些动物中（如大鼠），则在附睾体部远侧端出现具有受精能力的精子。所以精子并不在同一区域同步获得受精能力。

精子的受精能力是指精子在体内或体外，在自然状态下具有使正常成熟的卵子受精的能力。在实验条件下或经显微注射，可将生理条件下无受精能力的精子转变为具有受精能力的精子。例如，从附睾体部收集的精子只能使 3%透明带完整的卵子受精，可见此时只有极少数的精子具有穿透透明带的能力。但如用显微注射技术将此时的精子注射到卵子的胞质中，可使受精率提高到 51%。

在一些物种（包括人类）中，精子通过附睾获得受精能力可能只是一个时间问题。兔附睾头部的精子通常无受精能力，但通过结扎附睾管，阻止精子向下迁移后，可赋予精子受精能力。在正常附睾头部和体部的人精子并不具备受精能力，只有当它们到达尾部远侧端时才获得这种能力。然而，当将人的附睾以与兔相同的方式结扎阻断后，附睾头部精子有时在体外也可使卵子受精，表明这些物种的精子获得受精能力与所在附睾的位置无关，而只需在附睾中存在一定的时间。

四、精子的运动能力

精子在附睾成熟过程中最明显的变化之一是获得运动能力。睾丸内的精子没有或有很弱的运动能力，只有从附睾尾部排出的精子才具有向前运动的能力。睾丸中精子无运动能力部分是质膜不成熟所致。如果将这些精子去除质膜并暴露于 ATP、cAMP 和 Mg^{2+}后，它们就能像在附睾尾部成熟的精子一样运动。在附睾成熟过程中，精子质膜发生了一些改变。附睾液中的一些物质，如甘油-3-磷脂酰胆碱和前向运动蛋白、cAMP 调节的蛋白激酶及胞内钙的增加，对精子正常运动功能的获得起着重要的作用。

五、精子成熟过程中质膜成分的变化

附睾具有旺盛的液体吸收和分泌功能。附睾分泌液的化学组分和渗透压在不同区域各不相同。这样，精子质膜在直接接触附睾液情况下，穿过附睾不同区域时逐步发生转变。在附睾成熟过程中，精子质膜的脂类发生了明显的物理和化学上的变化。在成熟过程中，精子质膜的膜内蛋白分布的变化似乎反映了膜脂类和膜蛋白的化学转变。附睾具有高速胆固醇合成能力，而且成熟精子可将胆固醇转运入质膜，提示胆固醇是精子成熟过程中转变膜特性的关键分子之一，对精子膜具稳定作用。精子在与卵子相遇前，胆固醇有利于它们在雌性生殖道中经过各种各样不利的微环境。

精子离开睾丸时，其质膜上既有吸附蛋白，又有整合蛋白。在精子成熟过程中，这些固有的蛋白质改变了它们在质膜内外的位置；另一些则被转变，被遮蔽，或被来源于附睾的新的蛋白质逐步替代。附睾，尤其是头部和体部区域，可分泌一系列蛋白质，其中的一些蛋白质可与精子紧密结合，或与精子结合后被修饰。因此，膜蛋白的动态改变贯穿于整个雄性生殖道，但最主要的还是在附睾头部和体部。最后，精子在附睾尾部近端获得了受精能力。

附睾成熟过程中，精子表面负电荷逐步增加，并伴随着凝集素结合特性的急剧改变。植物凝集素可与表面的糖基发生特异性结合。例如，Con A 可与葡萄糖或甘露糖结合，WGA 可与 *N*-乙酰葡萄糖胺结合，RCA 可与半乳糖或 *N*-乙酰半乳糖胺结合，因此凝集素已被广泛用作细胞膜的探针。家兔附睾头部的精子极易被 WGA 凝集，而附睾尾部的精子与射出精子被 WGA 凝集的要少得多。这表明精子成熟过程中，精子表面的 *N*-乙酰葡萄糖胺有所减少或被遮蔽。WGA 受体也有类似改变。用铁蛋白标记的 WGA 进行受体定位时发现，附睾头部精子上的 WGA 受体主要位于顶部和核后区，而附睾尾及射出精子表面的 WGA 受体则分布稀疏。RCA 受体的情况也类似。这些事实表明精子表面成分发生了糖基化作用。这种糖基化作用至少部分是由附睾液中的半乳糖转移酶、唾液酸转移酶及α-乳糖样物质介导的。当精子完全达到成熟后，一些表面糖蛋白（包括膜整合蛋白和膜吸附蛋白）位于整个精子头部，而其他蛋白则局限于头部的顶体或顶体后区。一部分糖蛋白和多聚肽类可使精子质膜稳定，以避免其在未成熟前发生顶体反应。另一些蛋白则介导精子与透明带相互作用或介导精子与卵的质膜融合。细胞生存所需的膜成分（如 Na^+-K^+ ATP 酶）必须一直存在于精子质膜上，但那些稍后行使精子特异功能的蛋白质（如支持雌性生殖道内精子存活及参与精子与透明带和卵质膜相互作用的蛋白质）则可能在附睾成熟过程中加到精子质膜上（或转变成活性形式）。值得注意的是，附睾成熟过程中精子质膜特性的转变并不仅仅发生在精子头部，精子尾部质膜上或膜内也可吸附和/或整合若干种特殊糖蛋白和多肽，其中精子尾部的一些表面糖蛋白还可防止精子在成熟前发生超激活运动。

另外一个明显的变化是抗原在顶体外膜的分布，这可能与顶体反应有关。大鼠精子质膜中有 4 种抗原分布，可被 1B6、5B1、1B5 和 2D6 抗体识别，在精子成熟过程中，这些抗原分布发生明显变化。抗体 2D6 可以识别两种抗原，一种在顶体外膜上，另一种在尾部质膜上。在顶体外膜与质膜尚未接触时，顶体外膜上的抗原或移走或被隐蔽起来，以后在尾部质膜上出现另一种抗原。在附睾内成熟过程中，一些动物的精子顶体发生了明显的形态学变化，顶体基质和酶类的分子结构也发生了改变。

总之，哺乳动物的精子发生是一个高度复杂有序的细胞分化过程，在这个过程中发生了一系列特殊的生物学现象：二倍体遗传物质的细胞经过减数分裂，形成具有单倍体遗传物质的精子，从而保证物种的正确遗传；来自父母的同源染色体在减数分裂早期形成联会复合体，遗传物质在此发生交换重组，是物种变异的基础；在精子发生后期，精子细胞经过一系列精密的形态变化，形成长形精子。期间染色质中的组蛋白被鱼精蛋白替换，使 DNA 高度浓缩。这些特殊现象的调控机制是本领域的研究重点。为了正常的精子发生，睾丸形成了特殊的微环境，包括复杂的细胞组成与精密的组织结构。睾丸是一个典型的免疫豁免器官，以保护生殖细胞不受免疫系统的损害。睾丸免疫微环境的调节机制认识得较少，有待深入研究。

参 考 文 献

秦鹏春. 2001. 哺乳动物胚胎学. 北京：科学出版社: 79.

Bao J, Bedford M T. 2016. Epigenetic regulation of the histone-to-protamine transition during spermiogenesis. Reproduction, 151: R55-70.

Bortvin A. 2013. PIWI-interacting RNAs (piRNAs)—a mouse testis perspective. Biochemistry, 78: 592-602.

Bose R, Manku G, Culty M, et al. 2014. Ubiquitin-proteasome system in spermatogenesis. Adv Exp Med Biol, 759: 181-213.

Braun R E. 2000. Temporal control of protein synthesis during spermatogenesis. Int J Androl, 23: 92-94.

Brener E, Rubinstein S, Cohen G, et al. 2003. Remodeling of the actin cytoskeleton during mammalian sperm capacitation and acrosome reaction. Biol Reprod, 68: 837-845.

Chen Q, Deng T, Han D, et al. 2016. Testicular immunoregulation and spermatogenesis. Semin Cell Dev Biol, 59: 157-165.

Cheng Yan C. 2018. Molecular Mechanisms in Spermatogenesis. Second Edition. New York, NK: Springer.

Dacheux J L, Gatti J L, Dacheux F. 2003. Contribution of epididymal secretory proteins for spermatozoa maturation. Microsc Res Tech, 61: 7-17.

Eddy E M. 1998. Regulation of gene expression during spermatogenesis. Semin Cell Dev Biol, 9: 451-457.

Fawcett D W. 1975. The mammalian spermatozoon. Dev Biol, 44(2): 394-436.

Guraya S. 1987. Biology of Spermatogenesis and Spermatozoa in Mammals. Berlin, Heideberg: Springer.

Hecht N B. 1998. Molecular mechanisms of male germ cell differentiation. BioEssays, 20: 555-561.

Hilz S, Modzelewski A J, Cohen P E, et al. 2016. The roles of microRNAs and siRNAs in mammalian spermatogenesis. Development, 143: 3061-3073.

Holt J E, Stanger S J, Nixon B, et al. 2016. Non-coding RNA in spermatogenesis and epididymal maturation. Adv Exp Med Biol, 886: 95-120.

Kanemori Y, Koga Y, Sudo M, et al. 2016. Biogenesis of sperm acrosome is regulated by pre-mRNA alternative splicing of Acrbp in the mouse. Proc Natl Acad Sci U S A, 113: E3696-3705.

Ramaswamy S, Weinbauer G F. 2015. Endocrine control of spermatogenesis: role of FSH and LH/testosterone. Spermatogenesis, 4: e996025.

Sassone-Corsi P. 1997. Transcriptional checkpoints determining the fate of the male germ cells. Cell, 88: 163-166.

Sassone-Corsi P. 2002. Unique chromatin remodeling and transcriptional regulation in spermatogenesis. Science, 296: 2176-2178.

Schagdarsurengin U, Steger K. 2016. Epigenetics in male reproduction: effect of paternal diet on sperm quality and offspring health. Nat Rev Urol, 13: 584-95.

Simoni M, Huhtaniemi I. 2017. Endocrinology of the Testis and Male Reproduction. New York, NK: Springer.

Toshimori K. 2003. Biology of spermatozoa maturation: an overview with an introduction to this issue.

Microsc Res Tech, 61: 1-6.

Urner F, Sakkas D. 2003. Protein phosphorylation in mammalian spermatozoa. Reproduction, 125: 17-25.

Wang H, Wan H, Li X, et al. 2014. Atg7 is required for acrosome biogenesis during spermatogenesis in mice. Cell Res, 24: 852-869.

Yao C, Liu Y, Sun M, et al. 2015. MicroRNAs and DNA methylation as epigenetic regulators of mitosis, meiosis and spermiogenesis. Reproduction, 150: R25-34.

Yu Z, Guo R, Ge Y, et al. 2003. Gene expression profiles in different stages of mouse spermatogenic cells during spermatogenesis. Biol Reprod, 69: 37-47.

Zhao S, Zhu W, Xue S, et al. 2014. Testicular defense systems: immune privilege and innate immunity. Cell Mol Immunol, 11: 428-437.

（韩代书，陈咏梅）

第六章　卵子发生、卵泡发育与排卵

卵子发生（oogenesis）广义上是指雌性生殖细胞的形成、发育和成熟的整个过程，狭义上指的是生殖细胞迁移进入性腺后的一系列发育变化过程，一般包括卵原细胞的增殖、卵母细胞的生长发育和成熟几个阶段。卵泡发育（follicular development）指的是雌性生殖细胞与卵巢体细胞共同构成功能复合体卵泡结构，并以卵泡的形式进行后期发育直至排卵的过程。在两性生殖中，由于雌性配子承载了后期合子发育中主要的能量及物质积累，因而其发育与成熟过程具有更高的特异性及复杂性，在其发育过程中会出现诸如减数分裂的两次阻滞与恢复、卵子发育的停滞与启动、卵泡形成后的休眠与募集选择等多个独特事件。而高等动物（脊椎动物）的卵子发育具有几个突出的特点：首先是生殖细胞减数分裂过程的两次阻滞与重新恢复；其次是整个配子发育过程以特化的卵泡结构完成，其间生殖细胞与体细胞协同发育；最后是雌性配子在绝对数量上的有限性，雌性配子无论在基数还是在最终的成熟数量上，与雄性配子相比较都是极为稀少的。以上的几个特点，贯穿于整个卵子发生、卵泡发育及卵巢成熟衰老过程中，是动物体获得健康卵子、物种得以繁育的基础。而在上述特点中，卵泡的形成是高等动物特别是哺乳动物雌性配子发育的结构基础。在卵泡发育过程中，一方面生殖细胞在卵泡结构中实现发育的有序阻滞与重新启动，并完成卵母细胞核与细胞质的双重成熟；另一方面，卵泡体细胞在此过程中经过多次的分化与增殖，在完成本身内分泌功能的同时，滋养并参与调控了生殖细胞的有序发育。因此，在本章中，我们将从雌性生殖细胞发育与卵泡发育两方面进行阐述，对卵子发生和卵泡发育进行整体的勾勒。虽然雌性生殖细胞的发育成熟过程，从无脊椎动物到脊椎动物有着相当的保守性，但本章中所论述的卵子发生与卵泡发育内容，主要是以研究得较为透彻的哺乳动物（主要是小鼠及人类）为模型进行阐述的。

第一节　卵子发生和卵泡发育

一、卵泡形成前雌性性腺的发育及细胞分化

成熟卵母细胞的形成是一个漫长的过程。对人类而言，从最初的生殖细胞前体细胞直至最后发育为一个成熟卵母细胞，此过程最长可历时 50 年。从起源来看，卵原细胞来源于它的前体——原始生殖细胞（primordial germ cell，PGC）。这些原始生殖细胞只有经过迁移，进入发育中的生殖腺原基生殖嵴（genital ridge）才能分化为生殖细胞。原始生殖细胞的起源可以追溯到相当早期的胚胎发育阶段。生殖质（germ plasm）在胚胎的发育过程中会被逐渐分配到一定的细胞中，这些具有生殖质的细胞就将分化为原始生殖细胞。不同动物的原始生殖细胞以不同的方式进入生殖腺原基，在那里进行生殖细胞的分化。

（一）卵细胞的减数分裂与合胞体建立

如前所述，当生殖细胞进入性腺后，会继续进行多次有丝分裂。而当卵原细胞进入减数分裂成为卵母细胞后，就需要与卵巢上皮或中肾分化出来的前颗粒细胞相互作用而形成原始卵泡，为其进一步的生长发育提供合适的微环境。如果卵原细胞的减数分裂过程或原始卵泡的形成过程无法顺利完成，都将引起卵母细胞的退化，导致雌性不育。在PGC进入性腺后，由于生殖细胞的快速有丝分裂，会导致一种被称为合胞体（germline cyst）的结构的产生。人的胚胎中，生殖细胞有丝分裂开始于妊娠后5周，结束于妊娠第10～16周，随后雌性生殖细胞进入减数分裂。小鼠生殖细胞则在交配后10.5天的胚胎中进入性腺后迅速进行有丝分裂，第13.5天左右开始有部分卵原细胞进入减数分裂。此时，仍有大量卵原细胞在进行有丝分裂，处于有丝分裂和减数分裂同时进行的时期；随后卵巢体细胞开始松散地包围着多个生殖细胞形成合胞体；大约第16天时卵母细胞绝大多数处于减数分裂，而有丝分裂逐渐停止，在此过程中生殖细胞形成合胞体结构。

合胞体是物种间高度保守的一种结构，具体特点是由于卵母细胞不完全分裂导致不同生殖细胞的胞质由胞间桥相连所形成的生殖细胞复合体，而合胞体外层由体细胞构成的卵巢支持细胞包围着。小鼠和人的合胞体数量分别大约在胚胎期第14.5天和第20周达到最高值。合胞体在进化上是一个非常保守的结构，而从其功能上论述可能是进化上形成的一种优化模式。在果蝇中，合胞体有序形成后，每个合胞体结构中仅有一个生殖细胞能够最终发育成为具有功能的卵母细胞，而其他的生殖细胞则退化形成滋养细胞（nurse cell）。更为重要的是，合胞体之间的细胞间桥完成了包括细胞器及细胞质的重新分配，从而使得最终成为卵母细胞的生殖细胞具有最强的发育能力。最近证实，不但昆虫和低等脊椎动物合胞体内的生殖细胞可以形成环状桥结构来向优势卵母细胞中运送细胞器，哺乳动物小鼠的合胞体也具有该特性。同时，前人发现果蝇生殖细胞中具有特化的巴比亚尼体（Balbiani body），巴比亚尼体的实质是一个高尔基体周围围绕着多个线粒体所组成的线粒体云样特殊结构，而该结构只出现在早期卵泡的卵母细胞中。就功能而言，线粒体的增多不但可以为后续的卵泡激活提供能量，这个巨大的巴比亚尼体可能还行使着一些分泌功能。而在小鼠原始卵泡的卵母细胞中也发现了该结构，这些证据均表明了雌性生殖细胞发育的保守性。

在小鼠合胞体形成的过程中，卵巢中进行有丝分裂的卵原细胞与进入减数分裂的卵母细胞是并存的，但是目前尚不清楚在单个合胞体中，其减数分裂进程是否是一致的。同时，近期的研究证明，与果蝇的合胞体形成过程不同，小鼠的单个合胞体内的生殖细胞可能并非来源于同一个卵原细胞，而是存在着不同合胞体相互交融的现象。在合胞体中，进入减数分裂的卵母细胞，先后经过细线期、偶线期、粗线期最终被阻滞在第一次减数分裂双线期（核网期）。当大部分生殖细胞被阻滞在第一次减数分裂双线期后，原始卵泡这一伴随雌性哺乳动物整个生育寿命的特化结构就开始形成了。而在生殖细胞进入减数分裂并形成合胞体的过程中，单个雌性个体的生殖储备也就是卵子数量达到了一生的顶峰。随着合胞体的破裂，雌性生殖储备的数量便开始走向了不可逆的减少，最终引发了雌性动物的生殖衰老或人类的绝经。雌性生殖细胞在胚胎期的发育见图6-1。

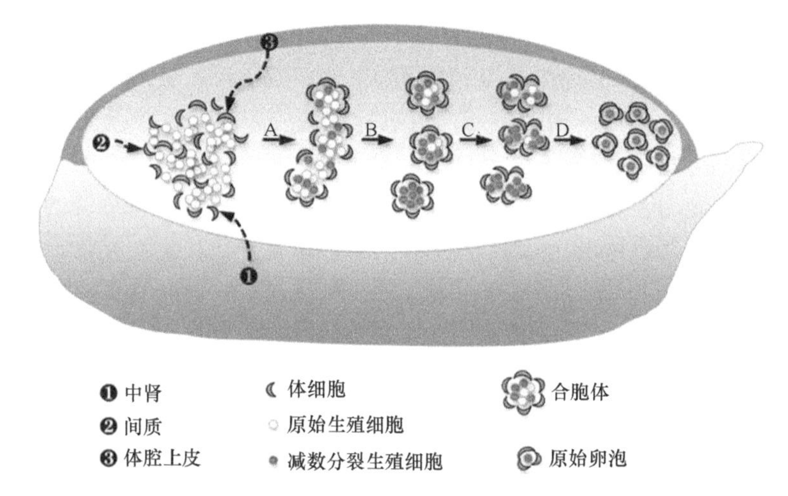

图 6-1　雌性哺乳动物胚胎性腺中生殖细胞与体细胞的发育模式图（改自 Liu et al.，2010）。A. 哺乳动物胚胎卵巢中雌性生殖细胞在形成合胞体的同时，逐步进入减数分裂；B. 合胞体被卵巢体细胞包裹，为形成原始卵泡进行准备；C. 多卵母细胞的合胞体逐步破裂，伴随着细胞器的交流，最终形成较小的合胞体；D. 体细胞侵入小合胞体，并包裹单个卵母细胞，最终形成原始卵泡

（二）卵巢体细胞的早期发育

在胚胎卵巢中生殖细胞经历着大量增殖、形成合胞体、进入并阻滞在第一次减数分裂的剧烈变化过程的同时，卵巢中的另一类重要细胞组分——体细胞，也进行着一系列的募集与分化，为未来原始卵泡的形成及后期卵泡成熟发育做准备。多年以来，一方面由于主要的研究工作均聚焦于生殖细胞，另一方面由于卵巢体细胞缺乏相应的工具进行研究，对卵巢体细胞的发生、发育及分化过程，知之甚少。近年来，随着各种新技术的引入，特别是细胞谱系追踪技术的应用，对卵巢中体细胞的早期分化有了一定的认识。卵巢中非生殖细胞的主要类型有（前）颗粒细胞（granulosa cell）、膜层细胞（theca cell）及基质细胞（stroma cell）。其中，颗粒细胞与膜层细胞是具有内分泌功能的细胞，其在成年卵巢特别是生长卵泡中的分布与功能已经早为人知，但对于其在胚胎期原始卵泡形成前的分化与发育则是最近才开展了一定的研究。而基质细胞事实上是多种细胞的混杂体系，其中可能包括间充质（干）细胞、血管内皮等多种功能性细胞，而对卵巢中基质细胞的研究，目前尚处在起步阶段，值得深入的研究。

1. 颗粒细胞来源

在小鼠中，睾丸的支持细胞和卵巢的颗粒细胞是来自生殖嵴中的同一类细胞祖系。早期的观点认为，雌性性腺由于不表达 SRY 导致祖细胞不会向支持细胞转化，所以分化成为颗粒细胞。随着功能遗传分析方法的发展，目前已经在卵巢中鉴定出与卵巢颗粒细胞分化相关的蛋白，主要分为两大类：①细胞内因子，如转录因子 DAX1、FOXL2 和 β-catenin；②细胞外因子，具有自分泌或旁分泌功能，如 R-spondin1（RSPO1）和 WNT4。

胚胎卵巢中颗粒细胞命运分化的调控，主要由两种分泌蛋白质 RSPO1 和 WNT4 决定，它们以自分泌或者旁分泌的方式作用于前颗粒细胞。WNT4 及 RSPO1 协同激活β-catenin，从而促使 Fst、Bmp2 及 Wnt4 等卵巢因子的转录。其中 FST 会抑制激活素 B（activin B）的活性，促进卵巢体细胞向着颗粒细胞的方向分化。而在雄性中激活素 B 会引起睾丸体腔血管的形成，同时也会引起雌性生殖细胞的丧失。另外，WNT4/RSPO1/β-catenin 信号通路会通过抑制 SOX9 而对睾丸支持细胞的形成产生拮抗作用。*Foxl2* 基因（forkhead box L2）是第一个被认定在维持卵巢功能方面发挥重要作用的常染色体基因，其所表达的 FOXL2 蛋白是特异性表达在卵巢中各级卵泡体细胞（前颗粒细胞与颗粒细胞）中的重要转录因子，通过转录调节作用调节其靶基因的转录及蛋白质表达，参与卵泡体细胞增殖分化，对卵巢发育和维持卵巢功能具有重要作用，因此 FOXL2 常用于特异性标记卵巢内的卵泡体细胞。在人类中，*FOXL2* 基因的突变可导致小睑裂综合征（blepharophimosis-ptosis-epicanthusinversus syndrome，BPES），其中一个突出的表型即是女性患者不育。FOXL2 作为一种转录因子，可在一定程度上抑制 *SOX9* 的表达，同时激活一些卵巢基因如 *FST* 的表达。然而，FOXL2 的表达本身对卵巢的早期分化并没有决定性的作用。利用基因修饰动物模型，在胚胎期敲除 *Foxl2* 后，虽然会导致卵巢中缺乏颗粒细胞，进而导致动物在出生后卵巢早衰，但是卵巢分化并未出现雄性化的变化。然而，有趣的是，利用条件敲除动物模型，选择性地在成年动物已经形成的卵巢中敲除 *Foxl2*，则会导致卵泡颗粒细胞向着睾丸支持细胞转化，最终使得雌性动物雄性化。目前已知，在成年卵巢中，颗粒细胞主要是靠 FOXL2 和雌激素受体（ER）通过抑制 SOX9 的表达来维持的，而雌激素是由雄激素通过类固醇生成酶芳香酶 CYP19 转化而来的，E_2 与 ERα 结合，使得 ERα 得到激活。

关于颗粒细胞的来源，目前普遍认为并非是单一起源的，根据形态学和组织学手段进行观察，提出三种起源假设：①连接中肾的卵巢膜层，②生殖嵴中已有的间充质细胞，③卵巢表面上皮。不排除颗粒细胞同时有多种来源贡献，并且存在着一定的种属差异。上述的三种假设都有不同的证据支持。目前一系列的研究表明，LGR5 阳性的卵巢表面上皮可能是颗粒前细胞的主要来源。LGR5（leucine-rich repeat-containing G-protein-coupled receptor 5）是 G 蛋白偶联受体 A 类家族成员，是 RSPO 的受体，可被 WNT/β-catenin 信号通路激活，参与多种器官的发育。研究表明 LGR5 阳性干细胞存在于许多器官中，包括女性生殖器官，如卵巢表面上皮及输卵管等，同时也在小肠、毛囊、乳腺、肾脏等多种器官和多种组织中的干细胞和癌细胞中表达。有趣的是，第 12.5 天小鼠胚胎卵巢开始高表达 LGR5，表达位置为胎儿和围产期仔鼠的卵巢皮层区域，参与胎鼠卵巢的上皮增殖和卵巢体腔的延伸，最终还会分化为颗粒细胞参与形成卵泡。LGR5 单阳性细胞、LGR5-FOXL2 双阳性细胞及 FOXL2 单阳性细胞的表达模式，按空间顺序从腹侧向背侧依次排列，这暗示着 FOXL2 阳性细胞可能是由 LGR5 阳性细胞通过 LGR5-FOXL2 双阳细胞分化而来。这和雄性个体中沿着腹侧向背侧分别为 SOX9 单阳性细胞、SOX9-SRY 双阳性细胞和 SRY 单阳性细胞的三种支持细胞的前体细胞的空间定位高度一致。

2. 卵泡膜层细胞的来源

卵巢中的膜层细胞相当于睾丸中的间质细胞，它出现在出生后的卵巢内。相对于卵母细胞与颗粒细胞，对于膜层细胞的研究与认识并不充分。然而最近的研究表明，膜层细胞起源于胚胎卵巢中两种截然不同的祖细胞：一种是自中肾迁移而进入性腺的间充质细胞，其未来将发育为膜层细胞中具有类固醇分泌能力的细胞；而另一种则是来源于胚胎卵巢髓质区域的表达 WT1 的基质细胞，其未来的发育命运将成为成纤维细胞、血管内皮细胞及卵巢间质组织。就形态学而言，当卵泡发育到有多层颗粒细胞包围着卵母细胞时，通常是在次级卵泡阶段。与基膜（basal lamina）相连的基质细胞就会形成一层伸长的细胞，这层细胞被称为卵泡内膜层（theca interna），它是一种高度血管化的类固醇合成型组织。内膜层外面则是一层松散的非类固醇合成型的细胞带，被称为卵泡外膜层（theca externa）。这种膜层细胞只出现在次级或次级之后的卵泡周围，被认为是衍生自卵巢基质中的成纤维样的前体细胞。由于与颗粒细胞相邻，所以膜层细胞的分化被认为是由颗粒细胞控制的。有证据证明，从发育中的卵泡分泌物中富集的小分子蛋白质刺激了间质细胞向膜层细胞的分化。由于卵泡膜细胞真正出现并发挥功能是在原始卵泡库建立之后，即次级卵泡出现的时候，因此对其的分化调控将在后面的部分专门讨论。

卵巢体细胞在生殖细胞迁移过来之前就已经存在，其来源与分类目前知之甚少，除了因为与卵泡发育直接相关而被广泛关注的颗粒细胞和膜层细胞外，卵巢内还具有血管内皮细胞、间充质细胞、神经细胞等多种细胞种类，并可能在成年阶段依然存在着大量的具有祖细胞性质的体细胞的前体细胞。卵巢体细胞在卵巢功能特别是对卵巢寿命的维持及生殖衰老中的作用越来越受重视。

二、原始卵泡的形成与数量决定

在哺乳动物中，当卵母细胞进入减数分裂并被阻滞在第一次减数分裂的双线期后，卵巢中的前颗粒细胞便开始逐步包裹卵母细胞，并形成原始卵泡（也称为始基卵泡，primordial follicle）。原始卵泡由一个被阻滞在减数分裂双线期的初级卵母细胞和包围在其周围的一层扁平状的前颗粒细胞共同组成，是卵泡发育的起点也是雌性生殖储备的基本单位。就其结构而言，原始卵泡中单层扁平的前颗粒细胞把卵母细胞与卵泡外环境加以分离，从而维持着卵子休眠的状态。原始卵泡的大小在哺乳动物不同物种间的差异不大，通常直径为 20～35 μm；而原始卵泡中的前颗粒细胞数目随物种差异而不相等，牛约 24 个、绵羊约 28 个、人约 13 个、小鼠 8～10 个。在小鼠中，原始卵泡的形成过程大约发生在胚胎期第 17.5 天直至出生后 3～5 天这个阶段，历时大约一周；而在人类，原始卵泡最早出现在大约妊娠 16 周的胎儿卵巢中，而原始卵泡的形成在出生前已经完成。在原始卵泡形成这个相对于整个生命周期并不长的窗口中，卵巢内部发生了包括生殖细胞合胞体破裂（germline cyst breakdown）、生殖细胞的减数分裂阻滞、前颗粒细胞的侵入及包裹等多个过程。对于大多数物种而言，随着原始卵泡形成过程的完成，原始卵泡库（primordial follicle pool）得以确立。目前，普遍的观点认为在原始卵泡库确立之后，卵巢中便无法再生出新的生殖细胞，因而单个雌性动物一生的生育储备也就被确立了下来。从这个角度而言，原始卵泡形成过程对于雌性生育力及生育寿命具有决定性的作用。当然，也有部分证据提示着在哺乳动物成年卵巢中，可能存在生殖干细胞，进而伴随原始卵泡更新。但是，更多的证据指向了在成年卵巢中原始卵泡是无法更新而仅存在着不停的消耗。因此，在本节中，我们依然沿用经典的成年卵巢卵泡无法更新的概念。

（一）原始卵泡的形成调控

原始卵泡的形成过程是合胞体破裂、前颗粒细胞侵入及生殖细胞死亡或凋亡并行完成的一个过程。在这个过程中，卵巢中的生殖细胞数量先是达到整个雌性动物一生中的顶峰，随后又逐步下降直至最终确定个体终生可用的生育储备——原始卵泡库。事实上，合胞体破裂、减数分裂阻滞、体细胞侵入及原始卵泡形成这几个过程虽然具有一定的时序性，但在整个原始卵泡形成的窗口期中几个事件也是相互交叉的。就生物学事件而言，这个过程通常被定义为起始于合胞体的破裂。以小鼠为例，通过有丝分裂形成的生殖细胞合胞体，在小鼠胚胎发育至17.5天左右，部分的生殖细胞开始发生凋亡，这个过程导致多细胞的合胞体被逐步地分割成为较小的合胞体。而近期的研究表明，小鼠合胞体在形成后存在着合胞体内部的胞质与细胞器交流，因此早期的合胞体破裂过程可能与生殖细胞的选择具有密切关系。然而，与果蝇不同（果蝇16个生殖细胞的合胞体中仅有一个生殖细胞最终形成卵子），按照小鼠卵巢中生殖细胞的最终存活率，其比例要明显高于1/16；并且小鼠卵巢中的单个合胞体也被证明并非起源于单个生殖细胞，存在着不同合胞体合并的现象，因而在哺乳动物卵巢的合胞体破裂过程中，生殖细胞选择的过程可能存在更加复杂的机制。而当合胞体逐步破裂之后，位于合胞体外围被称为性索的结构中前期所募集分化的前颗粒细胞，逐步开始侵入被选择的合胞体结构，并最终分割包裹单个的卵母细胞形成原始卵泡。通常认为生殖细胞进入减数分裂是卵泡形成的前提，但最近的遗传学证据表明，在缺失减数分裂调控相关基因的情况下，生殖细胞不发生减数分裂也可形成少量卵泡样结构，这些结果提示了卵泡形成发育的复杂性。

原始卵泡的形成过程，牵扯包括卵母细胞与前颗粒细胞在内的多种细胞，其形成过程被多种分泌因子包括经典的WNT4、Rspondin1（RSPO1）、TGF-β超家族结合蛋白如卵泡抑素（follistatin），以及重要的转录调控因子如FIGLA、NOBOX、β-catenin和FOXL2等所调控。其中FIGLA和NOBOX均是卵母细胞特异表达的转录因子，敲除FIGLA（factor in germ line alpha）会导致原始卵泡形成受阻，而失去NOBOX（NOBOX oogenesis homeobox）则会使得合胞体破裂过程延迟进而导致卵母细胞的大量丢失。组学研究表明，FIGLA和NOBOX介导了卵母细胞下游的多种信号通路，对卵母细胞的存活与发育均具有重要作用。而FOXL2（winged helix/forkhead domain transcription factor）则是一种特异性表达在卵泡前颗粒细胞及颗粒细胞中的转录因子，在卵巢发育过程中参与多种事件，被认为是颗粒细胞分化和卵巢维持发育最重要的因子之一。如前所述，缺失FOXL2在人类中造成卵巢早衰，在小鼠中则会导致原始卵泡形成异常，进而卵母细胞无法存活和卵巢早衰。前颗粒细胞祖细胞募集进入卵巢后，开始表达FOXL2进而转变成真正的前颗粒细胞，随后在小鼠胚胎 17.5 天，FOXL2 阳性的前颗粒细胞逐步侵入合胞体，进一步将单个的生殖细胞包裹起来形成原始卵泡结构。有趣的是，虽然在小鼠卵巢中缺失功能性的 FOXL2 并不会导致原始卵泡无法形成，但是 *Foxl2* 敲除小鼠卵巢中形成的卵泡结构上与正常卵泡相比并不正常，并且在出生后卵母细胞会迅速丢失；而在成年动物中选择性敲除 *Foxl2* 则会导致卵巢雄性化的转变。同样，一些研究表明，早期失去生殖细胞的卵巢，在出生后其卵巢结构依然可以维持，并且具有一些不含卵母细胞的卵泡样结构存在。这些研究均表明了卵巢形成过程及原始卵泡库建立过程调控的复杂性，同时这些研究也说明了不同信号通路在卵巢发育过程中具有明显的阶段性调控特点。

当合胞体破裂发生之后，卵母细胞和周围前颗粒细胞之间的信号交流与互作开始在原始卵泡形成的过程中发挥核心的作用。近年来的研究中，越来越多的证据均指向 NOTCH 通路是介导原始卵泡形成过程中卵母细胞与前颗粒细胞结合的主要信号通路之一。NOTCH 信号通路包含 4 个受体，NOTCH1、NOTCH2、NOTCH3 和 NOTCH4 与它们的配体 JAGGED1 和 JAGGED2 及 DELTA-LIKE1、DELTA-LIKE3 和 DELTA-LIKE4。虽然在新生小鼠卵巢中，如 DELTA-LIKE1 和 4 并不表达，而受体 NOTCH3 和 NOTCH4 敲除也并不影响雌性生殖；但是，JAGGED1 和 NOTCH2 已被证明分别表达在卵母细胞和前颗粒细胞表面并影响原始卵泡的形成。同时 *Notch2* 敲除会导致多卵母细胞卵泡的大量产生，表明了合胞体破裂的异常。在合胞体破裂前颗粒细胞侵入的过程中，卵母细胞表面的 JAGGED1 与前颗粒细胞表面 NOTCH2 的胞外结构域进行结合使其发生蛋白剪切，致使 NOTCH 的胞内区（NICD）被释放并转移到细胞核参与激活其下游的靶基因，最终介导原始卵泡的形成。除了 NOTCH 信号通路，间隙连接对于哺乳动物的原始卵泡组装也是至关重要的。在小鼠卵巢中，颗粒细胞表达的间隙连接蛋白 CX43 及卵母细胞特异表达的 CX37 共同决定了众多的卵泡发育事件，包括原始卵泡的形成、卵泡生长及最终的卵母细胞成熟。而在原始卵泡形成过程中，利用药物完全抑制间隙连接后，卵巢中前颗粒细胞特异的基因如 *Notch2*、*Foxl2* 和 *Irx3* 表达下调，而卵母细胞特异的基因如 *Ybx2*、 *Nobox* 和 *Sohlh1* 的表达及卵母细胞的减数分裂过程并不会受到影响，这表明间隙连接对于早期颗粒细胞的分化是非常重要的，并且间隙连接通过调控前颗粒细胞的分化与行为进而参与调控原始卵泡的形成。另外，卵母细胞和颗粒细胞通过酪氨酸激酶受体（KIT）和酪氨酸激酶配体（KITL）建立的相互交流也是重要的。KIT 出现在小鼠胚胎 7.5 天，在卵巢发育过程中一直都有表达。在人和小鼠原始生殖细胞迁移、卵母细胞合胞体破裂、卵母细胞的数量决定和原始卵泡的形成及激活过程中，均有证据表明 KIT -KITL 发挥了一定的作用。与小鼠原始卵泡形成相关的重要基因特别是转录因子见表 6-1。

表 6-1　原始卵泡形成的相关重要基因及相关卵巢发育表型

小鼠基因	小鼠基因突变表型
Factor in the germline alpha（*Figla*）	生殖细胞凋亡，原始卵泡形成受阻
Newborn ovary homeobox gene（*Nobox*）	合胞体破裂延迟，原始卵泡丢失
Winged helix/forkhead domain transcription factor（*Foxl2*）	原始卵泡形成异常，卵母细胞死亡，卵巢早衰
Notch2	合胞体破裂异常，多卵母细胞卵泡增多
Kit-ligand（*Kitl*）	合胞体破裂异常，细胞凋亡减少，存活下来的卵母细胞增加

除上述提到的分子与信号通路，各种生殖激素被认为在原始卵泡形成过程中也具有调控作用。在小鼠中，由于原始卵泡的形成过程跨越了出生这一事件，因此实际上子代小鼠卵泡形成过程中的内分泌状态经历了由亲代孕期状态向子代状态的转换，而在这个过程中，激素和类固醇因子如己烯雌酚（diethylstilbestrol）、双酚 A（bisphenol A）、植物雌激素木黄酮（phytoestrogen genistein）、雌激素、雌二醇和孕酮的浓度变化，均参与了合胞体的破裂及原始卵泡的形成调控。但是，对于大多数哺乳动物而言，原始卵泡库的建立在出生之前已经完成，因此尚不清楚激素变化对原始卵泡形成过程的影响是否是一个生理性变化。

目前，尚不清楚合胞体中的卵母细胞是如何募集前颗粒细胞向其移动进行包裹的。近期的研究表明卵母细胞表达一种 S100 趋化钙结合蛋白家族成员——S100A8，其在原始卵泡形成过程中直接影响卵巢内体细胞的迁移。体外实验证明 S100A8 能够明显地提升卵巢内 FOXL2 阳性细胞的迁移能力；而敲低 S100A8 不仅可以抑制卵泡的重建，也会阻碍原始卵泡的形成。目前，随着体外干细胞诱导分化成为成熟卵子的工作不断开展，对体细胞与早期卵母细胞如何互作形成原始卵泡的研究显得更加重要。

（二）原始卵泡的数量决定

因为原始卵泡无法更新，所以在出生前后所形成的原始卵泡库数量直接决定了雌性动物一生中生育储备的总量。最初原始卵泡库的数量，在不同哺乳动物物种中相差显著，出生时小鼠原始卵泡为数千至上万个（根据小鼠品系不同有所差异），人为近百万个，家畜为几百万个；然而，这与在胚胎期中生殖细胞数量达到顶峰时的数字相差甚远。一般来说，在原始卵泡形成的过程中，会有超过 2/3 的生殖细胞损耗。在小鼠中，在生殖细胞刚刚进入减数分裂时，生殖细胞的数量是最多的，小鼠出生前后，原始卵泡大量形成时，卵母细胞死亡的数量最多。在小鼠出生 4 天时，平均每个合胞体只有 20%的生殖细胞存活下来。在人胎儿发育的第 20 周，卵母细胞的数量达到最大值，大约有 7 000 000 个，而在人妊娠第 24 周，胎儿的卵母细胞数量就开始明显减少。

那么，原始卵泡库内的原始卵泡数量是怎么精细调控维持在一定的水平的？目前的证据表明，原始卵泡库的最终数量决定，在宏观上是由卵母细胞的选择与前颗粒细胞的数量限制两方面共同决定的；在微观的分子调控上，则受到了多种卵巢中转录因子及程序性死亡相关基因的调控。而原始卵泡在形成过程中数量的大幅度下降，一方面与卵母细胞的优化选择有关，另一方面可能是为了避免成年后因过度的卵子发生导致大量能量浪费。在胚胎发育过程中，程序性死亡（programmed cell death，PCD）是一个重要的生理过程。然而早期的研究表明，当小鼠失去关键促凋亡基因 *Bax* 后，虽然在原始卵泡库建立之前，卵巢中的卵母细胞的存活数量会有较为显著的提升，但在出生后 4 天原始卵泡库接近建立的时刻，卵巢中的原始卵泡数量并未明显地增加。这些结果表明在生理情况下，原始卵泡库最终的数量可能是由卵母细胞与颗粒细胞共同决定的。在另外一项研究中，当小鼠缺失细胞周期抑制蛋白 P27，则会导致出生后原始卵泡库数量的显著提升。有趣的是，在原始卵泡形成之前的卵巢中，P27 仅仅在前颗粒细胞中表达，而 P27 的缺失将使得前颗粒细胞的数量得到提升，进而导致原始卵泡库的提升。由上述结果可以猜测，卵母细胞在合胞体破裂的过程中进行了自我选择，通过合胞体之间的物质与细胞器交流，使得一些卵母细胞成为优势卵子；而在原始卵泡形成的过程中，或许是通过前颗粒细胞的数量限制，决定了最终的原始卵泡形成数量。

实际上程序性死亡包括三种不同类型的细胞死亡，分别是凋亡（apoptosis）、自噬（autophagy）和非溶酶体降解（non-lysosomal vesiculate degradation）。其中细胞凋亡的调控包括两种蛋白，一种是促凋亡蛋白，包括前述的 BAX 等相关分子；另一种是抗凋亡蛋白，有 BCL2、BCL-XL 及 MCL1 等分子。在大多数情况下，存活或者凋亡取决于存活（抗凋亡）因子和凋亡因子的表达水平。无论是在人或小鼠卵巢中，细胞凋亡均是卵母细胞在原始卵泡形成前死亡的主要原因之一。而卵母细胞的凋亡或是由生理或者细胞水平的压力因素引起的，如在小鼠出生后雌激素水平的显著下降可能会引起卵母细胞的凋亡；线粒体的非正常组装也可引起细胞凋亡；而在合胞体间进行的胞质、细胞器的程序性转移，也会导致合胞体中大部分卵母细胞被牺牲并凋亡。同时，近期有研究表明 miRNAs 也会通过调控前体颗粒细胞的增殖或者卵母细胞的凋亡来参与到原始卵泡的组装过程中。同样，作为一个高度保守的胞内过程，自噬通过移除无用的或受损的细胞器和大分子来维持细胞的稳态。自噬既是一个细胞死亡的过程也是一个细胞适应压力存活的过程。出生前小鼠卵巢内由于自噬相关基因（*Atg7* 或 *Beclin1*）的缺失会导致新生小鼠雌性生殖细胞大量减少。除直接与程序性死亡相关的基因，众多的生长因子也参与了卵母细胞存活的选择。由颗粒细胞分泌的干细胞生长因子（SCF，即 KIT 配体）会参与到早期卵母细胞的存活过程中，而受体络氨酸激酶 KIT 则表达在卵母细胞上。抑制 KIT 受体或 KIT 受体自发突变均会导致合胞体破裂异常，细胞凋亡的减少，相应存活下来的卵母细胞数量会增加。相反，激活 KIT 会促进合胞体破裂，卵母细胞的数量会降低。神经生长因子（nerve growth factor）也会参与到合胞体破裂及原始卵泡库的建立过程中。而 TGFβ家族的多种生长因子在原始卵泡形成过程中，对卵母细胞的存活有着调控作用。

原始卵泡库的建立，确定了雌性动物个体的生育储备。这个过程既受到上述卵巢内及机体内信号的调控，又与环境及营养条件相关。

三、原始卵泡激活与始动募集

当哺乳动物卵巢中原始卵泡建立完成，雌性动物个体的生育储备得以确立后，大部分原始卵泡就进入了休眠的状态。原始卵泡由一枚休眠的卵母细胞（dormant oocyte）和围绕在其周围一层扁平的颗粒细胞构成（图 6-2）。休眠的卵母细胞处于减数第一次分裂的双线期，而包裹其周围扁平的颗粒细胞被称为前颗粒细胞（pregranulosa cell）或原始卵泡颗粒细胞（primordial follicle granulosa cell）。目前，对于前颗粒细胞与颗粒细胞的内在分子差异并不清楚，基于前颗粒细胞与颗粒细胞在形态学及对激素响应性上的差异，在本章中依然沿用传统的称谓即前颗粒细胞。自原始卵泡库建立之后，卵巢中生殖的基本功能单位即为原始卵泡，在随后的发育过程中直至排卵，卵母细胞的生长均是以卵泡整体生长的模式进行的。同时，由于原始卵泡库具有不可更新的特点，而原始卵泡一旦进入生长阶段则无法逆转，因此原始卵泡的消耗是造成生殖衰老的主要原因之一。

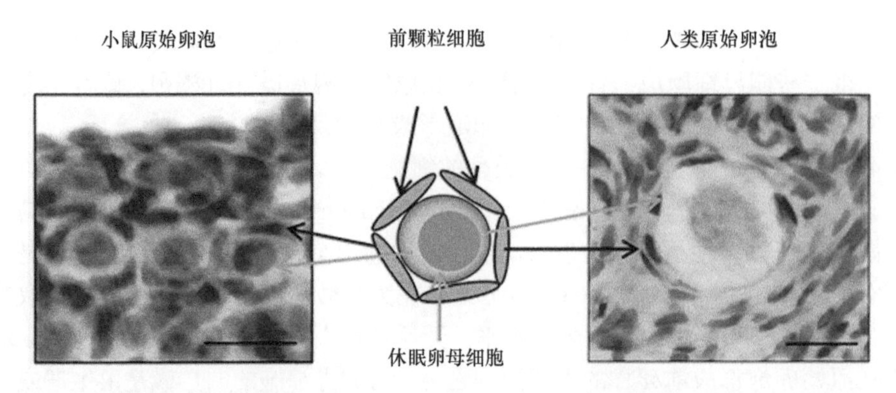

图 6-2　原始卵泡组织形态及模式图（Zhang and Liu，2015）。左侧为小鼠卵巢组织形态图，中间为原始卵泡模式图，右侧为人的原始卵泡组织形态图

不同的物种原始卵泡库建成所需的时间并不相同，但建立过程基本都集中在出生前或新生阶段。在人类，原始卵泡库的建立过程主要发生在胚胎发育的第 22 周直至出生前的阶段，而在啮齿动物则主要完成于出生后的 3～5 天。对于家畜，绵羊大约在胎儿期 110 天，而牛则是在胎儿期 130 天。在原始卵泡建立的过程中发生卵母细胞数量的大量减少。以人类为例，在胚胎发育 20 周时，卵母细胞的数量达到顶峰 600 万～700 万个，而出生时卵母细胞数量减少为不足 100 万个。就整体而言，伴随着原始卵泡库的建成，卵巢中主要的原始卵泡都将进入休眠的状态，而处在休眠状态的原始卵泡，在大部分哺乳动物物种中均位于卵巢皮质，并将在皮质区中以休眠的状态维持着雌性动物的生殖储备。

对于单个原始卵泡，在原始卵泡库建立之后，其“命运”将会具有三种截然不同的选择：①保持休眠，维持漫长的生育寿命，这个过程在小鼠可能会持续两年而在人类最长则会持续 50 年以上；②从休眠状态中直接死亡，这将导致生育储备的减少并与卵巢衰老直接关联；③激活（follicle activation）或称为始动募集（initial recruitment），卵泡进入生长卵泡状态，颗粒细胞大量增殖维持内分泌，而卵母细胞生长直至排出成熟的卵子。在哺乳动物一生的生殖寿命中，事实上大部分的原始卵泡将保持休眠并在休眠中死亡，只有小部分卵泡会被激活并参与后代的繁殖（图 6-3）。因而作为卵泡发育成熟的起始步骤，原始卵泡激活被始动募集对于雌性哺乳动物的生殖是非常关键的。在原始卵泡库建立之后，卵巢内的原始卵泡即在这三种命运中进行选择，而整个原始卵泡库中这三种命运的平衡，则维持了雌性动物生育寿命的有序性，三种发育可能中的任意一种失衡，均会导致卵巢功能出现障碍直至卵巢早衰。

（一）原始卵泡的激活调控

原始卵泡的激活，又称为始动募集或初始募集，是原始卵泡从休眠状态进入活跃状态，并伴随周围颗粒细胞的分化和增殖的过程。具体表现为卵母细胞体积增大，内部 RNA 的转录水平和蛋白质合成水平明显增强，前颗粒细胞由扁平状转化为立方状颗粒细胞并且通过增殖数目增多。需要强调的是，虽然原始卵泡一般被当作一个功能复合体进行研究，对其激活也多是以其发育至后期卵泡的能力进行评判。但事实上，原始卵泡是由两种截然不同的细胞共同构成的复合体，无论是在激活还是在休眠维持上，两种细胞

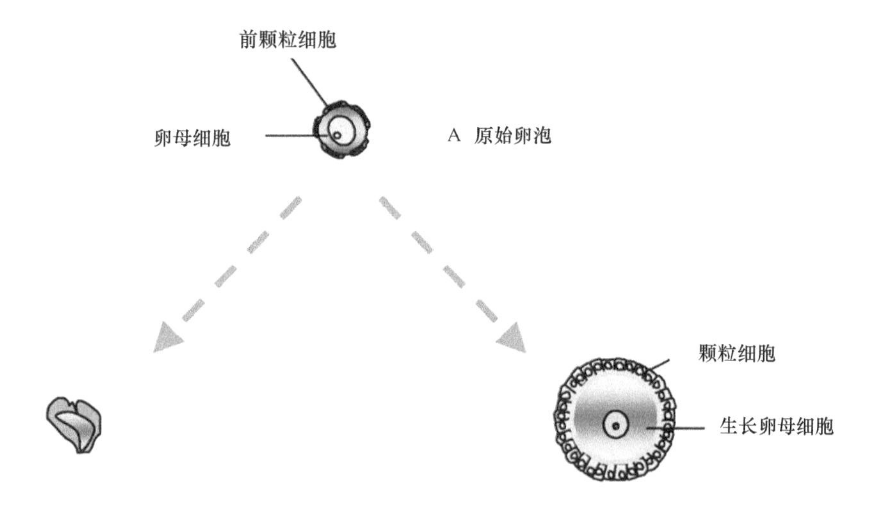

图 6-3 原始卵泡的“命运”决定（Adhikari and Liu，2009）。原始卵泡形成之后的三种“命运”：大部分休眠、一部分凋亡以及一小部分激活后进入发育阶段

都可能受到相对独立的分子信号调控。在原始卵泡激活这一事件中，生理条件下两者的发育是协同的，但如两种细胞的发育产生不同步，则会导致卵泡异常生长直至最终闭锁。这一点，在原始卵泡的激活发育研究中应当特别重视。

早期的研究通过形态学观察，认识到在原始卵泡的激活过程中，通常是开始于前颗粒细胞的形态变化，而后卵母细胞开始生长。目前较为公认的观点是卵母细胞内的信号通路或前颗粒细胞的信号通路均可启动原始卵泡的激活过程。在生理情况下，卵泡启动的过程是由前颗粒细胞中的 mTORC1（mechanistic target of rapamycin complex 1）信号通路起始的，mTORC1 是一个保守的丝苏氨酸激酶，对细胞生长代谢具有决定性的调控作用。在休眠的原始卵泡前颗粒细胞中，mTORC1 信号通路处在抑制状态，而当上游激活信号到来，进而诱导前颗粒细胞 mTORC1 信号通路活性加强，将会致使前颗粒细胞发生分化转变为颗粒细胞，具体表现为其形态上的立方化与数量上的增殖。在 mTORC1 调控前颗粒细胞向颗粒细胞转化的同时，活化的 mTORC1 信号通路也使得 KIT 配体（KIT ligand）的表达显著上调。KIT 配体是由颗粒细胞分泌的一种生长因子，也被称为干细胞生长因子 SCF。被分泌至胞外的 KIT 配体将与休眠卵母细胞表面的 KIT 受体相结合，进而通过 KIT 受体诱导卵母细胞内部 PI3K 信号通路的激活。作为调控卵母细胞激活的关键信号通路，PI3K 活性的上调，将引起休眠卵子的生长。通过上述过程，单个休眠原始卵泡达到了前颗粒细胞与卵母细胞的协同激活，为后续卵泡的有序生长拉开了帷幕。目前生理性原始卵泡激活信号调控通路模式图，如图 6-4 所示。在这个生理性调控的通路中，任意元件如 mTORC1、PI3K 或者 KIT 配体-KIT 受体失活，均会导致原始卵泡激活的失败；而其中任意元件的过度活跃，亦会导致原始卵泡的过度激活最终引发卵巢早衰。

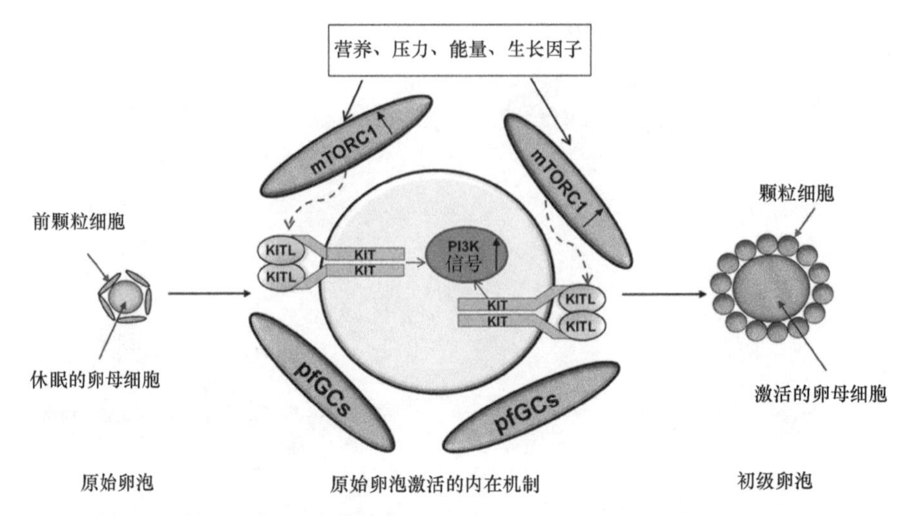

图 6-4 成年卵巢中单个原始卵泡激活模式图（Zhang and Liu，2015）。该通路表明哺乳动物成年卵巢中原始卵泡的始动发育是由卵泡前颗粒细胞起始的，并由前颗粒细胞与卵母细胞的协同发育，最终完成了原始卵泡的激活过程。左侧为原始卵泡模式图，该原始卵泡为被选择卵泡，前颗粒细胞已经处于激活状态。中间为单个原始卵泡激活的内在信号通路：当前颗粒细胞中 mTORC1 信号通路不活跃时，前颗粒细胞保持静止，原始卵泡不激活；而当 mTORC1 信号通路被激活，前颗粒细胞将进行分化并增殖。前颗粒细胞中的 mTORC1 信号通路调控了 KIT 配体的分泌，而在被选择进入发育状态的卵泡中高表达的 KIT 配体与卵母细胞上的 KIT 受体相结合，激活休眠卵母细胞中的 PI3K 信号通路，引起原始卵泡激活

除上述所描绘的生理性原始卵泡调控激活网络，目前也发现了许多其他的基因或信号通路可对原始卵泡激活进行调控。①细胞周期抑制蛋白 P27（P27KIP1），P27 特异性地表达在原始卵泡库建立前的前颗粒细胞及原始卵泡中的休眠卵母细胞中，卵母细胞敲除 *P27* 将导致原始卵泡的过度激活，从而导致卵巢早衰。②失去前颗粒细胞特异表达基因 *Foxl2* 基因会导致卵巢中生殖细胞的过度生长，并且由于缺乏卵泡颗粒细胞的支持，导致卵巢早衰。③肝激酶 LKB1（liver kinase B1）-AMPK（AMP-activated kinase）信号通路，此信号通路通过调控卵母细胞中的 mTORC1 信号通路进而控制原始卵泡的激活。④早期卵母细胞内特异性转录因子 NOBOX（NOBOX oogenesis homeobox）、SOHLH1（spermatogenesis and oogenesis specific basic helix-loop-helix 1）及 LHX8（LIM homeobox protein 8），敲除这些转录因子将导致原始卵泡无法激活进入生长阶段。⑤其他因素如 AMH（抗缪勒氏激素）、营养、压力、细胞因子等对原始卵泡的激活也有一定的调节作用。目前原始卵泡激活与休眠维持机制的研究进展如表 6-2 所示。

虽然近年来单个原始卵泡激活的分子调控机制得到了深入的探索，然而如果我们将时间和空间的尺度延伸，以卵巢中的整个原始卵泡库为研究单位进行讨论，目前我们对不同原始卵泡的选择性激活命运决定机制，依然并不清楚。如上所述，在卵巢中存在着大量的休眠卵泡，而在一个个发情周期中，为何一些原始卵泡保持休眠而另一些又被选择性地激活起来？这些原始卵泡又是通过怎样的上游调控有序地逐步被利用从而维持住漫长的生殖寿命的？以及同一卵巢中的不同原始卵泡是否存在着天然的差异？这些问题目前依然没有答案。而对这些问题的解析，或许将会真正地引导着我们最终达到人为控制雌性生育寿命的目标。

表 6-2　关于原始卵泡激活和休眠维持相关的重要信号通路及重要因子汇总表

重要信号通路和相关因子	具体作用
mTORC1-KITL-KIT-PI3K 信号通路	该信号通路实现了原始卵泡前颗粒细胞和卵母细胞之间的交流，保证了前颗粒细胞对原始卵泡激活的开启
P27KIP1-CDK1 信号通路	P27 在原始卵泡库的维持中起重要作用，敲除后，原始卵泡过度激活
LKB1-AMPK 信号通路	通过 mTORC1 实现对原始卵泡激活和维持的调控，敲除 LKB1 会引发原始卵泡提前激活
生殖细胞特异转录因子 NOBOX、SOHLH1、SOHLH2、LHX8、FOXO3a	在原始卵泡库的建成、维持和激活中发挥着重要作用，当敲除这些因子，原始卵泡会大量提前激活而死亡
颗粒细胞特异转录因子 FOXL2	FOXL2 通过抑制卵母细胞生长和前颗粒细胞的增殖来调控原始卵泡的激活，*Foxl2* 的缺失将导致卵母细胞激活，但前颗粒细胞不分化而早衰
KITL 和 KIT	当 KIT 的活性受到抑制，原始卵泡将不能激活；当 KIT 持续高表达会导致原始卵泡过度激活，卵巢早衰
TSC	mTORC1 的抑制元件 TSC 对维持原始卵泡的休眠有作用。当从卵母细胞或颗粒细胞敲除 TSC 时，原始卵泡将会过度激活
PTEN	PI3K 有力的拮抗分子 PTEN 起着维持原始卵泡的作用。当从卵母细胞中敲除 PTEN 将导致原始卵泡库的过早激活
激素（AMH）、细胞因子（BMP4、BMP15、GDF9、PDGF、bFGF 等）	这些因子在体内的缺失或者在体外培养中的缺失都会导致原始卵泡的激活出现异常
CRL4 蛋白质复合体	该复合体蛋白质对于维持卵子的活性至关重要，作用于原始卵泡的维持，敲除其关键元件将导致卵母细胞大量丢失

（二）原始卵泡的休眠维持

雌性哺乳动物原始卵泡库建成之后，大部分的原始卵泡保持休眠状态。事实上，对于雌性动物的生育寿命而言，如何将大量的原始卵泡维持在休眠状态是至关重要的。因为原始卵泡无论是过度激活或过度死亡，均会导致卵巢早衰。那么，原始卵泡休眠的维持又是受到哪些因子的调控？已有的研究表明，早期表达的生殖细胞特异性转录因子 NOBOX、SOHLH1、SOHLH2 和 LHX8，以及颗粒细胞中特异表达的叉头转录因子 FOXL2 对原始卵泡库的维持均具有重要的作用。当上述转录因子缺失，原始卵泡将无法存活。但目前并不清楚，过表达上述因子是否会导致卵母细胞或颗粒细胞的提前激活。针对上述转录因子缺失小鼠的组学分析表明，包括 NOBOX、SOHLH1 在内的转录因子对于原始卵泡激活后的生长发育也具有显著的调控作用。

如前文所述，PI3K 信号通路下游的转录因子 FOXO3a 在原始卵泡休眠的维持中发挥重要作用。生理状态下，FOXO3a 在休眠的原始卵泡的卵母细胞中高表达，而当原始卵泡激活后 FOXO3a 则会从卵母细胞的细胞核中转移到细胞质中。因而，FOXO3a 在细胞核中对 PI3K 信号通路的抑制对于原始卵泡维持在休眠状态是非常重要的。而当从小鼠卵母细胞中特异性敲除 *Foxo3a* 之后，则会导致原始卵泡库过度激活进而引发卵巢早衰。而如果将卵母细胞中 PI3K 信号通路的关键正向因子 *Pdk1* 敲除，使得卵母细胞中的 PI3K 信号通路彻底失活，则会导致原始卵泡的大量丢失；而将 PI3K 信号通路的抑制元件 PTEN 敲除，则会使得全部卵泡中的卵母细胞过度激活进入生长状态，最终导致原始卵泡的丢失。同样地，在前颗粒细胞中敲除 mTORC1 信号通路中的关键调控亚基 RPTOR 而使其中的 mTORC1 信号通路彻底失活，则在导致原始卵泡不激活的同时，也会使得原始卵泡大量死亡最终卵巢早衰。因此，无论是 PI3K 信号通路还是 mTORC1 信号通路，其基础水平的活性对于原始卵泡的休眠维持都是非常重要的。

Yu 等（2013）的研究结果揭示了 CRL4 复合体（cullin-ring finger ligase-4 complex）通过调节表观修饰，介导了原始卵泡卵母细胞休眠过程中的基因表达机制。当从休眠卵母细胞中敲除 CRL4 连接蛋白 DDB1（damaged DNA binding protein-1）和接头蛋白 VPRBP（viral protein R-binding protein）致使 CRL4 复合体无法发挥功能后，卵巢中的原始卵泡会发生耗竭导致卵巢早衰。更加重要的是，当 CRL4 复合体无法发挥功能后，卵巢中的众多已知与原始卵泡休眠及存活有关的特异性调控因子表达均发生了下调，包括 SOHLH1/2、NOBOX、FIGLA、KIT 等，这表明 CRL4 复合体作为上游调控元件整体性地调控了原始卵泡存活与休眠。进一步的研究发现，CRL4 复合体通过进入卵母细胞核后激活甲基胞嘧啶双加氧酶 TET（TET methylcytosine dioxygenase），进而调节相关基因的甲基化水平，最终达到调控原始卵泡休眠必要基因表达的目的。此项研究揭示了休眠卵母细胞是如何在基因组层面通过表观遗传修饰介导休眠与存活的，更多相关研究将有助于我们深入地认识原始卵泡的休眠调控。

（三）原始卵泡的分群现象

解剖学上，卵巢可分为皮质和髓质两个部分。在大多数哺乳动物中，原始卵泡储存于卵巢的皮质部，而激活的卵泡自皮质部逐渐迁移进入髓质部进行后期发育。早在 20 世纪 70 年代，有学者通过形态学观察就发现出生后一周之内的小鼠卵巢中出现了第一波激活的卵泡，位于髓质部，而未被激活的卵泡位于皮质部；并且，通过对不同物种卵巢切片的观察，进一步提出第一波激活卵泡的发育模式在哺乳动物（包括人类）中是保守的。20 世纪 90 年代，英国科学家 Hirshfield 等通过形态学观察及卵泡体细胞的放射性标记追踪方式，提出了卵巢中的原始卵泡可能具有分群的假设：原始卵泡库形成后，卵巢中皮质存在的休眠原始卵泡与已经存在于髓质部的激活卵泡可能具有不同的来源与功能。但是，由于技术手段限制，这个假说一直没有得到充分的实验证明。同时，早期普遍的观点认为最早激活的髓质部原始卵泡，并不会参与排卵，因而无法贡献在子代繁衍中。近年来，随着细胞世系追踪技术等多种新手段的介入，卵巢内原始卵泡的颗粒细胞存在不同起源并分群的现象被不断地揭示出来，而这些研究也为原始卵泡分群的假说提供了新的依据。目前的研究证实，前颗粒细胞的来源一部分是从卵巢上皮募集而来，另一部分则可能是从中肾或非上皮组织募集而来，而这些祖细胞的募集在时间上具有明确的先后顺序，同时分化为功能性前颗粒细胞后均会统一地表达 FOXL2。基于上述发现，近期的研究以诱导性谱系追踪小鼠为模型阐述了前颗粒细胞募集与原始卵泡分群的关系：一种前颗粒细胞来源于中肾，参与第一波原始卵泡的形成，位于髓质区，这波原始卵泡在青春期之前就始动生长；另一种前颗粒细胞源于卵巢上皮，参与第二波原始卵泡的形成，第二波原始卵泡在进入青春期之后激活生长。进一步通过长时间的卵泡细胞世系追踪，研究者发现小鼠卵巢中不同的原始卵泡在发育模式上及生理功能上都存在显著的差异，因而可明显区分为两群：第一波原始卵泡快速地激活发育并贡献于青春期的始动，并且可排卵并参与了早期的子代繁育；第二波原始卵泡在形成后则进入休眠，在性成熟前后缓慢逐步地被激活，进而进入发育阶段，提供了雌性动物成年后一生所排出的卵子。这些研究提出了一系列非常关键而重要的问题，那就是两波原始卵泡的根本差异是什么，两波卵泡中的卵母细胞在起源上是否存在着明显的异质性？如果存在异质性，那么生育寿命早期出生的后代和晚期出生的后代又有着怎样的差别？这些内容均值得我们深入地讨论与探索。

四、卵泡生长发育与成熟

当原始卵泡被选择性地激活之后，卵泡进入生长阶段并被称为生长卵泡。而卵泡一旦开始进入生长阶段后，其发育命运无法逆转，要么成为优势卵泡排出成熟卵子，要么走向闭锁。在这个生长阶段，卵泡中卵母细胞直径明显增大，卵泡颗粒细胞通过增殖数量明显增加；通过卵泡生长，卵母细胞为排卵后的核质成熟做出了充分的准备。早在19世纪60年代，生殖生物学家根据小鼠卵巢切片观察，依据卵泡发育的形态特别是卵泡颗粒细胞的数量，将卵泡分成小卵泡、中型卵泡及大卵泡三大类，而在这三大类的基础上又具体地区分为最初的第一类卵泡（type 1）一直到最终的第八类卵泡（type 8）共10个亚群。而后，随着对卵泡发育特别是激素调控认识得深入，按照卵泡发育的不同阶段，研究者将生长卵泡区分为初级卵泡、次级卵泡、三级卵泡，而三级卵泡则包括早期有腔卵泡、晚期有腔卵泡即格拉夫卵泡（Graafian follicle）和最终的排卵卵泡几个阶段。其中初级及次级卵泡属于对促性腺激素不敏感阶段；而在三级卵泡也就是有腔卵泡阶段，卵泡生长依赖于促性腺激素的刺激，并在激素的作用下选择出最终的优势卵泡发育至排卵卵泡并排出卵子。当然，上述分类也并非是绝对分割的，如在早期卵泡发育过程中，普遍的认识是促性腺激素也发挥着一定的调控作用；同时，针对不同的物种上述分类方式特别是在生长卵泡阶段也有一定的偏差，如在人类卵泡成腔后会被继续细化为多个等级，但整体而言卵泡的大致发育过程基本在哺乳动物中是一致的。各级卵泡之间的相互关系见图6-5。

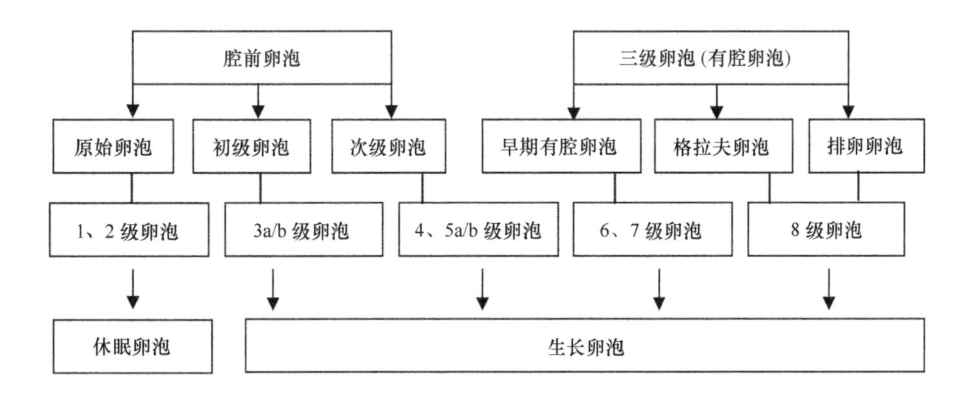

图6-5　各种类型卵泡的相互关系

在卵泡发育的时间图谱上，对于腔前卵泡的追踪实际上是非常困难的，并且各级卵泡发育的时间因物种、个体、年龄不同及环境影响差异非常大。目前，对各级卵泡发育时间了解得比较清楚的是小鼠。通过细胞世系追踪的方式，对小鼠成年卵巢中原始卵泡发育至各级卵泡所需的最短时间进行了检测，发现由初级卵泡至次级卵泡至少要经过 14 天，而次级卵泡至早期有腔卵泡也大致需要 14 天，最终由早期有腔卵泡发育至排卵卵泡需要额外的 7 天时间。而在人类，卵泡在腔前发育阶段是难以进行监测的，而在成腔之后卵泡的发育则可以通过包括超声在内的多种手段进行连续的观察。通过检测，人类的卵泡在腔前阶段直至最终的排卵阶段又被区分为 8 个级别，在卵巢中自腔前卵泡大约发育至小有腔卵泡（2mm 直径），需要 65 天左右的时间；而随后发育至最终排卵又大约需要 20 天。

（一）初级卵泡（primary follicle）

原始卵泡经过始动募集被激活进入生长阶段后，首先发生的事件即是卵母细胞周围的前颗粒细胞由扁平转化为立方状的颗粒细胞。初级卵泡的重要特征即是单层立方状的颗粒细胞。实际上，初级卵泡与其后的次级卵泡乃至随后的有腔卵泡发育，并不像原始卵泡至初级卵泡的转化具有明显的状态变化，进入生长卵泡阶段后，其发育过程是一个连贯不可分割的过程（图 6-6）。而在初级卵泡阶段，主要的发育事件包括颗粒细胞的分化和增殖，以及颗粒细胞中 FSH 受体的表达；而卵母细胞在此阶段，则会进行非常明显的生长，并且开始分泌透明带蛋白。

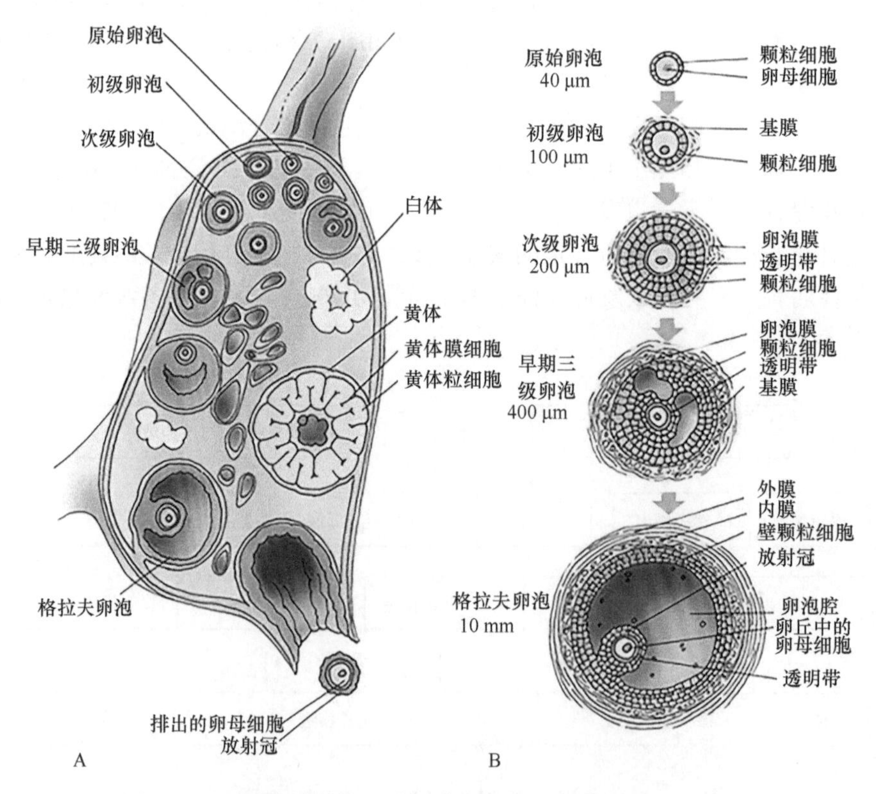

图 6-6　人类各级卵泡的形态结构示意图（Monkhouse，1996）

1. FSH 受体的表达

在初级卵泡的发育过程中，颗粒细胞开始表达卵泡刺激素 FSH 受体，这是卵泡进入生长阶段的重要标志。卵泡刺激素 FSH 是由垂体释放的促性腺激素中的一类最主要激素，顾名思义其主要功能即为刺激卵泡的生长。然而，对于 FSH 是否参与早期生长卵泡的发育调控，一直以来存在着争议。一方面，无论是切除垂体（促性腺激素）的啮齿类动物或灵长类动物乃至女性，其血液循环中即便是已经失去了 FSH，但卵巢中仍然存在有发育的卵泡；同时，在 FSH 受体敲除小鼠的成年卵巢中，依然可以观察到一定量的生长卵泡。但是，另一方面的证据表明，无论是体内的 FSH 还是外源性添加的 FSH，均可以促进卵泡发育，并且体外培养早期卵泡的实验中也无一例外地证明 FSH 对腔前卵泡具有刺激生长作用。而对于 FSH 受体表达的调控，在啮齿类动物中认为颗粒细胞表达的活化素（activin）可以通过自分泌/旁分泌的机制促进 FSH 受体的表达。另外也有研究发现 TGF-β 也是 FSH 受体表达的强力诱导剂。

2. 卵母细胞生长和分化

卵泡发育起始阶段的另外一个重要特征即是卵母细胞的生长。正如前文在原始卵泡激活中的描述，在卵泡由休眠状态进入生长阶段后，卵母细胞会发生迅速的生长，并伴随着卵母细胞内 RNA 和蛋白质合成的增加与积累。在初级卵泡阶段，虽然颗粒细胞保持在单层的状态，然而卵母细胞的体积在这个阶段得到了极大的增长，在小鼠和人类中基本上接近了成熟卵母细胞的直径大小。同时，在初级卵泡阶段，卵母细胞中的透明带蛋白开始分泌，透明带（zona pellucida）开始出现。在小鼠中，透明带是由 3 种透明带蛋白组成的，分别是 ZP1、ZP2 和 ZP3；而在人类，则同时存在着 4 种透明带蛋白，分别为 ZP1、ZP2、ZP3 和 ZP4。透明带的产生，一方面对于卵母细胞的结构维持具有重要作用，另一方面透明带隔绝了卵母细胞与颗粒细胞的直接接触，可能发挥了调控卵母细胞发育成熟的作用，并且透明带在后期精卵识别和结合过程中，也起到了至关重要的引导作用。

在初级卵泡的发育过程中，其中一个重要的事件就是卵母细胞和颗粒细胞间间隙连接（gap junction）的形成。间隙连接是相邻细胞之间的一种可以开或关的通讯连接或电偶联通道（亦即“门控”通道），具有传导快、低阻抗和延搁时间短等特点，间隙连接通道可因构成其管壁的连接蛋白（connexin protein）构象的变化而发生开闭。当间隙连接通道开放时，可允许分子量小于 1000 Da 的营养成分（如单糖、氨基酸等）、离子和参与信号传递的分子［如 Ca^{2+}、cAMP 和三磷酸肌醇（IP3）］等在相互连接、具有通讯能力的细胞之间进行交换。卵泡体细胞与卵母细胞之间通过间隙连接进行双向信息交流。一方面，颗粒细胞通过间隙连接持续低水平发送 cAMP 信号等物质至卵母细胞，参与调节卵母细胞的营养代谢、生长、减数分裂阻滞的维持及卵母细胞的成熟；另一方面，卵母细胞向体细胞传递信息，参与调节颗粒细胞的增殖和分化、卵丘细胞的扩展及颗粒细胞类固醇激素的合成与分泌等。卵泡中的间隙连接网络使壁层颗粒细胞、卵丘细胞与卵母细胞之间共同形成一个结构和功能上的“合胞体”。因此，间隙连接就成为卵泡细胞之间信息交流及相互作用的基石，从而决定着卵泡各组成部分，尤其是那些受内分泌信号或旁分泌信号调节部分的功能。卵泡募集后，卵母细胞就会表达连接蛋白37（CX37），形成间隙连接。有趣的是，*Cx37* 基因突变造成小鼠雌性不育，其病因是卵泡不能发育成熟，雌鼠不能排卵，卵母细胞发育不到获能的状态。可见，在实验动物中，CX37对于卵泡发生和雌性的生育能力是必需的。颗粒细胞和卵母细胞通过CX37连接起来，并且通过这样的间隙连接物质从颗粒细胞被运送到卵母细胞。这些来源于颗粒细胞的物质对于卵母细胞生长起着调节和营养的作用，也可能是促进减数分裂恢复的物质。另外卵母细胞产生的信号，也可以通过间隙连接传递给卵泡细胞，防止卵泡细胞过早分化，维持卵泡细胞的发育。同时，随着透明带的产生，分化后的颗粒细胞与卵母细胞之间开始产生了物理性的屏障，而两者之间的物质信号交流则开始通过细胞质膜的突起（trans-zonal projection）和微绒毛（microvilli）的结构加以维持，而前述的间隙连接即存在于细胞质膜的突起之上。然而，细胞质膜的突起之上所存在的细胞连接并不仅限于间隙连接，一些其他的细胞连接形式如锚定连接、紧密连接等也存在其上。对于细胞质膜的突起的产生、维持、调控，以及其在不同卵泡发育阶段的作用目前研究尚不充分。

在初级卵泡形成之后，目前已知的一些卵母细胞重要转录因子对其内部关键基因的表达发挥了重要的调控作用。目前已知的对早期卵泡生长具有重要作用的转录因子包括 NOBOX、SOHLH1 及 LHX8 等，上述转录因子直接调控了包括透明带蛋白、重要的卵母细胞生长分化因子 9（GDF9）和骨形态蛋白 15（BMP15）等与初级卵泡生长直接相关的功能因子的表达。而在这些功能性因子中，目前认为具有核心功能的为 GDF9 和 BMP15。在啮齿类动物中的研究已经证实，GDF9 主要以旁分泌或自分泌的方式作用于颗粒细胞和膜层细胞，对早期卵泡发育、卵泡细胞增殖、类固醇激素合成和卵丘扩展具有重要作用。*Gdf9* 基因缺失的雌鼠由于早期卵泡生长受阻而最终导致不孕。BMP15/GDF9 在女性生育中的主要生物学功能包括：①促进卵泡生长及成熟（从不依赖促性腺激素的原始卵泡开始）；②调节颗粒细胞对 FSH 作用的敏感性；③促进颗粒细胞的有丝分裂，刺激颗粒细胞的增殖和扩展。可见卵母细胞产生的生长因子在调节腔前卵泡发生的过程中起着关键的作用。人的卵母细胞表达高水平的 GDF9 和 BMP15，并且 GDF9 可以在体外促进人腔前卵泡的生长。由此可以推断，腔前卵泡的发生很可能受卵母细胞所产生的生长因子自主调节。有趣的是，卵母细胞表达 GDF9 的失调与妇女的多囊卵巢综合征（PCOS）也有关系，其中的具体机制尚不清楚。

（二）次级卵泡（secondary follicle）

随着初级卵泡的继续发育，卵泡的结构开始发生变化。次级卵泡阶段，卵泡结构发生的主要变化包括颗粒细胞数目的不断增多、多层化及卵泡膜细胞的分化（图 6-7）。从初级卵泡到生长完全的次级卵泡过程，是一个包括卵母细胞产生的生长因子在内的自分泌/旁分泌调节的过程。而次级卵泡阶段依然属于腔前卵泡，但是次级卵泡的一系列变化，为后期卵泡发育进入有腔阶段奠定了基础。

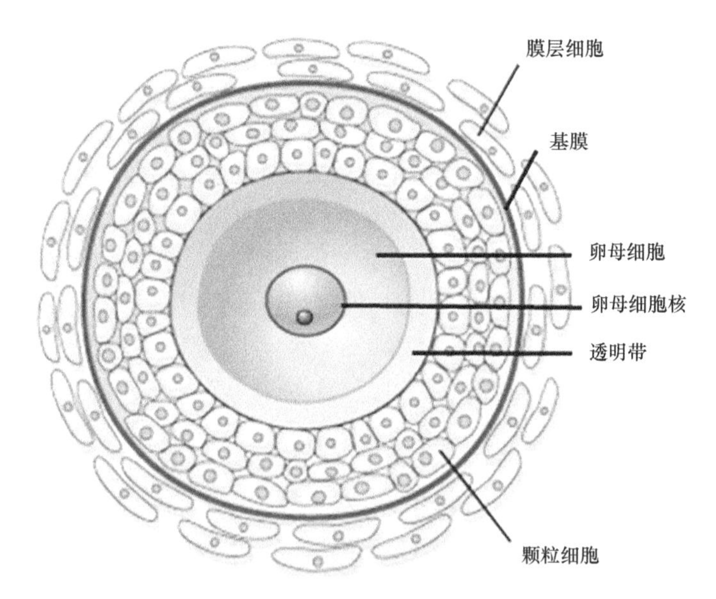

图 6-7 一个典型的次级卵泡（改绘自 Koeppen and Stanton，2008）。主要由一个生长的、被透明带包围的卵母细胞，多层颗粒细胞，基膜和膜细胞共同构成。膜细胞分为两层，分别为内膜细胞和外膜细胞

1. 初级卵泡到次级卵泡的转变

次级卵泡的发育开始于第二层颗粒细胞的形成，这一过程被称为初级到次级卵泡的转变，包括颗粒细胞从简单的立方上皮到分层的或假复层的柱状上皮的转变。在动物上的实验已经证实，初级/次级卵泡阶段是卵泡发生过程的关键调节阶段，如在小鼠和绵羊中，缺少 GDF9 和 BMP15 会使卵泡的生长和发育停止在初级卵泡阶段。这说明卵母细胞产生的 GDF9 和 BMP15 在卵泡从初级向次级的转变过程中起着必不可少的作用，这种作用可能是通过促进颗粒细胞有丝分裂和影响颗粒细胞的排列方式来实现的。在卵泡募集后，会在颗粒细胞之间形成大量的间隙连接，CX43 是在颗粒细胞上表达的主要的间隙连接蛋白。*Cx43* 缺失的小鼠，卵泡发生会抑制在从初级卵泡向次级卵泡转变的阶段。这些结果暗示了 CX43 与 GDF9 和 BMP15 一样，在调控初级卵泡向后期卵泡发育的过程中起着非常重要的作用。

除了 GDF9 和 BMP15，R-spondin2 蛋白也被认为在卵泡早期发育过程中发挥重要作用。R-spondin2 是 WNT 信号转导途径的受体，*R-spondin2* 突变导致小鼠不对称肢体畸形和卵巢功能早衰。*R-spondin2*$^{+/-}$杂合子雌性小鼠在 4 月龄时表现出生育力下降。因此，R-spondin2 水平的降低可能导致育龄晚期卵泡发育失败，类似于患者中的卵巢早衰。卵母细胞特异性同源框基因 *Nobox* 突变也与突变小鼠和患者的卵巢功能早衰有关。令人感兴趣的是，在 *Nobox* 缺失小鼠卵巢中 R-spondin2 表达显著降低。

R-spondin2 仅在初级卵泡和大卵泡的卵母细胞中表达，而不是在原始卵泡中表达。在从腔前卵泡分离培养的体细胞中，R-spondin2 处理组能与 WNT 配体协同作用以刺激 WNT 信号传导。体外分离培养带有腔前卵泡的青春期前小鼠卵巢，R-spondin2 与 FSH 处理结果相似，都能够促进初级卵泡发育至次级阶段。R-spondin2 激动剂的体内处理也能够刺激未成年小鼠和成年小鼠的初级卵泡发育到有腔卵泡阶段。此外，将人卵巢碎片

移植到免疫缺陷小鼠，使用 R-spondin2 激动剂处理后能够刺激初级卵泡发育到次级卵泡阶段。因此，卵母细胞来源的 R-spondin2 是腔前卵泡发育必需的旁分泌因子。

在卵巢中，原始卵泡与初级卵泡主要分布在卵巢的皮质部，而卵泡后期生长则要进入卵巢髓质部继续。目前研究表明，HIPPO 信号通路对维持卵泡的正常发育速度发挥着重要作用。HIPPO 信号通路对于器官大小的控制是必不可少的，该通路的成员在所有后生动物中都是保守的。卵巢 HIPPO 信号通路的研究结果表明，一旦原始卵泡被激活生长，靠近皮质区域卵泡细胞的 HIPPO 信号被破坏，导致 YAP 活性增加和细胞外基质因子分泌，随后细胞增殖和卵泡生长进入第二阶段。随着卵泡生长进入较软的髓质区域，重新活化的 HIPPO 信号可以减缓卵泡生长。

2. 膜细胞发育

在次级卵泡阶段，除颗粒细胞的多层化外，更为重要的一个事件是卵泡开始出现一个新的结构——膜层（theca layer）。“Theca”这个词本身来源于拉丁语，其含义即是外壳或外套的意思。顾名思义，膜层细胞是包裹在卵泡颗粒细胞外层的一层特殊细胞。在其结构上，膜层细胞可以具体地被区分为内膜层（theca interna）和外膜层（theca externa）。其中，内膜层含有具有内分泌功能的膜细胞，而外膜层则是由纤维及结缔组织细胞共同构成的。此外，无论是在卵泡内膜层还是外膜层均含有大量的血管组织、免疫细胞和一些细胞外基质成分。这些结构共同构成了一道滋养与屏障系统，为卵泡的后期发育、卵母细胞成熟及排卵做好了准备。相对于卵母细胞与颗粒细胞，膜细胞的起源与功能一直以来研究较少。然而近期的研究表明，膜细胞起源于胚胎卵巢中的两种截然不同的祖细胞：一种是自中肾迁移而进入性腺的间充质细胞，其未来将发育为膜细胞中具有类固醇分泌能力的细胞；另一种则是来源于胚胎卵巢髓质区域的表达 WT1 的基质细胞，其未来的发育命运将成为成纤维细胞、血管内皮细胞及卵巢间质组织。因此，早在胚胎卵巢发育的过程中，膜细胞祖细胞已经分布并定位于卵巢间质中，而直到后期卵泡激活并发育至次级阶段，这些祖细胞才被再一次地募集，构成真正的膜层结构，支持卵泡后续发育。

那么，在卵泡发育至次级阶段，膜层细胞又是受何种信号通路调控的？前期的工作表明，由卵母细胞分泌的 GDF9 对于膜层的募集具有至关重要的作用，在 GDF9 敲除的小鼠中，卵泡会被阻滞在初级阶段因而膜层细胞无法产生。GDF9 通过调控并激活颗粒细胞 hedgehog（HH）信号通路，从而使得颗粒细胞表达 HH 信号通路中的两种重要配体 IHH（indian hedgehog）及 DHH（desert hedgehog）。而这些配体会进一步激活膜细胞中的跨膜受体 PATCHED 1 及 2，进而导致下游的转录因子 GLI1 和 GLI2 的激活，最终达到募集膜细胞构建膜细胞层的结果。

膜细胞层的出现，为卵泡进一步的发育铺平了道路。在膜细胞与颗粒细胞这两种内分泌细胞的共同作用下，卵泡将进入下一个重要的生长阶段，也就是有腔卵泡阶段，而膜细胞与颗粒细胞对此阶段的调节作用极为重要。

3. 卵泡细胞中促性腺激素受体的表达

伴随着膜细胞的出现，卵泡发育获得了超越次级阶段进入有腔阶段的能力。而这个能力很大程度上是由于颗粒细胞和膜细胞上促性腺激素受体的表达。卵泡刺激素 FSH 和黄体生成素 LH 的受体分别在颗粒细胞和膜细胞上表达。

促性腺激素受体在颗粒细胞和膜细胞上的出现导致了雌激素合成的细胞间相互作用的形成，即“两细胞，两促性腺激素”学说。首先膜细胞在 LH 的作用下分泌雄激素（睾酮和雄烯二酮），雄激素通过固有膜到达颗粒细胞，在这里雄激素被转化成雌激素（雌二醇）。在这个发育时期，颗粒细胞不能合成雌激素形成的前体物质雄激素，而膜细胞合成雌激素的能力很小。这个概念就是被广泛接受的雌激素合成的两细胞机制。这些雌激素对颗粒细胞有正反馈作用，刺激颗粒细胞的有丝分裂，这样卵泡中颗粒细胞在其分泌物（雌激素）的作用下增生而导致卵泡体积的生长扩大。关于“两细胞，两促性腺激素”对于后期优势卵泡的选择，在后面的章节会进行具体的阐述。

（三）三级卵泡（tertiary follicle）

次级卵泡进一步发育成为三级卵泡，也就是有腔卵泡。在这个时期，卵泡细胞分泌的液体进入卵泡细胞和卵母细胞间隙，形成卵泡腔。卵泡腔内的液体称为卵泡液，卵泡液的成分部分是血浆的渗出液，受到卵母细胞和颗粒细胞分泌产物的调节。通过卵泡液这个微环境作为媒介，卵母细胞和颗粒细胞可以接受或释放调节物质。以早期有腔卵泡为例，三级卵泡的结构示意图见图 6-8。

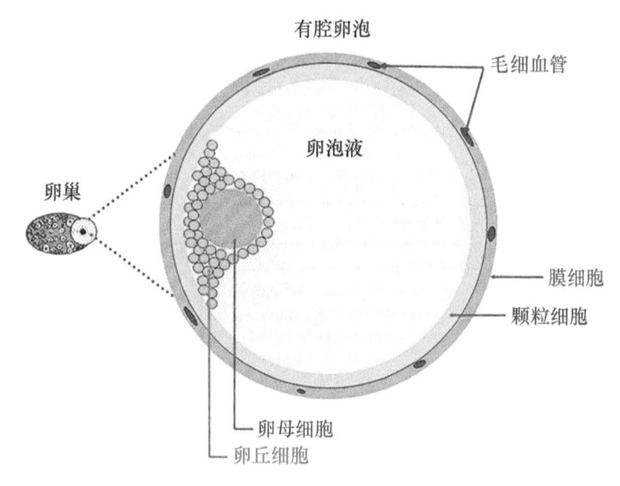

图 6-8　三级有腔卵泡结构示意图（改自 Fahiminiya et al.，2011）

随着卵泡液分泌量的增多，卵泡腔进一步扩大，卵母细胞被挤到一边，并被包围在一团颗粒细胞中，形成突于卵泡腔中的半岛，称为卵丘（cumulus oophorus）。在卵丘形成之后，卵泡中的颗粒细胞就被区分为壁层颗粒细胞（mural granulosa cell）和卵丘细胞（cumulus cell）两类，虽然这两类细胞在形态上并无太大的差异，但是研究表明其内在分子表达及功能上具有一定的差异。在成腔之后，卵泡的壁层颗粒细胞一方面起到屏障作用维持卵泡结构，另一方面也发挥了主要的类固醇激素合成的功能；而卵丘颗粒细胞则保证了卵母细胞的生长和发育能力。而在卵丘形成之后，卵母细胞被卵丘细胞包裹形成一个被称为卵丘卵母细胞复合体（cumulus-oocyte complex，COC）的结构，并且以此复合体为单位协同发育直至受精。卵泡腔形成的早晚与卵泡的发育程度有关，发育快的卵泡，卵泡腔形成较早，而发育慢的卵泡，卵泡腔的形成就较晚。因此，卵泡腔是否形成及形成后的大小可以作为评定卵泡发育程度的依据。在实验动物中，有两种卵泡表达的蛋白质对卵泡腔的形成是必需的，分别是颗粒细胞产生的配体和卵母细胞间隙连接蛋白 CX37，这两种蛋白质缺少任何一种，卵泡腔均无法形成，进而会导致雌性的不育。在不同物种中，卵泡腔的大小一方面与卵泡本身大小成比例，另一方面也与物种有着密切的关系。例如，比较人类和小鼠的有腔卵泡就会发现，人类卵泡腔结构与其 COC 相比较比例明显比小鼠大很多，这或许与后期的胚胎发育时长有关。

三级卵泡在生理状态下均是在青春期始动之后卵巢中才开始出现的。最为明显的变化是，成腔后的三级卵泡显著地受到由垂体分泌的促性腺激素调控。通过下丘脑-垂体-性腺轴的建立与有序调控，动物开始在每一个发情周期中有序地进行卵泡生长直至排卵，而这个过程被称为周期募集（cyclic recruitment）。与前文中所论述的始动募集（initial recruitment）不同，周期募集的目标单位是有腔卵泡，而周期募集的目的则是在众多发育至早期有腔阶段的卵泡中进行选择，从而使得最优的卵泡（称为优势卵泡，dominant follicle）得到发育并最终排卵参与后代繁殖活动。如果我们对两种募集的意义进行比较，可以得到如下的结论：始动募集的意义在于将合适状态的原始卵泡由休眠状态激活进入生长状态，始动募集的有序发生对维持雌性动物整个生育寿命的长度发挥着决定性的作用；而周期募集则是在一个发情周期中，将已经具有后期生长能力的多个有腔卵泡进行选择，从而使得最终排出的卵子具有最优的发育能力，保证后代个体的质量。通过两种募集，雌性动物达到了个体生育寿命与后代优选的平衡，对于物种的繁衍与扩大具有重要的意义。始动募集和周期募集之间的比较见表 6-3。

表 6-3　始动募集和周期募集比较

事件	始动募集	周期募集
卵泡发育阶段	原始卵泡	有腔卵泡
上游调控	未知	FSH
未募集卵泡的命运	休眠	闭锁
发生时间	卵泡形成后持续终生	青春期后周期性进行
是否具有周期性	未知	有
卵母细胞的状态	开始生长	完成生长

周期募集在不同物种之间，其具体的发育及选择动力学有着差异。同时在研究中，诸如人、牛、马等单胎动物，由于在一个周期中通常只有一个优势卵泡会发育至最终排卵，因而对其的关注要远超过多胎动物如小鼠。以人类为例，仅周期募集的模式目前就有连续性募集（continuous recruitment）及单个募集（single recruitment）等不同的理论，并且分别具有一定的证据支持。但无论何种理论，FSH 与 LH 在优势卵泡选择中的核心地位均是无法动摇的。在卵泡发育的过程中，周期性的 FSH 与 LH 特别是在每个发情周期中的两种激素峰，直接将有腔卵泡队列中的优势卵泡选择出来。

（四）优势卵泡的选择调控机制

FSH 在卵泡选择和优势卵泡的发育过程中起着必不可少的作用。FSH 调节卵泡选择的基本机制是刺激颗粒细胞上FSH受体信号转导通路。尽管LH对卵泡选择不是必需的，但是它在调节优势卵泡的形成过程中也起着相当重要的作用，LH 主要是通过促进芳香化酶底物——雄烯二醇的表达来起作用的。想要了解周期中优势卵泡的发育，要分别了解颗粒细胞上 FSH 的作用和膜间质细胞上 LH 的作用。

1. FSH 对颗粒细胞的作用

FSH 受体是调节异源三聚体 G 蛋白的跨膜受体大家族的一员。人的 FSH 受体包括 678 个氨基酸（相对分子质量为 76 465），包括三个结构域：①胞外的 NH_2 端配基结合结构域，有 6 个潜在的 N 连接的糖基化位点和位于胞外与跨膜结构域交接处的一簇半胱氨酸；②跨膜生成的结构域，由 7 个疏水螺旋组成，可以把受体锚定在质膜上；③胞内—COOH 端结构域，含有很高比例的丝氨酸和苏氨酸残基。其中胞内区域氨基酸的磷酸化在 FSH 受体的脱敏化和下调方面起着重要的作用。

FSH 在颗粒细胞中的信号级联如图 6-9 所示。FSH 以很高的活性和它的受体结合，FSH 和受体的结合开始于受体构型的变化，激活 G 蛋白，GTP 会替换与 αGs 亚单位结合的 GDP。此时有活性的 αGs-GTP 会从 G 蛋白复合物上脱离下来，游离的 αGs-GTP 和腺苷酸环化酶（AC）相互作用产生第二信使 cAMP，cAMP 又和 PKA 的调节亚基（R）结合，使 PKA 分离为二聚体的调节亚基和两个游离的催化亚基（C）。催化亚基（C）可以磷酸化 CREB 和 CREM 蛋白中的丝氨酸和苏氨酸残基，这些蛋白质被磷酸化之后可以和 cAMP 应答元件的上游 DNA 调节元件结合，从而调节基因的活性。FSH 对颗粒细胞不同基因活性的调控是优势卵泡能够生长发育到排卵前阶段的基础。

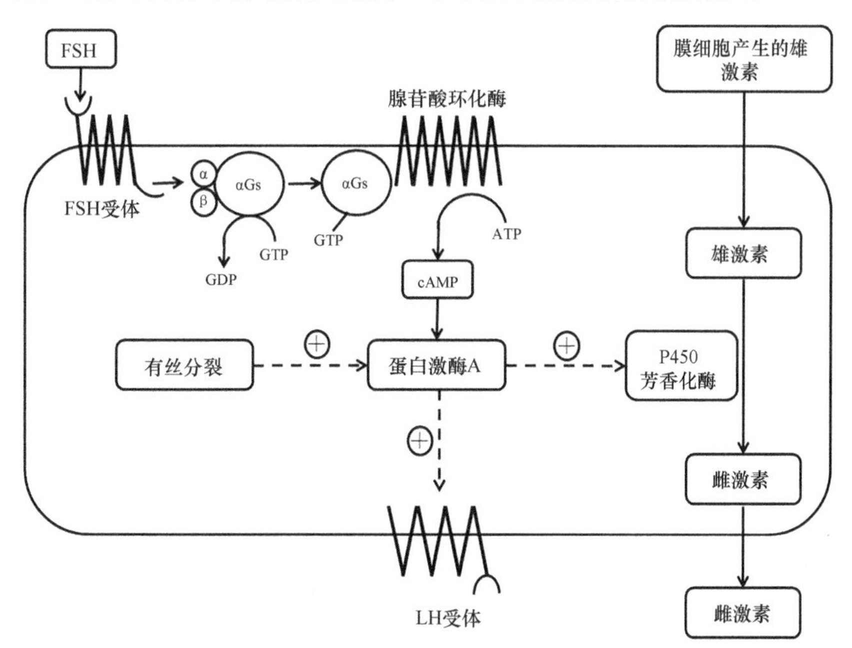

图 6-9　FSH 在优势卵泡的颗粒细胞中的信号转导通路（Erickson，1994）。FSH 和其受体蛋白结合后会导致异源三聚体的 G 蛋白发生构象变化，有活性的 αGs-GTP 会和其效应蛋白腺苷酸环化酶作用，产生 cAMP。产生的 cAMP 和 PKA 结合并激活 PKA，激活的 PKA 会使底物蛋白发生磷酸化，进而刺激编码 P450arom 和 LH 受体的基因转录，同时激活有丝分裂和卵泡液的形成

颗粒细胞的有丝分裂和持续的快速增殖是处在发育中的优势卵泡的一个特征。在整个卵泡期，颗粒细胞的数目从开始选择时的 1×10^6 增加到排卵前阶段的 5×10^7。其中，FSH 是颗粒细胞增殖的直接刺激物，另外生长因子也会促进或抑制颗粒细胞的有丝分裂。因此 FSH 可能和生长因子相互作用来调节颗粒细胞的增殖。事实上，在优势卵泡的生长过程中，卵巢内因子和内分泌因素互相协作，促进了排卵卵泡的生长。例如，颗粒细胞芳香化酶 mRNA 的表达水平与卵泡液中的抗缪勒氏管激素 AMH 浓度密切相关，而抑制素（inhibin A）则可明显地提升膜细胞雄激素的合成能力，进而提升颗粒细胞的雌激素合成。随着优势卵泡的生长，颗粒细胞产生大量雌二醇。在人类卵巢中，优势卵泡合成雌激素的峰值出现后，反馈性地刺激下丘脑及垂体，进而使得 LH 峰到来，以达到促排卵的目的。而 FSH 诱导颗粒细胞表达的细胞色素 P450（cytochrome P450）是卵泡获得产生雌激素能力的原因，细胞色素 P450 的活性会随着卵泡生长不断地升高，同时在从初级卵泡到排卵前卵泡的颗粒细胞中，类固醇类激素合成的关键酶 I 型 17β-羟基类固醇脱氢酶（17β-HSD）表达也会呈现递增的趋势。由于细胞色素 P450 和 17β-HSD 的表达，颗粒细胞在转化膜细胞产生的雄烯二醇为雌二醇方面具有很高的活性，因而使得优势卵泡得以最终获得排卵的能力。

2. LH 对膜细胞的作用

排卵前卵泡要获得对 LH 峰发生反应的能力才能发生排卵，除在膜层细胞上 LH 受体的表达，其颗粒细胞上也必须表达 LH 受体。FSH 在诱导颗粒细胞产生 LH 受体的过程中起着重要的作用。与类固醇激素合成急性调节蛋白（StAR）、P450 侧链裂解酶（P450scc）及 17β-羟基类固醇脱氢酶（17β-HSD）相似，LH 受体的表达在卵泡期末期之前也一直受到抑制。在实验动物中的研究已经提供了强有力的证据表明卵母细胞产生的抑制因子会抑制 FSH 诱导的颗粒细胞上 LH 受体的表达。这种现象的解释是卵母细胞负责抑制发育中的格拉夫卵泡的颗粒细胞中的 LH 受体的表达，这种抑制一直到排卵前阶段才停止，但有关这一抑制因子是什么目前尚不清楚。

与 FSH 受体一样，LH 受体（luteinizing hormone receptor，LHR 或称为 luteinizing hormone/choriogonadotropin receptor，LHCGR）也属于异源三聚体 G 蛋白偶连跨膜受体。成熟的 LH 受体包含一个长的胞外 NH_2 端配基结合结构域；一个跨膜结构域，包含 7 个疏水螺旋，把 LH 受体和质膜连接在一起；一个胞内 COOH 端结构域，可以和第三个胞内环 I3 的残基相互作用激活 G 蛋白。胞内 COOH 端结构域包含潜在的磷酸化位点，可以被蛋白激酶 C（PKC）磷酸化。已经有一些短型的 LH 受体被鉴定出来，它们缺失跨膜结构域。现在还不知道这种短型 LH 受体是否和 LH 结合。

LH 受体信号转导机制是和 G 蛋白偶联的。与 FSH 的作用信号通路相似，LH 信号通路中的第二信使分子会参与激活生化通路中的基因，最终会导致雄烯二酮的生物合成。至少存在三种机制可以抑制 LH 信号通路的活性。第一，是终止 G 蛋白信号，发生在结合的 GTP 被水解成 GDP 时。GTPase 活性存在于 αGs 分子本身，αGs 是一个内在的 GTPase。没有活性的 αGs-GDP 和复合物再度结合后会终止腺苷酸环化酶（AC）的活性。第二，cAMP 可以被环核苷酸磷酸二酯酶降解掉。第三，磷脂酶 2A 可以通过对磷酸丝氨酸和磷酸苏氨酸的脱磷酸化来终止底物蛋白的活性。

1）雄激素的产生：大概在卵泡腔形成的时候，膜间质细胞开始呈现它们的分化型状态。这一过程包含一系列基因的表达，包括 LH 受体、胰岛素受体、脂蛋白受体（HDL，LDL）、StAR、P450scc、17β-羟基类固醇脱氢酶和细胞色素 P450 等基因。由于这些基因的表达，膜间质细胞开始有能力产生雄烯二酮（图 6-10）。所有格拉夫卵泡的膜细胞呈现这种分化型状态具有重要的意义，这意味着所有的有腔卵泡都有能力产生雄烯二酮，而在发育中的格拉夫卵泡液中存在高浓度（约 1 ng/ml）的雄烯二酮也证明了这一点。LH 是膜细胞胞质分化最重要的效应器，而胰岛素和脂蛋白可以和 LH 协同作用加强这一过程。

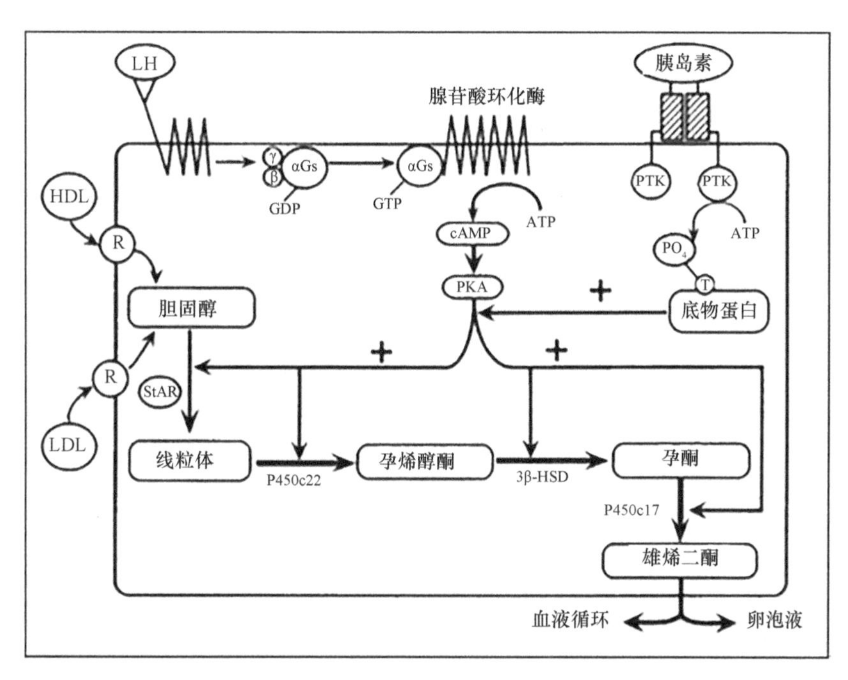

图 6-10　膜间质细胞产生雄激素的调节机制（引自 Erickson，1993）。雄烯二酮产生的主要调节剂是 LH、胰岛素和脂蛋白，LH 受体/cAMP/蛋白激酶 A（PKA）信号通路可以诱导雄烯二酮生物合成通路中特定基因的表达，而胰岛素受体/蛋白酪氨酸激酶（PTK）信号可以明显地加强这一过程。脂蛋白是膜细胞雄激素合成的激活剂，主要是通过提高细胞内胆固醇的量来起作用的

目前，已经鉴定出各种各样的调节配基和生长因子具有调节哺乳动物膜细胞雄激素产生的能力，包括胰岛素、IGF-1、脂蛋白、活化素、抑制素、GDF9 和 BMP4 等。除胰岛素外，其他调节分子的作用还不清楚。具有酪氨酸蛋白激酶活性的胰岛素受体在人的颗粒细胞上表达，而且已经证明胰岛素本身和胰岛素信号转导通路可以刺激雄烯二酮的产生。但重要的是胰岛素还可以和 LH 协同作用来进一步加强雄激素的生物合成。在一些妇女中，高胰岛素血症会导致雄激素过多症，这样的事实也说明了胰岛素功能上的重要性。在啮齿类动物中的观察表明，LDL 和 HDL 可以促进膜间质细胞类固醇激素的产生，而且可以和 LH 协作进一步增加类固醇激素的产生。LDL 和 HDL 促进雄激素产生的生理意义还不清楚，但是值得注意的是，HDL 是目前所知道的能够促进雄激素产生的最有效的刺激因子。活化素和抑制素能够分别促进和抑制体外培养的人膜间质细胞性激素的产生。最

近的研究发现，GDF9和BMP4可以和培养的人膜细胞相互作用来抑制雄激素的生物合成。对于以上各种配基和因子的作用，到底哪些适合生理和病理的情况还不清楚。

2）“两细胞，两促性腺激素”假说：优势卵泡产生雌二醇的生理机制被称为“两细胞，两促性腺激素”假说（图 6-11）。即 LH 被运送到膜间质细胞后会导致雄烯二酮的合成和分泌（注：雄激素的分泌量也反映出膜细胞中其他调节分子的存在，这些调节分子包括胰岛素、IGF-1、脂蛋白、活化素和抑制素等）。膜细胞产生的雄烯二酮会通过基膜扩散到颗粒细胞中，并在那里积累。而颗粒细胞在 FSH 的刺激下会诱导 P450arom 的产生，雄烯二酮会被 P450arom 催化生成雌酮，雌酮又在 17β-羟甾脱氢酶 1（17β-HSD1）的作用下转化为雌二醇。

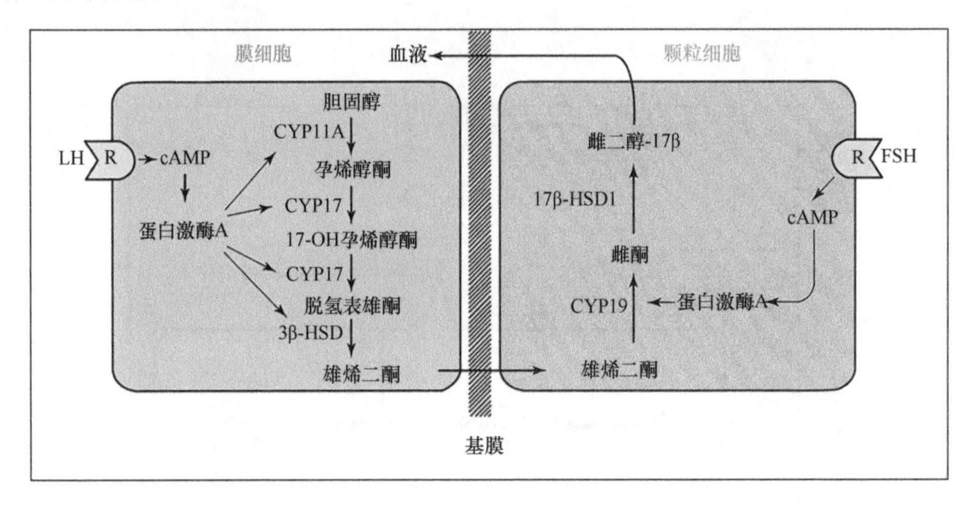

图 6-11 调节雌激素合成的“两细胞，两促性腺激素”假说（改自 Carr，1997）

3）FSH 对优势卵泡的选择：一方面与血清中 FSH 的浓度有关，另一方面与卵泡对 FSH 的敏感性有关。生长中的卵泡如果由于 FSH 分泌量不足或是由于其本身对 FSH 不敏感均会导致卵泡的闭锁。在卵泡发育早期，FSH 水平提高，会诱导一定数量的早期卵泡继续生长发育。理论上，此时 FSH 水平应超过卵泡对 FSH 最敏感的阈值，但也不可过高，这样会导致一些弱敏感性的卵泡也会被刺激进而生长发育。在中后期，在 FSH 水平下降和卵泡分化导致对 FSH 敏感性差异的共同作用下优势卵泡的数目下降，只有少数优势卵泡获得了对 FSH 敏感的能力，其他的则失去了这种能力。这种卵泡敏感性的分化是内分泌、旁分泌和自分泌几种因素共同作用的结果，卵泡敏感性的分化增强了 FSH 水平下降引起的效果。最敏感的卵泡最终发育成为优势卵泡，其他的则发生闭锁。

卵泡选择的机制包含血浆中 FSH 水平的继发性（第二次）升高。在妇女的月经周期中，FSH 水平的继发性（第二次）升高开始于血浆中孕酮的水平下降到基础水平的前几天，这个时期处在黄体期的末期。研究表明，孕酮浓度的降低及黄体产生的抑制素 A 降低是引起 FSH 水平继发性（第二次）升高和优势卵泡选择的主要因素。FSH 水平的继发性（第二次）升高会引起优势卵泡的卵泡液微环境中 FSH 水平的升高。在从健康的第 5 到第 8 级卵泡中，卵泡液中 FSH 的平均浓度可从约 1.3 mIU/ml（约 58 ng/ml）升高到 3.2 mIU/ml（约 143 ng/ml）。相反，在非优势卵泡中，卵泡液中 FSH 水平很低或根本就检测不到。FSH 进入卵泡液，提供了卵泡选择的专一性诱导。但是目前在生殖医学中还有一个重要的问题没有得到解答，那就是一群卵泡如何有能力浓缩高水平的 FSH 到它们的微环境中。

尽管上述研究在某种程度上揭示了优势卵泡选择的机理，但目前关于优势卵泡如何维持其主导地位的机理仍不十分清楚。但普遍接受的机理或可能的方法之一就是优势卵泡能够分泌抑制其他有腔卵泡发育的物质。其中之一是抑制素（颗粒细胞可分泌的肽类激素），抑制素（主要是抑制素 B）可抑制 FSH 的分泌。优势卵泡可以补偿低 FSH 水平并继续发育的原因是它本身已具有比其他卵泡更多的 FSH 受体。一旦进入快速生长期，则卵泡的发育是不可阻挡的。在快速生长期，卵泡必须在最后几天受到适当的促性腺激素的刺激，否则卵泡将死亡。如果快速生长的有腔卵泡没有得到合适的促性腺激素的环境，卵泡就会立刻发生闭锁。闭锁的卵泡被炎症细胞侵入，卵泡最终被结缔组织充盈，即卵泡处形成卵巢斑。

（五）格拉夫卵泡（Graafian follicle）

三级卵泡继续发育，其卵泡腔进一步扩大，成为格拉夫卵泡。事实上，格拉夫卵泡隶属于三级卵泡，也就是有腔卵泡的一个阶段。格拉夫卵泡的命名，来源于 17 世纪荷兰解剖学家 Reinier de Graaf，因其率先描述了兔卵巢中此类结构的存在及发育，并且意识到卵泡结构中存在着卵母细胞，故而以其姓对此类卵泡加以命名，并沿用至今。

在成腔以后，格拉夫卵泡的基本框架已经形成，所有的各种类型的细胞都处在它们适当的位置，只等待刺激物来引起卵泡的逐渐生长和发育。在人的卵巢中，格拉夫卵泡是由相对大的卵泡组成的不均匀的家族的一员，它们的直径在 0.4～23 mm（图 6-12）。虽然格拉夫卵泡大小变化很大且会处于月经周期的不同阶段，但是它们的组织结构在本质上是相同的。格拉夫卵泡的大小取决于卵泡腔的大小，而卵泡腔的大小又由卵泡液量的多少来决定。由于卵泡大小的不同，卵泡液的量一般在 0.02～7 ml。卵泡细胞的增殖也有助于卵泡的增大。在一个优势卵泡中，随着卵泡腔变得充满液体，颗粒细胞和膜细胞也会发生大量的增殖（高达 100 倍）。因此，不断增加的卵泡液累积及细胞的不断增殖对于卵泡期优势卵泡的急剧生长是必不可少的。

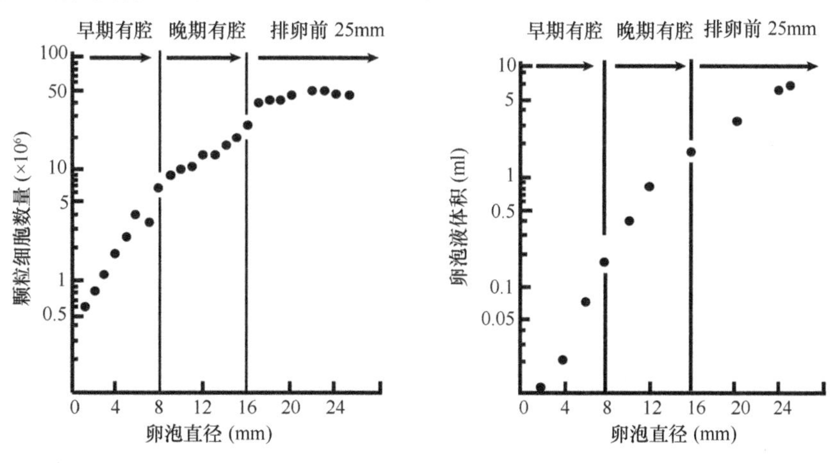

图 6-12　在卵泡发生过程中，人格拉夫卵泡中颗粒细胞数量及卵泡液体积的变化（McNatty，1981）。人排卵前卵泡的直接约 25 mm，包含约 5000 万个颗粒细胞和约 7 ml 的卵泡液

（六）成熟卵泡（mature follicle）

卵泡发育到最大体积时，卵泡壁变薄，卵泡腔内的卵泡液的体积增加到最大，这时的卵泡被称为成熟卵泡（mature follicle）或排卵前卵泡（preovulatory follicle）。虽然不同物种的卵巢中，最初的原始卵泡大小差异不大，然而在最终生长到排卵卵泡阶段，卵泡的直径差异是非常惊人的。例如，小鼠的排卵卵泡直径约为 500 μm，人的排卵前卵泡直径可达 25 mm，牛的排卵前卵泡直径可达 10～14 mm，而在大型哺乳动物如大翅鲸（又称为座头鲸，humpback whale）中，其卵泡直径可达到 5 cm 以上。当卵泡最终被选择并发育到成熟阶段，其后续命运即在激素的刺激下完成排卵过程，而后残体将进入黄体化阶段，形成临时性的内分泌组织黄体，为后期妊娠维持奠定基础。

五、卵泡闭锁

（一）卵泡闭锁现象

卵泡闭锁（follicle atresia）是指卵泡发育到一定阶段所发生的退化并最终被清除的生理现象；闭锁的目的是抑制大多数的卵泡成熟、排卵，使一小部分的优势卵泡能够发生排卵，这样就保证了能量供应能够集中于优势卵泡使得其获得最大的发育潜能，其对于个体的存活及优势后代的产生具有重大意义。

卵泡闭锁或死亡的数量是十分巨大的，从最终产生后代的效率上而言，卵泡的使用率是非常低下的：在哺乳动物中，大多数卵泡（卵母细胞）在发育过程中都会走向闭锁死亡，在人类中卵泡闭锁死亡能够达到99.9%以上，而即便是利用率较高的啮齿动物也不会超过 1%的卵子最终成为后代个体。生殖细胞的选择与死亡，最大量的一次发生在原始卵泡形成之前，关于这一点在前面已经进行过详细的描述，故不赘述。在原始卵泡形成之后，卵泡的闭锁则无时无刻不在发生着，任何一个级别的卵泡均有可能发生闭锁，而越是卵泡发育的早期，闭锁凋亡的比例越高，这与动物个体节约能量的原则是一致的。当然，如果我们狭义地看待卵泡闭锁，则这个过程主要指的是生长卵泡的死亡过程。虽然不同动物生长卵泡闭锁过程存在一定的差异，但对哺乳动物而言卵泡闭锁的基本过程可以用以下几步概括。

1）首先在颗粒细胞中出现凋亡小体；

2）颗粒细胞逐渐和卵泡基膜分离，并且颗粒细胞连接变得松散；

3）基膜结构逐渐毁坏；

4）来源于卵巢间质部位的巨噬细胞及其他组分侵入到闭锁卵泡当中；

5）最后卵泡被清除。

而关于卵泡闭锁的模式，Irving-Rodgers 等在 2001 年提出两种卵泡闭锁的模式：一种是近腔闭锁，主要特征是靠近卵泡腔的壁颗粒细胞层的破坏，并且在接近腔和腔中有大量的固缩的核出现，但是基膜细胞保持完整；另一种是近基膜闭锁，在这种闭锁的卵泡腔中很少能够看到固缩核，颗粒细胞从近基膜处逐渐向近腔的颗粒细胞发展，基膜细胞周围有凋亡小体出现。

发生闭锁的卵泡在形态学上会发生一系列变化，最主要的变化表现在胞间连接和细胞核的形态特征上。早期闭锁卵泡主要表现为颗粒细胞间彼此结合松散，大量的颗粒细胞核固缩，染色体、胞质溶解，凋亡颗粒细胞会散布在大卵泡的卵泡腔中，卵泡膜细胞变得肥大，但是对于早期闭锁卵泡而言，颗粒细胞内层与膜细胞层连接紧密，基膜完整。随着闭锁程度的加深，晚期闭锁卵泡颗粒细胞部分或全部脱落于卵泡腔中，凋亡的颗粒细胞体积进一步缩小，卵泡壁塌陷，卵泡腔不规则，基膜消失，颗粒细胞与卵泡膜细胞出现腔隙，卵泡膜变薄，细胞成分不清晰。在闭锁的后期，巨噬细胞侵入卵泡腔中，核浓缩、颗粒细胞数减少。最后卵母细胞微绒毛消失，皱缩变形、体积变小，与透明带的间隙变宽，染色质固缩，透明带破裂，卵泡膜内层细胞增大，呈多角形，并被结缔组织分隔成团索状，分散在卵巢基质中，形成能分泌雌激素的间质腺。

卵泡闭锁的生化特征主要表现为核酸内切酶被激活，细胞核染色质降解，产生若干由一整数倍组成的寡核苷酸片段。其次，由于颗粒细胞的凋亡产生的雌激素减少，产生的孕酮和雄激素增加，对促性腺激素的应答能力减弱。芳香化酶的表达降低，而胆固醇侧链裂解酶的表达没有变化，间隙连接蛋白表达下降等。

有关卵泡闭锁的机理还很不清楚，目前认为闭锁主要是卵泡细胞（颗粒细胞）凋亡的过程，颗粒细胞凋亡的出现远早于卵泡闭锁的形态学变化，颗粒细胞凋亡达到一定程度后才表现为卵泡闭锁现象。因此，颗粒细胞的凋亡被认为是导致卵泡闭锁的始动因素。以后有人提出了卵泡的“越篱”行为，认为卵泡的闭锁与颗粒细胞的世代相关，大多数卵泡在颗粒细胞的第 8 和第 9 世代时闭锁，只有部分被选择的卵泡才能进行第 10 次分裂。

现有的大量研究表明，卵泡闭锁是一个非常复杂的过程，除受到生殖激素的综合调控外，还受 *BAX*、*BCL-2*、*P53*、*FAS*、*WNT-1* 和 *C-MYC* 等凋亡相关基因的介导，以及 IGF 系统及 EGF、TGF、bFGF、TNFα、IL-1、IFNγ 等细胞因子和 Caspase 家族的调控。此外，也受细胞连接及细胞外基质的影响。

（二）卵泡闭锁的调控

1. 促性腺激素释放激素（GnRH）的作用

GnRH 对卵泡的生长发育主要通过两条途径进行调节。一方面 GnRH 与垂体前叶的促性腺激素分泌细胞细胞膜上的特异性受体结合，通过激活腺苷酸环化酶 cAMP 蛋白酶体系促进 LH 和 FSH 的合成与释放，从而调节卵泡的生长。从这一方面来说，GnRH 在卵泡的形成过程中起着促进作用；而另一方面，卵巢上也存在有少量的 GnRH 受体，GnRH 与这些受体结合后，则能抑制卵泡的生长，导致卵泡的闭锁。可见，GnRH 具有促进和抑制卵泡生长发育两方面的作用。给小鼠注射 20 mg 的 GnRH 拮抗剂（GnRH2a）后，在发情后期阻止了排卵并且使卵泡在排卵前发生闭锁，闭锁率会随注射 GnRH2a 剂量的增加而提高。注射 GnRH2a 后的卵泡分离培养 24 h 时，雌二醇分泌量和正常发情后期的卵泡相比明显减少，并具有剂量依赖性。另外，GnRH2a 可协同人绝经期促性腺激素（HMG）阻止卵泡的闭锁，提高卵泡的形成。GnRH 在未成熟卵泡中主要是抑制颗粒细胞增殖及类固醇合成，在成熟卵泡中主要发挥促进颗粒细胞凋亡的作用。另外，

GnRH 也可通过下调类固醇激素生成来调节颗粒细胞的凋亡。这主要是通过减少雄激素的积累、提高雌二醇的量来达到这一目的的。

2. 促性腺激素的作用

实验证实 FSH 能促进卵泡发育、卵泡细胞增生及抑制卵泡的闭锁。大鼠及仓鼠大部分排卵前的卵泡闭锁是促性腺激素分泌不足造成的。在发情前期去除垂体或给予促性腺激素抗体，发现前者在 48 h 内，后者在 3～4 天内卵泡发生闭锁。给予外源性促性腺激素可挽救早期的闭锁卵泡，说明促性腺激素在阻止卵泡凋亡中是存活因子。促性腺激素能够抑制颗粒细胞凋亡，其分子机理为，促性腺激素与靶细胞膜上的特异性受体结合后，一方面刺激颗粒细胞合成并分泌 IGF-1，另一方面活化了腺苷酸环化酶进而产生大量的 cAMP，cAMP 进一步激活蛋白激酶 K 信号通路，通过改变一些与凋亡相关基因的表达来抑制卵泡颗粒细胞的凋亡。促性腺激素抑制凋亡的作用也许是通过降低 IGFBP 的产生及刺激 IGF-1 的产生来实现的，使 IGF-1 的生物利用率增高。在检测卵巢 DNA 片段中，发现用 FSH 处理垂体切除及垂体未切除的未成熟大鼠均可抑制卵泡中颗粒细胞的凋亡。

3. IGF-1 及其结合蛋白（IGFBP）的作用

卵巢产生的 IGF-1 及 IGFBP 在卵泡发育中起重要作用。早期研究证实 IGF-1 受体存在于颗粒细胞内，FSH 及 GH 可增加体内 IGF-1 水平。IGF-1 能抑制大鼠颗粒细胞的凋亡。存在于卵泡液中由颗粒细胞合成的 IGFBP，能结合 IGF-1，解除 IGF-1 的凋亡抑制作用，且能决定猪发情期卵泡是排卵还是闭锁。IGF-1 和促性腺激素协同刺激卵泡成熟，而 IGFBP 则起拮抗作用。卵泡的发育和闭锁与 IGFBP 活性有关，IGFBP 的活性依赖于 Zn^{2+}及 Ca^{2+}的氯化物，且能被 EDTA 强烈抑制。实验显示正常健康卵泡及闭锁卵泡中，丝氨酸蛋白酶均参与 IGFBP 的降解。*IGFBP-2* mRNA 主要在正常健康卵泡中，在靠近基底膜的颗粒细胞中比靠近腔及卵母细胞的颗粒细胞中表达要高。*IGFBP-4* mRNA 在大、小卵泡中无变化。而 *IGFBP-5* mRNA 在大卵泡中的表达要低于小卵泡中。在闭锁卵泡中，颗粒细胞内的 *IGFBP-2* 及 *IGFBP-5* mRNA 表达增强，而卵泡膜细胞中则是 *IGFBP-2* 及 *IGFBP-4* 表达增强。早期闭锁卵泡中 *IGFBP-2* 及 *IGFBP-5* mRNA 表达增强，而无 *IGFBP-4* mRNA 表达。晚期闭锁卵泡中，*IGFBP-2* 及 *IGFBP-5* mRNA 表达进一步增强，*IGFBP-4* mRNA 亦表达，且 *IGFBP-2* 及 *IGFBP-5* mRNA 的表达比 *IGFBP-4* mRNA 的表达要早。以上结果说明卵泡闭锁时，IGFBP-2 在闭锁卵泡液中的浓度比正常卵泡高，且 IGFBP-2 浓度与凋亡的颗粒细胞比例呈正相关关系，这提示在卵泡闭锁过程中 IGFBP-2 有一定的调节作用。另外，IGFBP-2 在大小卵泡中含量也不一，在小卵泡中含量高，且小卵泡闭锁的比率也最大。FSH 在体外能刺激猪 IGF-1 的产生，阻止 IGFBP 的生成。降低 FSH 浓度会导致 IGF-1 含量及活性均下降，而 IGFBP 生成增加。IGFBP-2 在体内依赖于 FSH 活性，进一步说明 FSH 参与调节 IGF 系统，进而参与卵泡的发育与闭锁。

4. 雄激素和雌激素的作用

大鼠实验证明，雌激素能促进卵泡的生长及颗粒细胞的分裂与增殖，而雄激素则刺激颗粒细胞黄体酮的产生及促进腔前及有腔卵泡闭锁。闭锁卵泡的卵泡液中，雄激素/雌激素的值升高。雌激素能抑制腔前及有腔卵泡颗粒细胞的凋亡，而对卵泡膜细胞及原始卵泡、初级卵泡的凋亡无明显作用。雌激素抗闭锁作用可被睾酮抑制。人雄激素受体在健康腔前卵泡、有腔卵泡中的表达是排卵前卵泡及黄体中的数倍，说明雄激素能抑制卵泡的成熟。在啮齿动物凋亡卵泡中，均有高水平的 5α-双氢睾酮。可见，性激素的变化可能参与启动卵泡闭锁，且雌激素和雄激素的作用是相互拮抗的。

5. 生长激素（GH）的作用

GH 可以刺激许多种细胞的增生和分化，在颗粒细胞、卵泡内膜细胞、外膜细胞及卵母细胞上都有其受体。GH 在卵泡发育过程中主要起促进卵泡的生长和抗闭锁作用，并抑制其他闭锁因子的作用。用人重组生长激素（rhGH）给自然突变侏儒小鼠注射 14 天，卵巢重量比对照组小鼠有明显的提高。卵泡数也较对照组多，主要是提高了 500 μm 以上卵泡的数目。颗粒细胞对 5-溴脱氧尿苷（BrdU）有高度的亲和性。这些结果表明，人重组 GH 主要作用于中等大小的卵泡，促进它们的分化，并提高生长卵泡的数目。在导入外源 GH 基因的小鼠中，GH 的过量表达使卵泡发生闭锁或凋亡的可能性下降。

6. 细胞因子的作用

GDF9 可调控 SMAD-3 的磷酸化水平从而调控目标基因的转录，SMAD-3 突变型小鼠卵泡会发生闭锁，卵母细胞发生退化，GDF9 的这种作用能被 PI3K 信号通路抑制剂 LY294002 解除，暗示 GDF9 可能是通过 PI3K/Akt 信号通路起作用。

抗缪勒氏激素是转化生长因子 β 超家族的成员之一，AMH 在原始卵泡和排卵前卵泡中不表达，从初级卵泡到有腔卵泡中都有表达，这种表达是 FSH 不依赖性的。AMH 主要影响卵泡发育过程中各种重要酶（芳香化酶的抑制剂）、激素和各种细胞因子（bFGF、KITL、KGF）的产生，进而调控卵泡的命运。

同时，*N*-钙黏连蛋白作为胞间连接的一个主要蛋白质分子。在卵泡闭锁退化时，*N*-钙黏连蛋白的表达量显著降低。研究显示，cAMP 介导的信号通路调控 *N*-钙黏连蛋白的表达，来控制颗粒细胞的凋亡与否。

7. 巨噬细胞的作用

巨噬细胞是一群在免疫应答中起重要作用的多功能性细胞。越来越多的研究发现卵泡闭锁和巨噬细胞有着密切关系，原始卵泡和腔前卵泡不含有巨噬细胞，有腔卵泡中巨噬细胞存在于膜层，颗粒细胞层中未发现，但是闭锁卵泡膜层和颗粒细胞层都存在巨噬细胞。整个发情周期内闭锁卵泡中巨噬细胞的含量都很高，但是后期的量要比其他时候高 2 倍左右，巨噬细胞和卵泡闭锁的这种相关性或许能给卵泡闭锁的研究提供新的思路。

卵泡闭锁是一个受到多因素调控的、多细胞参与的、复杂的细胞死亡与清理的过程。目前对控制闭锁的生理性细胞及分子机制还不很明确，对卵泡闭锁的机制研究有待进一步加深。

第二节　卵 子 成 熟

卵母细胞成熟或卵子成熟，一直是雌性生殖发育研究的核心部分。随着卵母细胞成熟机制的研究，特别是体外卵母细胞成熟及后期发育研究的不断进展，在过去的数十年中取得了一系列重大突破性发现及技术革新。卵母细胞成熟过程，与卵泡发育特别是卵泡颗粒细胞内的分子信号通路密切相关，其整个过程经历了卵泡内与卵泡外（排卵后）发育的不同阶段。就卵母细胞而言，其成熟过程包含着核成熟与胞质成熟两层含义，并且在核质成熟中还涵盖着表观修饰的成熟。

一、卵母细胞成熟的影响因素

在原始卵泡中的卵母细胞，被阻滞在第一次减数分裂前期双线期（diplotene stage）的核网期（dictyate stage），形成初级卵母细胞。这些原始卵泡中的初级卵母细胞保持在休眠的状态，直至卵泡被激活，其生长发育才重新始动。

伴随卵泡生长的启动，初级卵母细胞开始迅速生长。细胞质内细胞器大量复制增生，RNA 含量成倍增长，大量的蛋白质合成及能量物质积累，为卵母细胞后期的受精及合子早期胚胎发育做好准备。到卵母细胞成熟时，卵母细胞体积可增加数倍（小鼠卵母细胞直径 15～80 μm，人 35～125 μm，牛、绵羊、山羊 35～150 μm，猪 30～130 μm）。然而，如果将卵泡发育过程与卵母细胞的生长过程加以比较，可发现卵母细胞生长实际上与卵泡的生长并不平行，大部分哺乳动物卵母细胞大小的变化在卵泡腔形成时就已基本完成，而家畜卵母细胞生长一直持续到生发泡破裂前。

卵母细胞生长到一定体积时，能够获得恢复减数分裂的能力。此时，卵母细胞处于减数分裂前期的双线期，核很大，染色质高度疏松，外包完整的核膜，称为生发泡（germinal vesicle，GV）；充分生长的卵母细胞如果脱离卵泡的抑制，可发生自发的减数分裂恢复，生发泡破裂（germinal vesicle breakdown，GVBD），进而排出第一极体，然后停滞在第二次减数分裂中期。不同动物的卵母细胞当其脱离卵泡后在体外自发恢复减数分裂的时间并不相同，小鼠是 2～4 h，牛、羊 6～9 h，而猪则需要 12～16 h。

（一）mRNA 与蛋白质的积累

转录水平的调控对于卵母细胞的生长和成熟是至关重要的。事实上，在卵母细胞发育的过程中，卵子的 mRNA 合成与积累主要集中在卵母细胞生长阶段，也就是成为排卵卵泡之前。当卵母细胞生长至接近最终成熟卵子大小的时候，卵母细胞中的转录活动将停止或降到非常低的水平。这也意味着卵母细胞在生发泡期，就基本上完成了 mRNA 转录与积累，在随后的卵母细胞成熟过程直至最终形成合子发育为早期胚胎，主要的卵母细胞内生物学变化均是依赖于前期卵母细胞中 mRNA 的积累与储存。卵母细胞生长中所积累的 mRNA，在不同物种中维持发育的时间略有不同，在小鼠约可维持至早期胚胎发育的 2-细胞期，而在人类则是 4-细胞期，在牛中则是 8～16-细胞期。由于卵母细胞发育具有相当长的时间周期，包括充分生长之后也会有比较长的停滞期，而卵母细胞中的 mRNA 转录则主要发生在卵母细胞的生长期。由此便提出了一个非常基本的问题，那就是卵母细胞中 mRNA 存储与翻译之间的平衡调控是如何完成的？究竟哪些 mRNA 需要被翻译为功能性的蛋白质，又有哪些 mRNA 需要加以存储，其中的调控机制又是如何？首先，已知的是卵母细胞核的形态转变与其转录活性是直接相关的，在生长卵母细胞中其染色质呈现弥散性状态，因而其细胞核表现为核仁非环绕状态（non-surrounded nucleolus，NSN）；而随着卵母细胞发育为生长完全状态，其染色质转化为固缩状态因而细胞核呈现为核仁环绕状态（surrounded nucleolus，SN），此状态与基因组的整体转录抑制有关。因此，通过细胞核形态，即可对卵母细胞的转录状态进行一定的判断。同时，转录后的 mRNA 也将进行一系列的修饰，而新转录产生的 mRNA 在细胞核中进行后期加工的主要方式有：剪切（splicing）、带帽（capping）和多聚腺苷酸化（polyadenylation）三种类型。除去剪切，后两种修饰方式均与 mRNA 的后期翻译直接相关。在卵母细胞的生长阶段，大部分被转录出来的 mRNA 均会直接发生翻译而转化为蛋白质发挥功能或存储，而大约有 30%的 mRNA 则会发生翻译抑制进而以一种稳定的形式被存储起来。目前研究得最为透彻的翻译抑制机制是通过胞质多聚腺苷酸化元件（cytoplasmic polyadenylation element，CPE）-CPE 结合蛋白（CPEB）互作来进行 mRNA 翻译抑制的。CPE 是位于 mRNA 的 3′非翻译区区域一段富含 U 的片段，通过与 CPEB 相互结合在卵母细胞发育中发挥翻译抑制功能。当今更多的研究正聚焦于卵母细胞成熟过程中的转录调控与翻译调控，相信更多的精细调节机制会被逐渐揭示出来。

（二）能量代谢

能量代谢也是影响卵母细胞成熟的重要因素，卵母细胞生长成熟过程中，其能量代谢是与卵泡颗粒细胞密切相关的。特别是在卵丘卵母细胞复合体形成之后，生长完全的卵母细胞主要能量来源均是通过卵丘细胞获得的。在小鼠的卵丘卵母细胞复合体中，卵丘细胞摄取的葡萄糖主要通过下列代谢途径为卵母细胞提供能量，包括糖酵解（glycolysis）途径产生丙酮酸，进而转运进入卵母细胞参与三羧酸循环提供能量；通过戊糖磷酸途径（pentose phosphate pathway，PPP）产生还原型烟酰胺腺嘌呤二核苷酸磷酸（NADPH）及磷酸核糖焦磷酸（PRPP）转运至卵母细胞中用于包括嘌呤合成等与减数分裂恢复密切相关的物质。当然，近来的一些研究发现卵母细胞也能直接利用葡萄糖，只是利用量较低而已。有趣的是目前的研究表明，在狗及猪的卵母细胞中，葡萄糖可能是其能量代谢的主要直接底物。这些研究提示卵母细胞的能量代谢具有种属的特异性。

除去糖代谢，脂肪酸代谢与氨基酸代谢也在卵母细胞的发育与成熟中具有重要作用。与糖代谢相似，哺乳动物卵母细胞中的脂肪酸含量具有明显的种属特异性，如脂含量在单个卵子中小鼠为 4 ng，在牛中则是 63 ng，而在猪卵子中则为 161 ng。在卵子中，最主要的脂肪酸成分为甘油三酯，其作用不仅为卵子提供能量供应，也同时参与了一系列的卵母细胞中的信号转导如激活蛋白酶 C（PKC）相关通路等。

（三）卵母细胞直径的变化

卵泡的直径及卵母细胞的大小与卵母细胞能够完成各期发育的能力直接相关，大约在卵母细胞体积达到成熟体积的 80%（小鼠 65 μm，家畜 110 μm）的时候，卵母细胞即具有了进行后期发育也就是完成减数分裂恢复的能力。卵母细胞直径与其后期发育能力之间的相关性现象最早报道于小鼠，之后陆续在大家畜中被证明。直径为 100 μm 的牛和猪的卵母细胞能够恢复减数分裂，但是不能发育到第一次减数分裂中期（MⅠ）以后的阶段。而牛的直径为 110 μm 的卵母细胞和猪的直径为 115 μm 的卵母细胞可以完成减数分裂并且发育到 MⅡ。这些结果表明，卵母细胞在发育到最大直径的过程中，卵母细胞首先获得恢复减数分裂的能力，然后才能获得完成第一次减数分裂的能力。因此，卵母细胞只有发育到两种能力都具备的程度，才能获得维持胚胎发育的全能性。与之相关的，在家畜动物中卵泡直径与卵母细胞后期发育能力的相关性也得到了验证，如山羊直径 0.5 mm 的卵泡中的卵母细胞能恢复减数分裂，但直到卵泡生长到 1～2 mm 时的卵母细胞才能完成 MⅠ，大于 3 mm 时完成 MⅡ，而大于 5 mm 时卵母细胞才能充分发育到具有受精和胚胎发育的能力。同样，在生产实践中发现，小有腔卵泡中的卵母细胞虽然能够恢复减数分裂并排出第一极体，但是其受精率和囊胚发育率往往很低，而取自大有腔卵泡中的卵母细胞却具有较高的受精率和囊胚发育率。

二、卵母细胞核成熟：减数分裂的阻滞和恢复

卵母细胞发育成具有受精能力的成熟卵子过程中，经历了如下关键步骤：首先是在胚胎期进入减数分裂并被阻滞在第一次减数分裂的双线期；在卵泡激活后卵母细胞启动生长；当卵母细胞生长至完全大小后，在排卵前后进行减数分裂的恢复和再次阻滞，以及最终排卵后受精完成减数分裂形成合子。其中，尤以第一次减数分裂的阻滞与恢复，与体外卵母细胞成熟关系密切，影响较大，也是目前卵母细胞体外成熟调控机理研究的重点。

卵母细胞的减数分裂阻滞及恢复与卵泡颗粒细胞密切相关。卵母细胞早在形成原始卵泡之前，便被阻滞在第一次减数分裂的双线期，但目前对早期卵母细胞减数分裂阻滞的始动进程并不清楚，可能与卵母细胞内的某些物质合成受阻有关。近期的研究结果表明，对于生长卵泡中卵母细胞阻滞调控极为关键的分子 cAMP，也参与了原始卵泡形成前卵母细胞的减数分裂进程调控，并且与原始卵泡的形成直接相关，更多的研究有待进一步开展。从上文可知，卵母细胞的减数分裂恢复与其生长及直径密切相关，一般认为只有长到成熟体积的 80%时，卵母细胞才具有恢复减数分裂的能力。处在减数分裂阻滞状态的卵母细胞具有一个非常明显的特点，那就是其细胞核具有完整的核膜结构并被称为生发泡。而卵母细胞减数分裂恢复的最主要特征，则是生发泡的破裂（GVBD）。卵母细胞减数分裂恢复的其他特征包括染色体的凝集及第一次减数分裂中期的纺锤体组装（spindle assembly）。当然，由于小鼠和人卵母细胞 GVBD 过程在光镜下最易观察，因此在研究工作中被作为最主要的减数分裂恢复指标加以应用。在 GVBD 发生之后，卵母细胞完成第一次减数分裂，同源染色体分离并且排出第一极体。随后，纺锤体再次组装并且卵母细胞进入第二次减数分裂的中期并再次被阻滞直至受精（图 6-13）。至此，卵母细胞漫长的发育走到了终点，在与精子结合之后将以合子的形式重新发育为新的个体。

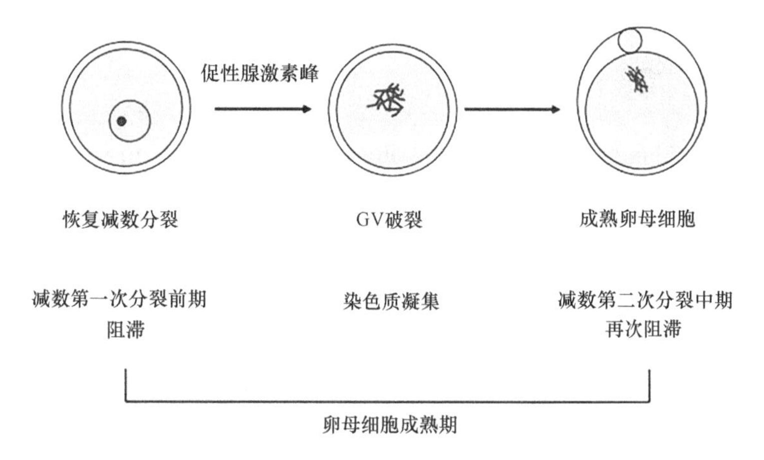

图 6-13　哺乳动物卵母细胞成熟模式图（Downs，2010）

（一）卵母细胞减数分裂的阻滞

人们很早就发现从有腔卵泡中取出的卵母细胞，在体外的简单培养液中不依赖激素可自发成熟，而整个卵泡体外培养或利用卵泡液体外分离培养卵母细胞，则卵母细胞就无法自发成熟，因此说明卵泡环境抑制了减数分裂的进行。体外将壁层颗粒细胞与卵母细胞进行共培养，可抑制卵母细胞的自发成熟，膜细胞单层培养也能抑制一起培养的卵母细胞的减数分裂恢复，而且培养颗粒细胞及膜细胞的培养液也具有减数分裂的阻止作用，说明这些细胞可能分泌某种（些）物质来抑制卵母细胞的减数分裂成熟。这些物质可能来自于颗粒细胞，也可能来自于膜细胞。经过大量的研究，现已发现多种分子都可能参与卵母细胞的阻滞。

1. cAMP（cyclic adenosine monophosphate）

目前，最为普遍承认的卵母细胞内减数分裂阻滞抑制分子为 cAMP。众多实验都证明，维持高水平的 cAMP 是卵母细胞核成熟的最主要抑制条件。尽管不同物种对 cAMP 的敏感性有所差异，如小鼠卵子要明显比牛和人类卵子对 cAMP 敏感，但 cAMP 的抑制效果在众多哺乳动物物种中均有报道。在实验证据方面，利用腺苷酸环化酶激活剂（如 forskolin）提升裸卵中的 cAMP 合成可显著推迟自发 GVBD。同样地，通过提升蛋白激酶 A（protein kinase A）活性或抑制磷酸二酯酶（phosphodiesterase，PDE）活性提升 cAMP 水平，也可明显抑制卵母细胞的自发成熟。另外，添加 cAMP 的类似物也可维持卵母细胞减数分裂的阻滞。而 cAMP 的拮抗剂 Rp-cAMPS 则能够逆转外源抑制剂及颗粒细胞对小鼠卵母细胞减数分裂的阻滞作用。上述结果均表明，cAMP 是卵母细胞核成熟抑制的主要参与者。

既然高水平 cAMP 的持续性维持是卵母细胞成熟阻滞的主要原因，那么 cAMP 又是如何维持其高水平的？目前认为，卵母细胞中的 cAMP 具有内源与外源两个来源。一方面由卵丘细胞合成的 cAMP 直接通过间隙连接转运至卵母细胞中，另一方面腺苷酸环化酶（adenylyl cyclase，AC）也存在于卵母细胞质膜上，并且 forskolin 处理裸卵也会导致

GVBD 的延迟。目前对 cAMP 的主要来源倾向于认为卵母细胞可自给自足，但需更多的实验证据加以支持。

2. cGMP（cyclic guanosine monophosphate）和 NPPC（natriuretic peptide precursor type C）

早在 20 世纪 80 年代，研究人员就发现仓鼠卵巢中的 cGMP 在间情期处于高浓度而在发情期明显降低的现象，提示 cGMP 与卵母细胞成熟之间的潜在关系。随后，一系列的研究表明卵母细胞胞内注射 cGMP 或通过抑制次黄嘌呤核苷磷酸脱氢酶（inosine monophosphate dehydrogenase）干扰 cGMP 合成均会导致卵母细胞减数分裂阻滞的恢复。卵丘细胞分泌的 cGMP 可以通过间隙连接进入卵母细胞内，进而抑制卵母细胞内 PDE3A 的活性，该抑制可以使卵母细胞保持高水平的 cAMP，最终阻滞减数分裂的进程。因此，卵丘细胞所合成的 cGMP 对卵母细胞减数分裂阻滞维持具有重要的功能，但颗粒细胞中 cGMP 又是如何产生的？

卵泡壁层颗粒细胞可以分泌一种小分子的肽即 C 型钠肽（NPPC），而 NPPC 的受体 NPR2（natriuretic peptide receptor 2）则表达在卵丘细胞。NPPC 与 NPR2 结合后，具有刺激 cGMP 产生的功能。因此，证明了 NPPC-NPR2-cGMP-cAMP 通路介导维持卵母细胞减数分裂的阻滞状态（图 6-14）。目前，这一机制在猪中也得到了证实，并且发现在猪中除了 NPPC，还有 NPPB 也参与这一信号通路。

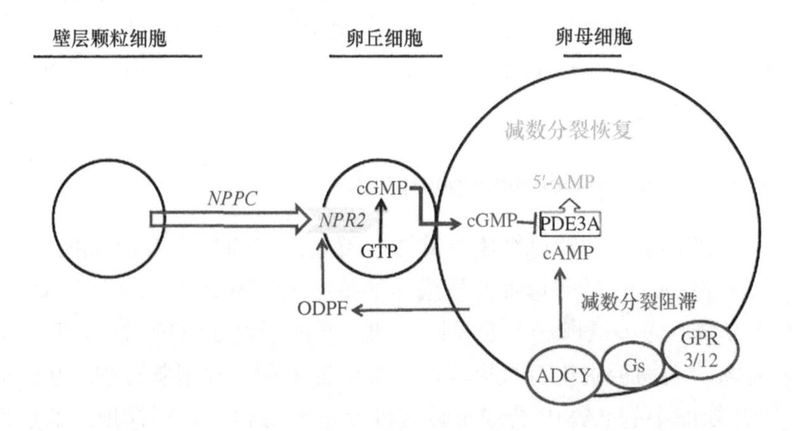

图 6-14　NPPC 及其受体 NPR2 在卵母细胞减数分裂阻滞中作用的模式图（改自 Zhang et al.，2010）。NPPC：C 型钠肽；NPR2：2 型钠肽受体；ODPF：卵母细胞来源旁分泌因子；ADCY：腺苷酸环化酶；PDE3A：磷酸二酯酶 3A；GTP：三磷酸鸟苷；cGMP：环鸟苷酸；cAMP：环腺苷酸；5′-AMP：5′-腺苷酸；Gs：鸟苷酸结合蛋白；GPR：G 蛋白偶联受体

3. 嘌呤（purine）

早期研究中，在猪的卵泡液中，得到一种低分子量的对小鼠卵母细胞减数分裂抑制的成分，后经鉴定为次黄嘌呤（hypoxanthine，HX）。随后，在人、猪、小鼠、大鼠、猴及兔的卵泡液中也相继发现有次黄嘌呤及腺嘌呤、鸟嘌呤等，它们都能剂量依赖性地

阻止卵母细胞的自发成熟。嘌呤物质抑制卵母细胞减数分裂，都是通过导致卵母细胞内 cAMP 浓度升高实现的，其机制可能通过抑制磷酸二酯酶的活性，阻止了 cAMP 的降解，也可能是腺苷酸环化酶激动剂促进其合成而升高其水平。cAMP 合成需要嘌呤核苷酸作底物，而嘌呤核苷酸的产生除了细胞内的新合成外，还有一个重要的补救途径（the salvage pathway），该途径可以将次黄嘌呤与鸟嘌呤经次黄嘌呤核转移酶（HPRT）、腺嘌呤经腺嘌呤核转移酶（APRT）转化为 cAMP。研究表明，次黄嘌呤阻滞卵丘包被的卵母细胞减数分裂恢复时，抑制卵丘细胞的嘌呤核苷酸的新合成，而依赖 HPRT 补救途径将次黄嘌呤转化为 cAMP，并且卵母细胞在激素诱导成熟时 cAMP 短促上升，更需要 HPRT 补救途径的参与；但次黄嘌呤对去卵丘卵母细胞的抑制不依赖于 HPRT 补救途径。

4. 卵母细胞成熟抑制因子（oocyte maturation inhibitor，OMI）

卵母细胞成熟抑制因子产生于颗粒细胞，分子量低于 2000 Da，可抗胰蛋白酶的消化，加热冷冻和解冻及活性炭吸附皆对其无影响。它的活性无种属特异性，猪的颗粒细胞能阻止牛的卵母细胞减数分裂恢复。目前，猪的 OMI 被部分纯化并鉴定，是一种分子量大约为 2000 Da 的小分子肽类物质。而前述的 NPPC 其分子量大约为 2198 Da，NPPC 是否就是 OMI 需要进一步的研究。

（二）卵母细胞减数分裂的恢复

卵母细胞停滞于第一次减数分裂而生长发育，长至足够大小时获得成熟的能力，在排卵前恢复第一次减数分裂。在生理情况下，以卵泡为单位的时候，卵母细胞减数分裂成熟的初始启动信号是上游的促性腺激素。促性腺激素在排卵前迅速升高，出现峰值。人 LH 能达到 50～100 IU/L，FSH 达到 10～20 IU/L。由于蛋白质由血液进入卵泡速度较慢，促性腺激素峰出现后 5～6 h，才能在卵泡内出现相应的峰。LH 的峰值出现较早，在人中要早于 FSH 的峰值 1～2 h。因而壁层颗粒细胞对卵母细胞成熟的作用也早于卵丘细胞。虽然已知卵母细胞减数分裂的恢复是由促性腺激素诱导的，但 LH 与 FSH 的精确调控机制并不清楚。一般认为，LH 的峰值是刺激卵母细胞恢复减数分裂的主要因素，体内仅有 LH 峰值而无后续的 FSH 升高仍能诱导卵母细胞成熟排出，体外 LH 也能导致培养卵泡的卵母细胞生发泡破裂。但另外一些实验结果却表明，仅用 FSH 也能诱导卵母细胞恢复减数分裂和排卵，而且 FSH 能促进体外培养的小鼠卵丘包被的卵母细胞成熟，但 LH 不能。对 FSH 及 LH 的受体定位分析也发现，LH 受体仅出现于大卵泡的壁层颗粒细胞上，卵母细胞及卵丘细胞上无 LH 受体，但 FSH 受体则存在于包括卵丘细胞的所有颗粒细胞上。这些结果说明，FSH 和 LH 对卵母细胞成熟的调控都不是唯一的，它们可能扮演同等重要的角色，只不过是通过不同的途径在不同的阶段发挥作用，协调完成促卵母细胞成熟排出的作用（图 6-15）。

由于促性腺激素受体只存在于卵泡细胞，促性腺激素的刺激必以卵泡细胞为介导。根据已有的体内外研究结果，推测促性腺激素诱导卵母细胞恢复减数分裂可能通过如下途径。

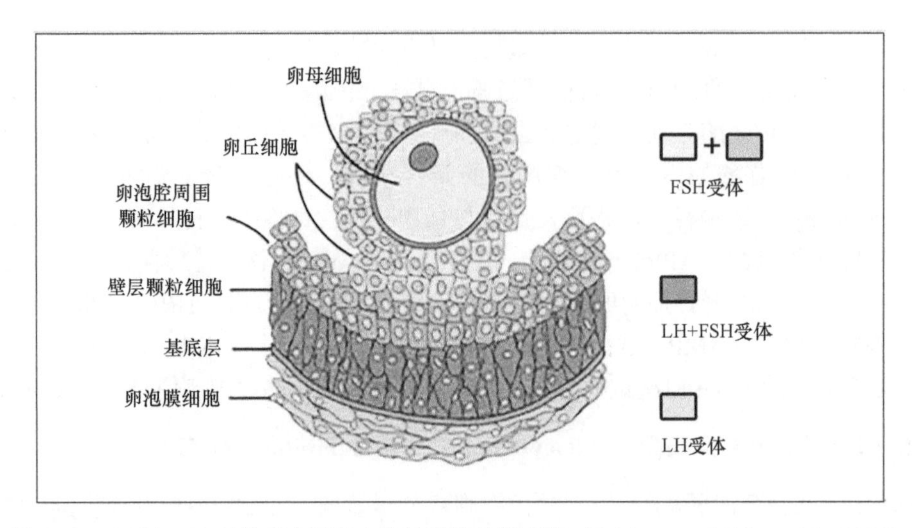

图 6-15 LH 及 FSH 受体在大卵泡中表达定位的模式图（Erickson and Shimasaki，2000）

一是诱导卵泡细胞产生一些刺激因子，克服抑制物质的作用而促使减数分裂的恢复。在小鼠中发现，LH 在体内和体外都可以诱导卵泡产生 EGF 样生长因子，进而引起卵丘扩展及卵母细胞成熟；同时发现，EGF 样生长因子及其受体 EGFR 所组成的信号通路对于 LH 发挥作用是必需的。研究者在大鼠、猪及人类的卵泡中也发现，LH 诱导产生的 EGF 可以引起卵丘扩展及卵母细胞的成熟。LH 也能刺激绵羊卵丘卵母细胞复合体中的颗粒细胞产生 Ca^{2+}浓度波动，继而诱发卵母细胞的自发 Ca^{2+}浓度波动，恢复减数分裂。因此，促性腺激素诱导卵母细胞成熟的关键途径，最有可能是诱导卵泡细胞产生 EGF 及 Ca^{2+}等刺激物质，该物质诱导卵母细胞克服卵泡内抑制因素而促进卵母细胞的成熟。而且 EGF 及 Ca^{2+}等刺激物质要发挥作用，必须有卵丘细胞与卵母细胞的间隙连接的存在。

二是诱导卵丘的扩展使颗粒细胞与卵母细胞的间隙连接中断，阻断抑制减数分裂的物质（如 cAMP）向卵母细胞的输入，导致减数分裂的恢复。卵母细胞成熟时，常需要细胞内 cAMP 水平的下降。卵丘细胞与卵母细胞的间隙连接对卵母细胞的发育非常重要，为卵母细胞输送大量物质和能量，也输送抑制减数分裂的物质（如 cAMP 和 cGMP 等）。卵母细胞自发成熟或促性腺激素诱导的成熟都伴有不同程度的卵丘扩展，排卵中期颗粒细胞间的间隙连接减少，卵丘细胞与卵母细胞间的间隙连接则逐渐消失。LH 和 FSH 也能调节间隙连接蛋白 CX43，促进其降解。但体外研究发现卵母细胞减数分裂恢复并不需要卵丘完全扩展，卵母细胞成熟中间隙连接的数量并未减少。卵母细胞成熟也并非都伴有卵母细胞 cAMP 的减少，即 cAMP 输入中断不一定是消除 cAMP 抑制的主要因素。特别是小鼠卵母细胞体外自发成熟过程中，培养 1 h 即可开始恢复减数分裂，而此时卵丘细胞并没有发生扩展，可见这条通路是否是生理性的还面临挑战。

从生理学角度考虑，上述促性腺激素调节卵母细胞成熟的两条途径并不是互相排斥的。由于卵泡膜细胞产生的减数分裂阻滞物质，是通过间隙连接扩散入壁层颗粒细胞后作用于卵母细胞的，结合前面所提的卵泡内“两细胞，两促性腺激素”调节模式，可以推测，LH 可能作用于颗粒细胞的间隙连接，终止减数分裂阻滞物质的产生，而 FSH 则刺激卵丘细胞产生刺激因子，诱导卵母细胞恢复减数分裂。单从卵母细胞成熟角度看

FSH 可能是促进卵母细胞成熟的主要刺激因素，因为在体外培养的实验中证明只有 FSH 可以诱导卵母细胞克服次黄嘌呤等抑制因素的作用而成熟。但在体内卵泡期 FSH 高水平时，只诱导了卵泡的快速生长，卵母细胞并不成熟。这一结果与体外相反，原因是卵泡在体内和体外发育过程中，受 FSH 调控的雌激素受体表达模式不同。

三、卵母细胞胞质成熟及极性产生

卵母细胞成熟一般认为包含两个不同层面的成熟过程：一个重要的方面是前述的卵母细胞核成熟，在核成熟的过程中卵母细胞获得减数分裂恢复的能力，并最终形成具有功能性的单倍体雌性配子；而另一个重要的方面则是卵母细胞的胞质成熟，而胞质成熟则直接决定了后期卵母细胞的受精能力及早期胚胎发育的能力。虽然从小鼠小有腔卵泡所获得卵母细胞在体外成熟并受精后，具有分裂至胚胎 2-细胞时期的能力，但与来自大有腔卵泡卵母细胞相比，其发育至囊胚的比例大大降低。因此从某种意义上讲，具备核成熟能力并不能够表明卵母细胞的真正成熟，而胞质成熟才意味着卵母细胞真正具有了完成后期发育的能力。通常来讲，在生理状况下卵母细胞的核成熟与胞质成熟是具有同步性的，然而在一些关键的决定胞质成熟步骤中其发育又是早于核成熟的。在卵母细胞质成熟的过程中，非常重要的一点就是母源性因子（maternal-effect factor）的积累，而母源性因子的存储受到上游转录因子及下游转录后加工与翻译调控。

卵母细胞细胞质中最主要的细胞器是线粒体，对于卵母细胞的成熟、受精及胚胎发育发挥重要作用。对于生发泡期卵母细胞，线粒体绕核积累是卵母细胞质量的积极信号，预示着 GVBD 能够适时发生。卵母细胞成熟过程中，线粒体提供 ATP 支持细胞及分子水平的各种变化。在 MⅡ卵母细胞中，线粒体紧密环绕 MⅡ纺锤体；每个细胞含有的 mtDNA 拷贝数为 100 000～200 000 个，该数量与其受精及发育潜能密切相关。成熟卵母细胞中的另外一种重要的细胞器皮质颗粒以层状密集排列于卵母细胞质膜下方，MⅡ纺锤体上方存在无皮质颗粒区。

哺乳动物卵母细胞从外形来看没有明显的极性，这与非洲爪蟾卵母细胞存在很大不同。以小鼠卵母细胞为例，在其成熟过程中从生发泡期到排出第一极体之前看不出任何极性，只是第一极体的排出才提示小鼠卵母细胞也存在明显的极性和不对称分裂问题。小鼠卵母细胞成熟过程中细胞不对称分裂是由 MⅠ纺锤体的不对称定位引起的，即极体的产生归结于 MⅠ纺锤体的不对称定位。目前认为小鼠卵母细胞 MⅠ纺锤体的迁移方向并不是事先确定的，而是 MⅠ纺锤体沿其长轴到达最近的皮质区并与之锚定，从而诱导卵母细胞产生极性，最终确定第一极体排出的位置，其极性确立的典型标志就是微丝帽的形成，该微丝帽区域与上面提到的无皮质颗粒区吻合，是 MⅡ卵母细胞极性的标志。因此，对于小鼠卵母细胞来说，随着 GVBD 的发生，MⅠ纺锤体在卵母细胞的中心开始组装，进而迁移到细胞膜附近的皮质区，微丝在这一区域的细胞膜下聚集形成微丝帽，使细胞的极性确立（图 6-16）。MⅠ纺锤体从卵母细胞中心向皮质区的迁移主要依赖微丝骨架蛋白的功能。微丝本身具有极性，真核细胞需要肌动蛋白单体成核形成微丝，而成核的过程是微丝聚合的限速步骤。目前已经发现的成核蛋白有三类：ARP 2/3（actin-related protein 2/3）蛋白复合体、Spire 和 Formins。这三类成核蛋白参与 MⅠ纺锤体的迁移过程及微丝帽的形成和维持。

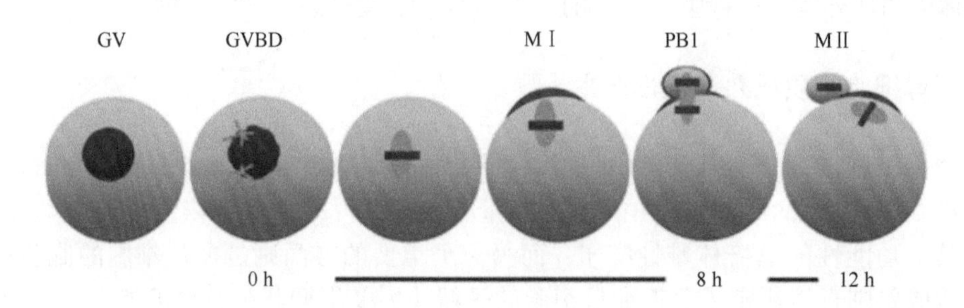

图 6-16 小鼠卵母细胞减数分裂成熟过程中，皮质区极性随纺锤体迁移而出现（引自 Azoury et al.，2009）。染色体、纺锤体及皮质区微丝帽分别由蓝色、绿色和红色标识

除微丝外，激酶信号通路 MOS（Moloney sarcoma oncogene）/ MAPK（mitogen-activated protein kinase）及小 G 蛋白参与 MⅠ纺锤体的迁移。MOS 是一种在生殖细胞中特异表达的丝氨酸/苏氨酸蛋白激酶。MOS 能够激活 MAPKK（MAPK kinase），在小鼠卵母细胞中为 MEK-1/2［MAPK/ERK（extracellular signal regulated kinase）kinase 1/2］，然后激活下游的两个 MAPK：ERK-1 和 ERK-2。小鼠卵母细胞中，ERK-1 和 ERK-2 在 GVBD 后激活并且在卵母细胞成熟阶段保持活性直至受精后 4 h。与野生型相比，*Mos* 敲除的小鼠卵母细胞排出更大的极体。鉴于微丝在调控 MⅠ纺锤体迁移中的重要作用，MOS/MAPK 通路的部分底物可能调控微丝的组装。

RAS 小 G 蛋白超家族成员的分子量大约为 21 kDa，多作为分子开关参与多种细胞信号事件；根据它们的一级蛋白序列和生化特性，该家族成员被分为 5 个亚类：RAS、RHO、RAB、ARF 和 RAN，RHO 亚类包含 RHOA、CDC42 和 RAC。CDC42 存在于小鼠卵母细胞皮质区，不影响 MⅠ纺锤体的迁移，对于微丝帽的形成及第一极体的排出是必需的。为研究 RAC 在小鼠卵母细胞成熟中的作用，在 GV 期卵母细胞中表达 RAC 的 dominant negative 突变体 N17RAC1 来抑制 RAC 的活性，但抑制 RAC 活性并不影响 MⅠ纺锤体向皮质区的迁移，但是卵母细胞阻滞在第一次减数分裂中期，不能排出第一极体；并且影响 MⅠ纺锤体的不对称定位，MⅠ纺锤体出现拉长现象，几乎横贯整个卵母细胞，而且在两个纺锤体极附近的质膜上产生两个微丝帽。通过使用 ARF-1 的抑制剂 Brefeldin A 及 RNAi 研究其在小鼠卵母细胞成熟中的作用，证实 ARF-1 参与小鼠卵母细胞第一次减数分裂纺锤体向皮质区的迁移，抑制 ARF-1 能够破坏两次减数分裂的不对称性。RAN 可能介导染色质所引起的皮质极性产生。

四、调节卵母细胞成熟的信号转导通路

哺乳动物卵母细胞的成熟是一个由外界信号诱导产生的细胞周期转换的过程。细胞外信号最终引起细胞内基因转录及蛋白质合成，中间具有复杂的信号转导通路。由于卵

母细胞上没有促性腺激素受体，再加上它在减数分裂成熟过程中两次阻滞和恢复的独特性，这就决定了卵母细胞在成熟过程中具有更为复杂的信号转导途径。排卵前促性腺激素峰启动卵母细胞成熟，可能是首先作用于卵泡体细胞，激活卵泡体细胞内的信号，该信号再激活卵母细胞内的信号转导通路。启动卵母细胞成熟的信号多为膜信号，其转导通常是由激动剂作用于细胞膜上的受体，在G蛋白的介导下，引起细胞内第二信使浓度的变化；然后第二信使再作用于不同的靶酶，通过一系列的级联放大反应，最终使某些蛋白质磷酸化来实现对细胞功能的调节。但 EGF 及细胞因子调节卵母细胞的信号通路有所不同，可能通过酪氨酸激酶途径。

G蛋白介导的信号转导，有三种第二信使：cAMP、IP3及DG，它们分别激活各自的特异性蛋白激酶——蛋白激酶 A（PKA）、钙-钙调蛋白（Ca-calmodulin）及蛋白激酶C（PKC），形成三条通路最终调节一系列功能性蛋白质的合成或降解，诱导细胞功能的改变。它们可能都参与卵母细胞成熟的调控，只不过在不同发育阶段及不同动物中发挥不同的作用。

（一）cAMP 依赖性的蛋白激酶 A（PKA）通路

PKA是真核生物细胞中cAMP的主要靶酶，cAMP的生理作用的发挥就是通过激活PKA进而使某些特定的蛋白质发生磷酸化来实现的。PKA在没有cAMP存在时，是以无活性的四聚体的形式存在的，由一个二聚体形式的调节亚基结合着两个催化亚基组成。cAMP发挥作用时，会与调节亚基结合，使催化亚基释放出来发挥催化活性。

在卵母细胞成熟中，cAMP被证明是卵泡体细胞产生的阻滞减数分裂的重要成分。卵母细胞的减数分裂恢复，常需要卵母细胞内cAMP的降低。而且cAMP的角色并不仅仅如此，它作为膜信号转导通路的重要第二信使，可能介导促性腺激素、生长因子等诱导卵母细胞成熟。研究表明，腺苷酸环化酶抑制剂DDA和PKA抑制剂H-89能够逆转FSH 诱导的减数分裂成熟，PKA 抑制剂 H-89 也可抑制牛卵母细胞的自发成熟。用foskolin、dbcAMP、AC 刺激物等作用 1～2 h 可诱导小鼠和猪卵丘卵母细胞复合体的cAMP的短暂升高，并能诱导卵丘扩展及减数分裂恢复，其预处理的培养液也能诱导裸卵的成熟，同时伴有卵母细胞内cAMP的降低，但是其他哺乳动物卵母细胞成熟时卵母细胞内未发现有cAMP的降低。这说明在卵母细胞成熟中发挥重要作用的可能是cAMP在细胞内的水平变化，而不是它的绝对值。

上述相互矛盾的结果，可能与卵泡体细胞及卵母细胞对促性腺激素的反应性及对cAMP的合成、代谢调节不同有关。细胞内cAMP水平由cAMP的合成、降解、排出间的平衡决定，但由于 cAMP 的排出量较少，PDE 对 cAMP 的降解可能对细胞内 cAMP水平起着主要的调节作用。哺乳动物共有7种类型的PDE，其中小鼠、大鼠和人至少有4种，但与cAMP有关的只有PDE4和PDE3。原位杂交显示，*Pde4* mRNA主要在颗粒细胞上表达，而卵母细胞只表达PDE3（cGMP特异性）。PDE4抑制剂可诱导培养卵泡中卵母细胞减数分裂恢复，而对自发的或培养卵泡中LH诱导的卵母细胞成熟无影响；而PDE3的抑制剂却可抑制自发的或培养卵泡中LH诱导的卵母细胞成熟。这些结果提示，PDE 在卵泡细胞和卵母细胞上有选择地表达和调节/调控着 cAMP 的水平和卵母细胞的成熟。卵母细胞生长过程中一些因素抑制卵母细胞 PDE3 活性，保持 cAMP 持续的高水平而抑制卵母细胞成熟，而排卵前促性腺激素可能抑制卵泡细胞 PDE4 导致 cAMP 水平的短暂上升，进而促进卵泡细胞分泌阳性物质而诱发卵母细胞成熟。另外，卵母细胞和卵丘细胞中可能存在不同形式的 PKA。卵母细胞中存在有Ⅰ型的 PKA，而卵丘细胞中则有Ⅰ和Ⅱ型两种 PKA。Ⅱ型的 PKA 与卵母细胞减数分裂的诱导恢复有关，而Ⅰ型的 PKA 则与卵母细胞成熟的抑制有关。cAMP 与两种 PKA 的亲和力不同，对Ⅰ型的亲和力要高于Ⅱ型 PKA。因此，低浓度的 cAMP 可能激活卵母细胞中Ⅰ型 PKA，从而抑制卵母细胞的成熟，而高浓度的 cAMP 才能激活卵丘细胞中Ⅱ型 PKA，进而促进卵丘细胞分泌刺激物质并诱发卵母细胞减数分裂的恢复。

（二）磷脂酰肌醇代谢通路

跨膜信号转导通路中另外一种重要的信号转导通路是磷脂酰肌醇代谢通路，特别是磷脂酰肌醇-4,5-二磷酸（phosphatidylinositol 4,5-bisphosphate，PIP2）。激素和其他活性物质与细胞膜上的 G 蛋白或酪氨酸激酶相偶联的受体结合后，可以激活磷脂酶 C（phospholipase C，PLC）家族中的不同成员，进而催化 PIP2 的降解。其中激动剂与 G 蛋白相偶联的受体结合可以激活 PLCβ1 和 PLCβ2；而与酪氨酸激酶相偶联的受体结合则可以激活 PLCγ1。

PLC 的抑制剂——新霉素（neomycin）可以抑制猪及牛卵母细胞体外自发成熟及激素诱导的卵母细胞成熟。这表明，磷脂酰肌醇代谢通路参与了卵母细胞的自发成熟。由于 PIP2 降解可以产生二酰基甘油（diacylglycerol，DAG）和三磷酸肌醇（inositol trisphosphate，IP3），而 DAG 和 IP3 可以分别激活 PKC 和动员细胞内钙（$[Ca^{2+}]i$）。因此，上述结果提示 PKC 和$[Ca^{2+}]i$ 可能参与了卵母细胞的成熟。

1. EGF 及其受体与卵母细胞成熟

LH 峰的到来会使排卵前卵泡内产生巨大的生理变化，并最终使一个充分发育了的成熟卵子得以排出。然而，LH 受体并不表达在卵丘细胞及卵母细胞表面。所以，LH 信号要在卵泡内传导并最终影响卵母细胞成熟，就需要其他分子的介导。

早在 20 世纪 70 年代，当表皮生长因子（EGF）开始被研究时，人们发现了它在卵泡发育中发挥着重要作用。早在 1979 年发现，EGF 可以促进体外培养的兔、猪及人颗粒细胞的增殖。接下来，一系列研究都证实了 EGF 在卵泡生长发育及类固醇产生中的作用。LH 在与表达在卵泡膜细胞及壁层颗粒细胞上的 LHR 结合后，可以引起靶细胞内 cAMP 水平升高，cAMP 会上调 EGF 样生长因子的表达。在传导 LH 信号时，有三种 EGF 样生长因子被认为发挥着重要作用，即双调蛋白（amphiregulin，AREG）、表皮调节素（epiregulin，EREG）及 β 细胞素（betacellulin，BTC）等。在多种哺乳动物如小鼠、大鼠、猪及人类的卵泡中也发现，LH 可以刺激 EGF 样生长因子的产生，证明这是一个保守的信号通路（图 6-17）。

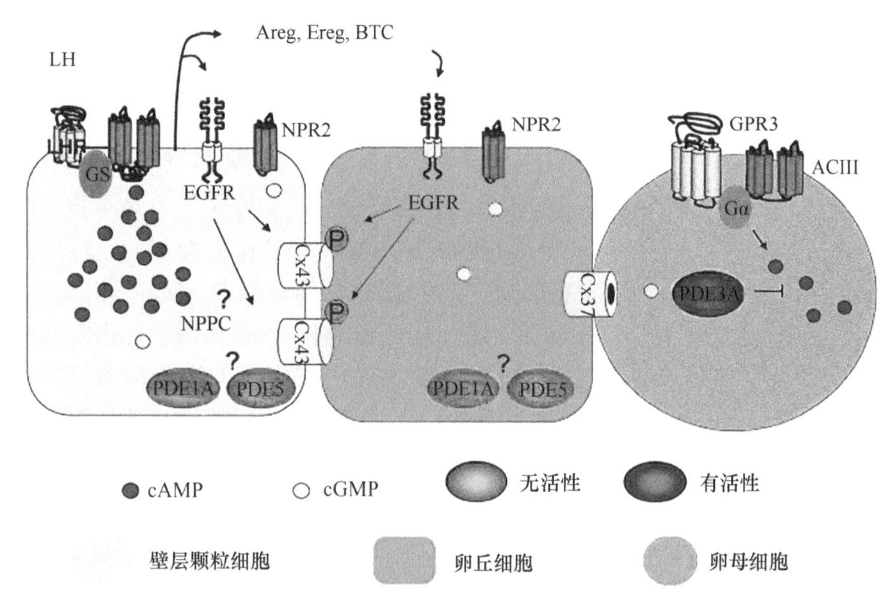

图6-17　LH调节的EGF信号网络在卵母细胞成熟过程中作用的模式图（引自Conti et al.，2012）。LH：黄体生成素；NPPC：C型钠肽；NPR2：2型钠肽受体；EGFR：表皮生长因子受体；AC：腺苷酸环化酶；PDE：磷酸二酯酶；GS：鸟苷酸结合蛋白；GPR：G蛋白偶联受体；Cx43：间隙连接蛋白43；Cx37：间隙连接蛋白37；cGMP：环鸟苷酸；cAMP：环腺苷酸；Areg：双调蛋白；Ereg：表皮素；BTC：β细胞素

双调蛋白、表皮调节素及β细胞素最初是以无活性跨膜蛋白的形式存在的，它们都包含一个胞内区、一个跨膜区及一个胞外的EGF结构域。LH在体外处理卵丘卵母细胞复合体，会上调一种胞外基质金属蛋白酶ADAM17（a disintegrin and metalloproteinase domain-containing protein 17，也被称为TACE）的表达和活性。TACE/ADAM17可以对EGF样生长因子进行切割，释放有活性的胞外EGF结构域。

游离的EGF结构域要行使其功能，就需要与其受体EGFR相结合。EGFR属于ERBB1家族的一员，是一种受体酪氨酸激酶（RTK），其包含有一个配体结合的胞外区、一个单跨膜结构域和一个胞内酪氨酸激酶结构域。在结合配体之后，EGFR会形成同源或异源二聚体，进而激活其胞内酪氨酸激酶活性，以及受其调控的KAPK、PI3K及JAK/STAT信号通路，引起卵丘扩展等生理过程。

然而在卵泡中，EGFR仅表达在颗粒细胞上。所以，EGF信号通路要调节卵母细胞成熟还需要其他分子的介导。如前文所述，环化的核苷酸cGMP和cAMP在调节卵母细胞减数分裂中发挥着重要作用。LH引发的EGF信号通路激活会抑制颗粒细胞NNPC的表达，进而引起cGMP水平的下降。颗粒细胞中cGMP水平的下降，会导致通过间隙连接进入卵母细胞的cGMP量减少，进而导致卵母细胞中PDE活性增强，cAMP降解，最终导致减数分裂的恢复。

2. PKC与卵母细胞成熟

有关PKC对卵母细胞作用的研究，多集中于它对受精之后的调节上，而对卵母细胞减数分裂成熟的研究较少，所得结果也很不一致。许多研究认为，它的激活可抑制小鼠和牛卵母细胞的GVBD，诱导大鼠卵丘卵母细胞复合体和兔卵泡中的卵母细胞的减数分裂，而对金黄地鼠卵母细胞减数分裂成熟无影响。造成这些结果差异很大的原因，除动物的种类不同外，实验采用的细胞培养模型也有很大的影响。这些实验多建立在卵母细胞体外自发成熟模型基础上，不能反映体内促性腺激素克服卵泡抑制环境诱导卵母细胞成熟这一过程。而近来的研究表明，自发成熟与激素诱导的卵母细胞成熟的机制不同。而且，许多培养液中添加血清甚至激素，它们含有较多的未知成分，对实验的结果都会产生影响。为克服上述影响，Su 等（1999）利用次黄嘌呤作为抑制剂，体外无血清培养猪卵母细胞，对 PKC 的作用进行了研究，发现 PKC 参与 FSH 启动的猪卵母细胞减数分裂的恢复，其抑制剂 sphingosine 和 staurosporine 可抑制 FSH 诱导的生发泡破裂，而低浓度的激动剂 PMA 可逆转次黄嘌呤的抑制。PKC 的作用可能具有阶段性特异性，不同时期它的调节可能不同，这也将影响实验结果。依据 PMA 的剂量和作用时间，它能对小鼠、猪卵母细胞成熟产生不同的影响。这可能是由于 PKC 存在多种亚型，不同的亚型可能具有不同的生物功能。

3. Ca^{2+}与卵母细胞成熟

Ca^{2+} 作为细胞内的信使物质，在细胞周期调控中起着十分重要的作用。Ca^{2+}在多种动物的细胞转换期出现释放峰，其浓度波动（Ca^{2+} oscillation，钙振荡）与细胞周期变化密切相关。卵母细胞的成熟及受精也是一种细胞周期转换过程，也有Ca^{2+}浓度波动的调节，也需要Ca^{2+}的作用。Ca^{2+}在卵母细胞内释放有两种形式：一是受第二信使三磷酸肌醇（inositol trisphosphate，IP3）的激活而释放，称为 IP3 诱导的钙离子释放（IP3-induced Ca^{2+} release，IICR）；另外就是Ca^{2+}诱导的Ca^{2+}释放（Ca^{2+}-induced Ca^{2+}release，CICR）。Ca^{2+}主要由细胞内钙库脉冲性释放，传导外来刺激信号。它可能通过诱导产生刺激因子而调节卵母细胞成熟，也可能直接作为刺激讯号而发挥效应。

关于Ca^{2+}在卵母细胞减数分裂恢复成熟过程中的作用，研究结果纷繁复杂，甚至相互矛盾，难以得出统一的结论。一些研究发现，利用Ca^{2+}缺乏培养液培养大鼠和牛的卵丘细胞包被的卵母细胞或仓鼠及猪的裸卵，对减数分裂无显著影响；另一些研究却报道缺乏 Ca^{2+}的培养液和 Ca^{2+}螯合剂 EGTA 可以明显地部分抑制仓鼠 CEO 中卵母细胞 GVBD 的发生，但能启动大鼠卵泡包裹的卵母细胞的减数分裂。小鼠及仓鼠的卵母细胞在发生 GVBD 前Ca^{2+}浓度升高，但用Ca^{2+}拮抗物处理，并不能阻止 GVBD 的发生，即Ca^{2+}浓度波动可能不是 GVBD 所必需的；牛和猪的卵母细胞 GVBD 发生需要Ca^{2+}的参与，Ca^{2+}螯合剂（BAPTA-AM）可阻止或延缓自发或 FSH 诱导的减数分裂恢复，但在不同时期的卵母细胞中未检验到Ca^{2+}浓度的波动。在外源性Ca^{2+}和内源性Ca^{2+}对卵母细胞成熟作用的研究中，常将卵母细胞培养在无Ca^{2+}培养液或Ca^{2+}螯合剂造成的缺钙条件下进行研究。但其所用培养液多含有血清，而血清中多少都含有Ca^{2+}，这些Ca^{2+}必将影响实验结果，导致对Ca^{2+}的作用无法得到一致的认识。最近，利用体外无血清培养体系，对Ca^{2+}在猪、小鼠 CEO 减数分裂成熟中的作用进行了研究，发现细胞内钙参与猪、小鼠卵母细胞减数分裂成熟，其螯合剂 BAPTA/AM 阻止 FSH 诱导的 CEO 减数分裂的恢复，但不影响小鼠卵母细胞的自发成熟。细胞外钙对猪、小鼠卵母细胞减数分裂成熟没有明显的影响。

Ca^{2+}传递信号的方式主要表现为Ca^{2+}浓度波动（Ca^{2+} oscillation），大量的研究对卵母细胞内Ca^{2+}浓度波动进行了检测。从卵泡取出的未成熟小鼠 GV 期卵母细胞，具有一系列自发的Ca^{2+}浓度波动，一直可持续到 GVBD 后 2～3 h。一些研究还发现用精子刺激生发泡期小鼠卵母细胞，卵母细胞产生重复的Ca^{2+}浓度波动，而另一些研究却仅见短暂的几个Ca^{2+}浓度峰。最近的研究表明，在自发的Ca^{2+}浓度波动停止后，受精能诱导小鼠生发泡期卵母细胞产生重复的Ca^{2+}浓度波动，该波动幅度远大于自发的Ca^{2+}浓度波动，可持续至受精后数小时。绵羊生发泡期卵母细胞中也发现有自发的Ca^{2+}浓度波动，并且 LH 刺激卵丘卵母细胞复合体也能诱导Ca^{2+}浓度波动的发生。关于自发的Ca^{2+}浓度波动在卵母细胞成熟中的作用尚不清楚，可能与 GVBD 无关，因为用 dbcAMP 抑制 GVBD 并不能阻止卵母细胞自发的Ca^{2+}浓度波动。不过小鼠自发的Ca^{2+}浓度波动的产生依赖完整的生发泡，而且常常产生于细胞核而终止于细胞质；绵羊、牛的 CEO 受到 LH 刺激后，首先在卵丘细胞产生Ca^{2+}浓度波动，而后卵母细胞内才出现，这些结果提示这种Ca^{2+}浓度波动可能与信号在细胞核和细胞质间的传递有关。

牛和猪卵母细胞 GVBD 可能需要Ca^{2+}的参与，细胞内Ca^{2+}螯合剂（BAPTA-AM）可阻止或延缓自发或 FSH 诱导的卵母细胞减数分裂恢复，但在不同时期的卵母细胞中未检验到Ca^{2+}浓度的波动。这可能与牛卵母细胞生发泡期对Ca^{2+}通道调节的敏感性极低有关，它可能掩盖了未成熟卵母细胞中Ca^{2+}浓度的波动。哺乳动物卵母细胞中存在着两种调节Ca^{2+}释放的通道：1，4，5-三磷酸肌醇受体（INSP3-R）通路和 ryanodine 受体（RYR）通路。在牛卵母细胞中，INSP3-R 的量比 RYR 要高 30～100 倍。由于注射 RY 并不能激发Ca^{2+}浓度波动，因此它可能在牛卵母细胞Ca^{2+}的释放上处于次要位置。而 INSP3-R 在牛和猪的卵母细胞中含量丰富，对卵母细胞的成熟有重要作用。肝素、新霉素、锂离子等 INSP3-R 的抑制剂，均能阻止减数分裂的恢复及 MPF 和 MAP 的激活。INSP3-R 通道的活性与 INSP3-R 的数目呈正相关，在卵母细胞生长和成熟中 INSP3-R 逐渐增多，在生发泡期较少，而在成熟时达到最多，由此导致正在成熟的卵母细胞中Ca^{2+}释放较少，检验不到Ca^{2+}浓度的波动。尽管如此，Ca^{2+}在卵母细胞的成熟中可能仍起着积极的作用，它对第一极体形成的促进作用正在得到普遍重视。LH 及生长因子能刺激颗粒细胞产生大量 INSP3，INSP3 可上调 INSP3-R，导致Ca^{2+}信号传播。Ca^{2+}的靶物质可能有组蛋白激酶 H1、钙调蛋白（CaM）及 Ca 依赖性磷酸化酶等，Ca^{2+}浓度的升高可激活它们的活性。这些酶能调节细胞内多种蛋白质的合成、降解及活性变化，在启动和维持卵母细胞成熟分裂时、核的分裂及胞质的变化中，起着非常重要的作用。

4. MAPK 信号传导链

与经典的鱼类及两栖类卵母细胞成熟必须存在 MAPK 级联反应的明确结果相比，在哺乳动物的研究结果较为复杂，不同的动物所得到的结果多不相同。小鼠卵母细胞成熟时虽也有 cAMP 的降低，但并不像爪蟾那样诱导蛋白质的合成，阻断卵母细胞蛋白质的合成也未阻止 GVBD 的发生。MAPK 的上游激酶 MOS 在 GVBD 后才开始合成，MⅡ前达到高峰。卵母细胞注射抗 C-MOS 抗体，不能阻滞 GVBD，说明小鼠卵母细胞减数分裂的启动可能不需要 MAPK 级联反应。由于 *C-mos* 基因缺失小鼠卵母细胞第一极体的排出迟缓，其表达蛋白 MOS 也可能与极体形成过程有关。MOS 可能参与小鼠卵母细胞 MⅡ期的阻滞，敲除小鼠的 *C-mos*，可导致卵母细胞 MⅠ完成后，继续完成 MⅡ，形成原核，表现为孤雌生殖；卵母细胞内注射抗 C-MOS 抗体也能导致孤雌生殖。MAPK 的蛋白质合成虽在 GV 期就已开始，但 GVBD 时 MPF 的激活并不伴有 MAPK 的激活，其活性在 GVBD 后 2 h 才出现。但研究表明，卵母细胞的获能包括获得具有激活 MAPK 的能力，即只有具有恢复减数分裂能力的卵母细胞，才能获得有活性的 MAPK。与爪蟾相似，MAPK 在受精后失去活性。MAPK 的失活与原核的形成有关。受精后 4 h，仍有 MAPK 的活性，但 8 h 原核形成时，其活性丧失。MAPK 活性降低的程度与原核的形成比率呈正相关。由于 PKC 的激动剂 PMA 可抑制 GVBD 及 MAPK 的活性，诱导原核的形成，而 PKC 的抑制剂 calphostin 或 staurosporine 可以逆转 PMA 的作用，说明 PKC 可能参与诱导 MAPK 的级联反应。

不过与小鼠不同的是，猪、牛、绵羊、山羊等大动物卵母细胞成熟可能需要 MAPK 级联反应，它们的卵母细胞生发泡破裂都像爪蟾那样需要蛋白质的合成，而阻止卵母细胞蛋白质的合成，不仅抑制了 GVBD 的发生，还阻止了 MAPK 的激活，这些结果说明蛋白质所激活的 MAPK 级联反应可能诱导减数分裂的恢复。在牛的卵母细胞，显微注射 *Mos* 的 mRNA 可以很快激活 MAPK 并且可以加快 GVBD 发生的进程；而注射对激酶无活性的 *Mos* 的 mRNA 却不能激活 MAPK。在猪卵母细胞中，MAPKK 只存在于细胞质中，MAPK 在 GV 期也多位于细胞质且无活性，细胞核内没有该酶，仅在 GVBD 前才能测到有活性的 MAPK，说明 MAPK 级联反应也可能在 GVBD 前携带成熟信号进入核内，诱导 GVBD。Inoue 等（1998）将有活性的 MAPK 注射到猪 GV 期卵母细胞细胞核内，很快诱导了 GVBD，远快于正常 GVBD 发生的时间，在爪蟾上也得到了同样结果，这些结果证实 GVBD 需要 MAPK 的信号传导。另外，Inoue 等（1998）还将 MAPK 注射到猪 GV 期卵母细胞细胞质内，但未能诱导 GVBD 发生，仅见部分的、平稳的 MAPK 活性升高，推测卵母细胞质的成熟也可能需要 MAPK 级联反应。GV 期细胞质的某些抑制因子抑制了 MAPK 的活性，而当某种因素诱导 MAPK 进入细胞核导致 GVBD，GVBD 发生反过来也促进 MAPK 活性升高，完成细胞质成熟。与其他动物一样，猪、牛卵母细胞 MAPK 的活性在原核形成前消失。对牛卵母细胞 MⅡ恢复以后 MAPK 活性的研究发现，MAPK 的失活晚于 MPF 的失活。体外孤雌激活时，A23187 等只能启动 MⅡ的恢复，但不能诱导原核的形成，加入抑制蛋白合成物质 cycleheximide（CHX）和蛋白丝/苏氨酸激酶的抑制剂 6-DMAP 后，原核可以形成，说明 MPF 失活诱导减数分裂恢复后，仍有蛋白激酶的存在。激酶活性分析显示，MAPK 在 MPF 失活后仍保持高活性，以维持纺锤体的稳定，保证减数分裂的顺利完成，排出极体。此后当染色体浓缩，原核开始形成时 MAPK 失活，导致原核形成。另外，由 MAPK 高活性维持的 MⅡ以后的短时间细胞周期转换的阻滞，被一些研究者称为 MⅢ。在爪蟾和小鼠卵母细胞受精中，也发现了同样的现象。

5. 卵母细胞成熟促进因子（MPF）

卵母细胞成熟特别是核成熟属于细胞周期调控的范畴，因此卵母细胞成熟的调控依赖于与细胞周期有关的特定蛋白质在特定时期内的表达。这些蛋白质中，成熟促进因子或者成熟期促进因子（maturation-promoting factor or M-phase promoting factor，MPF）在哺乳动物卵母细胞成熟过程中起着非常重要的作用。MPF 最早发现于蛙卵中，因能促进卵母细胞成熟而得名。它与细胞周期有关，是启动和维持 M 期的因子。MPF 几乎存在于酵母到人体细胞的所有真核细胞中，但在进化上高度保守，功能无种属特异性。MPF 是一种蛋白激酶，由催化亚基 p34cdc2 和调节亚基 Cyclin 组成，催化亚基 p34cdc2（也称为 CDK1）是其主要活性部分，可使多种蛋白磷酸化，在细胞周期中只有活性的改变而无量的变化；Cyclin 又称为细胞周期蛋白，有多种类型，其中 Cyclin B 的作用较为常见。Cyclin B 在细胞周期中不断合成和降解，结合或游离 p34cdc2 亚基，决定 MPF 的激活或失活。它在分裂间期（G）开始积累，至 M 期达到阈浓度时与 p34cdc2 结合，使 p34cdc2 去磷酸化，表现出活性，而在 M 期末与 p34cdc2 分离被降解。MPF 在 M 期异常活跃，激活 H1 组蛋白激酶，催化核纤层蛋白和核仁蛋白磷酸化，使核纤层解体；并能调节微管蛋白，控制细胞动力学变化，激活一些癌基因，产生一系列与细胞分裂有关的生物效应，启动和维持卵母细胞及体细胞的分裂。

哺乳动物卵母细胞在生长发育过程中，减数分裂一直被阻滞在双线期，即停留在相当于细胞分裂周期 G2/M 转换阶段，在此时期 MPF 的活性受到抑制。研究表明，未获能卵母细胞 MPF 无活性，主要是催化亚基 p34cdc2 缺乏所致。p34cdc2 在卵母细胞生长发育过程中逐渐积聚，在获能后迅速增加至阈浓度，它的增加与卵母细胞的发育呈正相关，阻止 p34cdc2 的增多则抑制卵母细胞的生长，未达到 p34cdc2 阈浓度的卵母细胞在体外不能自发成熟。体外成熟的卵母细胞成熟率较低的原因也可能与 MPF 活性有关，比较体外培养成熟的马卵母细胞与体内成熟的卵母细胞 H1 激酶的活性，发现前者明显低于后者。由于生长中的卵母细胞内 Cyclin B 蛋白酶浓度一直很高，抑制卵母细胞成熟的物质也可能通过增强 Cyclin B 的降解，使 Cyclin B 达不到与 p34cdc2 结合的阈浓度来实现其作用。

MPF 的活性受许多因素的影响，诱导细胞成熟的物质可能通过 Ca^{2+} 及原癌基因 *c-mos* 参与调节 MPF 活性。*c-mos* 基因产物 MOS 是一种磷酸化/去磷酸化酶，并能通过激活 MEK1 激活 MAP 激酶，MOS-MEK1-MAPS 级联共同激活 MPF，同时 MOS 蛋白也可直接激活 MPF。这条信号传递途径，为许多动物卵母细胞启动减数分裂所必需。在受精过程中，卵母细胞内产生持续的 Ca^{2+} 波，诱导 MPF 的失活。Ca^{2+} 能调节多种激酶或磷酸化酶的活性，可能导致 Cyclin B 蛋白降解失活。体外研究表明，用蛋白质合成的抑制剂 cycleheximide（CHX）和蛋白丝/苏氨酸激酶的抑制剂 6-DMAP 皆可导致卵母细胞 MPF 及 MAPK 的活性下降，并且能促进乙醇或 Ca^{2+} 载体 A23187 诱导的孤雌生殖。进一步的研究显示，Ca^{2+} 的第一个释放波破坏 Cyclin B 蛋白，使其失去活性，随后的释放波启动 Ca^{2+} 依赖的蛋白质降解通路，破坏新合成的 Cyclin B 蛋白。

6. 促减数分裂激活甾醇（meiosis-activating sterol，MAS）

20 世纪 60 年代中期科学家认为卵巢和睾丸可能在初情期时分泌一种物质能够诱导生殖细胞恢复减数分裂，后来发现在人或牛睾丸组织培养液中，存在能启动小鼠胎儿睾丸生殖细胞减数分裂的物质而被命名为减数分裂诱导物质（meiosis-induced substance，MIS）。MIS 无种间特异性，是激素等外来信号刺激睾丸组织细胞产生的，具有克服减数分裂抑制物质的效应，诱导精原细胞恢复减数分裂的主要阳性刺激因子。后来，在人排卵前卵泡中也发现了 MIS 的存在，它在 hCG 刺激后出现，12～20 h 达到最高的水平；由于它仅出现于可排卵卵泡中，不存在于不排卵或闭锁的卵泡内，而且 MIS 的浓度与排出的卵母细胞的受精率相关，推测它与卵母细胞的成熟有关，也可能像在睾丸中那样，受促性腺激素的刺激由卵泡细胞产生，启动卵母细胞的减数分裂成熟。随后对 MIS 进行提纯得到了其纯品并分析清楚这种物质的化学本质是 29～31 个碳的甾醇类物质，命名为促减数分裂甾醇（meiosis-activating steril，MAS）；其中来自人卵泡液的是 FF-MAS（follicular fluid MAS），来自牛睾丸组织的为 T-MAS（testis tissue MAS）。成年哺乳动物睾丸中主要含有 T-MAS，而卵巢中则同等含有 T-MAS 及其他种类的 MAS（表 6-4）。

表 6-4　不同组织及体液中的 MAS 浓度

来源	动物种类	MAS 含量（ppm①）
睾丸组织	公牛	＞30
	小鼠	＞30
	种公马（正常）	＞30
	种公马（隐睾）	10～1
睾丸小管	大鼠	＞15
精液	人	＜0.5
精子	人	＞2
卵巢（hCG 处理）	小鼠	＞1
卵巢	小鼠	＜0.1
卵泡液	人（排卵前）	1
	马	0.1～0.3
	猪	0.2

注：① 1 ppm=10^{-6}

目前认为，MAS 介导了 FSH 诱导的卵母细胞成熟，并且 MAS 诱导的卵母细胞成熟与 MAPK 直接相关。然而，也有部分证据显示 MAS 与 LH 诱导的卵母细胞成熟似乎并不同步，更多的研究工作有待深入探索。

7. 一氧化氮对卵母细胞成熟的影响

一氧化氮（nitric oxide，NO）是哺乳动物的一种重要信息分子，有着独特的理化性质和生物学活性。自从被发现以来，其研究就迅速扩展到生命科学中的各个领域，包括神经生物学、免疫生物学、生理学、病理学、药理学等。而其在生殖系统中的作用也引起生殖生物学家广泛的重视，NO 在卵泡生长、排卵及黄体生成和退化等卵巢生理中起着重要的作用，在卵母细胞成熟方面也有调节作用。

在室温下，NO 是一种无色的气体，它在水中的最大溶解性和纯氧相近。由于它没有极性，所以能自由进出细胞膜。NO 的化学性质活泼，在生物组织中的半衰期只有 3～5 s。在哺乳动物中，NO 是由一氧化氮合酶（nitric oxide synthase，NOS）催化 L-精氨酸而合成的，此反应依赖于氧和 NADPH，产生 NO 和 L-瓜氨酸。根据它们的组织来源和功能属性来分，一氧化氮合酶（NOS）可分为三种不同的类型。其中神经型和内皮型（分别为 nNOS 和 eNOS）是组成型的，与 NO 持续的基础水平的释放有关，而第三种则是诱导型的（iNOS），与炎症反应有关。nNOS 和 eNOS 的激活需要钙/钙调素的参与，而 iNOS 的激活则不依赖于钙/钙调素。

第一个研究 NO 对卵母细胞成熟影响的是 Yamauchi 等（1997），他们在体外灌注兔卵巢模型中研究发现，灌注液中加入一氧化氮合酶（NOS）抑制剂 L-NAME 并不影响被灌注卵巢排出的卵子的减数分裂成熟。随后，Jablonka-Shariff 和 Olson（1998）否定了 Yamauchi 等（1997）的实验结果，发现卵母细胞的成熟也需要 NO，通过向小鼠体内注射 NOS 抑制剂 L-MAME，抑制 NO 的产生后，发现不仅排出的卵子数量减少，而且卵子的减数分裂也不正常。紧接着 Jablonka-Shariff 又于 2000 年报道：敲除 *eNOS* 基因的小鼠，卵巢重量下降，卵巢中卵丘卵母细胞复合体（COC）数目下降，而且将 COC 在体外培养也发现卵母细胞很少进入 MⅡ，而大多数停滞于 MⅠ或进入细胞凋亡。同时他还用体外培养野生型小鼠卵母细胞的方法证明，L-NAME 能剂量依赖性地抑制卵母细胞第一极体的排出，L-NAME 虽不能影响正常小鼠 COC 的生发泡破裂，却能使生发泡破裂的时间推迟。

Sengoku 等（2001）在小鼠上的研究不仅证明 10^{-5}～10^{-3} mol/L 的 L-NAME 能剂量依赖性地抑制 COC 减数分裂的恢复，且此抑制作用能被 NO 供体硝普钠（SNP）所逆转，但同样浓度的 L-NAME 对裸卵（DO）的减数分裂没有影响。他们还证明低浓度（10^{-7} mol/L）的硝普钠（SNP）而不是高浓度的 SNP 能显著促进 300 μmol/L dbcAMP 所阻滞的卵丘卵母细胞复合体（COC）的体外成熟。

Nakamura 等（2002）研究发现，NO 能够抑制卵泡卵母细胞的成熟，可能是通过 iNOS-NO-cGMP 系统起作用的。王松波等（2009）研究发现，高浓度（1mmol/L）的 NO 供体硝普钠（SNP）能够抑制小鼠卵母细胞体外的自发成熟，能够延迟生发泡破裂（GVBD）发生的时间。而 Bu 等（2003）报道，NO 对卵母细胞的成熟起双重作用，研究发现一氧化氮合酶抑制剂 L-NAME 和 L-NNA 能够抑制卵丘包被的卵母细胞（CEO）第一极体（PB1）的释放率，而对裸卵母细胞（DO）没有影响；低浓度的硝普钠（SNP）（10^{-7} mol/L、10^{-6} mol/L、10^{-5} mol/L）能够明显地促进 4 mmol/L 次黄嘌呤（HX）抑制的 CEO 的成熟，但对 DO 没有影响；高浓度的 SNP（1 mmol/L）能够明显地降低 CEO 自发成熟过程中 PB1 释放率，并且在培养的前期（前 5 h）能够明显地延迟 CEO 的生发泡破裂（GVBD）。进一步的研究证明：高浓度的 NO 抑制小鼠卵母细胞自发成熟是通过 cGMP 通路实现的，而低浓度的 NO 促进 HX 抑制的小鼠卵母细胞恢复减数分裂是通过 cAMP 通路实现的。

目前，有关 NO 在卵母细胞减数分裂过程中的作用的研究还不是很多，且有些结果相互矛盾。另外，关于 NO 对卵母细胞成熟影响的作用机制方面的工作还很少，需要进一步的研究。

五、卵母细胞成熟过程中的细胞行为调控

哺乳动物卵母细胞恢复减数分裂后，微管组装开始启动并于前中期形成纺锤体。卵母细胞中没有中心体，微管组织中心随机分布于胞质中，参与微管的聚合。在小鼠的卵母细胞中，纺锤体的组装主要依赖于同源染色体。卵母细胞生发泡破裂（GVBD）后进入MI 期，胞质内随机形成若干个微管组织中心，它们激活或募集临近的同源染色体使得微管在这一区域优先组装。随机形成的微管最后组装成一个围绕着同源染色体的纺锤体。

当所有染色体与微管建立正确连接并完成中期赤道板排列之后，卵母细胞启动中/后期转换完成第一次减数分裂。而能否准确顺利地完成中/后期转换则完全取决于染色体排列与分离是否正确。在有丝分裂中，控制中/后期转换的机制被称为纺锤体组装检验点系统（spindle assembly checkpoint，SAC），其核心成员包括 Mad1-3、Bub1、Bub3 及单极纺锤体蛋白 Mps1。纺锤体组装检验点也称为纺锤体检验点，是一种细胞分裂过程中的监控机制，SAC 的作用靶标是 Cdc20 蛋白，Cdc20 是泛素连接酶 APC/C 的共作用子。APC/C 被 Cdc20 激活后，能够介导下游两种关键底物——Cyclin B 和 Securin 的泛素化作用，泛素化的 Cyclin B 和 Securin 能够被 26S 蛋白酶体水解。SAC 能够负调控 Cdc20 对 APC/C 的激活能力，因此能防止 Cyclin B 和 Securin 的泛素化降解。有丝分裂过程中，姐妹染色单体通过 Cohesin 复合物紧密连接在一起，为了进入分裂后期，Cohesin 复合物需要被蛋白酶 Separase 水解切割使姐妹染色单体分开。S 蛋白是 Separase 的抑制子，因此，在 SAC 激活的情况下，Securin 无法被泛素化降解而大量积累并抑制 Separase 活性，Cohesin 复合物无法被水解，姐妹染色单体不能分开，后期无法起始。另外，Cyclin B 的蛋白水解又能使有丝分裂过程中重要的激酶 Cdk1 失活，而 Cdk1 激酶的活性又是有丝分裂退出所必需的。这样，通过控制 Cdc20，SAC 能够阻止这一连串事件的发生，从而延长了前中期直至所有的染色体都完成双向定位并排列在赤道板上。染色体的双向定位最终使检验点信号关闭，解除了对有丝分裂的阻滞并允许细胞进入分裂后期（图 6-18）。

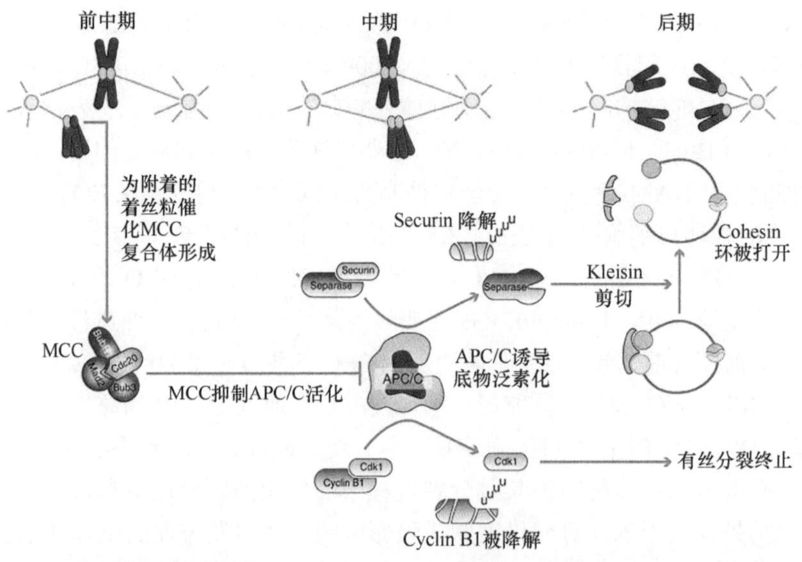

图 6-18 纺锤体组装检验点（SAC）机制（引自 Lara-Gonzalez et al.，2012）

在很长一段时间里，对于减数分裂中，尤其是哺乳动物卵母细胞减数分裂过程中是否存在 SAC 机制，曾经存在很多争议。在只有一条 X 染色体的 XO 雌性小鼠中，第一次减数分裂时单独的一条 X 染色体无法排列到赤道板上并不可避免地会引起卵子非整倍性。然而，在这种情况下，大部分的卵子却能够起始中-后期转换。这一度使人们认为哺乳动物的卵母细胞内是没有 SAC 的。然而，近些年来，在小鼠卵母细胞中已经发现了主要 SAC 蛋白 Mad1-3、Bub1、Bub3 及 Mps1 的存在并能调控同源染色体及姐妹染色单体的精确分离（图 6-19）。因此，关于卵母细胞中纺锤体检验点的存在已经是一个不争的事实。但是，对于 XO 雌性小鼠卵子起始中-后期转换的事实仍然无法给出解释。

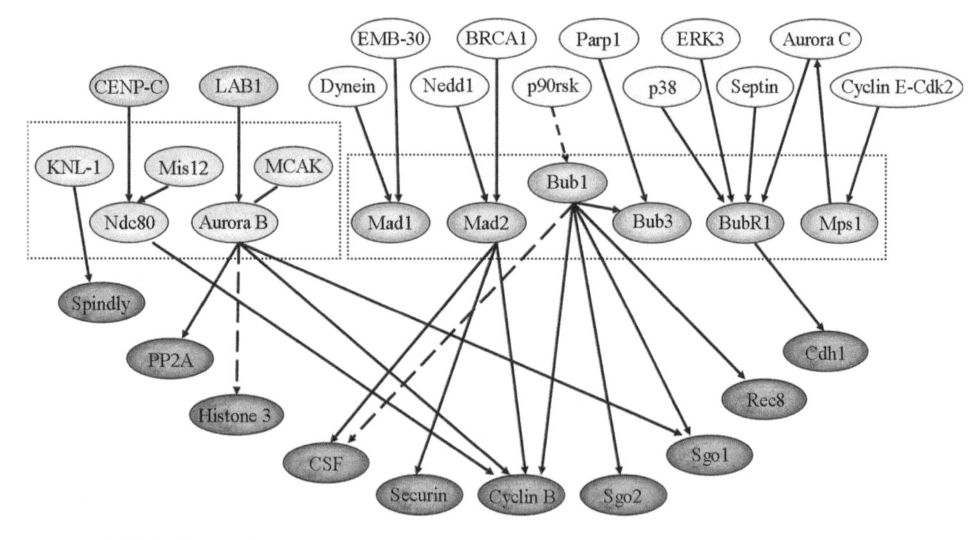

图 6-19 减数分裂中已被证实的 SAC 蛋白及其调节子（引自 Sun and Kim，2012）。图中虚线表示由于物种差异只在特定物种中存在的信号途径

近些年来，人们发现，在有丝分裂过程中，Mad2、BubR1/Mad3 和 Bub3，以及 Cdc20 能够形成有丝分裂检验点复合体（MCC 复合体）。MCC 复合体结合 APC/C，然后使其失去对 Securin 和 Cyclin B 的泛素连接酶活性。除了 MCC 复合物之外，其他的 SAC 核心蛋白还包括 Mad1、Bub1、Mps1 和 Aurora B/Ipl 1 等。这些蛋白质能够增强 SAC 信号并加快 MCC 复合物的形成速度。在有丝分裂前中期，未结合的动粒能催化形成 MCC 复合体，MCC 抑制 APC/C 的活性。只有当所有染色体的动粒都与微管结合并完成在赤道板上的排列（分裂中期）后，MCC 的形成终止，Cdc20 激活 APC/C，导致 Securin 和 Cyclin B 的泛素化降解。Securin 的降解释放 Separase 蛋白酶，随后 Separase 切割 Cohesin 复合体的 Scc1 亚基并导致 Cohesin 复合体环状结构打开，姐妹染色单体分离（后期）。同时，Cyclin B1 的降解使 Cdk1 失活，导致有丝分裂退出。研究发现 MCC 复合体是 SAC 的效应器；而 SAC 能够检测动粒-微管结合及动粒上的张力，两者都是导致 SAC 灭活的重要条件。

在减数分裂过程中，基因组 DNA 只复制一次，却进行两次连续的细胞分裂。在第一次减数分裂过程中，只有同源染色体发生分离，而姐妹染色单体仍然保持粘连而被分向细胞的同一极。第二次减数分裂过程与有丝分裂类似，姐妹染色体单体发生分离。减数分裂这一染色体有序分离的过程中，其特殊的染色体粘连（cohesion）构造是重要的分子基础。真核生物有丝分裂中的染色体粘连是由一种被称为 Cohesin 的多亚基复合体介导的，Cohesin 复合体能够在分裂末期就结合到染色体上并一直持续到下一个细胞周期中分裂后期起始。在中后期转换时，Cohesin 可被一种称为 Separase 的蛋白酶水解切开并引发姐妹染色单体向两极移动。

减数分裂过程中，父本和母本同源染色体之间会发生重组联会并形成交叉（chiasmata），而未重组区域仍通过 Cohesin 复合体保持染色体粘连。这样，在第一次减数分裂前中期同源染色体会形成一种被称为“二价体”的特殊结构。Cohesin 复合体及染色体交叉（chiasmata）两者共同维持第一次减数分裂同源染色体的双向定位过程。在这个过程中，染色体臂上 Cohesin 复合体的 Rec8 亚基，能够被蛋白激酶磷酸化，在进入第一次减数分裂后期时，激活的 Separase 蛋白酶能够水解染色体臂上磷酸化的 Rec8 亚基，导致染色体臂 Cohesin 复合体环状结构打开，染色体交叉（chiasmata）被解开，而着丝点的 Cohesin 复合体由于存在某种特殊的保护措施而保持完整。这样经过第一次减数分裂后，父本和母本同源染色体分离并被各自分配到子细胞中。到了第二次减数分裂时，着丝点位置的 Cohesin 复合体维持姐妹染色单体完成双向定位过程，进入第二次减数分裂后期，着丝点的 Cohesin 复合体失去保护，激活的 Separase 蛋白酶水解 Cohesin 复合体并且打开粘连，姐妹染色单体分离并分配到子细胞中（图 6-20）。第一次减数分裂中，只有染色体臂上的 Cohesin 复合体被激活的 Separase 水解切开，着丝点的 Cohesin 复合体受到保护而维持姐妹染色单体的粘连。第二次减数分裂时着丝点的 Cohesin 复合体也被这种保护机制所保护直到进入后期。哺乳动物减数分裂过程中，Shugoshin 和 PP2A 蛋白对着丝点 Cohesin 复合体起着特殊保护作用。

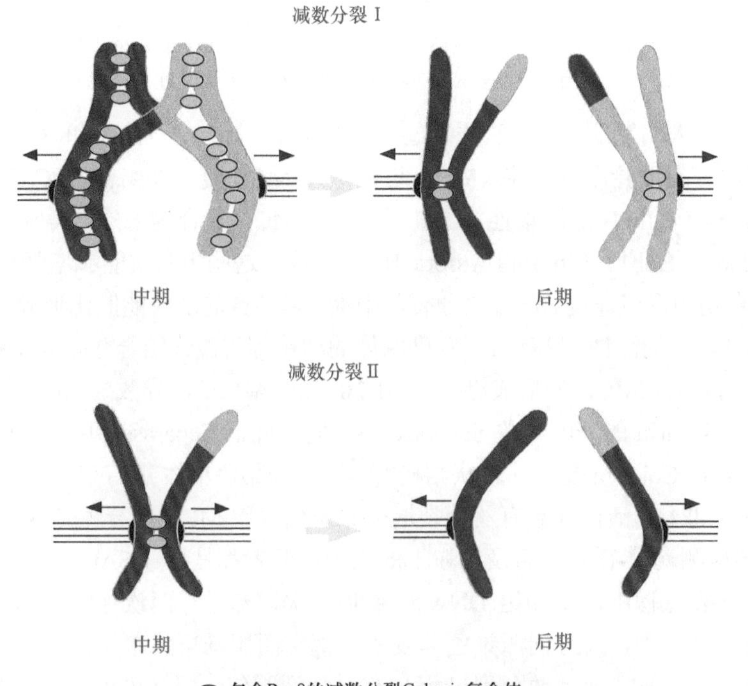

图 6-20　减数分裂过程中 Cohesin 复合体的定位与染色体的分离（引自 Lee et al.，2003）

哺乳动物成熟卵母细胞停滞在MⅡ期，其特征是生化上表现为Cdk1高活性。一方面，MⅡ阻滞要很强力，以防孤雌激活；另一方面，受精时这种阻滞需要快速解除，发生姐妹染色单体的分离。MⅡ阻滞依赖于静息因子（cytostatic factor，CSF）。在非洲爪蟾卵母细胞中，丝/苏氨酸蛋白激酶c-Mos通过激活MEK/MAPK/p90RSK信号通路建立和维持MⅡ阻滞。小鼠卵母细胞的情况有所不同。c-Mos缺失的小鼠MⅡ卵最终发生孤雌激活，但能建立短暂的阻滞；因而严格说来c-Mos能够维持小鼠MⅡ卵阻滞，而不是建立阻滞。p90RSK敲除的小鼠卵母细胞能够维持MⅡ阻滞，因而在c-Mos-MEK/MAPK介导的小鼠卵母细胞MⅡ阻滞中，该通路的下游分子不是p90RSK，而可能是Msk1（mitogen- and stress-activated protein kinase 1）。爪蟾卵母细胞中，XErp1（Xenopus Emi-related protein 1）/Emi2将c-Mos/MAPK/p90RSK通路与APC/C相联系。Cdk1介导的磷酸化使XErp1/Emi2结合并抑制APC/C活性。p90RSK磷酸化XErp1/Emi2后，使其与PP2A结合，PP2A能够去磷酸化Cdk1介导的XErp1/Emi2磷酸化，从而使其解除对APC/C的抑制。对于小鼠卵母细胞来说，Emi2和PP2A的功能可能是保守的。除CSF介导的APC/C抑制在MⅡ阻滞中发挥核心作用外，还有其他途径也发挥作用。

第三节　排　　卵

排卵（ovulation）是指突于卵巢表面的成熟卵泡发生破裂，由卵丘细胞包裹的卵母细胞以卵丘卵母细胞复合体的形式随卵泡液排出的过程。哺乳动物性成熟以后，只有少数的原始卵泡生长发育成熟并排卵，绝大多数卵泡在生长竞争中闭锁、退化。排卵受多种因素的影响，其中激素和蛋白酶起着重要的作用。通过排卵，卵子由卵巢卵泡环境进入输卵管为后续受精做好准备。在排卵的过程中，卵泡中一系列的基因表达发生变化。排卵过程实际上是由促性腺激素峰诱导发生的颗粒细胞上的急性炎症反应（acute inflammatory reaction），因而大量的促炎因子被认为参与调控了排卵过程。

一、排卵类型

根据动物卵巢排卵的特点，可以将排卵分为自发排卵（spontaneous ovulation）和诱导排卵（induced ovulation）两大类。

（一）自发排卵

动物性成熟以后，按照一定的时间，卵泡发育成熟后会在下丘脑和腺垂体的控制下自发排卵，不需要另外的促排卵刺激。这种排卵类型的动物最多，包括人、灵长类、牛、羊、猪、马、犬等大多数哺乳动物。根据自发排卵后形成的黄体是否有功能，自发排卵又可以分为两种。

1. 自发排卵，形成功能性黄体

这类动物的发情周期较长，在排卵后自然形成黄体。黄体的生理功能可维持一定的时间，其时间长短决定了发情周期的长短，其时间长短还取决于是否受孕。

2. 自发排卵，交配后才形成功能性黄体

鼠类属于这种类型，这类动物的排卵虽然是自发的，但必须经过交配刺激，所形成的黄体才具有内分泌功能，并维持 10～12 天的时间。若交配后并未受孕，动物则出现假妊娠，此时形成的黄体也具有分泌孕酮的能力，并且也能维持 12～14 天。但如果没有交配则黄体期的持续时间仅 1～2 天。这是因为交配诱导 PRL 的释放，而在啮齿动物中，PRL 是维持黄体的主要激素。在狗中，标志着间情期（diestrus）结束的黄体自发退化也会导致 PRL 水平的升高，引起临床假孕。非妊娠的母狗在此时期能够筑窝、泌乳和饲养其他物体。

自发性排卵的动物，LH 的分泌是周期性的，是由神经和内分泌系统特别是下丘脑-垂体-性腺轴的有序调控相互作用激发的，不取决于交配的刺激。

（二）诱导排卵

需要交配才能排卵的动物称为诱发性排卵动物或反射性排卵动物，包括兔、猫、雪貂、水貂、骆驼、驼马（非洲驼）和羊驼等动物。交配替代了雌激素作为刺激诱导促性腺激素排卵前峰释放的因素。但是，这些动物在由交配诱导促性腺激素峰释放之前仍需要有升高的雌激素水平。

诱发排卵动物的卵泡生长类型如下（在没有交配发生妊娠状态下）：一群发育的卵泡维持成熟状态几天后开始退化。卵泡生长类型在猫中能够被明显地区分开来，在卵泡生长波之间（8～9 天）卵泡发育和退化经历 6～7 天。卵泡生长波之间也有一些重叠（如驼马和羊驼），或密切重叠（如兔）。

这类动物在繁殖季节里，卵巢上始终存在着发育成熟的卵泡，但必须经过一定的刺激才能发生排卵。按照诱导性刺激的性质不同，又可将诱导排卵分为两种。

1. 交配刺激诱导排卵

见于兔和猫，它们只有在受到交配刺激或机械性刺激子宫（颈）之后才发生排卵。兔子在交配刺激后 30 min 左右开始释放 LH，10～12 h 发生排卵。注射 LH、人绒毛膜促性腺激素（hCG）或电刺激后也可诱导排卵。其机理是当子宫颈受到刺激后，通过神经系统反射性地兴奋下丘脑-垂体-卵巢轴，从而引起排卵。这类动物交配前总处于发情状态，交配后会出现怀孕或假孕状态。

2. 精液刺激诱导排卵

见于骆驼和羊驼，它们的排卵机理与兔子不同，因为人工刺激子宫颈并不能引起排卵。而对双峰驼阴道输精则能够引起排卵，用少量的精清也可诱导排卵。在羊驼上也获得了类似的结果。双峰驼在配种或人工授精后 3～4 h 出现 LH 峰值，30～40 h 发生排卵。阴道输精液或精清之所以能够引起排卵，可能是因为双峰驼精清中含有 GnRH 类似因子（GnRH-like factor）。这种因子的生物活性及免疫活性与下丘脑 GnRH（10 肽）的抗血清发生交叉反应。该因子只存在于精液中，在促进垂体释放促性腺激素上与 GnRH 有协同作用。

二、排卵时间

哺乳动物中，有报道的各个物种之间其排卵时间具有较大的差异，但整体而言，基本上所有动物的排卵时间均发生在发情期的后期或发情结束后，表明排卵过程对于促性腺激素的依赖性（表 6-5）。

表 6-5　各种动物的排卵时间

动物种类	排卵时间
马	发情开始后 1～2 天
牛	发情结束后 8～12 h
猪	发情开始后 38～42 h
绵羊	发情开始后 24～27 h
山羊	发情开始后 40 h
狗	接受爬跨后 48～60 h
小鼠	发情开始后 2～3 h
大鼠	发情开始后 8～10 h
仓鼠	发情开始后 8～12 h
豚鼠	发情开始后 10 h
猕猴	月经开始后 11～15 天
人	月经前 14 天左右
猫	交配后 24～30 h
兔	交配后 10～12 h
水貂	交配后 40～50 h
骆驼	交配后 30～48 h

三、排卵过程

哺乳动物的排卵过程大致相同，主要经历几方面的变化：卵母细胞的细胞核和细胞质成熟，卵丘细胞松散，卵泡外壁变薄和破裂等。

（一）卵泡增大

动物发情期前，由于促性腺激素的释放，卵泡体积会发生明显的增大。临排卵前的大鼠卵泡的大小要比促性腺激素开始释放时的卵泡增大 0.5 倍，交配后 9 h 的卵泡要比交配前的卵泡增大 0.7 倍。排卵前卵泡体积迅速增加，是卵泡外膜细胞侵入性水肿和交配 4 h 后开始的胶原纤维分离引起卵泡外膜细胞松散的聚合使得卵泡的弹性增加而造成的。

临近排卵时，许多酶活性增强。颗粒细胞释放的胶原酶，能和蛋白水解酶共同作用于纤维的蛋白样基质，使胶原纤维束分离。血纤维蛋白溶酶能使卵泡壁弹性增加。

（二）卵母细胞核成熟

在经历了一长段休止状态后，排卵前卵泡中的卵母细胞开始恢复减数分裂。卵母细胞核会发生一系列的变化，包括生发泡的破裂、减数分裂恢复并推进至第二次减数分裂的中期并排出第一极体。随后，排卵后的卵母细胞减数分裂会被再次抑制在第二次减数分裂的中期，直到受精后才完成第二次减数分裂，排出第二极体。对于大多数哺乳动物而言，第一次减数分裂的恢复和完成发生在排卵前，但马和狗卵母细胞第一次减数分裂的完成发生在排卵之后（狗至少是在排卵后 48 h）。在这种情况下，精子通常都要在受精之前在输卵管中等候卵母细胞的成熟。因此为了适应这种情况，狗和马的精子要比其他动物的精子寿命长。减数分裂成熟是排卵过程中的一个重要事件，因为这对于正常受精是必不可少的。

（三）卵丘细胞松散

在卵泡发育至排卵卵泡阶段后，当接受到 LH 与 FSH 峰的刺激，卵丘细胞与其他颗粒细胞开始分泌大量的具有弹性的细胞外基质从而使得卵丘变得松散并增大 20～40 倍的体积，这个过程被称为卵丘扩展（cumulus expansion）。随着基质的合成，卵泡液浸入卵丘细胞之间，使卵丘细胞变得松散，并与颗粒细胞逐渐分离。最终，只有靠近透明带的卵丘细胞得以保留，环绕卵母细胞形成放射冠。卵丘细胞的分离使卵母细胞从颗粒层释放出来，并游离于充满卵泡液的卵泡腔中（图 6-21）。

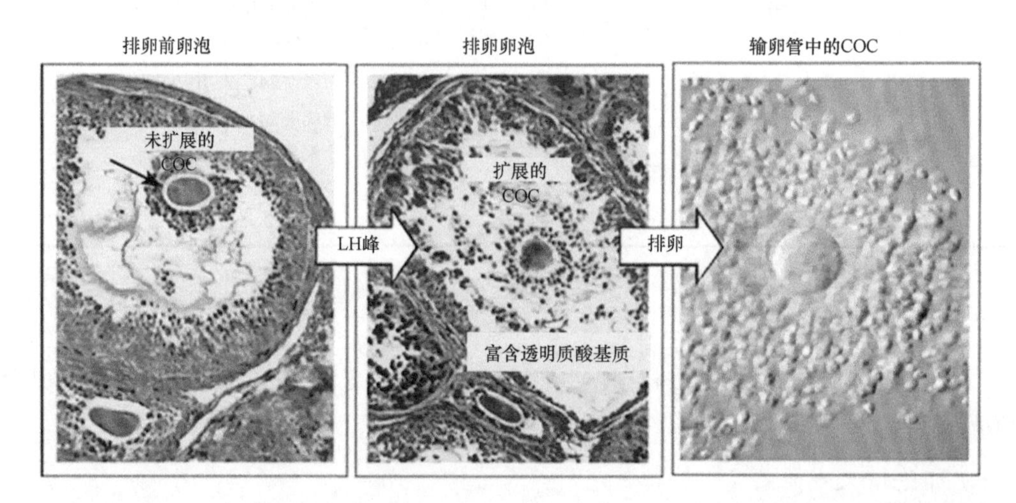

图 6-21　LH/FSH 对卵丘扩展作用的显微照片（Richards and Pangas，2010）。卵母细胞已经恢复减数分裂，放射冠从透明带处以放射状向四周扩散，卵丘颗粒细胞由于黏液化作用相互之间失去粘连，以单独的细胞分散在蛋白多糖基质中

在减数分裂成熟过程中，卵丘颗粒细胞在扩展后会发生黏液化。颗粒细胞开始发生黏液化的标志是细胞分泌的黏多糖的量急剧增加，这样会导致卵丘细胞的分散和卵丘卵母细胞复合体的急剧膨胀。卵丘扩展具有很重要的生理意义，这对于正常的受精是必需的。

（四）排卵柱头的形成

随着卵泡的成熟，卵巢生殖上皮下方发生水肿，出现了死亡和退化的细胞。白膜下方出现蜕变而成的成纤维细胞。卵巢表面的上皮细胞开始出现局部的溶解，形成一个破口，在 FSH 和 LH 峰之后，破口处的细胞增大，充满了含有各种蛋白水解酶的溶酶体样空泡。在接近排卵时，这些细胞开始呈退行性变化，并释放蛋白酶到细胞外间隙，使其下面的白膜、卵泡外膜、卵泡内膜及结缔组织的基质溶解，胶原分离并断裂成碎片，相继崩溃。

在 LH 峰时期，卵泡出现明显的充血，甚至波及预定排卵卵泡的内膜层和外膜层的一部分。卵泡膜毛细血管扩张，卵泡基底膜出现小孔，当小孔变大后，血液便流到细胞外间隙，形成了广泛的卵泡膜水肿。在临近排卵时，那些大卵泡的外侧和基部的毛细血管充满了血细胞，并呈现极度扩展状态。

约于排卵前 2 h 时，颗粒细胞伸出突起，穿过基底膜，为排卵后黄体发育时卵泡膜细胞和血管侵入颗粒细胞层奠定基础。当破裂口处细胞变性时，卵泡内膜和基底膜便从破口处凸出，形成一个薄薄的半透明的无血管水泡状结构位于卵巢表面，称为排卵柱头（stigma）（图 6-22）。

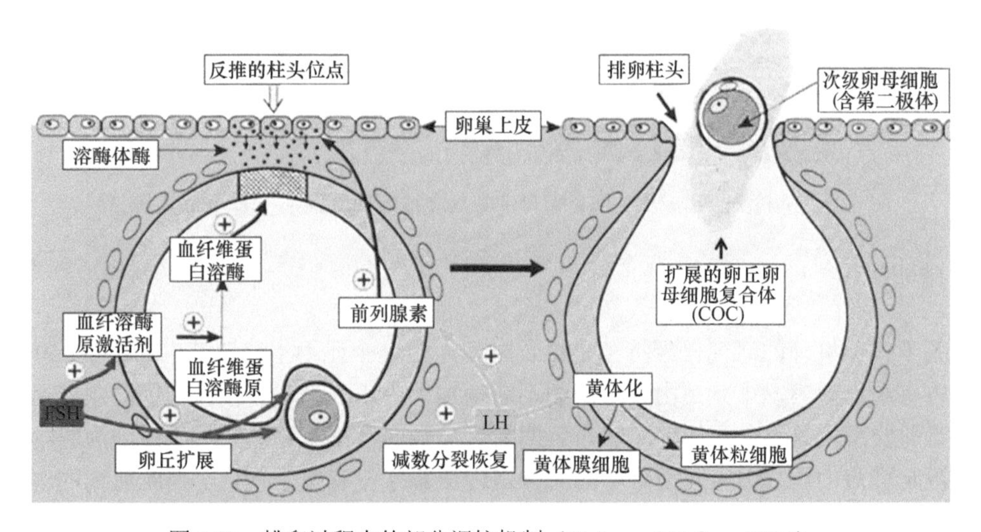

图 6-22　排卵过程中的部分调控机制（Hafez and Hafez，2016）

排卵过程中最明显的结构变化就是在卵巢的表面形成排卵柱头。已经证明，LH 直接参与柱头的形成。作为对 LH 刺激的响应，卵泡会产生孕酮和前列腺素，这两种激素对于实验动物卵巢柱头的形成都是必不可少的。缺失孕酮受体（PR）基因和环氧合酶（COX）基因的雌性小鼠不能排卵，并且是不育的。*Pr* 基因突变缺失的小鼠可以形成成熟的排卵前卵泡，卵丘在促性腺激素的作用下也可以发生扩展，但因为不能形成柱头而不能排卵。同样地，专一性破坏 *Cox-2* 基因也不能使雌性小鼠正常排卵，从而造成不育。优势卵泡不能发生排卵的主要原因是柱头的形成受到影响。至于 LH 诱导形成的孕酮和前列腺素如何共同作用使柱头形成还不很清楚。但可能是通过以下级联机制：排卵前 LH 峰会促进孕酮受体的表达和孕酮的产生；孕酮和其受体结合以后，又会诱导环氧合酶-2（COX-2）和前列腺素的产生；前列腺素会和上皮细胞表面的特定受体相互作用，导致蛋白水解酶的释放，释放的蛋白水解酶会降解内在的组织，从而引起卵巢表面的上皮细胞从基膜上分离开来，这样就形成了排卵柱头，进而释放出成熟的卵丘卵母细胞复合体（图 6-23）。

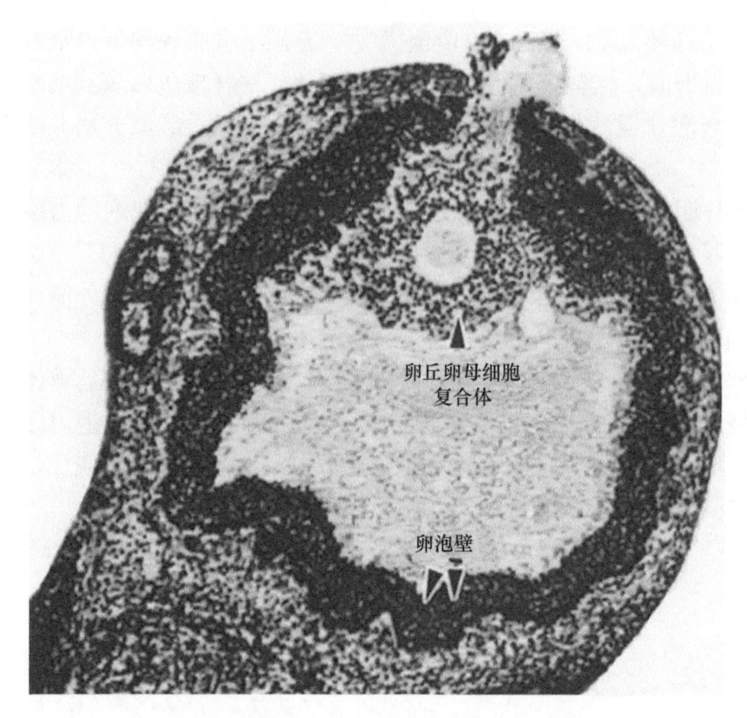

图 6-23　从柱头排出成熟的卵丘卵母细胞复合体的显微照片（Hartman，1963）

四、排卵机理

关于排卵机理的研究已经持续了很长时间，但迄今还不十分清楚。20 世纪 60 年代时，曾有观点认为，排卵是由卵泡液的不断增加，内压升高，致使卵泡膜陆续变薄，加上平滑肌收缩，最终破裂排卵。然而后期的研究表明，在兔和大鼠的成熟卵泡腔内插入微管测定卵泡内压，结果发现排卵前的卵泡内压基本没有发生变化，因此前述的观点已经被否定。实际上卵泡破裂排出卵子的过程是一个渐进的过程，整体而言排卵过程是一个急性的炎症反应过程，受到多种信号通路的调控。排卵过程受到众多因素的调控，现在可知的因素有多种激素及卵巢内部（特别是卵泡本身颗粒细胞内）多种信号通路与基因表达变化参与调控的结果（图 6-24）。

（一）激素对排卵的调控

与排卵有关的激素主要是促性腺激素（FSH 和 LH）及与垂体促性腺激素活动密切相关的 GnRH 和性腺类固醇激素。

1. LH 的作用

LH 对卵泡的成熟和排卵均具有重要的作用，另外不论是自发排卵还是诱发排卵均与 LH 的分泌有关。血液中 LH 的水平在卵泡期的前期阶段很低，在卵泡期的中期阶段，由于雌激素的正反馈作用，其水平开始升高，在排卵前则形成一个极大的峰值。例如，牛的 LH 峰值可高达发情期以外各阶段的 26 倍，而 FSH 的上升比例不过 2～3 倍，由此

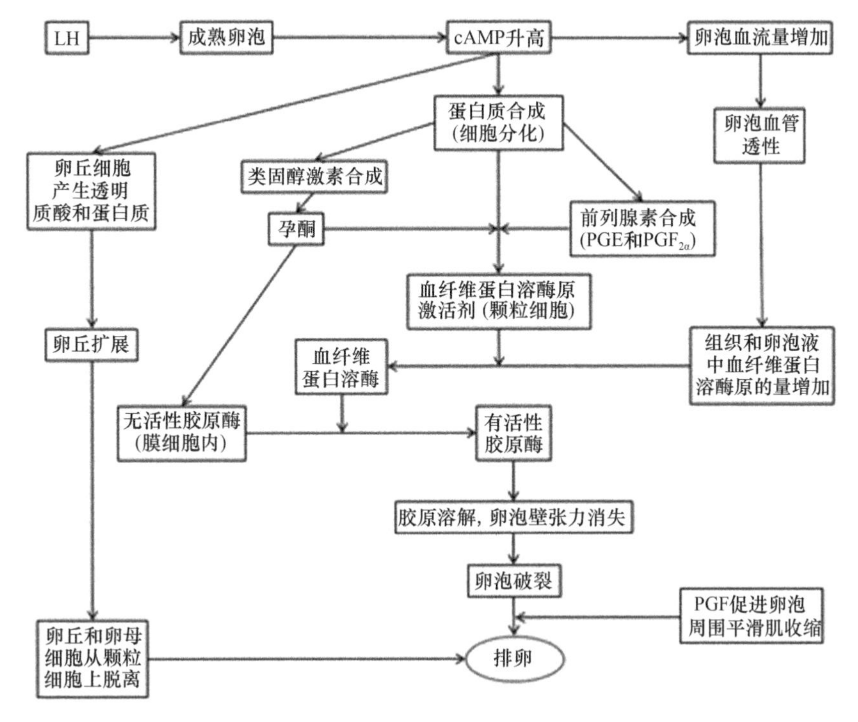

图 6-24　排卵机理示意图

可见 LH 的变化之大。要想雌激素对 LH 的释放起正反馈作用，雌激素的浓度必须高于 200 pg/ml，而且要持续大约 50 h。对于妇女的 LH 峰，发生在排卵前 16 h 左右，其峰值约为基线水平的 10 倍。在卵泡期的早期阶段，LH 以 60～90 min 的频率释放，其释放强度相对稳定。而在卵泡期的晚期到排卵前阶段，LH 的释放频率升高，且幅度也可能开始升高。对于大多数妇女来说，LH 释放脉冲幅度是在排卵后开始升高的。

自发排卵的动物中 LH 的作用是周期性的，不取决于交配的刺激，而是由神经内分泌系统的相互作用激发的，因而 LH 常作为一种排卵激素在生产实践中应用。对于诱发排卵的动物，只有在其子宫颈或阴道受到特定的刺激才能激发 LH 峰出现，因而注射一定剂量的 LH 也可以代替交配刺激来达到排卵的目的。

随着排卵的发生，垂体会释放出大量的 LH，结果会造成垂体中 LH 的含量在排卵前后发生明显的变化，即在黄体期后期 LH 的量很高，排卵时降低，而后又开始逐渐积累，在黄体期末达到最高值，释放到血液中的 LH 会与卵泡细胞中的受体结合发挥其调节作用。

LH 峰的出现可以激活卵泡膜中的腺苷酸环化酶（AC），导致 cAMP 的增加，并引起颗粒细胞的黄体化，使卵泡内的孕酮量增加。孕酮可激活卵泡中的一些蛋白分解酶、淀粉酶及胶原酶等，这些酶作用于卵泡壁的胶原，使其张力下降，膨胀性增加，最后引起排卵。

2. FSH 的作用

与血液中 LH 的浓度变化相似，许多动物在排卵时，血液中的 FSH 也会形成一个峰值。由于 FSH 浓度的升高同样是在排卵时，且使用较纯的 FSH 制剂可以引起排卵，因此有人认为 FSH 具有诱导排卵的作用。现在已经证明 FSH 确有诱导排卵的作用，用 LH-β 亚单位抗血清将 FSH 制剂中混杂的 LH 除去后，发现 FSH 也能引起排卵。尽管如此，在大鼠促性腺激素波出现以前使用 LH 抗血清会阻止排卵，而使用 FSH 抗血清却不能阻止排卵，因此认为正常的排卵是离不开 LH 的。

另外，一定比例的 FSH 和 LH 在排卵上具有协同作用。LH 可以使卵巢上的卵泡全部破裂，而当 LH 和 FSH 配合使用时，只有成熟的卵泡才破裂排卵，说明 FSH 有抑制未成熟卵泡破裂的作用。如果单独使用 LH 促排卵，则需要很大的剂量才能起作用，而将 LH 与 FSH 配合使用时，只需小剂量即可。

3. 前列腺素的作用

当 LH 水平在排卵前激增时，卵泡壁生成的 cAMP 的量会增加，并诱导环氧合酶合成。环氧合酶能够催化卵泡壁的二十碳四烯酸，形成不稳定的环内过氧化物 PGG_2 和 PGH_2，很快便在异构酶和还原酶的作用下形成稳定的 PGE_2 和 $PGF_{2\alpha}$。卵泡壁合成的前列腺素，由于大部分半衰期都很短，所以不能进入卵巢和卵泡液，只能在局部释放，发挥局部作用。

排卵前 PG 的含量增高起到以下几方面的作用：①$PGF_{2\alpha}$ 可以使卵泡顶端上皮细胞内溶酶体增生、破裂，释放出水解酶，水解酶能解离白膜和卵泡外膜细胞，使上皮细胞脱落，形成排卵柱头。②促进卵泡外膜间质内平滑肌样细胞收缩，有助于卵泡破裂。使成熟卵泡周围血管平滑肌收缩、卵泡缺血促进卵泡破裂。③PGE_2 促进颗粒细胞内生成纤维蛋白溶酶原激活物，激活血纤维蛋白溶酶原，使其转变成血纤维蛋白溶酶，而生成的血纤维蛋白溶酶又可以使无活性的胶原酶转变成有活性的胶原酶，胶原酶可以使白膜和外膜的胶原纤维解离而发生水肿。

几乎所有的哺乳动物，在 LH 峰之后均紧接着 PGE_2 和 $PGF_{2\alpha}$ 的升高。PG 的产生部位主要在颗粒细胞，有少量来自于卵泡膜细胞。当前列腺素的合成受到阻滞时，排卵就会发生障碍，但这对卵母细胞的成熟并没有影响。当内源的前列腺素分泌受阻时，注射 $PGF_{2\alpha}$ 仍可引起排卵。

前列腺素 E 和 F 系列及羟基花生四烯酸在卵泡液中的浓度都在排卵前达到峰值。前列腺素可以促进蛋白水解酶，而羟基花生四烯酸可以促进血管发生和充血。注射高剂量的前列腺素抑制剂，如氯苯酰甲氧基甲基吲哚乙酸（indocin）会阻断前列腺素的合成，从而可以有效地阻止卵泡破裂。这样就会造成未破裂卵泡黄体化综合征（luteinized unruptured follicle syndrome），这种综合征在可育和不育的患者中发生的机会是均等的。因此不育的患者应该避免服用前列腺素合成酶抑制剂和 COX-2 抑制剂，特别是在接近排卵时。

前列腺素和一些蛋白水解酶，如胶原酶、血纤维蛋白溶酶的水平会在 LH 和孕酮的作用下升高。这些酶作用的精确机制还不知道，但蛋白水解酶和前列腺素被激活后却可以消化卵泡壁上的胶原，从而使卵丘卵母细胞复合体从卵泡中释放出来。前列腺素还可以通过刺激卵巢平滑肌的收缩来促进卵子的释放。

4. 孕酮的作用

孕酮的量随着发情周期中黄体的形成而增加，并随着下一次发情前黄体的退化而减少。黄体期孕酮的增加给予中枢神经系统一个负反馈信息，使卵泡在此期间有某种程度的发育。另外，这种信息也会发挥阻止促性腺激素排卵波峰出现的作用，因而卵泡不能排卵，最终闭锁退化。早期的研究用孕酮受体抑制剂 RU486 处理大鼠，会使其排卵数目减少，当注射外源性孕酮时，这种抑制效果会被逆转。RU486 可能通过以下几种机制来抑制体内排卵。首先，RU486 可以升高外周血液中雄激素的浓度，从而降低发育中的卵泡对雌二醇的反应，使发育的卵泡发生闭锁。另外，RU486 还可以降低 LH 峰，进而影响排卵。在给予能够诱发排卵的促性腺激素的同时，注射孕酮抗血清会抑制排卵，若在 1 h 内再注射孕酮，则又能诱发排卵。可见，孕酮在协助 LH 排卵峰促进排卵方面发挥作用。

孕酮受体抑制剂 Org31710 可以明显抑制大鼠体外灌流卵巢的排卵，而且这种抑制作用与时间有关。在早期可以抑制排卵，在后期则起不到抑制的作用。这种抑制剂可以明显降低 PGE_2、$PGF_{2\alpha}$ 的水平及纤溶酶原激活因子（PA）的活性。上述研究结果表明，孕酮可能在排卵过程的起始阶段起着重要的作用。

5. GnRH 的作用

中枢神经系统在决定是否发生排卵和何时排卵方面起着非常重要的作用。排卵是由排卵前LH峰引起的，而LH分泌则受到GnRH分泌到垂体门脉系统特定峰的控制。GnRH波动峰则是由卵泡分泌到血液循环中的雌二醇的增加引发和支持的。因此 GnRH 的神经内分泌系统的开关，以及所引起的 GnRH 的大量释放便成为排卵的神经内分泌信号。

6. 雌激素的作用

LH 波出现前 3～4 天雌激素开始缓慢地上升，LH 峰出现的 12 h 前雌激素水平急剧升高，LH 峰出现当天雌激素水平达到最大值，以后迅速下降。由于雌激素在 LH 峰出现前升高，因此对排卵峰的出现起着直接的引发作用。雌激素的高峰期大致与 LH 峰出现的时间一致，达到高峰后约 5 h 浓度下降一半，14 h 后已下降到基础水平。

雌激素水平在 LH 达到峰值前不久，其水平急剧下降。这可能是由于 LH 对其受体的下调，或者因为孕酮对雌激素合成的直接抑制作用。雌激素同样参与 FSH 在周期中期的升高。升高的 FSH 会使卵母细胞从卵泡附属物上释放下来，促进血纤维蛋白溶酶原激活，升高颗粒细胞上 LH 受体的数目。引起排卵前卵泡内 LH 水平下降的机制还不清楚，可能是因为雌激素正反馈的缺失，或者是孕酮负反馈作用的增强，或者是垂体 LH 量的减少。

（二）组织型纤溶酶原激活因子（tissue-type plasminogen activator，tPA）对排卵的作用

上述激素对排卵的作用最终都要通过其激素作用途径导致细胞内蛋白酶系统的活化，使卵泡壁发生裂解而导致排卵。关于这方面的研究由于篇幅的限制，本节仅介绍纤

溶酶系统的内容。PA 系统属丝氨酸蛋白水解酶，具有 His、Asp 和 Ser 组成的催化活性中心。纤溶酶是 PA 系统的主要蛋白水解酶，具有广泛的水解酶活性，其前体纤溶酶原是由 790 个氨基酸残基组成的单链糖蛋白，分子量约 92 kDa。PA 有两种，即组织型 PA（tissue-type PA，tPA）和尿激酶型 PA（urokinase-type PA，uPA）。PA 有两种抑制因子，分别是 PAI-1（plasminogen activator inhibitor type-1）和 PAI-2（plasminogen activator inhibitor type-2）。激活因子和抑制因子在相同或不同细胞中的表达，表达产物的相互作用共同决定 PA 系统所介导的蛋白质水解作用的特异性。*tPA*、*uPA*、*PAI-1* 和 *PAI-2* 基因在特定细胞中的转录和表达由细胞上的特异受体或“因子”决定，而 PA 和 PA 抑制因子表达产物（蛋白质）分泌出来后，立即与其细胞表面受体或细胞间质或细胞表面结合蛋白结合。这种结合一方面使 PA 的作用发生空间局限化，延长半衰期，另一方面可使它们的作用强度提高 200～400 倍；PA 在细胞间或细胞表面上的局部蛋白水解作用严格受到它们的特异抑制因子的调控和制约。

对青春期前小鼠注射 PMSG 刺激卵泡生长，再注射 hCG 诱发排卵。发现颗粒细胞中的 tPA 在排卵前达到高峰，在排卵后即刻下降，这说明了颗粒细胞中的 tPA 与排卵密切相关。卵泡膜细胞（TC）主要产生 PAI-1，同样也受促性腺激素调控。在促性腺激素作用下，颗粒细胞中的 *tPA* 和卵泡膜细胞中的 *PAI-1* 基因在时间和空间上的协同表达导致颗粒细胞中的 tPA 活性在排卵前达到高峰。在 tPA 峰值前和排卵后，卵泡膜细胞中的 PAI-1 活性会出现 2 个分泌高峰，在局部阻止排卵前后大量的 tPA 对邻近卵泡可能发生的伤害作用。tPA 和 PAI-1 的协同表达和相互作用使排卵卵泡形成局部蛋白水解，对卵泡的定向局限破裂起重要调控作用。

向大鼠卵巢内局部注射 tPA 抗体或纤溶酶抗体，两者都可显著抑制 hCG 诱发的排卵，这证实了 tPA 对大鼠排卵的直接作用。

Liu 和 Hsueh（1987）研究了 GnRH 对去垂体大鼠卵巢 *tPA* 和 *PAI-1* 基因表达的影响。他们发现 GnRH 能够像 hCG 一样刺激颗粒细胞和卵细胞 tPA 的表达，并在排卵前达到高峰。hCG 和 GnRH 对诱发大鼠排卵的比较研究表明，两者引发的排卵现象及 tPA 和 PAI-1 在卵巢中的表达无明显差异，但它们是通过不同的受体途径传导信息的。研究灵长类动物猕猴排卵周期中 tPA 和 PAI-1 的活性发现，当先注射 PMSG 刺激卵泡生长，再注射 hCG 诱发排卵时，颗粒细胞中 tPA 随激素处理时间增加逐渐上升，在排卵前达到高峰，在排卵后完全消失，而 PAI-1 同样在 tPA 峰值前后出现 2 个高峰，而 uPA 只有在排卵后才突然增加。与大鼠一样，*tPA* 和 *PAI-1* 基因在促性腺激素作用下在卵巢不同细胞中的协同表达是导致灵长类排卵的原因。

（三）排卵过程中的基因表达变化

卵巢在促性腺激素刺激成熟卵泡发生排卵后，会迅速发生一系列的基因表达变化，而这些基因则被认为与排卵过程的完成具有密切关系。这些基因包括早期生长反应蛋白 1（early growth response protein-1，EGR1）。EGR1 作为一个锌指结构的转录因子表达于排卵过程中，在大鼠排卵后的颗粒细胞中显著升高，并调控一系列的下游效应基因表达。受到 EGR1 调控的基因包括与炎症反应密切相关的白介素及肿瘤坏死因子 TNFα 等，这些因子均参与了排卵过程的发生。

正如前文所述，排卵过程被认为是一个畸形的炎症反应过程。与此观点相吻合，大量的促炎因子与抗炎症因子均在排卵发生过程中发生了显著变化，这其中除了前述的tPA、白介素及 TNFα 外，其他目前已知的重要因子包括神经生长因子（nerve growth factor）、血管内皮生长因子（vascular endothelial growth factor）、一氧化氮合成酶（nitric oxide synthase）、CCAAT/增强结合蛋白（CCAAT/enhancer-binding protein）、基质金属蛋白酶（matrix metalloproteinase）等多种促炎因子。

排卵过程是一个多细胞参与的复杂过程，内部的分子调控机制及细胞间互作关系也比较复杂，有待进一步研究。

第四节 黄体的形成和退化

在发生排卵之后，卵泡残余的组织会继续进行分化，形成一个临时性的内分泌组织——黄体（corpus luteum），其名字的由来是拉丁文中的“黄色结构”的直译，而其得名的原因是由于其结构中富含包括叶黄素（lutein）在内的类胡萝卜素（carotenoid）物质。黄体是一个暂时性的内分泌组织，主要分泌孕酮，也能够分泌一定量的雌二醇及抑制素 A（inhibin A）等激素，主要功能是为受精卵在子宫内膜的着床做准备。黄体的细胞构成，主要是由具有分泌功能的两种黄体细胞（大黄体细胞与小黄体细胞）、大量的血管内皮细胞构成的密集毛细血管网及部分免疫细胞特别是巨噬细胞共同构成的，而黄体的功能性主体则是由颗粒细胞和膜细胞分化而形成的黄体细胞。在排卵之后，颗粒细胞会继续增大，表面变得有空泡，并且开始累积叶黄素。颗粒细胞和膜细胞分泌的血管生成因子会引起基膜的溶解和毛细血管向颗粒细胞层的入侵。在人类排卵后的第 8～9 天，也就是大概着床发生的时间，黄体中血管形成会达到峰值，相对应的血清中的孕酮和雌二醇的浓度也达到峰值。黄体的寿命依赖于持续的垂体 LH 的分泌。在黄体期末的时候，黄体的功能会下降。如未发生妊娠，黄体则会在前列腺素、孕酮和雌二醇的影响下发生黄体退化，形成一个疤痕组织——白体。

一、黄体的形成

（一）黄体的形成过程

在排卵之后，卵泡壁会发生塌陷皱褶，形成的皱褶会伸入排卵后所遗留下的卵泡腔中。处于颗粒细胞层和内膜细胞层之间的基膜发生崩裂，卵泡膜中的血管也会破裂导致血液的溢出，血流会流入并集聚在卵泡腔内，形成血凝块，称为红体。大多数动物排卵后的出血现象并不严重，但也有少数的动物如猪、马等出血较多，几乎充满了整个卵泡腔。在 LH 排卵峰出现之后，卵泡的膜细胞和颗粒细胞就开始了黄体化变化。在排卵之后，膜层细胞发生增生和肥大，并且向卵泡腔内迁移，形成体积较小的膜性黄体细胞也就是小黄体细胞（small luteal cell）。颗粒细胞发生肥大后，形成体积较大的粒性黄体细胞也就是大黄体细胞（large luteal cell）。大黄体细胞是分泌孕酮的主要细胞类型，在家畜如牛和绵羊中，大黄体细胞分泌孕酮的能力是小黄体细胞分泌能力的 10～30 倍。目前，虽然最主流的观点认为大、小黄体细胞分别来源于颗粒细胞和膜层细胞，然而另外一些证据也表明了可能其分群的模式具有更加复杂的特点，如牛的大黄体细胞可同时被膜层细胞特异性抗体和颗粒细胞特异性抗体所标记，表明其来源的复杂性。总之，黄体细胞的起源与分化，以及其在黄体中的分群目前仍然有待更深入的研究，同时黄体细胞的具体分群具有一定的种属特异性。两类黄体细胞具有类固醇激素分泌细胞所共有的特征，都含有丰富的滑面内质网和大量的线粒体。大黄体细胞还含有大量的高尔基体、粗面内质网和分泌颗粒等，这些结构与蛋白质分泌有关。小黄体细胞具有高度内折的核结构，细胞质内含有许多脂滴。大小黄体细胞对不同的激素有不同的敏感性，因为它们所含的受体不同。在大黄体细胞上 LH 受体很少，在没有 LH 刺激的条件下也分泌孕酮；而小黄体细胞上含的 LH 受体多，只有在 LH 刺激时才能分泌孕酮。大黄体细胞所分泌的孕酮主要构成血浆孕酮的基础水平，而小黄体细胞所分泌的孕酮主要构成血浆孕酮节律性增加的部分。

早期的黄体发育很快，绵羊和牛的黄体在排卵后的第 4 天就可达到最大体积的 50%～60%。早期黄体发育为成熟黄体的时间，一般略长于发情周期的 1/2。牛、绵羊、猪、马的黄体分别在排卵后的 7～9 天、10 天、6～8 天和 14 天达到成熟，此时体积最大，并能维持数天之久。黄体的中央可能是血凝块被吸收后留下来的空腔。由于中央空腔不影响黄体组织的体积、血浆孕酮水平、发情周期长度、妊娠的建立和维持，因此带中央空腔的黄体是正常的黄体（图 6-25）。黄体中央空腔的大小和存在时间各不相同，它们受到血凝块的大小、血凝块被吸收的速度和黄体发育的速度等因素的影响。较大的黄体腔可以维持到黄体期的后期，并在黄体溶解过程中消失。

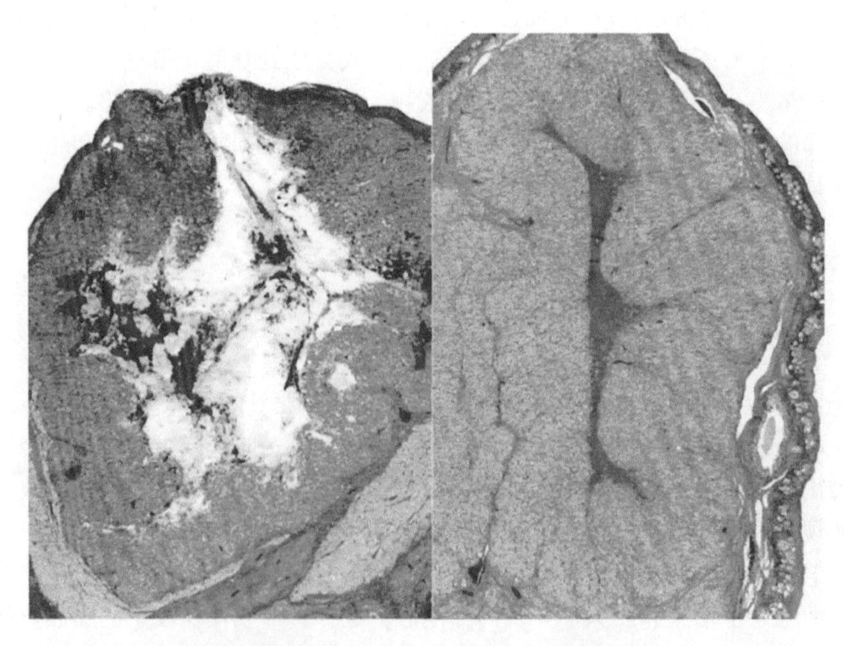

图 6-25　食蟹猴早期黄体阶段和黄体阶段的组织学染色图片（Sato and Tsuchitani，2012）。左侧图片为早期黄体，可见血窦；右侧为成熟黄体

（二）黄体形成与血管发生（angiogenesis）

在黄体的形成过程中，黄体的血管化及其中的血管发生发挥了重要的作用。事实上，在排卵前的卵泡中，颗粒细胞层始终是处在一种无血管（avascular）的状态下。虽然在卵泡膜层细胞中含有大量的血管，但是血管是无法侵入颗粒细胞生长至卵泡内部的。因而，一些学者提出了血管卵泡屏障（blood-follicle barrier，BFB）的概念，当然目前这个概念并无太多的实验结果支持与考证。在排卵发生之后，随着卵泡的黄体化，卵巢中的毛细血管网以分支（sprouting）的方式迅速侵入颗粒细胞层，并且形成一个极为密集的毛细血管网。黄体的血管化在不同物种之间速度并不一致，在灵长动物（图 6-25）中毛细血管生长达到黄体腔的中央大约只需要 4 天。而这种血管网的快速形成，与随后黄体与机体进行快速的内分泌交换具有密切的关系。

关于黄体血管快速形成的调节机制，目前认为主要的调控因子包括以下分子。

1）血管内皮生长因子（VEGF）：VEGF 是最主要的调控血管发生的生长因子，可促进微血管内皮细胞的增殖、迁移与分支，并具有提高血管通透能力的作用。VEGF 家族成员具有 5 种主要的分子形式（VEGF-A～E），通过与 VEGF 特异性受体（VEGFR）相互结合发挥其功能。在黄体形成过程中，黄体化的颗粒细胞高表达 VEGF，进而募集外部的血管迁移延伸并刺激其内部的血管发生。

2）血管生成素（angiopoietin）：血管生成素是另外一类重要的调节血管发生因子。其通过与受体 TIE2 相结合，发挥对血管生长的调节功能。在黄体形成过程中，血管生成素与 TIE2 均可在黄体细胞及黄体的血管内皮细胞中检测到，提示其参与了黄体血管的形成与发育调节。

3）内分泌腺源血管内皮因子 EG-VEGF（endocrine gland-derived vascular endothelial growth factor）：也被称为 Prokineticin 1，属于细胞因子 Prokineticin 家族。EG-VEGF 主要表达于具有内分泌功能的组织，包括前列腺、卵巢、胎盘等。EG-VEGF 虽然与 VEGF 在结构上具有非常明显的差异，但是其功能与 VEGF 非常类似，具有促进血管生长与分化的能力。EG-VEGF 在卵巢中特别是卵泡发育过程中的表达具有阶段性的特点，而在猕猴的黄体中，也曾检测到 EG-VEGF 的表达，提示其可能参与了黄体形成过程中的血管发生。

二、黄体分泌类固醇激素的功能

在卵泡期的后期，颗粒细胞会获得产生孕酮的能力。主要原因是 FSH 对颗粒细胞上 LH 受体生成的诱导作用，促进了颗粒细胞的黄体化。当黄体化发生的时候，颗粒细胞会表达大量的类固醇激素合成急性调节蛋白（StAR）、P450 侧链裂解酶（P450scc）和 3-羟甾醇脱氢酶（3-HSD）。尽管黄体化的能力是不断增加的，但是在排卵前，这一过程是受到抑制的。在动物中的研究表明，存在于卵泡液中的由卵母细胞产生的黄体化抑制因子抑制了这一过程。黄体化抑制因子可能包括 GDF9、BMP6 和 BMP15。可见，格拉夫卵泡发生黄体化的能力是由 FSH 对颗粒细胞的作用决定的。同时，发生黄体化的能力还受到卵母细胞产生的黄体化抑制因子的抑制作用，这些抑制因子会抑制颗粒细胞中类固醇激素合成急性调节蛋白（StAR）、P450 侧链裂解酶（P450scc）和 3-羟甾醇脱氢酶（3-HSD）的表达。

排卵后，颗粒细胞转化为粒性黄体细胞，具有产生类固醇激素细胞的典型超微结构。胞质内含有丰富的滑面内质网，线粒体内有管状的嵴，含有大量的脂滴，其中包括胆固醇酯。在排卵前和排卵后不久，颗粒细胞会表达大量的 StAR、P450 侧链裂解酶、3-HSD 和 P450 芳香化酶，有很强的产生孕酮和雌二醇的能力。在黄体化过程中，LH 对于维持颗粒细胞产生类固醇激素是必需的。有证据表明脂蛋白在孕酮产生方面也起着一定的作用。

从内分泌角度看，雌激素在整个月经周期中会发生两次升高和两次降低。第一次升高在卵泡期中期，然后在排卵后急剧下降。第二次升高发生在黄体期中期，而后在月经周期末又下降。雌激素水平第二次升高伴随着血清中孕酮和 17α-羟基孕酮水平的升高。卵巢静脉研究证实了黄体期产生类固醇激素的位点就是黄体。

黄体期类固醇激素分泌的调节机制还不很清楚。这种调节可能部分地受到 LH 分泌方式、LH 受体及调节类固醇激素生成的一些酶（如 3-HSD、CYP17、 CYP19 及侧链裂解酶）的变化的影响。卵泡期形成的颗粒细胞的数目及可利用的 LDL-胆固醇的量也在黄体期类固醇激素分泌的过程中起着一定的作用。其中大黄体细胞在类固醇激素产生方面比小黄体细胞具有更高的活性，而且受到抑制素、松弛素和催产素等自分泌/旁分泌因子的影响。

在黄体期，孕酮和雌二醇的分泌是交叉的，并且和 LH 分泌的脉冲有密切的关系。LH 在卵泡期分泌的频率和幅度调节着后面黄体期的功能。降低卵泡期或黄体期 LH 的浓度或脉冲频率或脉冲幅度都可以引起黄体期的缩短。同样，降低卵泡期 FSH 的水平也会引起黄体期的缩短和黄体的变小。其他的促黄体因子诸如催乳素、催产素和松弛素的作用还不十分清楚。

对于大多数动物，LH 是最重要的促黄体激素，不论是在妊娠还是非妊娠，相对慢的 LH 释放波动频率类型可以维持黄体。而在啮齿类，PRL 是最重要的促黄体激素；PRL 每天的双相释放类型受交配的始动，这对于啮齿类黄体的维持是重要的。在家畜中，绵羊是目前发现的唯一的一种 PRL 参与调节黄体的动物。

由于正常的卵泡生成确定了排卵后黄体发育的时期，临床上，特别是兽医临床和动物生产中人们更重视控制黄体退化的因子，而不是促进黄体的因子。

三、黄体的退化

黄体的退化过程，包含着两个概念：第一是内分泌水平也就是孕酮分泌的终止，第二则是组织学上的黄体结构的消融。在啮齿动物中，黄体的功能性退化发生在分娩后非常短的时间；而在人类中，由于黄体在妊娠中后期并不需要，因此在孕早期即发生退化。

黄体退化的机制，目前认为主要是由于在黄体退化过程中 20α-羟基类固醇脱氢酶（20α-hydroxysteroid dehydrogenase，20α-HSD）的急性高表达导致的，而 20α-HSD 可高效地降解孕酮。在黄体功能期，20α-HSD 的表达通过催乳素受体的介导被催乳素（prolactin，PRL）及胎盘泌乳素（placental lactogen）所抑制；而在孕后期，黄体的催乳素受体表达明显下调导致了对 20α-HSD 表达抑制的解除，从而达到孕酮表达的下调及黄体的消融。除去 20α-HSD 的调节作用，$PGF_{2\alpha}$ 是一种主要的调节黄体退化的因子。作为一个正向调节因子，$PGF_{2\alpha}$通过刺激 20α-HSD 的活性介导了黄体退化，而在大鼠孕后期注射前列腺素抑制剂可推迟动物体内孕酮的下调并导致妊娠滞后。同样地，在敲除前列腺素受体的小鼠中，孕后期的孕酮无法下调从而使得正常的生产过程无法发生，而将此类小鼠中的卵巢进行切除从而消除黄体的影响，则使得妊娠顺利发生。因而，上述结果均表明了 20α-HSD 及其调控元件在黄体退化过程中的重要作用。

而黄体的组织消融，则被认为主要是由于细胞凋亡导致的。在啮齿动物黄体发挥功能的妊娠过程中，黄体细胞凋亡是很难被发现的；而当分娩完成黄体开始退化时，黄体中会发生大量的细胞凋亡，同时大量的免疫细胞开始进入黄体，进而黄体中的细胞外基质逐步塌陷，并且其内部的血管系统逐步退化，最终黄体结构消失。而随着黄体的消失，单个卵泡的发育走进终点，并完成其最终使命。

参 考 文 献

王松波, 周波, 张美佳, 等. 2009. 一氧化氮对小鼠卵母细胞自发成熟的影响及作用通路. 农业生物技术学报, 17(5): 797-801.

夏国良. 2013. 动物生理学. 北京: 高等教育出版社.

杨增明, 孙青原, 夏国良. 2005. 生殖生物学. 北京: 科学出版社.

朱大年, 王庭槐. 2013. 生理学. 第 8 版. 北京: 人民卫生出版社.

朱士恩. 2006. 动物生殖生理学. 北京: 中国农业出版社.

Adhikari D, Liu K. 2009. Molecular mechanisms underlying the activation of mammalian primordial follicles. Endocr Rev, 30: 438-464.

Albrecht K H, Eicher E M. 2001. Evidence that Sry is expressed in pre-Sertoli cells and Sertoli and granulosa cells have a common precursor. Dev Biol, 240: 92-107.

Azoury J, Verlhac M H, Dumont J, et al. 2009. Actin filaments: key players in the control of asymmetric divisions in mouse oocytes. Biology of the Cell, 101 (2): 69-76.

Barker N, Rookmaaker M B, Kujala P, et al. 2012. Lgr5(+ve) stem/progenitor cells contribute to nephron formation during kidney development. Cell Rep, 2: 540-552.

Bowles J, Koopman P. 2007. Retinoic acid, meiosis and germ cell fate in mammals. Development, 134: 3401-3411.

Bu S, Xia G, Tao Y, et al. 2003. Dual effects of nitric oxide on meiotic maturation of mouse cumulus cell-enclosed oocytes *in vitro*. Mol Cell Endocrinol, 207(1-2): 21-30.

Byskov A G , Saxen L. 1976. Induction of meiosis in fetal mouse testis *in vitro*. Dev Biol, 52: 193-200.

Carr B R. 1997. Williams Textbook of Endocrinology. 9th edition. Philadelphia: WB Saunders: 751-817.

Chen Y, Jeferson W N, Newbold R R, et al. 2007. Estradiol, progesterone, and genistein inhibit oocyte nest breakdown and primordial follicle assembly in the neonatal mouse ovary *in vitro* and *in vivo*. Endocrinology, 148: 3580-3590.

Citri A, Yarden Y. 2006. EGF–ERBB signalling: towards the systems level. Nat Rev Mol Cell Biol, 7: 505-516.

Conti M, Hsieh M, Park J Y, et al. 2006. Role of the epidermal growth factor network in ovarian follicles. Mol Endocrinol, 20: 715-723.

Conti M, Hsieh M, Zamah A M, et al. 2012. Novel signaling mechanisms in the ovary during oocyte maturation and ovulation. Mol Cell Endocrinol, 356(1-2): 65-73.

Doitsidou M, Reichman-Fried M, Stebler J, et al. 2002. Guidance of primordial germ cell migration by the chemokine SDF-1. Cell, 111: 647-659.

Downs S M.2010. Regulation of the G2/M transition in rodent oocytes. Molecular Reproduction &

Development, 77 (7): 566-585.
Edson M A, Nagaraja A K, Matzuk M M. 2009. The mammalian ovary from genesis to revelation. Endocr Rev, 30: 624-712.
Erickson G F, Shimasaki S. 2000. The role of the oocyte in folliculogenesis. Trends in Endocrinology & Metabolism, 11 (5) : 193-198.
Erickson G F. 1993. Normal regulation of ovarian androgen production. Semin Reprod Endocriol, 11: 307-313.
Faddy M J, Gosden R G, Gougeon A, et al. 1992. Accelerated disappearance of ovarian follicles in mid-life: implications for forecasting menopause. Hum Reprod, 7: 1342-1346.
Fahiminiya S, Labas V, Roche S, et al. 2011. Proteomic analysis of mare follicular fluid during late follicle development. Proteome Sci, 9:54.
Georges A, Auguste A, Bessiere L, et al. 2014. FOXL2: a central transcription factor of the ovary. J Mol Endocrinol, 52: R17-R33.
Ginsburg M, Snow M H, McLaren A. 1990. Primordial germ cells in the mouse embryo during gastrulation. Development, 110: 521-528.
Gospodarowicz D, Bialecki H. 1979. Fibroblast and epidermal growth factors are mitogenic agents for cultured granulosa cells of rodent, porcine, and human origin. Endocrinology, 104: 757-764.
Hafez B, Hafez E S E. 2016. Reproduction in Farm Animals. 7th Edition. Philadelphia, USA: Lippincott Williams & Wilkins.
Harikae K, Miura K, Kanai Y. 2013. Early gonadogenesis in mammals: significance of long and narrow gonadal structure. Dev Dyn, 242: 330-338.
Hartman C G. 1963. Mechanisms concerned with conception/proceedings of a symposium. Oxford, UK: Pergamon Press.
He S, Zhou H, Zhu X, et al. 2014. Expression of Lgr5, a marker of intestinal stem cells, in colorectal cancer and its clinicopathological significance. Biomed Pharmacother, 68: 507-513.
Hirshfield A N. 1991. Theca cells may be present at the outset of follicular growth. Biol Reprod, 44: 1157-1162.
Holt J E, Weaver J, Jones K T. 2010. Spatial regulation of APCCdh1-induced cyclin B1 degradation maintains G2 arrest in mouse oocytes. Development, 137: 1297-1304.
Homer H, Gui L, Carroll J. 2009. A spindle assembly checkpoint protein functions in prophase I arrest and prometaphase progression. Science, 326: 991-994.
Inoue M, Naito K, Nakayama T, et al. 1998. Mitogen-activated protein kinase translocates into the germinal vesicle and induces germinal vesicle breakdown in porcine oocytes. Biol Reprod, 58(1): 130-136.
Irving-Rodgers H F, van Wezel I L, Mussard M L, et al. 2001. Atresia revisited: two basic patterns of atresia of bovine antral follicles. Reproduction, 122(5): 761-775.
Jablonka-Shariff A, Olson L M. 1998. The role of nitric oxide in oocyte meiotic maturation and ovulation: meiotic abnormalities of endothelial nitric oxide synthase knock-out mouse oocytes. Endocrinology, 139: 2944-2954.
Jiang Z Z, Hu M W, Ma X S, et al. 2016. LKB1 acts as a critical gatekeeper of ovarian primordial follicle pool. Oncotarget, 7: 5738-5753.
Koeppen B, Stanton B. 2008. Berne and Levy Physiology. 6th Edition. Maryland, USA: Mosby.
Kono T, Obata Y, Yoshimzu T, et al. 1996. Epigenetic modifications during oocyte growth correlates with extended parthenogenetic development in the mouse. Nat Genet, 13: 91-94.
Koubova J, Menke D B, Zhou Q, et al. 2006. Retinoic acid regulates sex-specific timing of meiotic initiation in mice. Proc Natl Acad Sci U S A, 103: 2474-2479.
Lane N, Dean W, Erhardt S, et al. 2003. Resistance of IAPs to methylation reprogramming may provide a mechanism for epigenetic inheritance in the mouse. Genesis, 35: 88-93.
Lara-Gonzalez P, Westhorpe F G, Taylor S S. 2012. The spindle assembly checkpoint. Curr Biol, 22: 966-980.
Lee J, Iwai T, Yokota T, et al. 2003. Temporally and spatially selective loss of Rec8 protein from meiotic chromosomes during mammalian meiosis. J Cell Sci, 116(Pt 13): 2781-2790.

Lei L, Spradling A C. 2016. Mouse oocytes differentiate through organelle enrichment from sister cyst germ cells. Science, 352；95-99.

Leung P, Adashi E Y. 2004. The Ovary. Amsterdam, Netherlands: Elsevier.

Liu CF, Liu C, Yao H H. 2010. Building pathways for ovary organogenesis in the mouse embryo. Curr Top Dev Biol, 90: 263-290.

Liu Y X, Hsueh A J. 1987. Plasminogen activator activity in cumulus-oocyte complexes of gonadotropin-treated rats during the periovulatory period. Biol Reprod, 36(4): 1055-1062.

Lucifero D, Mann M R, Bartolomei M S, et al. 2004. Gene-specific timing and epigenetic memory in oocyte imprinting. Hum Molecular genet, 13: 839-849.

Magoffin D A, Magarelli P C. 1995. Preantral follicles stimulate luteinizing hormone independent differentiation of ovarian theca-interstitial cells by an intrafollicular paracrine mechanism. Endocrine, 3: 107-112.

Mcgee E A, Hsueh A J. 2000. Initial and cyclic recruitment of ovarian follicles. Endocr Rev, 21: 200-214.

McNatty K P. 1981. Hormonal correlates of follicular development in the human ovary. Aust J Biol Sci, 34(3): 249-268.

Mondschein J S, Schomberg D W. 1981. Growth factors modulate gonadotropin receptor induction in granulosa cell cultures. Science, 211: 1179-1180.

Monkhouse W S. History: A text and atlas. Human Pathology, 7(4): 485.

Motta P M, Makabe S, Nottola S A. 1997. The ultrastructure of human reproduction. I. The natural history of the female germ cell: origin, migration and differentiation inside the developing ovary. Hum Reprod Update, 3: 281-295.

Musacchio A, Salmon E D. 2007. The spindle-assembly checkpoint in space and time. Nat Rev Mol Cell Biol, 8: 379-393.

Nakamura Y, Yamagata Y, Sugino N, et al. 2002. Nitric oxide inhibits oocyte meiotic maturation. Biol Reprod, 67(5): 1588-1592.

Norris R P, Ratzan W J, Freudzon M, et al. 2009. Cyclic GMP from the surrounding somatic cells regulates cyclic AMP and meiosis in the mouse oocyte. Development, 136: 1869-1878.

Park J Y, Su Y Q, Ariga M, et al. 2004. EGF-like growth factors as mediators of LH action in the ovulatory follicle. Science, 303: 682-684.

Pepling M E, Wilhelm J E, O'Hara A L, et al. 2007. Mouse oocytes within germ cell cysts and primordial follicles contain a Balbiani body. Proc Natl Acad Sci U S A, 104: 187-192.

Peterson J S, Timmons A K, Mondragon A A, et al. 2015. The end of the beginning: Cell death in the germline. Curr Top Dev Biol, 114: 93-119.

Rajkovic A, Pangas S A, Ballow D, et al. 2004. NOBOX deficiency disrupts early folliculogenesis and oocyte-specific gene expression. Science, 305: 1157-1159.

Rastetter R H, Bernard P, Palmer J S, et al. 2014. Marker genes identify three somatic cell types in the fetal mouse ovary. Dev Biol, 394: 242-252.

Richards J S, Pangas S A. 2010. The ovary: basic biology and clinical implications. J Clin Invest, 120: 963-972.

Schmidt D, Ovitt C E, Anlag K, et al. 2004. The murine winged-helix transcription factor Foxl2 is required for granulosa cell differentiation and ovary maintenance. Development, 131: 933-942.

Schneider M R, Wolf E. 2010. The epidermal growth factor receptor ligands at a glance. J Cell Physiol, 218: 460-466.

Schuijers J, Clevers H. 2012. Adult mammalian stem cells: the role of Wnt, Lgr5 and R-spondins. EMBO J, 31: 2685-2696.

Sengoku K, Takuma N, Horikawa M, et al. 2001. Requirement of nitric oxide for murine oocyte maturation, embryo development, and trophoblast outgrowth *in vitro*. Mol Reprod Dev, 58(3): 262-268.

Su Y Q, Xia G L, Byskov A G, et al. 1999. Protein kinase C and intracellular calcium are involved in follicle-stimulating hormone-mediated meiotic resumption of cumulus cell-enclosed porcine oocytes in hypoxanthine-supplemented medium. Mol Reprod Dev, 53(1): 51-58.

Sun S C, Kim N H. 2012. Spindle assembly checkpoint and its regulators in meiosis. Hum Reprod Update, 18: 60-72.

Teng Z, Wang C, Wang Y, et al. 2015. S100A8, an oocyte-specific chemokine, directs the migration of ovarian somatic cells during mouse primordial follicle assembly. J Cell Physiol, 230: 2998-3008.

Vaccari S, Weeks J L, Hsieh M, et al. 2009. Cyclic GMP signaling is involved in the luteinizing hormone-dependent meiotic maturation of mouse oocytes. Biol Reprod, 81: 595-604.

Wang Z B, Jiang Z Z, Zhang Q H, et al. 2013. Specific deletion of Cdc42 does not affect meiotic spindle organization/migration and homologous chromosome segregation but disrupts polarity establishment and cytokinesis in mouse oocytes. Mol Biol Cell, 24: 3832-3841.

Xu J, Gridley T. 2013. Notch2 is required in somatic cells for breakdown of ovarian germ-cell nests and formation of primordial follicles. BMC Biol, 11: 1-14.

Yamauchi J, Miyazaki T, Iwasaki S, et al. 1997. Effects of nitric oxide on ovulation and ovarian steroidogenesis and prostaglandin production in the rabbit. Endocrinology, 138(9): 3630-3637.

Yu C, Zhang Y L, Pan W W, et al. 2013. CRL4 complex regulates mammalian oocyte survival and reprogramming by activation of TET proteins. Science, 342: 1518-1521.

Zhang H, Liu K. 2015. Cellular and molecular regulation of the activation of mammalian primordial follicles: somatic cells initiate follicle activation in adulthood. Hum Reprod Update, 21: 779-786.

Zhang H, Risal S, Gorre N, et al. 2014. Somatic cells initiate primordial follicle activation and govern the development of dormant oocytes in mice. Curr Biol, 24: 2501-2508.

Zhang M, Su Y Q, Sugiura K, et al. 2010. Granulosa cell ligand NPPC and its receptor NPR2 maintain meiotic arrest in mouse oocytes. Science, 330: 366-369.

Zheng W, Zhang H, Gorre N, et al. 2014. Two classes of ovarian primordial follicles exhibit distinct developmental dynamics and physiological functions. Hum Mol Genet, 23: 920-928.

Zuckerman S. 1951. The number of oocytes in the mouse ovary. Recent Prog Horm Res, 6: 63-108.

（张　华，夏国良，王震波）

第七章　受　　精

在低等动物，如很多昆虫、一些鱼类、两栖类和爬行类，卵子不经过精子受精，仅经过孤雌激活就能完成发育。哺乳动物卵子尽管在物理或化学刺激下，能够发生孤雌激活，但胚胎发育到某一阶段就会终止，不能发育到期。在有性生殖生物，个体发育需要两性配子，即单倍体的精子和单倍体的卵子相互结合和融合，形成二倍体合子（或称为受精卵）才能启动，这一过程称为受精（fertilization，图 7-1）。受精一方面保证了双亲的遗传信息得以延续，另一方面恢复了染色体二倍体数目。受精过程决定了胚胎和后代的性别，同时可以把个体发生过程中产生的变异通过生殖细胞遗传下去，保证了物种的多样性，在生物进化上具有重要意义。

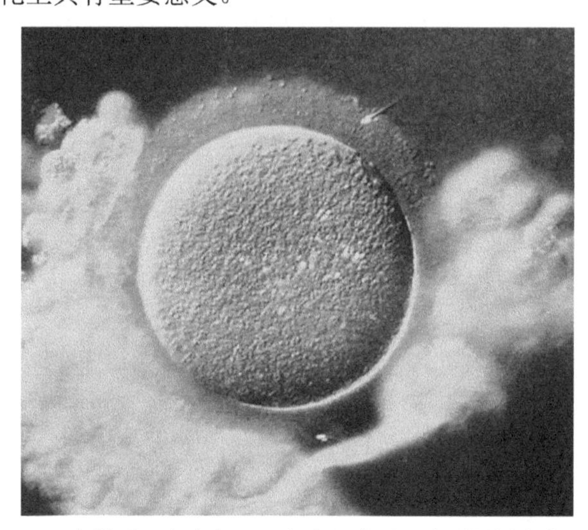

图 7-1　一个精子（右上角）正在穿入卵子，卵子周围由卵丘包裹

第一节　受精的研究历史及概述

一、受精研究的历史回顾

古希腊人认为，男人的精液与女人的月经血结合形成胎儿和胎膜。17 世纪，又出现了个体发育的“卵源学说”和“精源学说”。1875 年和 1876 年，Hertwig 和 Fol 分别在各自独立的研究中首先在海胆中发现了受精现象。Hertwig 发现了海胆精子入卵后雌雄两原核融合的现象，而 Fol 发现了精子接近和穿入卵子及受精膜形成的过程，至此结束了胚胎学上的“精源学说”和“卵源学说”。1883 年，van Beneden 发表了马副蛔虫受精的细胞生物学研究论文，肯定了在遗传上父母贡献均等的理论，并使精卵作用的研究更为深入。他在马副蛔虫受精卵的第一次有丝分裂纺锤体上看到 4 条染色体，其中两条来自父方，两条来自母方，提出父母的染色体通过精卵的融合传给子代。此后，Boveri 在

对马副蛔虫的研究工作进一步巩固了上述理论，把染色体看作是遗传信息的载体。

20 世纪以来，有关受精的研究转向探讨受精后生理学变化和两性配子结合的机制。在早期的研究中发现受精后细胞膜通透性变化、耗氧量增加等现象。1912 年以后，F. R. Lillie 根据在沙蚕和海胆获得的一系列研究结果，提出了精卵相互作用的受精素假说。根据这一假说，卵子分泌被称为受精素（fertilin）的物质，使精子运动能力加强，并向卵子聚集。40 年代前后，Tyler 就受精素的生物学、化学和免疫学特征展开了一系列研究工作，并进一步强调卵子在成熟过程中分泌的物质对受精有重要意义。与此同时，Hartmann 在海胆的研究工作中也证实，不仅卵子能分泌受精素（雌配素），精子也能产生抗受精素（雄配素），二者相互作用的程度决定着受精的成功与否。不久以后，在两栖类上发现卵外胶膜在精卵相互作用中发挥重要功能，为两栖类受精所必需。

与海胆和两栖类相比，哺乳动物的受精研究工作起步较晚，一个主要的原因是哺乳动物受精发生在体内，不易进行研究，并且很难得到大量卵子。19 世纪末到 20 世纪中叶，很多人进行过哺乳动物体外受精的实验，并且多位学者声称获得成功。尽管不能排除有少数报道是正确的，但根据目前判断受精发生的知识，如精子入卵、第二极体排放等标准，其中绝大部分实验可能不是真正实现了体外受精。原因在于很多早期进行哺乳动物体外受精研究的人员采用的是未成熟的卵母细胞。有的学者意识到了这个问题，授精前把卵巢中的卵母细胞培养一段时间。例如，Rock 和 Menkin 于 1944 年就在进行体外受精前把人卵巢卵母细胞预先进行了培养，但由于培养时间太短而没有成功。先前判断体外受精成功与否的标准是看卵子是否卵裂，而当时还不清楚哺乳动物卵子在体外培养时很容易发生孤雌激活和碎裂（fragmentation）。此外，当时很少有人在 37°C 下进行体外受精，而多数是在较低的温度下进行。

哺乳动物的体外受精研究真正发展是在 Austin 和美籍华人张明觉（M. C. Chang）于 1951 年发现精子获能（capacitation）现象以后。两位科学家几乎同时在大鼠和兔中发现，精子必须在雌性生殖道内滞留一段时间才能获得受精的能力。这一发现导致 20 世纪 50 年代和 60 年代体外受精研究的黄金时期的到来。从精子获能现象发现后大约 20 年，即 70 年代初开始，人们实现了哺乳动物精子的体外获能，使哺乳动物的体外受精更易操作和方便。1978 年，Edwards 等利用体外受精技术成功地获得第一例试管婴儿，使体外受精成为造福于人类的技术，并因此获得 2010 年的诺贝尔生理学或医学奖。此后，发展了卵质内单精子注射（ICSI）受精技术，使少精症和无精症患者可以得到后代。到 2018 年，全世界已有超过 800 万不育夫妇通过辅助生殖技术获得了后代，并且体外受精也已应用于畜牧业生产当中。此外，各种动物体外受精技术的建立，也大大促进了哺乳动物受精生物学的基础研究。

二、受精过程概述

（一）受精的基本过程

受精涉及精卵之间多步骤、多成分的相互作用。就哺乳动物而言，从卵巢中排出的成熟卵子外包卵丘，受精发生前获能精子穿过卵丘后首先与卵子周围的透明带（zona pellucida，ZP）识别和结合。这种精子与卵子透明带之间的初级作用诱发精子头部顶体内容物发生胞吐，这一过程称为顶体反应（acrosome reaction，AR）。顶体反应后的精子与透明带发生次级识别和结合，顶体反应释放的水解酶与精子本身运动协同作用，使精子穿过透明带。精子穿过透明带到达卵周隙后，精子头部赤道段的质膜和顶体内膜又与卵质膜发生结合和融合，精子进入卵子。受精中精卵相互作用的步骤和过程见图 7-2。精子入卵后引起卵子激活，其第一个快速发生的事件是钙离子浓度升高导致卵子皮质颗粒胞吐，引发透明带反应及卵质膜反应，使其他的精子不能再与透明带结合或穿过透明带，已经穿过透明带进入卵周隙的精子不能再与卵质膜结合和融合，从而阻止多精受精的发生。卵子激活后发生的另外一个重要事件是促使第二次减数分裂恢复，并释放第二极体（图 7-3）。在小鼠中，停滞在第二次减数分裂中期的卵子纺锤体所处部位的质膜表面一般没有微绒毛，精子不能从此处穿入卵子（图 7-4）。精子进入卵子后，尾部很快退化，浓缩的精子头部染色质去浓缩，而后形成雄原核；而卵子的单倍体染色体转变成为雌原核。而后雌雄原核相互靠近（图 7-5）。在哺乳动物中，两个原核靠近后，各自核膜形成皱褶，呈指状镶嵌，然后核膜破裂，父母双方的遗传物质混合，启动有丝分裂（图 7-6）。最新的研究发现，在受精卵中父母双方的遗传物质并没有混合形成一个有丝分裂纺锤体，而各自形成一个纺锤体，第一次卵裂中父母双方遗传物质各自分配到两个卵裂球中。受精（fertilization）不同于授精（insemination），前者是精子入卵并形成合子的过程，而后者是人为地把精子置于体内生殖道中或体外培养液中，以达到受精目的的操作。二者的概念不能混淆，如在体外不能说受精后几个小时形成原核，而应该说授精后几个小时形成原核。

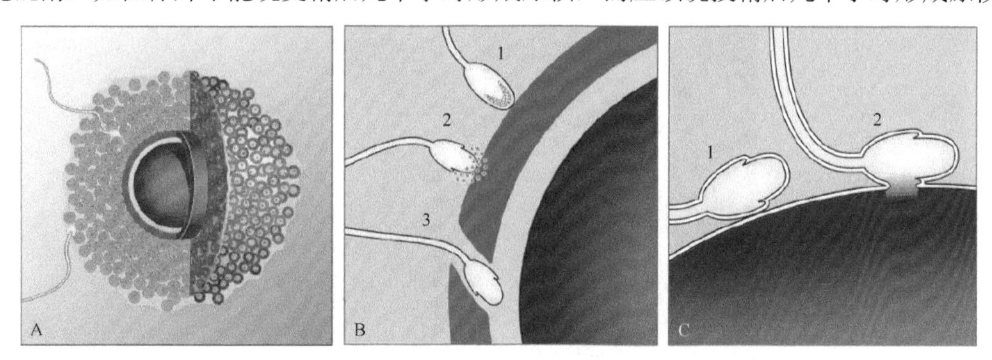

图 7-2 哺乳动物受精过程中精子入卵模式图（Prinmakoff and Myles，2002）。A. 精子穿过卵丘；B1. 精子与卵子透明带结合；B2. 精子发生顶体反应，释放顶体酶；B3. 精子穿过透明带；C1. 精子头部赤道段的质膜与卵质膜结合；C2. 精卵质膜融合

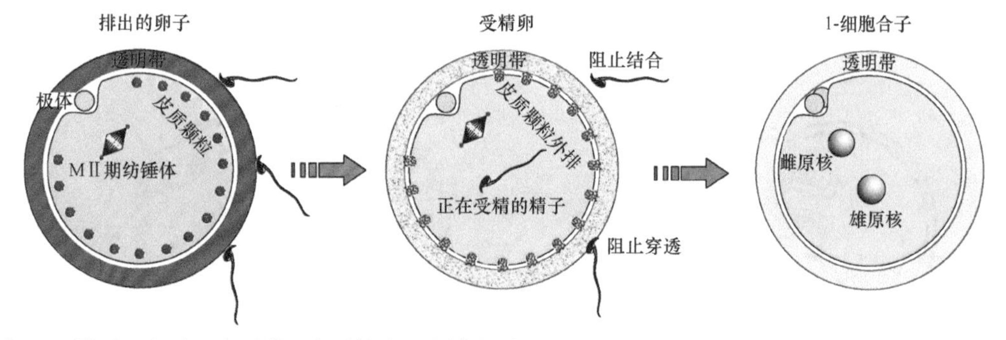

图 7-3 精子入卵后，卵子激活和受精卵形成模式图（Prinmakoff and Myles，2002）。卵质膜下的皮质颗粒胞吐，导致透明带和卵质膜反应，阻止多精受精发生；此后，第二次减数分裂恢复，排出第二极体；雌雄原核形成，形成合子

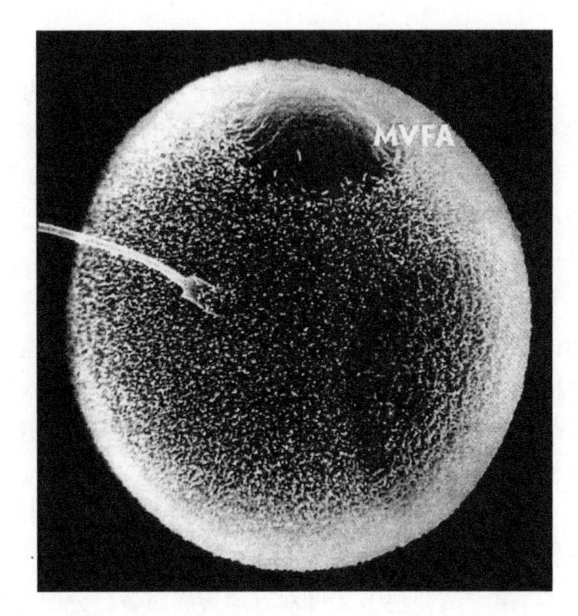

图 7-4　仓鼠精子与卵子融合的扫描电镜图（引自 Yanagimachi 和 Noda，1972）。
MVFA. 微绒毛游离区

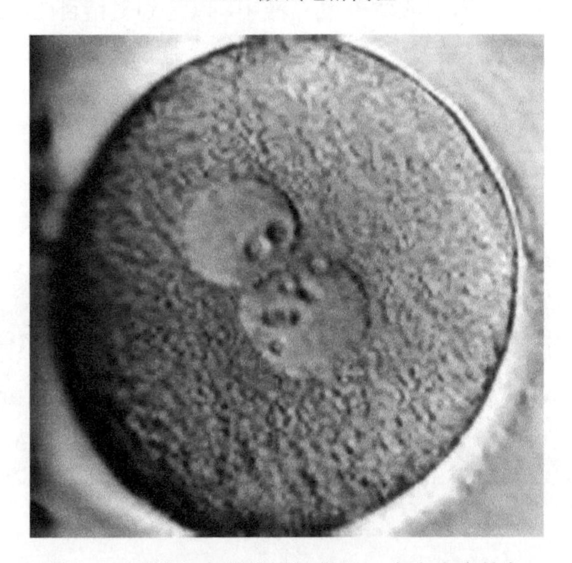

图 7-5　受精卵中雌雄原核靠近，内含多个核仁

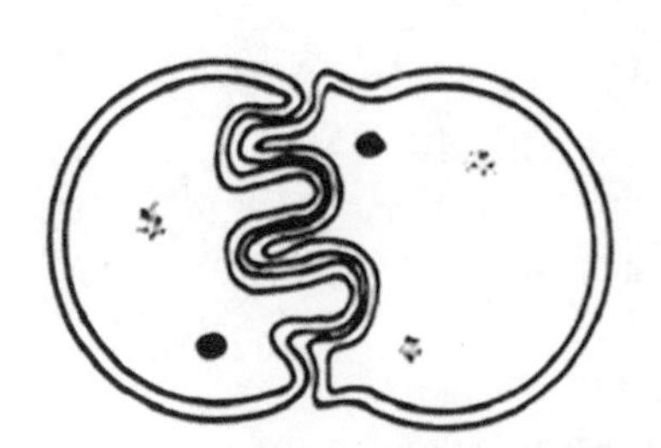

图 7-6　哺乳动物受精卵中第一次有丝分裂前雌雄原核变化。
CH：染色体；ME：核膜；MT：微管

受精一般发生在排卵后，但也有例外。例如，各种海洋环节动物在排卵前，精子就穿入卵子。不同动物的受精发生在卵母细胞减数分裂的不同阶段，按照受精发生的阶段不同，基本上可分为 4 种类型（图 7-7）：第一种类型，受精发生在生发泡（GV）期，这些动物包括线虫、软体动物、环节动物、甲壳类动物、海滨蛤、海绵、沙蚕、狗和狐等；第二种类型，受精发生在第一次减数分裂中期（MⅠ），在该期受精的动物有某些软体动物、环节动物和昆虫等；第三种类型，受精发生在第二次减数分裂中期（MⅡ），大多数脊椎动物都属于这一类型；第四种类型，受精发生在第二次减数分裂完成以后，即原核期，这类动物包括海胆、腔肠动物等。也有例外情况，有的动物受精发生在第一次或第二次减数分裂后期。第一、第二、第三种类型的受精都发生在减数分裂完成前的停滞阶段，精子入卵后，激发减数分裂的恢复。

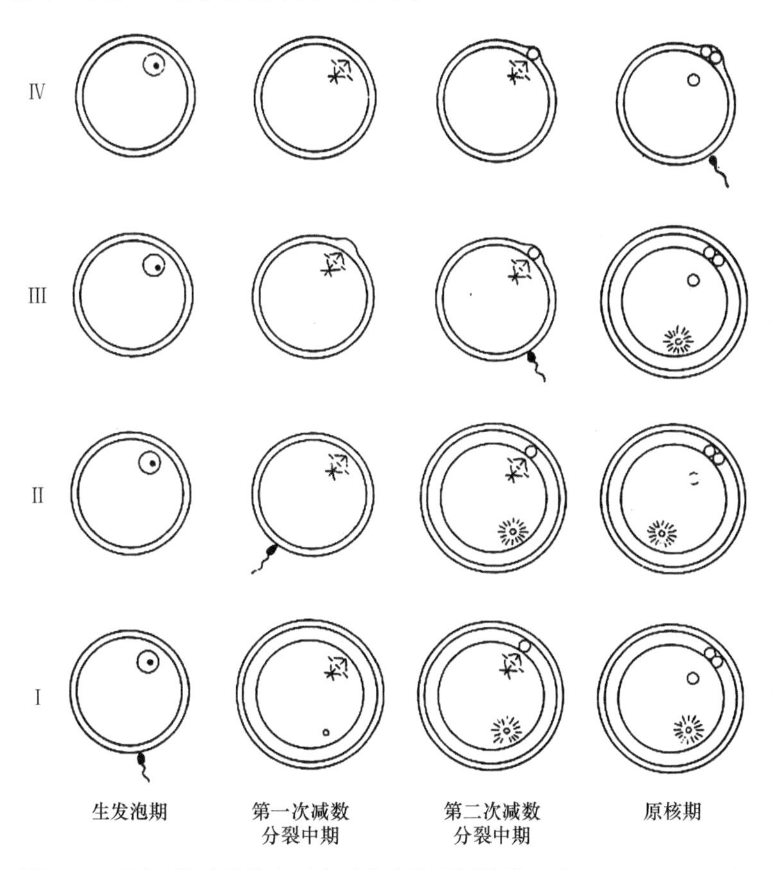

图 7-7　不同动物受精发生于卵子发育的不同阶段（引自 Longo，1997）

（二）受精方式

1. 体内受精和体外受精

凡在雌、雄亲体交配时，精子从雄体传递到雌体的生殖道，逐渐抵达受精部位（如输卵管或子宫），在那里精卵相互融合的，称为体内受精（*in vivo* fertilization）。凡精子和卵子同时排出体外，在雌体产卵孔附近或在水中受精的，称为体外受精（*in vitro* fertilization）。前者多发生在高等动物如爬行类、鸟类、哺乳类、某些软体动物、昆虫及某些鱼类和少数两栖类中；后者是水生动物的普遍生殖方式，如许多鱼类和部分两栖类等。将哺乳动物精子和卵子人为取出后，再体外进行受精，亦称体外受精。

2. 自体受精和异体受精

多数动物是雌、雄异体的，但有些动物是雌、雄同体的，即同一个体既能产生卵子，也能产生精子。在雌雄同体动物中，有些是自体受精的，即同一个体的精子和卵子融合，如绦虫；有些是异体受精，即来自两个不同个体的精子和卵子相结合，如蚯蚓。

3. 单精受精和多精受精

只有一个精子进入卵子内完成受精的，称为单精受精（monospermy），如腔肠动物、棘皮动物、环节动物、硬骨鱼、无尾两栖类和胎盘类哺乳动物。如果一个以上精子入卵，通常会导致胚胎发育异常或发育阻滞，最终夭折。昆虫、软体动物、软骨鱼、有尾两栖类和鸟类，在正常生理条件下，受精过程中可有多个精子入卵，卵子中形成多个雄原核，但最终只有一个雄原核与雌原核结合，完成正常的胚胎发育，而其他雄原核在发育中途退化，称为生理性多精受精（polyspermy）。

4. 特殊的受精现象

经典的受精概念一般是指一个精子和一个卵子融合（配子配合，syngamy），这一过程涉及卵子激活和配子的细胞核融合（核配合，karyogamy），最终产生一个合子核（synkaryon）。如果考虑到某些原生动物的受精，这一概念需要进行修正。例如，原生动物存在同型配子的融合（isogamy），来自同一亲本的两个配子细胞核的融合（autogamy）和配子母细胞或个体融合产生配子（gamontogamy）等现象。许多动物如寡毛纲动物、蛛形纲动物、昆虫、有尾两栖类、爬行类和鸟类等，在正常生理条件下，可以有一个以上精子进入卵子。有的动物受精时，不发生配子细胞核的融合。例如，软体动物、硬骨鱼、真兽类哺乳动物等在受精时，雌原核和雄原核不会发生融合而形成一个合子核，而是雌原核和雄原核相互靠近，二者的核膜形成皱褶并相互嵌合，最后雌雄染色体混合而形成第一次有丝分裂的纺锤体。另外一个特殊的例子是，海绵动物的附属细胞介导精子进入卵子。动物界最特殊的受精方式发生在一种没有消化管的寄生性无脊椎动物中，这种动物的精子和卵子都包含在其他细胞中，但二者可发生融合。总之，不同动物的生殖细胞结构、受精过程和受精后所发生的生理生化事件等方面均有差异。

第二节　配子在雌性生殖道中的运送及精子获能

大多数哺乳动物（牛、羊、兔和灵长类）在交配期间精液沉积在阴道前庭部位（阴道射精型），而另一些哺乳动物（猪、马、狗和啮齿类）在交配时大部分精液直接进入宫腔（宫腔射精型），或通过宫颈进入宫腔。出现这种情况部分可能是由于交配刺激引起宫颈短暂的松弛和阴道的收缩。哺乳动物一次射出的精子数量很多，但能够从射精部位阴道或子宫到达受精部位的精子数量有限（表 7-1）。在人类中，精子进入雌性生殖道内，要经过约 15 cm 的长途运送才能从阴道到达输卵管壶腹部而完成受精。在小鼠中，精子运送距离大约 2.5 cm。在精子通过子宫颈、子宫、子宫与输卵管的连接及输卵管峡部到达受精部位（输卵管峡部与壶腹部连接处）的过程中，绝大多数精子中途丢失，能够进入输卵管的精子只有 100～1000 个，而到达受精部位的精子仅有 20～200 个。

表 7-1 不同哺乳动物射出的精子数量和射精部位

动物	精子数（$\times10^6$ 个）	部位	在壶腹部精子数（个）
小鼠	50	子宫	<100
大鼠	58	子宫	500
兔	280	阴道	250～500
雪貂	—	子宫	18～1600
豚鼠	80	阴道和子宫	25～50
牛	3000	阴道	少量
羊	1000	阴道	600～700
猪	8000	子宫	1000
人	280	阴道	200

资料来源：张天荫，1996

一、精子在雌性生殖道内的运送

精液进入阴道 1 min 后，会发生凝集，但 20 min 后发生精液液化。阴道环境通常是酸性的（pH 4.2），但精液的存在能够使 pH 升高到 7.2，触发精子运动力增强。此外，生殖道管壁的收缩也促进精子运动通过子宫颈。子宫颈部位有许多狭窄的皱褶和黏稠的子宫颈液，但排卵前孕激素的升高导致子宫颈液更加液化，有利于精子穿过子宫颈。在大约 2 亿个精子中，一般只有不到 100 万个能够通过子宫颈，而绝大多数运动力差的精子不能通过子宫，它们死亡后被吸收。也有一部分精子深陷于子宫颈壁的凹陷中，暂时储存在该部位，并有可能后来进入子宫。

进入子宫的精子很快到达子宫与输卵管的连接部。在子宫液中，精子本身的“游泳速度”为 3 mm/min，单靠精子本身的运动，很难在 30 min 内通过 15 cm 长的雌性生殖道而到达受精部位。因此，精子在雌性生殖道内的运送，除了精子本身的运动之外，更重要的是依靠生殖道肌肉的收缩和纤毛的摆动而完成。精子进入子宫后，刺激子宫中白细胞增加，运送快的精子很快通过子宫，而那些运送慢的精子被雌性免疫系统攻击，死亡或正在死亡的精子被白细胞吞噬，只有几千个精子能够到达子宫与输卵管的连接部。精子以相对较慢的速度通过这一狭窄的连接部，其中一半进入没有排卵的一侧输卵管，通常只有几百个精子到达排卵一侧输卵管。

精子进入输卵管后，运送速度减缓。在排卵开始之前，受精精子一直停留在输卵管峡部的较低部位。何时从峡部释放出精子，受排卵时间及排卵相关事件的调节。排卵后，精子到达受精部位，而那些通过输卵管壶腹部和伞部的精子，进入腹腔而丢失。结合于峡部的精子的释放机制尚不清楚，似乎与精子头部质膜获能变化有关。精子超激活运动可加速精子从峡部释放，游离的精子从峡部迁移到壶腹部似乎要靠精子自身运动和输卵管上皮的收缩运动及纤毛摆动。在输卵管中精子向输卵管壶腹部方向运送，而卵子从输卵管伞向相反的方向运送。卵子的运送也需要输卵管伞肌肉的收缩及纤毛向子宫方向的摆动，导致输卵管内产生向子宫方向的液流，把卵子运送到受精部位。精子与卵子在输卵管内相反方向的运送，可能是纤毛摆动的方向差异造成的。输卵管壁凹陷部分的纤毛向卵巢方向摆动，而输卵管壁高嵴部分的纤毛向子宫方向摆动。在输卵管中，精子沿着输卵管壁的凹陷，而卵子沿着输卵管壁的高嵴向相反的方向运送。

随着基因敲除小鼠模型的建立，发现了一些参与精子运送的蛋白质。有些以前认为参与精子与卵子相互作用的蛋白质，当其基因敲除后，精子的运送发生了障碍。例如，缺失 CLGN、ACE、ADAM1A、ADAM2、ADAM3 的小鼠精子虽有运动能力，但不能通过子宫与输卵管连接部。因此这些蛋白质可能与精子在该部位的释放或运送有关。

二、精子运送的化学趋化作用

在大多数海洋动物、两栖类和其他非哺乳动物中发现，卵子或其周围的细胞分泌的化学物质可以吸引精子定向运动，到达受精部位，称为化学趋化作用（chemotaxis）。在海洋无脊椎动物中，这种作用具有明显的种属特异性，即一种海洋生物的化学趋化物质通常只能吸引同种动物的精子，而对其他种属的精子没有趋化作用。精卵趋化作用具有重要的生理作用，它可使大量的精子到达受精部位，这对于体外受精的水生动物特别重要，因为没有这种化学趋化作用，很难想象排到水中的精子和卵子会有机会相遇而受精。卵子释放出的使精子定向快速地向卵子运动的可溶性信号是一些肽类和有机小分子化合物，如 L-色氨酸、SepSAP 肽和硫酸类固醇等。

哺乳动物属于体内受精动物。在受精前，精液射到阴道或子宫中。要完成受精，精子要通过长距离的运动到达受精部位（输卵管上 1/3 处）。那么，哺乳动物精子和卵子的相遇是偶然的事件，还是像低等动物一样存在精卵之间的通讯联系呢？近年来的研究表明，哺乳动物精子在雌性生殖道运行时，也可能受到卵子或卵泡液中化学物质吸引而到达受精部位。人、小鼠和兔的卵泡液对精子都有趋化作用，但仅对获能精子有作用。哺乳动物的精卵化学趋化作用的生理功能可能与低等动物不同，它的主要作用可能是选择性地使获能精子募集到受精部位。哺乳动物的精卵趋化作用没有种特异性。例如，兔和人的精子对人、兔和牛卵泡液的化学趋化物质的反应没有明显差别，这说明哺乳动物并不是通过种属特异性的化学趋化作用来防止异种受精。哺乳动物的精子化学趋化物质还没有被分离出来，但可能属于对热稳定的肽类。低浓度的孕酮对精子有吸引趋化作用。颗粒细胞分泌的一种被称为 RANTES 的趋化因子对精子有吸引作用。有证据表明，精子在卵子释放的化学物质作用下定向地向其运动，可能是由精子细胞内 Ca^{2+}浓度升高引起的。化学趋化物质引起 Ca^{2+}浓度升高需要外源 Ca^{2+}及 Ca^{2+}通道的作用，三磷酸肌醇（IP3）可以介导 Ca^{2+}释放。精子中 Ca^{2+}升高导致其非对称性鞭毛运动，从而产生化学趋化反应。受精后或人工激活卵子以后，卵子对精子的化学趋化作用消失，有关这方面的机理还不清楚。

有趣的是，在人精子中有独特的嗅觉受体（olfactory receptor），这些受体仅在生精细胞中表达。免疫细胞化学研究显示，嗅觉受体蛋白定位于精子尾部中段。据推测，嗅觉受体的作用是通过化学嗅觉信号通路使精子定向运动。最近有人从分子、细胞和生理水平上对新发现的嗅觉受体 hOR17-4 在受精过程中可能发挥的作用进行了探讨，发现嗅觉受体 hOR17-4 可以控制精子和卵子之间的通讯作用，在人精子趋化运动中具有重要功能。

除了精子对化学趋化物的浓度梯度反应以外，精子对温度梯度也有反应。另外一种假说认为，排卵后，从卵巢侧到子宫侧，输卵管温度存在由高到低的温差，精子可沿着温度梯度向温度较高的受精部位迁移，这被称为精子的热趋化作用（thermotaxis）。在猪和兔中，靠近卵巢的输卵管受精部位的温度比精子储存的部位即输卵管峡部温度高 1～2℃。哺乳动物精子的温度感受系统与其表面存在的 G 蛋白偶联受体视蛋白有关，这种蛋白质不仅与光感应有关，也与热趋化作用有关。此外，在人和小鼠中，都发现精子的逆流运动现象（rheotaxis）。小鼠交配后，输卵管内的输卵管液存在液体流，精子可以逆流向受精部位运动。精子的化学趋化作用、热趋化作用和逆流运动现象，基本上是通过体外实验获得的结论，体内精子的运动和运送机制目前还了解不多。如前所述，精子运送过程中，关键要依赖生殖道的收缩和纤毛的摆动，精子自身的游动并不起关键作用。

三、精子获能

精子成熟后虽然具备了运动能力，却没有受精能力，还需要在通过生殖道的过程中经历一系列生理生化变化，才能获得受精能力，这一过程被称为精子获能（sperm capacitation）。张明觉博士早年从事哺乳动物体外受精的研究，他用各种方法处理从动物附睾尾部取出的精子或是射出的精子，都不能使之与卵子在体外受精。1951 年，张明觉和 Austin 分别发现了精子获能这一生理现象。他们发现人及哺乳动物精子在离开生殖道时，还不能立即与卵子受精。它必须在雌性生殖道内经历一段成熟过程，才能获得受精能力。同一个体射出的所有精子并不是同时获能。一些精子获能较快，另一些则较慢，称之为精子获能的异质性（heterogeneity）。精子获能是一个可逆过程，获能精子一旦与精浆和附睾液接触，又可去获能（decapacitation）。如果把去获能的精子转移到雌性生殖道中，并使之停留一段时间，精子又可重新获能，表明精浆和附睾液中存在着一种去获能因子（decapacitation factor）。

参与受精的精子在何处开始获能，又在何处完成获能，似乎因种类不同而有不同。宫腔射精型动物，其精子在输卵管峡部较低部位全部或部分完成获能。对于仓鼠，参与受精的精子也储存在峡部中。在排卵后交配，精子的获能速度比在排卵前交配要快得多。完成获能的精子并非同时离开峡部进入壶腹部，少数精子离开峡部会延长一段时间。在猪，这一时期可能需要 2 天或稍长。对于阴道射精型动物，当精子进入子宫颈时，获能即开始。在通过子宫颈黏液的过程中，精子除去其表面吸附物质（包括精浆蛋白），加速获能。但是至今仍不了解这些精子和完全获能的精子是否有能力进入输卵管参与受精。在仓鼠中，完全获能的精子不可能有效地从子宫迁移到输卵管，尽管仓鼠的子宫在功能上与兔阴道相似。

目前的观点认为，精子获能涉及对精子头部质膜起稳定作用的蛋白质和胆固醇的修饰或除去。这些分子的存在抑制精子的受精能力。获能过程中这些抑制分子的改变或丢失，使精子质膜失去稳定性，对诱发顶体反应的信号反应更加敏感。获能也促使精子尾部的运动更加强烈，发生超激活运动，便于向卵子运动。

雌性生殖道内诱发精子获能的分子是什么？一种可能性是排卵卵泡的卵泡液中的分子参与诱发精子获能。卵泡液能够激发精子鞭打式运动，这一过程中 Ca^{2+}内流是必要的步骤。Ca^{2+}内流和活性氧（ROS）的产生是精子获能中最早发生的事件。钙调蛋白和碳酸氢盐也参与精子获能的过程。它们可能参与腺苷酸环化酶的激活，此酶通过促进精子内 cAMP 产生和 cAMP 依赖的蛋白激酶的激活，促进精子获能。实际上，导致胞内 cAMP 浓度升高的物质，如福斯考林（forskolin，一种腺苷酸环化酶的激活剂）、二丁酰 cAMP（一种可透过细胞膜的 cAMP 类似物）、咖啡因及异丁基甲基黄嘌呤（磷酸二酯酶的抑制剂），均可刺激人精子获能。BSA 可通过移除精子膜上的胆固醇，诱发精子获能。胆固醇的丢失可增加精子质膜的融合性，但其与 cAMP/PKA 通路的关系目前不清楚。在精子获能后期，依赖 cAMP 的人精子蛋白磷酸化是其蛋白酪氨酸磷酸化的前提，这种现象通常与获能相关。此外，孕酮也可激发人精子钙内流，引起胞内 cAMP 水平上升和蛋白酪氨酸磷酸化，从而提高获能速率。最近几年的研究表明，泛素蛋白酶体也参与精子的获能。

四、精卵受精能力的维持

生殖细胞精子和卵子一旦排出后，维持受精能力的时间比较短暂。有的虽还具有活动的能力，但已经丧失了受精能力。精子的活动能力和受精能力是有区别的，一般维持活动能力的时间较维持受精能力的时间长。人的精子在雌性生殖道内维持受精的能力为 2～3 天，也有人认为精子维持受精的能力时间更长，在雌性生殖道内可维持存活 6 天。卵子排卵后 24～48 h（也有人认为 24 h）失去受精能力。因此，精子在排卵前一天进入雌性生殖道或排卵后 5 天内进入雌性生殖道，受精都可以发生。不同动物精子维持受精能力的时间有很大差别（表 7-2）。有的动物精子进入雌体内，在数月或数年内都有受精能力。例如，鸡精子的受精能力可以保持几周；蜂王精子的受精能力可保持长达 2～3 年；蛇精子的受精能力可维持 3～4 年；蝙蝠在冬季交配，精子在雌体内过冬，直到第二年春天才受精。

表 7-2　各种动物精子在输卵管中维持活动能力和受精能力的时间

动物	活动能力	受精能力	动物	活动能力	受精能力
小鼠	13 h	6 h	羊	48 h	24～48 h
大鼠	17 h	14 h	奶牛	96 h	24～48 h
豚鼠	41 h	21～22 h	猪	—	24～48 h
兔	—	28～32 h；43～50 h	马	144 h	144 h
雪貂	—	36～48 h；126 h	蝙蝠	140～156 天	138～156 天
狗	268 h	134 h（估计）	人	48～60 h	24～48 h
鸡	—	数周	蛇	—	3～4 年

资料来源：张天荫，1996，有修改

卵子排出后，如没有受精，就会发生老化，失去受精能力（表 7-3）。老化卵子受精时，多精受精的发生率增加。

表 7-3 各种哺乳动物卵子维持受精能力的时间

动物	时间（h）	动物	时间（h）
兔	6～8	猪	约 20
豚鼠	不多于 20	羊	15～24
大鼠	12～14	乳牛	22～24
小鼠	8～12	马	约 24
金田鼠	5；12	恒河猴	大约少于 24
雪貂	约 36	人	不超过 24

资料来源：张天荫，1996

第三节　精子穿过卵丘及透明带

低等动物和高等动物生殖细胞的结构和受精过程存在较大的差异。下面主要以哺乳动物为例，阐述受精过程中精子和卵子周围附属结构相互作用的过程及其分子基础。哺乳动物由卵巢排出的卵子（严格上说此时的卵子应称为卵母细胞）并没有完成减数分裂，处于第二次减数分裂的中期（MⅡ期），其周围被卵丘（cumulus oophorus）包围。卵丘细胞由颗粒细胞分化而来，属于体细胞。紧靠卵子周围的是透明带，它是由生长期的卵母细胞分泌的非细胞成分，小鼠卵子的透明带由 ZP1、ZP2 和 ZP3 三种糖蛋白组成。精子到达卵母细胞以前，必须先穿过卵丘，然后穿过透明带，进入卵周隙，到达卵子表面，进入卵子。

一、精子穿过卵丘

卵丘由卵丘细胞（cumulus cell）和细胞间富含透明质酸的非细胞成分组成。60 多年前，人们就认为，精子进入卵丘，其头部的透明质酸酶溶解细胞间的透明质酸，允许顶体完整的精子穿过卵丘而到达卵子透明带表面。透明质酸酶属于膜蛋白，长期以来，人们认为小鼠精子表面的 GPI-锚定蛋白 PH-20 具有透明质酸酶的活性，这种蛋白质也被称精子黏附分子-1（SPAM-1），是哺乳动物精子表面的一种保守的精子透明质酸酶，它负责精子穿过卵子周围的卵丘。在人和小鼠精子中，它与一种生殖道产生的酸性的体细胞型透明质酸酶共存，在受精过程中发挥重要作用。但后来发现，*PH-20* 敲除小鼠仍然是可育的，其精子仍具有野生型精子大约 40%透明质酸酶的活性。因此，除了 52 kDa 的 PH-20 外，小鼠精子中还存在其他的透明质酸酶。目前已知，人和小鼠至少有 6 个透明质酸酶样基因。55 kDa 的 Hyal5 在精子穿过卵丘中发挥重要作用，*PH-20* 基因敲除小鼠的精子中富含 Hyal5 的组分可以使卵丘细胞分散，它可能与 PH-20 共同发挥作用。ADAM3 敲除雄鼠表现为不育，但当把敲除小鼠的精子注射到输卵管能够完成受精，由于精子穿过卵丘需要数分钟，这种蛋白质可能与精子穿过子宫与输卵管连接部或穿过卵丘相关。

二、精子与卵子透明带识别和结合

精子与卵子之间的初始识别和结合在哺乳动物中发生在透明带，而在非哺乳动物中发生在卵黄膜（vitelline envelope）。哺乳动物精子穿过卵丘后，到达卵子透明带表面，与其发生识别和结合。与精子结合的卵子透明带表面成分被称为精子受体（sperm receptor）；与卵子结合的精子表面成分，被称为卵子结合蛋白（egg-binding protein，也称为透明带受体）。因此，精子与卵子间的识别和结合是通过精子表面的卵子结合蛋白与卵子透明带表面的精子受体相互作用而实现的。精子与卵子透明带之间的识别分为初级识别和次级识别。未发生顶体反应的精子与透明带之间首先发生初级识别，它诱发精子顶体反应的发生，顶体反应后的精子与透明带之间发生次级识别，精子穿过透明带。精卵之间的相互作用具有种属特异性。当一种哺乳动物的卵子体外与另一种哺乳动物的精子相互作用时，精子很少能与透明带结合而穿过透明带。但是，在很多情况下，去掉卵子周围的透明带，异种之间的受精屏障随之消失。例如，人精子在体外不能与仓鼠卵子透明带结合，而当把透明带去掉后，人精子就可穿入仓鼠卵子。因此，大多数情况下，透明带是阻止种间受精的主要屏障。卵子透明带与精子识别及结合的缺陷及透明带诱发的精子顶体反应的失败是不孕不育的主要原因之一，也是辅助生殖临床中低受精率的主要原因。

（一）卵子透明带表面的精子受体

哺乳动物卵子透明带是由糖蛋白纤维细丝成分相互连接形成的网状结构，其外表面比较松散，呈无定形的海绵状，有许多较大的孔，占透明带厚度的 1/4（图 7-8）；透明带内层比较致密。顶体完整的精子到达透明带表面，首先发生初级识别，这是由透明带表面的初级精子受体与精子质膜表面的初级卵子结合蛋白相互作用而完成的。一般认为，小鼠卵子初级精子受体是一种分子量为 83 kDa 的糖蛋白，称为 mZP3。mZP3 与其他两种糖蛋白 mZP1 （200 kDa）和 mZP2（120 kDa）一同构成透明带。mZP2 和 mZP3 以异二聚体的形式存在，排列成细丝状，细丝间由 mZP1 连接（图 7-9）。透明带中 mZP1、mZP2 和 mZP3 之间均以非共价键相互作用。*Zp1* 敲除小鼠的卵母细胞透明带变薄，纤维连接松散，生殖力下降；*Zp2* 敲除小鼠透明带变薄，交配后不能形成 2-细胞胚胎，雌鼠不育；*Zp3* 敲除小鼠卵母细胞没有透明带，失去生殖能力。人卵子透明带由 ZP1、ZP2、ZP3 和 ZP4（60 kDa）4 种糖蛋白组成。其他灵长类和大鼠的卵子也含有 4 种糖蛋白。而其他哺乳动物的卵子透明带糖蛋白的组成与小鼠卵子非常相似，都是由 3 种糖蛋白组成，但猪、牛和狗卵子的透明带 ZP1 由 ZP4 替代。不同动物卵子透明带的糖蛋白组成、含量及透明带厚度不同，如小鼠卵子透明带仅含 4 ng 蛋白质，而猪卵子透明带蛋白质含量高达 30 ng；有袋类动物卵子透明带厚度小于 2 μm，而牛卵子的透明带厚度可达 27 μm，各种哺乳动物的透明带厚度一般为 7～20 μm。透明带糖蛋白在进化上是保守的，如人 ZP2 氨基酸序列与小鼠、猪和猴的相似性为 57%、64%和 94%；人 ZP3 氨基酸序列与小鼠、猪和猴的相似性为 67%、74%和 94%。

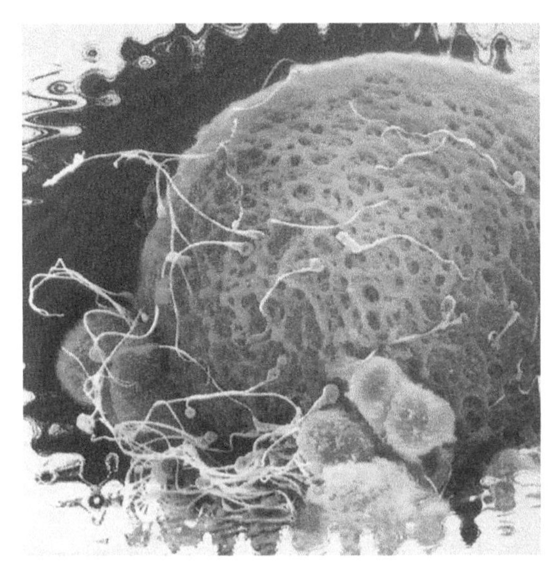

图 7-8　人卵子透明带表面结构及透明带与精子相互作用扫描电镜图（Nilsson L 提供）

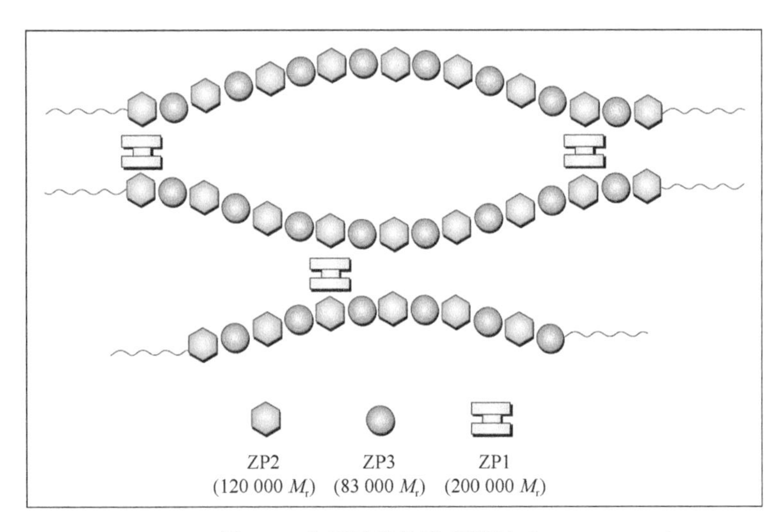

图 7-9　卵子透明带组成模型（Green，1997）

之前对透明带蛋白质的功能进行的体外研究，得出如下结论：①精子与卵子透明带之间的初级识别是由 ZP3 和精子质膜上的 ZP3 受体介导的；②精子与 ZP3 结合诱发顶体反应的发生；③发生顶体反应的精子与 ZP2 相互作用，发生次级识别和结合；④ZP1 不与精子直接作用。

小鼠卵 ZP3 与精子质膜上的特异受体结合后，形成受体-配体复合体，一方面使精子附着在透明带上，另一方面激发精子发生顶体反应。有许多体外证据表明，ZP3 是精子的初级受体。这些证据包括：①纳摩尔浓度的纯化 mZP3 便可抑制精子与卵子的结合，这可能是由于 mZP3 与精子表面的卵子结合蛋白作用，从而阻止精卵识别和结合；②纯化的 mZP3 仅能与顶体完整的精子头部质膜结合；③精子能与共价附着 mZP3 的玻璃珠结合，也能与转入 *mZP3* 基因后能够分泌 mZP3 的畸胎瘤细胞结合；④纯化的 mZP3 能诱发精子顶体反应；⑤抗猪 ZP3 多肽的抗体能阻止精卵结合；⑥纯化的胚胎 mZP3，尽管与卵子的 mZP3 电泳后不易分辨，但不具备精子受体的功能。受精前，每个精子可与透明带上成千上万个 mZP3 分子结合而发生顶体反应，失去质膜（包括卵子结合蛋白）。实际上，mZP3 中发挥精子受体作用的准确部位是与氧原子相连的一族特殊的低聚糖，它们位于多肽羧基端的一侧。对这些与氧基相连的低聚糖的结构还不清楚，某些糖基对精子的结合可能是必要的。如果用化学或酶解方法除去小鼠 ZP3 的低聚糖或选择性地除去与氧原子相连的低聚糖，可阻止精子与透明带的结合。第一种可能是，不同哺乳动物的精子可能识别 ZP3 上的不同低聚糖表位，造成精卵之间的种属特异性结合；第二种可能是，在有些情况下，精子识别透明带上与氧相连的低聚糖；第三种可能是，精子识别与氮相连的低聚糖。研究表明，mZP3 中与精子结合而诱发顶体反应的最小区域是 21 kDa 的羧基端。至于 ZP3 多肽本身的作用，它可能指导与氧相连的低聚糖的三维构象，从而对精子结合起支配作用。

顶体反应发生后，精子质膜脱落，精子表面与 ZP3 结合的受体也随之丢失。此时，精子与透明带间发生次级识别。透明带中负责与精子发生次级识别的是 ZP2。mZP2 能与顶体反应后的精子结合。抗 mZP2 的抗体能抑制顶体反应后的精子与透明带的次级结合，而对顶体反应前顶体完整的精子与透明带间初级识别和结合没有影响。大豆胰蛋白酶的抑制剂与 mZP2 抗体作用相似，也能抑制顶体反应后的精子与卵子结合，提示类胰蛋白酶可能与精卵之间的次级识别和结合有关。猪卵子的 ZP1（pZP1）与小鼠卵子的 ZP2 同源。pZP1 能与发生顶体反应的精子和 55 kDa 的前顶体素结合，具有次级精子受体的功能。兔和非人灵长类的情况也是如此。

人卵子透明带糖蛋白 ZP1、ZP3 和 ZP4 都能与获能精子结合，但不能与顶体反应后的精子结合；ZP2 既能与顶体完整的精子结合，也能与顶体反应后的精子的赤道段结合。小鼠的 ZP3 诱导精子顶体反应，而人精子的顶体反应可由 ZP1、ZP3 和 ZP4 介导，ZP2 不能诱发精子顶体反应。人精子透明带蛋白质与氮相连的糖基化在精卵识别和顶体反应诱发中发挥作用。目前，对人各种透明带蛋白质与卵子识别、受精能力和生育力的关系了解不多。最近在受精失败的患者中，筛选到较高比例 *ZP3* 基因的不同位点突变；在透明带异常或缺失的患者中，也筛选到 *ZP1* 和 *ZP2* 的突变。

近年来，随着研究手段的改变和提升，尤其是基因修饰小鼠模型的建立，经典的精卵识别和结合模式的认识受到许多质疑。最近通过转基因和基因敲除动物模型发现，ZP2（而不是 ZP3）在精卵初级识别中发挥更关键的作用。最近几个有趣的实验为这一观点提供了有力的证据。一个证据是，精子能与缺乏氧相连低聚糖的 ZP3 突变的小鼠卵子受精。另一个证据是，人的精子不能与小鼠卵子透明带识别和结合，但把小鼠的 ZP3 或 ZP2 替换为人的 ZP3 或 ZP2 蛋白时，人的精子只能与表达人 ZP2 的小鼠卵子透明带结合，并穿过小鼠卵透明带，而不能与表达人 ZP3 的小鼠卵子透明带结合。采用基因操作的方法获得不表达小鼠和人 ZP2 蛋白，而表达人 ZP4 的小鼠，其透明带没有 ZP2，小鼠和人的精子均不能与卵子识别和结合，雌性小鼠表现为不育。在人精子与嵌合型透明带结合试验中，精卵结合发生的时间较长，不能排除在这较长的时间里部分精子发生了自发顶体反应而与 ZP2 结合的可能性。进一步研究揭示，ZP2 的 N 端区域介导了精子与卵子透明带的识别和结合。受精发生后，ZP2 的 N 端而不是 ZP3 发生了裂解，精子只能与没有裂解的 ZP2 结合，而不能与裂解后的 ZP2 结合。在 ZP2 不能裂解的转基因小鼠，尽管卵子发生了皮质反应，但精子仍然能与 2-细胞胚胎的透明带识别和结合。表达不含 ZP^{51-149} 位点的 ZP2 截短体的小鼠表现出精子不能与透明带识别和结合及雌性不育表型，表明 $ZP2^{51-149}$ 在精子与透明带识别和结合中发挥关键作用。

（二）精子表面的卵子结合蛋白

卵子透明带蛋白作为精子受体，与精子上相应的配体（卵子结合蛋白，也称为透明带受体）相互作用；与卵子透明带上初级精子受体和次级精子受体相对应，精子表面的卵子结合蛋白也分为初级卵子结合蛋白和次级卵子结合蛋白。依据体外实验所获得的经典认识，初级卵子结合蛋白位于精子顶体区质膜上，它与卵子透明带上的初级精子受体 ZP3 相互作用，诱发顶体反应的发生。次级卵子结合蛋白位于顶体反应后的精子表面，即顶体内膜上，它与次级精子受体 ZP2 相互作用，在精子穿过透明带过程中，次级卵子结合蛋白始终使精子与透明带结合。参与透明带诱发顶体反应的分子可能通过调节其他信号级联分子，如 G 蛋白、酪氨酸激酶或离子通道而发挥作用，因为它们在顶体反应过程中都发生活化。如前所述，最近基于基因修饰小鼠的研究对经典精卵识别和结合模式的认识提出了挑战，这不仅表现在对卵子透明带精子受体作用的认识，也表现在对精子表面的卵子结合蛋白的重新认识。体外研究揭示了多个精子携带的与卵子透明带作用的卵子结合蛋白，但随着基因敲除小鼠模型的建立，对这些蛋白质在精卵识别中的作用提出了质疑。

不同动物中，已有多种不同的精子蛋白被认为参与精卵识别和结合。例如，小鼠初级卵子结合蛋白的可能候选者包括β-1,4-半乳糖苷转移酶、既是酪氨酸激酶底物又具有酪氨酸激酶活性的分子量为 95 kDa 的透明带受体激酶、凝集素样的分子量为 56 kDa 的 sp56 共三种。上述每一种分子都存在于顶体完整的精子表面，仅识别 mZP3。此外，β-1,4-半乳糖苷转移酶和 sp56 还特异识别 mZP3 中与氧原子相连的低聚糖。下面介绍可能参与精卵初级识别和次级识别的主要初级卵子结合蛋白和次级卵子结合蛋白。

1. β-1,4-半乳糖苷转移酶

β-1,4-半乳糖苷转移酶（GalTase）是最早报道的初级卵子结合蛋白。GalTase 定位于精子头部的背部和前部。附睾精子中，GalTase 被附睾分泌物遮盖，在精子获能过程中被暴露出来。抑制 GalTase 或封闭其识别位点可极大降低精子与透明带的结合。GalTase 抗体和纯化的 GalTase 能够剂量依赖性地阻止精卵之间的结合。GalTase 已被证实与 ZP3 特异结合。过量表达 GalTase 的转基因小鼠精子能够结合更多的 ZP3，发生顶体反应的比例也比较高。此外，GalTase 在信号传递中也发挥作用。如果精子表面 GalTase 凝集，可激活 G 蛋白。所有这些实验证据都表明，GalTase 可能是精子上的初级卵子结合蛋白。然而，*GalTase* 基因敲除小鼠是可育的。尽管基因敲除小鼠的精子与卵子结合的数量有所下降，但精子仍具有受精能力，对 GalTase 的功能提出了疑问。尽管β-半乳糖苷转移酶能与猪 ZP 蛋白结合，但对于猪精卵识别和结合并不是必需的。

2. sp56 蛋白

sp56是小鼠精子表面的一种分子量为56 kDa的蛋白质，它仅存在于顶体完整的精子表面，顶体反应后消失。原位杂交显示，sp56 mRNA仅在圆形精子细胞中表达。免疫组化研究表明，sp56多肽仅存在于圆形精子细胞、正在变态的精子细胞和精子中。在成熟精子中，sp56定位于精子头部背区，它能与卵子的ZP3结合，在体外阻止精卵结合。sp56不仅存在于小鼠精子表面，而且还存在于仓鼠精子表面。因此，就解释了为什么小鼠和仓鼠的精子都能与小鼠透明带结合了。人和豚鼠的精子不含sp56，因此不能与小鼠卵子透明带结合。sp56是小鼠精子表面卵子结合蛋白的一个主要候选者。但后来的研究发现，sp56存在于精子顶体中，与其作为初级卵子结合蛋白的推测不一致。有研究指出，精子获能过程中sp56逐渐从顶体中释放到精子表面，形成有序的聚集体，介导精子与卵子的结合。更重要的是，*sp56*基因敲除的小鼠具有正常的生殖力，精子与卵子透明带的结合及顶体反应都可发生。

3. SED1 蛋白

SED1由附睾上皮分泌，在精子穿过附睾过程中附着在精子顶体部分质膜表面。SED1的抗体和截短体都能竞争性地与ZP3作用，抑制精子与透明带的结合。体外实验显示，SED1敲除小鼠的精子不能与卵子透明带结合，但不同实验室获得的基因敲除雄鼠可产生后代，或者生育力正常，或者生育力下降。

4. 透明带受体激酶

透明带受体激酶（zona receptor kinase，ZRK），又称为p95，是一种跨膜受体酪氨酸蛋白激酶，也可能是初级卵子结合蛋白。小鼠和人的精子中都有一种95 kDa的酪氨酸磷酸化的蛋白质，在精子获能过程中，这种蛋白质含量增加。该激酶的酪氨酸磷酸化对受精是非常重要的，如果用ZRK的抗体抑制酪氨酸蛋白激酶的活性，即可阻止精卵结合和精子顶体反应，从而阻断受精。这种95 kDa的蛋白质既是酪氨酸激酶的底物，其本身又具有酪氨酸激酶的活性。在ZP3激活ZRK后引起精子顶体反应的信号通路中，PLCγ1和PI3激酶可能是通路中关键的成分。但后来发现，人的ZRK是原癌基因*c-mer*编码的产物，对ZRK介导精子与透明带结合的功能提出了疑问。

5. 墨角藻糖基转移酶-5

精子墨角藻糖基转移酶-5（sFUT-5）是人精子顶体区质膜内嵌蛋白，纯化的sFUT-5能与人卵子透明带结合。小鼠精子也表达sFUT-5。sFUT-5存在于获能精子的脂筏中。sFUT-5抗体及sFUT-5作用底物都能抑制精子与透明带的结合。

6. 精子黏合素

精子黏合素（spermadhesin）是存在于猪精子中的一族分子量为12～16 kDa、能与碳水化合物及透明带结合的蛋白质。在精子穿过附睾过程中，AQN3和AWN为一类存在于透明带表面的精子结合蛋白，通过与脂双层中的磷脂相互作用，紧密地与精子表面结合。射精时，精子黏合素在精子头部的顶体区形成保护层，阻止顶体反应过早发生。精子获能过程中，大多数精子黏合素分子从精子表面丢失，但与磷脂紧密结合的精子黏合素被保存下来，并与透明带结合。直接免疫荧光显示，AWN 定位于猪精子的顶体帽。狗、牛和马精子中也含有精子黏合素，马的 AWN 仅与猪的差 3 个氨基酸残基。现在已证明，精子黏合素（AWN 和 AQN3）作为初级卵子结合蛋白，参与猪精子与卵子透明带的种特异性的初级识别。AWN、AQN1 和 AQN3 都能与糖蛋白中与氧原子和与氮原子相连的寡聚糖中的 Gal-β(1-3)-GalNAc 和 Gal-β(1-4)-GlcNAc 序列相结合。

7. 精子黏合分子 1

精子黏合分子 1（sperm adhesion molecule 1，SPAM1，也称为 PH-20），定位于精子质膜和顶体内膜。在睾丸精子中，PH-20 均匀分布于整个精子；在附睾尾精子中，它迁移到精子顶体后区。当用钙离子载体 A23187 诱导精子发生顶体反应时，PH-20 从精子顶体后区质膜迁移到顶体内膜，使顶体内膜上 PH-20 增加。不同动物的 PH-20 氨基端 470 个左右的氨基酸序列是相同的，而羧基端的 40 个氨基酸差异很大。PH-20 在受精中发挥两种不同的功能。其一是参与顶体反应后的精子与透明带的结合，PH-20 的抗体能抑制精子与卵透明带间的次级结合。PH-20 还可协助精子穿过卵丘。有研究证明，PH-20 实际上就是透明质酸酶，它可分解卵丘细胞间的透明质酸。有人提出，顶体后区精子表面的 PH-20 参与精子穿过卵丘，而顶体内 PH-20 参与精子与透明带间的次级识别和结合。然而，尽管 SPAM1 缺失的小鼠精子体外扩散卵丘的速度下降，但生育力完全正常。

8. 顶体素

传统观点认为，顶体素（acrosin）具有两种功能，其一是具有胰蛋白酶样的酶活性，在精子穿过透明带时可以帮助消化透明带；其二是具有凝集素样的与碳水化合物结合的活性，它很可能是顶体反应后的精子与卵子透明带结合的次级卵子结合蛋白。顶体反应前，它以前顶体素（proacrosin）的形式存在于顶体内膜和顶体外膜上。顶体反应后，前顶体素分子裂解，产生具有酶活性的顶体素，与 mZP2 相互作用。然而，当用不含顶体素的小鼠精子进行体外受精时，尽管精子穿过透明带的时间延长 30 min，但还是照样可以穿过透明带使卵子受精，说明顶体素并不是精子与透明带识别和结合所必需的。至少在小鼠中，顶体素的作用可能是在顶体反应中，对顶体中和顶体膜上的其他蛋白质进行有限的水解或加工。精子膜上的蛋白酶而非顶体内的蛋白酶可能在精子与透明带相互作用中发挥主要作用。

9. 其他分子

精子膜成分中含有一种被称为透明带黏合素（zona adhesin）的成分，它能与卵子透明带发生种特异性识别；精子凝集素抗原-1 和受精抗原-1 等也曾被报道是潜在的初级卵子结合蛋白，但这些基因敲除都不影响雄鼠的生育。

（三）精子与卵子识别和结合的复杂作用

对精子与卵子识别和结合模式的经典认识相对简单。但基因敲除小鼠和基因修饰小鼠的研究揭示，精子与透明带间的作用是很复杂的，初级识别和次级识别可能都超越单一受体配体作用。不同物种之间的精卵相互作用可能存在差别；对于某一种动物而言，到底哪一种蛋白质是受精过程中精卵识别和结合所必需的，还没有定论。

有关卵子透明带中的初级精子受体，早期大量的体外研究试图找到一种发挥关键作用的蛋白质和其碳水化合物侧链，发现 ZP3 最可能是初级精子受体，但最近的小鼠遗传学研究显示，ZP2 更可能是初级精子受体，受精后 ZP2 发生裂解。有观点认为，透明带为一三维结构，并非一个单独的蛋白质或碳水化合物决定精子与透明带的结合。在精子与透明带的识别和结合过程中 ZP2 和 ZP3 如何相互作用目前还不清楚。

尽管目前已发现很多能与卵子透明带相互结合的精子蛋白，但基因敲除研究结果与体外研究结果不符，甚至是矛盾的。实际上，目前还没有确定与卵子透明带受体相互作用的关键精子表面蛋白，以前认为的精子上的单一卵子结合蛋白与卵子透明带上的单一精子受体的概念均可能需要修正。已经发现的这些参与精卵相互识别和结合的蛋白质功能可能存在相互代偿作用。最近的研究发现，精子上多种卵子结合蛋白在精子成熟和获能过程中在脂筏中形成一个功能复合体，介导与透明带的相互作用。精子获能后，脂筏聚集到精子头部顶体区的质膜，上面提到的多种卵子结合蛋白，如 GalTase、SED1、透明带结合蛋白 1、sFUT-5、sp56 等都迁移到脂筏，这在小鼠和人中都得到了证实。精子与透明带的识别和结合具有种特异性，不同种动物可能涉及不同的分子相互作用过程。因此，利用小鼠基因敲除技术研究所获得的有关精卵识别和结合的一些结论，也并不一定适用其他动物。

目前知道，精子顶体中的内容物在获能过程中可迁移到精子表面，参与精子与卵子的初级识别和结合。例如，sp56 是精子顶体内含物，获能过程中部分释放到精子表面，参与配子间的初级结合。最近的研究发现，大多数精子到达透明带以前在卵丘中发生了顶体反应。以前认为，只有在透明带表面发生顶体反应的精子，才能完成受精。但最近对小鼠的研究发现，在卵丘中发生顶体反应的精子仍然可以与卵子透明带结合，并穿入卵子，甚至在卵周隙中已经发生顶体反应的精子，仍然可以与卵丘包裹的、透明带完整的卵子实现受精，产生后代。IZUMO1 是一种参与精卵膜融合的蛋白质，该基因敲除的小鼠的精子能够穿过透明带，但不能与卵质膜融合。体外受精实验中，IZUMO1 缺失的已发生顶体反应的精子穿过透明带后，聚集在卵周隙中。当把这些精子取出后，能再次使外有透明带的卵子受精而产生后代。以前传统的观点认为：①只有顶体完整的精子在透明带表面发生顶体反应，才具有受精能力；②精子质膜的分子对于精子与透明带的识别和结合是必需的。这些新的发现挑战了上述两种传统的观点，使我们对受精过程中精卵识别和结合的认识更加扑朔迷离。

三、精子顶体反应

精子顶体外膜与质膜发生多点融合，释放顶体内的水解酶类，以便精子穿入卵子，这一胞吐过程被称为顶体反应（acrosome reaction），也称为顶体胞吐（acrosomal exocytosis）（图 7-10）。哺乳动物精子必须发生顶体反应，才能穿过卵子的透明带。小鼠基因敲除和人基因突变造成的精子顶体形成或功能异常，会导致雄性不育或生育力严重下降。精子顶体反应的研究长期以来都采用体外受精的动物或体外系统。传统的观点认为，卵子透明带上存在激发精子顶体反应的分子，精子头部前端与卵子透明带接触以后，通过受体-配体的相互作用，顶体反应释放的水解酶类消化透明带，使精子穿过透明带而到达卵子表面，并使卵子受精。顶体反应后，顶体后区（也称为赤道段）与卵质膜融合。实际上，精子到达卵丘前、穿过卵丘过程中及到达透明带表面都可以发生顶体反应（图 7-11）。最近研究证据表明，大多数小鼠精子在到达透明带与其结合以前就发生了顶体反应。采用顶体 EGFP 标记的小鼠模型结合活细胞观察，发现精子在输卵管峡部上段就开始发生顶体反应，在输卵管壶腹部顶体完整的精子只有不到 5%。传统观点认为，受精精子顶体反应发生在透明带表面，而在此之前发生顶体反应的精子不能完成受精；然而，顶体反应后的精子不能再与透明带识别和结合而失去受精能力的传统概念需要重新审视。最近发现，到达透明带以前发生顶体反应的精子也能够完成受精过程。最近有研究表明，卵丘细胞中的成分聚糖-1 可在体内诱发精子顶体反应。在卵丘细胞中发生顶体反应的小鼠精子能够穿过卵子透明带，甚至卵周隙中获得的顶体反应后的精子也能再与透明带完整的卵子发生受精。有证据表明，顶体胞吐不是一个全或无的事件，而是一个有中间态的过程。有人把人精子顶体反应分为 6 个阶段，其中早期顶体基质的去致密时，质膜和顶体内膜都保持完整；顶体内容物胞吐不是同步发生的。

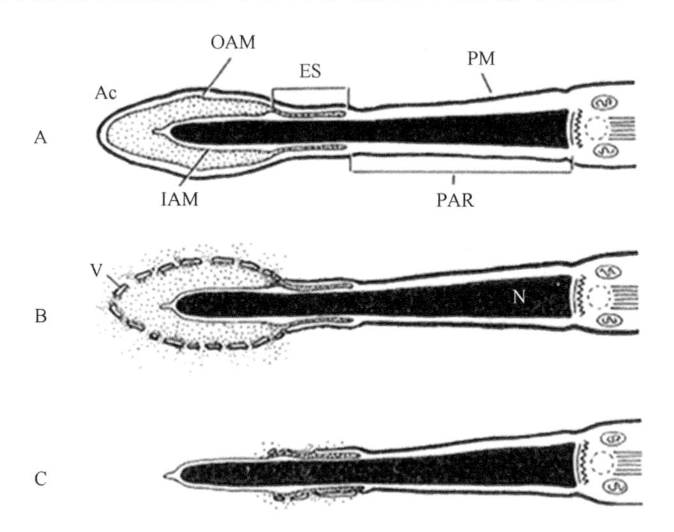

图 7-10　仓鼠精子顶体反应的模式图。A. 顶体反应前；B. 顶体反应过程中质膜（PM）与顶体外膜（OAM）融合而发生囊泡化；C. 顶体反应后。Ac：顶体；PAR：顶体后区；N：细胞核；ES：赤道段；IAM：顶体内膜；V：囊泡

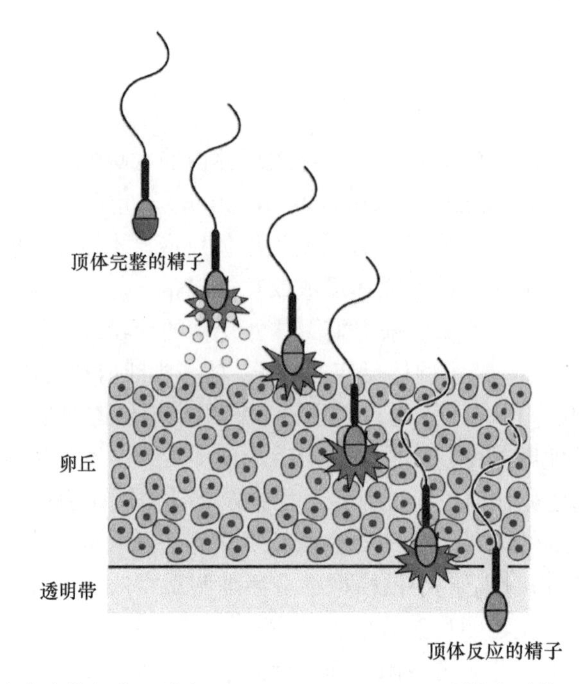

图 7-11　精子顶体反应发生的部位（引自 Buffone et al.，2014）。到达卵丘前、穿过卵丘过程中及透明带表面均可发生顶体反应

除了透明带、输卵管和卵丘以外，孕酮也是精子顶体反应的天然诱导物。当精子顺着输卵管上行时，与卵巢排出的卵丘卵母细胞复合体距离靠近，而排卵后的卵巢分泌孕酮。孕酮可以诱导精子产生顶体反应所需的信使分子如二酰基甘油（DAG）等。γ-氨基丁酸（γ-aminobutyric acid，GABA）与孕酮有相似的作用。孕酮很可能通过作用于精子的 GABA 受体而引发精子的顶体反应。有人提出，孕酮可能与透明带协同作用，引起精子顶体反应的发生。

精子获能是顶体反应发生的前提。精子获能过程中，发生了一系列的变化，包括膜流动性增加、蛋白酪氨酸磷酸化、胞内 cAMP 浓度升高、表面电荷降低、质膜胆固醇与磷脂的比例下降、游动方式变化等。最近研究表明，精子获能过程中，质膜中的胆固醇丢失，激活磷脂酶 B，从而激发顶体反应。获能后的精子，顶体肿胀，使顶体外膜与质膜的距离变小，便于它们之间的接触和融合。精子的顶体反应伴随着胞内许多变化，包括 Ca^{2+}浓度升高和 pH 升高。孕酮诱导的人精子顶体反应发生时，细胞内游离 Ca^{2+}浓度升高了 7 倍。pH 升高对于人精子顶体反应和 ZP3 诱导的顶体反应是非常重要的，但对孕酮诱导的顶体反应不太重要。在体外，可用溶解的透明带或钙离子载体 A23187 处理诱发获能精子发生顶体反应。精子的顶体反应涉及细胞内复杂的信号转导过程。

（一）Ca^{2+}的作用

毫无疑问，精子顶体反应的发生需胞质内 Ca^{2+}浓度的升高。钙离子载体 A23187 可有效刺激精子发生顶体反应。精子中没有内质网，利用膜通透性荧光钙探针标记显示，精子的顶体实际上是一个钙库。获能过程中，通过钙泵的作用，顶体内聚集大量的 Ca^{2+}。

例如，牛精子获能过程中，精子中 Ca^{2+}浓度由（25±10）nmol/L 升高到（160±4）nmol/L。在精子顶体上已经发现了钙泵的存在。如果获能精子的钙泵受到抑制，胞质中自由 Ca^{2+}浓度很快升高。有人提出，获能精子与透明带作用发生顶体反应时，首先激活腺苷酸环化酶，产生 cAMP，活化蛋白激酶 A（PKA），后者打开顶体外膜的电压依赖性 Ca^{2+}通道，使顶体内的 Ca^{2+}释放到胞质中，引起 Ca^{2+}浓度的小幅度的第一次升高。Ca^{2+}浓度的升高激活磷脂酰肌醇信号通路，引起 PKC 激活并迁移到质膜上，打开精子质膜上的电压依赖性 Ca^{2+}通道，引起第二次 Ca^{2+}浓度的大幅升高。此外，在小鼠、大鼠、仓鼠和狗的精子顶体上都发现有 IP3 受体的存在，IP3 可与 PKA 共同作用，打开顶体外膜上的 Ca^{2+}通道，在介导顶体 Ca^{2+}释放中可能发挥重要作用。在精子顶体外室的 Ca^{2+}浓度升高而引发顶体反应的时候，通过 IP3 敏感的钙通道释放的 Ca^{2+}对顶体反应是必要的。也有报道称，孕酮可激活精子尾部的 CATSPER 离子通道，升高 Ca^{2+}浓度，并从精子尾部传向头部。Ca^{2+}浓度的升高，使顶体外膜与质膜之间的 F 肌动蛋白解聚，导致两层膜接触，促进顶体反应的发生。钙调蛋白参与 Ca^{2+}诱发的顶体反应。

（二）G 蛋白

现已证实，对白喉素敏感的 G 蛋白参与哺乳动物精子的顶体反应。精子与透明带结合后，膜上的 G 蛋白被激活，引发顶体反应。免疫印迹显示，人精子中含有 Gαi2、Gαi3、Gαq/11 和 Gβ35。间接免疫荧光标记证明，能激活 PLCβ的 Gαq/11 定位于顶体区，在赤道段聚集最多；Gαi2 分布在顶体、中段和尾段；Gαi3 定位于核后帽、中段和尾段；Gβ35 在顶体赤道段也有分布。ZP3 能够激活分离精子膜中的 Gi（Gi1 和 Gi2）蛋白，白喉素能抑制 ZP 引发的顶体反应，而对钙离子载体诱导的顶体反应没有影响，说明 Gi 蛋白在 Ca^{2+}上游发挥作用。白喉素对孕酮诱导的人精子 Ca^{2+}变化及顶体反应没有影响，说明不同的生理性诱导物可能通过不同的信号通路引发顶体反应。在精子赤道段还发现了 Go 蛋白的存在。在体细胞，Go 蛋白参与跨膜 Ca^{2+}运输，而它在精子顶体反应中的作用还不清楚。

（三）Rab3A

Rab 蛋白属于小 GTPase 的亚家族，在神经细胞和其他分泌细胞的膜融合和细胞胞吐中发挥重要作用。RT-PCR、免疫印迹分析和免疫荧光标记显示，大鼠精子含有 Rab3A，并定位于顶体膜上。人精子顶体区也含有 Rab3A。Rab3A 效应位点的合成肽能明显激发人精子的顶体反应。重要的是，与 GTP 结合的重组 Rab3A 蛋白也激发精子顶体反应，而与 GDP 结合的 Rab3A 和与 GTP 结合的 Rab11 却不能引起人精子顶体反应。有实验证据表明，顶体反应时 Rab3A 的作用依赖于 Ca^{2+}，在 Ca^{2+}的作用下，Rab3A 转变成为与 GTP 结合的活性形式。Rab3A 可以通过促进顶体内 Ca^{2+}释放而引起顶体反应的发生。当人精子顶体内的 Ca^{2+}与一种光敏感的螯合剂结合以后，Rab3A 诱导的顶体反应就不能发生。而当采用紫外线把光敏感的螯合剂灭活以后，顶体反应又恢复发生。Rab3A 诱导的顶体反应可被钙泵的抑制剂或对 IP3 敏感的钙通道阻断剂所抑制。

（四）磷脂酶 C

现已发现，精子获能过程中，磷脂酶 Cγ（PLCγ）转移到质膜上。在哺乳动物精子的顶体区还发现了 PLCβ1 的存在。由透明带和孕酮激发获能精子发生顶体反应时，质膜上的 PLC 被激活，从而导致二磷酸磷脂酰肌醇（PIP2）分解，产生 DAG 和 IP3。DAG 可激活 PKC。用新霉素抑制 PLCγ，能阻止顶体反应的发生。在新霉素存在的情况下，再加入对新霉素不敏感的细菌来源的 PIP2 特异的 PLC，顶体反应又恢复发生。由 PLC 作用产生的 IP3 可激发顶体内 Ca^{2+}的释放，而 DAG 可提高膜的流动性，激活 PKC 和 PLA_2。

（五）蛋白激酶

1. 酪氨酸蛋白激酶

精子质膜上含有一种 95 kDa 的蛋白质（p95），即受体酪氨酸激酶（receptor tyrosine kinase，RTK）。RTK 可激活精子的 Na^+-H^+交换装置，提高细胞内 pH，促进膜的去极化，打开 Ca^{2+}通道。孕酮可激发人精子 RTK 的酪氨酸磷酸化，造成 Ca^{2+}释放和顶体反应的发生。表皮生长因子受体也是一种酪氨酸蛋白激酶，参与精子顶体反应的发生。已在牛精子的头部发现表皮生长因子受体的存在。在牛精子获能过程中，有分子量为 170 kDa 和 140 kDa 的两种蛋白质发生了酪氨酸磷酸化，这两种蛋白质可能分别是表皮生长因子受体和 PLCγ。PLCγ酪氨酸磷酸化后，与质膜的结合能力明显增加。在小鼠精子中，PLCγ 的激活就是通过酪氨酸磷酸化实现的。在小鼠和牛精子中，已发现获能过程中 cAMP/PKA 可激发蛋白酪氨酸磷酸化。

2. cAMP/蛋白激酶 A

人精子发生顶体反应时，腺苷酸环化酶激活，细胞内 cAMP 浓度升高。cAMP 依赖的蛋白激酶 A（PKA）抑制剂阻断顶体反应的发生。腺苷酸环化酶的激活可能受酪氨酸激酶和蛋白磷酸化的调节。卵子透明带和孕酮均可激活精子膜上的腺苷酸环化酶，产生的 cAMP 作用于精子顶体，使顶体内的 Ca^{2+}释放，从而诱导顶体反应的发生，而这种作用可被 PKA 抑制剂 H89 阻断。这说明精子顶体膜上存在对 cAMP 敏感的 Ca^{2+}通道。这种 Ca^{2+}通道可能是电压依赖性 Ca^{2+}通道。钙离子载体 A23187 处理的小鼠精子受精时，并没有 cAMP/PKA 通路的激活，说明该通路在 Ca^{2+}上游发挥作用。精子获能过程中，cAMP 还能促进酪氨酸磷酸化和脂质成分的重组。

3. 蛋白激酶 C

采用蛋白激酶 C（PKC）的激活剂和抑制剂证明，PKC 参与精子顶体反应。已在绵羊和牛精子中发现 PKC 和 PKC 锚定蛋白 RACK 的存在，并证明 PKCα和 PKCβ向质膜的迁移是诱发顶体反应的早期事件。PKC 向质膜迁移发生得很快（1 min），并依赖于 Ca^{2+}。PKC 激活可能有两方面的作用，一方面是激活质膜上的 Ca^{2+}通道，引起细胞内游离 Ca^{2+} 的升高，另一方面是激活磷脂酶 A_2（PLA_2），产生花生四烯酸（AA），花生四烯酸再衍生为前列腺素和白三烯（leukotriene）。

4. 丝裂原活化蛋白激酶

丝裂原活化蛋白激酶（mitogen-activated protein kinase，MAPK）又名细胞外调节激酶（extracellular-regulated kinase，ERK），是一类广泛存在于真核细胞中的Ser/Thr蛋白激酶。在人和牛精子中已发现含有 MAPK 的两种主要成员 ERK1 和 ERK2。在精子获能过程中，Ras/ERK 途径被激活。用孕酮或钙离子载体 A23187 处理人精子，可引起 ERK1 和 ERK2 的磷酸化和激活。同时，ERK1 和 ERK2 由顶体后区迁移到赤道段。尽管有报道称，MAPK 的上游分子 MEK 的抑制剂 PD098059 能显著抑制 MAPK 激活，但不影响孕酮诱导的顶体反应的发生。近来也有研究表明，PD098059 能显著降低孕酮和 A23187 诱导的精子顶体反应。在所有用透明带诱导精子顶体反应的实验中均发现，抑制 MAPK 可阻断顶体反应的发生。至少说明：MAPK 信号通路不仅参与精子获能的调节，在透明带诱导的精子顶体反应中也具有重要功能。有人提出，MAPK 信号通路可能通过 RTK 的作用，调节 F-肌动蛋白的重新分布，从而参与精子顶体反应的调节。

（六）其他因素

1. 精胺

已在绵羊精子中发现了精胺的存在，它定位于精子的顶体区。在电子显微镜下观察，精胺主要分布于顶体内膜上，在顶体区的质膜上也有分布。10 μmol/L 的精胺可诱导精子发生顶体反应，但毫摩尔浓度水平的精胺反而抑制顶体反应的发生。低浓度的精胺可使精子对 Ca^{2+}的吸收增加。精胺可能在顶体反应的膜融合中发挥重要作用。在体外，微摩尔浓度水平的精胺可引起分离的顶体外膜与质膜之间的融合。

2. SNARE 家族

SNARE 家族属于膜关联蛋白，是参与顶体反应膜融合的关键成分。当精子质膜与顶体内膜靠近时，SNARE 在细胞骨架的协助下，把两层膜拉到一起。MUPP1 蛋白参与顶体泡的固定和聚合，而属于 SNARE 蛋白的融合蛋白 2（syntaxin 2）表达于顶体帽，参与顶体膜融合的最后步骤。

四、精子穿过透明带

精子发生顶体反应时，释放顶体中的多种水解酶，在精子头部附近的透明带溶解出一条通道，借助精子尾部的运动，精子穿过狭窄的透明带通道，到达卵周隙（图 7-12）。在实验条件下，一个人精子穿过透明带仅需不到 10 min。在顶体内容物中，顶体素是一种独特的蛋白水解酶，它以前顶体素的状态存在，但在顶体反应时转变为顶体素。顶体素有胰蛋白酶样活性，很多体外实验证明它除了参与精子与透明带次级识别和结合功能以外，还参与卵子透明带的消化和精子穿过透明带的过程。多种顶体内容物是顶体素的底物，顶体酶的蛋白裂解活性可激活其他顶体水解酶，加速其他顶体成分的释放；$Acr^{-/-}$雄鼠精子顶体反应时，多种顶体蛋白的释放延迟。

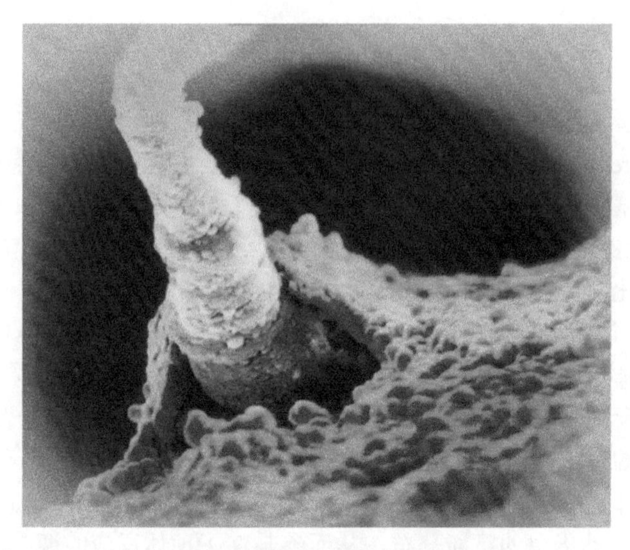

图 7-12 人精子穿过卵子透明带的扫描电镜图（Nilsson L 提供）

传统的观点认为，顶体素消化和裂解透明带，以利于精子穿过透明带。然而，顶体素通过何种底物和机制裂解透明带并不清楚。其他蛋白质如 GalTase、TESP4 和 TESP5 也可以单独或与顶体素协作，参与精子穿过透明带。也有人提出，精子穿过透明带是一种机械作用，而不依赖于酶的裂解作用。顶体素基因敲除小鼠的精子仍然可以穿过卵子透明带而完成受精，基因敲除动物的产仔数与对照小鼠比较没有降低，对顶体素在与透明带结合和穿过透明带中的关键作用提出了疑问。或者敲除顶体素基因后，其他蛋白水解酶代偿了顶体素的功能。最近有人制作了顶体素和另外一种丝氨酸蛋白水解酶 TESP5 双敲除小鼠，发现了二者在受精过程中的代偿作用，双敲小鼠呈现生育力低下。此外，已在睾丸中发现 5 种睾丸特异表达的蛋白水解酶（TESP1～TESP5），但它们在精子穿过透明带中的功能有待进一步研究。因此，精子穿过透明带可能涉及多种蛋白水解酶的共同作用，这些水解酶之间存在着功能代偿作用。

第四节 精子与卵质膜的结合和融合

精子发生顶体反应穿过透明带到达卵周隙以后，很快到达卵质膜表面，并与卵质膜结合并融合，整个精子（包括精子尾部）进入卵子。在大多数情况下，首先精子头的尖部与卵质膜接触，随后精子头侧面附着在卵质膜上。精子与卵质膜的作用涉及两个主要步骤，即结合和融合。小鼠精卵的融合很少发生在卵子第二次减数分裂器存在的区域，因为该区域没有微绒毛，无皮质颗粒，而卵子其他区域表面都有大量的微绒毛存在，且质膜下有皮质颗粒分布。人的卵子中该区域不明显。精卵之间的结合可发生在精子膜的任何区域，包括顶体内膜。因此，精卵结合属于非特异性的细胞间相互作用。与精卵结合相比，精卵融合要求比较严格，需一定的温度、pH 和钙离子条件。精卵结合和融合是两个截然不同的过程，可能涉及不同的分子。生理性结合，即黏附（adhesion）是精卵融合的前提。

在非哺乳类动物和非真兽类哺乳动物，精子的顶体内膜与卵质膜融合；而在真兽类（胎盘类）哺乳动物，经典的观点认为顶体内膜不能参与融合，参与精卵融合的是精子头部的质膜。最初人们认为，精子顶体后区的质膜与卵子融合，精子头部赤道段或其附近的质膜与卵质膜发生融合（图 7-13）。精子的顶体反应对精卵融合是必不可少的。没有发生顶体反应的精子不能与卵质膜融合。这说明，顶体反应不仅对精子穿过透明带是必要的，在顶体反应过程中精子质膜蛋白质的迁移和变化构成精卵融合的分子基础。值得强调的是，精子运动有助于精子穿过卵丘和透明带，但对于精卵质膜的融合而言，并不需要精子运动。精卵质膜融合不像精子与卵子透明带作用时具有严格的种特异性。例如，几乎所有动物的精子均可穿入金黄仓鼠的去透明带卵子，小鼠的精子可穿入多种动物去透明带的卵子。但是，这不等于说哺乳动物的精卵融合完全没有种特异性。应该说，精卵融合还是具有一定的种特异性，而这是由参与融合的蛋白质特异性决定的。支持这一观点的例子很多，如金黄仓鼠的卵子最容易与同种精子融合，小鼠的卵质膜只允许同种精子穿入，豚鼠的精子更易与同种卵子融合，狗的精子不能与仓鼠卵融合等。

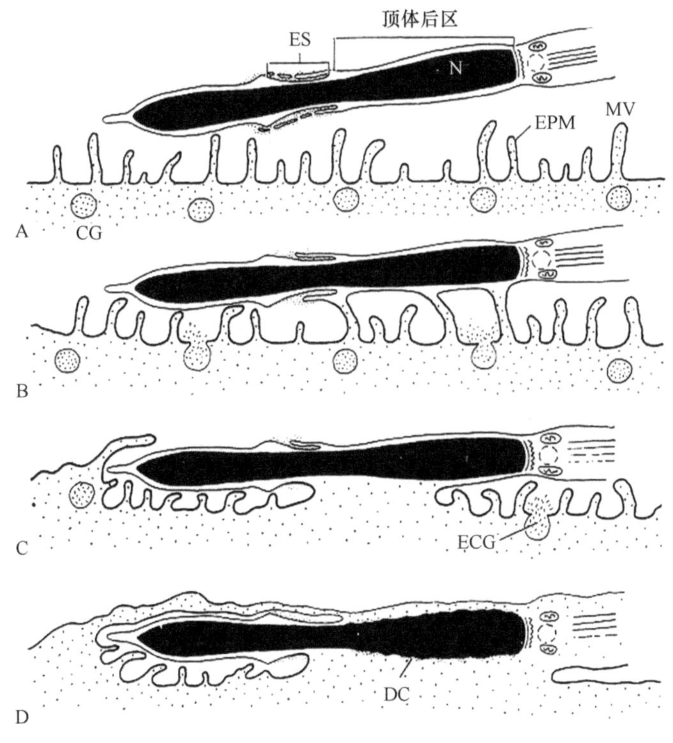

图 7-13 仓鼠精子与卵质膜（EPM）融合的模式图（引自 Yanagimachi and Noda，1970）。A. 精子与卵子微绒毛（MV）接触；B. 微绒毛与精子顶体后区质膜融合；C，D. 精子融入卵子。ES：赤道段；CG：皮质颗粒；ECG：皮质颗粒胞吐；N：精子核；DC：正在去浓缩的染色质

一、卵质膜上参与精卵相互作用的蛋白质分子

在体内，精子仅能与卵子微绒毛结合，说明微绒毛在精卵结合和融合中发挥重要作用。卵质膜上的精子受体通常在微绒毛上，但并不是所有情况都这样。卵质膜上的精子

受体在卵母细胞成熟过程中出现较早，随着卵母细胞的生长，它与精子融合的能力逐渐增强。到生发泡期，所有动物的卵母细胞均能与精子结合和融合。卵子与精子的融合能力在受精后很快失去，这可能是卵子表面精子受体的丢失或修饰所致。下面介绍卵质膜上精子受体的候选蛋白。

（一）卵子整合素

整合素（integrin）是一族与细胞或细胞外基质黏合有关的膜受体。它是跨膜的异二聚体，包括α和β两个亚基，其中，α亚基有 16 种，β亚基有 8 种，两个亚基的分子量分别在 120～128 kDa 和 90～110 kDa。α亚基与β亚基不同的组合构成 20 种以上的整合素分子。所有的整合素亚单位都发生糖基化，并且至少其中某些可磷酸化。整合素不仅与其相应的配体结合，还在调节信号传递机制中发挥重要作用。过去二三十年来，人们普遍接受这样一种假说，即卵子与精子的结合是由整合素与其配体（ADAM 家族成员的去整合素位点）相互作用而介导的。有许多研究表明，整合素可能作为精子受体参与精卵融合，其证据有如下几个方面：①作为很多整合素配体的 Arg-Gly-Asp（RGD）肽可抑制人精子或仓鼠精子与仓鼠卵子的融合；②未受精卵质膜上有整合素表达，这在几种哺乳动物中均已得到证实；③抗整合素单克隆抗体能够阻断小鼠的体外受精；④在被认为是精子融合蛋白的受精素（fertilin）中找到了与整合素结合的去整合素（disintegrin）位点。在卵子表面表达的整合素中，α6β1 可能是介导小鼠精卵结合和融合的精子受体。抗α6β1 的抗体剂量依赖性地阻止精卵结合。此外，能抑制其他整合素而不抑制α6β1 的肽段不影响精卵结合和融合。精子能够与表达α6β1 的转染细胞结合，并且这种结合可被含去整合素位点的肽抑制。所有这些证据均表明，α6β1 整合素可能是小鼠卵子表面的精子受体，在精卵结合和融合中发挥重要作用。在猪中，参与精卵结合和融合的整合素可能是αvβ1。然而，基因敲除小鼠的实验证据否认了α6β1 整合素在精卵融合中的作用。将整合素α亚单位的基因敲除，并不减少精卵结合和融合。用不含α6β1 整合素亚单位的小鼠卵子进行体外受精，精子结合和受精率均不受影响。采用更接近体内受精条件的分析表明，单克隆抗体整合素α6 的抗体 GoH3 并不抑制精卵融合。因此，α6β1 整合素可能并非是小鼠卵子表面的精子受体。最近其他报道指出，实际上没有任何一种小鼠卵子膜上的整合素参与了精卵膜之间的融合。因此，到目前为止，整合素参与精卵结合和融合的观点还不令人信服。

（二）CD9

近年来的研究在否定α6β1 整合素在精卵膜之间的融合作用的同时，却发现了与整合素相关联的另外一种膜蛋白 CD9 在精卵融合中的作用。*Cd9* 是第一个被发现的编码与性别特异性不育缺陷相关的细胞表面蛋白的基因。*Cd9* 敲除的雌鼠表现为不育或生育力严重下降。CD9 是一种广泛分布于细胞表面的、与整合素和其他蛋白质结合的膜结合蛋白，属于跨膜-4 超家族成员。CD9 在小鼠卵质膜上表达，主要分布在微绒毛上。在精子与卵子附着处，有大量 CD9 募集。用同源重组方法获得的缺乏 *CD9*（$CD9^{-/-}$）的雌性小鼠可以排卵，但其生殖能力明显下降，不到野生型小鼠的 2%。体外受精实验表明，生育能力的下降与精子和卵子之间的融合失败有关。精子和卵子之间的结合正常发生，而二者之间的融合几乎被完全抑制。而当把精子显微注射到 *CD9*$^{-/-}$卵子中，受精卵可以正常发育。抗 CD9 单克隆抗体可有效阻断精子质膜和卵质膜之间的融合。这些实验证据表明，CD9 在精卵融合中发挥重要作用。CD9 缺失导致精卵膜融合的机制还不清楚。缺失 CD9 后，卵子形态正常，但其表面的微绒毛有异常。CD9 参与卵质膜上与精子融合的位点的形成，基因敲除小鼠卵子表面融合位点多，但亲和性降低。在小鼠卵子表面还发现其他两种与整合素β1 相关联的跨膜蛋白 CD81 和 CD98。*Cd81* 敲除雌鼠表现为生育力低下。

（三）JUNO（FOLR4）

编码 JUNO 的基因属于叶酸受体家族的 *Folr4* 基因。初期的研究表明，FOLR4 蛋白在脾脏和胰腺，尤其是 T 淋巴细胞中表达。最近的研究揭示了顶体反应后的精子 IZUMO1 蛋白在受精过程精卵融合中发挥重要作用，在寻找其卵质膜对应的结合受体时，发现了其在受精中的重要功能。FOLR4 为一 GPI 锚定蛋白（glycosylphosphatidylinositol-anchored protein），位于卵质膜上，其基因被重新命名为 *Juno*。*Juno* 敲除小鼠排卵正常，卵子形态也正常，但不能与精子融合，导致雌性完全不育。

（四）其他候选分子

小鼠的精子和卵子融合可能需要 GPI 锚定蛋白，用磷脂酶 C 去掉这种蛋白质，尽管精子和卵子可以结合，但不能融合。在卵母细胞中特异敲除负责 GPI 锚定蛋白生物合成的酶也证明该蛋白质在受精中发挥必要作用。还有研究表明，依赖 Zn^{2+}的金属蛋白酶可能参与精卵融合。此外，一种分子量为 94 kDa 的小鼠卵子表面蛋白可能也与配子质膜融合有关，但也有人认为，这种 94 kDa 的蛋白质或许就是整合素的β亚单位。

二、精子中参与膜融合的蛋白质分子

（一）受精素

受精素最初是在豚鼠精子中被发现的，称为 PH-30，后来改称为受精素。它位于小鼠精子的赤道段和豚鼠精子头后区的质膜上，是精卵膜融合中发挥重要作用的蛋白质。与 PH-20 类似，受精素的分布取决于精子成熟阶段。在睾丸精子中，受精素分布于整个头部，而在附睾尾精子中，仅分布于头后区表面。它是一个异二聚体，包含α和β两个亚基。用 ^{125}I 标记豚鼠精子表面进行免疫沉降，获得的受精素α亚基和β亚基的分子量分别为 44 kDa 和 60 kDa。在受精素的β亚基中已发现有去整合素结构域，而在α亚基中也发现有融合多肽位点。此外，在受精素α的前体中也发现有去整合素结构域，并且受精素α、β前体中均含金属蛋白酶的结构域。由于受精素α和β既含有去整合素结构域，又含金属蛋白酶结构域，它们作为最早进入的成员，形成了一族被称为 ADAMs 的新蛋白，意思是蛋白质分子中含有一个去整合素和一个金属蛋白酶结构域（A disintegrin and metalloprotease domain）。PH-30 的单克隆抗体能抑制精卵融合，表明受精素在精卵融合中发挥重要作用，它或许与精卵膜融合有关。然而，受精素α参与精卵膜融合的观点也受到了挑战，因为受精素α基因敲除后的精子仍然可与卵质膜融合。

迄今为止，已发现大约30个ADAM家族成员。其中受精素β（ADAM2）、ADAM9、ADAM12、ADAM15和ADAM23这5个成员能与整合素（α6β1、αvβ3、α9β1、αvβ5、和/或α5β1）相互作用。受精素β参与精子与卵质膜的结合，抑制受精素β受精不会发生。除了受精素β外，ADAM家族的其他成员，如cyristestin（ADAM3）参与精卵质膜融合前的结合步骤。cyristestin肽甚至能有效地阻止精卵结合。把编码受精素β或cyristestin的基因敲除，或把二者的基因都敲除后，这些基因敲除小鼠的精子与去透明带卵子的结合能力下降了90%。受精素β和cyristestin及二者的抗体均能抑制精卵之间的融合。然而，出乎预料的是，受精素β或cyristestin基因敲除的精子一旦与卵子结合后，还可以与卵子发生融合。

（二）DE蛋白

DE是一种32 kDa的蛋白质。大鼠的附睾尾分泌大量的DE，大鼠精子在附睾中成熟的过程中，DE蛋白结合在精子的表面。顶体反应后，DE迁移到赤道段。抗DE的抗体可明显降低卵子的体外受精率。有证据表明，纯化的大鼠精子DE蛋白能抑制精卵融合，而卵子表面上也有DE结合蛋白的存在，它可能是大鼠精子受体，参与精卵融合。间接免疫荧光标记显示，DE蛋白定位于顶体区的背部。在DE蛋白存在的情况下，去透明带的小鼠或大鼠卵子与获能小鼠精子一起孵育时，DE蛋白剂量依赖性地抑制精子入卵，但对精卵结合没有影响。在精卵融合区域，检测到特异的DE蛋白结合位点。DE蛋白没有去整合素的结合位点，说明它并不是通过去整合素-整合素结合而发挥作用的。上述证据表明，DE在精卵融合中可能发挥作用。大鼠体内实验也证明了这一点。当用DE免疫雄鼠或雌鼠时，生育率明显下降。最近，人们也从小鼠精子中发现了DE的类似物——富含半胱氨酸的分泌蛋白-1（CRISP-1）和附睾蛋白7，但这些蛋白质在精卵融合中的作用还不清楚。

（三）IZUMO1

IZUMO1是目前明确的唯一参与体内精卵融合的精子表面蛋白。最初Okabe等（1988）筛选到了一种精子受精的单克隆抗体OBF13，它是一种低亲和力的IGM，能与顶体反应后的精子结合，其对应的蛋白质被命名为IZUMO。*Izumo1*敲除小鼠产生正常的精子，但雄鼠完全不育。IZUMO1具有3种同源体，每种同源体都具有典型的N端IZUMO位点。*Izumo3*和*Izumo4*基因也在精子中表达。IZUMO4是一种分泌蛋白，敲除后不影响小鼠生育力。人IZUMO1蛋白可以阻断人精子与仓鼠卵子的融合，说明其在人受精过程中也可能发挥作用，但还没有在不育患者中检测出其突变序列。免疫荧光染色揭示，IZUMO1在顶体完整的精子中没有染色，但分布于顶体反应后精子头部，尤其是赤道段。该部位是精卵融合的部位。IZUMO1的定位可能受IZUMO1尾部的修饰，尤其是翻译后磷酸化调节。睾丸特异性丝/苏氨酸激酶基因*tssk6*敲除，IZUMO1重新分布不发生。最近在卵子表面发现了IZUMO1的特异受体JUNO，更进一步证明IZUMO1在精卵识别和融合中的关键作用。

（四）其他分子

小鼠精子赤道段上有一种被称为赤道素（equatorin）的分子，可能与精卵融合有关。向小鼠输卵管中注射赤道素的单克隆抗体可阻止体内受精的发生。在小鼠精子中分离到一种分子量为 39 kDa 的蛋白质 MSH27。这种定位于精子赤道区的抗原及其抗体可明显降低精卵融合率，可能参与精卵质膜融合。除此之外，小鼠精子的 M29、人精子的 MH61、豚鼠精子的 G11 和 M13 等也可能是参与精卵融合的候选分子。

三、IZUMO1-JUNO 的相互作用是精卵膜识别和融合的关键

从先前的研究结果看，卵子表面参与精卵结合和融合的候选分子是 CD9 和 GPI 锚定蛋白。没有确凿的证据表明卵子表面的整合素参与了精卵结合和融合。精子表面的 ADAM 家族成员，尤其是受精素β（ADAM2）和 cyristestin（ADAM3）可能参与融合前精子和卵子之间的黏附，但不含这两种蛋白质的精子仍然能与卵子融合。通过基因敲除动物模型，最近几年的研究揭示了参与精卵膜识别和融合的 IZUMO1-JUNO 相互作用关系。精子 IZUMO1 的 N 端位点与卵质膜的 JUNO 相互作用，这是哺乳动物进化出来的特殊精卵相互作用机制，在小鼠、猪、人等物种中都得到了证实。IZUMO1-JUNO 相互作用对于配子之间的黏附是必要的，但当把这两种蛋白质分别表达于不能相互融合的相邻细胞中后，并不能介导细胞融合，说明 IZUMO1-JUNO 的相互作用不足以完全介导融合步骤。前面提到，CD9 也介导精卵膜融合，那么 IZUMO1-JUNO 如何与 CD9 协同作用呢？目前认为，CD9 的功能可能是在卵质膜上把 JUNO 组织到特定的区域。在 *Cd9* 敲除小鼠卵子中，质膜表面的 JUNO 和与之结合的 IZUMO1 都减少。受精过程中，IZUMO1 以单体的形式通过 JUNO 介导募集到卵质膜精卵黏合部位，然后通过一种未知的机制，转变为二聚体，把精卵膜拉近。

总之，目前已发现多种参与精卵结合和融合的受体和配体相互作用蛋白，尤其是最近发现的精子表面的 IZUMO1 和卵子表面的 JUNO 相互识别和作用，使我们对精卵膜融合机制有了更深入的了解（图 7-14）。尽管近年来对精卵识别和融合的机制有了更深入的了解，但相关的很多问题仍然有待回答，激发精卵膜融合的未知蛋白到底是什么还不清楚。

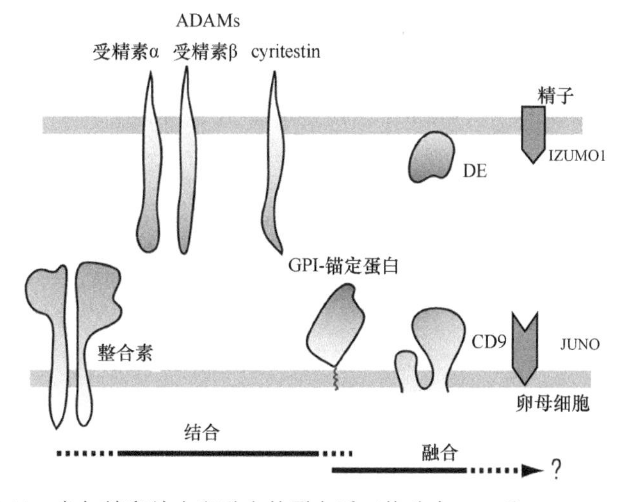

图 7-14 参与精卵结合和融合的蛋白质（修改自 Kaji 和 Kudo，2004）

第五节 卵子激活

在大部分脊椎动物中，受精发生在卵母细胞的第二次减数分裂中期（MⅡ期）。未受精卵母细胞被细胞静止因子（cytostatic factor，CSF）阻滞在MⅡ期。CSF首先是在两栖类中被发现的，把MⅡ期卵子的细胞质移入2-细胞胚胎中的一个卵裂球中，注射的卵裂球停滞在M期，而没有注射的卵裂球继续分裂。采用细胞融合技术，在小鼠中也证实了同一现象。*c-mos*基因的产物最早被发现具有CSF的活性。精子入卵使“休眠”的卵子复苏，启动一系列生化事件的发生、代谢的变化和减数分裂的完成，形成受精卵，通过复杂的细胞分裂和分化，形成新的生命个体。卵子的这种复苏过程被称为卵子激活。卵子激活时，CSF可能激活后期促进复合体（anaphase-promoting complex，APC），引起卵子由M期向后期转变。APC的抑制分子EMI2可以把未受精卵阻滞在MⅡ期，它可能是CSF效应的介导因子。需要说明的是，受精前的休眠卵子并非真正处于静止状态，中期纺锤体始终处于聚合/解聚的动态之中，其他许多代谢过程也都十分旺盛。所以有人说，受精前的卵子像一辆停在起跑线上的赛车，它的发动机及其他许多装置均处于待发状态，只要发令枪一响，立即前进。哺乳动物卵子激活后的主要事件包括细胞质内游离Ca^{2+}浓度（$[Ca^{2+}]i$）的升高、皮质颗粒胞吐和阻止多精受精、第二次减数分裂恢复和第二极体（PB2）释放、雌性染色体转化为雌原核、精核去致密并转化为雄原核、雌雄原核内DNA复制、雌雄原核在卵子中央部位相互靠近、核膜破裂及染色质混合等。雌雄染色质混合后第一次有丝分裂纺锤体的形成标志着受精结束和胚胎发育的开始。

一、卵子激活后的生理生化变化

精子入卵后，激发卵子发生一系列生理生化变化，这里就几个重要方面进行简单的介绍。

（一）卵质膜去极化

采用微电极或离子示踪技术测得，海胆、海星、海虫和两栖类的卵子受精时，其质膜快速去极化，形成动作电位，启动钙波形成，快速阻止多精受精。哺乳动物卵子受精后的动作电位由反复出现的膜超极化构成。膜电位超极化是否与阻止多精受精有关还不清楚。小鼠卵受精时，多精受精的阻止与膜电位变化无关。兔卵受精时，记录到一个慢速且幅值较大的去极化，有人认为该去极化足以阻止多精受精。

（二）Ca^{2+}变化

受精后最早发生的变化是卵子胞质中Ca^{2+}升高，这是胚胎发育的前提。反复多次的Ca^{2+}升高解除卵子MⅡ期阻滞，引发卵子皮质反应，阻止多精受精的发生，导致精子去致密和原核形成，启动个体发育。

1. 钙波与钙振荡

Ca^{2+}信号在卵子激活中起着十分重要的作用。各种动物精子穿入卵子后都引起卵子内[Ca^{2+}]i 快速升高。哺乳动物受精时，精子穿入卵子，引起卵子胞质内持续数小时的、反复性的、短暂性的[Ca^{2+}]i 升高，称为 Ca^{2+}振荡（Ca^{2+} oscillation）（图 7-15）。Ca^{2+}振荡是哺乳动物卵子受精过程中的普遍现象。通常 Ca^{2+}振荡是在精卵相互作用后的几分钟到十几分钟之内开始发生的。在小鼠中，精子与卵子融合后 1～2 min，就发生[Ca^{2+}]i 升高。第一次 Ca^{2+}升高一般可持续 2 min 多的时间，第二次和第三次[Ca^{2+}]i 升高也会持续较长的时间，而以后的每次[Ca^{2+}]i 升高持续时间大约为 1 min。第一次[Ca^{2+}]i 升高的幅值明显高于后来的[Ca^{2+}]i 升高幅值。这些多次重复的 Ca^{2+}升高的间隔在每个卵子中基本是恒定的。不同种动物卵子中 Ca^{2+}振荡间隔时间不同，最短的为 1 min，最长的可达 1 h。一般情况下，Ca^{2+}振荡持续到受精后原核形成前。在小鼠受精中，Ca^{2+}振荡可持续 5～6 h。受精后 Ca^{2+}振荡的频率和幅值与进入卵子内精子数量有关，去透明带的卵子由于多精受精表现出较高的[Ca^{2+}]i 升高频率。

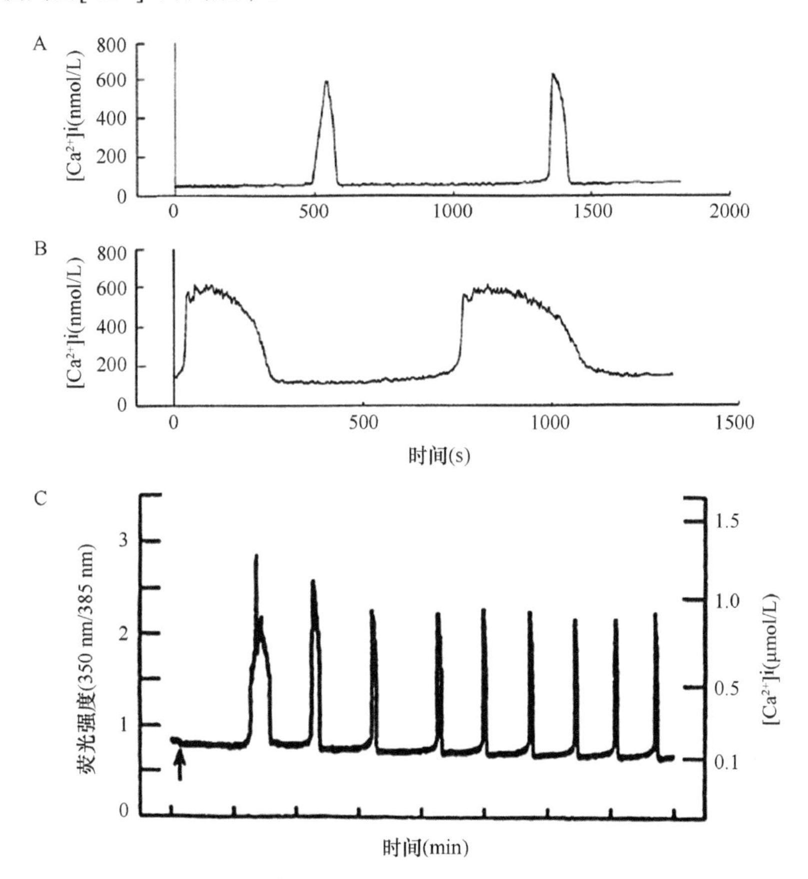

图 7-15　小鼠和猪精子穿入卵子后 Ca^{2+}振荡（引自 Kline and Kline，1992）。A、B. 猪卵子受精后 Ca^{2+}振荡图：A. 精子穿入后 1.5 h 的记录结果；B. 精子穿入后 3.0～3.2 h 的记录结果（引自 Sun et al.，1992）。C. 小鼠精子穿入卵子后 Ca^{2+}振荡图

Ca^{2+}振荡是 Ca^{2+}信号的时间特性，受精后 Ca^{2+}信号的变化具有空间分布特性。受精后第一次[Ca^{2+}]i 升高是从精子入卵处发生的，然后以波的形式传遍整个卵子，这种现象称为钙波（calcium wave，图 7-16）。第二次和第三次[Ca^{2+}]i 升高也以波的形式传

播，这两次$[Ca^{2+}]i$升高虽仍发生于精卵结合处，但发生的区域范围均比第一次大。此后的$[Ca^{2+}]i$升高的发生都始于整个卵子的大部分区域，并且可以在 1 s 之内传遍整个卵子。因此，受精过程的第一次$[Ca^{2+}]i$升高始于精卵结合处，经过 3～5 次再次升高后，转变为整个卵子同步发生的$[Ca^{2+}]i$升高变化。这是哺乳动物卵子受精 Ca^{2+}变化的特点之一。

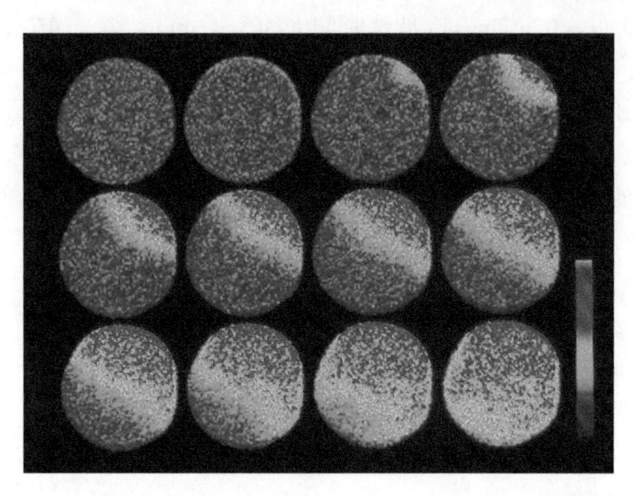

图 7-16　海星卵母细胞受精产生的钙波，由精子入卵点向整个卵子传播（Stricker S A 提供）

2. 细胞内 Ca^{2+}储存

静息状态的细胞，细胞质中$[Ca^{2+}]i$维持在较低的水平，通常为 10^{-7}～10^{-8}mol/L，而细胞外和胞内钙库 Ca^{2+}浓度高达 10^{-3}mol/L。当细胞受到外界信号刺激时，$[Ca^{2+}]i$迅速升高 1～100 倍。内质网是细胞内主要的 Ca^{2+}库，当信号传来时，通过与三磷酸肌醇（IP3）受体或植物碱（ryanodine）受体作用，介导 Ca^{2+}释放到胞质中。这些受体通常定位于内质网。伴随着每次胞质$[Ca^{2+}]i$升高，细胞内 Ca^{2+}库中的 Ca^{2+}下降，但在两次 Ca^{2+}峰之间，Ca^{2+}库得以重新补充。

3. 胞内 Ca^{2+}信号的产生

（1）IP3 诱导的 Ca^{2+}释放（IP3-induced Ca^{2+} release，IICR）

IP3 诱导的 Ca^{2+}释放具有“全或无”的特性，即在一定范围内 IP3 量的增加并不能改变钙库内释放出的钙量，只有 IP3 的剂量达到某个阈值时，才起作用。IP3 诱导 Ca^{2+}释放是通过作用于内质网上的 IP3 受体而实现的。IP3 与其受体结合后，诱导钙通道打开。在哺乳动物，如金黄地鼠、小鼠、兔和牛等，卵子受精时钙波和钙振荡的产生和传播及卵子活化都是由 IP3 介导的。有一种模型认为，IP3 诱导产生的 Ca^{2+}作为新的信号刺激 Ca^{2+}诱导的 Ca^{2+}释放（CICR），产生钙波；另一种模型认为，IP3 刺激 Ca^{2+}释放，Ca^{2+}反过来又激活磷脂酶 C（PLC），从而增加 IP3 的量，使 Ca^{2+}进一步释放形成钙波。

（2）植物碱诱导的 Ca^{2+}释放（ryanodine-induced Ca^{2+} release，RyCR）

细胞内另外一种重要的 Ca^{2+}通道是植物碱受体 Ca^{2+}通道。在海胆和小鼠卵子内已检测到植物碱受体的存在。纳摩尔级（nmol）的植物碱可使通道开放，但毫摩尔级（mmol）

以上的植物碱则使通道关闭。海胆卵子中同时存在 IP3 敏感钙库和植物碱敏感钙库，所以 IP3 受体和植物碱受体都对钙波的产生和传播起作用。过去认为哺乳动物卵子钙波及钙振荡的产生和传播是由 IP3/IP3 受体介导的钙释放引起的，最近在小鼠和牛卵子中也发现了植物碱受体，并证明植物碱或其类似物可激发 Ca^{2+}释放。

（3）Ca^{2+}诱导的 Ca^{2+}释放（calcium-induced calcium release，CICR）

植物碱受体和 IP3 受体都会对少量 Ca^{2+}发生反应，即少量 Ca^{2+}作用于两种受体后便可触发 IP3 敏感钙库和植物碱敏感钙库内储存 Ca^{2+}的释放，具有 CICR 的正反馈效应。正反馈作用可以加强开始阶段的 Ca^{2+}释放，但是这种效应会随 Ca^{2+}释放量的增加而被减弱，这是由于大量释放出来的 Ca^{2+}激活了胞内负反馈效应。

（4）胞外 Ca^{2+}的作用

卵子受精时，钙振荡的 Ca^{2+}来自胞内 Ca^{2+}库，但胞外 Ca^{2+}内流对 Ca^{2+}振荡的维持是必需的，因为在无 Ca^{2+}的溶液中受精，Ca^{2+}振荡只能维持较短时间。胞外 Ca^{2+}通过质膜进入卵子，维持 Ca^{2+}振荡。哺乳动物卵子 Ca^{2+}内流涉及不同的 Ca^{2+}通道。在小鼠卵子，Ca^{2+}内流需要 T 型 Ca^{2+}通道 CaV 3.2，但 CaV 3.2 敲除小鼠具有生殖能力。因此，其他 Ca^{2+}通道也发挥功能。目前已证明，小鼠卵中 TRPV3 可能发挥重要作用，激发 TRPV3 能引起小鼠卵激活。受精前 Ca^{2+}内流减少，以避免 Ca^{2+}诱导的 Ca^{2+}释放。尽管储藏型 Ca^{2+}内流在小鼠卵子中可能并不重要，但在猪等其他动物中可能发挥作用。

（三）受精后的“锌火花”

在小鼠卵母细胞成熟的最后几小时，集聚大约 200 亿个锌原子。采用物理和化学探针标记发现，受精后卵子向外释放一系列“锌火花”。锌的释放发生在钙振荡之后，这种现象在多种哺乳动物中都存在。“锌火花”导致卵子内锌含量的降低，这对于细胞周期的进程是必要的。在激活的卵子中增加锌的水平，细胞周期停滞在中期，说明第二次减数分裂的恢复依赖于锌浓度的降低。卵子激活过程中锌火花起源于成千上万个含锌囊泡。在小鼠卵子中，含锌囊泡的数量大约为 100 万个。在卵母细胞成熟和受精过程中，这些囊泡发生动态变化。

（四）pH 变化

海胆卵受精后，卵内除$[Ca^{2+}]i$ 发生巨大变化外，pH 也显著升高。海胆卵受精后 pH 从 6.9 上升为 7.3，且维持碱性达 60 min。pH 升高具有广泛的作用，包括增加 DNA 复制和转录、增强蛋白质合成和糖原利用、促进精核染色质去浓缩和原核形成等。哺乳动物这方面的报道很少。最近有报道称，小鼠和大鼠卵子受精后，pH 无变化。猪卵子孤雌激活后，pH 明显升高。pH 的升高不依赖于胞内或胞外 Ca^{2+}的升高，而与 Na^{+}和/或碳酸盐流入卵子有关。然而，受精的猪卵子中并没有 pH 的升高。

（五）受精后的蛋白激酶活性变化及其意义

精子进入卵子后，Ca^{2+}升高导致卵子激活，卵子第二次减数分裂恢复，排出第二极体后，形成两个原核。在过去的 20 余年中，借助对细胞周期调控研究所取得的成果，再加上生化分析及分子生物学技术与经典胚胎学的结合，人们开始在分子水平上了解受精后 Ca^{2+}升高后的信号传递途径。多种蛋白激酶通过磷酸化/去磷酸化的级联活化/灭活，以及对胞内效应靶分子的作用，精密调节着受精过程中的细胞周期事件。由于海胆、海星等海洋无脊椎动物和非洲爪蟾等低等脊椎动物的卵母细胞体积较大，数量较多，具有更好的体外可操作性，因此有关受精信号转导的工作首先在这些动物中展开。近年来，在哺乳动物方面也开展了大量工作，下面介绍几种重要的蛋白激酶在受精后的变化及其生物学意义。

1. 成熟促进因子

成熟促进因子（maturation-promoting factor，MPF）是各种真核细胞中有丝分裂和减数分裂 G_2/M 转化通用的关键调节因子，它是由 $p34^{cdc2}$（CDK1）和细胞周期蛋白（cyclin）B1 组成的异二聚体。MPF 在 MⅡ期卵子中处于激活状态，对维持 MⅡ期阻滞具有重要作用。受精后 Ca^{2+}升高使 MPF 失活并将卵母细胞从中期阻滞状态释放出来。MPF 失活主要是由细胞周期蛋白 B1 降解和 CDK1 的磷酸化造成的。当停滞在 MⅡ期的卵子受精或受到孤雌刺激以后，周期蛋白 B1 很快被降解，MPF 灭活。另外，蛋白激酶 WEE1B 发生磷酸化，进而引起 CDK1 磷酸化，抑制 MPF 活性。细胞周期蛋白 B1 敲除小鼠卵母细胞可跨越 MⅡ期阻滞，进入间期。小鼠卵子受精后 90 min，MPF 活性下降到最低。在受精过程中，一次 Ca^{2+}升高就可以激发第二次减数分裂恢复，但要完成整个受精过程需要多次 Ca^{2+}升高。同样一次 Ca^{2+}升高就可导致 MPF 活性下降，但这种作用是瞬时的。如果 Ca^{2+}升高下降不充分，MPF 活性还可以重新恢复，导致所谓的 MⅢ期出现。在小鼠受精过程中，要确保原核形成，需要 8 次以上的 Ca^{2+}升高。Ca^{2+}载体 A23187 仅引起一次非常明显的 Ca^{2+}升高，也能导致孤雌卵的发育，但一次性 Ca^{2+}升高对新排出的小鼠卵子和其他多种动物卵子激活效率较低。受精卵原核核膜破裂后，第一次有丝分裂纺锤体组装时，MPF 又重新被激活。MPF 激活是第一次有丝分裂的前提。在早期胚胎卵裂过程中，MPF 周期性地被激活和灭活，在细胞周期的间期被灭活，而在中期被激活，以保证正常的卵裂。

2. 丝裂原活化蛋白激酶

卵母细胞 MⅡ阻滞也依赖于高活性的丝裂原活化蛋白激酶（MAPK）。卵母细胞第二次减数分裂的恢复和完成及受精卵原核的形成依赖于 MAPK 的失活。MAPK 家族中 44 kDa 的 ERK1 和 42 kDa 的 ERK2 是卵母细胞减数分裂的重要调节激酶。ERK1/2 蛋白激酶的磷酸化由另一种激酶 MEK 催化，而后者的磷酸化激活依赖于 MOS。原癌基因 *c-mos* 基因敲除的小鼠卵母细胞排卵后并不停滞在 MⅡ期，而是发生自发的孤雌激活。当把小鼠和猪的卵母细胞用 MAPKK 抑制剂处理以后，MAPK 及其下游分子 p90RSK 都发生灭活，导致卵母细胞激活。这说明 MAPK 级联活性调节在卵母细胞减数分裂阻滞的维持/恢复和受精过程中发挥重要作用。

卵子激活过程中，MPF 活性下降引起 MAPK 活性的降低，导致原核形成。这种现象在多种脊椎动物中是保守的。各种动物 MⅡ期卵子中 MAPK 活性水平很高，受精后 MPF 的活性迅速降低，但 MAPK 活性的降低发生在原核形成稍前或同时，并且在其后的细胞周期中不再出现。哺乳动物受精卵子中 MPF 下降几个小时后 MAPK 活性才降低。在小鼠受精卵中，细胞周期蛋白 B 在卵子激活 30 min 后即降解，但 ERK1/2 的失活发生在 Ca^{2+}升高后 2 h。采用多次电刺激的方法激活小鼠卵子，MPF 完全失活后 2 h MAPK 活性才降低。MPF 活性与 MAPK 活性变化之间的分子关联目前还不清楚。

目前有关 MAPK 通路在卵子激活和受精中的作用还存在无法解释的矛盾。一般认为 MOS/MEK/MAPK 的活性维持 MⅡ期阻滞，因为 *c-mos* 基因敲除和 MEK 活性抑制均导致卵子减数分裂跨越 MⅡ期。但如上面所述，第二次减数分裂的快速恢复发生在 MPF 失活之后，而此时 MOS/MEK/MAPK 通路仍然维持高活性。MAPK 的失活在时间上与原核形成一致。在小鼠卵内导入 *MEK* 基因，可使 MAPK 持续表达，受精后 MPF 活性下降，细胞恢复减数分裂并释放第二极体，但内源性 MAPK 活性保持高水平，原核核膜不能形成，证实了 MAPK 在原核发育中起重要作用。有人发现，在海胆、海星、蛤等海洋无脊椎动物中，抑制卵母细胞中的 MAPK 活性，受精后会导致精子星体提前形成，因此提出在受精后 MAPK 抑制精子星体的发育。猪受精卵中，由精子中心体组装大量的微管，在雌雄原核相互靠近过程中发挥重要作用。这些微管的聚合是在 MAPK 活性很低的情况下发生的。如果用冈田酸处理已形成原核的受精卵，在 MAPK 激活和原核消失的同时，精子中心体组装的微管也解聚。这些实验证据表明，MAPK 也可能参与受精后精子中心体的功能调节。

3. 钙调蛋白依赖蛋白激酶

Ca^{2+}振荡导致 MPF 活性下降依赖于钙调蛋白和钙调蛋白依赖的蛋白激酶Ⅱ（CAMKⅡ）通路。Ca^{2+}通过与钙调蛋白结合，激活 CAMKⅡ。爪蟾卵母细胞激活后，可以检测到早期 CaMKⅡ短暂的激活。当在卵抽提物中添加 Ca^{2+} 后，CaMKⅡ活性显著增加，在时间上也早于因周期蛋白 B 降解而导致的 MPF 活性下降。向 MⅡ阻滞的爪蟾卵母细胞中显微注射持续活化的 CaMKⅡ能使 MPF 失活，并触发 MOS 降解。但在未受精的爪蟾卵母细胞中显微注射 CaMKⅡ抑制肽后，这些卵母细胞在电刺激后则不能进行周期蛋白 B 降解和 Cdc2 激酶失活，而没有显微注射 CaMKⅡ抑制肽的对照组卵母细胞则能够进行周期蛋白 B 降解和 Cdc2 激酶失活。这些结果说明 CaMKⅡ介导了受精或卵激活后 Ca^{2+}依赖的 MPF 和 MAPK 失活。把重组的有活性的 CaMKⅡ注射到小鼠卵子中，可激发减数分裂恢复，激活的卵子发育到囊胚阶段。CaMKⅡγ 缺失或敲降卵子受精后不能恢复减数分裂。CaMKⅡ参与调节减数分裂恢复是通过 PLK1 磷酸化 EMI2 实现的。EMI2 磷酸化后可解除其对后期促进复合体的抑制作用。受精后 Ca^{2+}升高，激活 CaMKⅡ，可能具有双重作用，在受精后早期阶段灭活 MPF，但维持 MAPK 活性，而原核形成以前灭活 MAPK，使减数分裂有序完成（图 7-17）。

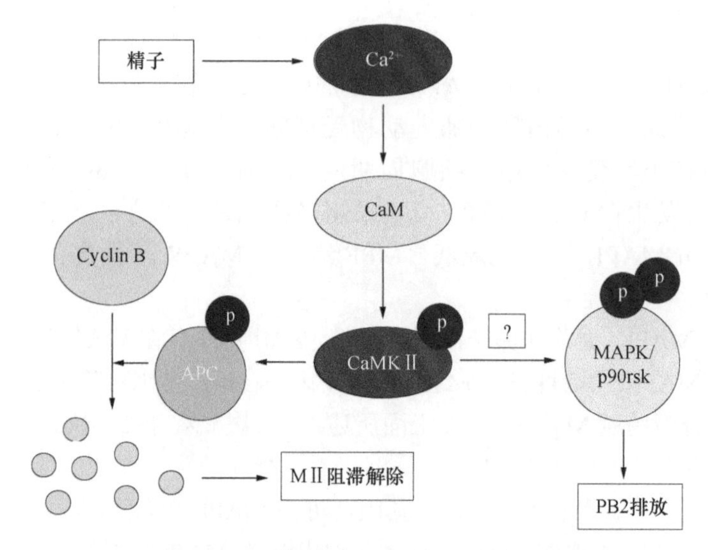

图 7-17 受精后 Ca^{2+}升高激活 CaMK II 的通路及其作用

4. 蛋白激酶 C

蛋白激酶 C（PKC）是一类广泛分布在各种真核细胞中的丝/苏氨酸蛋白激酶超家族，共有 11 种亚型，分为三大类：①经典型 PKC（classical PKC，cPKC），包括 α、βⅠ、βⅡ和 γ 4 种亚型，其活性依赖于 Ca^{2+}和二酰基甘油（DAG）；②新型 PKC（novel PKC，nPKC），包括 δ、ε、θ、η 和 μ 5 种亚型，其激活是 DAG 依赖性的，但不需要 Ca^{2+}；③非典型 PKC（atypical PKC，aPKC），包括 λ/τ 和 ζ 2 个亚型，aPKC 不受 Ca^{2+}和 DAG 调节。在哺乳动物卵子中，Ca^{2+}浓度升高可以通过激活 PKC，进而参与卵子克服 MⅡ期阻滞。在小鼠卵母细胞中，CaMK II 可能参与 Ca^{2+}引发的 PKC 活化，而后者激发卵子减数分裂恢复和原核形成。PKC 激活的另外一个重要功能是激发卵子的皮质反应，从而阻止多精受精的发生，这部分内容将在后面详细总结。

5. 酪氨酸蛋白激酶

酪氨酸蛋白激酶（tyrosine protein kinase，TPK）是特异性磷酸化蛋白质的酪氨酸残基的蛋白激酶，分为两大类，即受体 TPK 和非受体 TPK。在卵子受精 1 min 以内，许多蛋白质分子的酪氨酸残基被磷酸化或去磷酸化，而 TPK 专一性抑制剂可以阻止受精引发的卵子活化。磷脂酶 Cγ（phospholipase Cγ，PLCγ）是 TPK 调节卵内 Ca^{2+}水平的重要靶分子，具有 SH2 结构域，可以被 Src 家族 TPK 结合并活化。在海胆卵中 Fyn 与 PLCγ 形成复合物并活化 PLCγ，激活磷脂酰肌醇信号通路，引起卵内 Ca^{2+}释放。

（六）卵子激活过程中的代谢变化

卵子在激活过程中发生明显的生理变化，如氧气的吸收和能量代谢，DNA 的复制、蛋白质翻译及脂代谢等都发生变化。例如，海胆卵受精前糖原富集，但糖代谢中间产物和磷酸己糖水平较低，受精后 6-磷酸葡萄糖水平升高 7 倍，随后耗氧量增加；鱼和两栖类卵子受精后耗氧量没有变化；小鼠卵子受精后对核苷酸的吸收率明显增加，且对不同的核苷吸收增加程度不同，受精后对腺苷的吸收率是尿苷的 350 倍，从受精卵到囊胚，腺苷的吸收增加 20 倍，而同一时期尿苷的吸收增加了 300 倍。

（七）受精后的基因活动变化

受精的发生启动早期胚胎快速的细胞分裂和细胞分化，在这一过程中基因表达发生了变化，新的蛋白质在特定的时间和特定的细胞内合成。新的蛋白质合成由母源 mRNA 或由合子基因组新转录的 mRNA 指导。

1. DNA 复制

卵子活化后发生的最重要的事件是启动 DNA 复制。受精前的卵子具备了 DNA 复制所需的全部酶系统和 4 种脱氧核糖核苷酸原料，受精后酶与底物得以接触。小鼠、兔等哺乳动物 DNA 复制发生在雌雄原核彼此靠近的过程中。DNA 的复制同时发生在雌、雄原核中。在多精受精卵子中，所有原核同时启动 DNA 复制。

2. RNA 转录

所有动物的早期胚胎都进行活跃的蛋白质合成，但在不同种动物中 mRNA 转录启动的时间是不同的。在蛙类，卵裂期间没有 mRNA 转录，直到原肠胚中期，mRNA 才开始转录。海胆原肠胚以前蛋白质的合成也是依赖于母源 mRNA。而在小鼠中，受精后母源 mRNA 很快失去作用，从 2-细胞胚胎开始，蛋白质的合成就由合子基因组指导。把外源基因注射到小鼠受精卵的雄原核中，发现注射的 DNA 在原核中可转录并加工，说明小鼠 1-细胞胚胎即可进行 mRNA 转录。小鼠 RNA 聚合酶Ⅱ催化下的转录在受精卵晚期的雄原核中首先发生，在 2-细胞胚胎阶段激活胚胎基因组主要转录活动。在人受精卵中，Y 染色体相关的基因 *Zfy* 和 *Sry* 转录本出现在 1-细胞合子中，父本常染色体基因在 4-细胞期胚胎基因组激活时表达。因此，父本基因在胚胎发育早期转录，这对胚胎成功发育是必要的。

3. 蛋白质合成

卵子在受精前积累了大量供早期胚胎发育所需的 mRNA，受精后这些母源 mRNA 开始翻译。海胆卵受精后蛋白质合成增加 100 倍。爪蟾和小鼠卵子受精后，蛋白质合成量增加不超过 5 倍。受精后不仅蛋白质合成量明显增加，新的蛋白质也开始合成。在小鼠 1-细胞胚胎中，合成未受精卵中合成的主要蛋白质，但受精后的蛋白质合成模式与未受精卵中的蛋白质合成模式明显不同。例如，小鼠卵受精后，至少出现了 5 种新蛋白质。蛋白质的变化也可能是蛋白质磷酸化和糖基化造成的。

二、精子激活卵子的两个模型

100 多年来，精子是如何激活卵子的问题一直困扰着生殖和发育生物学家，经过反复探索，人们提出了几种假说。目前主要有两种假说，即受体控制假说和精子因子假说。

（一）受体控制假说

该假说源于对体细胞信号传导通路的认识，即精子与卵质膜表面的受体相互作用，活化的受体激活与之相偶联的 G 蛋白或酪氨酸蛋白激酶，后者进一步激活 PLC，在 PLC 的作用下，产生引起 Ca^{2+}动员的第二信使 IP3，它与细胞内质网上的 IP3 受体作用，诱发内源钙的释放，从而激活卵子。根据这一假说，卵质膜表面应该存在能与精子上某种配体识别和结合的受体，这在上一节中已作了介绍。受体被精子活化后，激活磷脂酰肌醇信号通路。有很多证据支持这一假说，已在精子质膜上发现了与卵质膜受体相应的配体；也发现了卵子中存在通过 G 蛋白介导的信号通路。

（二）精子因子假说

虽然受体控制假说在一定程度上解释了受精时卵子活化的信号传导机制，但有许多实验结果与之矛盾，因此这一假说受到挑战。目前多数学者认可精子因子假说。该假说认为：精子胞质中存在某种或某几种可溶性信号分子，在精卵质膜融合或稍后，该信号分子通过融合孔进入卵子胞质中，从而激活卵子内钙释放系统而使卵子活化。研究发现，海胆精子头部含有一种催化一氧化氮产生的酶。当把一氧化氮注射到卵子中，可以激发[Ca^{2+}]i 升高。在哺乳动物中，支持该假说的有利证据是，把精子直接注射到卵子中，不经过精卵膜的相互作用，也可以引发卵质中[Ca^{2+}]i 升高；另外一个证据是，把精子提取物注射到卵子中，可导致持久的 Ca^{2+}振荡。这种作用没有种特异性，因为多种哺乳动物的精子提取物都可以激活其他动物的卵子，引起 Ca^{2+}释放。在仓鼠精子中发现了一种可溶性的 33 kDa 的蛋白质，命名为振荡因子（oscillin），它定位于精子赤道段，可激发卵子内 Ca^{2+}振荡。有人提出振荡因子可能与某个未知的新亚单位作用，而呈现出一种酶的活性。受精过程中，该酶参与的反应可能是 Ca^{2+}释放的前提条件。但该观点很快被否定，因为向卵子中注射重组振荡因子后，不能激活卵子。当把小鼠精子的膜去掉，使其不含可溶性精子因子，然后注射到卵子中，仍然可激发[Ca^{2+}]i 升高；而当把精子核周层去掉时，[Ca^{2+}]i 升高不再出现。因此，精子核周层成分可能含有引起[Ca^{2+}]i 升高的因子。此外，也有人提出精子赤道素和胞质中 c-kit 也可能是激活卵子的精子因子。目前的研究表明，精子因子对热和胰蛋白酶敏感，它没有种特异性，但这种因子的生化本质及其激活卵子的信号通路还有待进一步研究。

精卵融合后，引发卵子 Ca^{2+}释放的精子因子是瞬时释放还是逐渐释放的？这一问题的答案还不清楚。精子入卵后，[Ca^{2+}]i 振荡可持续数小时，在大家畜中可持续 10 小时，直到原核形成。研究发现，精子核的 Ca^{2+}释放因子在受精后数小时仍然存在，原核形成时，部分结合到原核中。把雄原核和雌原核注射到 MⅡ 期卵子中，仍可引起[Ca^{2+}]i 振荡。[Ca^{2+}]i 振荡的发生除了需要精子因子外，也需要相应的卵子“母源装置”，这种“母源装置”的性质还不清楚，但它只能一次性发挥作用。

目前受到广泛认可的可溶性卵子激活因子是磷脂酶 Cζ（phospholipase Cζ, PLCζ），它是一种精子特异的磷脂酶，能够激发卵子内 $InsP_3/Ca^{2+}$通路，引起[Ca^{2+}]i 振荡的发生。受精时精卵融合后，PLCζ 从精子释放到卵子细胞质中，与含有 PIP2 的囊泡结合，导致 PIP2 大量水解和 IP3 产生。向小鼠、牛、猪和人的卵子中注射 PLCζ 的 RNA 或蛋白质，都可以引起[Ca^{2+}]i 振荡，被激活的卵子可以发育到囊胚。精子提取物用 PLCζ 抗体处理以后再注射到卵子中，不能引起[Ca^{2+}]i 振荡。在人精子中 PLCζ 主要定位于精子头部的顶体赤道段和顶体后区，在其他动物精子尾部也有分布。目前已经确认，精子核周层卵子激活因子和胞质可溶性卵子激活因子都是 PLCζ。PLCζ 通过增加 IP3 的产生诱发 Ca^{2+}释放，Ca^{2+}释放又可通过正反馈作用进一步诱导 Ca^{2+}释放，从而引发$[Ca^{2+}]i$振荡（图 7-18）。

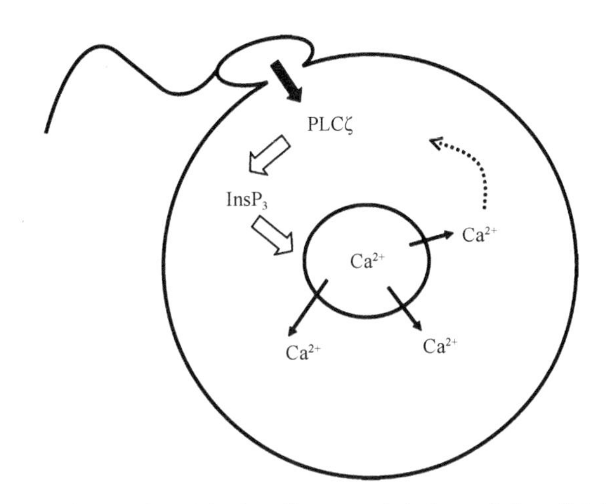

图 7-18 受精过程中精子入卵后释放可溶性卵子激活因子磷脂酶 Cζ 激发 Ca^{2+}释放（Swann et al.，2004）

PLCζ RNAi 转基因小鼠中，精子受精引发的$[Ca^{2+}]i$ 振荡减弱。最近发现，*Plcz1*$^{-/-}$小鼠的精子不能够激发 Ca^{2+}振荡，造成多精受精，证明了 PLCζ 在体内的生理作用。*Plcz1*$^{-/-}$雄鼠呈现生育力低下，有些 PLCζ 敲除小鼠精子受精后的卵子虽然能够发育，但发育速度滞缓。这说明，卵子激活存在 PLCζ 之外的其他替代通路。在临床病例中也发现有 ICSI 辅助生殖不成功的男性不育患者中出现 PLCζ 基因催化位点两个等位基因的突变，PLCζ 表达下降或不表达。有病例发现 PLCζ 的 C2 位点突变，造成 PLCζ 不表达，导致 Ca^{2+}振荡降低。

曾有报道，定位于精子顶体后区核周层的顶体后区 WW 位点结合蛋白（PAWP）在卵子激活中发挥作用。与 PLCζ 相似，其 RNA 和重组蛋白注射可以引起$[Ca^{2+}]i$ 振荡并激活多种动物和人的卵子，但 PAWP 不能水解 PIP2，尤其是 PAWP 激发卵子$[Ca^{2+}]i$ 振荡的重复性差，PAWP 敲除雄鼠是可育的，其精子还能诱发$[Ca^{2+}]i$ 振荡。这些证据说明，PAWP 不是关键的卵子激活因子。

人类 ART 临床上，对于卵子激活失败造成的不受精，可采用 Ca^{2+}载体或电刺激，辅助人工激活卵子，但这些方法无法模拟生理状态下的$[Ca^{2+}]i$ 振荡，而重组 PLCζ 或其 RNA 注射，可以诱发与受精激发类似的生理性$[Ca^{2+}]i$ 振荡，这在辅助生殖临床上尤其是对 ICSI 后卵子激活失败的不育患者的治疗具有潜在的应用价值。

第六节 精子核去浓缩、原核形成及表观遗传修饰变化

在哺乳动物受精过程中精子入卵后，高度浓缩的精核染色质受卵子激发而去浓缩，最终形成雄原核是受精的关键步骤之一。受精后随着精卵质膜融合，精子核直接与卵胞

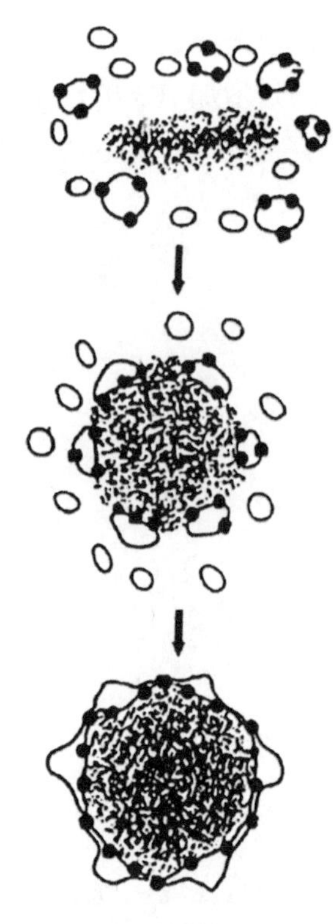

图 7-19　受精后精子核去浓缩形成雄原核，周围膜泡形成核膜

质作用，发生核膜破裂，精子染色质去浓缩，随后在去浓缩的雄染色质周围核膜重建，最后形成雄原核（图 7-19）；与此同时，卵母细胞恢复减数分裂，排出第二极体，留在卵子中的单倍体遗传物质形成雌原核。原核形成时，内质网可能参与核膜的组建。精子的核膜和其他膜性成分也可能参与雄原核核膜的形成。在小鼠中，原核形成早期，雄原核的体积较大，而雌原核体积较小，靠近第二极体。随后，雌雄原核靠近。前面已经提到，原核形成的后期，DNA 开始复制，但是没有转录活动。原核的活动和随后第一次有丝分裂纺锤体组装，需要很多能量，因此原核周围有大量线粒体分布（图 7-20）。受精卵的卵周隙中有两个极体，为卵母细胞成熟过程中就已排出的第一极体和受精后排出的第二极体。第一极体刚排出时呈肾形，随着卵龄增加，可在卵周隙中发生分裂；第二极体比较圆，排出后进入间期，形成细胞核，不发生分裂。

以前认为，精子是高度分化的细胞，细胞核高度凝集，带有极少胞质，受精时精子仅向卵子中带入雄性基因组。20 世纪 80 年代以后发现，各种动物和人类精子内有 RNA 存在，由于精子几乎不含细胞质，因此它们定位在精子核内。目前已知精子中存在编码和非编码 RNA，包括完整的和碎片化的 mRNA、siRNA、miRNA、piRNA 和 lncRNA 等。在精子携带的大约 3000 个转录本中，有些是精子特异性的，受精过程中被带入卵子。尽管有少数精子 RNA 在早期胚胎发育中起作用的报道，如有报道精子携带的一种 mRNA 编码丛生蛋白（clusterin），与细胞间相互作用、膜循环和凋亡调节有关，但总体来讲精子 RNA 在发育中的作用还知之甚少，其中多数可能在卵子中被降解。

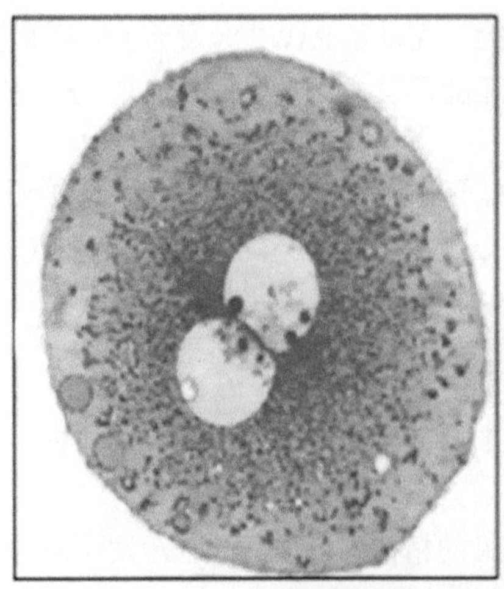

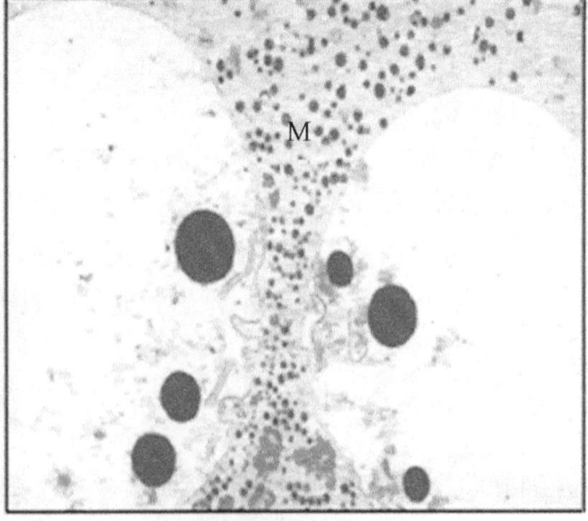

图 7-20　受精卵原核周围分布有大量线粒体

在受精前，卵子和精子获得不同的 DNA 甲基化模式和特异的基因组印迹。精子 80%～90%低密度 CpG 位点被甲基化，而卵子 DNA 甲基化程度仅为 50%。中密度或高密度的 CpG 位点在精子和卵子中均高度甲基化。卵子和精子分别有 376 个和 4894 个特异性 DNA 甲基化区域。此外，受精前精子由于组蛋白被鱼精蛋白替代，DNA 高度致密化。受精后来自父母双方的遗传物质发生重编程的过程，包括精子鱼精蛋白重新被组蛋白替代，配子特有的甲基化标识被替代为胚胎特有的模式，这对建立胚胎细胞的多能性和全能性是必需的。

一、精子核去浓缩

受精过程中精子核的去浓缩过程与精子发生精核浓缩化过程相反。哺乳动物圆形精子细胞核的组蛋白被精子特有的鱼精蛋白取代后，染色质变得高度浓缩。这种独特的浓缩包装方式经历了组蛋白被 TP1～4 蛋白暂时替代，而后被前鱼精蛋白替代，最终转化为鱼精蛋白的复杂步骤，保护了精核染色质，使得精子基因组处于无转录活性状态。受精后精子 DNA 要参与胚胎发育，其染色质必须在卵内去浓缩。精核 DNA 去浓缩的第一步是减少和清除鱼精蛋白上的二硫键（S—S）。当足够多的二硫键被清除后，精核染色质开始对卵内的去浓缩因子产生反应而发生去浓缩，与此同时鱼精蛋白逐渐被组蛋白取代。精子 DNA 与母源组蛋白 H3.3 组装成新的核小体，这个过程依赖于组蛋白分子伴侣 HIRA。组蛋白重新取代鱼精蛋白是精子染色质重新形成核小体和原核 DNA 复制的前提。用放射自显影法或免疫荧光法均证明在精核去浓缩过程中鱼精蛋白被逐渐移去。

精子染色质是由卵母细胞中的因子控制的。卵母细胞质的精核去浓缩能力在卵母细胞成熟过程中获得，而在受精后 3 h 失去这种功能，但这种因子是什么目前不清楚。处于 GV 期的卵母细胞不能使体外受精或显微注入的精核去浓缩，生发泡破裂（germinal vesicle breakdown，GVBD）后才获得该能力，成熟的 MⅡ期卵子使精核去浓缩的能力最强。卵母细胞 GVBD 释放的物质和卵母细胞成熟过程中蛋白质的合成都是精核去致密因子活性所必需的。在寻找精核去浓缩因子时，人们发现在蛙类中，核浆素（nucleoplasmin）参与组蛋白 H2A 和 H2B 与精子染色质的结合，在哺乳动物中也有类似的发现。GV 期卵母细胞中还原型谷胱甘肽（GSH）水平很低，在卵母细胞成熟过程中尤其在 GVBD 之后，GSH 大量合成，至 MⅡ期达到峰值。在卵母细胞成熟过程中抑制 GSH 合成，卵子使精核去浓缩的能力亦被抑制，说明在卵母细胞成熟过程中，GSH 水平逐渐升高是卵子获得使精核去浓缩能力所必需的，也就是说 GSH 参与精核去浓缩过程。当然细胞内其他含巯基（—SH）的分子也可能参与鱼精蛋白二硫键的清除和精核去浓缩过程。此外，精核在卵子中的重塑需要能量供应，在 ATP 缺乏的情况下，精核初期去致密可以发生，但在原核中染色质不能重新致密化或去致密。当向卵子中注射 3 个以上精子时，也会产生类似的情况。一旦雌原核形成，卵子便失去使精核去浓缩能力，故在原核形成阶段进入的精核不能被去浓缩和重新激活。

有关精子核去浓缩的机制，一种假说认为受精使鱼精蛋白磷酸化而发生电荷改变，从而使之移去。蛋白激酶抑制剂可阻止入卵后的小鼠精核去浓缩；受精后 1～2.5 h，在精核去浓缩的同时，MAPK 活性升高。但总体来讲，对精子核去浓缩过程中组蛋白与鱼精蛋白替代的机制了解不多。实际上，在精子形成过程中，鱼精蛋白 1 和鱼精蛋白 2 替代组蛋白并不是完全替代，2%～15%的染色质仍然与组蛋白结合；组蛋白分布不是随机的，而是与一些特定基因结合，如组蛋白 H2B 与端粒 DNA 结合。受精卵继承了这些由精子携带进入卵子的组蛋白——染色质结构框架，这对于胚胎发育是必要的。这些来自精子的组蛋白修饰的标记可跨代传递。

二、原核的表观遗传修饰变化

受精后，合子中雄原核和雌原核中的 DNA 发生去甲基化，但两个原核去甲基化是不同步的。雄原核在 DNA 复制前发生主动去甲基化，此时雌原核随着 DNA 复制发生被动去甲基化。在小鼠中，雄原核在受精后 4 h 内基本完成去甲基化。雄原核 5mC 水平从 PN2 阶段（精子染色质完全去致密阶段）开始下降，到 PN4～PN5 阶段（晚期原核阶段）达到最低。随后原核发生DNA复制依赖性的DNA被动去甲基化。基因组DNA 5mC水平在桑椹胚期达到最低，囊胚阶段又重新甲基化。在人受精卵中，雄原核的去甲基化也快于雌原核，但在 2-细胞期甲基化水平达到最低水平，在着床后胚胎才重新回到最高水平。

在伴随着原核去甲基化 5mC 含量下降的同时，5hmC 含量明显升高，一直从合子期维持到卵裂期，这说明雄原核去甲基化是在酶催化下完成的，而不是通过损伤修复完成的。进一步研究发现，这一过程是由来自卵子的 TET3 催化完成的，胞嘧啶在 TET3 等的催化下，被分步氧化，形成醛基或羧基，进而通过 DNA 复制过程的稀释，完成去甲基化。如果敲除卵子中加双氧酶 *Tet3* 基因，合子雄原核不能发生去甲基化，没有 5mC 到 5hmC 的转变。在雄原核经历去甲基化时，雌原核甲基化并没有变化。有证据表明啮齿类的 PGC7/Stella 可能对原核 DNA 甲基化有保护作用；另外一个可能的机制是在雌原核中组蛋白上有抑制去甲基化的标识，这些标识在雄原核中不存在。雌雄原核时间依赖性的差异去甲基化在小鼠、大鼠、猪、牛、人等受精卵中都发生，但在绵羊受精卵中不发生。最近的研究表明，实际上合子中第一次有丝分裂前，雌雄原核基因组都发生广泛的主动和被动去甲基化。雌雄原核在同一卵子胞质环境下差异性去甲基化的机制目前还不清楚。

合子中雌雄原核的组蛋白修饰也发生不对称变化。例如，早期合子中乙酰化的 H3K27、H4K5 和 H4K16 仅在雄原核中出现，而甲基化的 H3K4 仅在雌原核中出现。H3K9 甲基化在雌原核中表达也高于在雄原核中。受精早期 H3K27 的一甲基化在两个原核中都存在，但其二甲基化和三甲基化仅在雌原核中广泛分布，在雌雄原核靠近的晚期 PN4～PN5 阶段在雄原核中出现。H3K9、H3K36 和 H4K20 的三甲基化也仅在雌原核中发现。尽管这些组蛋白甲基化的修饰差异的功能目前还不清楚，但很有可能与配子基因组的重编程和胚胎基因组激活有关。最近的研究发现，H3K27 的甲基化是一个独立于 DNA 甲基化的遗传印迹调节机制。向小鼠受精卵中注射组蛋白 H3K27 去甲基化酶 kdm6b，会导致双亲等位基因同时表达，造成胚胎发育异常。

第七节 卵子皮质反应及多精受精的阻止

鸟类、鱼类及许多无脊椎动物是多精受精动物。在正常生理条件下，受精过程中可有多个精子入卵，卵子中形成多个雄原核，但最终只有一个雄原核与雌原核结合，完成正常的胚胎发育，而其他雄原核在发育中途退化。胎盘类哺乳动物是单精受精动物，受精时只允许一个精子入卵，以保证合子重新恢复二倍体。如果一个以上精子入卵，通常会导致胚胎发育异常或发育阻滞，最终终止。在人类中，尽管有三倍体和四倍体婴儿出生的报道，在绝大多数情况下多精受精会导致自然流产。并且，多倍体婴儿通常有严重的缺陷或功能异常。与其他动物相比，猪的多精受精率很高，体内多精受精率可达到30%～40%，而体外多精受精率可高达 65%。研究表明，猪卵母细胞质具有一定的清除多余精子的能力，多精受精的卵子中有多个雄原核形成，但如果多余的精子不干扰正常的雌雄原核结合，胎儿能发育到期。当有多个雄原核与雌原核结合时，可形成二倍体、三倍体、四倍体胎儿，甚至有的胎儿中既有二倍体细胞，也有四倍体细胞，但生下来的小猪中未发现多倍体现象。阻止多精受精的机制之一是雌性生殖道对精子的初步筛选。尽管哺乳动物一次射出的精子数量可达数千万甚至数亿个，但最终通过生殖道到达受精部位的精子数量很少，通常精子数与卵子数比例不超过 10∶1，只有那些活力相当好的获能精子才能到达受精部位。阻止多精受精的主要机制是卵子本身具有强大的阻止多精受精的能力。参与阻止多精受精的是卵子特有的一种细胞器——皮质颗粒（cortical granule，CG）。哺乳动物受精时，没有膜电位变化引起的快速阻止多精受精的机制，精子穿入卵子后，卵子皮质颗粒的内容物很快释放到卵周隙中，使透明带硬化；与此同时，精子膜与卵质膜融合，也改变了卵质膜的性质，从而达到阻止多精受精的目的。

一、皮质颗粒

皮质颗粒是大多数脊椎动物和无脊椎动物卵母细胞中的一种小的、圆形的、由膜包裹的细胞器。哺乳动物卵母细胞的皮质颗粒直径一般在 0.2～0.6 μm。皮质颗粒来自高尔基复合体，但也有报道它的发生与滑面内质网关系密切。在小鼠及大鼠中，初级卵泡卵母细胞中即出现皮质颗粒；在牛、人、猴、仓鼠及兔中，卵母细胞皮质颗粒在次级卵泡阶段出现。以后，随着卵母细胞的生长和成熟，皮质颗粒的数量不断增加，向质膜下迁移，沿质膜呈线状排列，这是所有哺乳动物卵母细胞成熟最后阶段的一个共同特征。在很多动物中，皮质颗粒的分布存在明显的极性，第二次减数分裂纺锤体所在区域的质膜下没有皮质颗粒。受精时，精子不能从该区域入卵。未成熟卵母细胞体外受精时，之所以多精受精率高于成熟卵，一方面是由于皮质颗粒不靠近质膜分布，另一方面就是由于皮质颗粒数量不足，从而导致卵母细胞不能有效地阻止多精入卵。老化卵子中的皮质颗粒“过度成熟”，且常发生自发胞吐或内迁，受精时尽管皮质颗粒发生胞吐，但排出的皮质颗粒内容物不能有效地阻止多精受精的发生。皮质颗粒的内容物主要包括蛋白酶、卵过氧化物酶、*N*-乙酰氨基葡萄糖苷酶、糖基化物质等。其中虾红素家族的金属内切蛋白酶 Ovastacin 是卵母细胞特异表达的，在多精受精阻止中发挥重要作用。

二、卵子皮质反应

哺乳动物精子入卵后，激发卵质膜下的皮质颗粒发生胞吐，称为皮质反应（cortical reaction，图 7-21）。皮质颗粒的胞吐是“爆炸性的”，从精子入卵点开始迅速向四周扩散。可以认为卵母细胞是一种分泌细胞，但它与持续性分泌细胞不同的一点是，其整个生命过程中分泌活动仅发生一次，这一特性非常类似于精子的顶体反应。由于卵子皮质反应是受精时卵子激活后快速发生的一个事件，其发生机制与卵子激活机制是类似的。即一种观点认为，皮质反应的发生是一个卵质膜受体介导过程，即进入卵周隙的精子与卵质膜表面的受体结合，通过活化 G 蛋白或酪氨酸蛋白激酶，激活一系列的信号传导系统，诱发皮质反应的发生；另一种观点认为，精子入卵时带入可溶性的卵子激活因子，从而诱发皮质反应的发生。卵子激活时，皮质反应发生和第二次减数分裂恢复的信号通路是有差异的，卵子激活时皮质反应和第二次减数分裂恢复是 Ca^{2+}升高后两个独立发生的事件。

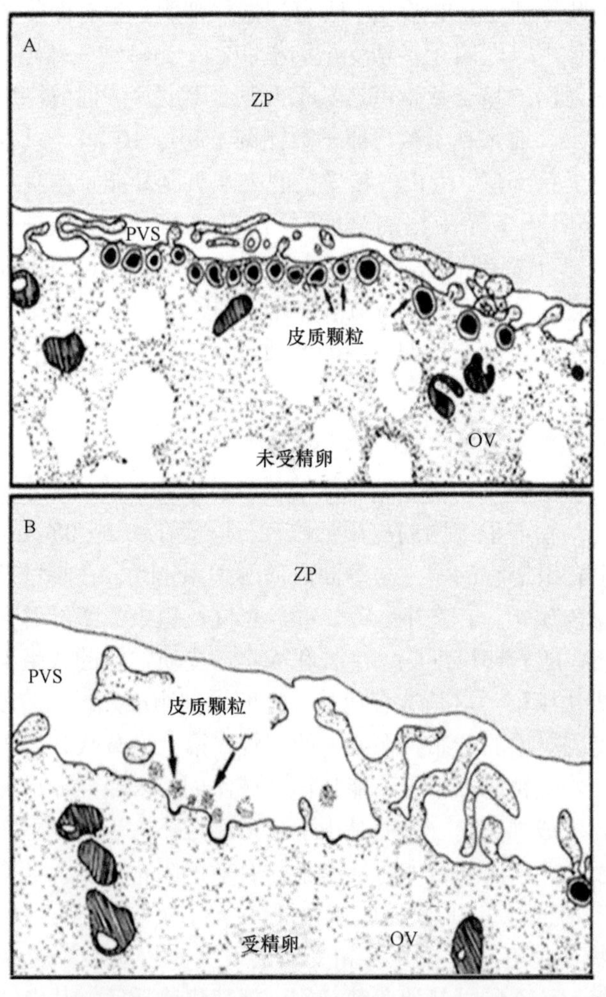

图 7-21　卵子激活后皮质反应模式图。A. 皮质反应前，皮质颗粒在质膜下分布（ZP：透明带；OV：卵子囊泡）；B. 皮质反应后，皮质颗粒内容物释放到卵周隙中（PVS：卵周隙）

皮质反应的发生依赖于卵母细胞的成熟阶段。把精子提取物注射到小鼠 GV 期和 MⅡ期卵母细胞后，MⅡ期卵母细胞中 86%的皮质颗粒发生胞吐，而 GV 期卵母细胞中只有1%的皮质颗粒发生胞吐。GV 期卵母细胞能够被精子穿入，但精子入卵后皮质颗粒基本上不发生胞吐，因此不能阻止多精受精的发生。GVBD 后，卵母细胞逐渐获得发生皮质反应的能力。未成熟卵母细胞不能发生皮质反应，虽然可能与皮质颗粒数量少和皮质颗粒与质膜距离远有关，但关键是由于未成熟卵母细胞中还没有建立起皮质反应的机制。受精后或 IP3 注射后，小鼠和仓鼠未成熟卵母细胞中虽然有 Ca^{2+}的升高，但升高的水平比成熟卵母细胞要低，ZP2 向 ZP2f 的转变基本上没有发生。这说明未成熟卵母细胞中还没有健全 IP3 诱导的 Ca^{2+}释放机制，这种机制是在卵母细胞恢复减数分裂后逐渐健全的。$[Ca^{2+}]i$ 升高后引发皮质反应的机制也是在卵母细胞成熟过程中逐步完善的。

诱发皮质反应的主要信号是 Ca^{2+}升高，涉及细胞内一系列的信号传递系统。卵子激活后的前 4 次 Ca^{2+}升高就可诱发大多数皮质颗粒发生胞吐。现已证实，磷脂酰肌醇信号通路在皮质反应中发挥重要作用。首先卵质膜上的 4,5-二磷酸磷脂酰肌醇在磷脂酶 C 的作用下水解，产生两种第二信使分子，即二酰基甘油（DAG）和 1,4,5-三磷酸肌醇（IP3）。IP3 与细胞质中储存 Ca^{2+}的内质网或钙小体（calcisome）上的 IP3 受体结合，导致内源性 Ca^{2+}的释放；同时，DAG 激活蛋白激酶 C（PKC），最终导致皮质颗粒膜与卵质膜融合，发生皮质反应。

有许多实验证据支持上述假说。如果用 Ca^{2+}载体 A23187 处理卵子或向卵子胞质中直接注入 Ca^{2+}，将激发皮质反应，而 Ca^{2+}螯合剂能抑制精子诱导的皮质颗粒胞吐。对大鼠的研究表明，低浓度的 Ca^{2+}即可诱导部分皮质颗粒的胞吐，而皮质反应的完全发生则需高浓度的 Ca^{2+}。有证据表明，钙调蛋白依赖的蛋白激酶Ⅱ（CaMKⅡ）可能是 Ca^{2+}诱发皮质反应信号通路中的一个关键分子。小鼠卵母细胞成熟过程中，CaMKⅡ的表达增加 150%，活性增加 110%。卵子激活后，伴随着$[Ca^{2+}]i$ 升高，CaMKⅡ迅速激活。用 CaMKⅡ抑制物 KN-93 处理小鼠卵子后，再用乙醇活化卵子，皮质颗粒胞吐明显减少。

向仓鼠和绵羊卵胞质中注入 IP3 可诱发内源性 Ca^{2+}的释放和皮质反应发生。另外，向仓鼠卵中注射抗 IP3 受体的抗体，可以阻止 IP3 诱导的 Ca^{2+}释放和皮质反应发生。在小鼠中，向卵胞质中注入 IP3 可导致正常受精后所发生的透明带蛋白 ZP2 向 ZP2f 的转变，并且这种作用可被能与 IP3 受体结合的 18A10 抗体所拮抗。在仓鼠中，由 IP3 诱导的皮质颗粒胞吐可持续约 5 min。另外，在小鼠卵母细胞中还发现有 PLC mRNA 和蛋白质的存在。PLC 抑制剂可有效阻断精子引起的卵子激活。

用电镜及激光共聚焦扫描显微镜观察证明，PKC 激活可有效地激发小鼠、大鼠及猪卵子的皮质颗粒胞吐，并引起 ZP2 向 ZP2f 的转变。研究发现，小鼠、大鼠和猪卵子中均含有不同亚型的 PKC。例如，猪卵子中含有 PKC-α、PKC-βI 和 PKC-γ。小鼠卵受精后，皮质颗粒胞吐的同时，伴随着 PKC-α和 PKC-β向卵质膜的迁移。猪卵子受精后，PKC-α也向卵质膜迁移；向猪卵子中注射 PKC-α抗体，精子入卵或 PKC 激活后，皮质颗粒胞吐受到抑制，说明 PKC-α参与了皮质反应。PKC 激活诱发的皮质反应不依赖于$[Ca^{2+}]i$ 升高，说明它在$[Ca^{2+}]i$ 升高之后发挥作用，$[Ca^{2+}]i$ 升高激发 PKC 激活而向卵质膜转位。

精子激发卵子皮质反应可能是通过 G 蛋白介导的信号通路而实现的。G 蛋白的激活剂 A1F4 诱导小鼠卵子发生皮质反应。用 GTP 类似物 GTP-γ-S 激活 G 蛋白，可引起猪卵子皮质反应发生。向仓鼠和绵羊卵子中注射 GTP-γ-S 也可引发皮质反应。在小鼠卵子中，已检测到 G 蛋白超家族中 Rab3A 的靶分子 Rabbphilin-3A 的 mRNA 和蛋白质的存在，并且向小鼠卵子中注射 Rabbphilin-3A 重组蛋白的 NH_2—或 COOH—端片段可剂量依赖性地抑制皮质反应的发生。

上述实验证据表明，受精过程中精子与卵质膜上的受体作用，通过 G 蛋白介导，IP3 引起 Ca^{2+}释放，导致 CaMKⅡ激活，而 DAG 激活 PKC，二者共同导致卵母细胞膜与皮质颗粒膜融合，促使皮质反应发生。不同通路参与对皮质颗粒胞吐的调节需要肌动蛋白参与，使皮质颗粒靠近质膜。PKC 通过磷酸化 MARCKS，而钙调蛋白与 MARCKS 结合，调节肌动蛋白的重组，参与卵子皮质反应。皮质颗粒的迁移也可能受 Ca^{2+}-钙调蛋白依赖的肌球蛋白轻链激酶（MLCK）的调节，抑制 MLCK 可阻止小鼠卵子受精过程中皮质反应的发生。

然而，也有一些实验证据不支持上述模型。重组 CaMKⅡ注射到卵母细胞中，可诱发第二次减数分裂恢复和原核形成，但不发生皮质反应。*CaMK II*敲除小鼠卵母细胞激活时，不发生第二次减数分裂恢复，但皮质反应发生。把 PLCζ 注射到小鼠卵子中没有发现卵子膜上 DAG 的聚集；同时也有报道，尽管小鼠卵子受精时 PKC 向卵质膜迁移，但 PKC 抑制剂不影响皮质反应发生。

三、多精受精阻止

哺乳动物卵子发生皮质反应后，可阻止多精受精，涉及透明带、卵质膜及卵周隙的变化。根据动物种类不同，多精受精的阻止或主要发生在透明带水平上，或主要发生在卵质膜水平上，或二者兼有。例如，仓鼠、狗、牛、绵羊及山羊卵子受精时，卵周隙中几乎不见精子，多精受精阻止主要发生在透明带水平上，质膜几乎不参与；兔、衣囊鼠、鼹鼠等卵子受精时，卵周隙中可见大量精子，卵质膜阻止多精受精，而不发生透明带反应；猪卵子受精后，卵周隙中也常见到有许多精子，多精受精阻止可能主要发生在卵质膜水平上，但透明带也发挥一定的作用；小鼠、大鼠、豚鼠、猫、牛、人等处于中间类型，卵周隙中仅存 1～2 个精子，最多有 10 个精子存在，多精受精阻止既需透明带的变化，又有卵质膜阻断。有些生理性多精受精的动物，如某些昆虫、有尾目动物、爬行类及鸟类等，多个精子进入卵子，但卵子细胞质具有清除多余精子的能力，其机制目前不清楚。

（一）透明带反应

一旦精子与卵子融合，皮质反应后胞吐到卵周隙中的酶类（蛋白酶、卵过氧化物酶、*N*-乙酰氨基葡萄糖苷酶等）引起透明带糖蛋白发生生化和结构变化，从而阻止多精入卵，称为透明带反应（zona reaction）。透明带的变化包括，初级精子受体 ZP3 灭活，改变其识别精子的正常功能，游离的精子不能再与透明带结合；次级精子受体 ZP2 水解，已与透明带结合或部分穿入透明带的精子不能再穿过透明带。仓鼠的透明带反应从精子附着在卵质膜后 2.5 min 开始，20 min 完成；也有人报道，仓鼠透明带反应 8 min 即可完成。小鼠卵子激活后 5～8 min，便在透明带水平上建立起多精受精阻止的机制。皮质颗粒内容物诱发透明带反应无种属特异性。与以前的认识不同，目前认为透明带反应中的 ZP2 而不是 ZP3 的变化是阻止多精受精的关键。最近的研究表明，卵子激活后透明带的一个显著变化是 ZP2 的裂解，由 120 kDa 的 ZP2 转变为 23 kDa 的 N 段片段和 90 kDa 的 ZP2f，使精子不能与透明带结合。负责裂解 ZP2 的是皮质颗粒中的 OVASTACIN，*Ovastacin* 敲除小鼠不能裂解 ZP2，2-细胞阶段的胚胎透明带仍然能与精子结合。血浆蛋白 FETUIN-B 可阻止透明带变硬，它可抑制 OVASTACIN 的活性，缺失 FETUIN-B 的雄鼠生殖力正常，雌鼠排出正常卵子，但失去生殖力；皮质反应后大量的 OVASTACIN 释放，掩盖了 FETUIN-B 的作用，ZP2 裂解，阻止精子与透明带结合。然而，携带不能裂解的 ZP2 的转基因小鼠，仅表现为生殖力下降，而 *Ovastacin* 敲除小鼠是可育的。因此，除了 OVASTACIN 导致的 ZP2 裂解机制以外，其他机制也参与透明带水平阻止多精受精。

（二）卵质膜反应

很多哺乳动物的受精卵的卵周隙中有精子存在，因此提出了卵质膜反应（egg plasma membrane reaction）阻止多精受精的概念。兔卵的多精受精阻止主要发生在卵质膜水平上，因为在卵周隙中可发现大量精子存在。猪卵质膜反应在阻止多精受精中也发挥重要作用。卵质膜反应阻止多精受精只是一种现象描述，对其机理了解得不多。低等动物卵子受精后质膜的去极化可能在快速阻止多精受精中发挥作用，但哺乳动物尽管有报道在精卵融合时卵质膜有电位变化，但没有明显的卵子膜去极化，也没有令人信服的证据表明哺乳动物有依靠电位变化阻止多精受精的机制。卵质膜反应阻止多精受精发生得比较慢，通常需要几十分钟，而膜电位变化通常几秒钟。去透明带的小鼠卵子体外受精时，需要 40 min 到 1 h 后卵质膜不再与精子结合；去透明带的仓鼠卵激活后，30～60 min 后不再接受精子。

哺乳动物卵子表面有许多微绒毛（中期纺锤体区域除外），可能参与卵质膜与精子的融合。在小鼠及仓鼠中，受精后卵质膜表面的微绒毛数量减少，导致精子受体减少，这可能与阻止多精受精有关。仓鼠卵激活后几分钟，质膜上出现一些无微绒毛的区域，不含微绒毛的区域通常不能与精子融合。小鼠卵受精后，膜的流动性下降。也有观点认为，受精精子的质膜与卵质膜的融合在卵质膜阻止多精受精中发挥重要作用。经过单精注射的小鼠卵子已发生皮质反应，再用这些卵子来进行体外受精时，不能阻止精子入卵。用乙醇或 $SrCl_2$ 处理小鼠卵子，诱发皮质反应发生后，这些卵子也没有阻止多精受精的能力。在人的卵子中也存在类似现象。精子不能穿入人原核期的受精卵，但能穿入单精注射的受精卵和孤雌活化卵子。但由于精子与卵子相比，体积非常小，精子质膜成分与卵质膜的融合不太可能是卵质膜阻止多精受精的机制。有人推测，皮质颗粒胞吐时，皮质颗粒膜插入卵质膜，形成新的嵌合膜，改变了质膜原有的性质，使其不再接受精子，但这仍缺乏直接证据。关于皮质颗粒内容物是否参与质膜阻止多精受精，存在两种明显不同的观点。一种观点认为，皮质反应发生后，皮质颗粒的某些成分与卵质膜结合，可能在阻止多精受精中发挥作用。另一种观点认为，质膜阻止多精受精时，皮质颗粒内容物不起作用。

有许多研究证据表明，卵质膜中的整合素与精卵融合有关。有人提出这样一种假说，即精子与卵质膜上的整合素结合激活卵子，反馈抑制其他精子再与整合素结合，参与质膜阻止多精受精，也有人提出精子入卵后可能使卵质膜上的整合素灭活，但这些假说还缺乏实验依据支持。最近的研究发现，卵质膜上有精子受体 JUNO 存在，受精后 JUNO 脱离质膜，失去与精子的结合能力。JUNO 缺失的雌鼠失去生育能力，而野生型卵子受精后 40 min，JUNO 从质膜脱离，这与质膜阻止多精受精的时间是一致的。孤雌激活后的卵子或 ICSI 受精卵子，JUNO 不从质膜脱离。这也解释了上面提到的精子仍然能穿入孤雌激活和 ICSI 卵子的现象。

（三）皮质颗粒膜的形成

近来有人研究了哺乳动物卵子受精后皮质颗粒胞吐造成的卵周隙变化。经钌红染色后电镜观察发现，小鼠、仓鼠及人等卵子受精后，皮质颗粒内容物胞吐到卵周隙中，并形成完整的一层，称为皮质颗粒膜（cortical granule envelope，CGE）。仓鼠的皮质颗粒膜中除了含多种糖蛋白外，还含有两种皮质颗粒来源的多肽 p62 和 p56。皮质颗粒膜的形成可能在卵周隙水平上或卵质膜水平上阻止多精入卵或对精子进行修饰。

第八节　受精过程的中心体和线粒体遗传

受精过程中，精子头部和尾部一同进入卵子。除了精子头部的基因组外，精子颈部的中心粒、尾部的线粒体和少量细胞质都进入卵子。由于卵子本身不含中心粒，在多数动物中，精子携带进入卵子的中心粒在受精和早期胚胎发育过程中尤其是在纺锤体组装中发挥重要作用。精子尾部的线粒体产生 ATP，对精子运动、穿入卵子和实现受精发挥关键作用，但线粒体是母系遗传的，精子线粒体 DNA 必须清除，以保证线粒体的均质性和胚胎发育。

一、中心体遗传

中心体也称为微管组织中心。在分裂间期的细胞中，中心体位于靠近核膜的胞质中，在大多数情况下，以星体形式存在。在分裂期的细胞中，中心体位于纺锤体的两极。一般情况下，中心体中央含有一对中心粒，周围由无定形物质组成，从无定形物质伸出微管束。中心粒呈圆筒状，长 0.3～0.6 μm，直径约 0.2 μm，两个中心粒相互垂直，每个中心粒由 9 组三联微管组成。中心体外周物质由 50～100 种蛋白质组成，包括结构蛋白、调节蛋白、中心体相关蛋白、热激蛋白等。中心体的主要成分γ-微管蛋白环状复合体（γ-TuRC）与中心体周蛋白（pericentrin）PCNT1/PCNT2、NuMA 及 Polo 蛋白激酶，Aurora 蛋白激酶，微管锚定蛋白 ninein、centriolin 及 dynactin 等一起参与微管的聚合和延伸；中心体蛋白（centrin）是中心体复制所必需的。在细胞周期中，中心体复制是和 DNA 复制严格同步的。

从腔肠动物到低等脊椎动物都证实，卵子发生过程中中心粒退化，成熟卵子中含有中心体物质，但没有中心粒，因此成熟卵子中不含典型的中心体或含有无中心粒中心体。而精子发生过程中，中心体物质丢失，剩下两个中心粒，分别称为远端中心粒和近端中心粒。远端中心粒发出精子鞭毛的“9+2”微管结构，处于退化状态，而近端中心粒受精后形成精子微管星体。在大多数哺乳动物中，受精时由精子带入中心粒，而卵子贡献中心体物质，形成合子中心体。受精后由精子近端中心粒形成的精子星体对于受精、卵裂和胚胎发育具有重要作用。已证明，牛、羊、兔和人卵子胞质中没有微管组织中心。精子进入卵子后，在精子颈部区域形成一个微管星体结构，并随着原核生长及迁移而增大（图 7-22）。超微结构观察显示，羊精子入卵后，在形成的两个原核之间，从精子颈部区域的近端中心粒衍生出放射排列的微管，中心粒位于第一次有丝分裂纺锤体的一极。利用电镜观察和抗微管免疫荧光标记等方法证明，兔受精后微管的组织发生在精子头的基部。在灵长类中，人卵子有两个精子穿入时，可有 2/3 分裂形成 3 细胞，这可能是形成了三极纺锤体所致。电镜观察显示，单精或双精受精卵中，有丝分裂纺锤体极端均有中心粒存在。牛多精受精卵中，每个穿入精子的头部和尾部间都形成一个星体，可形成多个有丝分裂纺锤体，但未见多极纺锤体。

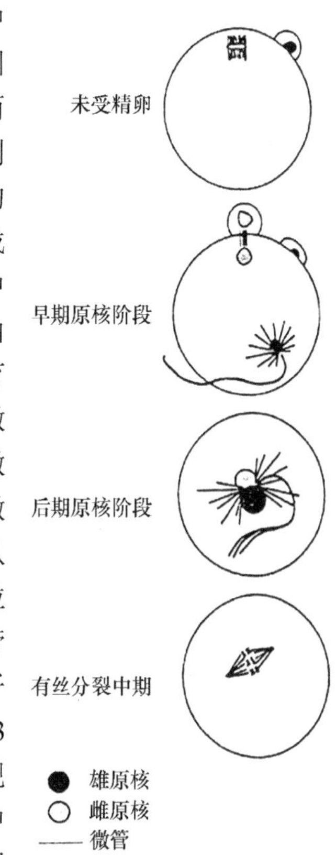

图 7-22　牛卵子受精后中心体微管组装（引自 Navara et al.，1994）

小鼠和其他啮齿类动物的情况有所不同。受精前小鼠卵母细胞中有许多（约 16 个）非纺锤体微管结构，被称为星体。有研究表明，小鼠 MⅡ期卵母细胞中微管组织中心体来自卵母细胞减数分裂成熟过程中退化的中心体。在小鼠成熟精子中，没有发现中心体；精子入卵后，也不形成精子星体结构。这些事实说明，小鼠中心体是母方遗传的。受精后卵子胞质中每个中心体形成的星体，负责原核的相互靠近。小鼠卵子受精后，中心体的变化及功能见图 7-23。

图 7-23　小鼠受精卵中的中心体功能及微管组装（引自 Simerly et al.，1995）

二、线粒体遗传

线粒体是一种半自主性细胞器，本身具有 37 个基因，编码 13 种蛋白质，其蛋白质组成和功能受到核基因和自身基因的双重调控。线粒体基因的突变和功能的异常，会导致一系列线粒体相关疾病。不同于核基因组，线粒体 DNA（mtDNA）的匀质性非常重要。当线粒体异质性达到一定的阈值（通常 60%以上），就会导致线粒体疾病的发生；即使是正常的两种线粒体基因组出现在同一细胞中，也会引发个体的一系列线粒体相关疾病。在个体发育的早期，有两种重要的方式保持线粒体基因组的匀质性。第一种：在卵子发生过程中，线粒体基因组要经过一个被称为“瓶颈效应”的过程，获得少量正常线粒体的生殖细胞中的线粒体 DNA 大量复制，从而使得卵子的线粒体基因组能保持其单一性；第二种：线粒体的母系遗传。受精过程中，精子尾部中段的线粒体也一同被带入卵子（图 7-24）。精子含有几十个线粒体，但成熟卵母细胞线粒体达到十万个以上，甚至上百万个；人成熟卵母细胞平均含有（256 000±213 000）个线粒体基因组。然而，这少量的精子线粒体及其 DNA（mtDNA）也要被降解清除，以保证正常的胚胎发育和后代健康。

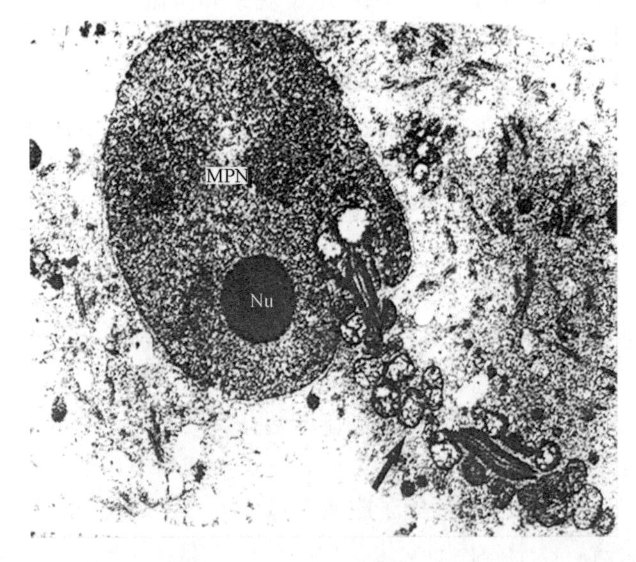

图 7-24　受精过程中，精子尾部线粒体（箭头）一同进入卵子。MPN：早期雄原核；Nu：核仁

大量研究表明，绝大多数动物线粒体是通过母系遗传的。精子的线粒体产生大量能量用于在游动中与其他精子竞争。在大负荷的情况下，线粒体产生了很多氧自由基，这些氧自由基能诱导线粒体 DNA 发生突变，所以大自然进化出一套机制将来自父亲的线粒体从受精卵中清除。但在有的动物中也有线粒体母系遗传为主、父系遗传为辅的双系遗传的个别报道。例如，种间小鼠交配后，精子线粒体 DNA 能保留不被清除，形成双系遗传，但是这种遗传只能在出生后早期检测到，并不遗传给后代的任何组织。人类父系线粒体遗传仅在稀发的病理条件下有报道。关于线粒体母系遗传的解释主要包括以下几种。①被动稀释：相对于卵母细胞来说，精子的线粒体及 mtDNA 含量少得多，后者不到前者的 1/1000，受精后精子线粒体被稀释。②重组融合：受精后，精子 mtDNA 与

来源于卵母细胞的 mtDNA 发生重组融合。③主动清除：精子发生和成熟过程中，线粒体就已经被部分降解，只保留了满足完成受精所必需的最少量线粒体；受精前精子线粒体 DNA 被清除，只剩下空壳的线粒体以完成受精过程中能量的需求；小鼠和人运动力好的精子 mtDNA 拷贝数明显下降；受精后，精子 mtDNA 在受精卵中进一步先于线粒体本身被降解清除以保证精子 mtDNA 不会遗传给其子代；线虫的精子线粒体中含有一种核酸内切酶 G（CPS-6），在精子与卵子结合后，这种酶从父本线粒体的膜间质转位到线粒体基质里面，从而参与精子 mtDNA 的降解和清除。④自噬清除：在精子的发生和成熟过程中，精子线粒体被泛素化标记；受精后，精子线粒体在受精卵中被自噬清除降解，父系线粒体清除因子 CPS-6 参与了这一过程。线虫精子线粒体及其 DNA 被通过受精后的自噬过程降解清除，通过基因敲除相关自噬基因，可以抑制精子线粒体的降解。但在小鼠中，自噬未参与受精后的精子线粒体的清除及 mtDNA 降解，而线粒体母系遗传是通过受精前精子 mtDNA 的降解清除和受精后精子线粒体在早期胚胎中不均匀分布和稀释所致。

参考文献

陈大元. 2000. 受精生物学——受精机制与生殖工程. 北京：科学出版社.

张天荫. 1996. 动物胚胎学. 济南：山东科学技术出版社.

Al Rawi S, Louvet-Vallee S, Djeddi A, et al. 2011. Postfertilization autophagy of sperm organelles prevents paternal mitochondrial DNA transmission. Science, 334: 1144-1147.

Ankel-Simons F, Cummins J M. 1996. Misconceptions about mitochondria and mammalian fertilization: implications for theories on human evolution. Proc Natl Acad Sci U S A, 93: 13859-13863.

Avella M A, Baibakov B, Dean J. 2014. A single domain of the ZP2 zona pellucida protein mediates gamete recognition in mice and humans. J Cell Biol, 205: 801-809.

Avella M A, Xiong B, Dean J. 2013. The molecular basis of gamete recognition in mice and humans. Mol Hum Reprod, 19: 279-289.

Baibakov B, Boggs N A, Yauger B, et al. 2012. Human sperm bind to the N-terminal domain of ZP2 in humanized zonae pellucidae in transgenic mice. J Cell Biol, 197: 897-905.

Bavister B D. 2002. Early history of *in vitro* fertilization. Reproduction, 124: 181-196.

Bianchi E, Doe B, Goulding D, et al. 2014. Juno is the egg Izumo receptor and is essential for mammalian fertilization. Nature, 508: 483-487.

Bianchi E, Wright G J. 2016. Sperm meets egg: the genetics of mammalianfertilization. Annu Rev Genet, 50: 93-111.

Buffone M G, Hirohashi N, Gerton G. 2014. Unresolved questions concerning mammalian sperm acrosomal exocytosis. Biol Reprod, 90: 112.

Burkart A D, Xiong B, Baibakov B, et al. 2012. Ovastacin, a cortical granule protease, cleaves ZP2 in the zona pellucida to prevent polyspermy. J Cell Biol, 197: 37-44.

Chen Q, Yan M, Cao Z, et al. 2016.Sperm tsRNAs contribute to intergenerational inheritance of an acquired metabolic disorder. Science, 351: 397-400.

Chiu P C, Lam K K, Wong R C, et al. 2014. The identity of zona pellucida receptor on spermatozoa: an unresolved issue in developmental biology. Semin Cell Dev Biol, 30: 86-95.

Cummins J. 1998. Mitochondrial DNA in mammalian reproduction. Rev Reprod, 3: 172-182.

DeLuca S Z, O'Farrell P H. 2012. Barriers to male transmission of mitochondrial DNA in sperm development. Dev Cell, 22: 660-668.

Fan H Y Huo L J, Meng X Q, et al. 2003. Involvement of calcium/calmodulin-dependent protein kinase II

(CaMKII) in meiotic maturation and activation of pig oocytes. Biol Reprod, 69: 1552-1564.
Fan H Y, Tong C, Lian L, et al. 2002. Translocation of classical protein kinase C (cPKC) isoforms in porcine oocytes: implications of PKC involvement in the regulation of nuclear activity and cortical granule exocytosis. Exp Cell Res, 277: 183-191.
Fan H Y, Tong C, Lian L, et al. 2003. Characterization of ribosomal protein kinase p90rsk during meiotic maturation and fertilization in pig oocytes: mitogen-activated protein kinase-associated activation and localization. Biol Reprod, 68: 968-977.
Gadella B M. 2012. Dynamic regulation of sperm interactions with the zona pellucida prior to and after fertilisation. Reprod Fertil Dev, 25: 26-37.
Gahlay G, Gauthier L, Baibakov B, et al. 2010. Gamete recognition in mice depends on the cleavage status of an egg's zona pellucida protein. Science, 329: 216-219.
Gat I, Orvieto R. 2017. "This is where it all started"—the pivotal role of PLCζ within the sophisticated process of mammalian reproduction: a systemic review. Basic Clin Androl, 27: 9.
Green D P. 1997. Three-dimentional structure of the zona-pellucida. Rev Reprod, 2: 147-256.
Gu T P, Guo F, Yang H, et al. 2011. The role of Tet3 DNA dioxygenase in epigenetic reprogramming by oocytes. Nature, 477: 606-610.
Guo F, Li X, Liang D, et al. 2014. Active and passive demethylation of male and female pronuclear DNA in the mammalian zygote. Cell Stem Cell, 15: 447-458.
Guo H, Zhu P, Yan L, et al. 2014. The DNA methylation landscape of human early embryos. Nature, 51: 606-610.
Gupta S K. 2014. Unraveling the intricacies of mammalian fertilization. Asian J Androl, 16: 801-802.
Gupta S K. 2015. Role of zona pellucida glycoproteins during fertilization in humans. J Reprod Immunol, 108: 90-907.
Hachem A, Godwin J, Ruas M, et al. 2017. PLCζ is the physiological trigger of the Ca^{2+} oscillations that induce embryogenesis in mammals but offspring can be conceived in its absence. Development, 144: 2914-2924.
Huang H L, Lv C, Zhao Y C, et al. 2014. Mutant ZP1 in familial infertility. N Engl J Med, 370: 1220-1226.
Inoue A, Jiang L, Lu F, et al. 2017. Maternal H3K27me3 controls DNA methylation-independent imprinting. Nature, 547: 419-424.
Inoue N, Ikawa M, Isotani A, et al. 2005. The immunoglobulin superfamily protein Izumo is required for sperm to fuse with eggs. Nature, 434: 234-238.
Inoue N, Satouh Y, Ikawa M, et al. 2011. Acrosome-reacted mouse spermatozoa recovered from the perivitelline space can fertilize other eggs. Proc Natl Acad Sci U S A, 108: 20008-20011.
Jin M, Fujiwara E, Kakiuchi Y, et al. 2011. Most fertilizing mouse spermatozoa begin their acrosome reaction before contact with the zona pellucida during in vitro fertilization. Proc Natl Acad Sci U S A, 108: 4892-4896.
Jones R E, Lopez K H. 2014. Human Reproductive Biology. Fourth edition. London, UK: Academic Press in Elsevier Inc.
Kaji K, Kudo A. 2004. The mechanism of sperm-oocyte fusion in mammals. Reproduction, 127: 423-429.
Kaji K, Oda S, Shikano T, et al. 2000. The gamete fusion process is defective in eggs of Cd9-deficient mice. Nat Genet, 24: 279-282.
Khrapko K. 2008. Two ways to make an mtDNA bottleneck. Nat Genet, 40: 134-135.
Kim A M, Bernhardt M L, Kong B Y, et al. 2011. Zinc sparks are triggered by fertilization and facilitate cell cycle resumption in mammalian eggs. ACS Chem Biol, 6: 716-723.
Kim E, Yamashita M, Kimura M, et al. 2008. Sperm penetration through cumulus mass and zona pellucida. Int J Dev Biol, 52: 677-682.
Kline D, Kline J. 1992. Repetitive calcium transients and the role of calcium in exocytosis and cell cycle activation in the mouse egg. Dev Biol, 149: 80-89.
La Spina F A, Puga Molina L C, Romarowski A, et al. 2016. Mouse sperm begin to undergo acrosomal exocytosis in the upper isthmus of the oviduct. Dev Biol, 411: 172-182.

Lane M, Robker R L, Robertson S A. 2014. Parenting from before conception. Science, 345: 756-760.
Le Naour F, Rubinstein E, Jasmin C, et al. 2000. Severely reduced female fertility in CD9-deficient mice. Science, 287: 319-321.
Levine B, Elazar Z. 2011. Inheriting maternal mtDNA. Science, 334: 1069-1070.
Li J, Tang J X, Cheng J M, et al. 2018. Cyclin B2 can compensate for Cyclin B1 in oocyte meiosis I. J Cell Biol, 217: 3901-3911.
Longo F J. 1997. Fertilization. Abingdon: Taylor & Francis Group.
Lu Q, Smith G, Chen D Y, et al. 2002. Activation of protein kinase C induces MAP kinase dephosphorylation and pronucleus formation in rat oocytes. Biol Reprod, 67: 64-69.
Luo S M, Ge Z J, Wang Z W, et al. 2013. Unique insights into maternal mitochondrial inheritance in mice. Proc Natl Acad Sci U S A, 110: 13038-13043.
Ma J Y, Zhang T, Shen W, et al. 2014. Molecules and mechanisms controlling the active DNA demethylation of the mammalian zygotic genome. Protein Cell, 5: 827-836.
Mao H T, Yang W X. 2013. Modes of acrosin functioning during fertilization. Gene, 526: 75-79.
Marcho C, Cui W, Mager J. 2015. Epigenetic dynamics during preimplantation development. Reproduction, 150: R109-R120.
Martin-Deleon P A. 2011. Germ-cell hyaluronidases: their roles in sperm function. Int J Androl, 34: e306-318.
May-Panloup P, Boucret L, Chao de la Barca J M, et al. 2016. Ovarian ageing: the role of mitochondria in oocytes and follicles. Hum Reprod Update, 22: 725-743.
May-Panloup P, Chrétien M F, Jacques C, et al. 2005. Low oocyte mitochondrial DNA content in ovarian insufficiency. Hum Reprod, 20: 593-597.
May-Panloup P, Chrétien M F, Savagner F, et al. 2003. Increased sperm mitochondrial DNA content in male infertility. Hum Reprod, 18: 550-556.
McLay D W, Clarke H J. 2003. Remodelling the paternal chromatin at fertilization in mammals. Reproduction, 125: 625-633.
Miao Y L, Stein P, Jefferson W N, et al. 2012. Calcium influx-mediated signaling is required for complete mouse egg activation. Proc Natl Acad Sci U S A, 109: 4169-4174.
Miller B J, Georges-Labouesse E, Primakoff P, et al. 2000. Normal fertilization occurs with eggs lacking the integrin α6α1 and is CD9-dependent. J Cell Biol, 149: 1289-1296.
Miyado K, Yamada G, Yamada S, et al. 2000. Requirement of CD9 on the egg plasma membrane for fertilization. Science, 287: 321-324.
Nakamura T, Arai Y, Umehara H, et al. 2007. PGC7/Stella protects against DNA demethylation in early embryogenesis. Nat Cell Biol, 9: 64-71.
Navara C S, First N L, Schatten G. 1994. Microtubule organization in the cow during fertilization, polyspermy, parthenogenesis and nuclear transfer: the role of the sperm aster. Dev Biol, 162: 29-40.
Nishimura Y, Yoshinari T, Naruse K, et al. 2006. Active digestion of sperm mitochondrial DNA in single living sperm revealed by optical tweezers. Proc Natl Acad Sci U S A, 103: 1382-1387.
Okabe M, Yagasaki M, Oda H, et al. 1988. Effect of a monoclonal anti-mouse sperm antibody (OBF13) on the interaction of mouse sperm with zona-free mouse and hamster eggs. J Reprod Immunol, 13: 211-219.
Prinmakoff P, Myles D G. 2002. Penetration, adhesion, and fusion in mammalian sperm-egg interaction. Science, 296: 2183-2185.
Que E L, Bleher R, Duncan F E, et al. 2015. Quantitative mapping of zinc fluxes in the mammalian egg reveals the origin of fertilization-induced zinc sparks. Nat Chem, 7: 130-139.
Reichmann J, Nijmeijer B, Hossain M J, et al. 2018. Dual-spindle formation in zygotes keeps parental genomes apart in early mammalian embryos. Science, 361: 189-193.
Reimann J D, Jackson P K. 2002. Emi1 is required for cytostatic factor arrest in vertebrate eggs. Nature, 416: 850-854.
Roldan E R, Murase T, Shi Q X. 1994. Exocytosis in spermatozoa in response to progesterone and zona pellucida. Science, 266: 1578-1581.

Sanders J R, Swann K. 2016. Molecular triggers of egg activation at fertilization in mammals. Reproduction, 152: R41-50.

Sato M, Sato K. 2011. Degradation of paternal mitochondria by fertilization-triggered autophagy in *C. elegans* embryos. Science, 334: 1141-1144.

Satouh Y, Nozawa K, Ikawa M. 2015. Sperm postacrosomal WW domain-binding protein is not required for mouse egg activation. Biol Reprod, 93: 94.

Schatten H, Sun Q Y. 2009. The role of centrosomes in mammalian fertilization and its significance for ICSI. Mol Hum Reprod, 15: 531-538.

Schatten H, Sun Q Y. 2010. The role of centrosomes in fertilization, cell division and establishment of asymmetry during embryo development. Semin Cell Dev Biol, 21: 174-184.

Schatten H, Sun Q Y. 2011. New insights into the role of centrosomes in mammalian fertilization and implications for ART. Reproduction, 142: 793-801.

Sharpley M S, Marciniak C, Eckel-Mahan K, et al. 2012. Heteroplasmy of mouse mtDNA is genetically unstable and results in altered behavior and cognition. Cell, 151: 333-343.

Signorelli J, Diaz E S, Morales P. 2012. Kinases, phosphatases and proteases during sperm capacitation. Cell Tissue Res, 349: 765-782.

Simerly C, Navara C S, Wu G J, et al. 1995. Cytoskeletal organization and dynamics in mammalian oocytes during maturation and fertilization. *In*: Grudzinskas G, Yovich J L. Gametes. Cambridge: Cambridge University Press: 9954-9994.

Sun F Z, Hoyland J, Huang X, et al. 1992. A comparison of intracellular changes in porcine eggs after fertilization and electroactivation. Development, 115: 947-956.

Sun Q Y, Lai L, Park K W, et al. 2001a. Dynamic events are differently mediated by microfilaments, microtubules, and mitogen-activated protein kinase during porcine oocyte maturation and fertilization *in vitro*. Biol Reprod, 64: 871-889.

Sun Q Y, Rubinstein S, Breitbart H. 1999. MAP kinase activity is downregulated by phorbol ester during mouse oocyte maturation and egg fertilization. Mol Reprod Dev, 52: 380-386.

Sun Q Y, Wu G M, Lai L X, et al. 2001b. Translocation of active mitochondria during pig oocyte maturation, fertilization and early embryos development *in vitro*. Reproduction, 122: 155-163.

Sun Q Y, Wu G M, Lai L, et al. 2002. Regulation of mitogen-activated protein kinase phosphorylation, chromatin behavior, microtubule organization, and cell cycle progression by protein phosphatases during pig oocyte maturation and fertilization *in vitro*. Biol Reprod, 66: 580-588.

Sutovsky P, Moreno R D, Ramalho-Santos J, et al. 1999. Ubiquitin tag for sperm mitochondria. Nature, 402: 371-372.

Swan K, Larman M G, Saunders C M, et al. 2004. The cytosolic sperm factor that triggers Ca^{2+} oscillations and egg activation in mammals in a novel phospholipase C, PLC. Reproduction, 127: 431-439.

Talbot P, Shur B D, Myles D G. 2003. Cell adhesion and fertilization: steps in oocyte transport, sperm-zona pellucida interactions, and sperm-egg fusion. Biol Reprod, 68: 1-9.

Tang T S, Dong J B, Huang X Y, et al. 2000. Ca^{2+} oscillations induced by a cytosolic sperm protein factor are mediated by a maternal machinery that functions only once in mammalian eggs. Development, 127: 1141-1150.

Ward W S. 2010. Function of sperm chromatin structural elements in fertilization and development. Mol Hum Reprod, 16: 30-36.

Wei Y C, Schatten H, Sun Q Y. 2015. Environmental epigenetic inheritance through gametes and implications for human reproduction. Hum Reprod Update, 21: 194-208.

Wei Y C, Yang C R, Wei Y P, et al. 2014. Paternally induced transgenerational inheritance of susceptibility to diabetes in mammals. Proc Natl Acad Sci U S A, 111: 1873-1878.

Xiong B, Zhao Y, Beall S, et al. 2017. A unique egg cortical granule localization motif is required for Ovastacin sequestration to prevent premature ZP2 cleavage and ensure female fertility in mice. PLoS Genet, 13: e1006580.

Yanagimachi R. 1994. Mammalian Fertilization. *In*: Knobil E, Neil J D. The Physiology of Reproduction.

New York: Raven Press: 178-317.
Yanagimachi R, Noda Y D. 1970. Ultrastructural changes in the hamster sperm head during fertilization, J Ultrastruct Res, 31: 486-493.
Yanagimachi R, Noda Y D. 1972. Scanning electron microscopy of golden hamster spermatozoa before and during fertilization. Experientia, 28: 69-72.
Yang P, Luan X, Peng Y, et al. 2017. Novel zona pellucida gene variants identified in patients with oocyte anomalies. Fertil Steril, 107: 1364-1369.
Yoon S Y, Eum J H, Lee J E, et al. 2012. Recombinant human phospholipase C zeta 1 induces intracellular calcium oscillations and oocyte activation in mouse and human oocytes. Hum Reprod, 27: 1768-1780.
Yoshinaga K, Saxena D K, Oh-oka T, et al. 2001. Inhibition of mouse fertilization *in vivo* by intra-oviductal injection of an anti-equatorin monoclonal antibody. Reproduction, 122: 649-655.
Yu C, Zhang Y L, Pan W W, et al. 2013. CRL4 complex regulates mammalian oocyte survival and reprogramming by activation of TET proteins. Science, 342: 1518-1521.
Zhou Q, Li H , Li H, et al. 2016. Mitochondrial endonuclease G mediates breakdown of paternal mitochondria upon fertilization. Science, 353: 394-399.
Zhu Z Y, Chen D Y, Li J S, et al. 2003. Rotation of MII spindle is controlled by microfilaments in mouse oocytes. Biol Reprod, 68: 934-937.

（孙青原）

第八章 胚 胎 发 育

第一节 胚胎发育的过程

人类对胚胎发育过程的研究最早开始于 16 世纪。在 18 世纪以前，西方生物学界对胚胎发育过程存在两种争论，一种是“先成论”，他们认为成体是由存在于母体中的小型幼体发育而来的，发育的过程只是由小到大的改变而不存在形态的变化。而由亚里士多德首先提出的“新生论”则认为原始的动物胚胎是缺乏构造的卵，发育的过程是由简单到复杂的过程。19 世纪后，显微镜的广泛使用支持了“新生论”的观点，也使人们对胚胎发育的过程有了更清楚的认识。近代胚胎学研究证实，有性生殖的生命体都来源于精子和卵子结合形成的受精卵，经过不断的增殖、分化、死亡、迁移和排列等过程，最终形成一个复杂的生命体。

以小鼠为例，受精卵形成后，胚胎进入卵裂期，经过数次卵裂的胚胎形成类似桑葚的实心细胞团，称为桑椹胚（morula）。随着细胞分裂的继续，胚胎内部出现充满液体的腔，细胞分化成明显的两群，内细胞团（inner cell mass，ICM）和滋养层细胞（trophoblast cell，TE），这个时期的胚胎称为胚泡（blastocyst），也称为囊胚。随着胚胎继续发育，透明带破裂，胚胎从透明带的裂缝中孵化（hatching）出来，滋养层细胞与子宫内壁接触并植入子宫组织（implantation）。植入子宫之前的胚胎发育过程被称为着床前胚胎发育（preimplantation embryo development）。在胚胎着床之后，胚胎开始从母体吸取养料维持发育的需要，经过原肠胚（gastrula）逐渐分化出外胚层、中胚层和内胚层的各种细胞，最终形成各种组织和器官（图 8-1）。

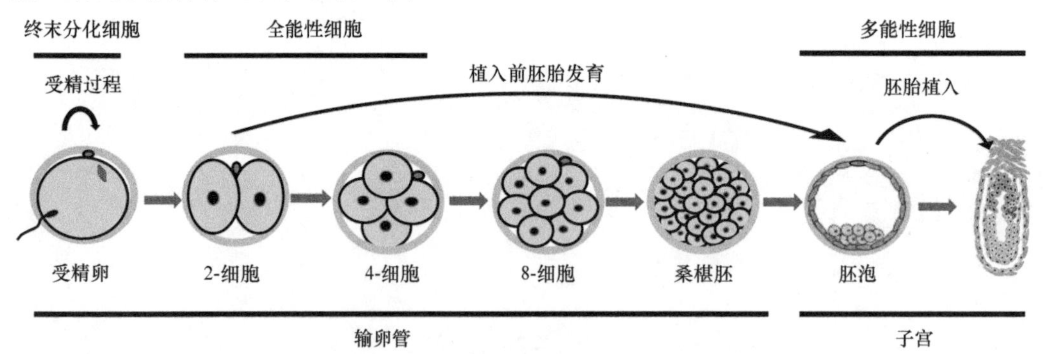

图 8-1 小鼠着床前胚胎的发育过程示意图

一、卵裂

在有性生殖的过程中，受精卵形成后，由于染色体数目恢复了双倍，细胞开始不断地进行分裂，即卵裂。卵裂与普通细胞分裂不同，卵裂过程中细胞连续分裂，细胞间期很短，所以胚胎体积几乎不增加，细胞随着分裂次数的增加越来越小。

卵裂期细胞的细胞周期主要包括 S 期和 M 期，进行快速的 DNA 复制和有丝分裂，而几乎没有 G_1 和 G_2 期。经过几次卵裂的胚胎内部会逐渐形成一个充满液体的腔，称为胚泡腔（blastocoel），这个时期的胚胎被称为胚泡。通常认为胚泡形成是卵裂完成的标志，细胞周期恢复正常的 G1、S、G2 及 M 期的状态。

在低等的脊椎动物中，如鱼类和两栖类，卵裂的细胞周期很短，爪蟾的卵裂期细胞分裂一次只需要 30 min，经过十几次细胞分裂之后，S 期逐渐延长，形成胚泡。而哺乳动物卵裂期的细胞周期很长，第一次细胞分裂发生在受精后 18～36 h，而随后的细胞分裂周期也维持在 12～24 h，到形成胚泡通常需要几天的时间。

根据卵裂的方式不同，卵裂可以分为完全卵裂和不完全卵裂两种（图 8-2）。完全卵裂通常发生在卵黄较少的物种中，在细胞分裂过程中，细胞核与细胞质都完全分裂，形成两个卵裂球。海胆、爪蟾及哺乳动物的卵裂方式都属于完全卵裂。根据卵裂球排列形式，完全卵裂又可以分为辐射型卵裂、螺旋型卵裂、两侧对称型卵裂和旋转型卵裂 4 种。不完全卵裂则发生在卵黄含量较多的物种中，由于卵黄含量多而且集中，细胞分裂时，卵黄部分并不完全分裂，早期的卵裂球是含有多个核的融合细胞，经过几次分裂之后，才会出现完整的卵裂球。许多爬行类和鸟类的卵裂方式都属于不完全卵裂。根据卵黄的位置不同，不完全卵裂可分为盘状卵裂和表面卵裂两种。

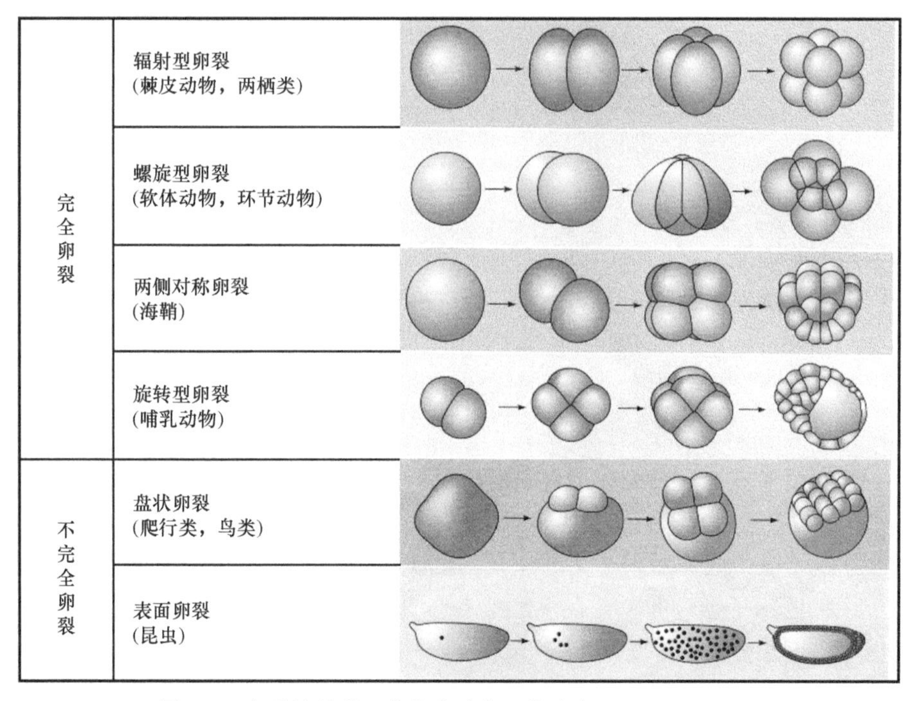

图 8-2　卵裂的种类及其代表动物（修改自 Gilbert，2010）

二、哺乳动物卵及胚胎轴的形成

未受精的小鼠卵是圆的，具有动物-植物（A-V）极轴，动物极是以第二极体的位置为标记的（图 8-3）。这个轴在胚泡阶段也可以确认（图 8-3）。小鼠卵沿 A-V 轴极化，动物极位于细胞质帽的中心，没有微绒毛，而卵子其余的部分则覆盖微绒毛。研究显示，胚轴在第一次卵裂或更早时就特化了。第一次卵裂发生的平面接近或穿过 A-V 轴，这个平面也为穿过两个卵裂球的垂直轴。当进行几次细胞分裂形成胚泡后，胚极（embryonic pole）及对胚极（abembryonic pole）分布在相同的垂直轴上，第一次卵裂面的一侧为胚极的滋养层，而另一侧则为对胚极的滋养层。2-细胞胚的第一个卵裂球在经历第二次卵裂后形成胚极，而第二个卵裂球则形成对胚极。在胚泡中仍保留 A-V 轴。

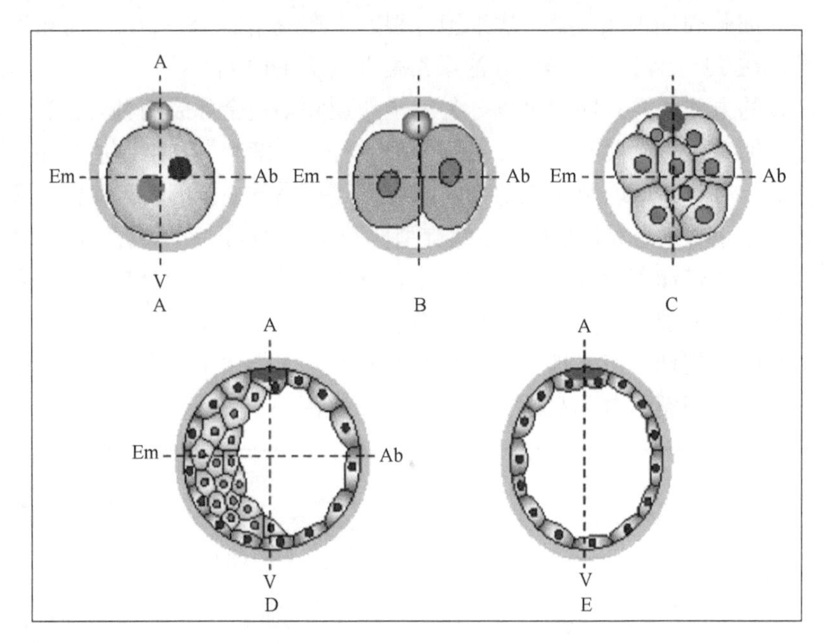

图 8-3 小鼠着床前发育 4 个阶段的示意图（选自 Stanton et al，2003）。第二极体（灰色）和动物-植物极（A–V）轴处于同一方向。A 为受精卵，具有两个原核。以后的胚极–对胚极（Em-Ab）轴与 A-V 轴呈直角。B 为 2-细胞胚胎，显示 A-V 轴和将来的 Em-Ab 轴。C 为致密化的 16-细胞期胚胎。D 为胚泡，显示 A-V 轴和 Em-Ab 轴的交叉平面。第二极体的位置为胚极滋养层和胚泡壁滋养层的分界处。E 为图 D 中的胚泡旋转直角后的横切面。从 A-V 轴来看，胚泡是椭圆形的

第一次卵裂产生了两个不同的半球，在第二次卵裂中，这两个半球的卵裂是不同步的，第一个卵裂半球主要分裂形成胚泡的内细胞团。胚泡腔的形成是卵极性的内在特性所决定的，在 2-细胞阶段就已建立了。因此，胚泡腔的特定位置在发生第一次卵裂之后就确定了。这个微妙的作用对于滋养层及内细胞团的命运有明显的影响。第一次卵裂的平面通过或接近精子融合的位置。卵表面 80%的区域覆盖微绒毛，精子可在这些覆盖微绒毛的区域与卵子融合。

2-细胞的第一个卵裂球的卵裂是经裂，与 A-V 轴平行（图 8-4）。第二个卵裂球的卵裂在同一个平面进行，但是这个平面因为细胞质移动，相对于第一个卵裂球的卵裂发生了旋转，结果形成了一个平面。这时 4 个 1/4 卵裂球的位置像一个四面体。在兔子中，第二个卵裂球分裂时旋转的方向与第一个卵裂球分裂的方向一致。每个 1/4 卵裂球具有不同的发育潜能。

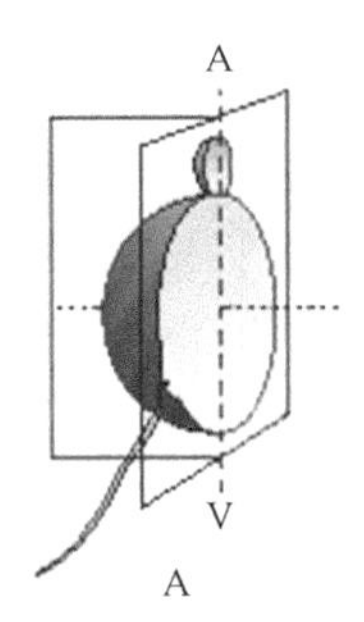

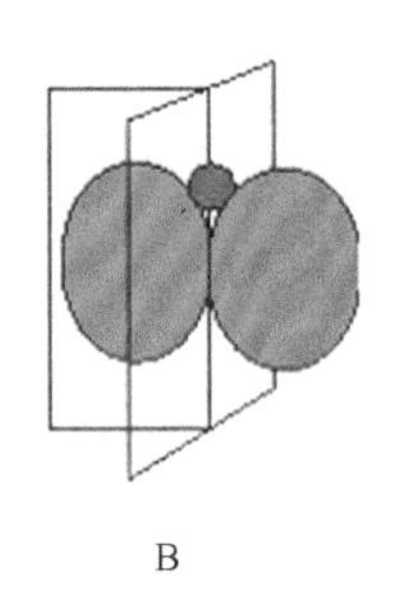
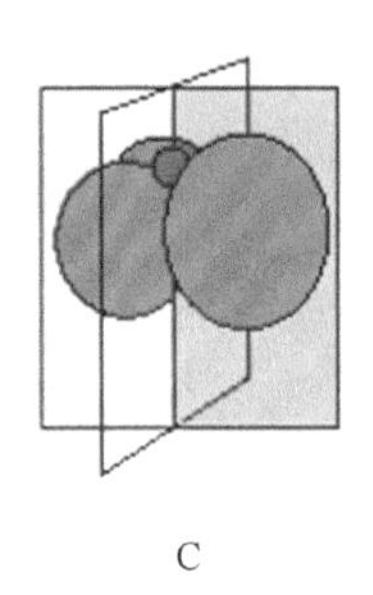
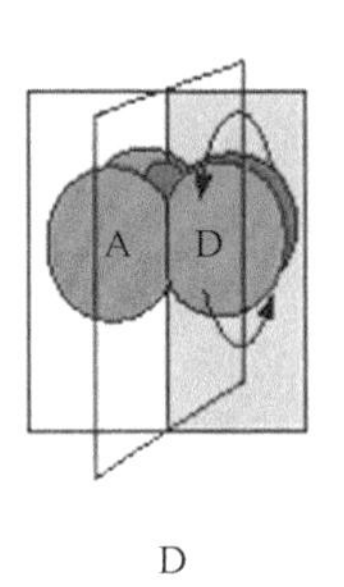

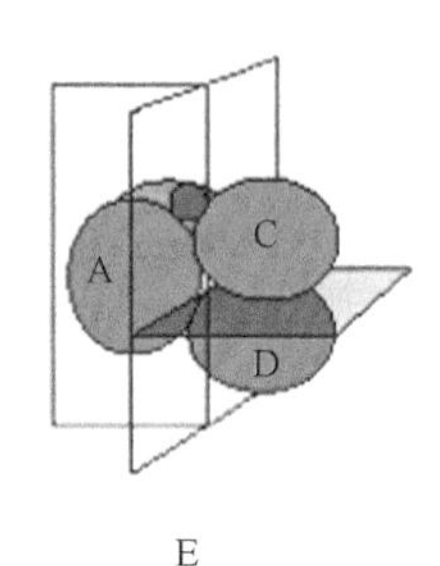

A　　B　　C　　D　　E

图 8-4　小鼠卵最初两次卵裂的示意图（引自 Stanton et al.，2003）。A. 小鼠卵沿第二极体的一个半球切面。切面与 A-V 轴在同一个平面上。以后的胚极–对胚极轴与此平面呈直角。精子在卵上的结合部位为第一次卵裂的面。B. 2-细胞期胚胎，显示第二极体与第一次卵裂平面和 A-V 轴接近。C. 第一个卵裂半球经历卵裂后的位置。D. 第二个卵裂半球分裂后形成的 4-细胞胚胎。图中保留了原始的卵裂平面。E. 4-细胞期胚胎，显示第二个卵裂半球卵裂时，在细胞质分裂期间卵裂面发生旋转，正好与旋转前的卵裂面呈直角

4-细胞胚胎分裂形成 8-细胞胚胎，在第三次卵裂后经历致密化及紧密连接的形成。致密化过程使卵裂球出现了顶部、底部和侧面。虽然 8-细胞期的卵裂球外表看起来相同，但它们并不相同，因 8-细胞期胚胎中已具有原始的胚极-对胚极轴（Em-Ab），所以 8-细胞期细胞的分裂在几何学上不同，一些细胞的分裂为侧向分裂，一些细胞的分裂则为辐射分裂。经历侧向分裂的细胞大约为辐射分裂细胞的 2 倍。在 16-细胞期的胚胎中，位于外层的细胞数与内层细胞数的比例为 2∶1。在 32-细胞期，胚泡腔开始在对胚极形成。

在胚泡以后的发育过程中，内细胞团分化成为外胚层和原始内胚层。着床后，位于胚极的滋养层向对胚极扩展形成胚外外胚层，而原始内胚层扩展成为脏壁及体壁内胚层。外胚层位于脏壁及体壁内胚层之间。靠近第二极体的内细胞团来的内胚层主要形成卵柱的近端，而由另一端的内细胞团来的细胞则形成卵柱的远端。

三、原肠发生与胚层形成

随着卵裂的结束，细胞进入正常的分裂周期，胚胎发育进入形态发生阶段，细胞开始分化并形成不同的器官和组织。原肠形成是指胚泡的部分细胞开始向内侧迁移，胚层（germ layer）开始建立，胚胎发育为拥有 2～3 个胚层的原肠胚的过程。在刺胞动物和一些辐射对称的动物中，原肠发生过程中形成外胚层和内胚层两个胚层，这种动物被称为双胚层动物。而脊椎动物是三胚层动物，在外胚层和内胚层之间还会形成一个中胚层。

以人的原肠发生为例，在卵裂后，形成拥有上百个细胞的囊胚（blastocyst），囊胚主要由两种细胞组成，位于外侧的滋养层细胞最终会发育成胎盘，而位于内侧囊胚腔一端的内细胞团将最终发育成胎儿的各种组织和器官。胚胎的着床主要是由滋养层细胞介导的，滋养层细胞分泌的酶会打开子宫内膜，使得胚胎可以植入到子宫内膜内，植入后的滋养层细胞开始扩张出辐射状的结构以便从母体的血管中吸收养分。而在胚胎着床的过程中，内细胞团也开始分化，形成下胚层（hypoblast）和表胚层（epiblast）两种细胞，人的胚胎主要是从表胚层细胞发育而来。

随着胚胎的着床，滋养层细胞继续在子宫内膜内扩张，形成绒毛膜。下胚层进一步

增殖后，向四周迁移，紧贴在胚泡滋养层细胞的内表面，将原来的胚泡腔完全包围，由下胚层形成的这层细胞被称为胚外体腔膜（exocoelomic membrane），也被称为 Heuser 氏膜（Heuser's membrane）。由这层膜所包围的腔被称为初级卵黄囊（primary yolk sac）。当初级卵黄囊形成后，下胚层分泌一种疏松的网状基质，逐渐填充在卵黄囊和细胞滋养层之间，形成胚外中胚层。当绒毛膜腔扩展时，胚外中胚层通过生长和迁移逐渐将羊膜与细胞滋养层相分离。到人妊娠第 13 天时，带有背部的羊膜及腹部的卵黄囊的胚盘悬浮在绒毛膜腔中，与细胞滋养层仅由一条粗的中胚层柄相连，将这条中胚层柄称为体蒂（connecting stalk）。体蒂以后形成脐带血管。

下胚层进一步增殖，并向胚外中胚层的内表面迁移，以取代原来的下胚层细胞。这时将初级卵黄囊逐渐压缩，并使初级卵黄囊向胚胎的对胚极靠近，以后与胚胎分离后变为一些小的胚外体腔泡，并最终退化。在原来的初级卵黄囊处新形成的腔则变为次级卵黄囊（secondary yolk sac）或永久性卵黄囊（definitive yolk sac）。此时，原肠发生过程也开始了，位于胚胎将来的后端处的胚胎上胚层开始形成原条（primitive streak）的过程，标志着胚胎原肠形成的开始。在人妊娠第 16 天，一些表胚层依然保留在外侧，形成外胚层（ectoderm），另一部分靠近原条的表胚层细胞开始增殖，细胞也变扁，细胞之间逐渐失去连接并逐渐侵入下胚层中，并取代下胚层细胞，从而形成胚胎的内胚层（endoderm）。另一些表胚层细胞自原条迁移进入上胚层和新形成的内胚层之间，形成第三个胚层，即胚胎中胚层或称为中胚层（mesoderm）。这时形成具有 3 个胚层的胚盘。而胚外形成 4 层环绕胚胎的膜（羊膜、绒毛膜、卵黄囊和尿囊）（图 8-5）。

以后，原条头端（原结）的细胞也陷向深层，并在内外胚层之间的中轴线上向头侧生长，形成一条脊索（notochord）。在原条和原结中央出现的沟和凹，分别称为原沟和原凹。随着胚盘的发育，脊索继续发育，而原条则相对缩短，最后消失。

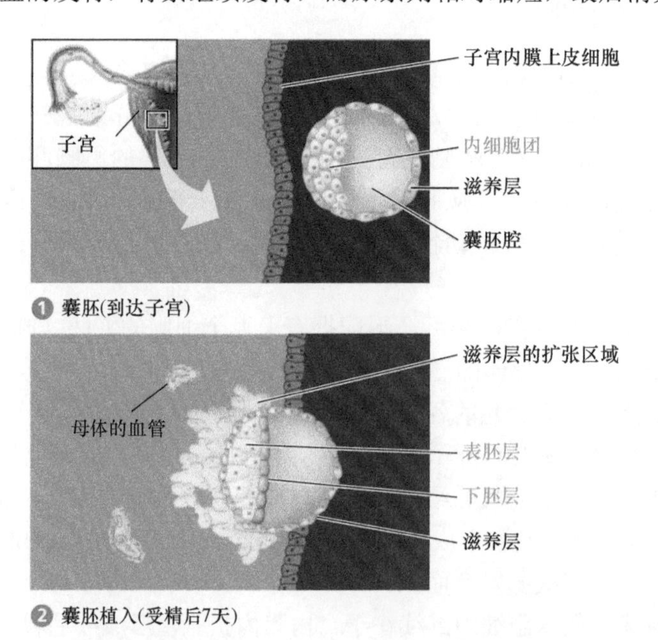

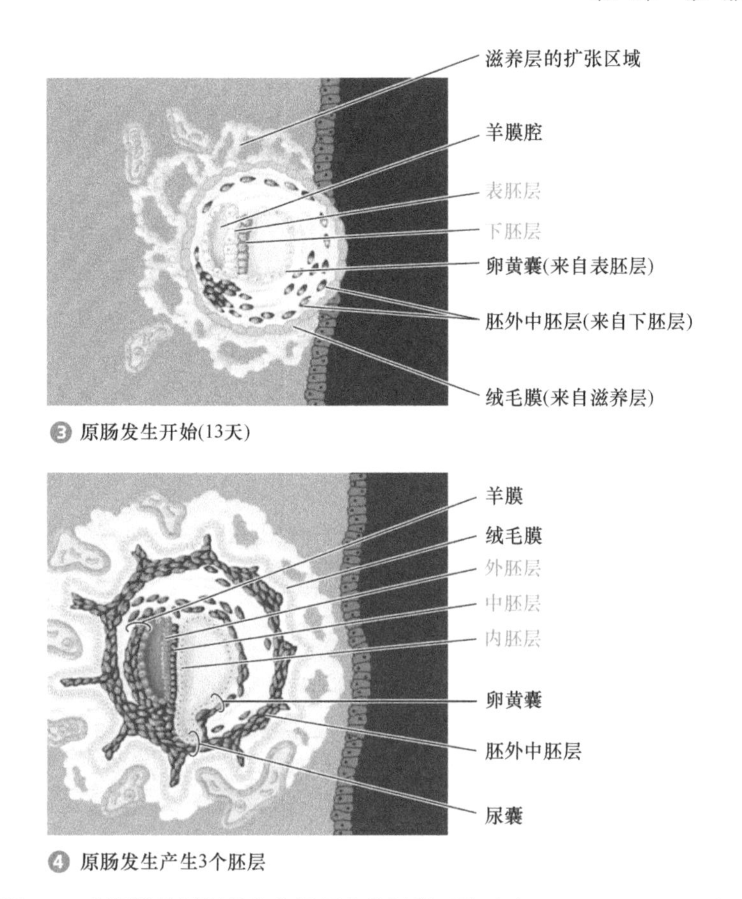

图 8-5 人胚胎的原肠发生和胚层分化过程（修改自 Reece et al.，2013）

四、三胚层分化与器官形成

原肠发生后，胚胎形成 3 个胚层，随后各胚层的细胞会继续分化发育成不同的组织和器官。在器官形成过程中，不同的胚层会分化成不同的器官，但是很多器官也并不是由单一胚层分化而来的，不同胚层产生特定功能的细胞，共同行使一个器官的功能。

1. 外胚层的分化

脊索出现后，诱导其背侧的外胚层增厚呈板状，称为神经板（neural plate）。神经板随着脊索的生长而增长，且头侧宽于尾侧。以后神经板沿其长轴凹陷形成神经沟（neural groove），沟两侧的隆起称为神经褶。两侧的神经褶在神经沟中段开始靠拢并愈合，并向头尾延伸，使神经沟封闭为神经管（neural tube）。神经管位于胚体中轴的外胚层下方，分化为中枢神经系统及松果体、神经垂体和视网膜。在神经褶愈合的过程中，一些细胞在神经管的背外侧，形成两条纵行的细胞索，称为神经嵴，可分化为周围神经系统及肾上腺髓质等。位于胚体外表的外胚层，分化为表皮及附属器官、角膜、腺垂体、口鼻腔和肛门的上皮等。

2. 中胚层的分化

中胚层形成后，在脊索的两侧由内向外依次分为轴旁中胚层、间介中胚层和侧中胚层 3 个部分。分散存在的中胚层细胞则成为间充质。

1）轴旁中胚层：紧邻脊索的中胚层细胞增殖较快，形成纵行的细胞索为轴旁中胚层，后者以后横裂为块状的细胞团，称为体节（somite）。体节左右成对。

2）间介中胚层：位于轴旁中胚层与侧中胚层之间，分化为泌尿和生殖系统的主要器官。

3）侧中胚层：为最外侧的中胚层部分，左右侧中胚层在口咽膜的头侧融合为生心区。侧中胚层分为背腹两层，背侧与外胚层相贴，称为体壁中胚层，腹侧与内胚层相贴，称为脏壁中胚层。两层之间为原始体腔。体壁中胚层分化为体壁的骨骼、肌肉和结缔组织等，脏壁中胚层包于原始消化管的外面，分化为消化管与呼吸道管壁的肌肉和结缔组织等，原始体腔依次分隔为心包腔、胸膜腔和腹膜腔。

3. 内胚层的分化

在胚体形成的同时，内胚层卷折形成原始消化管。此管头端起自口咽膜，中部借卵黄管与卵黄囊相连，尾端止于泄殖腔膜。原始消化管分化为消化管、消化腺和下呼吸道与肺的上皮，以及中耳、甲状腺、甲状旁腺、胸腺、膀胱、阴道等上皮组织。分散的间充质则分化为身体各处的骨骼、肌肉、结缔组织和血管等。

总之，由胚泡开始分化为各种结构后，通过原肠形成过程发育为外胚层、中胚层和内胚层，并由这三个胚层发育形成身体中的各种组织和器官。在脊椎动物中，外胚层细胞主要分化成皮肤的表皮、神经和感觉系统、垂体和肾上腺髓质、口腔和牙齿及生殖细胞等。中胚层主要发育成骨骼和肌肉系统、循环和淋巴系统、泌尿和生殖系统（生殖细胞除外）、皮肤的真皮和肾上腺皮质等。内胚层主要发育成消化道上皮、肝脏、胰腺、呼吸系统上皮、泌尿生殖系统上皮、胸腺、甲状腺及甲状旁腺等。

第二节　早期胚胎发育的细胞命运决定

在哺乳动物中，受精卵经过多次卵裂，在 3.5 天左右时形成由两个不同的细胞群体滋养层细胞和内细胞团组成的胚泡，这个细胞分化的过程被认为是胚胎发育过程中的第一次细胞命运决定。随着进一步的分化，内细胞团的细胞被进一步分化成原始内胚层和上胚层，这是胚胎发育的又一次细胞命运决定，原始内胚层会发育成卵黄囊，而上胚层的细胞才会最终发育成胎儿的器官和组织。在着床前胚胎的发育中，细胞的命运是被严格调控的，近年的一些研究也对细胞命运的调控机制进行了深入的探索。

一、早期胚胎细胞的异质性形成

受精过程中，精子与卵子结合，形成具有全能性的受精卵。在小鼠胚胎发育中，2-细胞时期的卵裂球是具有全能性的，因为每一个 2-细胞的卵裂球可以独立发育成一个完整的个体。到了4-细胞和8-细胞时期，单独的卵裂球已经失去了独立发育的能力，但是单独的卵裂球依然可以嵌合到嵌合体胚胎的所有组织中，这说明4-细胞和8-细胞的卵裂球依然有完整的发育潜能。一直到8-细胞时期，所有的卵裂球在形态上是没有区别的，到8-细胞之后，胚胎进入致密化的过程，卵裂球之间的联系更加紧密，随后细胞开始出现不对称分裂，直到胚泡时期形成明显的内细胞团和滋养外胚层两个细胞群体。虽然胚胎细胞明显的分群出现在胚泡时期，但是细胞命运的调控在更早的时期就已经开始了。

最早在受精卵中，细胞内的蛋白质就开始出现不对称分布，其中包括皮质下母源复合体（subcortical maternal complex，SCMC），该蛋白复合体是母源表达的，但是在着床前胚胎发育过程中持续存在。SCMC复合体的一个组分Nlrp5的敲除会导致胚胎发育被阻滞在2-细胞时期。在受精卵中，该蛋白复合体定位于细胞膜附近，随着第一次细胞分裂，该复合体留在胚胎的外侧，而细胞与细胞连接的部位没有SCMC复合体的存在。在着床前胚胎发育过程中，SCMC的所有组分一直定位于胚胎的外侧，到胚泡时期，只有滋养外胚层的细胞继承了这一母源因子。除了SCMC之外，拥有类似分布特点的蛋白质还有母源表达的瘦素（leptin）、Tcl1、Uch-11及Padi6等。但是到目前为止，还没有直接的证据证明这些蛋白质的不对称分布参与了细胞命运的调控。

到2-细胞时期，单细胞RNA测序的数据表明，两个卵裂球的RNA水平没有明显的差异，但是，最近的一项研究证实线粒体核糖体RNA（mitochondrial ribosomal RNA，mtrRNA）在2-细胞晚期的卵裂球中是不对称分布的（图8-6）。16S mtrRNA最早在受精卵时期能够被检测到，在2-细胞早期，两个卵裂球中的16S mtrRNA含量是一致的，到2-细胞晚期，其中一个卵裂球的16S mtrRNA会消失。从4-细胞期之后，16S mtrRNA会被限制在基底侧表达，而在胚泡中，只有内细胞团中能检测到16S mtrRNA的存在。在2-细胞的一个卵裂球中人为下调16S mtrRNA的表达，会导致该卵裂球更容易发育成滋养外胚层细胞，这说明16S mtrRNA参与了内细胞团和滋养层的细胞命运调控。这也是在小鼠胚胎中发现的最早参与细胞命运调控的因子。

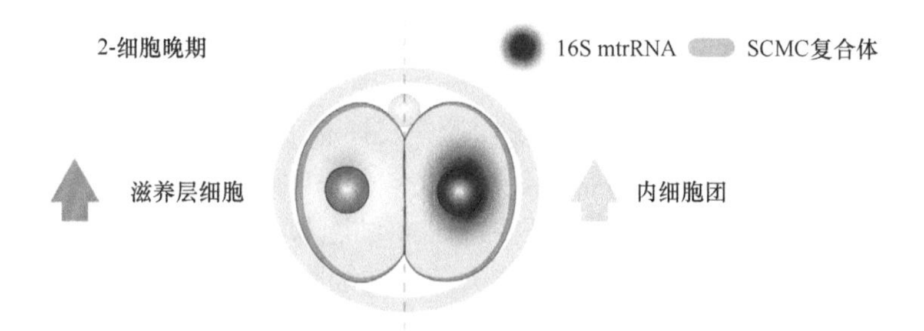

图8-6 小鼠胚胎2-细胞时期分子的异质性（修改自Leung et al.，2016）

到了4-细胞时期，卵裂球的异质性就更加明显（图8-7）。早期的观察认为，2-细胞的两个卵裂球分裂的顺序和方向与卵裂球随后的发育命运有关。但是其分子机制还不清楚，转录组的分析证实，细胞分裂的方式的确会导致一些与细胞命运相关的因子表达差异，其中就包括*Sox2*和*Oct4*这样的全能性基因。人们最早发现在4-细胞时期调控细胞命运的因子是 Carm1。Carm1 是一个组蛋白精氨酸的甲基转移酶，它可以通过对组蛋白修饰的改变对细胞命运进行调控。Carm1 本身在卵裂球中的表达并没有差异，但是它的相互作用分子 Prdm14 在 4-细胞的卵裂球中有明显的表达差异。实验证实，在 2-细胞的一个卵裂球中过表达 Prdm14 或者 Carm1 都会导致 H3R26me2 水平的上升，并且更容易发育成内细胞团，说明这两个分子都有调控细胞命运的功能。Prdm14 是一个锌指 DNA 结合蛋白，在细胞中，Prdm14 可以结合到特定的 DNA 序列上，招募 Carm1 对相应位点的组蛋白修饰进行改变，从而调控基因表达和细胞命运。除了 Prdm14 之外，DNA 甲基转移酶 Dnmt3b 和 Dnmt3l 在 4-细胞的卵裂中也是差异表达的，但是它们的分布与 Prdm14 刚好相反，高表达 DNA 甲基转移酶的卵裂球更倾向于发育成滋养层细胞。

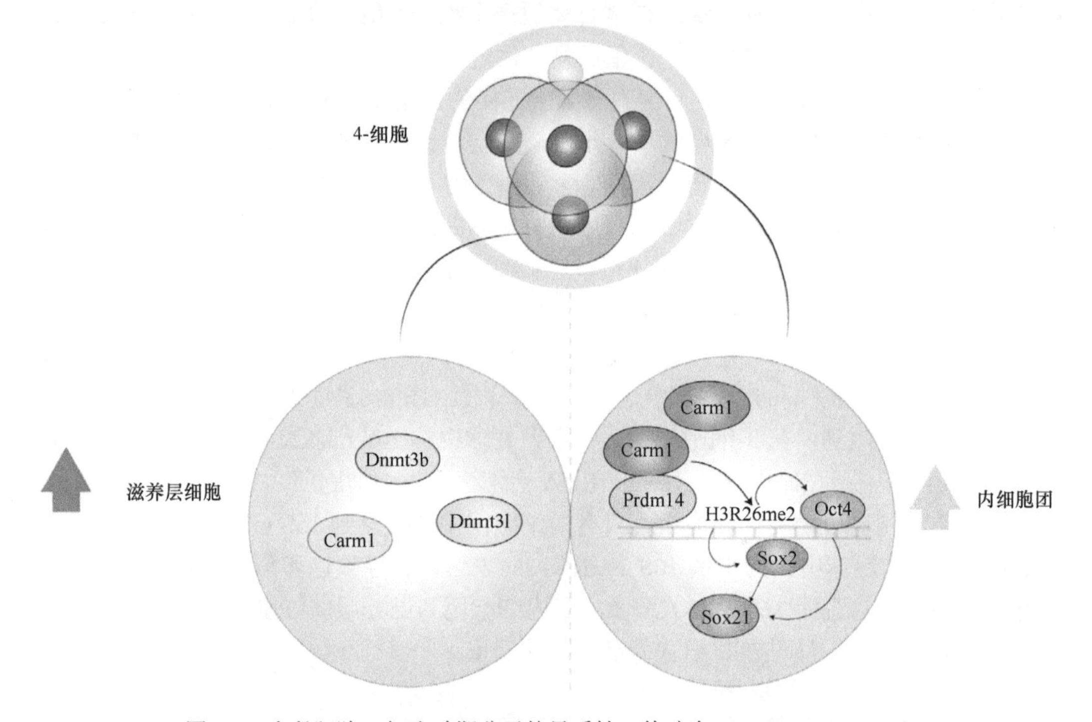

图 8-7　小鼠胚胎 4-细胞时期分子的异质性（修改自 Leung et al.，2016）

转录因子 Oct4 在多能性细胞的转录调控中发挥着十分重要的作用，Oct4 在胚胎发育的各个时期都有表达，缺少 Oct4 的胚胎不能形成内细胞团。在 4-细胞时期，尽管 Oct4 的表达量没有明显的不同，但有研究证明，在 4-细胞和 8-细胞时期，Oct4 在细胞内的迁移能力被分为明显的两组，Oct4 迁移能力较强的细胞更倾向于发育成滋养层细胞，而 Oct4 迁移能力较低的细胞会发育成滋养层细胞和内细胞团的细胞。另外，Oct4 和 Sox2 的下游调控因子 Sox21 在 4-细胞胚胎的卵裂球中表达水平也是不一样的，在胚胎干细胞（ES 细胞）中，Sox21 被证明可以抑制 Cdx2 的表达。在 4-细胞胚胎中，高表达 Sox21 的细胞更倾向于发育成内细胞团，而这些不同与 Carm1 介导的组蛋白 H3R26me3 修饰有关。这些证据表明胚胎从 4-细胞时期开始就出现了明显的异质性，细胞命运开始出现两极分化。

二、致密化

8-细胞之后胚胎开始致密化，相邻两个卵裂球之间开始出现密切的接触和联系，细胞与细胞的接触部位出现黏附连接（adherens junction，AJ）。致密化是胚胎发育中细胞最早出现形态改变的时期，卵裂球之间出现更多的相互作用（图 8-8）。

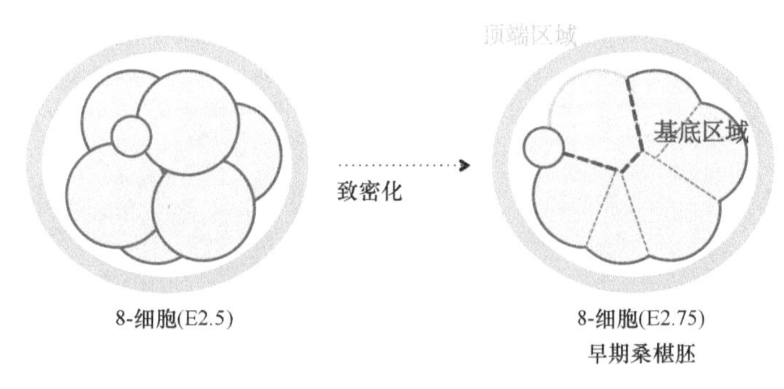

图 8-8　8-细胞胚胎的致密化（修改自 Mihajlovic and Bruce，2017）

影响胚胎致密化的重要蛋白是上皮钙黏素蛋白（E-cadherin），在小鼠中由 *Chd1* 基因编码。在早期 8-细胞胚胎中，E-cadherin 是均匀分布的，在致密化开始的时候，E-cadherin 的位置开始出现改变，它会特异性地出现在卵裂球中细胞与细胞接触的部位。在细胞中用抗体清除 E-cadherin 或者去除培养基中的 Ca^{2+}都会导致胚胎不能致密化。

E-cadherin 是母源表达的，有证据表明，在 4-细胞时期，胚胎就已经储存了足够用于致密化的蛋白质，但是实际的致密化过程发生在 8-细胞的晚期。这说明蛋白质的翻译后调控参与了 E-cadherin 介导的致密化过程。而在着床前胚胎中，E-cadherin 的磷酸化水平与胚胎的致密化过程有很强的相关性。在 4-细胞中激活 Ca^{2+}依赖的蛋白激酶 C（protein kinase C，PKC）会导致胚胎的提前致密化。但是单独抑制 PKC 的活性却不能阻止胚胎的致密化，这说明还有其他的因素调控了胚胎的致密化过程。另外，E-cadherin 是直接导致了胚胎的致密化还是维持了胚胎的致密化状态还有待进一步的证据来证明。

三、细胞极性的形成

细胞的极性是指细胞内的组分在结构和功能上的不对称分布。通常认为，小鼠胚胎的细胞极性是在 8-细胞时期随着致密化的过程产生的。致密化后，卵裂球互相接触的部位和裸露的区域出现差异，细胞可以被分为基底区域（basolateral domain）和顶端区域（apical domain）两个部分（图 8-8）。而细胞内因子的不对称分布也导致了细胞分裂过程中两个子细胞继承了不同的结构和调控因子。因此细胞极性的形成也是细胞分化的结构基础。

随着胚胎的致密化，钙黏着蛋白介导的黏附连接在细胞和细胞的连接处形成并延伸，形成细胞的基底区域（图 8-9）。而除了黏附连接之外，间隙连接（gap junction）、紧密连接（tight junction，TJ）及离子通道等组分都会在细胞接触的位置富集。另外，细胞骨架蛋白、微管蛋白及其组装相关的蛋白质都会在细胞的顶端区域富集。细胞骨架蛋白的重组也导致了微绒毛在顶端区域的特异性分布。在体细胞中，微绒毛的存在与细胞的吸收和分泌功能有关，但在早期胚胎中，这些微绒毛的作用还不清楚。在早期胚胎中，极性微绒毛的形成与 Ezrin 蛋白（Ezr）的磷酸化有关。Ezr 与细胞表面的微绒毛分布是一致的，主要沿着细胞膜分布，当它被磷酸化后，Ezr 会从细胞连接部位消失并在顶端区域富集，同时也引起微绒毛在顶端区域的富集。阻止 Ezr 的磷酸化会导致 Ezr 不能从细胞连接处消失及微绒毛分布异常。重要的是，Ezr 的磷酸化异常会导致 E-cadherin 介导的黏附连接不能形成，胚胎致密化失败。

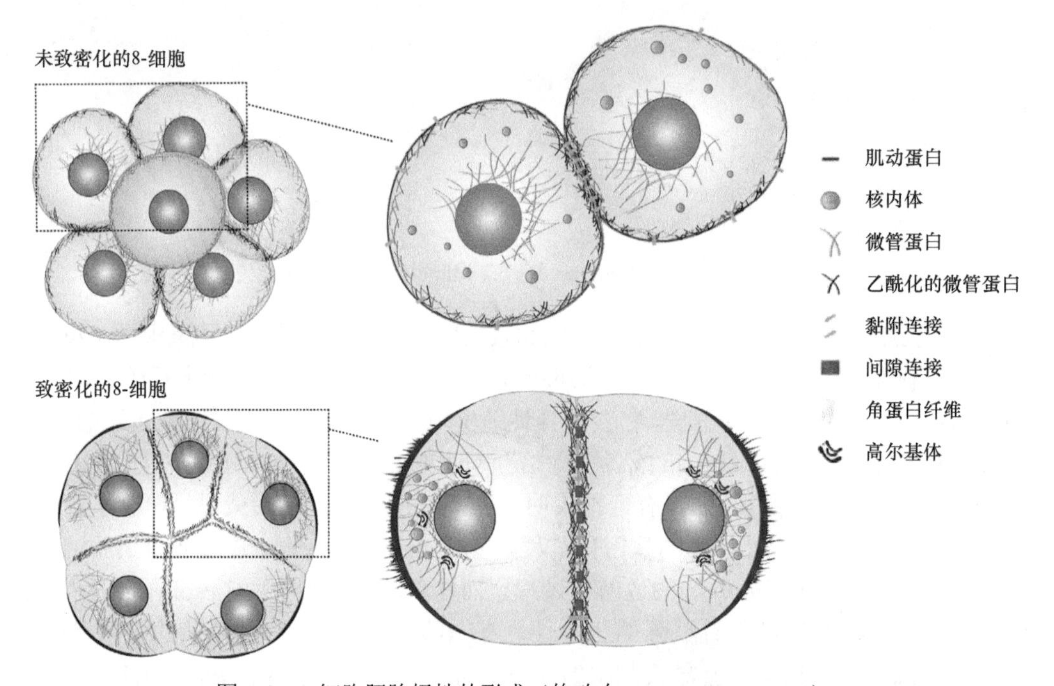

图 8-9　8-细胞胚胎极性的形成（修改自 Leung et al.，2016）

除了细胞表面发生的变化之外，细胞内的细胞器及蛋白质分子也产生了不对称分布（图 8-9）。在致密化之前，微管聚集在细胞核的表面并向细胞膜的方向延伸，而随着致密化的进行，微管等细胞骨架被重组，并大部分在细胞的顶端区域聚合。随着微管蛋白的极化，中心粒外周物质（pericentriolar material）也由散在分布的状态向细胞核的一侧聚集，同时细胞核本身的位置也会发生改变，大部分细胞核会朝基底方向移动，细胞核移动的方向受到转录因子的调节。Cdx2 高表达的细胞中，细胞核更容易向顶端方向移动，而细胞核的位置也会影响细胞后续的分裂方向和命运。细胞核位于顶端方向的细胞更倾向于对称分裂，细胞核位于胚胎外侧的细胞更容易发育成滋养层细胞，而细胞核位于基底侧的细胞分裂方式更随机。因此，Cdx2 可以通过影响细胞核的位置来调控细胞分裂的方式和命运。

8-细胞胚胎致密化后，细胞出现明显的极性，但细胞的极性是如何维持的？这可能与细胞中存在的极性蛋白复合体（polarity protein complex）有关。顶端极性蛋白 aPKC-PAR 复合体（partitioning defective complex）的组分，包括 Pard3、Pard6、Prkcz/i

及极性细胞基底区域的标志蛋白 Emk1 在着床前的胚胎中都有表达，但是这些蛋白质表达的调控机制尚不明确。在早期胚胎中，这些极性蛋白的表达水平和在细胞中的位置都是高度动态变化的。例如，在 4-细胞中，Pard6b 和 Emk1 主要是在细胞核中表达，而 Prkcz/i 则主要存在于细胞质中；然而随着细胞的极化，Pard6b 和 Prkcz/i 会聚集到细胞顶端区域的细胞膜上，而 Emk1 则会重新定位于基底区域。研究证实，这些极性分子在细胞内的定位高度依赖于 Rho 相关的蛋白激酶（Rho-associated protein kinases，Rock1/2），用化学小分子抑制 Rock1/2 的活性会导致这些极性分子定位紊乱。

四、胚胎的第一次细胞命运决定与调控

致密化之后，胚胎开始进入第一次细胞分化的过程，产生两个在位置和功能上都不同的细胞群体。位于胚胎外侧的是滋养层细胞，位于内侧的是内细胞团。这两个细胞群体出现在 32-细胞（E3.5）左右的时期，此时胚胎包括单层的滋养层细胞、内细胞团及一个充满液体的腔。那么这两个细胞群体是如何分化产生的？目前的研究表明，胚胎的第一次细胞命运决定可能受到细胞的位置、极性及基因表达水平的调控。

致密化的 8-细胞胚胎中，所有的细胞都是有极性的，但是在 8-细胞到 16-细胞及 16-细胞到 32-细胞的分裂过程中，细胞的分裂方向会产生差异，一部分细胞会进入胚胎的内部，胚胎开始有了内部和外部两个细胞群体的区分。此时细胞的分裂主要有对称分裂和不对称分裂两种。当有丝分裂的纺锤体与顶端-基底的轴线平行时，细胞会分裂产生两个类似的子细胞，每个子细胞都会继承基底侧和顶端的分子，细胞仍然是有极性的，并且分布在胚胎的外侧。而当纺锤体与顶端-基底的轴线垂直时，细胞分裂会产生两个不同的子细胞，其中一个仍然含有顶端区域，是有极性的，而另一个细胞只继承了基底区域的分子，细胞失去极性，并且分布在胚胎的内部（图 8-10）。细胞分裂方式的选择可能受到 Cdx2 表达量和细胞核位置的调控。在这两次不对称分裂中产生的有极性的外侧细胞最终会发育成滋养层，而没有极性的内部细胞会发育成内细胞团。

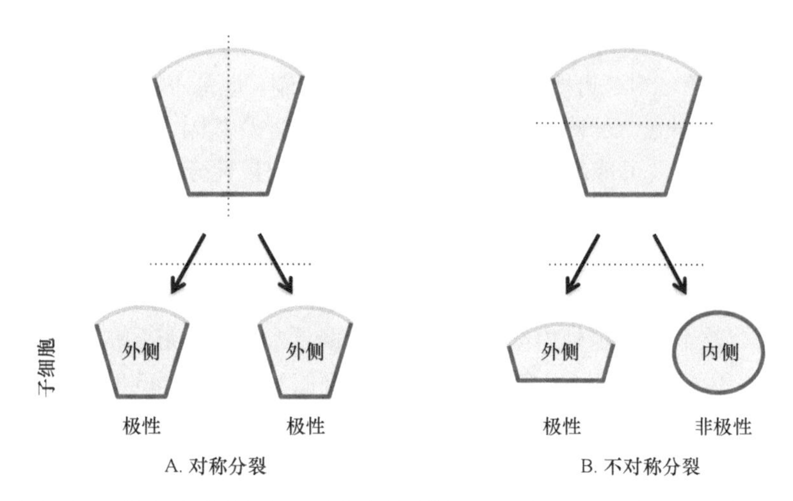

图 8-10　胚胎细胞的对称和不对称分裂（修改自 Mihajlovic and Bruce，2017）

每一个特定细胞类群的形成都受到相应的转录因子的调控。对滋养层的形成和功能起重要作用的转录因子主要包括 Cdx2、Gata3 和 Eomes 等，受精卵中缺失 Cdx2 表达的胚胎不能形成有功能的滋养层；Gata3 同样起到调节滋养层分化的作用；而 Eomes 主要在滋养层发育的后期起作用。滋养层形成过程中还有一个重要的转录因子 Tead4，Tead4 可以直接调控 Cdx2 和 Gata3 的表达，缺失 Tead4 的胚胎完全不能形成滋养层。而在胚胎内部的细胞，会激活内细胞团特异的转录调控网络，其中包括 Oct4、Nanog 和 Sox2 等。在受精卵中，存在母源的 Oct4，但是会被迅速降解，在 8-细胞时期，胚胎表达的 Oct4 才能被检测到。*Oct4* 敲除的胚胎能够形成类似胚泡的结构，但是其内部的细胞不能继续分化发育成原始内胚层（primitive endoderm，PE）和胚胎外胚层（embryonic epiblast，Epi），而 Nanog 和 Sox2 都对胚胎外胚层的形成十分重要。滋养层和内细胞团特异的转录调控网络决定了各自细胞的命运并且抑制了另外一种细胞特异性基因的表达，如 Cdx2 可以正向调控自身的表达并抑制 Oct4 的活性，而 Oct4 也可以抑制滋养层相关的基因的表达。

Hippo 信号通路在第一次细胞命运决定中发挥了重要作用（图 8-11）。Tead4 作为滋养层形成的重要因子，它可以激活滋养层相关基因，如 Cdx2 的表达。在 16-细胞阶段，Tead4 在各个卵裂球中的表达量是没有差异的，但是它只有在外侧有极性的细胞中有活性。研究证实，Tead4 的活性主要受到 Hippo 信号通路的调控。在内部的细胞中，Hippo 信号通路是有活性的，该通路的磷酸化酶 Lats1/2 可以磷酸化 Tead4 的共激活因子 Yap/Taz，被磷酸化的 Yap/Taz 会留在细胞质中而不能入核，Tead4 不能发挥激活滋养层相关因子的作用，细胞会发育成内细胞团，而在外侧的细胞中，Hippo 信号通路没有活性，Yap/Taz 可以入核并激活 Tead4，进而激活 Cdx2 等滋养层相关的转录因子，细胞会发育成滋养层。

Hippo 信号通路的活性受到细胞的位置和极性的调控（图 8-11）。在外侧有极性的细胞中，Hippo 信号通路的激活因子 Amot（Angiomotin）会被限制在细胞的顶端区域而不能激活 Hippo 信号通路，Yap/Taz 可以发挥激活 Tead4 的作用。而在内部的细胞中，Amot 分布在黏附连接的附近，它可以通过激活 Hippo 信号通路的磷酸化酶 Lats1/2 或者直接结合 Yap/Taz 来抑制其入核。人为地抑制 Amot 的表达会导致滋养层相关的转录调控网络被激活，并在内细胞团中检测到 Cdx2 的异常表达。Amot 的活性是如何调控的，目前仍不清楚。定位于顶端区域的 Par6 和 aPKC 可能参与了 Amot 活性的抑制，但是还需要直接的证据来支持。

胚胎的第一次细胞命运决定受到细胞的极性、位置及基因表达水平的调控。目前的研究来看，细胞的极性可能起核心作用，细胞内分子的极性分布调控了细胞内的信号通路活性和转录因子的表达。

五、胚胎的第二次细胞命运决定与调控

细胞的第二次命运决定是内细胞团向原始内胚层和胚胎外胚层的分化。在早期胚泡的内细胞团中，存在表达 Nanog 的表胚层的前体细胞和表达 Gata6 的原始内胚层的前体细胞。在早期，这两种细胞是混合在一起的，随着胚胎的发育，这两种细胞会通过聚集、迁移和选择性凋亡，最终形成靠近胚泡腔的单层原始内胚层细胞和被包裹在内的表胚层细胞。表胚层细胞高表达 Nanog 和 Sox2 等多能性相关的基因，最终发育成胎儿。原始内胚层细胞高表达 Gata6、Sox17 和 Sox7 等，最终发育成卵黄囊。

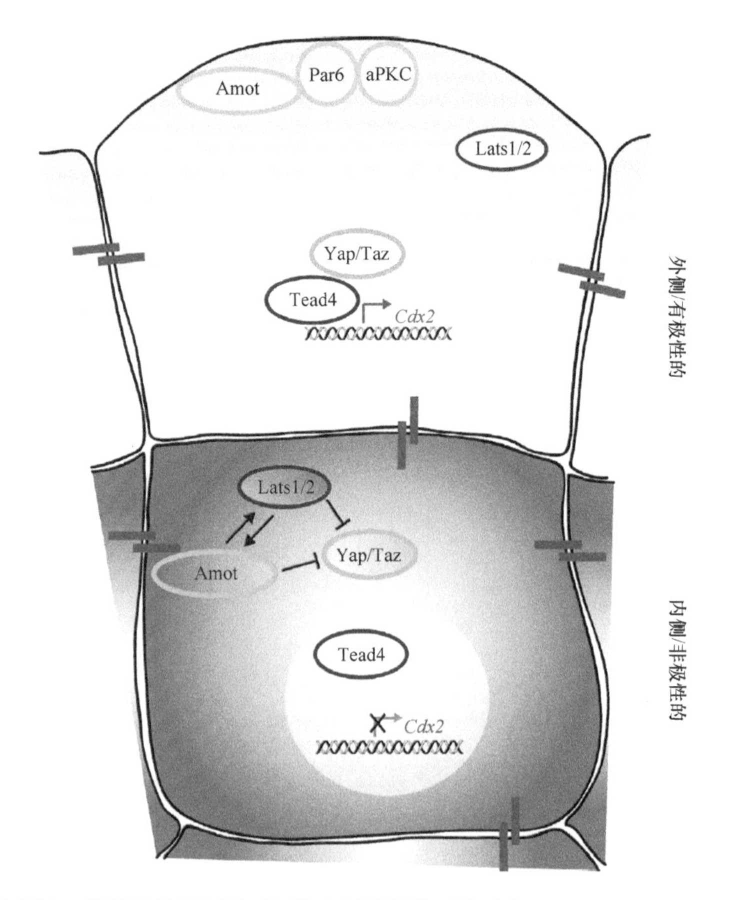

图 8-11　细胞的极性、位置及转录因子对细胞命运的调控（修改自 Graham and Zernicka-Goetz，2016）

原始内胚层和表胚层的分化发生在晚期胚泡阶段，但是细胞命运的决定在内细胞团形成之前就已经启动了。有研究表明，卵裂球进入胚胎内部的时间可能会决定细胞的命运，在第一轮不对称分裂（8-细胞到 16-细胞阶段）就进入胚胎内部的卵裂球更有可能发育成表胚层，而在第二轮或者第三轮不对称分裂（16-细胞到 32-细胞及 32-细胞到 64-细胞阶段）才进入胚胎内部的细胞则更有可能发育成原始内胚层。造成这种差异的原因与 Fgf4/Fgfr2 的表达水平有关，FGF 信号是原始内胚层形成的重要因子，在第二轮不对称分裂进入胚胎内部的卵裂球 Fgfr2 表达量较高，因此对 FGF 信号更加敏感而且更容易分化成原始内胚层（图 8-12）。

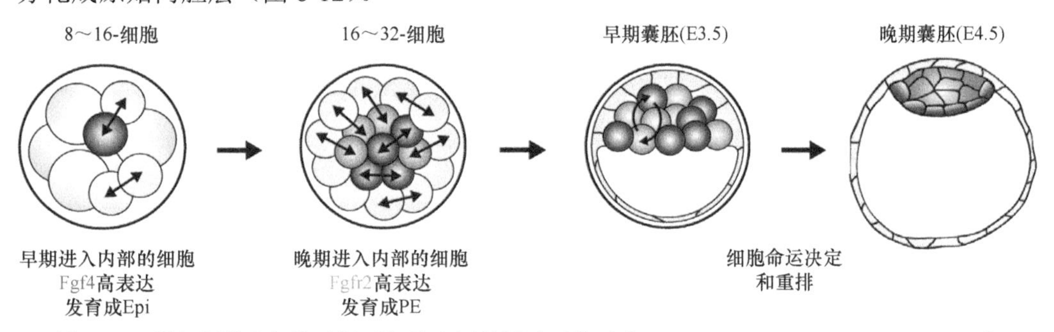

图 8-12　进入胚胎内部的时间对细胞命运的影响（修改自 Graham and Zernicka-Goetz，2016）

FGF 信号通路在原始内胚层形成过程中起到了核心的作用，在早期内细胞团中，细胞同时表达 Fgf4 和它的受体 Fgfr2，到 64-细胞左右，Fgf4 就只在表胚层细胞中表达，而 Fgfr2 则只在原始内胚层细胞中表达。Fgfr2 能够激活 Gata6 并抑制 Nanog 的表达。Nanog 特异表达的细胞能够上调 Fgf4 的表达，但是 Fgfr2 并不表达，这使得 Gata6 不能被激活，同时 Nanog 有抑制 Gata6 表达的作用，这样表胚层细胞中的 Gata6 就彻底被抑制。在原始内胚层细胞中，Fgfr2 高表达，它可以被表胚层细胞分泌的 Fgf4 激活，进一步激活下游的 Sox17 和 Gata4/6。而 Nanog 会被 Fgfr2 和 Gata6 抑制，同时 Gata6 也可以正向调节自身的表达，这些基因协同作用维持了原始内胚层细胞的特性（图 8-13）。

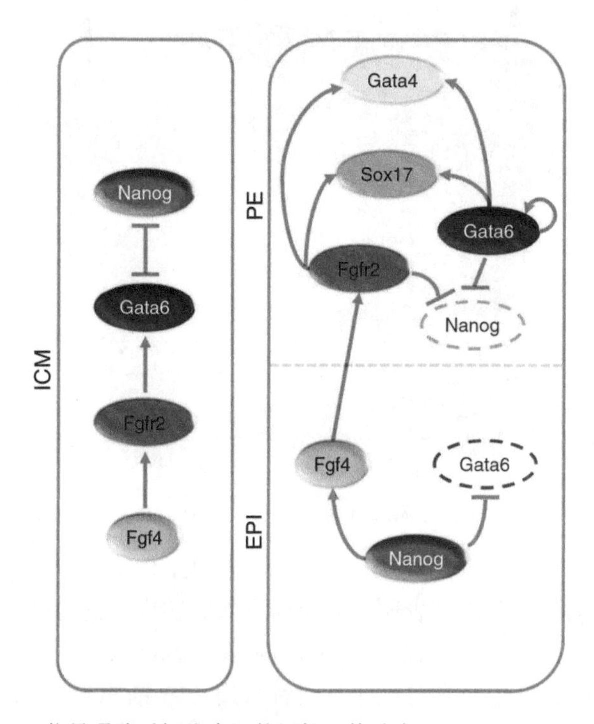

图 8-13　Fgf 信号通路对细胞命运的调控（修改自 Oron and Ivanova，2012）

近年来，对胚胎发育机制的研究正在不断深入，但是由于早期胚胎细胞数目的限制，对于胚胎发育的早期，特别是胚胎发生致密化之前的时期了解还很有限，近年来发展起来的单细胞测序技术可能会帮助我们更加深入地了解胚胎早期发育的机制。

第三节　早期胚胎发育的基因表达调控

在胚胎发育早期表达的基因大概可以分为三类，一类是母源表达的基因，这类基因在卵细胞发育、受精及胚胎发育的初始阶段发挥了重要作用，并在胚胎基因激活的过程中被逐渐降解。另一类是受精卵表达的基因，这类基因在胚胎基因激活过程中被激活，这些基因的正常激活对胚胎后续的发育起到关键作用。第三类基因是母源和胚胎都高表达的基因，这类基因通常是维持细胞生命活动的看家基因（housekeeping gene）。另外，除了蛋白编码基因，胚胎还表达大量的非编码 RNA，其中一部分已经被证明在胚胎发育过程中起到重要的调控作用，但大部分非编码 RNA 的功能还是未知的。

一、母源因子

在卵子发生过程中，来源于卵子基因组的 RNA 和蛋白质会被大量积累起来，卵子的体积会增加到原来的几百倍。这些积累的母源因子是受精过程及着床前胚胎发育早期最重要的调控因子，它们参与了胚胎发育调控的各个方面，包括蛋白质的转录、表观修饰的重塑及细胞信号的转导等。多项研究表明，一些母源因子的缺失或表达异常会严重影响胚胎的正常发育甚至导致胚胎死亡。

精子和卵子结合后，精子主要提供一半的遗传物质，而受精过程及早期卵裂所需要的物质和调控因子主要来源于卵细胞。例如，在人的胚胎中，到 4-细胞时期，胚胎基因组才开始大量转录；在小鼠中，胚胎基因的大量激活开始于 2-细胞时期；而在爪蟾和斑马鱼的胚胎中，胚泡之前的发育都主要依赖于母源因子的作用。

母源因子在胚胎发育的各个阶段起作用，首先在受精过程中，精子基因组上的鱼精蛋白会被去除并重新利用卵细胞中的组蛋白组装上核小体，随后形成原核。在这个过程中母源存储的组蛋白包括一些组蛋白变体都是十分重要的（表 8-1）。例如，卵细胞特异性的组蛋白 H1foo 在受精后会迅速组装到父源的基因组上，并且通过改变染色质的结构对细胞全能性建立起作用。组蛋白 H3.3 对早期胚胎的表观遗传调控也起很重要的作用。在小鼠胚胎中，受精后 1 h 左右，组蛋白 H3.3 就会被组装到父源的基因组上，用 RNA 干扰的方法敲低母源的 H3.3 会导致胚胎发育阻滞在桑椹胚时期，而敲低 H3.3 的伴侣蛋白 Hira 会导致雄原核不能形成。

表 8-1　小鼠胚胎发育过程中重要的母源因子

基因名称	功能	参考文献
Ago2	降解母源 RNA	Lykke-Andersen 等（2008）
Atg5	降解母源蛋白	Tsukamodo 等（2008）
Brg1	染色质重塑因子	Bultman 等（2006）
Brwd1	染色质重塑因子	Philipps 等（2008）
Ctcf	转录因子	Wan 等（2008）
Chd1	细胞黏连	Larue 等（1994），Riethmacher 等（1995），De Vries 等（2004）
Dnmt1	维持 DNA 甲基化	Hirasawa 等（2008），Golding 等（2011）
Dnmt3a	DNA 从头甲基化酶	Kaneda 等（2010）
Dnmt3L	DNA 从头甲基化酶	Hata 等（2002）
Dicer 1	降解母源 RNA	Murchison 等（2007）
Dppa3	维持 DNA 甲基化	Nakamura 等（2007），Bakhtari 和 Ross（2014）
Filia	SCMC 复合体的组分，维持整倍性	Zheng 和 Dean（2009）
Floped	SCMC 复合体的组分	Li 等（2008a）
Fmn2	有丝分裂	Leader 等（2002）
H1foo	替代精子的鱼精蛋白	Becker 等（2005）
H3.3	染色质的解聚和重编程	Lin 等（2013），Inoue 和 Zhang（2014），Wen 等（2014）

续表

基因名称	功能	参考文献
Hira	H3.3 的分子伴侣	Inoue 和 Zhang（2014），Lin 等（2014）
Hsf1	氧化还原平衡，维持线粒体功能	Christians 等（2000）；Bierkamp 等（2010）
Kdm1b	H3K4 的去甲基化酶	Ciccone 等（2009）
Mater	SCMC 复合体的组分	Tong 等（2000），Pennetier 等（2006）
mHr6a	降解母源蛋白	Roest 等（2004）
Npm2	染色质重塑因子	Burns 等（2003），Inoue 和 Zhang（2011）
Oct4	转录因子	Foygel 等（2008）
Pdk1	Pi3K 信号通路	Zheng 等（2010）
Padi6	母源核糖体储存	Yurttas 等（2008）
Pms2	DNA 错配修复	Gurtu 等（2002）
Ring1	染色质重塑因子，polycomb 复合体组分	Posfai 等（2012）
Rnf2	染色质重塑因子，polycomb 复合体组分	Posfai 等（2012）
Sox2	转录因子	Avilion 等（2003），Pan 和 Schultz（2011）
Tap73	纺锤体的组装	Tomasini 等（2008）
Tet3	DNA 主动去甲基化	Gu 等（2011）
Tif1a	染色质重塑因子	Torres-Padilla 和 Zernicka-Goetz（2006）
Trim28	维持 DNA 甲基化	Messerschmidt 等（2012）
Uchl1	阻止多精受精	Sekiguchi 等（2006）
Zar1	早期胚胎发育	Wu 等（2003）
Zfp36l2	降解母源因子	Ramos 等（2004）
Zfp57	维持 DNA 甲基化	Li 等（2008b）
Stella	维持 DNA 甲基化	Nakamura 等（2007）
Smarca4	转录因子	Ma 等（2006）

受精后，会形成雌雄两个原核，雌雄原核形成后会逐渐向中心移动并融合成一个细胞核。小鼠中发现的一个母源因子 Zar1（zygote arrest 1）在这个过程中起作用。*Zar1* 敲除的卵子可以正常受精并形成原核，但是父源和母源的两套基因组无法融合，胚胎在第一次有丝分裂的 G_2 期停止发育。

在胚胎基因激活的过程中，母源因子同样发挥了很重要的作用。例如，Brg1 对染色质结构的调控是胚胎基因激活的关键。*Lin28* 的缺失会导致核仁无法形成，而母源的核仁是胚胎基因激活必需的。其他的还有 *Npm2*、*Ago2*、*Atg5*、*Ring1*、*Rnf2* 及 *Sox2* 等基因的敲除和敲低都会导致胚胎基因激活异常及卵裂期胚胎发育的阻滞。

哺乳动物的胚胎发育到卵裂的后期，胚胎开始致密化，卵裂球之间开始黏附在一起，形成界限不清楚的细胞团。小鼠胚胎的致密化发生在 8-细胞到桑椹胚的阶段。母源的钙黏蛋白（E-cadherin）是形成细胞黏连的主要蛋白，母源的钙黏蛋白可以支持胚胎到 8-细胞时期的致密化，但是如果没有胚胎表达的钙黏蛋白补充，胚胎的致密化到胚泡时期就会消失。由于大量的母源因子在胚胎基因激活后就会被降解，胚胎后期的发育主要是依赖于胚胎基因组转录和翻译的产物进行。

二、母源 mRNA 的翻译

卵细胞中储存了大量的 mRNA，这些 mRNA 在卵细胞中基本不翻译或者很少翻译，而在受精之后，卵细胞被激活，这些 mRNA 会被大量翻译成蛋白质并发挥作用。钙离子信号的增强被认为是卵细胞激活的关键，这与钙离子信号介导的 IP3 受体的激活有关。在卵成熟的过程中，IP3 的受体 Itpr1 会大量积累，使得细胞对 IP3 介导的胞内钙离子的释放更加敏感。抑制 Itpr1 的积累会导致受精过程中钙离子信号的异常波动。

母源 mRNA 的翻译可能与多聚腺苷酸（polyA）尾的延长有关。有研究表明受精卵中总的 mRNA 含量要少于 GV 期的卵细胞，但是带有 polyA 尾的 mRNA 量则明显高于 GV 期的卵细胞。利用 3′-脱氧腺苷阻滞 polyA 尾的延长可以抑制胚胎基因组的激活。

很多母源 mRNA 翻译的蛋白质在胚胎发育过程中起了很重要的作用。例如，泛素连接酶 E3 可以催化母源蛋白的降解，全能性相关的因子 Lin28 在胚胎基因激活的过程中可以调控 miRNA 的生物合成及 Sin3a 和 Ezh2 对胚胎染色质结构的调控。这些调控因子都是在卵子激活后由 mRNA 翻译而成的。而这些参与蛋白质翻译的母源转录本一个明显特征就是含量相对较高，而在着床前胚胎发育的后期并没有这种现象，这些转录本的大量积累为受精后在较短时间内翻译出发育所需要的蛋白质提供了保障。

三、母源因子的降解

母源因子在胚胎发育的早期起了关键的作用，随着发育进行，胚胎基因组被激活，母源因子会被降解，胚胎的生命活动开始依赖于胚胎表达的基因进行。这个过程被称为母源到受精卵的转变（maternal to zygotic transition，MZT）。这种转变在所有动物和植物的发育过程中都存在。根据物种的不同，有 30%～60%的母源 mRNA 和蛋白质会随着 MZT 过程被降解。

1. 母源 mRNA 的降解

在真核生物中，mRNA 的稳定性主要受到三个因素的控制：mRNA 的序列、5′端的 7-甲基鸟苷酸帽子及 3′端的多聚腺苷酸尾的长度。mRNA 的降解通常都是由 3′端的多聚腺苷酸尾的缩短和 5′端帽子结构的去除引起的。但是在不同的物种中，具体的机制存在很大差异。

在果蝇早期胚胎中，Smaug 是一个对于 mRNA 降解十分重要的母源因子，Smaug 通过 SAM 结构域结合 RNA，这个结构域从酵母到人中都是保守的。SAM 结构域可以识别 RNA 上的 Smaug 识别序列（SRE）并招募去腺苷酸酶复合体 Ccr4/Pop2/Not，起始 3′端的多聚腺苷酸尾的缩短和 mRNA 的清除。

在爪蟾中，受精过程会引发序列特异性的母源 mRNA 去腺苷酸化。这些特异性的序列被称为胚胎去腺苷酸元件（embryonic deadenylation element，EDEN），这是一段富含 U（A/G）二核苷酸的重复序列。可以被 EDEN 结合蛋白（EDEN-BP）识别，并介导被结合的 mRNA 去腺苷酸化。

在哺乳动物中，Dcp1/Dcp2 蛋白主要介导 5′帽子的去除，随后由 *Xrn* 内切酶催化 mRNA 从 5′到 3′的降解，而 mRNA 从 3′端的降解主要是由 Pan2/Pan3 和 Ccr4-Not 介导的去腺苷酸化引起的。在胚胎发育过程中，母源 RNA 的功能各不相同，在不同阶段都会有一些 mRNA 被降解。

小 RNA（microRNA）在母源 RNA 的清除过程中也起了相当重要的作用。最早是在斑马鱼的胚胎中，人们发现几百种母源 mRNA 的清除都与 miR-430 有关，后来也证实，这是斑马鱼中母源 mRNA 清除的主要机制，40%左右的母源 mRNA 清除与此有关。而爪蟾中的 miR-427、果蝇中的 miR-309 家族、小鼠中的 miR-290/295 都被发现与母源 mRNA 的清除有关。

母源 mRNA 的清除过程中还有一个独特的现象。研究发现在卵子成熟和受精过程中，大量 mRNA 会被去腺苷酸化但并不降解。而这些 mRNA 的降解通常发生在胚胎基因激活之后，哺乳动物的 Msy2 及其在爪蟾中的同源蛋白 Frgy2 被认为与这些 mRNA 的稳定有关。而这些去腺苷酸化的 mRNA 在胚胎基因激活时降解可能为胚胎基因转录提供了所需的大量的核糖核酸，但具体的机制还需要进一步的研究。

2. 母源蛋白的降解

随着胚胎基因组的激活，母源存储的蛋白质也会被降解，如在小鼠中，到 2-细胞晚期，大约有 50%的母源蛋白会被清除。泛素蛋白酶体系统和细胞自噬是胚胎中母源蛋白降解的两条主要途径。

以小鼠为例，Rfpl4 是一个在生殖细胞中特异表达的 E3 泛素连接酶，它在发育的卵细胞及早期胚胎中都有积累，到 8-细胞时期消失。它可以结合 E2 泛素结合酶 mHR6A 并介导蛋白质的降解。FSC（Skp1-Cullin-F-box）复合体是胚胎中另外一种高表达的 E3 泛素连接酶，可以结合与细胞周期相关的调控蛋白，介导蛋白质降解。

细胞自噬是胞内蛋白大量降解的一个重要途径。TOR（target of rapamycin）信号通路在自噬的起始阶段起到抑制自噬发生的作用。在小鼠的受精卵到 4-细胞阶段，mTOR 信号通路被抑制，自噬作用被激活。另外，如果精子和卵子同时敲除 *Atg5*，胚胎会在 4-细胞到 8-细胞阶段停止发育。这些研究都证明自噬对于着床前胚胎的发育过程是必需的。

四、胚胎基因激活的时间

在受精卵形成的初期，父源和母源的基因组都处于转录不活跃的状态，在这个阶段，胚胎发育主要依赖于卵细胞中存储的 RNA 和蛋白质。在随后的发育过程中，受精卵的基因组会被激活并转录，这对于胚胎后续的发育是十分重要的，这个过程被称为胚胎基因组激活（embryonic genome activation，EGA）或者受精卵基因组激活（zygotic genome activation，ZGA）。胚胎基因组激活并不仅仅是一个转录事件，它使基因组从一个完全转录不活跃的状态转变成转录活跃的状态，这包含了胚胎基因组从表观修饰到结构上的转变，同时伴随着母源 RNA 的大量降解，是胚胎全能性逐渐建立的过程。

胚胎基因激活是胚胎发育过程中的重要事件，但由于技术的限制，胚胎基因组激活的具体时间很难准确界定。近年来，高通量测序技术的发展让我们对这个过程有了越来越清晰的认识。胚胎基因激活并不是一个瞬间的过程，不同的基因会在发育的不同阶段逐渐被激活，而这个过程在不同的物种中也相差很大。普遍认为，胚胎基因激活可以分为两个阶段，即辅助阶段（minor ZGA）和主要阶段（major ZGA）（图 8-14）。

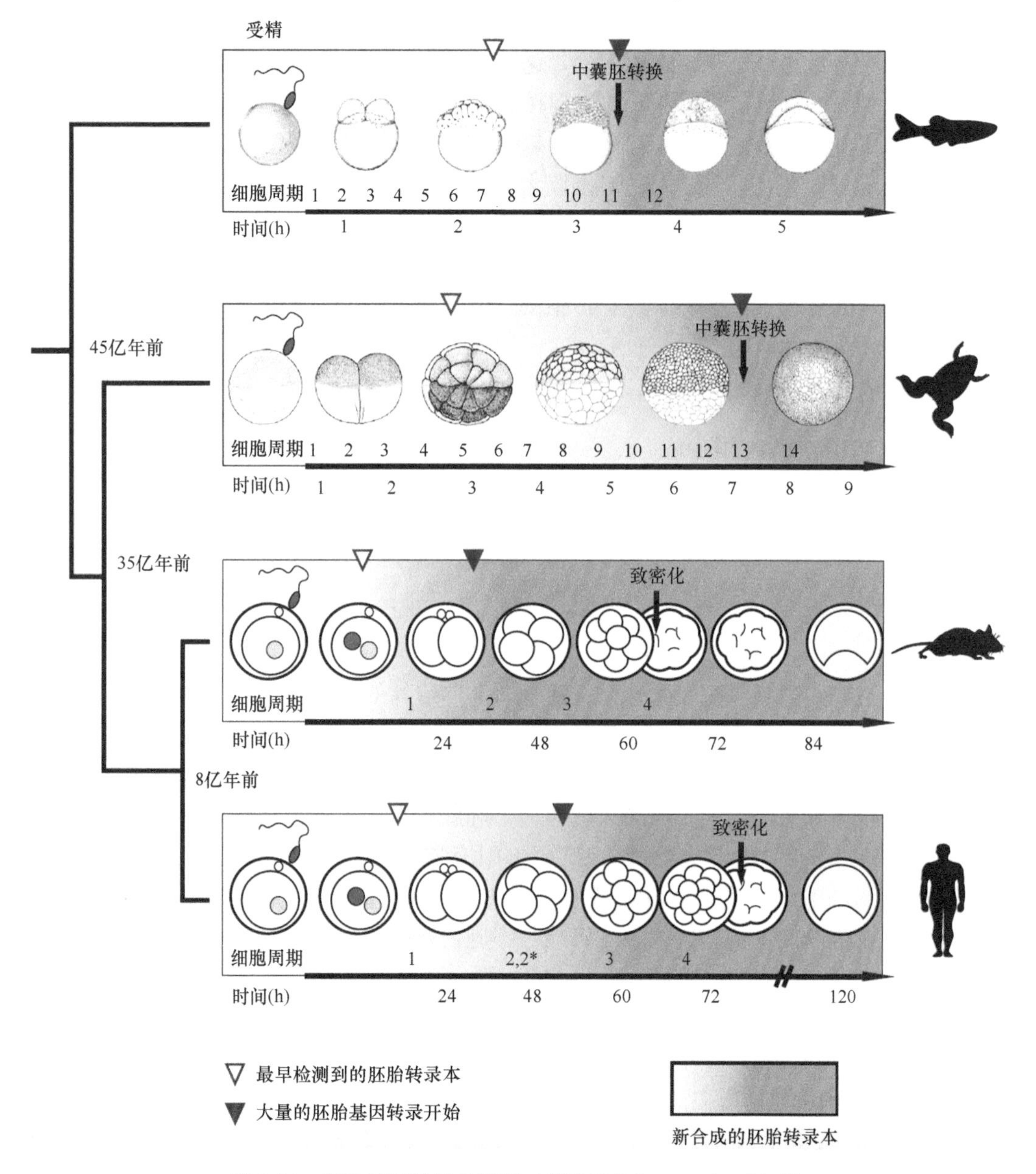

图 8-14　胚胎基因激活的时间（修改自 Jukam et al.，2017）

在爪蟾的胚胎中，最早能检测到的从受精卵转录的 RNA 是在 8-细胞阶段，在 128-细胞到 256-细胞阶段能检测到几百个基因的表达，这些基因中会包含一些转录因子。到了第 10 到第 11 次细胞分裂，胚胎开始有大量的基因被激活。斑马鱼的胚胎基因激活过程与爪蟾类似。最早大约在 64-细胞阶段能检测到胚胎基因组的转录，到 512-细胞阶段，有 600 多个来源于胚胎基因组的转录本被检测到。在第 10 次细胞分裂的时候能检测到大量的胚胎基因转录，这些转录本包括了 mRNA、microRNA、piwiRNA（piRNA）及长非编码 RNA（long non-coding RNA）等。

哺乳动物的胚胎在受精之后，父源和母源的基因组分别存在于两个独立的原核中。小鼠胚胎最早的基因转录发生在雄原核第一个细胞周期的 G_2 期，在胚胎基因激活的辅助阶段，能检测到几百个基因表达上调，这些转录本大多数表达量很低，并且不能被有效地剪接和加 polyA 尾。随后大量的基因转录发生在 2-细胞时期。人的早期胚胎发育过程与小鼠相似，在受精卵阶段，有上百个基因表达上调，而大规模的胚胎基因组激活则发生在 4-细胞到 8-细胞阶段，而在 8-细胞之后仍然会有上千个基因表达被激活，这些都说明胚胎基因的激活是一个逐步实现并且有序进行的过程。

辅助阶段转录的基因大部分都很短，并且不经过剪接。有理论认为，这些短的转录本是有丝分裂的过程导致的转录终止产生的。另外，剪接体的缺失可能也是这个阶段无法产生复杂转录本的原因。还有研究证实，这些短的转录本在进化上更年轻，可能与物种间的基因表达差异有关。

五、胚胎基因激活的机制

胚胎基因组在发育过程中被顺序激活。这个过程受到精密的调控，那么这些基因被激活的机制是什么？目前的观点认为，这可能与卵裂球的核质比变化、转录因子的结合和染色质的状态有关。

1. 核质比

脊椎动物的卵细胞体积较大，但只拥有一个单倍体的细胞核，因此，细胞核和细胞质的比值（核质比）很小。受精之后，胚胎进入卵裂期。卵裂期的胚胎细胞周期很短，细胞进行 DNA 复制和分裂，但胚胎的体积并不增大，这就使得细胞的核质比不断增大。人们很早就意识到核质比的不断增大能够调节胚胎发育的过程。在斑马鱼、爪蟾、蝾螈等动物中，利用单倍体或者人为增加细胞质的比例会导致胚胎基因的激活比正常胚胎晚一个细胞周期。相反地，四倍体胚胎或者减少细胞质的比例会使得胚胎基因的激活提前。

核质比之所以能影响基因的表达可能与细胞内一些抑制因子的剂量有关。这些抑制因子包括组蛋白、DNA 复制因子、母源的组蛋白变体及表观遗传修饰因子等。以组蛋白为例，组蛋白在卵细胞中含量很高，这些组蛋白会结合到 DNA 上，对基因表达起抑制作用，组蛋白的去除可以增加 RNA 聚合酶Ⅱ的结合效率。在胚胎发育早期，随着核质比的增加，DNA 和组蛋白的比值也在增加，这使得更多的 DNA 处于裸露状态，这为转录因子和 RNA 聚合酶的结合提供了更多的机会。在爪蟾胚胎中敲低组蛋白 H3 的表达，可以将胚胎基因激活的时间提前，这也证明了组蛋白的含量对胚胎基因激活的作用。

2. 转录因子积累的作用

转录激活因子与 DNA 的结合是转录开始的第一步。因此，转录激活因子在胚胎基因激活中的作用就不言而喻了。在哺乳动物中，受精后大量的母源 mRNA 开始翻译，这些翻译的蛋白质中包含大量的转录激活因子。而相应基因的表达时间与这些转录因子积累的速度有关。受精之后，母源 RNA 翻译的转录因子的量达到一定的阈值，这些转录因子就会在相应的基因位置上结合，并激活相应基因的表达，这些基因中也包含一些转录因子，当这些转录因子积累到一定的阈值，便会进一步激活下游基因的表达，这也是基因表达被顺序激活的原因（图 8-15）。同时这些基因的表达也会被一些转录抑制因子等调控，导致转录被抑制。

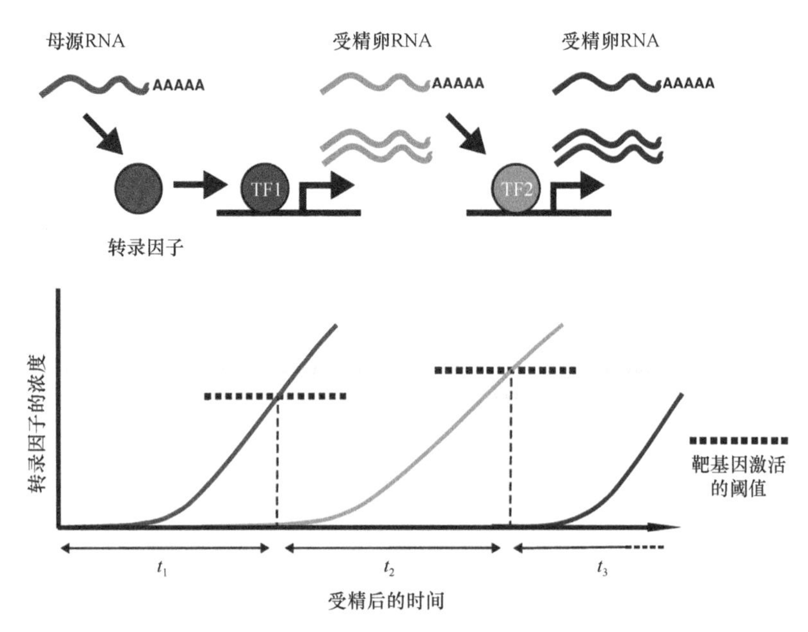

图 8-15 转录因子积累激活基因表达的模型（修改自 Jukam et al.，2017）

最早在线虫的胚胎中，人们发现转录因子 Zelda 能够结合到几百个基因的启动子区域，促进染色体的打开，从而对这些基因的激活起到促进作用。但是在鱼类、两栖类及哺乳动物中并没有 Zelda 蛋白的同源蛋白。在斑马鱼中，人们发现转录因子 Nanog、SoxB1 及 Oct4 对于辅助阶段 75%以上的基因的激活起作用，说明这些基因可能作为最先结合的转录因子，调控了染色质的结构，起始了基因的表达。在哺乳动物中，Nanog、SoxB1 及 Oct4 也起到了激活基因表达的作用。但是在斑马鱼的胚胎中，这几个转录因子在胚胎基因激活之前并不表达，并且在原肠胚形成过程中起到促进细胞分化的作用。

除了这些与多能性相关的因子之外，转录调控因子 TIF1α 也对小鼠的胚胎基因激活（ZGA）起作用。另外，小鼠的 ZGA 还受到 Yap1 的调控。Yap1 是 Hippo 信号通路的转录调控因子，在哺乳动物的卵细胞中高表达，在受精之后被激活并转移到细胞核内起作用。敲除母源的 YAP1 会导致胚胎被阻滞在桑椹胚时期，并有大约 3000 个 ZGA 相关的基因表达下调，还有 1300 多个本该被降解的母源基因表达上调。除此之外，Zscan、NFYα 及 DUX 家族蛋白都被证明在哺乳动物的胚胎基因激活中起作用。在人的胚胎中，DUX4 具有很重要的作用，它可以直接诱导几百个 ZGA 相关的基因的表达。而 *DUX4* 基因本身也是在 ZGA 的过程中被激活起来的，但是它的激活机制尚不明确。

3. 染色质状态变化

在转录起始阶段，RNA 聚合酶Ⅱ及一些转录相关的调控因子会结合到 DNA 的转录起始位点，形成转录起始复合体。因此，基因的表达需要启动子区域处于一种适合转录因子和 RNA 聚合酶结合的状态。对于处于转录抑制状态的胚胎基因组来说，染色质状态的改变对于基因的激活是必要的。

组蛋白修饰对基因表达的调控起了很关键的作用。已经证实在斑马鱼的胚胎中，基因在激活表达之前，会有 H3K4me3 修饰在启动子区域富集。在爪蟾胚胎中，也有一些组蛋白修饰会在基因激活之前富集在基因的启动子区域，但是大部分的组蛋白修饰是在 ZGA 的过程中建立起来的。这表明，活跃的组蛋白修饰会在胚胎基因激活之前富集到相关基因上并发挥作用。在小鼠的卵细胞中，H3K4me3 修饰会在转录起始位点上比较宽的区域上分布，并且信号较弱，这些非传统的 H3K4me3 修饰被认为与转录抑制有关，而在 2-细胞时期，伴随着 ZGA 的进行，这些宽的 H3K4me3 修饰会被去除，而传统的 H3K4me3 修饰会被建立起来。相反，抑制性的组蛋白修饰，如 H3K27me3 修饰的建立则比较晚，这在斑马鱼、爪蟾及小鼠的胚胎中是一致的。这说明抑制性的组蛋白修饰在 ZGA 的晚期才会被建立起来。

影响基因表达的另外一个很重要的因素是 DNA 的甲基化，DNA 胞嘧啶的甲基化（5mC）是最常见的形式，5mC 通常被认为会抑制基因的表达。在爪蟾、斑马鱼、小鼠及人的胚胎中，全基因组水平的 DNA 甲基化分析已经实现。在哺乳动物中，受精之后父源和母源的基因组都会经历大规模的 DNA 去甲基化，但 DNA 去甲基化的时间要明显早于胚胎基因的激活。而在爪蟾和斑马鱼中，并没有明显的 DNA 去甲基化过程。DNA 甲基化的情况在不同物种之间差异比较明显，而 DNA 的去甲基化是否直接调控胚胎基因的激活还不明确。

染色体的高级结构对基因的表达调控也起重要的作用。在体细胞中，相邻的染色体区域会折叠形成拓扑相关的结构域（topologically associated domains，TAD），在同一个 TAD 内的 DNA 相互作用比较频繁，起到调控基因表达的作用。在对小鼠胚胎的研究中发现，卵细胞中 TAD 结构很少，同样在受精卵和 2-细胞时期也没有明显的 TAD 结构，比较清晰的 TAD 结构出现在 8-细胞时期（图 8-16）。由于体细胞中 TAD 结构与基因表达有很强的相关性，所以胚胎中 TAD 的形成可能与父源和母源染色质结构的重塑及胚胎基因的持续激活有关系，进一步的机制和相关性还有待探索。

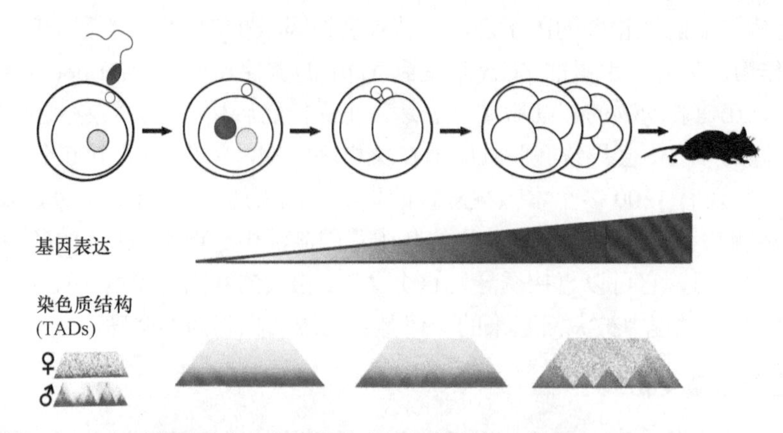

图 8-16　小鼠早期胚胎发育的染色体高级结构变化（修改自 Jukam et al.，2017）

核小体的排布也影响基因的表达。转录活跃的基因的启动子区域通常有一段区域没有组蛋白的结合，这段区域被称为核小体缺失区域（nucleosome-depleted region，NDR）。这段区域的存在有利于转录因子及 RNA 聚合酶的结合。但是在 ZGA 的过程中，NDR 是如何出现的目前还没有明确的结论。有证据显示，在 ZGA 之前，转录起始位点的核小体不是均匀分布的，而是一种非随机的不对称分布。在胚胎基因激活时，+1 位的核小体就已经出现在转录起始位点并且伴随着下游核小体有规律地排布。+1 位的核小体和 NDR 出现的顺序目前还没有明确的结论，但这二者之间存在明显的相关性。

六、非编码 RNA 的表达和功能

随着测序技术的发展，人们发现在基因组上，转录编码蛋白的 mRNA 的序列占的比例很小，但是能转录 RNA 的基因组序列却很多。这些被转录的 RNA 中，有些是在进化上很保守的，对蛋白编码基因的表达很重要的，如核糖体 RNA。而另外一些非编码 RNA，在进化上保守性很差，发挥的生物学功能也不尽相同。在早期胚胎发育过程中，研究比较多的主要是长非编码 RNA（long noncoding RNA，lncRNA）和小的非编码 RNA（包括 microRNA、siRNA 和 piRNA 等）。

1. 长非编码 RNA（lncRNA）

lncRNA 通常是指大于 200 bp 并且不编码蛋白质的 RNA，lncRNA 在生物学特性上与 mRNA 类似，都是由 RNA 聚合酶Ⅱ转录的，有 5′帽子结构，有些会有内含子和多聚腺苷酸尾。不同于 mRNA 的是，它们不编码蛋白质，进化上保守性较差，并且有比较高程度的选择性剪接。现在已经发现，细胞的多种生命活动受到 lncRNA 的调控，包括增殖、自噬及对压力的感应等。

在对斑马鱼胚胎的研究中，人们发现几千种 lncRNA 的表达（图 8-17A）。这些 lncRNA 长度相对较短，内含子的数量少并且表达量不高。在胚胎基因激活之前发现部分父源的 lncRNA，由于胚胎基因尚未表达，所以这些 lncRNA 可能来源于精子。另外，在斑马鱼胚胎中，lncRNA 表达的时间比蛋白编码基因要更严格，并且表现出很高的组织特异性和亚细胞结构特异性，这表明 lncRNA 可能在细胞命运的决定中发挥一定的作用。爪蟾胚胎中的 lncRNA 表达情况与斑马鱼类似，并且部分 lncRNA 的表达水平与邻近的基因的表达相关性很高，这说明这些 lncRNA 可能起到了顺式调控的作用。

在哺乳动物的卵细胞和早期胚胎中，人们也发现了几千种 lncRNA 表达（图 8-17B）。这些 lncRNA 中大部分是母源表达的，在 ZGA 的过程中被降解，同时有新的 lncRNA 在 ZGA 的过程中被激活。与 mRNA 相比，lncRNA 的表达量都不高。另外，早期胚胎中的 lncRNA 还有一个重要的特点，大约 1/4 的 lncRNA 是以带有长末端重复序列（long terminal repeat，LTR）的逆转座子（retrotransposon）作为启动子转录的。但是对这些 lncRNA 功能的了解目前还很少。

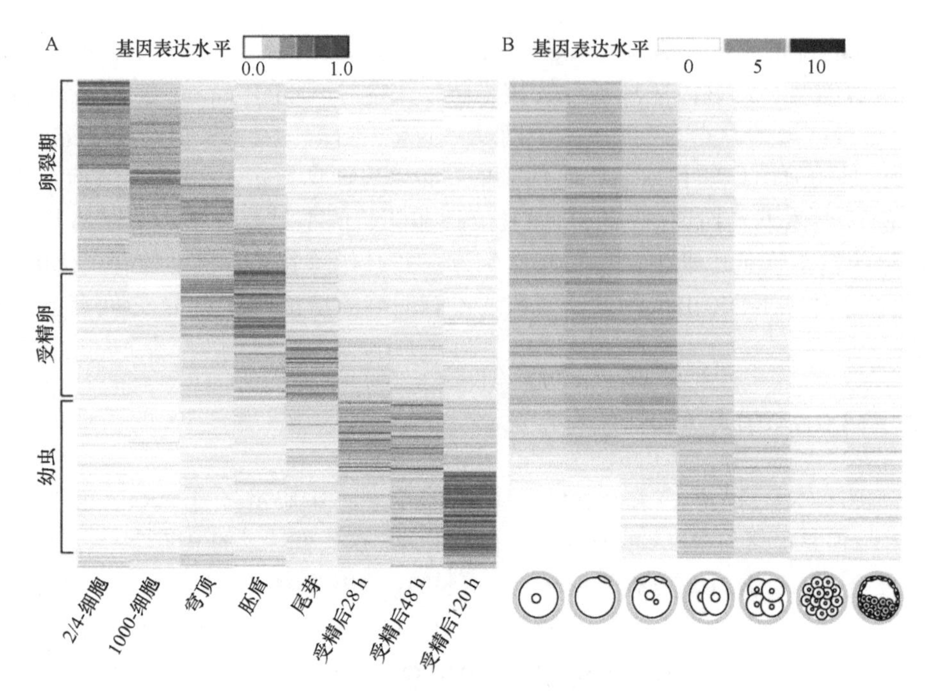

图 8-17　早期胚胎中高表达的 lncRNA 变化情况。A. 斑马鱼（修改自 Pauli et al.，2012）和 B. 小鼠（修改自 Svoboda，2017）

在早期胚胎中，研究最多的 lncRNA 是 Xist。哺乳动物中，Xist 在卵细胞和早期胚胎中都有表达，主要参与 X 染色体的失活。Xist 的表达可以顺式调控该条 X 染色体失活。在小鼠胚胎中，敲除 *Xist* 会导致 X 染色体不能失活和雌性胚胎致死。Xist 本身的表达和功能也受到其他 lncRNA 的调控，如 Tsix 可以抑制 Xist 的表达。敲除 *Tsix* 会导致 X 染色体异常失活和早期胚胎死亡。

印迹基因的正常表达对胚胎发育十分重要，很多 lncRNA 参与了印迹基因的调控。很多印迹基因位点包含了蛋白编码基因和 lncRNA 序列，这些 lncRNA 的表达会通过顺式调控的方式控制相应基因的表达，如 *Kcnq1ot1* 和 *Airn*。尽管敲低这些 lncRNA 不会导致早期胚胎死亡，但是印迹的缺失会导致明显的发育缺陷。lncRNA H19 是母源表达的，调控 Igf2 的表达。在小鼠的胚胎发育过程中，H19 在内胚层和中胚层的组织中都有很高的表达。但是在出生后的大部分组织中都不表达。缺失 H19 的小鼠胚胎能够发育，但表现出明显的肥胖。

其他有研究的 lncRNA 包括 Hox 基因簇的多个 lncRNA，可以调控 *Hox* 基因的表达。在小鼠中，LincGET 可以调控 2-细胞时期 mRNA 的选择性剪接。另外还有一些 lncRNA 的缺失并不影响胚胎的发育，其功能还有待进一步验证。

2. 小非编码 RNA

小 RNA 通常是指长度在 20～30 nt 短的 RNA 序列，在脊椎动物中主要包括 3 种，微 RNA（microRNA，miRNA）、小干扰 RNA（small interfering RNA，siRNA）和 PIWI 相关的小 RNA（PIWI-associated small RNA，piRNA）。

在哺乳动物中，miRNA 和 siRNA 都是由 Dicer 切割产生的 21～23 nt 长的 RNA 分子。miRNA 通常来源于长非编码 RNA 产生的发夹结构。siRNA 来源于长的双链的 RNA 分子，行使 RNA 干扰（RNA interference，RNAi）的功能。在大部分哺乳动物的细胞中，RNA 干扰的活性都是被抑制的，但是在小鼠的卵细胞中，由于卵细胞特异的 Dicer 蛋白亚型的存在，RNA 干扰活性很高。miRNA 和 siRNA 被 Ago 蛋白识别，可以行使抑制翻译和降解 mRNA 的功能。piRNA 是一类长度在 24～31 nt 的小 RNA 分子，它的产生不依赖于 Dicer，而是依赖于在生殖细胞中特异表达的 PIWI 蛋白。piRNA 可以通过介导转录抑制和 RNA 的降解来抑制转座子的功能，在生殖细胞中对维持基因组的稳定性起到至关重要的作用（图 8-18）。

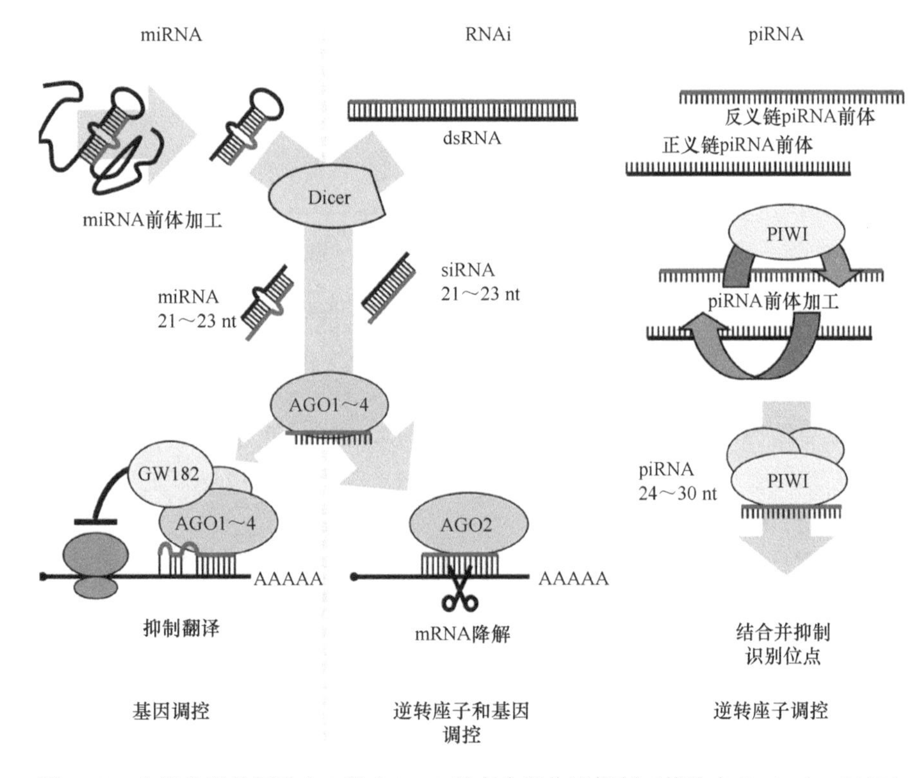

图 8-18　小鼠着床前胚胎中 3 种小 RNA 的产生和作用机制（修改自 Svoboda，2017）

哺乳动物的卵细胞中可以同时表达 3 种类型的小 RNA，其中 siRNA 和 piRNA 主要来自母源表达，胚胎基因组主要转录产生 miRNA（图 8-19）。在着床前胚胎中，母源和受精卵产生的 miRNA 是不同的。在受精之后，95%左右的母源 miRNA 会被降解，这些母源的 miRNA 在小鼠着床前胚胎发育过程中的作用并不明显，缺少母源 miRNA 的卵细胞可以正常受精并发育到胚泡，但不能正常形成原肠胚。而在卵细胞和胚胎发育的早期，起主要作用的可能是内源的 siRNA。缺失内源 siRNA 的卵细胞纺锤体会发生异常而导致不育，这些 siRNA 主要通过 RNA 干扰的作用来调节胚胎中 mRNA 的表达和降解。piRNA 被认为主要在生殖细胞中起到维持基因组稳定性的作用，而卵细胞中存在的 piRNA 并不是必需的，其功能还有待进一步探索。

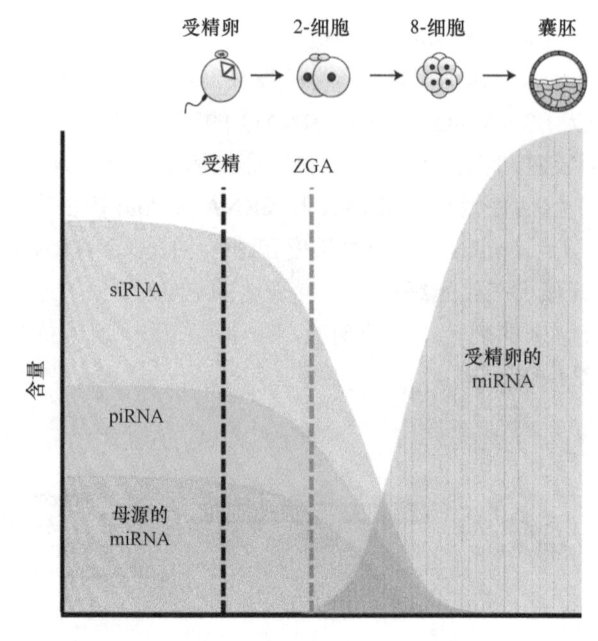

图 8-19　小鼠着床前胚胎小 RNA 的表达变化情况（修改自 Svoboda，2017）

斑马鱼的胚胎中也表达大量的miRNA，但这些miRNA都是在相对较晚的时期表达，其中一些miRNA被证明在母源基因的清除过程中起作用。另外，与lncRNA一样，miRNA的表达也有很强的组织特异性和严格的时间限制。母源的 miRNA 主要在原肠形成过程中起作用。在受精卵中敲除 Dicer 的斑马鱼胚胎可以正常发育到第 8 天，随后会出现明显的细胞增殖缺陷并在 14～15 天死亡。而在胚胎中注射 miR-430 家族的 miRNA 可以部分恢复 Dicer 敲除的表型。miR-430 家族的 miRNA 大多在胚胎中特异表达，主要在胚胎基因激活的早期开始积累，很多母源 mRNA 的 3′UTR 区域含有 miR-430 家族的结合位点。实验证明 miR-430 参与了这些转录本的降解。miR-430 在进化上是比较保守的，在爪蟾中被称为 miR-427，而在哺乳动物中是 miR-302，但是它们的功能并不保守，在不同的物种中它们对发育的调控机制是不同的。

在爪蟾胚胎中，miRNA 根据表达谱不同可以分为三种类型。一种是母源表达的，并且在胚胎发育中持续存在的，如 miR-15 和 miR-16；另一种是在胚胎基因激活之后开始表达的；最后一种是在早期发育中瞬时表达的，并在随后的发育过程中被降解，由于这一类 miRNA 主要在早期胚胎中表达，所以它们可能会在胚胎发育中起作用，如其中的 miR-427 就在胚胎的背腹分化过程中起到调控作用。

七、基因印迹

基因印迹是指在发育过程中，来自于父母双方的等位基因上发生不同的表观修饰，导致双亲中一方的等位基因被沉默，来自双亲的等位基因表达出现差异的现象。大部分的哺乳动物常染色体基因都是从两个亲本来源的染色体上同时表达的，但是在一些基因位点，来自一个亲本的等位基因被特异的表观修饰所抑制，该基因只能从另一个亲本来源的等位基因上转录。这种单等位基因的表达主要是来源于表观修饰的不对称，包括

DNA 甲基化、组蛋白修饰及非编码 RNA 的表达等。

在哺乳动物中，基因印迹的存在最早是通过细胞核移植实验得到证实的。从妊娠小鼠体内获得受精卵后，在雄原核和雌原核融合前，通过显微操作方法将其中一个原核取出后，再将另一个来自精子或卵子的原核注入该受精卵内，结果含有两个雄原核或两个雌原核的胚胎均不能正常发育。如果原有的雄原核被另一雄原核代替后，或者原来胚胎中的雌原核被另一卵子来的雌原核代替后，在新构建的受精卵中具有正常互补的雄性和雌性基因组，此时胚胎能够进行正常的胚胎发育。这说明来自父源和母源的等位基因可能存在不同的表达模式。在人及小鼠中已证实，一个突变基因从一亲本遗传来时引起严重的或致死性缺陷，但从另一亲本遗传来时则不产生这些缺陷。例如，胰岛素样生长因子-2（insulin-like growth factor-2）基因位于第 7 条染色体上，从父本遗传来的此基因在早期胚胎中处于活性状态，而此基因的受体（IGF-2R）位于第 17 条染色体上，仅从母本遗传来时才处于活性状态。从父本遗传来的 IGF-2R 缺失的小鼠正常，但同样的缺失从母本来源时，发育则受阻。

哺乳动物的印迹基因对胎盘的发育和功能起了至关重要的作用，小鼠的基因组中已经有超过 100 个印迹基因位点被发现，其中大部分都在胎盘中表达，印迹基因的正常表达对胎盘的发育十分重要。当通过干扰基因组的甲基化、敲除单个等位基因、激活抑制性等位基因的表达及通过转基因的方式增加特定的等位基因等方式干扰印迹基因的表达时，都会发生胎盘发育的异常。在人的一些疾病中，也会发现印迹基因的表达异常导致的胎盘重量及胎儿发育的异常。*H19* 基因、*IGF2* 基因及 IGF2 受体基因是目前研究最多的印迹基因。*H19* 基因是母系表达基因，在小鼠的桑椹胚和早期胚泡中不表达，但在晚期胚泡的滋养层中表达。胚胎着床后，*H19* 基因在许多组织内表达；到出生后，*H19* 基因的表达减弱。当 *H19* 基因失活后，雌性胎儿出生时的体重比正常胎儿重 27%。*IGF2* 基因是父系表达基因，在 2-细胞胚胎中就开始表达，并在以后的胚胎发育中广泛表达。将 *IGF2* 基因突变后，出生胎儿的体重仅为野生型胎儿的 60%。IGF2 受体基因是母源性表达的基因。IGF2 受体与 IGF2 结合后，可将 IGF2 转运到溶酶体中使其溶解，从而维持 IGF2 在机体内的平衡状态。当将 IGF2 受体基因敲除后，所产胎儿的体重比正常胎儿重 30%，这时 IGF2 的水平也升高，从而导致胎儿在产前死亡。但若将 *IGF2* 基因与 IGF2 受体基因同时敲除，则胎儿不再致死。IGF2 受体基因敲除后胎儿致死的原因可能是 *IGF2* 基因过度表达所致。现在发现，*H19* 基因的母系表达可以通过抑制母源性染色体的转录来降低 IGF2 的含量，这可能主要是 *H19*、*IGF2* 和 *Ins2* 基因之间对共享增强子的竞争作用所致。这也表明，通过 *H19*、*IGF2* 和 *Ins2* 这三种印迹基因之间的相互作用，可精确调节 *IGF2* 基因的表达，从而维持胚胎的正常发育。

在进化上，印迹基因的出现被认为与胎盘的进化有关。父源和母源基因组被认为在母体资源的分配上发挥不同的作用，父源基因组表达的基因倾向于从母体最大量地获取营养物质以保证胚胎发育的需要，而母源基因组表达的基因则倾向于限制胚胎获取营养，以将营养平均地分配给所有胚胎。同样，父源表达的基因倾向于刺激胎盘的生长，而母源表达的基因则倾向于抑制胎盘的生长。例如，在 *H19-Igf2* 基因位点，父源表达的 *Igf2* 基因编码产生生长因子 IGF-2，能刺激胎盘的生长，而母源表达的 Igf2 受体和 *H19* 基因直接或间接地抑制 IGF-2 的功能，从而限制胎盘的过快生长。

八、X 染色体失活

从果蝇到人类，雌性动物的每个细胞中具两条 X 染色体，而雄性中只有一条。不同于 Y 染色体，X 染色体上具数千种对于细胞活性必需的基因。尽管雌性动物中具 2 倍的 X 染色体数，但雌性及雄性中却具几乎等量的 X 染色体编码的酶，这种平衡被称为剂量补偿（dosage compensation）。

在果蝇中，雌性中两条 X 染色体都具活性，但从雄性来的 X 染色体增强转录，使得雄性的一条 X 染色体产生与雌性两条染色体一样多的产物，这主要是通过特异性的转录因子结合到雄性 X 染色体上的数百个位点来完成。哺乳动物中，X 染色体的剂量补偿通过失活每一雌性细胞中的一条 X 染色体来完成。这样每一哺乳动物体细胞中，不论雌雄，仅有一条有功能的 X 染色体，此现象被称为 X 染色体失活（X chromosome inactivation）。失活的 X 染色体的染色质转化为异染色质（heterochromatin），后者在细胞周期的大部分时间都处于凝集状态，这种异染色质被称为巴式小体（Barr body），常见于雌性细胞的核膜上。X 染色体失活必须在发育早期发生。在一不具失活 X 染色体的突变个体中，小鼠胚胎每一细胞中两条 X 染色体都表达，结果导致外胚层细胞死亡，中胚层形成缺失，最终使胚胎在妊娠第 10 天左右死亡。

在小鼠的胚胎发育过程中，精子中携带的 X 染色体会在精子发生过程中失活，随着受精过程的发生，父源的 X 染色体在 2-细胞时期会被重新激活，这个时期细胞内有两条活跃的 X 染色体，从 4-细胞开始，父源 X 染色体上的基因编码和非编码区会逐渐被重新抑制，在胚外组织中，父源的 X 染色体完全失活，而在表胚层中，父源的 X 染色体会被重新激活，在 E4.5～E5.5 的胚胎发育时期，表胚层细胞含有两条活跃的 X 染色体，随着发育的进行，父源和母源的 X 染色体发生随机失活，因此在体细胞中，X 染色体失活是随机的。在原始生殖细胞（primordial germ cell，PGC）形成过程中，X 染色体又会被重新激活，在原始卵泡中，整个基因组的基因印迹缺失，随着卵子发生的进行，母源特异性的基因印迹被重新建立（图 8-20）。

X 染色体失活依赖于染色体上的一个 X 失活中心。如将此中心去掉，则染色体处于活性状态。如果将此中心移植到常染色体上，则可导致这一常染色体失活。X 失活中心的 *Xist* 基因转录一段非编码 RNA。*Xist* 基因在失活的 X 染色体上处于活性状态，所编码的 RNA 能够招募大量的表观遗传修饰因子，导致染色质逐渐凝集并失活。*Xist* 只在有胎盘的哺乳动物中存在，在有袋类哺乳动物及其他脊椎动物中并没有同源基因存在。近期在有袋类动物中发现的另一段非编码 RNA Rsx 可能与 Xist 起到相同的作用。X 失活中心上还转录另一段非编码 RNA Tsix，它是 *Xist* 基因的抑制子，可以抑制 Xist 的表达及 X 染色体的失活。Xist 的表达还受到多种非编码 RNA 及转录因子的调控。Xist 表达后会富集在 X 染色体区域，X 染色体首先发生活跃的组蛋白修饰及 RNA 聚合酶的丢失，随后一些抑制性的转录因子，如 PRC1、PRC2 等被招募过来，在 X 染色体上建立抑制性的组蛋白修饰，X 染色体相关基因被抑制，随后组蛋白变体 macroH2A、抑制性的转录因子及 DNA 甲基化修饰会进一步在 X 染色体上富集，导致 X 染色体失活。

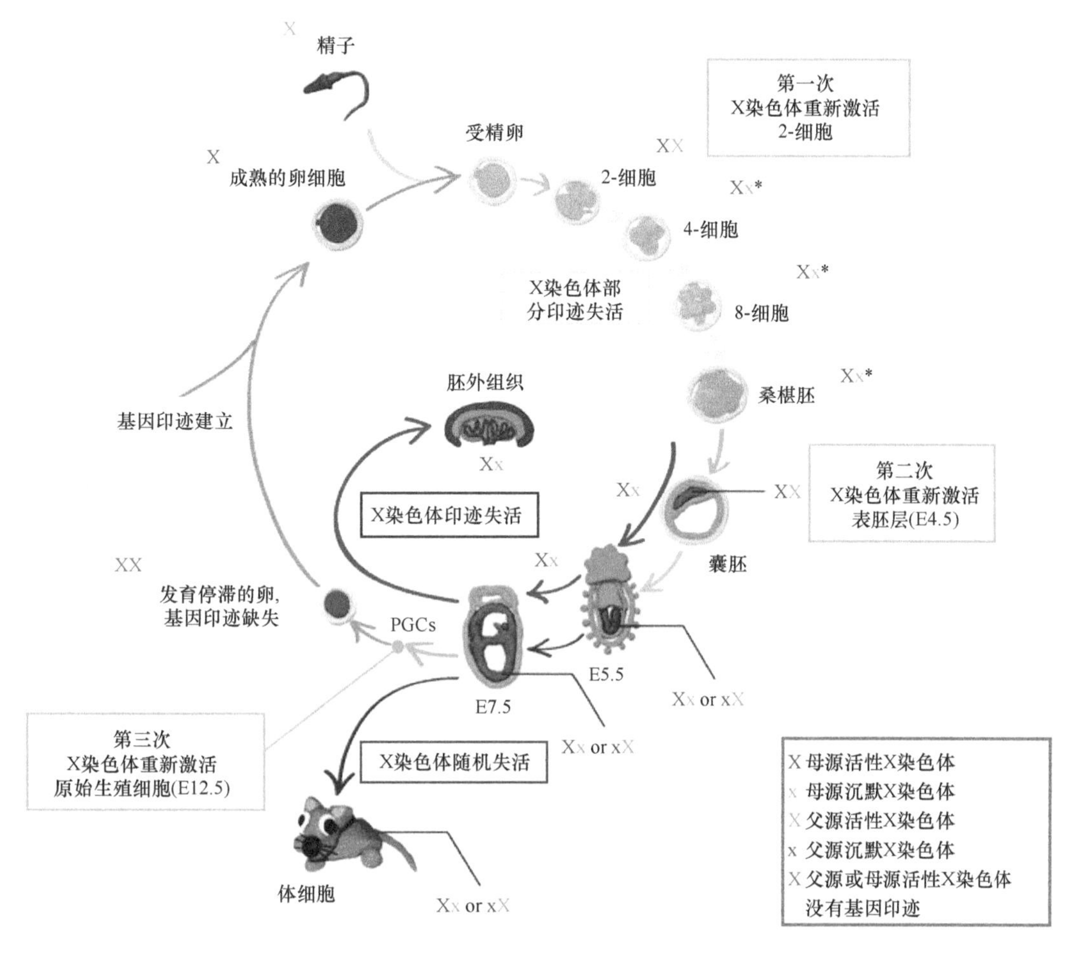

图 8-20　小鼠胚胎发育过程中 X 染色体失活的动态过程（修改自 Ohhata and Wutz，2013）

第四节　早期胚胎发育的 DNA 甲基化修饰

一、DNA 甲基化

DNA 甲基化是一种重要的表观遗传修饰，参与了组织特异性基因的表达、发育与细胞分化、肿瘤形成、衰老及基因印记和 X 染色体失活等多种细胞生理活动的调控。DNA 甲基化通常是指在胞嘧啶第 5 位碳原子上加上一个甲基，形成 5-甲基胞嘧啶（5-methyl cytosine，5mC）（图 8-21）。在哺乳动物中，DNA 甲基化主要发生在 CpG 二核苷酸序列上，基因组上非启动子区域的 CpG 二核苷酸序列普遍都是被甲基化的。在蛋白质编码基因的启动子区域存在高密度的 CpG 二核苷酸序列，被称为 CpG 岛，CpG 岛的 DNA 甲基化水平与基因的表达水平密切相关。通常情况下，启动子区域 DNA 的甲基化会抑制转录，也有研究表明基因体（gene body）上的 DNA 甲基化可以激活转录。

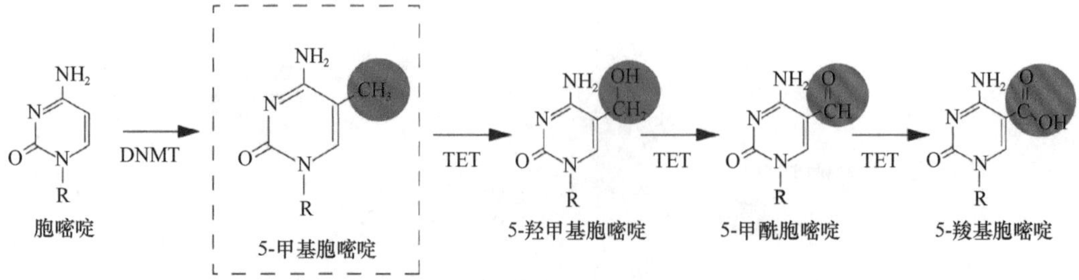

图 8-21 胞嘧啶的甲基化和去甲基化（修改自 Lim et al.，2016）

在体细胞中，DNA 甲基化是一种相对稳定的表观修饰，在细胞分裂过程中，DNA 甲基化会随着 DNA 的复制被拷贝到新合成的 DNA 链上。但是，在早期胚胎发育和原始生殖细胞形成的过程中，全基因组的 DNA 甲基化会经过大规模的重编程过程而被去除和重新建立。DNA 甲基化状态的建立和维持依赖于 DNA 甲基化酶和去甲基化酶的作用。DNA 甲基转移酶 Dnmt1 和其辅助因子 Uhrf1 主要在 DNA 复制过程中维持 DNA 甲基化的水平，而 DNA 的从头甲基化依赖于 DNA 甲基转移酶 Dnmt3a 和 Dnmt3b，有研究表明 Dnmt1 也拥有从头甲基化的能力。另外，有一种卵细胞特异的 DNMT1 蛋白亚型 Dnmt1o，它与 Dnmt1 同时存在于卵细胞和早期胚胎中。Dnmt3 家族还有另外一个成员，Dnmt3l，这个蛋白质并没有催化活性，其主要功能是调控 Dnmt3a 和 Dnmt3b 的作用，在生殖细胞形成过程中，参与印迹基因和逆转座子区域的 DNA 从头甲基化。在小鼠胚胎中敲除 *Dnmt1*，胚胎会在发育到第 8.5～9 天时死亡，敲除 *Dnmt3a* 和 *Dnmt3b* 的胚胎也不能出生或在出生 1 个月内死亡，而敲除 *Dnmt3l* 的胚胎能够存活，但是由于配子的印迹基因错误，这些小鼠不能繁殖后代。

DNA 甲基化修饰可以被主动去除，Tet 蛋白在这个过程中起主要作用。Tet 是一种 DNA 去甲基化酶，可以催化 5mC 被氧化成 5-羟甲基胞嘧啶（5-hydroxymethylcytosine，5hmC），5hmC 是 DNA 去甲基化的一种中间状态，也被认为是一种重要的表观遗传修饰。Tet 蛋白可以继续将 5hmC 氧化形成 5-甲酰胞嘧啶（5-formylcytosine，5fC）和 5-羧基胞嘧啶（5-carboxylcytosine，5caC）（图 8-21）。在哺乳动物中，Tet 蛋白家族主要有 3 个成员——Tet1、Tet2 和 Tet3。这 3 个蛋白在不同的组织和发育阶段表达水平是不同的。Tet3 只在卵细胞和早期胚胎中表达，*Tet3* 突变的小鼠在出生时就会死亡，而 *Tet1* 和 *Tet2* 缺失的小鼠可以正常存活，但是体重和后代的大小会有明显的减小。

Tet 蛋白催化形成的 5hmC、5fC 及 5caC 又是怎样被去除，最终转变成没有甲基化的胞嘧啶的？目前认为有两种主要的途径，一种是通过被动去甲基化来实现，由于 Dnmt1 已经被证明不能识别半甲基化的 5hmC，因此，在 DNA 复制的过程中，这些被修饰的胞嘧啶会被逐渐稀释，从而达到去甲基化的目的。另外，5hmC、5fC 及 5caC 可能被 DNA 糖基酶（glycosylase）识别，并通过碱基切除修复的途径被去除。在这个过程中被认为起主要作用的是 DNA 糖苷酶（thymine-DNA glycosylase，TDG），但是在卵细胞中敲除 TDG 并不影响胚胎的发育，因此 TDG 在这个过程中的作用还有待进一步验证。

二、小鼠和人着床前胚胎的 DNA 甲基化变化

小鼠的精子和卵细胞的 DNA 甲基化水平是不同的，精子的甲基化水平要明显高于卵细胞。受精后 12 h 以内，来自高度特化的卵细胞和精子的雌雄原核就经历了大规模的基因组去甲基化，父源基因组 DNA 甲基化程度从精子中的 80%左右降低到雄原核中的 38%；同时母源基因组 DNA 甲基化程度从卵细胞中的 32%降低到雌原核中的 28%。随着 DNA 甲基化的去除，5hmC 的水平有一个短暂的上升。由于 Tet3 在卵细胞中高表达，它可能在这些 5hmC 的形成中起作用。随着雌雄原核的融合和胚胎的第一次细胞分裂，基因组的 DNA 甲基化水平进一步降低；到 2-细胞期，胚胎的 DNA 甲基化水平降到了很低的水平。这种低甲基化的状态一直维持到胚泡时期，在晚期胚泡，胚胎的 DNA 甲基化水平达到最低值（图 8-22）。这个时期的内细胞团 DNA 甲基化水平要略高于滋养层细胞，推测这可能是滋养外胚层细胞中 Dnmt 家族酶的丰度低于内细胞团中的丰度导致的。

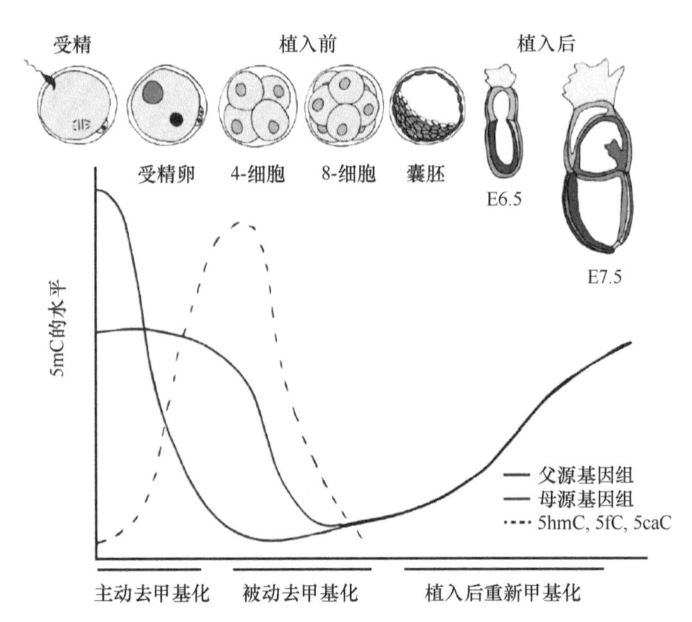

图 8-22　小鼠着床前胚胎的 DNA 甲基化动态变化（修改自 Marcho et al.，2015）

父源和母源的基因组虽然在 1-细胞晚期就融合到一起，但是它们的 DNA 甲基化差异在着床前胚胎中却一直存在（图 8-22），在基因间区，父源基因组甲基化高于母源基因组；而在基因区，父源基因组甲基化低于母源基因组，并且与胚胎期基因表达水平相关。

人着床前胚胎的 DNA 甲基化情况与小鼠的类似，在受精初期，都经历了大规模的 DNA 去甲基化过程。全基因组的 DNA 甲基化测序分析表明，人着床前胚胎的 DNA 去甲基化主要经历了 3 个阶段，第一个阶段发生在受精后 12 h 之内，大约有 1/3 的父源基因组发生去甲基化，母源基因组的 DNA 甲基化也有去除，但并不明显，这一阶段的 DNA 去甲基化主要发生在增强子（enhancer）和基因体区域。第二个阶段的 DNA

去甲基化发生在受精卵到2-细胞时期。而第三个阶段则发生在从8-细胞到胚泡的发育过程中。这两个阶段发生 DNA 去甲基化的基因组区域主要是内含子和逆转座子相关的区域。

除了 DNA 去甲基化，人类的着床前胚胎中还有明显的从头甲基化过程，第一个阶段主要发生在雄原核上，是从雄原核形成到受精卵中期的阶段，第二个阶段发生在从4-细胞到8-细胞时期，这表明在人类早期胚胎第一轮 DNA 甲基化组重编程过程中，观察到的DNA 去甲基化实际上是高度有序的大规模DNA 去甲基化和局部DNA 从头甲基化两种过程相互拮抗产生的动态平衡的结果（图8-23）。这些DNA 从头甲基化起主导作用的区域主要集中在 DNA 重复序列区域，暗示 DNA 从头甲基化过程对抑制潜在的转座子转录活性及维持基因组稳定具有重要的调控功能。

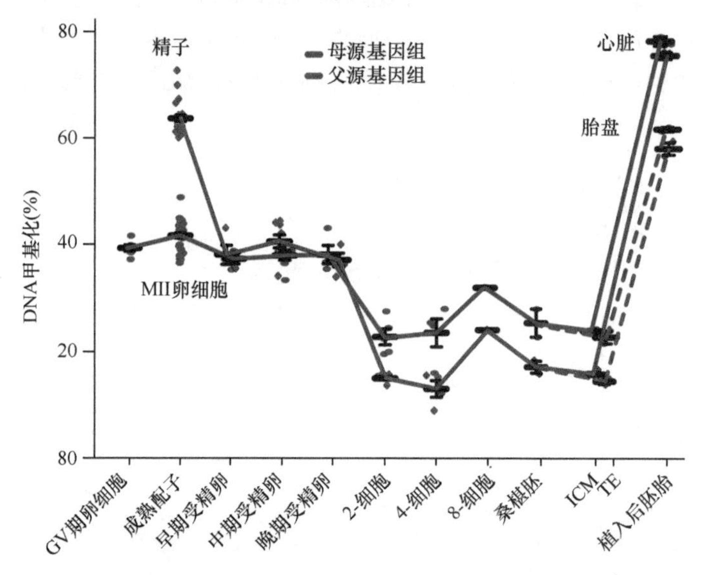

图8-23　人类着床前胚胎父源和母源基因组上 CpG 二核苷酸序列的 DNA 甲基化变化（修改自 Zhu et al.，2018）

在人类的早期胚胎中，父源和母源基因组的 DNA 甲基化差异同样存在。在受精之后，父源基因组经过两个阶段的DNA 去甲基化后，在2-细胞时期，其甲基化水平开始低于母源基因组，并一直持续到胚胎着床后的阶段。这说明，人类胚胎中来自于母源的DNA 甲基化记忆要明显高于父源，对早期胚胎发育的潜在影响可能更大。

三、着床前胚胎 DNA 去甲基化的机制

DNA 甲基化的去除主要分为依赖于 DNA 复制的被动去甲基化和不依赖于 DNA 复制的主动去甲基化两种方式。早期的研究认为，母源基因组的去甲基化主要依赖于被动去甲基化，而父源基因组的去甲基化则主要通过主动去甲基化来完成，而近年来随着对早期胚胎全基因组甲基化水平的检测，人们发现主动和被动的去甲基化在父源和母源的基因组上都存在，而 DNA 复制在 DNA 去甲基化中的作用更为重要。

由于 Dnmt1 可以识别半甲基化的 DNA 序列，在 DNA 复制过程中起到维持 DNA 甲基化的作用。在早期胚胎中，Dnmt1 蛋白在细胞核中含量很少，使得 DNA 甲基化水平不能维持而发生被动的去甲基化。在受精卵第一次 DNA 复制后，能检测到大量的半甲基化的 DNA 序列，同时在人的胚胎中，2-细胞时期 DNA 甲基化水平会降到配子一半的水平，所以有观点认为，依赖于复制的被动去甲基化是早期胚胎 DNA 甲基化去除的主要方式。抑制 DNA 复制，会严重影响雌雄原核上 DNA 的去甲基化。

在雄原核中，还能检测到大量的 5hmC，这说明主动去甲基化也起了很重要的作用。在早期胚胎的主动去甲基化中，起主要作用的是 Tet3，在卵细胞和受精卵中，Tet3 的表达量都比较高。受精卵形成后，Tet3 首先会在雄原核上富集，Tet3 的结合使基因组上的 5mC 含量迅速降低，而 5hmC 的含量迅速升高，Tet3 活性的缺失会导致 5mC 在雄原核上不能被去除及大量基因表达异常。但是，在最近的一项研究中，研究者利用更加灵敏的定量技术证明雄原核最初的去甲基化并不依赖于 Tet3，而增加的 5hmC 则是 1-细胞晚期在从头甲基化的 DNA 上由 Tet3 介导产生的，这说明雄原核上或许存在一种我们并未发现的去甲基化机制。

DNA 的主动去甲基化对雌雄原核的影响是不同的，但是其机制并不十分清楚。最近的研究表明，雌原核上由于组蛋白 H3K9me2 修饰的存在会募集一些母源因子，如 Dppa3 和 PGC7/Stella 等来阻止 Tet3 介导的去甲基化（图 8-24）。在小鼠中，*Dppa3* 的缺失会导致 DNA 复制的异常及母源染色体非正常分离。这说明 Dppa3 的存在保证了母源基因组正常的表观修饰和胚胎的正常发育。

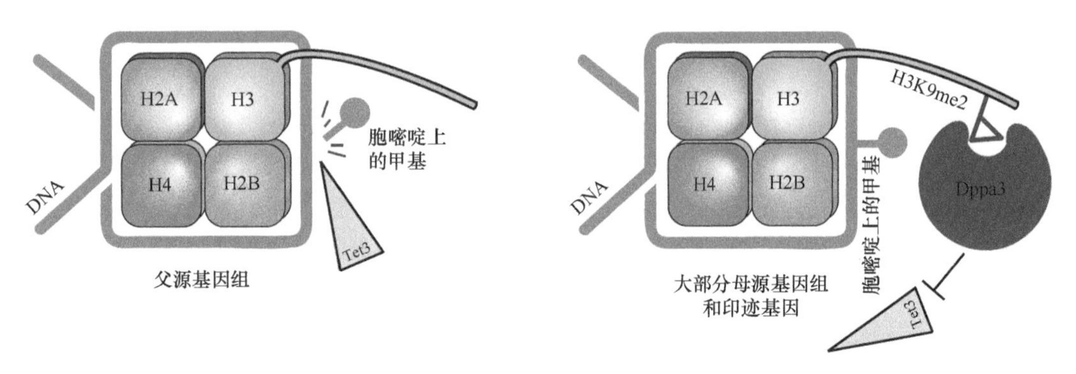

图 8-24 Tet3 介导的雌雄原核主动去甲基化（修改自 Zhou and Dean，2015）

四、印记基因的 DNA 甲基化维持

在着床前的小鼠胚胎中，基因组大部分发生了去甲基化，但是有一些印迹基因的区域却是被保护起来的，研究表明 Dnmt1 对这些印迹基因甲基化的维持起了很重要的作用，但是其发挥作用的机制与体细胞中相比却有所不同。研究发现，Zfp57 和 Trim28 对于早期胚胎中印迹基因甲基化的维持也是必需的，Zfp57 可以同 Trim28 相互作用并结合到印迹基因区域招募 NuRD、Setdb1 及 Dnmt1 等来维持 DNA 的甲基化（图 8-25）。

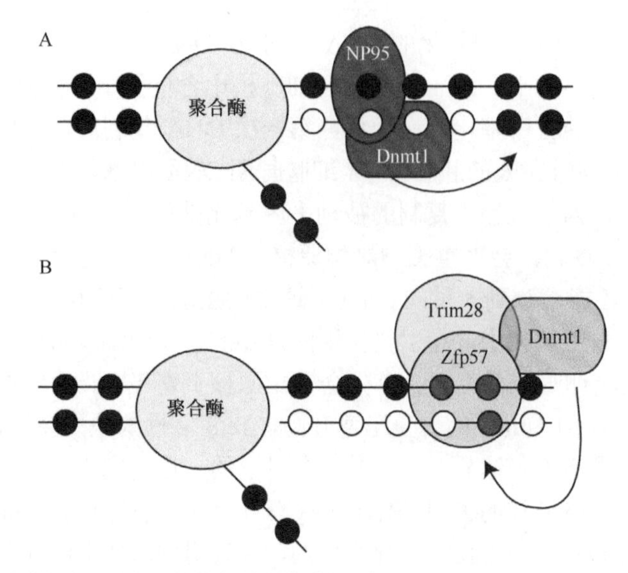

图 8-25　DNA 复制过程中 DNA 甲基化的维持机制（修改自 Lim et al.，2016）。A. 体细胞中 Dnmt1 介导 DNA 甲基化维持的机制；B. 早期胚胎中 Dnmt1 介导印迹基因 DNA 甲基化维持的机制

在小鼠胚胎干细胞的研究中发现，Zfp57 的结合结构域 TGCCGC 包含一个 CpG 二核苷酸序列，这段结构域在大部分的印迹基因中都存在。Zfp57 和 Trim28 倾向于结合甲基化序列，因此可以选择性地结合在甲基化的等位基因上招募 Dnmt1，维持印迹基因的 DNA 甲基化。母源 *Zfp57* 的缺失可以被父源基因的表达补救，但是母源 *Trim28* 缺失的胚胎是致死的。

五、胚胎着床后的 DNA 从头甲基化建立

当胚胎发育到胚泡时期，整个基因组的去甲基化基本完成，胚胎进入重新建立甲基化的时期，到胚胎着床后，会逐渐建立起与体细胞相同的甲基化水平。研究证实，小鼠胚胎的从头甲基化开始于胚泡时期，在 E6.5 的胚胎中基本达到体细胞的水平。在这个过程中，Dnmt3a 和 Dnmt3b 起了重要的作用，Dnmt3a 是母源表达的基因，是卵细胞和受精卵中存在的主要的 DNA 甲基转移酶，而 Dnmt3b 是在胚胎基因组激活后开始表达的。敲除 *Dnmt3a* 和 *Dnmt3b* 的小鼠都会出现生育能力受损，这说明从头甲基化对胚胎的正常发育是很重要的。在胚泡时期，内细胞团的甲基化水平高于滋养外胚层细胞，Dnmt3b 被认为在这个过程中起作用，因为 Dnmt3b 蛋白在内细胞团中表达量更高。

重新建立的 DNA 甲基化在不同的组织中是有特异性的，这些 DNA 甲基化的建立可能与全能性相关基因的抑制有关。在小鼠中，胚胎着床后，Dnmt3b 在 E4.5～E7.0 的胚胎中都能检测到，而这段时期，Dnmt3a 的表达量很低。到胚胎发育到 E10.5 阶段，Dnmt3a 开始表达，而 Dnmt3b 的表达量开始下降，说明这两种从头甲基化酶分别在胚胎发育的不同阶段行使从头甲基化的功能。

第五节　早期胚胎发育的组蛋白修饰

哺乳动物染色体上最主要的蛋白质是由核心组蛋白 H2A、H2B、H3 和 H4 组成的八聚

体，它们一般在细胞的DNA复制期表达并伴随DNA复制组装到染色体上，形成核小体结构。通常情况下，核小体的存在会阻碍DNA的转录和复制。但是组蛋白上会携带多种修饰，这些修饰会通过多种方式对染色体的松散程度和易接近性产生影响，从而影响DNA的转录。在哺乳动物的基因组中，组蛋白的修饰形式有很多种，其中包括乙酰化、甲基化、磷酸化及泛素化等，并且随着研究的深入，越来越多的组蛋白修饰被发现并被证实其功能。

组蛋白修饰可以通过多种途径对基因组的状态和基因表达水平产生影响。例如，组蛋白H3上第122位赖氨酸的乙酰化（H3K122ac）会促进核小体被移除，从而增加转录复合体结合的机会，因而H3K122ac修饰通常富集在核小体排布稀疏的转录起始位点附近。而有些组蛋白修饰并不直接对核小体的排布产生影响，而是通过间接的作用调节基因组的状态和转录水平。例如，组蛋白H2A上第105位谷氨酰胺的甲基化（H2AQ105me）会阻止FACT复合体的结合，从而抑制核小体的重新组装，以达到维持基因活跃表达的目的。除此之外，组蛋白修饰还可以通过影响转录因子的结合，募集或去除染色质重塑复合体及募集有功能的信号分子等对细胞的生命活动发挥调控作用。

一、雌雄原核的组蛋白修饰差异

在哺乳动物胚胎发育过程中，精子的基因组比较特殊，它的大部分DNA并不是缠绕在组蛋白八聚体上，而是被鱼精蛋白取代而处于一个高度凝集的状态。精子进入卵母细胞后，首先会将基因组上的鱼精蛋白替换成卵母细胞中高度乙酰化的组蛋白，而母源的基因组则维持原有的组蛋白修饰状态，所以在胚胎发育早期，父源和母源基因组组蛋白修饰存在很大差异。随着胚胎发育的进行，父源和母源基因组都经历了大规模的重编程，获得全能性并开始胚胎发育的过程，在这个过程中组蛋白修饰的重编程十分关键。

卵细胞基因组的转录是处于抑制状态的，富集了很多抑制性的组蛋白修饰，如H3K9me2/3、H3K27me3及H4K20me3等，而父源基因组随着鱼精蛋白和组蛋白的替换，而被组装上高度乙酰化的组蛋白。随着原核的形成，父源基因组上会进一步富集激活性的组蛋白修饰。而H3K9me2/3和H3K27me3修饰会在雌原核中保留下来。另外一些修饰，如H3K9ac、H3K4me1、H3K29me1及H3R17me等在雌雄原核中都存在。还有一些修饰，如H3K20me2、H3K64me3及H3K79me2/3在1-细胞晚期就检测不到了，说明卵子中可能缺少这些修饰相关的母源因子的积累。随着胚胎发育，父源和母源基因组的组蛋白修饰差异会逐渐缩小（表8-2）。

在原核阶段，父源和母源基因组组蛋白修饰的高度不对称性导致了父源基因组处于转录活跃的状态，而母源基因组则相对处于抑制状态。其结果是，父源基因组上更容易富集转录因子，并且在ZGA的辅助阶段（minor ZGA）有更高的转录活性。当通过抑制组蛋白甲基转移酶的活性来阻止父源基因组上H3K4的甲基化，会发现在ZGA的辅助阶段，胚胎基因不能被激活。这进一步证实了，不对称的组蛋白修饰对胚胎基因激活的作用。另外，母源基因组上大量分布的H3K9me2修饰可以募集PGC7来阻止母源基因组DNA的主动去甲基化。这些结果表明，雌雄原核组蛋白修饰的不对称性在胚胎发育的过程中也起到重要的调节作用。

表 8-2　小鼠雌雄原核组蛋白修饰差异

组蛋白修饰	雌原核	雄原核	2-细胞	参考文献
H3K9me2	高	极低	不对称分布	Liu 等（2004）；Yeo 等（2005）；Probst 等（2007）
H3K9me3	高	极低	不对称分布	Sarmento 等（2004）；Probst 等（2007）；Wongtawan 等（2011）
H3K27me1	高	低	有	Santos 等（2005）
H3K27me3	高	低	有	Santos 等（2005）；Wongtawan 等（2011）
H3K64me3	高	极低	没有	Daujat 等（2009）
H4K20me3	低	极低	没有	van der Heijden 等（2005）；Probst 等（2007）；Wongtawan 等（2011）
H3K4me1	有	有	有	Lepikhov 和 Walter（2004）；Van der Heijden 等（2005）
H3K4me3	有	有	有	Lepikhov 和 Walter（2004）；van der Heijden 等（2005）
H3K9me1	有	有	有	Santos 等（2005）；Lepikhov 等（2008）
H4K20me1	有	有	有	van der Heijden 等（2005）；Wongtawan 等（2011）
H2Bub1	有	有	有	Ooga 等（2016）
H3K9ac	有	有	有	Santos 等（2005）
Ph（Ser1）H4/H2A	有	有	有	Sarmento 等（2004）
H3R17me	有	有	有	Sarmento 等（2004）
H4Kac	低	高	有	Adenot 等（1997）；Sarmento 等（2004）
H3K79me2	有	有	没有	Ooga 等（2008）
H3K79me3	有	有	没有	Ooga 等（2008）
H4K20me2	极低	极低	没有	van der Heijden 等（2005）；Wongtawan 等（2011）

二、小鼠胚胎着床前胚胎组蛋白修饰的重编程

受精后，细胞经历了由单能性到全能性再到多能性的转变过程，父源和母源基因组上的组蛋白修饰都经历了大规模的重编程。

在哺乳动物中，H3K4me3 修饰是基因活跃表达的标志。H3K4 位点的甲基化主要是由 6 种组蛋白甲基转移酶催化的，其中包括 Set1A、Set1B、Mll1、Mll2、Mll3 和 Mll4。在胚胎发育中，维持 H3K4 正常的甲基化状态是十分重要的，敲降 H3K4me3 的结合蛋白 Ing2 会导致胚胎发育停滞在桑椹胚时期。利用 ChIP-seq 技术对着床前胚胎的 H3K4me3 修饰进行检测的结果显示，在卵细胞中，传统的 H3K4me3 修饰的含量很少，在受精之后，该修饰在 2-细胞时期会大量增加并一直维持到胚泡时期。而 H3K4me3 修饰还可以通过宽度影响基因的表达水平。另外，在卵细胞及早期 2-细胞中还发现一些非传统的 H3K4me3 修饰，这些修饰信号较弱，但是分布很宽，不同于传统的分布于转录起始位点附近的较窄的 H3K4me3 修饰。正常胚胎发育过程中，这些非传统的 H3K4me3 在 2-细胞晚期会被迅速去除，而 Kdm5b 可能与这些修饰的去除有关。

H3K27me3 修饰是发育过程中不活跃基因的标志性组蛋白修饰，位于基因启动子和转录起始位点附近的 H3K27me3 修饰会明显抑制基因的表达，而这些基因很多与胚胎的

发育和细胞分化密切相关。在哺乳动物中，H3K27me3 主要是由 PRC2 复合体催化形成的，PRC2 复合体主要包括催化蛋白 EZH1/EZH2 及结合蛋白 EED 和 SUZ12。在小鼠中，*Ezh2*、*Eed* 和 *Suz12* 的突变都会导致胚胎死亡。H3K27me3 修饰对胚泡期的细胞分化也起到很重要的作用，免疫染色结果表明 H3K27me3 修饰在内细胞团中含量较高，同时在滋养层细胞中，去除滋养层特异表达的基因启动子上的 H3K27me3 修饰对于滋养层的分化和胚胎的正常着床也是必需的。在受精之后，父源和母源基因组上的组蛋白修饰差异很大，早期的研究显示，H3K27me2 和 H3K27me3 修饰在雌原核中的含量要远高于雄原核中。利用微量的 ChIP-seq 对早期胚胎 H3K27me3 修饰的检测结果也证实，受精之后，精子原有的 H3K27me3 修饰会被大量去除，而卵子的 H3K27me3 修饰会有部分被保留下来，而被保留下来的这一部分 H3K27me3 修饰主要存在于基因的远端区域。值得注意的是，H3K27me3 修饰在胚泡期的内细胞团和滋养层细胞中分布有明显的不同，而 H3K4me3 修饰的差异是在胚胎着床后才出现的，这表明 H3K27me3 修饰可能在胚胎的第一次细胞分化过程中起到关键的作用。

三、二价基因

当一个基因的启动子区域同时有激活性的 H3K4me3 和抑制性的 H3K27me3 两种组蛋白修饰的时候，称这个基因为二价基因，二价基因在胚胎干细胞中广泛存在，并且通常是一些组织特异性的基因，两种组蛋白修饰的同时存在使得这些基因处于抑制表达的状态，而细胞分化的过程中这些基因会被迅速激活。二价基因被认为对于维持胚胎干细胞的多能性是必要的。

在斑马鱼的早期胚胎及小鼠的外胚层干细胞中都存在大量的二价修饰基因。但是在对果蝇和爪蟾早期胚胎的研究中却没有发现明显的二价修饰存在。这可能是因为在果蝇和爪蟾中并不存在二价修饰，也可能是因为检测的着床前胚胎时期还未建立起二价修饰。

在对小鼠着床前胚胎的研究中发现，早期胚胎中的二价基因含量明显少于体外培养的细胞系，并且这些二价基因的存在很不稳定，大约一半的二价基因不能维持到下一个发育时期，而且这些二价基因的动态变化大部分是由于 H3K27me3 修饰的建立和去除引起的。随着胚胎发育的进行，到了胚泡及着床后胚胎中，二价基因才开始明显增加。这说明在小鼠的着床前胚胎中，二价基因的作用并不明显，其建立主要发生在胚胎发育稍晚的时期。

四、胚胎发育中组蛋白变体的变化

除了传统的核心组蛋白之外，组蛋白还有多种变体，它们与传统的组蛋白拥有相似的序列和结构，但在功能上各有不同。这些组蛋白的变体在整个细胞周期都有表达并在一些特异性的基因组位点替换掉传统的组蛋白，形成有特殊生理功能的核小体。这些组蛋白的变体在染色体的重编程及早期胚胎发育过程中发挥着很重要的作用（图 8-26）。

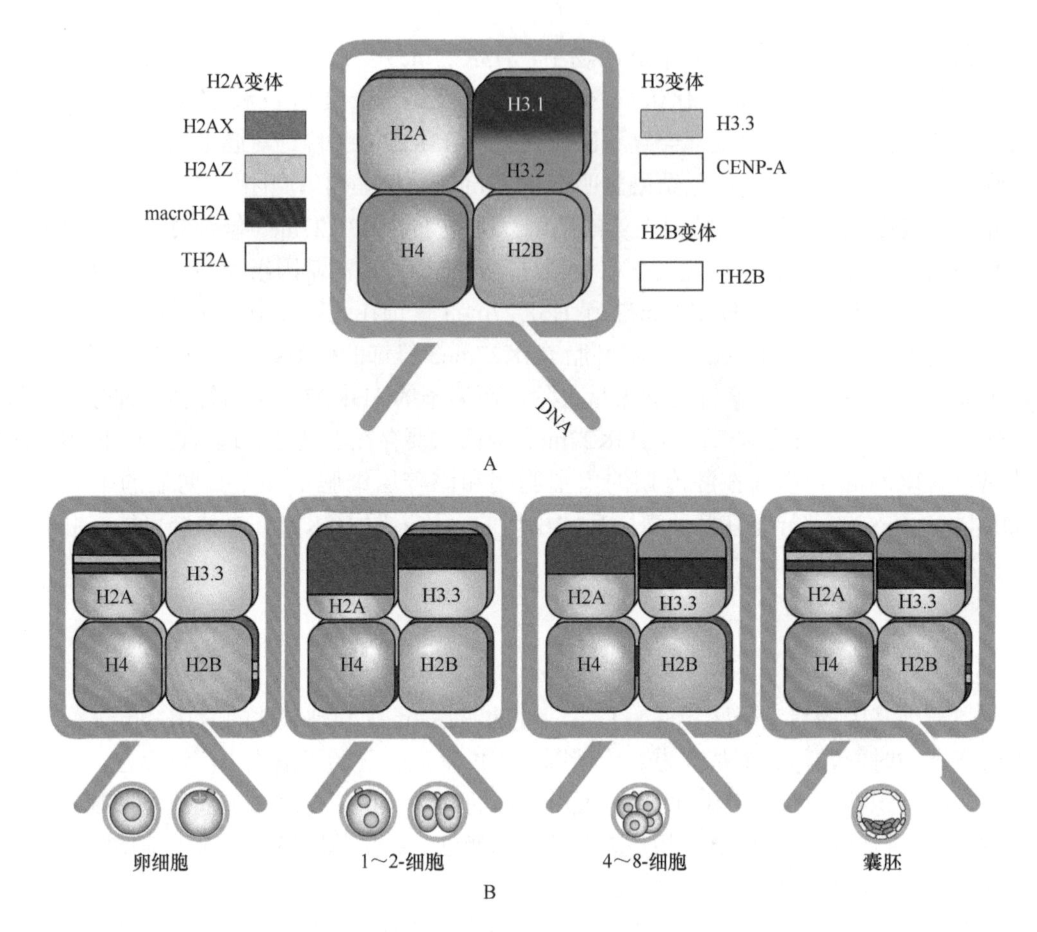

图 8-26 着床前胚胎发育中的组蛋白变体（修改自 Zhou and Dean，2015）

组蛋白 H3 有两个传统的亚型（H3.1 和 H3.2）及三个变体（H3.3、CENP-A 和睾丸特异表达的 H3.4）。在这些变体中，受关注最多的是 H3.3，H3.3 主要是从两个基因位点转录出来的，H3f3a 和 H3f3b。H3.3 与传统的组蛋白只有 4 个氨基酸的差异，这 4 个氨基酸对于分子伴侣 Hira 和 Daxx/Atrx 的结合很重要，另外这 4 个氨基酸的存在也导致含有 H3.3 的基因组区域更加开放。与传统的 H3 不同的是，H3.3 在基因组上的组装不依赖于 DNA 复制。在小鼠胚胎中，受精后父源基因组上的鱼精蛋白会被组蛋白替换掉，这时 H3.3 会在 Hira 的辅助下组装到父源的基因组上形成新的核小体并激活全能性基因的表达。而在母源基因组上的 H3.3 则会被大量去除。到 4-细胞之前，H3.3 在异染色质和常染色质上都有比较广泛的分布，到 4-细胞之后，H3.3 就主要分布在常染色体上了。H3.3 敲除的胚胎能发育到胚泡，但是会在胚胎着床后死亡。在早期胚胎发育中，H3.3 还被证明与异染色质的形成及细胞中相对开放的染色质状态密切相关。H3.3 在异染色质上的富集主要依赖于分子伴侣 Daxx/Atrx。敲除 H3.3 会导致异染色质蛋白 HP1 的组装异常，染色质解凝集，最终胚胎发育会被阻滞。

组蛋白 H2A 是哺乳动物中已知拥有最多变体种类的核心组蛋白。研究比较多的包括 H2A.X、H2A.Z 和 microH2.A。H2A.X 在卵裂期的胚胎中含量很高，其 C 端的几个氨基酸决定了其在基因组上的特异性分布。H2A.Z 对维持细胞的多能性很重要，而 microH2A 对于体细胞向多能性转变的表观重编程有抑制作用。H2A.Z 和 microH2A 在成熟的卵细胞中有较高的表达，但是随着受精作用的发生，这两个基因都会被沉默掉，这说明维持早期胚胎全能性的主要组蛋白 H2A 变体是 H2A.X。而随着胚胎发育，H2A.X 会逐渐被传统的 H2A、H2A.Z 及 microH2A 替代。microH2A 最早在桑椹胚阶段能被检测到，而 H2A.Z 最早出现在胚泡阶段的滋养外胚层细胞中。在滋养外胚层细胞中，H2A.Z 与 HP1 共定位于异染色质区域，而 H2A.Z 缺失的胚胎可以发育到胚泡，但会在胚胎着床后迅速死亡，这证明了 H2A.Z 在细胞分化中的作用。

细胞的染色质结构与链接组蛋白 H1 的结合密切相关，在早期胚胎中，H1 在调节染色质的高级结构和基因表达上起重要作用。在小鼠中，至少存在 10 个组蛋白 H1 的亚型，包括 5 种体细胞特异表达的亚型——H1.1、H1.2、H1.3、H1.4 和 H1.5，2 种睾丸特异表达的亚型——H1t 和 H1t2，1 种卵细胞特异表达的亚型 H1foo 及 2 种不依赖于复制的亚型——H1.0 和 H1X。在卵细胞和受精卵中，主要表达的亚型是 H1foo，还有少量的 H1.0 和 H1.3。受精之后，随着父源基因组的解聚，H1foo 会迅速组装到父源的基因组上，随着胚胎继续发育，H1foo 的含量会迅速下降，到 4-细胞时期，就几乎检测不到了。而体细胞特异表达的 H1 亚型会从 2-细胞时期开始迅速结合到胚胎基因组上。H1 的各个变体在序列及表达模式上都有很大差异，其功能也各不相同，在胚胎中单独敲除 H1.3、H1.5 及 H1.0 都不会引起胚胎发育的异常，但是同时敲除 H1.3、H1.4 和 H1.5 会导致胚胎中总的 H1 含量下降一半左右，同时会导致胚胎在妊娠中期死亡。这说明链接组蛋白 H1 在正常胚胎发育过程中对于染色体结构的调节是十分重要的。

第六节　早期胚胎发育的逆转座子激活与沉默

转座子（transposable element，TE）在真核生物中广泛存在，占人类基因组的一半以上。转座子在大部分时候是不活跃的，但在哺乳动物的早期胚胎中，会有大量的转座子被激活，这些转座子参与了基因表达的调控，而转座子的激活也是细胞全能性的标志。

一、哺乳动物中的转座子

转座子主要分为两类，逆转座子和 DNA 转座子（图 8-27）。DNA 转座子自身编码转座酶，可以将自身从基因组上切割下来并整合到基因组的其他位置，其转座利用的是“剪切－粘贴”的模式，因此其拷贝数基本上不增加。DNA 转座子研究较多的是 TIR（terminal inverted repeat）DNA 转座子。TIR DNA 转座子还可以进一步被分为几个亚类，在哺乳动物中包括 Tcl/Mariner、piggyback 和 hAT 3 类。大部分哺乳动物的基因组中，TIR DNA 转座子是不完整也不活跃的。但小型棕蝙蝠是个例外，它的基因组中含有 TIR DNA 转座子所有 3 种亚类的完整序列。

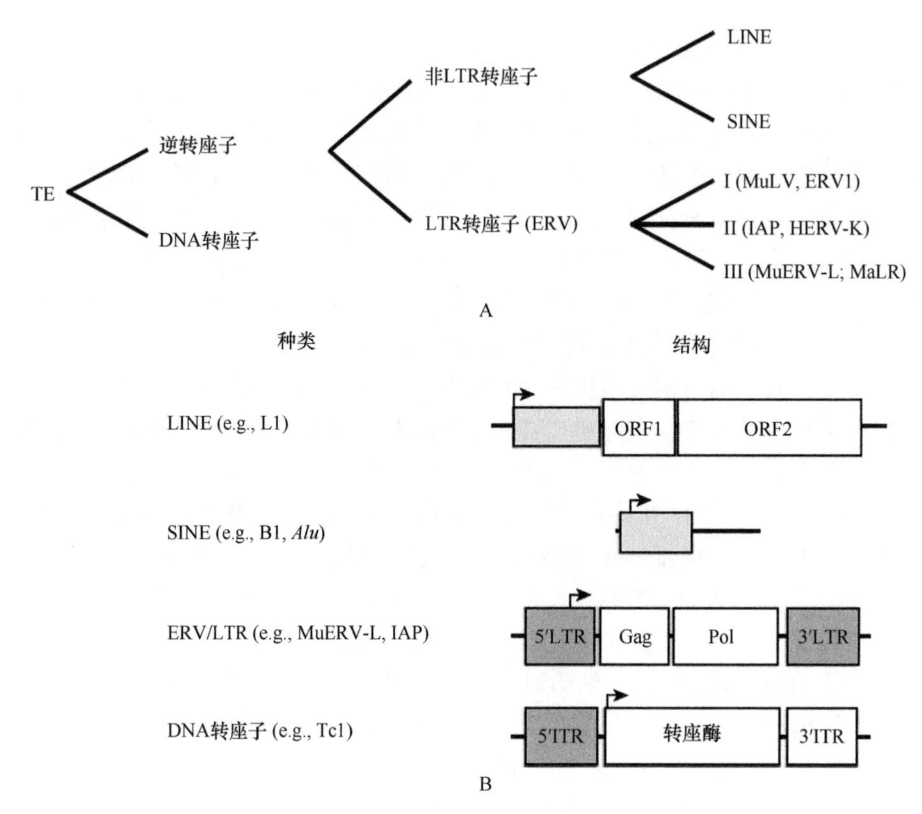

图 8-27　哺乳动物转座子的分类（修改自 Gifford et al.，2013）

哺乳动物中另外一类重要的转座子是逆转座子。逆转座子是首先转录形成一个 RNA 中间体，再通过逆转录酶的作用形成 DNA 并整合到新的基因组位点上，其转座利用的是“复制—粘贴”的模式，会导致基因组上拷贝数的增加，因此逆转座子在基因组上的含量十分丰富。

逆转座子根据有没有长末端重复序列（long terminal repeat，LTR）分为 LTR 逆转座子和非 LTR 逆转座子。非 LTR 逆转座子主要包括短散在重复序列（short interspersed nuclear element，SINE）和长散在重复序列（long interspersed nuclear element，LINE）。SINE 本身不编码蛋白，它需要依靠 LINE 编码的蛋白质完成转座。LTR 逆转座子主要包含内源的逆转录病毒（endogenous retroviruse，ERV），它是进化过程中感染生殖细胞的逆转录病毒整合到基因组上形成的。大部分的 ERV 不能编码有功能的壳蛋白，因此不能在细胞间传播。根据与之类似的外源逆转录病毒的遗传信息，ERV 可以进一步被分为 3 类：Ⅰ类，Ⅱ类和Ⅲ类。在小鼠的胚胎中，很多 ERV 是活跃的，包括 IAP 和 MuERV-L 等。在人的细胞中，HERV-K 也被证明可以在细胞内产生完整的病毒颗粒（viral particle）。

在进化过程中，大部分逆转录病毒在整合后会很快被清除或者抑制表达，只有少数的转座子能够保留其完整的结构和活性。有证据表明，ERV 可以通过两个相邻的 LTR 之间非等位基因同源重组的方式从基因组上被剔除，而在原来的位置上留下一个单独的 LTR 序列（solo LTR），在哺乳动物的基因组中，solo LTR 的数量要远高于完整的 LTR 逆转座子。另外一些逆转录病毒序列会随着进化逐渐丢失部分序列而丧失转座子的活性，而还有一些逆转座子在进化过程中能够保持完整的序列，但是会被不同的表观遗传修饰，如 DNA 甲基化抑制。进化过程中，这些因素的共同作用塑造了我们今日看到的基因组特征。

二、哺乳动物早期胚胎中转座子的表达

通常情况下，转座子的表达会导致基因组的不稳定。在一些癌细胞中就发现转座子的异常活跃。为了避免转座子对基因组稳定性的破坏，大部分细胞中都存在抑制转座子活性的机制。但是在哺乳动物的生殖细胞和早期胚胎中，大量的转座子经历了一个活跃表达的时期。

最早通过电子显微镜的观察，人们在小鼠的卵细胞和早期胚胎中发现了一些类似于病毒的颗粒，后来证实，这些病毒颗粒是由内源的逆转录病毒 MuERV-L 产生的。后来对小鼠早期胚胎的 cDNA 进行测序发现了 SINE B1 和 SINE B2 序列在卵裂期胚胎的 cDNA 中大量存在，而进一步的研究证实，卵细胞和卵裂期胚胎中存在大量的转座子表达，其中最主要的是 LTR 逆转座子。

在配子和早期胚胎中，转座子的表达量很高，如在成熟的卵细胞中，MT（mouse transcript）转座子的表达量占细胞内所有转录本的 10%左右，敲降 MT 转座子，会导致卵细胞不能成熟。哺乳动物着床前胚胎的转座子表达主要分为三个时期，第一个阶段是在卵子形成过程中，第二个阶段是 2-细胞时期，随着胚胎基因的激活而活跃表达的，第三个阶段是在胚泡形成的过程中。不同的转座子元件会在不同的时期被激活，随后会迅速被抑制。这些转座子元件的激活可能与胚胎基因的激活及胚胎的第一次细胞分化过程有关。

小鼠早期胚胎中被激活的一个重要的转座子元件是 MuERV-L，MuERV-L 被证明与细胞的全能性有很强的相关性。在小鼠的卵细胞中，MuERV-L 并不表达，但是在受精之后，随着胚胎基因激活，MuERV-L 迅速开始表达，MuERV-L 的表达量在 2-细胞和 4-细胞中最高，到桑椹胚时期就会被抑制，而敲降 MuERV-L 则会导致胚胎发育停滞在 4-细胞时期。另一种有代表性的逆转座子元件 IAP（Intracisternal A-particle）在卵细胞中就有较高水平的表达，受精之后表达量会下降，直到胚泡时期会被再次激活，随后随着胚胎的着床会再次被抑制。在胚胎干细胞中，这两种逆转座子元件表达量都很低，而 MuERV-L 在部分 ES 细胞中的表达被认为是细胞具有全能性的标志（图 8-28）。

三、胚胎中转座子激活和沉默的机制

着床前胚胎中，大量转座子被激活，在早期的研究中，人们发现 DNA 甲基化与 IAP 逆转座子的活性直接相关，这说明早期胚胎中 DNA 甲基化的去除与逆转座子的激活有关，但是这并不能完全解释逆转座子激活的原因。因为逆转座子的激活是被严格控制的，不同的逆转座子表达的时期不同，同时也并不是所有的转座子都在早期胚胎中有表达，这说明早期胚胎中还有其他的机制来调控逆转座子的表达。

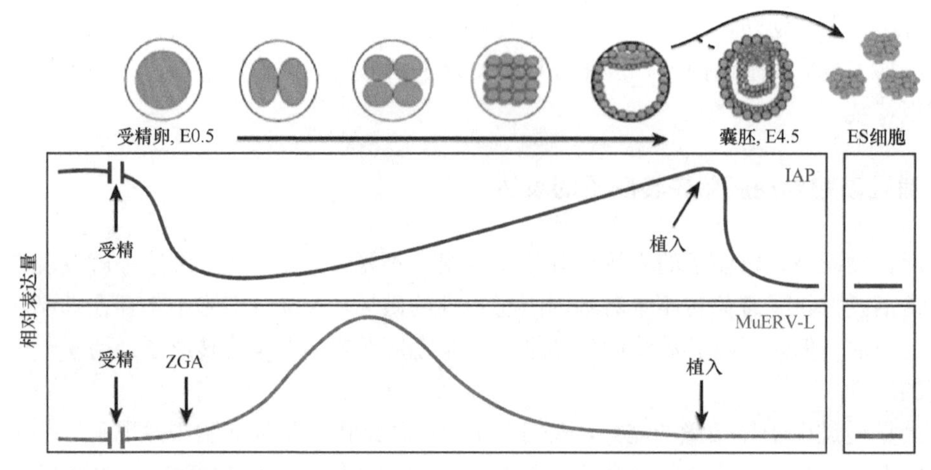

图 8-28　早期胚胎和胚胎干细胞中 ERV 的表达情况（修改自 Gifford et al.，2013）

组蛋白修饰也调控了转座子的活性，如 MuERV-L 的表达受到组蛋白去甲基化酶 Lsd1/Kdm1a、核心抑制因子 Trim28/Kap1 及组蛋白去乙酰化酶的调控。Kdm1a 是组蛋白 H3K4 的去甲基化酶，在胚胎中敲除 Kdm1a 会导致胚泡中的 MuERV-L 表达不能被抑制，胚胎发育被抑制。在胚胎干细胞中 Kdm1a 的突变也会导致 MuERV-L 的激活及组蛋白 H3K4 甲基化水平的上升，这说明 H3K4 的甲基化水平可能与 MuERV-L 的表达有关。另外，组蛋白 H3K9 的甲基化也参与了 MuERV-L 的表达调控。在 ES 细胞中敲除 H3K9 甲基化酶 G9A 及 Trim28 同样会导致 MuERV-L 的表达激活。IAP 逆转座子是在胚泡时期瞬时表达的，它的抑制依赖于 Setdb1 和 Trim28/Kap1 介导的组蛋白 H3K9me3 和 H4K20me3 修饰，但是 *Setdb1* 的敲除却不影响 MuERV-L 的表达。这说明 Trim28/Kap1 在调控 MuERV-L 和 IAP 表达时可能依赖于不同的复合体。

在早期胚胎中，不同的转座子被激活和抑制的时期不同，那么细胞是如何特异地调控不同转座子的表达呢？以 MuERV-L 为例，在早期胚胎和 ES 细胞中，连接在 LTR 启动子和引物结合位点（primer binding site，PBS）下游的报道基因的表达情况与 MuERV-L 的表达变化一致。这说明 MuERV-L 的转录调控位点主要位于 LTR 和 PBS 序列上，而在 IAP 的 5′UTR 区域也有大约 500bp 的序列可以被 Trim28/Kap1 和 Setdb1 结合，但是哪些因子特异性识别这些位点还不清楚。目前被证明可能起作用的主要有 KRAB-ZFP（Kruppel-associated box domain-zinc finger protein）蛋白和非编码 RNA。

在脊椎动物中，细胞中的 KARB-ZFP 蛋白的种类与 LTR 逆转座子的种类是成正比的。KARB-ZFP 蛋白 C 端包含一个锌指结构域（zinc finger domain），不同的锌指结构域可以特异性地识别相应的 DNA 序列。锌指结构域可以结合在 ERV 的 PBS 上，也可以结合在一些其他转座子的 LTR 或者 pol、gag 编码区域上，锌指结构域的特异性识别保证了对特定转座子的特异性调控（图 8-29A），如 ZFP809 能特异性结合 MuLV 的 PBS 序列，介导对 MuLV 的转录抑制。KARB-ZFP 蛋白的 N 端包含一个 KRAB 结构域，可以与转录抑制因子 Trim28/Kap1 结合，进一步招募转录抑制因子，而不同的 KARB-ZFP 蛋白招募的转录抑制因子不同，其作用机制也有差异（图 8-29B）。Setdb1 的招募可以催化组蛋白 H3K9 和 H4K20 的甲基化，而 Kdm1a / Hdac 复合体则主要介导组蛋白 H3K4

的去甲基化和组蛋白去乙酰化，最终导致转座子的抑制。

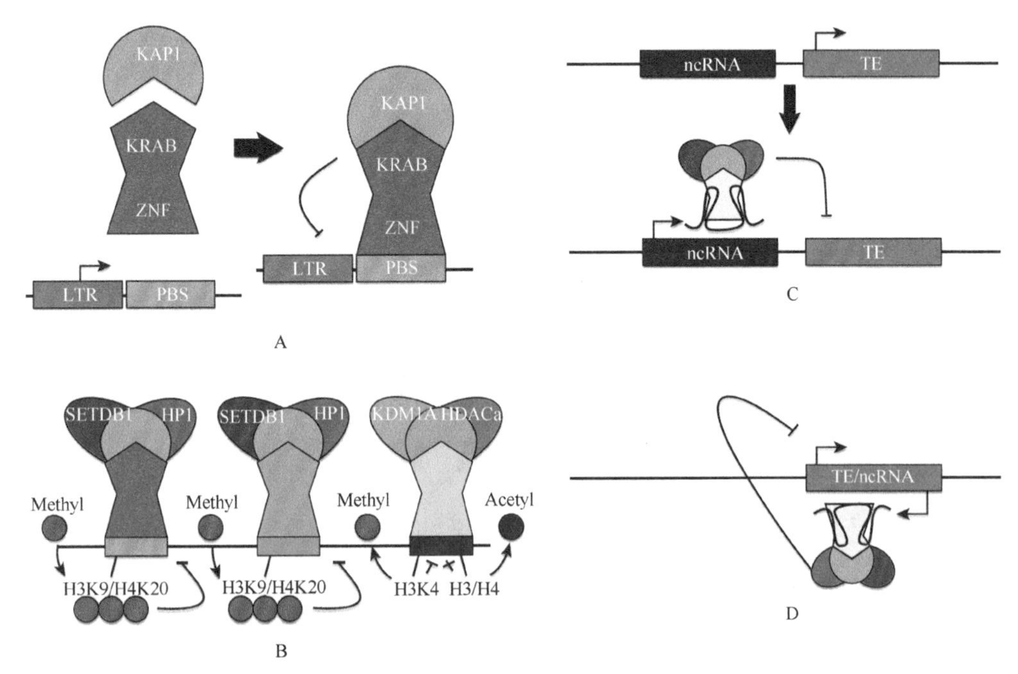

图 8-29　转座子失活的机制（修改自 Gifford et al.，2013）

除了锌指蛋白外，非编码 RNA 的顺式作用也参与了转座子的特异性失活。在细胞中，转录的非编码 RNA 可能形成特定的二级结构，招募一些转录抑制因子，来抑制其相邻位置上转座子的表达（图 8-29C），也有一些转座子区域本身可以转录非编码 RNA，这些非编码 RNA 同样可以招募转录抑制因子来抑制自身的表达（图 8-29D），如在 Hox 基因簇上表达的非编码 RNA 就有招募 Kdm1a 复合体的作用。

四、转座子在胚胎发育中的作用

胚胎中转座子的活跃表达可能是进化过程中转座子元件与细胞互相适应的结果。在胚胎发育早期，逆转座子元件可以提供一个替代的启动子，来激活下游基因的表达，这种表达通常是细胞特异性的，另外逆转座子元件也可以提供一个替代的第一外显子，以产生在其他细胞类型中都不存在的嵌合转录本。据估计，在卵细胞和早期胚胎中，有 5% 左右的基因转录是依靠转座子提供的启动子来表达的（图 8-30）。例如，在小鼠卵细胞中高表达的 *Spin1* 基因就是被位于第三个内含子的 MT LTR 逆转座子启动表达的（图 8-30），而转录形成的嵌合转录本在小鼠中特异存在。

通常某种类型的逆转座子高表达的时期与该逆转座子作为替代启动子激活基因表达的时期是一致的，如 MuERV-L LTR 就特异性地在 2-细胞时期作为替代启动子激活部分基因的表达，而 MT LTR 激活基因表达的作用发生在卵细胞中。但是也有例外，MT2B LTR 作为启动子可以在卵细胞中激活母源因子 Zbed3 的表达，而另一种 MT2B LTR 却在 2-细胞时期启动 Rpl41 的表达。进一步的分析证实，这两种 LTR 在序列上还是有很大差异，可能导致了不同的转录调控机制。

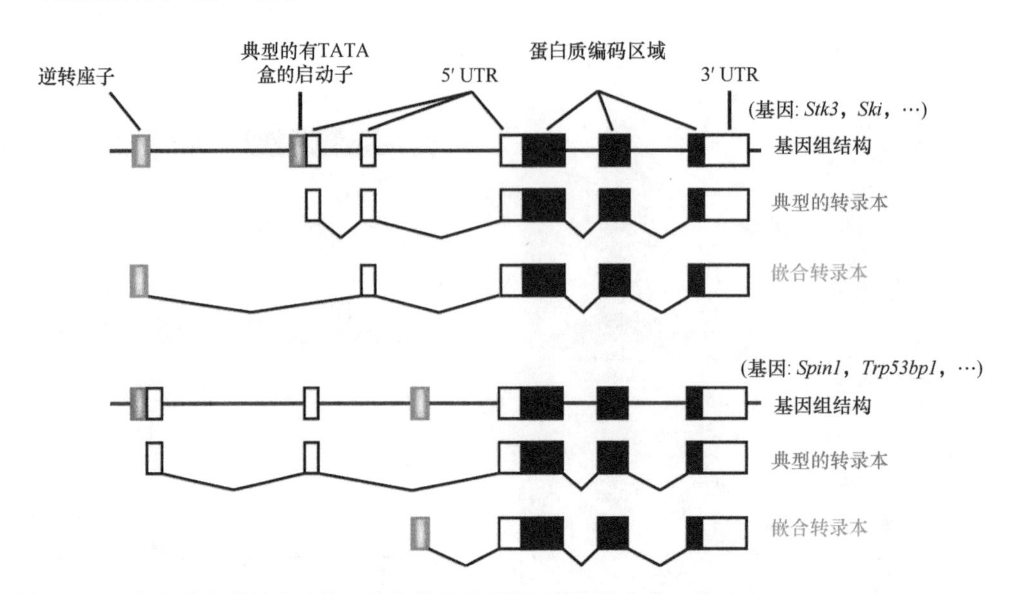

图 8-30　早期胚胎中逆转座子作为替代的启动子激活基因的表达（修改自 Zhou and Dean，2015）

利用转座子作为启动子激活的基因，很多在胚胎发育的过程中很重要，如转录因子Gata4 和 Tead4。另外，在卵细胞中，RNA 干扰通路的重要基因 *Dicer1* 也是由 MT LTR 作为启动子转录的。敲除这个 MT LTR 元件会导致卵细胞减数分裂的纺锤体形成异常。这些结果说明转座子作为替代启动子，可以为卵细胞和胚胎发育提供所需的调控因子。

胚胎中的转座子高表达不仅在小鼠中存在，在人类和牛的胚胎发育中，也有逆转座子的激活。在克隆牛的胚胎中，这些 LTR 的表达与克隆胚胎的质量和发育潜能密切相关，在小鼠的克隆胚胎中同样发现逆转座子不能被有效地激活与克隆胚胎的发育异常有关。这些都证明逆转座子的有效激活对胚胎的正常发育十分关键，而其发挥作用的机制还有待进一步探索。

第七节　多能干细胞

干细胞（stem cell）是指具有自我更新能力和多向分化潜能的细胞。根据细胞分化潜能的不同，干细胞可以分为全能干细胞（totipotent stem cell）、多能干细胞（pluripotent stem cell）、专能干细胞（multipotent stem cell）及单能干细胞（unipotent stem cell）。全能干细胞可以分化成胚胎和胚外的所有组织，如 2-细胞的胚胎细胞。多能干细胞可以发育成胚胎的所有胚层的细胞，但不能发育成胎盘，通常培养的胚胎干细胞就是多能干细胞。专能干细胞的发育潜能进一步被限制，只能分化成特定器官或组织的细胞，如神经干细胞和造血干细胞等。而单能干细胞只能向某一种特定的细胞类型分化，如精原干细胞。

一、多能干细胞的种类

（一）胚胎干细胞

胚胎干细胞（embryonic stem cell，ES cell）是胚泡期的内细胞团在体外特定的条件下培养形成的永生化细胞。胚胎干细胞可以无限传代并保持分化潜能。小鼠的胚胎干细胞在 1981 年就被成功分离到。人的胚胎干细胞是由 James Thomson 博士在 1998 年从体外受精的胚胎中分离获得的。随着技术的进步，胚胎干细胞不仅可以从胚泡期的内细胞团中获得，也可以从桑椹胚、卵裂期的胚胎甚至活检的卵裂球中获得。目前包括猪、牛、羊等多种动物的胚胎干细胞都已经被成功建立，并且可以分化形成多种细胞类型，如神经元、心肌细胞及血细胞等。由于胚胎干细胞可以无限增殖，并且可以分化成所有类型的细胞，因此在临床的再生治疗中有广泛的应用前景。另外，胚胎干细胞也是研究发育机制、药物筛选及药物毒性测试等十分有效的工具。

以人的胚胎干细胞为例，通常是从培养的胚泡中分离获得内细胞团细胞，并将其种植到含有人胚胎干细胞培养基和饲养层细胞的培养皿中，在 37℃培养箱中培养，这些内细胞团的细胞会不断增殖，8～15 天会长满整个培养皿，随后将这些细胞消化并传代到新的含有饲养层细胞的培养皿中，这些细胞会继续增殖，经过几次传代的细胞，数量达到几百万并能稳定培养，这样的细胞系可以用于后续的实验研究（图 8-31）。

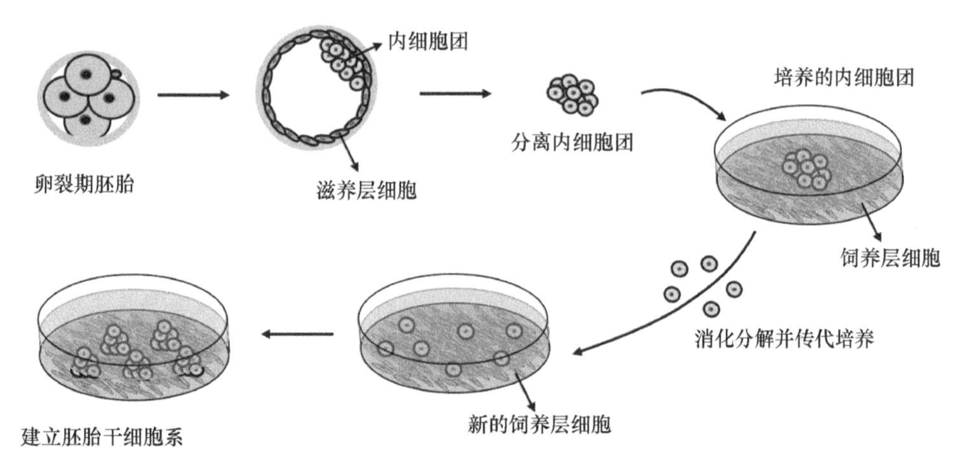

图 8-31 人胚胎干细胞系的建立过程

胚胎干细胞的培养条件需要能维持细胞无限自我更新的能力并抑制分化。通常情况下，小鼠的胚胎干细胞是培养在被抑制分裂的小鼠胚胎成纤维细胞上，这层细胞被称为饲养层细胞（feeder cell）（图 8-32A）。饲养层细胞可以分泌白血病抑制因子（leukemia inhibitory factor，LIF），该因子是维持胚胎干细胞多能性所必不可少的。LIF 可以激活 Stat3 信号通路来促进细胞的自我更新和多能性状态的维持。LIF 的受体是由 gp130 及 LIFR 形成的二聚体，当它与受体结合后，可通过 JAK 的作用使转录因子 Stat3 发生磷酸化，Stat3 被激活后进入细胞核内，进而抑制胚胎干细胞的分化。血清为 ES 细胞的生长和维持提供了多种细胞因子，血清中存在的骨形成蛋白（bone morphogenetic protein，BMP）也可维持小鼠胚胎干细胞的多能性状态。骨形成蛋白属于 TGFβ 家族成员，可与酪蛋白激酶受体二聚体结合后导致 Smad 蛋白磷酸化，从而来维持胚胎干细胞的多能性。

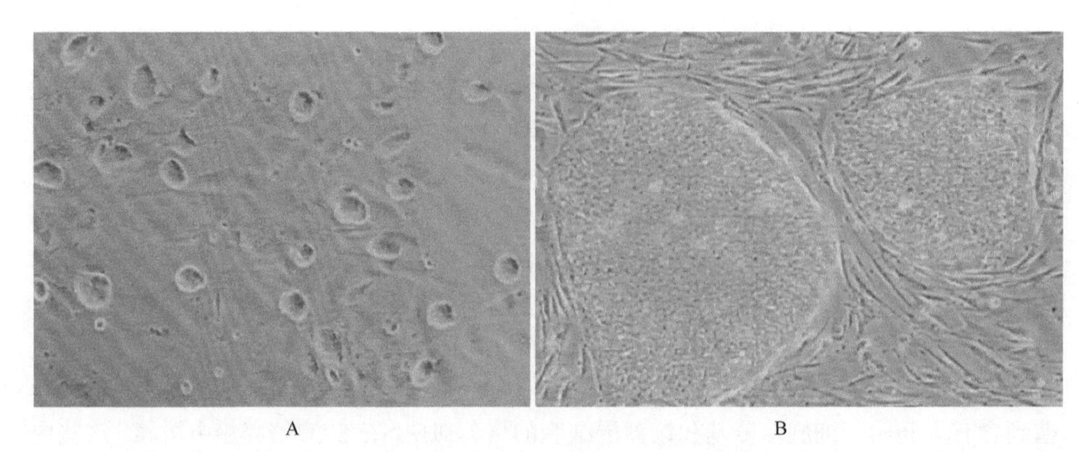

图 8-32　培养的胚胎干细胞克隆形态。A. 在滋养层细胞上培养的小鼠胚胎干细胞克隆；B. 在滋养层细胞上培养的人胚胎干细胞克隆

人的胚胎干细胞培养同样需要饲养层细胞，并在培养基中添加血清和碱性成纤维细胞生长因子（basic fibroblast growth factor，bFGF）。与小鼠胚胎干细胞不同的是，人的胚胎干细胞处于一种扁平的上皮细胞形态（图 8-32B），其长期培养依赖于 FGF/Nodal 和 Activin 信号通路的作用。另外，在没有饲养层细胞的情况下，LIF 可以抑制小鼠胚胎干细胞的分化，但不能抑制人胚胎干细胞的分化。

（二）胚胎瘤细胞

畸胎瘤中含有起源于胚胎 3 个胚层的多种细胞和组织，这些分化的细胞来源于畸胎瘤内的胚胎瘤细胞（embryonal carcinoma cell，EC cell），体外培养的胚胎瘤细胞就是从这些肿瘤细胞中分离出来的。在雄性的 129 品系小鼠中，畸胎瘤自然发生的概率大约有 1%，畸胎瘤也可以通过皮下注射的方式获得。小鼠的胚胎瘤细胞具有自我更新的能力，但是分化潜能受到限制，只有少数的胚胎瘤细胞能够形成嵌合体并产生生殖细胞。

人类体外培养的胚胎瘤细胞拥有多向分化的潜能，部分细胞系在视黄酸诱导下可以分化成多种细胞类型。具有多能性的人类胚胎瘤细胞与 ES 细胞类似，具有较高的碱性磷酸酶活性，高表达细胞表面标志分子 SSEA3 和 SSEA，表达多能性因子 OCT4 和 NANOG，并且具有分化成滋养外胚层细胞的能力。

（三）胚胎生殖干细胞

原始生殖细胞（primordial germ cell，PGC）可以在体外培养并转化成多能干细胞。在小鼠中，胚胎生殖干细胞（embryonic germ cell，EG cell）通常是从 E8.5～E13.5 的胚胎中培养获得的，而从不同发育阶段获得的胚胎生殖干细胞的表观遗传特征和发育潜能是不一样的。在小鼠的原始生殖细胞发育过程中，从 E10.5 开始，PGC 开始出现印迹基因的 DNA 去甲基化和组蛋白修饰的改变。因此从 E11.5 和 E12.5 的 PGC 中培养获得的胚胎生殖干细胞是印迹基因缺失的，利用这些细胞产生的嵌合体小鼠会有肥胖和骨骼发育异常的表型。而从 E8.5～E11.5 的胚胎中获得的胚胎生殖干细胞会保留印迹基因正常的甲基化状态，并且能产生健康的嵌合体小鼠。

从 5～9 周的人类胚胎中也能分离培养出胚胎生殖干细胞。人类的胚胎生殖干细胞在形态和培养条件上与小鼠的胚胎生殖干细胞类似，但是很难维持其未分化的状态，因此人类胚胎生殖干细胞的长期培养尚未实现。人的胚胎生殖干细胞能够表达全能性相关的因子 OCT4、NANOG、SSEA4 及碱性磷酸酶等。但是与人类的 ES 细胞不同的是，人的胚胎生殖干细胞不能在免疫缺陷的小鼠体内产生畸胎瘤，并且不表达 SSEA1 和 SOX2。这些表达的差异可能是人的胚胎生殖干细胞不能无限自我更新和分化潜能较低的原因。

（四）诱导多能干细胞

由于胚胎干细胞的来源有限且存在移植后引发的免疫排斥问题，从而极大地限制了其在生物医学领域的应用。为克服这些难题，科学家们试图通过各种重编程手段使终末分化的体细胞重新回到多能性的状态，由此产生了诱导多能干细胞（induced pluripotent stem cell，iPS cell）。

诱导多能干细胞技术是指通过外源导入或化学小分子诱导的方式激活体细胞中多能性因子的表达，是已经分化的细胞重新获得多能性的过程。该技术最早是在 2006 年由日本科学家 Yamanaka 实验室报道的，他们通过一系列的筛选，找出 4 个核心转录因子 Oct4、Sox2、Klf4 和 c-Myc。将这 4 种转录因子导入小鼠的成纤维细胞中，经过 2 周左右的诱导就可以得到类似于胚胎干细胞类型的细胞，并将之称为诱导多能干细胞（图 8-33）。iPS 细胞在形态、功能、基因表达及表观修饰等方面与小鼠的胚胎干细胞都十分类似。后来的研究利用多种不同的转录因子组合都能够获得 iPS 细胞，并且利用四倍体囊胚互补实验，可以得到完全来自于 iPS 细胞的小鼠，从而证明了 iPS 细胞的多能性。另外，iPS 细胞还可以通过在培养基中添加化学小分子的方法获得，并且具有生殖系传递的能力，这避免了外源基因的导入，提高了 iPS 细胞在临床应用上的安全性。

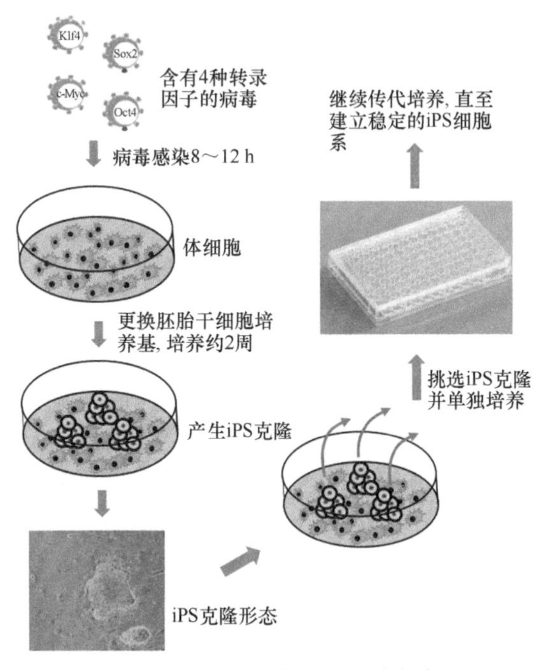

图 8-33　诱导多能干细胞的产生

小鼠的诱导多能干细胞获得后不久，2007 年 Yamanaka 实验室同样利用 OCT4、SOX2、KLF4 及 C-MYC 4 种转录因子成功地将人类成纤维细胞重编程为人类诱导多能干细胞。同年，Thompson 实验室采用了不同的转录因子组合（OCT4、SOX2、NANOG 及 LIN28）也得到了人类诱导多能干细胞，并且具有分化成三个胚层的能力。人类 iPS 细胞在疾病的防治上有广泛的应用前景，目前人们已经得到了多种疾病来源的 iPS 细胞，这些细胞的获得对于疾病的研究及个性化治疗都有很重要的意义。

目前，多种哺乳动物的体细胞均可被诱导为 iPS 细胞，如大鼠、羊、猪、猴等。此外，诱导 iPS 细胞所使用的体细胞类型也不再局限于成纤维细胞，包括血细胞、肝细胞，甚至神经细胞在内的多种细胞类型都可被重编程为 iPS 细胞。

二、胚胎干细胞的原始态和始发态

研究发现，多能性状态并不是一种单一的且稳定不变的状态，它可随着细胞系体外建立方式及培养条件的不同而发生改变。不同的多能性状态具有不同的基因表达谱及表观遗传修饰。小鼠中存在着两种不同状态的多能干细胞，即原始态（naïve 态）和始发态（primed 态）。目前的研究也发现，在人类系统中同样存在这两种不同状态的多能性干细胞。从发育的角度上讲，原始态相当于体内胚胎发育的着床前阶段，而始发态则相当于体内胚胎发育的着床后阶段。与着床后阶段的始发态相比，原始态多能干细胞具有更高的发育潜能。除此之外，这两种状态的细胞在形态、基因表达谱、表观遗传修饰、DNA 甲基化水平及 X 染色体状态等方面都有很大区别。

（一）小鼠

小鼠的胚胎干细胞来源于胚泡期的内细胞团，它可以通过自我更新维持未分化的状态，也可以在体内或体外分化形成内、中、外 3 个胚层的细胞。这个时期获得的胚胎干细胞处于一种原始态的状态。通过四倍体囊胚互补实验，这些细胞可以分化形成一个完整的个体。在基因表达水平上，原始态多能干细胞可表达多能性相关的转录因子如 Oct3/4 及 Nanog，具有较高的碱性磷酸酶活性及端粒酶活性。此外，在表观遗传特征上也与着床前表胚层细胞相似，如在雌性细胞中，原始态多能干细胞具有两条活性的 X 染色体，并不经历随机的 X 染色体失活，但在体外一旦分化就会出现 X 染色体随机失活现象。

在着床前胚胎发育过程中，原始态多能性的状态是一个短暂的过程，随着胚胎着床子宫就迅速消失，Oct4 表达阳性的多能性细胞开始经历 *Nanog* 基因表达降低，发育相关基因上 H3K27me3 信号的积累，基因组范围内甲基化水平上调及 X 染色体失活等过程。若将此阶段的细胞分离后进行体外培养，细胞不能形成具有原始态特性的胚胎干细胞，而是形成具有始发态特性的表胚层干细胞（epiblast stem cell，EpiSC）。与 ES 细胞不同，EpiSC 多能性的维持不再依赖于 LIF 信号通路，而是依赖于 bFGF 及 Activin A/Nodal 信号通路。EpiSC 可表达核心多能性因子 Oct4 及 Sox2，但其 Oct4 的表达依赖于近端增强子，而原始态状态的 ES 细胞却依赖于远端增强子。这一特征可用于区分两种不同状态的多能性干细胞。在转录水平上，mEpiSC 低表达或不表达原始态多能性因子，如 Klf4、Klf5、Prdm14、Esrrb 及 Rex1 等。此外，EpiSC 还积累一些表观遗传障碍，如雌性 X 染色体失活及多能性基因启动子区域 DNA 甲基化。在功能方面，与原始态状态细胞不同的是，它不能参与胚泡嵌合体的形成。但细胞的多能性状态并不是一成不变的，特定的条件下，细胞可以实现从原始态状态到始发态状态之间的转换。例如，在 EpiSC 中过表达 E-cadherin 可以重新获得原始态潜能。

（二）人

人类的 ES 细胞被认为更类似于小鼠始发态的 EpiSCs。首先它的克隆形态比较扁平，表达始发态相关的转录因子 LEFTY1 和 FGF5 等，它的 Oct4 表达更依赖于近端增强子并且有较高的 DNA 甲基化水平。此外，人的 ES 细胞多能性的维持并不依赖于 LIF 信号通路，这些都说明用普通的方式培养的人的 ES 细胞是一种始发态状态的多能干细胞。那么能否将人类始发态胚胎干细胞转变成原始态以提高其发育潜能和应用前景就成为摆在科学家面前的一个重要问题。

最早人们通过导入外源转录因子的方式获得了具有原始态特征的人类胚胎干细胞，但是外源基因的导入限制了其在临床上的应用潜能。后来，人们在传统的人胚胎干细胞培养基中添加 FGF、TGF、MEK 和 GSK3 的抑制剂（2i）、LIF 及 Dorsomorphin（AMP 激酶及 BMP 抑制剂）可显著提高原始态相关标志物的表达，如 NANOG、KLF4 及 TBX3。也有报道称如果在培养基中添加 2i、FGF、KSR、LIF 及 ROCK 抑制剂也可实现始发态向原始态的转变。随后的研究中，人们发现多种小分子组合的添加都可以将人的胚胎干细胞转变成类似于原始态的状态（图 8-34）。

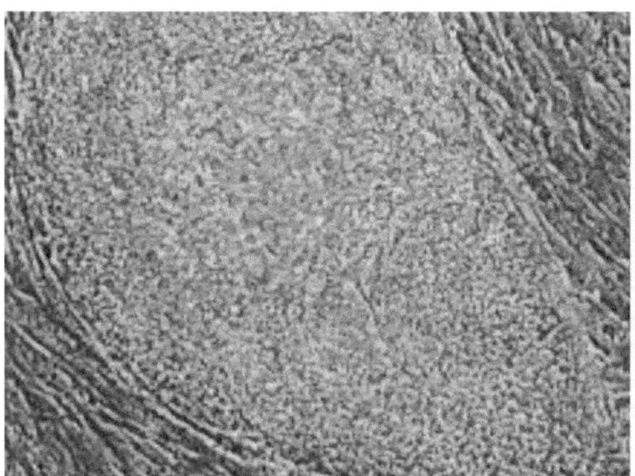

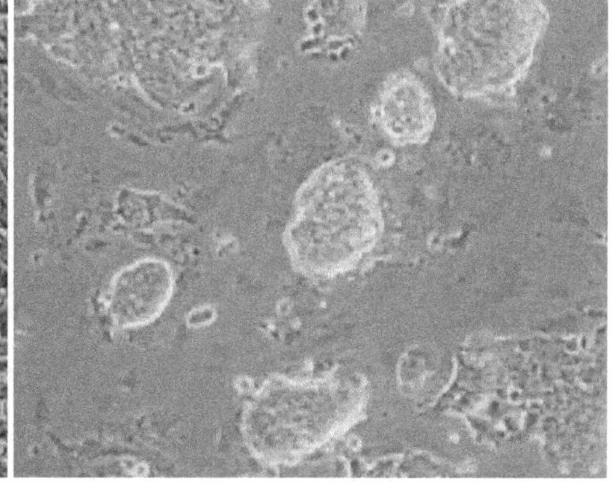

图 8-34　人类原始态和始发态的胚胎干细胞克隆形态（修改自 Theunissen et al.，2014）

诱导形成的人原始态的多能干细胞明显区别于始发态的细胞。首先在分化潜能上要明显高于始发态，原始态细胞能更迅速地形成畸胎瘤并且可以嵌合到小鼠的桑椹胚中形成嵌合体胚胎。两种多能干细胞在基因表达水平上也有很大差异，目前所建立的人类原始态多能干细胞都高表达着床前表胚层细胞特定基因，而低表达始发态人胚胎干细胞特定基因。在 DNA 甲基化水平上，原始态多能干细胞通常呈现出低甲基化的状态，而始发态细胞的 DNA 甲基化水平普遍较高。另外，在生长特性上，原始态细胞有比较高的单细胞传代效率，并且原始态细胞的基因编辑效率要明显高于始发态的细胞。这些特征都使得人类原始态胚胎干细胞有更好的应用前景。

参 考 文 献

Adenot P G, Mercier Y, Renard J P, et al. 1997. Differential H4 acetylation of paternal and maternal chromatin precedes DNA replication and differential transcriptional activity in pronuclei of 1-cell mouse embryos. Development, 124: 4615-4625.

Ahmad K, Henikoff S. 2002. The histone variant H3.3 marks active chromatin by replication-independent nucleosome assembly. Mol Cell, 9: 1191-1200.

Amabile G, Meissner A. 2009. Induced pluripotent stem cells: current progress and potential for regenerative medicine. Trends Mol Med, 15: 59-68.

Avilion A A, Nicolis S K, Pevny L H, et al. 2003. Multipotent cell lineages in early mouse development depend on SOX2 function. Genes Dev, 17: 126-140.

Bakhtari A, Ross P J. 2014. DPPA3 prevents cytosine hydroxymethylation of the maternal pronucleus and is required for normal development in bovine embryos. Epigenetics, 9: 1271-1279.

Becker M, Becker A, Miyara F, et al. 2005. Differential *in vivo* binding dynamics of somatic and oocyte-specific linker histones in oocytes and during ES cell nuclear transfer. Mol Biol Cell, 16: 3887-3895.

Belotserkovskaya R, Oh S, Bondarenko V A, et al. 2003. FACT facilitates transcription-dependent nucleosome alteration. Science, 301: 1090-1093.

Bernstein B E, Meissner A, Lander E S. 2007. The mammalian epigenome. Cell, 128: 669-681.

Bierkamp C, Luxey M, Metchat A, et al. 2010. Lack of maternal Heat Shock Factor 1 results in multiple cellular and developmental defects, including mitochondrial damage and altered redox homeostasis, and leads to reduced survival of mammalian oocytes and embryos. Dev Biol, 339: 338-353.

Bultman S J, Gebuhr T C, Pan H, et al. 2006. Maternal BRG1 regulates zygotic genome activation in the mouse. Genes Dev, 20: 1744-1754.

Burns K H, Viveiros M M, Ren Y, et al. 2003. Roles of NPM2 in chromatin and nucleolar organization in oocytes and embryos. Science, 300: 633-636.

Christians E, Davis A A, Thomas S D, et al. 2000. Maternal effect of Hsf1 on reproductive success. Nature, 407: 693-694.

Ciccone D N, Su H, Hevi S, et al. 2009. KDM1B is a histone H3K4 demethylase required to establish maternal genomic imprints. Nature, 461: 415-418.

Dahl J A, Jung I, Aanes H, et al. 2016. Broad histone H3K4me3 domains in mouse oocytes modulate maternal-to-zygotic transition. Nature, 537: 548-552.

Daujat S, Weiss T, Mohn F, et al. 2009. H3K64 trimethylation marks heterochromatin and is dynamically remodeled during developmental reprogramming. Nat Struct Mol Biol, 16: 777-781.

De Vries W N, Evsikov A V, Haac B E, et al. 2004. Maternal beta-catenin and E-cadherin in mouse development. Development, 131: 4435-4445.

Du Z, Zheng H, Huang B, et al. 2017. Allelic reprogramming of 3D chromatin architecture during early mammalian development. Nature, 547: 232-235.

Foygel K, Choi B, Jun S, et al. 2008. A novel and critical role for Oct4 as a regulator of the maternal-embryonic transition. PLoS One, 3: e4109.

Gifford W D, Pfaff S L, Macfarlan T S. 2013. Transposable elements as genetic regulatory substrates in early development. Trends Cell Biol, 23: 218-226.

Gilbert S C. 2010. Developmental Biology. 9th edition. Sunderland, Massachusetts, USA: Sinauer Associates,

Inc.
Goldberg A D, Banaszynski L A, Noh K M, et al. 2010. Distinct factors control histone variant H3.3 localization at specific genomic regions. Cell, 140: 678-691.
Golding M C, Williamson G L, Stroud T K, et al. 2011. Examination of DNA methyltransferase expression in cloned embryos reveals an essential role for Dnmt1 in bovine development. Mol Reprod Dev, 78: 306-317.
Graham S J, Zernicka-Goetz M. 2016. The acquisition of cell fate in mouse development: how do cells first become heterogeneous? Curr Top Dev Biol, 117: 671-695.
Gu T P, Guo F, Yang H, et al. 2011. The role of Tet3 DNA dioxygenase in epigenetic reprogramming by oocytes. Nature, 477: 606-610.
Guo F, Li X, Liang D, et al. 2014. Active and passive demethylation of male and female pronuclear DNA in the mammalian zygote. Cell Stem Cell, 15: 447-459.
Gurtu V E, Verma S, Grossmann A H, et al. 2002. Maternal effect for DNA mismatch repair in the mouse. Genetics, 160: 271-277.
Hata K, Okano M, Lei H, et al. 2002. Dnmt3L cooperates with the Dnmt3 family of de novo DNA methyltransferases to establish maternal imprints in mice. Development, 129: 1983-1993.
He Y F, Li B Z, Li Z, et al. 2011. Tet-mediated formation of 5-carboxylcytosine and its excision by TDG in mammalian DNA. Science, 333: 1303-1307.
Hirasawa R, Chiba H, Kaneda M, et al. 2008. Maternal and zygotic Dnmt1 are necessary and sufficient for the maintenance of DNA methylation imprints during preimplantation development. Genes Dev, 22: 1607-1616.
Inoue A, Zhang Y. 2011. Replication-dependent loss of 5-hydroxymethylcytosine in mouse preimplantation embryos. Science, 334: 194.
Inoue A, Zhang Y. 2014. Nucleosome assembly is required for nuclear pore complex assembly in mouse zygotes. Nat Struct Mol Biol, 21: 609-616.
Jukam D, Shariati S A M, Skotheim J M. 2017. Zygotic genome activation in vertebrates. Dev Cell, 42: 316-332.
Kaneda M, Hirasawa R, Chiba H, et al. 2010. Genetic evidence for Dnmt3a-dependent imprinting during oocyte growth obtained by conditional knockout with Zp3-Cre and complete exclusion of Dnmt3b by chimera formation. Genes Cells, 15: 169-179.
Karlic R, Ganesh S, Franke V, et al. 2017. Long non-coding RNA exchange during the oocyte-to-embryo transition in mice. DNA Res, 24: 219-220.
Larue L, Ohsugi M, Hirchenhain J, et al. 1994. E-cadherin null mutant embryos fail to form a trophectoderm epithelium. Proc Natl Acad Sci U S A, 91: 8263-8267.
Leader B, Lim H, Carabatsos M J, et al. 2002. Formin-2, polyploidy, hypofertility and positioning of the meiotic spindle in mouse oocytes. Nat Cell Biol, 4: 921-928.
Lepikhov K, Walter J. 2004. Differential dynamics of histone H3 methylation at positions K4 and K9 in the mouse zygote. BMC Dev Biol, 4: 12.
Lepikhov K, Zakhartchenko V, Hao R, et al. 2008. Evidence for conserved DNA and histone H3 methylation reprogramming in mouse, bovine and rabbit zygotes. Epigenetics Chromatin, 1: 8.
Leung C Y, Zhu M, Zernicka-Goetz M. 2016. Polarity in cell-fate acquisition in the early mouse embryo. Curr Top Dev Biol, 120: 203-234.
Li L, Baibakov B, Dean J. 2008a. A subcortical maternal complex essential for preimplantation mouse embryogenesis. Dev Cell, 15: 416-425.
Li X, Ito M, Zhou F, et al. 2008b. A maternal-zygotic effect gene, Zfp57, maintains both maternal and paternal imprints. Dev Cell, 15: 547-557.
Lim C Y, Knowles B B, Solter D, et al. 2016. Epigenetic control of early mouse development. Curr Top Dev Biol, 120: 311-360.
Lin C J, Conti M, Ramalho-Santos M. 2013. Histone variant H3.3 maintains a decondensed chromatin state essential for mouse preimplantation development. Development, 140: 3624-3634.

Lin C J, Koh F M, Wong P, et al. 2014. Hira-mediated H3.3 incorporation is required for DNA replication and ribosomal RNA transcription in the mouse zygote. Dev Cell, 30: 268-279.
Liu H, Kim J M, Aoki F. 2004. Regulation of histone H3 lysine 9 methylation in oocytes and early pre-implantation embryos. Development, 131: 2269-2280.
Liu X, Wang C, Liu W, et al. 2016. Distinct features of H3K4me3 and H3K27me3 chromatin domains in pre-implantation embryos. Nature, 537: 558-562.
Lykke-Andersen K, Gilchrist M J, Grabarek J B, et al. 2008. Maternal Argonaute 2 is essential for early mouse development at the maternal-zygotic transition. Mol Biol Cell, 19: 4383-4392.
Ma J, Zeng F, Schultz R M, et al. 2006. Basonuclin: a novel mammalian maternal-effect gene. Development, 133: 2053-2062.
Marcho C, Cui W, Mager J. 2015. Epigenetic dynamics during preimplantation development. Reproduction, 150: R109-120.
Mayer W, Niveleau A, Walter J, et al. 2000. Demethylation of the zygotic paternal genome. Nature, 403: 501-502.
Melton C, Judson R L, Blelloch R. 2010. Opposing microRNA families regulate self-renewal in mouse embryonic stem cells. Nature, 463: 621-626.
Messerschmidt D M, de Vries W, Ito M, et al. 2012. Trim28 is required for epigenetic stability during mouse oocyte to embryo transition. Science, 335: 1499-1502.
Mihajlovic A I, Bruce A W. 2017. The first cell-fate decision of mouse preimplantation embryo development: integrating cell position and polarity. Open Biol, 7: 170210.
Murchison E P, Stein P, Xuan Z, et al. 2007. Critical roles for Dicer in the female germline. Genes Dev, 21: 682-693.
Nakamura T, Arai Y, Umehara H, et al. 2007. PGC7/Stella protects against DNA demethylation in early embryogenesis. Nat Cell Biol, 9: 64-71.
Ohhata T, Wutz A. 2013. Reactivation of the inactive X chromosome in development and reprogramming. Cell Mol Life Sci, 70: 2443-2461.
Ohnishi Y, Totoki Y, Toyoda A, et al. 2010. Small RNA class transition from siRNA/piRNA to miRNA during pre-implantation mouse development. Nucleic Acids Res, 38: 5141-5151.
Ooga M, Fulka H, Hashimoto S, et al. 2016. Analysis of chromatin structure in mouse preimplantation embryos by fluorescent recovery after photobleaching. Epigenetics, 11: 85-94.
Oron E, Ivanova N. 2012. Cell fate regulation in early mammalian development. Phys Biol, 9: 045002.
Oswald J, Engemann S, Lane N, et al. 2000. Active demethylation of the paternal genome in the mouse zygote. Curr Biol, 10: 475-478.
Pan H, Schultz R M. 2011. Sox2 modulates reprogramming of gene expression in two-cell mouse embryos. Biol Reprod, 85: 409-416.
Pasque V, Radzisheuskaya A, Gillich A, et al. 2012. Histone variant macroH2A marks embryonic differentiation *in vivo* and acts as an epigenetic barrier to induced pluripotency. J Cell Sci, 125: 6094-6104.
Pauli A, Valen E, Lin M F, et al. 2012. Systematic identification of long noncoding RNAs expressed during zebrafish embryogenesis. Genome Res, 22: 577-591.
Pennetier S, Perreau C, Uzbekova S, et al. 2006. MATER protein expression and intracellular localization throughout folliculogenesis and preimplantation embryo development in the bovine. BMC Dev Biol, 6: 26.
Perry R B, Ulitsky I. 2016. The functions of long noncoding RNAs in development and stem cells. Development, 143: 3882-3894.
Philipps D L, Wigglesworth K, Hartford S A, et al. 2008. The dual bromodomain and WD repeat-containing mouse protein BRWD1 is required for normal spermiogenesis and the oocyte-embryo transition. Dev Biol, 317: 72-82.
Posfai E, Kunzmann R, Brochard V, et al. 2012. Polycomb function during oogenesis is required for mouse embryonic development. Genes Dev, 26: 920-932.
Probst A V, Santos F, Reik W, et al. 2007. Structural differences in centromeric heterochromatin are spatially

reconciled on fertilisation in the mouse zygote. Chromosoma, 116: 403-415.
Ramos S B, Stumpo D J, Kennington E A, et al. 2004. The CCCH tandem zinc-finger protein Zfp36l2 is crucial for female fertility and early embryonic development. Development, 131: 4883-4893.
Reece J B, Urry L A, Cain M L, et al. 2013. Campbell Biology. 10th edition. Glenview, Illinois: Pearson Education Inc.
Riethmacher D, Brinkmann V, Birchmeier C. 1995. A targeted mutation in the mouse E-cadherin gene results in defective preimplantation development. Proc Natl Acad Sci U S A, 92: 855-859.
Roest H P, Baarends W M, de Wit J, et al. 2004. The ubiquitin-conjugating DNA repair enzyme HR6A is a maternal factor essential for early embryonic development in mice. Mol Cell Biol, 24: 5485-5495.
Santos F, Peters A H, Otte A P, et al. 2005. Dynamic chromatin modifications characterise the first cell cycle in mouse embryos. Dev Biol, 280: 225-236.
Sarmento O F, Digilio L C, Wang Y, et al. 2004. Dynamic alterations of specific histone modifications during early murine development. J Cell Sci, 117: 4449-4459.
Sekiguchi S, Kwon J, Yoshida E, et al. 2006. Localization of ubiquitin C-terminal hydrolase L1 in mouse ova and its function in the plasma membrane to block polyspermy. Am J Pathol, 169: 1722-1729.
Smith Z D, Chan M M, Humm K C, et al. 2014. DNA methylation dynamics of the human preimplantation embryo. Nature, 511: 611-615.
Stanton J A, Macgregor A B, Green D P. 2003. Gene expression in the mouse preimplantation embryo. Reproduction, 125: 457-468.
Svoboda P. 2017. Long and small noncoding RNAs during oocyte-to-embryo transition in mammals. Biochem Soc Trans, 45: 1117-1124.
Tahiliani M, Koh K P, Shen Y, et al. 2009. Conversion of 5-methylcytosine to 5-hydroxymethylcytosine in mammalian DNA by MLL partner TET1. Science, 324: 930-935.
Tam O H, Aravin A A, Stein P, et al. 2008. Pseudogene-derived small interfering RNAs regulate gene expression in mouse oocytes. Nature, 453: 534-538.
Tang F, Kaneda M, O'Carroll D, et al. 2007. Maternal microRNAs are essential for mouse zygotic development. Genes Dev, 21: 644-648.
Theunissen T W, Powell B E, Wang H, et al. 2014. Systematic identification of culture conditions for induction and maintenance of naive human pluripotency. Cell Stem Cell, 15: 524-526.
Tomasini R, Tsuchihara K, Wilhelm M, et al. 2008. TAp73 knockout shows genomic instability with infertility and tumor suppressor functions. Genes Dev, 22: 2677-2691.
Tong Z B, Gold L, Pfeifer K E, et al. 2000. Mater, a maternal effect gene required for early embryonic development in mice. Nat Genet, 26: 267-268.
Torres-Padilla M E, Zernicka-Goetz M. 2006. Role of TIF1alpha as a modulator of embryonic transcription in the mouse zygote. J Cell Biol, 174: 329-338.
Tsukamoto S, Kuma A, Mizushima N. 2008. The role of autophagy during the oocyte-to-embryo transition. Autophagy, 4: 1076-1078.
van der Heijden G W, Dieker J W, Derijck A A, et al. 2005. Asymmetry in histone H3 variants and lysine methylation between paternal and maternal chromatin of the early mouse zygote. Mech Dev, 122: 1008-1022.
Voigt P, Tee W W, Reinberg D. 2013. A double take on bivalent promoters. Genes Dev, 27: 1318-1338.
Wan L B, Pan H, Hannenhalli S, et al. 2008. Maternal depletion of CTCF reveals multiple functions during oocyte and preimplantation embryo development. Development, 135: 2729-2738.
Wang C, Liu X, Gao Y, et al. 2018. Reprogramming of H3K9me3-dependent heterochromatin during mammalian embryo development. Nat Cell Biol, 20: 620-631.
Watanabe T, Totoki Y, Toyoda A, et al. 2008. Endogenous siRNAs from naturally formed dsRNAs regulate transcripts in mouse oocytes. Nature, 453: 539-543.
Wen D, Banaszynski L A, Liu Y, et al. 2014. Histone variant H3.3 is an essential maternal factor for oocyte reprogramming. Proc Natl Acad Sci U S A, 111: 7325-7330.
Wongtawan T, Taylor J E, Lawson K A, et al. 2011. Histone H4K20me3 and HP1alpha are late

heterochromatin markers in development, but present in undifferentiated embryonic stem cells. J Cell Sci, 124: 1878-1890.

Wu X, Viveiros M M, Eppig J J, et al. 2003. Zygote arrest 1 (Zar1) is a novel maternal-effect gene critical for the oocyte-to-embryo transition. Nat Genet, 33: 187-191.

Yeo S, Lee K K, Han Y M, et al. 2005. Methylation changes of lysine 9 of histone H3 during preimplantation mouse development. Mol Cells, 20: 423-428.

Yurttas P, Vitale A M, Fitzhenry R J, et al. 2008. Role for PADI6 and the cytoplasmic lattices in ribosomal storage in oocytes and translational control in the early mouse embryo. Development, 135: 2627-2636.

Zhang B, Zheng H, Huang B, et al. 2016. Allelic reprogramming of the histone modification H3K4me3 in early mammalian development. Nature, 537: 553-557.

Zheng H, Huang B, Zhang B, et al. 2016. Resetting epigenetic memory by reprogramming of histone modifications in mammals. Mol Cell, 63: 1066-1079.

Zheng P, Dean J. 2009. Role of Filia, a maternal effect gene, in maintaining euploidy during cleavage-stage mouse embryogenesis. Proc Natl Acad Sci U S A, 106: 7473-7478.

Zheng W, Gorre N, Shen Y, et al. 2010. Maternal phosphatidylinositol 3-kinase signalling is crucial for embryonic genome activation and preimplantation embryogenesis. EMBO Rep, 11: 890-895.

Zhou L, Wang P, Zhang J, et al. 2016. ING2 (inhibitor of growth protein-2) plays a crucial role in preimplantation development. Zygote, 24: 89-97.

Zhou L Q, Dean J. 2015. Reprogramming the genome to totipotency in mouse embryos. Trends Cell Biol, 25: 82-91.

Zhu P, Guo H, Ren Y, et al. 2018. Single-cell DNA methylome sequencing of human preimplantation embryos. Nat Genet, 50: 12-19.

（高绍荣，刘晓雨）

第九章　胚胎着床及蜕膜化

第一节　胚 胎 着 床

胚胎着床（embryo implantation）也称为附植或植入，是指在胚胎着床过程中，处于活化状态的胚泡与处于接受态的子宫相互作用，最后导致胚胎滋养层与子宫内膜建立紧密联系的过程。子宫对胚胎着床的敏感性可分为接受前期（pre-receptive）、接受期（receptive）和非接受期（refractory）。子宫处于接受态的时期称为"着床窗口"（implantation window），此时子宫环境有利于胚泡着床，但持续时间有限。胚泡的活化状态对着床窗口有很大影响，一般着床窗口对正常胚泡开放的时间比休眠胚泡要长。着床窗口的子宫接受性与胚泡活化状态是两个独立的事件，只有胚胎发育到胚泡阶段和子宫分化到接受态同步进行，胚胎才能正常着床。一般将胚胎着床过程分为定位期（apposition）、黏附期（attachment）及侵入期（invasion）（图 9-1）。

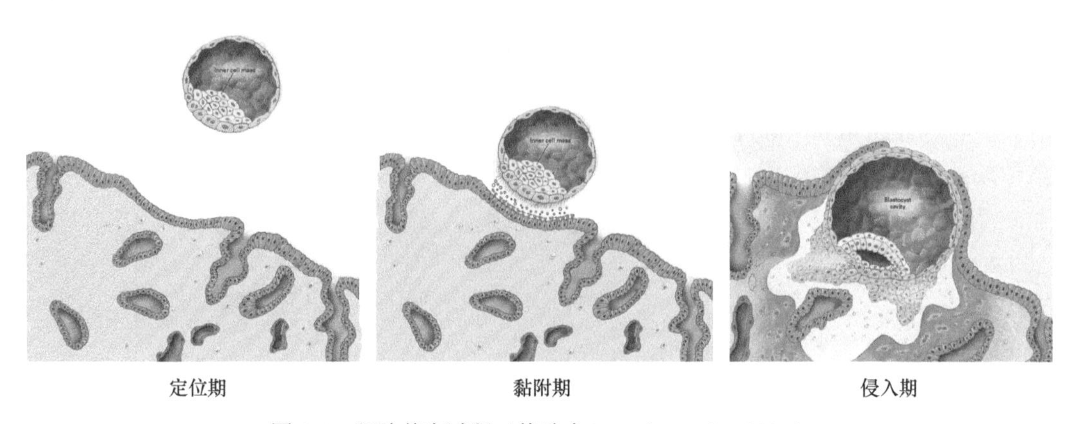

图 9-1　胚胎着床过程（修改自 Norwitz et al.，2001）

据估计，在人中，临床的着床率不会高于 30%。这样低的着床率与胚胎和子宫均有关系。一般认为，胚胎在体内着床时，有 30%的胚泡形态不正常，而且由于这些不正常胚胎与子宫内膜间难以建立对话联系，导致月经来临时有 30%的妊娠损失发生。在辅助生殖过程中，妊娠损失的比例更高。在目前的体外受精中，尽管受精的成功率很高，但妊娠率一直只有 40%～50%，导致这种低妊娠率的主要原因在于难以判断子宫何时处于接受态及如何确认胚泡具有着床能力。

在着床发生前，大多数哺乳动物的胚胎都要脱去透明带，但兔和豚鼠的胚胎则在着床以后才脱去透明带。当这些动物的胚泡开始与子宫内膜接触时，滋养层细胞先将透明带的一小部分溶解开，并伸出伪足与子宫上皮接触，然后胚胎的大部分区域侵入子宫内膜，透明带才逐渐被溶解消失。

一、胚胎的迁移和延伸

1. 迁移和延伸

在卵裂过程中，胚胎由输卵管进入子宫。牛、马等单胎动物的胚胎由排卵一侧的输卵管向子宫角迁移，在子宫体系膜对侧着床。在小鼠、兔、猪等多胎动物中，由两侧卵巢排卵后，胚胎由两侧输卵管迁移进入双侧子宫角。当排卵数两侧不同时，胚泡可以在子宫角内迁移。胚泡在子宫中调整距离或间隔，可能受卵巢激素的调节，但也可能是由于子宫物理化学作用的结果。在小鼠、大鼠和兔，胚泡在调整间隔之前，常成团位于子宫内。由于子宫环行肌的蠕动，胚泡分布在子宫的特定部位。用消炎痛（indomethacin）处理妊娠第 5 天的大鼠，可明显延迟胚胎的着床时间，而且与对照组相比，胚胎着床点在子宫中的分布很不均匀，这提示前列腺素可能与胚胎在子宫中的分布有关。胞质型磷脂酶 $A_{2\alpha}$（cytosolic phospholipase $A_{2\alpha}$，$cPLA_{2\alpha}$）为花生四烯酸产生的主要催化酶，而花生四烯酸又是前列腺素合成的底物。将小鼠 $cPLA_{2\alpha}$基因敲除后，不仅胚胎着床时间延迟，而且胚胎在子宫中也不能均匀分布。但注射 PGE_2 及 PG_{I2} 的类似物后，则可使这种小鼠的胚胎着床时间恢复正常，胚胎也能在子宫中均匀分布。

绵羊胚胎在桑椹期（16～32-细胞）进入子宫，此时为妊娠第 4 天左右。在第 6 天时形成胚泡，于第 8～9 天从透明带中孵出。透明带的作用主要为阻止胚胎与子宫腔上皮接触及发生黏附。第 8 天时的胚泡为球形，直径 200 mm，约有 300 个细胞。第 10 天时，胚胎直径为 400～900 mm，约含 3000 个细胞。从第 10 天开始，胚胎开始延伸，逐渐形成一个管状胚胎，以后又形成丝状胚胎（图 9-2）。

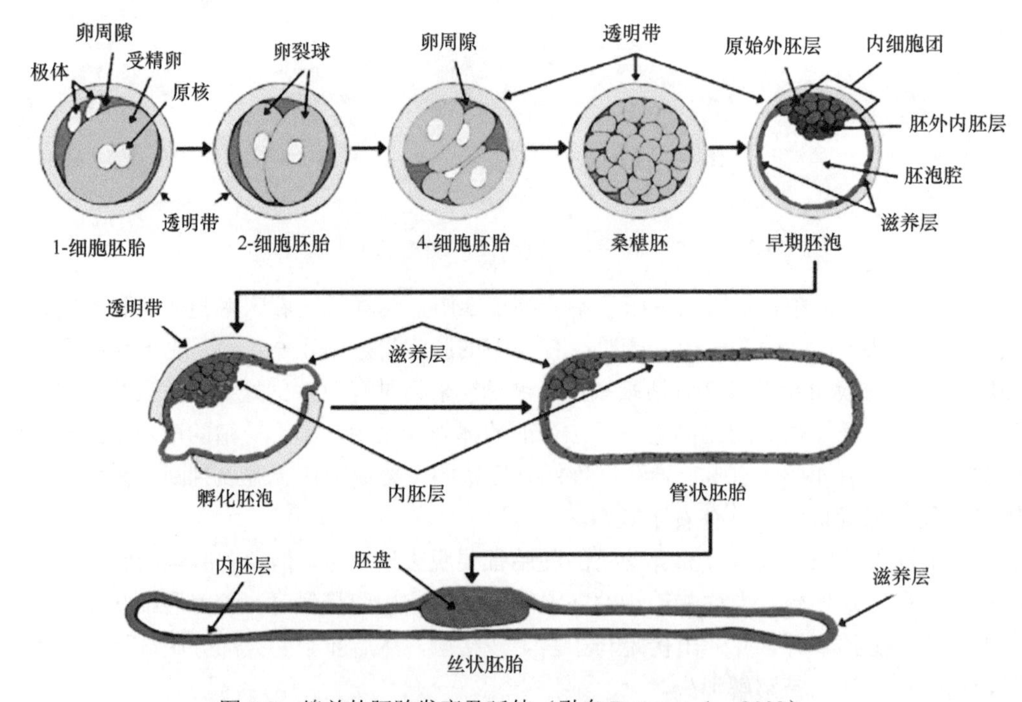

图 9-2　绵羊的胚胎发育及延伸（引自 Bazer et al.，2009）

自妊娠第12天开始，猪胚胎迅速伸长，到第16天时形成一个约1 m长的线状结构。经过复杂的折叠和缠绕以后，每个猪胚胎在子宫系膜侧的腔上皮表面占据10～20 cm的长度。

2. 子宫腔闭合与胚胎定位

定位是指滋养层细胞与子宫上皮间的接触逐渐紧密。在小鼠和大鼠胚胎着床的早期，子宫腔闭合后，子宫腔上皮紧包着胚泡。现在认为，子宫腔的闭合一方面涉及子宫腔中液体的吸收，这一过程是内分泌依赖性的；另一方面涉及子宫内膜的水肿。在小鼠和大鼠中，子宫腔闭合与黏附反应的意义，可能在于有一个稳定的时期使子宫和胚胎间能够紧密贴附在一起，胚胎被母体的上皮包围后使得胚胎在子宫中的位置得以固定。在此时期，如轻微冲洗子宫，可将胚泡从子宫中冲出来，并不会对胚胎造成损伤。因此，胚胎在子宫中的早期固定是功能性的，并不涉及子宫和胚胎间的结构联系。以后，胚泡和子宫内膜间的微绒毛逐渐交织在一起，细胞膜间的接触逐渐紧密。此时，微绒毛变得更加短粗，且不规则，类似于大的泡状细胞质突起，在系膜对侧的子宫表面更是如此。子宫腔闭合后，子宫内膜上皮细胞与滋养层细胞更加紧密接触的过程称为黏附反应（attachment reaction）。在妊娠小鼠中，切除卵巢后则子宫腔不能发生闭合；注射孕酮后，则可使子宫腔闭合。但如果仅注射孕酮，则子宫腔闭合后，微绒毛仅简单交织在一起，并不能进一步紧密接触，这种状态可用孕酮维持很长时间。正在泌乳的妊娠小鼠及实验诱导的延迟着床动物模型中，也可见到这种状态。当注射雌激素后，可使子宫上皮与滋养层细胞间微绒毛的简单交织逐渐紧密，类似于黏附反应。子宫腔的闭合不需要胚泡的存在，因为在妊娠及假孕小鼠中均发生子宫腔闭合。孕酮致敏对于子宫腔闭合至关重要。将孕酮受体的辅助伴侣蛋白FKBP52敲除后，子宫腔不能闭合。子宫腔不能闭合与着床失败有关。将生殖道中SMAD1、SMAD4和SMAD5共同敲除后，子宫腔也不能闭合，胚胎着床及蜕膜化均不能进行。

当滋养层细胞与腔上皮顶部接触后，腔上皮表面的突起减少，在两层表面形成一个长20 nm的连续的紧密接触区。在接触表面的扁平的液泡样突起可能是吞饮泡的残余。至少在大鼠中，缺乏胚胎时也能发生子宫腔上皮表面的重组，此过程主要由雌激素及孕酮调控。

协调的子宫-胚胎轴形成是哺乳动物着床后胚胎发育的特点。胚胎-子宫定向在起始着床时就已决定，并与蜕膜发育相同步。在胚胎黏附前，NOTCH信号通路的核转录因子Rbpj经一不依赖于NOTCH通路的方式，与子宫雌激素受体（ERα）结合启动一个准时的子宫腔形状转变，此不依赖于NOTCH通路的信号途径为胚胎与子宫轴的定位所必需的。在着床后期，Rbpj以依赖于NOTCH通路的方式直接调节子宫基质金属蛋白酶的表达，后者对于正常的着床后蜕膜重塑是必需的。将Rbpj在子宫中特异敲除后，导致着床后期胚胎-子宫定向及蜕膜型式异常，最终导致大量的胚胎损失。这些结果表明，子宫中的Rbpj通过指导最初的胚胎-子宫定位及保证正常的蜕膜型式，对于子宫腔闭合及着床过程中的定位是必需的。

血管自子宫系膜进入子宫后，将子宫分为系膜侧和系膜对侧两个区域。小鼠胚胎着床时，沿子宫纵轴朝向系膜对侧的子宫腔发生凹陷，子宫腔上皮的一些细胞顶部膨大形成吞饮泡，细胞表面的微绒毛变短且不规则。子宫腔围绕胚泡闭合，形成一个着床小室，这主要是由上皮细胞的液体吞饮所致，这一过程可能依赖于上皮钠离子通道（ENaC），为酪氨酸激酶 SGK1 激活的下游分子。小鼠中平面细胞极性（planar cell polarity，PCP）信号协调定向的上皮细胞凹陷形成着床小室。将子宫中的 Vang-like protein 2 敲除，而非敲除 Vang-like protein 1，会导致 PCP 通路异常、错误定向的上皮、缺陷型的着床小室和胚胎黏附，从而导致严重影响妊娠结局。

小鼠胚胎在系膜对侧子宫腔伸出的小室（crypt）定位，此过程受 Wnt5a 介导的受体酪氨酸激酶样孤儿受体调节。胚胎沿子宫纵轴在系膜对侧的着床小室中着床。朝向系膜对侧极在主子宫腔中形成绒毛样的上皮突起，这些地方以后形成着床小室。Wnt5a 为非经典 Wnt 途径的配基，敲除后可导致定向的细胞运动及极性发生改变。Wnt5a 可结合到 ROR1 及 ROR2 受体介导非经典 Wnt 信号途径。当在子宫中缺失或过表达 Wnt5a，或者在子宫中同时敲除 *Ror1* 和 *Ror2*，可使得这些上皮绒毛样突起形成受阻。将 Wnt5a-ROR 信号阻断后，可导致上皮突起形成、着床小室及胚胎均匀分布发生紊乱，并阻止着床。这些早期的 Wnt5a-ROR 信号通路异常导致的紊乱也反映在晚期的妊娠结局上。在人体中，着床时子宫腔并不闭合形成着床小室，上皮细胞的失去或置换仅发生在胎儿下面很有限的区域。一旦滋养层与下面的基质细胞接触，滋养层就向下延伸并向深处侵入。滋养层细胞增殖和分化形成无数的合胞体滋养层及单核的细胞滋养层。

然而，兔胚泡膨大后充满子宫腔，从而使滋养层细胞与上皮紧密接触，但没有子宫腔的闭合过程。在兔子宫中也未发现有子宫腔中液体的吸收。在水貂和恒河猴中，似乎也不存在典型的子宫腔闭合及对胚泡的包围过程，似乎主要是胚泡膨大后导致滋养层细胞与子宫上皮间的接触。大家畜为表面上皮绒毛型着床，微绒毛的交织更加广泛，虽未观察到伴随微绒毛逐渐减少的典型的黏附反应，但胚胎似乎紧密地固定在子宫上。

胚胎能够在一定的时间和位置黏附到子宫内膜上是一个很复杂的问题。可结合 L-选择素（L-selectin）的糖在接受期的子宫中上调，而此时从透明带中孵出的人胚泡的滋养层细胞开始表达 L-选择素。分离的滋养层细胞能够优先与处于接受期的子宫内膜上皮细胞结合，而不是与非接受期的子宫上皮结合。用可结合 L-选择素的寡聚糖包被聚苯乙烯制备的乳胶珠后，在模拟血流的切向引力存在下，这些包被的小珠对胎盘绒毛来的滋养层细胞具有很强的亲和性，并与之结合。这表明胚胎表达的 L-选择素与子宫表达的 L-选择素的配基相互作用，可能对胚胎在子宫中的选择性着床具有很重要的作用。

3. 子宫腔酸化

子宫腔上皮对于子宫接受态至关重要。在小鼠妊娠第 4.5 天子宫中，*Atp6v0d2* 显著升高，原位杂交显示该基因表达定位在胚胎着床时的子宫腔上皮上。*Atp6v0d2* 基因编码液泡型 H^+-ATPase（V-ATPase）的一个亚单位，此酶调节细胞内细胞器及细胞外环境中的酸化。利用溶酶体探针（LysoSensor Green DND-189）可在胚胎着床时的腔上皮及腺上皮上检测到酸性信号，与该基因在早期妊娠子宫中的上调相关。*Atp6v0d2* 基因敲除的雌鼠中，第一次交配时着床率显著减少，分娩率略有减少，但在以后的交配中着床率及窝仔数均与野生型相当，但在子宫中未检测到 ATP6v0d1 的互补性上调。用 V-ATPase 的特异性抑制剂 bafilomycin A1 在着床前处理小鼠，可减少上皮的酸化，延迟着床及减少着床点的数量。该抑制剂也能抑制人工诱导蜕膜化。这些结果表明，子宫腔上皮酸化为着床过程中的一个新现象。

二、胚胎着床的方式

很明显，除了表面着床（上皮绒毛胎盘）的种属外，所有的哺乳动物胚胎均穿过子宫上皮及相连的基板（basal lamina），从而与母体建立明确的血管联系。然而，不同动物间着床的方式和时间均相差悬殊。不同动物的着床方式不同，与子宫接触的紧密程度也就不同，从而决定了胎盘的血液循环方式和胎盘屏障的层次。

1. 表面着床（superficial implantation）

猪、绵羊、山羊和牛的胚胎着床方式为表面着床。胚胎的滋养层细胞仅与子宫的腔上皮细胞接触，但并不穿过子宫腔上皮。这些动物中，绝大部分并不形成蜕膜，但在羊和牛中，滋养层细胞与子宫腔上皮发生部分融合，在子宫基质细胞中发生一些类似蜕膜化的反应。

2. 侵入性穿入（intrusive penetration）

在采用侵入性方式穿过上皮的动物种类中，胚胎通常具有很强的侵入性，雪貂就是一个极好的例子。黏附开始仅在发育的合胞体滋养层细胞的特定区域，即外细胞质垫（ectoplasmic pad）发生。虽然合胞体滋养层细胞斑的大部分区域都贴在上皮细胞的顶部，但仅外细胞质垫倾向于将上皮细胞变为锯齿状，从而确立最初的黏附位点。最初是合胞体滋养层细胞的一个薄的细胞质突起在相邻的上皮细胞间穿过。开始时，这一突起为细胞外的一团细胞质，无细胞器，但当膨大及向基板迁移时，这团细胞质中开始有细胞器存在。虽然滋养层细胞最终包围大量的上皮细胞，并发生细胞死亡和吞噬作用，但在滋养层细胞附近明显有正常的上皮细胞。当滋养层细胞向子宫内膜深层侵入时，这些正常的上皮对于滋养层细胞起到锚定（支撑）作用。这些滋养层细胞突起在基板上停留一段时间后，继续向周围的基质穿入，但并不穿过毛细血管的基板（图 9-3）。在豚鼠和恒河猴中也可见到这种侵入性着床，但这些动物间有一些区别，如在恒河猴中，合胞体滋养层细胞的突起在上皮的基板上停留一段后，仍可侵入内膜血管的基板，而雪貂中并不侵入血管的基板。

3. 置换式穿入（displacement penetration）

小鼠和大鼠为置换式穿入着床最好的例子。当定位期继续进行时，在附近的基质中首先出现蜕膜化的征兆，在子宫腔上皮层中发生细胞死亡，并有单个或成团的细胞脱落。光学显微镜观察发现，在胚胎和子宫内膜之间的这些细胞偶尔呈现深色的团块状，以前认为可能在胚胎与子宫间有物质转运。然而，用电子显微镜研究发现，这些深色的团块实际上是正在被滋养层细胞所吞噬的死亡的上皮细胞。当滋养层细胞和基板接触时，滋养层细胞在基板上停留，并伸出突起破坏邻近的细胞，从而扩大与胚胎接触的区域。以后基板被下面蜕膜化细胞的外细胞质突起所破坏，并不是由滋养层细胞所破坏（图 9-3）。

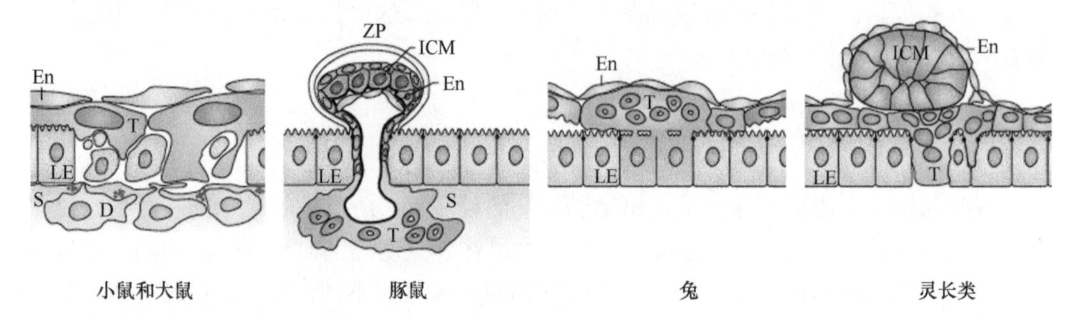

图 9-3　胚胎着床的方式（Wang and Dey，2006）。En：内胚层；ZP：透明带；ICM：内细胞团；LE：子宫腔上皮；T：滋养层；S：子宫基质；D：蜕膜细胞

4. 融合式穿入（fusion penetration）

这一方式最好的例子是兔。首先胚外的合胞体滋养层细胞的合胞体突起（syncytial knob）与单个上皮细胞相接触。然后，上皮细胞顶部的细胞膜与滋养层细胞突起的膜相融合。当上皮细胞变为合胞体时，与周围的细胞明显不同，就像延伸到基板处的滋养层细胞的一个柱子。此时，这些上皮细胞的核仍保留一段时间，且侧面的细胞膜仍保留与邻近的正常细胞间的连接复合体。可能每个滋养层细胞突起处有一个以上的柱子。以后，这些柱子所在处的基板被穿入后，滋养层细胞突起继续穿入内膜的血管中。然后，上皮细胞间的合胞体向两侧扩展，最终在滋养层突起间的区域内发生融合（图 9-3）。

三、着床的动物模型

表 9-1 中为一些常见动物的胚胎着床时期。由于哺乳动物中着床的方式多种多样，难以逐一进行介绍。在此仅简要介绍啮齿动物、豚鼠、兔、灵长类及家畜的胚胎着床。

表 9-1　各种动物的胚胎着床时间　　单位：天

动物	胚泡形成的时间	胚胎进入子宫的时间	着床的时间	假孕后黄体退化的时间	妊娠期
小鼠	3	3	4.5	10～12	19～20
大鼠	3	3	6	10～12	21～22
兔	3	3.5	7～8	12	28～31
猫	5～6	4～8	13～14	?	52～69
狗	5～6	8～15	18～21	?	53～71
牛	8～9	3～4	17～20	18～20	277～290
绵羊	6～7	2～4	15～16	16～18	144～152
山羊	6～7	2～4	15～16	?	146～151
猪	5～6	2～2.5	11～14	16～18	112～115
马	8～9	4～10	28～40	20～21	330～345
人	4～5	4～5	7～9	12～14	270～290

资料来源：Chavatte-Palmer and Guillomot，2007

1. 啮齿动物

啮齿动物的子宫腔闭合后呈狭缝样，这使失去透明带的胚泡与子宫腔上皮更加紧密地接触。在胚胎着床的定位期，胚泡内细胞团对侧的滋养层细胞首先向子宫腔上皮靠近，并与腔上皮发生黏附（图 9-4）。在定位期，胚泡就在内膜中引发蜕膜反应。以后，在初级蜕膜区的上皮细胞经历细胞凋亡，并被胚泡的滋养层细胞所吞噬，从而有利于滋养层的侵入。然后，滋养层细胞穿越残留的子宫腔上皮的基板，并将周围的基质细胞进行重组。形成的蜕膜为胚泡建立一个小室，并使胚泡得以定向，将胚泡外胎盘锥的区域朝向子宫系膜侧。初级蜕膜发生改变后（包括退化等）使血液与滋养层细胞接触更紧密，从而形成卵黄囊胎盘，使胎儿有更大的扩展空间。在滋养层细胞侵入前，已将着床胚泡处的上皮细胞清除掉，并使得胚泡得以定向。在一些啮齿动物（小鼠和大鼠）中，由于具有延迟着床，即子宫环境控制胚泡的发育，而且胚泡能在穿过上皮细胞以前就能诱导蜕膜反应，利用水肿的一些标志分子又可很容易发现着床位点，这为研究子宫内膜和胚泡之间的信号传导等提供了有用的动物模型。

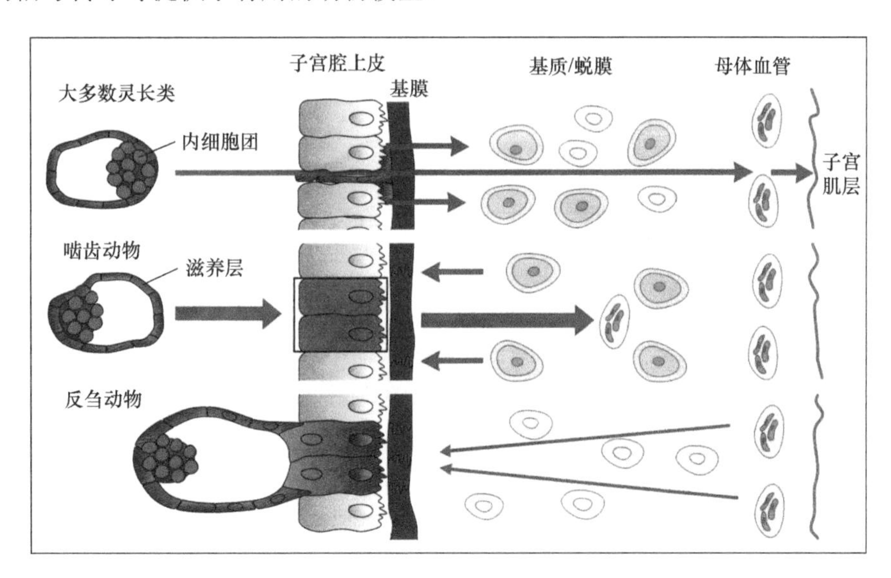

图 9-4　胚胎着床时胚胎定位及黏附的方向（修改自 Salamonsen，1999）

在小鼠和大鼠中，胚胎着床后首先出现的可见的变化是胚胎定位处的子宫内膜血管通透性增加。血管通透性增加后，通过静脉注射的大分子蓝色染料（芝加哥蓝、台盼蓝等）可与血液中的白蛋白等形成大分子复合物，从而在着床部位渗出血管，并在此部位积累，便可在子宫的着床部位见到蓝色的条带。这种血管通透性的增加与胚泡的滋养层细胞和子宫内膜腔上皮的黏附反应相对应。在小鼠中，黏附反应发生在妊娠第 4 天晚 11～12 时（以见阴道栓的当天为第 1 天）。在此之前，子宫内膜发生水肿及子宫腔闭合，从而使滋养层细胞与子宫腔上皮紧密接触。黏附反应后，在着床部位的子宫腔上皮发生细胞凋亡，而基质细胞经历广泛的增殖及分化后转变为蜕膜细胞（发生蜕膜化）。

在小鼠胚泡发生黏附反应的时候，子宫的腔上皮与胚泡的滋养层细胞紧密地相对排列，然后在这两种细胞类型之间确立细胞与细胞间的接触。围绕胚胎的子宫上皮细胞经历细胞凋亡，并加速对子宫腔上皮的穿入（penetration）过程。在妊娠第 5 天，滋养层细胞侵入腔上皮后，到达位于系膜对侧的基板处。事实上，邻近的蜕膜细胞首先穿过上皮的基板。初级蜕膜区形成后，在着床小室可观察到上皮细胞自基膜上脱落。紧靠着床胚泡的基质细胞转变为蜕膜细胞，首先形成一个杯形的初级蜕膜区（primary decidual zone），初级蜕膜区由 3～5 层紧密排列的细胞层组成。这一无血管的区域在着床的胚泡与母体循环之间可作为一半通透性的屏障。尽管小于 45 kDa 的分子可自由通过，但大于 45 kDa 的分子（如免疫球蛋白）、微生物、免疫反应性细胞等并不能通过。超微结构研究显示，在初级蜕膜区存在的紧密连接并不完整。

2. 豚鼠

豚鼠的着床形式与啮齿动物有明显不同。当胚泡仍处于子宫腔内时，胚泡便在内细胞团的对侧形成一个着床锥（implantation cone）。着床锥由合体滋养层细胞构成，可伸出突起穿越透明带，然后黏附到子宫的腔上皮上。这些突起能穿过子宫的上皮细胞，且并不在子宫的基板上停留。整个胚泡能够侵入腔上皮下的子宫内膜基质中，并在基质中脱去透明带。仅当胚泡侵入子宫内膜后，子宫内膜才经历类似啮齿动物中的蜕膜化反应。能够直接侵入子宫内膜的这种特性也使豚鼠成为研究穿越上皮的一个很好模型。然而，因其发情周期相对较长，一次仅能得到 3～5 个胚泡，而且在着床开始时很难检测到着床点，在使用豚鼠作为研究模型方面也有很多不便。

3. 兔

兔是研究胚泡黏附到腔上皮顶部的极好例子（图 9-3）。在兔中，由合体滋养层构成的大量的滋养层细胞突起首先黏附到上皮细胞的顶部，然后与上皮细胞融合。虽然细胞顶部的这种融合在其他动物中并不常见，但表明这种顶对顶的细胞黏附可能在着床过程中起重要作用。由于兔在交配后 10 h 左右排卵，而且在体外滋养层细胞能够黏附到子宫上皮上，兔也是用于研究顶部细胞黏附的很好模型。

4. 灵长类

灵长类的胚泡在呈狭缝样子宫腔的单子宫中着床。虽然从未见到过人胚胎着床的起始过程，但胚泡的内细胞团侧定向于子宫内膜，表明胚泡的定向可能是由靠近内细胞团处的滋养层细胞黏附到子宫上皮引起的。在灵长类动物中，对恒河猴、狒狒及狒狒研究较多。实际上，在胚泡的滋养层细胞黏附到子宫腔上皮以前，内细胞团处的滋养层细胞已融合形成合体滋养层细胞。在恒河猴和狒狒中，合体滋养层细胞通过在子宫上皮细胞间侵入，来穿过子宫上皮。当人胚胎完全包在子宫内膜中后，细胞滋养层细胞开始自滋养层壳中伸出，并进一步侵入子宫深层。这一过程开始于胚胎着床后 1 周左右，一直持续进行到妊娠的第 4～6 个月。从组织学的证据来看，在排卵后 12 天时，人胚胎已完全包埋在子宫内膜中。此时，着床点处的基质细胞已显示前蜕膜化反应及水肿。从组织学的角度看，人着床点处的子宫内膜与未妊娠的分泌中期的子宫内膜之间差别不大。

虽然在体外及体内进行了大量的研究，但由于灵长类的繁殖率相对较低，很难在早期确定妊娠与否，而且多为单胎，实际上对灵长类胚胎着床的了解仍很有限。现在认为，人的着床窗口至少应该是从月经周期的第 20～24 天，为 4 天左右。人胚泡着床的正常部位为子宫体或子宫底部，最常见于子宫后壁（图 9-5）。在恒河猴等动物中，在胚胎着床部位形成主胎盘和副胎盘。

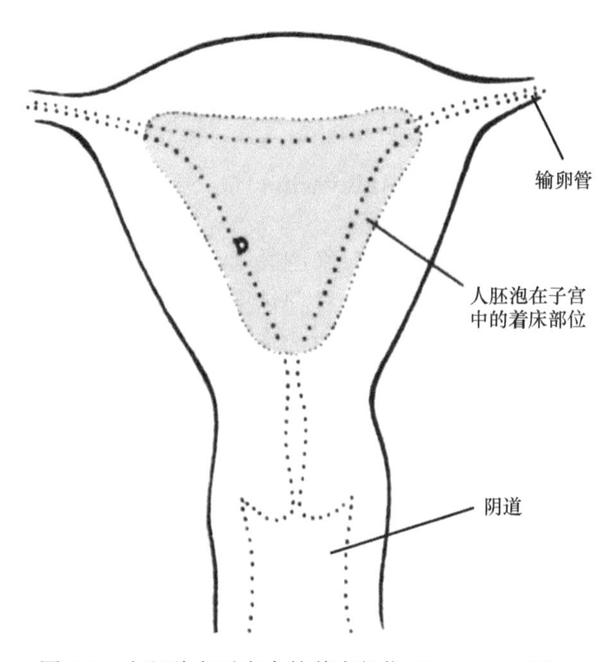

图 9-5　人胚胎在子宫中的着床部位（Larsen，2001）

5. 家畜

各种家畜中，胚胎着床的方式和时间均有所不同（表 9-2）。与其他动物相比，家畜胚胎在子宫中处于游离状态的时间也较长。

表 9-2　家畜的胚胎着床时期

动物	黏附开始的时间（为排卵后的天数）	黏附完成的时间（为排卵后的天数）	胚胎延伸的长度	胚胎和母体首先接触的位置	胎盘的类型
牛	28～32	40～45		子宫肉阜（凸起形）	子叶状胎盘
绵羊	14～16	28～35	10～20 cm	子宫肉阜（凹陷形）	子叶状胎盘
猪	12～13	25～26	可达 1 m	子宫的深部凹陷部	分散胎盘
马	35～40	95～105	6～7 cm	绒毛膜带（chorionic girdle）	分散胎盘

资料来源：Hafez，1987

猪的着床为表面着床，滋养层细胞并不穿过子宫上皮细胞。虽然滋养层细胞和子宫腔上皮紧紧地相互交织在一起，胚胎和子宫中发育形成的血管也都内陷进入各自的上皮皱褶内，但子宫腔上皮一直很完整，滋养层细胞并不穿入上皮内，子宫中也不发生蜕膜化。在妊娠第 13 天，胚胎开始黏附，自胚盘处起始，以后扩展到胚胎的其他部位。但在此之前，靠近胚胎处的子宫腔上皮和上皮下的毛细血管也发生一些局部性的改变。

在马中，能产生促性腺激素的滋养层细胞（子宫内膜杯细胞）与子宫内膜的关系更近，这些细胞能够通过子宫腔上皮迁移进入子宫基质中。

在牛、绵羊和山羊中，胎盘大部分均为表面附着式，但有滋养层双核细胞的形成，这些细胞可与子宫腔上皮细胞融合，在牛中可形成异核体，而在绵羊和山羊中则形成长的持久的斑。在反刍动物中，胚泡与子宫首先接触的区域为子宫肉阜区（caruncle）。子宫肉阜是反刍动物的子宫内膜形成的圆形加厚区，有数十个到上百个。羊的子宫肉阜中心凹陷，而牛的子宫肉阜为圆形隆起。在此区有丰富的成纤维细胞和大量的血管，但此区没有子宫腺体及其导管分布。子宫肉阜参与胎盘的形成，为胎盘的母体部分。

四、滋养层细胞的侵入（trophoblast invasion）

在胚胎着床和胎盘发生期间，滋养层细胞黏附后迁移进入子宫内膜基质中，最后侵入母体血管，并建立血绒毛膜胎盘。这一过程包括细胞与细胞，以及细胞与基板之间的相互作用，并且涉及细胞外基质降解后细胞的迁移，以及细胞外基质的重建。已证实细胞黏附直接调节细胞外基质成分的表达。在人滋养层细胞的侵入过程中，很多蛋白酶在基膜和细胞外基质的降解过程中起很重要的作用。基质金属蛋白酶-9（MMP-9）可能是人滋养层细胞有能力降解层粘连蛋白（laminin）和胶原Ⅳ丰富的基膜的主要决定因素。MMP-9 的活性调节至少部分是通过金属蛋白酶的组织抑制剂（TIMP）调节的，特别是 TIMP-3 在人滋养层中的表达很特殊。

除了侵入螺旋动脉外，绒毛外滋养层细胞也侵入子宫腺体中，称为腺体内滋养层（endoglandular trophoblast）。已经观察到绒毛外滋养层细胞与子宫腺体腔紧密接触，逐步替代腺体上皮细胞。在妊娠第 10 天的材料中，可见到滋养层细胞穿进子宫腺体，已经开始替代腺体的上皮细胞。在侵入的腺体腔内，可见到脱落的腺体上皮细胞。在滋养层侵入的区域，腺体上皮也失去完整性。

尿激酶型纤溶酶原激活因子（uPA）可通过直接或间接激活 MMP 前体（pro-MMP）来增强人滋养层细胞降解细胞外基质的能力。这种酶的活性可能受到来自滋养层或子宫内膜的纤溶酶原激活因子的抑制剂（PAI）的控制，特别是 PAI-1 的控制。低密度脂蛋白的受体相关蛋白可能在调节人滋养层的尿激酶活性方面起着关键的作用。IL-1β等细胞因子可能促进这些蛋白酶的协调作用。

特异性的细胞外基质蛋白与其受体——整合素的结合可能也调节着细胞的迁移活性。滋养层细胞的迁移和侵入过程可能与滋养层细胞膜上的特异性整合素的转换有关。对人胚胎着床位点处的细胞滋养层柱的免疫细胞化学检测表明，锚定绒毛的近侧细胞表达层粘连蛋白的受体——α6β4 整合素。当滋养层细胞侵入时，这些细胞上调胶原和层粘连蛋白的受体——α1β1 整合素。体外研究表明，这种整合素与胶原Ⅳ或层粘连蛋白的结合对于确立这些滋养层细胞的侵入性表型具有明显的促进作用。另外，在近侧的细胞滋养层细胞柱中的滋养层细胞也表达整合素的αv 亚单位。已经证明，αv 亚单位可与几种β亚单位形成不同的异源二聚体，后者对同一种细胞外基质配基的黏附具有不同的反应性。体外的功能性研究表明，玻连蛋白（vitronectin）等配基与αvβ3 结合后，可介导细胞与基膜（substratum）的黏附，并上调Ⅳ型胶原酶的表达和活性。另外，β3整合素亚单位已证实与癌的进行性及转移有关。当基质成分与αv和其他亚单位形成的异源二聚体结合后，不仅促进细胞与基膜黏附，也促进细胞的迁移。这些表明，除α6β4和α1β1外，αv整合素亚单位的介入也可能使滋养层细胞具有迁移性和侵入性。

在锚定绒毛的近侧滋养层细胞主要表达与细胞迁移和侵入有关的整合素，而锚定绒毛中部和远部的细胞则关闭α6β4整合素的表达，上调α5β1整合素及其配基——纤粘连蛋白的表达。体外研究表明，人滋养层细胞由α5β1整合素介导黏附到纤粘连蛋白后，则会抑制侵入，可能暗示α5β1的表达及其与纤粘连蛋白的结合可赋予细胞静止或非侵入特性。

滋养层巨细胞（trophoblast giant cell，TGC）是小鼠胚胎发育过程中最先终末分化的细胞，对于胚胎着床及胎盘形成至关重要。滋养层巨细胞为单核的多倍体细胞，是一类异质的动态变化的细胞。在成熟的胎盘中至少有4类不同的亚型，具有明确的谱系来源。滋养层巨细胞的发育涉及从有丝分裂转向核内复制细胞周期。在早期妊娠中，滋养层巨细胞调节胚泡着床，侵入子宫腔上皮，调节蜕膜化，以及与母体血管吻合形成暂时性的卵黄囊胎盘。在妊娠晚期，滋养层巨细胞分泌大量的激素和旁分泌因子，作用于母体生理系统用以调节母体对妊娠的适应及血管重塑等。

五、胚泡的活性状态调控子宫的接受态

过去一直认为，处于接受态子宫中的胚胎着床并不依赖于胚泡的活性状态。但在延迟着床子宫中的移植胚泡发现，胚泡的活性状态对于接受态子宫着床窗口的开放时间起重要的作用。如果将处于休眠状态的小鼠胚泡移植到处于延迟状态的假孕受体中，只有在给受体注射雌激素后的1 h内移植时，胚泡才能着床。然而，当移植妊娠第4天的正常胚泡或经雌激素处理后体内激活的胚泡时，即使在给受体注射雌激素后16 h移植，胚泡仍能着床。在体外培养时，休眠的胚泡虽然能获得“代谢性激活”，使氧消耗量增加，但这种体外培养的胚泡仍然只能在雌激素处理后的1 h内着床。这表明胚胎着床窗口是受到严格调控的，只有当胚胎的激活状态与子宫的接受状态相一致时，胚胎着床窗口才打开。此外，处于休眠的胚泡虽然可在体外获得代谢性激活，但这些胚胎并不能获得着床的能力。

将不同发育时期的小鼠胚胎移植到假孕第1天小鼠的输卵管中后，胚胎着床的时间主要由胚胎的发育时期来定，移植的胚泡先着床，而移植的受精卵则后着床，表明同一母体中两个子宫角内的胚胎着床并非由母体雌激素控制，而是由子宫局部的微环境来决定。

六、子宫腔上皮与胚胎着床

所有哺乳动物的胚胎在本质上都具有侵入性，并不需要激素的处理就能够不加区别地黏附和侵入到很多人工的宫外部位及生物介质中。然而，子宫的腔上皮很特殊，主要作为胚胎侵入的一个屏障。只有当对胚胎信号发生应答，周期性上皮转变为接受态上皮后，子宫腔上皮才可与胚胎的上皮发生黏附性接触。

子宫的腔上皮似乎在调节子宫内膜的“接受性”或“非接受性”方面起关键性作用。如果将子宫上皮去掉，胚胎可进行着床，而不依赖于任何激素控制。处于着床状态的胚泡滋养层细胞如果移植到子宫外的一些部位，可不依赖于宿主的激素状态而向深部侵入，即使在雄性中也如此。在正常的体内情况下，猪胚泡的滋养层细胞黏附到子宫上皮上，但从不侵入子宫上皮。但在体外，猪胚泡可黏附到成纤维细胞上，如移植到其他部位，则具有侵入性。在类固醇激素控制下，子宫上皮似乎具有可发育到接受状态的独特特性。在任何激素作用下，输卵管上皮等其他上皮似乎都不能被滋养层细胞所穿透，至少在哺乳动物中是这样。除了在非接受态作为防止滋养层细胞侵入的屏障外，子宫上皮也介导胚胎和子宫间的信号转导。

子宫内膜的上皮表面具有准备着床和防御感染双重功能。防御机制包括作为获得性免疫反应（adaptive immune response）的一部分，抗体以 IgA 的形式可穿越上皮，但很大程度上依赖于天然免疫。子宫腔的分泌物中包含具有抗菌活性的低分子量的多肽，如防御素（defensin）、溶菌酶（lysozyme）及一些分泌的白细胞蛋白酶抑制剂，后者具有抗病毒、抗真菌及抗细菌活性。由人子宫内膜上皮细胞分泌的白细胞蛋白酶抑制剂，可能主要在子宫腔的防御中起作用。

子宫内膜的上皮细胞也是前列腺素及内皮素等几种在月经期间起作用的血管活性物质（vasoactive substance）的主要来源地。然而，这些物质在肠等其他黏膜上皮中也可见到，可能主要作为上皮功能的调节者及促进子宫内膜中螺旋动脉的收缩。

（一）细胞侵入性死亡（entosis）

在小鼠胚胎着床期间，子宫腔上皮细胞首先与胚泡的滋养层细胞接触。在胚胎起始黏附的 30 h 内，位于着床小室处胚胎周围的腔上皮细胞消失，使得滋养层细胞可与下面的基质细胞直接接触完成着床过程。以前认为子宫腔上皮的消失是由细胞凋亡介导的。但最近发现，与胚泡直接接触的腔上皮细胞是被滋养层细胞吞噬的，并无凋亡发生，也无 caspase-3 的激活。将原代子宫上皮细胞与滋养层干细胞或胚胎进行共培养也证实，腔上皮细胞被滋养层细胞内吞，表明细胞侵入性死亡作为滋养层细胞清除腔上皮细胞的一种方式在着床过程中起重要作用。

在子宫腔上皮表面有两类细胞。位于着床点的上皮细胞，在胚胎黏附几个小时后经历细胞死亡或细胞侵入性死亡（entosis）。敲除转录因子 Klf5 或小 GTP 酶 Rac1（small GTPase Rac1），均可导致着床小室处的上皮细胞持续存活，使得着床失败。不与滋养层黏附的上皮细胞与子宫腔对侧的上皮顶部紧密接触，但在 1～2 天后通过细胞凋亡发生退化。在着床位点处，初级滋养层巨细胞与子宫基质细胞形成一个界面，称为蜕膜。此时胎体由极区及壁区的滋养层巨细胞包围。

（二）吞饮泡（pinopod）

子宫上皮细胞的质膜对卵巢类固醇激素非常敏感，并且质膜顶端部分的突起也被作为准备着床和细胞活性等特点的标记。质膜顶端的突起首先在大鼠和小鼠中被发现，由于推测它们具有胞饮功能，从而被命名为吞饮泡。在人和一些动物的子宫上皮中，也发现了与大鼠和小鼠吞饮泡相似的结构，这些动物包括兔、牛、仓鼠、鹿、猪、猴和骆驼等，但对这一结构的了解不是很多。目前的证据表明，人的这种结构从形态上也许同其他较大的膜突起更相似，但这些突起并不具有胞饮的功能。

对大鼠和小鼠中的吞饮泡结构的研究很多。用扫描电子显微镜观察，发现它呈“海葵状”结构，后来又有人观察它的形态为“真菌状”突起或“珊瑚状”突起，一般为几微米，其中细胞器很少。大鼠和小鼠中的吞饮泡的基部或柄产生于细胞表面，吞饮泡的表面光滑并缺少典型的微绒毛结构。在吞饮泡中也会经常看到一些具有胞饮功能的液泡，它们可以运输内吞的物质进入细胞中。

与大鼠和小鼠相比，其他动物顶端质膜的吞饮泡结构存在一些很重要的形态上的区别。其他动物中，这样的结构通常是产生于整个的顶端细胞表面，覆盖所有的顶端细胞质膜，这一特征在人中尤其明显。在兔中，顶端突起并不含有像大鼠吞饮泡中包含的典型液泡结构，在人子宫内膜表面的突起中也缺少典型的液泡结构。

对各种动物中吞饮泡功能的早期推测都着重于强调它的分泌作用，但也有人认为它具有吸收子宫腔中的一些物质的可能性。将一种高电子密度示踪物——铁蛋白导入大鼠子宫腔中，发现这一示踪物被突起吸收，并进入子宫内膜上皮细胞中，这一点很明显地说明这种突起具有胞饮功能，并且定义为“吞饮泡”。但将铁蛋白示踪物注入兔子宫腔中，并未发现铁蛋白被这种顶端突起结构吸收。同样，导入牛子宫腔中的辣根过氧化物酶也几乎都不进入到上皮细胞中，即使有辣根过氧化物酶进入到细胞，也不是从细胞表面的顶端突起进入的。

在人子宫内膜中曾观察到吞饮泡的具体形成过程（图 9-6）。在子宫内膜的增殖期，顶端质膜的突起是最小的，细胞边界不明显，微绒毛短而细。在排卵后的第 2 天，顶端质膜突起增大；排卵后第 3 天，微绒毛变长且密，一天之后，微绒毛顶端膨胀；排卵后第 5 天，吞饮泡开始形成，顶端质膜具有明显的突起，微绒毛在数量和长度上都有所下降、融合或消失，从整个细胞顶端产生光滑而细的突起；在排卵后第 6 天，可见发育完全的吞饮泡，微绒毛完全消失，表面无任何其他物质的膜突出并且膜最大限度地折叠。到排卵后第 7 天，吞饮泡回缩，突起变小，折叠的膜上重新出现了小而浓密的微绒毛；到第 8 天，吞饮泡几乎消失，微绒毛继续生长，而人的着床窗口开放是在排卵后的第 5～7 天。

A. 未发育的吞饮泡

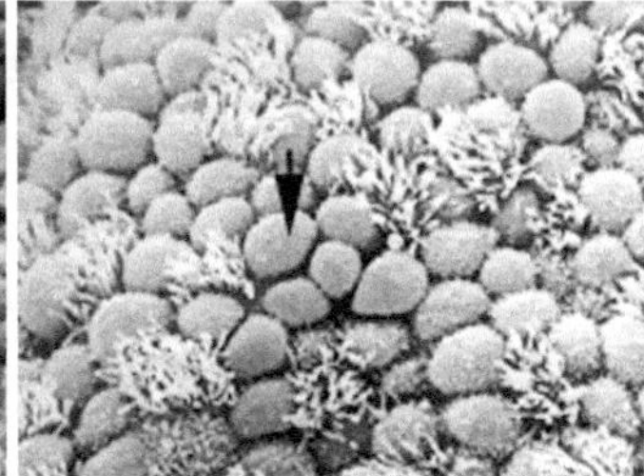
B. 正在发育的吞饮泡

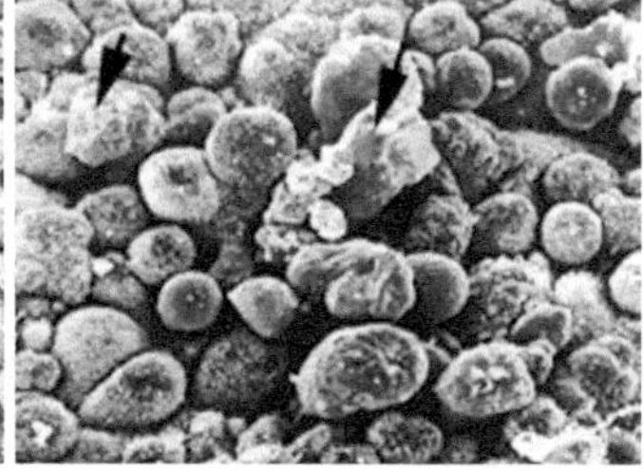
C. 发育完全的吞饮泡

图 9-6　人子宫内膜表面吞饮泡的发育（Bentin-Ley et al.，1999）

利用一种薄层人造基底膜可将人子宫内膜上皮细胞和基质细胞进行三维共培养。将体外受精获得的人胚胎培养到胚泡期后，放到子宫内膜三维培养物中，培养 48 h 后将三维培养物固定，并进行扫描电子显微镜观察。结果发现，胚泡都黏附于带有吞饮泡的上皮细胞上，而周围细胞却缺乏吞饮泡的形成，而且许多吞饮泡恰巧在胚胎-子宫内膜细胞交界面完全发育或正在发育，并且与滋养外胚层细胞相连。利用透射电子显微镜观察证实，早期胚泡黏附的第一个形态学标志是连接结构的形成，部位是在子宫内膜上皮细胞中的顶端侧面交界处，顶端连接复合体的形成能使胚泡足够稳定地穿过相邻的子宫内膜上皮细胞。当胚泡穿过子宫内膜的单层上皮细胞时，涉及已存在于上皮间的顶端连接复合体和桥粒的解离，然后通过胚泡外层的滋养层细胞参与重新形成这些连接。在顶端质膜处的吞饮泡与滋养层顶端质膜相接近，但还没有发现吞饮泡直接参与滋养层与子宫内膜的相互作用。通过超微结构的研究表明，存在于顶端质膜表面的吞饮泡并不直接参与到胚胎-子宫内膜的相互作用中，吞饮泡的形成伴随着子宫内膜上皮细胞间连接的松动，这也许能使胚泡的黏附和穿入更容易进行。另外一种可能是，吞饮泡光滑的质膜能够允许一些对于滋养层黏附必需的特异性的受体存在。免疫组化显示，子宫内膜上皮细胞确实表达 IL-1 受体Ⅰ型，也有整合素 β_3 亚单位的表达，现在认为这两种因子在着床过程中参与胚胎-子宫内膜相互作用。即使如此，目前还未见到有关吞饮泡与一些可能的细胞滋养层受体共表达的报道。

将同源盒基因 *Hoxa-10* 的反义链转染到着床前的小鼠子宫中，可显著降低吞饮泡的数目。而在吞饮泡形成之前在子宫中过表达 Hoxa-10 则可增加吞饮泡的数目。由此可知，母体的 Hoxa-10 在吞饮泡的发育过程中起着很重要的作用，并且 Hoxa-10 的这种作用很可能有助于子宫内膜接受性的建立。

吞饮泡为子宫内膜上皮的突起，很多人认为吞饮泡为着床窗口的标志，胚胎可能在吞饮泡处黏附，吞饮泡也是整合素β3 及骨桥蛋白（osteopontin，OPN）表达的部位。利用扫描电子显微镜对子宫内膜的接受性研究发现，吞饮泡对于大鼠来说是一个很好的接受态标志分子。但目前对吞饮泡能否在小鼠及人中作为接受态的标志仍有争论。在人中，吞饮泡在分泌期子宫内膜中存在超过 5 天，并不能严格界定人 24～48 h 的着床窗口时间。

（三）桥粒（desmosome）

桥粒是一种由多分子组成、直径约 0.5 μm 的粘着连接，主要的桥粒跨膜糖蛋白是桥粒芯糖蛋白（desmoglein）和桥粒芯胶黏蛋白（desmocollin）。这两种蛋白质以三种不同的同工型存在，桥粒细胞质结构蛋白包括桥粒斑珠蛋白（plakoglobin）及桥板蛋白（desmoplakin）Ⅰ和Ⅱ等。桥板蛋白将桥粒连接到中等纤维细胞骨架上。

在小鼠妊娠过程中，妊娠第一天子宫内膜腔上皮的顶端侧面连接复合体中存在高密度的桥粒，到妊娠第 5 天时，桥粒的密度大大下降，桥板蛋白 mRNA 及蛋白质的表达在妊娠第 4～5 天呈现明显下降的趋势。虽然，桥粒在小鼠子宫腔上皮中的表达在着床前和围着床期下降，但在近腔上皮的腺上皮中并没有这种改变。桥粒表达的下降使细胞间黏附力下降，有利于胚泡细胞侵入上皮细胞间，从而促进胚泡的着床。

当胚泡从子宫腔上皮侧表面穿入后，滋养层细胞与下面的子宫内膜基质连接发生移位，使一些与胚胎相邻的细胞发生凋亡。细胞的死亡可能也是细胞黏附减少而引起的，因为细胞-细胞连接能力的下降也许减弱了生存的信号，即桥粒连接的减少可能对细胞死亡及其他细胞-细胞黏附的改变具有一定的作用。

对其他动物着床过程中子宫内膜上皮细胞间桥粒结构的研究并不是很多，但已有的证据均表明，桥粒在着床过程中有表达下降的趋势。在兔中，Ⅰ型桥板蛋白等桥粒的分子结构都发生了一些改变。在人中，着床前的子宫腔上皮细胞膜上桥粒的比例明显下降。在妊娠第3.5天的小鼠胚胎滋养外胚层中发现有桥粒的表达，并伴随有上皮极性化和囊胚腔的出现，对胚泡的形成具有十分重要的作用。

（四）紧密连接（tight junction）

子宫腔上皮细胞顶端侧面的紧密连接分布的调节具有种属特异性。在着床过程中发生的一些变化也是随不同动物而异的，人、兔和大鼠的子宫内膜上皮中都存在紧密连接，且紧密连接形成的网络的分布及复合体在上皮细胞侧面膜上的分布在着床过程中都有所改变。在大鼠中，妊娠第6天之前，紧密连接由子宫内膜细胞间顶端集中分布的方式变成一种侧面分散分布的方式。

应用冷冻蚀刻技术可见紧密连接呈现珠状链，它从连接复合体处沿着侧膜向下延伸。在小鼠着床前的这一时期，紧密连接的复杂性也有所增加。这表明紧密连接对于着床时分子的跨上皮移动起到一个更好的屏障作用。子宫腔上皮的紧密连接的完整性并没有阻碍人的胚胎着床，并且这一紧密连接对子宫内膜上皮结构完整性的维持起到一定的作用。紧密连接分布的改变，伴随有桥粒表达的下调，也许会产生一种稳定的更有弹性的上皮，并使侵入的胚泡细胞更容易穿过这一上皮。

子宫上皮顶部-基部极性的重新分布可能使得胚胎着床由黏附向侵入过渡。在小鼠中，在黏附位点处腔上皮上表达的E-cadherin下调，可能表明黏附连接的重塑及侧部连接的松弛。将子宫中的Msx1及Msx2共同敲除后，着床时腔上皮表面的E-cadherin及Claudin1 保持不变，进而保留顶部-侧部极性，导致着床失败。在子宫上皮中敲除Stat3，也导致着床前上皮极性缺陷，着床时本应下调的E-cadherin及几个Claudins没有相应的下调。将BMP家族成员的Ⅰ型受体Alk3从子宫中敲除后，子宫上皮表面的微绒毛增加，顶部细胞极性得以维持，导致不育。小鼠早期妊娠中，活性形式的Rac1集中于妊娠第4～5天腔上皮的顶部。将子宫中的Rac1敲除后，导致接受态缺陷，使得上皮极性改变的时间发生异常，并伴随着E-cadherin增加。

E-cadherin是一个协调很多关键形态发生过程的细胞黏附分子。利用PR-Cre将小鼠子宫中E-cadherin敲除后，小鼠子宫中上皮结构紊乱，且缺乏腺体。这些新生小鼠子宫中也缺乏黏附连接和紧密连接，敲除E-cadherin小鼠由于着床及蜕膜化缺陷导致不育。

（五）间隙连接（gap junction）

间隙连接是动物细胞间最普遍的细胞连接，是由6个间隙连接蛋白（connexin，Cx）亚单位组成的跨膜结构，发挥相邻细胞间物质运输的作用。间隙连接作为一种细胞间直接通讯的连接，在生殖过程中发挥着一定的作用。

在啮齿类动物和兔中，接受性的子宫内膜缺少间隙连接。在大鼠子宫内膜中，Cx26

和 Cx43 在着床前受孕酮的抑制，并且两种蛋白质对雌激素也同样敏感。当胚泡即将着床时，着床位点相对应的子宫内膜处才诱导表达 Cx。可见，子宫内膜 Cx 表达的抑制作用是不同种类动物的子宫内膜接受性的典型标志。而且，这种细胞-细胞直接通讯的诱导受阻，很可能是由于即将着床的胚泡产生某种信号而发生的，这也可能是着床的一个前提条件。

通过电子显微镜观察和免疫组织化学的方法，检测非妊娠和妊娠的马和猪子宫内膜中 Cx 的表达，发现在非妊娠和妊娠的子宫内膜基质中均有间隙连接，但在发情周期和妊娠的任何一个阶段中，均没有检测到子宫内膜上皮中有 Cx26、Cx32 和 Cx43 蛋白。比较而言，Cx43 在马子宫内膜的顶侧质膜处的腺体中表达，并且与紧密连接相关蛋白 ZO-1 共存。用松弛素处理猪后发现，Cx26、Cx32、Cx43 在子宫中的表达显著提高，可见松弛素具有调节 Cx 的作用。在马和猪子宫腔上皮中的间隙连接介导的细胞间通讯的缺乏可能对胚泡的侵入起到一定的促进作用。

在人着床前 4-细胞期胚胎的相邻细胞膜处，开始出现间隙连接，并且随着胚胎的继续发育，间隙连接也逐渐增加。在正常的滋养层中，滋养外胚层细胞通过高密度的间隙连接相连，而内细胞团则由小而稀少的间隙连接相连，而且在晚期胚泡的滋养外胚层中也会偶尔检测到 Cx26 和 Cx32 组成的间隙连接的表达。这表明间隙连接对胚胎发育及胚泡形成具有重要的作用。

与小鼠和兔子相似，在人的接受性子宫内膜中，也缺少间隙连接的表达。Cx26 在上皮中的表达受抑制，且 Cx43 在基质中的表达也受母体孕酮的抑制。这也表明，间隙连接在人的着床前子宫内膜中的缺乏对人胚胎的顺利着床有利，并且也可能是子宫内膜接受性的一种标志。

将小鼠子宫中 Cx43 条件敲除后，蜕膜化过程中的细胞增殖受阻，妊娠过程中必需的血管扩张不能发生，子宫中血管内皮的增殖缺失，VEGF 及 Angiopoietin 2 和 3 表达异常。在人中，干涉 CX43 可抑制蜕膜化过程。

（六）基膜（basement membrane）

基膜是特化的细胞外基质，为一薄而坚韧的网膜，由一些细胞外基质蛋白（层粘连蛋白、Ⅳ型胶原等）和糖胺聚糖组成，厚度为 70～100 nm。不同组织的基膜成分也不同，基膜一般不含纤粘连蛋白（fibronectin），但胚胎组织、创伤组织等一般都含有这种蛋白质。在电镜下观察，基膜分为透明层和致密层，分别贴靠细胞的基底及结缔组织的基质。

基膜不仅作为上皮细胞和内皮细胞附着的铺垫，也包绕在肌细胞、神经鞘细胞及脂肪细胞质膜的周围。在子宫中，基膜起到屏障的作用，限制和调节子宫腔上皮和内膜基质细胞间的大分子的扩散。所以，基膜的厚度也决定了穿过它的一些物质的扩散速度。

对小鼠着床过程中子宫基膜的变化已开展了很深入的研究。免疫组化显示，在小鼠妊娠第 5、第 6 及第 7 天的子宫着床位点处，基膜中层粘连蛋白和Ⅳ型胶原表达减少。这种层粘连蛋白和Ⅳ型胶原表达的下降可能与靠近基膜的基质细胞蜕膜化有关。虽然，对这一机制并不十分清楚，但子宫腔上皮、蜕膜化和滋养层这三种细胞可能都与基膜的溶解相关。在大鼠中，蜕膜化细胞常含有许多溶酶体酶和蛋白水解酶，这些酶对于着床时的子宫重建和功能是必不可少的。将妊娠第 6 和第 7 天的小鼠子宫蜕膜化细胞在体外培养时，仍会继续合成基膜样基质。在小鼠和大鼠的早期妊娠过程中，蜕膜化细胞中的蛋白水解酶对子宫腔上皮细胞基底层的破坏是有帮助的，并且它的这一作用促进着床时滋养层的侵入。基质和蜕膜化细胞也能改变基膜基质。腔上皮细胞的基膜在排卵后第 6 天时的平均厚度最薄，这也可能是由于基质细胞的作用。在着床过程中，蜕膜化细胞继续分泌基膜样基质，所以基膜的变薄可能是由于酶的降解作用，而非因分泌产物减少。

（七）上皮斑（epithelial plaque）

上皮斑为灵长类子宫内膜对胚泡着床及妊娠起始的一个早期反应，是子宫腺颈部及腔上皮发生的形态学转化，以肥大、增生及圆的顶部多细胞垫为特征。上皮斑在灵长类中很常见，主要为恒河猴、狒狒、绿猴、食蟹猴及乌叶猴等几类旧世界猴和新世界猴，但在人及猩猩中未见报道。在妊娠的狒狒中，母体对妊娠发生的最早的反应是形成上皮斑。这一反应是以子宫腔上皮肥大，以及在子宫腺顶部聚集成束的腺上皮细胞肥大为特征（图 9-7）。妊娠狒狒的上皮斑反应仅限于着床位点处。但在 hCG 处理后的狒狒子宫中，则在整个子宫腔上皮都有上皮斑反应。这可能表明，自胚泡分泌的 hCG 可能仅扩散在周围的区域，从而引起上皮斑反应，而在子宫腔中灌注 hCG 后，则 hCG 的扩散范围更广。此外，在恒河猴中发生上皮斑反应的范围也很广。

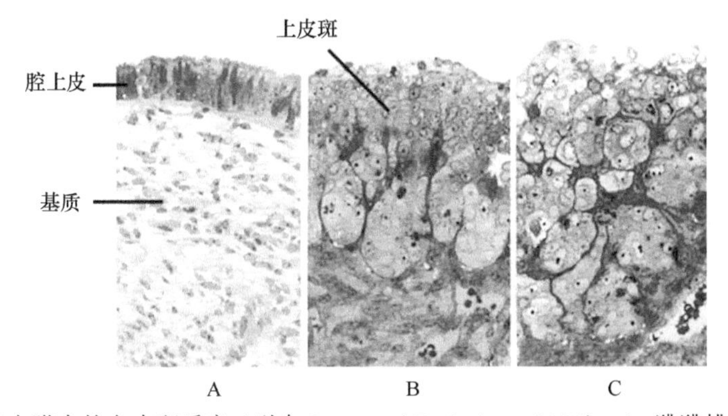

图 9-7　狒狒子宫内膜中的上皮斑反应（引自 Jones and Fazleabas，2001）。A. 狒狒排卵后 10 天的子宫内膜，具有规则的腔上皮和纺锤体样基质细胞；B. 上皮斑的形成：注射 hCG 后，腔上皮细胞肥大，基质细胞排列更加紧密，从而形成上皮斑；C. 妊娠 15 天的狒狒子宫内膜，其中具有大的上皮斑反应以及基质细胞的蜕膜化

七、子宫腺体与胚胎着床

1. 子宫腺体

组织性营养（histiotrophic nutrition）可定义为在胎盘形成前，从输卵管及子宫腺来的营养液为早期胚胎提供的一种营养形式。直到人妊娠第 3 个月结束时，血液才开始流入胎盘，此时绒毛外滋养层已经对母体血管进行了适当的重塑，从而允许非脉动性的血流进入胎儿，以免对胎儿产生剪切力介导的损伤。直到血流确立以前，胎儿都依赖于子宫腺产生的各种生物活性物质。所有的哺乳动物子宫内膜中都具有腺体，主要是合成、运

输和分泌胚胎发育和生存所必需的物质。人子宫内膜中具有大量的子宫腺体，在周期性的子宫内膜中每平方毫米的子宫表面具有大约 15 个腺体开口，可保证充足的腺体分泌。

哺乳动物的子宫是由胎儿的缪勒氏管发育来的，出生时由中央的管状上皮及外围的未分化间充质组成。子宫腔上皮内陷逐渐侵入间充质中形成子宫腺体，最终在基质中形成上皮腺体网络。大多数生殖器官的器官发育和分化在胎儿期就完成了，但子宫在出生时还未完全发育和分化。在小鼠、家畜及人中，子宫组织特异性的结构建立是在出生后完成的。子宫腺体的发育是一个出生后的事件（图 9-8）。

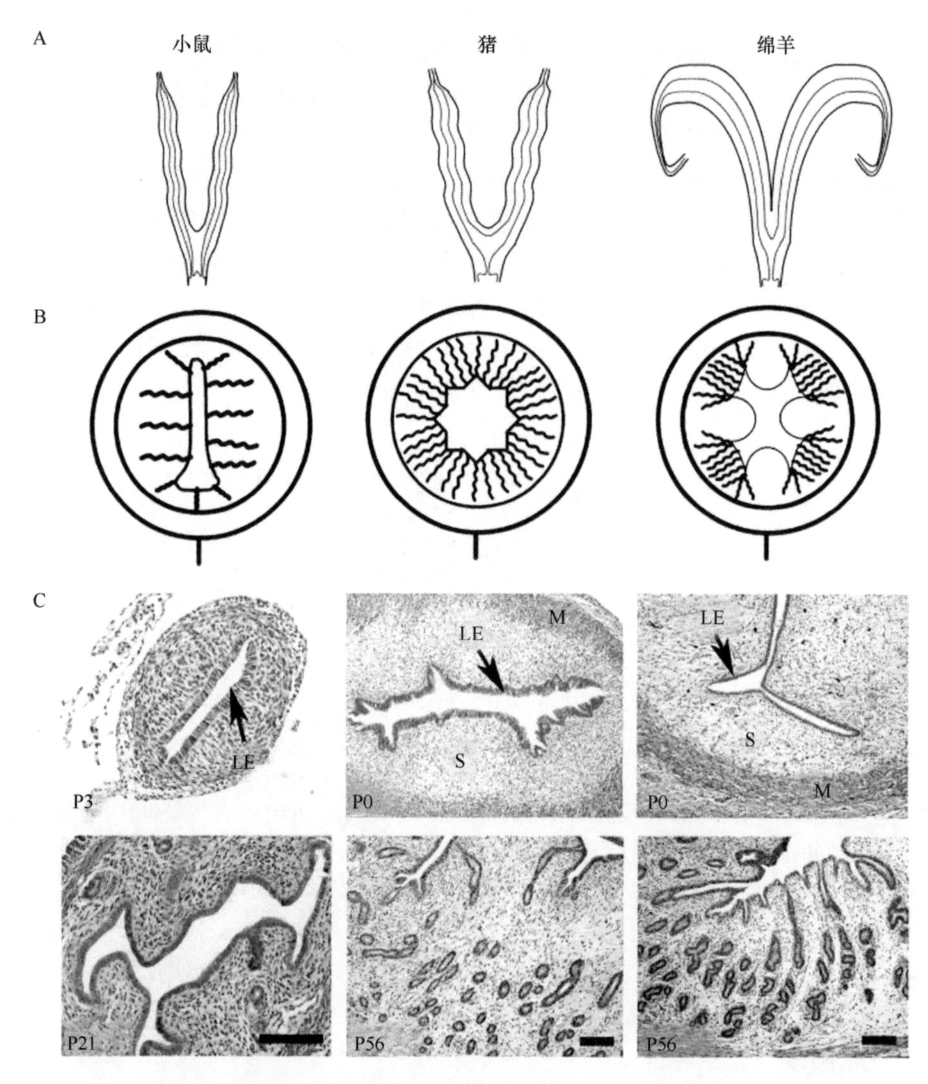

图 9-8　哺乳动物的腺体发育（修改自 Cooke et al.，2013）。P：出生后的天数

新生小鼠经孕酮处理后会永久性终止子宫腺体的分化，导致成年子宫中无腺体。与对照组相比，孕酮诱导的腺体敲除小鼠发情期正常，但不育。在这些小鼠交配后第 5.5 及第 8.5 天子宫中具有孵化的胚泡，但无发生着床或蜕膜化的证据。*LIF* 及 *COX-2* 等几个着床相关基因表达发生显著改变，但类固醇激素受体及所调节的基因变化不大。在这

些腺体敲除小鼠中，不能发生人工诱导蜕膜化。子宫腔内注射 LIF 也不能促进腺体敲除小鼠的人工诱导蜕膜化。在小鼠中，将 E-cadherin、Hoxa11 或 Wnt7a 敲除后，均出现出生后腺体缺陷，导致着床失败。

绵羊的腺体发生也是在出生后进行的。用孕酮处理新生绵羊可破坏腺体发生。虽然腺体敲除的成年母羊可和具有生育能力的公羊反复交配，但在第 25 天用 B 超检查时从未发现妊娠。将来自正常母羊的第 7 天胚泡移植到腺体敲除的绵羊子宫中后，胚胎发育受阻，未见到正常绵羊中的丝状胎儿，仅观察到管状胎儿。组织学分析也表明，子宫腺体的密度与胎儿的生存及发育时期直接相关。

子宫腺体敲除后出现的着床障碍及不育均表明子宫腺体的关键作用，由此推测腺体的分泌物对于胚胎的生存及发育，以及胚胎着床等均很重要。一些间接证据也表明，腺体活性缺陷可能是人类妊娠损失及并发症的诱因。

出生后子宫的形态发生部分主宰着胚胎发育的潜能和成年子宫的功能。整体敲除 Wnt7a 后，胎儿中缪勒氏管的型式、特化及细胞命运均发生改变。Wnt7a 敲除后的子宫发育型式似乎向后推，具有阴道中才有的复层上皮及短且没有弯曲的输卵管。利用 PR-Cre 小鼠将 Wnt7a 从子宫中敲除后，在阴道、子宫颈、输卵管及卵巢中没有发现明显的改变，但敲除小鼠的子宫中没有腺体，但其他细胞类型均正常。出生后第 3～12 天内未观察到腺体的分化过程。虽然在第 3.5 天子宫中可见到胚胎，但到第 5.5 天仍未见到胚胎着床。

Forkhead box A2（FOXA2）是一个在子宫腺体中特异性表达的转录因子，是小鼠出生后腺体分化的关键调节因子。利用 lactotransferrin-Cre（Ltf-Cre）小鼠可条件性敲除成年子宫的 FOXA2，以及利用 PR-Cre 小鼠可敲除新生小鼠子宫中的 FOXA2。成年小鼠中敲除 FOXA2 后，小鼠子宫的形态正常，具有腺体；但新生小鼠中敲除 FOXA2 后，子宫中完全没有腺体。有意思的是，成年敲除 FOXA2 小鼠完全不育，主要是由于胚泡着床及蜕膜化过程缺陷。这种小鼠中，腺体来源的着床关键分子 LIF 没有表达。给这些敲除 FOXA2 小鼠注射 LIF，均可启动胚胎着床。虽然在具有腺体的成年敲除 FOXA2 小鼠中，注射 LIF 可启动着床并维持至足月，但在缺乏腺体的 FOXA2 敲除小鼠中妊娠在第 10 天终止。

2. 外分泌体（exosome）

在与子宫内膜接触之前，胚胎都浸泡在子宫腔液中。子宫腔液来自于子宫内膜分泌物、血液渗出物及输卵管液。子宫腔液在免疫抑制及胚胎发育方面起重要作用，也参与防御病原微生物、精子迁移及子宫内膜润滑等过程。

由子宫腺体来的子宫腔液提供的子宫微环境对于胚胎着床至关重要。对于子宫内膜液体的分析已证实存在细胞因子、趋化因子、蛋白酶、抗蛋白酶与调节胚泡着床的因子。在子宫液中，也存在子宫内膜的外分泌泡，很可能也包括胚泡分泌的外分泌泡。这些外分泌泡是一类由很多种细胞分泌的，包含蛋白质、mRNA 及 microRNA 的分泌小泡，在着床期间介导内膜与胚胎的通讯。

在人胚胎体外培养 3 天或直到胚泡期的条件培养基中，可检测到直径 50～200 nm 的外分泌泡，这些外分泌泡具有 CD63、CD9 及 ALIX 等外分泌泡标志。这些外分泌泡来自胚胎的证据包括含有干细胞特征的转录本及富集非经典的 HLA-G 蛋白。从不同时期胚胎来的外分泌泡中也存在 NANOG 及 POU5F1 转录本。由于胚泡中含有比早期卵裂期胚胎更多的 HLA-G 蛋白，胚泡条件培养基中外分泌泡所含的 HLA-G 蛋白也显著高于分裂早期胚胎条件培养基的外分泌泡。通过荧光标记证实，人子宫内膜上皮及基质细胞可吸附来自胚泡的外分泌泡（图 9-9）。

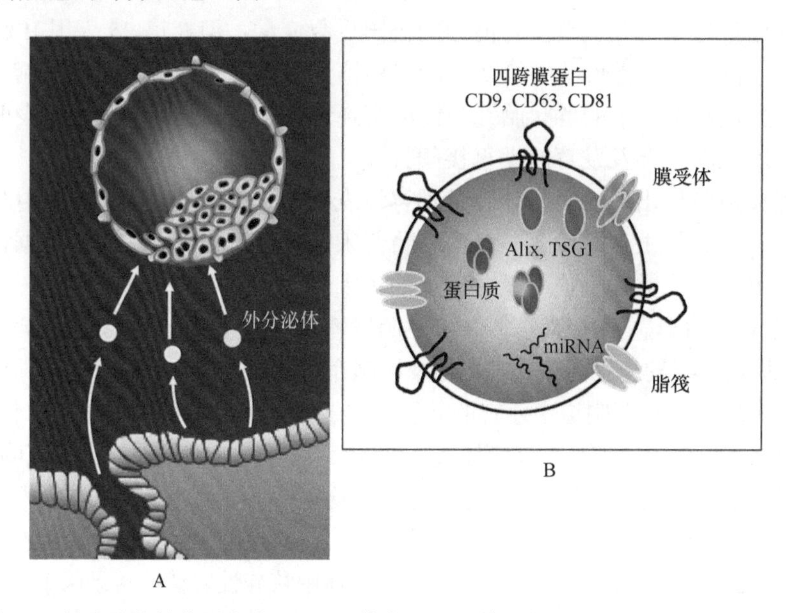

图 9-9　外分泌体的作用方式（A）及特点（B）（修改自 Salamonsen et al.，2016）

人接受态子宫内膜上皮中高表达的 miR-30d 可释放到子宫腔中，经外分泌泡包裹，转运到胚泡附近被滋养层内吞，导致胚胎中与黏附相关的 Itgb3、Itga7 及 Cdh5 等显著上调，可显著提高胚胎黏附率。此外，从胚泡的内细胞团来的外分泌泡可扩散到滋养层细胞处，促进滋养层细胞的迁移等，从而促进胚胎着床。

外分泌泡是一种新型的介导两种细胞之间通讯联系的途径，对于胚胎与子宫间及内细胞团与滋养层间的联系至关重要。外分泌泡作为一种细胞外分泌物，有望作为检测胚胎质量的非侵入性途径，提高筛选胚胎的可靠性，减小辅助生殖的代价及风险。

3. 系膜腺体（metrial gland）

系膜腺体是一位于妊娠小鼠及大鼠子宫系膜三角区的正常结构，从妊娠第 8 天一直持续到妊娠结束。系膜腺体是一颗粒性系膜腺细胞、内膜基质细胞、滋养层细胞、血管及成纤维细胞组成的动态的细胞混合体。颗粒性系膜腺细胞为系膜腺的标志细胞，为来源于骨髓的、perforin 阳性的 NK 细胞。系膜腺体，也有人称为“蜕膜化系膜三角区”（decidualised mesometrial triangle），还有人称为“妊娠期系膜淋巴细胞聚集区”（mesometrial lymphoid aggregate of pregnancy）。Pijnenborg（2000）提出系膜腺体区不仅为淋巴细胞的聚集区，而且是对于妊娠具有重要细胞活性和功能的部位，也认为是一个母体动脉发育的位点，母体动脉需要穿过此区到达胎盘。

有人提出系膜腺体也不是由上皮来源的，与其他腺体不同，也不具有分泌功能。近来发现系膜腺体中的一类细胞为 prolactin（PRL）-like protein-A（PLP-A）的作用靶点。

而 PLP-A 为由滋养层细胞产生的 PRL 家族的成员。PLP-A 存在于母体循环中，可特异性作用于系膜腺体中的 NK 细胞。近来还发现，系膜腺体可产生 PLP-A 及其他 3 个 PRL 家族成员。滋养层细胞进入系膜腺的时间是受精确调控的，与系膜腺中 NK 细胞的消失时间一致。系膜腺中的滋养层细胞一直持续到分娩期。

八、上皮与基质相互作用

雌激素可刺激新生小鼠子宫的上皮增殖，但这种小鼠的上皮中并不表达雌激素受体（ER）。当在体外用雌激素处理分离的子宫上皮或阴道上皮时，雌激素并不能刺激这些上皮细胞的有丝分裂，但将上皮和基质重组后移入体内，雌激素便可刺激上皮中的 DNA 合成。利用 ER 敲除的小鼠也证实，雌激素对于上皮的增殖作用间接由基质中的 ER 介导。子宫上皮及基质中均敲除 ERα 后可完全阻止蜕膜化过程，说明 ERα 在此过程中具有重要作用。将子宫上皮中的 ERα 敲除，仅保留基质中的 ERα，这种上皮中敲除 ERα 的小鼠也不能进行蜕膜化过程，表明上皮中的 ERα 可能经旁分泌机制影响基质的蜕膜化。在此小鼠中，LIF 的产生显著减少。补充 LIF 可挽救这种小鼠的蜕膜化过程，表明 LIF 与孕酮协同作用上调上皮中的 IHH 及基质中的受体 patched homolog 1，IHH 又诱导 COUP-TFII（NR2F2）表达，后者可促进基质细胞分化。但 LIF 诱导 IHH 的表达并不涉及上皮中的 Stat3 激活。

在胚胎着床前，雌激素作用于腺上皮上的 ER，促进腺体中 LIF 表达上调，这些 LIF 分泌到子宫腔上皮后与 LIFR 结合，并激活上皮中的 Stat3 使之发生磷酸化，后者可激活 EGF 家族成员的表达，这些 EGF 家族成员可与基质细胞中的 EGFR 结合，从而促进基质细胞的增殖（图 9-10）。

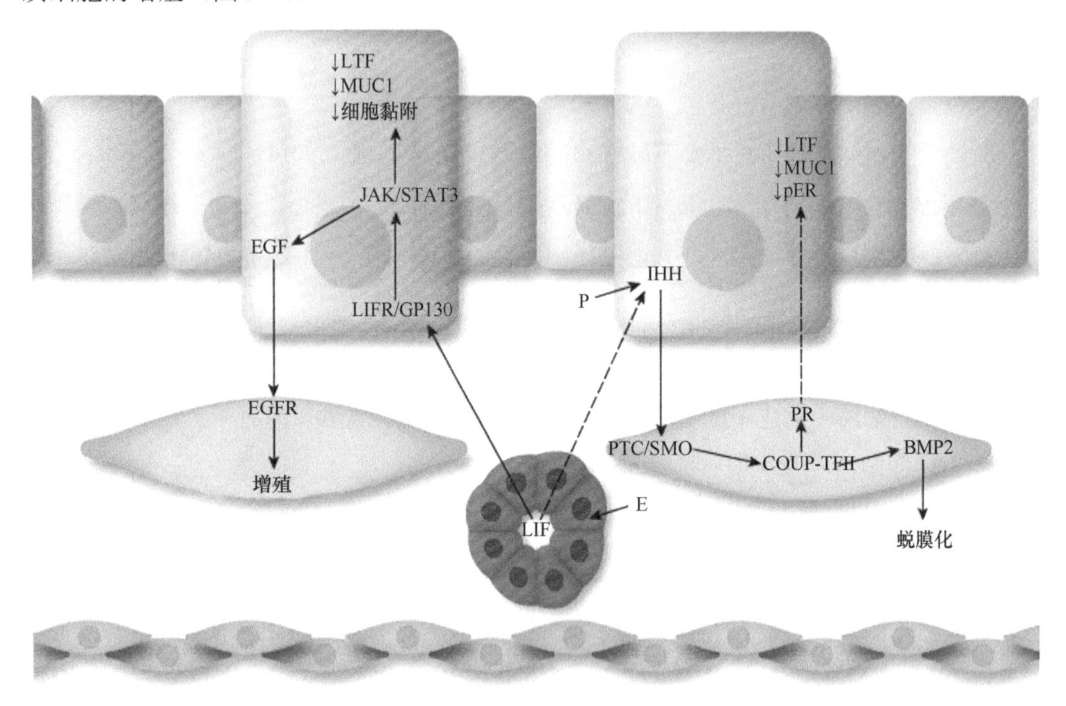

图 9-10　雌激素通过腺体中的雌激素受体调节上皮接受态及基质的蜕膜化（引自 Hantak et al.，2014）

妊娠第 4 天，IGF-1 定位于子宫上皮及基质中，但第 5 天仅位于胚胎下面的基质细胞中。雌激素处理后，IGF-1 在基质中强表达，在腔上皮中有适量表达。IGF-1 启动子上具有多个 ER 结合位点，为 ER 的直接靶基因。雌激素诱导基质细胞表达 IGF-1，IGF-1 可结合到上皮中的 IGFR 上，从而刺激上皮中的 PI3K/AKT 途径，后者可磷酸化 GSK3β 并使之失活，导致细胞周期蛋白 D1（Cyclin D1）在核中积累，促进细胞周期的进行，表明雌激素诱导的腔上皮增殖是由 IGF-1R 通过抑制 GSK3β来实现的（图 9-11）。

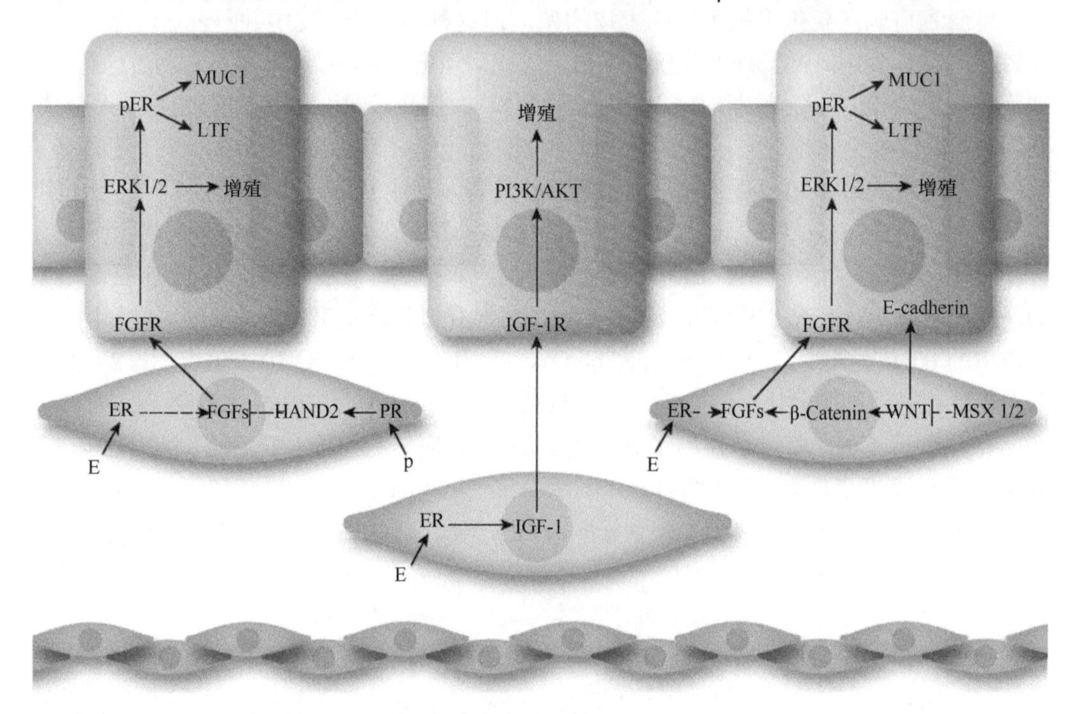

图 9-11　上皮-基质相互作用（引自 Hantak et al.，2014）

利用 Wnt7a-Cre 将子宫上皮中的 ERα特异性敲除后，这些小鼠不育。在这些敲除小鼠中，雌激素仍可刺激子宫上皮细胞的增殖，并不依赖于子宫上皮的 ERα，主要是因为雌激素处理后这些敲除小鼠中的 DNA 合成及有丝分裂调节因子均保持不变。IGF 处理也能在野生型和敲除小鼠中以配基非依赖性方式激活 ER，能模拟雌激素对上皮中 DNA 合成的刺激作用。然而，雌激素连续处理 3 天后，在这些敲除小鼠的腔上皮上具有大量的凋亡细胞。这说明上皮中的 ERα对于上皮增殖可能无关紧要，但对于上皮增殖后进一步阻止上皮的凋亡是必需的。

IHH 为 Hedgehog 家族的成员，是联系子宫中上皮与基质的旁分泌因子，在子宫中受孕酮调节。孕酮刺激后上皮中表达的 IHH 扩散进入基质后，与基质细胞上的 PTCH-1 结合，然后刺激转录因子 COUP-TFII（NR2F2），COUP-TFII 又可刺激基质细胞中 BMP2 及 WNT4 的表达。已证实 PR 可结合到 IHH 的启动子上。在子宫中，IHH 在着床前的腔上皮及腺上皮上表达，着床后开始下降。IHH 的受体 Patched-1（PTCH-1）也在腔上皮和基质中高表达。利用 PR-Cre 小鼠将 IHH 在子宫中特异敲除后，这些雌鼠不育，具有着床缺陷也不能发生人工诱导蜕膜化。将 COUP-TFII、BMP2 或 WNT4 在子宫中敲除后，均可导致蜕膜化受阻。

九、胚胎着床的免疫特性

妊娠的确立依赖于子宫中成功的胚胎着床。子宫被认为是一个免疫豁免区（immunological privileged），半异源（semiallogenic）的胚胎尽管具有遗传的不相容性，但在妊娠过程中并不被具有免疫反应性的母体所排斥，这与其他组织的移植不同。这可能表明滋养层细胞并不表达组织相容性抗原，也可能是滋养层细胞并不具有免疫原性。但已经发现在滋养层细胞上表达组织相容性抗原，表明子宫中的正常胚胎发育受到周围的母体蜕膜保护。一直认为胚胎是由一个物理性的屏障保护，后者使母体建立一种有利于移植的免疫状态，阻止在母-胎界面处的滋养层细胞表达外源性的组织相容性抗原，但目前对这种屏障的分子特性仍不清楚。

胚胎着床涉及两种上皮组织（滋养层与子宫腔上皮）间一系列的细胞与细胞的相互通讯联系。在胚胎着床前，这两种上皮是两个独立的成分，由于具有一套连续的连接复合体及细胞黏附分子，从而使上皮具有极性。在黏附反应开始时，滋养层细胞和子宫的腔上皮首先在它们的顶部接触，并且滋养层细胞变得具有侵入性。在这种相互作用中，处于接受性的腔上皮和具有侵入性的滋养层均通过细胞表面的分子变化来改变它们的功能。在小鼠中，滋养层细胞侵入腔上皮时改变了极性和连接复合体。血液绒毛性胎盘的侵入性类似于具有高度侵入性的肿瘤，使正常的滋养层细胞具有假恶性（pseudomalignant）的状态。因此，子宫必须在正常妊娠过程中精确地限制滋养层细胞的侵入。例如，蜕膜来的α2-巨球蛋白（macroglobin）是一个很强的金属蛋白酶的抑制剂，而金属蛋白酶的组织抑制剂均可限制滋养层侵入。此外，人细胞滋养层细胞和母体蜕膜来的促肾上腺皮质激素释放激素（CRH）可能通过杀伤激活的 T 细胞，来促进人早期妊娠的维持和胚胎着床。

妊娠与免疫抑制相关的概念已经创造了一个妊娠“神话”，因为妊娠处于低的免疫活性，在有利于胚胎着床的同时也增加了感染疾病的机会。现在面临的挑战性问题是，母体免疫系统到底是妊娠的“朋友”还是“敌人”？免疫系统的一个基本特征就是保护宿主免受病原菌感染。这种功能依赖于天然免疫系统协调细胞的迁移进行监督，用于识别并对侵入的微生物发生反应。

1. 免疫细胞

在正常妊娠期间，人蜕膜中包含大量的巨噬细胞、NK 细胞及 Treg 细胞等免疫细胞，但缺乏获得性免疫来源的 B 细胞。T 淋巴细胞占蜕膜免疫细胞的 3%～10%。在前 3 个月，NK 细胞、树突样细胞及巨噬细胞侵入蜕膜中，并围绕正在侵入的滋养层细胞聚集。很有意思的是，将免疫细胞敲除后，不仅对妊娠没有帮助，反而使妊娠终止。将巨噬细胞、NK 细胞或树突样细胞敲除后，均对胎盘发育、着床及蜕膜形成具有不利影响。将 NK 细胞敲除后，滋养层细胞不能到达内膜血管中，导致妊娠终止。这些结果说明，子宫自然杀伤细胞（uterine natural killer, uNK）对于子宫中的滋养层侵入很关键。同样，敲除树突样细胞也能阻止胚胎着床及蜕膜形成。

因此，着床位点存在的免疫细胞并不是针对“外源”胎儿的反应，而是被吸引来促进和保护妊娠的。在胚胎着床位点的免疫系统也不是处于抑制状态，而是处于激活状态，但是受到严格控制的。很早以前就提出胎儿作为半同种异源物为何未被母体排斥。以前认为，胎盘作为同种移植物，表达父本蛋白，在正常免疫条件下，胎盘理应被排斥。但大量研究表明，胎盘远不只是移植的器官。滋养层和母体免疫系统已经进化和确立了一个相互协同的状态，二者协同有助于成功妊娠。

侵入着床点的免疫细胞的分化和功能依赖于胎盘建立的微环境。已发现滋养层细胞来的条件培养基有能力诱导单核细胞样 THP-1 细胞分泌 IL-6、IL-8、MCP-1 和 GROα 等细胞因子，这些细胞因子有助于滋养层细胞发育和行使功能。这种滋养层-免疫细胞的相互作用涉及 3 个阶段。①吸引期：滋养层细胞分泌能募集免疫细胞到着床位点的趋化因子；②驯化期：滋养层细胞产生调节性细胞因子，调节免疫细胞的分化；③反应期：受滋养层细胞驯化的免疫细胞能对微环境中的信号进行特定的反应。

着床、胎盘形成及妊娠的早期和孕中期的早期，均类似于一个“敞开的伤口”，需要强烈的免疫反应。在妊娠早期，胚泡为了着床需要破坏子宫腔上皮，并伴随着母体血管内皮及平滑肌的滋养层置换以保证充足的胎盘-胎儿血液供应。所有这些活动为侵入的细胞、垂死的细胞及修复的细胞创立了一个平台。为了保证子宫上皮的适度修复及清除细胞碎片，需要一个炎症环境。与此同时，母体的舒适环境受到了影响，母亲感受到处于病态，因为整个身体需要努力适应胎儿的存在。除了激素和其他因子的变化外，这种炎症反应也与妊娠反应（孕妇晨吐，morning sickness）相关。因此，妊娠的前 3 个月为炎症反应期。妊娠的第二个免疫时期对于母体来说是适宜的时期。这是一个胎儿迅速生长和发育的时期，此期母体、胎盘和胎儿协同共生，此期免疫反应的特征是诱导抗炎症状态。妇女不再遭受前三个月期间的呕吐和发热，部分原因是免疫反应不再是主要的内分泌特征。在妊娠的最后免疫阶段，胎儿已经完成发育，所有的器官具有功能性，准备应付外界的环境。现在母亲需要将胎儿分娩出来，这主要通过重新激活炎症反应来实现。分娩是以免疫细胞流入子宫肌层为特征，可以促进炎症反应的重新激活。这种炎症环境可促进子宫的收缩、胎儿的排出及胎盘的排斥。总之，妊娠是一个炎症和抗炎症状态，主要取决于妊娠的时期。

妊娠过程中，子宫和卵巢中具有大量巨噬细胞。利用 Cd11b-Dtr 小鼠模型，在早期妊娠期间将巨噬细胞急性敲除后，由于血液孕酮水平下降及接受性变差导致着床阻滞。可通过注射骨髓来源的 CD11b+F4/80+单核细胞/巨噬细胞来部分挽救着床失败。在敲除巨噬细胞的小鼠黄体中，黄体中发生很大程度的异常，黄体血管异常。这些着床失败可通过注射孕酮加以挽救。

2. 趋化因子

趋化因子介导的效应 T 细胞募集到炎症位点是炎症反应的主要特征。效应 T 细胞不能在蜕膜中积累的原因是，吸引 T 细胞的关键炎症性趋化因子在蜕膜细胞中发生表观性沉默。Ccl5 的产物 CCL5（RANTES）可募集 Th1/Tc1 细胞到炎症部位。用 TNFα和 IFN-γ 处理肌层基质细胞可诱导高水平的 CCL5 及 CXCl9 表达，但在蜕膜基质细胞中则不能诱导上调。这些蜕膜基质细胞不能产生 Th1 趋化作用的现象也可在迁移实验中得到验证。在蜕膜基质细胞中，Cxcl9 及 Cxcl10 的启动子上可检测到高水平的抑制性组蛋白 H3 trimethyl lysine 27（H3K27me3）；相反，TNFα+IFN-γ处理可增加 Cxcl9/Cxcl10 启动子上乙酰化组蛋白 H4（acetylated histone H4，H4Ac）水平，此蛋白质为激活性转录的标志。蜕膜基质细胞中细胞因子对 Cxcl9/10 的低诱导水平与存在抑制性组蛋白 H3K27me3 标志有关。这些结果表明，在蜕膜化过程中 Cxcl9/Cxcl10 启动子上发生了 H3K27me3 修饰。

3. 干扰素

先天免疫系统通过模式识别受体（pattern-recognition receptor，PRR）来感知病原体的存在，模式识别受体将信号转导后诱导 I 型干扰素等效应细胞因子的产生。干扰素ε（IFNε）为 I 型干扰素，可通过 Ifnar1 及 Ifnar2 受体传导信号诱导 IFN 调节的基因。与其他 I 型干扰素相反，IFNε并不是由已知的模式识别受体来诱导的，而是在雌性生殖道上皮细胞中组成型表达，受激素调节。*Ifnε* 基因敲除鼠对雌性生殖道性传播疾病的感染性增高，如 2-型单纯疱疹病毒（herpes simplex virus 2）及沙眼衣原体小鼠肺炎菌株（Chlamydia muridarum）。IFNε 为一有效的抗病原体分子及免疫调节性细胞因子，在抵御性传播疾病方面具有重要作用。

十、胚胎着床的体外模型

胚胎着床需要正在发育的胚胎与母体子宫内膜之间高度协调的相互作用。在正常妊娠和辅助生殖患者中，异常的着床与妊娠失败间的关联是很明显的。着床失败是辅助生殖中的限速步骤，但以前的经验性干预方面很少强调这个问题。更好地了解胚胎与子宫内膜间的相互作用有利于提高辅助生殖成功率及有效阻止妊娠损失。研究人的胚胎着床具有很大的挑战性，因为很多体内实验都难以施行，且是违背伦理的，但动物模型方面的研究结果并不能很好地转化到人类中。尽管每个模型具有一定的局限性，探索和改进这些模型将有助于了解胚胎-子宫内膜相互作用的分子机理，也为我们提供了研究早期胚胎发育及生殖异常的病理生理的工具。

在小鼠中，自妊娠第 4 天子宫中挤出子宫内膜，先将子宫腔上皮朝上放在由不锈钢网支撑的擦镜纸上，然后将胚泡放在腔上皮表面进行培养，24 h 后可见胚泡黏附，并部分侵入子宫内膜中。以后，对此方法进行了改良，利用足月分娩的羊膜代替擦镜纸，仍将胚泡放在腔上皮表面进行培养，可以将培养时间延长至 3 天，可见胚泡黏附到子宫腔上皮上，并部分侵入子宫腔上皮内，诱导胚胎黏附部位蜕膜相关基因的表达。

在人中，以前主要将子宫上皮细胞或基质细胞单独进行培养，来研究各种因子在这些细胞中的表达、调节及功能。近来，将滋养层细胞系 BeWo 细胞制备的滋养层细胞球用绿色荧光进行标记，用细胞筛网筛选与胚泡大小一致的滋养层球，再用全自动的全波长酶标仪来分析滋养层球的黏附率。已开发了一个高通量分析滋养层球在子宫上皮细胞黏附的方法，并用传统的技术方法进行了验证，具有很好的重复性和精确性。这种方法可用于筛选潜在的抑制剂或激活剂对胚胎黏附的影响。以后，有人利用胚胎 ES 细胞系制备成胚泡样大小的滋养层球进行黏附实验，发现这种细胞球具有很多胚泡的特征，可部分代替人胚胎进行体外黏附实验。

第二节 胚胎着床的分子调控

胚胎发育和子宫接受态的建立主要是由雌激素和孕酮这两种卵巢激素相互协调进行调节的。尽管来自卵巢的雌激素对于小鼠和大鼠的胚胎着床是绝对必需的，但对猪、豚鼠、兔及仓鼠的着床则不是必需的。而在仓鼠及豚鼠中仅需要孕酮便可诱导着床。来自卵巢的雌激素对于人的胚胎着床是否必需仍不清楚，但倾向于孕酮对着床起主要作用。

子宫中的主要细胞类型对于雌激素和孕酮的反应是不同的。在成年小鼠中，雌激素主要刺激子宫上皮细胞的增殖，但基质细胞的增殖则需要孕酮和雌激素协同作用。在早期妊娠的小鼠子宫中，上皮和基质细胞对雌激素和孕酮的反应也很相似。在妊娠第 1 和第 2 天，排卵前卵巢来的雌激素主要刺激上皮细胞的增殖。在第 3 天，由新形成的黄体来的孕酮则诱导基质细胞的增殖，这种作用可被第 4 天着床前来自卵巢的雌激素进一步加强。相反，在第 4 天，上皮细胞则停止增殖，并开始分化。此时，子宫对胚泡处于接受状态，并保证着床的启动。

子宫中的大部分基因都受雌激素的上调，但两性调节素及降钙素等少数基因则在胚胎着床期受到孕酮调节。子宫内膜中存在两套分子：一套分子使内膜处于接受态，如 LIF、肝素结合样表皮生长因子（HBEGF）、同源盒基因 Hoxa-10 等基因，在胚胎着床期子宫中的表达量显著增加，而且其中一些基因仅在胚胎着床位点处特异性表达；而另一套分子则使内膜抵抗着床，如黏蛋白-1（Mucin-1）等，在胚胎着床时明显下调。着床窗口的出现和消失依赖于子宫内膜中一套特定基因时空特异性表达，使胚泡和内膜之间建立分子对话。以下将介绍在胚胎着床过程中起重要作用的一些分子。

一、雌激素

哺乳动物体内的雌激素主要由卵巢和睾丸合成，其合成底物主要是胆固醇和乙酸盐。雌激素受体属于核受体（nuclear receptor），包括 ERα和 ERβ两种亚型，具有类固醇激素核受体超家族的典型结构。雌激素的两种受体作为一种配基诱导性转录因子，在生殖过程中具有关键性作用。妊娠过程中，子宫内膜的血管生长是胚胎着床和胎儿血液供应系统发育所必需的。雌激素可以通过雌激素受体的介导和可能涉及生长因子产生的未知机制，促进子宫内膜动脉的生长，还可以通过促使上皮细胞和成纤维细胞产生血管内皮生长因子（VEGF）来诱导子宫内膜的血管生成。此外，雌激素还可以增加子宫内膜上皮细胞中孕酮受体（PR）的表达，可能有助于孕酮对妊娠的维持作用。

人子宫内膜接受态的时间与正常子宫内膜分泌中期上皮中 ERα的下调相一致，在其他所研究的哺乳动物胚胎着床中情况也是如此。在腺上皮持续表达 ERα及 PR 常与不育症及着床缺陷有关。着床时，ERα及 PR 的异常高表达也是孕酮抵抗的标志，因为孕酮正常要下调内膜中的 ERα及其自身的受体。孕酮抵抗也与黄体期缺陷、妊娠损失及内异症相关。

未成熟子宫中，ERα和 ERβ在上皮和基质中的表达水平相当，但 E2 处理后可下调基质中 ERβ的表达。在未处理的及未成熟 ERβ敲除小鼠子宫中，PR 表达及 Ki67 水平升高。ERβ敲除小鼠子宫对雌激素反应过度，子宫腔膨大，子宫分泌物增加，腔上皮分泌蛋白 C3 增加等。野生型小鼠中，E2 刺激基质中的 PR 表达，但减少腔上皮中 PR 表达。但 ERβ敲除鼠中，E2 可刺激基质中 PR 表达，但并未下调上皮中的 PR 表达。这些结果说明，ERβ对 ERα具有调节作用，并具有一定的抗增殖作用。

ERα基因敲除（αERKO）的雌性小鼠多数不育。ERβ基因敲除（βERKO）的雌性小鼠表现为生育率低下和幼仔体形过小。ERα和 ERβ均敲除的雌性小鼠则完全不育。对αERKO 和βERKO 小鼠子宫表型的分析表明，ERα是子宫中的主导性 ER。这与上述 ERα在啮齿类动物和人子宫中的表达情况相一致。αERKO 小鼠表现为子宫发育不全、内膜基质缺少应有结构、腺体的分布较为松散、腔上皮和腺上皮细胞呈现为立方形，以及缺乏高柱形的“雌激素化”的形态。而且，αERKO 小鼠子宫受雌激素调节的基因的表达量明显减少，以及细胞的增殖应答能力、对雌激素反应基因的调控能力、对生长因子的应答能力也都有所下降。这些结果均表明，ERα可能是在小鼠子宫中介导雌激素作用的主要亚型。子宫对雌激素的反应主要取决于 ERα的作用，因为 ERα敲除小鼠经雌激素处理后并未发生有丝分裂生长反应。关于 ERβ的功能有些争议。在一个研究中，ERβ敲除后并未导致子宫对雌激素的反应发生明显改变，但另一个研究中发现 ERβ敲除后小鼠子宫对于雌激素处理反应过度且上皮缺乏分化。

在野生型小鼠子宫中，雌激素可增加 PR 的水平，这种雌激素对 PR 的诱导对于孕酮发挥作用是很重要的。但在 ERα敲除小鼠子宫中，PR 仍然表达，但不受雌激素诱导。尽管 ERα敲除小鼠子宫中 PR 水平仅有野生型的 60%，但用孕酮处理后仍可诱导 Calcitonin 及两性调节蛋白（amphiregulin，AR）的表达，说明这些受体仍可足以介导孕酮的反应。而且，在 ERα敲除鼠中仍可人工诱导孕酮依赖性的蜕膜化反应，表明这个过程是雌激素非依赖的。但在野生型小鼠中人工诱导蜕膜化是雌激素依赖性的。

雌激素是子宫进入接受态必不可少的。在小鼠中，妊娠第 4 天胚胎着床前的雌激素峰是胚胎着床所必需的。如果在着床前（妊娠第 4 天早晨）切除卵巢，会导致胚泡休眠和对着床的抑制，使子宫处于延迟着床状态。这种中性状态可以由每天注射孕酮来保持。当再次注射雌激素时，中性状态的子宫会进入接受状态。

小范围内（3.0～25.0 ng）雌激素水平的高低决定着子宫接受态窗口开放时间的长短。低剂量的雌激素可以延长子宫接受态窗口的开放时间，而相对高剂量的雌激素会令窗口迅速关闭。在高水平雌激素存在下，子宫向非接受态的转化会发生得更快一些，甚至在一些情况下很少或不能够发生着床（图 9-12）。在实验中还发现，在高剂量雌激素的刺激下，着床位点处着床特异性基因及子宫向接受态转化相关基因的表达发生畸变。这些结果说明，高剂量雌激素所导致的子宫向非接受态的快速转化可能是子宫接受态相关基因不能维持正确表达而造成的。此外，体外研究也表明，高水平的雌激素对胚胎着床是有害的，但其主要原因是对处于分裂阶段的胚胎的直接毒性作用。

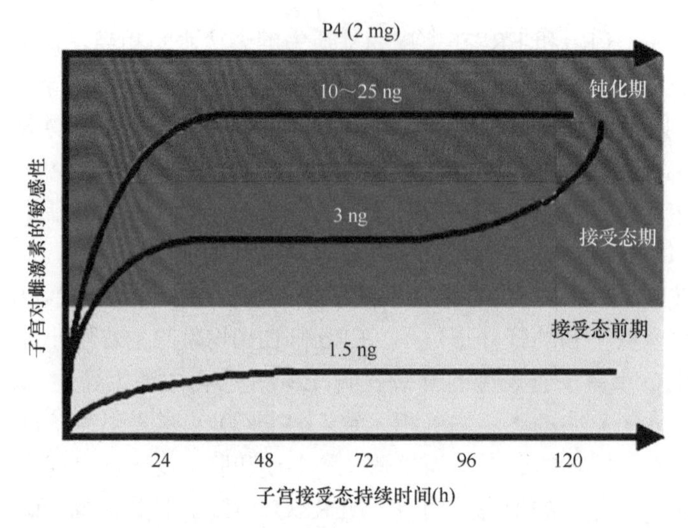

图 9-12　小鼠子宫接受态对雌激素的敏感性（修改自 Ma et al.，2003）

尽管雌激素的敏感性增加可导致不育，但机理一直不清楚。核受体辅助激活因子 6（NCOA6）为一雌激素受体α的辅助激活因子。在正常生理条件下，NCOA6 可减弱雌激素的敏感性从而决定子宫的接受态。在子宫上皮和基质中敲除 NCOA6 后，可增加子宫对雌激素的敏感性，使得雌激素靶基因表达增强，子宫上皮持续增殖，并对低剂量雌激素过度敏感，从而导致胚胎着床失败，并抑制孕酮调节基因的表达及蜕膜化反应。可通过抑制 ERα 功能来挽救胚胎着床。NCOA6 可促进 ERα 的泛素化及降解，而敲除 NCOA6 后则导致着床前期 ERα 在基质细胞中积累。在此时期，NCOA6 敲除也导致 ERα 的潜在辅助激活因子——类固醇激素受体辅助激活因子 3（steroid receptor coactivator-3，SRC-3）不能下调。

核激素-受体复合物的有效性依赖于辅助调节性伴侣蛋白，但对这些辅助调节蛋白在发育及子宫中的作用了解很少。雌激素受体活性抑制因子（repressor of estrogen receptor activity，REA）敲除后胚胎致死。但用 PR-Cre 小鼠将 REA 在子宫中敲除后，对子宫发育及生育具有剂量依赖性效应。纯合型 REA 小鼠可发育到成年，具有正常的卵巢功能，但雌性小鼠由于细胞周期阻滞、凋亡及腺体发生紊乱使得子宫发育受阻，从而导致雌鼠不育。但在杂合性 REA 小鼠中，雌激素处理后显示过度刺激，腔上皮增殖增强，子宫中液体吸收增加。这些小鼠生育率降低，窝数及窝仔数均下降。这些结果显示正常的子宫功能需要正常的 *REA* 基因剂量。

人工诱导排卵导致的血清中 E2 水平或 E2/P4 值过高可对内膜环境产生不利影响，并降低胚胎着床率。在多囊卵巢综合征（PCOS）妇女中，由于着床期 ERα 不能下调，导致雌激素敏感性增加及妊娠率降低。

二、孕酮

孕酮为妊娠激素，在所有哺乳动物中对母体支持胎儿发育及存活都是必需的。然而，在胚胎着床前的接受期，子宫的腔上皮及腺上皮中均失去 PR。绵羊中，在妊娠第 11 天的腔上皮中检测不到 PR，在第 13 天的腺上皮中检测不到 PR。

孕酮主要通过孕酮受体（PR，NR3C3）介导来起作用。孕酮受体具有两个亚型（PRA 及 PRB），是由同一个基因选择性利用启动子产生的。每个 PR 受体亚型均包含 N 端的激活域（AF-1）、DNA 结合域及包含第二个激活域（AF-2）的配基结合域。PRB 亚型在 N 端具有另外 164 个氨基酸，包含第三个激活域（AF-3）。有足够的证据表明，存在第三个截短的亚型 PRC。由于 PRC 缺乏 N 端的 DNA 结合域，不能结合 DNA，但可结合激素，从而在分娩调节中与孕酮的功能性撤退有关。

将 PRB 敲除后，没有可见的子宫表型，生育正常，但妊娠相关的乳腺形态发生有所降低。PRA 敲除后的表型与 PRKO 小鼠类似，显示 PRA 为子宫中主要的功能性亚型。与在野生型小鼠观察到的孕酮拮抗雌激素诱导的上皮增殖相反，孕酮在 PRAKO 小鼠中诱导上皮的增殖，这种增殖依赖于 PRB。PRB 依赖性的增殖功能获得表明，PRA 在调控 PRB 驱动的增殖活动以及抑制雌激素驱动的增生中起重要作用。

尽管已证实基质 PR 的功能，但上皮 PR 的功能仍不清楚。用 Wnt7a-Cre 小鼠将小鼠子宫上皮中的 PR 敲除后，孕酮不能诱导上皮中 Ihh 的表达。以后证实 PR 直接结合到 Ihh 启动子上调节 Ihh 的表达。上皮中敲除 PR 的雌鼠由于胚胎黏附、蜕膜化及阻止上皮增殖等方面的缺陷，导致不育。此外，在上皮中敲除 PR 的小鼠中，孕酮处理也不能抑制腺体的发育。

孕酮通过其受体介导的信号通路的精确时间调控对于妊娠的确立和维持是关键的。在着床前期，小鼠子宫腔上皮中 PR 的失去是子宫接受性及胚胎黏附的标志，孕酮受体的降低对于胚胎着床是必需的。利用 PR-Cre 在整个子宫中特异持续表达 PR，或利用 Wnt7a-Cre 在子宫上皮中特异表达 PR，均引起胚胎黏附及蜕膜化缺陷导致不育。在这些小鼠中，关键性 PR 的靶基因 Ihh 及 Areg 在子宫接受性窗口期持续表达，但子宫接受态的关键调节分子 LIF 表达下调。并且证实，一组控制液体和离子水平的基因表达发生改变。由于在 LIF 及 LIFR 受体上均证实存在 PR 结合位点，窗口期 PR 下调可能对于 Ihh 及 LIF 的表达是必需的。

在小鼠中，孕酮根据子宫的状态，既能促进雌激素的作用，也能拮抗雌激素的作用。孕酮可抑制雌激素诱导的上皮细胞增殖，也可与雌激素协同作用促进基质细胞增殖。以前利用组织重组和子宫内 PR 条件敲除的研究表明，基质及上皮中的 PR 对于拮抗雌激素在上皮中的作用都是必需的。

抑免蛋白 FKBP52 为类固醇激素核受体的辅助伴侣蛋白。FKBP52 敲除后由于子宫接受性缺陷导致着床失败。在正常小鼠着床期间，FKBP52 与 PR 共表达，但 FKBP52 敲除后 PR 转录活性降低，并且孕酮的靶基因表达下降，表明 FKBP52 为调节子宫中孕酮功能的一个关键调节性辅助伴侣蛋白。

子宫中条件敲除核受体的辅助激活因子 SRC2，也导致着床失败。将 SRC3 或 SRC1 敲除后，使得雌激素反应性降低，造成妊娠障碍。这些结果表明，ER 和 PR 的协同精确调控对于正常接受态至关重要。

尽管子宫颈妊娠及前置胎盘均可危及生命及导致不良妊娠结局，但这些病例较少，子宫颈中可能存在一些机制阻止胚胎在此处着床。在早期妊娠期间，尽管处于相同的激素环境，人和小鼠的子宫与子宫颈中细胞增殖和分化的状态显著不同。与同期的子宫相比，子宫颈中的 PR 很低，子宫颈中的低水平 PR 归结于子宫颈中高水平的 miR-200a。这些变化也与子宫颈中的孕酮代谢酶——20α-羟化类固醇脱氢酶（20α-hydroxysteroid dehydrogenase，20α-HSD）升高及它的转录抑制因子 Stat5 下调有关。这些结果表明，子宫颈中 miR-200a 水平升高导致孕酮信号通路下调及 20α-HSD 上调，使得子宫颈对着床不能发生反应。

在妊娠期间，孕酮抑制子宫中雌激素的生长促进作用，但其机理仍不清楚。孕酮对雌激素诱导的子宫上皮增殖的抑制作用对于成功着床是一个必要条件。转录因子 Hand2 为 PR 的靶基因，在小鼠妊娠第 3 及第 4 天的子宫腔上皮下基质中高表达。孕酮可诱导子宫基质中 Hand2 的上调，Hand2 可抑制雌激素诱导上皮增殖中的旁分泌因子 FGF 的产生。在子宫中敲除 Hand2 后，子宫基质中持续诱导产生的 FGF 维持上皮的增殖并刺激雌激素诱导的信号通路，导致着床受阻。Hand2 是一个子宫中基质与上皮通讯联系的关键调节因子，指导子宫的类固醇激素适度反应使得有利于胚胎着床。

在全基因组的甲基化分析中，与对照组相比，*Hand2* 为子宫内膜癌中最高度甲基化的基因，也是沉默的基因之一。Hand2 也是子宫内膜癌中排在最靠前的差异性甲基化热点的中心，Hand2 甲基化增加是癌变前内膜病变的一个特征。由于 Hand2 对 FGF 信号通路的抑制作用消失，导致雌激素刺激后产生的 FGF 持续作用于上皮，使得上皮增生及癌变。在子宫中敲除 Hand2 的小鼠中，随着年龄增加，子宫内膜发生癌前病变（图 9-13）。

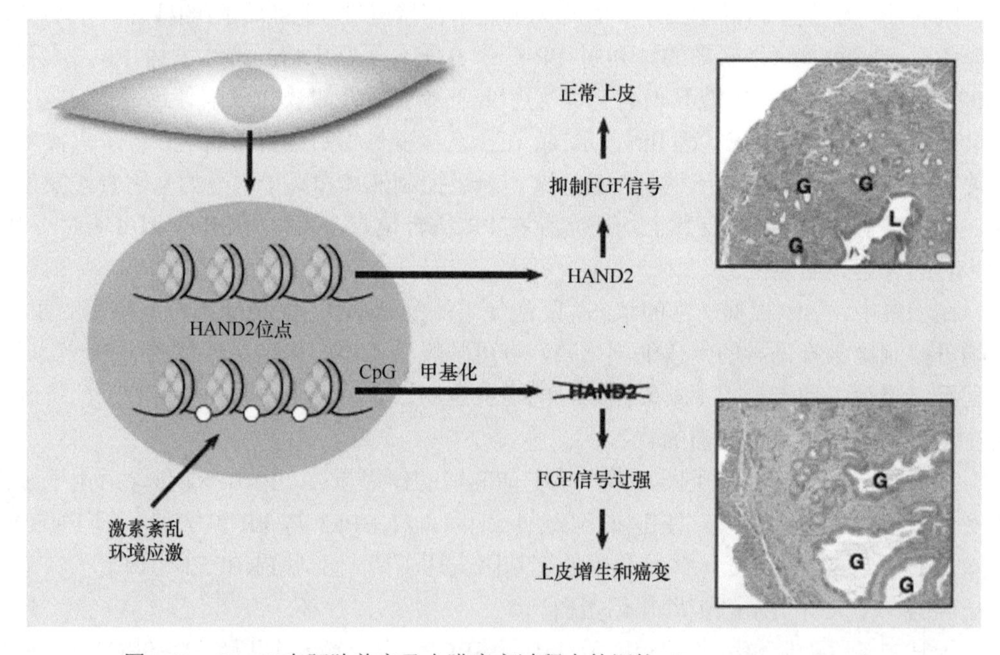

图 9-13　Hand2 在胚胎着床及内膜癌变过程中的调控（Pawar et al.，2014）

三、白血病抑制因子

在小鼠子宫内，LIF 主要在子宫腔上皮和腺上皮表达，LIF 的表达有两个明显的峰值，第一个是在发情期，与排卵同时发生；第二个是在妊娠第 4～5 天。此后，子宫内膜腺体逐渐退化并停止表达 LIF。LIF 在假孕小鼠子宫内的表达方式与正常妊娠小鼠一致，说明 LIF 在小鼠子宫内的表达并不依赖于胚胎，而是受母体的控制。单独雌激素或雌激素与孕酮共同处理都能上调小鼠子宫内膜中 LIF 的表达，而孕酮单独处理则无明显作用。

将小鼠 *Lif* 基因敲除后，纯合子的雄鼠具有繁殖能力，但雌鼠不能产仔。当纯合子雌鼠和雄鼠交配后可以使精卵受精，并形成正常的胚泡，但胚泡不能着床，子宫也不能发生蜕膜化。这些胚泡的形态与延迟着床时的胚泡很相似。将 *Lif* 基因敲除的胚胎移植到野生型假孕小鼠子宫中可以正常着床，并且有明显的蜕膜化反应，但反过来不能着床。这说明胚泡在 LIF 敲除的雌鼠子宫内不能着床并不是由于胚泡发育异常，而是由于雌鼠不能表达 LIF。此外，给 LIF 缺陷小鼠体外注射 LIF 能够完全恢复着床。用 LIF 抗体进行子宫角内注射能显著减少小鼠胚胎着床数目。这些结果说明 LIF 对小鼠的胚泡着床是必需的。此外，还发现在胚胎着床过程中，LIF 具有部分雌激素的作用。如果给处于延迟着床的小鼠注射 LIF 后，也能启动胚胎着床过程。

现已证明，LIF 对于人的着床也很重要。在人和恒河猴中，LIF 主要表达在月经周期分泌期的子宫内膜上皮，并且在培养不孕妇女的子宫内膜细胞时发现，与正常的妇女相比，其分泌的 LIF 明显减少。在恒河猴实验中，注入抗人重组 LIF 抗体后，排卵率和妊娠率减少，且不能正常生育。在胚胎着床前期给恒河猴子宫腔内注射抗 LIF 抗体后，抗体处理组的妊娠率比对照组明显降低。这说明 LIF 对于恒河猴胚胎着床过程也是必需的。另外，在兔和绵羊等动物胚胎着床前后的子宫中，LIF 的表达均上调，表明 LIF 可能在很多哺乳动物的胚胎着床过程中都起重要作用。

LIF 主要通过与靶细胞膜上的受体结合后起作用，LIF 与 LIFR 以低亲和力结合，当 LIFR 与信号传导亚单位 gp130 结合后，就能够与 LIF 以高亲和力结合。LIF 与 LIFR 结合后，诱导受体的二聚化，形成 LIFR-gp130 二聚体，从而激活 STAT3 的酪氨酸磷酸化并行使其生物学功能。将 *Lifr* 基因敲除后发现，纯合子的 LIFR 突变体小鼠胚胎可以发育，但不能产出成活的个体，表现为胎盘发育不全、胎儿营养不良、骨骼及神经系统发育异常、糖代谢失调等。LIFR 缺失的纯合子小鼠胚胎虽然不能发育到期，但可以着床。这说明胚胎中的 LIFR 可能对于着床不是必需的。由于一直未得到 *Lifr* 基因缺失的成年小鼠，所以无法估计这种小鼠的胚胎着床及其他生殖能力，尚不能确定母源性 LIFR 在胚胎着床过程中的直接作用。

gp130 是分子量约为 130 kDa 的糖蛋白，是白介素-6（IL-6）、LIF、睫状神经营养因子（ciliary neurotrophic factor）、抑瘤素（oncostatin M）、IL-11 和心肌营养因子（cardiotrophin-1）等细胞因子的共同受体。在小鼠早期妊娠子宫中，gp130 主要表达在子宫发生蜕膜化的区域，并且在妊娠第 6～8 天时蜕膜化过程中逐渐增强。这表明 gp130 可能对蜕膜化有重要的作用。

信号转导及转录活化因子（STAT）在许多细胞因子的信号转导中起着重要的作用。在哺乳动物中发现的 STAT 家族成员主要包括 STAT1、STAT2、STAT3、STAT4、STAT5 及 STAT6。其中 STAT3 与哺乳动物的着床和蜕膜化有密切的关系。LIF 和 LIFR 共同调节 STAT3 在哺乳动物体内的活性。在胚胎着床期，体内 STAT3 的活性能被 LIF 单独诱导，导致 STAT3 特定地定位在腔上皮细胞的核内。尽管 LIFR 在着床前期持续表达，只有当 LIF 在妊娠第 4 天的腺上皮上高表达，以及 STAT3 活性在妊娠第 4 天特异性表达时，子宫内膜才能呈现接受态。STAT3 敲除的小鼠着床失败，并且缺乏 LIF 的表达。这可能是由于 STAT3 功能的缺失，导致 LIFR 与 $gp130^{STAT}$ 形成的二聚体不能向下游传导信号所致。

通过基因打靶技术，可以删除 gp130 中所有的 STAT 结合位点。通过与正常的野生型小鼠比较，在这种小鼠早期妊娠第 5.5 天时未检测到明显的着床位点，也不能发生正常的蜕膜化反应，说明这种小鼠不能着床，并且这种小鼠缺乏 IL-6 和 LIF 的表达，尤其是缺乏 LIF 的表达可能是导致着床失败的主要原因。

利用 Wnt7a-Cre 小鼠可得到在子宫腔上皮中特异敲除 Stat3 的小鼠，这种小鼠由于胚胎不能黏附到子宫腔上皮上，导致妊娠失败及不育。这种小鼠腔上皮的基因表达谱也发生异常表达，调节上皮完整性及胚胎黏附的 E-cadherin、α-catenin 和 β-catenin 及几种 claudins 异常表达，基质细胞的增殖及分化也显著减弱，显示上皮中的 Stat3 通过旁分泌机制控制基质功能。

用 PR-Cre 小鼠将子宫中的 Stat3 或 gp130 特异敲除后，均证实 gp130 及 Stat3 为子宫接受性和着床所必需的。这些敲除小鼠中着床失败是由于着床前具有很高的子宫雌激素反应，但卵巢类固醇激素水平或它们核受体的表达均正常，子宫中 Lactoferrin（Ltf）及 Mucin 蛋白水平均上调，Hoxa10 及 Ihh 等孕酮靶基因均下调。这些结果表明，子宫中敲除 gp130 或 Stat3 后，子宫腔上皮的分化异常。另一实验室利用 PR-Cre 小鼠也得到了子宫中特异敲除 Stat3 的小鼠。这些敲除小鼠由于着床失败导致不育，但卵巢功能和子宫发育不受影响。在着床前，这些小鼠的子宫腔不能闭合，也不能人工诱导蜕膜化，孕酮处理后子宫中孕酮靶基因显著下调。

四、前列腺素家族

前列腺素类（prostaglandins，PGs）包括前列腺素（PG）和凝血噁烷（TX），为含有一个环戊烷和两个脂肪酸侧链的二十碳酸。前列腺素广泛存在于人和动物的各种组织中，通过自分泌或者旁分泌的方式刺激下游的信号分子，在多种生理和病理过程中作为细胞功能的调节物发挥着重要的生物学作用。前列腺素的生物合成前体是细胞膜中的花生四烯酸（AA）。在磷脂酶 A_2（phospholipase A_2，PLA_2）的作用下，从膜磷脂中释放花生四烯酸。环氧合酶（cyclooxygenase，COX）是由花生四烯酸合成前列腺素的关键酶。COX 催化花生四烯酸转变为 PGH_2，再由各种特异性的前列腺素合成酶将 PGH_2 合成相应的前列腺素（图 9-14）。前列腺素是哺乳动物体内作用极为广泛的局部激素，影响生殖过程的多个环节，尤其是前列腺素能介导从排卵到分娩等一系列雌性生殖过程。

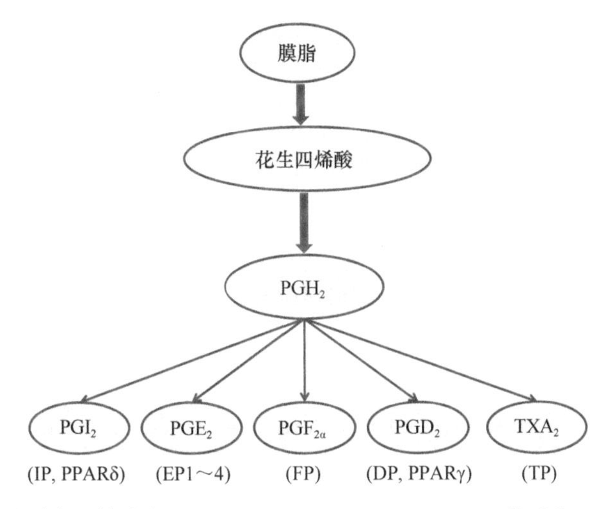

图 9-14　前列腺素合成途径（修改自 Wang and Dey，2005）。IP：PGI_2 的受体；EP：PGE_2 的受体；FP：$PGF_{2\alpha}$的受体；DP：PGD_2 的受体；TP：血栓素 A_2（TXA_2）的受体

（一）磷脂酶 A_2（PLA_2）

PLA_2 能催化细胞膜磷脂转化成 COX 合成前列腺素的原料花生四烯酸，主要有两种形式：$cPLA_2$（cytosolic PLA_2）和 $sPLA_2$（secretory PLA_2）。PLA_2 在人的着床前胚胎中强烈表达。这说明在胚泡发育过程中，PLA_2 可能通过提供胚胎发育所需要的前列腺素起重要作用。已经在许多种动物及人的子宫内发现 PLA_2 的表达，暗示 PLA_2 可能在着床过程中起重要作用。

cPLA₂ 基因敲除的雌性小鼠产仔数少，并且经常表现出妊娠失败，主要是 *cPLA₂* 基因敲除雌鼠的着床启动时间延迟。将 *cPLA₂* 基因敲除的小鼠胚胎移植入野生型的假孕小鼠子宫后，妊娠过程中仅胎儿胎盘（feto-placental）的发育迟缓，而子宫蜕膜化基本正常。与野生型小鼠相比，$cPLA_2$ 基因敲除的小鼠着床位点减少，着床位点血管通透性降低，子宫中前列腺素的水平降低，其中 PGI_2 和 PGE_2 的降低尤为明显。当给这些 $cPLA_2$ 基因敲除的小鼠注射外源前列腺素后，能显著提高小鼠胎儿胎盘的发育，使之趋于正常发育。在大鼠子宫中，$cPLA_2$ 主要在蜕膜和腺上皮细胞中表达。向大鼠子宫内注入 cPLA 的抑制剂（ATK）可导致药物依赖性的蜕膜化抑制，人工蜕膜化的结果也证明了这一点。因此，PLA_2 通过其提供的花生四烯酸进而调节前列腺素的合成，在启动着床和蜕膜化的过程中起重要作用。

（二）环氧合酶（COX）

COX 是合成前列腺素的终端限速酶，与 PLA_2 共同调节着生物体内前列腺素的合成，分为 COX-1（组成型酶）和 COX-2（诱导型酶）两种亚型。在小鼠着床期的子宫中，*COX* 呈现时空特异性表达，*COX-1* 在着床前妊娠第 4 天的子宫上皮中表达，而 *COX-2* 在着床位点周围的基质细胞中表达（图 9-15）。*COX-1* 基因敲除的小鼠是可育的，可以产生正常大小的幼仔，生殖过程的其他方面也正常，但却有分娩困难。*COX-1* 缺失小鼠可育的原因可能是，由于 *COX-2* 在围着床期子宫内膜的表达上调对 *COX-1* 的缺失有一定的补偿作用。Lim 等（1997）发现 *COX-2* 缺失小鼠的排卵、受精、胚胎着床和蜕膜化过程都不正常，并且正常的野生型胚泡移植后，也不能在 *COX-2* 缺失小鼠的子宫中着床。用 COX-2 的抑制剂处理也可以阻止小鼠胚泡着床及蜕膜化过程，同样给大鼠注射 COX 的抑制剂——消炎痛，或注射特异性的 COX-2 抑制剂（celecoxib）能够剂量依赖性地减少大鼠妊娠的比例，具有抗着床的作用，并可显著减弱子宫的蜕膜化。这些结果表明，COX-2 在调节着床和蜕膜化的过程中起着重要的作用。但 Cheng 和 Stewart（2003）报道，在 *COX-2* 基因敲除后，小鼠的胚胎着床和蜕膜化等均正常，只是发生蜕膜化的时间延迟 1 天左右。Wang 等（2004）证实，*COX-2* 基因敲除后的表型与小鼠的遗传背景有关。C57BL/6J/129 系的小鼠中，*COX-2* 敲除后确实导致小鼠的排卵、受精、胚胎着床和蜕膜化等过程受阻，COX-1 也不能代偿 COX-2 的功能。但在 CD-1 系小鼠中，由于 COX-1 可代偿 COX-2 的功能，*COX-2* 敲除后小鼠的排卵、受精和胚胎着床均明显改善，并可妊娠到期，得到成活的仔鼠。

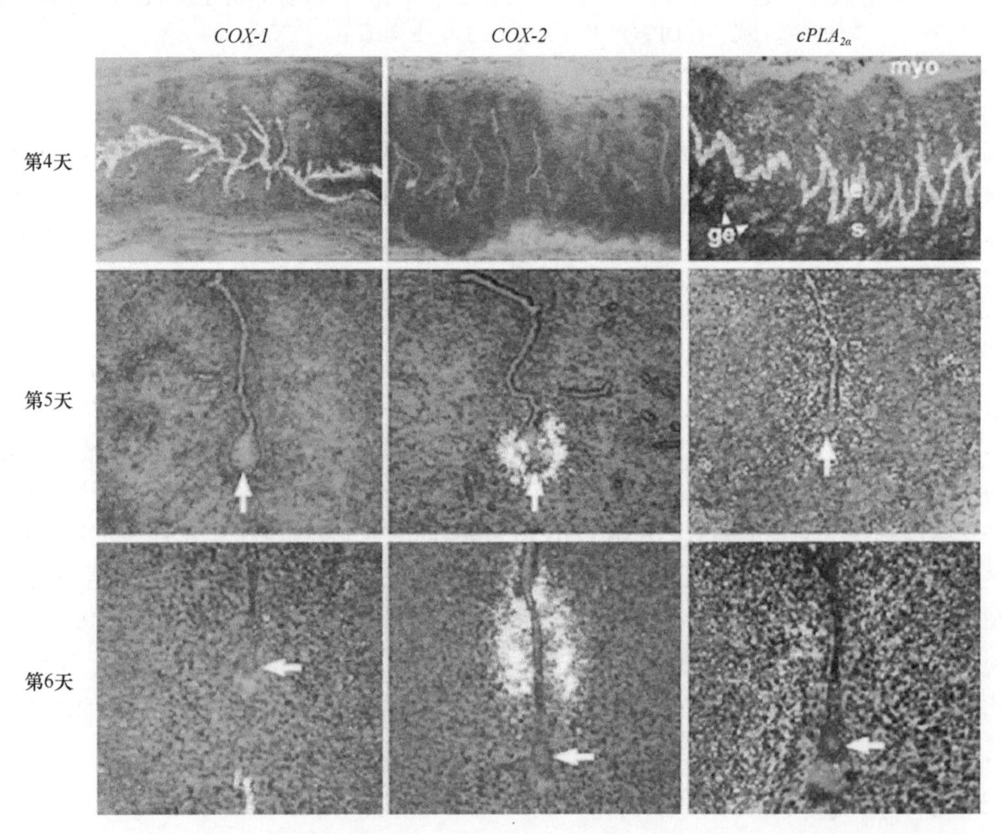

图 9-15　小鼠着床前后子宫中的 *COX-1*、*COX-2* 及 $cPla_{2\alpha}$ 定位（修改自 Wang and Dey，2005）

与正常小鼠相比，在 *Lif* 缺失的小鼠子宫中，*COX-2* 在同一时期的着床胚泡周围的子宫基质细胞内的表达缺失，但腔上皮中表达正常，说明 *COX-2* 的不正常表达可能是 *Lif* 缺失小鼠中着床和蜕膜化失败的原因。尽管 *Lif* 缺失小鼠子宫中 *COX-2* 的表达不正常，但 *COX-2* 缺失小鼠子宫中的 *Lif* 表达却正常。这说明在着床过程中，LIF 可能是 COX-2 的上游信号分子。

（三）前列环素（PGI_2）

前列腺素在着床期子宫中着床位点的水平依次为 PGI_2＞PGE_2＞$PGF_{2\alpha}$＞TXB_2，而且 PGI_2 在子宫中着床位点的水平显著高于非着床位点。将正常的胚泡移植入 COX-2 缺失小鼠的子宫后，胚胎虽不能着床，但注入 PGI_2 的类似物——cPGI（carbaprostacyclin，cPGI）或者 L-165041 后，可以提高小鼠胚泡的着床率。此外，注入 cPGI 后也可以使蜕膜化得到恢复（大约 70%）。PGI_2 主要由 PGI 合成酶（PGIS）催化 PGH_2 合成。PGIS 是 P450 家族的一种膜结合型血红蛋白。与非着床位点相比，PGIS mRNA 主要定位在小鼠妊娠第 5 天时着床胚泡的周围，并且大量聚集在基质的血管系统周围。以后，随着妊娠的进行而逐步增强。PGIS 蛋白质定位在着床胚泡周围的子宫基质细胞的细胞质和细胞核中，这与 COX-2 在着床期子宫中的定位一致，表明 COX-2 来源的 PGI_2 在着床过程中起重要的作用。由于 PGI_2 及 PGIS 共同定位在血管内皮细胞，PGI_2 活跃地参与血管的形成及功能，并能改变血管的通透性，PGI_2 可能通过参与着床过程中的血管发生来影响着床过程。

（四）过氧化物酶体增殖因子活化受体（PPAR）

PPAR 是 PGI 的核受体，在小鼠中存在 3 种 PPAR 亚型：PPARα、PPARδ （亦称β和 NUC1）和 PPARγ。在小鼠着床前子宫中检测不到 PPARδ，而在着床期胚泡周围的子宫基质细胞中特异表达，着床启动后则特异地定位在蜕膜上。*PPARδ*基因（但不是 PPARα和γ）在小鼠子宫基质细胞中以着床特异性方式被活化的胚泡诱导表达，其表达与 COX-2、PGIS 及 PGI_2 的表达模式非常类似。与非着床位点相比，PPARδ mRNA 和蛋白质主要表达在小鼠和大鼠着床位点胚泡周围的初级蜕膜中，并且随着妊娠的进行逐渐增强。PPAR 必须与 9-顺-视黄酸受体（retinoid X receptor，RXR）形成异源二聚体，然后才能够激活基因转录。不但着床期子宫中表达丰富的 RXRα和β，蜕膜化细胞的细胞核抽提物中也存在 PPARδ-RXRα异源二聚体，并且在 COX-2 基因缺陷小鼠子宫中，PPARδ和 RXRα的表达只集中在着床期围绕胚泡的子宫基质细胞中。这些结果表明，子宫中的 PPARδ可能介导了 PGI_2 在着床和蜕膜化过程中的作用。

（五）前列腺素 E_2（PGE_2）及 PGE 合成酶（PGES）

除 PGI_2 外，PGE_2 是在着床位点表达最丰富的前列腺素。目前已经证明 PGE_2 在啮齿类动物的着床过程中有重要的作用。用消炎痛抑制前列腺素合成后，大鼠子宫不能正常发生蜕膜化反应，从而导致着床失败。但将外源性 PGE_2 注入大鼠子宫后，可以部分恢复子宫内膜的蜕膜化。PGE_2 在胚泡发育过程中也有重要的作用，能够诱导小鼠胚泡着床。PGE_2 的表面受体 EP4 在小鼠围着床期子宫的基质细胞中强烈表达。PGE_2 的表面受体 EP_2 也在小鼠的胚胎着床位点处特异性表达。虽然，将 PGE_2 注入 COX-2 缺失小鼠中只能恢复一小部分（大约 30%）子宫基质细胞的蜕膜化反应，但用 PGE_2 与 cPGI 共同处理则能够显著促进胚胎和蜕膜的生长，着床前的胚胎也可以致密化，胎盘预形成位点的血管发育及蜕膜的大小都与野生型小鼠中的情况类似。这些结果表明，PGE_2 对 PGI_2

诱导的蜕膜化起到补充的作用，由二者共同作用来调节子宫基质细胞发生蜕膜化反应。

PGE 合成酶（PGES）是 PGE_2 生物合成的终端酶，催化 COX 的产物 PGH_2 转化为 PGE_2。PGES 有两种存在形式，即膜相关的谷胱甘肽依赖型的 PGES（microsomal PGES，mPGES）和可溶性谷胱甘肽依赖型的 PGES（cytosolic PGES，cPGES）。mPGES mRNA 与蛋白质在胚泡着床位点周围的基质细胞中强表达。与 mPGES 相似，cPGES mRNA 也主要在蜕膜的基质细胞中表达。不同的是，cPGES 蛋白在着床胚泡周围的腔上皮上表达。在胚胎着床过程中，子宫腔上皮中的 cPGES 与基质细胞中的 mPGES 可能具有相互补偿作用。mPGES 与 cPGES 蛋白在着床窗口开放期的不同定位可能与 COX-1 和 COX-2 相同，COX 与 PGES 二者协同作用在着床期的子宫内膜中产生 PGE_2。另外，已经证明 COX-1 与 cPGES 共同作用产生瞬时的 PGE_2，而 mPGES 与 COX-2 相偶联，启动延迟的 PGE_2 合成。因此，COX-1/cPGES 与 COX-2/mPGES 来源的 PGE_2 可能在着床和蜕膜化的过程中起作用。

五、表皮生长因子家族

AR 是表皮生长因子（EGF）家族成员之一，由 84 个氨基酸残基构成，其分泌形式为 N 端丢失 6 个氨基酸残基后形成的由 78 个氨基酸残基构成的多肽。与 EGF 受体结合后，可使 EGF 受体发生自身磷酸化。在小鼠子宫内，AR mRNA 表达呈现着床特异性。小鼠妊娠第 3 天，AR 在子宫内膜腔上皮中表达很低，在妊娠第 4 天表达出现一个峰值，且主要集中在胚泡周围的子宫腔上皮细胞内，这与胚泡黏附起始阶段一致，随后下降。给卵巢切除后的小鼠注射孕酮可迅速诱导小鼠子宫腔上皮细胞表达 AR mRNA，而注射 RU-486 可阻断孕酮对 AR 表达的诱导，说明 AR 在小鼠子宫内的表达受孕酮上调。AR 可能通过促进子宫内膜腔上皮细胞分化从而对胚胎着床过程产生影响。此外，在小鼠桑椹胚和胚泡细胞中均有 AR mRNA 和蛋白质的表达。在小鼠胚胎培养液内添加 AR，可以加快胚胎发育速度，增加胚胎的细胞数量。小鼠着床前胚胎表达的 AR 蛋白可能作为一种自分泌生长因子，刺激胚胎细胞的增殖和滋养外胚层的分化。

HB-EGF 为表皮生长因子家族的另一成员。小鼠中整体敲除 HB-EGF 后，胚胎着床延迟，导致妊娠结局受损。在着床期间，是 AR，而非 epiregulin，可部分补偿 HB-EGF 的功能。整体敲除后卵巢中着床前雌激素分泌降低可能是着床起始时 AR 在子宫中持续表达的原因。利用 PR-Cre 在子宫中敲除 HB-EGF 后胚胎着床仍然延迟，但着床前卵巢雌激素分泌正常。子宫中敲除 HB-EGF 后，胚胎周围子宫中 AR 表达上调，可部分补偿 HB-EGF 的作用。

六、转化生长因子家族（TGFβ）

TGFβ家族信号通路对于妊娠确立及维持至关重要。BMP2 在子宫上皮下基质中表达，与黏附反应发生的时间一致，并在蜕膜中高表达。将 BMP2 在子宫中敲除后，蜕膜化失败，但胚胎黏附反应正常。携带 BMP2 的小珠并不能启动着床样反应，但能影响胚胎的均匀分布。

Follistatin（FS）通过选择性结合 TGFβ家族的配基并将它们隔离，来调节 TGFβ家族的信号传导。在人早期妊娠蜕膜中，FS 显著上调。在黄体期，反复流产妇女内膜中的 FS 表达降低。由于全身敲除 FS 后，小鼠在围出生期死亡。利用 PR-Cre 小鼠将 FS 在子宫中特异敲除后，小鼠具有严重的生殖缺陷，与对照组相比仅出生 2%的仔鼠。在 FS 敲除小鼠中，子宫腔上皮对雌激素及孕酮的反应不正常，对胚胎黏附无反应，继续增殖并未进行分化。FS 敲除小鼠的基质细胞对人工诱导蜕膜化的刺激反应很差，仅有低水平的增殖及分化。在子宫中缺乏 FS 时，活化素 B（activin B）表达上调，但 BMP 信号受阻。这些结果表明，通过 FS 抑制活化素信号使得子宫保留 BMP 信号通路来维持子宫接受性。

利用 PR-Cre 小鼠将 BMP7 在子宫中特异敲除后，小鼠由于子宫缺陷导致不孕。在胚胎着床时，BMP7 敲除小鼠显示一个非接受态的子宫内膜，具有升高的雌激素依赖的信号通路。这些着床相关的缺陷也影响到蜕膜化过程，导致 Wnt4、COX-2、Ereg 及 Bmp2 等蜕膜化标志分子表达下降。在这些 BMP7 敲除的妊娠小鼠中胎盘也发生异常，具有大量的壁滋养层巨细胞，到妊娠第 10.5 天时仍未形成成熟的胎盘。

BMPs 为 TGF-β 家族成员，调节着妊娠的着床后及中期妊娠阶段。Activin-like kinase 3（ALK3/BMPR1A）为 BMP I 型受体，为胚泡黏附所必需。利用 PR-Cre 小鼠将子宫中的 ALK3 特异敲除后，这些小鼠不育，子宫腔上皮上有缺陷，包括微绒毛密度增加及仍保持上皮顶部的极性等。在胚胎着床期，这些敲除小鼠的子宫雌激素反应增强及上皮细胞的增殖未受抑制。TGFβ的转录因子 SMAD 家族成员 4（SMAD4）及 PR 对 Kruppel-like factor 15（Klf15）的双重调节是抑制子宫上皮细胞的增殖所必需的。ALK5 为主要的 TGFβ 亚家族的 1 型受体。全身敲除 ALK5 后由于血管发育缺陷导致胚胎早期致死。利用 PR-Cre 小鼠将 ALK5 在子宫中特异敲除后，卵巢功能及人工诱导蜕膜化正常，但雌性生殖水平显著降低，主要包括着床缺陷、滋养层细胞混乱、uNK 细胞减少及螺旋动脉重塑受阻等。基因芯片分析显示，与对照组蜕膜相比，敲除鼠的蜕膜中细胞因子与受体相互作用的基因及 NK 细胞介导的细胞毒相关的基因表达显著降低。与对照相比，敲除鼠中 NK 细胞数减少 10 倍以上。

七、microRNA

microRNA 为 21～24 个核苷酸的非编码 RNA，主要通过抑制翻译或降解 mRNA 来调节靶基因。miR-101a 和 miR-199a*在小鼠着床期间在子宫呈时空特异性表达，且与 COX-2 的表达相对应，COX-2 的表达受到这两个 microRNA 的转录后调节。与非着床点相比，miRNA-21 等在着床点显著上调，通过调节靶基因 *RECK* 在小鼠胚胎着床过程中起重要作用。此外，子宫中微量的 miR-181 表达对于胚胎着床的起始很关键。瞬时或延长 miR-181 表达均可阻止着床过程，但这个过程中可通过外源性注射 LIF 进行挽救。miR-181 可直接结合 LIF 来下调 LIF 的表达，从而抑制着床过程。miR-181 的表达也受转录因子 Emx2 调节，Emx2-miR-181 途径在着床过程中起关键作用。

在人子宫内膜中，与增殖期子宫内膜和血清相比，miR-31 在分泌期的子宫内膜及血清中显著上调，而其靶基因 *FOXP3* 及 *CXCL12* 则在分泌期内膜中显著下调。在反复流产妇女子宫内膜中 miR-145 的表达发生显著变化。利用多种方法证实 *IGF1R* 为 miR-145 在子宫内膜中的直接靶基因。miR-145 过表达或特异性降低 IGF1R 的表达均可阻止小鼠胚胎或 IGF1 包被小珠的黏附。用一个 IGF1 结合位点保护的片段可抑制 miR-145 介导的 IGF1R 降低，并逆转 miR-145 过表达对黏附的作用。这一结果表明，miR-145 通过降低子宫内膜中 IGF1R 水平来影响黏附过程。

八、大麻

几十年前就已知道，大麻及其主要成分四氢大麻醇可影响动物及人的生殖过程。已在子宫和胚胎中证实存在内源性大麻——花生四烯酸大麻胺（anandamide）、2-花生四烯酸甘油（2-arachidonylglycerol）及其受体——G 蛋白偶联受体 CB1（*Cnr1*）和 CB2（*Cnr2*）。已有证据表明，外周血中高水平的花生四烯酸大麻胺与妇女习惯性流产有关。花生四烯酸大麻胺和 2-花生四烯酸甘油均存在于小鼠子宫中。花生四烯酸大麻胺在接受态子宫中水平低，但在非接受态子宫中水平高。延迟着床小鼠激活后，胚泡中的 CB1 水平降低。CB1 敲除后，雌性生育力降低，胚泡滞留在输卵管中。胚胎中的 CB1 调控着床前胚胎的同步发育，输卵管中的 CB1 与肾上腺素受体协同作用，调控胚胎通过输卵管。在宫外孕妇女的输卵管中，CB1 表达下调（图 9-16）。

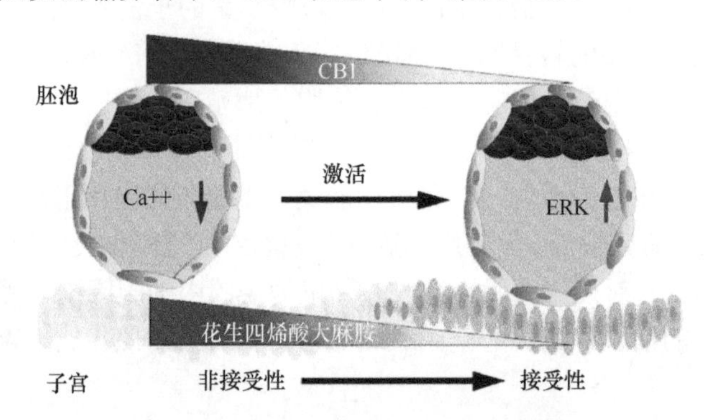

图 9-16 大麻与延迟着床及激活（修改自 Wang and Dey，2005）

大麻素由脂肪酸酰胺水解酶（fatty acid amide hydrolase，FAAH）降解，主要通过激活 G 蛋白偶联受体 CB1 及 CB2 来起作用。在敲除 FAAH 的小鼠中，花生四烯酸乙醇胺（大麻素，anandamide）水平升高，使得 LPS 处理后更易发生早产。FAAH 敲除小鼠的蜕膜逐步经历早熟性老化，特征是老化相关的β-galactosidase（SA-β-Gal）染色及γH2AX 阳性蜕膜细胞增加。在野生型小鼠妊娠中期，用长效 anandamide 处理可通过 CB1 引发早熟性蜕膜老化，用 CB1 拮抗剂也可降低 FAAH 敲除鼠中 LPS 诱导的早产率。

九、整合素及骨桥蛋白

在胚胎定位早期和黏附期，整合素α5β1、αvβ3、αvβ5 和αvβ6 在滋养层上表达，而

α1β1、α6β1 及α7β1 主要在胚胎侵入期表达。在早期胚泡中，α5β1 最初在内细胞团与胚泡腔之间的细胞上表达。当滋养层分化时，α5β1 移位到滋养层细胞表面，这些细胞是与子宫最初接触的细胞。子宫内膜基质中α4β1 降低与习惯性流产相关。在子宫中用α4β1 抗体封闭，可导致着床失败或延迟着床。

整合素α1β1、α4β1 及αvβ3 在人分泌期内膜中表达，且仅在第 20～24 天的腺上皮中表达，与接受态窗口相符，其中αvβ3 在腔上皮的顶部表达，与吞饮泡形成的部位共定位。在整合素β1 敲除小鼠中，胚胎可发育到胚泡期，但不能着床。但在整合素α4、α5、α6 或αvβ3 敲除小鼠中，均未观察到着床相关的表型。

整合素αvβ3 与着床紧密相关，主要是因为αvβ3 的配基在人的胚胎及子宫上皮中均存在。αvβ3 表达缺失与不孕症、内异症及 PCOS 相关。而且，在不明原因不孕症及绝经期内膜中，αvβ3 表达缺失或延迟。在着床窗口期，整合素αvβ3 定位在小鼠及人的腔上皮及腺上皮的顶部，且在小鼠及大鼠的胚泡上表达。在胚胎黏附时，整合素β3 可从滋养层细胞的细胞质中移动到细胞顶部。但当胚胎黏附到玻璃盖玻片时并不发生这种移位。胚胎来源的 IL-1 可在胚胎黏附位点特异性上调上皮中αvβ3 的表达，且仅当胚胎与内膜上皮细胞共培养时，才分泌 IL-1。

与整合素结合后，细胞外基质蛋白——OPN 能介导组织完整性、骨盐沉积及血管发生等一系列事件。在分泌早期，OPN 在内膜上皮中微弱表达，表达部位接近细胞表面，随着孕酮增加，表达水平也逐渐增加。在分泌中期到分泌晚期，OPN 在腔上皮及腺上皮的顶部表达，特别接近吞饮泡。以后，OPN 的表达扩展到蜕膜基质细胞及胚胎滋养层中。尽管敲除 OPN 后小鼠可育，但在妊娠中期妊娠率降低，显示出着床前后有妊娠损失，也表明 OPN 在妊娠中具有功能性作用。OPN 和整合素αvβ3 均在分泌中期到分泌晚期的内膜上皮中显著增加，已经被作为接受态的标志分子。OPN 结合到整合素上后，可激活整合素受体及细胞骨架蛋白，并促进胚胎滋养层中黏着斑（focal adhesion）的形成。用 OPN 包裹的聚苯乙烯小珠可激活黏着斑处的αvβ3，显示这两种蛋白的成功结合能促进滋养层黏附到上皮上。

十、离子通道

在着床前期，子宫腔液提供一个介质，可将着床前胚胎运输到子宫角中。妊娠第 4 天子宫腔液的吸收可促进子宫腔闭合，以及促进胚泡在子宫腔中的定位，使得子宫腔上皮与胚泡紧密接触。在小鼠和大鼠中，卵巢雌激素刺激液体的分泌，而孕酮则诱导黏附前液体的吸收。子宫腔液体的分泌及吸收主要由 cAMP 激活的 Cl^-通道（cystic fibrosis transmembrane conductance regulator，CFTR）与上皮 Na^+通道（ENaC）相互作用来调控。ENaC 主要定位在腔上皮及腺上皮的顶部，而 CFTR 主要定位在基质细胞中。雌激素诱导 CFTR 表达，但抑制 ENaC，导致液体在子宫腔积累。而孕酮的作用则相反，通过调节这两个基因表达来调控液体的吸收。在小鼠中，炎症导致的 CFTR 上调会发生异常的子宫腔液体积累及着床失败。

胚胎来源的丝氨酸蛋白酶-胰蛋白酶将上皮中的 ENaC 激活后，促进 Ca^{2+}内流，导

致 PGE_2 释放、转录因子 CREB 磷酸化及 COX-2 上调。在小鼠胚胎着床时，由 ENaC 裂解等证实 ENaC 高度激活。将子宫中的 ENaC 阻止或敲低后可导致着床失败。与正常生育的妇女相比，在 IVF 处理前反复流产妇女子宫中的 ENaC 表达明显降低，这一结果揭示了 ENaC 在调节 PGE_2 产生和释放方面的新功能。

Sgk1 为与 AKT 同源的丝氨酸-苏氨酸蛋白激酶，孕酮处理后首先激活上皮中 Sgk1 表达，然后激活蜕膜化基质中 Sgk1 表达。Sgk1 为一个哺乳动物上皮中 Na 离子运输的关键调节因子，主要通过直接激活 ENaC 来发挥作用，并通过抑制泛素连接酶 NEDD4-2 来促进 ENaC 的表达。Sgk1 在着床窗口期的小鼠子宫腔上皮中表达短暂下降，此时磷酸化的 Sgk1 水平也下降。分泌中期子宫内膜基因表达分析显示，参与上皮离子运输及细胞存活的激酶 Sgk1 在不明原因不孕症的内膜腔上皮中显著上调，但在反复妊娠损失的内膜中下调。在小鼠腔上皮中持续表达 Sgk1，可阻止 *Lif*、*Hbegf* 及 *Hoxa10* 等内膜接受态相关基因的表达，扰乱子宫腔液的吸收，导致胚胎着床失败。相反，在 Sgk1 敲除小鼠中，胚胎着床则不受影响，但随后出现蜕膜-胎盘界面出血、胎儿生长受限及死亡等。与野生型相比，Sgk1 敲除鼠中涉及氧化应激防御的一些妊娠相关基因表达也受阻。子宫内膜中异常的 Sgk1 活性可干扰胚胎着床，使得母胎界面对氧化应激损伤更加脆弱敏感，从而导致很多妊娠并发症。

十一、同源盒基因

同源盒基因（homebox，HOX）是转录调节因子。Hoxa10 及 Hoxa11 对于人和小鼠子宫内膜接受态的建立是必需的。Hoxa10 表达于胚胎发生过程中的生殖道和早期妊娠子宫中。在人类月经周期的分泌中期，Hoxa10 及 Hoxa11 在子宫内膜上皮及基质细胞中的表达量剧增，与着床窗口的开放一致。在子宫内膜细胞培养中，雌激素和孕酮均可上调 Hoxa10 表达，但孕酮的作用更强；二者联合作用，对 Hoxa10 在基质细胞中表达的刺激具有叠加效应，但对上皮细胞中表达的刺激效应不叠加。在雌性小鼠中，Hoxa10 在子宫内膜基质中的表达受雌激素抑制，而受孕酮刺激，两者联合作用导致 Hoxa10 表达局限于子宫系膜对侧上皮下基质中。孕酮对 Hoxa10 和 Hoxa11 的刺激作用在生理范围内是剂量依赖式的，可被孕酮受体拮抗剂 RU486 阻断，表明孕酮受体参与了子宫基质 Hoxa10 表达的正调节。

Hoxa10 基因敲除的雄性和雌性小鼠都是不育的。子宫内膜基质细胞中因 Hoxa10 功能缺失而导致的缺陷性着床和蜕膜化可能是不育的原因之一。在 *Hoxa10* 基因敲除小鼠中，子宫基质内前列腺素 E 受体 3 和 4（EP_3 和 EP_4）的表达都不正常，而其他相关基因的表达则不受影响。这些结果表明，Hoxa10 特异性介导孕酮对子宫内膜基质 EP_3 和 EP_4 的调节。由于 *Hox* 基因参与局部细胞增殖，在 *Hoxa10* 基因敲除小鼠中，与雌激素和孕酮反应后的子宫内膜基质细胞的增殖都显著减弱，而上皮细胞增殖正常。这些结果说明，Hoxa10 参与介导孕酮对子宫内膜基质细胞增殖的促进作用，但不影响上皮细胞的功能，因而可能导致着床和蜕膜反应缺陷。

FKBP52 为 Hoxa10 在子宫中介导的一个信号分子，Hoxa10 敲除小鼠的基质细胞中 FKBP52 表达显著下调。

十二、Msx1

哺乳动物的 Msx 同源盒基因 *Msx1* 和 *Msx2* 编码调控胚胎发育过程中器官发生及组织相互作用的转录因子。Msx1 和 Msx2 在妊娠第一天子宫腔上皮表达，第 2～3 天在腺上皮及基质中表达，第 4 天开始下降，到第 5 天基本检测不到。Msx2 在第 4 天时检测不到，但 Msx1 敲除小鼠中，Msx2 的表达模式与 Msx1 相近，表明 Msx2 具有补偿作用。仅将子宫中 Msx1 敲除后，小鼠窝仔数减少或不能生育，但将 Msx1 和 Msx2 在子宫中同时敲除后，小鼠则完全不育，主要是由于基质中 Bmp2 表达减少及 COX-2 仅限于上皮中表达，导致着床失败。在着床窗口期的子宫内膜中 Msx1 和 Msx2 的表达下调。在胚胎黏附期，腔上皮的极性由高变低，但在子宫中敲除 Msx1 或同时敲除 Msx1 及 Msx2 小鼠中，这种极性变化不明显，而上皮和基质中的 Wnt5a 表达上调。在 LIF 敲除小鼠中，Msx1 和 Msx2 在第 5 天持续表达。将子宫中 Msx1 及 Msx2 特异敲除后，由于着床失败导致雌鼠不育。在这些敲除小鼠中，子宫上皮显示出持续的增殖活性，不能与胚胎黏附。基因表达谱分析显示，这些小鼠着床前子宫中 Wnt 家族的几个成员表达明显升高。基质细胞的经典 Wnt 信号通路增强激活了β-catenin，从而刺激这些细胞中产生 FGF。分泌的 FGF 通过上皮中的 FGF 受体促进上皮的增殖，从而阻止这些细胞的分化，形成一个不利于着床的非接受态子宫。

MSX1 转录本在增殖晚期及分泌早期增加 5 倍以上，但接受态期显著下降。在正常可生育的妇女子宫内膜中，Msx1 蛋白在腔上皮及腺体中显示很强的核定位，基质细胞中核定位弱。Msx1 蛋白在整个分泌期均有分布。然而，在不育的妇女内膜中，Msx1 蛋白在分泌期的所有细胞类型中均下调。

十三、KLF 家族

Kruppel-like factor 5（Klf5）为锌指转录因子，主要在小鼠早期妊娠子宫的腔上皮及腺上皮中表达，第 5 天主要在着床胚胎周围的基质细胞中表达。整体敲除 Klf5 后胚胎阻滞在胚泡期。子宫中敲除 Klf5 后着床失败，主要是胚胎仍包在腔上皮中，腔上皮仍很完整。在正常小鼠着床点，COX-2 在上皮及上皮下基质中均表达，但敲除 Klf5 后，COX-2 仅在上皮下基质中表达，腔上皮中表达缺失，蜕膜化反应虽然起始了，但程度很低，不能继续维持。这些结果表明，功能性腔上皮对于蜕膜化反应十分重要。

Klf9 为另一个 Kruppel-like 转录因子家族成员，为 PR 的辅助因子，与 PRA 及 PRB 共同作用调节内膜上皮中孕酮靶基因的表达。敲除 Klf9 后由于着床缺陷，导致生育力降低。在 Klf9 敲除雌鼠中，该家族的另一成员 Klf13 显著升高，提示 Klf13 可能补偿着床过程中 Klf9 的作用。但 Klf13 敲除后，雌鼠的生育正常，且 Klf9 表达上调。

十四、黏蛋白-1

黏蛋白-1（mucin 1，MUC-1）是高度糖基化的大分子，表达于子宫内膜上皮细胞表面，可能与胚胎着床有关。黏蛋白-1 是黏蛋白家族成员之一，它是一种大的上皮细胞表面糖蛋白。它有一个大的、延伸的、高度糖基化的外区，此区包含硫酸角质素链。黏蛋白-1 表达于多种上皮细胞的外表面，对细胞表面维持抗黏附性具有重要作用。黏蛋白-1 可能是通过受体（如整合素和钙黏着蛋白）介导，结合产生的空间立体位阻，从而抑制细胞与细胞之间的黏附作用。

在着床受雌激素刺激的物种中，如小鼠，孕酮抑制黏蛋白-1 表达，所以着床窗口开放时，子宫腔上皮及腺上皮都失去黏蛋白-1，而其他时期黏蛋白-1 表达非常丰富。而在猪中（着床也需要雌激素），黏蛋白-1 却受到孕酮的上调作用，但在黄体中期这一孕酮占绝对优势的时期，子宫腔上皮及腺上皮中黏蛋白-1 的表达也显著降低，其机理仍不清楚。而大鼠黏蛋白-1 降低只发生在腔上皮，腺上皮则没有降低。小鼠子宫黏蛋白-1 的减少是子宫上皮细胞向功能性接受态转变所必需的，而且黏蛋白-1 还可以抑制由 E-钙黏着蛋白介导的小鼠滋养层细胞与子宫上皮细胞之间的黏附作用。目前已证实 E-钙黏着蛋白在黏附中起重要作用。因此，黏蛋白-1 可能是胚胎着床的一个抗性分子，在胚胎着床时必须被去除，使得胚胎附着所必需的配体-受体的相互作用得以实现，其表达下降可能导致子宫接受态的建立。

在着床不需要雌激素刺激的物种如兔和灵长类，黏蛋白-1 的表达受孕酮刺激，因此黏蛋白-1 在接受态子宫内高度表达，这似乎与黏蛋白-1 的抗黏附作用矛盾。但观察发现，兔子宫虽然在妊娠期持续表达黏蛋白-1，但在着床期的胚泡附着点处子宫内膜腔上皮失去黏蛋白-1，非着床位点则表达丰富，而且腔上皮中黏蛋白-1 表达显著减少。狒狒分泌期子宫内膜黏蛋白-1 表达也仅局限于腺上皮，腔上皮中不表达黏蛋白-1。这显然是胚泡产生的信号作用于子宫内膜的结果。虽然黏蛋白-1 在人接受期子宫内膜腔上皮中表达丰富，但硫酸角质素链消失。因此，糖基化结构的改变可能有利于胚胎黏附。某些黏蛋白可能是胚胎着床的特异性亲和素，在着床开始时胚胎与子宫之间的贴附中起作用，随后可导致整合素介导的后期着床过程。

十五、糖

在着床过程中，很多寡糖（oligosaccharides）在胚胎和子宫的细胞表面表达，并且随着着床的进行而呈现动态的变化。在围着床期，小鼠合成的类肝素硫酸盐（heparan sulfate）升高到平时的 4～5 倍。体外实验表明，类肝素硫酸盐对于着床前小鼠胚胎的黏附和孵出是必不可少的。在人中，可利用滋养层细胞和子宫上皮细胞之间的相互作用来模拟着床过程，而类肝素硫酸盐蛋白多糖能促进这两种细胞之间的相互反应。在围着床时期的小鼠胚胎中，可检测到类肝素硫酸盐蛋白多糖、syndecan 和串珠素（perlecan）的表达，其中 syndecan 定位在小鼠胚胎滋养层的内表面，而串珠素定位在滋养层的外表面。在延迟着床的小鼠模型中，串珠素的表达也被延迟。用雌激素处理启动着床后，可使串珠素的表达恢复，说明串珠素对于小鼠的胚胎着床可能是必需的，并且蛋白多糖可能作为一种黏附促进分子在着床过程中起作用。

在着床的接受态期，乳糖胺聚糖（lactosaminoglycan）相关结构的表达明显上调，其中包括 LNF、CD15 及 Le（y）。在胚胎着床过程中，细胞表面 Le（y）寡糖在胚泡与子宫内膜上皮之间的识别与黏附过程中起重要作用。雌激素和孕酮均可调节 Le（y）寡糖抗原在子宫内膜上皮细胞中的表达。体内和体外实验都表明，封闭胚胎或子宫内膜表面的 Le（y）寡糖可以抑制胚胎的着床，并且此作用具有明确的糖特异性及时间性。中和胚泡和子宫内膜表面的 Le（y）寡糖不仅可以阻断母胎之间的识别和黏着，并导致着床失败，而且可以抑制胚泡和子宫内膜中 MMP 及 EGF 受体的表达。这说明 Le（y）寡糖抗原不仅与母胎间的识别及黏附有关，还可能通过影响着床相关因子，参与胚胎着床的调节过程。

在小鼠中，LNF-I 与 Le（y）通过介导胚胎一子宫的相互作用来影响着床过程。在小鼠胚胎和子宫上皮细胞中，都能检测到 Le（y）的表达，并且 Le（y）可能通过同种分子的相互作用来影响小鼠胚胎的黏附过程。在人的早期妊娠和月经周期的黄体期后期，子宫内膜能够分泌大量的孕酮依赖性糖蛋白（glycodelin）。狒狒的子宫内膜中合成的肝糖与外周血中 CG 的升高和降低相一致。此外，在狒狒的子宫接受态期，注入 hCG 能够使子宫内膜中肝糖升高。目前已证实，肝糖在人的上皮细胞分化过程中起重要作用。在子宫处于接受态期，肝糖可能通过影响上皮的功能来促进子宫上皮与胚胎的相互作用，从而促进胚胎着床过程。

十六、Wnt 通路

在小鼠中，着床总是发生在子宫的系膜对侧，但胎盘总在系膜侧发育，但关于着床胚胎的这种特定方向的机理仍不清楚。子宫腺体的发育及处于激活的 Wnt 信号通路活性总是仅限于子宫的系膜对侧。Dkk2 为已知的 Wnt 信号通路的拮抗剂，仅存在于子宫的系膜侧。整个子宫、厚子宫切片及单个腺体的结构分析表明，子宫腺体为单管腺体，有分支通向腔上皮，仅在朝向系膜对侧存在。

Wnt 通路对于胚泡与子宫的通讯及随后的着床很重要。在着床前雌激素的刺激下，小鼠桑椹胚及胚泡表达 Wnt 基因。在小鼠中，经典的β-catenin 通路在子宫中是处于动态激活状态，先在子宫肌层的环形平滑肌中，以后在胚泡正对的腔上皮处激活，这两处的β-catenin 通路激活均需要胚泡的存在。抑制 Wnt/β-catenin 通路可阻断着床过程。有趣的是，阻断发育胚胎核中的β-catenin 信号通路并不能影响这些胚胎向胚泡发育，但确实干扰胚胎着床。通过胚胎移植实验证实，着床失败是由于胚泡中经典信号通路沉默导致的，而非子宫接受态缺失造成的。Wnt 途径对于子宫蜕膜化也是必需的。在着床前，子宫中并不表达 Wnt4，但在接受态期增加，并在蜕膜中持续表达。另外，Wnt5a、Wnt7a、Wnt11 及 Wnt16 均在接受态期的小鼠子宫中表达。

利用 PR-Cre 小鼠将 Wnt4 在子宫中特异敲除后，雌鼠生育率降低，主要是着床缺陷及后续的内膜基质细胞生存、分化和孕酮反应性方面缺陷所致。除这些基质细胞的功能改变外，这种小鼠的上皮分化也发生改变，子宫中腺体减少，在柱状腔上皮下面出现 p63 阳性的基底细胞层。雌激素处理后，这种异常的上皮又可转分化成扁平上皮。这些结果表明，Wnt4 不仅对于出生后的子宫正常发育至关重要，也对着床及蜕膜化起重要作用。

十七、p53

尽管 p53 在肿瘤抑制方面的功能已有大量的报道，但 p53 在缺乏应激的正常生理情况的功能仍不清楚。p53 通过调节新的靶基因 *Lif*，在调节雌性生殖过程中起作用。足量的 LIF 对于胚泡着床及胚胎进入子宫是必需的。在 C57BL/6J 品系小鼠中，与野生型小鼠相比，p53 敲除后子宫中的 LIF 水平显著降低，使得胚胎着床受阻，导致妊娠率及窝仔数均降低。注射 LIF 到 p53 敲除小鼠中可通过改善着床来恢复雌性生殖。目前已发现在 p53 第 72 个密码子上有多态性（由脯氨酸变为精氨酸）的妇女与反复着床失败相关，显示可能与人生殖有关。但 p53 对胚胎着床的调控在其他品系小鼠中不明显。

p53 敲除小鼠在生殖年龄发生大量的肿瘤，雄性的精子发生也受影响。在子宫中敲除 p53 后，胚胎着床正常，但发生早产。子宫中敲除 p53（Trp53d/d）后胚胎着床正常，但 50%～60%的小鼠早产，并伴有难产及胎儿死亡。这些小鼠的蜕膜化过程有些异常，具有更多多倍体的细胞，pAkt、p21 及 COX-2 表达增高，并且显示出衰老相关的生长受限。子宫内 p53 敲除小鼠的早产可用 COX-2 选择性抑制剂 celecoxib 来挽救。基因突变、感染、炎症及应激等很多引起早产的危险因素也通过 mammalian target of rapamycin complex 1（mTORC1）途径加速细胞老化。用 mTORC1 的抑制剂 Rapamycin 处理可减轻衰老，增加小鼠的寿命。确实，在子宫中敲除 p53 后 mTORC1 活性增加，利用 Rapamycin 处理可减弱子宫中早熟蜕膜的衰老，并挽救早产。

内膜癌的病因不是很清楚。将子宫中 Pten 敲除后，可在 1 月龄的所有雌鼠中产生内膜癌，到 3 月龄时已有子宫肌层侵入。内膜中敲除 Pten 小鼠的寿命接近 5 个月，将内膜中的 Pten 及 p53 共同敲除后，小鼠的寿命更短，病情也更严重。在子宫内膜中敲除 Pten 后子宫内膜癌的迅速发展表明，对于肿瘤发育而言，子宫对此肿瘤抑制基因很敏感，均具有高水平的 COX-2 及 p-Akt，这两个基因为实体瘤的标志分子。

十八、糖皮质激素

除已经熟知的雌激素及孕酮对生殖的调节外，雌性生殖器官也受下丘脑-垂体-肾上腺轴调节。这些内分泌器官对应激介导的糖皮质激素很敏感。小鼠子宫具有高水平的糖皮质激素受体。利用 PR-Cre 小鼠将子宫中的糖皮质激素受体（GR）特异敲除后，子宫的接受性及蜕膜化过程均受到影响，导致这些小鼠的生育率明显下降，主要表现为头胎的分娩显著延迟及窝仔数下降。GR 信号异常也导致诱导蜕膜化时的炎症反应过度，免疫细胞的募集发生异常。

在孕酮及 cAMP 诱导的人体外蜕膜化过程中，调控皮质酮向皮质醇转化的 1 型 11β-羟基类固醇脱氢酶（11β-hydroxysteroid dehydrogenase type 1，11β-HSD1）显著上调。蜕膜化过程中糖皮质激素受体（GR）逐渐降低，而盐皮质激素受体（MR）则显著增加。孕酮通过诱导 11β-HSD1 来促进蜕膜化细胞合成皮质醇，调节脂肪及视黄酸代谢等糖皮质激素和盐皮质激素基因网络。小鼠中 11β-HSD2 在子宫内膜的基质细胞及胎盘的迷路层表达。11β-HSD2 表达受阻将导致母体的糖皮质激素可自由穿过胎盘，使胎盘和胎儿暴露在局部高水平的糖皮质激素环境中。11β-HSD2 敲除后，导致小鼠的初生重降低，由于血管发生因子 VEGFA 及 PPARγ在胎盘中表达降低使得胎儿毛细血管发育不良。

十九、LPA

溶血磷脂酸受体 *Lpa3* 可通过调节前列腺素来调控胚胎着床。*Lpa3* 在小鼠着床前的子宫腔上皮中显著上调。小鼠中敲除 LPA3 可导致胎仔数显著下降，可能是由于胚胎延迟着床及胚胎分布改变引起的，从而引起胚胎延迟发育，胎盘肥大及胚胎死亡。在着床前期，*Lpa3* 敲除小鼠中 *COX-2* 的表达显著下调，使得子宫中着床所需的 PGE_2 及 PGI_2 降低。给 *Lpa3* 敲除小鼠外源性注射 PGE_2 或 carbaprostacyclin（一种稳定的 PGI_2 类似物），可挽救延迟着床，但并不能挽救在胚胎均匀分布方面的缺陷。这一结果不仅说明 LPA3 介导的信号与着床相关，而且将 LPA 信号与前列腺素途径相关联（图 9-17）。

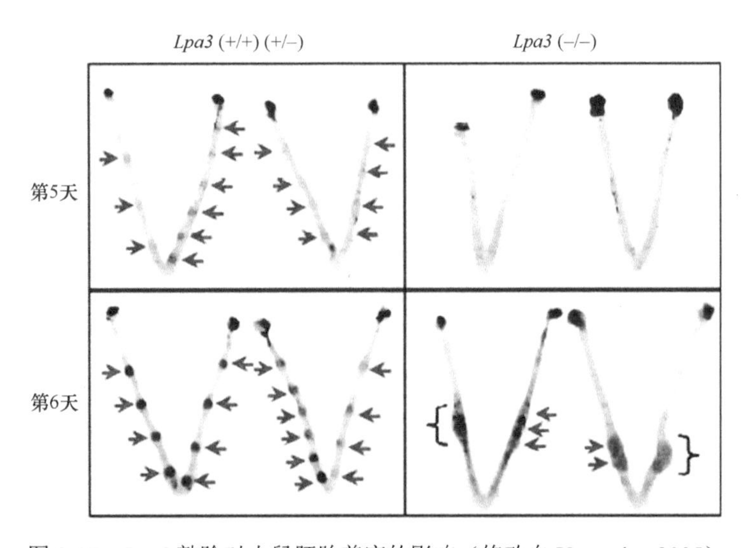

图 9-17　*Lpa3* 敲除对小鼠胚胎着床的影响（修改自 Ye et al.，2005）

在妊娠期间，HB-EGF 和 COX-2 上调对于蜕膜化过程至关重要。脂质介导分子 LPA 通过子宫内膜上皮中表达的 LPA3 受体在蜕膜化过程中起关键作用。在妊娠小鼠中，敲除 LPAR3 或抑制 LPA 产生的酶 autotaxin（ATX）可导致胚胎周围的 HB-EGF 及 COX-2 下调，并减弱蜕膜化反应。相反，选择性药理性激活 LPA3 可通过上调 HB-EGF 及 COX-2 来诱导蜕膜化过程。在子宫上皮及着床前胚胎中可检测到 ATX 及其底物溶血磷脂酰胆碱（lysophosphatidylcholine）。这一结果表明，胚胎-上皮界面处的 ATX-LPA-LPA3 信号途径可经经典的 HB-EGF 及 COX-2 途径诱导蜕膜化过程。

第三节　延迟着床

一、延迟着床现象

延迟着床（delayed implantation）又称为胚胎滞育，可分为兼性滞育（facultative diapause）

和专性滞育（obligatory diapause）。兼性滞育常发生在有袋动物、小鼠和大鼠的哺乳期。在母兽哺育幼兽时，新的胚胎处于滞育状态，此时胚泡细胞不发生有丝分裂。专性滞育常发生在鼬科动物、熊、海豹、一些蝙蝠及欧洲狍等动物中。处于专性滞育的胚泡有少量的有丝分裂。小鼠胚胎激活后，滋养层的扩展总是伴随着子宫代谢活性的增加。由于缺少特定的氨基酸、血清因子、葡萄糖和一些离子，滋养层不会发生扩展，所以子宫可以通过调节其分泌物来控制胚胎的发育。此外，当阻止滋养层扩展时，胚胎的新陈代谢并不减少，这表明滋养层的扩展和胚胎的新陈代谢是分别控制的。

通常，当胚胎发育到胚泡期时便开始胚胎着床过程。但有些动物在一段时间内，胚泡在子宫中游离，并不立即着床，子宫也处于非接受态。适应于变化中的光照刺激等，可使妊娠在最适宜孵育幼体的条件下恢复妊娠过程。延迟着床的主要目的是延长妊娠期，直到环境适宜后代生活为止。胚胎滞育发生于不到2%的哺乳动物胚胎中，约在130种以上的哺乳动物中证实存在胚胎滞育。胚胎滞育中研究最多的模型动物为啮齿动物，特别是小鼠和大鼠。自然发生的延迟着床为我们提供了一个很好的模型来研究胚胎着床，将有助于更好地研究胚胎着床的调控机制。延迟着床分为3个阶段：①进入延迟着床；②延迟着床的维持；③重新激活。

现在并无证据表明大鼠和小鼠具有专性滞育，而是仅有泌乳代谢性应激引起的兼性滞育，小鼠和大鼠中延迟的长度与一窝中吃奶仔鼠的数量有关。延迟着床也可经实验诱导，如可通过切除垂体或干扰下丘脑的功能等。在小鼠和大鼠分娩后的发情期内，如发生交配，则自然性的哺乳可诱导受精后发育的胚胎处于延迟着床（为兼性延迟着床）状态。这种自然发生的延迟着床在小鼠和大鼠中，随着品系的不同差异很大，即使在同一品系内不同的个体间也有差别。然而，将幼鼠隔离使哺乳刺激终止后，这些休眠的胚泡便可激活，并发生着床。此外，在小鼠妊娠第4天的着床前，即雌激素峰以前将卵巢切除，则可导致胚泡处于休眠状态及着床的抑制。这种状态可用每天注射孕酮来维持，使子宫处于中性状态或接受前期。如果用雌激素处理这种用孕酮致敏的子宫，则可使处于中性状态的子宫进入接受态。用雌激素处理也能在子宫中激活休眠的胚泡，使着床启动。在缺乏胚泡时，接受态的子宫可继续发育进入非接受态。但目前对雌激素激活休眠的胚泡、刺激子宫的接受性及启动着床的机制仍不清楚。

在有袋类等许多野生动物中，延迟着床是专性的及季节性的。有趣的是，在仓鼠、豚鼠、兔及猪中，并不发生延迟着床。现在还不清楚，灵长类中是否发生延迟着床。虽然，雌激素对于终止孕酮致敏的小鼠和大鼠子宫的延迟是必要的，但其机制仍不清楚。将绵羊胚泡移植入处于延迟状态的小鼠子宫中后，绵羊胚胎进入滞育状态，显示生长停滞、存活率维持及具有特定的滞育特异性基因表达型式。移植7天后，处于滞育状态的胚泡在体外能恢复生长。将这些滞育胚泡移植入假孕母羊体内后，胚泡也能发育成正常的小羊。这些结果说明，非滞育的绵羊胚泡也能进入滞育，表明这种现象在进化上是保守的。

塔马尔沙袋鼠（tammar wallaby）具有11个月的发育停滞期，是所有研究过的哺乳动物中滞育期最长的，很明显还可进一步延长。塔马尔沙袋鼠的生殖为季节性的，由光照及哺乳期来调节。胚胎激活是由12月夏季结束后日照缩短来激活的，幼儿在1月出生，并开始 9～10 个月的哺乳期。雌性在出生后迅速交配，胚胎经过 6～7 天的发育后形成一个 80～100 个细胞的单层胚泡。在雌性泌乳期内，胚胎进入季节性的滞育期。胚胎激活时最直接的内分泌信号来自于孕酮水平的升高，导致子宫分泌活性增加。由于滞育期的胚泡由透明带及外面的两层无细胞结构的卵膜包围[黏蛋白层（mucoid layer）及壳膜（shell coat）]，用于维持或终止滞育的子宫信号必定涉及分泌物中的溶解因子，而非胚胎与子宫间的直接接触。在塔马尔沙袋鼠胚泡激活后，子宫内膜分泌血小板激活因子（PAF）及白血病抑制因子等；在滞育期的胚泡中 PAF 受体表达水平很低，但胚泡激活后显著上调。

在小鼠中，滞育子宫的再激活由卵巢类固醇激素调节，诱导产生一个适宜的子宫环境对于以后的胚胎发育是必需的。然而，给处于延迟状态的胚胎直接添加类固醇激素并不能激活这些胚胎。将啮齿类胚泡移植到延迟状态的子宫，以及将显示专性滞育的水貂胚胎移植到没有证据表明具有滞育的雪貂等，均证实子宫作为发育停滞的调节因子。塔马尔沙袋鼠胚泡在代谢激活方面的延迟来自母体的低代谢水平，显示母体系统没有能力重新激活。

延迟着床的启动往往依赖于哺乳刺激、光周期及营养的利用率等因素。光周期通过对褪黑素的调节影响催乳素的分泌，而褪黑素和催乳素对延迟着床的启动都有促进作用。多数季节性饲养动物都定时分泌催乳素，在春夏浓度最高，秋冬最低。袋鼠类在发情前期结束时分娩，然后进行排卵和受精。当胚胎发育到约 100 个细胞期时，受幼仔吸吮乳汁的刺激而进入延迟着床，此时为分娩后的第 6～8 天。小鼠和大鼠在分娩后的哺乳期也有延迟着床。这是因为，哺乳期的小鼠和大鼠缺乏下丘脑激素释放因子，使垂体分泌 FSH 的过程受到抑制，从而降低了雌激素的水平。所以，缺乏雌激素刺激的胚胎便进入延迟着床状态。

尤氏大袋鼠初次妊娠时，胚胎进入延迟着床的过程由光周期调节，以后则由哺乳刺激来抑制胚胎的发育。在延迟着床阶段，尤氏大袋鼠的胚胎和黄体均不生长；即使没有卵巢激素，胚胎在体内也可存活 11 个月。貂等鼬科动物与有袋目动物进入延迟着床的机制不完全相同。貂在排卵后黄体就退化，孕酮分泌量极低，随即便进入延迟着床。

二、延迟着床的维持和激活

延迟着床维持的时间因物种不同而异，如獾和小袋鼠为 10～11 个月，而大鼠和小鼠为 4～10 天。在海豹种与种之间这种差异也很明显，长的为 5 个月，短的为 1 个月。澳大利亚海狮的生殖周期为 18 个月，其中 3～5 个月是处于延迟着床状态。西部斑点臭鼬的延迟着床是其子宫内部机能尚不健全所致，持续大约 200 天。

1. 延迟着床过程中类固醇激素的作用

澳洲海狮的孕酮水平在延迟着床期间较低，在胚泡激活前开始增加。雌激素在胚泡激活前也有一明显波动，但肌肉注射孕酮、雌激素或雌激素加孕酮均不能诱导激活反应。狍子宫中雌激素与催乳素浓度在延迟着床期间很低，激活后可迅速增加，而孕酮浓度在延迟着床、激活和着床期间则基本保持恒定。西部斑点臭鼬的血浆 LH、催乳素和孕酮浓度在延迟着床期间均相对较低，但在着床前逐渐增加。以上结果显示，延迟着床的激活受类固醇激素的调节，但不同物种的调节机制各不相同。

雌激素对于小鼠的接受态及胚泡激活很重要。在胚胎着床前，切除双侧卵巢可诱使胚胎进入延迟状态，注射雌激素可启动胚胎着床过程。尽管在小鼠胚泡中表达 ERα，但将胚泡中的 ERα敲除后，胚胎发育及着床均不受影响。因此，着床期胚泡中 ERα的作用仍不清楚。利用小鼠延迟着床模型发现，在激活着床的胚泡中 ERα表达增加，然而激活胚泡中的 ERα在体外培养 6 h 后降低。相反，breast cancer 1（Brca1）水平在胚泡的体外培养期间一直维持。把这些激活胚泡与 MG132 一起培养发现，蛋白质水解与激活胚泡中 ERα下降有关。这些结果说明，激活胚泡中 ERα的降低与移植后完成胚胎着床过程有关。

2. 催乳素对延迟着床过程的影响

催乳素对不同动物的作用各不相同。南极软毛海豹胚胎的激活反应与是否断奶并不相关，其催乳素可以同时促进泌乳和激活胚泡。外源性催乳素对貂的胚泡着床有促进作用，但不能直接诱导其着床。并且，催乳素的抑制剂——溴麦角环肽可抑制貂中催乳素受体 mRNA 的增加，表明催乳素对其自身受体有上调作用。在有袋目动物中，注射溴麦角环肽会迅速激活胚泡，这说明催乳素对胚泡的生长有抑制作用。此外，有袋目动物黄体上有催乳素受体，所以催乳素还能抑制黄体的分泌。催乳素的释放受哺乳刺激调控。将乳腺的神经去除 72 h 后，由于缺乏催乳素抑制，黄体将重新恢复分泌活性，诱导胚胎终止延迟着床。即使此时再重新开始哺乳，也无法阻止胚胎的激活反应，说明催乳素对延迟着床过程中的泌乳和胚胎激活都起重要作用。

3. 代谢反应的激活

在延迟着床激活过程中，胚泡内部的代谢反应也随之发生一系列的变化。臭鼬胚泡在开始激活的同时，糖原和脂类迅速减少，滋养外胚层和内细胞团中 RNA 与蛋白质合成显著增加。这说明胚泡正以糖原和脂类作为能量来源，重新恢复其内部新陈代谢。小鼠胚泡在接收激活信号的 12 h 内，有丝分裂及细胞数量明显增加，此时丙酮酸是胚泡主要的能量来源；16 h 以后，葡萄糖取代丙酮酸成为其主要能量来源。去除尤氏大袋鼠的哺乳刺激后第 4 天，其子宫分泌开始增强，第 5 天时胚泡的新陈代谢开始增加，而且其乳汁中糖类的含量明显降低。可见，激活反应的第 5 天是尤氏大袋鼠胚泡新陈代谢的转折点。

4. 儿茶酚雌激素

妊娠第 4 天卵巢切除后，注射孕酮可维持延迟着床。EGF 结合到胚泡可作为胚泡激活的标志。在体外，雌激素不能激活胚泡，但 4-羟基雌激素、cAMP 及 PGE_2 可激活胚泡。儿茶酚代谢物——4-羟基雌激素（4-hydroxy-E2）诱导的胚胎激活不能被抗雌激素所阻断，但前列腺素合成、腺苷酸环化酶及蛋白激酶 A 的抑制剂可阻断此过程。这些结果表明，4-羟基雌激素通过前列腺素激活胚泡，PGE_2 可刺激 cAMP 并激活蛋白激酶 A。2-氟代-雌激素为儿茶酚雌激素合成的抑制剂，但具有在子宫生长及基因表达方面的雌激素活性。用 4-羟基雌激素处理过的休眠胚泡可在 2-氟代-雌激素处理过的延迟子宫中着床，但用雌激素处理的胚泡却不能着床。这些结果表明，雌激素对于子宫准备着床是必需的，来源于子宫的儿茶酚雌激素对于胚泡激活是必需的。已证明接受态的子宫确实能合成 4-羟基雌激素。

5. 差异性基因表达

将延迟与激活的小鼠胚泡进行表达谱比较，在所检测的几乎 20 000 个基因中，仅 229 个基因在两组胚泡间差异显著，在这些发生改变的基因中，主要涉及细胞周期、细胞信号及能量代谢途径。与延迟胚泡相比，HB-EGF 在激活胚胎中显著上调。利用小鼠延迟着床模型，对处于延迟和激活的胚泡进行蛋白质组分析，共检测到 2255 个蛋白质，其中蛋白质翻译、有氧糖酵解、戊糖磷酸途径、嘌呤核苷酸合成、谷胱甘肽代谢及染色质组织等过程差异显著。在重新激活的胚泡滋养层中，内涵体-溶酶体系统显著增强，并在母胎界面上具有活跃的吞噬活性，表明在滋养层侵入方面具有重要作用。

6. 生长因子的变化

在激活反应中，子宫分泌物中一些对胚胎生长起重要作用的生长因子（如 LIF、IGF、EGF、PDGF、FGF、TGF-β 等）有明显变化。在貂子宫中，在延迟着床期间 LIF 浓度较低，在激活反应的前两天有短暂的升高。与此相似，在延迟着床期间臭鼬子宫中 LIF mRNA 的表达水平较低，当胚泡恢复发育时显著升高，并维持高水平直到着床。臭鼬子宫中可检测到两种 LIF 受体 mRNA，它们的浓度随着胚泡的恢复发育而逐渐增加，但在胚泡激活后期，又稍有下降。此外，尤氏大袋鼠胚泡可通过 IGF 的介导，使细胞内葡萄糖浓度增加，从而激发其内部新陈代谢。小鼠胚泡激活时，雌激素在着床位点可诱导产生 HB-EGF 样生长因子。臭鼬胚泡激活前，EGF 与 EGF 受体均显著增加。以上结果显示，许多生长因子在延迟着床期间不存在，但在雌激素激活胚泡的同时迅速产生。因此，胚泡的成功激活需要一个复杂的细胞信号传导网络。

三、调控延迟着床的一些关键分子

1. let-7

将休眠胚泡与激活胚泡相比，在所检测的 238 个 microRNA 中有 45 个差异表达。在激活后，let-7 家族所有 9 个成员中有 5 个显著下调。在小鼠胚泡中过表达 let-7a，可降低体内着床点的数目，降低胚泡在体外纤粘连蛋白表面黏附及扩展的比例。通过预测和验证，整合素β3 为 let-7a 的一个靶基因。let-7a 过表达后对胚泡黏附及扩展的抑制作用可通过过表达整合素β3 来部分抵消。这些结果表明，let-7a 通过调节整合素β3 来调控着床过程。

2. 鸟氨酸脱羧酶

以前的研究认为，多胺是胚胎滞育调控的一个主要调节分子。在小鼠中，抑制多胺合成的限速酶——鸟氨酸脱羧酶（ornithine decarboxylase，ODC1）可很大程度上阻断胚胎着床，但未着床胚泡的命运仍不清楚。从妊娠第 3.5～6.5 天，用 ODC1 的抑制剂处理妊娠小鼠，第 7.5 天检查时 72%的雌鼠中未见着床，剩余的雌鼠中显示胎盘形成紊乱及胚胎退化。在未见着床的雌鼠中，可观察到增殖能力减弱的活胚泡，显示为滞育状态。将这些胚泡在体外培养时，这些胚泡显示滋养层外向生长，为胚胎发育重新激活的特征。相反，将第 3.5 天胚泡在体外直接用 ODC1 抑制剂处理，并不能使这些胚泡进入滞育状态。ODC1 抑制剂处理后的子宫中多胺及相关基因表达分析显示，这些子宫表型类似于滞育期的子宫。这表明子宫缺乏多胺可导致子宫进入静息期、胚泡进入滞育状态。在水貂中，抑制鸟氨酸向腐胺的转变可以可逆性诱导胚胎发育停滞，使得内细胞团及滋养层细胞增殖受阻。用 0.5 μmol/L、2 μmol/L 及 1000 μmol/L 的腐胺处理，可激活水貂胚胎。用催乳素处理可激活 ODC1 的表达，从而激活胚胎着床。

3. Myc

在 MEK 和 GSK3β抑制剂存在时，小鼠 ES 细胞可维持在发育多能性的原始状态。原始状态的 ES 细胞表达低水平的 Myc。将 c-Myc 和 N-Myc 敲除或将 Myc 活性进行药理性抑制，均可强烈抑制转录、剪切及蛋白质合成，导致增殖阻滞。这个过程是可逆的，将影响多潜能的因素去除后就可实现，表明去除 Myc 的干细胞可进入一种休眠状态，类似于胚胎滞育。在滞育的小鼠胚泡中，也没有 c-Myc 表达。而且，敲除 c-Myc 和 N-Myc 的 ES 细胞与滞育胚泡的基因表达谱很相似。将 Myc 抑制后，着床前胚泡将进入生物合成的休眠期。将这些胚泡移植到假孕受体中后，这些胚胎可通过正常的胚胎发育，表明 Myc 控制干细胞的生物合成机器，并不影响发育潜能，从而调节着这些细胞进出休眠状态。

4. 自噬

自噬是一个细胞降解途径，是整合性应激反应的主要部分。延迟着床时，处于休眠状态的胚泡经历自噬激活，是胚胎在不良环境下在子宫中延长存活期的一种适应性反应。激活着床时，在休眠胚泡的滋养层中可观察到多泡体（multivesicular body）的积累。由于自噬体可与多泡体融合，且有效的自噬性降解需要功能性的多泡体。休眠期间自噬的激活是激活胚泡中多泡体形成的先决条件。用 PD173074 阻断 FGF 信号通路，可部分抑制这些胚泡中多泡体的形成，表明 FGF 信号途径参与此过程。休眠后激活胚泡中多泡体的形成可能是清理延迟着床过程中积累的亚细胞碎片的一种方式。

ROS 是正常代谢中由细胞产生的，但在应激条件下水平显著升高。用 CM-H2DCFDA 荧光素标记检测第 8 天（短期休眠）及第 20 天（长期休眠）的胚泡中的 ROS 发现，ROS 产生并不受休眠状态的影响，即休眠和激活胚泡中均具有高水平的 ROS。但长期休眠组胚泡中的 ROS 水平要高于短期休眠组。在短期休眠组胚泡中，体外用自噬的抑制剂 wortmannin 或 3-MA 处理，均可增加 ROS 的产生；但在长期休眠胚泡中，抑制自噬后对于 ROS 水平影响不大。延迟着床期间，休眠胚泡中自噬增加可能是降低氧化应激的一种方式。ROS 的产生可能是胚泡长期休眠着床能力降低的原因之一。

5. Msx1

高度保守的同源盒基因家族成员 Msx1 和 Msx2 在 3 个不相关的哺乳动物的滞育期

均持续表达，但胚泡激活和胚胎着床时这些基因的表达迅速下调。将小鼠子宫中的 Msx1 及 Msx2 敲除后，这些小鼠不能进入胚胎滞育及发生激活。与小鼠相似，在北美水貂及澳大利亚塔乌尔沙袋鼠中，Msx1 及 Msx2 在滞育期持续表达，但在激活后迅速下调。Msx 基因在滞育期的作用由其靶基因 *Wnt5a* 来介导。

6. mTOR

mTOR 突变的胚胎由于胚胎及胚外部分的细胞增殖缺陷，着床后不久便致死。INK128 可抑制 mTORC1 和 mTORC2 复合体，用 INK128 处理可降低 mTOR 活性，可使胚泡在体外进一步培养 9～12 天，最长可在体外培养 22 天。另外一个新开发的抑制剂 RapaLink-1 可抑制 mTORC1 和 mTORC2 复合体，可使胚泡在体外培养的时间比 INK128 更长。用这些抑制剂处理卵裂期的胚胎仅能使发育到胚泡期的时间稍微延长一点，但 mTORC1 复合体的抑制剂雷帕霉素仅能使胚泡的培养时间延长一小段。这些 mTOR 受抑制的胚泡具有扩展很好的胚泡腔，也表达 Nonog、OCT4 及碱性磷酸酶等多能性的标志，也可以从这些胚泡中获得正常的胚胎干细胞。此外，把这些 mTOR 抑制的胚泡移植到假孕小鼠体内后，也能获得健康的仔鼠。

第四节　蜕　膜　化

妊娠的起始标志着胚胎发育和子宫分化这两个独立过程的成功结合。子宫的分化由来自卵巢的雌激素和孕酮严格调控。在排卵后，由于孕酮浓度的升高，子宫内膜的表层（功能层）发生广泛的重建。这一过程涉及月经周期分泌期后期的子宫腺上皮向分泌型转变，以及以后的基质蜕膜化。在早期妊娠中，基质纤维细胞分化为蜕膜细胞的过程对于着床和胚胎的存活是必需的。蜕膜持续增大一段时间后，开始变薄，分娩时在胎盘底部作为母体胎盘而遗留下来。在食肉类、啮齿类、灵长类等动物中，由于此膜在分娩时脱落，故有蜕膜之称。子宫蜕膜化对于母体妊娠的建立和维持是很重要的，蜕膜化是子宫基质细胞形态功能发生变化的一个过程。蜕膜化仅发生在胎盘形成时滋养层穿过腔上皮的物种，蜕膜化的程度常与滋养层侵入的深度有关。

一、各种动物的蜕膜化

绵羊和猪均为非侵入性着床，但它们的滋养层细胞侵入子宫壁的程度是不同的。猪为真正的上皮绒毛型（epitheliochorial）胎盘，子宫的腔上皮在妊娠过程中一直保持完整，胎儿并不穿过母体组织，胎儿的滋养层细胞只是简单地黏附到腔上皮的顶部表面，与子宫基质细胞不接触。绵羊为合体上皮绒毛型（synepitheliochorial）胎盘，腔上皮细胞失去完整形态（disintegration）后形成上皮的侵蚀区，滋养层细胞可迁移入此区并与剩余的上皮细胞融合形成合胞体，但并不侵入基质中。在妊娠第 19 天后，胎儿组织与母体的基质并行排列，但并不侵入基质。在绵羊妊娠第 13～35 天的子宫内膜中，可观察到类似于蜕膜化过程的基质细胞的转变。OPN、结蛋白（desmin）及α-平滑肌肌动蛋白（αSMA）等蜕膜化的标志分子均在绵羊的妊娠子宫基质中表达，而在猪中仅有α-平滑肌肌动蛋白表达。

人大约在月经周期的第 23 天，当孕酮浓度仍然很高时，内膜的基质细胞开始转变为类似于早期蜕膜中的细胞。这一过程起始于螺旋动脉周围的细胞，以后逐渐在内膜中扩散。子宫内膜浅层 2/3 区域的血液供应来自螺旋动脉，而螺旋动脉仅在有月经周期的动物中才有。在这些血管的生长过程中，其螺旋化程度逐渐增加，一直到排卵后第 3 天为止。当妊娠继续进行时，这一过程就变得特别明显。这些蜕膜细胞为圆形，具有肌成纤维细胞（myofibroblast）的特征，可分泌催乳素。

蜕膜为一暂时性组织，在小鼠妊娠第 4.5 天胚胎黏附时开始发育。在以后 3 天中，胚胎黏附点周围的蜕膜细胞广泛增殖和分化，最终变得更大，常具有双核或多倍化。分化过程中形成的多倍化基质细胞最终凋亡，凋亡可限制蜕膜细胞的寿命，可允许胎盘扩展和发育。在侵入期结束后，蜕膜大多数退化。

人的蜕膜化起始于子宫腺体基部附近的血管周围。雌激素和孕酮连续刺激可诱导蜕膜化扩展至整个黄体期及妊娠子宫内膜中。在小鼠中，蜕膜化为一解剖学上极性化的过程。在胚泡黏附位点，蜕膜化起始于子宫的系膜对侧，围绕着床小室形成初级蜕膜区，此区无血管。在第 5.5 天，靠近初级蜕膜区的基质细胞增殖和分化形成一个外包的血管化的次级蜕膜区。到第 6.5 天，次级蜕膜区充分发育。然后，蜕膜化扩展到系膜对侧形成底蜕膜，此区为子宫动脉的最大分支。底蜕膜总与胎盘起始发育的部位共定位（图 9-18）。

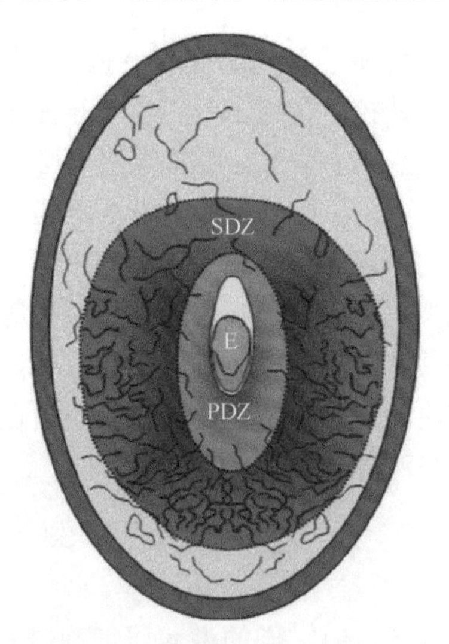

图 9-18　小鼠初级及次级蜕膜化过程中的血管分布（修改自 Huppertz and Peeters，2005）。E：胚胎；PDZ：初级蜕膜区；SDZ：次级蜕膜区

二、蜕膜化的形态学特征

1. 形态学变化

在排卵后几天内，约在月经周期的第 18 天，表面的基质开始出现水肿，到 21 天时范围扩大。自第 23 天开始，接近终末螺旋动脉处的基质细胞的细胞质显著增大，到 25 天时，这个过程扩展于具有水肿的表面内膜的大部分区域，并逐步由具有丰富细胞质和

大核的基质细胞替代。第 27 天时表层的内膜区域趋于稳定，基质细胞与妊娠蜕膜难以区别。在月经周期的增殖期，腺上皮的有丝分裂活性及假复层程度增加。排卵后，腺体开始向分泌性转化，在黄体期达到峰值。

蜕膜化过程最明显的特征是内膜基质的成纤维细胞发生向上皮性的蜕膜化细胞的剧烈转变。与大多数种类相反，人类内膜基质的蜕膜化过程不依赖于着床胚胎的存在。在一个 28 天月经周期的第 23 天，蜕膜化最早出现于表层内膜中螺旋动脉周围的基质细胞中。在妊娠期间，蜕膜化反应将扩展至基底层，调节滋养层侵入及胎盘形成。蜕膜化过程以表达催乳素（PRL）、WNT4 及 IGFBP-1 等为特征，其过程受阻与不孕症、反复流产、子宫胎盘失调、内异症及内膜癌等相关。

子宫内膜对着床胚胎发生应答后，开始发生蜕膜化，导致子宫的重量和体积增加。这种增长并不仅仅是由于子宫基质细胞的增殖和分化，也由于骨髓来的各类免疫细胞在子宫内膜中侵润，以及由于血管通透性的增加及组织水肿的发育导致的组织膨胀。因此，在黏附后，胚胎是典型地包围在一个膨大的蜕膜组织中。蜕膜的形成是胚胎着床过程中一个重要的部分。

在人子宫中，一些基质细胞的蜕膜化转化大约发生在月经周期的第 23 天。这一过程起始于子宫内膜功能层上部的螺旋动脉及毛细血管附近。在超微结构上，基质细胞在分化过程中逐渐增大、细胞核变圆、核仁的数目增加及复杂性增加、粗面内质网及高尔基复合体膨大，以及细胞质中糖原和脂滴积累。在蜕膜化的前体细胞表面有很多细胞质突起，可穿越周围的基板。这些突起也能任意向细胞外基质中延伸或使邻近细胞的细胞质呈锯齿状。在基质细胞间能见到紧密连接，但见不到真正的桥粒。另外，同一细胞的突起间也能形成间隙连接。

人蜕膜由大蜕膜细胞（large decidual cell，LDC）、内膜颗粒性细胞（endometrial granulated cell，eGC）及小蜕膜细胞构成。大蜕膜细胞为形成蜕膜的主要细胞类型，也决定了蜕膜组织的形态特征。在着床前和着床期间，大蜕膜细胞的前体细胞位于子宫腔上皮的基膜下面。在以后的分化过程中，大蜕膜细胞变为纺锤形。啮齿类的大蜕膜细胞最终形成一个上皮样结构，具有腺体的特性。在人蜕膜中，大蜕膜细胞数量最多，占整个蜕膜的 60%～90%，但在不适宜的情况下，这个比例可下降到 35%。人和大鼠的内膜颗粒性细胞具有低水平的自然杀伤细胞活性及高水平的自然抑制活性。自然杀伤和自然抑制特性的结合使内膜颗粒细胞具有免疫调节功能。蜕膜的其他功能包括子宫中炎症的控制及控制滋养层细胞的生长和扩展。在妊娠过程中，蜕膜细胞的生存时间是有限的。

2. 基质-上皮转换

上皮-间充质转换在胚胎发育、肿瘤发生及转移等过程中起关键作用。蜕膜化过程中，基质细胞的形态发生显著改变，由梭形变为上皮样形态（图 9-19）。在人蜕膜化过程中，不仅 IGFBP-1、PRL 及 FOXO1 等基因表达显著上调，也伴随着转录抑制因子 Snail 的下调，以及上皮性标志分子 E-cadherin 的显著上调。这表明蜕膜化过程中，成纤维细胞样基质细胞逐步转变为上皮样的蜕膜化细胞。这种基质-上皮转换同样也发生在小鼠的蜕膜化过程中。

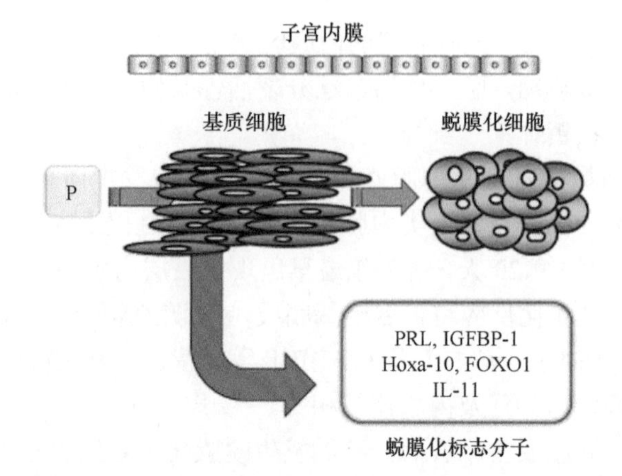

图 9-19 人蜕膜化过程中的基质-上皮转换及标志性分子（修改自 Okada et al.，2014）

3. 多倍化

多倍化在几种动物和人的细胞中已有报道，但这个过程的发育调节机制仍不清楚。在正常的生物学过程及病理状态时均发生多倍化。蜕膜多倍化细胞是一终末分化细胞，对于胚胎着床及胚胎在子宫内的继续发育至关重要。很多蜕膜细胞都经历核内复制（endoreduplication，polyploidy），细胞经历数轮 DNA 复制但不发生细胞质分裂。核内复制通过促进基因转录以增加蛋白质合成，从而支持胚胎生长。

将小鼠蜕膜中的多倍化细胞和非多倍化细胞纯化后，进行基因表达谱分析。与非多倍化细胞相比，在多倍化细胞中上调的基因主要与细胞质及核分裂、ATP 结合、代谢过程及线粒体活性相关，而下调的基因主要与凋亡及免疫过程相关。在多倍化细胞中，线粒体量及 ATP 产生显著升高。抑制线粒体活性可显著降低多倍化比例。

HBEGF 通过上调 Cyclin D3 来促进基质细胞的多倍化，敲低 Cyclin D3 可显著降低 HBEGF 诱导的基质细胞多倍化。在敲除 death effector domain-containing protein （Dedd）的小鼠中，由于蜕膜化失败导致小鼠不育。Dedd 敲除小鼠的胚胎着床正常，但第 5.5 天时存活的胚胎数显著减少，到第 9.5 天已无存活胚胎。在 Dedd 敲除小鼠中，蜕膜区发育及着床后水肿均有缺陷，以后着床点结构紊乱，导致胚胎在胎盘形成前死亡。在敲除小鼠中，多倍化细胞明显减少，这种蜕膜化的缺陷可能是由 Akt 水平降低引起的。过表达 Akt 可挽救多倍化。此外，Dedd 主要与 Cyclin D3 相关并稳定 Cyclin D3，后者在多倍化中起重要作用。过表达 Cyclin D3 可改善 Dedd 敲除小鼠中的多倍化。

转录因子 E2F8 在小鼠蜕膜细胞中高表达，由孕酮通过 HB-EGF-EGFR-ERK-Stat3 途径上调，E2F8 通过下调 Cdk1 促进多倍化过程。E2F8 介导的多倍化是对蜕膜化过程中应激的一种反应。在人蜕膜中未检测到多倍化现象，且 E2F8 在此期下调。E2F8 调节多倍化的机制在人和小鼠中有所不同。虽然在啮齿动物中已确认存在蜕膜化的多倍化，但人中仍需验证。

哺乳动物发育过程中基因组核内复制为一稀有事件。在胚胎发育中，敲除成纤维细胞生长因子 4（FGF4）可诱导滋养层干细胞分化成非增殖性的滋养层巨细胞，后者为胚胎着床所必需的。将进行有丝分裂必需的 CDK1 用 RO3306 进行抑制后，可以诱导滋养层干细胞分化成滋养层巨细胞。同样，FGF4 缺失也可通过过表达两个 CDK 特异的抑制分子 p57/KIP2 及 p21/CIP1 导致 CDK1 得以抑制。滋养层干细胞的突变体研究证实，p57 通过抑制 CDK1 来促进核内复制过程，而 p21 则抑制检验点蛋白激酶 CHK1 的表达，从而阻止凋亡的发生。对敲除 Cdk2 的滋养层干细胞的研究发现，当 CDK1 受到抑制时，CDK2 对于核内复制是必需的。因此，滋养层干细胞的核内复制是由 p57 抑制 CDK1 来诱发的，并伴随着 p21 抑制 DNA 损伤反应。

4. 免疫细胞

蜕膜 NK 细胞（dNK）在早期底蜕膜中存在的母体免疫细胞中占绝大多数（约占存在的白细胞的 70%）。在底蜕膜处，EVCT 侵入母体组织中。在正常妊娠中，dNK 的表型很特殊，不同于外周血中的 NK 细胞，主要的 dNK 亚群是以 $CD56^{bright}/CD16^{-}/CD160^{-}$ 为特征，属非细胞毒性表型，而 90%的外周血 NK 细胞则为 $CD56^{dim}/CD16^{+}/CD160^{+}$，为细胞毒性表型。尽管它们具有丰富的细胞内溶解性颗粒，内含 perforin、granzyme 及 granulysin，但 dNK 细胞的细胞毒性很弱。与血循环中的 NK 细胞相反，dNK 细胞杀伤非感染性靶细胞的能力也很差。

巨细胞病毒（human cytomegalovirus，HCMV）感染能够调节 dNK 细胞的受体特性，将 dNK 细胞与自体巨细胞感染的基质细胞共同培养，可增加 $CD56^{dim}$ dNK 细胞的数量，并伴随着 CD16 及 NKG2C 激活受体的出现，这标志着细胞毒性的出现。感染刚地弓形虫的 dNK 细胞也表现细胞毒性的特征。这些结果表明，当蜕膜受到病原菌感染时，妊娠子宫中的 dNK 细胞能够获得细胞毒性能力。

在类固醇激素的作用下，月经周期中内膜和肌层中的白细胞的群体有所波动。在人中，排卵及卵巢中孕酮的产生刺激白细胞数量迅速增加，使之达到月经周期分泌中-晚期所有内膜细胞的 40%。白细胞数量的增加主要是子宫 uNK 细胞积累所致。在小鼠底蜕膜发育期间，uNK 细胞的数量也显著增加，而巨噬细胞、单核细胞来的细胞及树突细胞在肌层中的增加更明显。Tregs 细胞等 T 细胞在小鼠早期的底蜕膜中丰度较低，主要分布于血管内或肌层中。与人相反，在小鼠早期蜕膜中，B 细胞数量较多，在第 5.5 天占 5%，到第 9.5 天占 20%。底蜕膜允许白细胞选择性进入，这种选择性进入对于免疫耐受等至关重要。

三、蜕膜化的功能

蜕膜化是侵入性着床的灵长类和啮齿类动物所特有的，在具有中央和非侵入性着床的动物（包括家畜）中并不存在。大量的证据表明，蜕膜化对于协调滋养层细胞的侵入及胎盘形成是必需的。在具有血绒毛膜胎盘的各种动物中，蜕膜化的程度似乎与滋养层细胞侵入的程度有关。蜕膜化的子宫内膜似乎也有能力限制滋养层细胞的侵入特性。小鼠的滋养层侵入的程度及持续时间在妊娠或假孕的蜕膜化子宫内膜中较小且较短，而在肾、睾丸、脾、肝和脑等子宫外的位点，以及未妊娠及非蜕膜化的子宫内膜中则较大且较长。而且，由人蜕膜化细胞制备的条件培养基能够抑制绒毛癌细胞（BeWo choriocarcinoma cell）的生长及滋养层细胞的侵入。

在灵长类和啮齿类动物中，当滋养层细胞穿越子宫的腔上皮屏障，并与子宫的基质相接触时，子宫的基质并不具有屏障的作用。然而，胚胎从上皮到基质环境的转变促使基质中发生一系列的反应，即蜕膜化过程。基质细胞分化成上皮样的蜕膜细胞，在胚体的周围形成一个小室，从而可限制滋养层细胞向周围的子宫区域侵入。

此外，在妊娠期间，蜕膜的一个重要功能是作为免疫屏障，以保护胎儿不被母体所排斥。蜕膜作为母体的子宫组织，在保护胎儿免受母体免疫系统攻击以及在胎盘形成前为发育胚胎提供营养支持方面起重要作用。然而，有很多问题需要回答：①在胎盘血管连接确立以前，蜕膜是怎样为生长胚胎提供营养及提供物理支撑的？②蜕膜是怎样在阻止抗胚胎的免疫反应与防止胎儿和母体免于感染方面取得平衡的？蜕膜巨噬细胞和子宫树突样细胞应该是通过平衡细胞因子和促进 Treg 细胞的产生来调节获得性免疫。在蜕膜化过程中，子宫中的血管和组织重塑为发育胚胎提供营养和物理支撑。从胚胎及蜕膜组织分泌的各类细胞因子和趋化因子可激活胚胎着床过程中的很多信号通路。早期妊娠期间蜕膜发育的缺陷可导致妊娠损失或晚期妊娠的并发症。

（一）感受器作用

人类生殖的一大特点是大量的胚胎浪费，主要是由于具有很大比例的非整倍体胚胎。现在认为，母体采取的策略是在阻止具有侵入性但存活率很差的胚胎上面。这种策略的关键是近来提出的子宫内膜作为感受器的概念。此概念首先是在人体外胚胎与蜕膜化细胞共培养过程中证实的，以后在小鼠体外模型中也得到了验证。近来，越来越多的证据支持蜕膜化子宫内膜作为感受器，开始关注子宫内膜探测到胚胎来源信号的本质以及什么因素决定是继续还是停止子宫内膜反应。

现在认为，当胚胎黏附到母体子宫后，子宫内膜的基因表达型式可以反映妊娠的最终结局。在牛中，胚胎逐步且永久性地在妊娠第 20 天黏附到子宫内膜上。当牛子宫中存在体内受精的胚胎、体外受精的胚胎或克隆胚胎时，比较子宫内膜的基因表达谱发现，当胚胎在着床后才发生一些改变时，子宫内膜作为一个感受器已经有能力微调生理活动对于所存在胚胎的反应性。与体内受精胚胎相比，具有克隆胚胎的子宫内膜已经在调节代谢及免疫功能相关的信号途径方面进行了一些调整，但体外受精胚胎存在时这些变化不明显。确定胚胎着床时子宫内膜可塑性的极限将为理解母体环境对胚胎发育及妊娠成功的影响提供帮助。

与大多数哺乳动物相反，人子宫内膜的蜕膜化过程不依赖于胚胎着床。相反，这一过程是由排卵后孕酮水平的升高及局部 cAMP 的升高驱动的。作为对孕酮水平下降的反应，自发性蜕膜化过程引发子宫内膜月经期脱落及周期性再生。大量的证据表明，蜕膜化过程由胚胎到母体控制的转变代表一个主要的进化性适应，用于适应来自侵入性及染色体各异的人胚胎的挑战。这个概念推测蜕膜化基质细胞有能力对每个胚胎产生差异性的反应，从而决定这个胚胎是着床后继续发育还是促使早期排斥。而且，月经出血及周期性再生涉及干细胞的募集，使得子宫内膜有能力适应蜕膜化反应从而最大限度地使妊娠成功。

利用蜕膜化的基质细胞与单个孵化的胚泡进行共培养。在 3 天的培养后，几乎 75% 的胚胎停止发育，剩余的胚胎则继续正常发育。在此过程中检测 14 个基质细胞分泌的着床相关因子表达发现，正常发育的胚胎对于蜕膜因子的分泌没有影响，但停滞发育的胚胎则产生强烈的反应，对 IL-1β、IL-6、IL-10、IL-17、IL-18、Eotaxin 及 HB-EGF 的分泌具有显著的抑制作用。但将未分化的基质细胞与单个胚胎进行共培养，无论正常胚胎还是停滞发育的胚胎对于基质细胞的分泌均无影响。在缺乏胚胎时，来自正常妇女及反复流产妇女的蜕膜化基质细胞的迁移率是一样的。当放入低质量的胚胎时，正常妇女的蜕膜化基质细胞的迁移受到抑制。但对于来自反复流产妇女的蜕膜化基质细胞，放入高质量胚胎和放入低质量胚胎时基质细胞的迁移率没有差别。这些结果表明，正常可生育妇女的蜕膜化细胞可区分胚胎的质量，但来自反复流产妇女的基质细胞则不具备这种能力。因此推测，基质细胞在分化成蜕膜细胞后可以感受到胚胎的质量。考虑到在人类胚胎中存在大量的染色体异常胚胎，月经出血后周期性的蜕膜化过程可能代表了一种胚胎选择机制，从而限制母体在发育受阻的妊娠方面进行投资（图 9-20）。

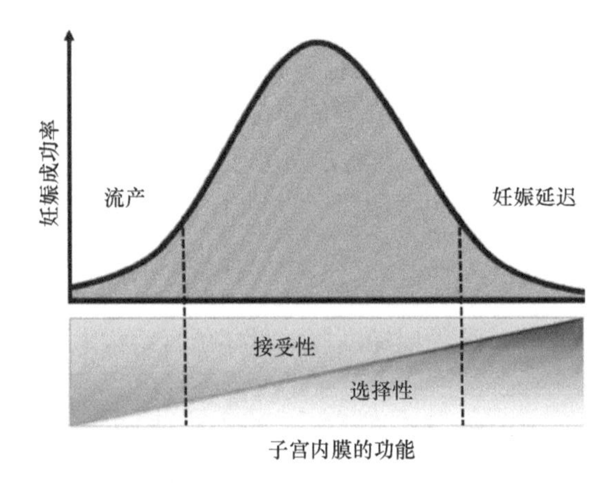

图 9-20　子宫内膜的感受器功能（修改自 Macklon and Brosens，2014）

人类胚胎常携带大量复杂的影响胚胎正常发育的染色体错误。很多受影响的这类胚胎在最终被排斥以前，可能已经穿过内膜上皮植入蜕膜化基质中。发育受阻的胚胎可在人蜕膜化细胞中启动内质网应激反应。在体内，当子宫暴露于低质量胚胎的条件培养基后也可引起应激反应。相反，来自体内发育能力好的胚胎的信号则激活与代谢酶及着床因子调控相关的基因网络。着床前胚胎释放的丝氨酸蛋白酶-胰蛋白酶，可在内膜上皮细胞引发 Ca^{2+}信号途径。发育潜力好的胚胎引发一个短暂的 Ca^{2+}振荡，但低质量胚胎则引发一个高强度的延时的 Ca^{2+}反应，这表明这种正向及负向的机制有助于在着床时对人类胚胎进行积极选择。

近来通过实验性干涉手段，已经揭示了子宫内膜作为动态的反应性实体的功能。子宫内膜组织结构和功能方面持续的或短暂的改变可能通过表观修饰等极大地影响着床前胚胎的发育轨迹，包括胎盘形成、胎儿的发育、妊娠结局及出生后胎儿的健康。开发基于子宫内膜方面的诊断性或预后工具可以判断母体的生殖能力或胚胎的发育潜力。

（二）保护胎儿以免被母体排斥

蜕膜在母体对半同种异源的胎儿胎盘的免疫耐受及保护胎儿以免被母体排斥方面

起重要作用，这些作用主要由uNK细胞及调节性T细胞（regulatory T cell，Treg）来介导。子宫中的NK细胞被认为具有细胞毒性，可杀死干扰的细胞及癌细胞，但妊娠期间子宫中的NK细胞则失去杀伤功能，起支持性作用。在母胎界面上存在的正在分化的基质细胞在招募$CD56^{bright}/CD16^{-}$ uNK细胞中起重要作用，uNK细胞通过IFN-γ来控制炎症性Th17细胞，从而促进免疫耐受及成功妊娠。uNK细胞也能通过表达galectin-1及glycodelin A等免疫调节分子来抑制T细胞的功能。Galectin-1为T细胞增殖和生存的抑制剂，可促进蜕膜中活化的T细胞的凋亡。Glycodelin A可与T细胞表面的酪氨酸磷酸酶受体CD45相互作用来抑制T细胞活化。但在自发性流产患者中，由于局部的炎症反应导致uNK细胞失去介导T细胞反应的能力。

Tregs细胞为$CD4^{+}$ $CD25^{+}$ T细胞，可抑制其他免疫细胞的活性，参与下调免疫反应。Tregs细胞也产生IL-10等免疫抑制性细胞因子来保证免疫耐受。Tregs细胞对于妊娠维持至关重要。蜕膜中这些细胞及IL-10的减少与反复流产有关，并伴有Th17细胞的增加。由于Tregs细胞中的IL-10信号途径对于抑制Th17细胞介导的炎症是必需的，很可能Tregs细胞通过IL-10来抑制Th17介导的炎症反应，来调节免疫耐受。此外，蜕膜化细胞也能通过诱导Fas配基（FasL）表达，来诱导激活的T细胞发生凋亡。蜕膜化作为守护者，通过阻止T细胞来控制免疫耐受，以免T细胞攻击发育胚胎。

（三）限制滋养层过度侵入

人的着床及胎盘形成涉及滋养层深度侵入母体子宫结构中。蜕膜为滋养层侵入过程中与子宫相互作用的结构。蜕膜形成一致密的细胞外基质，一方面可形成一微环境促进滋养层黏附及侵入，另一方面限制滋养层侵入的程度。因此，蜕膜细胞的细胞外基质为滋养层侵入的靶标。蜕膜化细胞通过包裹胚泡参与侵入过程。滋养层侵入需要蛋白水解性降解及蜕膜细胞外基质重塑。蜕膜化细胞也能产生MMP，所产生的MMP的水解能力与滋养层产生的相当。在体外模型中，围绕胚泡的人蜕膜细胞向外迁移为滋养层的外向迁移提供空间。蜕膜产生的EMI1（elastin microfibril interfacer 1）为一结缔组织糖蛋白，可吸引正在迁移的绒毛外滋养层细胞。另外，蜕膜和其微环境也在保护子宫内膜免受侵入破坏方面起重要作用。来自人蜕膜细胞的条件培养基可抑制培养的绒毛癌BeWo细胞生长及滋养层细胞侵入。TIMP可抑制MMP的作用。在人中，TIMP可阻止滋养层的侵入。孕酮处理后，蜕膜化细胞中的TIMP-3表达水平上调。蜕膜化细胞也分泌TGFβ来抑制滋养层细胞产生MMP。

（四）抵御氧化应激

母胎界面的完整性对于胎儿的存活至关重要。母胎界面由母体蜕膜及侵入的胎盘滋养层组成，在妊娠期间要面对剧烈的氧压变化。人蜕膜化的基质细胞对于氧化应激诱导的凋亡具有很强的抵抗力。在蜕膜化过程中，FOXO1显著上调，可增加线粒体中抗氧化的锰-超氧化物歧化酶表达增加，但敲低FOXO1并不能增加蜕膜细胞对氧化应激的敏感性。用H_2O_2处理可使未蜕膜化细胞中FOXO3a显著升高，但在蜕膜细胞中并不能诱导此基因表达。在蜕膜细胞中过表达一个活性的FOXO3a突变体可诱导凋亡，在未蜕膜细胞中敲低 FOXO3a 可降低凋亡。这些结果表明，蜕膜化过程中 FOXO1 上调可促进蜕膜细胞抵御氧化应激，而与此同时 FOXO3a 的降低则可阻止氧化性细胞死亡激活。Crystallin αB（CryAB）为一小热激蛋白，在小鼠的蜕膜化过程中显著上调并发生磷酸化。在应激或体外蜕膜化条件下，CryAB 经 p38-MAPK 途径磷酸化。敲低 CryAB 后，氧化应激或炎症条件下的细胞凋亡显著增加。

四、蜕膜化过程的调控

自狒狒实验中得来的结果表明，蜕膜化过程可分为两个阶段。第一阶段是由激素调节的增殖期，以正在分化的成纤维细胞中表达细胞骨架蛋白——α-平滑肌肌动蛋白为标志，并不依赖于胎儿的存在。这一阶段主要受 CG 和孕酮调节。对胚胎刺激发生应答后，细胞骨架发生重构等变化也许与蜕膜中的整合素和细胞外基质结合有关，而且在 CG 的作用下及妊娠确立后细胞外基质也发生很大的改变。第二阶段需要胚胎的存在，以α-平滑肌肌动蛋白的下调及胰岛素样生长因子结合蛋白-1（insulin-like growth factor binding protein，IGFBP-1）的诱导表达为特征。α-平滑肌肌动蛋白为与细胞骨架相关的重要的丝状蛋白。在狒狒月经周期的基质成纤维细胞中并不表达，但在妊娠期子宫内膜的基质细胞中则表达。α-平滑肌肌动蛋白的存在与细胞的上皮细胞形态或圆形有关。在早期妊娠中，基质细胞中α-平滑肌肌动蛋白的表达有一个转换过程。随着α-平滑肌肌动蛋白的表达消失，在这些细胞中 IGFBP-1 开始表达。已证实，IGFBP-1 可抑制滋养层细胞的迁移，而α-平滑肌肌动蛋白可在转录水平抑制 IGFBP-1 的产生。在滋养层黏附以前，α-平滑肌肌动蛋白的诱导表达使得 IGFBP-1 的产生受到抑制，从而有利于滋养层细胞迅速迁移进入母体的子宫内膜中。

在人月经周期的分泌期，在雌激素、孕酮和松弛素等的作用下启动蜕膜化反应，并伴随着催乳素和 IGFBP-1 等蛋白质的表达。在人中，不论着床发生与否，在月经周期的第 23 天均可观察到基质水肿，并在 3～4 天后，在螺旋动脉附近开始出现前蜕膜化反应，一直扩展到子宫内膜的上部 2/3 的区域。如果发生了着床，则蜕膜化反应一直持续进行，最终形成妊娠蜕膜。相反，狒狒在月经周期中并不经历前蜕膜化反应。但在着床后，基质的成纤维细胞发生广泛的改变，在狒狒和恒河猴中形成蜕膜。

以 PRL 及 IGFBP-1 表达来衡量，孕酮本身是一个人基质细胞蜕膜化过程中的弱诱导剂。然而，在体内孕酮与雌激素一起调控正在分化的内膜及免疫细胞。雌激素本身并不能诱导蜕膜化，但当与孕酮一起长时间处理，可诱导蜕膜化过程。脱离蜕膜化环境后，孕酮和雌激素并不是很强的蜕膜化诱导剂。尽管在体内孕酮可能是蜕膜化的启动因子，但在体外孕酮必须与一些可升高细胞内 cAMP 的因子共同作用才能有效地诱导蜕膜化。近年来，关于孕酮对蜕膜化诱导的必需性已经受到质疑，因为外周血中孕酮浓度很低的妇女也可正常妊娠。此外，在体外单独升高 cAMP 的浓度时，也可发生蜕膜化。在啮齿类动物中，单独用孕酮可诱导蜕膜化。这表明在妇女中，一些受孕酮和 cAMP 影响的未知因素可能在分泌期的内膜中精心组织，而这些因素与蜕膜化和催乳素产生直接相关。用 IL-1 处理可阻止蜕膜化的发生，IL-1 可降低催乳素的产生，并阻止分化为蜕膜样细胞。

但现在还不知道IL-1是否与内膜细胞中的腺苷酸环化酶系统相作用。

蜕膜化反应的起始需要持续升高的细胞内 cAMP 浓度。PGE_2、松弛素、促肾上腺皮质激素释放因子、LH 和 FSH 等均能结合到子宫内膜基质细胞表面的受体上，可激活偶联的 G 蛋白。处于活性状态的 G 蛋白可以是刺激性的（Gs），也可以是抑制性的（Gi）。刺激性的 G 蛋白可激活腺苷酸环化酶或磷脂酶 C 等，从而产生 cAMP 和 DAG 等重要的第二信使分子。孕酮、cAMP、 松弛素、促性腺激素、糖蛋白激素的α亚单位及 PGE_2 等很多物质均能诱导或促进基质细胞的体外蜕膜化。在分离培养的人子宫基质细胞中，17β-雌二醇加孕酮能很有效地诱导催乳素的分泌，而催乳素为人蜕膜化的一个主要的标志分子。此外，以前发现在体外蜕膜化过程中 hCG 能诱导细胞内 cAMP 的增加，认为 hCG 能通过增加细胞内 cAMP 的浓度来诱导体外的蜕膜化，而且 hCG 也能促进 17β-雌二醇加孕酮共同诱导的蜕膜化过程。但近来发现在人子宫内膜中并不存在 LH/CG 的受体。关于 hCG 在蜕膜化过程中的作用有待于进一步证实。

在妊娠过程中，蜕膜化反应一直在进行。蜕膜细胞的大小等特征与蜕膜化反应的标志性分子——催乳素的表达相关。在妊娠期间，不仅蜕膜细胞的大小在增加，蜕膜中表达催乳素 mRNA 的基质细胞的比例也在增加，由妊娠早期的 9.8%增加到足月妊娠时的 57.8%。这表明即使在足月的人蜕膜中，仍有一群未分化的基质细胞存在。现在对为何仅一部分基质细胞发生蜕膜化的机制仍不清楚。自足月蜕膜来的基质成纤维细胞仍有能力在体外经历形态和生化性的分化，一方面表明这些细胞的蜕膜化转变在体内一直受到抑制，另一方面也可能表明在除去蜕膜化刺激后，这些蜕膜细胞有能力进行脱分化。

蜕膜化过程需要利用葡萄糖，阻断戊糖磷酸途径可在体外及体内抑制蜕膜化过程。葡萄糖和脂肪酸为许多细胞的能量来源底物。用抑制剂 Etomoxir 处理或 RNA 干涉降低β氧化的限速酶——carnitine calmitoyltransferase I 的活性，可阻断人体外蜕膜化过程。Ranolazine（RAN）为一β氧化的抑制剂，可阻断人体外蜕膜化的早期过程，同时阻断β氧化及戊糖磷酸途径可阻断蜕膜化过程。给雌性小鼠饲喂高果糖食物 6 周可诱导葡萄糖耐受及中度脂肪肝。交配后，这些小鼠的妊娠率降低，且窝仔数减少。这些饲喂高果糖食物的小鼠在人工诱导蜕膜化时发生障碍，主要是由于孕酮减少，补充孕酮可挽救这些小鼠的人工诱导蜕膜化，很可能是饲喂高果糖食物导致子宫中形成一个前氧化环境。利用维生素 E 缺乏饲料饲喂假孕大鼠，可检测到在血液及子宫中维生素 E 水平显著下降，且经历子宫内膜出血，可能是雌激素及氧化应激水平升高导致的。

五、实验性诱导蜕膜化

蜕膜化为母体对胚胎发生应答的一个关键环节。这种蜕膜化的转化可由一些刺激诱导发生，可用子宫腔中注射芝麻油等植物油或机械刺激来诱导。将人工诱导产生的蜕膜定义为蜕膜瘤（deciduoma），以便于与妊娠蜕膜相区别。尽管实验性诱导的蜕膜组织与正常妊娠过程中的蜕膜在发育的时间及形态上有微小差别，但一般认为是一个好的蜕膜化的实验模型。在妊娠或假孕期间，仅能在很短的一段时间诱导蜕膜反应，而且利用不同刺激时这一时间的长短也不同。刺伤或切割子宫等重度损伤刺激可在假孕早期的 3～4

天的时间内很有效地诱导蜕膜化，而腹腔内注射匹拉噻嗪（pyrathiazine，一种抗组胺药）或子宫腔内灌注不同的化学物质等轻度损伤刺激仅能在几个小时的时间段内诱导蜕膜化。子宫对非创伤性刺激发生最敏感的这一时间与子宫对胚泡的接受期长短有关。在大鼠和小鼠中已经证实，尽管孕酮本身能够支持创伤刺激后蜕膜的发育，但孕酮预作用 2 天后用雌激素处理则能使子宫进入类似围着床期的敏感期及以后的钝化期。

将胚泡大小的 ConA 包裹的琼脂糖小珠注入假孕小鼠的子宫腔中，可人工诱导蜕膜化。比较多种人工诱导的蜕膜瘤基因表达谱发现，由 ConA 包裹的琼脂糖小珠诱导的蜕膜瘤与正常妊娠蜕膜最接近。由于这种方法诱导的蜕膜瘤为子宫角上独立的蜕膜瘤，便于计数和称重，更适合于蜕膜化方面的研究。

以前证实，子宫内膜活检可显著改善反复流产患者的妊娠成功率。这种处理可增加内膜中前炎性细胞因子的水平，并增加巨噬细胞和树突细胞的丰度。活检损伤引起的妊娠成功提高可能是炎症反应导致的。前炎性因子 TNFα可刺激原代内膜基质细胞表达细胞因子，从而吸引单核细胞并诱导它们分化形成树突状细胞。这些单核细胞来的树突状细胞可刺激内膜上皮细胞表达黏附分子 OPN 及其受体整合素β3 和 CD44，并下调抗黏附分子 Muc16。很可能在一些反复流产患者中并不能产生一个炎症环境。子宫内膜的机械损伤可能通过刺激免疫系统产生一个炎症反应来促进子宫接受态。在小鼠模型中，已证实树突状细胞作为先天免疫系统的主要成分，在成功着床过程中起关键作用。子宫内膜活检患者中损伤引起的炎症反应可能作为子宫树突状细胞及巨噬细胞积累的一个中心，从而促进着床相关分子的表达。临床证据表明，以前子宫内膜手术或剖腹产产生的疤痕可变成一个诱人的胚胎着床位点。

但近来随着研究的深入及证据的积累，关于机械性内膜损伤或搔刮是否能提高妊娠率仍有争论。很可能，在胚胎移植的前一个周期实施机械性损伤仅能在反复流产等特定人群中提高妊娠率，但现在的证据仍显不足。

六、蜕膜化过程中的标志性分子

1. 催乳素（PRL）及其受体（PRLR）

1977 年首次发现催乳素可由人子宫内膜和蜕膜合成，以后发现催乳素是蜕膜的一个重要标志分子。在对狒狒的研究中发现，随着胚胎着床的开始，催乳素不仅在正常妊娠蜕膜组织中的表达稳定增加，而且催乳素信号在宫外孕的蜕膜中也表达。这些结果显示催乳素可能通过旁分泌和/或自分泌的机制直接作用于蜕膜细胞。催乳素或催乳素受体基因敲除后，小鼠的生殖率均下降。催乳素在浓度低时可促进子宫内膜的增长，达到一定高的浓度时则会反过来抑制子宫内膜增长。这种双重作用提示催乳素受体在调节催乳素自分泌过程的信号传导中起重要作用。

在妊娠时，子宫经历一系列变化，内膜基质细胞增殖和分化后形成蜕膜并产生催乳素，以适应和保护胚胎。当胚胎开始发育时，随着催乳素受体的消失，大量细胞开始凋亡。催乳素通过与其受体作用，在蜕膜中起到抵抗凋亡的作用。天冬酰胺特异酶切的半胱氨酸蛋白酶 3（caspase-3）是细胞凋亡作用因子，在大鼠蜕膜中表达。催乳素可以下调 caspase-3 mRNA 水平，说明催乳素对大鼠蜕膜的退化及对蜕膜重建具有重要作用。

另外，孕酮和钙离子都促进垂体和蜕膜中催乳素的分泌，而花生四烯酸似乎抑制蜕膜中催乳素 PRL 的释放。最近证实 IGFBP-1 可在猪子宫中大量聚集，并具有促进人蜕膜合成和分泌催乳素的功能。

2. 胰岛素样生长因子结合蛋白（IGFBP）

IGFBP 在不同物种的蜕膜上都有表达，尤其以 IGFBP-1 最为显著。大量的蜕膜 IGFBP-1 与 IGF-2 相互作用，并促进蛋白酶分泌以调节胚胎滋养层的侵入。

IGFBP-1 主要由将要发生蜕膜化的和已经发生蜕膜化的子宫内膜基质细胞在分泌期晚期分泌，并在妊娠蜕膜中分泌。IGF 系统在调节子宫内膜增殖及分化上有自分泌和旁分泌的功能。在着床后，胚胎滋养层细胞表达 IGF 受体和 IGF-2。蜕膜表达的 IGFBP-1 可能在胚胎-子宫内膜界面具有调节 IGF 的功能。由于 IGFBP-1 在母体蜕膜中的表达占主要地位，与 IGF-2 的结合可能对于母-胎界面的交流起重要作用。另外，蜕膜中高表达 IGFBP-1 和 TIMP，而胚胎滋养层表达 IGF-2，说明胚胎滋养层可以通过 IGF-2 与蜕膜中的 TIMP-3 和 IGFBP-1 调节胚胎的侵入。

3. 白介素-11（IL-11）

IL-11 是一种作用范围广泛的细胞因子，通过与 IL-11 受体（IL-11Rα）和信号转导亚单位 gp130 形成的异二聚体来发挥作用。IL-11Rα在着床前的整个子宫中都有少量表达。在交配后第 5 天，IL-11Rα在邻近腺上皮的基质中表达量最高。IL-11Rα基因突变的雌鼠在着床后蜕膜发育不完全，导致胚胎在第 8 天死亡。另一研究发现，在 IL-11Rα突变小鼠中，因为细胞增殖的减少，只有少量蜕膜形成，以后蜕膜组织逐渐退化，最终胚胎滋养层细胞产生大量巨大细胞，但不能形成绒毛膜胎盘。IL-11Rα基因敲除的雌性小鼠既可以发生蜕膜反应也允许胚胎着床，但是由于发生增殖的细胞数量较少，只产生少量蜕膜，这种变异的蜕膜在尿囊绒毛膜胎盘形成之前便开始降解。胚胎滋养层可以分泌基质金属蛋白酶（MMP），而蜕膜细胞则通过分泌金属蛋白酶的抑制因子（TIMP）来平衡该酶的活性。IL-11Rα缺失突变的雌性小鼠子宫内膜基质细胞蜕膜化反应异常，而不正常的蜕膜由于不能分泌足够的 TIMP，导致 MMP 的活性异常升高，使胚胎滋养层过度侵入，不正常的蜕膜迅速降解，而来自胚胎的滋养层细胞则形成一个巨大的细胞网络，不能形成正常的绒毛膜胎盘。利用建立的体外蜕膜化系统检测 IL-11 对人子宫内膜基质细胞的作用时发现，IL-11 可以增强蜕膜基质细胞的存活以保护细胞在胚胎着床和滋养层侵入时不被损伤，同时可促进催乳素的分泌。另外，IL-11 也可以激活多重信号通路，从而正调节或负调节 IGFBP-1 在蜕膜中的表达，并对蜕膜发挥作用。

同样，在人的蜕膜过程中，IL-11 也起着重要的作用。在人月经周期中，IL-11 mRNA 和蛋白质主要在子宫内膜的腺上皮细胞、基质细胞、静脉平滑肌细胞及其他细胞中表达，并且随月经周期发生周期性的变化。IL-11 在月经期和增殖期的表达量很低，分泌期开始持续升高，在分泌末期达到最高，尤其是在发生蜕膜化的基质细胞中的表达量较高。在进行人基质细胞培养时，缺乏 IL-11 的培养系统中，基质细胞不能正常发生蜕膜化。

在加入 IL-11 之后，蜕膜化恢复正常，因此 IL-11 可能提高基质细胞的发育能力，促使其发生蜕膜化，从而导致妊娠的正常进行。通过比较正常妊娠和无胚妊娠发现，在正常妊娠蜕膜区的 IL-11 mRNA 表达明显高于无胚妊娠蜕膜区。这进一步证明 IL-11 在人的蜕膜化过程中起着重要的作用。

4. FoxO1

Forkhead/winged-helix 家族包含涉及分化与增殖的一些成员。在此家族中，Forkhead Box O1（FoxO1）在人基质细胞中为 cAMP 诱导性的。在蜕膜化过程中，FoxO1 一直定位于核中，可能参与转录调节。FoxO1 在启动子上调节 PRL 的表达。FoxO1 和 C/EBPb 可结合到 PRL 启动子上，协同调节 PRL 的表达。干涉 FoxO1 后，可抑制蜕膜化特异的几个基因表达。

5. 雌激素

以前的研究证实，孕酮通过其受体在调节蜕膜化过程中起重要作用，但雌激素在胚胎黏附后的作用仍不清楚。在实验性人工诱导蜕膜化过程中，给切除卵巢的小鼠仅注射孕酮就可维持蜕膜化反应，提示在此过程中外源雌激素并不是必需的。相反，也有研究证实，给小鼠注射雌激素拮抗剂 ICI 182,780 可严重阻断蜕膜组织的形成，显示雌激素通过 ER 调节此过程。蜕膜组织为一个新的雌激素从新合成位点。p450 芳香化酶可将睾酮转化成雌激素，在小鼠蜕膜化过程中的表达显著上调。在缺乏卵巢雌激素的情况下，在补充孕酮的切除卵巢的妊娠小鼠中，仅局部合成的雌激素就可支持基质细胞的分化过程。给妊娠小鼠注射芳香化酶的抑制剂 letrozole，可显著抑制蜕膜化过程。子宫内合成的雌激素通过诱导调控血管网形成的关键分子来维持着床胚胎。

第五节　妊 娠 识 别

对于妊娠期比排卵周期长的动物而言，要建立妊娠，就必须阻滞黄体的正常周期性退化，保持孕酮的持续产生，从而维持子宫内膜功能，保证胚胎的发育、着床、胎盘形成及胎儿的正常发育。但在各种动物中，妊娠识别的机制差异很大。

一、灵长类

hCG 是分子量为 36～40 kDa 的糖蛋白，生物学和免疫学特性与垂体 LH 很相似。现在认为，hCG 为已知最早的来自胎儿的激素信号，是由胎盘的合体滋养层细胞产生的。hCG mRNA 早在 8-细胞期胚胎就开始转录，在着床前的胚泡中也表达 hCG。着床后合体滋养层中产生的 hCG 逐渐增多。在正常妊娠中，很早就可检测到 hCG。一般检测到 hCG 的最早时间为月经周期中 LH 峰后第 9 天，即排卵后第 8 天，也是胚胎着床后第 1 天。因此，在妊娠的很早期便可检测是否妊娠。hCG 的浓度在妊娠第 60～90 天时达到峰值。在早期妊娠期间，每 2～3 天 hCG 的水平增加 1 倍。以后，hCG 的浓度降低达到一平台期，在以后的妊娠过程中一直保持这一水平。hCG 在早期妊娠中主要是起促黄体作用，使月经黄体转变为妊娠黄体，从而持续产生孕酮，以保证蜕膜的发育，一直到胎盘取代黄体产生孕酮为止（图 9-21）。黄体产生孕酮的功能在人妊娠第 7 周后明显降低。此时经历黄体到胎盘的功能转换期，胎盘和蜕膜开始产生以后妊娠所需的孕酮。在妊娠第 8 周以前切除卵巢会导致流产，而在第 9 周以后切除卵巢则不会导致流产。

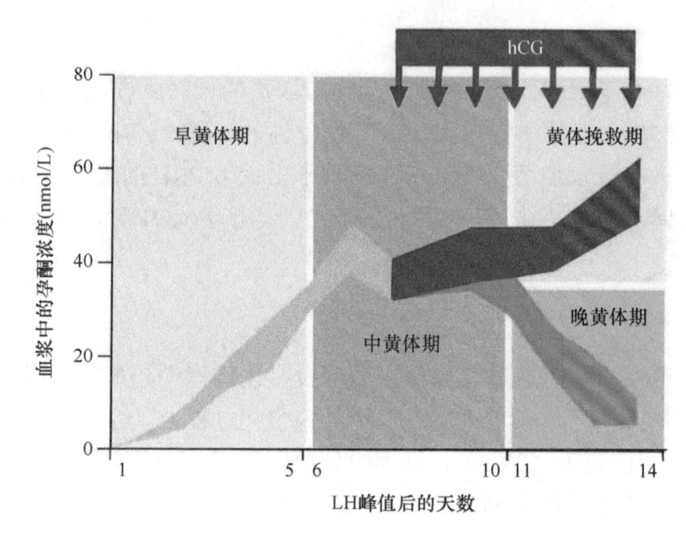

图 9-21　人妊娠识别过程中的黄体挽救（修改自 Duncan，2000）

在人及类人猿中，黄体的溶解可由着床胚胎的滋养层细胞分泌的 CG 来阻止。CG 可能结合到 LH 受体上，刺激孕酮的产生，以阻止 $PGF_{2\alpha}$的产生。CG 的作用既是促黄体性的，又是黄体保护性的。在恒河猴等灵长类动物，黄体的维持需要 CG 的分泌不断增加。但如果一直注射 CG 是否能长期维持黄体的功能，现在还不清楚。将 CG 注入水貂的子宫腔内，可诱导腔上皮的斑反应、促进上皮下基质成纤维细胞表达α-平滑肌肌动蛋白、增加腺上皮中 glycodelin 的表达和分泌。在人的黄体期，将 CG 注入子宫腔中，可诱导几种细胞因子和生长因子分泌进入子宫液中。

近来认为 hCG 在胚胎着床过程中也起作用。狒狒子宫内注射 hCG 后，上皮及基质均有明显的反应，在腔上皮中出现类固醇激素依赖性的上皮斑反应，在腺上皮中 glycodelin 分泌明显增加。

hCG 也与胚胎的母体耐受有关。产生 hCG 的滋养层细胞可吸引 Treg 细胞。hCG 可调节 T helper（Th）1/T helper（Th）2 的平衡，因为 hCG 可抑制小鼠模型中 Th1 型自身免疫糖尿病的发展。hCG 可诱导子宫内膜细胞表达巨噬细胞迁移抑制因子（macrophage migration inhibitory factor，MIF），因而可调节母-胎界面处巨噬细胞的迁移。

二、啮齿类

在大鼠和小鼠等啮齿动物中，并不产生 CG。成年雌性动物不具有一个完整的发情周期，也不能发育形成一个完整的黄体期。在啮齿类动物，交配刺激便可诱导黄体的挽救过程。即使在没有受精的情况下，刺激阴道也能起始可延长黄体寿命的激素变化。如用结扎输精管的雄鼠交配或刺激处于接受期的大鼠子宫颈，可诱导大鼠假孕。假孕大鼠的发情周期在黄体退化前可延长到 12 天。黄体存活的延长主要是由于垂体催乳素峰的刺激。催乳素有能力使黄体细胞中的一群 LH 受体处于活性状态，并对黄体细胞具有一定的保护作用，免受 $PGF_{2\alpha}$的作用。如果大鼠妊娠后，一系列由胎盘和蜕膜来的胎盘催乳素（placental lactogen）及催乳素样的激素在妊娠中期便能替代垂体催乳素。

啮齿类动物妊娠时的母体识别，需要在早期妊娠期间脑垂体催乳素分泌的半昼夜峰（semicircadian surge），后者是形成妊娠黄体所必需的。在啮齿类动物中，催乳素分泌的半昼夜峰值是由子宫颈的刺激所诱导的。催乳素分泌的半昼夜峰与发情周期黄体向妊娠黄体的转变有关，妊娠黄体分泌的孕酮足以维持妊娠过程。嘌呤霉素敏感的氨基肽酶（puromycin-sensitive aminopeptidase）缺陷的雌性小鼠由于不能形成妊娠黄体而导致不孕。这表明嘌呤霉素敏感的氨基肽酶对于小鼠的母体妊娠识别是必需的。

三、反刍动物

反刍动物（牛、绵羊和山羊）为自发性排卵的多次发情动物（绵羊和山羊为季节性多发情）。表 9-3 中为一些家畜的妊娠识别时间。牛、绵羊和山羊的发情周期分别为 21 天、17 天和 20 天。这三种动物都利用孕体合成的干扰素-τ作为母体妊娠识别的信号。干扰素-τ是一类新的 19 kDa 的 I 型干扰素，以前被命名为滋养层蛋白-1。

表 9-3　家畜中妊娠识别开始的时间

家畜	牛	绵羊	猪	马
妊娠识别开始的时间（天）	16～17	12～13	10～12	14～16

资料来源：Hafez，1987

干扰素-τ特异性地在反刍动物的滋养外胚层细胞中表达。用干扰素-τ基因或由干扰素-τ启动子构成的重组基因进行转染实验时，只有滋养层来源的细胞能在无病毒诱导的条件下表达干扰素-τ。

干扰素-τ的表达具有发育阶段特异性。绵羊胚胎滋养层在妊娠第 8～21 天表达干扰素-τ。牛在妊娠第 15～24 天，即围着床期，表达干扰素-τ。山羊胚体在妊娠第 14～20 天表达两种干扰素-τ。已证实，红鹿及长颈鹿的着床前胚胎也分泌多种干扰素-τ。此外，干扰素-τ在体外成熟及受精的胚胎的滋养层中也有表达，说明其表达的诱导似乎由胚胎基因决定，独立于母体的子宫环境。但最近发现，胰岛素样生长因子 1 及 2（IGF-1 和 IGF-2）、白细胞介素-3（IL-3）等很多来自母体的因子均参与对干扰素-τ表达的调控。

在反刍动物中，子宫脉冲式分泌 $PGF_{2\alpha}$引起黄体退化。在绵羊中，如在妊娠第 13 天以前将孕体去掉，则对黄体的生存期没有影响。但在第 13 天或 13 天以后将孕体去掉，则可延长黄体的生存期，并延长发情间期的间隔。随着孕体的形状从球形变为细丝状，孕体开始分泌干扰素-τ。在绵羊中，在妊娠第 15 天时干扰素-τ表达量最高。来自黄体和垂体的催产素可引起 $PGF_{2\alpha}$释放，从而诱导黄体溶解。在发情期和发情后期，雌激素的存在可上调子宫腔上皮中催产素和孕酮受体的浓度。在发情间期，由于黄体的形成，孕酮的浓度升高，而雌激素浓度降低。但孕酮也能下调自身的受体浓度，导致孕酮阻止（progesterone block）的终止。当孕体在妊娠第 10～21 天分泌干扰素-τ时，可延长孕酮阻止的时间，并使雌激素和催产素受体表达降低。

干扰素-τ主要是抑制 $PGF_{2\alpha}$脉冲式的释放。在绵羊中，虽然基础水平的 $PGF_{2\alpha}$没有消失，但 $PGF_{2\alpha}$的代谢物 17-keto-13,14-dihydro-PGF（PGFM）的浓度在妊娠期间比发情周期时要高。尽管如此，在妊娠的动物中，$PGF_{2\alpha}$脉冲式的释放消失了，使黄体能保持功能状态。$PGF_{2\alpha}$分泌后溶解黄体的过程需要黄体分泌的催产素与催产素受体作用，而催产素受体则位于内膜的上皮细胞上。干扰素-τ主要通过抑制催产素受体的表达来调节 $PGF_{2\alpha}$的释放。

干扰素-τ可阻止雌激素诱导的催产素受体数量的增加，抑制 $PGF_{2\alpha}$的脉冲式释放（图 9-22）。反刍动物的 $PGF_{2\alpha}$的脉冲式释放依赖于催产素。催产素主要由大黄体细胞合成并分泌。黄体在子宫内膜尚未对其建立反应之前已开始释放催产素。因此，催产素诱导的 $PGF_{2\alpha}$的脉冲式释放依赖于子宫内膜中催产素受体的存在。催产素受体基因的表达主要受雌激素和孕酮的调节。雌激素可上调催产素受体基因在子宫内膜上皮中的表达，但孕酮在早黄体期到中黄体期可阻止子宫内膜中催产素受体的合成。在反刍动物的妊娠早期，胚体分泌的干扰素-τ以旁分泌的形式作用于子宫内膜的腔上皮和表面的腺上皮，抑制这些部位中雌激素受体和催产素受体基因的表达。向发情周期第 11～14 天的绵羊子宫内连续注射绵羊的干扰素-τ，可使第 15 天时子宫内膜中雌激素受体和催产素受体基因的转录比对照组显著降低。此外，与发情周期第 15 天相比，妊娠第 15 天的绵羊子宫内膜中雌激素受体和催产素受体的转录也显著降低。这表明干扰素-τ的抗黄体溶解作用

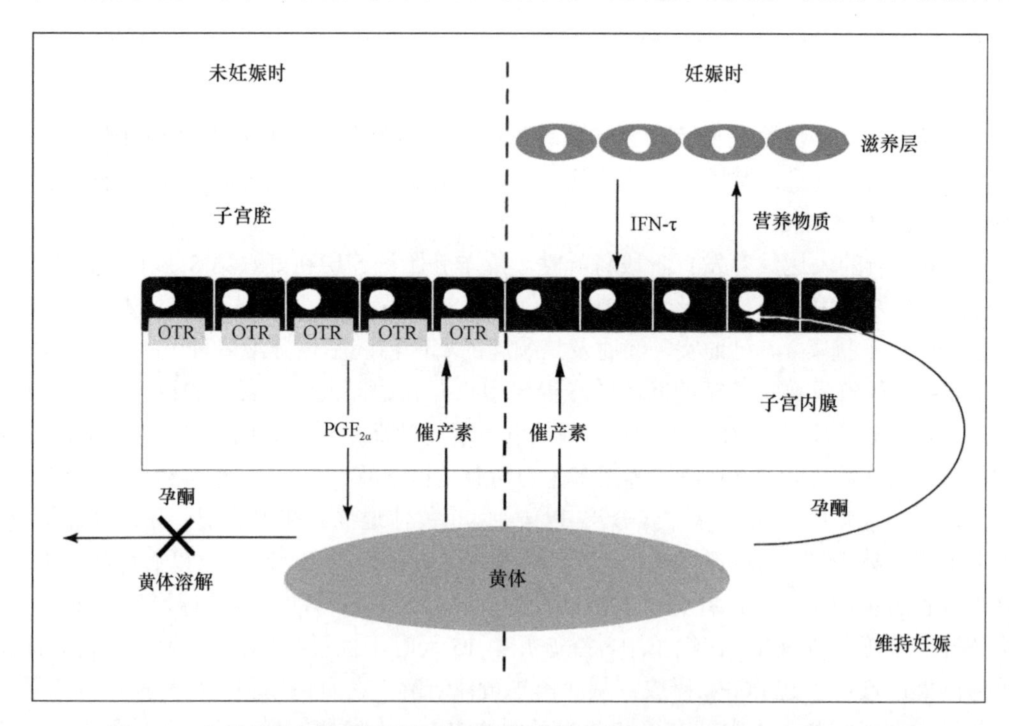

图 9-22　牛及绵羊的妊娠识别与黄体挽救过程（修改自 Demmers et al.，2001）

主要是通过抑制雌激素受体及催产素受体的基因转录来实现的。在单侧子宫角妊娠的羊中，虽然双侧子宫角均暴露于同样的母体内分泌环境下，但只能在非孕的子宫角内膜中检测到雌激素受体和催产素受体，而在怀孕角中则检测不到，这也说明干扰素-τ的雌激素受体及催产素受体基因表达的抑制作用是局部的。

$PGF_{2\alpha}$是黄体溶解信号，而 PGE_2 的作用与 $PGF_{2\alpha}$相拮抗，是一种黄体保护信号。注射 PGE_2 可保护自然的黄体退化或由外源 $PGF_{2\alpha}$诱导的黄体溶解。反刍动物的子宫内膜特化形成子宫肉阜区（caruncle）。这些区域富含血管，是胚胎黏附的区域。子宫肉阜之间的区域为肉阜间区。在体外分别培养肉阜区及肉阜间区的上皮细胞及基质细胞时发现，干扰素-τ能优先增加肉阜区的上皮细胞中的 $PGE_2/PGF_{2\alpha}$比率。而在无胚体存在时，催产素则优先作用于肉阜间区，刺激 $PGF_{2\alpha}$的产生，诱导黄体溶解。

四、猪

猪为多次发情、自发性排卵的多胎动物，发情周期约为 21 天。猪的孕体在大约妊娠第 11 天提供一信号，从而阻止由于黄体退化而导致的孕酮浓度降低。在妊娠第 11 天以前将胚胎冲出后，并不能延长发情间期的间隔，但第 11 天以后将胚胎冲出时，则可延长发情间期的间隔。在妊娠第 11 天时，胚胎发生巨大的变化，自小的球形（10 mm）变为很长的细管状结构，长度可达 100 mm。迅速延伸的孕体可合成和分泌雌激素，对黄体的功能起到保护性作用。在妊娠第 11～15 天，全身注射或子宫内注射雌激素均可阻止黄体退化。在妊娠第 11～30 天的过程中，雌激素的分泌具有两个时相。孕体产生雌激素的第一个峰值发生在第 12 天。雌激素分泌的第二个持续的时期是在第 15～20 天，这对于延长黄体的功能是必需的。子宫中雌激素受体的表达是与孕体雌激素的分泌相对应的。用免疫细胞化学法证实，雌激素受体仅在发情周期或妊娠第 5～12 天的子宫腺上皮和腔上皮中表达。在具有正常发情周期的猪中，来自子宫内膜的脉冲式的 $PGF_{2\alpha}$释放提供了一个溶黄体信号，可引起黄体退化。因此，在猪中，黄体的调节是子宫依赖性的。

在猪中，正开始延伸的胚胎滋养层细胞释放的雌激素可能是母体妊娠识别的最迟信号。在发情周期的第 11～15 天注射大量的雌激素，通常能足以诱导假孕状态，并使这种状态持续几个月。然而，在模拟胎儿产生的雌激素量向子宫腔内注射时，通常只能将发情周期延长几天。在猪中，很可能需要产生其他因子来使妊娠得以继续进行。

猪子宫内膜是黄体溶解性 PGF 的主要来源。在豚鼠发情周期的黄体期，将子宫切除可延长黄体的维持期，以后在猪中也得到了验证。在猪发情周期的黄体中期，将双侧卵巢切除可使黄体维持 114 天，甚至更长。在猪子宫内膜上皮缺失或先天性缺乏子宫内膜时，情况也是如此。在猪发情周期第 12 天或稍后，通过子宫腔注射 PGF 或通过肌注均可溶解黄体。但在发情周期第 12 天以前，猪黄体对于 PGF 不敏感。自透明带孵出后，猪胚泡开始扩展，并在妊娠第 10～12 天经历一个迅速的形态转化期，从直径 10～15mm 的球状，到 15 mm×50 mm 的管状，再到 1 mm×（100～200）mm 的丝状，在妊娠第 12～15 天时胚胎延伸到 800～1000 mm。在此胚胎的迅速延伸期，滋养层产生雌激素、干扰素γ和干扰素δ。猪中妊娠识别信号是雌激素，在妊娠第 11～12 天及第 15～30 天 17β-雌二醇为主要成分。

五、马

马胚胎不同于猪，并不延伸。马胚胎在妊娠第 12～14 天形成一个包被的（encapsulated）球形结构，这对于黄体的维持是至关重要的。此时，胚胎每天在整个子宫腔中来回迁移很多次。这种连续的迁移对抑制 $PGF_{2\alpha}$的释放是否关键仍不清楚。目前已证实，胚胎在子宫腔中的这种迁移到妊娠第 15 天时便结束。在黄体期的关键时期，子宫中胚胎和胎膜的存在可能对抑制子宫内膜中 $PGF_{2\alpha}$的合成与黄体溶解是必需的。但在马中，抗黄体溶解的因子既不是猪中的雌激素，也不是牛和绵羊中的干扰素。很有趣的是，马是高等灵长类动物以外能产生 CG 的唯一动物。但在马中，CG 的产生仅是暂时的，而且是在妊娠已经完全建立后。在此称 CG 实际上是错误的，马的 CG 实际是一种胎盘型的 LH。作为一种侵入的绒毛膜带细胞的产物，CG 最早出现于妊娠第 35 天的母体血液中。马的 CG 可刺激血中孕酮浓度增加，主要是通过刺激另外的卵巢卵泡的黄体化来实现的。但 CG 在马的妊娠过程中是否必需仍无定论。当将驴胚胎移植到母马体内后，由于不能形成子宫内膜杯，也不产生 CG，大多数胚胎在妊娠第 85～100 天便流产了。相反，如果将马胚胎移植到驴受体内，则形成大的子宫内膜杯，并能达到足月妊娠。

参考文献

Aikawa S, Kano K, Inoue A, et al. 2017. Autotaxin-lysophosphatidic acid-signaling at the embryo-epithelial boundary controls decidualization pathways. EMBO J, 36: 2146-2160.

Ain R, Soares M J. 2004. Is the metrial gland really a gland? J Reprod Immunol, 61: 129-131.

Aplin J D, Ruane P T. 2017. Embryo-epithelium interactions during implantation at a glance. J Cell Sci, 130: 15-22.

Bazer F W, Spencer T E, Johnson G A, et al. 2009. Comparative aspects of implantation.Reproduction, 138: 195-209.

Bentin-Ley U, Sjogren A, Nilsson L, et al. 1999. Presence of uterine pinopodes at the embryo-endometrial interface during human implantation *in vitro*. Hum Reprod, 14: 515-520.

Bhusane K, Bhutada S, Chaudhari U, et al. 2016. Secrets of endometrial receptivity: some are hidden in uterine secretome. Am J Reprod Immunol, 75: 226-236.

Bolnick A D, Bolnick J M, Kilburn B A, et al. 2016. Reduced homeobox protein MSX1 in human endometrial tissue is linked to infertility. Hum Reprod, 31: 2042-2050.

Bowen J A, Burghardt R C. 2000. Cellular mechanisms of implantation in domestic farm animals. Seminars Cell Dev Biol, 11: 93-104.

Brosens J J, Salker M S, Teklenburg G, et al. 2014. Uterine selection of human embryos at implantation. Sci Rep, 4: 3894.

Care A S, Diener K R, Jasper M J, et al. 2013. Macrophages regulate corpus luteum development during embryo implantation in mice. J Clin Invest, 123: 3472-3487.

Carson D D, Bagchi I, Dey S K, et al. 2000. Embryo implantation. Dev Biol, 223: 217-237.

Cha J, Bartos A, Park C, et al. 2014. Appropriate crypt formation in the uterus for embryo homing and implantation requires Wnt5a-ROR signaling. Cell Rep, 8: 382-392.

Cha J, Sun X, Dey S K. 2012. Mechanisms of implantation: strategies for successful pregnancy. Nat Med, 18: 1754-1767.

Cha J, Sun X, Bartos A, et al. 2013. A new role for muscle segment homeobox genes in mammalian embryonic diapause. Open Biol, 3: 130035.

Chakrabarty A, Tranguch S, Daikoku T, et al. 2007. MicroRNA regulation of cyclooxygenase-2 during embryo implantation. Proc Natl Acad Sci U S A, 104: 15144-15149.

Chavatte-Palmer P, Guillomot M. 2007. Comparative implantation and placentation. Gynecol Obstet Invest, 64: 166-174.

Cheng J G, Stewart C L. 2003. Loss of cyclooxygenase-2 retards decidual growth but does not inhibit embryo implantation or development to term. Biol Reprod, 68: 401-404.

Chu B, Zhong L, Dou S, et al. 2015. miRNA-181 regulates embryo implantation in mice through targeting leukemia inhibitory factor. J Mol Cell Biol, 7: 12-22.

Cooke P S, Buchanan D L, Lubahn D B, et al. 1998. Mechanism of estrogen action: lessons from the estrogen receptor-alpha knockout mouse. Biol Reprod, 59: 470-475.

Cooke P S, Spencer T E, Bartol F F, et al. 2013. Uterine glands: development, function and experimental model systems. Mol Hum Reprod, 19: 547-558.

Daikoku T, Hirota Y, Tranguch S, et al. 2008. Conditional loss of uterine Pten unfailingly and rapidly induces endometrial cancer in mice. Cancer Res, 68: 5619-5627.

Daikoku T, Tranguch S, Friedman D B, et al. 2005. Proteomic analysis identifies immunophilin FK506 binding protein 4 (FKBP52) as a downstream target of Hoxa10 in the periimplantation mouse uterus. Mol Endocrinol, 19: 683-697.

Das A, Mantena S R, Kannan A, et al. 2009. De novo synthesis of estrogen in pregnant uterus is critical for stromal decidualization and angiogenesis. Proc Natl Acad Sci U S A, 106: 12542-12547.

Davidson L M, Coward K. 2016. Molecular mechanisms of membrane interaction at implantation. Birth Defects Res C Embryo Today, 108: 19-32.

Dekel N, Gnainsky Y, Granot I, et al. 2010. Inflammation and implantation. Am J Reprod Immunol, 63: 17-21.

Dekel N, Gnainsky Y, Granot I, et al. 2014. The role of inflammation for a successful implantation. Am J Reprod Immunol, 72: 141-147.

Demmers K J, Derecka K, Flint A. 2001. Trophoblast interferon and pregnancy. Reproduction, 121: 41-49.

Desrochers L M, Bordeleau F, Reinhart-King C A, et al. 2016. Microvesicles provide a mechanism for intercellular communication by embryonic stem cells during embryo implantation. Nat Commun, 7: 11958.

Duncan W C. 2000. The human corpus luteum: remodelling during luteolysis and maternal recognition of pregnancy. Rev Reprod, 5: 12-17.

Dunlap K A, Filant J, Hayashi K, et al. 2011. Postnatal deletion of Wnt7a inhibits uterine gland morphogenesis and compromises adult fertility in mice. Biol Reprod, 85: 386-396.

Erlebacher A. 2013. Immunology of the maternal-fetal interface. Annu Rev Immunol, 31: 387-411.

Fenelon J C, Banerjee A, Murphy B D. 2014. Embryonic diapause: development on hold. Int J Dev Biol, 58: 163-174.

Fenelon J C, Lefevre P L, Banerjee A, et al. 2017. Regulation of diapause in carnivores. Reprod Domest Anim, 52(Suppl 2): 12-17.

Fenelon J C, Murphy B D. 2017. Inhibition of polyamine synthesis causes entry of the mouse blastocyst into embryonic diapause. Biol Reprod, 97: 119-132.

Filant J, Spencer T E. 2014. Uterine glands: biological roles in conceptus implantation, uterine receptivity and decidualization. Int J Dev Biol, 58: 107-116.

Fisher S J, Giudice L C. 2011. SGK1: a fine balancing act for human pregnancy. Nat Med, 17: 1348-1349.

Fox C, Morin S, Jeong J W, et al. 2016. Local and systemic factors and implantation: what is the evidence? Fertil Steril, 105: 873-884.

Franco H L, Dai D, Lee K Y, et al. 2011. WNT4 is a key regulator of normal postnatal uterine development and progesterone signaling during embryo implantation and decidualization in the mouse. FASEB J, 25: 1176-1187.

Fu Z, Wang B, Wang S, et al. 2014. Integral proteomic analysis of blastocysts reveals key molecular machinery governing embryonic diapause and reactivation for implantation in mice. Biol Reprod, 90: 52.

Fullerton P T Jr, Monsivais D, Kommagani R, et al. 2017. Follistatin is critical for mouse uterine receptivity and decidualization. Proc Natl Acad Sci U S A, 114: E4772-E4781.

Fung K Y, Mangan N E, Cumming H, et al. 2013. Interferon-ε protects the female reproductive tract from viral and bacterial infection. Science, 339: 1088-1092.

Gellersen B, Brosens J J. 2014. Cyclic decidualization of the human endometrium in reproductive health and failure. Endocr Rev, 35: 851-905.

Giacomini E, Vago R, Sanchez A M, et al. 2017. Secretome of *in vitro* cultured human embryos contains extracellular vesicles that are uptaken by the maternal side. Sci Rep, 7: 5210.

Gnainsky Y, Granot I, Aldo P, et al. 2015. Biopsy-induced inflammatory conditions improve endometrial receptivity: the mechanism of action. Reproduction, 149: 75-85.

Goad J, Ko YA, Kumar M, et al. 2017. Differential Wnt signaling activity limits epithelial gland development to the anti-mesometrial side of the mouse uterus. Dev Biol, 423: 138-151.

Gray C A, Taylor K M, Ramsey W S, et al. 2001. Endometrial glands are required for preimplantation conceptus elongation and survival. Biol Reprod, 64: 1608-1613.

Gregory C W, Wilson E M, Apparao K B, et al. 2002. Steroid receptor coactivator expression throughout the menstrual cycle in normal and abnormal endometrium. J Clin Endocrinol Metab, 87: 2960-2966.

Gu X W, Yan J Q, Dou H T, et al. 2016. Endoplasmic reticulum stress in mouse decidua during early pregnancy. Mol Cell Endocrinol, 434: 48-56.

Hafez E S E. 1987. Reproduction in Farm Animals. 5th Edition. Philadelphia: Lea&Febiger.

Hamatani T, Daikoku T, Wang H, et al. 2004. Global gene expression analysis identifies molecular pathways distinguishing blastocyst dormancy and activation. Proc Natl Acad Sci U S A, 101: 10326-10331.

Hantak A M, Bagchi I C, Bagchi M K. 2014. Role of uterine stromal-epithelial crosstalk in embryo implantation. Int J Dev Biol, 58: 139-146.

Haraguchi H, Saito-Fujita T, Hirota Y, et al. 2014. MicroRNA-200a locally attenuates progesterone signaling in the cervix, preventing embryo implantation. Mol Endocrinol, 28: 1108-1117.

Herington J L, Underwood T, McConaha M, et al. 2009. Paracrine signals from the mouse conceptus are not required for the normal progression of decidualization. Endocrinology, 150: 4404-4413.

Hirota Y, Daikoku T, Tranguch S, et al. 2010. Uterine-specific_p53 deficiency confers premature uterine senescence and promotes preterm birth in mice. J Clin Invest, 120: 803-815.

Ho H, Singh H, Aljofan M, et al. 2012. A high-throughput *in vitro* model of human embryo attachment. Fertil Steril, 97: 974-978.

Holmberg J C, Haddad S, Wünsche V, et al. 2012. An *in vitro* model for the study of human implantation. Am J Reprod Immunol, 67: 169-178.

Hu D, Cross J C. 2010. Development and function of trophoblast giant cells in the rodent placenta. Int J Dev Biol, 54: 341-354.

Hu W, Feng Z, Atwal G S, et al. 2008. p53: a new player in reproduction. Cell Cycle, 7: 848-852.

Hu W, Feng Z, Teresky A K, et al. 2007. p53 regulates maternal reproduction through LIF. Nature, 450: 721-724.

Huppertz B, Peeters L L. 2005. Vascular biology in implantation and placentation. Angiogenesis, 8: 157-167.

Jones A, Teschendorff A E, Li Q, et al. 2013. Role of DNA methylation and epigenetic silencing of HAND2 in endometrial cancer development. PLoS Med, 10: e1001551.

Jones C J, Fazleabas A T. 2001. Ultrastructure of epithelial plaque formation and stromal cell transformation by post-ovulatory chorionic gonadotrophin treatment in the baboon (*Papioanubis*). Hum Reprod, 16: 2680-2690.

Kajihara T, Brosens J J, Ishihara O. 2013. The role of FOXO1 in the decidual transformation of the endometrium and early pregnancy. Med Mol Morphol, 46: 61-68.

Kajihara T, Jones M, Fusi L, et al. 2006. Differential expression of FOXO1 and FOXO3a confers resistance to oxidative cell death upon endometrial decidualization. Mol Endocrinol, 20: 2444-2455.

Kang Y J, Lees M, Matthews L C, et al. 2015. MiR-145 suppresses embryo-epithelial juxtacrine communication at implantation by modulating maternal IGF1R. J Cell Sci, 128: 804-814.

Kawagoe J, Li Q, Mussi P, et al. 2012. Nuclear receptor coactivator-6 attenuates uterine estrogen sensitivity to permit embryo implantation. Dev Cell, 23: 858-865.

Kelleher A M, Peng W, Pru J K, et al. 2017. Forkhead box a2 (FOXA2) is essential for uterine function and fertility. Proc Natl Acad Sci U S A, 114: E1018-E1026.

Kuroda K, Venkatakrishnan R, Salker M S, et al. 2013. Induction of 11β-HSD 1 and activation of distinct mineralocorticoid receptor- and glucocorticoid receptor-dependent gene networks in decidualizing human endometrial stromal cells. Mol Endocrinol, 27: 192-202.

Larsen W J. 2002. Human Embryology (影印版). Third edition. 北京: 人民卫生出版社.

Le Bouteiller P, Bensussan A. 2017. Up-and-down immunity of pregnancy in humans. F1000Research, 6: 1216.

Lee J E, Oh H A, Song H, et al. 2011. Autophagy regulates embryonic survival during delayed implantation. Endocrinology, 152: 2067-2075.

Lee J H, Kim T H, Oh S J, et al. 2013. Signal transducer and activator of transcription-3 (Stat3) plays a critical role in implantation via progesterone receptor in uterus. FASEB J, 27: 2553-2563.

Lee Y L, Fong S W, Chen A C, et al. 2015. Establishment of a novel human embryonic stem cell-derived trophoblastic spheroid implantation model. Hum Reprod, 30: 2614-2626.

Li Q, Kannan A, DeMayo F J, et al. 2011. The antiproliferative action of progesterone in uterine epithelium is mediated by Hand2. Science, 331: 912-916.

Li S J, Wang T S, Qin F N, et al. 2015. Differential regulation of receptivity in two uterine horns of a recipient mouse following asynchronous embryo transfer. Sci Rep, 5: 15897.

Li Y, Sun X, Dey S K. 2015. Entosis allows timely elimination of the luminal epithelial barrier for_embryo implantation. Cell Rep, 11: 358-365.

Lim H, Paria B C, Das S K, et al. 1997. Multiple female reproductive failures in cyclooxygenase 2-deficient mice. Cell, 91:197-208.

Lima P D, Zhang J, Dunk C, et al. 2014. Leukocyte driven-decidual angiogenesis in early pregnancy. Cell Mol Immunol, 11: 522-537

Liu W M, Pang R T, Cheong A W, et al. 2012. Involvement of microRNA lethal-7a in the regulation of embryo implantation in mice. PLoS One, 7: e37039.

Ma W G, Song H, Das S K, et al. 2003. Estrogen is a critical determinant that specifies the duration of the window of uterine receptivity for implantation. Proc Natl Acad Sci U S A, 100: 2963-2968.

Ma X, Gao F, Rusie A, et al. 2011. Decidual cell polyploidization necessitates mitochondrial activity. PLoS One, 6: e26774.

Macklon N S, Brosens J J. 2014. The human endometrium as a sensor of embryo quality. Biol Reprod, 91: 98.

Makrigiannakis A, Vrekoussis T, Zoumakis E, et al. 2017. The role of HCG in implantation: a mini-review of molecular and clinical evidence. Int J Mol Sci, 18: 1305.

Mansouri-Attia N, Sandra O, Aubert J, et al. 2009. Endometrium as an early sensor of *in vitro* embryo manipulation technologies. Proc Natl Acad Sci U S A, 106: 5687-5692.

Monsivais D, Clementi C, Peng J, et al. 2016. Uterine ALK3 is essential during the window of implantation. Proc Natl Acad Sci U S A, 113: E387-395.

Monsivais D, Clementi C, Peng J, et al. 2017. BMP7 induces uterine receptivity and blastocyst attachment. Endocrinology, 158: 979-992

Mor G, Cardenas I, Abrahams V, et al. 2011. Inflammation and pregnancy: the role of the immune system at the implantation site. Ann N Y Acad Sci, 1221: 80-87.

Mori M, Bogdan A, Balassa T, et al. 2016. The decidua-the maternal bed embracing the embryo-maintains the pregnancy. Semin Immunopathol, 38: 635-649.

Mori M, Kitazume M, Ose R, et al. 2011. Death effector domain-containing protein (DEDD) is required for uterine decidualization during early pregnancy in mice. J Clin Invest, 121: 318-327.

Morris S A. 2017. Human embryos cultured *in vitro* to 14 days. Open Biol, 7: 17003.

Moser G, Weiss G, Gauster M, et al. 2015. Evidence from the very beginning: endoglandular trophoblasts penetrate and replace uterine glands in situ and *in vitro*. Hum Reprod, 30: 2747-2757.

Nallasamy S, Li Q, Bagchi M K, et al. 2012. Msx homeobox genes critically regulate embryo implantation by controlling paracrine signaling between uterine stroma and epithelium. PLoS Genet, 8: e1002500.

Nancy P, Tagliani E, Tay C S, et al. 2012. Chemokine gene silencing in decidual stromal cells limits T cell access to the maternal-fetal interface. Science, 336: 1317-1321

Norwitz E R, Schust D J, Fisher S J. 2001. Implantation and the survival of early pregnancy.N Engl J Med, 345: 1400-1408.

Okada H, Tsuzuki T, Shindoh H, et al. 2014. Regulation of decidualization and angiogenesis in the human endometrium: mini review. J Obstet Gynaecol Res, 40: 1180-1187.

Paria B C, Lim H, Wang X N, et al. 1998. Coordination of differential effects of primary estrogen and catecholestrogen on two distinct targets mediates embryo implantation in the mouse. Endocrinology, 139: 5235-5246.

Paria B C, Reese J, Das S K, et al. 2002. Deciphering the cross-talk of implantation: advances and challenges. Science, 296: 2185-2188

Park S, Yoon S, Zhao Y, et al. 2012. Uterine development and fertility are dependent on gene dosage of the nuclear receptor coregulator REA. Endocrinology, 153: 3982-3994.

Pawar S, Hantak A M, Bagchi I C, et al. 2014. Steroid-regulated paracrine mechanisms controlling implantation. Mol Endocrinol, 28: 1408-1422.

Pawar S, Laws M J, Bagchi I C, et al. 2015. Uterine epithelial estrogen receptor-α controls decidualization via a paracrine mechanism. Mol Endocrinol, 29: 1362-1374

Pawar S, Starosvetsky E, Orvis G D, et al. 2013. STAT3 regulates uterine epithelial remodeling and epithelial-stromal crosstalk during implantation. Mol Endocrinol, 27: 1996-2012.

Peng J, Monsivais D, You R, et al. 2015. Uterine activin receptor-like kinase 5 is crucial for blastocyst implantation and placental development. Proc Natl Acad Sci U S A, 112: E5098-5107

Picut C A, Swanson C L, Parker R F, et al. 2009. The metrial gland in the rat and its similarities to granular cell tumors. Toxicol Pathol, 37: 474-480.

Pijnenborg R. 2000. The metrial gland is more than a mesometrial lymphoid aggregate of pregnancy. J Reprod Immunol, 46: 17-19.

Ptak G E, Tacconi E, Czernik M, et al. 2012. Embryonic diapause is conserved across mammals. PLoS One, 7: e33027.

Qi Q R, Zhao X Y, Zuo R J, et al. 2015. Involvement of atypical transcription factor E2F8 in the polyploidization during mouse and human decidualization. Cell Cycle, 14: 1842-1858.

Quinn C E, Casper R F. 2009. Pinopodes: a questionable role in endometrial receptivity. Hum Reprod Update, 15: 229-236.

Ramathal C Y, Bagchi I C, Taylor R N, et al. 2010. Endometrial decidualization: of mice and men. Semin Reprod Med, 28: 17-26.

Reardon S N, King M L, MacLean J A, et al. 2012. CDH1 is essential for endometrial differentiation, gland development, and adult function in the mouse uterus. Biol Reprod, 86: 141.

Renfree M B, Shaw G. 2014. Embryo-endometrial interactions during early development after embryonic diapause in the marsupial tammar wallaby. Int J Dev Biol, 58: 175-181.

Robinson J F, Fisher S J. 2014. Rbpj links uterine transformation and embryo orientation. Cell Res, 24: 1031-1032.

Ruan Y C, Guo J H, Liu X, et al. 2012. Activation of the epithelial Na^+ channel triggers prostaglandin E_2 release and production required for embryo implantation. Nat Med, 18: 1112-1117.

Saben J L, Asghar Z, Rhee J S, et al. 2016. Excess maternal fructose consumption increases fetal loss and impairs endometrial decidualization in mice. Endocrinology, 157: 956-968.

Saito K, Furukawa E, Kobayashi M, et al. 2014. Degradation of estrogen receptor α in activated blastocysts is associated with implantation in the delayed implantation mouse model. Mol Hum Reprod, 20: 384-391.

Salamonsen L A. 1999. Role of proteases in implantation. Rev Reprod, 4: 11-22.

Salamonsen L A, Evans J, Nguyen H P, et al. 2016. The microenvironment of human implantation: determinant of reproductive success. Am J Reprod Immunol, 75: 218-225.

Salker M S, Christian M, Steel J H, et al. 2011. Deregulation of the serum- and glucocorticoid-inducible kinase SGK1 in the endometrium causes reproductive failure. Nat Med, 17: 1509-1513

Sandra O, Mansouri-Attia N, Lea R G. 2011. Novel aspects of endometrial function: a biological sensor of embryo quality and driver of pregnancy success. Reprod Fertil Dev, 24: 68-79.

Scognamiglio R, Cabezas-Wallscheid N, Thier M C, et al. 2016. Myc depletion induces a pluripotent dormant state mimicking diapause. Cell, 164: 668-680.

Shin H, Bang S, Kim J, et al. 2017. The formation of multivesicular bodies in activated blastocysts is influenced by autophagy and FGF signaling in mice. Sci Rep, 7: 41986.

Shin H, Choi S, Lim H J. 2014. Relationship between reactive oxygen species and autophagy in dormant mouse blastocysts during delayed implantation. Clin Exp Reprod Med, 41: 125-131.

Spencer T E, Bazer F W. 2002. Biology of progesterone action during pregnancy recognition and maintenance of pregnancy. Front Biosci, 7: d1879-1898.

Spencer T E. 2014. Biological roles of uterine glands in pregnancy. Semin Reprod Med, 32: 346-357.

Stewart I J. 2001. The metrial gland is more than a mesometrial lymphoid aggregate of pregnancy—a response. J Reprod Immunol, 49: 67-69

Su R W, Fazleabas A T. 2015. Implantation and establishment of pregnancy in human and nonhuman primates. Adv Anat Embryol Cell Biol, 216: 189-213.

Sun X, Bartos A, Whitsett J A, et al. 2013. Uterine deletion of Gp130 or Stat3 shows implantation failure with increased estrogenic responses. Mol Endocrinol, 27: 1492-1501.

Sun X, Deng W, Li Y, et al. 2016. Sustained endocannabinoid signaling compromises decidual function and promotes inflammation-induced preterm birth. J Biol Chem, 291: 8231-8240.

Sun X, Zhang L, Xie H, et al. 2012. Kruppel-like factor 5 (KLF5) is critical for conferring uterine receptivity to implantation. Proc Natl Acad Sci U S A, 109: 1145-1150.

Tan Y, Li M, Cox S, et al. 2004. HB-EGF directs stromal cell polyploidy and decidualization via cyclin D3 during implantation. Dev Biol, 265: 181-195.

Tan Y, Tan D, He M, et al. 2005. A model for implantation: coculture of blastocysts and uterine endometrium in mice. Biol Reprod, 72: 556-561.

Teklenburg G, Salker M, Molokhia M, et al. 2010. Natural selection of human embryos: decidualizing endometrial stromal cells serve as sensors of embryo quality upon implantation. PLoS One, 5: e10258.

Tranguch S, Cheung-Flynn J, Daikoku T, et al. 2005. Cochaperone immunophilin FKBP52 is critical to uterine receptivity for embryo implantation. Proc Natl Acad Sci U S A, 102: 14326-14331.

Tranguch S, Wang H, Daikoku T, et al. 2007. FKBP52 deficiency-conferred uterine progesterone resistance is genetic background and pregnancy stage specific. J Clin Invest, 117: 1824-1834.

Tsai J H, Chi M M, Schulte M B, et al. 2014. The fatty acid beta-oxidation pathway is important for decidualization of endometrial stromal cells in both humans and mice. Biol Reprod, 90: 34.

Tu Z, Ran H, Zhang S, et al. 2014. Molecular determinants of uterine receptivity. Int J Dev Biol, 58: 147-154.

Ullah Z, Kohn M J, Yagi R, et al. 2008. Differentiation of trophoblast stem cells into giant cells is triggered by p57/Kip2 inhibition of CDK1 activity. Genes Dev, 22: 3024-3036.

Vasquez Y M, DeMayo F J. 2013. Role of nuclear receptors in blastocyst implantation. Semin Cell Dev Biol, 24: 724-735.

Vilella F, Moreno-Moya J M, Balaguer N, et al. 2015. Hsa-miR-30d, secreted by the human endometrium, is taken up by the pre-implantation embryo and might modify its transcriptome. Development, 142: 3210-3221.

Vinketova K, Mourdjeva M, Oreshkova T. 2016. Human decidual stromal cells as a component of the implantation niche and a modulator of maternal immunity. J Pregnancy, 8689436.

Wang H, Dey S K. 2005. Lipid signaling in embryo implantation. Prostaglandins Other Lipid Mediat, 77: 84-102.

Wang H, Dey S K. 2006. Roadmap to embryo implantation: clues from mouse models. Nat Rev Genet, 7: 185-199.

Wang H, Ma W G, Tejada L, et al. 2004. Rescue of female infertility from the loss of cyclooxygenase-2 by compensatory up-regulation of cyclooxygenase-1 is a function of genetic makeup. J Biol Chem, 279: 10649-10658.

Weihua Z, Saji S, Mäkinen S, et al. 2000. Estrogen receptor (ER) beta, a modulator of ERalpha in the uterus. Proc Natl Acad Sci U S A, 97: 5936-5941.

Weimar C H, Post Uiterweer E D, Teklenburg G, et al. 2013. *In-vitro* model systems for the study of human embryo-endometrium interactions. Reprod Biomed Online, 27: 461-476.

Weitlauf H M. 1994. Biology of Implantation. *In*: Knobil E, Neill J D. The Physiology of Reproduction. 2nd. New York: Raven Press, Ltd.

Wetendorf M, Wu S P, Wang X, et al. 2017. Decreased epithelial progesterone receptor A at the window of receptivity is required for preparation of the endometrium for embryo attachment. Biol Reprod, 96: 313-326.

Whirledge S D, Oakley R H, Myers P H, et al. 2015. Uterine glucocorticoid receptors are critical for fertility in mice through control of embryo implantation and decidualization. Proc Natl Acad Sci U S A, 112: 15166-15171.

Winuthayanon W, Hewitt S C, Orvis G D, et al. 2010. Uterine epithelial estrogen receptor α is dispensable for proliferation but essential for complete biological and biochemical responses. Proc Natl Acad Sci U S A, 107: 19272-19277

Xiao S, Li R, El Zowalaty A E, et al. 2017. Acidification of uterine epithelium during embryo implantation in mice. Biol Reprod, 96: 232-243.

Xie H, Wang H, Tranguch S, et al. 2007. Maternal heparin-binding-EGF deficiency limits pregnancy success in mice. Proc Natl Acad Sci U S A, 104: 18315-18320.

Ye T M, Pang R T, Leung C O, et al. 2012. Development and characterization of an endometrial tissue culture model for study of early implantation events. Fertil Steril, 98: 1581-1589.

Ye X, Hama K, Contos J J, et al. 2005. LPA3-mediated lysophosphatidic acid signalling in embryo implantation and spacing. Nature, 435: 104-108.

Yen S S C, Jaffe R B, Barbieri R L. 1999. Reproductive Endocrinology. 4th Edition. Philadelphia: Saunders.

Yuan J, Cha J, Deng W, et al. 2016. Planar cell polarity signaling in the uterus directs appropriate positioning of the crypt for embryo implantation. Proc Natl Acad Sci U S A, 113: E8079-E8088.

Zhang S, Kong S, Wang B, et al. 2014. Uterine Rbpj is required for embryonic-uterine orientation and decidual remodeling via Notch pathway-independent and -dependent mechanisms. Cell Res, 24: 925-942.

Zhang S, Lin H, Kong S, et al. 2013. Physiological and molecular determinants of embryo implantation. Mol Aspects Med, 34: 939-980.

Zhang X H, Liang X, Liang X H, et al. 2013. The mesenchymal-epithelial transition during *in vitro* decidualization. Reprod Sci, 20: 354-360.

Zhu L, Pollard J W. 2007. Estradiol-17beta regulates mouse uterine epithelial cell proliferation through insulin-like growth factor 1 signaling. Proc Natl Acad Sci U S A, 104: 15847-15851.

Zuo R J, Zhao Y C, Lei W, et al. 2014. Crystallin αB acts as a molecular guard in mouse decidualization: regulation and function during early pregnancy. FEBS Lett, 588: 2944-2951.

（杨增明）

第十章　胎盘、妊娠维持及分娩

第一节　胎盘的类型和结构

在胎生脊椎类动物胚胎发育过程中所形成的结构中，有些结构并不构成胚胎本体，而只是对胚胎起保护、营养和物质交换作用，这些结构在分娩后即被丢弃，这些胎儿的附属结构即为胎盘（placenta）。实际上胎盘包括胎盘本身和胎膜（fetal membranes）两部分。妊娠足月时人类胎盘为圆形或椭圆形的盘状结构，中间厚，边缘薄，边缘过渡为折返胎膜结构（图 10-1）。胎盘直径 18～20 cm，厚约 2.5 cm，重 500～600 g，约为出生

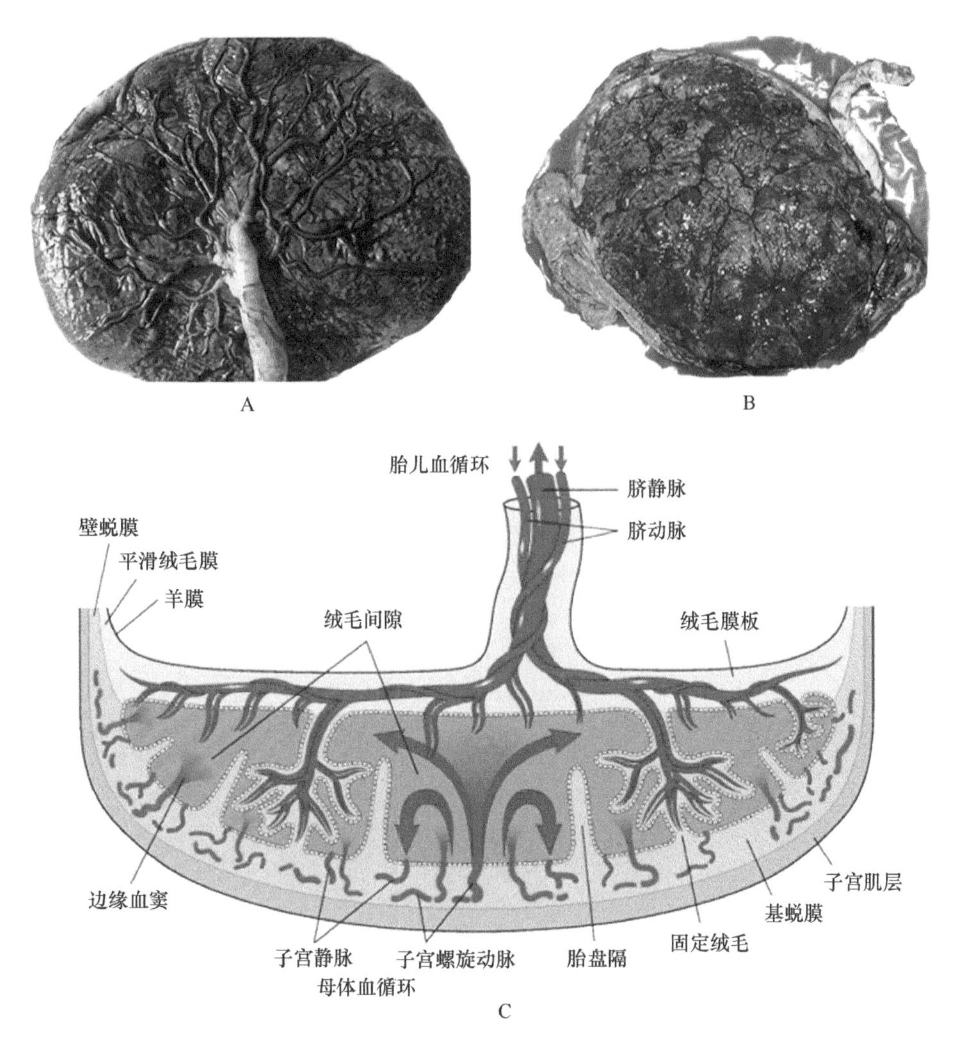

图 10-1　人类胎盘外观及胎盘血流模式图。A. 胎盘胎儿面；B. 胎盘母体面；C. 胎盘血流模式图

儿体重的 1/6。根据胎盘在体内的朝向，胎盘有胎儿面和母体面。胎儿面朝向羊水和胎儿，被半透明的羊膜所覆盖，覆盖胎盘胎儿面的羊膜在胎盘边缘与绒毛膜会合折返，形成胎膜。胎儿面表面光滑，脐带附着于中央，脐动脉和脐静脉由脐带附着处呈放射状分支支配整个胎盘，并直达胎盘边缘。胎盘的母体面在体内附着于由母体子宫内膜转化而来的蜕膜，由 18～20 个胎盘小叶组成，其表面通常附着有少量底蜕膜，有时足月胎盘小叶表面存在少量白色的钙化点。

不同种属动物的胎盘外形和内部结构差别很大，但所有动物的胎盘都有一个共同的结构特点：存在相互隔离的母体和胎儿两个血液循环系统，隔离母体和胎儿血液循环的胎盘组织形成所谓的胎盘屏障（placenta barrier），母体和胎儿血液循环通过组织层次不等的胎盘屏障进行物质和气体交换，母体侧的一些物质可以通过胎盘屏障，另一些被胎盘屏障阻挡于胎儿体外。胎儿器官发育尚未成熟期间，胎盘几乎承担了除运动和中枢神经系统以外的胎儿器官的所有生理功能，使其成为妊娠期胎儿最为特殊和重要的器官。胎盘完全或部分承担的胎儿功能有：①肺的气体转运；②肾脏的分泌、水平衡和体液酸碱度调节功能；③肠道的消化、吸收功能；④内分泌腺体的激素合成和分泌功能；⑤肝脏的代谢分泌功能；⑥骨髓的造血功能；⑦皮肤的散热功能；⑧免疫功能。胎盘如此复杂的功能，加上不同种属动物妊娠周期、每胎产仔数量和生活环境的不同，造成了不同种属胎盘外形和内部结构的迥异。本节将首先讨论胎盘的发生，然后重点讨论与人类胎盘有关的绒毛膜尿囊型胎盘（chorioallantoic placenta）的分类和结构。

一、胎盘的分类

胚胎发育过程中，出现过利用绒毛膜、卵黄囊膜、尿囊膜等进行母体-胎儿之间物质交换的不同阶段。因此，可以根据母体-胎儿物质交换媒介组织的不同类型，将胎盘分为绒毛膜型、绒毛膜卵黄囊型、卵黄囊外翻型和绒毛膜尿囊型。不同种属动物胚胎发育不同阶段主导母体-胎儿物质交换的胎盘类型有所区别，多数哺乳类动物（包括人类）虽然在胚胎发育过程中有利用过渡型胎盘的经历，但终极胎盘都属于绒毛膜尿囊型。

1. 绒毛膜型胎盘

绒毛膜型胎盘（chorionic placenta）只是胚胎发育早期的过渡性结构，它是包围胎儿的膜状组织，是由胚泡的生发层（germ layer）起源的，生发层包括外胚层（ectoderm）、中胚层（mesoderm）和内胚层（endoderm）。受精卵经过多次卵裂形成含有 12 个卵裂球的桑椹胚（图 10-2A～C）。桑椹胚细胞进一步分裂增生，细胞间出现一些小的腔隙，然后相互融合成大腔，腔中充满液体，形成胚泡（图 10-2D）。胚泡的壁由外胚层起源的单层细胞构成，与胚胎的营养有关，因此称之为滋养层。在胚泡腔的一端有一群大而形态不规则的细胞，称为内细胞团（图 10-2D）。覆盖在内细胞团表面的滋养层细胞被称为极端滋养层细胞。内细胞团中靠近胚泡腔一面的细胞分裂增生，形成一层整齐的立方形细胞，称为内胚层（图 10-2E）。内细胞团中其余细胞较大，排列不甚规则，称为原始外胚层。原始外胚层与极端滋养层之间出现一个腔隙，称为羊膜腔（图 10-2H，图 10-3）。

这时，内胚层细胞向腹侧增生，形成一个由单层扁平细胞围成的囊腔，称为卵黄囊（yolk sac）腔（图 10-2F）。随着卵黄囊腔的形成，来自内细胞团的内胚层细胞逐渐覆盖卵黄囊的内壁，形成了由外胚层和内胚层细胞组成的双层膜结构，称为胚脐壁（omphalopleure）。以后，由内细胞群分化出中胚层并介入内、外胚层之间，形成由内、中、外胚层细胞构成的三层膜结构的胚脐壁（图 10-2F）。中胚层细胞继续分化，沿滋养层细胞的平面分裂并出现中胚层体腔，称为胚外体腔（exocoelom）（图 10-2G）。衬在内胚层表面的中胚层为血管化的胚内中胚层，两者合称为胚脏壁（splanchnopleure）；衬在外胚层滋养细胞内面的中胚层不含血管，与外胚层统称为胚体壁（somatopleure）（图 10-2G、H）。胚体壁的外侧有许多指状突起，称为绒毛（图 10-2H），此时的胚体壁即为初始的绒毛膜（chorion）。胚体壁在胚胎早期可以将母体营养物质由子宫转运至胚外体腔，成为胚胎发育早期最原始的

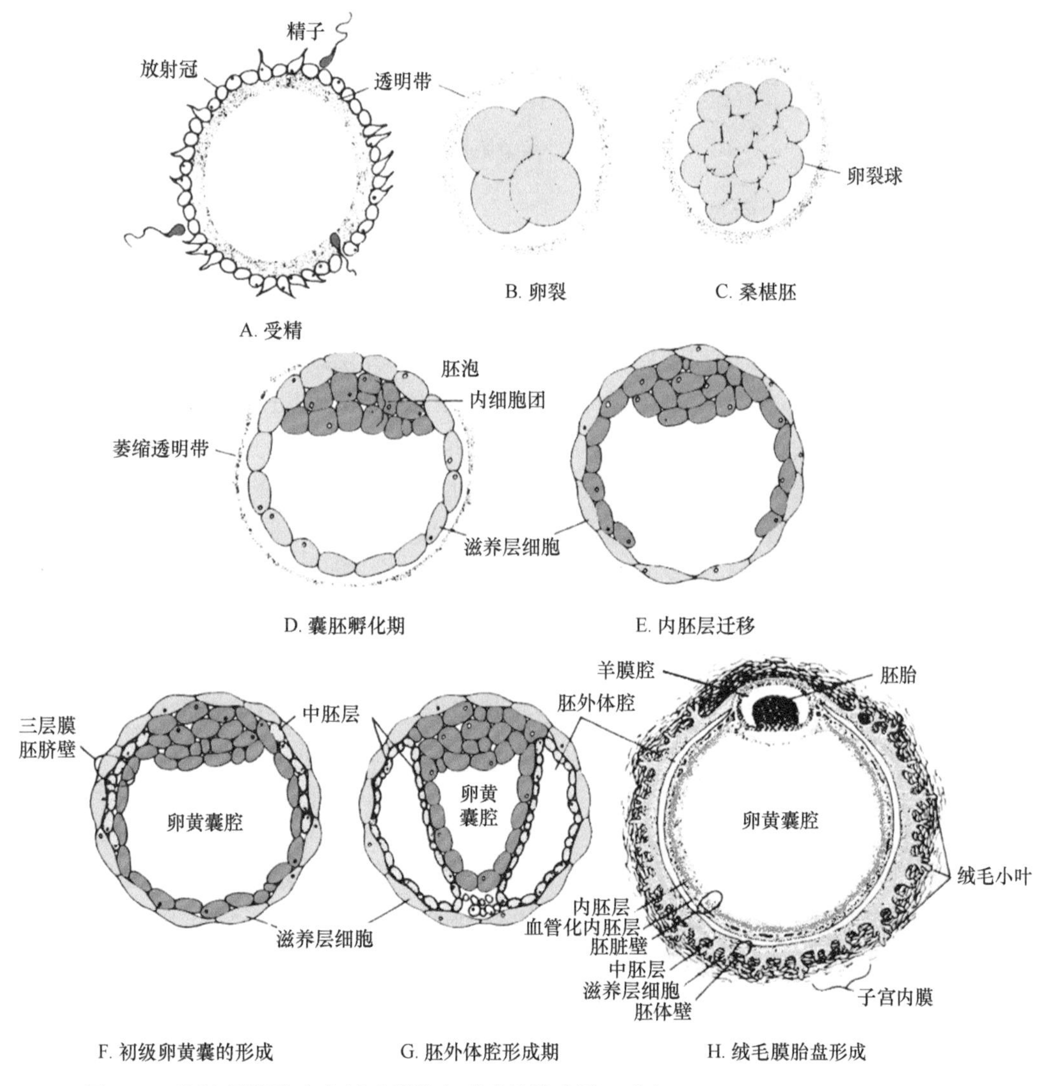

图 10-2　胚泡早期发育和绒毛膜胎盘形成的模式图（引自 Faber and Thornburg，1983）

胎盘结构，称之为绒毛膜型胎盘。绒毛膜型胎盘只是胚胎发育早期的过渡性组织，随着胚胎的继续发育，绒毛膜型胎盘逐渐被绒毛膜卵黄囊型或绒毛膜尿囊型胎盘所取代。

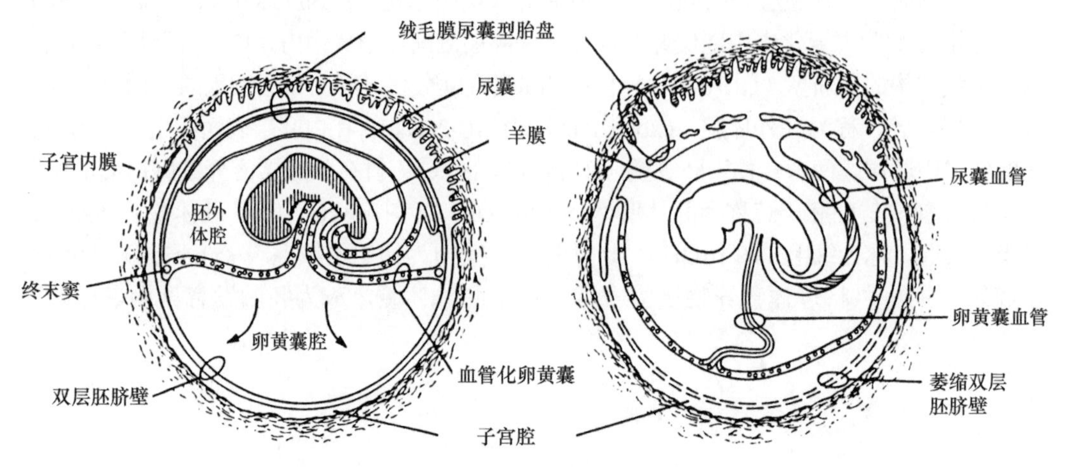

图 10-3　卵黄囊外翻型胎盘形成的示意图

2. 绒毛膜卵黄囊型胎盘

在一些低等的哺乳类动物，当胚外体腔尚未形成时，卵黄囊壁可以与子宫内膜直接接触，卵黄囊的三层膜结构承担着由母体向胚胎的物质转运功能。卵黄囊的三层膜结构是指卵黄囊的内胚层、中胚层细胞及外胚层的绒毛膜滋养层细胞，此型胎盘即为卵黄囊型胎盘（yolk sac placenta）或绒毛膜卵黄囊型胎盘（choriovitelline placenta）。当胚胎由内细胞团发育时，胚外体腔逐渐扩大，使卵黄囊腔变小，最终以一蒂连接于胚胎，并通过狭窄的卵黄管与发育中的胚胎肠腔相连。由胚胎卵黄囊蒂来源的血管支配卵黄囊壁，绒毛膜卵黄囊型胎盘的血液供应也来源于胚胎卵黄囊蒂。

这种由母体向胚胎的物质转运形式在种系发生上是一种比较原始的方式，主要见于有袋类动物。在有袋类动物中，两层膜的胚脐壁和血管化或未血管化的三层膜的胚脐壁可以在妊娠的很长一段时期内共同存在。人类和多数动物在胚胎发育过程中并未出现过利用绒毛膜卵黄囊壁作为母体-胎儿物质转运器官的阶段，而是从绒毛膜胎盘直接演化为绒毛膜尿囊型胎盘。

3. 卵黄囊外翻型胎盘

胚胎发育中除以上类型的胎盘先后出现过外，在啮齿类和兔科动物中，还出现过一种被称为卵黄囊外翻型的胎盘（inverted yolk sac placenta）。由血管支配的卵黄囊内胚层壁直接与子宫内膜接触，起着物质转运的作用。卵黄囊外翻型胎盘的形成，实际上并不是卵黄囊外翻的结果，而是卵黄囊外壁的双层胚脐壁由于无血管支配而退化，胚胎和胚外体腔逐渐增大，将血管化的卵黄囊内胚层壁推出至子宫内膜，并与之密切接触，形成卵黄囊外翻型胎盘（图 10-3）。

4. 绒毛膜尿囊型胎盘

在胚胎发育的第三周，从卵黄囊顶部尾侧的内胚层生发出一细胞索，很快变成一中空的盲管，突入体蒂，这就是尿囊（allantoic sac）。同卵黄囊一样，尿囊也与胚胎肠腔相连接，但位于卵黄囊的尾端。胚胎发育早期，它起着胚胎膀胱的作用。当尿囊长入胚外体腔后，与绒毛膜发生密切接触，尿囊壁、绒毛膜与子宫内膜密切接触形成所谓的绒毛膜尿囊型胎盘（chorioallantoic placenta）（图 10-4），这就是最为常见的胎盘类型。尿囊壁上有胚胎外胚层起源的尿囊动脉和静脉支配着尿囊。随着胚盘的包卷，尿囊被卷入脐带，尿囊动脉和静脉演变为脐带动脉和静脉，连接胎儿与胎盘。在一些物种如人类，尿囊腔逐渐退化消失，其根部参与了膀胱的形成，从膀胱到脐的一段则演变成了脐尿管，最后管腔闭锁，变成脐中韧带。但在羊等动物中，尿囊腔与胎儿的膀胱相连，并充以胎尿。绒毛膜尿囊型胎盘为多数哺乳类动物胚胎中后期的胎盘类型，人类胎盘亦属于此型胎盘。绒毛膜尿囊型胎盘的外型、母体和胎盘组织的交错方式、胎盘屏障组织层次及胎盘血流特点也不尽相同，本节将重点介绍绒毛膜尿囊型胎盘的类型和形态。

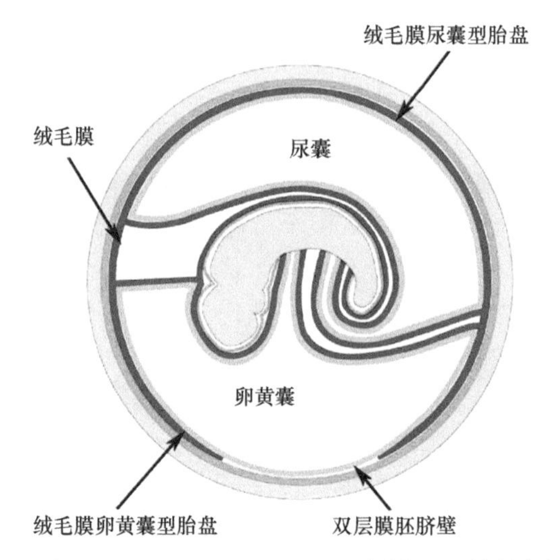

图 10-4　尿囊的形成（引自 Carter and Enders，2004）。图中显示的是有袋类动物胚胎发育早期绒毛膜尿囊型、两层膜的绒毛膜和三层膜的绒毛膜卵黄囊型胎盘共同存在。滋养层细胞蓝色，中胚层红色，内胚层黄色

二、绒毛膜尿囊型胎盘的分类

绒毛膜尿囊型胎盘为哺乳类动物最为常见的胎盘类型，人类胎盘也属于绒毛膜尿囊型胎盘。尽管绒毛膜尿囊型胎盘的胚胎发育相似，但不同动物的绒毛膜尿囊型胎盘在外形和内部结构上仍然存在较大差异。绒毛膜尿囊型胎盘的分类方法很多，但最为常见的分类方法是按照胎盘外型、母体和胎盘组织的交错方式、胎盘屏障组织层次及胎盘血流特点进行分类。下面就分别从这 4 个方面讨论不同动物绒毛膜尿囊型胎盘的外型和内部结构特点。

1. 按胎盘形态分类

（1）弥散型胎盘

母体与胎儿之间的营养物质转运量在很大程度上取决于母体子宫内膜与绒毛膜的接触面积。如果没有胎盘的形成，即使整个绒毛膜的表面与子宫内膜接触，也难以满足胎儿对物质转运的需求。因此，所有哺乳类动物均通过胎盘形成的方式，增加母体与绒毛膜组织的交错程度，从而增加接触面积，以满足胎儿与母体的物质交换需求。这种交错一般并不需要发生在整个绒毛膜表面，而只需在绒毛膜的局部产生胎盘结构即可满足胎儿与母体物质交换的需要，胎盘以外部分的绒毛膜则称为光滑绒毛膜。但在鲸、奇蹄类动物（马）、偶蹄类动物（猪、骆驼）和低等灵长类动物中，整个绒毛膜都参与胎盘的形成并与子宫内膜密切接触。绒毛膜和子宫内膜通过各自形成的皱褶相互交错，增加接触面积。这种胎盘的物质交换发生在整个绒毛膜表面，因此称此类胎盘为弥散型胎盘（placenta diffusa）。一般认为，这类胎盘形成的原因与胚胎未侵入子宫内膜有关。由于胚胎未侵入子宫内膜，子宫内膜在妊娠期间也未发生蜕膜化，因此在分娩时，也没有子宫内膜的脱落。人类异常妊娠时也可偶见弥散型胎盘。

（2）复合绒毛叶型胎盘

反刍类动物（如牛和羊）的绒毛膜组织与子宫内膜的接触处，呈结节状分布在绒毛膜表面，每一结节状结构高度血管化，形成结节状胎盘或绒毛小结（cotyledon 或 placentome），此类胎盘称为复合绒毛小结型胎盘（cotyledonary 或 multiplex placenta）。随种属不同，绒毛小结的数目在 3～100 个。每一绒毛小结都是一微型胎盘，与绒毛小结相对应的子宫内膜部位形成子宫上皮隐窝，称为肉阜（caruncle）。此类绒毛小结也没有侵入子宫内膜，因此子宫内膜亦未发生蜕膜化，在分娩时也无子宫内膜的脱落。人类妊娠中尚未发现此型胎盘的出现。

（3）带状胎盘

食肉类动物（如猫、狗、熊）的绒毛膜组织与子宫内膜接触处，呈区带状环绕在胎儿周围，此环状结构可呈规则带状外形，也可呈不规则外形，将此型胎盘称为带状胎盘（zonary placenta）。此型胎盘有一明显特征，即通常存在一个胎盘旁器官，称为噬血器（hemophagous organ）。噬血器储存的母体血液经绒毛膜吞噬后，提供给胚胎，以满足胚胎对铁的需求。与前两类胎盘不同的是，此类动物的胚胎着床子宫内膜，因此妊娠期间子宫内膜发生蜕膜化。在人类妊娠中带状型胎盘的发生率为 0.1%。一般认为这是胚胎在子宫颈处着床的后果。

（4）盘状胎盘

盘状胎盘（discoid placenta）为食虫类、啮齿类、灵长类动物（如鼠类、蝙蝠、豚鼠和人类）的胎盘外形特征。此类胎盘呈圆形或椭圆形。在有些动物中可以出现两个胎盘，如猴的胎盘为双盘型胎盘（placenta duplex）。双盘型胎盘在人类妊娠的发生率为 0.1%。另外，人类还可出现两个分离不完全的盘状胎盘（placenta bilobata），其发生率为 2%～8%；也可出现两个大小不对称的胎盘（placenta succenturiata），其发生率为 0.5%～1%。人类妊娠出现异常双盘状胎盘的原因与胚胎在子宫前、后壁交界处的子宫角着床有关。四型胎盘的模式图见图 10-5 和图 10-6。

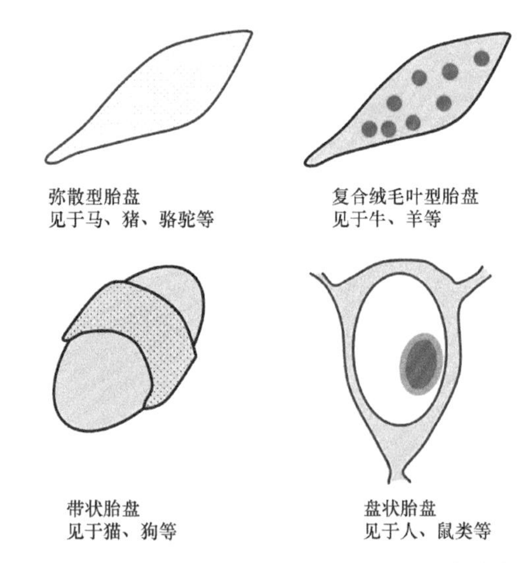

图 10-5　胎盘的外形。根据胎盘的外形不同，可以将胎盘分为弥散型、复合绒毛叶型、带状和盘状胎盘

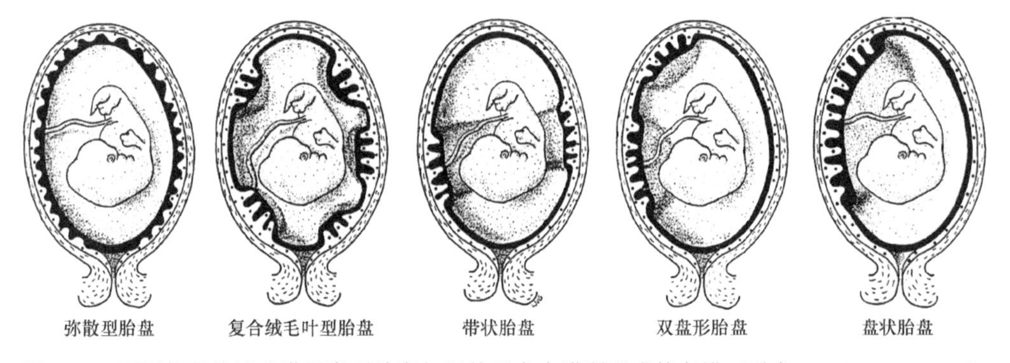

图 10-6　不同外形的绒毛膜尿囊型胎盘与母体子宫内膜所形成的交错（引自 Kaufmann，1981）

2. 按母体/绒毛膜组织交错程度分类

母体与胎儿之间的物质交换能力取决于母体子宫内膜与绒毛膜组织相互交错的程度。交错程度较低时，一般通过增加交错面积来补偿。因此，绒毛膜小叶不侵入子宫内膜的胎盘往往面积较大。根据子宫内膜与绒毛膜组织的交错程度，绒毛膜尿囊型胎盘可以分为以下几种类型。

（1）皱褶型胎盘

最为简单的母体子宫内膜与绒毛膜组织的交错见于弥散型胎盘。此型胎盘的绒毛膜只形成简单的皱褶伸入子宫内膜形成的沟隙内，因此没有滋养层细胞对子宫内膜的侵入，将这类胎盘也称为皱褶型胎盘（folded type of placenta），见于猪等动物中（图 10-7A）。

（2）板层型胎盘

比皱褶型胎盘稍微复杂的为板层型胎盘（lamellar placenta）。此型胎盘的绒毛膜形成细长的小嵴，后者再形成简单的分支，深入子宫内膜形成的相应皱褶内。此型胎盘的交错方式比皱褶型胎盘增加了母体子宫内膜组织与胎盘组织的接触面积，见于食肉类动物中（图 10-7B）。

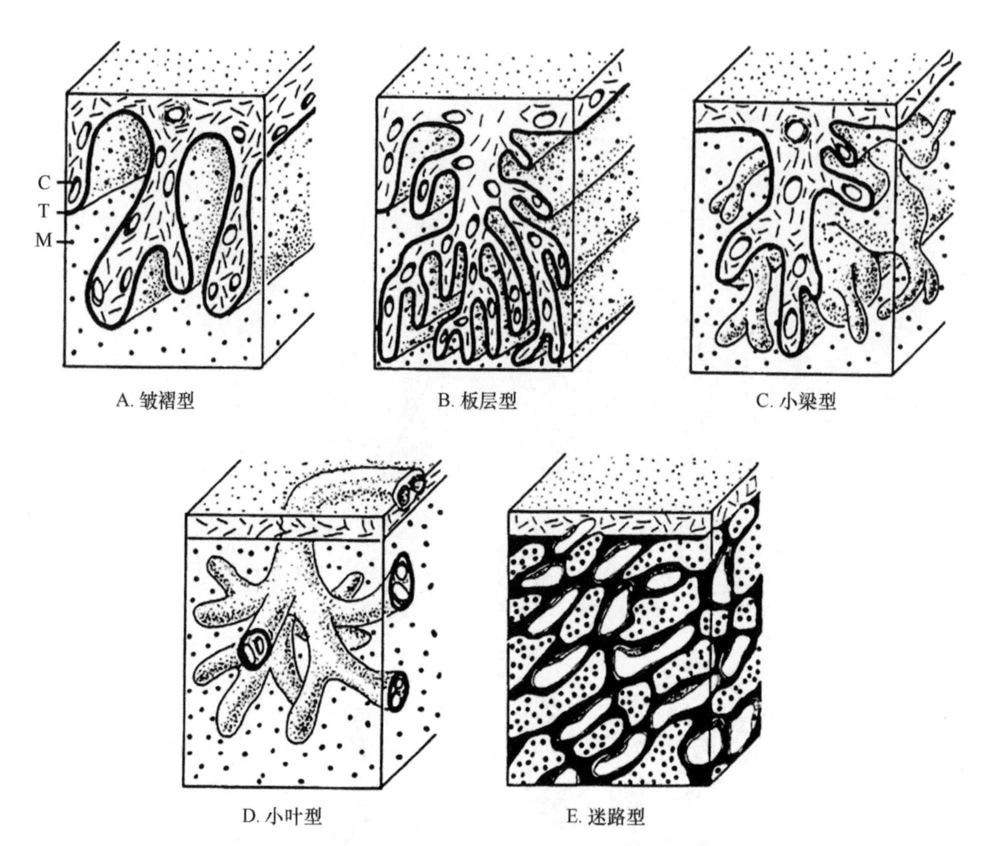

图 10-7　按胎盘组织与子宫内膜的交错程度的胎盘分类方法（引自 Kaufmann，1981）。
M：母体组织或血液；T：胎盘的滋养层；C：胎儿侧毛细血管和结缔组织

（3）小梁型胎盘

小梁型胎盘比板层型胎盘与子宫内膜交错程度更进一步，见于一些较为高等猴子的胎盘。此型胎盘的绒毛膜皱褶形成手指样的小叶，再分支与母体子宫内膜交错，形成类似小梁式的结构。因此将这类胎盘称为小梁型胎盘（trabecular placenta）（图 10-7C）。

（4）小叶型胎盘

人类和一些高等灵长类动物胎盘的绒毛膜形成树枝样小叶结构，并侵入母体子宫内膜而直接浸润在母体血液当中。这种交错方式比小梁型胎盘程度更高，称为小叶型胎盘（villous type of placenta）（图 10-7D）。

（5）迷路型胎盘

交错程度最高的应属迷路型胎盘（labyrinthine type of placenta）。此类胎盘绒毛膜的滋养层细胞形成迷路网孔状结构，浸润在母体血液当中。迷路型胎盘组织与母体血液的交换面积最大，母体与胎儿的物质交换效率最高。见于啮齿类和一些比较低级的猴子胎盘（图 10-7E）。

3. 按胎盘屏障层次分类

当受精卵在子宫腔内分裂至 106～256 个细胞的胚泡时，胚泡脱掉外层的透明带，并贴附于子宫内膜开始着床过程。此过程一般发生于受精后一周左右。最为常见的着床部位为子宫后壁靠中线的上部。不同种属动物胚泡的着床方式和着床深度不一，从而决定了胎盘血液循环的方式和胎盘屏障的层次。在着床方式上主要有侵入、取代和融合3种类型。侵入式（intrusive）着床是指胚泡由子宫内膜上皮细胞之间侵入，侵入深度至少达到上皮细胞下的基底膜，见于鼬类；取代式（displacement）着床见于鼠类，是指胚泡的滋养层细胞首先使子宫内膜的上皮细胞脱落，然后取而代之开始着床过程；融合式（fusion）着床见于兔类，是指胚泡的滋养层细胞首先与子宫内膜的上皮细胞融合，然后进一步植入子宫内膜。胚泡着床时，子宫内膜在妊娠激素的影响下，发生一系列的蜕膜化，包括子宫基质细胞的增生、子宫腺体和血管结构的重建。此时的子宫内膜称为蜕膜。高等灵长类动物妊娠时，整个子宫内膜均发生了蜕膜化。

并不是所有动物的胚泡都植入子宫内膜，具有弥漫型和复合绒毛叶型胎盘的动物胚泡只附着于子宫内膜，而不侵入子宫内膜。这样在胎儿和母体血液循环之间存在6层组织结构，来自胎儿和母体的组织各有3层，它们分别是母体侧的毛细血管内皮细胞、子宫内膜的结缔组织、子宫内膜上皮细胞和胎儿侧的滋养层细胞、绒毛膜的结缔组织及血管内皮细胞。此型胎盘称为上皮/绒毛膜型胎盘（epitheliochorial placenta）（图10-8）。

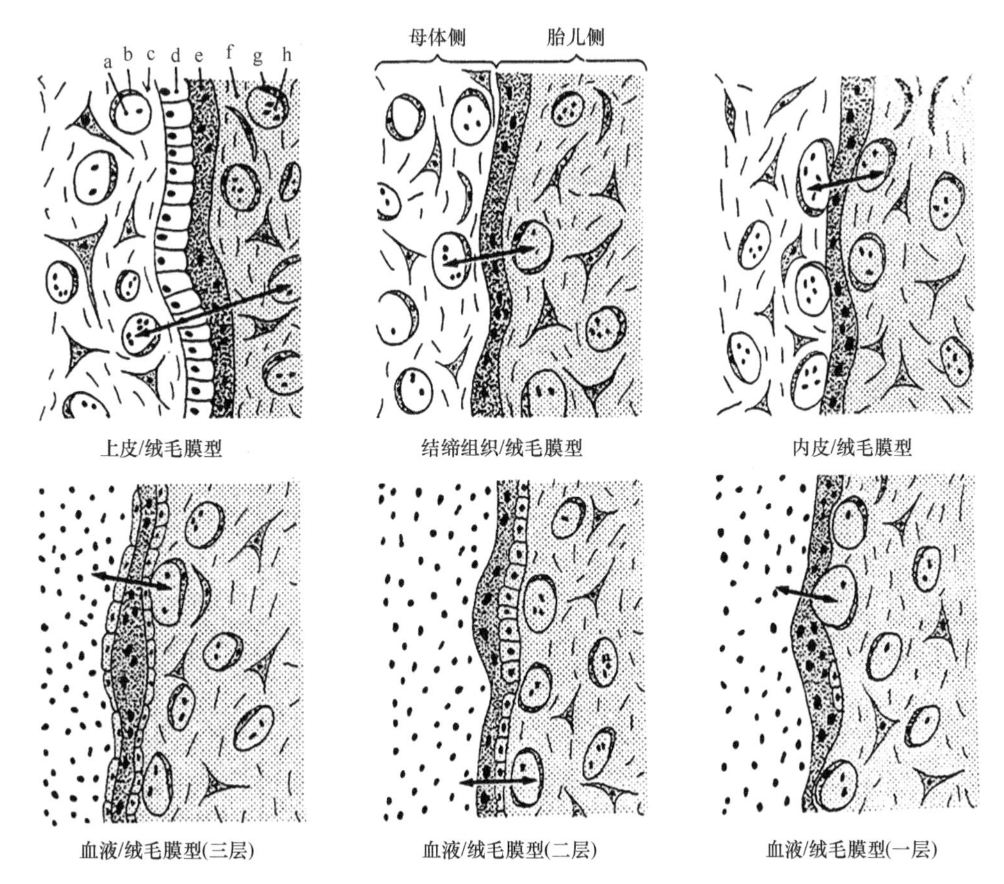

图10-8　按胎盘屏障组织层次分类的上皮/绒毛膜型胎盘、结缔组织/绒毛膜型胎盘、内皮细胞/绒毛膜型胎盘和血液/绒毛膜型胎盘（引自Kaufmann，1981）。a. 母体血液；b. 母体血管内皮细胞；c. 子宫内膜结缔组织；d. 蜕膜；e. 合体滋养层；f. 胎儿侧结缔组织；g. 胎儿侧血管内皮细胞；h. 胎儿侧血液

植入型胎盘的胎儿和母体血液之间的组织屏障层次则随胚泡的着床深度而减少。当胚泡侵入子宫内膜上皮和结缔组织时，胚泡的滋养层细胞通过两种方式与母体组织接触：①直接与母体血管的内皮细胞相接触，构成内皮细胞/绒毛膜型胎盘（endotheliochorial placenta）（图 10-8）；②通过子宫内膜的结缔组织与母体血管内皮细胞相接触，形成结缔组织/绒毛膜型胎盘（syndesmochorial placenta）。内皮细胞/绒毛膜型胎盘的胎儿和母体血液之间的组织屏障有 4 层，分别是母体的血管内皮细胞、胎儿侧的滋养层细胞、绒毛膜的结缔组织及胎儿侧血管内皮细胞，而结缔组织/绒毛膜型胎盘的胎儿和母体血液之间的组织屏障有 5 层，分别是母体的血管内皮细胞和结缔组织、胎儿侧的滋养层细胞、绒毛膜的结缔组织和胎儿侧血管内皮细胞，此类胎盘见于低等灵长类、食肉类、羊和蝙蝠等动物中。

当母体侧的最后一道屏障，即螺旋动脉血管内皮细胞被胎盘滋养层细胞侵蚀后，胎盘的绒毛小叶就直接浸润在母体血液当中，母体血和胎儿血之间的组织屏障则完全由胎儿侧的 3 层组织组成，分别为绒毛膜的滋养层细胞、结缔组织及血管内皮细胞。因此此型胎盘被称为血液绒毛膜型胎盘（hemochorial placenta）（图 10-8），此类胎盘见于啮齿类、高级灵长类包括人类。侵入子宫内膜的绒毛小叶的滋养层细胞的层次不一，根据滋养层细胞的层次又可把血液绒毛膜型胎盘进一步分为血液/单层滋养层细胞（豚鼠、人类足月妊娠）、血液/双层滋养层细胞（兔、人类早期妊娠）和血液/三层滋养层细胞（大鼠和小鼠）型胎盘。单层滋养层细胞是指只有一层合体滋养层细胞介于母体血和胎儿血管内皮细胞之间；双层滋养层细胞是指合体滋养层细胞的下方还有一层细胞滋养层；三层滋养层细胞则是指合体滋养层细胞的上下方都有一层细胞滋养层。除了上述按胎盘屏障层次分类的胎盘类型外，还有一些胎盘的组织屏障层数介于上述类型胎盘之间。

胎盘屏障的层次并不是决定母体与胎儿之间物质交换的唯一因素，物质交换还取决于被转运的物质是通过何种方式通过胎盘屏障。物质转运的方式有主动转运、被动转运和吞噬转运等。胎盘屏障的厚度在整个胎盘并不均匀，存在一些超薄和超厚区域。超薄区域称为上皮板（epithelial plate）或α区域，只有几微米厚，分子量小于 100Da 的脂溶性物质极易通过。上皮板在人类胎盘可占整个胎盘屏障表面的 5%～10%。超厚区域也称为肠样区（enteroid area）或β区域，可能与物质转运的关系不大，而主要与胎盘的合成和吸收过程有关。

4. 按母体/胎儿血流关系分类

来自主动脉的卵巢动脉和由内侧髂动脉分支的子宫动脉在子宫的周围相互吻合，形成一动脉环和子宫螺旋小动脉，提供胎盘母体侧的血液。绒毛小叶悬浮在来源于子宫螺旋小动脉的母体血液中，母体血液经小叶间隙周边的静脉回流，经左右侧的子宫及卵巢静脉分别注入左侧的肾静脉和右侧的下腔静脉。胎儿血流则由绒毛小叶的干动脉垂直流入小叶核心，经小叶周边的毛细血管与母体血液进行交换，然后回流入绒毛小叶的干静脉，随脐带静脉流入胎儿体内。胎盘母体侧与胎儿侧微循环血管之间的解剖方位和血流关系与母体/胎儿物质交换效率有关，因此研究和了解母体与胎儿血流之间的关系具有重要的生理意义。

迷路型胎盘的胎儿侧微循环血管之间相互连接形成网状，母体血液充盈其中。绒毛小叶型胎盘的胎儿侧微循环血管起源于干动脉，然后呈树枝样多级分支，分支之间很少有吻合支形成。母体血液循环与胎儿微循环血管的解剖方位决定母体与胎儿微循环血流方向之间的关系。顺流型（concurrent flow）为交换效率最低的形式，母体侧血管与胎儿侧微循环血管呈平行关系，血流方向一致（图 10-9），哺乳类动物胎盘不存在这种血流形式。与顺流型相反，对流型（counter current flow）是物质被动交换效率最高的形式，尽管母体与胎儿侧微循环的血管也呈平行关系，但血流方向相反（图 10-9），此种血流形式一般见于啮齿类动物。由于此型胎盘的交换效率最高，因此不需要太大的胎盘，胎儿/胎盘的比例较大，可达 20∶1。交换效率介于顺流型和对流型之间的为垂直流动型（cross current flow），即母体侧与胎儿侧血流呈垂直关系。食肉类动物胎盘的血流呈简单垂直流动型（simple cross current flow）；低等灵长类动物胎盘则呈双重垂直流动型（double cross current flow）（图 10-9）；反刍类动物和高等灵长类动物包括人类胎盘为复合小叶垂直流动型（multivillous cross current flow）（图 10-9）。由于垂直流动型胎盘的交换效率并不高，因此胎盘体积相对较大，胎儿/胎盘的体积比例相对较小。猪、猫和人的胎儿/胎盘的体积比例分别为 9∶1、8∶1 和 6∶1。

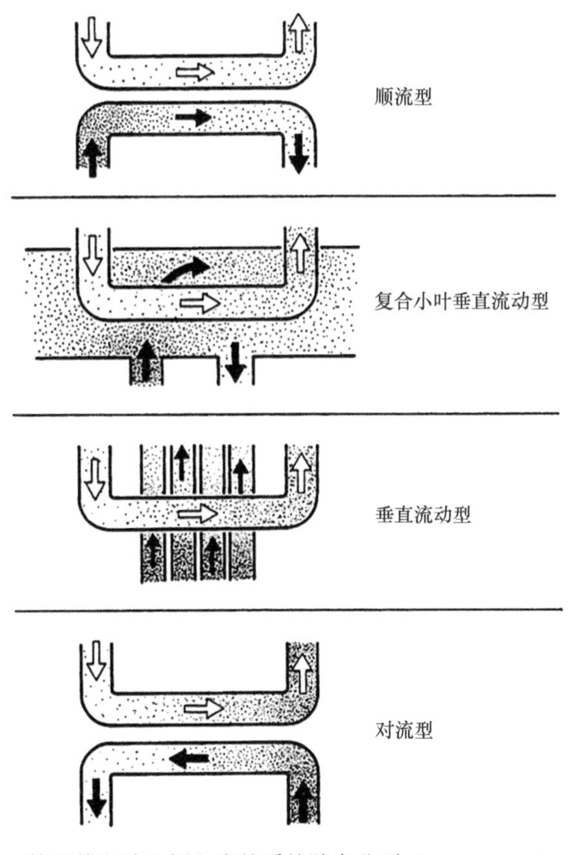

图 10-9　按母体和胎儿侧血流关系的胎盘分型（Dantzer et al.，1988）

三、人类胎盘的发生

胎盘的发生是与胚泡与子宫内膜的附着和着床同时进行的。本节将从胚泡植入前、胚泡植入和植入后的几个过程阐述人胎盘的发生和早期发育。

1. 滋养外胚层的功能

滋养外胚层，即将来形成胎盘和胎膜的初始细胞。受精后第 7 天，滋养外胚层细胞开始分化成两层，内侧的细胞滋养层（cytotrophoblast）和外侧的合体滋养层（syncytiotrophoblast）。细胞滋养细胞为单核细胞，具有增殖能力，它们既可以融合分化为多核合体滋养细胞，也可以增殖成为绒毛小叶内滋养细胞和绒毛小叶外滋养细胞（extravillous trophoblast）。胚泡着床后 14 天左右，细胞滋养层细胞开始突破合体滋养层形成的绒毛小叶外滋养细胞柱，细胞柱顶端的滋养细胞向外侧迁移形成滋养细胞壳。滋养细胞柱近端的滋养细胞保持了高度增殖能力，而滋养细胞柱远端和离开滋养细胞柱的滋养细胞则是分化了的滋养细胞，这些分化了的绒毛小叶外滋养细胞表达 HLA-G、integrin-α1/5、T-cell factor 4（TCF4）和 ADAM12 等，HLA-G 起着防止胎儿组织被母体免疫系统排斥的作用。离开滋养细胞柱的绒毛小叶外滋养细胞主要有两种类型（图 10-10）：①间质滋养细胞（interstitial trophoblast），此类滋养细胞侵润子宫蜕膜并深入到子宫平滑肌形成胎盘基底板巨细胞，将绒毛小叶铆定于母体组织，这些远

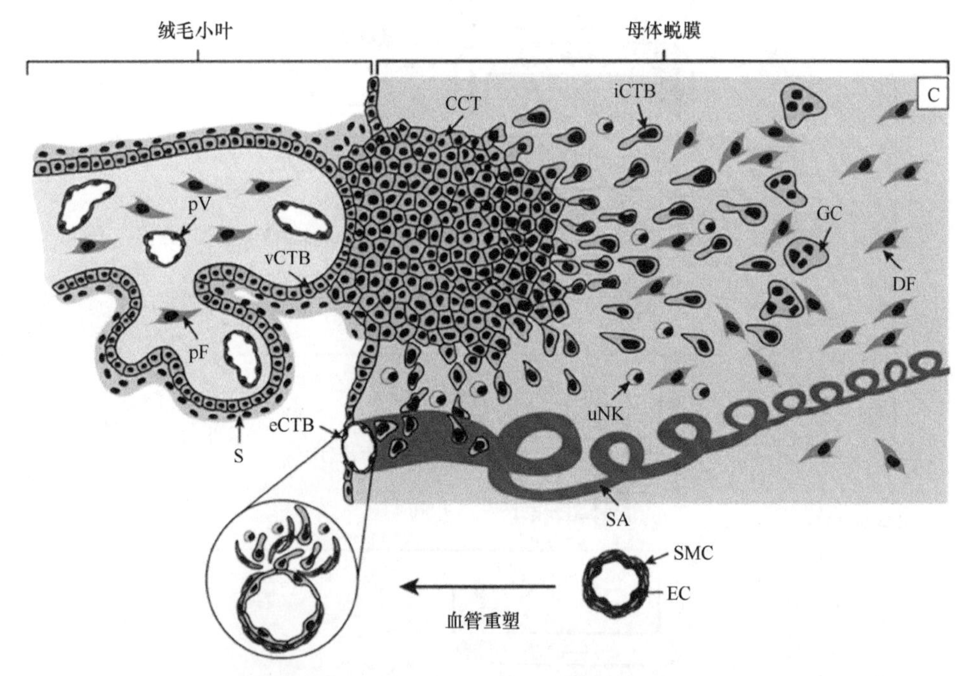

图 10-10　绒毛小叶外滋养细胞根据其侵袭部位和功能分为间质滋养细胞和血管内皮滋养细胞，它们分别锚定绒毛小叶于子宫内膜和导致子宫螺旋动脉的重构（引自 Knöfler and Pollheimer，2013）。CCT：滋养细胞柱；DF：蜕膜成纤维细胞；EC：内皮细胞；eCTB：血管内滋养细胞；GC：巨细胞；iCTB：间质滋养细胞；pV：胎盘血管；pF：胎盘成纤维细胞；S：合体滋养层；SA：螺旋动脉；SMC：平滑肌细胞；uNK：子宫自然杀伤细胞；vCTB：绒毛小叶滋养细胞

离滋养细胞柱的间质型滋养细胞已经失去增殖能力。②血管内滋养细胞（endovascular trophoblast），这类绒毛小叶外滋养细胞侵入到母体子宫内膜螺旋动脉，在妊娠第一周时它们在螺旋动脉的末端形成栓塞，防止妊娠早期过多的母体血液进入胎盘，之后导致子宫螺旋动脉的重构，并使螺旋动脉成为低阻力血管。

2. 胎盘的早期发生

（1）腔隙前期（prelacunar stage）

胚泡着床时，胚泡的胚胎发生极首先附着于子宫内膜，因此胚胎发生极也称为植入极。如果胚胎发生极和植入极不一致，将来就可能发生脐带在胎盘上的位置偏转。人类胚泡向子宫内膜的植入过程存在融合和侵入两种形式。在胚泡附着和植入时，胚泡植入极侧的滋养层细胞首先分化增殖，形成外侧的合体滋养层和内侧的细胞滋养层。随着胚泡植入的深入，胚泡壁的其他滋养层细胞也开始增生融合。植入极的合体滋养层细胞进一步增生变厚，面积扩大，其表面开始出现分支的指样突起，侵入到子宫内膜的深处。合体滋养层细胞是一种丧失了增生能力的细胞，需要依靠细胞滋养层细胞的持续增生、融合，加入新的合体滋养层。不断形成的合体滋养层逐渐形成连续的结构，其中没有腔隙的存在（图 10-11A、B），因此称为腔隙前期，这也是胎盘形成的初期，一般发生于受精后的 7～8 天。

（2）腔隙期（lacunar stage）

受精后 8 天左右，植入极的合体滋养层达到一定厚度，这时合体滋养层内开始出现空泡，并迅速增大和融合，形成腔隙（lacunae），腔隙之间由小梁（trabeculae）间隔（图 10-11C）。这标志着腔隙期的开始，此期大约历时 5 天。合体滋养层的腔隙形成由植入极开始并逐渐向整个胚泡表面扩展，待到整个胚泡被包埋于子宫内膜时，合体滋养层覆盖整个胚泡表面，腔隙也很快扩展到整个胚泡表面。植入极滋养层的增殖和融合是最先开始的，因此植入极的滋养层始终远远厚于另外一侧的滋养层，植入极的滋养层最后演变为胎盘，而对侧的滋养层则慢慢退化为没有突起的平滑绒毛膜（smooth chorion），成为胎膜的一部分。腔隙的形成将胚泡的滋养层表面分为 3 层：①面向胚泡腔的初级绒毛膜板（primary chorionic plate）；②腔隙/小梁层；③面向子宫内膜的滋养层外壳（图 10-11D）。初级绒毛膜板内层由 2～3 层的细胞滋养层细胞构成，表面覆盖合体滋养层。腔隙/小梁层是由合体滋养层构成的，腔隙之间是合体滋养层形成的小梁。受精后 12 天左右，初级绒毛膜板的细胞滋养层细胞开始沿着小梁生长，并进入腔隙/小梁层，到达由合体滋养层构成的滋养层外壳。一些细胞滋养层细胞甚至可以突破合体滋养层侵入母体子宫内膜。细胞滋养层细胞的增殖能力很强，可以使胚泡的植入更加深入和广泛。由于滋养层的侵入，子宫内膜的血管壁开始崩溃，母体血液流入绒毛腔隙内。受精后 12 天即可在绒毛膜板的腔隙内见到红细胞。受精后 2 周左右，间质细胞开始出现在绒毛膜板的内侧，称为胚胎外间质（图 10-11D）。

（3）绒毛早期（early villous stage）

当母体血液进入绒毛的腔隙后，附着在小梁表面的细胞滋养层细胞不断增殖和融合，使小梁在纵向和横向上都得到发展，并在横向上出现分支，深入腔隙中间，形成初

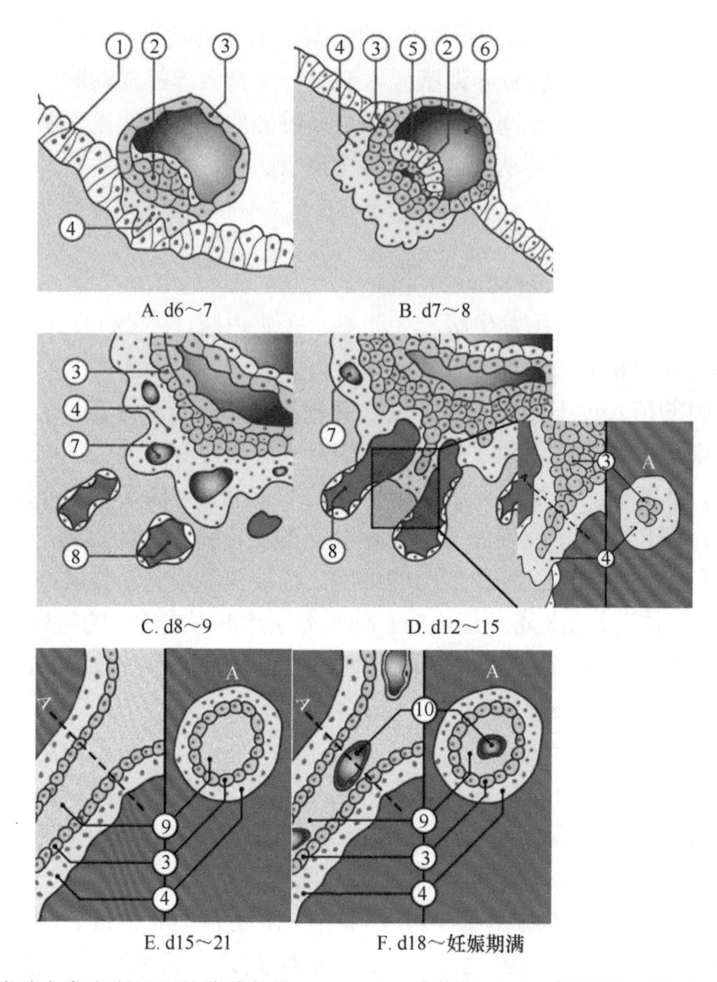

图 10-11 人类胎盘发育所经历的腔隙前期（A、B）、腔隙期（C）、初级绒毛期（D）、二级绒毛期（E）和三级绒毛期（F）。①子宫内膜上皮；②胚胎母细胞；③细胞滋养层；④合体滋养层；⑤内胚层；⑥胚泡腔；⑦腔隙；⑧子宫内膜血管；⑨胚外中胚层；⑩绒毛毛细血管

级绒毛（primary villi）。随着小梁的扩展和分支增加，逐渐形成树状绒毛小叶结构（villous tree）。由于此时绒毛顶部连接于滋养层外壳，此时的绒毛也称为“锚定”绒毛（anchoring villi），绒毛膜腔隙成为绒毛间腔隙（intervillous space）。2 天以后，绒毛膜板的胚胎外间质开始长入绒毛，并成为绒毛间质，这时的绒毛称为二级绒毛（secondary villi）（图 10-11E）。绒毛间质迅速扩展至顶部，但不会突破细胞滋养层，两者之间有一层基底膜相隔。受精后 18～20 天，绒毛间质中开始由成血管细胞形成毛细血管及造血干细胞，具有此类结构的绒毛称为三级绒毛（tertiary villi）（图 10-11F），也为成熟的绒毛。由此可见，初级和二级绒毛只是向三级绒毛过渡的结构。三级绒毛出现的同时，胚胎也开始血管化，血管化的胚胎尿囊膜长入绒毛膜板和较大的绒毛间质内，其血管与已经形成的绒毛间质血管融通，尿囊的血管逐渐演变为胎儿脐带血管。至受精后 5 周，完整的胎儿-胎盘血液循环系统完全建立。胚胎发育的初期阶段绒毛覆

盖于整个胚胎表面，随着植入的深入，只有植入极的绒毛继续增殖发展成为胎盘，其余的绒毛则逐渐退化成为平滑绒毛膜，后者与羊膜一起组成胎膜。

通过绒毛的发育可以进一步看出，母体血和胎血之间的人胎盘屏障是由以下几层组成的：①直接与母体血接触的覆盖绒毛膜的合体滋养层；②合体滋养层下方的细胞滋养层，细胞滋养层在胚胎早期为一连贯的细胞层，以后成为断续的细胞层；③细胞滋养层下方的基底板；④基底板下方的绒毛间质的结缔组织；⑤最后一层为胎儿侧血管的内皮细胞。妊娠晚期，内皮细胞下还有一层基底板。三级绒毛形成后，小叶结构便开始一系列的分化，包括合体滋养层变薄、细胞滋养层由连续的细胞层变为断续的细胞层，绒毛小叶也变窄等。足月时，只有 20%的绒毛小叶表面被细胞滋养层覆盖。绒毛小叶变窄使得胎儿血管与小叶表面的合体滋养层的距离变小，更有利于母体与胎儿之间的物质交换。至足月时，母体血至胎血之间的扩散距离已由妊娠中期的 50～100 μm 缩减为 4～5 μm。

总之，人类胎盘在外型上为盘状胎盘；从母体与胎儿组织交错类型上分类为小叶型胎盘；从胎盘屏障层次上分类属于血液/绒毛膜型胎盘；从母体和胎儿血流关系上分类则属于垂直流动型胎盘。胎盘的每个绒毛小叶构成独立的胎儿循环单位，一个或多个绒毛小叶聚在一起称为复合绒毛叶（compound cotyledons 或 lobe）。复合绒毛叶之间由裂隙隔开。临床上在新鲜娩出的胎盘母体侧观察到的裂隙即为复合绒毛叶间隙。

四、胎盘结构

不同种属动物的胎盘及胎盘与母体营养物质交换的基本组成单位差异很大，下面主要介绍人和小鼠胎盘的结构。

1. 人胎盘结构

人类胎盘属于血液/绒毛膜小叶型，其母体侧由 18～20 个胎盘小叶组成，每个胎盘小叶由众多的绒毛小叶组成，这些绒毛小叶暴露在母体螺旋动脉来源的血液之中，是胎儿从母体汲取营养的基本单位。绒毛小叶的表面覆盖着多核的合体滋养层细胞，其下方为细胞滋养层，孕早期细胞滋养层细胞较多，连贯成片，足月时细胞滋养层数目减少，散在分布于合体滋养层下。在绒毛小叶内部的间质中散在着胎儿脐带血管的末端毛细血管分支（图 10-12）。

（1）合体滋养层细胞

合体滋养层细胞覆盖在绒毛小叶表面和绒毛膜板的内侧面，直接与母体血液相接触，为母体血液与胎儿血液物质交换的前沿。虽然合体滋养层细胞为上皮样组织，但与身体其他部位的上皮组织在结构上有明显的不同。整个合体滋养层是一个多核、没有细胞界限的合胞体，表面几乎完全被微绒毛所覆盖，大大增加了与母体血液的接触面积。微绒毛膜含有多种多糖成分和表面酶，如碱性磷酸酶、半乳糖转移酶、α-淀粉酶、Ca^{2+}-ATP 酶、环核苷酸磷脂酶和 5-核苷酸酶等。表面酶可能与合体滋养层细胞的转运功

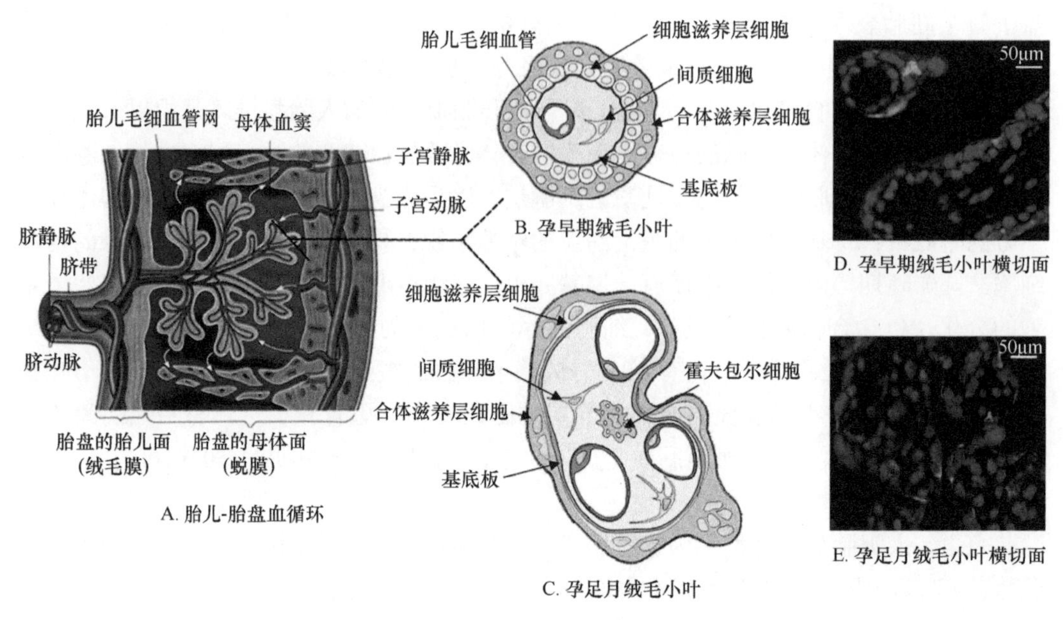

图 10-12　人孕早期和足月绒毛小叶的结构。D 图中绿色为合体滋养层细胞，红色为细胞滋养层细胞，蓝色为细胞核

能有关。此外，微绒毛膜还存在许多激素和生长因子的受体，如胰岛素、胰岛素样生长因子、甲状旁腺激素、表皮生长因子等受体。微绒毛膜还含有肌动蛋白、白蛋白、人类胎盘催乳素、免疫球蛋白 G、转铁蛋白及植物血凝素受体等。

由外向内，合体滋养层可以分成 3 个功能不同的亚区。①吸收区：面向绒毛小叶间隙，此区含有大量与囊泡摄取有关的细胞器和细胞骨架蛋白。②分泌区：位于吸收区和基底区之间，含有大量的线粒体、内质网、高尔基复合体、溶菌酶，合体滋养层细胞的细胞核也位于此区。此区与合体滋养层的分泌功能有关。③基底区：位于合体滋养层的底部，与细胞滋养层相邻，此区所含的细胞器与细胞滋养层类似。

妊娠早期，覆盖在绒毛膜小叶表面的合体滋养层细胞形态均匀，厚度一致；15 周以后，不同部位的合体滋养层的 3 层亚区的厚度出现差异，开始出现一些特殊结构。有些部位不含细胞核，细胞器也很少，只有 0.5～1.0 μm 厚，与胎儿侧的毛细血管壁形成紧密接触，有利于母体与胎儿血液之间的物质交换，特别是气体、水的扩散和葡萄糖的被动转运。这种特殊结构被称为上皮板（epithelial plate）（图 10-13）。合体板（syncytial lamellae）比上皮板稍厚，含有较多的致密颗粒（图 10-13）。免疫组织化学显示，合体板含有与类固醇激素合成代谢有关的 17β-羟基类固醇脱氢酶，与雌三醇激素的合成有关。上皮板或合体板的周围往往有细胞核的聚集，突出于合体滋养层的表面，根据突出程度不同，分别称为合体结（syncytial knot）、合体芽（syncytial sprout）或合体蕾（syncytial bud）（图 10-13）。除了上皮板、合体板和细胞核聚集区外，最为常见的合体滋养层结构为富含粗面内质网的区域，一般厚 2～10 μm。这些区域含有许多代谢酶和合成酶，与物质转运、能量代谢和多肽类激素合成有关。合体滋养层还有一些富含滑面内质网的区域，此区域含有类固醇激素的合成和代谢酶，如 17β-羟基类固醇脱氢酶、3β-羟基类固醇脱氢酶等，与合成类固醇激素的细胞结构类似。

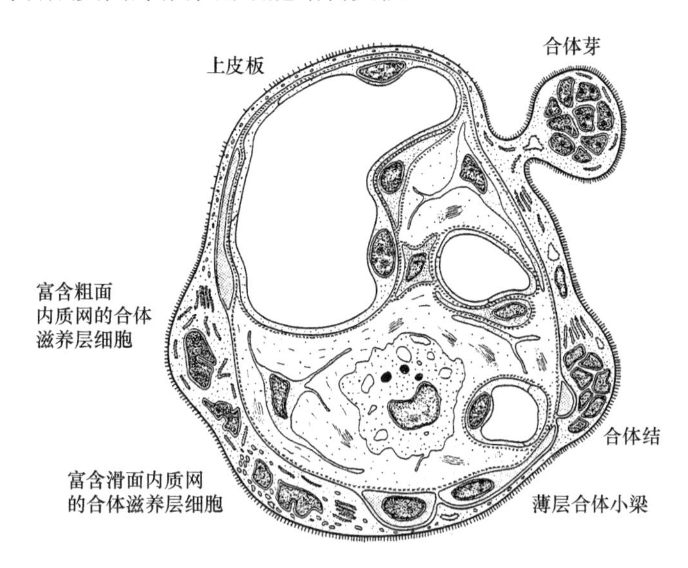

图 10-13　绒毛小叶末端横切面的结构示意图

（2）细胞滋养层细胞（cytotrophoblast）

细胞滋养层细胞也称郎罕氏细胞（Langhans' cell），位于合体滋养层下，在妊娠早期呈连续的细胞层，并不断分裂。它们可突破绒毛小叶形成滋养细胞柱，成为具有高度增殖能力的绒毛外滋养细胞；也可融合形成不能分裂的合体滋养层细胞。细胞滋养层细胞与合体滋养层的融合首先是从间隙连接的建立开始的。间隙连接使细胞滋养层和合体滋养层的细胞膜发生紧密接触。细胞滋养层细胞不断融合入合体滋养层，对于合体滋养层细胞的吐故纳新是非常重要的。如果没有不断融入的细胞滋养层细胞所提供的新细胞器、新鲜酶系统和 RNA，合体滋养层将不断老化而丧失功能。缺氧情况下，虽然细胞滋养层的增生加速，但融合为合体滋养层的细胞减少，因此合体滋养层呈老化变性状态。体外培养的合体滋养层细胞，如果没有细胞滋养层细胞的进一步融合，合体滋养层细胞合成激素的能力锐减，并在几天内死亡。因此，细胞滋养层细胞融合加入合体滋养层对维持合体滋养层的功能和结构是必不可少的。随着妊娠的进展，细胞滋养层融合入合体滋养层的细胞逐渐增多，使得细胞滋养层成为合体滋养层下的断续细胞层。妊娠足月时，只有 20%的合体滋养层下区域存在细胞滋养层。细胞滋养层细胞呈典型的未分化、增生干细胞的结构，富含高尔基复合体和核糖体。细胞滋养层是否可以合成激素，具有内分泌功能目前尚有争议。一般认为，多数激素是在合体滋养层内合成的，只有过渡期的细胞滋养层细胞、绒毛小叶外的滋养层细胞具有合成激素的功能。

当细胞滋养层细胞的融合超过合体滋养层的生长需要时，老化部分的合体滋养层细胞核便会聚集，并突出于合体滋养层表面，形成所谓的合体结等结构。因此合体结、合体蕾等结构是合体滋养层老化变性的特征。绒毛小叶的细胞滋养层细胞的多少是由滋养层细胞的增殖、变性和融合为合体滋养层细胞的速度所决定的。正常妊娠足月时，合体滋养层下的 20%区域存在细胞滋养层细胞，但在一些病理情况下，如妊娠糖尿病、Rh 血型不合、贫血、高血压和先兆子痫等，细胞滋养层细胞明显增加，有时甚至可以出现绒毛膜小叶表面的合体滋养层丧失，由细胞滋养层细胞取而代之。这种现象称为绒毛小叶成熟停滞（maturation arrest），产生原因与缺氧有关。

（3）滋养层基底板

细胞滋养层细胞和绒毛小叶间质之间由一层基底膜或基底板将其相互隔开。电子显微镜下基底板由 3 层结构组成，由外向内分别为透明板、致密板和网状层。3 层的总厚度为 20～50 nm，主要成分为Ⅳ型、Ⅴ型和 7S 胶原蛋白及纤粘连蛋白和层粘连蛋白等糖蛋白。基底板为滋养层细胞提供了一层弹性支撑组织，允许滋养层细胞在一定范围内移动，使分裂后的细胞滋养层细胞可以沿着基底板移动至与合体滋养层细胞融合的部位。基底板的另一作用可能是母血和胎儿血液之间的滤过屏障，但是否像肾小球基底膜一样起分子筛的作用，目前尚不清楚。

（4）间质组织

基底膜下为绒毛小叶的间质组织，主要由结缔组织纤维、霍夫包尔细胞和胎儿血管组成。根据胎龄的不同，胎盘绒毛小叶间质组织的细胞组成可能有所不同。小于两个月胎龄的胎盘绒毛膜小叶的间质细胞主要为未分化的间质细胞（mesenchymal cell）。妊娠后期，此类细胞只见于新形成的绒毛小叶中。未分化的间质细胞是其他间质细胞的始祖细胞，其形态呈梭形并有分支突起，细胞之间由细长的分支相连，椭圆形的细胞核位于中间略偏，细胞器以多核糖体为主。胎龄达到 2 个月至足月期间，胎盘绒毛小叶间质细胞构成发生了巨大的变化，网状细胞（reticular cell）成为主要的间质细胞。网状细胞为形态不规则、长形的细胞，体积较大，胞体有细长突起，一般长度为 20～30 μm，细胞突起之间通过桥粒（desmosome）相互吻合，线粒体和粗面内质网分布于细胞核的周围。

（5）霍夫包尔细胞（Hofbauer cell）

胎盘绒毛小叶间质内还存在一些胞体较大、有突起的嗜色细胞。根据突起的长短，其形体可达到 10～30 μm。它们是位于胎盘的巨噬细胞，又称为霍夫包尔细胞。霍夫包尔细胞除存在于绒毛小叶间质外，还存在于胎膜间质。霍夫包尔细胞胞体含有众多空泡和致密颗粒，这是霍夫包尔细胞的典型形态特征。随着妊娠期的进展，空泡变少，颗粒增多。

受精后第 18 天，霍夫包尔细胞开始出现在绒毛小叶中；妊娠 5～6 个月时，数目开始减少；足月时，绒毛小叶间质内的霍夫包尔细胞已经非常少见。有人认为，足月时霍夫包尔细胞并未减少，只是由于足月时绒毛小叶间质的密度增加，难以观察到霍夫包尔细胞。一些导致绒毛小叶间质水肿的疾病，如妊娠糖尿病、Rh 血型不符等，足月时仍然能观察到众多的霍夫包尔细胞。关于霍夫包尔细胞的来源，不同妊娠期可能有所不同，但都来源于胎儿细胞。妊娠早期，胎儿循环建立之前，霍夫包尔细胞来源于绒毛小叶间质细胞；胎儿循环建立后，霍夫包尔细胞可能与其他组织的巨噬细胞一样，来源于胎儿骨髓的单核细胞。

一般认为霍夫包尔细胞胞体内颗粒结构可能是溶酶体，空泡样结构与绒毛小叶间质内的蛋白质转运有关。由于绒毛小叶内缺乏淋巴管系统，霍夫包尔细胞起着替代淋巴系统的作用。霍夫包尔细胞吞噬蛋白后，便沿着小叶内间质的通道移动，将间质内的蛋白质转运回血液循环。除了转运蛋白功能外，霍夫包尔细胞还与以下功能有关，①免疫防备功能：霍夫包尔细胞含有 IgG 的 Fc 受体，此受体可以免疫中和母体产生的抗胎儿组织的抗原/抗体复合物，从而起到保护胎儿免受母体免疫系统攻击的作用。霍夫包尔细胞存在补体 C3b 受体，可以参与抗原抗体复合物的吞噬。霍夫包尔细胞还具有表达一型和二型组织主要相容抗原（MHC）的能力，它可能与其他部位的巨噬细胞一样，向淋巴细胞提供抗原信息，参与感染导致的免疫反应。CD4 为细胞表面糖蛋白抗原，存在于辅助淋巴细胞和一些单核细胞表面，可以与二型组织主要相容抗原的决定簇相互作用，还可以作为艾滋病病毒 HIV 感染的受体。霍夫包尔细胞表面也存在 CD4 抗原，有人认为可能为 HIV 阳性母体感染胎儿的途径。另外，霍夫包尔细胞还含有 CD14 糖蛋白抗原，可能为霍夫包尔细胞的免疫标志，并作为一些生长因子的受体，控制胎儿内皮细胞和成纤维细胞的分化。霍夫包尔细胞还能合成一些细胞因子如α-干扰素、白介素-1 等。白介素-1 的产生又可进一步促进合体滋养层细胞白介素-2 的合成，后者为重要的免疫调节因子。②内分泌功能：免疫组织化学染色显示，霍夫包尔细胞含有人类绒毛膜促性腺激素（hCG），但有人认为霍夫包尔细胞自身没有合成 hCG 的功能，hCG 是从周围间质中吞噬而来的。③调节其他间质细胞的分化：绒毛小叶间质虽然以霍夫包尔细胞为主，但也存在一些其他类型的细胞，如肥大细胞和浆细胞，霍夫包尔细胞可以调节这些间质细胞的分化。

2. 小鼠胎盘结构

小鼠的胎盘也属血液/绒毛膜型，其绒毛膜滋养层反复分支并形成迷路网孔状结构，浸润在母体血液当中，因此也称为迷路型胎盘，是物质交换功能最为高效的胎盘类型（图 10-14）。

小鼠胚胎发育到 3.5 天时，由滋养外胚层细胞首先增殖出外胎盘锥（ectoplacental cone），4.5 天时（植入期）各种滋养细胞开始分化形成，由外胎盘锥远端细胞分化出滋养巨细胞（trophoblast giant cell），植入后有更多的滋养巨细胞形成并包围整个胚胎。小鼠的滋养巨细胞类似于人的绒毛外滋养细胞，除了与植入相关外，还参与胚泡向子宫的侵袭。在滋养巨细胞的下方是海绵滋养细胞层（spongiotrophoblast），这类细胞类似于人的滋养细胞柱，起着支撑和锚定作用。滋养巨细胞和海绵滋养细胞产生很多特异性的产物，包括胎盘生乳素（placenta lactogen）、血管生长因子 proliferin、血管内皮生长因子（VEGF）及基质金属蛋白酶和尿激酶纤溶酶原激活因子（uPA）等。海绵滋养层的下方便是母胎营养交流和物质交换的场所——迷路滋养层（labyrinth layer），母体血充盈在错综复杂的迷路网孔之中。迷路滋养层也是被合体滋养层覆盖，但不同于人类，小鼠有两层合体滋养层，而且在合体滋养层的外侧还有一些来源和功能不明的单核滋养细胞（图 10-14）。

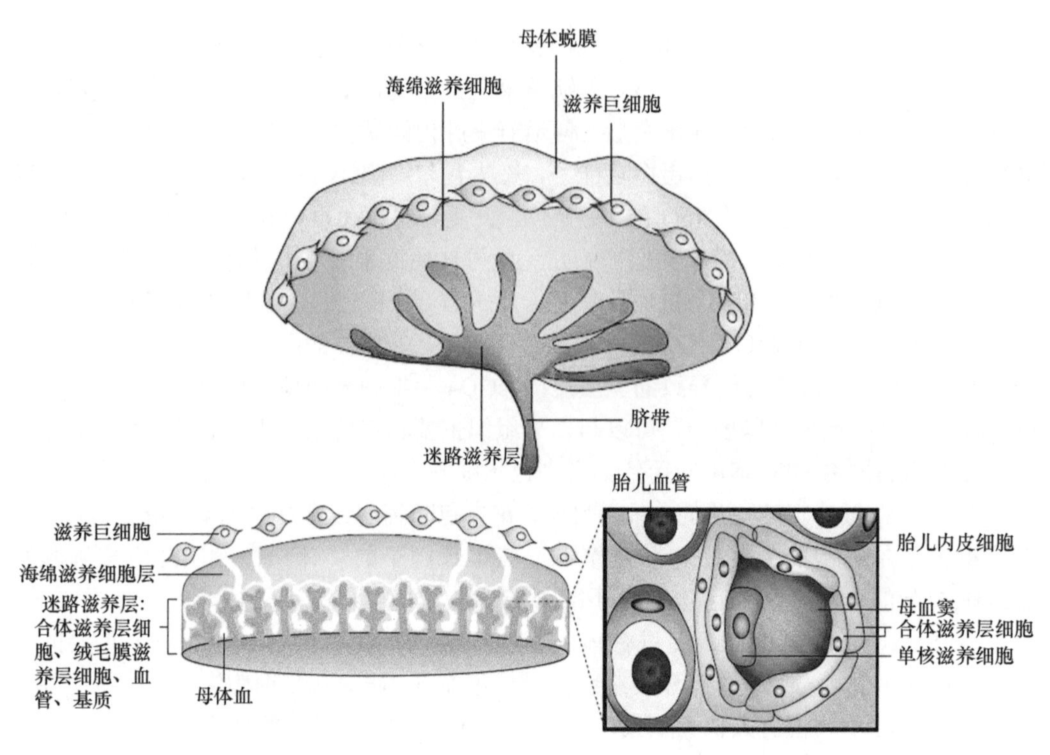

图 10-14　小鼠胎盘的结构（引自 Rossant and Cross，2001）

第二节　胎　　膜

胎膜为附着于胎盘周缘的膜性组织，它呈半透明囊状包裹羊水和胎儿，胎膜统称胚外膜（extraembryonic membrane）。不同种属动物胎膜的组成不同，但不管何种动物，最靠近胎儿的一层胎膜结构都为羊膜层。羊膜层之外的胎膜结构随不同种属动物不完全相同，可以是绒毛膜，也可以是卵黄囊膜或尿囊膜。高级灵长类包括人的胎膜由羊膜（amnion）和平滑绒毛膜（chorion）组成，虽然蜕膜由母体子宫内膜转化而来，不属于胎儿来源组织，但由于分娩时，部分蜕膜附着于胎膜绒毛膜上，难以分开，因此通常所获得的胎膜组织包括蜕膜部分（图 10-15）。

一、羊膜的形成和结构

羊膜位于胎膜的最内侧，与羊水毗邻，厚度为 0.08～0.12 mm。这是胎膜当中韧性最高、最结实的一层，因此是分娩中胎膜破裂的决定性因素。此外，羊膜还具有转运羊水物质、旁/自分泌激素及产生维持韧性的基质蛋白质的功能。因此，羊膜在妊娠中起着非常重要的作用。哺乳类动物羊膜的形成有两种形式，一种是起褶式形成模式，家畜、有袋类、食虫类、兔、狐类等都属此类型；另一种是囊腔形成模式，灵长类动物包括人、蝙蝠和鼠类的羊膜均以这种方式形成。

胚泡着床过程中，与胚胎内细胞团和相邻的滋养细胞之间开始出现腔隙，这就是羊

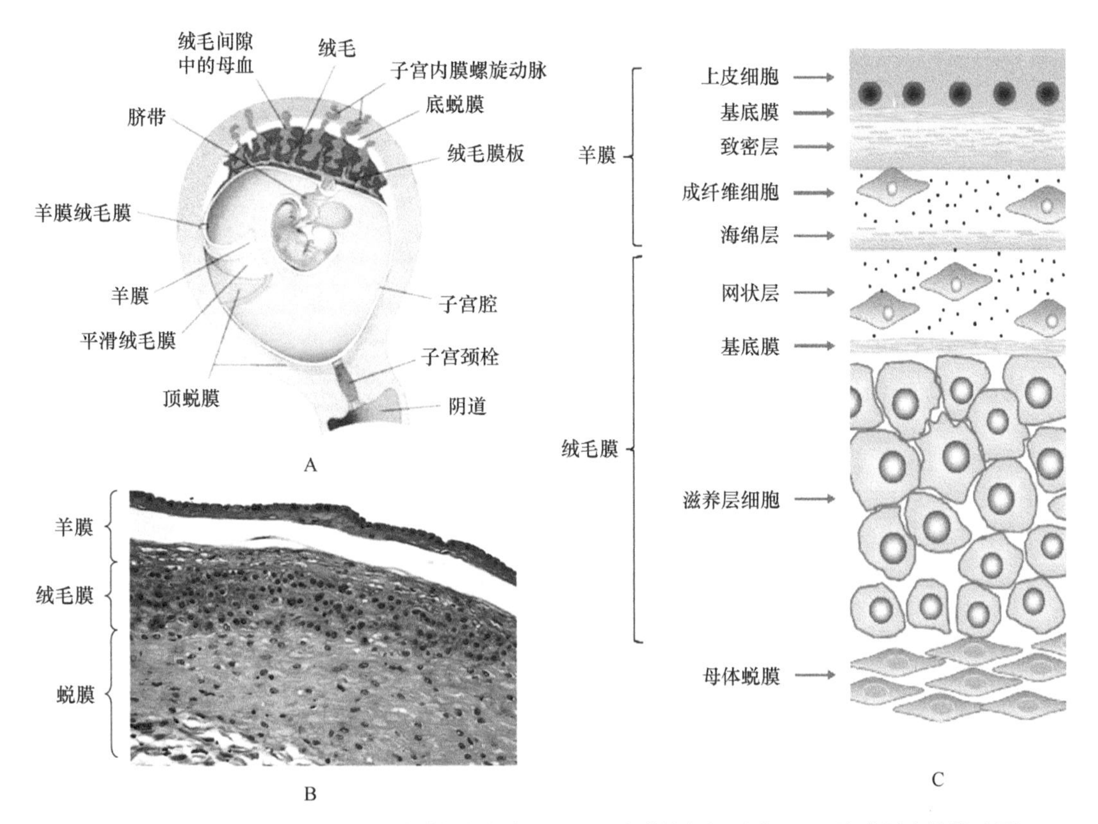

图 10-15　人胎膜的组成。A. 胎膜的解剖位置；B. 胎膜的组织形态；C. 胎膜层次的模式图

膜腔的雏形，覆盖于滋养细胞内侧的细胞就是羊膜上皮细胞的生发细胞。人孕期第 7 或第 8 周时可以识别出羊膜的结构，起初羊膜只是一个覆盖胚胎背侧的小囊，随着羊膜囊的扩展逐渐将生长中的胚胎包裹进入羊膜腔内。由胚泡内细胞团分化来的中胚层细胞不仅覆盖绒毛膜的内侧，而且还覆盖羊膜上皮细胞的外侧，成为羊膜中胚层（amnionic mesoderm）。羊膜中胚层和绒毛膜中胚层被胚外体腔分开。随着羊水的增多，羊膜腔的增大，胚外体腔逐渐缩小，妊娠第 6～7 周时，羊膜中胚层和绒毛膜中胚层开始局部融合，并至妊娠第 10 周，整个胚外体腔消失，羊膜中胚层和绒毛膜中胚层之间只隐约可见胚外体腔的残留间隙。实际上，羊膜和绒毛膜之间并没有发生完全融合，新鲜的胎膜组织可以容易地将两层分开。胎膜结构逐渐演变扩展，至妊娠 4 个月时，扩展停止，这时胎膜覆盖了约 70%的子宫腔。羊膜中含有能够耐受低氧环境的胎儿外胚层来源的上皮细胞和中胚层来源的间质细胞，这些细胞不仅是间质蛋白合成、分子转运和代谢的重要场所，也是母胎通过激素旁分泌形式进行对话的延伸。根据羊膜的部位，可以将其分为覆盖于胎盘绒毛膜板（基底板）表面的胎盘羊膜（placental amnion）、覆盖于脐带表面的脐带羊膜（umbilical amnion）和羊膜囊壁的折返羊膜（reflected amnion）。

羊膜本身又可以进一步分为 5 层，由内向外分别为上皮细胞层、基底膜、富含胶原蛋白的致密层、成纤维细胞层和无细胞的海绵层（图 10-15），在成纤维细胞层还可见少量胎儿来源的类似霍夫包尔细胞的巨噬细胞。羊膜内面两层来源于外胚层，外面三层来源于中胚层，又称为羊膜中胚层。胚胎发育早期，羊膜的上皮细胞层和成纤维细胞层是相互毗邻的，而且细胞数也相当。随着胚胎的发育，富含胶原蛋白的致密层将羊膜上皮细胞和成纤维细胞逐渐分开，而且上皮细胞的分裂增殖速度远远超过成纤维细胞，足月时上皮细胞层成为一层连续的覆盖于羊膜表面的细胞层，而成纤维细胞则散在间质当中，两者的数目比例大概为 10∶1。羊膜本身没有血管和神经支配，依靠绒毛膜细胞间液和羊水获取营养和氧气，妊娠早期还可以通过胚胎表面血管获得营养。由于羊膜不存在 HLA 抗原，临床上经常将其作为烧伤创面的覆盖材料，以避免免疫反应。培养的羊膜细胞还常用来进行病毒学研究。

上皮细胞和成纤维细胞是羊膜的主要两类细胞，这两类细胞是羊膜的功能型细胞，具有不同的功能特征。羊膜是体内含有花生四烯酸量最高的组织之一，花生四烯酸是前列腺素合成的前体，此外合成前列腺素的关键酶磷脂酶 A2 和环氧合酶也在羊膜处有大量的表达。

1. 上皮细胞

羊膜的内面覆盖着一层立方或柱状的上皮细胞。电子显微镜下，上皮细胞表面可见微绒毛，细胞内富含粗面内质网、脂肪颗粒和糖原储存颗粒。脂肪颗粒的性质目前尚不清楚，可能与前列腺素的合成有关。羊膜上皮细胞之间由于缺乏紧密连接结构，一些大分子的物质可能通过旁细胞转运的方式通过羊膜上皮细胞进出羊膜腔。羊膜上皮基底膜富含肝素硫酸酯和蛋白多糖，可能起转运屏障作用。羊膜上皮细胞除了参与羊水转运外，还是非常重要的激素合成细胞，具有合成前列腺素、内皮素、甲状旁腺激素相关蛋白、脑型钠尿肽和促肾上腺皮质激素释放激素等功能，这些激素除了可以以旁分泌或自分泌的形式发挥作用外，还可以通过羊水影响到胎儿及胎盘绒毛膜板侧，同时羊水中的化学物质也可以影响到羊膜。羊膜上皮细胞还可以为基底膜合成胶原蛋白Ⅲ型、Ⅳ型和其他基质蛋白如层粘连蛋白、巢蛋白（nidogen）和纤粘连蛋白等。

2. 成纤维细胞

羊膜中胚层主要成分为成纤维细胞和胶原纤维，其靠近绒毛膜侧，有较多的成纤维细胞，其突起相连形成网状结构。胶原蛋白是羊膜基质的主要成分，羊膜成纤维细胞是胶原蛋白的主要来源，由其合成的胶原蛋白Ⅰ和Ⅲ是致密层胶原蛋白的主要类型，它们组成胶原蛋白束平行排列，由Ⅴ型和Ⅵ型胶原蛋白形成的丝状纤维将它们与基底膜连接起来。成纤维细胞与上皮细胞一样也具有合成激素的功能，以前列腺素的合成尤为重要，虽然上皮细胞也可以合成前列腺素 PGE_2，但成纤维细胞是妊娠期子宫内组织前列腺素 PGE_2 的主要来源，蜕膜/绒毛膜和子宫平滑肌则分别是 $PGF_{2\alpha}$和 PGI_2 的主要来源。羊膜成纤维细胞产生的 PGE_2 是分娩发动的最后通路之一，PGE_2 与 $PGF_{2\alpha}$一道促进子宫颈的成熟、子宫的收缩和胎膜的破裂。羊膜的成纤维细胞还是再生糖皮质激素皮质醇的重要场所，此作用是由其大量表达的 11β-羟基类固醇脱氢酶Ⅰ型所承担的，此再生糖皮质激素的能力随孕期增加而增加，并在分娩时进一步增加，研究发现此处再生的糖皮质激素诱导前列腺素的合成和促进胶原蛋白的降解，因此羊膜成纤维细胞的这一功能可能与分娩启动和胎膜破裂相关。此外，成纤维细胞还具有合成细胞因子如 IL-1β、IL-6、IL-8

和 TNFα等的功能。

二、平滑绒毛膜的形成和结构

平滑绒毛膜位于羊膜的外侧，厚度约为 0.4 mm。虽然绒毛膜比羊膜组织厚，但羊膜比绒毛膜更具有韧性，所以胎膜的韧性主要来源于羊膜。平滑绒毛膜是退化的绒毛小叶。随着胚泡的滋养细胞向母体子宫内膜的植入，植入极的滋养层开始出现绒毛小叶样结构，并逐渐生长演化为胎盘结构。受精后第 3 周，非植入极的绒毛小叶则随着胚泡植入和生长受到挤压、血液供应减少，从而生长停滞并逐渐萎缩。小叶间隙闭锁，绒毛膜板、残留绒毛小叶和滋养层外壳发生融合，形成致密的平滑绒毛膜（smooth chorion）。随着羊膜腔的扩大和胚外体腔的缩小，平滑绒毛膜与覆盖于羊膜腔表面的羊膜逐渐靠近，并共同形成胎膜。

绒毛膜的内侧是来自中胚层的结缔组织，绒毛膜也借此疏松地与羊膜相连，来自脐带血管的分支支配绒毛膜的中胚层组织，除了可以为绒毛膜提供营养外，还可以通过扩散营养为无血管支配的羊膜提供营养。接近足月时，支配绒毛膜的血管逐渐萎缩。结缔组织中有疏松的胶原纤维和散在的成纤维细胞、巨噬细胞。由于绒毛膜与母体侧的蜕膜相连，因此相对比较固定，而羊膜由于与绒毛膜之间存在的间隙而相对可以随着胎儿羊水的运动发生滑动。

虽然折返胎膜处的绒毛小叶已经退化，但还存在残留的细胞滋养层细胞，绒毛膜外侧的滋养层细胞与子宫蜕膜细胞相互混杂在一起。位于胎盘边缘的绒毛膜滋养层细胞可以分为两层，由逐渐增厚的纤维膜板间隔，此处的滋养层细胞有些具有绒毛小叶样结构，称为游走绒毛小叶（ghost villi），游走绒毛小叶在胎盘处过渡为真正的绒毛小叶。

绒毛膜的滋养层细胞主要为细胞滋养层细胞，虽然妊娠早期可以在绒毛膜观察到连贯的合体滋养层，但随着妊娠期的进展，合体滋养层逐渐变得支离破碎，足月时平滑绒毛膜已经不存在合体滋养层细胞。平滑绒毛膜的细胞滋养层细胞不同于绒毛小叶处的细胞滋养层细胞，平滑绒毛膜滋养层细胞已经失去融合合体化的能力，它们之间存在间隙连接，提示它们可以作为一个整体参与一些代谢过程。另外，绒毛膜滋养层细胞表达大量失活前列腺素的脱氢酶（PGDH），是羊膜合成的前列腺素 PGE_2 向子宫平滑肌扩散的屏障，接近足月时，绒毛膜滋养细胞 PGDH 表达量减少，使得羊膜来源的前列腺素 PGE_2 得以通过绒毛膜扩散到子宫平滑肌，收缩子宫，启动分娩。绒毛膜滋养细胞还表达类固醇激素的代谢酶如糖皮质激素的再生酶 11β-羟基类固醇脱氢酶 I 型和产生一些类固醇、蛋白质或肽类激素，具有很强的合成孕酮的能力。此外，绒毛膜滋养细胞还能合成雌激素，但羊膜不具备合成孕酮和雌激素的能力。因此绒毛膜滋养层细胞并非简单的退化滋养层细胞，而具有重要的代谢和内分泌功能。

三、卵黄囊膜

有些动物的胎膜是由羊膜和卵黄囊膜组成的。哺乳动物的卵子实际上并不含卵黄，但在胚胎发育早期却有一个较大的卵黄囊（yolk sac），囊壁上有稠密的血管网，从子宫中吸取营养，因此，它是发育早期胚胎主要的营养器官。卵黄囊是由胚盘内胚层细胞沿滋养层内壁扩展而来的单层结构，以后在滋养层和内胚层之间出现了胚外中胚层，后者出现空隙形成胚外体腔。由胚外体腔隔开的两层胚外中胚层分别称为脏壁中胚层和体壁中胚层。从胚层来源而言，卵黄囊是由胚外内胚层和胚外脏壁中胚层构成的。在猪、牛、马、羊和人类等胚胎，卵黄囊只是暂时性出现的结构，在卵黄囊发育最迅速时期，其囊壁上有丰富的血管分布，与子宫内膜只隔一层薄薄的绒毛膜，形成卵黄囊绒毛膜胎盘，可从子宫内膜吸收营养。卵黄囊很快退化并形成皱缩的囊隐没于腹蒂内闭锁形成卵黄蒂，成为脐带的组成部分。人的卵黄囊虽然也很快退化，但它外面的胚外脏壁中胚层细胞增殖后形成血岛产生造血干细胞。

小鼠胚胎的卵黄囊则在整个妊娠中一直存在，妊娠的前半程，小鼠的胚胎被包裹于无细胞的 Reichert 氏膜里，其外则是一层滋养巨细胞。在妊娠第 9～9.5 天时，形成血岛并发展成血管网。以后，随着胚胎的生长逐渐将卵黄囊壁的脏层推出，卵黄囊腔消失，同时卵黄囊壁层逐渐萎缩消失，至此小鼠胚胎被包裹于由羊膜和卵黄囊脏层形成的胎膜里，因此小鼠的胎膜也称为卵黄膜外翻型（图 10-16）。

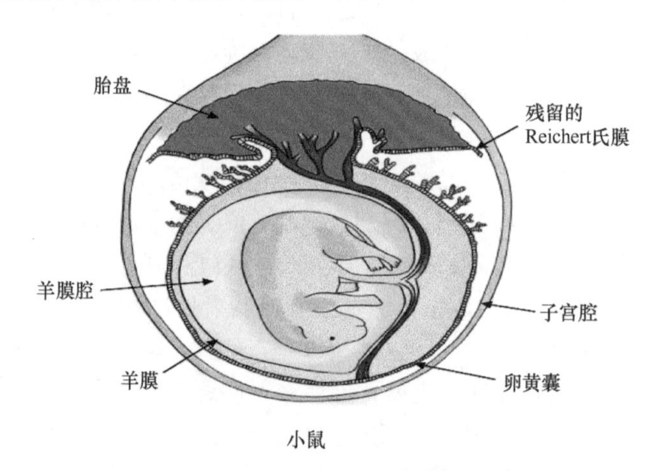

图 10-16　小鼠胎膜的组成

四、尿囊膜

在后肠形成的同时，由后肠末端腹侧出现一个憩室，即形成尿囊。尿囊是由内层的胚外内胚层和外层的胚外脏壁中胚层（合称胚脏壁）组成。人胚胎的尿囊很不发达，只是一个进化过程中的痕迹器官。开始形成的只是由内胚层和胚外中胚层组成的小管腔，远端伸入脐带成为脐尿管。在猪、牛、马和羊等动物中，随着胚体的发育，尿囊的远端扩大部迅速生长，形成半月形的囊，然后继续向胚外体腔延伸，并取代卵黄囊，最后扩展到整个胚外体腔，并将羊膜囊几乎完全包裹住。尿囊壁与绒毛膜在一些区域高度血管化共同形成母体与胎儿之间物质交换的尿囊绒毛膜型胎盘。在非胎盘区域则保持膜性结构并与绒毛膜组成胎膜，称为尿囊绒毛膜（图 10-17）。另外，羊膜腔已被逐渐增大的尿囊腔推挤压缩，足月时只有小部分羊膜腔直接与绒毛膜接触形成羊膜绒毛膜（图 10-17）。

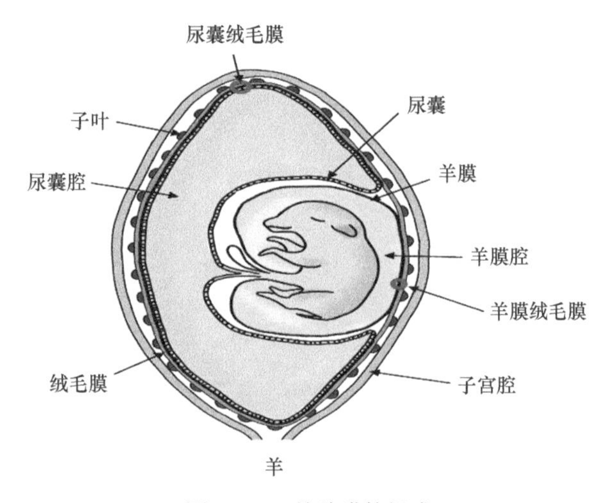

图 10-17　羊胎膜的组成

五、蜕膜

从组织来源上讲，蜕膜并不属于胎膜。胎膜属于胎儿组织，而蜕膜则是母体组织。由于分娩时附着于绒毛膜表面的母体蜕膜与胎膜一起娩出，通常附着于胎膜的母体蜕膜也当做胎膜的部分看待。植入极以外的合体滋养层在向平滑绒毛膜演变的同时，子宫内膜也发生相应的蜕膜演变过程。根据相对胚泡着床的空间位置，蜕膜可分为胚泡外侧和底侧的基底蜕膜（basal decidua）、覆盖胚泡表面的包蜕膜（capsular decidua）和其他部位的壁蜕膜（parietal decidua）。随着胎儿的生长和羊水的增多，绒毛膜囊体积逐渐扩展，使得有些部位的包蜕膜发生局部退变，平滑绒毛膜直接临界于子宫腔。妊娠 15～20 周时，子宫腔被膨胀的绒毛膜囊逐渐占据，包蜕膜与壁蜕膜融合，子宫腔基本消失。包蜕膜逐渐萎缩退变，胎膜所附着的蜕膜主要来自壁蜕膜，但也有少量的包蜕膜细胞与壁蜕膜细胞混在一起，从形态上很难分辨。分娩时，随胎盘、胎膜排出的蜕膜部分属于浅层蜕膜，很少有血管的支配，深层蜕膜不随胎膜排出，它们有丰富的血管支配，是分娩后子宫内膜再生的基础。

第三节　脐　　带

一、脐带的结构

脐带为连接胎盘和胎儿、母体和胎儿血液循环的纽带。一般脐带连接于胎盘的圆心，但这并非完全如此，脐带连接处偏离圆心也经常可见，这与着床平面和胎盘的生长相关，但连接处过于偏离则属于异常。脐带内有两条脐动脉和一条脐静脉（图 10-18），脐动脉内含有来自胎儿的低氧含量血液，脐静脉内含有来自胎盘的高氧含量血液，这与正常体内动静脉血液的氧含量相反。脐静脉的血液经过两条途径进入胎儿体内，分别是通过静脉导管直接注入下腔静脉和经过肝脏门静脉窦进入肝脏血液循环然后间接进入下腔静脉。人脐带的长度变异很大，平均为 55～60 cm，马脐带长 70～100 cm，分为两部分。上半段外面包着羊膜，下半段的外面包着尿囊膜，此段的上端有脐尿管的开口。牛脐带长 30～40 cm；羊 7～12 cm；猪脐带长约 25 cm；犬和猫脐带强韧且短，长 10～12 cm。分娩时，牛、羊和猪的胎儿通过产道时，脐带即被扯断，而犬、猫和马则是在胎儿被娩出后被母体扯断。

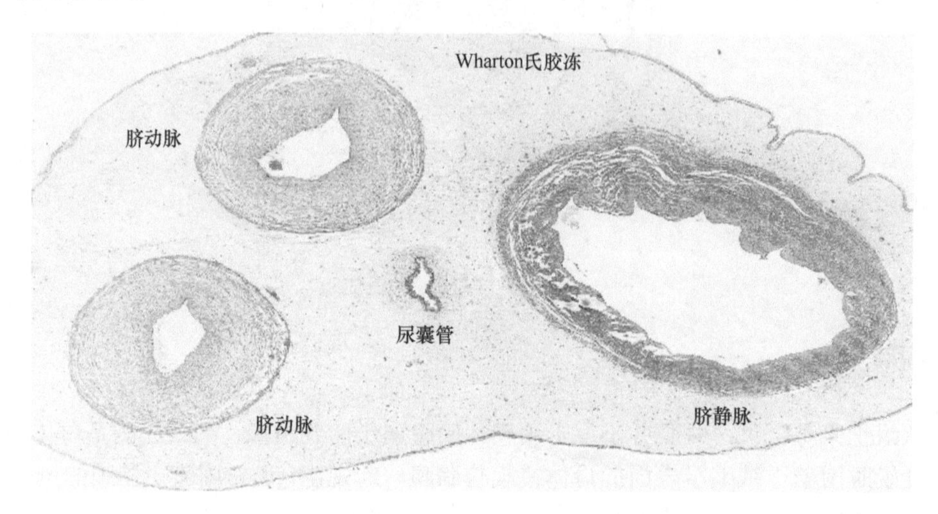

图 10-18　脐带的结构

由于脐带血管长于脐带，所以在脐带内血管呈螺旋状，由此导致脐带呈逆时针或顺时针方向螺旋。逆时针与顺时针旋转脐带的出现比例为 7∶1，旋转的方向对脐带的功能没有显著性影响，但脐带的旋转可以为其提供抵抗牵拉、压迫和缠绕的作用。妊娠 20 周时，约有 30%的脐带尚未发生旋转，但足月时尚未发生旋转的脐带只占 5%。脐带旋转的缺如可能导致胎儿生长迟缓、羊水过少和早产。

脐带的结缔组织是由胚外中胚层起源的胶冻样组织，称为 Wharton 氏胶冻（Wharton jelly）（图 10-18）。此胶冻样组织含有大量的开链聚合淀粉，显微镜下呈微纤维状的网状结构，此外还有胶原蛋白和肌纤维，成纤维细胞和肥大细胞置于其间，但很少见巨噬细胞。

二、脐带的发生

脐带的胚胎发生与羊膜的发生密切相关，当羊膜腔和卵黄囊腔形成后，由胚泡内细胞团来源的胚体中胚层填充于两腔与胚泡壁的滋养层细胞之间。胚体中胚层胚外体腔的出现，将胚体外的中胚层分为覆盖于羊膜腔和卵黄囊腔外侧的中胚层及覆盖于绒毛膜内侧的中胚层。胚外中胚层只在羊膜腔的基底侧连接胚胎和绒毛膜，这就是脐带的雏形。随着羊膜腔的增大，羊膜腔逐渐包围整个胚胎，羊膜腔和卵黄囊腔之间的胚板也开始弯曲和卷曲，将卵黄囊分为胚胎体内部分（以后的胃肠道）和胚胎体外部分。与此同时，从胚胎尾端的卵黄囊演化出尿囊结构，后者与胚胎的膀胱相连，胚体外的卵黄囊和尿囊逐渐被推入脐带。受扩展的羊膜腔压迫，雏形脐带及其内部的卵黄囊和尿囊被挤压为条索状结构，羊膜覆盖其表面（图 10-19）。脐带内的尿囊大约在妊娠第 15 周时闭锁，闭锁的尿囊一般位于两脐带动脉之间，为一簇无腔上皮细胞，上皮细胞偶尔可以围成管状结构。一般认为，尿囊的上皮组织与膀胱的上皮细胞类似。胎儿体内闭锁的尿囊残留组织称为脐带中间韧带（median umbilical ligament）。卵黄囊也在妊娠第 7～16 周时萎缩闭合，脐带内的卵黄囊在脐带的近胎儿侧可呈一小囊，周围有少量微血管。闭锁的卵黄囊在胎儿体内附着于回肠，称为 Meckel 氏憩室。覆盖在脐带表面的羊膜与脐带紧密地粘连在一起，不易分开。靠近肚脐处的羊膜上皮为未角质化的鳞状上皮，随着远离肚脐，脐带羊膜上皮由鳞状上皮转变为复状上皮，又由复状上皮转变为单层立方或柱状上皮。妊娠第三周时，胎儿血管开始长入脐带，支配卵黄囊和尿囊。人类脐带血管来源于尿囊动脉和静脉，尿囊动脉和静脉最终演变为脐带动脉和静脉。支配尿囊的动脉血管有两条，它们来源于胎儿的髂内动脉，血液经尿囊静脉回流注入肝静脉。因此，人类胎盘属于绒毛膜尿囊型胎盘。有些哺乳类动物的脐带血管来源于支配卵黄囊的血管，因此属于绒毛膜卵黄囊型胎盘，如啮齿类动物。妊娠第 42 天左右时超声就可以看到脐带，妊娠第 8～9 周时脐带已经完全形成，妊娠第 30 周时脐带长度达到最长，平均为 55～60 cm（长度

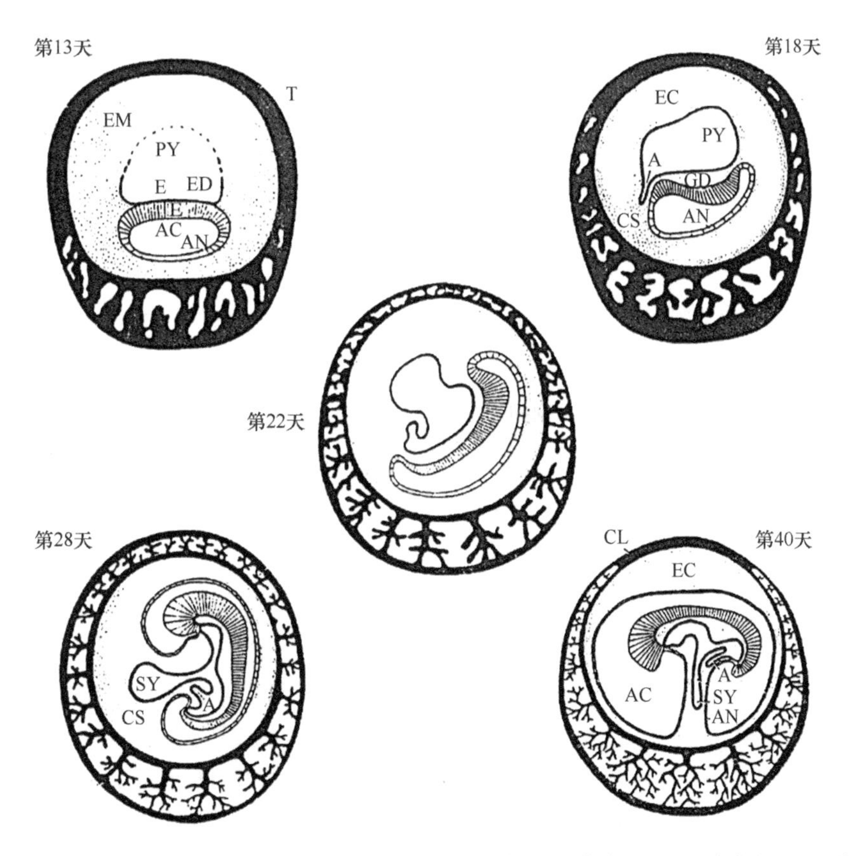

图 10-19　脐带形成的模式图。EM：胚外中胚层；PY：初级卵黄囊；AC：羊膜腔；T：滋养层；ED：内胚层；E：外胚层；AN：羊膜上皮；GD：胚板；EC：胚外体腔；A：尿囊突起；CS：连接蒂；SY：卵黄囊；CL：绒毛膜小叶

范围：30～90 cm），直径 1～2 cm。脐带的长度是由遗传、宫腔内体积和胎儿的运动对脐带的拉扯等决定，但脐带太短不利于阴道分娩，一般认为脐带长度至少为 32 cm 时才能顺利进行阴道分娩。

三、脐带血流的调控

脐带血管没有神经纤维支配，其张力主要受血管活性激素的调节。脐带血管比较敏感的血管活性物质有血管紧张素、花生四烯酸、催产素、加压素、去甲肾上腺素、前列腺素 D_2 和 E_2 等。有趣的是，脐带血管产生大量的前列腺素，而胎盘血管则几乎不产生前列腺素，脐带静脉内皮细胞产生的前列腺素量远远高于脐带动脉内皮细胞。先兆子痫、宫内发育迟缓、妊娠糖尿病和吸烟等都可导致脐带血管前列腺素的产生减少。脐带动脉在分娩后由于氧分压的增加立即开始闭锁，分娩后 5 s 内脐带动脉开始收缩，45 s 内完成闭锁，这样胎儿体内的血液不会倒流到胎盘。脐带静脉在分娩后闭锁略迟于动脉，分娩后 15 s 内开始收缩，并于 3～4 min 完全闭锁，此时如果将新生儿的体位低于胎盘，胎盘的血液可以通过重力流进胎儿体内，如果新生儿的体位高于胎盘，新生儿体内的血液则可以流入胎盘。因此出生后夹闭脐带的时间和新生儿相对胎盘的体位决定新生儿体内由胎盘获取的血容量。研究发现分娩后 30～60 s 时夹闭脐带，可以增加新生儿体内血容量 15%；分娩后 60～90 s 时夹闭脐带，可以增加新生儿体内血容量 25%；分娩后 3 min 时夹闭脐带则可以增加新生儿体内血容量 50%～60%。增加新生儿体内的血容量对于其健康是非常重要的，有利于新生儿的肺扩张和灌流，提高新生儿组织的供养，这对于早产儿尤为重要。

第四节　羊　　水

羊水（amnionic fluid）具有为胎儿生长提供空间、恒温和恒压环境的作用，羊水的存在还可以缓冲外力对胎儿的压迫和冲击。子宫收缩时，羊水的存在使得产生的压力均匀地分布。此外羊水中存在的激素和因子对胎儿的发育、分娩和抵抗感染具有重要的功能。

一、羊膜腔的发生

胚泡着床时，胚胎极的原始外胚层和滋养层细胞之间，由于细胞间液的积累，开始出现羊膜腔（amnionic cavity）的雏形，来自原始外胚层的上皮细胞覆盖在此腔隙的滋养层细胞的内侧，这就是羊膜上皮细胞的生发细胞。妊娠第 3 周时羊水水滴开始出现于胚胎极的背面，妊娠 8 周时羊水增加到 7 ml，10 周和 16 周时分别增加到 30 ml 和 190 ml，妊娠 33～34 周时，羊水最多可达到 984 ml；足月时羊水稍有减少，平均为 836 ml。过期妊娠，羊水量可以进一步减少。随着羊水的积累，羊膜腔逐渐扩展，使整个胎儿和脐带置于其中。羊水的体积是产生和吸收的动态平衡，每天羊水更新率在 1 L 左右。

二、羊水的产生和吸收

孕早期羊水主要来源于羊膜、胎盘和胎儿未角质化皮肤跨细胞膜转运，因此羊水成分与细胞间液类似。虽然胎儿肾脏在妊娠第 8～11 周开始产生尿液，但直到妊娠中期开始胎儿尿液才成为羊水的主要来源，因此胎儿肾脏功能障碍并不影响孕早期羊水体积。此外，胎儿肺每天产生约 350 ml 液体，其中一半进入羊水，一半被胎儿吞咽，因此妊娠后半程来源于胎儿肺的液体是羊水的第二大来源。如上所述，羊水的更新率很快，其产生和吸收维持着羊水量的动态平衡。羊水的吸收有以下几个途径：①胎儿的吞咽，胎儿于妊娠第 8～11 周时开始具有吞咽功能，妊娠晚期胎儿每天吞咽的液体可以达到 500～700 ml，因此，胎儿吞咽是羊水吸收的主要途径。当胎儿存在吞咽功能障碍时，就会出现严重的羊水过多。②跨膜转运，由于胎儿产生的尿液渗透压低于细胞外液，因此在渗透压的驱使下，羊水可以通过羊膜、胎盘的绒毛膜板和胎儿的皮肤重吸收。因此，孕妇脱水导致的血液渗透压的升高将导致羊水的吸收过多，此时会导致羊水过少。此外，胎盘和羊膜的细胞膜上还存在水通道主动吸收羊水。催乳素对羊膜羊水的吸收具有重要的调控功能。

三、羊水生化特性

98%～99%的羊水成分是水，其余为电解质、肌酐、尿素、胆红素、葡萄糖、胎儿细胞、胎毛、胎脂和激素等。妊娠早期羊水成分与血清成分类似，随着胎儿尿液的增加和肺分泌的增加，羊水渗透压逐渐下降，来源于胎儿肾脏和肺脏的成分增加，胎儿肾脏功能的成熟也使羊水中钠离子和氯离子的浓度下降。羊水中存在的铁离子结合蛋白、脂肪酸、溶酶体和免疫球蛋白，可以抗击细菌的感染起着保护胎儿的作用。铁离子结合蛋白可以剥夺细菌和真菌生长依赖的铁离子，脂肪酸对于细菌壁则具有类似去污剂的作用。羊水中存在的激素除了可以调控胎膜、胎盘功能外，还可能通过胎儿吞咽进入体内，影响胎儿的生长发育。

第五节　妊娠的维持

胚胎着床后妊娠即已建立，妊娠建立后需要一定的时间维持和完成胎儿的发育、生长和成熟，不同种属的足月妊娠时间差异很大，人类足月妊娠为 37～42 周。妊娠的维持不仅需要一个静息的子宫环境和具有一定张力的宫颈，还需要一个相对“休眠”的免疫系统，同时母体各个系统都发生了不同程度的适应性反应。本节将介绍维持妊娠的主要因素。

一、孕酮

孕酮是维持子宫平滑肌静息的主要因素。早在 20 世纪 30 年代 George Corner 就提出孕酮维持妊娠的概念，50 年代 Arpad Csapo 等对这一概念进一步进行了完善，他们认为妊娠的维持得益于孕酮的作用，而妊娠的终结则是由于孕酮的撤退，多数动物妊娠末期确实出现孕酮水平的下降和雌激素水平的升高（图 10-20），但灵长类（包括人类和少数低等动物如豚鼠）妊娠晚期孕酮水平持续升高，只在分娩前略微下降（图 10-20）。因此，在人类和这类动物中，孕酮的撤退不是通过孕酮水平下降实现的，具体方式请详见“分娩”一节。

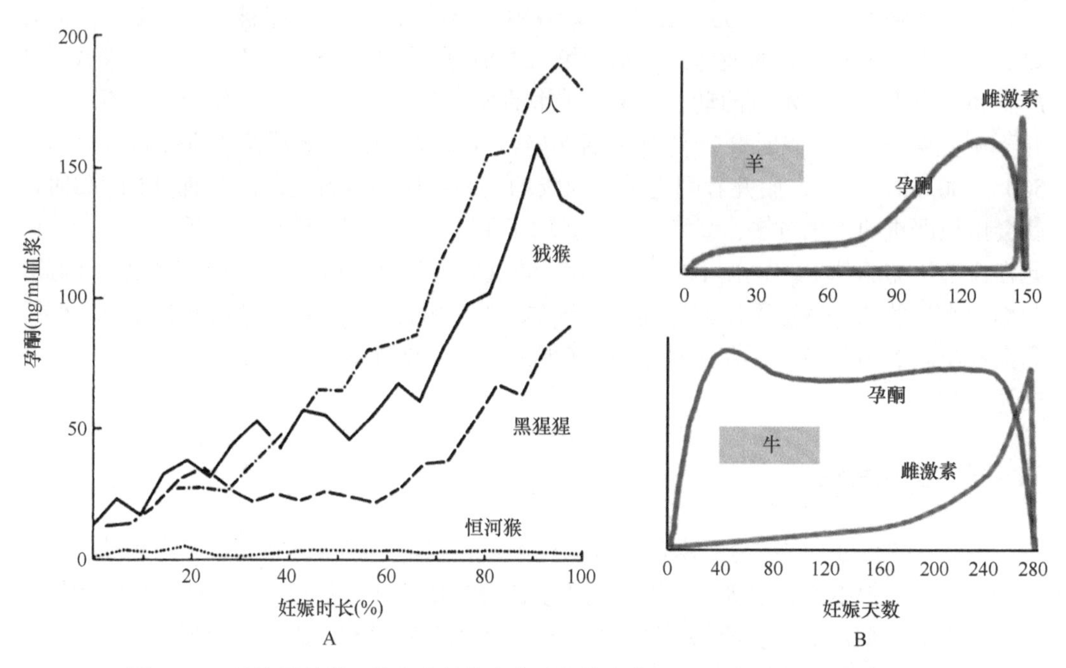

图 10-20　孕期灵长类、羊和牛母体血浆孕酮的变化。A. 灵长类孕期孕酮变化；B.羊和牛孕期孕酮和雌激素的变化

1. 孕酮的来源

人妊娠初期，孕酮来源于卵巢黄体，妊娠第 8 周以后，胎盘开始成为妊娠孕酮的主要来源。在妊娠第 8～10 周后切除黄体或双侧卵巢，既不影响妊娠过程，也不影响尿中孕酮代谢产物的排出量，说明此时胎盘的孕酮合成已经完全取代了卵巢黄体的孕酮合成。

（1）卵巢黄体的兴与衰

排卵后，残余的卵泡壁内陷，大量新生血管长入，颗粒细胞和膜细胞分别转化为形态较大的粒黄体细胞与较小的膜黄体细胞，形成所谓的黄体。垂体前叶释放的 LH 通过 Gs 蛋白偶联的受体，激活黄体细胞内 cAMP-PKA 系统，促进黄体细胞合成和分泌大量的孕酮与雌激素。子宫内膜在雌激素作用的基础上，受孕酮的刺激进入分泌期，表现为子宫内膜细胞体积增大、糖原含量增加、腺管由直变曲、分泌含糖原的黏液等，为受孕做准备。若不受孕，在逐渐增多的雌激素和孕酮的负反馈作用下，垂体 FSH 和 LH 的分泌减少，黄体逐渐退化溶解，导致雌激素和孕酮分泌减少。失去雌激素和孕酮的支持后，子宫内膜逐渐脱落并出血（月经）。若受孕，则在受精后第 6 天左右，胚泡滋养层细胞开始合成和分泌人绒毛膜促性腺激素（hCG），hCG 具有 LH 样作用，可以替代垂体 LH 的作用，从而继续维持卵巢的黄体功能，使其变为妊娠黄体，并继续分泌孕酮和雌激素，这也是母体和胎儿在妊娠期激素合成中的最早合作。妊娠第 8 周时，胎盘合体滋养层细胞自身开始具有合成和分泌孕酮的功能，在第 10 周时，胎盘合体滋养层细胞合成类固醇激素的功能逐渐成熟，并取代黄体成为妊娠期孕酮和雌激素合成的主要场所。

（2）胎盘孕酮的合成特点

人类胎盘合成孕酮的功能很强，胎盘孕酮的合成和分泌量随孕期增加逐渐增加，妊娠后期，胎盘每天分泌的孕酮量可达 250～600 mg，多胎妊娠时，甚至可以超过 600 mg。妊娠足月母体血液孕酮的浓度可以达到 60～100 ng/ml。但不像合成类固醇激素的其他内分泌腺体，胎盘不能利用乙酸盐从头合成胆固醇，因此只能从母体血液中的低密度脂蛋白（LDL）摄取胆固醇。由胆固醇合成孕酮的过程中需要细胞色素 P450 侧链裂解酶（P450scc）和 3β-羟基类固醇脱氢酶（3β-HSD）两种酶的催化作用。在肾上腺皮质，这两种酶都受促肾上腺皮质激素（ACTH）的诱导调控。虽然胎盘中这两种酶的调节目前还不清楚，但胎盘含有大量高活性的 P450scc 和 3β-HSD，在它们的催化下胆固醇极易转化为孕烯醇酮和孕酮。所以，由 P450scc 和 3β-HSD 催化的两步反应并不是胎盘孕酮合成的限速步骤，而从 LDL 中摄取胆固醇则成为胎盘孕酮合成的限速步骤。

（3）黄体是一些低等动物整个妊娠期孕酮的来源

有些动物整个妊娠过程都依赖于黄体分泌的孕酮维持妊娠，如牛、猪、山羊和常用的实验动物鼠等。以小鼠为例，妊娠早期黄体维持主要依赖于垂体分泌的催乳素；妊娠第 10 天后，胎盘来源的胎盘催乳素（placental lactogen）取代垂体来源的催乳素继续维持卵巢黄体的功能，直到妊娠足月时。妊娠足月时来源于子宫内组织的 $PGF_{2\alpha}$通过蛋白激酶 C 引起黄体的溶解和孕酮撤退，详见“分娩”一节。

2. 孕酮的维持妊娠作用

（1）孕酮受体

孕酮受体与糖皮质激素、盐皮质激素和雄激素受体一样，都属于细胞内受体超家族。此类受体未激活时存在于细胞质内，并与分子伴侣蛋白热休克蛋白结合处于休眠状态。当这类激素与细胞内受体结合后，导致热休克蛋白的解离，被激活的受体发生核转位，以同源二聚体或异源二聚体的形式结合到含有这些激素反应元件的基因启动子上，招募转录辅助激活因子调节靶基因表达。1990 年 Kastner 等克隆得到两型人类孕酮受体：孕酮受体 B 亚型（PRB）和孕酮受体 A 亚型（PRA）。人类完整的 PRB 全长 933 个氨基酸，分子量 115 kDa，主要由 3 个结构域构成：N 端的转录激活区域（AF3 和 AF1）、中间的 DNA 结合区域（DBD）和 C 端的配体结合区域。C 端还含有另外一个转录激活区域（AF2），并与二聚体的形成有关。AF1、AF2、AF3 区对于孕酮受体的转录激活功能都是必需的，任何转录激活区域的缺失都将消弱或失活孕酮受体的转录激活功能。PRA 和 PRB 是同一基因不同转录起始位点的产物，PRA 全长 769 个氨基酸，分子量为 95 kDa，其 N 端比 PRB 少了 164 个氨基酸，缺失了 AF3 转录激活区。PRA 的 N 端缺失虽然不影响 PRA 与孕酮、基因启动子的结合，也不影响同源和异源孕酮受体二聚体的形成，但由于缺失了AF3区，其转录激活功能基本丧失。因此，当PRA与PRB或其他类固醇激素受体包括糖皮质激素受体（GR）、雌激素受体（ER）和雄激素受体（AR）等形成二聚体时，能够削弱或抑制这些类固醇激素受体的转录功能。一般认为，PRB介导孕酮的经典作用如静息子宫平滑肌，而PRA起着调控PRB功能的作用。

（2）维持妊娠作用

1）对子宫内膜增生和蜕膜化的影响

血液中雌激素和孕酮对月经周期中子宫内膜腺体细胞和基质细胞的周期性增生起着关键作用。随着卵巢周期（卵泡期和黄体期）孕酮和雌激素的分泌变化，子宫内膜也呈周期性的变化，此周期性变化可分为3期：增生期、分泌期和月经期。雌激素促进子宫内膜细胞的增生，而孕酮拮抗雌激素的增生作用，并促进子宫内膜细胞的分化进入分泌期。卵泡期在雌激素的诱导下，子宫内膜上皮细胞和基质细胞高度增殖，随着孕酮主导的黄体期的来临，子宫内膜细胞的增殖受到明显抑制。黄体后期，子宫内膜上皮细胞的增殖仍然处于孕酮的抑制之下，但基质细胞则在孕酮的作用下发生蜕膜化。孕酮诱导基质细胞中表皮生长因子（EGF）的表达，但抑制上皮细胞中EGF的表达，这可能是孕酮对内膜上皮细胞和基质细胞作用不同的原因之一。子宫内膜基质细胞和子宫肌细胞都可分泌催乳素，其分泌水平与黄体中期及晚期的孕酮水平呈正相关。体外实验发现，孕酮可能促进子宫内膜组织催乳素的释放，诱导内膜发生类似早期妊娠的蜕膜化变化。胰岛素样生长因子1（IGF-1）促进子宫内膜上皮细胞和基质细胞的增生，此作用受内膜基质细胞分泌的胰岛素样生长因子结合蛋白（IGFBP-1）的影响。在孕酮的作用下，黄体中期及晚期基质细胞中IGFBP-1的合成和分泌增加，IGFBP-1通过结合IGF-1抑制IGF-1对内膜上皮细胞和基质细胞的增生作用。另外，IGF-1和IGFBP-1还与月经后期子宫内膜的重建有关。

2）对子宫平滑肌的静息作用

妊娠期子宫平滑肌的静息状态需要孕酮的维持，这也是孕酮维持妊娠的主要作用。孕酮除了使子宫平滑肌细胞发生超极化外，还抑制兴奋收缩偶联，并抑制收缩相关的钙离子内流。此外，孕酮还抑制收缩子宫的激素如前列腺素和催产素的作用及加强子宫舒张激素松弛素的作用等。

A. 降低平滑肌细胞膜的电兴奋性

孕酮能使子宫平滑肌细胞膜发生超极化，对刺激的阈值升高，从而降低子宫平滑肌的兴奋性。

B. 对细胞内钙离子水平的调节

钙离子是肌肉兴奋收缩偶联的关键。钙离子转运蛋白calbindin-D9k通过转运钙离子增加子宫平滑肌细胞内钙离子的水平。妊娠期随着孕酮水平的增加，子宫平滑肌的calbindin-D9k表达受到抑制，细胞内钙离子水平降低。同时，孕酮还抑制间隙连接蛋白的表达，使得子宫平滑肌细胞的电兴奋信号难以向邻近细胞扩散。以上作用使子宫平滑肌的收缩性能也随之降低。

降钙素是调节血钙平衡的重要激素，它通过抑制溶骨过程和肾脏对钙离子的重吸收降低血钙水平，从而使细胞内钙离子水平降低，抑制子宫平滑肌的兴奋-收缩偶联。虽然降钙素主要是由甲状腺滤泡旁细胞合成和分泌的，但子宫内膜腺体细胞在妊娠早期即有降钙素的表达，孕酮对子宫内膜降钙素的表达具有促进作用。

C. 对前列腺素作用的调节

$PGF_{2\alpha}$和 PGE_2 为刺激子宫收缩和宫颈成熟的关键激素。孕酮通过多种途径抑制 $PGF_{2\alpha}$和 PGE_2 对子宫的作用，高水平的孕酮抑制前列腺素的合成，促进前列腺素降解酶 PGDH 的表达，从而使 $PGF_{2\alpha}$和 PGE_2 的水平降低。

D. 对其他缩宫激素的调节

分娩一旦启动后，催产素将强烈收缩子宫完成分娩过程。催产素主要是由垂体后叶所分泌的，但近年来发现，子宫内组织分泌的催产素也在分娩当中发挥重要的作用，孕酮抑制子宫内组织催产素的表达。血管紧张素-Ⅱ和心房钠尿肽也是收缩子宫的激素，孕酮抑制子宫平滑肌血管紧张素-Ⅱ和心房钠尿肽受体的表达。松弛素为妊娠期重要的子宫舒张激素，它不仅抑制子宫平滑肌的自发性收缩，而且还抑制由前列腺素导致的子宫平滑肌的收缩。孕酮通过促进黄体、蜕膜和胎盘等部位的松弛素合成舒张子宫平滑肌。

E. 对肾上腺素能系统的调节

妊娠期子宫平滑肌的肾上腺素能β受体系统通过第二信使 cAMP 参与维持子宫的静息，孕酮促进妊娠晚期大鼠子宫平滑肌肾上腺素能β受体的表达。

3）抑制炎症反应

胎膜和子宫平滑肌的炎症反应在分娩中起着非常重要的作用，孕酮被认为是妊娠期重要的抗炎力量，孕酮抑制促炎性细胞因子的产生及炎症关键信号分子 NFκB 的活性，并参与维持妊娠期以抗炎为特征的 Th2 母体免疫反应。

二、雌激素

与孕酮一样，人妊娠初期雌激素主要来源于卵巢黄体。随着胎盘类固醇激素合成功能的成熟，妊娠第 7 周时，母体循环中胎盘来源的雌激素已经达到 50%。以后逐渐增加，妊娠第 10 周时，切除两侧卵巢已不影响孕妇尿液雌激素的排出量，说明此时雌激素完全来源于胎盘。胎盘雌激素的分泌量随孕期增加逐渐增加，足月时达到高峰，分娩后急剧下降。整个妊娠期由胎盘分泌的雌激素量相当于 150 个育龄妇女一年的雌激素分泌量，可见胎盘合成和分泌的雌激素量的巨大。胎盘分泌的雌激素主要为雌三醇，此外还有雌酮、17β-雌二醇。妊娠末期尿中雌二醇与雌酮为非孕时黄体期的 100 倍，而雌三醇为 1000 倍，且尿中雌激素约 90%是雌三醇。

1. 雌激素的合成

（1）卵巢和胎盘雌激素合成的不同途径

灵长类（包括人类）胎盘雌激素的合成途径既不同于体内其他合成雌激素的内分泌腺体，也不同于其他种属动物的胎盘。在所有哺乳类动物卵巢和非灵长类动物的胎盘中，雌激素合成是从胆固醇开始的。胆固醇既可以由乙酸盐合成，也可以由低密度脂蛋白（LDL）摄取。在卵泡膜细胞，胆固醇在 P450scc 和 3β-HSD 的作用下，首先被裂解和转化成含有 21 个碳原子的孕烯醇酮或孕酮，孕烯醇酮和孕酮继续在微粒体细胞色素 P450 酶 17α-羟化酶（17α-hydroxylase，P450c17）的催化作用下生成雌激素的前体。此过程包括两步：孕烯醇酮和孕酮首先在 P450c17 的催化下，在 C17 位发生羟基化，分别形成 17α-羟基孕烯醇酮和 17α-羟基孕酮。然后在同一 P450c17 的催化下，C17 位含有两个碳原子的侧链发生裂解，形成含有 19 个碳原子的雄性激素（C19 类固醇）：脱氢表雄酮和雄烯二酮。因此 P450c17 具有羟化酶和裂解酶的双重催化功能。脱氢表雄酮可在 17β-羟基类固醇脱氢酶（17β-HSD）的作用下，C17 位上的酮基发生加氢还原成为雄烯二醇。脱氢表雄酮和雄烯二醇又可在 3β-HSD 的催化下将 C3 位上的羟基脱氢氧化为酮基，并将 C5 和 C6 之间的双键转移至 C5 和 C4 之间分别形成雄烯二酮和睾丸酮。然后，睾丸酮和雄烯二酮由卵泡膜细胞转运至卵泡液中，再由卵泡的颗粒细胞摄取。在颗粒细胞中由芳香化酶催化分别生成为雌二醇和雌酮。雌酮还可在 17β-HSD 的催化下还原为雌二醇。通过卵巢雌激素合成的经典途径可以看出，C19 类固醇为雌激素合成的前体，P450c17 则是转化 C21 类固醇激素（孕烯醇酮和孕酮）成为 C19 类固醇（脱氢表雄酮和雄烯二酮）的关键酶。如果有 P450c17 表达，那么就可以利用胆固醇或孕酮为雌激素合成提供雄激素前体；如果缺乏 P450c17，则就不能利用胆固醇或孕酮为雌激素合成提供雄激素前体。

大多数非灵长类动物胎盘由于可以表达 P450c17，因此胎盘雌激素的合成与卵巢类似。也正因此，非灵长类动物的妊娠晚期，胎盘 P450c17 受胎儿来源的糖皮质激素的诱导导致孕酮向雌激素的转化增加，出现妊娠末期母体血液孕酮水平下降和雌激素水平升高的现象（图 10-19）。但灵长类胎盘缺乏 P450c17，因此，不能利用孕烯醇酮和孕酮为雌激素合成提供雄激素前体（图 10-21）。虽然灵长类胎盘不能利用孕酮合成雌激素，但灵长类胎盘却含有高活性的芳香化酶，因此具有很强的转化 C19 类固醇为雌激素的能力。一般认为，C19 雄激素的来源是灵长类胎盘雌激素合成的限速步骤。同样因为灵长类胎盘缺乏 P450c17 的缘故，使得母体血液的孕酮和雌激素水平在妊娠晚期同步升高。

那么灵长类胎盘用于雌激素合成的前体雄激素来源于何处呢？现已明确，胎儿和母体肾上腺皮质是胎盘雌激素合成前体脱氢表雄酮硫酸酯（DHEAS）的主要来源。妊娠晚期，由胎盘合成的 17β-雌二醇各 50%来自母体和胎儿肾上腺提供的 DHEAS。

值得指出的是，比较低级的灵长类如猴和狒狒妊娠期母体血液循环中的雌激素以雌二醇浓度为最高，而高级灵长类如大猩猩、黑猩猩及人类妊娠期母体血液循环的雌激素则以雌三醇的浓度为最高。非孕期正常妇女尿液的雌三醇与雌酮、雌二醇之和的比例为 1∶1。孕妇尿液中雌三醇与雌酮、雌二醇之和的比例为 10∶1，接近妊娠足月时，这一比例进一步升高。雌三醇可以由雌酮和雌二醇转化而来，即在雌二醇 C16 位进行羟基化，但胎盘并无羟化雌二醇的功能。一般认为妊娠期雌三醇主要有以下三个来源：①由胎儿来源 16α-羟基-脱氢表雄酮硫酸酯（16α-羟基-DHEAS）直接转化而来；②胎盘合成的雌酮进入胎儿体内，由胎儿转化为 16α-雌酮后，再由胎盘还原为雌三醇；③由胎盘合成的雌酮和雌二醇先进入胎儿体内，由胎儿转化为雌三醇，然后再进入母体循环。虽然妊娠

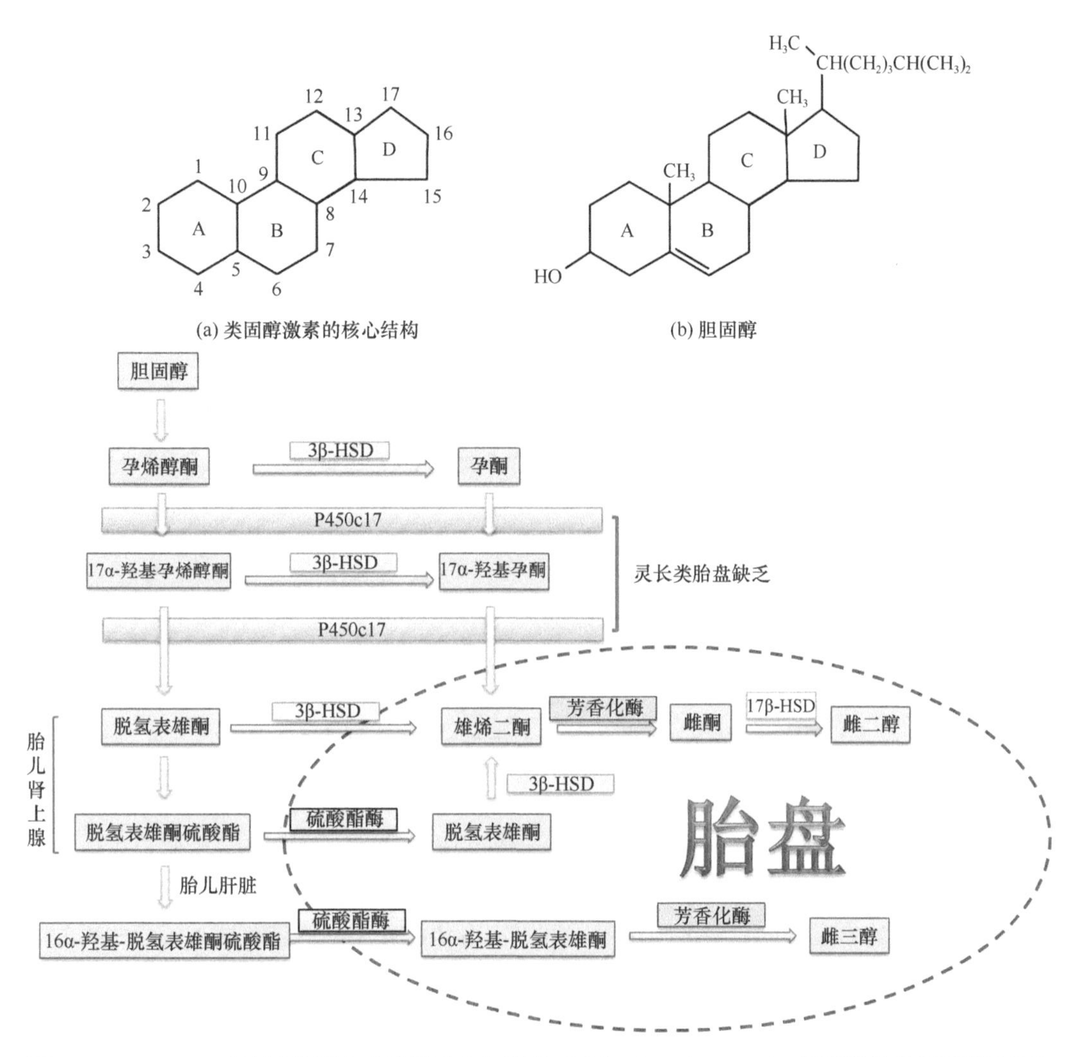

图 10-21　P450c17 在利用孕酮合成雌激素中的作用（引自 Li et al.，2014）。图顶端为类固醇激素的核心结构环戊烷多氢菲结构中碳原子的序列命名

期这三条途径都存在，但以第一条合成途径为主。尽管胎儿和母体都可以合成 16α-羟基-DHEAS，但由胎儿来源的 16α-羟基-DHEAS 合成的雌三醇占胎盘雌三醇合成总量的 90%，即胎盘雌三醇的合成前体主要来源于胎儿。

妊娠期胎盘雌三醇的合成主要途径如下：胎儿肾上腺皮质胎儿带（fetal zone）首先合成 DHEAS，然后 DHEAS 在肝脏中羟化为 16α-羟基-DHEAS，后者随脐带血到达胎盘，在胎盘硫酸酯酶作用下脱脂，并进一步在芳香化酶的催化下转化为雌三醇（图 10-22）。由此可见，妊娠期胎盘雌三醇的合成是由胎儿、胎盘共同参与制造的，人们把妊娠期雌三醇合成途径称为胎儿-胎盘单位，根据胎盘雌三醇的合成量可以反映胎儿的健康状况，这也是临床检测母体血液雌三醇水平评判胎儿健康状况的原理。由以上可以看出，DHEAS 和 16α-羟基-DHEAS 分别是胎盘合成雌二醇和雌三醇的前体，但不论 DHEAS 还是 16α-羟基-DHEAS，都必须首先在胎盘脱去硫酸酯才能继续被芳香化酶转化为雌二醇或雌三醇。

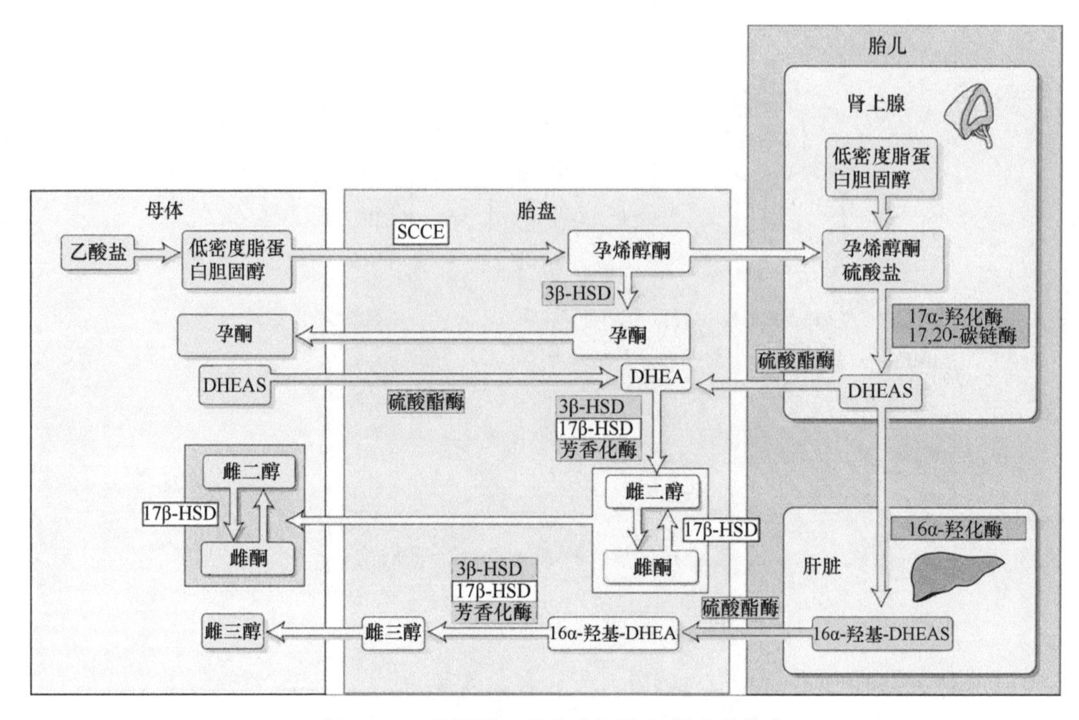

图 10-22　孕期雌三醇合成的胎儿-胎盘单位

（2）硫酸酯酶（sulfatase）

提供给胎盘合成雌激素的前体都是以硫酸酯的形式存在于血液中，由胎盘摄取后首先需要在硫酸酯酶的催化下脱去硫酸基。胎盘含有丰富的硫酸酯酶，硫酸酯酶主要存在于滋养层细胞的内质网内。当细胞滋养层细胞向合体滋养层细胞转化时，硫酸酯酶的表达增加。胎盘存在多种硫酸酯酶亚型，如芳基硫酸酯酶 A、B、C。不同亚型硫酸酯酶的结构类似，都是由 8 个亚基组成的多聚体。胎盘合成的类固醇对硫酸酯酶具有负反馈性调节作用。先天性缺乏硫酸酯酶的孕妇，组织中硫酸酯化的胆固醇水平增高，导致男性胎儿出现干皮病（ichthyosis）。

（3）芳香化酶（aromatase）

DHEAS 和 16α-羟基-DHEAS 被脱去硫酸基团后首先转化为雄烯二酮和雄烯三醇（5-androsten-3β,16α,17α-triol），然后再被芳香化酶转化为雌酮或雌三醇。芳香化酶属于细胞色素 P450 酶类，它催化类固醇结构中 C10 位上甲基的裂解和 A 环的芳香化，从而将雄烯二酮、雄烯三酮分别转化为雌酮、雌三醇。芳香化酶主要存在于合体滋养层细胞的线粒体和微粒体中。芳香化酶基因长约有 75 kb，含有 11 个外显子，其中两个外显子不起转录作用。人类芳香化酶基因具有两个鲜明的特点：①第一个内含子很大，约有 35 kb，几乎占整个基因的一半；②芳香化酶的基因存在多个转录启动位点，因此可表达出不同的 mRNA 及芳香化酶。

（4）17β-羟基类固醇脱氢酶

雄烯二酮转化为雌酮后还需在 17β-羟基类固醇脱氢酶（17β-HSD）的催化下，进一步转化为作用更强的 17β-雌二醇。另外，脱氢表雄酮向雄烯二醇、雄烯二酮向睾酮的转化也需要 17β-HSD 的催化。17β-HSD 存在于胎盘的微粒体内，它催化雌酮、脱氢表雄酮和雄烯二酮 C17 位的酮基还原为羟基成为雌二醇、雄烯二醇和睾酮。现在已有 5 型 17β-HSD cDNA 被克隆。根据克隆的先后，分别命名为 17β-HSD Ⅰ、Ⅱ、Ⅲ、Ⅳ、Ⅴ型。Ⅰ型和Ⅱ型 17β-HSD 存在于胎盘组织，Ⅰ型 17β-HSD 催化雌酮向雌二醇的转化，Ⅱ型 17β-HSD 催化雌二醇向雌酮的转化。

2. 雌激素的维持妊娠作用

人妊娠期母体血液的雌激素以雌三醇的浓度为最高，但血液中的雌三醇 95%是以结合状态存在的，雌酮和雌二醇与结合蛋白结合比例分别为 75%和 5%。因此妊娠期的雌激素作用主要还是雌二醇产生的，雌酮的作用次之，雌三醇的作用最弱。雌酮可以在 17β-HSD 的作用下转化为作用更强的雌二醇发挥作用。雌三醇在妊娠中是否还有未知的作用目前尚不清楚。

雌激素受体属于细胞核受体超家族，此家族还包括甲状腺素、维生素 D、视黄酸、PPAR 等受体，即使未被激活时此类受体也存在于细胞核内。雌激素与雌激素受体（ER）结合后，雌激素受体先聚合成同源二聚体（homodimer），然后再与 DNA 启动子部分的雌激素反应元件（estrogen response element，ERE）结合调节靶基因转录。雌激素受体也存在两种亚型，分别为 ERα和 ERβ。ERα和 ERβ受体的基因分别在 1986 年和 1996 年被克隆，两种受体的 DNA 和配基结合位点分别存在 96%和 58%的同源性，而其他结构域的变异较大。ERα对 17β-雌二醇的亲和力高于 ERβ。两种雌激素受体亚型可能各自拥有特异性的靶基因，但二者又可以形成异源性二聚体（heterodimer），相互影响对各自靶基因的调节作用。子宫肌、羊膜、绒毛膜都可以表达 ERα和 ERβ，但子宫肌的 ERα mRNA 水平高于 ERβ mRNA 水平，而羊膜则相反，绒毛膜的两种雌激素受体水平相似。

（1）对孕酮的调节作用

卵巢黄体为妊娠初期孕酮合成的主要场所，妊娠第 10 周左右胎盘取代黄体成为妊娠期孕酮合成的主要器官。黄体和胎盘也是雌激素合成的重要场所，不管是黄体期，还是胎盘期，整个孕期的孕酮合成都受雌激素的调节。在一些种属如兔、鼠和猪，除了催乳素和黄体生成素起着维持黄体孕酮合成作用外，雌激素也是维持黄体孕酮合成的关键激素，抑制雌激素作用后，黄体的孕酮合成便停止，催乳素和黄体生成素的促进孕酮合成的有些作用可能是间接通过促进雌激素合成实现的。

妊娠后期口服雌激素拮抗剂 MER-25 或摘除胎儿造成的胎盘雌激素合成障碍可以导致胎盘孕烯醇酮的合成减少、母体外周血液孕酮水平急剧下降。芳香化酶抑制剂 4-羟基雄烯二酮同样可以抑制胎盘合体滋养层细胞中孕酮的合成，说明雌激素对孕酮的合成起促进作用。雌激素影响孕酮合成的主要环节为：①通过促进胎盘滋养层细胞低密度脂蛋白 LDL 受体的表达促进胎盘对孕酮合成原料胆固醇的摄取；②通过促进 P450scc 的表达促进胆固醇向孕烯醇酮转化；③促进胎儿肝脏从头合成胆固醇，从而促进低密度脂蛋白 LDL 的合成，为胎盘孕酮的合成提供更多的原料。雌激素除了促进孕酮合成外，还促进孕酮受体的表达，而孕酮反过来则抑制雌激素受体的表达。

（2）对孕期血流的调节作用

为了适应妊娠的需要，妊娠期母体心血管功能发生了显著变化，包括母体血容量、心输出量、子宫/胎盘血流量等均显著增加。妊娠后期，母体血容量、心输出量、子宫/胎盘血流量增加了35%～40%，而子宫/胎盘血流量可占心输出量的25%左右。妊娠期母体心血管系统的适应性变化机制目前尚未完全阐明，雌激素和孕酮在此变化过程中可能起着重要作用。雌激素影响妊娠期母体心血管系统和子宫/胎盘血流量的机制主要包括以下几个方面：①通过激活肾素-血管紧张素系统，增加醛固酮的合成，后者促进水/钠的重吸收，从而增加妊娠期的血容量。肾脏和肝脏是合成肾素-血管紧张素系统的主要器官。此外，人类的绒毛膜、羊膜、蜕膜和胎盘绒毛小叶也表达肾素和血管紧张素原。胎盘局部产生的血管紧张素可能参与局部血管阻力的调节和胎盘的血管发生。②通过扩张血管增加子宫/胎盘血流量。由于胎盘血管没有神经支配，子宫/胎盘的血管张力的调节有别于体内其他部位的血管，体液因素是调节子宫/胎盘血管张力的主要因素。雌激素通过存在于子宫/胎盘血管的雌激素受体扩张子宫/胎盘血管，增加子宫/胎盘的局部血流量。妊娠期滋养层细胞对子宫螺旋小血管的侵蚀也使得子宫/胎盘血管系统处于一种阻力相对较低的状态。雌激素不仅扩张子宫和胎盘的血管，也扩张体循环的血管。雌激素扩张血管的机制可能与一氧化氮有关，雌激素诱导血管内皮一氧化氮合酶 eNOS 的表达。③通过促进胎盘血管的发生影响胎盘的血流。胎盘血管的发生与子宫内膜和胎盘局部产生的胰岛素样生长因子（IGF）、血管内皮生长因子（VEGF）、胎盘生长因子和血管紧张素-Ⅱ等有关，雌激素对这些因子的表达都有促进作用。

（3）对妊娠期子宫平滑肌张力的影响

雌激素对妊娠期子宫平滑肌张力的影响比较复杂，妊娠期间和妊娠晚期临近分娩启动时的作用可能不同。一般认为，妊娠期间雌激素与孕酮协同促进子宫增生、维持子宫于安静状态，这样有利于胚泡的着床和妊娠的维持。妊娠期间，雌激素促进子宫一氧化氮合酶的表达，通过一氧化氮促进子宫的舒张。

妊娠晚期，雌激素对子宫平滑肌的作用发生了变化，往往与孕酮的作用相反。在非灵长类动物妊娠晚期，逐渐成熟的胎儿肾上腺分泌的糖皮质激素逐渐增多。在糖皮质激素的诱导下，胎盘 17α-羟化酶（P450c17）的表达和活性增加，使孕酮向雌激素的转化增加，导致孕酮水平下降，而雌激素水平不断上升。但妊娠晚期的灵长类胎盘，雌激素的合成与孕酮的合成同期增加，其原因在于灵长类胎盘缺乏 P450c17，不能利用胎盘合成的孕酮作为雌激素合成的原料。随着胎儿肾上腺的成熟和脱氢表雄酮硫酸酯的分泌增加，灵长类胎盘雌激素的合成不断增加，不断增加的雌激素通过多种机制使子宫平滑肌兴奋阈值降低，以利于分娩的启动。雌激素降低子宫平滑肌兴奋阈值的机制主要有以下几个方面：①促进细胞膜的钙离子 L 型通道和快速钠离子通道的表达，增加平滑肌细胞的钙离子的内流；②促进电压依赖性慢速钾离子通道（I_{SK}）的表达，加速细胞内钙离子的清除；③促进子宫平滑肌间隙连接蛋白 connexin43 的表达，加速去极化过程向整个子宫的扩展；④促进子宫催产素受体的表达，加强催产素收缩子宫的作用；⑤促进胎膜、蜕膜的 PGE_2 和 $PGF_{2\alpha}$ 的合成，加强前列腺素收缩子宫的作用。

妊娠期间和妊娠晚期雌激素对子宫平滑肌的不同作用，很可能与雌激素的浓度有关，也可能与孕酮的撤退有关，但具体机制目前尚不清楚。不同浓度的雌激素可能激活不同的雌激素受体亚型，产生不同的生理效应。

三、人类绒毛膜促性腺激素

人类绒毛膜促性腺激素 hCG 是胎盘最早能够合成分泌的激素之一，受精后第 10 天左右即可在母体血液中检测到 hCG。hCG 是来源于胎盘的维持早期妊娠的关键激素。

1. hCG 结构

hCG 属于糖蛋白激素家族的一员，此家族还包括 LH、FSH 和促甲状腺激素（TSH）等。这些激素的共同特点是由α和β两个亚基组成，其中α亚基的一级结构相同，但α亚基上的糖基不同；这些激素的β亚基的一级结构和糖基都不相同，β亚基是赋予此家族成员特异功能的亚基。

α亚基由 92 个氨基酸组成，相对分子质量为 14 500，α亚基多肽链中有 10 个半胱氨酸，它们之间可形成 5 个二硫键；α亚基多肽链中还含有 2 个通过 *N*-糖苷键连接于第 52 位和第 78 位的天冬酰胺的寡聚多糖链。多肽链的糖成分占α亚基分子质量的 30%。β亚基由 145 个氨基酸组成，相对分子质量为 22 000，分子内有 12 个半胱氨酸，它们之间可形成 6 个二硫键。hCG 的β亚基与 FSH 和 TSH 的β亚基分别存在 34%和 38%的同源性；hCG β亚基多肽链的 N 端的 120 个氨基酸与 LH β亚基多肽链存在 80%的同源性，而 C 端的 24 个氨基酸为 hCG 的特异性结构，不存在于 LH β亚基。hCG β亚基含有 6 个寡聚多糖链，其中两条链通过 *N*-糖苷键分别与第 13 和第 30 位的天冬酰胺连接。另外，4 条多糖链通过 *O*-糖苷键分别与第 121、第 127、第 132 和第 138 位的丝氨酸连接。hCG β亚基的糖成分占分子质量的 30%。hCG 分子内的二硫键起着稳定 hCG 三级结构的作用，而多糖成分起着维持 hCG 与受体结合构象的作用，α亚基和β亚基都是 hCG 与受体结合所需要的，游离的α亚基和β亚基具有一定的生物活性。当 hCG 浓度较高时，它还能与 TSH 受体结合。人类妊娠母体血浆、尿液和胎盘除了存在 hCGαβ二聚体外，还存在游离的α亚基、β亚基和β亚基的核心片段（core fragment）。近年来还发现孕早期绒毛外滋养细胞具有合成一种高糖型 hCG 的能力，高糖型 hCG 的蛋白一级结构与普通型 hCG 相同，只是糖基化链更长，使得高糖型 hCG 的功能与普通型完全不同，高糖型主要与绒毛外滋养细胞的侵袭子宫内膜功能相关，而普通型则与妊娠维持有关。

2. hCG 基因结构

hCGα亚基的基因位于 6 号染色体上，长度约为 9.4 kb，包括 4 个外显子和 3 个内含子，转录起始位点位于 TATAAA 共有序列下游第 23 和第 25 对碱基处，基因启动子位于转录起始位点上游 100 个碱基以内。α亚基基因启动子部分包括 cAMP 反应元件（CRE）、滋养层细胞特异性反应元件（TRE）、α-激活因子元件（α-ACT）、连接调节元件（JRE）、糖皮质激素反应元件（GRE）和促性腺激素释放激素（GnRH）调节位点等。cAMP 激活 PKA，PKA 磷酸化转录因子 CREB，磷酸化的 CREB 形成二聚体，然后与 CRE 结合并启动 hCGα亚基基因的转录。

hCG β亚基有 6 个基因，它们与 LH 基因形成一个基因簇，位于 19 号染色体上，依次分别为 CGβ7、CGβ8、CGβ5、CGβ1、CGβ3、LHβ基因，LHβ基因过去也称为 CGβ4。这 6 个基因的总跨度为 50 kb，每个基因长度为 1.45 kb，包含 3 个外显子和 2 个内含子。CGβ3 和 CGβ5 表达的β亚基蛋白相同，由 CGβ7 和 CGβ8 表达的β亚基蛋白与 CGβ3 和 CGβ5 表达的β亚基蛋白有 1～2 个氨基酸的差别。这 4 个基因 5′端的结构非常相似，转录起始于翻译启动位点的上游第 366 个碱基处，转录起始位点周围没有 TATA 结构。CGβ1 和 CGβ2 的第一个内含子存在变异，它们虽然可以转录 mRNA，但目前尚未发现由它们表达的β亚基蛋白。因此表达 hCG β亚基的基因实际上只有 4 个，分别为 CGβ3、CGβ5、CGβ7 和 CGβ8。它们在妊娠早期都有表达，但表达的程度不同，其中 CGβ5 转录的 mRNA 占 hCG β亚基 mRNA 总量的 65%，由 CGβ7、CGβ1、CGβ2 表达的 mRNA 只占 hCG β亚基 mRNA 总量的 2%。另外，hCG β亚基基因的启动子部分存在多个 cAMP 反应元件（CRE），提示 hCG α和β亚基的基因转录都可被以 cAMP 为第二信使的激素所调节。

3. hCG 的分泌

妊娠 6 周以前，hCG 是由胎盘的细胞滋养层细胞合成和分泌的，第 6 周以后转为主要由合体滋养层细胞合成和分泌，此时细胞滋养层细胞只合成少量 hCG。hCG 合成后通过胞裂外排方式迅速释放入血，细胞内 hCG 的储存量很少。受精后第 7 天即可在胚泡中检测到完整分子的 hCG，母体血液 hCG 则出现在月经周期 LH 高峰后的第 7.5～9.5 天，此时正是胚泡着床和滋养层细胞开始与母体血液接触的时期，以后母体血液 hCG 浓度呈指数增加。妊娠第 8 周时达到高峰（10～15 μg/ml），并持续至第 12 周，然后开始下降，并于第 18 周以后稳定在此水平，一直维持至足月，于产后第 4 天由母体血液中消失。妊娠期尿液 hCG 的水平与母体血液相平行，如果受孕，妊娠后第 6～第 10 周，孕妇尿液的 hCG 水平可由 1 IU/ml（妊娠第 4 周）迅速升高到 100 IU/ml。因此根据此现象，临床可以检测尿液 hCG 的水平判断早期妊娠。胎儿血液 hCG 浓度的变化规律虽然与母体血液类似，但浓度只有母体血液的 3%，提示胎盘 hCG 分泌后主要进入母体血液，少量可以进入胎儿血液。妊娠早期羊水的 hCG 浓度与血液浓度相仿，但妊娠中、晚期羊水中 hCG 浓度只有母体血液水平的 20%。羊水 hCG 除了来源于滋养层细胞外，胎儿肾脏排泄的 hCG 可能也为羊水 hCG 的来源。

4. hCG 的维持妊娠作用

（1）对卵巢黄体的维持作用

hCG 最重要的生理作用是维持卵巢黄体并促进卵巢黄体孕酮和雌激素的合成和释放。排卵后卵巢黄体的形成和功能主要受垂体 LH 的调节。但在黄体期，卵巢黄体分泌大量的孕酮和雌激素，它们负反馈作用于下丘脑和垂体，抑制 GnRH 和 LH 的分泌。如果此时没有受孕，随着垂体 LH 的释放减少，黄体功能只能维持 2 周左右便萎缩。如果受孕，在妊娠第 10 天左右可以在母体血中检测到胎盘分泌的 hCG，由 hCG 维持卵巢黄体分泌孕酮和雌激素的功能 3～4 周，直到胎盘本身具有合成孕酮和雌激素的能力。以后虽然血液中的 hCG 水平仍然较高，但由于黄体对 hCG 的敏感性降低而出现萎缩。黄体对 hCG 的失敏原因目前尚不清楚，雌激素可能是其失敏的原因之一。

黄体 hCG 受体对垂体的 LH 和胎盘的 hCG 都有很高的亲和力，因此也称为 LH/hCG 受体。hCG 受体为 Gs 蛋白偶联受体，第二信使为 cAMP，cAMP 激活的细胞内信号转导途径除了促进黄体细胞LDL受体的表达增加胆固醇的摄取外，还促进P450scc的表达，后者催化胆固醇向孕烯醇酮的转化，最后导致孕酮的合成增加。hCG 促进黄体合成的同时也促进黄体雌激素的合成和释放。hCG 除了促进黄体孕酮和雌激素的分泌外，还促进黄体抑制素和松弛素的释放，抑制素抑制垂体 FSH 的释放，从而使妊娠期卵泡的发育受到抑制。

（2）对胎盘激素分泌的影响

hCG 除了促进黄体孕酮和雌激素的分泌外，还促进胎盘孕酮的分泌。用 hCG 抗血清中和胎盘分泌的内源性 hCG，胎盘孕酮的分泌减少，其作用机制类似于对黄体的作用。

（3）对胎儿类固醇激素合成的影响

妊娠 15 周以前，胎儿肾上腺胎儿带类固醇激素的合成不受垂体 ACTH 的调控，提示存在调控胎儿肾上腺功能的其他激素。胎儿肾上腺的胎儿带在妊娠第 10 周左右开始合成胎盘雌激素合成的前体脱氢表雄酮，此时也恰为血浆 hCG 高峰出现的时间。因此，hCG 很可能为胎儿肾上腺类固醇激素合成的主要调节因素之一，此作用与维持胎盘雌激素合成有关。

四、人类胎盘生乳素

人类胎盘生乳素（human placental lactogen，hPL），又称为人类绒毛促生长激素（human chorionic somatomammotropin，hCS），为胎盘合体滋养层细胞分泌的单链多肽激素，最初发现 hPL 对动物具有很强的催乳作用，故命名为人胎盘催乳素，但后来的研究证明，hPL 对人类几乎没有催乳作用，而具有生长激素样的作用，调节母体与胎儿的物质代谢、促进胎儿生长，因此又被称为人类绒毛促生长激素，但 hPL 的名称一直沿用至今。

1. hPL 分子结构

hPL 是不含糖基的单链多肽，含有 191 个氨基酸，相对分子质量为 22 279。它与胎盘分泌的变异生长激素、垂体分泌的生长激素和催乳素属于同一家族，hPL 结构与生长激素有 95%的同源性，与催乳素有 67%的同源性。hPL 通过两个二硫键形成与生长激素结构类似的二级、三级结构。hPL 与生长激素都可以与催乳素受体结合，而且具有相似的亲和力，进一步的分析发现，两者与催乳素受体结合的结构域同源性很高。hPL 也可以与生长激素受体结合，但生长激素的亲和力比 hPL 高约 2300 倍，主要原因是两者结合生长激素受体的结构结构域有很大的不同。胎盘分泌的 hPL 除了以单体形式存在外，还以二聚体和多聚体的形式存在。多数二聚体是由两个 hPL 的单链以二硫键首尾结合而成，也有少数二聚体只是 hPL 单链之间的非共价键结合。

hPL 基因与生长激素基因共同位于 17 号染色体上，形成 *GH-hPL* 基因簇，此基因簇包括转录 hPL 的基因 *hCS-A*、*hCS-B*、*hCS-L* 和转录正常生长激素的基因 *hGH-N*，以及转录变异生长激素的基因 *hGH-V*。这 5 个基因都是由 5 个外显子和 4 个内含子组成，长度约 2.0 kb。这些基因的编码区及其两侧的序列结构同源性高达 91%～98%。*hCS-A* 和 *hCS-B* 基因为 hPL 的主要编码基因，由它们表达的 hPL 前体只在信号肽处有一个氨基酸残基的差别。因此经过翻译后加工去掉信号肽后，两者表达的 hPL 结构完全一致。妊娠早、中、晚期由 *hCS-A* 基因转录的 hPL mRNA 分别占 hPL mRNA 总量的 60%、60% 和 85%。*hCS-A* 和 *hCS-B* 基因在转录起始位点的–30/–25 和–85/–80 处存在两个共有序列，分别为 TATAAA 和 CATAAA，82%～95%的 hPL 的转录起始位点位于 TATAAA 结构下游的第 30 对碱基处，其余起始于下游第 56 对碱基处。*hCS-L* 基因可以在胎盘转录，但目前尚未在胎盘发现由此基因表达的 hPL 蛋白。

2. hPL 的分泌

hPL 为胎盘分泌的主要激素之一，胎盘每日分泌 0.3～1.0 g 的 hPL，足月时 hPL mRNA 占胎盘 mRNA 总量的 5%。免疫组织化学和原位杂交方法都证明，妊娠前 6 周，hPL 主要由细胞滋养层合成和分泌，以后随着细胞滋养层细胞向合体滋养层的融合，合体滋养层细胞成为 hPL 的主要来源。

胎盘首先合成带有信号肽的 hPL 前体，此前体为 217 个氨基酸，经翻译后加工脱掉信号肽，成为成熟的 hPL。hPL 的翻译后加工和分泌过程为经典的蛋白/肽类激素途径。影响 hPL 合成和分泌的因素很多，其中包括胎盘体积和合成 hPL 的细胞数目增加、能量代谢产物、多种激素和生长因子等，但影响 hPL 表达的主要调节因素目前并未完全阐明。

妊娠第 3 周左右就可在胎盘和母体血浆检测到 hPL，母体血浆 hPL 水平在妊娠早期呈指数性急剧升高，妊娠中期以后增加速度缓慢，直至妊娠足月。足月时母体血浆 hPL 的浓度为 5～15 μg/ml，其中二聚体和多聚体的比例少于 10%，少量的 hPL 与巨球蛋白相结合。母体血液循环中 hPL 的半衰期为 10～20 min，由尿液排出的 hPL 主要以代谢产物为主，少量为完整的 hPL。胎儿血液循环中 hPL 的浓度低于母体循环，妊娠 12～20 周时胎儿循环 hPL 的浓度为 400～500 ng/ml，足月时下降为 20～30 ng/ml。胎盘生乳素还可分泌进入羊水，妊娠第 11 周时羊水 hPL 浓度就已达到 400 ng/ml，以后不断升高，妊娠中期开始下降，足月时降至妊娠早期水平。

3. hPL 的维持妊娠作用

由于 hPL 的结构与催乳素和生长激素类似，hPL 与催乳素和生长激素受体又存在交叉结合，因此 hPL 的许多功能与催乳素和生长激素的功能类似。生长激素和催乳素受体属于造血因子类受体家族，此类受体细胞内部分虽然不具有酪氨酸蛋白激酶的活性，但与其结合的蛋白质具有酪氨酸蛋白激酶的活性，与此类受体结合的常见蛋白质为 JAK 酪氨酸蛋白激酶。当配基与受体结合后，导致 JAK 和受体的磷酸化，磷酸化的 JAK 进一步对细胞内的其他与生长相关的蛋白质进行磷酸化，磷酸化的蛋白质转位到细胞核内，与其他转录因子一道调节靶基因的转录。胎盘生乳素的催乳作用在动物身上比较明显，对于人体不明显。在人类，hPL 的主要作用为促进细胞的增生、影响能量代谢以保证胎儿对营养物质的需求等。

（1）对能量代谢的影响

妊娠中、后期母体的糖和脂类代谢发生了一些适应性变化，以保证胎儿对葡萄糖的需求。这些变化包括胰岛素的基础分泌和葡萄糖诱导分泌增加，某些组织对胰岛素敏感性降低，以及脂类代谢增加等，hPL 是造成母体产生这些适应性代谢变化的主要激素之一。

hPL 对胰岛β细胞的胰岛素的表达、分泌具有直接的促进作用。妊娠时母体血液胰岛素水平增加可能与 hPL 有关。hPL 造成的某些组织对胰岛素的失敏可以降低母体组织对葡萄糖的利用，这样可以保证胎儿对营养物质的需要。葡萄糖耐受实验表明，hPL 可以使母体葡萄糖的耐受力降低，给予孕妇葡萄糖可以导致血液葡萄糖浓度异常升高。hPL 还促进母体脂肪的水解，给予 hPL 可以导致血液游离脂肪酸、酮体和甘油水平的升高。在能量充足的状态下，hPL 可以增加脂肪细胞葡萄糖的摄取、促进脂肪酸重新脂化为甘油三酯以储存能量，以便饥饿时可以动员更多的母体脂肪供给母体能量，这样可以节省葡萄糖以保证胎儿的需求。

值得指出的是，尽管 hPL 可以与生长激素受体结合，但亲和力远低于生长激素，而胎盘产生的变异生长激素对生长激素受体的亲和力却很高，变异生长激素对催乳素受体亲和力却比较低。因此，妊娠时胎盘分泌的 hPL 和变异生长激素虽然都影响能量代谢，但侧重面不同。hPL 具有促进胰岛细胞胰岛素表达的作用但变异生长激素无此作用；变异生长激素具有较强的脂肪水解作用，而 hPL 的这方面作用则比较弱。

（2）对胎儿生长的影响

先天性 *hCS-A* 和 *hCS-B* 基因缺陷的孕妇血液中，hPL 和变异生长激素浓度很低，甚至缺如，但在这种情况下，妊娠仍能正常进行，而且母体血液的雌激素、孕酮、hCG、PRL 和 GH 的浓度正常，产后泌乳、胎儿出生时和出生后的发育也正常，说明 hPL 在妊娠中并不是必需的。但最近有一 *hPL* 基因缺陷病例报道，*hPL* 基因缺陷时虽然妊娠可以维持，但胎儿出生时发育迟缓，妊娠期母体有轻微的先兆子痫症状。有人认为，hPL 很可能是妊娠期垂体催乳素和生长激素的后备军，一般情况下，垂体激素的作用已经足够满足妊娠的需要，但在饥饿状态下，需要大量的生长激素才能保证胎儿能量的需求，这时由于胎盘分泌的 hPL 与生长激素和催乳素的作用交叉，因此可以弥补生长激素的分泌不足。

过去认为 hPL 的促生长作用只有生长激素的 1%，因此，hPL 本身对胎儿生长的作用甚微，hPL 主要通过影响母体的能量代谢间接影响胎儿的发育，但现在发现胎儿的许多器官组织表达 hPL 受体，如肝脏、骨骼肌、皮肤、肾上腺、心脏、小肠、肾脏和脑组织等。体外实验发现，hPL 促进胎儿成纤维细胞、肝细胞、肌细胞对氨基酸、胸腺嘧啶脱氧核苷的摄取，促进胎儿组织胰岛素样生长因子及其结合蛋白的分泌，hPL 产生这些作用所需的浓度与妊娠中期胎儿体内的 hPL 浓度类似。

（3）对乳腺功能的影响

妊娠期乳腺的发育包括乳腺导管、乳腺小泡的增生和乳汁蛋白的表达等。hPL 对动物乳腺具有很明显的促泌乳作用，但对人类乳腺的泌乳作用不很明显。实验发现，hPL 可以促进乳腺肿瘤的增殖和乳腺导管上皮的 DNA 合成。因此，hPL 对人类乳腺的主要作用为促进细胞的增生，对乳腺分泌的影响还有待进一步研究。

五、人类变异生长激素

人类变异生长激素（human growth hormone variant，hGH-V）为胎盘分泌的生长激素，与 hPL 同属生长激素家族。hGH-V 的偶然发现与妊娠期生长激素的测定有关，当人们用两种生长激素的单克隆抗体测定妊娠血浆生长激素的变化特征时，发现用一种抗体测定的生长激素水平在妊娠 25 周后明显上升，而另一种抗体测得的生长激素水平反而下降，用第一种抗体也可以在胎盘检测到生长激素的存在，但第二种抗体不能检测到胎盘生长激素。这说明第一种抗体既可以检测出胎盘分泌的生长激素，也可以检测出垂体分泌的生长激素，但第二种抗体只能检测出垂体分泌的生长激素，妊娠 25 周后，母体血浆生长激素的增加主要来源于胎盘分泌的一种抗原性与垂体生长激素有交叉的生长激素。随着胎盘生长激素的纯化及 cDNA 的克隆，人们认识到胎盘生长激素的结构不同于垂体生长激素，是一种变异的生长激素。

1. hGH-V 的结构

hGH-V 与垂体分泌的生长激素（hGH-N）一样，也含有 191 个氨基酸的单链多肽，其分子内存在 2 个二硫键，分别将 Cys53 和 Cys165、Cys182 和 Cys189 连接。分子内第 140 位的天门冬酰胺发生糖基化。hGH-V 前体结构与 hGH 前体相比存在 15 个氨基酸的差别，前体经翻译后加工脱掉信号肽后，两者还有 13 个氨基酸的差别。虽然 hGH-V、hPL 和 hGH 都能与催乳素受体结合，但 hGH-V 与催乳素受体的结合部位结构不同于 hPL 和 hGH，因此结合机制也不相同，hGH-V 与催乳素受体的结合机制更接近催乳素。hGH-V 基因转录产物经过不同剪切还可以形成另外一种分子形式的 mRNA，理论上讲此 mRNA 可以翻译出另外一种 hGH-V，又称为 hGH-V2。根据推测 hGH-V2 应含有 230 个氨基酸，其 N 端的 126 个氨基酸残基与 hGH-V 相同，但 C 端区别较大，而且不含糖基化位点，二硫键的形成位置也与经典的 hGH-V 不一样，因此其三级结构也不同于 hCG-V 和 hGH。由于 hGH-V2 分子内存在疏水性结构，因此有人认为 hGH-V2 可能是细胞膜蛋白。

hGH-V 的基因属于 *GH-PL* 基因簇的一员，也由 5 个外显子组成。如上所述，*hGH-V* 基因转录的 mRNA，经不同剪切后可以产生两种 mRNA，分别表达 hGH-V 和 hGH-V2。hGH-V2 mRNA 只占 hGH-V mRNA 总量的 5%～15%。*hGH-V* 基因的表达也不同于 hGH-N，后者外显子 3 的前 15 个密码不被转录。*hGH-V* 基因的转录起始位点位于 TATAAA 序列的下游第 30 个碱基处，其启动子部分可以与转录因子 GHF-1 结合，后者也是很强的 *hCG* 基因转录激活因子。抑制子 PSF-1 也可以与 *hGH-V* 基因结合，抑制 GHF-1 的转录激活作用。由于垂体表达大量的 PSF-1，因此垂体 *hGH-V* 基因不能表达，而只能表达 hGH-N。

2. hGH-V 的分泌

hGH-V 与 hPL 的基因和蛋白质结构类似，因此为研究 hGH-V 的特异性分布带来了困难。用针对 *hGH-V2* 基因内含子 4 的探针进行原位杂交，发现 *hGH-V2* 基因存在于胎盘合体滋养层细胞，因此推测 *hGH-V* 基因也存在于此型细胞，但目前尚无这方面的直接证据。用与垂体 GH 和 hGH-V 有交叉反应的单克隆抗体对胎盘进行免疫组织化学染色，发现 hGH-V 蛋白存在于胎盘的合体滋养层细胞和胎盘基底板的细胞，但此抗体与 hGH-V2 的交叉反应尚不清楚。母体血浆 hGH-V 的测定也存在抗体特异性问题，目前关于母体血浆 hGH-V 水平的数据主要通过两种特异性不同的单克隆抗体所获得的，一种抗体只能识别 hGH-N，另一种既可识别 hGH-N，又可识别 hGH-V。妊娠 21～26 周时用两种抗体测定的母体血浆生长激素样免疫活性物质开始出现分离，与 hGH-V 有交叉反应的单克隆抗体测得的血浆 GH 水平在妊娠 21～26 周时开始升高，并持续到妊娠第 36 周，以后稳定在这个水平，直到足月妊娠，可以认为以上变化特点反映了妊娠 hGH-V 分泌的特点。由于妊娠第 9 周时，胎盘就可检测到 hGH-V 和 hGH-V2 mRNA，因此有人认为胎盘 hGH-V 的分泌可能早于妊娠 21 周，只是受测定方法灵敏度所限未能测出。足月羊水和胎儿血液中也未能检测到 hGH-V。母体血液 hGH-V 水平不同于血液的垂体生长激素水平，hGH-V 水平没有昼夜节律。甲状腺激素促进胎盘 *hGH-V* 基因的表达，调节垂体生长激素表达和分泌的下丘脑激素-生长激素释放激素（GHRH）对胎盘 hGH-V 的分泌没有影响。

3. hGH-V 的妊娠维持作用

胎盘 hGH-V 的生物作用目前尚不明了。在大鼠，hGH-V 具有生长激素和催乳素的双重作用，它既可以促进大鼠淋巴肿瘤细胞的分裂，又可与大鼠肝脏的催乳素受体结合，但与催乳素受体的亲和力和促细胞分裂作用均远远弱于垂体生长激素。胎盘 hGH-V 可以促进切除垂体大鼠的体重增长、葡萄糖氧化和脂肪组织的脂肪水解，其作用强度类似垂体生长激素。在人类胎盘，hGH-V 是否具有同样的作用目前尚无实验证据。

胎盘细胞膜存在 hGH-V 的受体，因此 hGH-V 在胎盘局部可能有旁分泌和自分泌作用。在人类，hGH-V 可能与 IGF-1 的表达有关，两者在妊娠中的变化呈一定的相关关系。由于胎盘 hGH-V 与生长激素受体有交叉结合，因此 hGH-V 在人类妊娠中的促躯体生长作用可能类似于生长激素。虽然过去认为 *hGH-V* 基因的先天性缺陷不影响妊娠的正常进行，但最新的临床观察发现，*hGH-V* 和 *hPL* 基因的先天性缺陷可以导致胎儿宫内发育迟缓，母体发生轻微先兆子痫。

第六节 妊娠激素与妊娠期母体适应性反应

妊娠期，为了适应不断生长发育的胎儿需求，母体各个系统都发生了程度不等的适应性变化，下面介绍主要系统的变化及引起这些变化的内分泌机制。

一、血液系统

妊娠期血液系统最为显著的变化是母体血液量的增加，循环血容量比非孕期增加了30%～40%，约为1.5 L。母体血液的增加主要是因为血浆的增加，其次为红细胞的增加。从孕6～8周起，母体血容量开始增加，28～34周达到峰值，比非孕期增加了1.2～1.6 L，然后维持于此水平直到足月时稍有下降。孕期由于血容量增加的稀释作用导致血红蛋白浓度、红细胞比容下降。孕期母体血容量的改变原因之一是一氧化氮导致的血管扩张使得肾素-血管紧张素-醛固酮系统激活，然后导致水钠潴留。除了一氧化氮外，孕酮也使静脉张力下降，容量增加，孕酮还使血管阻力下降，另外雌激素和孕酮还通过改变肾素的活性，参与肾脏的水钠潴留。在孕酮、催乳素和人类胎盘催乳素的作用下，红细胞生成素的分泌增加，后者导致红细胞的产生增加。

二、心血管系统

心输出量的增加是妊娠期心血管系统最为显著的变化，心输出量增加50%发生在妊娠前8周，这主要是血管阻力下降导致的。然后心输出量继续缓慢增加直到妊娠晚期，此时比非孕时增加了30%～50%。心输出量的增加与每搏输出量和心率的增加都有关系。由于每搏输出量的降低，孕晚期接近足月时心输出量稍有下降。另外，子宫对下腔静脉的压迫也可以导致静脉回流的减少和每搏输出量及心输出量的降低。尽管妊娠期心输出量和血容量增加，但由于外周血管阻力的下降，孕妇动、静脉血压的变化不是很大。实际上，血压，特别是舒张压出现下降，于妊娠中期时达到最低点。血压的降低与一氧化氮、前列环素、CRH 和松弛素对血管的舒张作用导致外周阻力下降有关，另外孕酮对静脉的扩张作用也使得静脉压不会在血容量增加和心输出量增加时发生太大的变化。

三、呼吸系统

孕期子宫的增大虽然在一定程度上限制了横膈的运动，但肋骨角度及肋骨韧带的软化使胸腔横径变大，这样导致孕期母体通气量并未减少反而增大。孕期影响呼吸最为重要的激素是孕酮，后者与雌激素和前列腺素相互配合促进通气量的增加。孕酮具有刺激呼吸中枢、降低二氧化碳刺激阈值作用，雌激素则具有增加呼吸中枢孕酮受体的作用。孕酮还具有舒张呼吸道平滑肌降低呼吸阻力的作用。前列腺素中的PGE_1和PGE_2也具有舒张呼吸道平滑肌的作用。

四、泌尿系统

孕期母体血容量及母体和胎儿代谢产物的增加使得母体泌尿系统必须适应孕期需求。孕期母体泌尿系统的适用性变化包括结构和尿动力学功能方面的变化，这些变化除了与逐渐增大的子宫的压迫和心血管系统的变化有关外还与激素的变化相关。孕期最为显著的肾脏变化是肾盂和输尿管的增大和扩张，此外还有肾小球率过滤的增加和肾小管对某些物质重吸收的改变。肾盂和输尿管的扩张早在妊娠第 7 周时即已出现，因此妊娠期出现生理性的肾盂和尿道积水，肾脏体积增大了 30%。孕酮对远端尿道平滑肌增生和尿道周围结缔组织的促增生作用及 PGE_2 对尿道平滑肌的舒张和蠕动的抑制作用可能参与了上述肾脏的妊娠期变化。孕酮对膀胱壁平滑肌的舒张作用也使得膀胱容积于妊娠晚期增加了近 2 倍，另外，雌激素对膀胱三角区组织也有增生作用。妊娠中期时肾小球率过滤增加高达 50%～80%，然后缓慢下降。妊娠期肾小球过滤的增加与一氧化氮、前列环素、心房钠尿肽、孕酮、内皮素、松弛素等这些激素的作用有关。一氧化氮和松弛素对入球小动脉具有舒张作用，而前列环素、心房钠尿肽、人绒毛膜促性腺激素和人胎盘生乳素等则对松弛素的分泌具有促进作用。孕酮具有拮抗醛固酮的作用，心房钠尿肽则可拮抗孕酮的这种作用，雌激素、胎盘生乳素、肾素、醛固酮和脱氧皮质酮也促进水钠的重吸收。松弛素调控尿液渗透液、舒张血管和增加肾小球滤过率。在以上激素的综合作用下，钠离子和水在妊娠期平衡重吸收。

雌激素、孕酮、前列腺素参与了孕期肾素-血管紧张素-醛固酮系统的激活，孕期除了肾脏外，子宫、胎盘和胎儿也可以产生肾素，孕早期肾素水平即已增加了 2～3 倍，于 32 周时达到高峰。

五、消化系统

为了满足妊娠期母体和胎儿的营养需求，母体消化系统在解剖和生理方面都发生了很大变化。首先妊娠使母体食欲增加，孕酮刺激食欲，而雌激素抑制食欲，除了雌孕激素外，胰岛素、胰高血糖素和瘦素等也参与了妊娠食欲的变化，胎盘分泌的胎盘生乳素使得瘦素抵抗，食欲增加。妊娠期由于雌激素的作用使得口腔牙龈血管增生充血并容易感染，妊娠时牙龈容易出血也是这个原因。孕酮对食道下括约肌的舒张作用使得妊娠期容易反酸。孕酮对胃肠道平滑肌张力下降，使得胃肠道运动下降，食物停留时间增加，但胃排空时间没有明显变化，孕妇因此可能感到腹胀。由于幽门括约肌的舒张，碱性的十二指肠内容物容易反流进入胃腔。食物在肠道的滞留时间延长，增加了营养成分的吸收，孕酮还有促进乳酸酶和麦芽糖酶活性的功能。胰腺表达大量雌激素受体，在妊娠高雌激素环境下，孕妇易患胰腺炎。胆囊在孕酮的影响下也发生了扩张，使得妊娠期胆囊容积增大排空减慢。

六、免疫系统

胎儿和胎盘作为与母体的半同种异体抗原组织却未受到母体免疫系统的排斥而存活，母体免疫系统对胎儿和胎盘的免疫耐受与妊娠内分泌的适应性变化密切相关。人体免疫分为先天性免疫和获得性免疫，一般认为妊娠时先天性免疫得到了加强，而获得性免疫受到了抑制。获得性免疫又可以进一步分为促炎性为主的免疫反应（Th1）和抗炎性为主的免疫反应（Th2）。这两种反应中，一般认为，妊娠时由 Th1 向 Th2 转化。

妊娠期先天性免疫的变化：妊娠期先天性免疫的介质发生了变化，其中化学趋化性反应受到抑制。这使得母体对感染的反应迟钝，白细胞介素-4 和干扰素-γ的产生减少，单核细胞和颗粒细胞的活性加强使得它们的吞噬速度加快和更有效，这可以使母体血液中出现的滋养细胞和胎儿细胞得到及时清理，不至于引起母体的免疫反应。自然杀伤细胞的变化则比较复杂，在孕酮的作用下机体除子宫局部外的自然杀伤细胞功能得到抑制，由此产生的物质可以抑制淋巴细胞的增殖和 NK 细胞的活性。NK 细胞在孕早期正常，但孕中期和晚期下降。在 hCG 的作用下，多形核白细胞（polymorphonuclear，PMN）细胞吞噬功能加强。

妊娠期获得性免疫的变化：获得性免疫在妊娠期由 Th1 向 Th2 介导的免疫反应方向转化，孕酮在此转化中起着非常重要的作用。孕酮促进 Th2 细胞因子如 IL-3、IL-4、IL-6 及 IL-10 的产生，抑制 Th1 细胞因子如 IL-2、IFNγ和 TNFβ的产生。在雌激素、孕酮、糖皮质激素、α-甲胎蛋白、hCG、人胎盘生乳素和 PGE_1 和 PGE_2 的作用下，淋巴细胞和巨噬细胞的产生、激活和活性都受到了抑制。

孕酮在妊娠免疫调控中起着非常重要的作用，它促进 IL-4 和 IL-6 的产生，促进 Th1 向 Th2 的转化。孕酮还促进被激活的淋巴细胞和蜕膜细胞合成孕酮诱导的阻断因子（progesterone-induced blocking factor，PIBF）。PIBF 刺激 B 细胞产生不对称抗体，即抗体的 Fab 一个区域存在富含甘露糖的寡糖基团。不对称抗体与抗原结合，但不能启动补体和巨噬细胞吞噬功能，这样就阻断了抗体和抗原的进一步结合和相互作用。PIBF 还抑制 NK 细胞的杀伤作用。孕酮还具有上调 TLR-4 和下调 TRL-2 的作用，宫内感染时导致孕酮功能下降和促炎性细胞因子的产生增加。

七、能量代谢

孕早期和中期母体的合成代谢增加最为明显，母体脂肪合成和血容量的增加导致体重增加明显，孕妇肌肉蛋白和糖原合成增加，而肝脏糖原分解增加、糖酵解减少，外周组织对胰岛素的敏感性正常或稍有增加导致胰岛素对葡萄糖的反应增加。孕晚期母体的分解代谢增加，母体储存的脂肪分解，肝脏的糖异生减少、肠道的脂肪吸收增加，由于脂肪组织的分解增加导致血液游离脂肪酸和甘油增加，母体的酮体产生增加，孕晚期胰岛素拮抗激素量的增加出现胰岛素抵抗，孕晚期不像孕早期和中期，母体体重的增加主要是因为胎儿的生长加快导致的，90%胎儿体重的增长是在孕期后半程发生的。

妊娠期，胎儿和胎盘对母体代谢的影响巨大，胎儿和胎盘除了是母体激素的新的代谢部位外，还是妊娠期激素合成的新的场所。胎盘来源的人胎盘生乳素、雌激素、孕酮和瘦素通过影响葡萄糖利用和胰岛素的作用对母体代谢产生巨大作用。这些变化使得妊娠期母体具有糖尿病倾向导致蛋白质和脂肪代谢，为胎儿提供更多的葡萄糖和氨基酸，同时又使游离脂肪酸被母体利用增加。

妊娠晚期出现的胰岛素抵抗主要是由于胰岛素受体的敏感性降低所致，这与 hPL、孕酮、皮质醇的抗胰岛素作用有关，由于肝脏对胰岛素的摄取减少和胰岛代偿性的增生，孕期出现高胰岛素血症。孕酮促进胰岛素的分泌、降低外周胰岛素的敏感性，雌激素增加血液皮质醇水平、促进胰岛β细胞增生和外周葡萄糖的利用。皮质醇降低肝脏糖原储量、促进肝脏葡萄糖的产生。hPL 促进脂肪的合成和利用、促进葡萄糖和氨基酸向胎儿的转运。妊娠第 10～30 周时母体脂肪储存最为明显，这主要是为胎儿营养需求的高峰到来做好准备。这时期内胰岛素的作用加强导致脂肪合成增加及降解减少，另外孕酮、皮质醇、瘦素和催乳素等也促进这一过程。雌激素具有降低脂蛋白酯酶活性的作用。孕晚期脂肪合成和分解都增加，hPL 具有抗胰岛素和促进脂肪分解作用，另外皮质醇、胰高血糖素和催乳素也参与了这一过程。

妊娠期母体胰岛素水平和组织胰岛素的敏感性发生了巨大变化，妊娠早期和晚期胰岛素的产生和敏感性不同。孕期早期直到 12～14 周，胰岛素敏感性逐渐加强，孕妇葡萄糖耐受、葡萄糖水平和外周肌肉对胰岛素的敏感性正常，而脂肪组织对胰岛素的敏感性增加，使得脂肪组织的脂肪合成增加导致脂肪储存增加。妊娠后期从 20 周到足月，胰岛素敏感性下降、胰岛素分泌和抵抗增加，肌肉和脂肪组织的葡萄糖摄取减少。孕晚期母体血液胰岛素水平增加了 2.5～3 倍，同时伴有母体胰腺增生和增大。胰岛素的分泌增加可以在外周组织胰岛素抵抗的情况下保证母体足够的蛋白质合成。随着妊娠的进展，外周组织特别是肝脏、脂肪和肌肉组织胰岛素的敏感性下降了 50%～70%，这也保证了营养向胎儿体内的流动。妊娠期，肌肉和脂肪中胰岛素与受体亲和力变化不大，但受体下游的信号转导发生了变化，如胰岛素受体酪氨酸激酶活性、胰岛素受体底物 IRS-1 及葡萄糖转运蛋白出现下调。

在胰岛素抵抗中起重要作用的主要是由胎盘分泌的激素，特别是雌激素、孕酮和 hPL，另外催乳素和皮质醇、细胞因子如肿瘤坏死因子α也参与其中，血液中的游离脂肪酸、瘦素和胎盘生长激素，这些激素可以促进胰岛素样生长因子-I（IFG-I）。妊娠晚期，尽管胰岛素的基础水平升高，但母体血糖水平与未孕时相似。餐后胰岛素分泌的增加可以部分抵抗胎盘激素导致的胰岛素抵抗作用。妊娠晚期产生的胰岛素抵抗导致母体脂肪降解、糖异生增加和酮体产生增加，这样能够保证营养物质进入胎儿体内。如果母体胰岛素分泌没有增加，妊娠晚期的胰岛素抵抗产生的高糖血症则可能导致妊娠糖尿病或加重以往的糖尿病症状。总而言之，妊娠过程中胰岛素产生和敏感性的适应性改变对于调节糖和脂肪的代谢以适应妊娠的需求非常重要。可以把妊娠期胰岛素的适应性变化总结如下：孕早期葡萄糖刺激胰岛素的产生增加，胰岛素的敏感性变化不是很大、脂肪细胞胰岛素受体数目增加，这样使得糖耐受正常或略微增加，同时肝脏甘油三酯的合成增加，再加上利用稍微增加，导致脂肪储备增加。妊娠晚期，血浆胰岛素水平增加，脂肪胰岛素受体数目减少和胰岛素抵抗，导致母体组织对葡萄糖和甘油三酯的利用降低，使得这些营养物质可以被胎儿利用。综合效应是母体血糖降低、葡萄糖周转率增加、母体组织转为依赖脂肪代谢作为能量的来源。

第七节　分　　娩

哺乳动物的足月妊娠时间不一，足月时胎儿的成熟程度也差别巨大。有袋类、啮齿类幼崽出生时一般成熟度比较低，自理性较差，而家畜类马、牛、羊和猪等的幼崽出生时成熟度较高，自理性较高。高级灵长类包括人类新生儿的成熟度则介于两者之间。尽管如此，所有胎盘类哺乳动物的妊娠维持都与孕酮有关，在孕期任何阶段抑制孕酮的功能都会造成流产或早产，因此，足月时孕酮的撤退便成为分娩启动的关键环节。不同动物孕期孕酮的合成场所不一，如鼠科、兔、牛、山羊、猪等动物妊娠黄体是整个妊娠期分泌孕酮的主要场所，而豚鼠、绵羊、马和灵长类包括人类妊娠早期孕酮来源于妊娠黄体，而后由胎盘取代黄体行使孕酮的合成功能。不同动物出生时成熟度的不同和孕期孕酮合成场所的不同，使得不同动物的分娩启动机制存在很大的差异。著名的妇产科专家新西兰的 Liggins 教授曾经指出，不管什么动物分娩启动机制或是胎儿肾上腺主导或是胎膜主导。一般认为出生时成熟度较高的动物比如家畜类，基本上都是胎儿肾上腺产生的糖皮质激素主导分娩启动，但也有例外，如有袋类动物出生时虽然成熟度很低，胎儿肾上腺仍然主导着分娩启动。人类的分娩启动机制则比较复杂，一般认为，胎膜、胎儿、胎盘和子宫等均参与了分娩启动，但胎膜在其中起的作用可能比较大。下面主要阐述人分娩机制，并与动物研究的结果相比较。

一、孕酮

胚胎着床以后，随着妊娠推进，胚胎逐渐发育成个体，母体血液中的孕酮水平也随孕期的进展逐渐升高，以维持子宫平滑肌的静息状态和保证胎儿的充分发育。如上所述，多数哺乳类动物分娩启动时母体血液中的孕酮水平快速下降（图 10-20），这些哺乳类动物通过控制孕酮的水平来控制分娩何时启动，这一现象称为孕酮撤退（progesterone withdrawal）。仅有少数哺乳类动物包括豚鼠和多数灵长类等，孕期母体血液孕酮水平在分娩启动时没有下降。早在 1965 年，Csapo 等在研究孕酮生理作用时发现，尽管人妊娠末期孕酮水平没有下降，但孕酮维持子宫平滑肌静息的作用有削弱现象，并据此提出了“孕酮功能性撤退”（functional progesterone withdrawal）的假说。根据妊娠期孕酮来源和孕期孕酮的消长规律，哺乳动物孕酮的撤退机制可以归纳为以下 3 种模式。

1. 黄体溶解

孕期以黄体为孕酮主要来源的哺乳动物，分娩之前，黄体发生萎缩溶解，孕酮分泌量下降，子宫静息状态得以解除，这一现象存在于小鼠、大鼠、兔、牛、山羊和猪等动物。早期研究发现，注射外源性前列腺素 $F_{2\alpha}$（$PGF_{2\alpha}$）能够导致黄体溶解，而前列腺素合成酶抑制剂吲哚美辛能阻止黄体溶解发生，使得孕酮水平无法下降，导致分娩障碍或过期妊娠。基因敲除前列腺素合成的关键酶——磷脂酶 A_2（PLA_2）、环氧合酶 I 型（COX-1）和 $PGF_{2\alpha}$受体（FP）的小鼠同样出现分娩障碍现象，提示 $PGF_{2\alpha}$合成增加和其受体介导的信号通路激活是导致分娩前“黄体溶解”和孕酮水平撤退的关键因素。$PGF_{2\alpha}$的 FP 受体是与 Gq 蛋白偶联的细胞膜受体，Gq 蛋白激活磷脂 C（PKC），PKC 从膜磷脂中释放第二信使二酰甘油（DAG）和三磷酸肌醇（IP3），在第二信使的作用下细胞质钙离子增加，蛋白激酶 C（PKC）激活。此外，Gq 蛋白还可以激活磷脂 D（PLD），PLD 从膜磷脂中释放磷脂酰胺（PA）和 DAG，并激活 MAKP 信号通路。在小鼠黄体细胞中，$PGF_{2\alpha}$刺激使释放到细胞质中的钙离子增加，后者能够活化钙调蛋白，钙调蛋白激活细胞外信号调节激酶 1 和2（ERK1/2），活化的 ERK1/2 进一步磷酸化下游转录因子 JunD，磷酸化的 JunD 影响下游基因的转录表达。$PGF_{2\alpha}$导致黄体萎缩溶解过程可分为两个阶段，①黄体功能衰退：这一阶段最为标志性的事件是孕酮分泌量急剧减少；②黄体结构溶解：在这一阶段中黄体出现细胞程序性死亡。

在黄体功能衰退阶段，来自子宫的 $PGF_{2\alpha}$通过其信号通路磷酸化 JunD，磷酸化的 JunD 结合到孤儿核受体 Nur77 启动子上游的特定序列，从而诱导 Nur77 表达，Nur77 则进一步诱导20α-类固醇脱氢酶（20α-HSD）的表达。20α-HSD 能够把有生物活性的孕酮代谢成为无生物活性的20α-羟基孕酮，从而降低孕酮水平。此外，在某些动物如猪中，$PGF_{2\alpha}$还能诱导黄体细胞中 P450c17 羟化酶表达，P450c17 羟化酶是一种含血红素单加氧酶，是细胞色素 P450 家族中的重要成员之一，具有羟化酶和裂解酶的双重催化功能，能够将 C21 类固醇（孕烯醇酮或孕酮）转化为 C17 类固醇（脱氢表雄酮和雄烯二酮），继而合成雌激素。因此，黄体 P450c17 的表达增加，最终加速了孕酮向雌激素的转化，从而减少孕酮浓度。除了增加孕酮的降解外，$PGF_{2\alpha}$还能够诱导 DAX-1 和 c-Fos 等转录因子的表达，进而抑制卵巢固醇转运蛋白 SCP-2 和 StAR 表达，以减少胆固醇向线粒体转运，从而抑制了孕酮的从头合成途径。另外，$PGF_{2\alpha}$还能够拮抗黄体生成素（LH）对孕酮合成的促进作用。

随着黄体孕酮合成能力的下降，在 $PGF_{2\alpha}$的作用下黄体进入了结构溶解阶段。此阶段黄体细胞发生凋亡，黄体体积逐渐变小，这一过程需要几天时间，最后黄体溶解成为卵巢间质中的疤痕组织。细胞凋亡可分为两类，一类是外源性细胞凋亡，可由 Fas 和 TNF 受体（如 TNFαR-3）等死亡受体介导，如 Fas 的配基（FasL）与 Fas 结合后，能够激活凋亡因子 caspases-8，caspases-8 进一步激活 caspases-3，最终导致细胞凋亡；另一类是内源性细胞凋亡，外界刺激改变了线粒体膜的通透性，线粒体释放出细胞色素 c，细胞色素 c 招募其他凋亡因子形成凋亡体，从而激活 caspases-9，caspases-9 也能够激活 caspases-3，最终导致细胞凋亡。研究发现，$PGF_{2\alpha}$能够诱导黄体细胞凋亡促发因子 FasL 的表达，促进黄体细胞中 capspases-9、caspases-8 和 capspases-3 的酶活性，但是采用 caspases-8 抑制剂能够完全阻断 $PGF_{2\alpha}$对 capspases-3 的激活作用，而 capspases-9 抑制剂只能够部分阻断 $PGF_{2\alpha}$对 capspases-3 的激活作用，提示 $PGF_{2\alpha}$主要是通过外源性细胞凋亡通路来实现溶解黄体的。此外，$PGF_{2\alpha}$还可以通过提高基质金属蛋白酶（MMP）与金属蛋白酶组织抑制因子-1 的比值（TIMP-1），从而参与细胞外基质的降解和细胞结构的溶解。

2. 胎盘 P450c17 羟化酶的表达上调

孕期以胎盘为孕酮主要来源的动物，根据妊娠晚期孕酮水平是否下降又可分为两类。妊娠晚期孕酮水平下降的动物如绵羊、马等胎盘表达 P450c17 羟化酶，而妊娠晚期孕酮水平不下降的动物如豚鼠和灵长类胎盘不表达 P450c17 羟化酶。现已明确胎盘表达 P450c17 羟化酶的绵羊和马等动物妊娠末期是通过上调胎盘 P450c17 羟化酶表达，从而促进孕酮向雌激素转化来完成孕酮撤退的。早在 1967 年，Liggins 就发现摘除绵羊胎儿肾上腺后分娩发生障碍；随后发现，注射外源性促肾上腺皮质激素释放激素（CRH）或糖皮质激素（GC）都能引起早产，由此提出了胎儿下丘脑-垂体-肾上腺轴激活是绵羊等哺乳动物分娩启动中心环节的学说。在该模型中，随着胎儿发育成熟，其肾上腺功能日臻成熟，分泌的糖皮质激素量不断增加，糖皮质激素一方面促进胎儿器官的成熟，另一方面促进胎盘 P450c17 羟化酶和前列腺素合成关键酶 COX-2 的表达。P450c17 羟化酶能够将孕酮转化为雌激素前体雄烯二酮，从而完成孕酮向雌激素转化的限速步骤，使妊娠晚期孕酮水平下降而雌激素水平升高。孕酮减少后，维持妊娠静息状态的力量减弱；而增加的雌激素降低子宫平滑肌的兴奋阈值，促进子宫收缩相关蛋白合成，收缩子宫激素得以发挥作用。前列腺素合成分泌的增加，一方面可以导致子宫收缩、宫口扩张和胎膜破裂，另一方面与糖皮质激素协同诱导胎盘 P450c17 羟化酶的表达，进一步使孕酮向雌激素转化增加。因此，胎儿肾上腺来源的糖皮质激素被公认为至少是绵羊类动物妊娠晚期孕酮撤退和分娩启动的触发信号。

3. 孕酮功能性撤退

虽然恒河猴、狒狒、黑猩猩和人等灵长类及豚鼠胎盘是妊娠期孕酮的主要来源，但其胎盘并不表达 P450c17 羟化酶，因此妊娠晚期无法通过 P450c17 羟化酶表达上调的模式实现“孕酮撤退”。虽然早在 1965 年就提出了“孕酮功能性撤退”的假说，但其分子机制并未阐明。直到 1993 年才首次在妊娠晚期豚鼠子宫平滑肌中观察到孕酮受体结合 DNA 的能力下降的现象，提出孕酮受体功能异常可能是孕酮功能性撤退的关键。2002 年，Haluska 等对恒河猴的研究发现，分娩启动后其子宫平滑肌 PRA/PRB 的表达比值增加，由此提出了灵长类动物中子宫平滑肌 PRA/PRB 的表达比值增加是导致妊娠晚期孕酮受体异常的重要原因。后来在人类子宫平滑肌中也观察到分娩启动后 PRA/PRB 值升高的现象，说明孕酮受体亚型的转化可能是灵长类孕酮功能性撤退的共同机制。妊娠晚期子宫平滑肌 PRA 表达的增加，导致 PRB 与更多的 PRA 形成无转录活性的异源二聚体，这样即使在孕酮水平持续增加的条件下，孕酮的作用出现下降或丧失，导致孕酮静息子宫平滑肌能力的下降，从而为分娩启动扫清了障碍。那么是什么原因导致妊娠晚期子宫平滑肌 PRA/PRB 表达比值发生改变的？PGE_2 可引起人子宫平滑肌细胞 PRA 和 PRB 的表达增加，而 PRA 的表达增加更为显著，PGF_2 则只促进 PRA 的表达增加，因此，PGE_2 和 PGF_2 都导致子宫平滑肌 PRA/PRB 表达比值的增加，说明前列腺素同样也是触发孕酮功能性撤退的关键因素。

除了上述孕酮受体亚型表达比值改变导致的孕酮功能性撤退假说外，孕酮受体转录辅助因子的表达量减少和炎症通路激活对 PRB 功能的抑制作用也可能参与了孕酮功能性撤退。孕酮受体转录调节功能的发挥，除了需要形成二聚体与 DNA 启动子结合外，还需要招募转录辅助因子，如类固醇激素核受体转录辅助激活因子-1（SRC-1）、SRC-2、SRC-3 和 cAMP 反应元件结合蛋白（CBP）等，CBP 具有乙酰化组蛋白的功能，导致转录活性的增加。人类和小鼠分娩启动时子宫平滑肌中 SRC-1 或 SRC-2、SRC-3 和 CBP 等辅助激活因子表达量显著下降。此外，激活炎症通路关键转录因子 NFκB 后，NFκB 的亚单位 p65 能够结合并抑制孕酮受体的功能，因此孕酮功能性撤退可能还与 NFκB 通路激活有关。

二、雌激素

事实上，在大多数哺乳动物包括人类都存在分娩前母体雌激素水平上升的现象，而无分娩启动迹象的过期产的患者中雌激素的水平却明显偏低，这就提示雌激素对于分娩启动至关重要。早在 1967 年，有人就通过给予足月未进入产程的怀孕妇女注射大剂量的 17β-雌二醇（每小时静脉注射 200 mg）来研究雌激素在人类分娩启动中的作用。结果显示，在处理 4～6 h 后，雌二醇可以显著增强子宫肌层的收缩性和对催产素的敏感性，并且还可以加速分娩的过程，随后在 1996 年，Mecenas 等便通过直接的证据证明了雌激素在分娩启动过程中的作用，他们发现在妊娠中后期给恒河猴持续注射雌激素合成的前体雄烯二酮（androstenedione，ASD）就可以导致恒河猴早产，并且该作用可以被同时注射雄烯二酮向雌激素转化的关键酶芳香化酶（aromatase，CYP19）的抑制剂 4-羟雄烯二酮（4-hydroxyandrostenedione，4OHA）所阻断。目前，大量的研究已经表明，雌激素可以通过诱导子宫肌层间隙连接蛋白 Connexin43 的表达，形成子宫肌层细胞的间隙连接，使子宫平滑肌在分娩中能够作为一个合胞体收缩。雌激素还可以通过改变钾离子通道蛋白的表达来改变子宫肌层的静息膜电位，降低兴奋阈值增强子宫肌层的兴奋性，从而使子宫肌层由静息状态向收缩状态转变。除此之外，雌激素还可以增加子宫肌层其他收缩相关蛋白，如催产素受体、前列腺素受体的表达，从而增加子宫肌层对催产素和前列腺素的敏感性。雌激素也可以直接诱导胎膜产生和释放前列腺素。在子宫颈，雌激素则可以诱导原胶原酶的表达和活性，导致细胞外基质胶原酶 I 型的降解，从而使子宫颈扩张。

之前的研究表明，在多种哺乳动物中，分娩启动之前胎儿肾上腺来源的糖皮质激素可以诱导雌激素的合成。以研究最为透彻的绵羊为例，随着绵羊胎儿肾上腺的成熟，糖皮质激素的分泌也不断增加，此来源的糖皮质激素可以促进胎盘 P450c17 羟化酶的表达，该酶使孕酮向雌激素转化，从而使孕酮水平降低，雌激素水平上升，启动分娩过程。作为与绵羊非常接近的种属，山羊孕酮则来源于黄体而非胎盘，但胎盘也依然可以合成大量的孕酮代谢产物。并且，与绵羊类似，妊娠晚期山羊胎儿肾上腺来源的糖皮质激素也可以诱导胎盘 P450c17 羟化酶的表达，使胎盘孕酮代谢物生成雌激素，从而增加胎盘雌激素的合成。对于灵长类动物包括人类而言，在妊娠第 10 周左右，胎盘就取代黄体成为妊娠期间所需孕酮和雌激素的主要来源。然而，与绵羊和山羊不同的是，灵长类动物包括人类胎盘由于缺乏 P450c17 羟化酶，因此妊娠晚期分娩启动所需的雌激素无法直接由孕酮转化而来，取而代之的是，灵长类动物包括人类胎盘可以利用胎儿和母体肾上腺来源的脱氢表雄酮硫酸酯（DHEAS）作为前体，从而绕过 P450c17 羟化酶的催化步骤来进行雌激素的合成。

在大多数动物中，雌激素增强是通过整体环境中雌激素水平上升来实现的，同时还伴随着整体孕酮水平的下降。然而，在人类及高级灵长类动物中，雌激素水平在妊娠中期就开始逐渐上升，一直维持到胎儿产出，并没有分娩启动前的一个急剧上升过程，且也没有孕酮水平的下降，提示在人类分娩启动中，雌激素作用的增强除了分娩前胎盘雌激素合成能力增强导致雌激素水平上升以外，还可能是通过增强子宫平滑肌对雌激素的敏感性来实现的。在人类分娩的早中期，子宫平滑肌对雌激素具有低敏感性，因此主要由孕酮来维持子宫平滑肌的静息状态；而一旦妊娠终止，子宫平滑肌对雌激素的敏感性增强，再加上雌激素水平的上升，此时雌激素便通过上调子宫肌层收缩相关蛋白基因表达从而使子宫平滑肌由静息状态向收缩状态转变。那么，分娩启动前子宫肌层为什么对雌激素具有很强的耐受性呢？Mesiano 等在 2002 年就发现，在人足月未启动分娩的子宫平滑肌中 ERα的表达量很低，但伴随着分娩的启动，其表达量显著增加，提示雌激素功能性增强很有可能是通过 ERα来介导的。同时，他们还发现 ERα mRNA 水平的变化与 PRA/PRB mRNA 水平比值的变化相一致，提示 PR 和 ER 在功能上可能存在某种联系，而这种联系现在已被多个研究结果所支持。研究发现孕酮通过下调 ER 的表达从而降低子宫肌层对雌激素的反应。此外，在怀孕的恒河猴中，孕酮受体拮抗剂 RU486 可以上调怀孕中期母体子宫肌层 ER 的表达，说明孕酮可能通过其自身受体 PR 来抑制灵长类动物子宫肌层 ER 的表达从而拮抗雌激素的作用。

三、前列腺素

分娩启动除了需要孕酮撤退和雌激素激活子宫平滑肌外，在此基础上还必须有收缩子宫激素的合成增加，一般认为，前列腺素是分娩启动时收缩子宫的最后通路，而催产素则为分娩启动后进一步加强子宫收缩的激素。前列腺素来源于细胞膜的磷脂，后者在磷脂酶 A2 的作用下释放出花生四烯酸。花生四烯酸再在 COX 的作用下转化为环内过氧化物（cyclic endoperoxides），环内过氧化物在不同异构酶（isomerase）的作用下，可以转化为各种前列腺素、血栓素和前列环素。因此，环内过氧化物为各种前列腺素、血栓素和前列环素的共同前体。前列腺素代谢的第一步是在 15-羟基前列腺素脱氢酶（15-hysroxyprostaglandin dehydrogenase，PGDH）的作用下，第 15 位的羟基发生氧化反应，然后 13～14 位的双键发生氧化，随后发生一系列的β氧化反应，逐步降解。经过第一步 PGDH 的作用后，前列腺素即已转化为无活性的代谢产物。因此，PGDH 的作用在前列腺素的代谢中是非常重要的。肺脏为前列腺素的主要代谢器官，由于前列腺素进入血液循环经过肺部时很快被降解，因此其作用的发挥主要依靠组织局部产生的前列腺素，所以前列腺素属于局部激素。

前列腺素的结构中含有一个由 5 个碳原子组成的戊环和两条由此环发出的碳链，根据环上取代基的不同，前列腺素存在 PGA、PGB、PGC、PGD、PGE、PGF 和 PGJ 系列，与分娩启动相关的前列腺素主要为 PGE_2、$PGF_{2\alpha}$和 PGI_2，前列腺素名称中的数字指的是两条侧链中双键的数目，而希腊字母则是指取代基的立体方位，在戊环平面之下和之上的取代基分别为α和β。前列腺素的作用是由与 G 蛋白相偶联的受体介导的，目前发现 PGE_2 的受体存在 EP_1、EP_2、EP_3、EP_4 共 4 型。EP_1 通过 Gq 蛋白偶联第二信使 IP3/DAG 动员钙离子，EP_3 受体主要与 Gi 蛋白偶联抑制 cAMP 的生成；EP_2 和 EP_4 则通过 Gs 蛋白偶联促进 cAMP 的生成。介导 $PGF_{2\alpha}$作用的受体为 FP，与 Gq 蛋白偶联，通过第二信使 IP3/DAG 使细胞内钙离子浓度增加。介导 PGI_2 作用的受体为 IP，此受体与 Gs 蛋白偶联促进 cAMP 的生成。

1. 妊娠晚期宫内组织前列腺素的合成与代谢

人子宫内组织前列腺素测定结果显示，羊膜、绒毛膜、蜕膜、胎盘和子宫都具有合成前列腺素的能力，但一般认为妊娠晚期 PGE_2 主要来源于羊膜，$PGF_{2\alpha}$主要来源于绒毛膜和蜕膜，而 PGI_2 则主要来源于子宫。自然分娩时，PGE_2、$PGF_{2\alpha}$和 PGI_2 的合成都显著增加，尤以胎膜前列腺素的合成增加为显著，这也是分娩启动胎膜机制中的重要一环。羊水中前列腺素也有相应的变化，分娩启动时羊水中 PGE_2 先升高，$PGF_{2\alpha}$紧随其后。

（1）PLA_2

前列腺素合成的第一步是细胞膜的磷脂在 PLA_2 的催化下，释放出前列腺素的前体花生四烯酸。花生四烯酸在细胞特异性氧化酶的作用下，再进一步沿着白三烯、脂氧素和前列腺素的代谢途径继续生成最终产物。体内存在分泌型 $sPLA_2$ 和细胞型 $cPLA_2$ 两大类 PLA_2，$sPLA_2$ 对花生四烯酸的选择性不高，而 $cPLA_2$ 特异性地从磷脂上水解花生四烯酸。有趣的是足月和进入产程的羊膜和胎膜组织 $sPLA_2$ 水平出现下降，但血液 $sPLA_2$ 水平出现升高，有人认为这是与其细胞外分泌特性相关。与分娩最为相关的 PLA_2 是 $cPLA_2$。妊娠晚期（38～41 周）羊膜的 $cPLA_2$ 活性比妊娠早期（13～17 周）显著升高，$cPLA_2$ 敲除的小鼠出现过期妊娠和难产。

（2）PGHS

前列腺素的合成不仅依赖于花生四烯酸的释放，还受前列腺素合成酶（PGHS）的调节。PGHS 又称为脂肪酸环氧酶（cyclooxygenase，COX），它主要位于内质网、细胞核膜上，对花生四烯酸结合的米氏常数 Km 值为 2～10 μmol/L。目前发现和克隆了两型 PGHS，它们都为含血红素的蛋白质，由两个 70 kDa 的亚基组成，既具有环氧酶的活性，又具有过氧化酶的活性，首先将花生四烯酸转化为含戊环的 PGG_2，然后进一步生成 PGH_2。PGH_2 在不同的异构酶的作用下沿不同的途径生成前列腺素、血栓素和前列腺环素。PGHS-1 为细胞组成型酶，又称为 COX-1。PGHS-1 mRNA 为 2.7～3.0 kb；PGHS-2 为可诱导型酶，又称为 COX-2，PGHS-2 mRNA 为 4.0～5.5 kb。可被 PKC 激活剂佛波醇酯、生长因子、炎症因子等所诱导，在多数细胞糖皮质激素抑制 PGHS-2 的表达。PGHS-1 和 PGHS-2 虽然为不同基因的产物，其基因分别定位于 9 号染色体和 1 号染色体上，但两者结构之间仍有 60%的同源性，PGHS-2 的 C 端含有一段 17 个氨基酸的特异性片段。一些非类固醇类抗感染药物如消炎痛、阿斯匹林等的作用机制就是对 PGHS 的抑制作用。

妊娠晚期，胎膜的羊膜上皮、羊膜间质的成纤维母细胞、绒毛膜的滋养层细胞、蜕膜血管和胎盘都表达 PGHS-2 mRNA 及其蛋白。蜕膜的基质细胞也表达少量的 PGHS-2 mRNA 及其蛋白。胎盘 PGE_2 及其代谢产物主要存在于合体滋养层，少量存在于细胞滋养层。动物敲除模型表明，缺乏 PGHS-2 导致排卵、着床和蜕膜化等异常，由于妊娠失败无法观察 PGHS-2 在分娩启动中的作用，但分娩启动中胎膜 PGHS-2 的表达显著增加，给予 PGHS-2 的抑制剂则可以防止早产的发生，但只是因为导致肺动脉导管过早关闭和少尿等副作用而未能用于临床。

胎膜 PGHS 的分布与糖皮质激素受体的分布类似，早产时这些组织的糖皮质激素受体水平升高，体外实验发现糖皮质激素促进羊膜 PGHS-2 mRNA 的表达和酶的活性。这与糖皮质激素抑制其他组织 PGHS 的作用截然不同。糖皮质激素除了直接作用于 PGHS 促进前列腺素的合成外，还对宫内组织的 CRH 分泌具有正反馈作用，CRH 也促进羊膜细胞 PGE_2 的合成。其他调节胎膜组织前列腺素合成的因素包括促炎性细胞因子和生长因子如 EGF、TGFβ等，它们促进胎膜前列腺素的合成和分泌，促炎性细胞因子的作用可能与感染导致的流产有关。

（3）PGDH

如上所述，前列腺素代谢的第一步是在 PGDH 的催化下，第 15 位的羟基发生氧化反应，然后 13～14 位的双键发生氧化，随后发生一系列的氧化反应，逐步降解。肺脏为前列腺素的主要代谢器官，胎膜的绒毛膜滋养层细胞也表达大量的 PGDH，PGDH 阳性滋养层细胞占绒毛膜滋养层细胞 60%～70%，但羊膜和蜕膜不表达 PGDH。PGDH mRNA 与 PGDH 在胎膜中的分布类似，绒毛膜和胎盘组织都含有 PGDH 酶的活性，胎盘 PGDH 及其 mRNA 主要存在于合体滋养层和小叶外滋养层细胞。早产时绒毛膜 PGDH 的酶活性、蛋白质和 mRNA 表达都有降低，感染导致早产时，绒毛膜 PGDH 的表达和酶的活性进一步降低。这提示早产时，不仅存在前列腺素的合成增加，而且降解也减少。另外，自然分娩与剖腹产相比，前者绒毛膜的 PGDH 水平较低，提示前列腺素在早产和分娩启动机制中起着关键性的作用。感染导致的绒毛膜 PGDH 的丧失，可能与炎症细胞侵润导致的滋养层细胞丧失有关。

鉴于 PGHS 主要存在于羊膜，而 PGDH 主要存在于绒毛膜的事实，一般认为，正常妊娠时绒毛膜的 PGDH 起着降解羊膜来源的前列腺素作用，由此形成一道前列腺素到达子宫平滑肌的屏障。分娩或早产时绒毛膜的 PGDH 水平下降，使羊膜合成的前列腺素得以穿越绒毛膜作用于子宫平滑肌，收缩子宫，启动分娩。

关于 PGDH 的调节目前所知不多。PGDH 的活性在妊娠中期既已存在，而且并不随孕期变化而变化，分娩启动时也未见 PGDH 活性的显著改变。最近的实验发现，糖皮质激素除了促进 PGHS 的活性外，还抑制 PGDH 的活性，因此糖皮质激素对于前列腺素来说既增源又节流，使分娩启动时宫内局部前列腺素水平显著升高。炎症细胞分泌的促炎性细胞因子等对 PGDH 和 PGHS 的作用与糖皮质激素相似。

2. 前列腺素在分娩启动中的作用

（1）收缩子宫作用

在孕酮的作用下，子宫平滑肌在妊娠中处于静息状态，但在妊娠的任何阶段给予前列腺素 PGE_2 或 $PGF_{2\alpha}$都会启动子宫平滑肌的收缩和分娩的启动，孕中期往往比孕晚期需要更高剂量的前列腺素启动分娩。PGE_2 的收缩子宫作用强于 $PGF_{2\alpha}$，离体大鼠子宫平滑肌实验发现，PGE_2 的收缩子宫作用比 $PGF_{2\alpha}$强 4 倍，离体人子宫平滑肌研究也发现 PGE_2 的收缩子宫作用比 $PGF_{2\alpha}$强 8～10 倍。前列腺素收缩子宫的机制主要与增加钙离子浓度促进兴奋-收缩偶联和降低 cAMP 水平有关，由前列腺素受体所偶联的细胞内信号转导机制分析可以推断，EP_1 和 FP 受体为收缩型，而 IP、EP_2 和 EP_4 受体为舒张型。研究发现，这些前列腺素受体在子宫平滑肌均有表达，但它们在子宫平滑肌的分布可能存在一定的空间特异性。一般认为，分娩时上端子宫特别是子宫底主要收缩，而下端子宫平滑肌以舒张为主，这可能与这些前列腺素受体的空间部分有关。另外，分娩启动时，子宫平滑肌前列腺素受体的变化并不非常显著，有观察发现子宫上端收缩型的前列腺素受体变化不大，而舒张型受体出现下降。因此有人认为，分娩启动时主要依靠前列腺素而不是其受体的合成增加实现，另外，即使有前列腺素受体的变化也主要以舒张型降低为主。PGI_2是子宫平滑肌合成的主要前列腺素，一般认为，PGI_2是舒张子宫平滑肌的激素，但子宫平滑肌合成的PGI_2随妊娠的进行逐渐增加，而且在分娩启动后进一步增加，这与其舒张子宫平滑肌作用相矛盾。有趣的是，催产素促进子宫平滑肌 PGI_2 的合成，而且催产素收缩子宫平滑肌作用可以被 PGI_2 所加强。最近有研究发现，PGI_2 通过第二信使 cAMP 促进了与子宫平滑肌收缩相关蛋白的表达。由此可见，关于前列腺素及其受体在分娩启动中收缩子宫的作用人们所知尚少，还有很多有待进一步阐明的问题。

（2）成熟子宫颈作用

分娩的完成除了需要子宫体的收缩外，还需要子宫颈的软化和宫口的扩张。羊分娩时宫颈 PGE_2 和 PGI_2 的产生显著增加。大鼠实验也发现，给予 PGE_2 和 PGI_2 可以使宫颈变得更加容易扩张。通过阴道或宫颈内给予含 PGE_2 的药片或药膏对于孕妇宫颈也具有非常明显的软化作用，现已经被用于临床治疗宫颈问题导致的难产。尽管 PGE_2 和 $PGF_{2\alpha}$ 都被用作成熟子宫颈，但目前发现 PGE_2 为体内最为有效的促进宫颈成熟的前列腺素。子宫颈的组织成分与子宫体有很大不同，子宫颈主要由含胶原蛋白的结缔组织组成，平滑肌细胞只占 15%组分，而且子宫颈的软化主要与胶原蛋白的降解有关，而不是平滑肌收缩的缘故。前列腺素成熟子宫颈的主要机制也是促进宫颈局部的基质金属蛋白酶的活性导致胶原蛋白降解，前列腺素除了本身可以激活基质金属蛋白酶外，还可以通过扩血管作用使白细胞向宫颈侵润增加，白细胞也是胶原蛋白酶的主要来源。

（3）溶解黄体作用

有些动物包括鼠科、兔、山羊、猪和牛等，整个妊娠期都依赖于卵巢黄体提供孕酮，对于这些动物孕酮的撤退依赖于卵巢黄体的溶解，而 $PGF_{2\alpha}$是导致卵巢黄体溶解的主要因素，关于 $PGF_{2\alpha}$溶解黄体的作用和机制请参照“黄体溶解”一节内容。

四、糖皮质激素

胎儿肾上腺来源的糖皮质激素在一些出生时便具有一定自理能力的早熟型动物包括羊、牛、马和猪等分娩启动中起着扳机作用，在一些出生时自理能力极差的晚熟型动物包括兔子和有袋鼠类，胎儿肾上腺来源的糖皮质激素也是分娩启动的诱因，但有些晚熟型动物如大鼠和小鼠，胎儿肾上腺来源的糖皮质激素在分娩启动中的作用则不明显。人的胎儿出生时介于早熟型和晚熟型之间，人胎儿肾上腺来源的糖皮质激素在分娩启动中也不起主导作用，但可能有其他来源的糖皮质激素参与了人分娩启动，下面就以绵羊和人为例介绍糖皮质激素参与分娩启动的主要机制。

1. 糖皮质激素在绵羊分娩启动中的扳机作用

对于胎儿早熟型的动物，出生时具有一个成熟的下丘脑-垂体-肾上腺轴（HPA 轴）

对于其生存是极为重要的，因为 HPA 轴的末端激素就是应激激素糖皮质激素。应激时糖皮质激素不仅升高血糖以供脑和心脏等重要脏器使用，而且还对儿茶酚胺类缩血管作用起着允许作用，这样可以保证血压的升高。所有这些作用使得这些早熟型胎儿在出生后就能够应对一些环境的应激刺激。因此，对于这些动物，HPA 轴的成熟意味着胎儿的成熟和分娩的来临。随着 HPA 轴的成熟，胎儿肾上腺产生的糖皮质激素逐渐增加，绵羊和人一样肾上腺产生的糖皮质激素都是皮质醇，皮质醇除了促进胎儿的器官特别是肺、肠道等器官成熟外，还随脐带血到达胎盘引发了两个与分娩启动相关的事件，分别为诱导胎盘 P450c17 羟化酶和 COX-2 的表达，前者的增加促进了孕酮向雌激素的转化，COX-2 的增加则促进了前列腺素的生成增加。雌激素预刺激子宫平滑肌，然后前列腺素收缩子宫，最终启动整个分娩过程（图 10-23）。

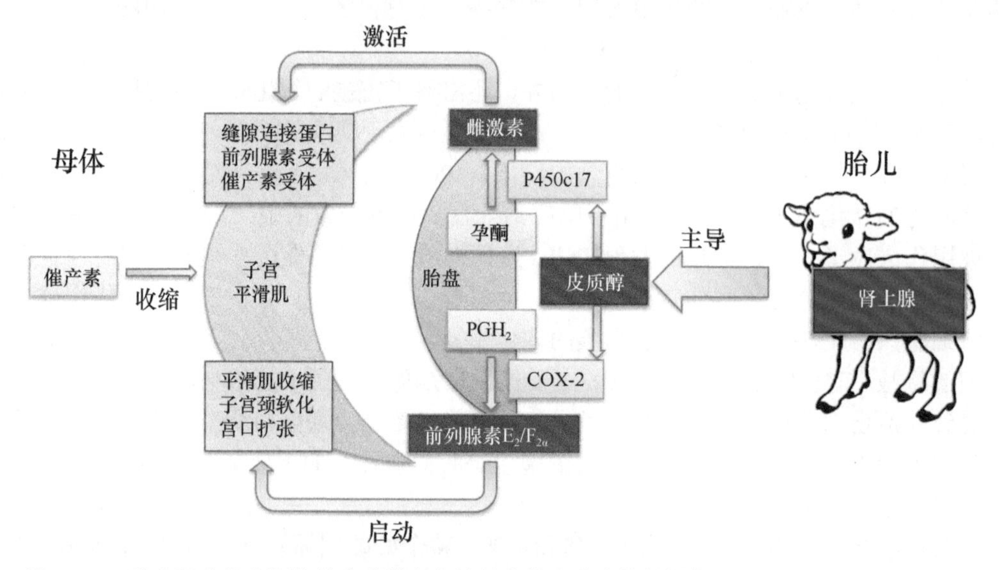

图 10-23　胎儿肾上腺来源的糖皮质激素在绵羊分娩启动中的扳机作用（引自 Li et al.，2014）

2. 糖皮质激素在人分娩启动中的作用

人胎儿出生时不具备自理能力，也不具备一个成熟的肾上腺。人胎儿肾上腺直到一岁时都是以合成脱氢表雄酮及其硫酸酯的胎儿带为主。因此，糖皮质激素并不是胎儿肾上腺的主要产物。人胎儿肾上腺的这种结构和功能的进化模式与胎盘的一个缺陷有关，即人类胎盘不表达 P450c17 羟化酶，这样就不能够利用孕酮合成雌激素，但雌激素又是妊娠维持和分娩启动的必需激素。与胎盘的这一变化相适应，胎儿肾上腺便进化出不同于低等动物的结构和功能，即以产生脱氢表雄酮及其硫酸酯的胎儿带为主。脱氢表雄酮及其硫酸酯随脐带血到达胎盘后可以绕过 P450c17 羟化酶这一环节，在胎盘表达的大量芳香化酶催化下转化为雌激素。那么，这是否意味着胎儿肾上腺或糖皮质激素就不参与人类分娩启动？如上所述，雌激素是分娩启动中预刺激子宫平滑肌的主要激素，由于胎儿肾上腺合成的脱氢表雄酮及其硫酸酯是胎盘合成雌激素的前体，所以胎儿肾上腺仍然在人类分娩启动中起着重要作用，只是参与的产物不同。

临床研究发现，虽然静脉或肌肉注射糖皮质激素特别是人工合成的糖皮质激素分娩启动作用不明显，但羊膜腔注射糖皮质激素仍然具有比较明显的启动分娩作用。进一步研究发现，静脉或肌肉给予人工合成的糖皮质激素，这些人工合成的糖皮质激素如地塞米松和倍他米松可以穿过胎盘屏障进入胎儿体内，导致胎儿 HPA 被负反馈抑制，脱氢表雄酮及其硫酸酯产生减少，雌激素合成也随即减少。所以，静脉或肌肉给予人工合成的糖皮质激素不仅没有启动分娩作用，而且在子宫平滑肌尚未被雌激素预激前可能还有推迟分娩启动的作用。羊膜腔注射糖皮质激素则不同于静脉或肌肉给药，进入羊水的糖皮质激素主要作用于周围组织产生促分娩启动作用，包括促进胎膜前列腺素的合成和胎盘雌激素的合成，研究发现糖皮质激素对羊膜成纤维细胞前列腺素合成的关键酶 COX-2 具有很强的诱导作用，糖皮质激素对胎盘雌激素的合成酶芳香化酶也有诱导作用。另外，糖皮质激素还促进胎盘 CRH 的合成，CRH 进入胎儿体内后促进 HPA 轴功能，使胎儿肾上腺脱氢表雄酮及其硫酸酯产生增加，进一步促进雌激素的合成。非常有趣的是，虽然人胎儿肾上腺不以产生糖皮质激素为主，但胎膜却进化出很强的再生糖皮质激素的功能，研究发现胎膜是胎儿组织中再生糖皮质激素能力最强的组织，胎膜再生糖皮质激素的功能是由 11β-HSD1 所承担，此酶可以将没有活性糖皮质激素代谢产物转化为有活性糖皮质激素，胎膜的所有细胞都表达 11β-HSD1，而且胎膜 11β-HSD1 表达随孕期增加逐渐增加，分娩启动时进一步增加。研究发现，由胎膜再生的糖皮质激素除了诱导胎膜前列腺素合成和胎盘芳香化酶的表达外，还参与胎膜细胞外基质的重构和胎膜破裂。因此，胎膜来源的糖皮质激素可能比胎儿肾上腺来源的糖皮质激素在人类分娩启动中的作用更为重要。

五、催产素

尽管子宫平滑肌催产素受体的表达在分娩前增加，但一般认为，垂体来源的催产素不在分娩启动中发挥作用。垂体的催产素释放在分娩前并未增加，而是在分娩启动后胎儿对产道压迫引起的神经反射时才释放增加，但由于子宫平滑肌催产素受体的表达增加使得此时平滑肌对催产素极为敏感，催产素的作用是使子宫平滑肌进一步收缩，完成胎儿的娩出。胎儿对产道压迫引起的垂体催产素释放增加神经反射弧又称为 Ferguson 反射。多胎类动物如鼠科、兔等，每个胎儿的娩出都伴有血液催产素的高峰。除了垂体释放催产素外，子宫内组织如蜕膜和胎膜也具有合成催产素的能力，特别是蜕膜合成的催产素可以促进前列腺素的合成，因此被认为在分娩启动中起着一定作用。催产素除了本身可以收缩子宫外，还可以通过促进蜕膜前列腺素的合成收缩子宫。

六、促肾上腺皮质激素释放激素

CRH 主要由下丘脑合成，进入垂体门脉系统调控垂体前叶促肾上腺皮质激素（ACTH）的合成和分泌。因此，未孕外周血液中的 CRH 的水平极低。但 20 世纪 80 年代的研究工作发现，从孕中期开始，血浆中 CRH 的水平呈指数升高直到分娩时。后来发现孕期母体血液的 CRH 主要来源于胎盘的合体滋养层细胞。胎盘来源的 CRH 除了进入母体血外，还有小部分进入胎儿血循环。有趣的是，胎盘合成 CRH 的功能只存在于高级灵长类。更加引起人们兴趣的是，有人发现血液 CRH 的水平与分娩的启动时间呈正相关，即 CRH 水平越高，分娩启动的时间越早，早产患者血液中的 CRH 水平也存在提前升高的现象。人们由此开始研究 CRH 在高级灵长类包括人类妊娠中的作用，但遗憾的是目前并未发现 CRH 参与分娩启动的有力证据。人们发现 CRH 是一个很强的扩张胎盘血管的激素，此作用可能有利于妊娠胎盘功能的维持。但 CRH 对未孕和妊娠子宫平滑肌也有舒张作用，因此从子宫平滑肌舒缩角度很难解释 CRH 在分娩中的作用。后来人们发现，CRH 进入胎儿体内后，除了可以促进垂体 ACTH 释放并促进胎儿肾上腺脱氢表雄酮的合成外，CRH 本身也可以促进胎儿肾上腺脱氢表雄酮的合成，从而促进胎盘雌激素的合成，预刺激子宫平滑肌，参与分娩启动。综上所述，胎盘合成的 CRH 很可能在妊娠中起着双重作用，一方面在妊娠中扩张胎盘血管和舒张子宫平滑肌，另一方面在妊娠晚期通过促进胎儿肾上腺的功能预刺激子宫平滑肌。有趣的是，对下丘脑 CRH 合成起抑制作用的糖皮质激素对胎盘 CRH 的合成却具有促进作用，这也可能是糖皮质激素参与人类分娩启动机制的作用之一。

七、松弛素

松弛素（relaxin）为肽类激素，与胰岛素和胰岛素样生长因子属于同一家族，都是由两条多肽链构成，两条多肽链之间通过二硫键相互连接，但松弛素的肽链结构与胰岛素和胰岛素样生长因子肽链之间同源性很低，无交叉生物效应。妊娠期间，卵巢黄体、蜕膜和胎盘都有合成松弛素的能力。松弛素与一种富含亮氨酸的 G 蛋白偶联受体（leucine-rich G protein-coupled receptor，LGR7）结合。

1926 年就发现血清中有一种物质可以松弛豚鼠耻骨联合，因此被命名为松弛素。除早产孕妇血浆、蜕膜和胎盘松弛素水平显著升高外，胎膜的松弛素受体 LGR7 也显著升高。松弛素除了通过诱导宫颈成纤维细胞基质金属蛋白酶促进宫颈软化成熟外，还可能通过诱导胎膜基质金属蛋白酶及促炎性细胞因子 IL-6 和 IL-8 表达参与胎膜无菌性炎症的发生和胎膜的破裂。但与上述松弛素的早产作用相矛盾的是，松弛素抑制子宫平滑肌的收缩，因此松弛素可能在正常分娩启动中不起关键的作用。

八、炎症

宫内组织感染性炎症，尤其是羊膜绒毛膜炎是导致早产的最为主要的原因之一，但近年来发现正常分娩启动过程也存在炎症反应，人们将这种无病原体导致的炎症称为无菌性炎症。感染性炎症发生的机制和导致分娩启动的机制都相对比较清楚，感染激活的炎症通路趋化大量白细胞向炎症组织的侵润，病原体对白细胞炎症通路 NFκB 的激活进一步导致促炎性细胞因子的大量释放，后者进一步促进前列腺素的合成，诱导基质金属蛋白酶和细胞外基质重构，最后导致胎膜破裂、宫颈软化和子宫的收缩。

正常分娩启动时发生的无菌性炎症也是分娩启动的主要一环，无菌性炎症的后果与感染性炎症类似，最终都以前列腺素的合成增加、基质金属蛋白酶活化和细胞外基质重构为主要作用形式，而胎膜破裂、宫颈软化和子宫的收缩为主要的表现形式，分娩启动则是两者的共同结局，无菌性炎症的发生原因目前尚未完全解析，氧化应激、缺氧、组织损伤和老化都是无菌性炎症发生的原因，无菌性炎症发生的机制很可能是由不依赖于NFκB的信号通路启动的，而NFκB的激活则只是无菌性炎症导致的继发变化。

参 考 文 献

郭春明, 孙刚. 2010. 哺乳类动物妊娠晚期孕激素撤退的三种机制. 生理学报, 62: 171-178.

Alfirevic Z, Keeney E, Dowswell T, et al. 2015. Labour induction with prostaglandins: a systematic review and network meta-analysis. BMJ, 350: h217.

Arthur P, Taggart M J, Mitchell B F. 2007. Oxytocin and parturition: a role for increased myometrial calcium and calcium sensitization? Front Biosci, 12: 619-633.

Behnia F, Sheller S, Menon R. 2016. Mechanistic differences leading to infectious and sterile inflammation. Am J Reprod Immunol, 75: 505-518.

Benirschke K, Kaufmann P. 1996. Pathology of the Human Placenta. NewYork: Springer-Verlag.

Benirschke K, Miller C J. 1982. Anatomical and functional differences in the placenta of primates. Biol Reprod, 26: 29-53.

Blackburn S T. 2013. Maternal, Fetal, & Neonatal Physiology. Maryland Heights, MO, USA: Elsevier Sanders.

Blanks A M, Thornton S. 2003. The role of oxytocin in parturition. BJOG, 110(Suppl 20): 46-51.

Borlum K G. 1989. Second-trimester chorioamniotic separation and amniocentesis. Eur J Obstet Gynecol Reprod Biol, 30: 35-38.

Bourne G L. 1960. The microscopic anatomy of the human amnion and chorion. Am J Obstet Gynecol, 79: 1070-1073.

Boyd J D, Hamilton W J. 1980. The Human Placenta. Cambridge: Heffer & Sons.

Bryant Greenwood G D. 1998. The extracellular matrix of the human fetal membranes: structure and function. Placenta, 19: 1-11.

Bryant-Greenwood G D, Kern A, Yamamoto S Y, et al. 2007. Relaxin and the human fetal membranes. Reprod Sci, 14: 42-45.

Bukowski R, Sadovsky Y, Goodarzi H, et al. 2017. Onset of human preterm and term birth is related to unique inflammatory transcriptome profiles at the maternal fetal interface. Peer J, 5: e3685.

Carter A M, Enders A C. 2004. Comparative aspects of trophoblast development and placentation. Reprod Biol Endocrinol, 2: 46.

Castellucci M, Scheper M, Scheffen I, et al. 1990. The development of the human placental villous tree. Anat Embryol, 181: 117-128.

Clifton V L, Read M A, Leitch I M, et al. 1994. Corticotropin-releasing hormone-induced vasodilatation in the human fetal placental circulation. J Clin Endocrinol Metab, 79: 666-669.

Csapo A. 1956. Progesterone block. Am J Anat, 98: 273-291.

Dantzer V, Leiser R, Kaufmann P, et al. 1988. Comparative morphorlogical aspects of placental vasculation. Trophoblast Res, 3: 221-244.

Demir R, Erbengi T. 1984. Some new findings about Hofbauer cells in the chorionic villi of the human placenta. Acta Anat, 119: 18-26.

Enders AC. 1965. A comparative study of the fine structure in several hemochorial placentas. Am J Anat, 116: 29-67.

Faber J J, Thornburg K L. 1983. Placental Physiology. New York: Raven Press.

Ferner K, Mess A. 2011. Evolution and development of fetal membranes and placentation in amniote vertebrates. Respir Physiol Neurobiol, 178: 39-50.

Fetalvero K M, Zhang P, Shyu M, et al. 2008. Prostacyclin primes pregnant human myometrium for an enhanced contractile response in parturition. J Clin Invest, 118: 3966-3979.

Forsyth I A. 1991. The biology of the placental prolactin/growth hormone gene family. Oxford Rev Reprod Biol, 13: 97-148.

Fournier T, Guibourdenche J, Evain-Brion D. 2015. Review: hCGs: different sources of production, different glycoforms and functions. Placenta, 36(Suppl 1): S60-S65.

Fox H. 1970. Effect of hypoxia on trophoblast in organ culture. A morphologic and autoradiographic study. J Obstet Gynecol, 107: 1058-1064.

Fuchs A R, Fuchs F, Husslein P, et al. 1982. Oxytocin receptors and human parturition: a dual role for oxytocin in the initiation of labor. Science, 215: 1396-1398.

Goland R S, Wardlaw S L, Stark R I, et al. 1986. High levels of corticotropin-releasing hormone immunoactivity in maternal and fetal plasma during pregnancy. J Clin Endocrinol Metab, 63: 1199-1203.

Goldsmith LT, Weiss G. 2009. Relaxin in human pregnancy. Ann N Y Acad Sci, 1160: 130-135.

Graham J D, Clarke C L. 1997. Physiological action of progesterone in target tissues. Endocr Rev, 18: 502-519.

Grigsby P L. 2016. Animal models to study placental development and function throughout normal and dysfunctional human pregnancy. Semin Reprod Med, 34: 11-16.

Haluska G J, Weat N B, Novy M J, et al. 1990. Uterine estrogen receptors are increased by RU486 in late pregnant rhesus macaques but not after spontaneous labor. J Clin Endocrinol Metab, 70: 181-186.

Haluska G J, Wells T R, Hirst J J, et al. 2002. Progesterone receptor localization and isoforms in myometrium, decidua, and fetal membranes from rhesus macaques: evidence for functional progesterone withdrawal at parturition. J Soc Gynecol Investig, 9: 125-136.

Heinrich D, Aoki A, Metz J. 1988. Fetal capillary organization in different types of placenta. Trophoblast Res, 3: 149-162.

Huppertz B, Kertschanska S, Frank H G, et al. 1996. Extracellular matrix components of the placental extravillous trophoblast: immunocytochemistry and ultrastructural distribution. Histochem Cell Biol, 106: 291-301.

Huppertz B. 2010. IFPA award in placentology lecture: biology of the placental syncytiotrophoblast–myths and facts. Placenta, 31(Suppl): S75-81.

Jara C S, Salud A T, Bryant-Greenwood G D, et al. 1989. Immunocytochemical localization of the human growth hormone variant in the human placenta. J Clin Endocrinol Metab, 69: 1069-10726.

Jenkin G, Young I R. 2004. Mechanisms responsible for parturition: the use of experimental models. Anim Reprod Sci, 82-83: 567-581.

Jenkinson E J, Billington W D. 1974. Studies on the immunobiology of mouse fetal membranes: the effect of cell-mediated immunity on yolk sac cells *in vitro*. J Reprod Ferti, 41: 403-412.

Kaufmann P, Scheffen I. 1990. Placental development. *In*: Polin R, Fox W. Neonatal and Fetal Medicine-Physiology and Pathophysiology. Orlando: Saunders.

Kaufmann P. 1981. Functional anatomy of the non-primate placenta. Placenta, 1: 13-28.

Keelan J A, Blumenstein M, Helliwell R J, et al. 2003. Cytokines, prostaglandins and parturition—a review. Placenta, 24(Suppl A): S33-46.

Kim S H, Bennett P R, Terzidou V. 2017. Advances in the role of oxytocin receptors in human parturition. Mol Cell Endocrinol, 449: 56-63.

King B F. 1982. Comparative anatomy of the placental barrier. Bibl Anat, 22: 13-28.

Knöfler M, Pollheimer J. 2013. Human placental trophoblast invasion and differentiation: a particular focus on Wnt signaling. Front Genet, 4: 190.

Lanman J T. 1977. Parturition in nonhuman primates. Bio Reprod, 16: 28-38.

Li X Q, Zhu P, Myatt L, et al. 2014. Roles of glucocorticoids in human parturition: a controversial fact? Placenta, 35: 291-296.

Liu C, Guo C, Wang W, et al. 2016. Inhibition of lysyl oxidase by cortisol regeneration in human amnion: implications for rupture of fetal membranes. Endocrinology, 157: 4055-4065.

Lu J, Wang W, Mi Y, et al. 2017. AKAP95-mediated nuclear anchoring of PKA mediates cortisol-induced

PTGS2 expression in human amnion fibroblasts. Sci Signal, 10(506). pii: eaac6160.
Malak T M, Bell S C. 1996. Fetal membranes structure and prelabour rupture. Fetal Matern Med Rev, 8: 143-164.
Martin B J, Spicer S S, Smythe N M. 1974. Cytochemical studies of the maternal surface of the syncytiotrophoblast of human early and term placenta. Anta Res, 178: 769-786.
McLean M, Bisits A, Davies J, et al. 1995. A placental clock controlling the length of human pregnancy. Nat Med, 1: 460-463.
Mecenas C A, Giussani D A, Owiny J R, et al. 1996. Production of premature delivery in pregnant rhesus monkeys by androstenedione infusion. Nat Med, 2: 443-448.
Menon R, Bonney E A, Condon J, et al. 2016. Novel concepts on pregnancy clocks and alarms: redundancy and synergy in human parturition. Hum Reprod Update, 22: 535-560.
Menon R. 2016. Human fetal membranes at term: dead tissue or signalers of parturition? Placenta, 44: 1-5.
Mesiano S, Chan E C, Fitter J T, et al. 2002. Progesterone withdrawal and estrogen activation in human parturition are coordinated by progesterone receptor A expression in the myometrium. J Clin Endocrinol Metab, 87: 2924-2930.
Mesiano S, Jaffe R B. 1997. Developmental and functional biology of the primate fetal adrenal cortex. Endocr Rev, 18: 378-403.
Mi Y, Wang W, Zhang C, et al. 2017. Autophagic degradation of collagen 1A1 by cortisol in human amnion fibroblasts. Endocrinology, 158: 1005-1014.
Miller F D, Chibbar R, Mitchell B F. 1993. Synthesis of oxytocin in amnion, chorion and decidua: a potential paracrine role for oxytocin in the onset of human parturition. Regul Pept, 45: 247-251.
Mossman H W. 1987. Vertebrate Fetal Membranes. New Jersey: Rutgers University Press.
Muyan M, Boime I. 1997. Secretion of chorionic gonadotropin from human trophoblasts. Placenta, 18: 237-241.
Myatt L, Sun K. 2010. Role of fetal membranes in signaling of fetal maturation and parturition. Int J Dev Biol, 54: 545-553.
Nathanielsz P W, Jenkins S L, Tame J D, et al. 1998. Local paracrine effects of estradiol are central to parturition in the rhesus monkey. Nat Med, 4: 456-459.
Nelson D M, Meister R K, Ortman-Nabi J, et al. 1986. Differentiation and secretory activities of cultured human placental cytotrophoblast. Placenta, 7: 1-16.
Oliveira F R, Barros E G, Magalhaes J A. 2002. Biochemical profile of amniotic fluid for the assessment of fetal and renal development. Braz J Med Biol Res, 35: 215-222.
Parry S, Strauss J F, 3rd. 1998. Premature rupture of the fetal membranes. N Engl J Med, 338: 663-670.
Pepe G J, Albrecht E D. 1995. Actions of placental and fetal adrenal steroid hormones in primate pregnancy. Endocr Rev, 16: 608-648.
Polishuk W Z, Kohane S, Peranio A. 1962. The physiological properties of fetal membranes. Obstet Gynecol, 20: 204-250.
Potgens A J, Schmitz U, Bose P, et al. 2002. Mechanisms of syncytial fusion: a review. Placenta, 23(Suppl A): S107-113.
Rezapour M, Backstrom T, Lindblom B, et al. 1997. Sex steroid receptors and human parturition. Obstet Gynecol, 89: 918-924.
Robinson D P, Klein S L. 2012. Pregnancy and pregnancy-associated hormones alter immune responses and disease pathogenesis. Horm Behav, 62: 263-271.
Romero R, Espinoza J, Kusanovic J P, et al. 2006. The preterm parturition syndrome. BJOG, 113(Suppl 3): 17-42.
Rossant J, Cross J C. 2001. Placental development: lessons from mouse mutants. Nat Rev Genet, 2: 538-548.
Sirianni R, Mayhew B A, Carr B R, et al. 2005. Corticotropin-releasing hormone(CRH) and urocortin act through type 1 CRH receptors to stimulate dehydroepiandrosterone sulfate production in human fetal adrenal cells. J Clin Endocrinol Metab, 90: 5393-5400.
Smith R. 2007. Parturition. N Engl J Med, 356: 271-283.

Talati A N, Hackney D N, Mesiano S. 2017. Pathophysiology of preterm labor with intact membranes. Semin Perinatal, 41: 420-426.

Thorburn G D, Challis J R, Currie W B. 1977. Control of parturition in domestic animals. Biol Reprod, 16: 18-27.

Tyson E K, Smith R, Read M. 2009. Evidence that corticotropin-releasing hormone modulates myometrial contractility during human pregnancy. Endocrinology, 150: 5617-5625.

Velicky P, Knofler M, Pollheimer J. 2016. Function and control of human invasive trophoblast subtypes: Intrinsic vs. maternal control. Cell Adh Migr, 10: 154-162.

Wathes D C, Borwick S C, Timmons P M, et al. 1999. Oxytocin receptor expression in human term and preterm gestational tissues prior to and following the onset of labour. J Endocrinol, 161: 144-151.

（孙　刚，陆江雯）

第十一章　生殖疾病与辅助生殖技术

大脑皮层-下丘脑-垂体-性腺轴控制着生殖系统的正常发育与功能，其中任何环节调节失控，都可能导致生殖内分泌疾病的发生和不孕不育。女性生殖内分泌疾病是妇科常见疾病，在女性的每个阶段都有可能发生，如果不及时诊治，可能会影响女性一生的健康。不孕不育目前是生殖健康领域的常见问题之一，我国不孕症发病率为 7%～10%，人类辅助生殖技术（assisted reproductive technology，ART）的出现为全球不孕不育患者解除病痛提供了新的途径。据统计，目前全世界已诞生了超过 700 万试管婴儿，大约每出生 100 个婴儿中，就有一个是试管婴儿。ART 技术的发展前景受到多学科的关注。

第一节　生 殖 疾 病

一、女性生殖内分泌疾病

女性生殖内分泌轴（HPO 轴）的功能贯穿女性一生，在生殖激素的正负反馈调节下协调运作，是维持女性性征、月经周期、生殖功能的必要条件，任一环节调控异常，都可能影响卵泡发育或卵母细胞成熟过程，导致生殖内分泌疾病的发生。女性常见生殖内分泌疾病包括病理性闭经、异常子宫出血、多囊卵巢综合征、早发性卵巢功能不全、复发性流产和高催乳素血症等，不仅导致不孕不育，而且会增加罹患其他慢性疾病和/或肿瘤的发生风险，如糖尿病、心血管病和子宫内膜癌等，严重影响女性长期身心健康。

（一）病理性闭经

病理性闭经分为两类：原发性闭经（primary amenorrhea，PA）和继发性闭经（secondary amenorrhea，SA）。2011 年中华医学会妇产科学分会内分泌学组发表的共识为，原发性闭经是指女性年逾 16 岁，虽有第二性征发育但无月经来潮，或年逾 14 岁，尚无第二性征发育及月经。继发性闭经为月经来潮后停止 3 个周期或 6 个月以上。按病变解剖部位可以将闭经分为 4 类：①生殖道引流障碍或子宫靶器官病变引起的闭经，称为生殖道引流障碍性或子宫性闭经；②卵巢病变引起的闭经，称为卵巢性闭经；③垂体病变引起的闭经，称为垂体性闭经；④中枢神经-下丘脑分泌 GnRH 缺陷或功能失调引起的闭经，称为中枢神经-下丘脑性闭经。

1. 下丘脑性闭经

下丘脑性闭经是指下丘脑病变或功能失调引起垂体促性腺激素分泌降低或失调所引起的闭经。

1）生理性或体质性青春期延迟：由 GnRH 脉冲产生延迟引起性发育延迟，但身体发育正常，是这一类原发性闭经患者最常见的原因。

2）下丘脑肿瘤：最常见的是发生于蝶鞍上的垂体柄漏斗部前方的颅咽管肿瘤，影响 GnRH 和多巴胺向垂体的转运，导致垂体分泌 LH、FSH 和其他激素异常。

3）嗅觉缺失综合征（anosmia，Kallmann's syndrome）：一种下丘脑 GnRH 先天性分泌缺陷同时伴嗅觉丧失或嗅觉减退的综合征，由 KAL（一种胚胎发生时神经元移行所需的蛋白质）表达缺陷所致；临床表现为低促性腺激素、性腺功能低下、原发性闭经、性征发育缺如、伴嗅觉减退或丧失。

4）下丘脑功能性闭经：是由于精神性应激、营养不良、体重下降、神经性厌食、过度运动、慢性疾病或药物等因素，导致下丘脑 GnRH 脉冲分泌损害或抑制，而造成的下丘脑功能失调性闭经。

2. 垂体性闭经

垂体病变导致垂体促性腺激素分泌降低所引起的闭经。

1）垂体肿瘤：按其分泌功能分为催乳素瘤（最常见）、生长激素分泌细胞瘤等，不同类型的肿瘤所分泌的激素不同，可出现不同症状，但多有闭经的表现。

2）垂体梗死：希恩综合征（Sheehan syndrome）是由于分娩期或产后大出血，特别是伴有较长时间低血容量性休克，影响垂体前叶血供，在腺体内部或漏斗部形成血栓，引起梗死、缺血性坏死、纤维性萎缩，而造成垂体功能不全，继发垂体前叶多种激素分泌减退或缺乏而引起一系列症状。

3）空蝶鞍综合征（empty sella syndrome）：由于蝶鞍隔先天性发育不全，或被肿瘤及手术破坏，而使充满脑脊液的蛛网膜下腔向垂体窝（蝶鞍）延伸，使腺垂体被压迫，下丘脑 GnRH 和多巴胺经垂体门脉循环向垂体的转运受阻，从而导致闭经，可伴催乳素升高和溢乳。

4）先天性垂体促性腺激素缺乏症：垂体其他功能均正常，仅促性腺激素分泌功能低下的疾病。可能由 LH 或 FSH 分子的 α、β 亚单位或其受体异常所致。

5）其他：糖尿病脉管炎、地中海贫血和淋巴性垂体炎可导致垂体功能衰竭或破坏。

3. 卵巢性闭经

卵巢性闭经是由于卵巢本身原因引起的闭经；这类闭经合并性激素缺乏，LH 和 FSH 水平升高，属高促性腺素性闭经，由先天性性腺发育不全、酶缺陷、卵巢抵抗综合征及后天各种原因引起卵巢功能衰退。

1）先天性性腺发育不全：患者性腺呈条索状，包括染色体正常（如单纯性性腺发育不全）和染色体异常（如 Turner 综合征，超雌）两种类型。

2）酶缺陷：酶缺陷可以导致激素的合成障碍，常见的有 17α-羟化酶缺陷症、20α-裂解酶缺陷症及芳香化酶缺陷症等。

3）卵巢抵抗综合征（resistant ovary syndrome，ROS）或卵巢不敏感综合征（insensitive ovary syndrome）：也称为 Savage 综合征，患者卵巢虽有卵泡，但对促性腺激素不敏感，导致内源性促性腺激素水平升高，可能和 FSH 受体缺失或受体下游存在缺陷、免疫功能异常等机制有关。

4）卵巢早衰（primary ovarian failure，POF）：是指女性 40 岁以前出现闭经、促性腺激素水平升高（FSH＞40 U/L）和雌激素水平降低，并伴有不同程度的围绝经期症状，染色体核型异常、基因突变、免疫因素、手术和放化疗、病毒感染等都可能导致卵巢早衰。

4. 子宫性和下生殖道异常性闭经

各种因素引起的子宫、宫颈和阴道的阻塞或缺失所致的闭经。

1）月经流出道异常：包括副中肾管发育不全综合征、完全阴道横隔、阴道闭锁、处女膜闭锁等（详见本节第二部分“女性生殖器官及性发育异常疾病”）。

2）继发性子宫性闭经（子宫内膜破坏）：结核分枝杆菌、支原体和衣原体感染，以及人工流产、药物流产后清宫等导致的宫腔粘连和感染，恶性肿瘤放疗造成子宫内膜破坏可导致继发性闭经。

3）雄激素不敏感综合征：完全性雄激素不敏感综合征患者核型为 46，XY，表型为女性，是男性假两性畸形，是由于与男性化有关的雄激素靶器官受体缺陷所致。

（二）异常子宫出血

月经表现为子宫内膜的炎症事件，包括组织水肿和炎细胞侵润，包含血管、免疫、内分泌的复杂作用。异常子宫出血是指与正常月经的周期频率、规律性、经期长度、经期出血量任何一项不符的、源自子宫腔的异常出血。2014 年中华医学会妇产科学分会内分泌学组规范了异常子宫出血术语的范围，见表 11-1，其他相关描述还有经期有无不适，如痛经、腰酸、下坠等。2011 年，FIGO 月经失调工作组（FIGO menstrual disorders group，FM-DG）将异常子宫出血按病因分为 9 类，分别以每个疾病首字母缩略词命名为 PALM-COEIN（手掌-硬币分类法），每个字母分别代表：子宫内膜息肉（polyp）、子宫腺肌病（adenomyosis）、子宫肌瘤（leiomyoma）、子宫内膜非典型性增生、子宫内膜癌、子宫平滑肌肉瘤（malignancy and hyperplasia）、凝血障碍（coagulopathy）、排卵障碍（ovulatory disorders）、子宫内膜局部异常（endometrium）、医源性因素（iatrogenic）和

表 11-1　正常子宫出血（月经）的范围与异常子宫出血的术语

月经的临床评价指标	术语	范围
周期频率	月经频发	＜21 天
	月经稀发	＞35 天
周期规律性（近 1 年的周期之间变化）	规律月经	＜7 天
	不规律月经	≥7 天
	闭经	≥6 个月不来月经
经期长度	经期延长	＞7 天
	经期过短	＜3 天
经期出血量	月经过多	＞80ml
	月经过少	＜5ml

资料来源：中华医学会妇产科学分会内分泌学组，2014

未分类（not classified）。这一分类中，PALM存在结构性改变，可采用影像学技术和（或）组织病理学明确诊断，而COEIN无子宫结构性改变。

1. 子宫内膜息肉（AUB-P）

息肉是局部子宫内膜或宫颈管黏膜过度增生形成的有蒂或无蒂的赘生物，内含血管、纤维结缔组织、腺体或纤维肌细胞，占异常子宫出血病因的21%～39%，可单发或多发。子宫内膜息肉的形成可能受雌激素、口服他莫昔芬及米非司酮的影响，亦与雌孕激素受体、某些细胞因子及细胞增殖、凋亡有关。主要表现为经间期出血，月经过多，不规则出血。恶变可能性小，息肉体积大、高血压是危险因素。

2. 子宫腺肌病（AUB-A）

具有生长功能的子宫内膜腺体及间质侵入子宫肌层称为子宫腺肌病。目前病因不清，可能与子宫内膜-肌层交界区内环境稳定性遭到破坏，基底层防御功能减退，内膜-肌层交界区不正常收缩有关。分为弥漫型及局限型（子宫腺肌瘤），主要表现为月经过多和经期延长，多数有痛经。

3. 子宫肌瘤（AUB-L）

子宫肌瘤是女性生殖系统最常见的良性肿瘤，发病机制与遗传因素、雌孕激素、生长因子、免疫因素等关系密切。根据生长部位可分为黏膜下子宫肌瘤与其他肌瘤，前者可影响宫腔形态，与异常子宫出血关系最密切。主要表现为经期延长或月经过多。

4. 子宫内膜恶变和不典型增生（AUB-M）

少见但危害大，危险因素包括年龄≥45岁、多囊卵巢综合征（PCOS）、长期不规则子宫出血、肥胖、高血压、糖尿病、使用他莫昔芬等子宫内膜癌高危因素等。主要表现为不规则子宫出血，可与月经稀发交替发生。

5. 凝血相关疾病（AUB-C）

包括再生障碍性贫血、各类型白血病、各种凝血因子异常、各种原因造成的血小板减少等全身性凝血机制异常。月经过多的妇女中约13%伴有全身性凝血异常。

6. 排卵障碍（AUB-O）

病因为稀发排卵、无排卵及黄体功能不足，主要由于下丘脑-垂体-卵巢轴功能引起的异常子宫出血。①有排卵型子宫出血：可能由于卵泡发育、排卵或黄体功能不同程度的不健全，排卵功能的轻微异常，或内膜局部止血功能缺陷所致。包括黄体功能不全、黄体萎缩不全、排卵期出血。②无排卵型子宫出血：下丘脑-垂体-卵巢轴发育不完善或功能异常，以及卵巢功能下降导致无周期性排卵可导致孕激素缺乏，子宫内膜仅受雌激素的作用，可呈现不同程度的增殖改变，继而出现不规律（部位、深度、范围及时机）、不同步脱落，发生雌激素撤退或突破性出血。常见于青春期和绝经过渡期，生育期可因多囊卵巢综合征（PCOS）、肥胖、高泌乳素血症、甲状腺疾病、肾上腺疾病（如迟发型

21-羟化酶缺乏症、库欣综合征、Addison病）等引起，其中PCOS为最常见的病因。主要表现为经量、经期长度、周期频率、规律性的异常（通常为延长），有时会引起大出血和中度贫血。

7. 子宫内膜局部异常（AUB-E）

当异常子宫出血发生在排卵周期，特别是经排查未发现其他原因时，考虑子宫内膜局部异常所致。包括子宫内膜局部凝血纤溶功能异常、炎症、感染等。

8. 医源性（AUB-I）

医源性是指使用性激素、放置宫内节育器（IUD）、外源性促性腺激素、影响多巴胺代谢的药物等引起的异常子宫出血。激素治疗中的突破性出血最常见，可能与雌、孕激素比例不当有关。

9. 未分类（AUB-N）

主要是指异常子宫出血可能与其他罕见的因素有关，如慢性子宫内膜炎、动静脉畸形、剖宫产术后瘢痕缺损、子宫肌层肥大等，但尚缺乏完善的诊断依据。

（三）子宫内膜异位症

1. 概念

子宫内膜异位症（endometriosis，EMT，内异症）是育龄期女性的多发病、常见病，发病率7%～15%，约50%的患者合并不孕，发病率呈明显上升趋势。内异症是指具有生长功能的子宫内膜组织（腺体和间质）在子宫腔被覆内膜及子宫以外的部位出现、生长、浸润，反复出血，继而引发疼痛、不孕及结节或包块等。内异症组织学上虽然是良性，但病变广泛、形态多样、极具侵袭性和复发性，具有性激素依赖的特点。

2. 病因

早在1860年就有该病的报道，但本病的发病机制至今仍未完全阐明。1927年，Sampson提出了种植学说，成为主导理论，其余还有体腔上皮化生学说和诱导学说。目前普遍认为有遗传和免疫易感性的人群，经血逆流、体腔上皮化生或经淋巴管播散而在子宫腔以外形成子宫内膜异位组织病灶。但病因仍不甚清楚，可能是多因素作用的结果，包括某些表观遗传因素导致的遗传易感性，而某些环境因素的暴露可能促进或诱发其致病。

3. 临床表现

内异症的临床症状具有多样性：①疼痛。包括痛经、慢性盆腔痛（chronic pelvic pain，CPP）、性交痛、急腹痛等。痛经常是继发性、进行性加重。②月经异常。15%～30%的患者有经量增多、经期延长或月经淋漓不净。③不孕。40%～50%的患者合并不孕。④侵犯特殊器官的内异症常伴有其他症状。肠道内异症患者出现腹痛、腹泻或便秘；膀胱内异症常出现尿痛、尿频和血尿；输尿管内异症可出现一侧腰痛和血尿；呼吸道内异症可出现经期咯血及气胸；瘢痕内异症可见与月经期密切相关的瘢痕处结节和疼痛。妇科检查典型的体征是宫骶韧带痛性结节及附件粘连包块。

4. 治疗

治疗目的为减灭和消除病灶，减轻和消除疼痛，改善和促进生育，减少和避免复发。治疗应个体化，需要考虑以下因素：年龄、生育要求、症状的严重性、既往治疗史、病变范围和患者的意愿。对盆腔疼痛、不孕及盆腔包块的治疗要分别对待。治疗方法包括手术治疗、药物治疗、介入治疗、中药治疗及辅助治疗如辅助生育治疗等。手术治疗目的是切除病灶、恢复解剖结构，如保守性手术、子宫及双侧附件切除术、子宫切除术、神经阻断手术等。药物治疗目的是抑制卵巢功能，阻止内异症的发展，减少内异症，主要包括非类固醇类抗炎药（non-steroidal anti-inflammatory drugs，NSAID）、口服避孕药、高效孕激素、雄激素衍生物及促性腺激素释放激素激动剂（GnRH-a）五大类。

（四）多囊卵巢综合征（PCOS）

1. 概念

PCOS 是育龄妇女常见的内分泌代谢性疾病，发病率 5%～10%。临床常表现为月经异常、不孕、高雄激素血症、卵巢多囊样表现等，同时可伴有肥胖、胰岛素抵抗、血脂异常等，是 2 型糖尿病、心脑血管病和子宫内膜癌的高危因素。2011 年，中华医学会妇产科学分会内分泌学组制定了中国 PCOS 诊断标准：

1）月经稀发或闭经或不规则子宫出血是 PCOS 诊断的必要条件；

2）同时符合下列 2 项中的一项，即可诊断为疑似 PCOS：①高雄激素的临床表现或高雄激素血症，②超声表现为多囊卵巢；

3）具备疑似 PCOS 诊断条件后还必须逐一排除其他可能引起高雄激素的疾病和引起排卵异常的疾病才能确定诊断。

中国 PCOS 诊断标准是根据中国患者的特点，对国际标准的进一步注释和解析，更具临床实用性。

2. 病因

病因至今尚不清楚，目前认为 PCOS 是遗传因素和环境因素共同作用的结果。

1）遗传因素：PCOS 有明显的家族聚集性，其遗传方式有常染色体显性遗传特征，但也有观点认为该疾病为多基因遗传模式。至今已经发现了 70 余个与 PCOS 相关的基因，这些基因主要与类固醇激素的合成、促性腺激素的作用和调节、胰岛素抵抗发生、慢性炎症通路和转化生长因子 β（transforming growth factor，TGF-β）通路相关。Chen 等（2011）采用全基因组关联分析（genome-wide association studies，GWAS）发现了 11 个 PCOS 强相关性的易感位点。

2）环境因素：胎儿期的宫内环境和青春期环境可影响个体的内分泌状态，如孕期暴露于高雄激素的动物成年后会发生无排卵和多囊卵巢，青春期有贪食症等饮食障碍的女性常发生 PCOS。此外，肥胖和饮食也可促进 PCOS 的发生。

PCOS 的病理生理变化主要包括以 LH 高值、LH/FSH 倒置、雄激素过高、雌酮过多为主的内分泌异常，以及以胰岛素抵抗和高胰岛素血症为主的代谢异常。内分泌失调和代谢异常协同作用，导致腔前卵泡过多和卵泡发育异常、排卵障碍。

3. 临床特征

PCOS 表现复杂，其基本特征包括雄激素过多、排卵功能异常、卵巢多囊样改变。此外，PCOS 患者的内分泌和代谢异常还表现在 LH 水平增高、LH/FSH 值增高、高胰岛素血症、胰岛素抵抗、肥胖及异常脂质血症等，其发生代谢综合征、糖耐量减低、2 型糖尿病、高脂血症、高血压、心血管疾病、子宫内膜癌的风险显著增加。

1）高雄激素症状：主要表现为痤疮和多毛；另外，还可有阴蒂肥大、乳腺萎缩等；极少数病例有男性化征象如声音低沉、喉结凸出。

2）稀发排卵和（或）无排卵：主要表现为月经稀发、经量少或闭经；少数表现为月经过多或不规则出血。月经周期是评价月经不规律的主要指标，稀发排卵的定义为每年少于 8 次排卵，同时月经周期超过 35 天；无排卵定义为无月经来潮超过 6 个月；月经周期不足 21 天或多于 35 天均为月经异常。

3）卵巢多囊样改变：卵巢多囊样改变是一侧或双侧卵巢内有≥12 个直径为 2～9mm 的小卵泡和（或）卵巢体积＞10 ml，卵巢体积的测量一般采用公式：0.5×长×宽×厚（cm^3），与小卵泡的分布、间质回声增强和间质体积无关。

4）其他临床特征：包括黄体生成素（LH）增加、胰岛素抵抗、肥胖及脂代谢异常。

4. 治疗

PCOS 的治疗应基于患者的病变特征和是否有生育要求综合考虑。

1）调整生活方式：无论患者是否有生育要求，首先均应进行生活方式调整，主要为控制饮食、运动、控制体重和戒烟、戒酒。

2）调整月经周期：可采用周期性孕激素治疗和低剂量短效口服避孕药，以保护子宫内膜，减少子宫内膜癌的发生，同时可减轻高雄激素症状。

3）高雄激素血症：可采用短效口服避孕药，首选达英 35，痤疮治疗需用药 3～6 个月，多毛治疗至少需用药 6 个月，但停药后高雄激素症状有复发可能。

4）胰岛素抵抗的治疗：适用于肥胖或有胰岛素抵抗的患者，可采用二甲双胍、罗格列酮等胰岛素增敏剂，以纠正胰岛素抵抗及相关代谢紊乱。

5）促排卵治疗：适用于有生育要求的患者，常用药物包括枸橼酸氯米芬、芳香化酶抑制剂（来曲唑）、促性腺激素（FSH、尿促性腺激素或人绝经期促性腺激素）等。

6）卵巢打孔：建议选择体重指数（body mass index，BMI）＜34、LH＞10 mIU/ml、游离睾酮高者作为治疗对象。

7）辅助生殖技术（ART）：对于难治性 PCOS 患者，或合并其他不孕因素，如输卵管梗阻或男方因素者，可采用体外受精-胚胎移植助孕。

（五）高催乳素血症

1. 概念

2016年中华医学会妇产科学分会内分泌学组在《女性高催乳素血症诊治共识》中把高催乳素血症定义为，各种原因引起外周血催乳素（prolactin，PRL）水平持续增高的状态。正常育龄期妇女血清PRL水平一般低于30ng/ml（1.36nmol/L）。规范化地采集血标本和稳定准确的实验室测定对于判断高催乳素血症至关重要。各实验室应根据本实验室的数据界定血清PRL水平的正常范围。

2. 病因

下丘脑神经递质（多巴胺）经垂体柄门静脉系统，可抑制性调节垂体催乳素细胞合成和分泌 PRL，促甲状腺激素释放激素（TRH）、表皮生长因子和多巴胺受体拮抗剂可刺激PRL的分泌。任何影响多巴胺生成及输送、自主性PRL的合成和分泌及传入神经刺激增强的因素都可导致血清PRL水平异常升高。

1）下丘脑或邻近部位疾病：肿瘤（如颅咽管瘤、神经胶质瘤等）、脑膜炎或外伤引起垂体柄切断等可以使下丘脑功能失调，引起PRL分泌增高。

2）垂体疾病：是最常见的病因，包括垂体腺瘤（泌乳素瘤最常见）、空蝶鞍综合征、肢端肥大症、垂体腺细胞增生等。

3）其他内分泌性全身疾患：如原发性甲状腺功能减退，慢性肾功能不全，肝硬化和肝性脑病等。胸部疾患如胸壁外伤、手术、烧伤、带状疱疹等也可能通过反射引起PRL升高。

4）药物因素：可通过拮抗下丘脑多巴胺或增强PRL释放因子（PRF）刺激而引起高催乳素血症，如吩噻嗪类等多巴胺受体阻断剂、儿茶酚胺耗竭剂、鸦片类、抗胃酸类药物及避孕药等。

5）特发性：是指血PRL水平轻度增高（多为60～100 μg/L）并伴有相关症状，但未发现任何导致PRL水平升高的原因。可能为下丘脑-垂体功能紊乱，或PRL分泌细胞弥漫性增生所致。

3. 临床表现

1）溢乳：是指非妊娠、非哺乳期或停止哺乳＞6个月后出现溢乳或挤出乳汁。分泌的乳汁通常是乳白、微黄色或透明液体，非血性。发生率约90%，部分患者催乳素水平较高但无溢乳表现，可能与催乳素的分子结构有关。

2）月经紊乱或闭经：高水平的泌乳素可影响下丘脑-垂体-卵巢轴的功能，约90%有月经紊乱，以继发性闭经多见，也可为月经量少、稀发或无排卵月经；原发性闭经、月经频、经血多及不规则出血较少见。闭经与溢乳表现合称为闭经-溢乳综合征。

3）不孕或流产：卵巢功能异常、排卵障碍或黄体功能不全可导致不孕或流产。

4）肿瘤压迫症状：①其他垂体激素分泌减低，如生长激素分泌减低引起儿童期生长迟缓，促性腺激素分泌减低引起闭经、青春期延迟；②神经压迫症状，如头痛、双颞侧视野缺损、肥胖、嗜睡、食欲异常和颅神经压迫症状。15%～20%的患者腺瘤内可自发出血，少数患者可发生垂体卒中，表现为突发剧烈头痛、呕吐、视力下降、动眼神经麻痹等。

5）其他：部分患者因卵巢功能障碍，表现低雌激素状态、生殖器官萎缩、性欲减低、性生活困难、骨量丢失加速导致低骨量或骨质疏松。

4. 治疗

治疗目标为控制高催乳素血症、恢复正常月经和排卵功能、减少乳汁分泌、改善头痛和视功能障碍等神经症状，预防复发及远期并发症。

治疗方法的选择，应根据患者年龄、生育状况和要求，遵循对因治疗。对特发性高泌乳素血症、PRL 轻微升高、月经规律卵巢功能未受影响、无溢乳且未影响正常生活时，可不必治疗，应定期复查，观察临床表现和 PRL 的变化。对 PRL 高值伴有闭经、泌乳、不孕不育、头痛、骨质疏松等临床症状者，可以采用药物、手术及放射治疗。溴隐亭为非特异性多巴胺受体激动剂，是治疗高催乳素血症最常用的药物。有报道，高催乳素血症妇女，不论有无垂体催乳素瘤，单独服溴隐亭后 2 个月内约 70%的患者血 PRL 水平正常、异常泌乳停止、闭经者月经恢复。服药 4 个月内 90%的患者排卵恢复，70%的患者妊娠。当垂体肿瘤产生明显的压迫及神经系统症状或药物治疗无效时，应考虑手术治疗。不主张单纯使用放疗，放疗目前仅用于有广泛侵袭的肿瘤术后联合治疗。

（六）早发性卵巢功能不全

1. 概念

2017 年中华医学会妇产科学分会内分泌学组专家制定《早发性卵巢功能不全临床诊疗专家共识》，共识中把早发性卵巢功能不全（premature ovarian insufficiency，POI）定义为，女性在 40 岁以前出现卵巢功能减退，主要表现为月经异常（闭经、月经稀发或频发）、促性腺激素水平升高（FSH＞25 U/L）、雌激素水平波动性下降。根据是否曾经出现自发月经，将 POI 分为原发性 POI 和继发性 POI。卵巢早衰是 POI 的终末阶段。发病率为 1%～5%，有增加趋势，报道的发病率可能低于实际发病率。

2. 病因

POI 的病因具有高度异质性，卵泡发育各阶段发生的异常均可导致疾病发生，如原始卵泡池过小、卵泡闭锁加速及卵泡募集或功能异常等。目前已报道的病因包括遗传、免疫、医源性及环境因素等，但半数以上的 POI 患者病因不明，称为特发性 POI。

1）遗传因素：占 POI 病因的 20%～25%，包括染色体异常（如常染色体异常，X 染色体的数目、结构异常和 X-常染色体易位等）和基因变异。目前认为 POI 是单基因致病，其遗传方式多样，包括常染色体显性和隐性遗传，以及 X 染色体显性和隐性遗传。目前已发现的致病基因包括生殖内分泌相关基因（*FSHR*、*CYP17*、*ESR1* 等）、卵泡发生相关基因（*NOBOX*、*FIGLA*、*GDF9* 等）、减数分裂和 DNA 损伤修复相关基因（*MCM8*、*MCM9*、*CSB-PGBD3* 等）。

2）医源性因素：包括手术、放疗和化疗。手术引起卵巢组织缺损或局部炎症，影响卵巢血供导致POI；化疗药物可影响卵泡发育和成熟，加速卵泡耗竭，导致皮质纤维化和血管损伤而损害卵巢；放疗对卵巢功能的损害程度取决于放疗的剂量、照射部位及患者年龄。

3）免疫及环境：自身免疫异常可能参与POI的发生，POI的免疫学病因包括伴发相关自身免疫性疾病，存在抗卵巢自身免疫性抗体和免疫性卵巢炎；但具体机制目前尚不清楚。此外，不良环境、不良生活方式及嗜好亦可能影响卵巢功能。

3. 临床表现

POI患者的临床表现高度异质。

原发性POI表现为原发性闭经，继发性POI随着卵巢功能的衰退而先后出现月经周期缩短、经量减少、周期不规律、月经稀发和闭经等。原发性POI患者基本不具备正常生育能力；继发性POI生育力显著下降，虽然在初期有5%～10%的自然妊娠机会，但自然流产和胎儿染色体畸变风险增加。同时POI患者还由于血液中雌激素水平下降而有一系列表现，如潮热、生殖道干涩、性欲减退、骨质疏松等，同时伴有其他神经系统和心血管系统的改变。原发性POI患者可出现性器官和第二性征发育不良；继发性POI患者可出现乳房缩小、阴毛腋毛脱落及子宫、阴道和外阴萎缩等体征。

4. 治疗

对于POI患者，目前无有效的方法恢复卵巢功能。建议患者健康饮食，规律运动，建立科学的生活方式；加强心理干预和支持，以缓解焦虑、抑郁等负面情绪；同时注意骨骼系统、心血管系统等的远期健康和并发症的管理。

激素补充治疗（hormone replacement therapy，HRT）不仅可以缓解低雌激素症状，而且对心血管疾病和骨质疏松症起到一级预防作用。若无禁忌证，POI女性均应给予激素补充治疗。原发性POI患者应进行青春期诱导，继发性POI患者应在无禁忌证、谨慎评估的基础上尽早开始激素补充治疗，持续到平均自然绝经年龄。

同时，应根据家族史和遗传学检测结果评估遗传风险，为制订生育计划、生育力保存、绝经预测提供指导。对有POI或者早绝经家族史的女性，可借助高通量基因检测技术筛查致病原因。对家系中携带遗传变异的年轻女性建议尽早生育，或在政策和相关措施允许的情况下进行生育力保存。

此外，有一系列新方法可用于POI的治疗，卵泡体外激活有临床妊娠报道，但激活效率低，临床难以普及应用；免疫、干细胞、基因编辑等前沿治疗方法尚处于研究阶段。

（七）复发性流产

1. 概念

2007年年底，我国学者对复发性流产的名称及定义达成了共识，将妊娠28周之前连续发生3次或3次以上自然流产，称为复发性流产或习惯性流产（recurrent or repetitive spontaneous abortion，RSA）。其中自然流产（spontaneous abortion）定义为妊娠过程失败、胚胎死亡和胚胎及附属物排出，排出物或胚胎及附属物<1000 g，孕周<28 周。临床上将流产发生在孕 12 周前者称为早期流产；发生在 12 周后者称为晚期流产。2016 年中华医学会妇产科学分会产科学组在《复发性流产诊治的专家共识》中指出，我国大多数专家认为，连续发生 2 次流产即应重视并予评估，因其再次出现流产的风险与 3 次者相近。复发性流产在育龄人群中发病率 1%～3%。

2. 病因

复发性流产的病因十分复杂，妊娠不同时期的复发性流产，其病因有所不同。妊娠 12 周以前的早期流产多由遗传因素、内分泌异常、生殖免疫功能紊乱及血栓前状态等所致；妊娠 12～28 周的晚期流产且出现胚胎停止发育者，多见于血栓前状态、感染、妊娠附属物异常（包括羊水、胎盘异常等）、严重的先天性异常（如巴氏水肿胎、致死性畸形等）；晚期流产但胚胎组织新鲜，甚至娩出胎儿仍有生机者，多数是由于子宫解剖结构异常所致。

常见病因包括：①染色体异常，是引起自然流产最常见的原因，且流产发生得越早，胚胎染色体异常的概率越高。②解剖因素，包括各种先天性子宫畸形、宫颈机能不全、宫腔粘连等。③内分泌异常，主要见于黄体功能不全、甲状腺疾病、催乳素升高、PCOS 等影响下丘脑-垂体-卵巢轴的功能，导致黄体功能异常，引起早期流产。④感染，各种生殖道病原体及 TORCH（Toxoplasma 弓形虫，其他病原微生物，如梅毒螺旋体、带状疱疹病毒、细小病毒 B19、柯萨奇病毒等，Rubella Virus 风疹病毒，Cytomegalo Virus 巨细胞病毒，Herpes Virus 单纯疱疹Ⅰ/Ⅱ型）感染母体后，可直接导致胚胎死亡或者通过炎症反应使胚胎死亡。⑤免疫因素，近年来，免疫功能紊乱被认为是复发性流产的重要原因（占半数以上），根据流产的发病机制，可将与免疫有关的复发性流产分为自身免疫型（包括组织非特异性和特异性自身抗体的产生，约占 1/3）和同种免疫型（包括固有免疫紊乱和获得性免疫紊乱，约占 2/3）。

3. 治疗

复发性流产的治疗需针对不同的病因采取不同的方法进行治疗，包括治疗原发疾病，调整生殖内分泌激素，清除或抑制血中的抗体，淋巴细胞主动免疫治疗，改善凝血功能异常，对子宫畸形导致复发性流产的患者行矫形手术，抗感染及综合对症保胎疗法等。主张有指征的用药，仔细观察治疗疗效和反应，适时调整治疗方案，实现个体化治疗，避免过度治疗。同时，建议对流产的胚胎组织进行遗传学分析，排除胚胎染色体异常；并对复发性流产夫妇进行染色体核型分析，若有染色体重排者应进行遗传咨询，指导下次妊娠或行胚胎植入前遗传学诊断（preimplantation genetic diagnosis，PGD），降低流产风险。

二、女性生殖器官及性发育异常疾病

人胚第 6 周时，男女胚胎均具有两套生殖管道，即中肾管和副中肾管。中肾管和副中肾管的分化和发育取决于睾丸分泌的睾酮和抗副中肾管激素的作用。女性内生殖器的分化与发育不需要卵巢或其他激素的作用。即使没有性腺，生殖器亦发育为女性。卵巢不分泌睾酮和抗副中肾管激素，中肾管不发育而退化，副中肾管从头向尾形成输卵管、子宫和阴道上段。尿生殖窦形成尿道、阴道下段和前庭，与阴道上段相通。在生殖器官的形成、分化过程中，内源性因素（如基因异常）或外源性因素（如使用性激素类药物）可影响管道腔化和发育及外生殖器的衍变，导致各种畸形的发生。生殖器官发育过程异常主要为生殖器官结构异常，如正常管道形成异常、副中肾管发育或融合异常。在普通人群中的发生率为 5.5%～6.7%，不孕人群中的发生率为 7.3%～8.0%，在复发性流产女性中的发生率高达 13.3%～16.7%。

（一）子宫发育异常/畸形

子宫发育异常多源于形成子宫段的副中肾管发育及融合异常所致。1998 年，美国生殖学会（American Fertility Society，AFS）（现美国生殖医学学会，American Society for Reproductive Medicine，ASRM）将子宫畸形分为七大类。2013 年 6 月，欧洲人类生殖与胚胎学会（ESHRE）及欧洲妇科内镜学会（ESGE）于 2013 年 6 月发布了新的女性生殖器官畸形分类共识，以解剖学为基础，将子宫畸形分为 7 个主型，各主型根据临床意义又分为不同亚型，并按严重程度从轻到重进行排序，具体如图 11-1 所示。

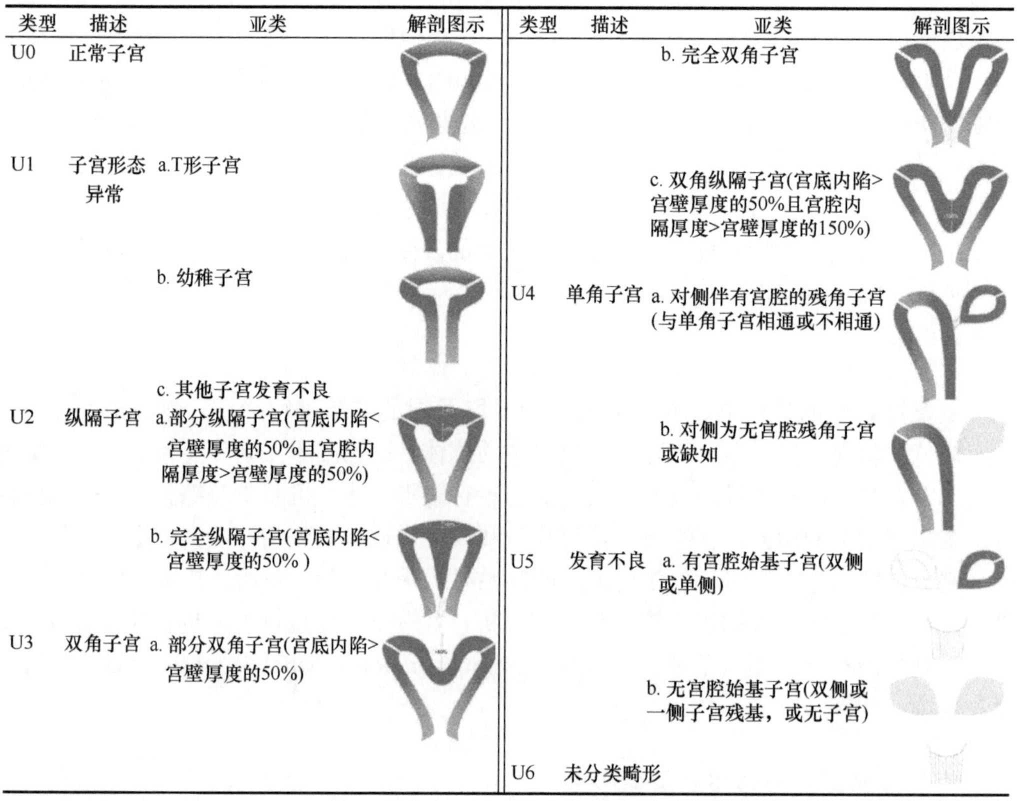

类型	描述	亚类	解剖图示
U0	正常子宫		
U1	子宫形态异常	a.T形子宫	
		b. 幼稚子宫	
		c. 其他子宫发育不良	
U2	纵隔子宫	a.部分纵隔子宫(宫底内陷<宫壁厚度的50%且宫腔内隔厚度>宫壁厚度的50%)	
		b. 完全纵隔子宫(宫底内陷<宫壁厚度的50%)	
U3	双角子宫	a. 部分双角子宫(宫底内陷>宫壁厚度的50%)	
		b. 完全双角子宫	
		c. 双角纵隔子宫(宫底内陷>宫壁厚度的50%且宫腔内隔厚度>宫壁厚度的150%)	
U4	单角子宫	a. 对侧伴有宫腔的残角子宫(与单角子宫相通或不相通)	
		b. 对侧为无宫腔残角子宫或缺如	
U5	发育不良	a. 有宫腔始基子宫(双侧或单侧)	
		b. 无宫腔始基子宫(双侧或一侧子宫残基，或无子宫)	
U6	未分类畸形		

图 11-1 欧洲人类生殖与胚胎学会（ESHRE）及欧洲妇科内镜学会（ESGE）子宫畸形分类（中华医学会妇产科学分会，2015a）

1. 子宫未发育或发育不良

子宫未发育或发育不良是由于双侧副中肾管形成子宫段未融合，退化所致，常合并无阴道；卵巢发育正常。始基子宫是指双侧副中肾管融合后不久即停止发育，子宫极小，多数无宫腔或为一实体畸形子宫，无子宫内膜。幼稚子宫是指双侧副中肾管融合形成子宫后发育停止所致，有子宫内膜，卵巢发育正常。幼稚子宫有周期性腹痛或宫腔积血者需手术切除，主张雌激素加孕激素序贯周期治疗。

2. 纵隔子宫

纵隔子宫是双侧副中肾管融合后，纵隔吸收受阻所致，是临床最常见的子宫畸形。根据纵隔末端的解剖学位置分为完全性和部分性纵隔子宫。纵隔子宫是否行手术切除，目前尚有争议。多数学者认为如能正常生育，纵隔子宫不需要手术干预；但患者如发生反复流产、不育或早产等情况，建议手术治疗。

3. 双角子宫

双角子宫是双侧副中肾管融合不良所致。按宫角在宫底水平融合不全分为完全双角子宫和不完全双角子宫。患者可足月妊娠，有报道晚期流产或早产的风险增加。若反复发生妊娠失败，考虑因宫腔不够大引起，可考虑行子宫矫形术，增加妊娠成功率。

4. 单角子宫

仅一侧副中肾管正常发育形成单角子宫，同侧卵巢功能正常。当另一侧副中肾管完全未发育或未形成管道时，该侧子宫缺如，卵巢、输卵管和肾脏亦往往同时缺如。当另一侧副中肾管下段发育缺陷时，形成残角子宫，有正常的输卵管和卵巢；包括残角子宫有宫腔（与单角子宫相通或不相通）和残角子宫无宫腔（仅以纤维带与单角子宫相连）两种类型。单角子宫不予以处理。若残角子宫宫腔有内膜存在，且有周期性或者慢性盆腔疼痛等症状者，需尽早行残角子宫切除术，同时切除同侧输卵管。若超声或 MRI 等影像学检查未提示残角子宫有内膜存在，并且无症状，则无须手术切除。

5. 己烯雌酚（DES）药物所致的子宫畸形

妊娠 2 月内服用己烯雌酚（DES）可导致副中肾管的发育缺陷，女性胎儿可发生各种泌尿生殖器官的发育不全或未发育，如 T 型子宫（42%～62%）、子宫狭窄带、子宫下段增宽及宫壁不规则等，因此不主张孕期使用己烯雌酚。

（二）子宫颈及阴道发育异常/畸形

女性生殖道的发育过程包括多个环节，是一个包括细胞分化、移行、融合及部分凋亡机制调控下的腔化过程。一个或多个步骤的异常会导致多种发育异常或结构变异（表 11-2）。

1. MRKH 综合征（Mayer-Rokitansky-Küster-Hauser syndrome）

我国多使用先天性无子宫无阴道，或副中肾管发育不全综合征，是双侧副中肾管未

表 11-2 欧洲人类生殖与胚胎学会（ESHRE）及欧洲妇科内镜学会（ESGE）所列的子宫颈及阴道畸形分类

类型	描述
C0	正常子宫颈
C1	纵隔子宫颈
C2	双（正常）子宫颈
C3	一侧子宫颈发育不良
C4	（单个）子宫颈发育不良 子宫颈未发育 子宫颈完全闭锁 子宫颈外口闭塞 条索状子宫颈 子宫颈残迹
V0	正常阴道
V1	非梗阻性阴道纵隔
V2	梗阻性阴道纵隔
V3	阴道横隔和（或）处女膜闭锁
V4	阴道闭锁

发育或其尾端发育停滞而未向下延伸所致的无阴道。解剖学特征为，单个或双侧实性始基子宫结节，极少数患者可有有功能的子宫内膜，阴道闭锁，阴道前庭结构正常，性腺结构正常，常合并泌尿系畸形。需手术治疗，在尿生殖窦或舟状窝处，于膀胱直肠间隙行人工阴道成形术。

2. 阴道闭锁

阴道闭锁是泌尿生殖窦未参与形成阴道下段所致，具有发育良好的子宫合并部分或完全性阴道闭锁畸形，伴或不伴子宫颈发育异常，分为阴道下段闭锁（Ⅰ型）和上段闭锁（Ⅱ型），此类患者通常有功能正常的子宫内膜。Ⅱ型阴道闭锁因很难通过重建手术获得良好的预后，通常建议手术切除梗阻的子宫；Ⅰ型阴道闭锁可直接行闭锁段切开去除梗阻，手术最佳时期是经期（有腹痛）时。

3. 阴道纵隔

阴道纵隔即阴道内有从宫颈到阴道口之间的不全组织分隔形成，为双侧副中肾管会合后，尾端纵隔未消失或部分消失所致，包括从宫颈到阴道口的完全纵隔和左右有贯通的不全纵隔。阴道纵隔如不影响性生活或阴道分娩，可以不做处理；但若出现不孕或反复流产史，或影响性生活和阴道分娩时，应手术切除纵隔，同时行创面缝合以防粘连。

4. 阴道斜隔综合征

国外又称 HWWS（Herlyn-Werner-Wunderlich syndrome），病因尚不明确，可能是副中肾管向下延伸未到泌尿生殖窦形成一盲端所致。其特征包括：①有两个发育很好的子宫，亦有双宫颈。②阴道斜隔，使一侧宫颈被掩盖。③常合并有斜隔一侧的肾缺如或其他泌尿系畸形，可通过超声检查发现。若确诊应尽早行阴道斜隔切除术，缓解症状和防止并发症的发生，并保留生育能力。

5. 阴道横隔

阴道横隔为尿生殖窦和副中肾管的融合和（或）管腔化失败所致。阴道横隔无孔称为完全性横隔，隔上有小孔称为不完全性横隔。完全性横隔确诊后应尽早行手术治疗，切除横隔、将上段和下段阴道黏膜端吻合。不完全性横隔若造成经血不畅、痛经或不孕等临床表现，可手术切除。

6. 处女膜闭锁

出生前，处女膜应贯通，如有阴道形成，但处女膜无孔，称为处女膜闭锁，是阴道末端的泌尿生殖窦组织未腔化所致。建议在青春期月经初潮后行手术切开处女膜并清除阴道积血。

（三）女性性发育异常

正常的性分化发育是一个有序而动态的过程，由遗传（染色体）性别确立性腺性别，由性腺性别分泌性激素并通过受体调控生殖器官及表型性别，同时需要多种基因、蛋白质、信号分子、旁分泌因子和内分泌刺激共同作用决定。任何环节出现异常，均可导致性发育异常。性发育异常（disorders of sex development，DSD）是指在性染色体、性腺、外生殖器或性征方面存在一种或多种先天性异常或不一致。根据性发育异常“芝加哥共识”，主要分为染色体异常型性发育异常、46,XY 型性发育异常和 46,XX 型性发育异常（表 11-3）。

表 11-3　性发育不全分类

性染色体性发育异常	46,XY 性发育异常	46,XX 性发育异常
A. 45,X （特纳综合征，Turner's syndrome）	A. 性腺（睾丸）发育异常 1. 完全型性腺发育不全 2. 部分型性腺发育不全 3. 睾丸退化 4. 真两性畸形	A. 性腺（卵巢）发育异常 1. 真两性畸形 2. 性反转 3. 性腺发育不良
B. 47,XXY （克氏综合征，Klinefelter syndrome）	B. 雄激素合成或作用异常 1. 雄激素合成异常 17β-羟甾体脱氢酶缺乏 5α-还原酶 2 缺乏 类固醇激素合成急性调节蛋白（StAR）突变 2. 雄激素作用异常 雄激素不敏感综合征（CAIS，PAIS） 3. LH 受体异常 4. AMH 和 AMH 受体异常	B. 雄激素过多 1. 来自胎儿 21-羟化酶缺乏 11-羟化酶缺乏 2. 来自胎儿与胎盘 芳香化酶缺乏 P450 氧化还原酶缺乏 3. 来自母亲 母亲男性化肿瘤 孕期使用雄激素
C. 45,X/46,XY （混合性性腺发育不全）	C. 其他 1. 严重的尿道下裂 2. 泄殖腔外翻	C. 其他 1. 泄殖腔外翻 2. 阴道闭锁 3. MURCS
D. 46,XX / 46,XY（嵌合体）		

注：MURCS 综合征（Müllerian duct aplasia–renal agenesis–cervicothoracic somite dysplasia）为副中肾管、肾和颈椎缺陷，主要特征是副中肾管发育不全，肾脏异常和颈胸体节发育不良构成的一组非随机综合征

资料来源：Hughes et al.，2006

1. 性染色体异常型性发育异常

1）Turner 综合征。Turner 综合征（Turner's syndrome）是一种最为常见的性发育异常疾病，其染色体核型包括 45,XO，单一的 X 染色体多数来自母亲，因此失去的 X 或 Y 染色体可能由于父亲的精母细胞性染色体不分离所造成。仅 0.2%的 45,X 胎儿达足月，绝大多数在孕 10～15 周死亡。除 45,XO 外，Turner 综合征可有多种嵌合体，如 45,X/46,XX，45,X/47,XXX 或 45,X/46,XX/47,XXX 等。临床表现根据嵌合体中哪一种细胞占多数，若正常性染色体占多数，则异常体征较少；反之，若异常染色体占多数，则典型的异常体征亦较多。

Turner 综合征的临床表现为：①身材矮小：患者身高一般不足 150 cm；②生殖器与第二性征不发育：女性外阴发育幼稚，有阴道，子宫小；条索状性腺；③躯体发育异常：内眦赘皮、耳大位低、腭弓高、后发际低、颈短而宽、颈蹼、胸廓桶状或盾形、乳头间距大、乳房及乳头均不发育、肘外翻、第 4 或第 5 掌骨或跖骨短、肾发育畸形和主动脉弓狭窄等，这些特征不一定每个患者均有表现。多数患者智力发育正常，少数有智力低下。患者寿命与正常人基本相同，但大血管畸形患者平均寿命低于正常人。其治疗目的为促进身高，刺激乳房与生殖器发育，防治骨质疏松。

2）卵睾型性发育异常。卵睾型性发育异常（ovotesticular DSD）过去称为真两性畸形（true hermaphroditism，TH），即患者具有卵巢与睾丸两种性腺组织。性腺可以是单独的卵巢或睾丸，亦可以是卵巢与睾丸在同一侧性腺内，称为卵睾（ovotestis）。性腺分布多种多样，真两性畸形中以卵睾为多见。真两性畸形染色体多数为 46,XX；其次为各种嵌合，如 46,XX/46,XY，45,X/46,XY，46,XX/47,XXY 等；46,XY 少见。

患者生殖器的发育与同侧性腺有关，性腺探查为诊断的必要手段，一般均有子宫，但发育的程度不一。外生殖器的形态异质性大，多由占优势的性腺决定，有时不易判断性别。绝大多数患者有阴蒂增大或小阴茎，因此 2/3 患者作为男性生活。部分真两性畸形患者成年后有乳房发育。有一部分能来月经，亦有男性按月尿血。其他部位的畸形较为少见，无智力低下表现。

在对卵睾型性发育异常患者进行手术治疗时应保留与社会性别相同的正常性腺。若社会性别为女性，应切除全部睾丸组织，保留正常的卵巢组织。发育不正常的子宫应考虑修补，不能矫正的或没有阴道相通的子宫应予切除。目前已有按女性生活的患者行矫形手术后获得妊娠分娩的报道。如为社会男性，应切除卵巢，保留正常的睾丸组织；但盆腔内睾丸恶变为肿瘤的机会大，以手术切除为妥，青春期后激素替代治疗。

2. 46,XY 型性发育异常

1）46,XY 单纯性腺发育不全：亦称为 Swyer 综合征。染色体核型为 46,XY。由于在胚胎早期原始性腺未分化为睾丸，无睾酮和副中肾管抑制因子（MIF）分泌，中肾管由于缺乏睾酮刺激，未能向男性发育，副中肾管因无 MIF 抑制不退化，发育为输卵管、子宫与阴道上段，但发育不良，外生殖器未受雄激素影响而发育为女性外阴。双侧性腺为条索状，血清促性腺激素水平升高，雌、雄激素水平均低下。患者出生后均按女性生活，表现为原发性闭经，青春期无女性第二性征发育或发育不全，内外生殖器发育幼稚，有输卵管、子宫与阴道。患者的生长和智力正常。由于自幼缺乏性激素，此类患者的骨密度显著低于正常。因条索状性腺易发生肿瘤（30%～60%），应尽早切除性腺，同时预防骨质疏松。

2）雄激素不敏感综合征：雄激素不敏感综合征（androgen insensitivity syndrome，AIS）在临床中较为常见，占原发闭经的6%～10%。其染色体核型为46,XY。目前认为雄激素不敏感综合征是一种性连锁隐性遗传疾病，与雄激素受体（androgen receptor，AR）的异常密切相关，雄激素受体基因突变导致胚胎组织对雄激素不敏感，中肾管分化障碍，最终退化。雄激素不敏感综合征患者中由于雄激素的正常效应全部或部分丧失而导致多种临床表现，可从完全的女性表型到仅有男性化不足或不育的男性表型。根据患者有无男性化表现，将雄激素不敏感综合征患者分为无男性化表现的完全型（complete AIS，CAIS）和有男性化表现的部分型（partial AIS，PAIS）两大类。

完全型雄激素不敏感综合征者的性腺可位于腹腔、腹股沟管或阴唇内，临床表现为原发性闭经，青春期乳房发育但乳头发育差，阴毛、腋毛无或稀少，女性外阴及大小阴唇发育较差，阴道呈盲端，无子宫和输卵管，人工周期无月经。部分雄激素不敏感综合征者的临床表现范围变化大，与雄激素受体的缺陷程度有关。与完全型的主要区别在于患者有不同程度的男性化，包括增大的阴蒂和阴唇的部分融合，青春期有阴毛、腋毛发育等。雄激素不敏感综合征患者在青春期前有与其年龄相符的LH和睾酮水平，但在青春期后，其睾酮和雌激素水平处于正常高限或升高。

雄激素不敏感综合征患者可结婚，但不能生育，治疗的关键是性别选择。对于手术的方式，在无男性化表现的完全型性发育异常中，因其女性化程度高，无男性化表现，只需切除双侧睾丸与疝修补术，无须行外阴整形。有男性化表现的部分型性发育异常患者往往有明显的外生殖器畸形，需根据畸形程度决定性别选择，在切除性腺的同时还需要做外生殖器整形术。

3. 46,XX 性发育异常

1）46,XX 单纯性性腺发育不全：染色体核型为 46,XX。因原始性腺未能分化为卵巢，两侧性腺呈条索状，合成雌激素能力低下。患者主要表现为原发性闭经，乳房及第二性征不发育，内外生殖器表现为条索状性腺，有输卵管、子宫与阴道。血清促性腺激素水平增高，雌激素水平下降。患者身高和智力发育正常。46,XX单纯性性腺发育不全患者性腺发生肿瘤甚少，不需要预防性切除性腺，但应在青春期周期性给予雌-孕激素替代治疗以促进女性第二性征的发育，可通过供卵IVF获得妊娠。

2）先天性肾上腺皮质增生：是一种常染色体性疾病，胎儿合成皮质醇所必需的肾上腺皮质的几种酶缺陷，其中21-羟化酶缺陷最常见（占95%以上），使17α-羟基孕酮无法转化为皮质醇，临床上表现为肾上腺皮质功能减退。皮质醇合成的减少导致垂体促肾上腺皮质激素（ACTH）分泌增加。过度分泌的ACTH刺激肾上腺皮质的束状带增生，同时也刺激了肾上腺皮质产生过多的雄激素，造成女性患者的男性化。女性患者染色体为46,XX，性腺为卵巢，内生殖器有子宫、输卵管和阴道，但外生殖器可有不同程度的男性化，轻者仅阴蒂稍增大，严重者可有男性发育的外生殖器，但阴囊内无睾丸。同时，患者血清雄激素和17α-羟基孕酮水平升高，女性患者男性第二性征发育早，如阴毛、腋毛、胡须、毳毛、喉结、音低、痤疮等在儿童期即出现。

内科治疗通过补给足量肾上腺皮质激素以抑制CRH-ACTH的分泌，从而抑制肾上腺产生过多的雄激素，纠正电解质平衡紊乱并阻止骨骺过早愈合。临床常用醋酸可的松、氢化可的松、泼尼松、泼尼松龙、地塞米松或合并使用上述药物治疗。开始用大剂量以迅速抑制ACTH而减少肾上腺的分泌，血17α-羟基孕酮保持在正常范围后减至最小的维持剂量。绝大多数患者经糖皮质激素治疗后，可恢复正常排卵，因此可以正常受孕。女性患者需终生服药，妊娠期也应继续服药，外生殖器畸形者需行手术整形治疗。

三、男性不育疾病

男性生殖包括精子发生、精子成熟及精子排出、精子在女性生殖道内的变化及受精等过程，这一系列活动均在神经内分泌轴的控制调节下进行，阻碍或干扰任何一个环节均可能导致生育障碍。男性不育是指夫妇同居1年以上，未采取任何避孕措施，由于男方因素造成的女方不孕。男性不育按病因可分为睾丸前病因（包括下丘脑病变、垂体病变、外源性或内源性激素水平异常）、睾丸性病因（包括先天性异常、感染性、免疫性、手术/损伤性等）和睾丸后病因（勃起功能和射精功能障碍、精子运输障碍及副性腺疾病等）3类。

（一）梗阻性不育

1. 先天性输精管缺如

可表现为双侧或单侧完全缺如，在不育男性中的发生率为1%。按是否伴发基因突变分为2种：一种是囊性纤维化跨膜传导调节因子（cystic fibrosis transmembrane conductance regulator，CFTR）基因突变，其突变可以导致CFTR蛋白失活，使具有外分泌功能的上皮组织出现结构缺陷或功能障碍，出现囊性纤维化（cystic fibrosis，CF）和输精管缺如，在高加索人中的发病率较高；另一类为非CFTR基因突变导致的中肾管发育缺陷，可导致输精管发育不全合并单侧肾发育不全。

2. 输精管梗阻

最常见的原因是因节育而行输精管结扎术，也可由于腹股沟或骨盆手术的损伤，如疝气修补术和睾丸固定术。

3. 附睾梗阻

通常为获得性，是梗阻性无精子症的最常见原因，可继发于急性附睾炎（淋球菌感染）和亚临床型附睾炎（如衣原体感染），也可由于外伤和手术，如附睾囊肿切除、附睾远端的手术操作等。

4. 射精管梗阻

在梗阻性无精子症中占1%～3%，主要原因有先天性（如前列腺囊肿）和获得性（如前列腺炎、前列腺结石）两种，伴精液量少、果糖缺乏和pH酸性、精囊胀大等。除不育外，患者通常有射精痛、血精症、排尿困难、盆腔痛和阴囊痛等症状。

（二）非梗阻性不育

1. 内分泌异常

下丘脑病变可以导致 GnRH 缺乏，导致低促性腺激素性性腺功能减退，其中 Kallman 综合征最常见，以 FSH 和 LH 缺乏为特征。肿瘤、外伤、放疗和感染可能通过影响垂体功能而导致激素异常，进而影响生育；高催乳素血症是最常见的垂体激素分泌过多综合征，通过抑制下丘脑 GnRH、垂体的促性腺激素和 Leydig 细胞分泌从而抑制生育能力。其他相关激素异常如雄激素异常（睾酮过多、睾酮合成缺乏等）、雌激素过多、催乳素升高、甲状腺激素和糖皮质激素异常等均可能影响精子产生。

2. 遗传因素

约有 5%的不育男性有染色体的结构和数目异常，包括 Y 染色体微缺失、非整倍体和染色体易位。克氏综合征（Klinefelter syndrome）是最常见的染色体数目异常，其他异常核型还包括 XYY 综合征、XX 男性综合征（性倒错综合征）等。此外，生殖相关基因异常或突变可能影响精子的生成、激素产生和激素受体功能，导致生育力下降。

3. 精索静脉曲张

精索静脉曲张是男性常见疾病，在男性不育患者中的发病率约为 70%。目前认为该疾病可能导致睾丸内温度升高而影响精子发生，出现精子浓度和活性下降，异形精子增加等。资料表明，精索静脉曲张术可以提高男性不育患者的精液质量，并能提高血清睾酮水平，术后睾丸生精功能和支持细胞功能均可得以改善。

4. 隐睾症

隐睾是指一侧或双侧睾丸未能按正常发育过程通过腹股沟管沿着腹膜鞘突下降至阴囊，而停留在下降途中部位的一种生殖系统先天性异常。隐睾可能因温度较高而影响精子发生，隐睾位置与生育潜力密切相关，隐睾位置越高，睾丸生精功能受损越重。隐睾应及时治疗，1～2 岁纠正隐睾可以逆转隐睾发生的组织学损伤；2 岁时如还没有纠正，则 38%的单侧或双侧隐睾的睾丸会失去生精细胞。

5. 生殖毒性物质暴露

生殖毒性物质包括化学物质、成瘾性药物、烟草、酒精、杀虫剂和重金属等。

6. 医源性因素

大剂量糖皮质激素、雄激素、抗雄激素、孕激素等药物可干扰下丘脑-垂体-睾丸轴功能，导致促性腺激素释放减少及睾丸萎缩。生精细胞因分裂活跃，易受放化疗的影响。

7. 睾丸炎

可由生殖道上行感染导致，病原体包括病毒（如腮腺炎病毒）、梅毒螺旋体、淋球菌和麻风杆菌等。在白膜覆盖下，睾丸炎症和水肿使睾丸内压力增加，造成生精上皮的损伤和纤维化。

8. 睾丸扭转

大多发生在青春期，睾丸扭转时间与精液异常程度直接相关，如果睾丸扭转没有在6 h内纠正，则可能导致永久性的睾丸损伤，患侧因缺血坏死而发生睾丸萎缩；同时，可能产生抗精子抗体，影响睾丸功能。双侧睾丸扭转是睾丸衰竭的重要原因。

9. 睾丸外伤

阴囊的钝器损伤可能导致睾丸内血肿甚至睾丸破裂，损伤睾丸组织并破坏上皮血-睾屏障，引起抗精子抗体的产生。

10. 睾丸肿瘤

睾丸肿瘤通过破坏和挤压正常睾丸组织导致不孕。睾丸肿瘤的治疗，不论是睾丸切除术，还是化疗或放疗，均会损害生育力。

11. 自身免疫性不育

正常情况下，睾丸支持细胞构成血-睾屏障，隔绝生殖细胞与免疫系统等。外伤、睾丸手术、精索静脉曲张和睾丸炎等情况使生殖细胞暴露于免疫系统，产生抗精子抗体，继而导致不育的发生。

12. 唯支持细胞综合征（Sertoli cell-only syndrome，SCOS）

SCOS患者睾丸内仅见支持细胞而无生精细胞。SCOS有两种类型：①单纯性或特发性SCOS，是指胚胎发育过程中卵黄囊向曲细精管分化时缺乏生精细胞的SCOS；②获得性或混合型SCOS，是指生精细胞继发性损失。

（三）性功能障碍

1. 勃起障碍（erectile dysfunction，ED）

勃起障碍是指阴茎持续（至少3个月）不能达到和维持足够的勃起硬度。有严重勃起障碍的患者插入阴道困难或不能把精子递送至阴道，进而导致不育。

2. 早泄（premature ejaculation，PE）

其特征为阴道内神经潜伏时间缩短，延迟或控制射精的能力下降。

3. 阴茎畸形（penile deformity）

由生殖结节及泌尿生殖窦发育异常所致，包括阴茎发育不良、尿道上裂、尿道下裂等。

4. 不射精（anejaculation）

不射精是指患者有正常的性欲和勃起功能，但无节律性射精动作和性高潮，无精液自尿道口射出。原发性不射精可能由于精神心理因素或神经性因素导致生殖器官敏感性下降或高阈值。继发性不射精可能继发于盆腔或腹腔手术，以及糖尿病自主神经病变。

5. 逆行射精（retrograde ejaculation，RE）

逆行射精是指患者性交时有射精的动作和快感，但没有或仅有少量的精液从尿道口射出，离心尿液检查有精子和（或）果糖。其病因与不射精相似，良性前列腺肥大患者在接受手术治疗及服用α-阻滞剂后常见。

第二节　辅助生殖技术

辅助生殖技术（assisted reproductive techniques，ART）是指在体外对配子和胚胎进行操作，帮助不孕夫妇受孕的一组方法，包括人工授精、体外受精-胚胎移植及其衍生技术等。

一、人工授精

人工授精（artificial insemination）是通过非性交方式将精液放入女性生殖道内，使其受孕的一种技术。具备正常发育的卵泡、正常范围的活动精子数目，健全的女性生殖道结构，至少一条通畅的输卵管的不孕（育）症夫妇，可以实施人工授精治疗。根据精子来源分为夫精人工授精（artificial insemination with husband's sperm，AIH）和供精人工授精（artificial insemination by donor，AID ）。1790 年 John Hunter 为严重尿道下裂患者的妻子行丈夫精液人工授精获得成功，成为世界上第一例成功的人工授精；1884 年 William Pancoast 报道首例供精人工授精成功；1890 年 Dulenson 将人工授精应用于临床获得成功；1954 年 Bunger 等首例冷冻精子供精人工授精成功。目前人工授精已经成为人类辅助生殖临床中常用的技术之一。按国家法规，供精人工授精精子来源一律由国家卫生和计划生育委员会认定的人类精子库提供和管理。

（一）人工授精适应证

1. 夫精人工授精（AIH）适应证

1）男性轻度少精、弱精、精液液化异常、性功能异常、生殖器畸形；
2）宫颈因素不孕；
3）生殖道畸形及心理因素导致性交不能；
4）免疫性因素不孕；
5）原因不明不孕。

2. 供精人工授精（AID）适应证

1）不可逆的无精子症、严重的少精症、弱精症、畸精症；
2）输精管绝育术后期望生育而复通术失败者；

3）射精障碍；

4）适应证1）、2）和3）中，除睾丸性无精子症外，其他拟行供精人工授精技术的患者，医务人员必须向其交代清楚：通过卵质内单精子注射技术也可获得与自己有血亲关系的后代，如果患者本人仍坚持放弃通过卵质内单精子注射技术助孕的权益，则必须与其签署知情同意书后方可采用供精人工授精技术助孕；

5）男方和/或家族有不宜生育的严重遗传性疾病；

6）母儿血型不合，不能得到存活新生儿。

（二）人工授精禁忌证

1. 夫精人工授精（AIH）禁忌证

1）女方因输卵管因素造成的精子和卵子结合障碍；

2）男女一方患有生殖泌尿系统急性感染或性传播疾病；

3）一方患有严重的遗传、躯体疾病或精神心理疾病；

4）一方接触致畸量的射线、毒物、药品并处于作用期；

5）一方具有酗酒、吸毒等严重不良嗜好。

2. 供精人工授精（AID）禁忌证

1）女方因输卵管因素造成的精子和卵子结合障碍；

2）女方患有生殖泌尿系统急性感染或性传播疾病；

3）女方患有严重的遗传、躯体疾病或精神心理疾病；

4）女方接触致畸量的射线、毒物、药品并处于作用期；

5）女方具有酗酒、吸毒等严重不良嗜好。

（三）人工授精前准备

符合人工授精指征，拟行该技术助孕的不孕夫妇，治疗前需行系列检查。女方需行双侧输卵管通畅度检查，证实至少一侧输卵管通畅。检查方法包括子宫输卵管造影术（hysterosalpingography，HSG）、超声引导下的子宫输卵管造影术、腹腔镜直视下双侧输卵管通液术等。排除禁忌证后需行以下相关检查：

1. 女方

评估躯体健康状况、基础生育力状态及是否可耐受妊娠。常规妇科检查、妇科超声、内分泌（FSH、LH、PRL、E_2、T、AMH、TSH）、宫颈分泌物衣原体、淋球菌检查、生殖道分泌物、宫颈刮片细胞学检查、凝血功能、心电图（electrocardiogram，ECG）、胸部正位片等。

2. 男方

评估躯体健康状况，常规男科检查包括至少2次精液常规分析；原发不孕、继发不孕3年及以上、精液常规分析异常的患者，必要时行精子形态学分析；精液常规检查结果提示精子不活动者，需查精子肿胀试验。

3. 夫妇双方

孕前 TORCH 检查，包括弓形虫（TOX）、风疹病毒（RV）、巨细胞病毒（CMV）、单纯疱疹病毒（HSV-Ⅰ、HSV-Ⅱ）5 种病原体；传染病学筛查，包括乙型肝炎病毒、丙型肝炎病毒、人免疫缺陷病毒及梅毒螺旋体抗体等；ABO 及 RH 血型、血常规、尿常规、肝功能、肾功能、血糖等。

（四）人工授精的方案、监测及授精时机

1. 人工授精的方案

人工授精可以在自然周期或诱导排卵进行，但禁止以多胎为目的而应用促排卵药物。

自然周期适用于有规律排卵的患者。以月经周期 28 天为例，在月经第 7 至第 9 天开始阴道B超了解卵泡、内膜发育情况，定期复查。若监测时出现优势卵泡直径≥16 mm，结合尿 LH 峰的出现，适时安排行排卵前、后人工授精各 1 次。若既往有排卵异常史，需及时注射人绒毛膜促性腺激素（hCG）5000～10 000 IU。监测过程中，需结合月经周期确定复诊时间，周期短者要缩短监测间隔。

诱导排卵周期适应证包括：①排卵障碍：如 PCOS，低促性腺激素性排卵障碍；②月经不规律：周期缩短或延长，如≤25 天或≥35 天；③卵泡发育异常史；④未破裂卵泡黄素化综合征。常用的诱导排卵药物包括克罗米酚或氯米芬（clomiphene citrate，CC）、来曲唑（letrozol，LE）和促性腺激素（gonadotropin，Gn）。

2. 人工授精的实施时机

自然周期中卵泡破裂发生在血 LH 峰后 34～36 h，但监测血 LH 峰烦琐且有创，尿 LH 峰一般出现在血 LH 峰后 7～9 h，监测方法简单且无创，临床实际应用中常通过尿 LH 峰半定量检测推测排卵时间。使用 hCG 时卵泡破裂发生在注射 hCG 后 36～48 h。

卵子排出后，在妇女体内能存活 12～24 h，并且 12 h 内受精能力强；性交后精子在子宫颈内能存活长达 80 h 左右，离体的精子受精能力只能维持 48 h；因此，合适的人工授精时机对妊娠率的影响非常关键。在排卵前行人工授精，可以使大量精子上游至受精部位，等待卵子排出，可能有助于增加受精机会。因此，有人建议排卵前后各行 1 次人工授精以增加其成功率。国内外多项研究发现，在排卵前后重复行人工授精的患者妊娠率比排卵后单次行人工授精的患者有升高的趋势，但两者间差异无统计学意义，考虑可能与两次人工授精时间较近、重复授精时精子密度不够等有关。为尽可能提高周期妊娠率，对于精液参数正常的患者，临床上仍多采用排卵前后重复授精的方法。

（五）人工授精的精液准备

1. 精液标本收集方法及时间

核对取精者身份，嘱咐通过手淫方式取精，如不成功可通过性交将精液收集于特制

的无毒无味避孕套内。尽可能在取出精液后 30 min 内送进实验室，待处理分析。按 WHO 标准进行常规精液分析，精子参数主要包括：精液量、液化时间、pH、精子密度、活动力、活动率、非精子细胞成分及凝集度等。

2. 精液标本的处理及质量标准

用直接上游法或非连续密度梯度分离法进行精液处理，行宫腔内人工授精，精液优化后前向运动精子总数不得低于 1000 万个；行宫颈内人工授精，其前向运动精子总数不低于 2000 万个；周期临床妊娠率不低于 15%（周期临床妊娠率＝临床妊娠数/人工授精周期数×100%）。用于供精人工授精的冷冻精液，复苏后前向运动的精子（a 级＋b 级）不低于 40%。

（六）人工授精方式

根据授精部位可将人工授精分为宫腔内人工授精（intrauterine insemination，IUI）、宫颈管内人工授精（intra-cervical insemination，ICI）、阴道内人工授精（intra-vaginal insemination，IVI）、输卵管内人工授精（intra-tubal insemination，ITI）及直接经腹腔内人工授精（direct intra-peritoneal insemination，DIPI）等，目前临床上以宫腔内人工授精和宫颈管内人工授精最为常见，其中宫腔内人工授精已成为大多数中心采用的人工授精方式。

1. 宫腔内人工授精（IUI）

将精液洗涤优化处理后，取 0.3～0.5 ml 用人工授精导管通过宫颈注入宫腔内授精。宫腔内人工授精是人工授精中成功率较高且较常使用的方法，拟行宫腔内人工授精的精子一定要经洗涤优化。

2. 宫颈管内人工授精（ICI）

将洗涤处理后的精液放入宫颈管内授精，主要用于宫腔内人工授精操作困难者。

3. 阴道内人工授精（IVI）

将整份未经任何处理的精液标本注入阴道后穹窿。本法无须暴露子宫颈，操作简单。主要用于无正常性生活史的已婚女性，临床已基本不用。

（七）人工授精后随访

人工授精后给予黄体支持，术后第 14～16 天，测尿及血 hCG，若确定妊娠，继续黄体支持。术后 4～5 周 B 超检查确定为临床妊娠者，可继续黄体支持至妊娠 8～10 周。孕 12 周复查 B 超，之后定期围产保健。

供精人工授精（AID）术后随访率必须达到 100%。供精人工授精需随访孩子出生时、半岁、一岁及两岁情况并详细记录。子代婚配前需行婚姻情况排查。

（八）人工授精相关规章制度

1）实施此类技术时，须严格遵守国家计划生育政策。

2）必须严格遵守知情自愿的原则，实施授精前与患者夫妇签订《知情同意书》及《多胎妊娠减胎术同意书》，且尊重患者隐私权。

3）供精人工授精只能从持有批准证书的精子库获得精源，授精前必须反复核对精源信息。

4）禁止实施近亲间的精子和卵子结合。

5）禁止实施代孕。

6）必须实时做好医疗记录、随访。供精人工授精的对象应向精子库反馈妊娠及子代情况，记录档案应永久保存。严格控制每一位供精者的冷冻精液最多只能使5名妇女受孕。

7）丈夫精液人工授精可使用新鲜精液，供精人工授精则必须采用冷冻精液。精子必须经过洗涤处理后方可注入宫腔。

二、体外受精-胚胎移植（IVF-ET）技术

体外受精-胚胎移植（*in vitro* fertilization and embryo transfer，IVF-ET）技术是指从女性卵巢内取出卵子，在体外与精子发生受精并培养3～5日，再将发育到卵裂期或囊胚期阶段的胚胎移植到宫腔内，使其着床发育成胎儿的全过程，俗称为“试管婴儿”。1978年英国学者Steptoe和Edwards采用该技术诞生世界第一例“试管婴儿”。1988年我国大陆第一例“试管婴儿”在北医三院诞生。随着治疗方法的改进、实验室技术的提高和临床药物的开发，IVF-ET成功率逐渐提高，并得以广泛应用。

IVF-ET主要的步骤包括控制性超促排卵、穿刺取卵、精子处理、体外受精、胚胎体外培养、胚胎移植等。

（一）IVF-ET的适应证和禁忌证

1. 适应证

1）女方各种原因导致的配子运输障碍；
2）排卵障碍；
3）子宫内膜异位症；
4）免疫性不孕；
5）男方轻度少、弱或畸精子症；
6）原因不明性不孕，尤其是经过其他助孕方法多次失败者。

2. 禁忌证

1）提供配子的任何一方患有严重的精神疾患，生殖、泌尿系统急性感染和性传播疾病或具有酗酒、吸毒等不良嗜好。

2）提供配子的任何一方接触致畸量的射线、毒物、药品并处于作用期。

3）接受卵子赠送的夫妇女方患生殖、泌尿系统急性感染和性传播疾病，或具有酗酒、吸毒等不良嗜好。

4）女方子宫不具备妊娠功能或严重躯体疾病不能承受妊娠。

（二）控制性超促排卵

1978年，世界首例“试管婴儿”是通过自然周期取卵诞生的，但自然周期取卵易于出现LH峰提前、提前排卵及其他原因而导致获卵率低、周期取消率高，妊娠率较低。获得足够的高质量卵子是获得理想妊娠率的前提。通过促排卵药物使多卵泡发育是目前多数临床中心采用的方法。

控制性超促排卵（controlled ovarian hyperstimulation，COH），是指用药物在可控制的范围内诱发多卵泡的同时发育和成熟，以获得更多的高质量卵子，从而获得更多可供移植胚胎，提高妊娠率。超促排卵技术应用于IVF至今已有近30年，人们一直致力于探讨合理的、个体化的超促排卵方案。1984年Porter等首次报道促性腺激素释放激素类似物（GnRHa）用于IVF-ET的COH过程，使促排卵用药方案发生了重大的变革。根据GnRHa的生物学作用特点，而衍生出的长方案、短方案及超长、超短方案已经为绝大多数IVF中心所采用。随后出现的促性腺激素释放激素拮抗剂（GnRH antagonist）给予促排卵更多的选择。

（三）常规体外受精

受精是成熟的精子与次级卵母细胞相互作用并结合成为受精卵的过程。常规体外受精是指从女性体内取出卵子，体外培养后加入经过处理的获能的精子使之受精，受精卵发育成4～8-细胞胚胎或囊胚后，移植回母体子宫内并使之着床的完整过程。

1. 受精过程

受精过程包括：①精子穿过卵丘细胞与透明带（zona pellucida，ZP）接触，②精子穿透透明带，③精子与卵微绒毛接触，④精子与卵融合，⑤精子进入卵细胞质。主要生物学过程包括精子的体外获能、精子发生顶体反应及穿过透明带、精卵融合、卵子激活、雌雄原核形成等。

2. 受精方法

过夜受精：传统的体外受精方式是过夜受精即精卵共同孵育过夜。从卵泡取出的卵子，经体外培养4～6 h后，即可进行体外受精。授精方式各生殖中心不统一，可采用四孔板或者在培养皿的微滴中进行。精子的加入方式有两种：一种是将处理后的活动精子调整至合适的受精密度，加入卵子培养液；另一种是将卵子加入已调好密度的精子培养液中。常规体外受精中加入的精子数量没有统一的规范，一般为1.0×10^5～2.0×10^5个/ml，置于含5%～6% CO_2的37℃培养箱内培养，也有生殖中心采用三气培养箱。精卵共孵育16～18h后，用毛细管吹打法使卵周围的卵丘细胞脱落，检查原核，确定是否受精。

过夜受精因其操作简便一直为大多数生殖中心所采用。但这种受精方式使卵子暴露给精子的时间较长，长时间的共培养使精子氧化应激产物释放增加，有可能对胚胎的发育潜能和透明带的硬度产生影响。因此，许多生殖中心倾向于缩短精子与卵子共孵育的时间，即短时受精。

短时受精：精卵共同孵育 2～6 h 后即去除精子为短时受精。与过夜受精相比，缩短了精子暴露给卵子的时间，减少了不利于胚胎发育的因素，但受精率及卵裂率无差异，有学者认为减少精卵孵育时间有助于胚胎质量的提高。关于短时受精的时间是否可以继续缩短，既不影响受精结果，又有利于体外受精结局，目前报道较少。有研究表明短时受精 3～4 h 的临床妊娠结局最佳。

3. 受精判断

受精卵在原核期的很多形态改变可在显微镜下观察到，适当的观察时间是受精后 16～18h。双原核的出现提示受精的成功。但在适当时间未观察到原核，并不一定提示受精失败。有研究显示授精后 17～27 h 约有 40%的卵观察不到原核，这其中 41%的卵在后续发育中可以观察到形态正常的胚胎，其卵裂速度和卵裂球形态与观察到原核的卵发育的胚胎没有差异。但有 30%的胚胎会停滞在第二天，而观察到原核之后又发生第二天停滞的比例为 7%，在着床率上也有差别（6% vs. 11.1%）。细胞遗传学分析发现这些胚胎中，染色体异常比例较高（55% vs. 29%）。

4. 受精失败

常规体外受精中全部卵子在授精后的 16～20 h 未观察到原核形成，称为完全性受精失败。如受精率少于 25%称为部分受精失败或受精低下。受精失败在 IVF-ET 的发生比例为 10%～15%。

IVF 中受精失败可源于精子因素和/或卵子因素。精子透明带结合和穿透异常是 IVF 受精失败的主要原因。大多数精子透明带结合或穿透异常为精子异常所致，如精子密度低下、精子形态异常等。在对部分精子透明带结合正常的精液研究中发现，虽然精子透明带结合正常，但透明带诱导的顶体反应缺陷（disordered zona pellucida induced acrosome reaction，DZPIAR），同样可影响精子穿透透明带，导致受精失败。不明原因不孕患者中 DZPIAR 的发生率为 26%～29%。DZPIAR 患者再次助孕时采用卵质内单精子注射（ICSI）方式受精，可获得较高的受精率和临床妊娠率。

卵子因素主要包括透明带异常、纺锤体异常和细胞质缺陷。透明带在卵子成熟、受精和着床的辅助生殖过程中发挥多重作用。透明带上的基因变异和透明带增厚，影响精子穿透。有研究认为大剂量促排卵药物的使用，可在纺锤体重组时引起染色体异常，阻止第一和第二极体排出，导致非整倍体增加而影响受精。未受精卵子纺锤体和染色体在赤道板排列异常的概率显著高于受精卵子。

目前尚没有办法完全避免受精失败的发生。常规体外受精失败后的补救方法是立刻行 ICSI。这样可以挽救部分患者，减少周期取消率。通常是在加精后 16～18 h 未见原核，行补救性 ICSI。这种方法能获得部分受精与卵裂胚胎，但临床应用的妊娠结局不佳，补救后的受精率和妊娠率较低。提示卵子在体外培养 24 h 后质量下降，胚胎发育潜能差。另外，精卵共孵育时间较长，精子代谢产物浓度升高，或因精子穿透卵丘而驱散的卵丘细胞、部分退化和死亡的精子可能释放不利于胚胎发育的物质。目前倾向于尽可能早地发现受精失败并进行补救。早补救 ICSI 除了可及早发现受精失败，还包括短时受精的优势，可避免卵子过度老化，保证了胚胎发育与内膜着床的同步性。同时，伴随早期补救技术的短时受精与早期受精评估，为早期卵子成熟度评价提供了技术上的支撑，可反馈于指导临床 COH 方案的实施。

但是，还应该看到，受精失败的原因是非常复杂的。在有些患者中，难以确切分析受精失败或受精障碍的原因是卵源性的、精源性的或与精卵融合相关。这样的患者受精失败后即使行早期补救 ICSI，其临床结局仍不理想。另外，早期剥除卵丘细胞和早期补救 ICSI 是否增加对卵子的额外不良影响，干扰卵子或早期胚胎中基因印记的建立和维持，影响早期胚胎的基因表达等问题仍有待于证实和对子代的远期随访观察。

（四）胚胎培养

胚胎培养技术要求严格。任何胚胎培养程序上的改变，如矿物油的来源、培养液、巴氏吸管都可能影响胚胎培养的结局。胚胎培养环境，如温度、CO_2、湿度应长期稳定。

目前有 2 种胚胎培养系统被广泛应用：微滴培养和四孔板培养。微滴培养是在培养皿中做上 8～9 个微滴，覆盖矿物油，每个微滴放置 1～2 枚卵。液滴大小从 50～250 μl。四孔板培养则每孔放 0.5～1 ml 培养液。

胚胎培养的发展经历了 3 个阶段：单一培养基培养、共培养和序贯培养。目前临床常规采用的是序贯培养。序贯培养对传统培养基在概念和配方上都做了改进，其主要理论基础是胚胎在 8-细胞期致密化前后的代谢需求是不同的，因此应采用不同的培养基分阶段培养。在致密化前，胚胎的生物合成及代谢水平低，不需要氨基酸，利用葡萄糖作为能源的能力低；致密化后，胚胎细胞开始出现分化，细胞的生物合成及代谢水平明显提高，葡萄糖的利用能力提高。按照体外培养胚胎在不同发育时期代谢需求不同，有一系列不同成分的培养液，进行序列更换，从而延长胚胎在体外的培养时间，增加体外筛选机会，获得囊胚移植，以期提高妊娠率。

移植卵裂期胚胎的临床妊娠率一般在 50%左右，但卵裂期移植可能面临多胎妊娠的问题。随着序贯培养基的应用和改进，胚胎在体外进一步发育至囊胚期已成为现实，囊胚培养技术已被证明可使胚胎着床率大大提高。同时通过限制移植胚胎的数量，可减少多胎的发生。

移植囊胚期胚胎，胚胎发育与子宫内膜的同步化，缩短了囊胚移植入子宫腔后胚胎进一步发育与着床之间的时间间隔，使胚胎具有更高的着床能力；囊胚培养为分裂期胚胎活检及进行植入前遗传学诊断（PGD）提供了充足的时间；还为人类胚胎干细胞研究提供了细胞来源。

（五）胚胎的选择和移植

1. 移植胚胎的选择

子宫内膜的容受性、移植胚胎的质量及胚胎发育和子宫内膜发育的同步性是影响 IVF 妊娠结局的 3 个重要因素，如何选择具有较好发育潜能的胚胎尤为重要。具体来说，移植的优质胚胎应具有以下指标。

1）加精或 ICSI 后 18～19 h 观察原核，主要指标：①原核与核仁的对称性；②存在偶数核仁数目；③极体的定位。

2）加精或 ICSI 后 25～26 h 观察早期卵裂：①胚胎卵裂至 2 细胞期；②合子的核膜破裂。

3）加精或 ICSI 后 42～44 h 观察卵裂期胚胎：①卵裂球数目大于或等于 4 个；②碎片少于 20%；③没有多核的卵裂球。

4）加精或 ICSI 后 66～68 h 观察卵裂期胚胎：①卵裂球数目大于或等于 8 个；②碎片少于 20%；③没有多核的卵裂球。

5）加精或 ICSI 后 106～108 h 观察囊胚：①囊胚腔扩张充满；②内细胞团致密、细胞数多；③滋养层细胞数目多。

选择最好的胚胎应正视胚胎发育的连续性，连续动态的评估有助于胚胎挑选。

2. 胚胎移植

胚胎移植是将体外培养胚胎移植回母体子宫腔内的过程。分裂期胚胎移植一般在取卵后 48～72 h 进行，囊胚期胚胎移植一般在取卵后 5～6 天。

多胎妊娠是辅助生育技术常见的并发症之一。IVF-ET 多胎比例高达 25%～35%，在一些国家甚至达到 40%，多胎妊娠显著增加了孕产期并发症及新生儿低出生体重及死亡的风险。为了减少多胎妊娠的发生，部分国家加强了法律管制，限制了体外受精技术中移植胚胎的数量。我国规定年龄小于 35 岁的妇女只能移植 1～2 枚胚胎。年龄≤35 岁的妇女，移植 2 个胚胎在不减少临床妊娠率的前提下，显著减少了多胎妊娠的发生。

自然妊娠时，4～8-细胞期胚胎尚位于输卵管中，胚胎是在输卵管内发育至第 5 天或第 6 天的桑椹胚或囊胚才能移行进入宫腔，因此移植分裂期胚胎较自然生理条件下提前到达宫腔，此时的宫腔内环境并不适合胚胎的早期发育。因此，越来越多的生殖中心倾向于移植囊胚期胚胎。此时，胚胎发育与子宫内膜同步，更符合子宫的生理环境。同时，通过延长体外培养时间，自然淘汰发育潜能差的胚胎。取卵后第 5 天移植，宫颈黏液减少，利于移植操作，子宫收缩明显减少，减少胚胎被排出体外的机会。随着囊胚培养与囊胚冷冻技术的日趋成熟，选择囊胚期胚胎移植已成为临床实践的主要趋势。

根据不同不孕（育）症病因的治疗需要，IVF-ET 相继衍生出一系列相关的辅助生殖技术，包括配子和胚胎冷冻、囊胚培养、卵质内单精子注射（intracytoplasmic sperm injection，ICSI）、胚胎植入前遗传学诊断/筛查（preimplantation genetic diagnosis/screening，PGD/PGS）及卵母细胞体外成熟（*in vitro* maturation，IVM）等。

三、卵质内单精子注射（ICSI）技术

男性因素是当前引起不育的主要原因之一，不育夫妇中约 30%是由男性因素引起的，另有 20%～30%是夫妇双方因素共同导致。常规的体外受精-胚胎移植技术在某些男性因素导致受精障碍或者受精失败的不孕（育）症中无效，如严重的少弱精子症在体外受精中精子不能穿过卵母细胞透明带达到精卵融合，或者精子顶体酶缺陷导致受精率低下；或者梗阻性无精子症患者附睾或者睾丸中取出的精子数目较少，达不到体外受精

的要求。为此，显微辅助授精技术开始应用于试管婴儿中，即通过透明带手术或直接将精子引入卵子细胞质内来提高受精率。

在显微受精的发展过程中，曾经出现过透明带打孔、透明带切割及透明带下受精等，但由于多精受精率较高或早期的透明带缺损可影响其对卵子的保护，导致胚胎碎片产生增加，妊娠结局不理想，这两种方法已基本被淘汰。目前临床使用的显微受精方式是卵质内单精子注射，其适应证包括：①严重的少、弱、畸精子症；②梗阻性无精子症；③生精功能障碍；④免疫性不孕；⑤体外受精失败；⑥精子顶体异常；⑦其他如体外成熟卵子的受精、胚胎植入前遗传学诊断等。

ICSI 的适应范围越来越广，但不能取代常规 IVF。用正常精液进行 IVF 与 ICSI 比较，两组妊娠率无显著差异。与传统体外受精相比，显微操作所需的显微操作仪及其控制系统，以及显微注射针、显微固定针、透明质酸酶、精子制动液等，不仅昂贵、耗时，并且是一种侵入性治疗，所以 ICSI 在临床中的应用仅限于符合适应证的患者。

（一）受精方法

1. 卵子的处理

控制性超促排卵及取卵等步骤同传统体外受精。取卵后将卵丘卵母细胞复合体在受精用的培养液中预培养 2～3h；在 ICSI 前，先将包绕卵子的卵丘细胞去除，再用培养液冲洗卵子数次，而后可进行显微注射。

2. 精子的处理

1）逆行射精、少弱精的精液可用密度梯度离心法处理，严重少弱精者可将液化后的精液采用 Mini 密度梯度离心法进行处理。

2）行附睾穿刺获取精子时，可先在注射针筒中吸入 1 ml 培养液，将培养液和附睾液一起注入培养皿中，以减少附睾液损失，同时便于观察抽吸液中的精子浓度。

3）用睾丸精子进行 ICSI 时，先将曲细精管撕碎，再将混悬液静置于培养箱中孵育，使用前先吹打混匀，再静置沉淀大块组织，最后离心留取上层液。

3. ICSI 操作皿的制备

制备方法各生殖中心有所不同，是否使用聚乙烯吡咯烷酮（PVP）亦不统一。PVP 可使精子运动速度减慢，便于被捕捉，但也可能对精、卵及胚胎造成潜在不良影响。

（二）显微操作

目前临床多使用商品化的注射针和固定针，规格统一。ICSI 操作步骤简介如下。

1）用注射针吸入少量培养液或 PVP，将油液界面保持在视野内。静置片刻，等待液面平衡。

2）精子制动：不用 PVP 时，直接在精子培养液液滴中进行精子制动；使用 PVP 时，将注射针放入含精子的 PVP 液滴中，吸取形态正常的活的精子，移至干净的 PVP 液中，用注射针挤压其尾部中段猛烈制动。再将精子从尾部吸入注射针。

3）用巴斯德毛细玻璃管将一个卵子从卵子培养皿中转移至 ICSI 培养皿中的一个培养液液滴中。注意避免注射时损伤卵子纺锤体。

4）换至高倍镜，调整固定针 *Z* 轴和显微镜焦距，直至卵细胞膜最为清晰。用针尖轻压透明带，刺穿卵膜后注入精子，迅速出针，尽可能减少 PVP 液注入量。注射完毕后观察卵膜是否回复正常位置，精子注入部位是否随卵膜的回复而至卵膜外，是否有卵浆的外漏或卵子的损伤，并观察注入 PVP 的量。

5）将卵子从固定针上松开，用巴斯德毛细玻璃管将注射后的卵子转移至 GM 培养皿中，用培养液冲洗后培养。

6）ICSI 后的卵子培养约 16h 后，观察原核形成情况，约 40h 后观察受精卵有无卵裂并将胚胎进行评分。

（三）ICSI 结果及影响因素

ICSI 的受精率为 60%～85%，妊娠率为 50%～60%。影响 ICSI 的主要因素包括以下几个方面。

1）精子因素：是否有活精子是影响 ICSI 受精率的关键。

2）女方年龄：ICSI 可提高高龄女性卵子的正常受精率，但妊娠结局并无明显改善。当女方超过 40 岁时，活产率显著降低，主要是考虑卵子质量下降导致胚胎发育潜能降低，最终影响妊娠结局。

3）卵子的激活：卵子自然受精的激活发生在精子与卵子上的特异性受体结合，穿透卵膜及精卵融合过程，但 ICSI 时不发生自然激活过程。在显微注射过程中是否应猛烈来回抽吸卵浆以激活卵子，尚存争论。理论上认为在注射过程中对卵母细胞猛烈抽吸时，可影响细胞内 Ca^{2+}振荡，这被认为与卵子激活有关。卵子激活的另外一个因素是精子制动，损伤精子尾部将增加精子膜渗透性，有助于精子核的解聚及雄性原核形成过程中必要的生化反应。

4）卵子结构的破坏：显微注射损伤卵子结构，可能发生卵子死亡。可能由注射卵子膜性结构、超微结构或减数分裂的纺锤体的破坏引起，或由卵浆从针眼的外漏引起。另外，注射过程、培养环境及温度的改变，也可对纺锤体结构产生不可恢复的影响。是否发生损伤与卵子质量有关，卵膜易破的卵子，易发生卵浆漏出，这样的卵子 ICSI 后死亡率可达 14%，远高于其他卵子的损伤发生率（约 4%）。

（四）ICSI 受精失败

ICSI 受精失败的原因目前尚不清楚，有学者认为与卵子未活化有关。临床尝试用各种物理或化学方法激活卵子，如钙离子载体 A23187 激活卵子，含高浓度钙离子的培养基（20mmol/L）进行显微注射，注射时在接近卵膜处反复抽吸胞浆等，以期改善受精率。临床上目前尚无有效解决办法。

四、胚胎植入前遗传学诊断

胚胎植入前遗传学诊断（preimplantation genetic diagnosis，PGD）是指在体外受精

过程中，对具有遗传风险患者的胚胎进行植入前活检和遗传学分析，以选择无遗传性疾病的胚胎植入宫腔，从而获得正常胎儿的诊断方法。这种方法可有效地防止遗传性疾病患儿的出生，是产前诊断的延伸。1990 年 Alen Handyside 等首先报道了该技术，随后 PGD 技术逐渐发展成为阻断遗传性疾病发生一级预防手段，成为避免出生缺陷发生的新思路和新途径。

（一）PGD 的发展历程

1989 年英国的 Alen Handyside 首次报道了胚胎活检及 DNA 扩增对胚胎行性别鉴定的技术；1990 年由 Alen Handyside 等利用 PCR 技术完成的世界第一个 PGD，筛选了 X 连锁隐性遗传病；1992 年，比利时 Andre Van-Steirteghem 团队首次报道了卵质内单精子注射（intracytoplasmic sperm injection，ICSI）技术成功妊娠的病例；同年 Alen Handyside 等筛选常染色体隐性遗传病 CFTR 后，健康婴儿顺利诞生，自此 PGD 得到蓬勃发展。

1994 年 Munne 等应用荧光原位杂交（fluorescent *in situ* hybridization，FISH）技术，在胚胎植入前完成了染色体非整倍体及性别的诊断。2000 年我国中山大学第一附属医院庄广伦教授等完成的国内第一例 PGD 婴儿诞生，使用 FISH 方法完成了血友病的胚胎植入前遗传学诊断。此后，多重 PCR、荧光 PCR、多色 FISH 等技术，特别是 1999 年以来开展的间期核转换（interphase nuclear conversion）技术、全基因扩增（whole genomic amplification，WGA）、比较基因组杂交（comparative genomic hybridization，CGH）技术相继应用于 PGD，进一步促进了 PGD 的推广和应用。21 世纪以来微阵列比较基因组杂交（array comparative genomic hybridization，array CGH）和单核苷酸多态性微阵列（single nucleotide polymorphism array，SNP array）逐渐应用于临床，高通量测序技术的迅猛发展也为 PGD 带来新的发展前景。

（二）PGD 的适应证

PGD 目前已广泛应用于人类遗传性疾病的诊断，包括单基因遗传病、染色体结构和数目异常、性染色体连锁疾病及有遗传病患儿出生倾向的高风险夫妇，具体为：①非整倍体筛查：如 21 三体、18 三体、13 三体等；②染色体疾病：如相互易位、罗氏易位等；③单基因遗传病：如耳聋、苯丙酮尿症、脊肌萎缩症、血友病等；④易感基因的剔除：如 *BRCA1/BRCA2* 相关的乳腺癌等；⑤人类白细胞抗原（human leukocyte antigen，HLA）分型。

如表 11-4 所示，在全球 137 个生殖中心对应的 PGD 指征中，93%的生殖中心均提供非整倍体筛查的 PGD 检测，其次是单基因遗传病（82%）和染色体结构异常（67%）。

表 11-4　全球 137 个 IVF 中心 PGD 指征的分布

PGD 指征	提供该 PGD 指征的 IVF 中心比例
非整倍体筛查	93%
单基因遗传病	82%
染色体结构异常	67%
X 染色体连锁遗传病的性别选择	58%

续表

PGD 指征	提供该 PGD 指征的 IVF 中心比例
非医学性别选择	42%
成人迟发遗传病的预防	28%
疾病检测相关的 HLA 分型	24%
非疾病检测相关的 HLA 分型	6%
其他	3%

PGS（preimplantation genetic screening）是一种所谓的“低风险”PGD，主要是为了提高临床妊娠率和着床率而进行的一种筛查，其适应证为：①高育龄妇女；②反复胚胎种植失败的夫妇；③复发性流产的夫妇；④不良孕产史等。目前临床中 PGS 广泛已应用于上述人群。

（三）PGD 的流程及相关技术

1. PGD 流程简介

患者根据自身的临床表现或家族遗传疾病史进行遗传咨询，临床医师获得家系中所有相关人员的遗传信息，对患者及家人进行基因检测与连锁分析，确定致病基因突变后可行辅助生殖技术治疗；或根据临床检测结果（如异常的染色体检测结果）、临床表现（反复流产、高龄等）等经遗传咨询后综合分析决定是否行 PGD/PGS 治疗；进入辅助生殖技术治疗流程后，首先是超促排卵、体外受精及胚胎培养，继之对极体、卵裂球期或囊胚期胚胎进行活检，后行单细胞的致病靶基因检测及连锁分析或染色体全面筛查（comprehensive chromosome screening，CCS），对检测结果无明显异常的胚胎进行胚胎移植，并建议患者获得临床妊娠后进一步行产前诊断（羊膜腔穿刺术、绒毛膜取样技术或脐带血穿刺技术）确认胎儿的情况。

胚胎活检和遗传学检测是 PGD/PGS 过程中的重要步骤，其中如何安全地获得有效胚胎遗传性样本和如何准确地完成遗传性样本的筛查及诊断是 PGD/PGS 过程的关键所在；在这个过程中，样本难以获取、痕量样本、易污染、等位基因脱扣（allele drop-out，ADO）、同源重组等问题是 PGD/PGS 应用过程中的主要难点。

（1）胚胎活检

胚胎活检是 PGD 过程中所涉及的对胚胎的主要操作，目前可采用激光打孔、机械切割或 Tyrode 酸化打孔后吸出细胞的方法取材，其中最后一种方法已经较少使用。进行遗传学诊断的材料可以来源于体外受精、胚胎培养的各个阶段，常见的材料来源主要有受精前后的第一、二极体，受精 3 天后 6～10-细胞期的卵裂球细胞，受精 5～7 天囊胚期的滋养外胚层细胞。

（2）极体活检

卵细胞减数分裂过程中同源染色体之间配对，交换遗传物质，所以正常和突变的基因都可能出现在极体中。卵母细胞成熟时，完成第一次减数分裂，排出第一极体；受精后排出第二极体。利用激光或机械法对第一或第二极体或两者进行取材和遗传学分析，可推测卵子内遗传物质状况，从而避免了直接法对卵细胞进行诊断所造成的损伤，以达到 PGD 目的。在第一、第二次减数分裂过程中，均有可能发生染色体异常；随着年龄的增加，卵母细胞减数分裂时染色体不分离倾向增加，非整倍体胎儿妊娠的危险性增加。随着接受 IVF 的 35 岁以上妇女增多，获取卵子内遗传物质信息非常必要。

与卵裂球期和囊胚期 PGD 比较，取极体进行活检有其优越性：①不影响卵子受精和正常发育；②移除极体，不会引起胚胎物质减少，对胚胎创伤小，可间接反映母源遗传缺陷；③不会引起伦理争议。其局限性为：①不能检测父源性遗传缺陷；②不能检测受精期间或受精后异常；③极体容易发生退化，影响诊断效率。此外，考虑到仅有 50%～60%可发育为囊胚，因此有观点认为对极体的分析是时间和资源的浪费。因而极体活检的应用应全面权衡其利弊。

（3）卵裂期活检

卵裂期活检是在受精卵分裂到 6～10 个细胞期时，使用化学法、机械法、激光法在透明带上打孔，通过用显微操作仪吸取 1～2 个卵裂球细胞进行遗传病的诊断。综合胚胎活检后的各项体外发育指标，一般认为在第 3 天活检前，具有 7 个或 7 个以上卵裂球，卵裂球大小基本均匀，胚胎碎片不超过 20%的胚胎，活检后具有较好的继续发育能力；卵裂球大小基本均匀，碎片在 20%～30%的胚胎，活检后也有一定的发育潜力；6-细胞以下胚胎和卵裂球大小严重不均的胚胎，活检后发育能力极低。

采用 6～10-细胞期的胚胎作为活检对象比选择极体活检和囊胚活检有一定的优点，因为体外培养的大多数胚胎均可达到 6～10-细胞期；而且诊断的准确性较高，可以同时检测母源性和父源性的遗传缺陷及受精后有丝分裂过程中的异常。此前认为在此阶段的每个卵裂球都是全能的，一个或两个卵裂球的移去不会影响胚胎的进一步发育；然而有研究表明在胚胎 8-细胞期活检取 1 枚细胞可以导致其胚胎着床率下降 12.5%，如果取 2 枚细胞则下降 25%，且取 2 枚细胞活产率也明显下降。因而卵裂球期活检的缺点包括：①影响胚胎的发育和种植潜能；②材料少，只有 1～2 个卵裂球进行检测；③单个卵裂球的检测并不能代表整个胚胎的状态，可能导致非整倍体嵌合体的漏诊，从而导致异常胚胎的移植。因而目前卵裂球期活检逐渐被囊胚期滋养外胚层活检所取代。

（4）滋养层（trophectoderm cell，TE）活检

囊胚滋养外胚层活检是在囊胚期使用机械法或激光法在囊胚内细胞团的另一端进行透明带切割，待一些滋养外胚层细胞从切割后的缝隙中呈疝形生长并脱出，将该细胞团（5～10 个）分离，进行遗传学诊断操作。

滋养层活检目前已越来越多地应用于临床，该活检方法的优点有：①对胚胎的继续发育和着床能力影响小；②培养至囊胚期，胚胎已完成一次自我选择，临床妊娠率高；③可以获得更多的检测细胞数目，诊断准确性高；④不同技术人员活检操作后 PGD/PGS 结果存在高度的一致性和可重复性。目前存在的问题是体外培养的胚胎仅有 20%～50%能够发育到囊胚期，可检测的胚胎数量有限；而未达到 PGD/PGS 检测标准或检测为嵌合体而丢弃的胚胎移植后也有妊娠可能。另外可供诊断时间短，需要冷冻胚胎，治疗周期延长；但已有研究证明冻胚移植与鲜胚移植相比活产率更高，新生儿结局更好。

2. PGD/PGS 相关检测技术

用于 PGD/PGS 检测的相关技术主要有：荧光原位杂交（fluorescence *in situ* hybridization，FISH）技术、多重 PCR（multiplex PCR）技术、多重连接探针扩增（multiplex ligation-dependent probe amplification，MLPA）技术、微阵列-比较基因组杂交（array-CGH）技术及二代测序（next generation sequence，NGS）技术等。

（1）FISH

FISH 基本原理是碱基互补，将 DNA（或 RNA）探针用特殊的分子标记，然后与组织切片、间期细胞核及中期细胞等标本上染色体进行杂交；再用与荧光素分子偶联的单克隆抗体和探针分子特异性结合来检测 DNA 序列，最终完成定性、定位、相对定量分析。FISH 技术主要应用于检测染色体结构和数目的异常，如罗氏易位、47,XXY、9 号染色体臂间倒位等。

与其他 PGD 检测技术相比，FISH 具有省时且成本低廉的优势，但其缺点也是不容忽视的：①大多数情况下，FISH 仅用于检测 13、16、18、 21、 22、X 和 Y 染色体的非整倍体情况，一是因为荧光探针数量的限制，二是因为在自然流产中，以上 7 条染色体的异常占 72%以上；②存在较高的假阳性率和假阴性率；③难以检测嵌合体的存在；④受操作经验、杂交效率和探针质量的影响。考虑到其弊端，目前已逐渐被 CGH、NGS 等技术所取代。

（2）array-CGH

比较基因组杂交（comparative genomic hybridization，CGH）为常用的全基因组拷贝数变异检测技术。衍生于微阵列 CGH（array-CGH，aCGH）技术，用正常人的 DNA 作参照，用不同荧光素标记患者和参照 DNA；将标记后的 DNA 混合，然后与排列在芯片上的探针进行杂交，杂交的图像经荧光显微镜与冷电荷耦合设备采集后，由计算机软件分析，根据染色体每个位点上的两种荧光强度之比绘制曲线，以该曲线与正常值区间（固定阈值）关系来判断待测 DNA 拷贝数有无异常。

与传统的细胞遗传学技术相比，aCGH 具有明显的优势：①可一次检测全部的染色体；②待测 DNA 来源多样化；③检测周期短，检测效率高。其他常规核酸分子检测技术，如 FISH 和 PCR 等均受探针或引物的限制，只能探索已知的异常，而对未知异常无法检测。目前，临床中主要用于染色体相互易位携带者、复发性流产、反复胚胎种植失败等人群。

aCGH 技术的发展已日臻成熟，但仍存在以下局限性：①不能检测单倍体、多倍体（如 69,XXX、92,XXYY 等）、倒位；②存在等位基因脱扣和优先扩增现象；③不能追踪每个染色体的来源，因而不可检测单亲源性二倍体。

（3）二代测序技术（NGS）

二代测序技术（next generation sequencing，NGS）又称为深度测序技术，最主要的特征是高通量测序，测序时间和成本都显著降低。NGS 所需的样本量少，具有高灵敏度、大通量、高自动化的特点，能够检测包括点突变、基因拷贝数变化和基因重组（染色体易位）等在内的多种基因改变，在序列未知物种的全基因组从头测序、转录组测序

（RNA-Seq）、蛋白质与 DNA 的相互作用分析（CHIP sequencing）、全基因组甲基化图谱等方面有巨大的优势。

在辅助生殖领域，NGS 主要应用于 PGD/PGS 检测、妊娠 12 周以后的无创产筛（noninvasive prenatal test，NIPT）、产前诊断、婴儿出生后的新生儿疾病筛查及发生流产后的流产组织遗传学分析。目前国内在生殖领域常用的二代测序平台有 Illumina Nextseq 500/MiSeq 和 Life Ion Torrent PGM/Proton。

NGS 技术的快速发展有赖于单细胞全基因组扩增技术（whole genome amplification，WGA）的成熟和完善。WGA 常见的应用技术有简并寡核苷酸引物 PCR（degenerate oligonucleotide primed polymerase chain reaction，DOP-PCR）技术、多重置换扩增（multiple displacement amplification，MDA）技术和多次退火环状循环扩增（multiple annealing and looping based amplification cycles，MALBAC）技术。有文献报道，DOP-PCR 和 MALBAC 方法在拷贝数变异（CNV）检测上优于 MDA 方法。MALBAC 方法对 GC 含量高的序列有扩增偏好，但通过生物信息学方法矫正后也可准确地分析拷贝数变异，对于 GC 含量较高的物种可以选择该方法。MDA 方法操作简单，扩增随机，对 GC 含量没有偏好性，在 SNP 的研究中具有优势，特别是在样本量较少的情况下。

在单基因病 PGD 检测中，起初最常用的方法是通过 Sanger 法测序及 STR 位点分析判断胚胎是否异常或者携带致病基因。这种传统的方法存在局限性：①STR 位点距离远，数量有限，不能满足连锁分析的需求。不同家系的基因组成差异大，同一个基因突变的不同家系在行 PGD 前都要行 STR 位点的筛选，费时费力且准确性差；②由于样本量极低，传统的方法不能在行靶基因分析的同时进行非整倍体的筛选，导致 PGD 妊娠率低。而 NGS 基础上的 SNP 分析则可以解决上述问题，WGA 扩增可保证样本量同时进行靶基因检测、连锁分析及非整倍体筛选的需求，省时省力且准确率高。

临床常见的单基因病包括：X 连锁隐性遗传病，如甲型血友病、进行性肌营养不良等；X 连锁显性遗传病，如抗维生素 D 佝偻病等；常染色体显性遗传病，如软骨发育不全、并指、多指等；常染色体隐性遗传病，如肝豆状核变性、苯丙酮尿症、白化病、先天性聋哑、镰刀型细胞贫血症等。

对于 X 连锁隐性遗传病来讲，PGD 可通过 PCR 基础上的靶基因联合 STR 位点连锁分析选择未见异常的胚胎，亦可通过性别筛选女性胚胎。PCR 基础上的靶基因筛选的优势在于可以选出完全不携带致病突变位点的胚胎植入，但花费较大；而 FISH 法性别选择在植入前不可获知胚胎是否为携带者，因此不能阻断致病突变在家系中的垂直传递，但其优势主要体现在检测成本低。常染色体隐性遗传病是目前临床 PGD 应用中最广泛的单基因遗传病类型，如遇到无正常基因型胚胎移植的情况，需与患者进行充分沟通，可选择携带致病突变但表型正常的胚胎植入。常染色体显性遗传病进行 PGD 检测时，应特别注意等位基因脱扣问题，如果致病突变的等位基因检测发生脱扣，后果是灾难性的。

需要注意的是，无论哪一种遗传方式的单基因遗传病，PGD 助孕成功后均建议行有创产前诊断。

（四）PGD 的新发展

首先，测序技术的发展可以进一步提高 PGD 的准确性和可靠性。SNP 芯片或新一代测序技术的应用在检测致病靶基因的同时，可完成染色体水平的检测，减少非整倍体、染色体易位、片段缺失或重复带来的染色体异常；SNP 位点检测可对由于交叉重组带来的 HLA 配型失败进行监控，提高 PGD-HLA 配型成功率。

其次，囊胚期活检及玻璃化冷冻技术的发展使检测更准确、操作更灵活，除此之外，近来多项研究对未来 PGD 检测靶基因的来源有了新的定义。研究发现，胚胎在体外培养过程中可以分泌基因组 DNA（gDNA）和线粒体 DNA（mtDNA）到培养液中。第 3 天胚胎培养液中 mtDNA/gDNA 的值与胚胎碎片情况明显相关，结合传统的囊胚评价标准可更好地评价囊胚的发育和着床潜能；因此，培养液中的 mtDNA 有望成为一种新的、无创的、评价胚胎的生物学指标。

近年研究发现，遗传物质被发现同样存在于囊胚腔液中。囊胚腔液可以通过微创的方式从胚胎中分离并且从中提取纯化出基因组 DNA；囊胚腔液中的基因组 DNA 扩增后可以作为 PGD/PGS 检测的靶基因进行染色体、基因的检测。然而，囊胚腔中 DNA 的含量与质量，以及是否可以反映胚胎整个基因组 DNA 的情况尚存争议，仍有待进一步研究。

2000 年 Verlinsky 等报道了患有 Fanconi 贫血的患儿父母，应用 PGD 筛选出无病胚胎，结合 HLA 配型，移植新生儿的造血干细胞（HSC），成功治愈患病儿童。

以线粒体替换为主体的“第四代试管婴儿”迅速发展，通过将患者卵子的原核移植到供体的卵胞浆中，或受精卵的细胞核移植到供体受精卵的胞浆内以阻断母系遗传线粒体疾病的传递。然而由于伦理等问题，仍需要谨慎对待。陈子江团队开创性地使用前原核作为供核细胞完成线粒体置换，显著提高了该技术向临床推广的可行性，为线粒体疾病的治疗奠定基础。

五、人类胚胎及配子的冷冻保存

人类胚胎冷冻和配子冷冻技术是辅助生殖技术中的衍生技术，不仅解决当前不能自然孕育的问题，还可为将来的生育力提供一定的保障。随着肿瘤诊疗技术提高及预后改善，越来越多的恶性肿瘤幸存人群面临生育需求。由于性腺对放化疗的敏感性，这些年轻的患者面临生殖功能的减退甚至丧失。因此，如在放化疗前做好生育力保存，不仅对生殖健康具有重要意义，对于改善远期生活质量也大有益处。目前，可供选择的生育力保存措施有多种，包括胚胎冷冻、精子冷冻、卵母细胞冷冻等。

（一）胚胎冷冻保存技术

胚胎冷冻已经成为辅助生殖技术中的一项常规技术，凡是开展 IVF-ET 技术的中心或医院均须具备胚胎冷冻技术。

1. 冷冻胚胎的类别

胚胎冷冻前，需对胚胎进行筛选，预测其冷冻复苏后的质量及发育潜能，以便获得较高的妊娠率，目前临床以卵裂期胚胎和囊胚冷冻为主。

1）卵裂期胚胎：选择 1 级或 2 级的高质量胚胎，细胞碎片小于 20%的胚胎进行冷冻，卵裂球不均匀和碎片较多都会影响冷冻效果。3 级胚胎也可以进行冷冻，由于碎片较多，细胞数量有限，冷冻后可能损伤部分细胞，影响胚胎发育潜能。

2）囊胚：选择第 5 天或第 6 天的囊胚冷冻，囊胚腔形成，并可见活性良好的滋养细胞，内细胞团清晰可见。

2. 常用的胚胎冷冻方法

目前临床常用的胚胎冷冻方法包括：程序化慢速冷冻和玻璃化冷冻两种方法。程序化慢速冷冻所使用的冷冻保护剂浓度较低，对胚胎的毒性作用较小，但需利用程序化冷冻仪，耗时长，成本相对较高，且在冷冻的过程中细胞内有冰晶形成，易造成细胞损伤。

玻璃化法是一种快速冷冻法，玻璃化是活细胞在冷冻的过程中，完全避免冰晶形成产生玻璃样固化的过程。玻璃化冷冻无需昂贵的降温仪器设备，所需时间短，节省人力物力。它作为一种便捷、低耗的冷冻技术，逐渐取代了慢速冷冻技术，已被越来越多的 IVF 中心采用，并且取得了较好的临床结局。

（二）配子冷冻保存技术

1. 精子冷冻保存技术

在冷冻保护剂的作用下，将精液应用特定的程序进行冷冻保存，从而有效保存精子，保存男性生育力。精子冷冻保存技术是最早发展起来的生育力保存技术，精子因其体积小、数目多，在发现冷冻保护剂之初，便被迅速掌握并广泛应用。

（1）精子冷冻技术

主要用于：①不育症，帮助在不孕症的治疗周期中不能在合适的时间提供可用精液的夫妇。借助冷冻技术建立起来的人类精子库还为无精症患者、遗传缺陷男性提供合格的冷冻精液标本。②提供生殖保险，对于需要接受损伤生育力的外科治疗、化疗或放疗、从事可能影响生育力的工作（如接触有毒物质、放射线等）及行输精管结扎术前，可以预先冷冻储存部分精液，以备生育时使用。

（2）精子冷冻液

目前最常用的精子冷冻保存剂是含甘油和卵黄的复合型冷冻液，由甘油、卵黄、单糖、枸橼酸钠、抗生素组成。通常浓度为 5%～12%甘油、20%卵黄、10 μg/ml 庆大霉素等。枸橼酸钠溶液为缓冲盐试剂，可以调整渗透压和 pH，并有保护线粒体的功能。

（3）精子冷冻程序

1）简易液氮蒸汽冷冻法：将精液取出 37℃液化，同时将精子冷冻液放至室温备用，根据精液量，按照 1∶1 的比例缓慢加入冷冻保护剂，边加入边混匀，混匀后分装至冷冻管内，将冷冻管置入 4℃冰箱内 15min。将冷冻管装入已经做好标记的布袋内，将布袋置入液氮蒸汽–80℃，15min 后将布袋投入液氮，冻存。

2）程序冷冻仪法：精子准备同前，将装有冷冻液和精液混合物的冷冻管置于程序冷冻仪，开启冷冻程序。具体步骤为冷冻仪开始温度为 20℃，以–1℃/min 的速度降至 2℃，保持 5min；然后以–10℃/min 的速度降至–3℃、以–6℃/min 的速度从–3℃降至–20℃、以–10℃/min 的速度从–20℃降至–90℃。快速投入液氮，冻存。

3）精子解冻方法：将精子冷冻管从液氮中取出后置于 37℃水浴中 10min，根据解冻的目的进行相应处理后使用。

4）微量精子冷冻：对于少精子症患者通过射精获得的微量精子，或者无精子症患者通过附睾或睾丸抽吸术获得少量的睾丸或附睾精子，如将这些精子进行常规冷冻，会造成冻融精子不同程度地丢失，而微量精子冷冻保存技术可以解决这一问题。常用的微量精子冷冻方法有：空卵膜冷冻法和微型载体玻璃化冷冻法。

2. 卵母细胞的冷冻保存

（1）卵母细胞冷冻保存技术

主要用于：①因盆腔疾病、手术或放化疗等原因而可能丧失卵巢功能的女性，对需要放、化疗而有生育需求的青少年肿瘤患者尤为重要。②保存体外受精-胚胎移植中过剩的卵母细胞。③解决胚胎冷冻可能面临的伦理、法律、道德、宗教等问题。④短期内无生育计划的女性。

（2）卵母细胞冷冻生物学特点

卵母细胞是哺乳动物体内最大的细胞，其细胞结构特点决定了卵母细胞冷冻较其他细胞更为困难。主要表现为：①与胚胎相比，卵母细胞表面积与体积的比例较小，在冷冻的过程中脱水不充分，容易形成细胞内结晶。②透明带对温度的敏感性及成熟前皮质颗粒的提前释放，均导致透明带变硬，精子难以穿透，受精后胚胎孵出困难。③第二次减数分裂中期的纺锤体对低温的敏感性使纺锤体解聚，尽管复温后染色体可以重新排列，染色体的丢失和染色体非整倍体的发生风险增高。④微丝微管对冷冻的敏感性，导致细胞骨架受损，引起细胞代谢的生理生化改变。⑤卵母细胞易于发生自身激活。⑥冷冻对胞质膜和细胞内其他结构的影响也会改变卵母细胞的发育潜能。⑦冷冻休克性损伤也是冷冻过程需要关注的问题。

（3）卵母细胞冷冻保存方法

1）程序化慢速冷冻：是利用较低浓度的冷冻保护剂，在程序冷冻仪的控制下使卵母细胞缓慢脱水，利用植冰方法越过细胞的超冷阶段，进一步启动脱水过程中，在进入液氮前使卵母细胞胞质处于玻璃化状态，实现卵母细胞低温保存。但程序化冷冻过程中卵母细胞的脱水并不完全，如果卵母细胞在浸入液氮前还有小的冰晶存在，在复温过程中，小的冰晶骤然膨大会引起细胞损伤。因此，卵母细胞冷冻的技术虽然得到了部分改进和提高，但并没有很大的突破，较低的冷冻复苏率和降低的发育潜能是慢速冷冻发展的瓶颈。

2）玻璃化冷冻：冷冻时将卵母细胞先置于平衡液中平衡 5～10min，待卵母细胞皱缩再复张后转移至冷冻液微滴中，维持 30～40s，同时装上载体，快速投入液氮冷冻保存。玻璃化冷冻避免了细胞内冰晶形成，使得卵母细胞冷冻的复苏率大大提高。卵母细胞玻璃化冷冻技术程序简单，不需要昂贵仪器，可以获得更高的复苏率。目前在国内外各生殖中心多数以玻璃化冷冻为主。冷冻卵母细胞复苏后进行体外受精胚胎移植的临床妊娠率为 12.5%～62.5%。文献报道，玻璃化冷冻可以更好地保存卵母细胞中的 mRNA，纺锤体评价好于慢速冷冻。

（4）未成熟卵母细胞的冷冻保存技术

未成熟卵母细胞冷冻较成熟卵母细胞冷冻具有更广阔的临床应用前景，适用于自然周期获得的未成熟卵母细胞，尤其是癌症患者化疗前，可无须超数排卵直接获取未成熟卵母细胞进行冷冻。但未成熟卵母细胞的冷冻技术近几年发展相对缓慢。虽然在减数第一次分裂前期（GV 期）冷冻，可以避开成熟卵母细胞面对的纺锤体和染色体的改变，但是冷冻对其他细胞器的影响同样不可忽视，对体外成熟过程及后期胚胎的影响仍有待研究。未成熟卵母细胞的体外成熟培养（IVM）技术目前在辅助生殖临床中尚不作为常规助孕手段。

（5）卵母细胞冷冻保存的安全性问题

卵母细胞冷冻的安全性问题一直备受关注，主要包括以下三个方面。

1）低温和冷冻保护剂对卵母细胞的毒性作用。冷冻对卵母细胞纺锤体的损伤，可导致纺锤体结构异常、染色体的丢失或非整倍体的发生，不过，卵母细胞复苏后纺锤体可进行自行修复，目前主流观点认为不会影响其受精及胚胎发育，但对胚胎质量及发育潜能的影响尚不能排除。有报道冷冻卵母细胞出生婴儿的出生缺陷率为 1.3%，低于自然妊娠分娩的 3%，提示冷冻保存技术对卵母细胞及胚胎发育无毒性作用，但考虑体外培养及操作过程对配子和胚胎基因印迹的可能影响，冷冻操作过程亦不会例外，因此相关研究仍有待深入。

2）冷冻过程中卵母细胞与液氮的直接接触。除封闭麦管外，多数载体是细胞和液氮直接接触，污染尤其是病毒的传播难以避免。对液氮进行过滤是解决污染的方法之一，但目前尚无相应的设备。封闭式装置可有效避免污染，但冷冻效率大大降低。目前虽尚未有胚胎或卵母细胞发生液氮感染的报道，但潜在风险仍不能忽视。

3）液氮冷冻期限。理论上细胞在液氮中至少可保存 2000 年，从临床角度看，卵母细胞可冷冻保存 3～10 年。随着卵母细胞冷冻技术在临床的普及应用及分子生物学检测技术的进步，卵母细胞的安全性评价会日益系统完善，必将为卵母细胞冷冻技术的提高和临床结局的改善提供可靠依据。

辅助生殖技术因涉及伦理、法规和法律问题，需要严格管理。同时新技术蓬勃发展，如细胞质置换、核移植、治疗性克隆和胚胎干细胞体外分化等胚胎工程技术的进步，也将面临伦理和法律问题的约束和挑战。

参考文献

陈子江，田秦杰，乔杰．2017．早发性卵巢功能不全的临床诊疗中国专家共识．中华妇产科杂志，52：577-581．

陈子江．2005．人类生殖与辅助生殖．北京：科学出版社．

陈子江．2016．生殖内分泌学．北京：人民卫生出版社．

贺林，马端，段涛．2013．临床遗传学．上海：上海科学技术出版社．

李璞. 2006. 医学遗传学. 第二版. 北京: 中国协和医科大学出版社.
李蓉, 乔杰. 2013. 生殖内分泌疾病诊断与治疗. 北京: 北京大学医学出版社.
卢光琇. 2001. 人工授精技术进展. 实用妇科与产科杂志, 17: 14.
沈铿, 马丁, 2015. 妇产科学. 第三版. 北京: 人民卫生出版社.
双卫兵, 章慧平. 2015. 男性生殖道疾病与生育调节技术. 北京: 人民卫生出版社.
王燕蓉. 2007. 女性生育力体外保存技术. 银川: 宁夏人民出版社.
赵玉沛, 陈孝平. 2015. 外科学. 第三版. 北京: 人民卫生出版社.
中华医学会妇产科学分会. 2015a. 女性生殖器官畸形诊治的中国专家共识. 中华妇产科杂志, 50(10): 729-733.
中华医学会妇产科学分会. 2015b. 关于女性生殖器官畸形统一命名和定义的中国专家共识. 中华妇产科杂志, 50: 648-651.
中华医学会妇产科学分会产科学组. 2016. 复发性流产诊治的专家共识. 中华妇产科杂志 51: 3-9.
中华医学会妇产科学分会内分泌学组. 2011. 闭经诊断与治疗(试行). 中华妇产科杂志, 46: 712-716.
中华医学会妇产科学分会内分泌学组. 2014. 异常子宫出血诊断与治疗指南.中华妇产科杂志, 49: 801-806.
中华医学会神经外科学分会, 中华医学会妇产科学分会, 中华医学会内分泌学分会. 2011. 高催乳素血症诊疗共识. 中华医学杂志, 91: 147-154.
周远征, 田秦杰, 林姬, 等. 2009. 215 例性发育异常疾病的分类比较研究. 生殖医学杂志, 361-364.
Aboulghar M A, Mansour R T, Serour G I, et al. 1996. Intracytoplasmic sperm injection and conventional *in vitro* fertilization for sibling oocytes in cases of unexplained infertility and borderline semen. J Assist Reprod Genet, 13: 38-42.
Amorim C A, Dolmans M M, David A, et al. 2012. Vitrification and xenografting of human ovarian tissue. Fertil Steril, 98: 1291-1298.
Amorim C A, Van Langendonckt A, David A, et al. 2009. Survival of human pre-antral follicles after cryopreservation of ovarian tissue, follicular isolation and *in vitro* culture in a calcium alginate matrix. Hum Reprod, 24: 92-99.
Aye M, Di Giorgio C, De Mo M, et al. 2010. Assessment of the genotoxicity of three cryoprotectants used for human oocyte vitrification: dimethyl sulfoxide, ethylene glycol and propylene glycol. Food Chem Toxicol, 48: 1905-1912.
Barnett D K, Bavister B D. 1996. Inhibitory effect of glucose and phosphate on the second cleavage division of hamster embryos: is it linked to metabolism? Hum Reprod, 11: 177-183.
Baruch S, Kaufman D, Hudson K L. 2008. Genetic testing of embryos: practices and perspectives of US *in vitro* fertilization clinics. Fertil Steril, 89: 1053-1058.
Behr B, Pool T B, Milki A A, et al. 1999. Preliminary clinical experience with human blastocyst development *in vitro* without co-culture. Hum Reprod, 14: 454-457.
Brezina P R, Brezina D S, Kearns W G. 2012. Preimplantation genetic testing. BMJ, 345: e5908.
Capalbo A, Ubaldi F M, Cimadomo D, et al. 2016. Consistent and reproducible outcomes of blastocyst biopsy and aneuploidy screening across different biopsy practitioners: a multicentre study involving 2586 embryo biopsies. Hum Reprod, 31: 199-208.
Carrillo A J, Lane B, Pridman D D, et al. 1998. Improved clinical outcomes for *in vitro* fertilization with delay of embryo transfer from 48 to 72 hours after oocyte retrieval: use of glucose- and phosphate-free media. Fertil Steril, 69: 329-334.
Chamayou S, Bonaventura G, Alecci C, et al. 2011. Consequences of metaphase II oocyte cryopreservation on mRNA content. Cryobiology, 62: 130-134.
Chambers E L, Gosden R G, Yap C, et al. 2010. *In situ* identification of follicles in ovarian cortex as a tool for quantifying follicle density, viability and developmental potential in strategies to preserve female fertility. Hum Reprod, 25: 2559-2568.
Chen C, Kattera S. 2003. Rescue ICSI of oocytes that failed to extrude the second polar body 6 h

post-insemination in conventional IVF. Hum Reprod, 18: 2118-2121.

Chen C. 1986. Pregnancy after human oocyte cryopreservation. Lancet, 19: 884-886.

Chen H L, Copperman A B, Grunfeld L, et al. 1995. Failed fertilization *in vitro*: second day micromanipulation of oocytes versus reinsemination. Fertil Steril, 63: 1337-1340.

Chen Z J, Shi Y, Sun Y, et al. 2016. Fresh versus frozen embryos for infertility in the polycystic ovary syndrome. N Engl J Med, 375: 523-533.

Chen Z J, Zhao H, He L, et al. 2011. Genome-wide association study identifies susceptibility loci for polycystic ovary syndrome on chromosome 2p16.3, 2p21 and 9q33.3. Nat Genet, 43: 55-59.

Chian R C, Gilbert L, Huang J Y, et al. 2009. Live birth after vitrification of *in vitro* matured human oocytes. Fertil Steril, 91: 372-376.

Cohen J, Wells D, Munne S. 2007. Removal of 2 cells from cleavage stage embryos is likely to reduce the efficacy of chromosomal tests that are used to enhance implantation rates. Fertil Steril, 87: 496-503.

Combelles C M, Ceyhan S T, Wang H, et al. 2011. Maturation outcomes are improved following Cryoleaf vitrification of immature human oocytes when compared to choline-based slow-freezing. J Assist Reprod Genet, 28: 1183-1192.

Coughlan C, Yuan X, Nafee T, et al. 2013. The clinical characteristics of women with recurrent implantation failure. J Obstet Gynaecol, 33: 494-498.

Craven L, Tuppen H A, Greggains G D, et al. 2010. Pronuclear transfer in human embryos to prevent transmission of mitochondrial DNA disease. Nature, 465: 82-85.

Daniel Y, Ochshorn Y, Fait G, et al.2000. Analysis of 104 twin pregnancies conceived with assisted reproductive technologies and 193 spontaneously conceived twin pregnancies. Fertil Steril, 74: 683-689.

Dawson K J, Conaghan J, Ostera G R, et al. 1995. Delaying transfer to the third day post-insemination, to select non-arrested embryos, increases development to the fetal heart stage. Hum Reprod, 10: 177-182.

De Sutter P, Gerris J, Dhont M. 2002. A health-economic decision-analytic model comparing double with single embryo transfer in IVF/ICSI. Hum Reprod, 17: 2891-2896.

De Sutter P, Van der Elst J, Coetsier T, et al. 2003. Single embryo transfer and multiple pregnancy rate reduction in IVF/ICSI: a 5-year appraisal. Reprod Biomed Online, 6: 464-469.

Desai N, Goldberg J, Austin C, et al. 2012. Cryopreservation of individually selected sperm: methodology and case report of a clinical pregnancy. J Assist Reprod Genet, 29: 375-379.

Devolder K. 2005. Preimplantation HLA typing: having children to save our loved ones. J Med Ethics, 31: 582-586.

Di Pietro C, Vento M, Guglielmino M R, et al. 2010. Molecular profiling of human oocytes after vitrification strongly suggests that they are biologically comparable with freshly isolated gametes. Fertil Steril, 94: 2804-2807.

Dickey R P, Taylor S N, Lu P Y, et al. 2002. Spontaneous reduction of multiple pregnancy: incidence and effect on outcome. Am J Obstet Gynecol, 186: 77-83.

Dovey S, Sneeringer R M, Penzias A S. 2008. Clomiphene citrate and intrauterine insemination: analysis of more than 4100 cycles. Fertil Steril, 90: 2281-2286.

Farquhar C M, Brown J, Arroll N, et al. 2013. A randomized controlled trial of fallopian tube sperm perfusion compared with standard intrauterine insemination for women with non-tubal infertility. Hum Reprod, 28: 2134-2139.

Fasano G, Demeestere I, Englert Y. 2012. *In-vitro* maturation of human oocytes: before or after vitrification? J Assist Reprod Genet, 29: 507-512.

Ferlin A, Garolla A, Foresta C. 2005. Chromosome abnormalities in sperm of individuals with constitutional sex chromosomal abnormalities. Cytogenet Genome Res, 111: 310-316.

Fragouli E, Katz-Jaffe M, Alfarawati S, et al. 2010. Comprehensive chromosome screening of polar bodies and blastocysts from couples experiencing repeated implantation failure. Fertil Steril, 94: 875-887.

Gardner D K, Lane M, Stevens J, et al. 2000. Blastocyst score affects implantation and pregnancy outcome: towards a single blastocyst transfer. Fertil Steril, 73: 1155-1158.

Gardner D K, Lane M. 1997. Culture and selection of viable blastocysts: a feasible proposition for human

IVF? Hum Reprod Update, 3: 367-382.

George S M. 2006. Millions of missing girls: from fetal sexing to high technology sex selection in India. Prenat Diagn, 26: 604-609.

Geraedts J, Montag M, Magli M C, et al. 2011. Polar body array CGH for prediction of the status of the corresponding oocyte. Part I: clinical results. Hum Reprod, 26: 3173-3180.

Gianaroli L, Magli M C, Pomante A, et al. 2014. Blastocentesis: a source of DNA for preimplantation genetic testing. Results from a pilot study. Fertil Steril, 102: 1692-1699.

Gonzalez-Merino E, Hans C, Abramowicz M, et al. 2007. Aneuploidy study in sperm and preimplantation embryos from nonmosaic 47, XYY men. Fertil Steril, 88: 600-606.

Gook D A. 2011. History of oocyte cryopreservation. Reprod Biomed Online, 23: 281-289.

Goossens V, De Rycke M, De Vos A, et al. 2008. Diagnostic efficiency, embryonic development and clinical outcome after the biopsy of one or two blastomeres for preimplantation genetic diagnosis. Hum Reprod, 23: 481-492.

Govaerts I, Koenig I, Van den Bergh M, et al. 1996. Is intracytoplasmic sperm injection (ICSI) a safe procedure? What do we learn from early pregnancy data about ICSI? Hum Reprod, 11: 440-443.

Greco E, Bono S, Ruberti A, et al. 2014. Comparative genomic hybridization selection of blastocysts for repeated implantation failure treatment: a pilot study. Biomed Res Int, 2014: 457913.

Greco E, Minasi M G, Fiorentino F. 2015. Healthy babies after intrauterine transfer of mosaic aneuploid blastocysts. N Engl J Med, 373: 2089-2090.

Greco E, Scarselli F, Minasi M G, et al. 2013. Birth of 16 healthy children after ICSI in cases of nonmosaic Klinefelter syndrome. Hum Reprod, 28: 1155-1160.

Griffin D K, Handyside A H, Penketh R J, et al. 1991. Fluorescent *in-situ* hybridization to interphase nuclei of human preimplantation embryos with X and Y chromosome specific probes. Hum Reprod, 6: 101-105.

Grifo J A, Boyle A, Tang Y X, et al. 1992. Preimplantation genetic diagnosis. *In situ* hybridization as a tool for analysis. Arch Pathol Lab Med, 116: 393-397.

Grimbizis G F, Gordts S, Di Spiezio Sardo A. 2013. The ESHRE/ESGE consensus on classification of female genital tract congenital anomalies. Hum Reprod, 28: 2032-2044.

Hammond E R, Shelling A N, Cree L M. 2016. Nuclear and mitochondrial DNA in blastocoele fluid and embryo culture medium: evidence and potential clinical use. Hum Reprod, 31: 1653-1661.

Handyside A H, Kontogianni E H, Hardy K, et al. 1990. Pregnancies from biopsied human preimplantation embryos sexed by Y-specific DNA amplification. Nature, 344: 768-770.

Handyside A H, Lesko J G, Tarin J J, et al. 1992. Birth of a normal girl after *in vitro* fertilization and preimplantation diagnostic testing for cystic fibrosis. N Engl J Med, 327: 905-909.

Handyside A H, Pattinson J K, Penketh R J, et al. 1989. Biopsy of human preimplantation embryos and sexing by DNA amplification. Lancet, 1: 347-349.

Harper J C, Coonen E, De Rycke M, et al. 2010. ESHRE PGD Consortium data collection X: cycles from January to December 2007 with pregnancy follow-up to October 2008. Hum Reprod, 25: 2685-2707.

Harton G, Braude P, Lashwood A, et al. 2011. ESHRE PGD consortium best practice guidelines for organization of a PGD centre for PGD/preimplantation genetic screening. Hum Reprod, 26: 14-24.

Hennebicq S, Pelletier R, Bergues U, et al. 2001. Risk of trisomy 21 in offspring of patients with Klinefelter's syndrome. Lancet, 357: 2104-2105.

Hershlag A, Paine T, Kvapil G, et al. 2002. *In vitro* fertilization-intracytoplasmic sperm injection split: an insemination method to prevent fertilization failure. Fertil Steril, 77: 229-232.

Hodes-Wertz B, Grifo J, Ghadir S, et al. 2012. Idiopathic recurrent miscarriage is caused mostly by aneuploid embryos. Fertil Steril, 98: 675-680.

Huang L, Ma F, Chapman A, et al. 2015. Single-cell whole-genome amplification and sequencing: methodology and applications. Annu Rev Genomics Hum Genet, 16: 79-102.

Hughes I A, Houk C, Ahmed S F, et al. 2006. Consensus statement on management of intersex disorders. J Pediatr Urol, 2: 148-162.

Huisman G J, Fauser B C, Eijkemans M J, et al. 2000. Implantation rates after *in vitro* fertilization and transfer of a maximum of two embryos that have undergone three to five days of culture. Fertil Steril, 73: 117-122.

Huynh T, Mollard R, Trounson A. 2002. Selected genetic factors associated with male infertility. Hum Reprod Update, 8: 183-198.

Jerome F, Strauss III, Barbieri R L. 2014. Yen & Jaffe's Reproductive Endocrinology: Physiology, Pathophysiology, and Clinical Management. 7th edition. St. Loiuis, MO, USA: Saunders Company.

Jiao X, Qin C, Li J, et al. 2012. Cytogenetic analysis of 531 Chinese women with premature ovarian failure. Hum Reprod, 27: 2201-2207.

Korosec S, Ban Frangez H, Verdenik I, et al. 2014. Singleton pregnancy outcomes after *in vitro* fertilization with fresh or frozen-thawed embryo transfer and incidence of placenta praevia. Biomed Res Int, 2014: 431797.

Lanfranco F, Kamischke A, Zitzmann M, et al. 2004. Klinefelter's syndrome. Lancet, 364: 273-283.

Li N, Wang L, Wang H, et al. 2015. The performance of whole genome amplification methods and next-generation sequencing for pre-implantation genetic diagnosis of chromosomal abnormalities. J Genet Genomics, 42: 151-159.

Madon P F, Athalye A S, Parikh F R. 2005. Polymorphic variants on chromosomes probably play a significant role in infertility. Reprod Biomed Online, 11: 726-732.

Maffei S, Hanenberg M, Pennarossa G, et al. 2013. Direct comparative analysis of conventional and directional freezing for the cryopreservation of whole ovaries. Fertil Steril, 100: 1122-1131.

Magli M C, Pomante A, Cafueri G, et al. 2016. Preimplantation genetic testing: polar bodies, blastomeres, trophectoderm cells, or blastocoelic fluid? Fertil Steril, 105: 676-683.

Marek D, Langley M, Gardner D K, et al. 1999. Introduction of blastocyst culture and transfer for all patients in an *in vitro* fertilization program. Fertil Steril, 72: 1035-1040.

Martin P M, Welch H G. 1998. Probabilities for singleton and multiple pregnancies after *in vitro* fertilization. Fertil Steril, 70: 478-481.

Martinez-Burgos M, Herrero L, Megias D, et al. 2011. Vitrification versus slow freezing of oocytes: effects on morphologic appearance, meiotic spindle configuration, and DNA damage. Fertil Steril, 95: 374-377.

McCartney C R, Marshall J C. 2016. Clinical practice. polycystic ovary syndrome. N Engl J Med, 375: 54-64.

Meirow D, Levron J, Eldar-Geva T, et al. 2005. Pregnancy after transplantation of cryopreserved ovarian tissue in a patient with ovarian failure after chemotherapy. N Engl J Med, 21: 318-321.

Meng M, Li X, Ge H, et al. 2014. Noninvasive prenatal testing for autosomal recessive conditions by maternal plasma sequencing in a case of congenital deafness. Genet Med, 16: 972-976.

Minocherhomji S, Athalye A S, Madon P F, et al. 2009. A case-control study identifying chromosomal polymorphic variations as forms of epigenetic alterations associated with the infertility phenotype. Fertil Steril, 92: 88-95.

Montag M, Koster M, Strowitzki T, et al. 2013. Polar body biopsy. Fertil Steril, 100: 603-607.

Morel F, Bernicot I, Herry A, et al. 2003. An increased incidence of autosomal aneuploidies in spermatozoa from a patient with Klinefelter's syndrome. Fertil Steril, 79(Suppl 3): 1644-1646.

Mroz K, Hassold T J, Hunt P A. 1999. Meiotic aneuploidy in the XXY mouse: evidence that a compromised testicular environment increases the incidence of meiotic errors. Hum Reprod, 14: 1151-1156.

Munne S, Grifo J, Cohen J, et al. 1994. Chromosome abnormalities in human arrested preimplantation embryos: a multiple-probe FISH study. Am J Hum Genet, 55: 150-159.

Murase Y, Araki Y, Mizuno S, et al. 2004. Pregnancy following chemical activation of oocytes in a couple with repeated failure of fertilization using ICSI: case report. Hum Reprod, 19: 1604-1607.

Ning L, Li Z, Wang G, et al. 2015. Quantitative assessment of single-cell whole genome amplification methods for detecting copy number variation using hippocampal neurons. Sci Rep, 5: 11415.

Noyes N, Knopman J, Labella P, et al. 2010. Oocyte cryopreservation outcomes including pre-cryopreservation and post-thaw meiotic spindle evaluation following slow cooling and vitrification of human oocytes. Fertil Steril, 94: 2078-2082.

Noyes N, Porcu E, Borini A. 2009. Over 900 oocyte cryopreservation babies born with no apparent increase in congenital anomalies. Reprod Biomed Online, 18: 769-776.

Oktay K, Turkcuoglu I, Rodriguez-Wallberg K A. 2011. Four spontaneous pregnancies and three live births following subcutaneous transplantation of frozen banked ovarian tissue: what is the explanation? Fertil Steril, 95: 804-807.

Osuna C, Matorras R, Pijoan J I, et al. 2004. One versus two inseminations per cycle in intrauterine insemination with sperm from patients' husbands: a systematic review of the literature. Fertil Steril, 82: 17-24.

Palini S, Galluzzi L, De S S, et al. 2013. Genomic DNA in human blastocoele fluid. Reprod Biomed Online, 26: 603-610.

Pennings G, Schots R, Liebaers I. 2002. Ethical considerations on preimplantation genetic diagnosis for HLA typing to match a future child as a donor of haematopoietic stem cells to a sibling. Hum Reprod, 17: 534-538.

Practice Committee of the American Society for Reproductive Medicine. 2012. Evaluation and treatment of recurrent pregnancy loss: a committee opinion. Fertil Steril, 98: 1103-1111.

Practice Committees of American Society for Reproductive Medicine, Society for Assisted Reproductive Technology. 2013. Mature oocyte cryopreservation: a guideline. Fertil Steril, 99: 37-43.

Qin Y, Jiao X, Simpson J L, et al. 2015. Genetics of primary ovarian insufficiency: new developments and opportunities. Hum Reprod Update, 21: 787-808.

Quaas A M, Melamed A, Chung K, et al. 2013. Egg banking in the United States: current status of commercially available cryopreserved oocytes. Fertil Steril, 99: 827-831.

Ragni G, Somigliana E, Vegetti W. 2004. Timing of intrauterine insemination: where are we? Fertil Steril, 82: 25-26, 32-35.

Raheem A A, Ralph D. 2011. Male infertility: causes and investigations. Trends Urol Men's Health, 2: 8-11.

Rinehart J. 2007. Recurrent implantation failure: definition. J Assist Reprod Genet, 24: 284-287.

Rubio C, Bellver J, Rodrigo L, et al. 2013. Preimplantation genetic screening using fluorescence *in situ* hybridization in patients with repetitive implantation failure and advanced maternal age: two randomized trials. Fertil Steril, 99: 1400-1407.

Sahin F I, Yilmaz Z, Yuregir O O, et al. 2008. Chromosome heteromorphisms: an impact on infertility. J Assist Reprod Genet, 25: 191-195.

Sampson J A. 1927. Peritoneal endometriosis due to the menstrual dissemination of endometrial tissue into the peritoneal cavity. Am J Obstet Gynecol, 14: 422-469.

Scaravelli G, Vigiliano V, Mayorga J M, et al. 2010. Analysis of oocyte cryopreservation in assisted reproduction: the Italian National Register data from 2005 to 2007. Reprod Biomed Online, 21: 496-500.

Schiff J D, Palermo G D, Veeck L L, et al. 2005. Success of testicular sperm extraction [corrected] and intracytoplasmic sperm injection in men with Klinefelter syndrome. J Clin Endocrinol Metab, 90: 6263-6267.

Schoolcraft W B, Fragouli E, Stevens J, et al. 2010. Clinical application of comprehensive chromosomal screening at the blastocyst stage. Fertil Steril, 94: 1700-1706.

Sciurano R B, Luna H C, Rahn M I, et al. 2009. Focal spermatogenesis originates in euploid germ cells in classical Klinefelter patients. Hum Reprod, 24: 2353-2360.

Scott R J, Upham K M, Forman E J, et al. 2013. Blastocyst biopsy with comprehensive chromosome screening and fresh embryo transfer significantly increases *in vitro* fertilization implantation and delivery rates: a randomized controlled trial. Fertil Steril, 100: 697-703.

Scott R J, Upham K M, Forman E J, et al. 2013. Cleavage-stage biopsy significantly impairs human embryonic implantation potential while blastocyst biopsy does not: a randomized and paired clinical trial. Fertil Steril, 100: 624-630.

Sharp R R, McGowan M L, Verma J A, et al. 2010. Moral attitudes and beliefs among couples pursuing PGD for sex selection. Reprod Biomed Online, 21: 838-847.

Shi Q, Martin R H. 2000. Multicolor fluorescence *in situ* hybridization analysis of meiotic chromosome

segregation in a 47, XYY male and a review of the literature. Am J Med Genet, 93: 40-46.
Staessen C, Tournaye H, Van Assche E, et al. 2003. PGD in 47, XXY Klinefelter's syndrome patients. Hum Reprod Update, 9: 319-330.
Stern H J. 2014. Preimplantation genetic diagnosis: prenatal testing for embryos finally achieving its potential. J Clin Med, 3: 280-309.
Stigliani S, Anserini P, Venturini P L, et al. 2013. Mitochondrial DNA content in embryo culture medium is significantly associated with human embryo fragmentation. Hum Reprod, 28: 2652-2660.
Stigliani S, Persico L, Lagazio C, et al. 2014. Mitochondrial DNA in day 3 embryo culture medium is a novel, non-invasive biomarker of blastocyst potential and implantation outcome. Mol Hum Reprod, 20: 1238-1246.
Thornhill A R, DeDie-Smulders C E, Geraedts J P, et al. 2005. ESHRE PGD Consortium 'Best practice guidelines for clinical preimplantation genetic diagnosis (PGD) and preimplantation genetic screening (PGS)'. Hum Reprod, 20: 35-48.
Tian Q, He F, Zhou Y, et al. 2009. Gender verification in athletes with disorders of sex development. Gynecol Endocrinol, 25: 117-121.
Tobler K J, Zhao Y, Ross R, et al. 2015. Blastocoel fluid from differentiated blastocysts harbors embryonic genomic material capable of a whole-genome? deoxyribonucleic acid amplification and comprehensive chromosome microarray analysis. Fertil Steril, 104: 418-425.
van Echten-Arends J, Mastenbroek S, Sikkema-Raddatz B, et al. 2011. Chromosomal mosaicism in human preimplantation embryos: a systematic review. Hum Reprod Update, 17: 620-627.
Van Royen E, Mangelschots K, De Neubourg D, et al. 1999. Characterization of a top quality embryo, a step towards single-embryo transfer. Hum Reprod, 14: 2345-2349.
Verlinsky Y, Rechitsky S, Schoolcraft W, et al. 2000. Designer babies - are they a reality yet? Case report: simultaneous preimplantation genetic diagnosis for Fanconi anaemia and HLA typing for cord blood transplantation. Reprod Biomed Online, 1: 31.
Vialard F, Bailly M, Bouazzi H, et al. 2012. The high frequency of sperm aneuploidy in klinefelter patients and in nonobstructive azoospermia is due to meiotic errors in euploid spermatocytes. J Androl, 33: 1352-1359.
Webber L, Davies M, Anderson R, et al. 2016. ESHRE Guideline: management of women with premature ovarian insufficiency. Hum Reprod, 31: 926-937.
Wells D, Sherlock J K, Handyside A H, et al. 1999. Detailed chromosomal and molecular genetic analysis of single cells by whole genome amplification and comparative genomic hybridisation. Nucleic Acids Res, 27: 1214-1218.
Yakin K, Balaban B, Urman B. 2005. Is there a possible correlation between chromosomal variants and spermatogenesis? Int J Urol, 12: 984-989.
Yamamoto Y, Sofikitis N, Mio Y, et al. 2002. Morphometric and cytogenetic characteristics of testicular germ cells and Sertoli cell secretory function in men with non-mosaic Klinefelter's syndrome. Hum Reprod, 17: 886-896.
Yoshida A, Miura K, Shirai M. 1997. Cytogenetic survey of 1, 007 infertile males. Urol Int, 58: 166-176.
Zhang Y, Li N, Wang L, et al. 2016. Molecular analysis of DNA in blastocoele fluid using next-generation sequencing. J Assist Reprod Genet, 33: 637-645.

（秦莹莹）

第十二章 生殖免疫

现代免疫学的观点认为，免疫是指生物体对异体、异种或“自身”物质的各种反应性，即机体“识别异己”和“排斥异己”物质的功能。随着生物技术的发展，免疫学的范围也在扩大，并由它派生出许多相关的分支学科。生殖免疫学是20世纪70年代生殖生物学与免疫学两大学科交叉后出现的新学科，它不仅是一门重要的边缘学科，同时也阐明了人类和哺乳动物的生殖是在机体生殖系统和免疫系统相互作用的稳定状态下顺利进行的。

生殖免疫学的核心是研究生殖过程中各个环节存在的极其复杂的免疫学问题，涉及生殖生理、妊娠生理、病理妊娠及生殖控制等。生殖免疫研究的主要问题包括：配子的免疫学；母胎界面免疫学；胎盘免疫；母胎界面的分子和细胞；胚胎发育与母体识别；MHC 与生殖；免疫性不育；生殖道局部免疫；免疫避孕疫苗控制生育；细胞因子调节妊娠及自然流产免疫治疗等。生殖免疫学研究的重点是母胎界面之间存在的极其复杂的免疫学问题，尤其是生育的分子免疫调节机理。

第一节 配子免疫

人类及哺乳动物的生殖腺、生殖细胞和生殖激素都具有抗原性，均可引起机体免疫反应，影响生殖过程中配子的发生和发育、受精、胚泡着床、胚胎发育、分娩等各环节。若其中任一环节功能失调即可导致不育、流产及妊娠免疫性并发症。配子发生过程中，精子和卵子都表达一些特异性的蛋白质，这些特异性的蛋白质可以作为抗原刺激机体的免疫系统，引起免疫应答。免疫应答产生的抗体与相应的配子抗原结合，则会抑制配子的功能，阻断受精。因此，理论上精子和卵子特异性蛋白均可作为避孕疫苗的候选抗原。

早在1899年有学者发现，将异种动物精子注入机体可产生抗体。1900年进一步证实，豚鼠在注射自体精子后血液中有抗精子抗体存在。1922年，证实精子具有抗原性。已证实，20%的不孕症与免疫因素有关。在动物妊娠失败中，有80%～90%与免疫因素密切相关。

各种哺乳动物的出生率高，伴随的死亡率亦相当高。绵羊和牛的受精率非常高，但通常活仔率约为70%。大多数胚胎的死亡发生在妊娠的最初3周。猪30%～40%孕体在妊娠期死亡。胚胎死亡的原因，除家畜管理和环境因素外，受精卵基因型异常及生殖免疫因素不容忽视。

一、卵子透明带抗原

19世纪70年代，有人用动物卵巢免疫雌性仓鼠，发现抗卵巢抗血清能在体外抑制仓鼠的卵子受精，并能封闭精子对卵子的穿透作用。随后发现用机体组织吸收抗卵巢抗血清后，所剩的抗体仍能沉淀于卵透明带（zone pellucida，ZP）表面，并抑制精卵结合，从而证明抗卵巢抗血清的抗生育作用主要由抗 ZP 抗体引起（图 12-1）。

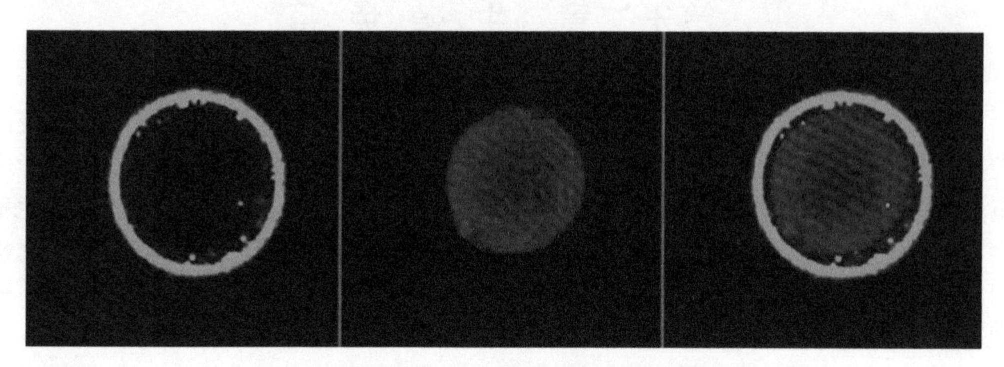

图 12-1 免疫荧光法分析抗血清与卵 ZP 原位结合

哺乳动物卵子的透明带是由卵母细胞及颗粒细胞分泌，覆盖于卵母细胞及着床前胚胎外的一层半透明的糖蛋白基质。绝大多数哺乳动物的 ZP 是由 3～5 种糖蛋白组成的。以小鼠为例，可分为 ZP1、ZP2 和 ZP3，分子量分别是 200 kDa、120 kDa 和 83 kDa，其中 ZP3 有精子受体活性。在小鼠、仓鼠和人三者之间，ZP3 mRNA 同源性可达 80%。可见，ZP3 蛋白的编码基因在不同物种之间具有一定的保守性。从含量来看，ZP3 与 ZP2 的量相当，而 ZP1 较少。ZP 在精卵结合及保护早期胚胎发育方面具有重要作用。我们探索雌性生殖系统组织特异性抗原的研究发现，哺乳动物卵透明带上有特异的抗原，抗体与特异的抗原结合可以在哺乳动物卵透明带外围形成一个可见的沉淀带（图 12-2）。用抗体处理过的卵子可以抑制精子与透明带结合，从而阻止精子穿过透明带与卵子受精。这些抗原并不是种属特异的，不同种的哺乳动物之间有交叉反应，如抗猪 ZP 的抗体可以在体外抑制人的精卵受精。

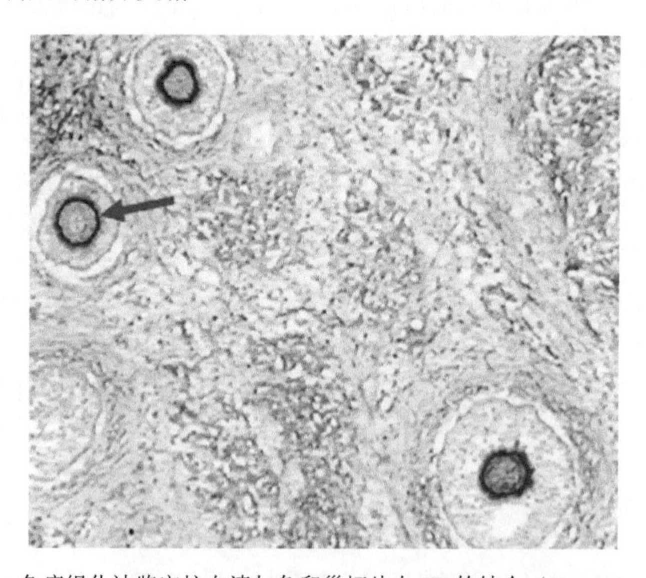

图 12-2 免疫组化法鉴定抗血清与兔卵巢切片上 ZP 的结合（Xu et al.，2007）

（一）哺乳动物卵子 ZP 结构及其理化性质

成熟透明带的厚度、蛋白质含量及韧性因物种不同而异。通常透明带内层比外层致密。外层透明带表面呈开窗式海绵状结构；透明带内表面呈颗粒状或微管状结构。小鼠 ZP 是由 ZP2-ZP3 形成的细丝状异源二聚体，通过 ZP1 连接形成三维立体网状结构。ZP 是由卵母细胞和颗粒细胞共同合成分泌的。成熟 ZP 的厚度因物种不同从 5～20 μm 不等。仓鼠 ZP 厚度为 1～2 μm，小鼠 ZP 厚度为 5 μm，人 ZP 厚度为 13 μm，牛 ZP 厚度为 27 μm。光学显微镜和电子显微镜的研究都证明，ZP 在物理和生化性质上有明显的分层现象，这些研究都表明 ZP 是一种高度有组织的基质，它可以介导精子在受精作用中通过一定角度的轨道穿透 ZP。

（二）ZP 糖蛋白的生化性质

由于高度修饰的 ZP 抗原蛋白具有复杂的天然性质，以及确认单个糖蛋白时所用的实验手段不同，造成了早期对 ZP 抗原蛋白定性的混乱。

从组成 ZP 糖蛋白的氨基酸来看，ZP1 由 623 个氨基酸组成，ZP2 由 713 个氨基酸组成，而 ZP3 由 424 个氨基酸组成。每种糖蛋白合成初期都有 N 端的信号肽、C 端的跨膜序列和一条短的尾巴。合成后在胞外聚集前要经历 N 端的裂解过程，裂解的位置分别是 ZP1（Pyr21）、ZP2（Val35）和 ZP3（Pyr23）。3 种蛋白质在细胞内经历复杂的糖基化，糖基链的质量可占每种蛋白质分子量的一半。天然 ZP 中潜在的糖基化位点已经用质量光谱测定法测定出来。在 3 种 ZP 序列中，几乎所有天冬氨酸位点被 N 连接的糖基链所占据。与此相对的是，在 ZP2 中没有 O 连接的糖基链，而在 ZP3 中，只能够检测到很少的 O 连接的糖基链。

（三）ZP 蛋白的蛋白质序列和核酸序列

1. ZP3 蛋白家族

第一个小鼠 ZP3 蛋白的 cDNA 克隆是由 Ringuette 等（1986）完成的。Dean 等（1989）研究了小鼠 ZP3 蛋白的氨基酸序列，这个寡核苷酸序列后来被用来分离大鼠和人 ZP3 的 cDNA 和构建基因组克隆。小鼠 ZP3 蛋白的氨基酸序列在长度上与其他同源蛋白基本是一致的，有一段 22 个氨基酸的信号序列，与大鼠、人和猪中分别有 91%、67%和 66%～75%的同源性，半胱氨酸的数目和位置及潜在的 N 连接的糖基化位点高度保守。有人提出了一段称为 ZP module 区域，具有 260 个氨基酸，有 8 个保守的半胱氨酸残基和一些保守的疏水性、极性的位点。这些特征与 ZP 蛋白三维结构的保守性是一致的。在 ZP3 的蛋白骨架上，分布着许多糖链。利用凝集素研究狗、猫和大象的 ZP 糖基组成时发现，三者都有 β(1,4)-半乳糖、Gal-β(1,3)-GalNAC 和岩藻糖，三者不同的是唾液酸（sialic acid），其中猫具有 α-2,6-连接型唾液酸，狗的是 α-2,3-连接型唾液酸，而大象两者都有。

2. ZP2 蛋白家族

用抗体筛选的方法已分离到几种不同动物 ZP2 蛋白的 cDNA 序列，证明其有相似的核苷酸序列。小鼠的 ZP2 蛋白是由 East 和 Dean（1984）用抗 ZP 的单克隆抗体分离到的，后来 Liang 和 Dean（1993）用小鼠 cDNA 片段从人基因组文库中分离得到人的同源蛋白。兔的 75 kDa 的 ZP 蛋白的 cDNA 是通过种属交叉的方法，用纯化的抗体筛选λg11文库分离到的。人和小鼠的 ZP2 在氨基酸水平上有 61%的同源性。

3. ZP1 蛋白家族

55 kDa 的兔 ZP1 蛋白的 cDNA 是 Skinner 等（1999）分离得到的，这个蛋白质的部分氨基酸序列非常独特。兔 ZP1 的 cDNA 被用来分离猪 ZP3α。它们的蛋白质在氨基酸水平上有 66%的同源性，除了 ZP module 和跨膜区域外，都有一个三叶形区域，这个区域被认为与蛋白水解酶的抗性有关，与其他 ZP 蛋白家族一样，这个蛋白家族的半胱氨酸残基的位点和潜在的糖基化位点高度保守。

（四）ZP 糖蛋白的功能

精子与透明带的相互作用是受精过程中特异性最强的环节，涉及精子与透明带的相互识别与结合、精子受透明带诱导发生顶体反应及精子对透明带的穿越等细胞生物学行为。其中，精子与透明带的识别是核心。精子与透明带的相互作用分为 2 个阶段，初次识别：刚抵达透明带表面的精子与透明带接触时所发生的识别反应。效应：精子开始穿越透明带。二次识别：完成初次识别和顶体反应之后的精子在穿越透明带过程中再次与透明带发生的识别反应。该过程与精子顶体酶对透明带的局部水解同步进行。

ZP 是精卵识别和结合的重要因子，且识别过程具有细胞和物种特异性。ZP1 为同源二聚体，此前认为其功能仅为维系 ZP 网络结构，现有文献报道猪 ZP1 也涉及精卵结合；ZP2 是精卵结合的二级受体，起“二次识别”和结合精子的作用，这种结合使精子被锚定在透明带局部。ZP3 是精卵结合的一级受体，负责同一物种间的精卵初次识别与结合，并诱导精子发生顶体反应。因此，ZP3 是精子与卵子识别和结合的最主要蛋白，精子能否与 ZP3 结合是评价精子有无受精能力的主要指标。

小鼠卵透明带 ZP 是由 ZP1～ZP3 三种糖蛋白组成，它是由卵母细胞分泌和合成，通过将 *ZP3* 基因敲除，产生纯合子小鼠 mZP3$^{(-/-)}$，其卵母细胞不能分泌和合成 ZP3 mRNA 和蛋白质。同时，也不能形成完整的 ZP。进一步检测纯合子小鼠 mZP3$^{(-/-)}$的卵母细胞是否分泌 mZP2，抗体标记激光共聚焦扫描结果显示，纯合子小鼠 mZP3$^{(-/-)}$卵母细胞能合成和分泌 mZP2，且能装配到正常小鼠 ZP3$^{(+/+)}$卵母细胞产生的 ZP1 和 ZP3，形成完整的 ZP。此外，来自 mZP3$^{(-/-)}$小鼠的卵母细胞和成熟卵细胞几乎均检测不到 mZP2，而正常的小鼠 ZP3$^{(+/+)}$的卵母细胞和成熟卵细胞均被检测有 mZP2。

（五）ZP 蛋白转录后修饰作用

ZP 糖蛋白在免疫遗传学和抗体遗传学水平上已有较详细的研究，但是至今找到的抗原决定簇大部分与蛋白质有关。Dunbar 等（2001）确定了一个与猪 ZP 糖基相关的特异的单克隆抗体 PS1（presenilin 1）。用银染 2D-PAGE 的方法分离猪 ZP3，可以得到一种单一的蛋白质，用它免疫小鼠后得到的单克隆抗体称为 PS1。这个抗体对于许多已经在免疫遗传学和抗体遗传学中应用的 ZP 糖蛋白的抗体是一个有效的补充。虽然这个免疫源是从猪 ZP 中分离得到的，但是它的抗体可以识别包括猪、兔、狗、猫和狒狒在内的许多动物酸性条件下的 ZP 蛋白表位，包括人在内的许多动物的 ZP 蛋白上都具有这个表位。

PS1 可以在不使 ZP 蛋白变性的情况下，在原位确定糖基决定簇。除了啮齿类动物以外，所有动物与这种抗原相关性的差异可以用 *N*-连接的 PS1 抗原来说明。精子竞争结合实验证明，PS1 抗体会降低精子和猪 ZP 蛋白的结合，主要是与猪 ZP 上的多聚乳糖氨基糖（polylactosaminoglycan）有关。许多含有多聚乳糖氨基糖的糖蛋白被证明锚定在细胞膜上。

（六）ZP 蛋白免疫反应的差异

实验证明，ZP 蛋白是由许多可能是种特异或相似的抗原决定簇组成的。抗猪 ZP 蛋白的多克隆抗体可以识别其他动物的 ZP，不同的 ZP 蛋白中有共同的表位。ZP 蛋白的抗体遗传学和免疫遗传学都非常复杂，免疫反应不但与免疫源的来源有关，还与被免疫的动物有关，这些免疫反映的差异主要反映了 ZP 蛋白在氨基酸水平上和转录后修饰水平上的差异。

用猪 ZP 蛋白异体免疫兔或其他动物（包括灵长类）可以刺激产生识别自身 ZP 抗原的抗体，同时阻断受精和卵泡发育。用兔 ZP 蛋白同种免疫雌性兔，用抗体检测法没有检测到有显著的免疫反应。在豚鼠中产生的抗猪天然 ZP 的抗体可以识别猪和兔的 ZP，而在兔中产生的抗兔天然 ZP 的抗体只能识别兔的天然 ZP 和部分猪 ZP，同时免疫反应在猪、兔的雌雄个体间也有差异。

（七）ZP 蛋白免疫

用 ZP 蛋白免疫将会导致不孕。ZP 抗原长期以来被认为是很有吸引力的抗生育疫苗的靶分子。针对 ZP 的抗体是组织特异性的，主要对成熟 ZP 起作用阻止受精，而不导致流产。有腔卵泡的卵泡液中的 ZP 长时间暴露于抗体，所以低滴度的抗体也将产生很好的抗生育作用。因为正常情况下一个周期只排卵一个或几个，所以所需的抗体相对于中和激素或精子抗原的抗体而言，在数量上非常有限。因为 ZP 是一种细胞外基质，它不会离开卵巢进入血液循环，所以不会形成免疫复合体。ZP 抗原在动物中有相似的抗原决定簇，所以可以研究用同一 ZP 抗原免疫不同哺乳动物的抗生育效果。

有人报道，卵泡中的 ZP 蛋白是在特异阶段产生的，不同的 ZP 抗原在发育的不同阶段合成并分泌。用纯化的去糖基的天然或重组的 ZP 蛋白确定了特异的 ZP 抗原，如用 EβDG 酶（endo-β-galactosidase）消化过的猪 ZP3α和化学去糖基后的 ZP3α、ZP3β，它们可以产生抗体抑制精子与 ZP 结合和受精，但并不改变卵泡的发育。但是用现有的方法得到大量经处理的 ZP 抗原，来用于免疫避孕还比较困难。同时有研究发现，用小鼠 ZP 蛋白的一段合成多肽与一种血清蛋白相连后免疫小鼠，可产生免疫反应并抑制受精，但并不改变卵巢的功能。

（八）重组 ZP 抗原的表达

小鼠、仓鼠和兔的 ZP 蛋白的 cDNA 已在不同的细胞中做了表达，但只有兔的重组 ZP 蛋白被用来研究其免疫遗传和抗生育的作用。在细菌中表达的兔重组 55 kDa（ZPC）、75 kDa（ZPA）的 ZP 蛋白没有糖基化，免疫兔和食蟹猴后并未产生明显的抗体。然而将这些重组蛋白与蛋白 A 相连后免疫食蟹猴，则产生明显的抗天然 ZP 蛋白的抗体。

（九）糖基化作用

ZP 糖蛋白的糖基链影响抗原性和免疫活性，去糖基化的 ZP 免疫原性比天然 ZP 蛋白小。非糖基化、不偶联的重组 ZP 蛋白是一个很差的免疫源。将兔 55 kDa 的 ZP 蛋白（一种猪精子受体 ZP3α同源蛋白）可以在昆虫细胞中与重组病毒一同表达，产生非融合的糖基化重组蛋白（BV-55）。为了确定糖基化作用是否提高了这个重组蛋白的免疫原性，用 BV-55 来免疫雌性兔和豚鼠，发现这些动物产生的抗体可以识别与天然兔 55 kDa 蛋白相关的抗原决定簇，这和以前用天然 ZP 蛋白或在细菌中表达的重组 55 kDa 蛋白免疫雌兔不产生抗体的情况正好相反，说明 BV-55 蛋白的糖基化与自身 ZP 蛋白的糖基化在产生抗体时没有很大的差别。用 BV-55 蛋白免疫豚鼠可产生高滴度的抗天然 ZP 蛋白的抗体，说明 BV-55 的免疫原性与天然 55 kDa 蛋白是一样的。

（十）免疫避孕

对免疫避孕的研究表明，要取得理想的避孕效果，仅体液免疫的作用是远远不够的，往往需要体液免疫、细胞免疫和局部黏膜免疫等方面的协同作用。20 世纪 70 年代后，相继在豚鼠、大鼠、小鼠、兔、猪和人等 ZP 上证实有特异性抗原存在，其相应的抗 ZP 抗体能阻止受精。抗 ZP 抗体和 ZP 结合能干扰卵子和卵泡细胞间的信息交流，导致卵泡的闭锁及卵子失去与同种精子结合的能力，还可干扰胚胎着床。ZP 具有很强的抗原性，主动或被动免疫动物后均可诱发产生抗体，ZP 具有异种交叉免疫应答特性，如猪 ZP 与人卵的 ZP 之间有交叉抗原性。用猪的 ZP 抗原进行间接免疫荧光实验，首次检测出人血清中的抗 ZP 抗体。借助特异、敏感的酶联免疫吸附测定技术发现，有 15%～20% 不明原因的不孕妇女血清中存在抗 ZP 抗体。随着年龄的增长及不孕时间延长，其抗 ZP 抗体阳性率有升高趋势。这些事实表明，抗 ZP 自身抗体可能是女性免疫性不孕的重要原因之一。

1. ZP 蛋白疫苗

关于 ZP 蛋白疫苗研究最多的是猪 ZP 抗原。猪的 ZP1 蛋白与小鼠 ZP2 及兔的 75 kDa 的 ZP 蛋白是同源的。ZP2 和 ZP4 被确定为是 ZP1 的蛋白水解产物。猪的 ZP3α是兔 55 kDa ZP 蛋白的同源物，而 ZP3β 与小鼠 ZP3 蛋白是同源的。猪 ZP3β 不具精子受体的功能。在猪中，ZP3α 才具有这种功能，抗猪 ZP3α的抗体可以降低受精率而不影响卵泡发育。然而值得一提的是，ZP3α与精子膜的结合可能需要可溶性的 ZP3β 的存在，ZP3β 对稳定 ZP3α 的结构可能发挥作用。用猪 ZP 蛋白异体免疫兔或其他动物（包括灵长类动物）可以刺激产生识别自身 ZP 抗原的抗体，能同时阻断受精和卵泡发育。Dunbar 等（1994）

用猪 ZP 来免疫兔和小鼠，可导致兔不孕，但是小鼠仍能生育。进一步研究表明，在小鼠中没有产生识别自身 ZP 的抗体，在兔中产生的抗体能分别识别猪、小鼠和兔的 ZP，而在小鼠中产生的抗体仅识别猪的 ZP，小鼠自身的 ZP 则不被识别。形态学研究发现，被猪 ZP 免疫的兔的卵巢发育不正常，小鼠的卵巢却未见异常。用猪卵透明带 55 kDa 糖蛋白抗原（ZP3）免疫恒河猴后，由于猴对 ZP3 的免疫反应使卵泡发育在初级卵泡阶段被阻断，卵泡发育的停止可能是导致不孕的主要原因。用 MDP（methylene diphosphonate）作为佐剂免疫恒河猴，证实引起卵巢功能紊乱的不是福氏佐剂，而正是 ZP3 分子本身。

Skinner 等（1987）用兔 ZP 蛋白免疫雄性和雌性的兔，发现在雄兔中产生了高滴度的抗体，在雌兔中未能检测到抗体，在雄兔中产生的抗体与兔 ZP 的反应较强，而且与猪 ZP 有明显的交叉反应。Schwoebel 等（1992）发现用兔的重组 ZP 蛋白免疫产生的抗体可以识别天然的 ZP 蛋白。当用在细菌中表达的兔 ZP 蛋白来免疫猴后，与蛋白 A 相连的重组蛋白可以产生明显的抗体。

2. ZP 基因疫苗

将 DNA 疫苗应用于生殖领域是一种新的尝试。Jackson 等（1998）选取小鼠的 ZP3 基因为目的基因，重组到鼠痘病毒（ectromelia virus）中，得到 ECTV-ZP3 重组病毒。以重组病毒作为抗生育疫苗来免疫小鼠，发现产生的抗体可以与卵巢的 ZP 蛋白结合，使小鼠不孕，然而这种不孕是暂时的，一旦抗体滴度降低，小鼠又恢复正常生育功能。同时也发现，有一半的不孕小鼠的卵巢结构出现异常。Mackenzie 等（2006）用 Myxoma 病毒作载体构建兔 ZPB 的病毒疫苗（VV-ZPB），用这个 DNA 疫苗免疫兔后，在兔中产生相当高的抗体滴度，且在雄兔中产生的抗体高于雌兔。产生的抗体可以和兔的 ZP 蛋白结合，使 80%的兔不孕；遗憾的是它也引起卵巢结构变化和功能紊乱。卵 ZP 免疫避孕的主要不足之处是，在主动免疫抗生育的同时，可损伤卵巢的功能，如卵巢炎、卵巢功能减退，甚至提前绝经。卵泡发育和卵巢的正常生理过程都受到不同程度的影响，对于动物这是可以接受的，但对于人类是不可以接受的。想要寻找一种特异的 ZP 蛋白或一个特异的抗原表位，其抗体既可以抑制受精而又不影响卵巢正常生理功能。但从目前的研究来看，无论是蛋白疫苗还是全长基因疫苗都会引起卵巢结构变化和功能紊乱，这就限制了 ZP 作为抗生育疫苗的应用。寻找一个最小、最简单的 ZP 免疫源，如一个表位，它能产生抗体阻断精卵相互作用而抑制受精，而且几乎无副作用，是一个十分重要的课题。用小鼠 ZP3 蛋白的保守序列的合成多肽（AA151～165，AA360～369），其抗体可以识别包括人和猴在内多种动物的 ZP 蛋白。

彭景楩课题组尝试并不克隆兔 ZPC 的全长基因，而是有选择地选取兔 ZPC 基因的 153 个氨基酸（编码 263～415 位），目的是寻找一个既能产生抗受精作用，又不影响卵巢结构和功能的靶抗原位点，进行抗生育疫苗的研究（Xiang et al.，2003）。选取兔 ZP3 编码氨基酸 263～415 的 cDNA 为免疫原，其中既保留了 ZP 家族的保守序列片段，也含有兔的特异序列片段，构建的 pVAX1-rZPC DNA 疫苗在新西兰兔中产生了抗天然 ZPC 的抗体，而且雄兔的抗体滴度高于雌兔的抗体滴度。该疫苗免疫雌性 BALB/c 小鼠后避孕率达到 80%，而且小鼠卵巢切片病理检测结果说明该疫苗对被免疫动物的卵巢没有明显的影响。ZP3 羧基端的序列是参与精卵结合的功能表位，以 ZP3 全长或部分片段作为抗原，彭景楩课题组构建了 4 种基因疫苗，接种动物后，可以诱导特异性的抗体产生（图 12-3，Xu et al.，2007）；除 ZP 基元外，其他 ZP3 序列具有免疫原性。按 ZPC 外显子（外显子 1～8）为单位，其中包含外显子 5～8 的片段免疫原性较强，而且抗生育效果明显，对动物卵巢无明显影响。ZP 基元（外显子 3～6）免疫原性较差，且对生育没有明显的影响。用特异抗原决定簇构建基因疫苗，研究克隆 ZP 部分片段达到阻断精卵相互作用的可能性，这是一个新的探索。

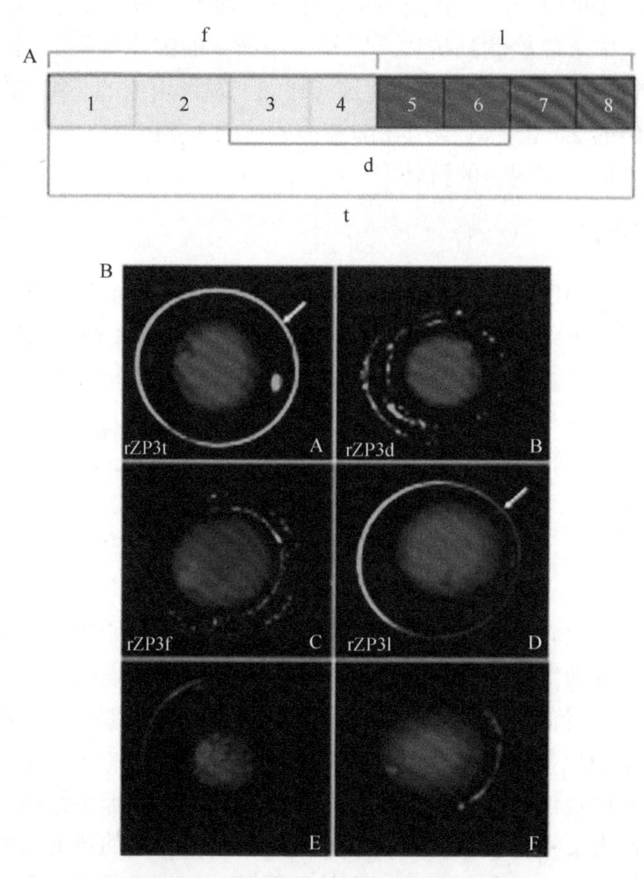

图 12-3　间接免疫荧光法鉴定小鼠抗血清与兔卵透明带特异性结合（Xu et al.，2007）。A. 兔 ZPC 蛋白全长及 8 个外显子，构建 4 种基因疫苗 pCR3.1-rZPCt（t，d，f，l）；B. 免疫荧光法分析 4 种基因疫苗抗血清与兔卵 ZP 原位结合

（十一）抗 ZP 抗体

临床不育症的研究表明，部分不孕妇女体内存在抗 ZP 抗体，有 15%～20%不明原因的不孕妇女血清中存在抗 ZP 抗体。随着年龄的增长及不孕时间延长，其抗 ZP 抗体阳性率有升高趋势。抗 ZP 自身抗体可能是女性免疫性不孕的重要原因之一。当机体受到与透明带有交叉抗原性的抗原刺激，或各种致病因子使透明带抗原变性时，导致体内辅助性 T 细胞优势识别，最终机体产生损伤性抗透明带免疫，使生育力降低。在人类，

月经的周期总会有一些卵泡变为闭锁的卵泡，如果透明带有活性，就有可能成为抗原刺激，从而产生抗透明带抗体，或者是由于感染致使透明带变性，刺激机体产生抗透明带抗体。

随着人们对 ZP 蛋白研究的深入，用 ZP 蛋白作为抗生育疫苗引起人们日益关注和浓厚兴趣。研究表明，ZP 抗原可诱发同种或异种免疫反应，产生抗 ZP 抗体。抗 ZP 抗体与 ZP 结合能干扰卵母细胞与卵泡之间的信息交流，导致卵泡闭锁和卵母细胞退化。经抗 ZP 抗体处理过的卵子失去与同种精子结合的能力。抗 ZP 抗体在体内还能干扰胚胎自透明带中“孵出”而妨碍着床。关于抗 ZP 抗体影响生殖功能的机制还不完全清楚，但目前研究表明抗 ZP 抗体能够掩盖 ZP 上的特异性精子受体 ZP3，从而阻止精卵结合；彭景楩课题组采用体外受精技术研究 ZP 抗体的作用（Yu et al.，2011）。研究结果显示：添加 *ZP3* 基因免疫抗血清组的小鼠卵母细胞体外受精率显著低于对照组，而卵裂率和囊胚率两者无显著差异；*ZP3* 基因免疫抗血清对去透明带卵的体外受精率未见明显影响。

抗 ZP 抗体也能使 ZP 的结构加固，抵抗精子顶体酶的消化作用，阻止精子穿过 ZP；即使精子穿透了 ZP 与卵子结合受精后，受精卵被包裹在坚固的 ZP 内，而不能实现“孵出”后着床。抗原抗体复合物学说则认为，抗 ZP 抗体在 ZP 表面与其相应抗原结合后，形成抗原抗体复合物，从而阻止精子通过 ZP。

二、精子抗原

（一）精子发生的免疫生物学

胚胎第 7～8 周，生殖腺嵴的初级性索在睾丸决定因子（TDF）诱导下分化为睾丸索。睾丸索中的上皮细胞分化为支持细胞，原始生殖细胞（PGC）分化为精原细胞，睾丸索成为生精小管。此时的曲细精管细胞产生的抗原都参与了免疫耐受形成。在青春期之前，精原细胞位于曲细精管的中央，支持细胞位于外周。青春期始，精原细胞外移，抵达基底膜，并开始分化为精母细胞、精子细胞和精子，这些生精细胞产生的抗原性物质均未参与胚胎期的免疫耐受形成过程，因此是很强的自身抗原。

精子不仅有很多抗原，而且还具有很强的同种异体和自身免疫原性。用精子对男性本人或女性皮下注射均能引起强烈的抗精子免疫反应，产生的抗精子抗体能导致精子制动、精子凝集和细胞毒性等。激发抗精子免疫反应的抗原主要是精子特异性抗原。在精子发生过程中，细线前期初级精母细胞以后的各级生精细胞能表达一系列特有的精子抗原，它们分布在精子的膜表面、顶体、细胞质、核内及鞭毛近端，鞭毛的尾尖部分也有，但相对较少影响精子功能。

（二）精子的免疫性防护

正因为精子有很强的免疫原性，生精细胞和出睾丸后的精子受到了很好的免疫性防护。发育中的精母细胞、精子细胞、精子具有特异性的自身抗原。正常时这些自身抗原不会被免疫系统攻击，这是由于受睾丸特殊的微环境即免疫豁免区的保护。参与维持睾丸这个免疫豁免区的因素有很多，由曲细精管基底膜和支持细胞组成的血-睾屏障、支持细胞及间质中的免疫细胞在免疫豁免中发挥主要作用。睾丸支持细胞分泌多种免疫调节因子；高表达 FasL 的支持细胞导致 Fas 阳性 T 细胞凋亡，通过激活诱导的细胞凋亡来调节淋巴细胞介导的特异性免疫应答。

血-睾屏障使精母细胞、精子细胞、精子免受免疫系统的攻击及病原微生物的侵袭，从而起到了免疫屏障的作用。血-睾屏障是由支持细胞间的紧密连接所形成，其他结构如基膜和类肌细胞并不是屏障作用的形成者。注射大分子物质后，它们将被阻挡在紧密连接外而非基膜上。血-睾屏障位于精原细胞的下方和细线期初级精母细胞的上方，几乎无抗原性的细线前期初级精母细胞也位于血-睾屏障。外侧称为基底小室，内侧称为连腔小室。精子抗原被集中在连腔小室内，很难溢出。而间质的巨噬细胞和淋巴细胞不能进入连腔小室。睾丸间质内的两个免疫学特征是：①特殊的淋巴细胞分布；②睾丸间质内有大量巨噬细胞。此处巨噬细胞所要清除的是漏出的精子抗原，这些巨噬细胞在清除精子抗原的同时并未呈现免疫激活状态，其机制可能与局部的细胞因子有关。局部高浓度雄激素也可能是重要因素之一。高浓度雄激素对整个免疫系统都有抑制作用。

精子进入附睾后，由于其所带电荷与附睾上皮相同，精子总位于小管中央。附睾上皮细胞间也有紧密连接，但屏障作用不强。附睾淋巴细胞具有两个特征：①CD8 优势分布；②单向移动通路。附睾上皮的大量分泌性物质可以吸附到精子表面，能覆盖精子表面抗原，其中部分覆盖物可能具有免疫抑制功能，成为精液免疫抑制因子。另外，精子自身表达的 MHC 分子较少，这也是其在正常情况下不易激发免疫反应的原因之一。

（三）精子抗原

精子发生过程中，精子表达一些特异性的蛋白质，这些特异性的蛋白质可以作为抗原刺激机体的免疫系统，引起免疫应答。免疫应答产生的抗体与相应的精子抗原结合，则会抑制精子的功能，阻断受精。理论上精子特异性蛋白可以作为避孕疫苗的候选抗原。将能与精子成分发生结合的免疫球蛋白称为抗精子抗体，相应精子成分可视为精子抗原。

精子抗原的化学本质：①膜蛋白，精子膜固有的蛋白质成分，精子抗原绝大多数属于这类成分。②糖蛋白的碳水化合物残基，由相同肽链组成的蛋白质核心，在不同细胞中所带的侧链糖基可有不同。精子 CD52 具有与淋巴细胞不同的多糖抗原决定基。③蛋白质不全分解产物，精子表面的蛋白质不全降解产物本身也能同某种免疫球蛋白分子发生有效结合。

精子抗原的分类：按组织特异性分为精子特异性抗原和精子非特异性抗原。特异性精子抗原包括受精抗原-1（fertilization antigen-1，FA-1），受精抗原-2（fertilization antigen-2，FA-2，亦为精子膜抗原），卵裂信号-1（cleavage signal-1，CS-1）抗原、精子/滋养层交叉反应抗原（sperm/trophoblast cross-reaction antigen，STX-10）、乳酸脱氢酶-C4（LDH-C4）、PH-20、PH-30（PH-30 是一种精子膜糖蛋白，具有细胞膜的外胞浆融合作用）、生殖细胞抗原-1（germ cell antigen-1，GA-1 为精子膜蛋白）、精子蛋白-10（sperm protein-10，SP-10）、YWK-Ⅱ相关抗原（YWK-Ⅱ是一种具有精子凝集作用的单抗，间接免疫荧光显示该单抗的相关抗原定位于精子中段、尾段和精子头赤道部的表面）、顶体素原结合蛋白和钙结合蛋白（calbp）等。非特异精子抗原包括肌酸磷酸激酶（creatinephosphokinase，CPK）、甘露糖配体受体（mannose-ligand receptor，MLR）、C-myc 蛋白、C-ras 蛋白、G 蛋白、膜磷酸酪氨酸蛋白（membrane phosphotyrosine protein，MPP）。

按与生育的关系分类，分为生育相关抗原和生育非相关抗原；按存在部位分类，分为包被抗原、膜固有抗原、细胞质抗原和核抗原等。除存在于精子膜表面的多种糖蛋白抗原外，还包括精子本身结构抗原、血型抗原、组织相容性抗原、精子内部各种酶系抗原等，如顶体素（acrosin）、ABO 血型抗原、HLA 抗原、鱼精蛋白（protamine）和精子膜抗原（sperm coating antigens，SCA），后者又称为 scafferrin，是一种包被精子表面的抗原，来源于精囊腺等。

（四）精子抗原表达

由于胚胎时期无精子生成，精子是在青春期才开始由睾丸生成的，这就远远超过了机体自身耐受建立的时期。男性体内未建立对自身精子的免疫耐受性。精子特异性抗原属于自身抗原（“隐蔽”抗原）。由于血-睾屏障的存在，正常状态下，生精细胞的抗原物质不易进入血循环而发生自身免疫反应，如该屏障遭到破坏（包括精浆免疫抑制因子缺失）则可导致抗精子的免疫反应。

人类精子表面抗原，即“精子附着抗原”。目前发现有 6 种，这些表面抗原能诱发相应的抗体产生，在补体参与下可引起精子运动障碍（制动作用），导致不孕。精子细胞膜抗原由种属特异性抗原、器官特异性抗原、组织相容性抗原构成，其中器官特异性抗原可引起同种和自身精子免疫反应。人类精细胞膜表面产生相关抗原 FA-1，其抗体作用是抑制精子获能和顶体反应。精子顶体自身抗原包括透明质酸酶、顶体素、顶体蛋白酶及人精子蛋白 SP-10，其相应抗体可引起受精障碍。精子细胞质的自身抗原主要有精子乳酸脱氢酶，与一般 LDH 不同，由 4 个亚单位组成，是精子特有的抗原，主要位于细胞质中；精子特异性的异构酶包括己糖激酶、酸性磷酸酶、山梨醇脱氢酶等，均存在于细胞质中，在动物中可引起免疫性无精症。精子核抗原至少有两类为精子所特有：①精子蛋白 1 和 2：两者的相对分子质量分别为 6300 和 6700，分别含有 47 个和 51 个氨基酸，其特征是精氨酸和半胱氨酸的含量高。②DNA 聚合酶：在输精管结扎后的男性精浆中可存在抗 DNA 聚合酶的自身抗体。不孕症患者的自身免疫血清可强烈抑制精子中的 DNA 聚合酶活性。

（五）抗精子抗体（antisperm antibody，AsAb）

20 世纪 50 年代首次发现不孕症者血清中存在精子抗体。人输精管结扎术后精子凝集抗体、精子制动抗体及细胞毒抗体的发生率分别为 50%～70%、31%和 27%～35.5%。人们相继对 AsAb 与人类不孕之间的关系进行了大量研究，并发现精子抗体能干扰精子穿透宫颈黏液、透明带及卵细胞膜，使受孕力降低。近来研究结果表明，仅存在于生殖道局部或结合精子膜表面的精子抗体才能影响生育。由于男性自身对精子抗原不产生免疫耐受性，因此精子对成年男性具有抗原性，即抗精子抗体能与精子结合产生自身免疫反应。男性机体免疫系统的发生与成熟先于精子发生与成熟，免疫系统可将精子抗原视为“异物”。正常情况下，血-睾屏障隔绝了精子与抗体免疫系统的接触，如血-睾屏障发育不完善、输精管结扎、睾丸炎、前列腺炎、精囊炎和外伤等损伤血-睾屏障，则精子及其抗原进入血循环，引起自身免疫反应，生成 AsAb。男性同性恋者血清精子抗体发生率高达 76%，提示精子对自身机体或同种机体确实具有抗原性。

精子对男性为自身抗原，对女性而言是同种异体抗原，每一次性交都相当于一次免疫接种。1 名正常女性一生中约要接受多达 1 万亿个以上的精子，但只有极少数人产生 AsAb，其主要原因：①正常人精液中含有前列腺素 E 及其他糖蛋白，具有免疫抑制作用。精液沉淀素具有抗补体活性。这些免疫抑制因素在正常情况下可抑制女方免疫活性细胞，诱导免疫耐受。②精浆中有一种免疫抑制因子，包裹在精子表面，女性免疫系统不易识别。③精浆中的酶可干扰精子表面抗原的表达。④精子进入阴道后其表面很快被一层女性生殖道内的蛋白质包裹，对精子起保护作用。⑤射精量大、进入宫腔量少、致敏作用不大。生殖道直肠黏膜损伤、月经期、子宫内膜炎时性交可增加精子及抗原进入血循环的引起免疫反应的机会。AsAb 一旦产生，严重影响生育功能，其主要发病机制是：抗精子顶体的抗体可干预精子获能或顶体反应。Harrison 等（1988）研究显示，精浆中或血清中精子抗体能使顶体过早丢失。这种顶体过早丢失主要由生殖道局部免疫，特别是 IgG 类精子抗体所介导，由于顶体过早丢失，则不能发生正常生理性顶体反应而致不孕；细胞毒抗体在补体协同作用下，致使精子膜受损，从而介导精子死亡，抗精子尾干的抗体直接抑制精子活力及前行性活动；精子抗体的 Fc 段与宫颈黏液中一种糖蛋白结合，干扰精子通过排卵期宫颈黏液；精子抗体的调理作用，通过巨噬细胞膜表面的 Fc 受体，增强生殖道局部巨噬细胞对精子抗原的吞噬作用，巨噬细胞对精子抗原的加工处理，更增加了 AsAb 的产生机会，从而造成免疫性不孕症的恶性循环；抗精子头部赤道附近成分的 AsAb，将妨碍精子与卵透明带及卵细胞膜的相互识别和结合，从而抑制受精造成不孕。

在雄性个体内，抗精子抗体也可能通过某些途径影响精子的发生。抗精子抗体沉积在曲细精管的基底膜和生精细胞上，影响睾丸的生精功能。此外，抗精子抗体也可通过增强人体巨噬细胞的间接杀精作用而导致不育，在临床上表现为少精子症和无精子症。在抗体渗入到生殖道的同时，补体成分也一同进入男性生殖道的分泌物中，引起补体链的激活及巨噬细胞的调理作用等，从而影响生育。

（六）精子相关抗原

人类精子抗原相当复杂，有 100 多种。完整精子可能与其他多种体细胞具有多种相同抗原，为避免交叉反应产生不良反应，用于避孕疫苗的精子抗原必须是精子表面特有表达，与生育相关，能产生高水平抗体干扰不孕的关键抗原。此外，精子与卵透明带结合位点的组成亦是免疫避孕最感兴趣的靶点之一。现已经应用杂交瘤、重组 DNA 技术、各种蛋白组学和基因组学方法筛选出很多精子特异性抗原并用于避孕疫苗的研发。

目前已经分离且研究较为清楚的精子抗原主要有精子特异性乳酸脱氢酶（sperm-specific lactate dehydrogenase，LDH-C_4）、精子特异性透明质酸酶（PH-20）、精子蛋白-10（sperm protein-10，SP-10）、兔精子自身抗原（rabbit sperm autoantigen，RSA）、精子凝

集抗原 1（sperm agglutination antigen-1，SAGA-1）、受精素 α/β（PH-30 抗原）、受精抗原-1 和 2（fertilization antigen-1 和 fertilization antigen-2）和卵裂信号-1（cleavage signal-1，CS-1）等。

1. SP-10

人的 SP-10 由 265 个氨基酸组成，位于精子的顶体内及顶体膜部位。SP-10 具有睾丸/精子特异性，具有多个 MHS-10 抗原表位，可诱导产生抗精子抗体。MHS-10 是一种特异性抗人类精子蛋白的单克隆抗体，可使精子凝集，影响精子穿透仓鼠去透明带的卵细胞及精卵结合。用重组猴 SP-10 蛋白通过肌肉注射途径接种猴，可以诱导猴的免疫反应，在生殖道和血清中可分别检测到抗 SP-10 的抗体 IgA 和 IgG。体外受精实验发现，抗 SP-10 的单克隆和多克隆抗体都能抑制获能精子次级结合到透明带上，认为 SP-10 疫苗的作用是通过诱导抗 SP-10 抗体——MHS-10 产生，从而抑制顶体反应，以影响精卵间的相互作用。

2. PH-20

PH-20 是糖基磷脂酰肌醇锚定的单链膜蛋白，分子量为 64 kDa，参与精子与透明带的黏附。PH-20 蛋白表现出透明质酸酶活性，这种活性使得精子能够穿透围绕在卵子周围的卵丘细胞。Primakoff 等（1997）报道用豚鼠 PH-20 免疫雄性和雌性豚鼠后，能抑制豚鼠的生育，并且这种不育效果可以逆转。但是，抗豚鼠 PH-20 的抗体与人精子蛋白 PH-20 并无明显的结合反应。豚鼠、人和恒河猴的 PH-20 cDNA 已分别被克隆出来，由于 PH-20 的分布特点、免疫效果及其与生殖功能的关系，PH-20 已成为一种有应用前景的免疫不育抗原。

3. 受精素 α/β（PH-30）

受精素 α/β（PH-30）是一种顶体质膜抗原，用来介导精-卵膜的相互作用。通过免疫荧光发现，抗 PH-30 抗体定位于完整豚鼠精子的后顶体质膜。PH-30 包含两个亚单位，它们都是完整的膜糖蛋白，其中 α 亚单位（60 kDa）包含一段具有病毒融合蛋白特性的肽段，而 β 亚单位（44 kDa）是一种整合素配体。抗 PH-30 单克隆抗体能够抑制豚鼠精-卵的融合。用纯化的豚鼠 PH-30 免疫雄性豚鼠，可导致完全不育，但免疫雌性豚鼠后则产生部分的免疫不育效果。编码小鼠、人等受精素亚单位的 cDNA 已经被克隆，并进行了其特性的研究。

4. 精子特异性乳酸脱氢酶（sperm-specific lactate dehydrogenase，$LDH-C_4$）

$LDH-C_4$ 特异地存在于鸟类和哺乳类动物的睾丸和精子中，催化丙酮酸和乳酸的转化，为精子的运动和存活提供能量。$LDH-C_4$ 是由 4 个 C 亚基组成的同源四聚体，与体细胞乳酸脱氢酶仅分布于细胞内不同，$LDH-C_4$ 在精子细胞内和胞质膜上都有分布。$LDH-C_4$ 在免疫学上与 $LDH-A_4$ 和 $LDH-B_4$ 截然不同，它可以作为抗原诱导机体的免疫反应。$LDH-C_4$ 蛋白主动免疫多种动物（包括灵长类动物）后，均能降低动物的生育率，其抗原表位（主要为 B 细胞表位）疫苗亦具有抗生育的效果。

（1）$LDH-C_4$的理化特性

$LDH-C_4$ 特异地存在于鸟类和哺乳类动物的睾丸和精子中，与体细胞中的乳酸脱氢酶 A_4（$LDH-A_4$）和 B_4（$LDH-B_4$）同属于乳酸脱氢酶家族。它们都以烟酰胺腺嘌呤二核苷酸（NAD）为辅酶催化丙酮酸和乳酸间的相互转化，在能量代谢中发挥着重要作用。但 $LDH-C_4$ 与体细胞中的 LDH 相比较又具有一些独特的性质。在人、小鼠等生物体内存在 3 种不同的乳酸脱氢酶亚单位即 A、B、C 亚单位，它们分别由 3 个基因 *Ldh-a*、*Ldh-b*、*Ldh-c* 编码。LDH-c 基因特异地在生精细胞中表达 C 亚单位，其分子量约为 35 kDa。在精细胞中，$LDH-C_4$ 是由 4 个 C 亚单位组成的同源四聚体，分子量为 140 kDa，催化丙酮酸和乳酸的转化。

不同物种间 C 亚单位的氨基酸组成有所变化。人的 $LDH-C_4$ 与小鼠和红狐分别有 74%和 86%氨基酸序列同源，抗原表位氨基酸序列有一些位点的氨基酸发生替换。通过对小鼠和大鼠 $LDH-C_4$ 亚单位的氨基酸序列比较发现，它们有 32 个不同的氨基酸位点，这 32 个不同的氨基酸位点已被定位，推测这些氨基酸的不同可能与种属特异性有关，在一定程度上影响不同物种间 $LDH-C_4$ 的免疫原性。不同物种间 $LDH-C_4$ 亚单位氨基酸序列的较大变化与体细胞中的 $LDH-A_4$ 和 $LDH-B_4$ 亚单位氨基酸序列的高度保守性形成明显的对照。在一级结构序列和三维结构上，A、B 亚单位比较相似，而与 C 亚单位差别较大，表现在 C 亚单位的螺旋和环区的氨基酸序列与 A 和 B 亚单位有很大差异，尤其 N 端的臂区变化更为明显。在体内，C 亚单位只能结合成同源四聚体 $LDH-C_4$，分布于生精细胞中；A 和 B 亚单位间能够相互结合成 5 种不同形式的四聚体结构蛋白，存在于机体的骨骼肌细胞和心肌细胞等体细胞中。

（2）分布特点

$LDH-C_4$ 在细胞中具有双重分布的性质。$LDH-C_4$ 主要是胞内酶，但有一部分与质膜相结合。$LDH-C_4$ 在精母细胞、精子细胞及处于分化成熟阶段的精子尾的主段和中段的质膜上都有明显分布，取自附睾的成熟精子的主段和中段也有较强的染色。$LDH-C_4$ 在精母细胞、精子细胞和精子的线粒体上分布较少，在体细胞的线粒体上则未检测到 $LDH-C_4$。$LDH-C_4$ 在精子膜上的分布使它能方便地与细胞外成分（如抗 $LDH-C_4$ 的抗体）相接触。

（3）表达调控

$LDH-C_4$ 的 C 亚单位由大小为 1 kb 的 *LDH-c* 基因编码。人 *LDH-c* 基因位于 11 号染色体的短臂 p15.3～p15.5 处，在位置上与 *LDH-a* 基因比较靠近。*Ldh-c* 基因编码区含有 6 个内含子，其表达具有严格的时空调控。小鼠和人的 *Ldh-c* 基因已经被克隆和测序。从小鼠基因文库中克隆得到包含一段发夹结构的 *Ldh-c* 基因克隆，这段发夹结构被认为与 *Ldh-c* 基因的启动子区域有关。在人的 *Ldh-c* 基因中含有 6 个潜在的 Sp1 结合位点而在小鼠中则没有，但也有实验证明人的 *Ldh-c* 基因启动子序列在转基因小鼠的睾丸提取液中起作用并且保持了时相和组织的特异性特点。这一与 TATA 盒交叠的发夹结构域在 3′端延伸到转录起始位点。在生精细胞中，NF-I 蛋白含量较低而 TBP 蛋白（TATA-binding protein）含量明显高于体细胞，有利于生精细胞中转录复合体的形成。不同的 NF-I 蛋白异构体或共同抑制因子也可能参与 $LDH\text{-}C_4$ 基因表达的调节（图 12-4）。

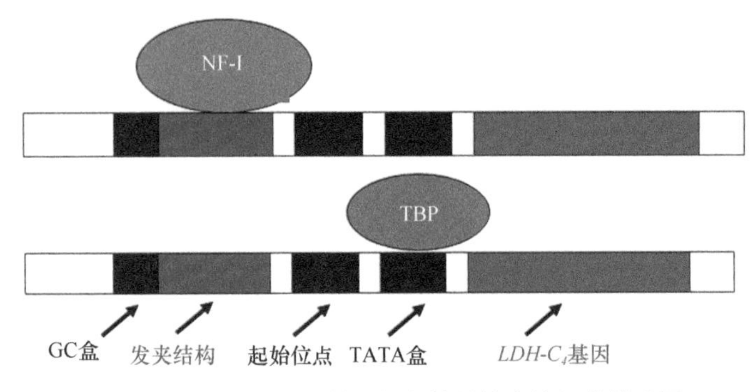

图 12-4　小鼠 *LDH-c* 基因组织特异性表达调节模式图

在体细胞中，NF-I 蛋白与启动子区的发夹结构结合抑制 *LDH-C₄* 基因的表达；而在精子细胞中不存在 NF-I 蛋白的抑制作用，TBP 蛋白与 TATA 盒的结合促进 *LDH-C₄* 转录复合体的形成，有利于 *LDH-C₄* 在精子发生过程中的表达。其他转录因子可能也在 *LDH-c* 基因特异性表达过程中发挥作用。

（4）LDH-C_4 的免疫学特性

1）免疫原性。在哺乳动物中，雌性动物机体细胞不表达 LDH-C_4。雄性个体虽然在睾丸部位的生精过程中合成 LDH-C_4，但在正常情况下血-睾屏障使其与免疫系统相隔离。因此对于雌性动物和雄性动物，无论是自身合成的还是外源的 LDH-C_4，都被机体的免疫系统识别为异己成分，作为自身抗原、异型抗原或同种异型抗原。当免疫系统与 LDH-C_4 接触时，LDH-C_4 作为抗原物质激发机体的免疫系统，产生免疫应答反应。用纯化的 LDH-C_4 免疫小鼠的实验证明，LDH-C_4 能够诱导特异性免疫应答反应，包括体液免疫和细胞免疫。当进行局部子宫内免疫小鼠时，在生殖道的分泌物中可检测到抗 LDH-C_4 的抗体 IgA，说明 LDH-C_4 能引起机体的局部黏膜免疫反应。

2）抗原决定簇。利用分离的 LDH-C_4 片段与抗体的结合实验、合成肽段的免疫实验、LDH-C_4 的衍生物竞争性结合等对 LDH-C_4 抗原结构进行初步分析认为，围绕 LDH-C_4 四聚体表面的一组肽段是免疫原性部位，将其中的 6 个肽段与白喉类毒素连接后免疫兔，根据免疫效果对其免疫原性进行排序：5-15，304-316＞211-220，274-286＞49-58，97-110，这些肽段一般由 10～15 个氨基酸残基组成（如 mC5-15 肽段，其氨基酸序列为 KEQLIQNLVPE），代表着四聚体 50%的可接触溶剂表面。兔抗小鼠 LDH-C_4 抗体与分离纯化的 LDH-C_4 片段的结合实验表明，小鼠的 LDH-C_4 至少有 12 个抗原结构域，它们都包含四聚体表面的几个氨基酸残基。有研究表明，9 种抗小鼠 LDH-C_4 的单克隆抗体与人的 LDH-C_4 都能发生交叉反应，但没有一种单克隆抗体与人和小鼠体细胞的 LDH 同工酶作用，进一步证明 LDH-C_4 存在多个特异性的抗原表位。

3）免疫特异性。LDH-C_4 虽然在氨基酸序列和三维结构上与体细胞的 LDH 有一定的同源性，但它们的免疫学特性不同。体细胞的 LDH 不能明显地诱导产生相应抗体。LDH-C_4 具有性质不同且能够诱导免疫反应的抗原表位，以及细胞特异性和剂量依赖性的免疫抑制位点，能够作为免疫原刺激机体的免疫系统，产生体液性抗体。LDH-C_4 免疫产生的抗体与不同种属的 LDH-C_4 可以发生交叉反应，而与体细胞的 LDH 无论同种或异种均不发生交叉反应。因此 LDH-C_4 免疫动物产生的抗体可以特异性地与表达 LDH-C_4 的精母细胞、精子细胞及精子结合，而不会与体细胞相结合，从而表现出极强的细胞特异性。但近期实验证明，抗天然 LDH-C_4 的 IgG 虽然不能识别体细胞的 LDH，但经化学修饰的 LDH-C_4 免疫产生的抗血清能与来自体细胞（如肾脏和胎盘）的 LDH 稳定作用，并且抗化学修饰的 LDH-C_4 的抗血清和天然 LDH-C_4 间的亲和力明显高于抗天然 LDH-C_4 的抗体与天然 LDH-C_4 的亲和力。有人据此认为，天然 LDH-C_4 之所以是精子特异性抗原，是因为其诱导交叉免疫反应的抗原表位被隐藏在结构内部，而在免疫学上表现为精子特异性。

（5）LDH-C_4 抗原疫苗

抗精子抗体及其抗生育影响的研究大约在一个世纪前就已开始，早在 1899 年 Metchnikoff 首次报道了精子的免疫原性。20 年后，Savini 和 Savini-Castano 用精子进行主动免疫豚鼠，降低了豚鼠的生育率。随着分子生物学的发展、黏膜免疫的研究和 DNA 疫苗技术的问世，使得通过基因免疫抗生育成为可能。蛋白疫苗的研究已经证明，LDH-C_4 的抗原表位疫苗具有抗生育作用。这些研究工作提示，LDH-C_4 或其抗原表位疫苗免疫动物可能会刺激机体的免疫系统，通过体液免疫和细胞免疫阻断受精等。将人精子表面蛋白 Sp10 基因和狐的 LDH-C_4 基因与载体连接并通过沙门氏菌分别感染小鼠和狐后，在小鼠的生殖道冲洗物和狐的唾液中分别检测到抗 Sp10 和 LDH-C4 的抗体，说明将 LDH-C_4 基因与载体连接构建的抗生育疫苗通过口服途径免疫动物可以刺激机体的黏膜免疫系统，产生分泌型抗体。彭景楩研究团队克隆了布氏田鼠 LDH-C_4 抗原表位 cDNA 序列作为目的基因，构建基因疫苗 pCR3.1-bvLDH-C'_4，肌肉接种雌性 BALB/c 小鼠，能够有效刺激机体免疫系统，诱导免疫应答；在血清和生殖道中分别检测到抗 LDH-C_4 的抗体，免疫小鼠的血清和生殖道冲洗物均能引起精子的凝集反应，使精子失去运动能力（图 12-5）；与对照组比较，pCR3.1-bvLDH-C'_4 接种雌性 BALB/c 小鼠能够显著地降低小鼠的生育率，不育率达到 80%；采用喷雾、口服、滴鼻的方法免疫雌 BALB/C 小鼠均能在第三天检测到基因疫苗在体内 mRNA 水平的表达，第五天在血清及生殖道分泌物中检测到特异性抗体。

在众多精子相关抗原中，LDH-C4 是第一个被推荐进行 I 期临床试验的精子抗原。用 LDH-C4 做主动或被动免疫后均可导致生育力下降，其抗生育机制可能有以下几个方面：①抗 LDH-C4 抗体抑制精子内 LDH 的活性，从而使能量供应发生障碍，精子活力下降。②抗 LDH-C4 抗体也可作用于精子膜表面的 LDH-C4，使精子发生凝集作用。在补体介导下，引起细胞毒效应。③血清中抗 LDH-C4 抗体可以转送到雌性生殖道内，使精子运行减慢，并促使白细胞及吞噬细胞吞噬精子。④阻止精子与卵子的结合，或可使早期胚胎发育夭折。

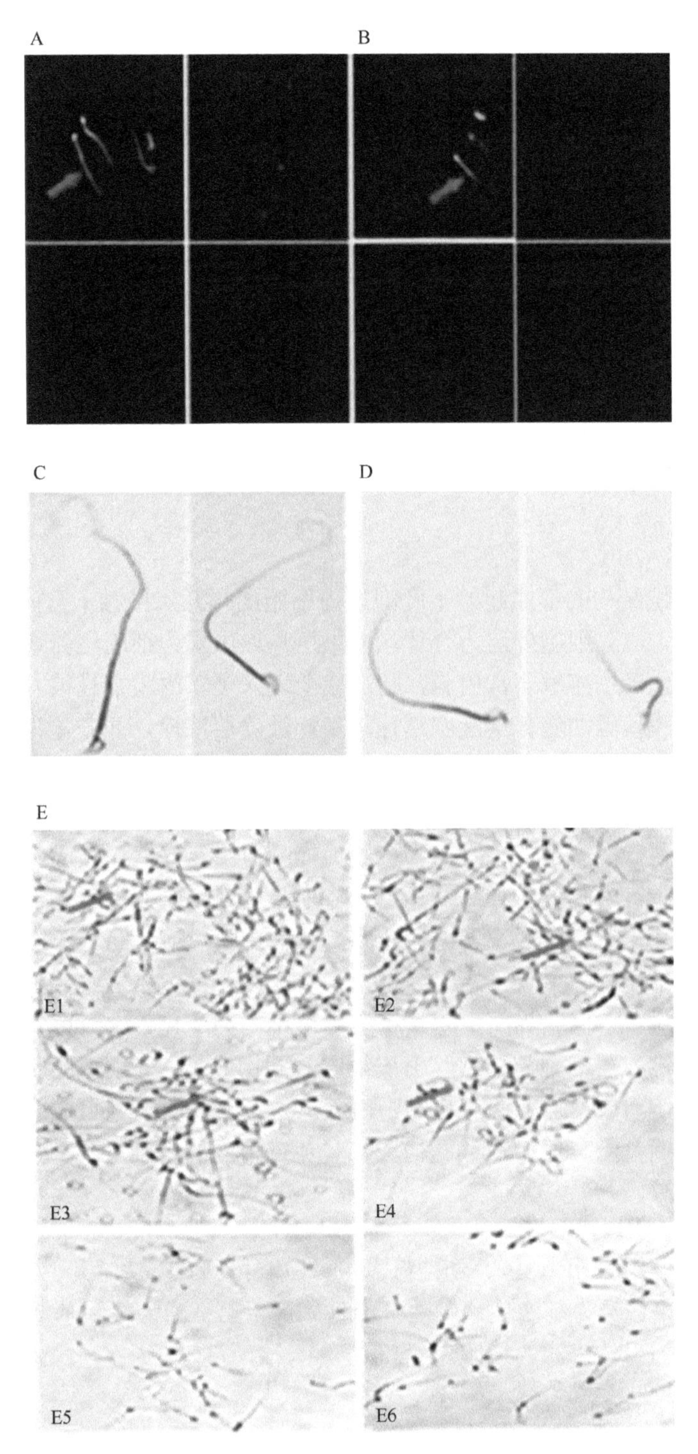

图 12-5 血清和生殖道中抗 LDH-C_4 的抗体检测及精子凝集作用（Shi et al.，2005）。上图：免疫小鼠血清（A）和生殖道冲洗物（B）作一抗，FITC 标记的抗体作二抗，免疫荧光实验检测实验小鼠的抗体。中图：酶免疫实验检测实验小鼠的抗体，免疫小鼠血清（C）和生殖道冲洗物（D）。下图：免疫小鼠的抗血清和生殖道冲洗物引起的精子凝集，免疫小鼠血清（E1、E2）和生殖道冲洗物（E3、E4）引起的精子凝集，E5、E6：对照组。红色箭头示精子凝集

第二节 母胎界面免疫

正常妊娠时，胎儿作为“半同种移植物”不被母体排斥的现象，一直备受关注。从理论上说，胎儿具有的父源 HLA 抗原，其组织相容性抗原差异很大，应该为母体淋巴细胞识别，产生排斥反应。但正常妊娠母体的排异反应降低，母体能有效地调节制约对胚体潜在性的有害反应。母体对携带双亲的同种异型胎儿抗原，仅产生有限的体液和细胞免疫反应，通过几种不同的特异的和非特异的免疫抑制的联合作用使胎儿免遭免疫排斥，从而使妊娠获得成功。母体免疫系统不排斥胚胎抗原归咎于复杂的母胎界面特殊免疫机制。

一、母胎界面组织结构的形成

1. 组织结构

母胎界面组织结构的形成起始于胚泡以内细胞团端开始接触子宫内膜，晚期胚泡黏附在子宫内膜后，滋养细胞外层为合体滋养细胞层，内层为细胞滋养细胞层。合体滋养细胞分泌蛋白溶解酶，溶解子宫内膜，胚泡完全埋入子宫内膜中且被内膜覆盖。胚胎植入过程中，与内膜接触的滋养层细胞迅速增殖，滋养层增厚，并分化为内、外两层。外层细胞互相融合，细胞界限消失，无分裂能力，称为合体滋养层；内层由一层分界清楚的立方上皮组成，称为细胞滋养层。细胞滋养层细胞具有分裂能力，不断产生新的细胞补充到合体滋养层。胚泡全部植入子宫内膜后，缺口修复，植入完成，母胎界面组织结构形成。植入时子宫内膜处于分泌期，植入后内膜增厚，血液供应更丰富，腺体分泌更旺盛，基质细胞变得十分肥大，含糖原和脂滴，称蜕膜反应，此时的内膜改称蜕膜，基质细胞改称蜕膜细胞。

随着妊娠的进程，母胎界面组织结构亦出现不同的变化，大致可分 3 个时期，早期母胎界面由胚泡滋养层细胞与子宫腔上皮细胞共同构成；早中期由胚胎滋养层细胞、绒毛与子宫蜕膜细胞组成；晚中期与晚期则由胎盘与子宫蜕膜细胞组成。母胎界面是由母体的蜕膜组织和胎盘滋养层组织共同构成，是免疫耐受的基础。

2. 细胞组成

母胎界面细胞组成相当复杂，根据其来源大致可分为 3 类：第一类是侵入蜕膜的绒毛外滋养细胞；第二类为髓源性蜕膜免疫活性细胞；第三类为蜕膜基质细胞及腺上皮细胞。后两类细胞为母体来源的细胞。

3. 母胎界面免疫耐受微环境

理论上说，胚胎是由继承了父系与母系双重组织特性的受精卵发育而来的。它对于母体而言，具有“自己”和“非己”的组织抗原特性，应该被母体淋巴细胞识别产生排斥反应，但事实并非如此。长期的进化赋予了哺乳动物和人类生殖系统具有特殊的功能，形成了特殊的局部免疫微环境，这其中有着极为复杂的免疫调节过程，其中母胎界面的免疫耐受的形成或反转直接影响妊娠的结局。免疫耐受（immune tolerance）是机体免疫系统在接触某种抗原后产生的特异性免疫无反应状态。免疫耐受与免疫抑制不同，前者是特异性的，而后者是非特异性的，即机体对各种抗原均呈无反应性。妊娠期，母体对半异体的胎儿表现为免疫耐受，其机理是非常复杂的。真正与母体组织直接接触的是胎盘而不是胎儿，故胎盘对妊娠期免疫耐受的影响是研究的热点，亦是母胎界面免疫的缓冲带。

半同种移植物的胎儿，作为一个巨大的“异体抗原”为何能存在于母体内而不被母体排斥？现在尚无法完全回答这个问题。但现有的研究，至少可从几个方面得到一些答案：妊娠期母体的免疫防御反应受到严重抑制；胎盘的屏障作用，将胎儿的抗原封闭起来，阻碍了胎儿抗原与母体的免疫系统的接触；母体抗体及其他免疫因子由于胎盘屏障的阻碍无法通过胎盘与胎儿接触；T 细胞亚群变化，如抑制性 T 细胞（Ts）数量上升、Ts/辅助性 T 细胞（Th）率上升；妊娠母体的子宫内膜和胚泡分泌的免疫抑制因子存在于子宫液，它能够抑制母体子宫淋巴细胞活性，局部降低妊娠母体的细胞免疫反应性，在子宫内形成了对胚胎的免疫保护环境，使胚胎免受母体的免疫排斥。结果是：内源性免疫反应机制抑制了母体对胎儿的排斥作用，同时母体对胎儿产生了免疫耐受。

二、母胎界面的免疫细胞

母胎界面免疫耐受局部微环境的形成，涉及一系列免疫细胞的动态变化，以及大量细胞因子的变化，不同免疫细胞及细胞因子的变化可以引起不同的免疫反应和母体效应。人类孕早期的蜕膜免疫细胞中，NK 细胞约占子宫免疫细胞总数的 70%，巨噬细胞约为 20%，各种 T 淋巴细胞变化范围在 10%～20%，DC 和 B 细胞则较少（图 12-6）。

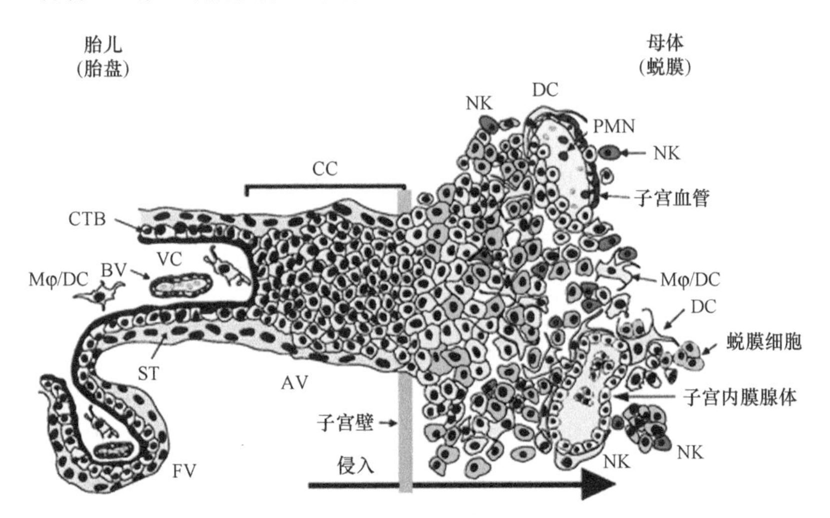

图 12-6 人妊娠 10 周母胎界面免疫细胞分布示意图（Maidji et al.，2007）。FV（floating villus）：悬浮绒毛，AV（anchoring villus）：锚定绒毛；CC（cell column）：细胞柱；VC（villus core）：绒毛中心（胎盘血窦是指在胎盘绒毛中心部分无绒毛处）；ST（syncytiotrophoblast）：合体滋养层；CTB（cytotrophoblast）：细胞滋养层；BV（blood vessel）：血管；NK（natural killer cell）：自然杀伤细胞；Mφ/DC（macrophage/dendritic cell）：巨噬细胞/树突状细胞；PMN（polymorphonuclear neutrophil）：多形核中性粒细胞

1. NK 细胞（natural killer cell）

NK 细胞由骨髓细胞发育而成，无典型 T、B 淋巴细胞表面标志和特征的淋巴细胞。因为其非专一性的细胞毒杀作用而被命名为 NK 细胞。成熟 NK 表型：$CD56^{+}CD16^{+}CD3^{-}TCR^{-}$。目前常用检测 NK 细胞的标记有 CD16、CD56、CD57、CD59、CD11b、CD94 和 LAK-1。NK 细胞的活化过程比 T、B 淋巴细胞迅速，细胞体积较大，细胞质中含有大量的细胞颗粒，无需抗原提呈细胞，也无需抗体，能分泌穿孔素/颗粒酶、Fas/Fasl、TNFα/TNFR-1 等直接杀伤靶细胞，还分泌 IFNγ、TNFα、IL-5、IL-13 及 GM-CSF 等多种细胞因子进行免疫调控。NK 细胞活性受其表面抑制性受体及活化受体共同调控。活化受体促进 NK 细胞的活性；抑制性受体通过与 MHC-I 分子相互作用传导抑制信号。Ly-49、CD94/NKG2 及 KIR 这 3 类受体参与 NK 细胞识别 MHC-I 分子。

2. uNK 细胞（uterine natural killer cell）与免疫耐受

uNK 细胞是一种存在于母体子宫内膜中的特殊类型的大淋巴细胞，直径约 15μm，特征是肾形的细胞核及细胞质中有丰富的颗粒物质。啮齿类动物妊娠中期，子宫腺中超过 35%的细胞为 uNK 细胞。在人类妊娠中，uNK 细胞广泛分布于母体子宫中，约占母体子宫免疫细胞的 70%。根据在子宫中出现的时间和部位，uNK 细胞分为子宫内膜杀伤细胞（endometrial NK cell，eNK 细胞）及妊娠后的蜕膜杀伤细胞（decidual NK cell，dNK 细胞）。

uNK 细胞的表型：早期使用 LGL-1 鉴定小鼠子宫的 NK 细胞，结合穿孔素判断 NK 细胞的活化状态。uNK 细胞的细胞质颗粒呈 PAS（periodic acid schiff's）染色阳性，研究者通常据此鉴定小鼠 uNK 细胞。近来发现双花扁豆凝集素（dolichlos biflorus agglutinin，DBA）可特异性识别小鼠 uNK 细胞，即 DAB^{+}uNK 细胞。人类 uNK 细胞表型为 $CD56^{bright}CD16^{-}$，人类外周血 NK 细胞为 $CD56^{+}CD16^{+}$，即 $CD56^{dim}$CD16+。根据 CD56 表达程度不同又分为 CD56 高表达型（$CD56^{bright}$）和 CD56 低表达型（$CD56^{dim}$）。$CD56^{dim}$ 细胞毒性较 $CD56^{bright}$ 强，$CD56^{dim}$ 细胞表面含有杀伤细胞免疫球蛋白样受体（KIR），是专职性杀伤细胞；$CD56^{brigh}$ 细胞虽具有较强分泌细胞因子的能力，但杀伤活性很弱，部分细胞表面没有 KIR。小鼠子宫 DBA^{+} uNK 及 DBA^{-}NK 细胞在基因表达方面存在差异：DBA^{-}NK 细胞表达更多的 IFNγ，而 DBA^{+}uNK 细胞表达更多的 IL-22。图 12-7 是彭景楩研究组用 DBA 标记，利用流式细胞仪分选的小鼠妊娠子宫中的 DBA^{+} uNK 及 DBA^{-}NK 细胞。

uNK 细胞的来源：妊娠期的 uNK 细胞是子宫中的 NK 细胞分化或增殖而来，还是从外周募集而来？关于这一问题虽有不少研究资料报道，但仍未达成共识，目前有几种推测：①人类蜕膜 $CD56^{bright}CD16^{-}$ 细胞可能是 NK 及 T 细胞共同的前体细胞；②在人类女性未妊娠子宫中，会存在 eNK 细胞，特点是无趋化因子受体表达、无细胞毒性、不分泌细胞因子，当妊娠发生时，在子宫基质中高浓度的 IL-15 等细胞因子的作用下，eNK 细胞分化成有趋化因子受体表达、具有分泌细胞因子等特征的 dNK；③uNK 细胞起源于骨髓，妊娠时 uNK 前体来自脾脏，在激素作用下募集到子宫，再与滋养层细胞等相互作用增殖分化为 uNK 细胞；④蜕膜表达的 TGF-β 和 IL-15 会促进 $CD56^{dim}CD16^{+}$

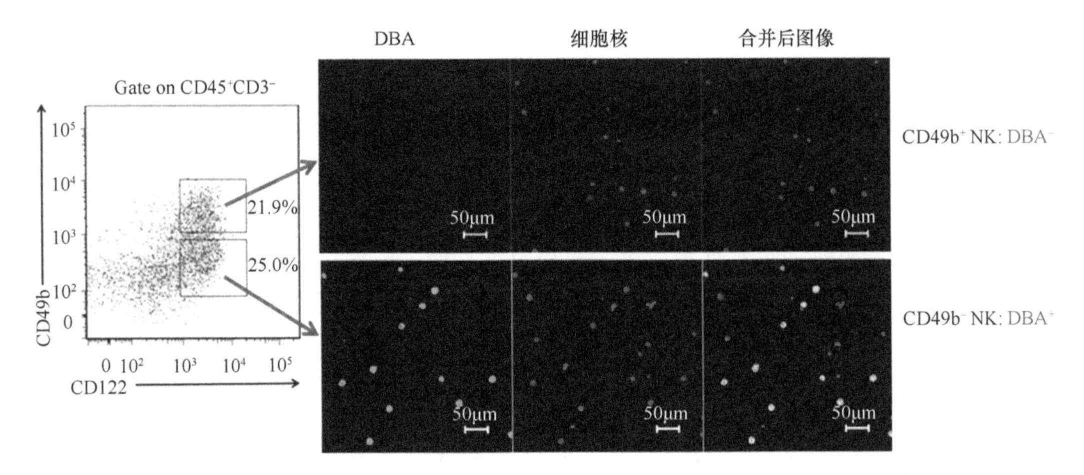

图 12-7 CD49b$^+$/CD49b$^-$NK 细胞免疫荧光。取妊娠 Balb/c 小鼠 D7 子宫，去除子宫肌层，流式细胞术分选得到 CD45$^+$CD3$^-$CD122$^+$CD49b$^+$/CD49b$^-$ NK，进行免疫细胞荧光实验。图中红色荧光为 PI 染细胞核；绿色荧光为 DBA 阳性

pNK（peripheral NK）向 CD56^{bright}CD16$^-$ dNK 转化。关于妊娠期间 uNK 细胞的来源仍有争议。此外，人类与啮齿类子宫妊娠期间 uNK 细胞的募集机制可能是不同的。

uNK 细胞的功能：uNK 细胞具有与普通外周血自然杀伤细胞（peripheral blood NK cell，pNK 细胞）不同的表型。与 pNK 细胞相比，uNK 细胞可以产生更多的趋化因子、细胞因子和大量的血管生成因子。uNK 的主要功能是：①诱导免疫耐受，uNK 细胞表面存在大量抑制性受体 KIR、LIR 等，抑制性受体与滋养层细胞表面相应的抗原（HLA-C、HLA-E、HLA-G）结合形成母胎界面免疫耐受；②维持 Th1/Th2 的平衡，妊娠母胎界面 uNK 细胞主要产生 Th2 型细胞因子（IL-4、IL-6 及 IL-10），能有效抑制细胞免疫；③绒毛外滋养层细胞（extravillous trophoblast cell，ETV）表达的非经典 MHCI 分子 HLA-E 和 HLA-G 能够与 dNK 细胞互作，从而抑制其细胞杀伤活性；④参与血管重建：uNK 促进基质细胞蜕膜化，促进螺旋动脉重塑。在妊娠早期，uNK 细胞被发现聚集在螺旋动脉的主动脉和小动脉周围，这种分布说明 uNK 细胞可能介导了血管的重塑。uNK 数量与活性的变化可能导致子痫的发生。目前已知 IL-2/15Rβ、IL-2/15Rγ、IL-15、RAG-2/γ 基因敲除鼠或 Tgε26 转基因鼠中，均发生 NK/uNK 缺陷、子宫蜕膜基底层细胞数减少、螺旋动脉重塑障碍及系膜腺体缺陷等。

3. 巨噬细胞（macrophages，Mφ）与免疫耐受

Mφ 细胞是由进入组织中的单核细胞分化产生的，是主要的组织修复细胞。巨噬细胞是人类子宫蜕膜中仅次于 NK 细胞的第二大细胞类群，其细胞数量占蜕膜免疫细胞的 20%，主要分布于子宫肌层与蜕膜区。小鼠子宫中巨噬细胞的比例虽没有人类那么高，但是巨噬细胞仍然是子宫免疫细胞中重要的一群。根据活化状态和发挥功能的不同，巨噬细胞主要可分为 M1 型（经典活化的巨噬细胞）和 M2 型（替代性活化的巨噬细胞）。M1 型细胞表面标志分子有：HLA-DR、CD197、CD11c 及 MHCⅡ等；M2 型细胞表面的标志分子有：CD209、CD206 及 CD163 等。小鼠子宫巨噬细胞分为 F4/80$^+$MHCⅡ^{hi}

和 F4/80^{+}MHC Ⅱ^{lo}两个亚群，这两群细胞差异表达 CD206 和 CD163 分子，分别对应于人类蜕膜中的 CD209^{+}和 CD209^{-}亚群。

巨噬细胞作为一种具有可塑性和多能性的细胞群体，在体内外不同的微环境影响下，表现出明显的功能差异。Th1 型细胞因子，尤其是 γ-干扰素（IFN-γ）激活的巨噬细胞具有杀伤活性，更倾向于发挥清除外来物质的作用；Th2 型细胞因子环境下（IL-4、IL-13）巨噬细胞更倾向于发挥消炎及组织修复的功能。M1 和 M2 作为巨噬细胞被极化的两个表型，是活化的巨噬细胞的两个对立的状态，M1 和 M2 型巨噬细胞分别引发 Th1 及 Th2 型免疫反应（图 12-8）。巨噬细胞是白细胞的一个类群，免疫反应中主要发挥抗原呈递、细胞吞噬等作用，属终末分化细胞，分布在各个器官组织中。非妊娠子宫中也存在着一定数量的巨噬细胞并随月经周期进行的变化而波动。在生殖过程中，巨噬细胞也会出现数量、表型、功能的变化，对生殖的整个过程产生重要的影响。CSF-1 基因突变小鼠导致巨噬细胞缺失。CSF-1 在子宫中呈现梯度分布，能够诱导巨噬细胞局部增殖或者刺激巨噬细胞前体 Ly6Chi 单核细胞的迁移，后者依赖于子宫巨噬细胞对 CSF-1 的应答。胚胎的成功植入需要子宫内一个短期的炎症反应来支持，围植入期子宫中的巨噬细胞分化倾向于形成 M1 型巨噬细胞，胚胎成功黏附到子宫壁上并开始侵入子宫基质，蜕膜中的巨噬细胞呈现为 M1/M2 型共存的状态，且 M2 型巨噬细胞占优势，胎盘发育完成后，蜕膜内的微环境有利于 M2 型巨噬细胞的发育，M2 型巨噬细胞的存在反过来又能促进母体对胎儿的免疫耐受、保证胎儿的正常发育直至分娩。生殖相关的疾病，如子痫、复发性流产、早产等与子宫内巨噬细胞的异常关系十分密切。

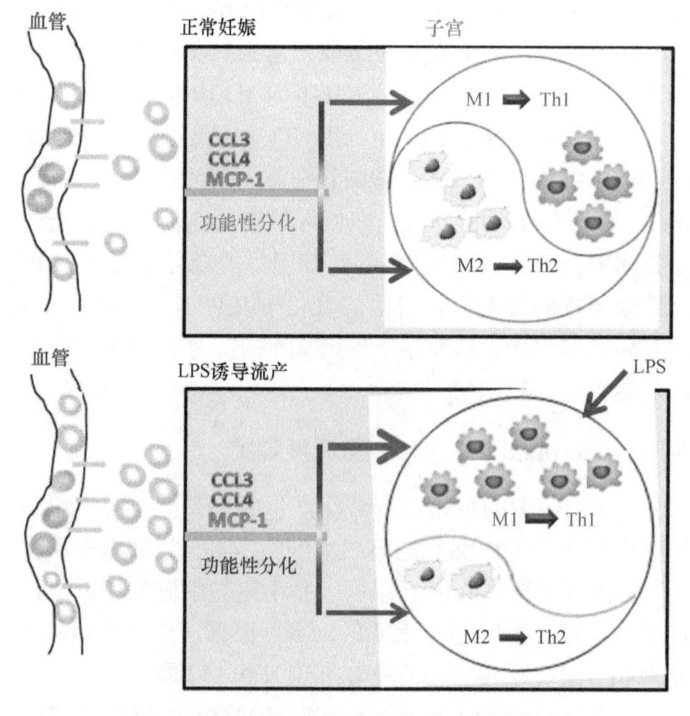

图 12-8　巨噬细胞的募集及对妊娠的作用

4. DC 细胞（dendritic cell，DC）与免疫耐受

DC 细胞是一类专职抗原递呈的细胞（APC），参与抗原的识别、加工和递呈等过程，是体内唯一能够激活静息期 T 细胞从而产生初次免疫应答的细胞。DC 细胞是美国学者 Steinman 于 1973 年首次在小鼠淋巴结中发现的。DC 是一个具有高度异质性的细胞群体，包含具有不同表型、定位、迁移能力和功能的亚群。DC 细胞主要分为两大类：经典 DC（conventional DC，cDC）及浆细胞样 DC（plasmacytoid DC，pDC）。淋巴组织的原住 cDC 主要包含两个亚群：$CD8^+$和 $CD11b^+cDC$，其中 $CD8^+DC$ 亚群主要定位于脾的 T 细胞区和边缘区，而 $CD11b^+cDC$ 主要位于脾脏中的红髓，但这两个亚群被激活后都能够迁移到 T 细胞区。非淋巴组织中 cDC 主要包括两个亚群：$CD103^+CD11b^-cDC$ 亚群与 $CD11b^+cDC$ 亚群。pDC 作为一个特异的 DC 亚群最初是在人的淋巴结中发现的，它与 cDC 具有相似的来源，主要存在于血液和淋巴组织中，并且能够通过血液循环进入淋巴结。常用于鉴定小鼠 pDC 的表面标记包括 CD11c、B220、Ly6C、PDCA-1 和 Siglec-H。在稳态情况下，与 cDC 相比，pDC 表达较低水平的 CD11c、MHCⅡ和共刺激分子，此外还表达 TLR7 和 TLR9，DC 细胞的表型见表 12-1。在母胎界面 DC 细胞的分布有一个显著特征就是数目极低，如人体中被视为成熟 DC 的 $CD83^+DC$ 在妊娠早期的蜕膜中密度仅为 1～5 个/mm^2，而较不成熟的 $CD205^+DC$ 密度仅为 2 个/mm^2。通常将子宫 DC（uterine DC，uDC）作为一个整体来研究其在妊娠过程中的功能，根据在子宫中出现的时间和部位，uDC 细胞分为子宫内膜 DC 细胞（endometrial dendritic cell，eDC）以及妊娠后的蜕膜 DC 细胞（decidual dendritic cell，dDC），其中 $CD11b^{hi}Ly6C^+DC$ 亚群富集在妊娠子宫的母胎界面。

表 12-1　DC 细胞的表型

	CD8 lineage DC	CD11b lineage DC	pDC	infDC	巨噬细胞	$Ly6C^+$单核细胞
CD11b	–	+	-	+	+	+
Ly6C	–	–	++	+	+	++
CD206	–	–（resident） +（Migratory）	–	+	+	–
FcεRI	–	–	–	+	–	–
CD64	–	–	–	+	++	+/–
CD11c	++	++	+	+	+/–	+/–
CD172a	–	–	–	+	+	+
F4/80	–	–	–	+	+	+

资料来源：Segura and Amigorena，2013

在妊娠过程中，胎儿作为同种异体抗原能否被 T 细胞特异识别，以及如果能够被识别为什么没有激活特异的免疫反应对胎儿造成伤害，这可能是生殖免疫学家一直探索想要回答的问题之一。目前认为 DC 通过以下几方面在母胎界面免疫微环境中发挥作用：①DC 限制胎儿抗原特异的 T 细胞反应。胎儿抗原只能通过母体 DC 呈递，以激活 T 细胞被认为是“间接的”途径，较 T 细胞直接识别供体的 MHC 分子而激活的效率显著降低，这种机制降低了 T 细胞对胎儿存活的威胁。妊娠早期免疫反应的缺失与蜕膜中 DC 被限制在原位而不能迁移到子宫淋巴结激活免疫反应相关。②DC 调节妊娠中

Th1/Th2 的平衡。DC 分泌的细胞因子能够诱导辅助性 T 细胞（T helper cell，Th）的极化，且不同的 DC 亚群具有不同的倾向性，如小鼠 CD8α$^+$DC 能够诱导产生大量的 IL12 和 IFNγ 从而促进初始态（naïve）T 细胞向 Th1 分化；CD8α$^-$DC 通过分泌 IL-13 和 IL-10 促进初始态 T 细胞向 Th2 分化，表明不同的 DC 亚群通过分泌不同类型的细胞因子来调控初始态 T 细胞的分化方向，不同的妊娠阶段或异常妊娠过程中 DC 亚群组成的变化使母胎界面的细胞因子发生了相应变化，从而产生不同的妊娠结局。③DC 促进 Treg 细胞的生成。Treg 细胞能够抑制 CD4$^+$和 CD8$^+$效应 T 细胞的功能，诱导免疫耐受的建立。蜕膜中 DC 能够分泌 IL-10，对于诱导 Treg 细胞的生成有极其重要的作用。同时，蜕膜中 DC 能产生吲哚胺 2, 3-双加氧酶（indoleamine 2, 3-dioxygenase，IDO），可以通过降低色氨酸的水平以抑制 T 细胞的增殖，并且诱导 Treg 细胞的生成（图 12-9）。

5. Treg 细胞/TH17 细胞与免疫耐受

调节性 T 细胞（regulatory T cell，Treg）：是免疫系统中一类具有独特的免疫抑制活性的细胞类群，可以抑制其他免疫细胞的活性并对一些细胞因子的刺激表现出免疫无能的状态从而对免疫反应进行调节，Treg 细胞的表型为 CD4$^+$CD25$^+$Foxp3$^+$。Treg 细胞的功能特征包括免疫抑制及免疫无能。

1）免疫抑制：①活化后能够抑制 CD4$^+$CD25$^-$和 CD8$^-$T 细胞的活化和增殖。②活化后，其抑制作用为非抗原特异性，且抑制作用不具备 MHC 特异性。③抑制 NK 细胞的细胞毒、细胞因子分泌和细胞增殖。④Treg 细胞对单核/巨噬细胞、树突状细胞、B 细胞等免疫活性细胞起抑制或杀伤作用。

2）免疫无能：①对 IL-2 的高浓度单独刺激，固相包被或可溶性的 CD3 单抗、CD3 与 CD28 单抗的联合作用均呈免疫无应答状态，且不分泌 IL-2。②在外界 TCR 介导的信号刺激和高浓度外源 IL-2 存在下，可以活化并增殖，但增殖程度远小于 CD4$^+$CD25$^-$细胞。Treg 细胞在妊娠期母体对胎儿免疫耐受微环境的建立方面发挥着重要的作用。小鼠妊娠中血液和淋巴结中 CD4$^+$CD25$^+$T 细胞的数量增加。交配后的第二天就能够检测到淋巴结中 Treg 细胞的增加，而血液中 Treg 细胞的水平到植入后才有明显的变化，Treg 细胞数量早于胚胎植入增加。孕体的异体抗原会引起 Treg 细胞数量更显著地增加，并伴随有对抗父系同种异体抗原免疫反应的特异性抑制。在 Treg 细胞缺失的情况下，同种异体的胚胎均会受到排斥，而同系基因型的胚胎则不受影响。利用 CD25 反应性的 PC61 单克隆抗体在体内清除 CD25$^+$T 细胞，证实 Treg 细胞在建立母胎免疫耐受方面的重要作用。在妊娠的前两天用 PC61 清除体内的 Treg 细胞会导致植入失败。Treg 细胞是抑制母体对胚胎半同种抗原的免疫反应所必需的，而非针对母体特异的或滋养层特异的次要组织相容性抗原的免疫反应所必需。

人类妊娠过程中 Treg 细胞的研究开始受到关注。CD4$^+$CD25$^+$细胞在早期妊娠的蜕膜组织中数量增多，自妊娠早期开始募集，到妊娠 3 个月时到达数量高峰，分娩之前数周 CD4$^+$CD25^{high} 细胞数量开始下降，CD4$^+$CD25^{low} 细胞数量上升，正常妊娠妇女的外周血和蜕膜组织中，表达 Treg 细胞活化标志的 CTLA-4 细胞的数量高于非妊娠妇女的

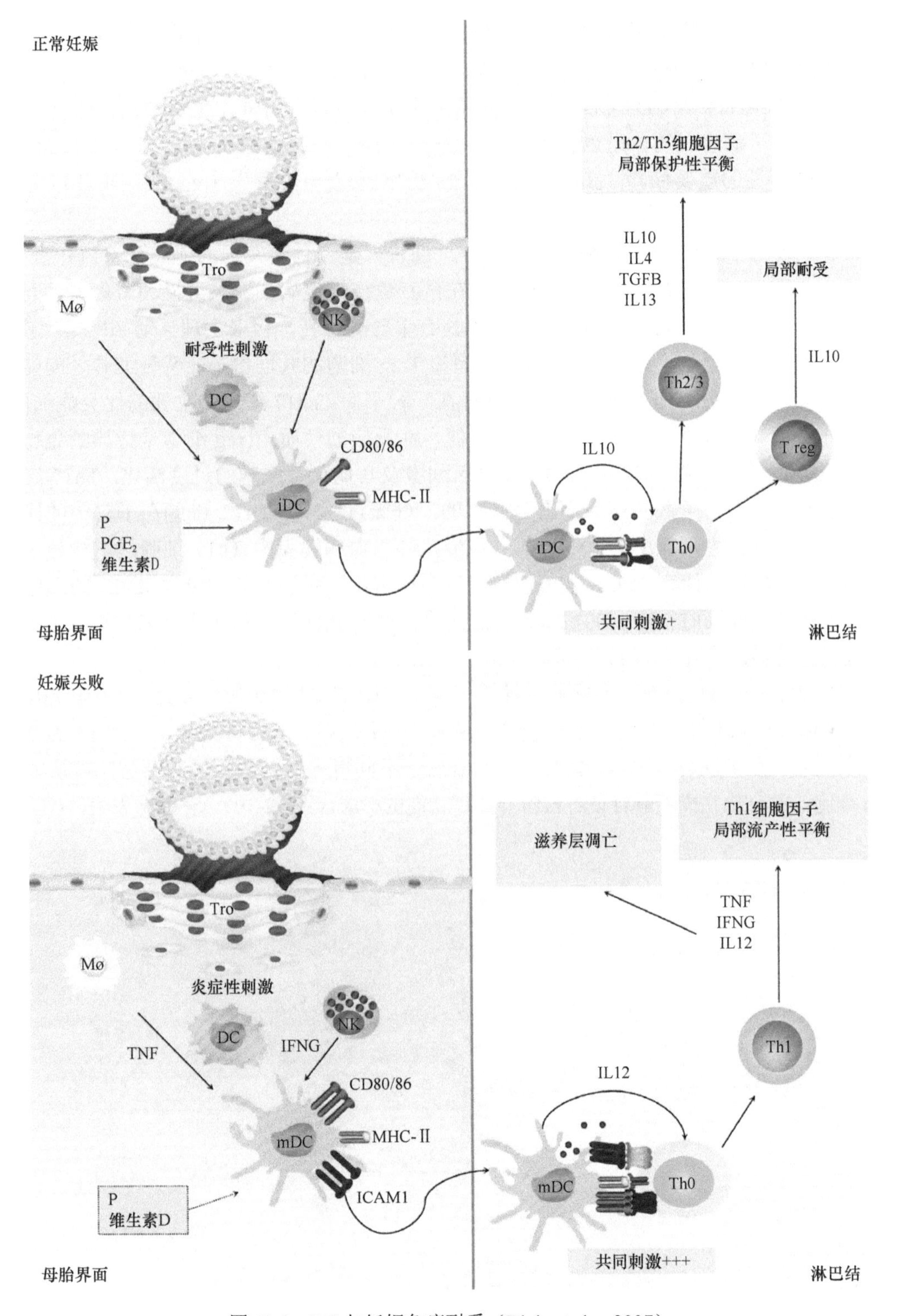

图 12-9 DC 与妊娠免疫耐受（Blois et al.，2007）

细胞数量。多种妊娠疾病均与 Treg 细胞的异常相关。发生先兆子痫的妇女外周血中 $CD3^+CD25^+$细胞比率降低，与正常妊娠的妇女相比，患有先兆子痫的妇女无论是外周血中还是蜕膜组织中的 $CD4^+CD25^{high}$ T 细胞的水平都较低。另外，色氨酸氧化酶 IDO 的水平在先兆子痫患者的体内也有所下降，这正与 Treg 细胞的减少相对应，因为 IDO 是 Treg 细胞活性的重要标志。患有三期先兆子痫的妇女很可能发生 Treg 细胞向 Th17 细胞方向的偏转。

辅助性 T 细胞 17（T helper cell 17，Th17）是一种新发现的能够分泌白介素 17（interleukin 17，IL-17）的 T 细胞亚群，在自身免疫性疾病如类风湿性关节炎、多发性硬化症，慢性炎症反应和机体防御反应中具有重要的意义。很多生理活动如感染免疫、自身性免疫、肿瘤免疫等，均有 Th17 细胞和 Treg 细胞的共同参与，两种细胞之间能够相互调节，且这两群 Th 细胞的分化发育存在一种平衡。Th17 细胞是主要的促炎症细胞，它所分泌的 IL-17、IL-22 等均具有一定的促炎症反应的性质。Treg 细胞是特异的免疫抑制功能的 T 细胞亚群，能够抑制 T、B 淋巴细胞及其他免疫细胞的过度活化。Th17 细胞引发的炎症反应对于胚胎植入而言是必需的。妊娠过程中，Th17 细胞在子宫中的比率要明显高于其在外周血中的比率。新近报道，外周血和蜕膜中 Th17 细胞的增加与不明原因的反复性自发流产相关。不可逆转的流产过程中，蜕膜组织中分泌 IL-17 的细胞数量显著上升与此同时粒细胞的数量也随之上升，在堕胎的蜕膜组织中并未发现 Th17 细胞数量有明显的变化，Th17 细胞的异常与妊娠缺陷之间亦存在密切的联系。

不同亚群的 Th 细胞有不同的主导转录因子，如 Th1 型细胞的 T-bet（Th1-specific T box transcription factor），Th2 型细胞的 GATA-3（GATA binding protein 3），Th17 的特异性转录因子为 RORγt，Treg 细胞则是 Foxp3。不同特异性转录因子的表达，被认为是 Th 细胞亚群分化完成能够行使各自特异免疫功能的标志（图 12-10）。有证据表明，在已经

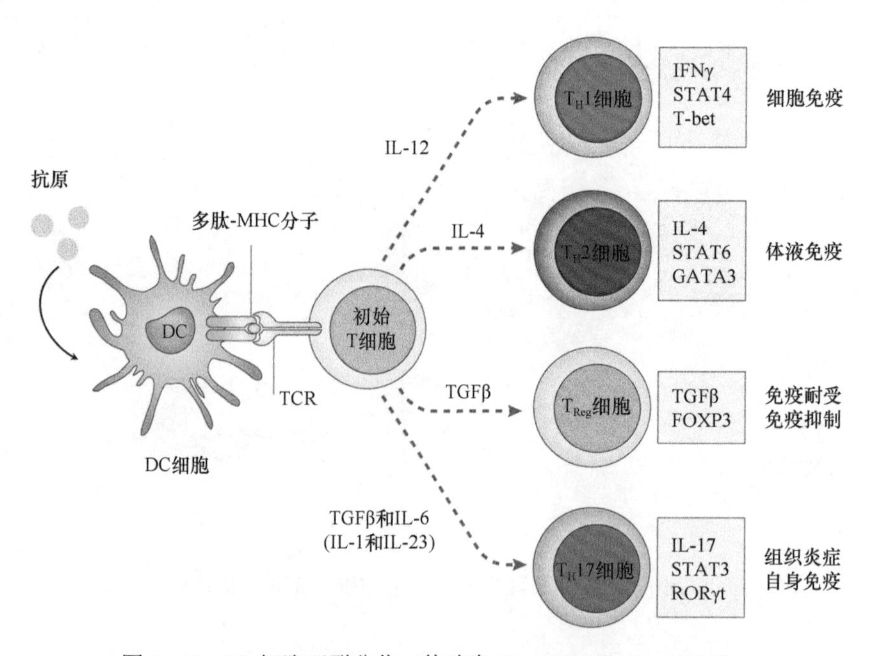

图 12-10 Th 细胞亚群分化（修改自 Zou and Restifo，2010）

定型的 T 细胞亚群之间由于特定的转录因子之间存在复杂的交互对话，使得已经定型的 T 细胞亚群仍然存在一定的可变性和可塑性。换句话说，在特定条件下，成熟的 T 细胞亚群能够经由转录因子表达的变化而具备从一种亚型转分化为另外一种 Th 细胞的可能性。

Th17 细胞在生殖系统中的研究起步较晚。相较于 NK 细胞和 Treg 细胞等其他免疫细胞而言，Th17 细胞的资料还不够充分。妊娠过程中 Th17 细胞的具体功能、发挥功能的部位、作用时间、功能通路、各种妊娠环境因素对于蜕膜 Th17 细胞的调控，以及蜕膜淋巴细胞尤其是 Th17/Treg 平衡对于妊娠的影响等方面仍待进一步的研究与探索。

6. T 细胞与免疫耐受

在妊娠早期，人类子宫蜕膜中 $CD3^+TCR\alpha\beta^+T$ 细胞占免疫细胞的 10%～20%，其中 30%～40%是 $CD4^+T$ 细胞，45%～55%是 $CD8^+T$ 细胞。在 $CD4^+$细胞中，大约 5%的细胞是具有免疫抑制活性的 $CD25^{bright}Foxp3^+Treg$ 细胞，以及 5%～30%的是 Th1 细胞，Th2 细胞和 Th17 细胞仅分别占 5%和 2%，而 $CD4^-CD8^-TCR\alpha\beta^+$和 NKT 细胞的比例极低。人类整个妊娠过程中，这些不同 T 细胞亚群的比例几乎保持不变。在 E8.5 天小鼠的蜕膜中，$CD4^+$和 $CD8^+T$ 细胞占总免疫细胞的比例都为 3%，但是其中亚群组成尚不清楚。

根据 T 细胞表面抗原受体双肽链的构成，可将 T 细胞分为 $TCR\alpha\beta^+T$ 细胞和 $TCR\gamma\delta^+T$ 细胞。$TCR\alpha\beta^+T$ 细胞（αβT 细胞）多为 CD4 和 CD8 单阳性细胞。按功能 αβT 细胞分为 3 类：①细胞毒性 T 细胞（cytotoxic T cell，Tc），即 $CD8^+$ T 细胞，能释放穿孔素和颗粒酶直接杀伤靶细胞。②辅助性 T 细胞（helper T cell，Th），即 $CD4^+$ T 细胞，能分泌多种细胞因子，其中 Th1 细胞分泌 Th1 型因子并参与细胞免疫及迟发型超敏性炎症反应，Th2 细胞分泌 Th2 型因子，辅助 B 细胞分化为抗体分泌细胞，参与体液免疫。③调节性 T 细胞，即 $CD4^+CD25^+Foxp3^+$ T 细胞，分泌抑制性细胞因子，负调控机体免疫应答。$TCR\gamma\delta^+T$ 细胞（γδT 细胞）多为 $CD4^-CD8^-$ T 细胞，仅占外周血成熟 T 细胞的 1%～5%。主要分布在皮肤、消化道、呼吸道和泌尿生殖道的黏膜部分，γδT 细胞利用细胞毒效应杀伤病毒感染细胞和肿瘤细胞，通过分泌多种细胞因子发挥免疫调节作用。

Th1/Th2 平衡学说：母胎界面免疫微环境是否正常，直接影响妊娠结局。研究表明，妊娠期蜕膜中含有大量的免疫活性细胞，这些免疫活性细胞在种类、数量及功能等方面都发生了变化，并分泌多种细胞因子，主要分为 Th1 型细胞和 Th2 型细胞。正常情况下，Th1/Th2 处于相对平衡状态，构成了蜕膜局部的免疫微环境，如 Th1 型免疫系统及其相关因子被抑制，Th2 型免疫增强及其相关因子在蜕膜局部的优势表达，有利于维持正常妊娠，反之，将导致流产等病理妊娠结局。大量研究发现，习惯性流产患者中 Th1 型细胞升高，而 Th2 型细胞降低，导致 Th1/Th2 型细胞的比率增加（图 12-11）。

Th17/Treg 平衡学说：除 1986 年已经提出的“Th1/Th2”平衡学说外，近年来又提出另外一个平衡即“Th17/Treg”平衡。该平衡对于早期妊娠的免疫重构至关重要。鉴于慢性炎症反应和妊娠过程有某些程度的相似性，Th17 细胞在妊娠中的作用也备受关注。

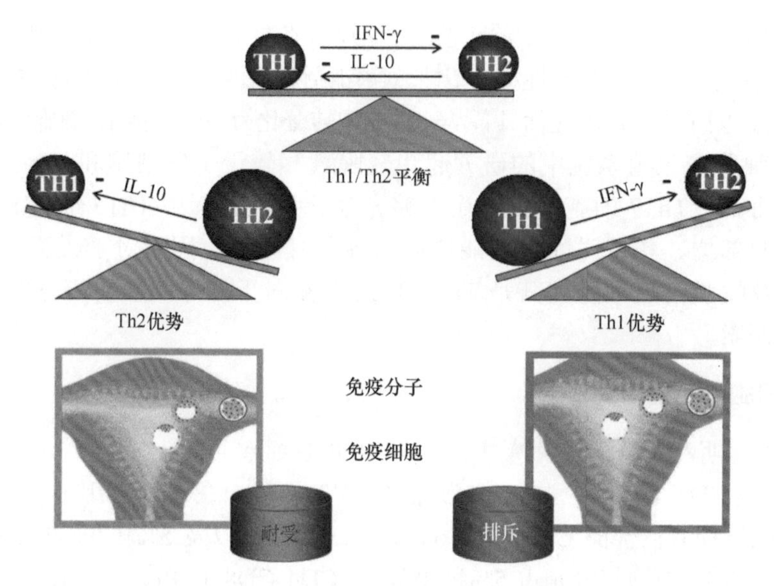

图 12-11 Th1/Th2 平衡与免疫耐受

对于 Treg 细胞在妊娠中起到的积极作用，人们已经达成共识。关于妊娠中的 Th17 细胞的研究，资料还不够充分。现在仅知道，Th17 对于妊娠而言是必需的。Th17 细胞所分泌的细胞因子 IL-17 可能参与了滋养层细胞的侵润过程，细胞因子 IL-17 表达异常影响妊娠的结局。

不同的 T 细胞亚群在妊娠中可能扮演着不同的角色，如 $CD8^{+}$T 细胞、Th1 细胞和 Th17 细胞对成功妊娠具有潜在威胁，而 Th2 细胞、Treg 细胞却有利于妊娠的顺利进行。在自发性流产和先兆子痫患者血液中，Treg 数目显著降低，而 Th17 的比例则显著升高，并且 Th1 细胞/Th2 细胞的值也明显增加。Treg 细胞能够通过抑制胎盘抗原特异的 TH1 细胞的扩增和细胞毒性 T 细胞免疫反应以促进妊娠的成功。许多研究资料表明，T 细胞亚群的两对平衡对于母胎界面和外周妊娠免疫耐受都极其关键，这种平衡的打破可能是导致妊娠失败的直接原因。

三、主要组织相容性抗原与母胎界面免疫

主要组织相容性复合体（major histocompatibility complex，MHC；在人类中为 HLA）是编码细胞表面糖蛋白的一类多基因家族，该类基因产物——主要组织相容性抗原在免疫识别中极为重要。T 细胞表面的高度抗原特异性的 T 细胞抗原受体 TCR 不能识别完整的抗原分子，只能识别由 MHC 分子呈递的源于微生物蛋白质的分解肽段。病毒、细菌、寄生虫或自身蛋白质在细胞内被蛋白酶作用分解成为小的片段后，由 MHC 分子结合后再运送到细胞表面，并由它将抗原呈递给 T 细胞，激活相应的 T 细胞和继发地对 B 细胞激活。T 细胞在对这些外来的并被呈递的抗原识别的同时，还要识别 MHC 分子，说明 TCR 对抗原的识别还依赖于呈递的 MHC 分子，即 MHC 分子具有限制识别的免疫现象。

MHC 限制是指抗原呈递细胞自身必须表达出 MHC 分子才能被 T 细胞识别，并进而对抗原产生免疫应答。由于遗传上的差异，表达的 MHC 分子也有所不同。因此，抗原呈递细胞呈递的Ⅱ类 MHC 分子与抗原肽段形成的复合物不能激活不同种系的辅助性 T 细胞。当 B 细胞表达Ⅱ类 MHC 分子被辅助性 T 细胞识别为自身细胞时，辅助性 T 细胞才能辅助 B 细胞，使之被激活和产生相应的抗体。病毒等侵染体内细胞后，只有当靶细胞产生的Ⅰ类 MHC 分子与抗原肽段结合的复合物呈递出来时，才能被细胞毒性 T 细胞识别，进而释放淋巴毒素来裂解细胞。这些自身 MHC 限制现象，是机体免疫系统对识别抗原产生免疫应答的精细调节的重要手段。由此可见，MHC 在免疫识别中起极为重要的作用。

MHC 在脊椎动物进化中高度保守，不同动物的 MHC 在组成、结构、功能和分布上彼此相似。根据结构和功能可将 MHC 分为Ⅰ和Ⅱ两种类型，Ⅰ和Ⅱ类抗原主要以细胞膜镶嵌蛋白的形式存在，也可脱落成为可溶性形式。Ⅰ和Ⅱ类抗原都由α和β两个亚单位组成（图 12-12）。MHC-Ⅰ类分子：肽结合区，与抗原肽结合部分，具有多态性。Ig 样区，是 T_C 细胞 CD8 分子对Ⅰ类分子识别结合的部位。β2m 由 15 号染色体编码，起稳定分子构型作用。跨膜区，将Ⅰ类分子锚定在细胞膜上。细胞质区，参与细胞内外跨膜信号的传递。MHC-Ⅱ类分子：肽结合区，与抗原肽结合部分，具有多态性。Ig 样区，是 Th 细胞 CD4 分子识别结合的部位。跨膜区，将Ⅱ类分子锚定在细胞膜上。细胞质区，参与细胞内外跨膜信号的传递。肽槽：MHC 分子顶部有一较深的沟槽，是接纳抗原肽的部位，称为抗原肽结合槽，简称肽槽。肽槽的侧壁由相反走向的两组α螺旋构成，肽槽底部为一组 8 个折叠袢组成的 β 片层。MHC-Ⅰ分子的肽槽由 MHC-Ⅰa 链的 a1 和 a2 结构域组成，MHC-Ⅱ分子的肽槽由 MHC-Ⅱa 链的 a1 和 MHC-Ⅱb 链的 b1 结构域组成。MHC-Ⅰ分子只能接纳 9 肽，MHC-Ⅱ分子则能接纳较长的肽段（12～17 肽）。主要组织相容性抗原系统能引起快而强的排斥反应；次要组织相容性抗原系统引起慢而弱的排斥反应。若供者、受者双方的多个次要组织相容性抗原不匹配，同样会迅速发生明显的排斥反应。MHC-Ⅰ位于一般细胞表面上，提供一般细胞内的一些状况，如该细胞遭受病毒感染，供"杀手"$CD8^+$ T 细胞等辨识，以进行扑杀。MHC-Ⅱ只位于抗原提呈细胞（APC）上，主要提供细胞外部的情况，像是组织中有细菌侵入，则巨噬细胞进行吞食后，把细菌碎片利用 MHC 提示给辅助 T 细胞，启动免疫反应。MHC-Ⅲ主要编码补体成分、肿瘤坏死因子（TNF），热休克蛋白 70 和 21 羟化酶基因（CYP21A、B）。

MHC-Ⅰ类抗原有经典和非经典两种类型。在人类中，HLA-Ⅰ（位于人类第 6 号染色体上的主要组织相容性复合体称为 HLA，代表人类白细胞抗原）类基因家族包括 HLA-A、HLA-B、HLA-C、HLA-E、HLA-F、HLA-G、HLA-H、HLA-J 基因位点，其中 HLA-A、HLA-B、HLA-C 位点所编码的分子被称为经典 HLA-Ⅰ类分子，其特点是具有高度多态性和广泛表达于各种有核细胞表面（神经元和滋养层细胞除外）；而 HLA-E、HLA-F、HLA-G 等位点所编码的分子则属于非经典 HLA-Ⅰ类分子，它们的特点是多态性程度较低，而且其蛋白抗原仅存在于某一特定组织。

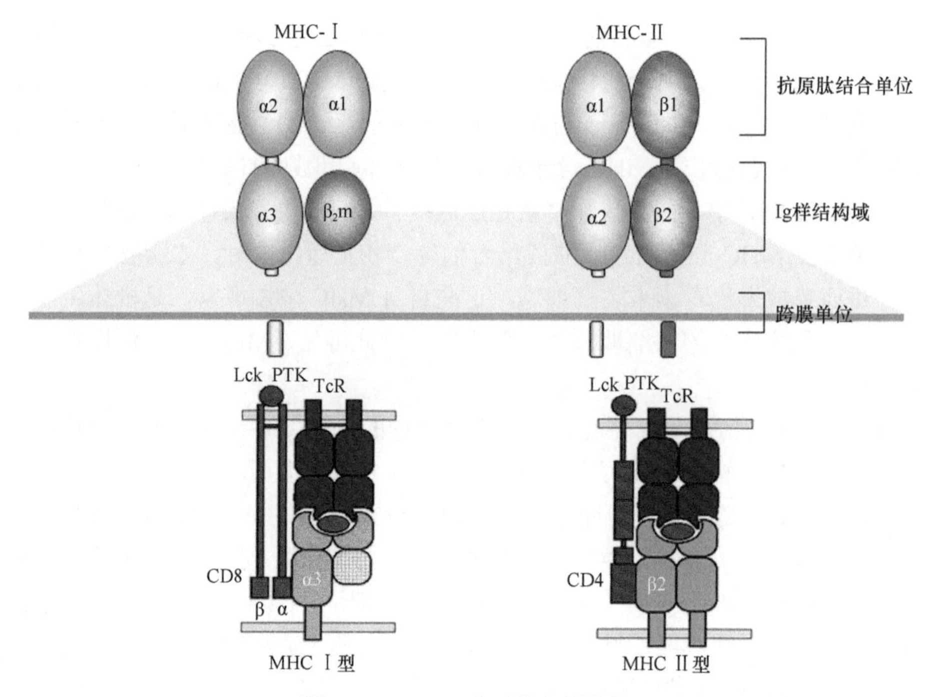

图 12-12 MHC 分子的主要结构

HLA-E 与其他非经典 HLA-Ⅰ类抗原有些不同，它的表达不具有组织特异性，几乎每种组织均有这类抗原表达，而静息 T 淋巴细胞中表达尤多。由于它是滋养层细胞系——JAR 细胞表达的唯一的 HLA-Ⅰ类分子，推测 HLA-E 有可能属于管家基因。HLA-G 在某些细胞上有转录，但表达只限于滋养层细胞。

1. 经典 MHC-Ⅰ类抗原与母胎免疫

目前人们对母胎界面胎盘滋养层细胞表面的经典 MHC-Ⅰ类抗原进行了大量研究，认为在不同滋养层细胞亚型中，MHC-Ⅰ类分子的 mRNA 及蛋白抗原含量有所不同；而对于某一特定的滋养层细胞，MHC-Ⅰ类分子的 mRNA 及蛋白抗原含量随妊娠时期的变化而改变。在人妊娠的前 3 个月，滋养层细胞中经典 HLA-Ⅰ类抗原的表达高于足月滋养层细胞。在足月合体滋养层细胞中，经典 HLA-Ⅰ类抗原表达极其微弱。妊娠前 3 个月绒毛滋养层细胞中可检测到 HLA-C 的转录，足月绒毛滋养层细胞中 HLA-C 转录本被 HLA-A 和 HLA-B 转录本代替。此外，在绒毛滋养层细胞中，经典 HLA-Ⅰ类抗原的β链并未折叠形成三级结构，而是以展开状态存在于内质网中，分析原因有可能是翻译后的修饰缺陷所致。IFNγ处理后，HLA-Ⅰ类抗原的β链可脱离内质网，以成熟形式出现于细胞表面。而在羊膜上皮细胞中能检测到所有经典 HLA-Ⅰ类抗原存在，绒毛外滋养层细胞中则检测不到经典 HLA-Ⅰ类抗原。

经典 HLA-Ⅰ类抗原在滋养层的表达具有时空依赖性，因此它对于妊娠的作用很复杂，推测有两个作用：首先，它的表达可以激活 T 淋巴细胞，增强机体的抗感染能力，从而抑制滋养层细胞的过度增生。其次，HLA-C 的表达有可能抑制 T 淋巴细胞和 NK 细胞对异型抗原的杀伤反应。

2. 非经典 MHC I 类抗原与母胎免疫

（1）HLA-E 在胎盘的表达

在人妊娠 3 个月及足月胎盘中，可检测到 HLA-E 的 1.7kb 和 2.7kb 的两个转录产物，体外培养的细胞滋养层和合体滋养层细胞中也检测到这两个转录本的存在，这两个转录本的差别在于 3′—OH 的 PolyA 的数目，但免疫组化实验并未发现这些细胞存在 HLA-E 蛋白，说明这些细胞中存在转录后调控机制，阻碍了 HLA-E 基因的翻译。

近年，利用 N 端氨基酸显微序列分析实验，在人羊膜上皮细胞中检测到 HLA-E 蛋白。以后发现，在恒河猴基因组中也存在 HLA-E 基因，并且这一基因未发生 DNA 甲基化，仍具有较高的转录活性。在人滋养层来源的细胞系 JAR 中，其他 HLA Ⅰ类基因均发生 DNA 甲基化，唯有 HLA-E 基因活跃转录。由此推测，HLA-E 具有重要功能，很可能属于管家基因。

（2）HLA-F 抗原与母胎免疫

关于 HLA-F 在人类胎盘的表达情况所知甚少。利用 RNase 保护分析实验，已在人胎盘中发现它的转录产物，但对于胎盘中何种类型细胞表达这类抗原及这类抗原在胎盘中的功能目前还不清楚。

（3）HLA-G 在母胎界面的表达

利用原位杂交、RNase 保护分析及 Northen 印记分析发现，在妊娠前 3 个月及足月妊娠妇女的绒毛细胞滋养层、绒毛外细胞滋养层及羊膜细胞中均有大量 HLA-G mRNA 存在。利用上述研究手段在合体滋养层细胞中未检测到 HLA-G 转录本，但利用 RT-PCR 技术却检测到该类抗原的 mRNA 存在于合体滋养层，提示 HLA-G 基因在这类滋养层细胞中只有基础的转录而无大量翻译。利用 HLA-G 基因的不同引物进行 RT-PCR 时，在人类滋养层组织中检测到 6 种不同的 HLA-G 基因的转录本，其中 HLA-G1、HLA-G2 和 HLA-G3 编码膜蛋白，以后又发现这 3 种 HLA-G 膜蛋白在绒癌细胞系 JEG-3 及绒毛外细胞滋养层细胞中共表达。此外，在体外分化的合体滋养层细胞中也检测到有少量表达。

免疫沉淀实验表明，人妊娠早期和中期的绒毛外细胞滋养层大量表达 HLA-G 蛋白，而在妊娠后期其表达量逐渐下降。近年来，随着 HLA-G 基因各种表达产物的单克隆抗体的研制成功，对 HLA-G 蛋白在胎盘细胞的表达研究越来越精细。现已知，HLA-G1、HLA-G2、HLA-G3 等膜蛋白共表达于妊娠早期及中期的绒毛外细胞滋养层中，而绒毛滋养层和合体滋养层并不表达 HLA-G 蛋白。

（4）HLA-G 基因的表达调控

HLA-G 的表达调控主要发生在转录、mRNA 的剪切、翻译及翻译后的修饰等多个水平。

妊娠早期的绒毛外细胞滋养层细胞中，HLA-G 大量转录和翻译，并将翻译后蛋白转运至细胞表面。比较 HLA-G 基因与经典 HLA-Ⅰ类基因的调控区发现，HLA-G 基因缺少在经典 HLA-Ⅰ类抗原基因中存在的反式作用元件 KB 区、干扰素作用区及增强子 B，HLA-G 基因也不含有经典 HLA-Ⅰ类抗原调控序列中的负调控元件。有实验证明，将

5.7 kb 和 6.0 kb 的 HLA-G 基因转入小鼠后，则这两种转基因小鼠均在滋养层细胞和胎盘间充质细胞中表达 HLA-G，但 6.0 kb 的 HLA-G 转基因小鼠中 HLA-G 在胚外组织表达的效率远高于 5.7 kb 的 HLA-G 转基因小鼠，说明在 HLA-G 基因上游 5.7～6.0 kb 这一段约 250 bp 片段含有重要的正调控序列，这一段序列可能属于顺式作用元件。

在绒毛细胞滋养层，HLA-G 基因转录和翻译，但翻译后的蛋白质不能被转运至细胞表面，说明在这类细胞中，HLA-G 的调控主要在翻译后的修饰水平。

在合体滋养层细胞，只有高灵敏度的 RT-PCR 才能检测到 HLA-G 的转录产物，但没有翻译成为蛋白质，推测在这类细胞中 HLA-G 基因的转录被抑制。这类细胞中的 HLA-G 基因并未发生 DNA 甲基化，因此细胞中有可能缺乏 HLA-G 基因转录所必需的反式作用因子。此外，合体滋养层细胞中的染色体结构不同于细胞滋养层，这也可能是 HLA-G 基因转录被抑制的原因之一。

（5）HLA-G 与免疫耐受

HLA-G 是绒毛外滋养层细胞中第一个被详细描述的 HLA 基因，并且其表达产物是母胎界面含量最多的 HLA 蛋白，由此成为研究的热点。现在已经对 HLA-G 的核苷酸序列和氨基酸序列研究得很清楚，与经典 HLA-Ⅰ类抗原相同，有 8 个外显子和 7 个内含子。HLA-G 在 6 号外显子中提前出现终止密码，因而导致 HLA-G 蛋白质分子胞内段短于经典 HLA-Ⅰ类分子的胞内段。完整 HLA-G 蛋白质的分子量仅为 40 kDa，而经典 HLA-Ⅰ类分子分子量可达 45 kDa。这类抗原特异性表达于细胞滋养层，对于妊娠的维持至关重要，它可保护带有父方同种异体抗原的胎儿免受母体免疫系统的杀伤，具体的保护机制尚不清楚。根据目前的研究，有以下几种推测：①dNK 细胞占多数，这些蜕膜 NK 细胞表面存在一种针对 HLA-Ⅰ类抗原的抑制型受体（killer-cell inhibitory receptor，KIR）。已发现的 KIR 有 4 种：NKAT1～4。HLA-G 是 KIR 的公共配体，通过与 KIR 的结合抑制 NK 细胞的活化。②HLA-G 抗原结合了影响细胞生长和分化的细胞因子从而抑制了 T 细胞的活化。③HLA-G 转录产物的多样性使 HLA-G 可以以两种形式存在，一种是膜结合蛋白，另一种则以可溶性蛋白形式分泌到胞外，而可溶性 HLA-G 分子可以介导同种异体反应性的 CTL（细胞毒性 T 淋巴细胞）的凋亡，从而抑制其杀伤活性。④HLA-G 抗原多态性程度非常低，也就是说胎儿 HLA-G 蛋白与母体 HLA-G 蛋白的差异小，因此 HLA-G 抗原虽不是自身成分，但也不能看成严格的非己成分，减轻了母体免疫系统对滋养层的识别能力。

3. MHC Ⅱ类抗原与母胎免疫

（1）MHC Ⅱ类抗原在胎盘细胞的表达

MHC Ⅱ类基因仅在活化的 T 细胞及巨噬细胞、B 细胞、树突状细胞、胸腺上皮细胞等抗原提呈细胞中表达，而且其表达水平可依细胞发育阶段不同而改变。例如，未成熟 B 细胞不表达 MHC Ⅱ类抗原，仅在成熟 B 细胞中表达。当成熟 B 细胞受到抗原刺激进一步分化为浆细胞时，MHC Ⅱ类抗原又停止表达。通过对小鼠、大鼠和人胎盘的研究发现，在正常妊娠中滋养层 MHC Ⅱ类抗原的表达被完全抑制，而习惯性流产妇女的胎盘滋养层细胞中可检测到大量 MHC Ⅱ类抗原的表达，说明 MHC Ⅱ类抗原在胎盘滋养层被抑制是母胎之间免疫调控的重要机制，对于妊娠的成功必不可少。

IFNγ是 MHCⅡ类抗原的主要诱导因子，可以使许多 MHCⅡ类抗原阴性细胞表达该类抗原。体外研究证实，IFNγ不能诱导胎盘来源的细胞表达 MHCⅡ类抗原，但能诱导某些胎盘细胞表达 MHCⅠ类抗原。将不同剂量的 IFγN 注入小鼠后，高剂量的 IFNγ可诱导母体蜕膜细胞大量表达 MHCⅡ类抗原，然而却完全不能诱导胚胎来源的巨细胞、成胶质细胞和迷路滋养层细胞等细胞表达这类表面抗原。以后又证实，大鼠胎盘中不表达 MHCⅡ类抗原，而且 IFNγ及 DNA 甲基化抑制剂——5-氮胞苷均不能诱导其表达。但是也有报道指出，在胎盘的不同类型细胞中，人的细胞滋养层细胞、小鼠的迷路滋养层细胞等细胞类型在 IFNγ的刺激下能被诱导表达 MHCⅡ类抗原。

在鼠类胎盘成胶质滋养层细胞中检测到 IFNγ受体的存在，而且这类细胞可在离体或在体情况下被 IFN-γ诱导表达 MHCⅠ类抗原，说明 IFNγ受体是功能性受体。Peyman（2001）认为滋养层细胞不能被 IFNγ诱导表达 MHCⅡ类抗原并非由于这些细胞不具有 IFNγ受体。Chen 等（1994）提供了妊娠中期后的迷路滋养层细胞膜表面存在 IFNγ受体的直接证据。最近有报道指出，将外源的 MHCⅡ类抗原α亚单位和β亚单位基因转染到滋养层细胞后，滋养层细胞表面可表达 MHCⅡ类抗原。这些结果说明，IFNγ不能诱导滋养层中 MHCⅡ类抗原的表达，其具体机制尚不清楚。彭景楩课题组以兔为实验材料，利用 RT-PCR 方法研究了妊娠不同时期的胎盘滋养层中 MHCⅡ类抗原的表达情况（Liu et al.，2002）。在妊娠 18 天，滋养层细胞低水平表达 MHCⅡ类抗原，妊娠 26 天时表达量显著升高。此外，在妊娠不同时期，孕兔胎盘滋养层细胞对γ-IFN 处理的反应不同。在妊娠 18 天，γ-IFN 不能诱导其表达 MHCⅡ类抗原。妊娠 26 天时，大剂量γ-IFN（10 万 IU）显著诱导滋养层表达 MHCⅡ类抗原。这些结果提示，在妊娠维持过程中 MHCⅡ类抗原的表达受到抑制，即使γ-IFN 也不能诱导其表达，分娩时滋养层细胞突然大量表达 MHCⅡ类抗原，从而激活母体的免疫系统，并在其他机制的协同作用下，将胎儿排出体外。

（2）MHCⅡ类抗原表达的调控机制

滋养层细胞中，MHCⅡ类抗原表达的调控主要发生在转录水平上，目前已鉴定出高度保守的启动子序列及与之作用的顺式作用元件和反式作用因子。MHCⅡ类基因启动子含有几个保守 DNA 序列，分别称为 X、Y、Z 盒，这 3 个序列对于该基因的组成型表达及 IFNγ诱导的基因表达起重要作用。与顺式作用元件相互作用的反式作用因子业已鉴定出以下几种：①与 X 盒相互作用的因子有 X 盒作用转录因子 1-5（RFX_{1-5}）、X 盒作用转录因子激活蛋白（RFX.AP），它们与 X 盒相结合后调节 MHCⅡ类基因转录的起始阶段，其中关于 RFX_{1-4} 的作用尚不清楚。RFX_5 对 MHCⅡ类基因转录起激活作用。X 盒抑制因子 1（NFX.1）是一种新发现的 X 盒结合蛋白，是 MHCⅡ类基因转录的强阻遏子。②Y 盒可与几种广泛存在的 DNA 结合蛋白相结合，Y 盒抑制因子（NF-Y）即是其中之一，它是 MHCⅡ类基因转录所必需的，通过稳定 X 盒结合蛋白而起作用。Y 盒结合蛋白-1（YB-1）是冷休克区域因子多基因家族中的一员，对 MHCⅡ类基因起负调控作用，其过高表达可阻遏 IFNγ诱导的 MHCⅡ类基因表达。

MHCⅡ类基因的调控因子除 DNA 结合蛋白外，还鉴定出一非 DNA 结合蛋白——

MHC Ⅱ类抗原基因反式激活因子（class Ⅱ MHC gene transactivator，CⅡTA）。CⅡTA的转录与MHC Ⅱ类基因的转录密切相关。例如，MHC Ⅱ类基因转录时，必有CⅡTA转录子存在。若CⅡTA的转录和表达受阻，则MHC Ⅱ类基因不转录。这说明CⅡTA是MHC Ⅱ类基因转录的必需因子，但CⅡTA并非DNA结合蛋白。CⅡTA可与MHC Ⅱ类基因转录激活因子RFX_5相互作用，通过激活RFX_5进而激活MHC Ⅱ类基因的转录。哺乳动物滋养层细胞中的CⅡTA不表达，IFNγ也不能诱导其表达。将带有CⅡTA外源基因的质粒转染至滋养层细胞后，会导致滋养层细胞中MHC Ⅱ类基因部分转录，这说明CⅡTA在滋养层细胞的缺失是MHC Ⅱ类基因不表达的原因之一。利用凝胶阻滞法从滋养层细胞的MHC Ⅱ类基因启动子中鉴定出一段负调控序列（NRE），这一序列位于转录起始点上游–839～–828 bp，为5′-TTTTCCAAATTT-3′。它可与核中某一负调控序列结合蛋白结合，抑制滋养层中MHC Ⅱ类基因的转录，而负调控序列结合蛋白的结构和性质等尚不清楚。

MHC在滋养层细胞中的表达与否对于正常妊娠至关重要，是母胎之间免疫调控的重要因素。经典MHC Ⅰ类抗原在滋养层细胞中是否表达尚存疑问。非经典MHC Ⅰ类抗原在滋养层细胞表达且其表达可保护胎儿不被母体排斥。MHC Ⅱ类抗原在妊娠维持过程中不表达，若表达则会导致流产。

（3）MHC-Ⅱ与免疫耐受

在习惯性流产妇女胎盘滋养层细胞中检测到大量MHC Ⅱ类抗原表达。MHC Ⅱ类抗原表达的增强与流产直接相关。通过对小鼠、大鼠和人胎盘的研究发现：①正常妊娠中滋养层MHC Ⅱ类抗原的表达被完全抑制；②习惯性流产妇女胎盘滋养层细胞检测到大量MHC Ⅱ类抗原的表达；③MHC Ⅱ类抗原在胎盘滋养层被抑制是母胎之间免疫调控的重要机制；④正常妊娠，MHC Ⅱ类抗原有选择性地表达于合体滋养层细胞，其表达具有时序性。妊娠早期，合体滋养层细胞不表达经典的MHC Ⅱ类抗原；妊娠中期，少部分合体滋养层细胞中检测到MHC Ⅱ的表达；分娩前期，胎盘中大部分滋养层细胞均表达经典的MHC Ⅱ类抗原。大量研究表明，习惯性流产与夫妻之间的HLA的相容性有关。夫妻HLA不相容性的妊娠，可使母体产生抗父源性HLA的抗体，这可能是母体对胎儿不产生免疫排斥的一种机制。

临床资料表明，许多原因不明的习惯性流产患者，夫妻之间的HLA的相容性增高，包括MHC Ⅰ类抗原和MHC Ⅱ类抗原。夫妻HLA不相容性的妊娠可使母体产生抗父源性HLA的抗体，这些抗体具有封闭细胞免疫的作用。夫妻之间的HLA相容性增高，不能使母体产生足够的封闭抗体和Ts细胞，母体对胎儿产生免疫排斥反应而流产。习惯性流产患者，其夫妻含有相同HLA抗原的概率明显高于对照组。近年来，用丈夫的外周淋巴细胞对习惯性流产患者进行主动免疫治疗取得的成果在一定程度上支持上述理论。

四、细胞因子与免疫耐受

细胞因子（cytokine）是免疫细胞和非免疫细胞对刺激应答分泌产生的一类具有多

种生物活性的小分子多肽或糖蛋白，具有在细胞间发送信号、诱导生长、分化、趋化作用、增强细胞毒性和/或调节免疫的生物活性。细胞因子作用特点：①细胞因子是小分子糖蛋白（分子量 8～80 kDa），以单体分子居多。②大多数细胞因子以较高的亲和力与其受体结合，通常 10^{-10}～10^{-13} mol/L 就能发挥显著的生物学作用。③在短距离内发挥作用，其形式为自分泌和旁分泌。④一种细胞可产生多种细胞因子，不同类型的细胞也可产生一种或几种相同的细胞因子。⑤细胞因子之间通过协同或拮抗作用，形成细胞因子网以保持各种靶细胞功能的稳定性。⑥细胞因子的合成分泌是一个短暂自限过程，一旦刺激停止，合成及分泌就停止。

1. Th1/Th2 细胞因子

由 I 型辅助 T 淋巴细胞（Th1）分泌的细胞因子称为 Th1 细胞因子，由 2 型辅助 T 淋巴细胞（Th2）分泌的细胞因子称为 Th2 细胞因子。Th1 分泌 IL-2、IL-12、TNFα、IFNγ、TNFβ、IL-3 等炎性细胞因子参与细胞免疫过程。Th2 分泌 IL-4、IL-5、IL-6、IL-10、IL-13、CSF1 和 GM-CSF 等细胞因子辅佐 B 细胞产生抗体，促进抗体介导的体液免疫反应。在正常妊娠状态下，母体的整体免疫系统中体液免疫反应增强，而细胞免疫反应降低。在异常妊娠过程中则相反。促进和维持胚胎生长与发育的细胞因子是能增强体液免疫的 Th2 细胞因子家族的成员，而不利于妊娠的细胞因子均是与细胞免疫相关的 Th1 类细胞因子。

2. 细胞因子与免疫耐受

细胞因子在胚泡着床过程中起着重要的作用：促进胚胎细胞生长，参与调节胚胎细胞的正常发育和分化；促使母体子宫内膜组织增殖分化，使之形成接受态窗口；介导胚胎-母体子宫之间的信息交流和识别，限制胚胎组织对子宫组织的深层侵蚀；促使母体子宫组织内微血管系统的发生与发育，有利于形成胎盘；着床前期巨噬细胞和其他子宫内膜细胞可产生一系列炎症型细胞因子，使内膜出现类炎症反应，而有利于胚胎着床；胚泡着床阶段，母体和胚胎合成和分泌细胞因子，动态地调节子宫的细胞免疫反应，并抑制胚胎抗原物质的表达，在子宫中为胚胎营造了一个局部的免疫低下的环境，达到母体子宫免疫耐受性和胚胎免疫刺激性的动态平衡状态，使胚胎免遭母体的免疫排斥。

细胞因子是激活的免疫细胞分泌的可溶性物质，能够通过协调母体免疫反应的平衡来保护着床的胚胎。例如，IFN-γ 是具有抗病毒活性的细胞因子，IL-2 和 IFN-γ 都可促进自然杀伤细胞的活性，并可能导致胚胎受到母体的免疫伤害。1993 年有人提出了母胎关系中细胞因子的双向免疫调节学说，认为妊娠期间母体免疫系统和生殖系统之间具有双向作用机制。由于 IL-2、IFNγ 和 TNF 等 Th1 型细胞因子对妊娠的维持是有害的，因此妊娠早期的胚胎能够通过 IL-4、IL-5、IL-6 和 IL-11 等 Th2 型细胞因子的局部分泌（特别是 IL-10 的分泌），来保持胚胎生长发育的最适状态。Th1 型细胞和 Th2 型细胞能够相互作用。IL-10 能够抑制 Th1 型细胞因子的合成，而 IFN-γ 则抑制 Th2 型细胞的增殖。要使胚胎免受与细胞免疫相关的细胞毒性的作用，关键在于 Th1 反应的抑制。彭景楩课题组研究表明 IFN-γ 能显著下调子宫内膜 Treg 细胞，上调 Th1 型细胞，导致 Th1 型优势诱发早期胚胎流产，揭示了 Th1 型因子 IFN-γ 诱发早期胚胎流产的新机制，即 IFN-γ 通过 JAK2-STAT1 信号通路上调 CX3CL1，募集 NK 细胞迁移进入子宫，反转母胎界面免疫耐受，诱发早期胚胎流产。IFN-γ 可能是母胎“免疫耐受”转换到“急性排斥”的关键开关分子（Liu et al.，2014）。

3. 细胞因子网络调节

随着生殖机理研究的深入，人们逐渐认识到生殖过程不仅受神经系统和内分泌系统的影响，而且还受到细胞因子网络的调节。细胞因子是激活的免疫细胞分泌的可溶性物质，能够通过协调母体免疫反应的平衡来保护着床的胚胎。例如，IFN-γ是具有抗病毒活性的细胞因子，能够刺激巨噬细胞和激活自然杀伤细胞。在许多具有内分泌功能的组织中，IFN-γ能够诱导 MHC-Ⅱ类抗原和促进 MHC Ⅰ类抗原。同时 IL-2 和 IFN-γ都可促进自然杀伤细胞的活性，并可能导致胚胎受到母体的免疫伤害。因此，细胞因子能够影响胚胎的存活。妊娠早期的母体子宫内，IL-4、IL-5、IL-6 和 IL-10 的分泌水平相对较高，而 IL-2、TNF 和 IFN-γ的分泌水平较低，说明抑制细胞免疫反应的细胞因子发挥主导作用。随着着床过程的完成和胚胎的继续发育，IL-2、TNF、IFN-γ等促进细胞免疫反应的细胞因子的分泌量逐渐增加，到足月分娩时其分泌量迅速增加，并占主导地位，此时可激活 T 淋巴细胞和自然杀伤细胞，因而使母体的细胞免疫反应迅速提高，最后强烈的免疫排斥反应，造成胎儿胎盘从母体子宫壁上剥离，使胎儿顺利地娩出。

虽然胚胎和妊娠母体在免疫学上是不相容的异体，但在人类和哺乳动物的正常妊娠过程中，母体子宫和胚胎却能相互容忍，使个体得以繁殖，物种得以延续。妊娠建立过程中，母体和胚胎的免疫相容性关系是免疫反应中一个特殊而又具有重要意义的现象。作为同种异体移植物的胚胎，在母体子宫内能耐受母体的免疫进攻而不被排斥，其中妊娠母体的免疫系统起着至关重要的作用。

胚胎抗原的表达导致母体免疫系统的反应性增强，造成哺乳动物的胚胎在妊娠早期有相对较高的死亡率。但大多数妊娠中，胚胎不仅没有因为母体的免疫进攻而死亡，相反却能够正常生长发育及着床，直至分娩。这说明妊娠母体和胚胎之间必然有特殊的免疫调节机制协调着母体和胚胎间的免疫对抗关系。这种调节机制究竟如何？哺乳动物子宫液中含有免疫抑制大分子，这种大分子能够改变妊娠母体免疫系统的细胞免疫反应，保护胚胎不被免疫排斥。人子宫内膜能够分泌妊娠特异性蛋白。该蛋白不仅与蜕膜化相关，而且具有局部母体免疫反应的作用。众多的研究证明，妊娠后子宫和胚胎分泌物所产生的局部免疫调节是胚胎不被母体免疫排斥的主要机制。妊娠过程中母体和胚胎界面的关系十分复杂，影响母体和胚胎界面免疫调节的因素也很多。有人强调母体的主导作用，认为着床的顺利与否完全依赖于孕酮和雌激素对子宫的调节，使子宫处于一种接受状态。但胚胎的分泌物对子宫内膜也具有重要的调节作用。尽管看法不一，但都认为母体和胚胎界面的免疫关系是一个相互作用的统一体。

第三节　胚胎/胎盘免疫

一、胚胎

在人类中，受精卵在子宫发育前 8 周为胚胎。胎膜（fetal membrane）包括绒毛膜、羊膜、卵黄囊、尿囊和脐带。绒毛膜（chorion）由滋养层和胚外中胚层组成。植入完成后，滋养层已分化为细胞滋养层和合体滋养层。继之细胞滋养层局部增殖，向外侧形成许多伸入合体滋养层内的绒毛状突起，这样，外表的合体滋养层和内部的细胞滋养层构成了初级绒毛干。第 3 周时，胚外中胚层逐渐伸入绒毛干内，改称次级绒毛干。此后，绒毛干胚外中胚层的间充质分化为结缔组织和血管，并与胚体内的血管相通，此时改称三级绒毛干。各级绒毛干的表面都发出分支，形成许多细小的绒毛。同时，绒毛干末端的细胞滋养层细胞增殖，穿出合体滋养层，延伸至蜕膜组织，将绒毛干固着于蜕膜上。这些穿出的细胞滋养层细胞还沿蜕膜扩展，彼此连接，在绒毛膜表面形成一层细胞滋养层壳，使绒毛膜与子宫蜕膜牢固连接。绒毛干间的间隙，称为绒毛间隙。间隙内充满来自子宫螺旋动脉的母体血，绒毛浸浴其内，胚胎通过绒毛汲取母血中的营养物质并排出代谢产物。绒毛膜包在胚胎及其他附属结构的最外面，直接与子宫蜕膜接触。大量绒毛的发育使绒毛膜与子宫蜕膜的接触面增大，有利于物质交换。人体胚胎外膜主要是指滋养层细胞和胎膜，包围胚胎，将胚胎与母体血液和组织隔开。

二、胚胎外膜免疫

（一）滋养层免疫生物学

胚胎对母体来说类似于同种异体的移植物，与移植物存亡有重要关系的抗原为 MHC。组织相容性是指器官移植时，移植物与受者相互适应的程度。关于 MHC 抗原在滋养层细胞的表达和功能在第二节中已有详细叙述，下面重点介绍滋养层免疫抑制因子。hCG 为滋养层细胞产生的免疫抑制因子，妊娠特异性 B1 球蛋白（PSB1G）对胚胎起免疫保护作用，人胎盘泌乳素（hPL）是滋养层细胞的免疫保护因子。滋养层免疫抑制因子还包括妊娠伴有的血浆蛋白 A（PAPP-A）和胎盘蛋白 5（PP5），前者在母胎免疫识别系统之间形成纤维蛋白封闭屏障，抑制细胞应答，并在抑制体液免疫方面发挥重要作用，后者是新发现的一种胎盘蛋白，具有防止母体攻击的功能。滋养层细胞具有免疫原性，但其免疫原性相对不活跃，针对滋养层免疫原性不活跃原因目前有如下假设：①在滋养层内无移植抗原；②虽存有此类抗原，但其免疫原性极弱；③机体内到目前为止，尚没有检测到针对胎盘或胎儿的特异性抗原，这是胎儿能在母体内长时间存在而不被排斥的原因之一。

（二）胚胎抗原

早在胚胎发育的早期阶段，就已经具有抗原性，许多资料指出胚胎具有来自于双亲的抗原。关于胚胎的抗原性，目前已得到证明的有红细胞凝集素、白细胞凝集素、溶血素等血清抗体。胚胎抗原主要有：HLA、血型抗原（ABO、Rh 等）、癌胚抗原及修饰抗原，在晚期妊娠滋养层上存在 HLA（人类组织相容性抗原）。

1）胚胎血型抗原（同种异型抗原：同一种属不同个体之间存在的抗原，如血型抗原）。胎儿的血型是由父母双方各提供一半的血型染色体结合组成的一个新的血型系统。胎儿的血型由父母双方的血型基因决定，如从“父”方遗传的血型抗原恰好为母体所缺，则胎儿的血型与父亲相同。血型抗原随着妊娠的发展，进入母体血循环，引起母体的免疫系统产生抗此类抗原的抗体，该抗体通过胎盘进入胎儿的血循环，导致新生儿溶血。其原因是，母儿血型不合，免疫抗体是不完全抗体、属 IgG 型，可通过胎盘屏障引起同种免疫反应。正常情况下，人类天然血型抗体属于冷抗体，即 IgM 型不能通过胎盘屏障。胚胎血型抗原主要有 A 抗原、B 抗原和 H 抗原。此类抗原在妊娠第 6 周可出现于大部分的胚胎组织中，随着妊娠的发展，这类抗原在胚胎组织中逐渐减少，到妊娠第 12 周时除在胚胎的红细胞膜表面可测得此类抗原外，其他胚胎组织中均检测不到此类抗原。胎儿红细胞膜表面的胚胎血型抗原无论在数量上还是在质量上均与成熟的红细胞膜表面的血型抗原有明显的差异。

2）Rh 血型抗原。该抗原在妊娠第 38 天即可检测出来，Rh 因子位于红细胞膜的表面。Rh 血型系统有 6 个抗原，分别以 CDE cde 来表示，大写代表 Rh 阳性，小写代表阴性，与此 6 个抗原相对应的抗体分别为抗 C、抗 D、抗 E、抗 c、抗 d 及抗 e 抗体，其中抗 e 抗体至今尚未被证实，故实际上只有 5 个抗原和相应的 5 个抗体。每个抗原都有其相应的基因位点，每一个基因位点上分别由一对基因中的任何一个占据。Rh 血型系统 6 种抗原的免疫原性强度依次为 D、E、C、c、e、d。由于 D 抗原的免疫原性最强，所以称含有 D 抗原的红细胞为 Rh 阳性，不含有 D 抗原的红细胞为 Rh 阴性。Rh 血型不合发生于母胎之间，孕妇为 Rh 阴性而胎儿为 Rh 阳性，胎儿的红细胞中 Rh 阳性抗原经胎盘进入母体血液循环刺激母体产生抗 Rh 抗体，此类免疫反应在妊娠低于 6 周时就发生，亦即在妊娠第 6 周时胚胎红细胞 Rh 抗原已开始具备有刺激母体免疫系统产生抗 Rh 抗体的作用，所以在妊娠第 6～8 周时即可从孕妇血清中检测出此类抗体。这类抗体属于免疫球蛋白，一般首先产生的抗体为 IgM 抗体，由于此抗体为一种完全抗体，分子量大，不能通过胎盘，所以与 Rh 溶血无关；当母体的免疫系统继续受到 Rh 抗原的刺激后即产生 IgG，这是一种不完全抗体，分子量较小，可通过胎盘引起 Rh 溶血。

3）甲胎蛋白（AFP）。AFP 是一种早期人胎血浆蛋白，半衰期为 3～7 天，主要由胚胎的卵黄囊和胎儿的肝脏所合成。胎儿血清中 AFP 的正常浓度为 1 mg/ml，羊水中为 10 μg/ml，妊娠第 10 周时胎儿血清和羊水中 AFP 浓度达最高。母体内 AFP 一般在妊娠第 6 周开始出现，其浓度变化与在胎儿内的浓度变化相反，母体内 AFP 妊娠第 12 周开始渐渐升高，到第 22 周，血浆中 AFP 浓度达最高，达 200～300 ng/ml。分娩后 AFP 的合成随即终止，母体血浆中 AFP 的浓度也迅速下降。AFP 是一种母体免疫反应抑制物，能抑制胎儿血浆中的成熟淋巴细胞对 PHA 的免疫应答反应；人体内 AFP 的浓度超过 30 ng/ml 时，人体的免疫系统将处于明显的免疫抑制状态，从而进一步证实 AFP 具有较强的免疫抑制作用。AFP 目前在临床上主要用于预测胎儿质量。羊水中 AFP 浓度应随着妊娠的发展而降低，如果羊水中的 AFP 浓度随妊娠月份的增加而增加，提示胎儿宫内出现先兆流产或死胎的可能；在新生儿溶血症、糖尿病合并妊娠时，母体及新生儿血清中 AFP 均超过正常水平；在高血压或妊娠期高血压疾病时，AFP 低于正常水平。研究发现，在妊娠第 16～第 18 周时如果母体血浆中 AFP 浓度低时，胎儿患 21 三体综合征危险性最大。

三、胎盘与胎盘屏障

胎盘是由胎儿的绒毛膜与母体的基蜕膜共同组成，是维持妊娠的重要临时内分泌器官，直径 15～20 cm，中央厚，周边薄，平均厚约 2.5 cm。胎盘胎儿面灰蓝色、光滑、半透明，覆有羊膜，脐带附于中央或稍偏，透过羊膜可见呈放射状走行的脐血管分支。胎盘的母体面粗糙，为剥离后的基蜕膜和蜕膜隔（胎盘隔，placental septum），将胎盘母体面分成肉眼可见的 15～30 个母体叶（胎盘小叶）。足月胎盘绒毛面积达 12～14 m^2。胎盘垂直切面上，可见绒毛膜发出 40～60 根绒毛干，绒毛干间为绒毛间隙，由基蜕膜构成的胎盘隔伸入其内。子宫螺旋动脉与子宫静脉开口于绒毛间隙，故绒毛间隙内充以母体血液，绒毛浸在母血中。母体动脉血从子宫螺旋动脉流入绒毛间隙，与胎儿血进行物质交换后，再经子宫静脉，流回母体。胎儿血经脐动脉及分支，流入绒毛毛细血管，与绒毛间隙内的母体血进行物质交换后，经脐静脉回流到胎儿。母体和胎儿的血液在各自的封闭管道内循环，互不相混。

胎盘屏障由合体滋养细胞、滋养细胞基底膜、绒毛间质、毛细血管基底膜及毛细血管内皮细胞 5 部分组成。胎盘的主要功能：①物质交换，胎儿通过胎盘从母血中获得营养和 O_2，排出代谢产物和 CO_2。②内分泌功能，合体滋养层能分泌数种激素，对维持妊娠起重要作用。在妊娠第 2 周胎盘开始分泌人绒毛膜促性腺激素（hCG），第 8 周达高峰，以后逐渐下降；妊娠第 4 月开始分泌孕激素和雌激素，以后逐渐增多。母体的卵巢黄体退化后，胎盘的这两种激素起着继续维持妊娠的作用。③防御功能，胎盘屏障作用及 hCG 抑制淋巴细胞免疫性，以免胚胎滋养层被母体淋巴细胞攻击。

四、胎盘免疫

胎盘免疫其本质是胎盘滋养层细胞与母体蜕膜相互作用的免疫现象，与母-胎间免疫相容性密切相关。

1. 胎盘的保护作用

胎盘对胎儿的保护作用是通过固定胎儿和发挥胎盘屏障作用而实现的。子宫内膜、绒毛膜上皮细胞和内皮细胞的细胞膜是构成胎盘屏障的主要成分。胎盘虽然可以进行物质交换，但对物质的通过具有严格的选择性。有些物质不能直接通过胎盘进入胎儿体内，这种选择性就是胎盘屏障作用。母体血液中有毒物质和许多种细菌不能通过胎盘，大分子蛋白须经酶分解后才能通过。

2. 胎盘免疫功能

胎盘组织可被看作是一种同种异体移植物，因为胎盘组织中有一部分是来自胎儿，它与母体自身的组织不同。然而，母体对胎盘并不发生类似的同种移植免疫排斥反应。有学者将胎盘的滋养层组织移植到另一动物体内，未观察到免疫排斥反应。相反，当移植胚胎组织后，则发生了典型的免疫排斥反应。进一步研究表明胎盘滋养层细胞分泌的因子抑制局部免疫反应，如分泌的孕酮抑制了母体淋巴细胞的免疫性；分泌的细胞因子，如 IL-10 能抑制具有细胞毒的 Tc 细胞的增殖。关于胎盘在免疫耐受中发挥的作用，根据目前研究资料提出了 3 种推测：一种观点认为是胎盘滋养层的组织抗原性极微弱，可防止母体的免疫性排斥；另一种见解认为，在滋养层细胞膜外，覆盖一层带阴性电荷的唾黏蛋白，其对母体的免疫活性细胞构成化学屏障，唾黏蛋白表面的阴性电荷排斥母体的淋巴细胞，阻断了绒毛膜抗原与母体淋巴细胞的接触；还有人认为，胎儿淋巴细胞反复进入母体，从而使母体对胚胎产生了免疫耐受性。

五、胎盘滋养层细胞与免疫耐受

母体对胎盘并不发生类似的同种移植免疫排斥反应，究其机制虽然有一些重要的研究发现，但至今仍不十分清楚，许多问题的解释亦未形成共识。从资料报道综合分析可从以下几个方面去理解：胎儿及胎盘组织免疫学特性，即早期胚胎及胚胎组织无抗原性。胎盘胎儿面的抗原被遮盖，在母胎间存在着天然的生理屏障——胎盘，在胎盘胎儿部与母体部组织的交界处，包括绒毛的游离面、细胞滋养层壳表面和基板滋养层表面等，这些与母体组织接触的胎儿组织表面，都沉积一层纤维蛋白和类纤维蛋白，构成一道免疫隔离屏障，从而阻止胎儿抗原与母体淋巴细胞及相关抗体的接触，避免排斥反应的发生。胎儿的白细胞可通过胎盘膜进入母体，红细胞也可少量进入母体，这些外来细胞对母体来说是一种长期慢性的抗原刺激，使母体产生了对胎儿抗原的免疫耐受性。另外，合体滋养层芽也不断进入母体，使母体对滋养层细胞产生免疫耐受性。激素的抑排异作用，动物妊娠时黄体或胎盘产生的孕酮，以及人和灵长类动物胎盘分泌的 hCG，都能使母体耐受胎盘组织中来自父本的组织相容性异体抗原，使胎儿不受母体的免疫排斥。

1. 细胞滋养层 MHC 抗原的表达

胎膜与绒毛滋养层细胞相同，为 MHC 抗原不表达型。胎膜的细胞滋养层和羊膜上皮细胞均缺乏 HLA-A、HLA-B、HLA-C、HLA-DR 及 β2 微球蛋白的表达，接受羊膜细胞移植者不发生排斥反应。由于羊膜组织无移植抗原且可合成多种酶，将新鲜羊膜组织转入到患者体内以治疗遗传性酶缺陷疾病。羊膜上皮还可促进伤口愈合，治疗烧伤和慢性皮肤溃荡，提示羊膜组织无抗原表达。

2. 滋养层细胞表达 HLA-G 抗原

绒毛滋养层主要是细胞滋养细胞（cytotrophoblast，CT）和合体滋养细胞（syncytiotrophoblast，ST）。中间型滋养细胞（intermediate trophoblast，IT）是覆盖了上述两种细胞的形态和功能特征的独立的滋养细胞类型，是绒毛外滋养层的主要组成。被覆于绒毛膜绒毛的滋养细胞称为“绒毛滋养细胞”。子宫内其他部位的滋养细胞称为“绒毛外滋养细胞”（extravillous trophoblast，EVT）。胎儿滋养层各细胞亚群是胎儿表达父母双亲的同种异型抗原并直接暴露于母体的部位，包括：①合体滋养细胞亚群（包围母体血窦的和自妊娠初期近母体蜕膜的一层很薄的滋养层）；②细胞滋养细胞亚群（合体滋养层下）；③绒毛外细胞滋养细胞亚群（胚胎 13 天时非游离绒毛尖端的细胞滋养细胞穿破外围合体滋养细胞并蔓延浸入母体蜕膜形成）。

胎盘绒毛外细胞滋养层表达一种新的 HLA-Ⅰ类抗原。1991 年 WHO 命名委员会正式将表达该抗原的基因命名为 HLA-G 位点。HLA-G 呈低度多态性，其抗原只限制性表达在母胎界面的绒毛外细胞滋养细胞上，HLA-G 编码的分子被称为非经典 HLA-Ⅰ类分子。研究证明：滋养细胞不表达经典 HLA-Ⅰ及 HLA-Ⅱ类强抗原。胎儿滋养层细胞不表达经典的人白细胞抗原 HLA-Ⅰ和Ⅱ，仅表达一种新的 HLA-G 抗原。人类 MHC 肩负着细胞间相互识别及诱导免疫耐受。HLA-G 代表 HLA 抗原表达在母胎界面上，但不引起母体排斥胎儿，提示 HLA-G 在母胎免疫耐受中有重要意义，即保护带有父方同种异体抗原的胚胎免受母体免疫系统的杀伤。HLA-G 是如何发挥作用的呢？HLA-G 属于非典型 HLA 抗原，与免疫负调节有关，主要表达在绒毛外细胞滋养层细胞的细胞膜；抑制 T 细胞活化，可溶性 HLA-G 分子可以介导细胞毒性 T 淋巴细胞（CTL）的凋亡，从而抑制其杀伤活性；HLA-G 抗原多态性程度非常低，即胎儿 HLA-G 蛋白与母体 HLA-G 蛋白的差异小，因此减轻了母体免疫系统对滋养层的识别能力。HLA-G 能与 NK 细胞的抑制性受体（KIR）结合，然后传入抑制信号，阻止 NK 细胞对胚胎的杀伤作用，从而使胚胎免予排斥。

3. 滋养层细胞膜血型抗原的表达

采用免疫荧光技术发现人类胎盘无血型抗原。但以后许多学者相继发现胎盘绒毛有血型抗原表达，但数量甚少，只有采用高亲和力和高效价的抗体才能识别。

4. 滋养层细胞和淋巴细胞交叉抗原

在动物试验中，滋养层细胞和淋巴细胞交叉抗原（trophoblast lymphocyte cross active antigen，TLX）可抑制与 HLA 抗原和血型抗原无关的淋巴细胞细胞毒性。母体识别滋养层细胞上不相容的 TLX 抗原可产生保护因子，可能为封闭抗体，有助于胎儿的存活。抗 TLX 抗体是对绒毛及淋巴细胞共同抗原的抗体，可封闭混合淋巴细胞反应。

5. 封闭抗体

在正常孕妇的血清中，存在一种抗配偶淋巴细胞的特异性 IgG 抗体，它可抑制淋巴细胞反应（MLR），封闭母体淋巴细胞对培养的滋养层的细胞毒作用，防止辅助 T 细胞识别胎儿抗原的抑制物，并可阻止母亲免疫系统对胚胎的攻击。封闭同种抗原刺激的淋巴细胞产生巨噬细胞移动抑制因子（MIF），故称其为封闭抗体（blocking antibody，BA）。抗磷脂抗体（antiphospholipid antibody，APLA）是 HLA、滋养层及淋巴细胞交叉反应抗原（TLX）等刺激母体免疫系统，所产生的一类 IgG 型抗体。孕妇血中的 APLA（临床常用语）可以表现以下作用：APLA 中和同种异体抗原，而不使胎儿受到排斥；抗体直接作用于具有免疫能力的细胞，如 CTL 细胞、NK 细胞等；直接结合到靶细胞的抗原上，从而降低它们对受体细胞参与的免疫反应的敏感性。反复自然流产的发生与母体缺乏 APLA 有关，流产次数越多的患者，其体内 APLA 缺乏的可能性越大。APLA 的产生不足，母体对胎儿产生强烈的排斥现象，发生于孕早期可出现反复自然流产，孕晚期则可出现妊娠高血压疾病、胎儿宫内生长受限，甚至出现胚胎死于宫内。因此对反复自然流产患者进行 APLA 检测是非常有必要的。

目前发现的封闭抗体主要有以下几种：①抗温 B 细胞抗体，为抗胎儿 B 淋巴细胞表面 HLA-D/DR 抗体；②抗冷 B 细胞抗体，系非 HLA 冷 B 抗体；③抗特异性抗体，对母体辅助 T 细胞表面 HLA-D/DR 受体的基因抗体；④抗 TLX 抗体：是对绒毛及淋巴细胞共同抗原的抗体，可封闭混合淋巴细胞反应；⑤抗 Fc 受体的抗体：为封闭丈夫 B 淋巴细胞上 Fc 受体的非细胞障碍性抗体；⑥抗父体的补体依赖性抗体（APCA）。

正常妊娠中，夫妇 HLA 抗原不相容，胚胎所带的父源性 HLA 抗原（滋养细胞表面）能刺激母体免疫系统并产生 APLA，即抗配偶淋巴细胞的特异性 IgG 抗体，它能抑制混合淋巴细胞反应，并与滋养细胞表面的 HLA 抗原结合，覆盖来自父方的 HLA 抗原，从而封闭母体淋巴细胞对滋养层细胞的细胞毒作用，保护胚胎或胎儿免受排斥。反复自然流产的夫妇含有相同的 HLA 抗原的频率高于正常夫妇，过多的共有抗原阻止母体对胚胎作为异体抗原的辨识，不能刺激母体产生足够以维持妊娠所需的 APLA。由于缺乏抗体的调节作用，母体免疫系统面对胚胎产生免疫攻击而导致流产。国内外学者一致认为复发性流产是由于母体不能识别父方抗原而产生保护性反应所致，临床可有针对性地选用丈夫淋巴细胞人工被动免疫疗法诱导母体产生同种免疫反应，从而出现 APLA 及微淋巴细胞毒抗体，使母体免疫系统不易对胎儿产生免疫攻击，使妊娠继续。原因不明性反复自然流产患者进行淋巴细胞免疫治疗后，妊娠成功率达 72%～86%，且未发现对母体及胎儿的副反应。部分学者认为，复发性流产与母体存在特异性的流产易感基因或单体有关，这种易感基因或单体可能存在于 HLA 复合体内或与其紧密连锁。含有易感基因或单体的母体对胚胎抗原呈低反应状态，同样不能产生 APLA，使胚胎遭受母体免疫系统的排斥而发生流产。

第四节　病理妊娠与免疫

正常妊娠是一种特殊类型的免疫耐受，这种耐受遭破坏则会导致流产、妊娠高血压综合征等病理妊娠。病理妊娠中免疫因素所起的作用受到越来越多的研究者的关注。

一、自然流产与免疫

自然流产是指人妊娠 28 周以前、胎儿体重在 1000 g 以内的妊娠终止，发生率为 15%～20%。复发性流产（recurrent spontaneous abortion，RSA）是指自然流产连续发生 2 次或 2 次以上，发生率为 1%。习惯性流产是指与同一性伴侣连续发生 3 次或 3 次以上自然流产。反复性流产和习惯性流产的病因，除染色体、解剖和内分泌异常外，50%～60%与免疫有关。

封闭抗体缺乏是引起 RSA 的主要免疫学病因。其他还包括透明带抗体、磷脂抗体、ABO 血型抗体、封闭抗体的独特型抗体异常等。在所有反复自然流产病因中，封闭抗体缺乏占了病因构成的大部分，而且可能是原发性流产和继发性流产的共同病因。在原发性流产中，封闭抗体缺乏占 31.4%；透明带抗体阳性占 20.4%；磷脂抗体阳性占 8.5%；ABO 血型抗体阳性占 8.4%；尚有 31.3%的患者原因不明。在继发性流产中，封闭抗体独特型-抗独特型抗体网络紊乱占 39.4%；磷脂抗体阳性占 31.3%；ABO 血型抗体阳性占 22.4%；6.8%的患者原因不明。

二、复发性流产的免疫学病因及发病机制

（一）母胎同种免疫识别低下

这种类型主要呈现封闭抗体缺乏，是反复自然流产的主要病因类型。原发性流产常表现为封闭抗体及封闭抗体的独特型抗体共同缺乏；继发性流产仅表现为封闭抗体的抗独特型抗体缺乏。母胎同种免疫识别低下可尝试采用白细胞免疫疗法及静脉免疫球蛋白被动免疫疗法，目的在于促使建立封闭抗体的独特型-抗独特型网络。封闭抗体生物学作用的靶标抗原是主要表达于滋养层细胞的 HLA-G 和父系淋巴细胞表面的 TLX 抗原。封闭抗体缺乏时反复自然流产的主要病因已达成共识，但封闭抗体缺乏导致反复自然流产的发病机制尚不明确，推测 RSA 患者可能因滋养层细胞不能有效表达 CD3 及 CD4 相关 TLX 抗原，不能有效刺激母体产生抗 CD3-BE 及抗 CD4-BE，不能产生对胚胎的免疫保护作用。封闭抗体及封闭抗体的独特型抗体缺乏，可能会过度激活杀伤性 T 淋巴细胞及 NK 细胞，从而对胚胎产生免疫排斥，导致 RSA。

（二）母胎免疫识别过度

自身免疫异常，如透明带抗体、磷脂抗体等异常；同种免疫异常，如母胎、ABO 血型不合等。治疗可采用免疫抑制剂为主，以降低母体对胎儿-胎盘的损伤作用。磷脂抗体是引起反复自然流产的重要因素之一。磷脂抗体引起 RSA 的机制主要表现在两个方面，一方面是磷脂成分与 β2-糖蛋白结合，暴露了其与磷脂抗体作用的抗原位点。另一方面是抗磷脂抗体可直接作用于滋养层细胞膜磷脂，抑制其分化成熟，合体滋养细胞融合障碍，HCG 合成下降，细胞滋养细胞侵蚀能力下降，以及子宫螺旋动脉血管重铸障碍。关于磷脂抗体导致流产的机制尚不清楚，多数学者倾向于前列环素（PGI_2）抑制学说，即抗磷脂抗体可能与血管内皮表面的磷脂成分结合，损伤血管内皮细胞后，阻止血管内皮释放花生四烯酸，从而使前列环素合成减少，并且血管内皮损伤后使血小板黏附聚集，释放的血栓素 A_2 使血管收缩，使血管内形成血栓，从而引起胎盘及蜕膜血管病变，最后导致流产。透明带自身抗体是 RSA 的另一个重要原因。透明带抗体对含透明带的胚胎产生损伤作用，胚胎即使着床也因前期的损伤作用而不能正常发育而发生流产，这种情形仅可能发生在孕早期，透明带抗体异常引起的 RSA 常为原发性流产。

（三）母-胎免疫识别紊乱

在 RSA 患者中，这种类型较多，但缺乏有效治疗方案。这类患者一方面表现为封闭抗体缺乏，显示母-胎同种免疫识别低下表型，另一方面亦表现出自身免疫及同种免疫损伤作用异常增高。两方面综合变化均体现了母体对胚胎免疫保护作用的削弱及母体对胚胎免疫损伤作用的增强。

三、妊娠高血压综合征与免疫

妊娠高血压综合征（pregnancy induced hypertension，PIH，简称妊高征）是发生于妊娠中晚期的、严重威胁母婴安全的产科常见并发症，是导致孕妇和胎儿死亡的主要原因之一。妊娠高血压综合征是指妊娠期出现临时性高血压、蛋白尿等症状，分娩后即随之消失的疾病，这一定义强调了育龄期妇女发生高血压、蛋白尿症状与妊娠之间的因果关系，为妊娠 20～24 周后所特有的疾病，临床表现为高血压、蛋白尿、水肿，严重时出现抽搐、昏迷，甚至母婴死亡。妊娠高血压疾病分为妊娠期高血压、子痫前期、子痫、慢性高血压并发子痫前期及妊娠合并慢性高血压。PIH 病因目前尚未完全得到阐释，但可从以下几个方面找到一些解释：①免疫学说，②子宫-胎盘缺血学说，③妊高征与血浆内皮素，④一氧化氮与妊高征，⑤凝血系统与纤溶系统失调学说，⑥缺钙与妊高征，其他还包括遗传因素、肾素-血管紧张素-醛固酮、前列腺素系统、心钠素、氧自由基等因素。

（一）雌孕激素与妊高征

孕酮在妊娠早期由妊娠黄体产生，孕 3 个月后由胎盘合体滋养细胞产生，是母胎界面的关键性免疫抑制因子，妊娠早期可上调滋养层细胞中 HLA-G 的表达、刺激 T 细胞分化为 Th2 及分泌抑炎性细胞因子（如 IL-4、IL-6 及 IL-10 等）。子痫前期患者体内孕激素水平降低。低剂量雌激素增强免疫反应，高浓度雌激素抑制细胞免疫。正常妊娠机体内的雌二醇可以促进 Treg 增殖，且雌二醇预处理的调节性 T 细胞抑制功能增强。子痫前期患者血清雌激素降低。

（二）免疫细胞与妊高征

在妊娠期间，细胞免疫功能受到抑制，但体液免疫功能增强，Th1/Th2 值向 Th2 方向偏移。Th2 细胞优势环境对妊娠有利，而 Th1 细胞因子对妊娠有害，可导致妊娠并发症的发生。研究显示，妊娠高血压综合征患者外周血中的 $CD4^{+}$T 细胞增多、Th1 细胞因子增多、Th2 细胞因子减少及 Th1/Th2 值增大，且与病情严重程度呈正相关，提示这些患者中由 Th1 分泌的细胞因子介导的细胞免疫活动增强，而 Th2 分泌的细胞因子介导的体液免疫功能减弱，从而导致患者机体免疫功能的紊乱，进而导致妊娠高血压综合征的发生。TNFα参与滋养层细胞的凋亡并损害母体及胎盘中的血管，使血管平滑肌收缩后导致血压升高。研究发现，TNFα与 IL-2 共同作用可使 NK 细胞活化，转变成具有细胞毒作用的淋巴因子活化的杀伤细胞，可损害母体细胞，并导致并发症的发生。子痫前期子宫内膜的巨噬细胞大量增多并被激活，参与胎盘局部过度的炎症反应和免疫反应，参与子痫前期的病理生理过程。活化巨噬细胞分泌的促炎细胞因子可以诱导外周绒毛细胞凋亡，阻止滋养细胞侵入和分化，阻碍子宫螺旋动脉重铸，造成胎盘浅着床。

（三）HLA-I 与妊高征

胎盘滋养细胞来源于胎儿，不表达经典的 HLA-Ⅰ类抗原（A、B）和Ⅱ类抗原，但表达非经典 HLA-Ⅰ类 HLA（E、F、G）和弱表达 HLA-C 抗原，保证其不受母体免疫系统的直接攻击。正常妊娠中绒毛外滋养层细胞侵入子宫螺旋动脉，替代血管内皮细胞，有助于螺旋动脉重塑。绒毛外滋养层细胞表达 HLA-C，一旦与 NK 细胞受体 KIR 结合，HLA-C 则刺激血管生成因子的分泌，促进螺旋动脉重塑。在子痫前期中，更常见的是母体的 KIRAA 与胎儿的 HLA-C2 结合，抑制血管生成因子的产生。HLA-G 通过与蜕膜 NK 细胞的抑制性受体 KIR2DL4 作用，刺激炎性因子和免疫调节细胞因子、炎症趋化因子及血管源性因子的产生，促进滋养层侵入及与植入有关的血管形成。重度子痫前期患者的胎盘组织中，HLA-G 表达降低。HLA-G 的降低会引起滋养细胞对 NK 细胞的抑制活性降低，导致其分泌的炎性细胞因子增多，绒毛外滋养细胞对螺旋动脉重铸不足，动脉狭窄，血流阻力升高，使胎盘灌注不足，导致妊娠期高血压疾病发生。HLA-E 与蜕膜细胞上 CD94/NKG2A 受体结合为抑制作用，主要是抑制 NK 细胞介导的杀伤滋养层细胞的作用。与 CD94/NKG2C 结合起活化作用，诱导 NK 细胞的毒性作用。目前研究显示妊娠期高血压疾病绒毛膜外滋养细胞层 HLA-E 表达降低，其对 NK 细胞及 CTL 细胞的抑制作用降低，导致母胎界面的免疫平衡破坏，最终导致疾病的发生。

（四）妊高征的遗传

研究表明，妊高征在正常人群中的发病率为 8%，而在妊娠期高血压疾病家族史的人群中，其发病率为 26%～37%。有资料显示，有家族史的孕妇要比无家族史者发病率高 8 倍。近代免疫进展进一步提示了该病之免疫遗传背景。目前认为妊娠期高血压疾病可能存在易感基因，与免疫相关的可能的易感基因有人类白细胞抗原（HLA）易感基因和肿瘤坏死因子基因及其启动子，不过其作用尚未完全肯定。

参 考 文 献

常建军, 彭景楩. 2002. 精子特异性乳酸脱氢酶的免疫学特性及其应用. 动物学杂志, 37: 85-88.
常建军, 杨颖, 彭景楩. 2003. PCR3.1-bvLDH-C4′的构建及在体内外的表达. 动物学杂志, 38: 85-88.
刘喆, 彭景楩, 祝诚. 2001. 滋养层细胞表面主要组织相容性复合体抗原的研究进展. 生物化学与生物物理进展, 28: 26-28.
孙泉红, 彭景楩. 2004. MHC-II 类分子表达调控的研究进展. 生理科学进展, 35(1): 25-29.
孙泉红, 彭景楩. 2006. IFNγ对母胎界面免疫调控的影响. 自然科学进展, 16: 129-134.
王梦玖. 2000. 临床生殖免疫学. 上海: 上海科学技术出版社: 33-35.
徐丽, 彭景楩. 2004. 卵透明带 ZP3 的研究及其应用. 动物学杂志, 39(1): 122-126.
周飞, 彭景楩. 2001. 卵透明带 ZP 疫苗的研究进展. 生殖医学杂志, 10(1): 50-53.
周飞, 彭景楩. 2001. 重组真核质粒 pCMV4-rZP3′构建及在小鼠体内的表达. 动物学杂志, 36(3): 22-27.

Barber M R, Fayrer-Hosken R A. 2002. Possible mechanisms of mammalian immunocontraception. J Reprod Immunol, 46: 103-124.
Blois S M, Kammerer U, Alba Soto C, et al. 2007. Dendritic cells: key to fetal tolerance? Biol Reprod, 77: 590-598.
Bowen J M, Chamley L, Keelan J A, et al. 2002. Cytokines of the placenta and extra-placental membranes: roles and regulation during human pregnancy and parturition. Placenta, 23: 257-273.
Bray C, Son J H, Meizel S. 2002. A nicotinic acetylcholine receptor is involved in the acrosome reaction of human sperm initiated by recombinant human ZP3. Biol Reprod, 67: 782-788.
Brown M B, von Chamier M, Allam A B, et al. 2014. M1/M2 macrophage polarity in normal and complicated pregnancy. Front immunol, 5: 606.
Catherine D T, Cardullo R A. 2002. Distinct membrance fractions from mouse sperm bind different zona pellucida glycoproteins. Biol Reprod, 66: 65-69.
Caucheteux S M, Kanellopoulos-Langevin C, Ojcius D M. 2003. At the innate frontiers between mother and fetus: linking abortion with complement activation. Immunity, 18: 169-172.
Chang J J, Peng J P, Yang Y, et al. 2006. Study on the anti-fertility effects of the plasmid DNA vaccine expressing partial brLDH-C4. Reproduction, 131: 183-192.
Chen H L, Kamath R, Pace J L, et al. 1994. Expression of the interferon-gamma receptor gene in mouse placentas is related to stage of gestation and is restricted to specific subpopulations of trophoblast cells. Placenta, 15: 109-121.
Choudhury S R, Knapp L A. 2001. Human reproductive failure I: immunological factors. Hum Reprod Update, 7: 113-134.
Croy B A, He H, Esadeg S, et al. 2003. Uterine natural killer cells: insights into their cellular and molecular biology from mouse modelling. Reproduction, 126: 149-160.
Dean J, Chamberlin M E, Millar S E, et al. 1989. Developmental expression of ZP3, a mouse zona pellucida gene. Prog Clin Biol Res, 294: 21-32.
Dunbar B S, Avery S, Lee V, et al. 1994. The mammalian zona pellucida: its biochemistry, immunochemistry, molecular biology, and developmental expression. Reprod Fertil Dev, 6: 331-347.
Dunbar B S, Timmons T M, Skinner S M, et al. 2001. Molecular analysis of a carbohydrate antigen involved in the structure and function of zona pellucida glycoproteins. Biol Reprod, 65: 951-960.
East I J, Dean J. 1984. Monoclonal antibodies as probes of the distribution of ZP-2, the major sulfated glycoprotein of the murine zona pellucida. J Cell Biol, 98: 795-800.
EI-Mestrah M, Castle P E, Borossa G. 2002. Subcellular distribution of ZP1, ZP2 and ZP3 glycoproteins during folliculogenesis and demonstration of their topographical disposition within the zona matrix of mouse ovarian oocytes. Biol Reprod, 66: 866-876.
Erlebacher A. 2013. Immunology of the maternal-fetal interface. Annu Rev Immunol, 31: 387-411.
Erlebacher A. 2013. Mechanisms of T cell tolerance towards the allogeneic fetus. Nat Rev Immunol, 13: 23-33.
Fang W N, Shi M, Meng C Y, et al. 2016. The balance between conventional DCs and plasmacytoid DCs is pivotal for immunological tolerance during pregnancy in the mouse. Sci Rep, 6: 26984.
Ferreira L M, Meissner T B, Tilburgs T, et al. 2017. HLA-G: at the interface of maternal-fetal tolerance. Trends Immunol, 38: 272-286.
Goldberg E, Vandeberg J L, Mahony M C. 2001. Immune response of male baboons to testis-specific LDH-C4. Contraception, 64: 93-98.
Gupta G S, Syal N. 2000. Newly exposed immunochemically cross-reactive epitopes in sperm-specific LDH after glucosylation and gossypol interaction. Am J Reprod Immunol, 44: 303-309.
Harrison P E, Barratt C L, Osborn J, et al. 1988. In vitro fertilization results from thirteen women with anti-sperm antibodies. Hum Reprod, 3: 922.
Helige C, Ahammer H, Moser G, et al. 2014. Distribution of decidual natural killer cells and macrophages in the neighbourhood of the trophoblast invasion front: a quantitative evaluation. Hum Reprod, 29: 8-17.
Jackson R J, Maguire D J, Hinds L A, et al. 1998. Infertility in mice induced by a recombinant ectromelia virus expressing mouse zona pellucida glycoprotein 3. Biol Reprod, 58: 152-159.

Kadota Y, Okumura M, Miyoshi S. 2000. Altered T cell development in human thymoma is related to impairment of MHC class II transactivator expression induced by interferon-gamma(IFN-gamma). Clin Exp Immunol, 121: 59-68.

Korn T, Bettelli E, Oukka M, et al. 2009. IL-17 and Th17 cells. Annu Rev Immunol, 27: 485-517.

Kuroki K, Maenaka K. 2007. Immune modulation of HLA-G dimer in maternal-fetal interface. Eur Immunol, 37: 1727-1729.

Li Z Y, Chao H H, Liu H Y, et al. 2014. IFN-γ induces aberrant CD49b^{+} NK cell recruitment through regulating CX3CL1: a novel mechanism by which IFN-γ provokes pregnancy failure. Cell Death Dis, 5: e1512.

Liang L F, Dean J. 1993. Conservation of mammalian secondary sperm receptor genes enables the promoter of the human gene to function in mouse oocytes. Dev Biol, 156: 399-408.

Liu H Y, Liu Z K, Chao H, et al. 2014. High-dose interferon-γ promotes abortion in mice by suppressing Treg and Th17 polarization. J Interf Cytok Res, 34 : 393-403.

Liu Z, Chen Y, Yang Y, et al. 2002. The effect on MHC class II expression and apoptosis in placenta by IFN-γ administration. Contraception, 65: 177-184.

Liu Z, Sun Q H, Peng J P. 2003. Effect of IFNγ on caspase-3, Bcl-2 and Bax expression, and apoptosis in rabbit placenta. Cytokine, 24: 201-209.

Mackenzie S M, McLaughlin E A, Perkins H D, et al. 2006. Immunocontraceptive effects on female rabbits infected with recombinant myxoma virus expressing rabbit ZP2 or ZP3. Biol Reprod, 74: 511-521.

Maidji E, Genbacev O, Chang H T, et al., 2007. Developmental regulation of human cytomegalovirus receptors in cytotrophoblasts with distinct replication sites in the placenta. J Virol, 81: 4701-4712.

Mellor A L, Munn D H. 2000. Immunology at the maternal-fetal interface: lessons for T cell tolerance and suppression. Annu Rev Immunol, 18: 367-391.

Mjosberg J, Berg G, Jenmalm M C, et al. 2010. FOXP3(+)regulatory T cells and T helper 1, T helper 2, and T helper 17 cells in human early pregnancy decidua. Biol Reprod, 82: 698-705.

Morgan B P, Holmes C H. 2000. Immunology of reproduction: protecting the placenta. Curr Biol, 10: 381-383.

Mori T, Guo M W, Sato E. 2000. Molecular and immunological approaches to mammalian fertilization. J Reprod Immunol, 47: 139-158.

Munoz-Suano A, Hamilton A B, Betz A G. 2011. Gimme shelter: the immune system during pregnancy. Immunol Rev, 241: 20-38.

Nancy P E, Tagliani C S, Tay P. et al. 2012. Chemokine gene silencing in decidual stromal cells limits T cell access to the maternal-fetal interface. Science, 336: 1317-1321.

Nancy P, Erlebacher A. 2014. T cell behavior at the maternal-fetal interface. Int J Dev Biol, 58: 189-198.

O'Shea J J, Paul W E. 2010. Mechanisms underlying lineage commitment and plasticity of helper CD4+ T cells. Science, 327: 1098-1102.

Palmer G W, Claman H N. 2002. Pregnancy and immunology: selected aspects. Ann Allergy Asthma Immunol, 89: 350-359.

Peyman J A. 2001. Mammalian expression cloning of two human trophoblast suppressors of major histocompatibility complex genes. Am J Reprod Immunol, 45: 382-392.

Plaks V, Birnberg T, Berkutzki T, et al. 2008. Uterine DCs are crucial for decidua formation during embryo implantation in mice. J Clin Invest, 118: 3954-3965.

PrabhuDas M, Bonney E, Caron K, et al. 2015. Immune mechanisms at the maternal-fetal interface: perspectives and challenges. Nat Immunol, 16: 328-334.

Primakoff P, Woolman-Gamer L, Tung K S, et al. 1997. Reversible contraceptive effect of PH-20 immunization in male guinea pigs. Biol Reprod, 56: 1142-1146.

Raghupathy R. 1997. Th1-type immunity is incompatible with successful pregnancy. Immunol Today, 18: 478-482.

Ringuette M J, Sobieski D A, Chamow S M, et al. 1986. Oocyte-specific gene expression: Molecular characterization of a cDNA coding for ZP-3, the sperm receptor of the mouse zona pellucida. Proc Natl Acad Sci USA, 83: 4341-4345.

Schwoebel E D, Vandevoort C A, Lee V H, et al. 1992. Molecular analysis of the antigenicity and immunogenicity of recombinant zona pellucida antigens in a primate model. Biol Reprod, 47: 857-865.

Segura E, Amigorena S. 2013. Inflammatory dendritic cells in mice and humans. Trends Immunol, 34: 440-445.

Shi S Q, Wang J L, Peng J P, et al. 2005. Oral feeding and nasal instillation immunization with microtus branditi lactate dehydrogenase C epitope DNA vaccine reduce fertility in mice via the specific antibodies responses. Fertil Steril, 84: 781-784.

Skinner S M, Niu E M, Bundman D S, et al. 1987. Use of immunoaffinity purified antibodies to zona pellucida to compare alloimmunization of male and female rabbits. J Reprod Immunol, 12: 81-92.

Skinner S M, Schwoebel E S, Prasad S V, et al. 1999. Mapping of dominant B-cell epitopes of a human zona pellucida protein (ZP1). Biol Reprod, 61: 1373-1380.

Sun Q H, Peng J P, Xia H F, et al. 2005. Effect on expression of RT1-A and RT1-DM molecules treatment with interferon gamma at the maternal-fetal interface of pregnant rat. Hum Reprod, 20: 2639-2647.

Sun Q H, Peng J P, Xia H F. 2006. IFNγ pretreatment sensitizes human choriocarcinoma cells to etoposide-induced apoptosis. Mol Hum Reprod, 12: 99-105.

Sun Q H, Peng J P, Xia H F, et al. 2007. Interferon gamma promote apoptosis of uterus and placenta in pregnant rat and human cytotrophoblast cells. J Interf Cytok Res, 27: 567-578.

Tagliani E, Erlebacher A. 2011. Dendritic cell function at the maternal-fetal interface. Expert Rev Clin Immunol, 7: 593-602.

Tagliani E, Shi C, Nancy P, et al. 2011. Coordinate regulation of tissue macrophage and dendritic cell population dynamics by CSF-1. J Exp Med, 208: 1901-1916.

Thellin O, Heinen E. 2003. Pregnancy and the immune system: between tolerance and rejection. Toxicology, 185: 179-184.

Trowsdale J, Betz A G. 2006. Mother's little helpers: mechanisms of maternal-fetal tolerance. Nat Immunol, 7: 241-246.

Von Rango U, Classen-Linke I, Kertschanska S. 2001. Effects of trophoblast invasion on the distribution of leukocytes in uterine and tubal implantation sites. Fertil Steril, 76: 116-124.

Waldburger J M, Masternak K, Muhlethaler-Mottet B. 2000. Lessons from the bare lymphocyte syndrome: molecular mechanisms regulating MHC class II expression. Immunol Rev, 178: 148-165.

Wang Z C, Yunits E J, De Los Santos M J. 2002. T helper 1-type immunity to trophoblast antigens in women with a history of recurrent pregnancy loss is associated with polymorphism of IL-1 beta promoter region. Genes Immunol, 3: 38-42.

Xia H F, Peng J P, Sun Q H, et al. 2006. Effects of IL-1 beta on RT1-A/RT1-DM at the maternal-fetal interface during pregnancy in rats. Front Biosci, 11: 2868-2875.

Xiang R L, Zhou F, Yang Y, et al. 2003. Construction of the plasmid pCMV4- rZPC'DNA vaccine and analysis of its function. Biol Reprod, 68: 1518-1524.

Xu L, Peng J P, Shi S Q. 2006. Evaluation of the contraceptive potential of brZPCp vaccine in BALB/c mice: their safety and efficacy. DNA Cell Biol, 25: 87-94.

Xu L, Peng J P. 2012. Research on immune effect of two gene vaccine containing brZP′ and brLDHC4′ when combining inoculation. J Reprod Med, 21: 87-95.

Xu L, Shi S Q, Yang Y, et al. 2007. Immunogenicity of four complementary deoxyribonucleic acid fragments from rabbit zona pellucida 3 and their effects on fertility. Fertil Steril, 87: 381-390.

Yu M F, Fang W N, Xiong G F, et al. 2011. Evidence for the inhibition of fertilization *in vitro* by anti-ZP3 antisera derived from DNA vaccine. Vaccine, 29: 4933-4939.

Zenclussen A C, Fest S, Busse P. 2002. Questioning the Th1/Th2 paradigm in reproduction: peripheral levels of IL-12 are down-regulated in miscarriage patients. Am J Reprod Immunol, 48: 245-251.

Zou W, Restifo N P. 2010. T(H)17 cells in tumour immunity and immunotherapy. Nat Rev Immunol, 10: 248-256.

（彭景楩）

第十三章　环境与生殖健康

工业革命始自18世纪中叶的欧洲，19世纪传播到北美，20世纪末再到中国，推动了全球社会生产力的发展，大大提高了全球人民的生活水平。但是，工业革命也影响并破坏了全球人类的生活环境。煤炭、钢铁、石油、化学工业和交通运输业的迅猛发展，农村城市化导致的城市人口急剧增加，以及多种环境因素，如废水、废气、废渣、农药等有机化合物、放射性物质、噪声及相关的心理应激，严重影响了人们的生活和精神环境。现今环境污染尤为严重，雾霾、含环境毒素的饮用水和食品等极大影响了人们的健康。许多研究表明，环境污染物可干扰人类和动物的繁殖及生长发育，造成雄性的精子数目减少和精液质量下降，导致不孕不育、畸胎和自然流产，从而致使多种野生动物濒临灭绝。因此，环境对生殖健康的影响已日益受到人们的重视。

生殖健康是指生殖发育过程的健康。生殖发育是生物繁衍的生理过程，包括配子（精子和卵子）发生的内分泌调控、配子发生和成熟、受精卵的形成和着床、胚胎形成和发育、分娩和哺乳等过程。维持正常的生殖发育不仅取决于遗传因素，还取决于环境因素。环境污染物对生殖过程的每一个环节都可能造成损害，导致生育力降低、胎儿宫内的生长迟缓、流产及出生缺陷等。

本章所论及的环境是指动物生存的一切外环境，包括自然环境和社会环境。自然环境包括大气环境、水环境、地质和土壤环境及生物环境等；社会环境是指经人类改造过的自然环境，包括居住环境、生产环境、交通环境和文化环境等。环境因素，主要包括物理因素、化学因素、生物因素和个人行为等，都对人体生殖健康产生影响。物理因素包括噪声、振动、电离辐射和非电离辐射（超声和微波等）等因素。化学因素包括各种环境化学污染物，如增塑剂、表面活性剂、农药、除草剂、多环芳烃、人工合成雌激素和植物雌激素、各种职业性有害物质及重金属等。生物因素包括病毒（如单疱疹病毒、巨细胞病毒、艾滋病毒、乙肝病毒、Zika病毒和风疹病毒等）、寄生虫（弓形虫）及微生物（支原体和衣原体）感染等。个人行为包括精神紧张、吸烟和饮酒等。

环境因素对生育力的影响主要通过下丘脑-垂体-性腺轴，通过影响性激素的产生（图13-1），影响精子和卵子的发生，从而引起不孕不育、性功能障碍、妊娠结局障碍和子代发育畸变等。

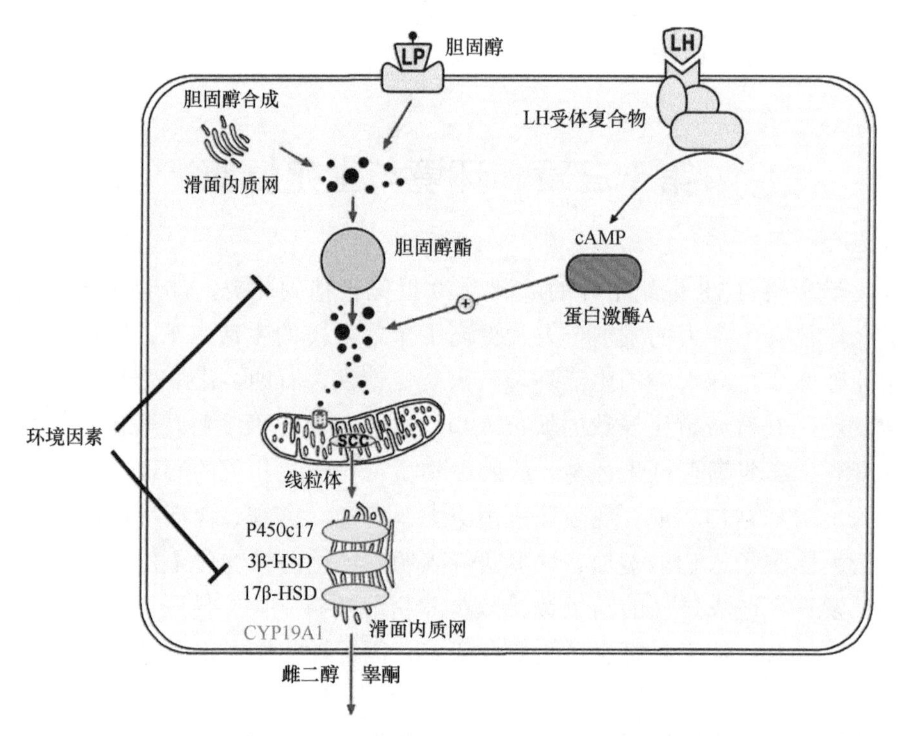

图 13-1 雄激素（睾酮，testosterone）和雌激素（雌二醇，estradiol）合成路线及环境因素干扰它们的合成。雄激素和雌激素合成都从胆固醇（cholesterol）开始，促性腺激素（LH）结合其受体，升高 cAMP 水平，通过 Protein Kinase A（PKA）通路，刺激胆固醇进入线粒体，由胆固醇侧链裂解酶（scc）催化形成孕烯醇酮，后者进一步由 P450c17、3β-HSD、17β-HSD 等催化形成雄激素（如睾酮）。雄激素由芳香酶（CYP19A1）催化合成雌激素（如雌二醇）。任何环境因素（environmental factor）干扰这些途径都可以干扰雄激素和雌激素合成

第一节 物理因素对生殖健康的影响

一、噪声和机械振动

来自环境、职业或居住地的噪声可以造成听力受损、高血压、缺血性心脏病、焦虑、睡眠障碍、学校表现下降和心血管不良效应等。机械振动是物体（或物体的一部分）在平衡位置（物体静止时的位置）附近做往复运动。人们在生产中接触到不同的振动源，如①铆钉机、凿岩机和风铲等风动工具；②电钻、电锯、林业用油锯、砂轮机、抛光机、研磨机和养路捣固机等电动工具；③内燃机车、船舶和摩托车等运输工具；④拖拉机、收割机和脱粒机等农业机械。振动对人体各系统均可产生影响。充分的证据表明，环境中的噪声和机械振动是人类的压力源，可能影响下丘脑-垂体-肾上腺轴释放神经激素，随后激活关键应激激素，如促肾上腺皮质激素释放激素、促肾上腺皮质激素和糖皮质激素。

1. 对雄性生殖功能的影响

将动物暴露于不同类型和强度的噪声，模拟人类噪声暴露的环境条件，研究血清中

促肾上腺皮质激素和应激激素（如皮质酮）水平，发现噪声诱导血皮质酮水平增加。将雄性大鼠暴露于 120 dB 的噪声 1 h、2 h、3 h 作为急性应激，或将雄性大鼠在 30 天、45 天或 60 天内每天暴露于 120 dB 的噪声 1 h 作为慢性应激，两者血清中皮质酮水平均显著升高。升高的皮质酮能够抑制睾丸间质细胞合成雄激素。高皮质酮水平也可造成睾丸间质细胞凋亡。长期生活在 70～80 dB 的噪声环境中，会导致男性性功能减弱；90 dB 以上，会造成性功能紊乱和睾丸退行性改变从而影响男性生育能力。在探讨装甲兵训练噪声和振动等物理因素是否对男性精液质量产生影响的过程中，暴露组的精子存活率和正常精子率均明显低于对照组，精子畸形率也明显增高，表明噪声和（或）振动是影响精子质量的主要因素。长期噪声和（或）振动可能导致精液质量下降，造成精子 DNA 损伤增多。

2. 对雌性生殖功能的影响

雌性动物暴露于噪声环境也能导致血清中应激激素水平升高，如皮质酮和促肾上腺皮质激素水平。小鼠暴露于噪声后，胎儿畸形率显著增加。小鼠在怀孕第 7 天暴露于 100 dB 噪声，胎儿畸形率增加。小鼠暴露于 70 dB、80 dB、90 dB 噪声后，死胎率也明显增加，最低在 70 dB 1 h 也可导致上述结果。人群研究表明，长期暴露于噪声可引起女性月经周期紊乱。噪声也可影响妊娠过程及结局，使妊娠合并症如水肿、贫血和妊娠期高血压等发生率增高，自然流产和早产增多，甚至出现死胎。噪声也造成胎儿畸形，如听力障碍。全身慢性振动可影响卵巢的功能，还可影响妇女盆腔器官的血液供给，对女性的月经造成不良影响，主要表现为痛经，且这与接触振动的时间长短有关。长期的全身振动可能造成女性生殖系统异常和紊乱（月经功能紊乱、异位妊娠及不良妊娠结局，如流产和死产等）。有多项研究报道，女司机和乘务员的月经异常率显著增高，包括经期改变、痛经、经量增加、经期疲倦和情绪改变等，且随着工龄的增加而更加严重；且自然流产及异常分娩率也增加。风洞作业的女军人暴露于噪声和低频振动等有害作业因素，其生殖健康也受到一定程度影响，痛经和自然流产发生率高于非风洞作业女军人。这表明低频率、低强度的全身振动对女性的月经有不良的影响。人群调查表明，全身振动可以使孕周缩短从而影响胎儿出生体重。

二、电离辐射

医疗照射是最大的人为电离辐射来源，如 X 射线和肿瘤治疗时使用的同位素、科研和检验人员接触的同位素试剂等。此外，在人们的日常生活中也经常能够接触到放射性材料，如夜光手表和烟雾探测器，以及在家庭装修中经常使用的大理石、瓷砖、花岗岩和坐便器等。电离辐射能引起细胞遗传物质 DNA 的损伤，对机体的损伤存在剂量效应关系，剂量越大，损伤越严重。人体组织对放射线的敏感性与其增殖能力成正比，与其分化程度成反比，即增殖能力越强的组织越敏感，分化程度越低的越敏感，睾丸和卵巢等是对放射线最敏感、最容易受损害的组织。电离辐射主要对生殖系统的性腺产生影响，可对睾丸和卵巢造成损伤，从而影响精子和卵子的发生。

1．对雄性生殖功能的影响

在人和动物的研究中都有局部或全身照射后睾丸损伤的记录。电离辐射的细胞毒性导致睾丸重量减轻和精子数目减少，造成暂时性或永久性不育。精原细胞是最敏感的细胞类型，低至 1 Gy 的 X 射线就可以造成损伤。精母细胞不太敏感，2～3 Gy 辐射才能引起损伤，而精子细胞和精子相对不敏感。更多研究表明，辐射诱发的突变能导致有害的遗传效应。但是，由于成熟衰竭效应，0.3 Gy 低剂量辐射可能会在 50～60 天造成暂时的无精子症。更高的剂量会导致更快的毒性。小于 1 Gy 的单次辐射造成的睾丸生殖细胞损伤在照射后 9～18 个月可以全部恢复。有研究提示睾丸间质细胞和睾丸支持细胞功能也可能受到影响。青春期前的睾丸对放射线敏感性较差，睾丸损伤的程度取决于辐射剂量和青春期状态。男孩治疗急性淋巴细胞白血病时，对睾丸直接照射 24～25 Gy 的剂量导致生精上皮完全消失和睾丸间质细胞功能障碍。此外，这种高剂量辐射引起的睾丸损伤是不可逆转的。男孩接受直接睾丸低剂量照射（12～15 Gy）一般生精上皮均正常，但可能会出现睾丸间质细胞功能低下和无精子症。男孩或成年男性暴露于环境辐射的细胞毒性作用可能是由细胞产生的自由基对细胞和 DNA 的总体损伤引起的，细胞毒性是最明显的表现。非致命的 DNA 损伤可能导致广谱病变，包括基因突变、染色体异常如相互易位和染色单体片段等。辐射损伤也表现为精子头形态和精子染色质结构的改变。

2．对雌性生殖功能的影响

医疗中接触电离辐射通常是接受癌症放疗的年轻女性，其最具破坏性的后果之一是卵巢损伤，导致生育潜力下降。损害的程度与年龄、化疗方案和接受的盆腔放疗的剂量有关。抗癌药物则通过损伤卵巢滤泡和基质从而损害女性生殖系统。尽管损害的确切机制尚不清楚，但更好地理解这些机制以制订减少卵巢损伤的方案是至关重要的。妇女卵巢受到照射后，可对月经产生不良影响，引起月经不调甚至绝经。如果孕妇长期受到小剂量的放射线照射，可引起染色体畸变，导致胎儿畸形、造血系统障碍和神经系统缺陷。但是，电离辐射是否对人类配子的遗传物质造成影响仍然有争议。数千名在广岛和长崎接受原子弹放射并有家属的患者接受了遗传疾病和其他生殖相关疾病发生率的调查，经 50 年追踪研究，并未发现受试者遗传疾病明显增加。同样，美国国立癌症研究所也研究了在放射治疗期间睾丸暴露的男性及接受药物和化学物质化疗的男性，这些癌症患者的子代已步入儿童、青春期或成年早期，并未发现这些人的家庭出生缺陷或流产的发生率增加。

三、非电离辐射

不足以导致组织电离的电磁辐射称为非电离辐射，包括微波、红外线、可见光、紫外线及激光等。一般所说的电磁辐射是指非电离辐射。电磁辐射污染又称为电子雾污染，高压线、变电站、电台、电视台、电磁波发射塔和各种家用电子设备，包括空调机、计算机、彩电、卡拉 OK、电热毯和微波炉等，在正常工作时都会产生各种不同波长和频率的电磁波。微波是指波长 1 mm 至 1 m，频率 300 MHz 至 300 GHz 的电磁辐射，其中手机频率为 0.9～1.8 GHz，WiFi 信号频率为 2.45 GHz，是和人类密切相关的电磁辐射。微波应用广泛，是环境的主要污染物之一。

1. 对雄性生殖功能的影响

多项研究发现，用 2.4 GHz 低强度微波连续辐照，使小鼠精子畸变率明显增加，还可降低小鼠睾丸中的必需微量元素的含量，并对 DNA 有损伤作用。2.4 GHz 微波可影响睾丸间质细胞中一氧化氮合成酶（NOS），从而影响雄性生殖的许多功能如雄激素分泌，精子成熟、运动和获能。同时，2.4 GHz 微波还可使附睾的吸收、分泌和转运机能发生变化，使附睾功能受损，从而影响精子的成熟。研究显示微波辐射既会降低活跃精子密度和精子总数，也会造成精子多种结构异常，如精子长头、圆头、顶体缺少和线粒体排列紊乱等。短期高功率微波照射可引起大鼠睾丸发生明显的病理改变，影响生精上皮的功能，造成生精障碍。用微波对大鼠进行辐照，大鼠的性行为能力明显减弱，睾丸和精子的形态及参数改变，且有一定的累积效应和计量依赖关系。有研究显示，模拟手机辐射的 900 MHz，照射 20 名成年健康的男性志愿者，每天通过手机辐射 2 小时、每周 5 天、连续 4 周，于 15 天和 30 天收集血液样本，每隔 3 小时收集 1 次，结果发现血清中生长激素和皮质醇水平显著降低。一项临床研究选择了 18 名 18～35 岁的 52 名男性作为受试对象。结果显示，与不携带移动电话或将移动电话贴身放入除裤兜以外的口袋中的人相比，将电话放入裤兜或别在腰带上的男性，其精子浓度明显下降。在一项对雷达作业人员生殖能力的回顾性研究发现，暴露组性功能障碍的发生概率明显高于对照组，这可能是由于微波影响了雷达作业人员性激素的分泌或精子的质量。研究表明，如精子密度、精子活动率、a 级精子百分率、b 级精子百分率及血清睾酮水平均明显下降。

2. 对雌性生殖功能的影响

低强度、长时间接触微波辐射能导致女性体内雌激素的降低，能够影响卵巢生长及卵泡的发育与成熟，引起次级卵泡颗粒细胞的凋亡，损伤颗粒细胞合成雌激素的功能，从而降低体内雌激素水平。低强度、长时间接触微波对女性的妊娠结局有害，可增加死胎、畸胎、流产、先天缺陷和月经紊乱的发生率。

四、温度

1．对雄性生殖功能的影响

睾丸内精子发生是一个非常复杂的过程，许多不同的发生方式会导致精子参数改变，从而导致男性不育。在哺乳动物阴囊中，睾丸保持低于体温 2～6℃才能保证正常的精子发生。维持这一温度条件是由阴囊肌和睾丸血管系统完成的。盘绕睾丸周围丰富的动脉和相关的静脉网统称为睾丸血管锥，使逆流动脉和静脉血液热交换，从而冷却进入睾丸的动脉血。另外，阴囊肌肉组织使睾丸远离身体，阴囊汗腺蒸发冷却，以及阴囊表面的热辐射均可起到冷却的效果。睾丸温度随着环境温度升高而升高，损害精子发生并降低精液质量。粗线期精母细胞、精子细胞和附睾精子是最容易受到影响的生殖细胞。动物实验证明，睾丸/附睾温度升高对精子形态学、运动性、活力、受精能力和产生胚胎的发育能力产生不良影响。温度升高可导致精子的形态异常且伴随着精子活力下降。因为精子线粒体氧化磷酸化产生 ATP 以支持其运动，也许热应激对生殖细胞的作用是直接影响线粒体产生的。睾丸温度升高可能改变精子中的蛋白质，损害其功能。睾丸温度升高可导致己糖激酶和 Na^+/K^+-ATP 酶下降。研究不同水浴温度对小鼠睾丸组织及生精机能的影响发现，30℃水浴对雄鼠睾丸组织无明显影响；在 35℃水浴组，雄鼠睾丸组织的曲细精管出现明显退化变性现象；在 40℃水浴组，雄鼠睾丸组织退行性变化极显著。温度达到 35℃持续 45 min 就会引起生精细胞可逆退行性变化，过高温度会造成睾丸组织明显的不可逆的退行性变化。对于人类，几种环境生活方式相关的风险因素，如长期使用便携式计算机、长时间坐位、泡浴或蒸气浴及病理睾丸如精索静脉曲张，已经被确定与阴囊/睾丸温度的升高从而恶化精液质量相关。

2．对雌性生殖功能的影响

世界范围内已经观测到妊娠与出生结局呈现季节性模式。越来越多的证据表明，环境温度会造成不良的出生结果（如早产、低出生体重和死胎）。一般认为高温暴露与早产、低出生体重和死胎有关，而一些研究也报道了低温造成早产、低出生体重和死胎出生结局的不利影响，但高温更敏感，具体机理尚不清楚。细胞增殖、细胞迁移、细胞分化和细胞凋亡过程对温度敏感，由于自身调节温度的能力有限，发育中的胚胎和胎儿完全依赖于母体的体温调节能力。一般情况下，母体核心体温较常年偏高 2℃。由于人类温度与动物温度调节的机理不同，因此用动物数据直接推断人类的方式具有挑战性。一些人群研究表明，在早孕期间热水浴或温泉浴可能使胎儿神经管缺陷或自然流产的风险增加。无论热源如何，核心母体温度升高到或高于基线 2℃的阈值，以及暴露时间和持续时间是导致胎儿神经管缺陷或自然流产风险的关键因素。因此，使用热水浴或温泉浴可能会增加孕妇核心体温至危险水平，从而增加胎儿神经管缺陷或自然流产的风险。

第二节　化学因素对生殖健康的影响

许多环境污染物可以归为抗雄激素样或雌激素样化合物。抗雄激素化合物可以进一步分为干扰睾丸间质细胞雄激素生成功能的或干扰下丘脑-垂体-性腺轴影响睾丸间质细胞发育或者阻断雄激素受体起作用的。在胎儿期干扰睾丸间质细胞发育和雄激素生成的抗雄激素化合物可能会导致睾丸结构异常、性腺发育不全、尿道下裂和隐睾症；在青春期，这些抗雄激素化合物可能会使青春期推迟；而在成人期，这些化合物可能会导致性腺功能减退和精子发生障碍。那些阻断雄激素受体的抗雄激素毒物在胎儿期可以导致性腺发育不全和附睾发育不全；在青春期可以抑制精子发生。

环境雌激素样化合物是指“环境内分泌干扰物”中的一大类具有雌激素样活性的化学物质，可模拟内源性雌激素的生理作用，或具有拮抗雄激素的效应。环境雌激素结构与内源性雌激素相似，可与下丘脑、垂体和子宫等器官的雌激素受体结合，通过干扰内分泌系统而产生一系列的不良作用，主要对人体的生殖内分泌系统产生不良作用。这些环境污染物包括增塑剂（如邻苯二甲酸酯）、塑料成分（如双酚A）、表面活性剂（如全氟烷基物质）、多环芳烃化合物（如多氯联苯和二噁英）、杀虫剂［如有机氯类农药林丹（Lindane）、滴滴涕（DDT）及代谢产物DDE、甲氧滴滴涕（methoxychlor）和二氯二苯基三氯乙烷，除虫菊酯类如二氯苯醚菊酯，有机磷类如马拉硫磷］、人工合成雌激素和植物雌激素（如己烯雌酚和染料木素）及重金属和类金属等（如砷、镉、铬、钴、铅和汞等）。

一、增塑剂和塑料成分

（一）邻苯二甲酸酯

邻苯二甲酸酯（phthalate）在塑料制品和化妆品中主要作为增塑剂，常见于各种消费产品，如化妆品、玩具、医疗材料和导管。某些塑料可能含有高达40%的邻苯二甲酸酯。邻苯二甲酸酯不会固定在塑料中，随着时间的推移，从塑料中渗透出来。在多种环境标本中可发现邻苯二甲酸酯，包括空气、地面水、土壤、沉积物和海洋生物。因此，人们会不断地接触到低剂量的邻苯二甲酸酯。在特殊情况下，人们也会接触到高剂量的邻苯二甲酸酯，如化妆品、医疗输液或厂商非法掺入。在化妆品中，指甲油的邻苯二甲酸酯含量最高，很多化妆品的芳香成分也含有该物质。化妆品中的邻苯二甲酸酯会通过女性的呼吸系统和皮肤进入体内。起云剂是指将具有一定香气强度的风味油以细微粒子的形式乳化分散在由阿拉伯胶、变性淀粉和水等组成的水相中形成的一种相对稳定的水包油体系。2011年5月，台湾公布不法厂商昱伸香料有限公司和宾汉香料化学公司在起云剂中添加邻苯二甲酸酯塑化剂的恶性食品安全事件。台湾地区因塑化剂引起的食品、保健品安全风波持续蔓延。受塑化剂风波牵连的厂商已达200多家，可能受到污染的产品超过500项，台湾地区几乎所有食品大厂都被卷入其中。

已有研究表明，母亲或新生男婴接触邻苯二甲酸酯增塑剂，会造成严重生殖道畸形，包括尿道下裂、隐睾和发育延缓，故公众对其的关注度明显提高。流行病学研究表明，邻苯二甲酸酯的血药浓度或其代谢产物浓度与隐睾和肛门生殖器距离（一种衡量雄激素低下的指标）缩短等异常情况的发病率有统计相关性。人类母乳中的邻苯二甲酸酯会抑制新生男婴体内的雄激素。还有研究表明，邻苯二甲酸酯在人体和动物体内发挥着类似性激素样的作用，可干扰内分泌，使男子精液量和精子数量减少，精子运动能力低下，精子形态异常，严重的会导致睾丸肿瘤，是造成男性生殖问题的“罪魁祸首”。

（二）双酚A

双酚A是广泛用于制造食品包装的聚碳酸酯，也可作为义齿组成部分的密封剂。据报道，双酚A也是一种潜在的抗雄性激素，小鼠产前暴露于双酚A可降低雄性新生鼠血清睾酮水平。在啮齿动物中，出生后暴露于双酚A可降低血清睾酮水平，抑制睾丸间质细胞的增生，减少了精囊重量和每日精子数量。双酚A也抑制大鼠和人类雄激素合成酶17α-羟化酶/17,20-裂解酶（P450c17）和3β-羟基类固醇脱氢酶（3β-HSD）。有研究显示，双酚A可影响接触者的生殖功能，使接触者的性欲降低，尿中睾酮水平降低。

二、表面活性剂

全氟有机化合物是常见的表面活性剂。因其稳定和表面活性的独特性质而被广泛应用于工业和消费品。这些化学品用作表面活性剂、黏合剂和杀虫剂，如纺织品、纸张和室内装饰品的涂层及各种工艺中的反应添加剂。因为这些化学物质的分解率很低，故它们广泛而持久地存在于环境中，且在野生动物和人类中积累。全氟辛烷磺酸、全氟辛酸和全氟己烷磺酸等一些全氟有机化合物已被列为持久性有机污染物。人体血液中全氟辛烷磺酸、全氟辛酸和全氟己烷磺酸水平与暴露水平和持续时间有关。2006 年美国全氟辛烷磺酸、全氟辛酸和全氟己烷磺酸血清水平分别为 14.7 ng/ml、3.4 ng/ml 和 1.5 ng/ml。越来越多的证据表明，全氟有机化合物可能是内分泌干扰物，干扰男性的生殖系统。生产全氟辛酸的美国工人血清全氟辛酸水平升高而血清雄激素水平下降。实验动物研究表明，大鼠暴露于全氟辛酸和相关化学物质，其睾酮水平降低。全氟有机化合物的干扰机制之一可能是它们对一些雄激素生物合成酶的直接抑制而引起的，实验数据表明全氟辛烷磺酸和全氟辛酸直接抑制大鼠和人类睾丸间质细胞的雄激素合成酶。全氟辛烷磺酸抑制胎儿睾丸间质细胞数目和雄激素合成酶表达从而造成隐睾。全氟辛烷磺酸也抑制睾丸间质细胞功能和增生及支持细胞功能从而干扰精子发生。全氟有机化合物也导致人类男性精液质量的降低。全氟辛烷磺酸和全氟辛酸暴露也造成人类新生儿低体重。通过使用人早期妊娠的原代蜕膜基质细胞，证明全氟辛烷磺酸可抑制基质细胞的蜕膜化。

三、农药

一些研究表明，接触农药可能是导致生殖健康障碍的原因之一，如人类精液质量下降和男性不育的风险增加。农药可能直接损害精子，改变睾丸间质细胞的功能，或在激素调节的任何阶段破坏内分泌功能。农药可以通过大气、水体、土壤、农作物经食物链富集，通过消化道、呼吸道和皮肤等途径进入人体，对人体产生不良作用。

1. 有机氯农药

有机氯农药在我们的环境中广泛存在，种类众多，包括艾氏剂（aldrin）、七氯（heptachlor）、滴滴涕、甲氧滴滴涕和 3-氯杀螨醇（dicofol）等。

艾氏剂是美国国家环境保护局（EPA）禁止使用的有机氯杀虫剂。艾氏剂可在睾丸中积聚，尽管含量比其他组织少。艾氏剂处理大鼠可抑制睾丸内和血液中睾酮水平并影响精子发生。

七氯是一种用于防治白蚁和棉花的工业杀虫剂，其代谢物七氯环氧化物，比原化合物毒性更大，已在人类睾丸中检测到。雄性大鼠暴露于七氯 2 周可抑制血液中睾酮水平，而 LH 和皮质醇水平增加，表明该化合物可能直接作用于睾丸雄激素生成。

滴滴涕，化学名是二氯二苯基三氯乙烷，是蛾的长效杀虫剂。它对苍蝇和蚊子非常有效，并被广泛用作家用和农用杀虫剂，由于其残留寿命长，在食物链中积累而被禁用。术语 DDT 或通常所指的 DDT 异构体（*p,p'*-DDT 和 *o,p'*-DDT）及其分解产物（*p,p'*-DDE、*o,p'*-DDE、*p,p'*-DDD 和 *p,p'*-DDD）。DDT 及其代谢物在雄性大鼠和其他物种中引起性腺毒性并影响性腺发育，其作用包括降低循环中的睾酮水平。在探讨 DDT 的作用机制时，发现 *o,p'*-DDT 而不是其代谢物 *o,p'*-DDE 是环境雌激素。相反，其代谢物 *p,p'*-DDE 与雄激素受体结合并抑制雄激素诱导的基因转录。

甲氧滴滴涕，化学名 2,2-双（对羟基苯基）-1,1,1-三氯乙烷，是 DDT 类似物，虽然 DDT 被禁止，但甲氧滴滴涕仍然用作杀虫剂广泛应用。甲氧滴滴涕附着在土壤颗粒上，不易在水中溶解或在空气中挥发，且持续时间久。甲氧氯可转化为生物活性代谢物 2,2-双（对羟苯基）-1,1,1-三氯乙烷（HPTE）。研究发现甲氧滴滴涕能诱导睾丸毒性，包括 LH 刺激的睾酮产生减少，而不影响血清 LH 水平。HPTE 体外可抑制大鼠睾丸间质细胞的睾酮产生，对存在 LH 刺激情况下也有相同作用，并且这些作用与抑制胆固醇侧链裂解酶的表达和活性有关。甲氧滴滴涕和 HPTE 也直接抑制大鼠和人类雄激素合成酶活性。甲氧滴滴涕不仅抑制胎儿睾丸间质细胞发育而且抑制大鼠成年睾丸间质细胞的再生。这种抑制作用一部分可能是其雌激素样的作用介导的。

3-氯杀螨醇最初是由滴滴涕生产的，是一种持久的杀螨剂，用于各种水果、蔬菜、观赏植物和大田作物。虽然动物体内实验表明 3-氯杀螨醇对大鼠睾丸形态和血清睾酮水平没有影响，但是它在鲤鱼睾丸微粒体中抑制 17β-羟基类固醇脱氢酶（17β-HSD）。

2. 有机磷农药

有机磷农药是一个通称，包括所有含磷的杀虫剂。它们通过抑制神经系统的胆碱酯酶使得乙酰胆碱积累，从而发挥毒性作用。有机磷农药对雄激素合成影响的测试显示，乐果可减少睾丸体内睾酮的形成，且 Walsh 等（2000a）证明乐果通过抑制 *StAR* 基因的转录而起作用，从而阻断胆固醇向线粒体的转运及随后的雄激素形成，乐果也抑制胆固醇侧链裂解酶的活性。

3. 氯酚

林丹（Lindane）是六氯环己烷的 γ 异构体，是最原始的农药之一。林丹可诱导大鼠和公羊的睾丸功能障碍，其中包括雄激素合成的减少。这种效应部分归因于 3β-羟基类固醇脱氢酶和 17β-羟基类固醇脱氢酶活性的降低。在人类和大鼠睾丸中能够检测出林丹。当在体外检查林丹对睾丸间质细胞雄激素生成的直接影响时，林丹抑制 LH 诱导的雄激素生成，这种效应归因于 LH 受体数量减少和 *StAR* 表达的下调。

4. 氨基甲酸酯（carbamate）

氨基甲酸的衍生物氨基甲酸酯被用作杀虫剂，还能抑制胆碱酯酶。大鼠长期暴露于氨基甲酸酯灭多威（methomyl）可导致血液循环中睾酮水平降低，而 LH 水平升高。

5. 有机锡（organotin）

有机锡是防治广谱微生物的杀生物剂（杀虫剂、杀微生物剂和杀真菌剂）中的有效成分。有机锡影响各种物种的精子发生。体内实验研究表明，三丁基锡抑制大鼠睾丸间质细胞再生和降低血清睾酮。三丁基锡刺激 ROS 产生，诱导睾丸间质细胞凋亡。有机锡直接抑制许多睾酮生物合成和代谢酶。三丁基锡和三苯基锡抑制猪的 P450c17 活性，

IC_{50}约为 117 μmol/L；三丁基锡抑制大鼠 P450c17，IC_{50}约为 50 μmol/L；三丁基锡是大鼠睾丸 3β-羟基类固醇脱氢酶活性的主要竞争性抑制剂，Ki 为 2.4 μmol/L；三苯基锡和三丁基锡均可抑制猪睾丸间质细胞的 17β-羟基类固醇脱氢酶 3 活性，IC_{50} 分别为 48 nmol/L 和 148 nmol/L。Lo 等（2003）研究了三苯基锡对人类睾酮生物合成和代谢酶（包括 3β-羟基类固醇脱氢酶、17β-羟基类固醇脱氢酶和 5α-还原酶 2 活性）的体外作用，其抑制 3β-羟基类固醇脱氢酶、17β-羟基类固醇脱氢酶 3 和 5α-还原酶 2 活性的 IC_{50} 分别为 4.0 μmol/L、4.2 μmol/L 和 0.95 μmol/L，其中对 5α-还原酶活性的抑制是通过三苯基锡与酶的关键半胱氨酸残基的相互作用来介导的。三丁基锡也抑制人 5α-还原酶 1 和 5α-还原酶 2 活性，IC_{50} 分别为 19.9 μmol/L 和 10.8 μmol/L。两种异构体都不受四丁基锡或单丁基锡的影响，表明丁基锡与酶相互作用需要至少两个与正电荷 Sn 结合的丁基。三丁基锡对 5α-还原酶 1 的抑制是竞争性的，而对 5α-还原酶 2 活性的抑制是不可逆的。三丁基锡也通过抑制芳香酶活性影响胎盘类固醇激素的合成。高剂量四丁基锡可导致雌性大鼠体重显著降低，胎儿畸形发生率显著增加。

6. 有机硫农药

有机硫杀菌剂包括乙撑双二硫代氨基甲酸盐和二甲基二硫代氨基甲酸盐，典型代表为福美锌和福美双等。

福美锌在体内蓄积会引起血清 FSH 降低，间接影响睾丸间质细胞发育，减少睾丸间质细胞数量，使青春期延迟。有报道针对福美锌对睾丸间质细胞的体内作用进行了研究，发现福美锌降低了睾丸间质细胞数量，抑制类固醇生成酶，并减少雄激素的产生，但不影响垂体 LH 的分泌水平。

四、除草剂

1. 草甘膦

草甘膦（roundup）属于有机磷酸酯，目前其对类固醇生成的作用已进行了详细的研究。草甘膦抑制培养的 MA-10 睾丸间质细胞中 cAMP 诱导的类固醇合成而不引起任何毒性，这种效应归因于对 StAR 表达的影响。

2. 莫来酸盐

莫来酸盐（molinate）是硫代碳酸酯除草剂，它也引起大鼠的睾丸损伤，并且显示这种化学物质特异性地集中在睾丸间质细胞中。用莫来酸盐处理大鼠导致血液和睾丸内睾酮水平降低。

3. 阿特拉津

阿特拉津（atrazine），也称莠去津，其化学名是 2-胺-4-乙胺基-6-异丙胺基-1,3,5-三嗪，是使用最广泛的除草剂。有许多关于阿特拉津暴露对非哺乳动物物种有显著影响的报道。在这些发现中，雄性非洲爪蟾幼虫暴露于阿特拉津，显示诱导两性畸形和去雄激素化，并导致性成熟雄性血浆睾酮水平降低。据报道，成年雄性大鼠接触阿特拉津导致血清和睾丸内睾酮浓度降低，并影响雄激素依赖器官的生长。最近有研究表明阿特拉津在青春期给药导致血清 LH 和睾酮浓度降低，睾丸内睾酮水平、精囊重量、腹侧前列腺重量和睾丸内睾酮浓度降低。这些数据表明阿特拉津影响睾丸间质细胞产生睾酮，改变睾丸内的睾酮代谢。

4. 2,4-二氯苯氧乙酸

2,4-二氯苯氧乙酸（2,4-D）是一种广泛使用的除草剂，属于苯氧基类化学物质。2,4-D 慢性处理大鼠导致睾丸间质细胞的形态学改变、生殖细胞消耗和不育。2,4-D 抑制体外培养的大鼠睾丸间质细胞产生的睾酮。尽管 2,4-D 被大量使用，但并没有对其抑制作用机制进行详细的研究。

五、多环芳烃

多环芳烃主要来自于有机物的不完全燃烧过程。对人类和生物种群有危害的多环芳烃中，最常见的有四氯二苯并-*p*-二噁英（TCDD）和多氯联苯（PCB）。

1. 四氯二苯并-*p*-二噁英（TCDD）

TCDD 是在 2,4,5-三氯苯酚生产过程中形成的稳定的副产物或污染物。正常情况下，TCDD 作为 2,4,5-三氯苯酚中的污染物持续存在。2,4,5-三氯苯酚主要作为生产除草剂 2,4,5-三氯苯氧乙酸和 2-（2,4,5-三氯苯氧基）丙酸等的原料，导致这些产品被 TCDD 污染。2,4,5-三氯苯氧乙酸的燃烧也可转化为 TCDD。TCDD 是一种毒性很强的含氯污染物，可以通过食物及皮肤接触进入体内。人体接触的 TCDD 90%以上是通过膳食接触的。由于 TCDD 在脂肪组织中蓄积，鱼、家禽及其蛋类、肉类等动物性食品是其主要来源，其中以鱼中含量最高。TCDD 是已知的毒性最强的化合物之一，也是明确的致癌物，它具有致畸性、发育毒性和胚胎毒性。有报告显示，摄入 0.01 μg/（kg·d）TCDD，可以导致大鼠的生殖系统受损。在雄性和雌性大鼠中，在首次交配前 90 天及怀孕期间，摄入 TCDD 的两代大鼠相继出现了生育力、产仔数、出生时存活的幼仔数、出生后存活率和出生后体重明显降低。用高剂量的 TCDD［0.1μg/（kg·d）］处理的雄性小鼠没有观察到显著的与剂量相关的生殖影响，并且与未处理的雌性小鼠交配，TCDD 能够导致胎鼠出现如腭裂、生殖器官异常等缺陷；对后代产生发育问题、神经问题、延缓青春期和降低生育率等不良影响。

2. 多氯联苯

多氯联苯（PCB）是由 209 种同系物组成的一组氯代芳烃化合物，性质稳定，脂溶性强。多氯联苯是一类持久性化学物质，广泛用于工业。内分泌干扰物很少通过单一的机制发挥作用，已经显示多氯联苯具有弱雌激素样作用。多氯联苯可能通过其代谢物多氯联苯羟基化代谢物（OH-PCB）而起作用。用鲑鱼原代肝细胞暴露于不同浓度的 PCB 的 4 种羟基化代谢物（4OH-CB107、4OH-CB146、4OH-CB187 和 3OH-CB138），发现它们均明显增加雌激素样活性。

六、人工合成雌激素和植物雌激素

1. 己烯雌酚

己烯雌酚（DES）是 1938 年首先合成的一种类雌激素，它也是一种内分泌干扰物。人体通过不同的方式接触己烯雌酚，如食用牛肉（来自于食用过含乙烯雌酚的牛饲料）及使用治疗某些疾病（包括乳腺癌和前列腺癌）的药物。孕妇接触己烯雌酚可导致子代不孕和生殖系统腺癌。除致癌性质外，己烯雌酚还是一种已知的致畸剂，在子宫内暴露己烯雌酚可以导致子代畸形。己烯雌酚暴露的女性生殖道异常的风险增加，包括阴道上皮改变如阴道腺病，增加宫颈转化区和子宫异常，如 T 形子宫，这些异常导致不育和不良妊娠结局的风险增加。由美国国立癌症研究所（NCI）记录的最近关于 DES 女性不良健康结果的研究报告由 Hoover 等发表在 2011 年 10 月 6 日的新英格兰医学杂志中。不良反应和危险因素：接触己烯雌酚的妇女与未接触者相比，累积风险分别为不孕，33.3%∶15.5%；自然流产，50.3%∶38.6%；早产，53.3%∶17.8%；孕中期流产，16.4%∶1.7%；异位妊娠，14.6%∶2.9%；先兆子痫，26.4%∶13.7%；死胎，8.9%∶2.6%；早期更年期，5.1%∶1.7%；2 级以上宫颈上皮内瘤变，6.9%∶3.4%；40 岁以上的乳腺癌，分别为 3.9%和 2.2%。出生前暴露于己烯雌酚的女性患子宫肌瘤和成人宫颈不适的风险增加。

美国临床内分泌学家协会（AACE）已经证实，男性产前己烯雌酚暴露与性腺机能减退（低睾酮水平）的发生正相关，可能需要使用睾酮替代疗法进行治疗。

2. 大豆异黄酮

大豆异黄酮（genistein）是植物雌激素的一种，广泛分布在人类和动物的饮食中。它具有与雌激素 17β-雌二醇类似的结构，可以模拟或拮抗雌激素。在大豆和大豆食品中发现了最高量的类黄酮。几项研究已经报道了大豆异黄酮降低睾丸间质细胞的功能。尽管大豆异黄酮对睾酮合成的确切机制尚不清楚，但是对某些睾酮生物合成酶活性的直接抑制可能是原因之一。大豆异黄酮是人类和大鼠睾丸 3β-羟基类固醇脱氢酶活性的有效竞争性抑制剂，IC_{50}为 0.09 μmol/L（人）和 0.64 μmol/L（大鼠）。另一种异黄酮雌马酚的效力远低于大豆异黄酮，IC_{50}为 100 μmol/L，它对人睾丸 3β-羟基类固醇脱氢酶的抑制率为 42%。大豆异黄酮也抑制人类 5α-还原酶 2 的活性，它抑制 5α-还原酶 2 比 5α-还原酶 1 更有效。鉴于大豆食品摄入量的增加及其对血液雄激素水平的潜在影响，因此这些发现与公众健康密切相关。

七、其他无机和有机工业污染物

1. 氟化物

氟化钠是一种防止蛀牙的药物，然而过量的氟化钠可能会对健康造成病理损害。最近的研究表明，氟化钠抑制小鼠卵母细胞成熟，包括纺锤体形态异常、肌动蛋白帽形成、皮质颗粒无结构域和受精后发育异常。氟化钠会影响猪卵母细胞核和细胞质的成熟及卵母细胞印迹基因的 DNA 甲基化。高氟也造成男性不育。附睾是精子成熟的重要场所，氟化钠降低了小鼠附睾的抗氧化活性，特别是谷胱甘肽和谷胱甘肽相关酶。

2. 甲醛

甲醛是重要的化工原料，主要作为黏合剂广泛用于制造树脂、橡胶和染料等。由于甲醛挥发度高，易从家具与装饰材料中缓慢挥发而污染空气，对人体产生不良的影响。甲醛对细胞内的遗传物质有很强的损伤作用，可导致基因突变、DNA 断裂及染色体畸变等。动物实验显示，甲醛能对早期生精细胞的遗传物质造成损伤，并存在一定的剂量反应关系，腹腔注射甲醛染毒雄性小鼠，可出现早期精细胞微核率增高和睾丸组织脂质过氧化损伤。

3. 汽车尾气成分

汽车尾气是流动污染物的主要来源，由各种无毒、有毒成分和微粒组成。无毒成分包括氮气、水蒸气和二氧化碳，有毒成分包括一氧化碳，氮氧化物，挥发性有机化合物如苯、臭氧、颗粒物质和多环芳烃。

人类和动物的多重流行病学研究和实验室研究表明，高度暴露于这些有毒成分可引起从过敏性炎症到癌症等各种严重疾病。交通警察和收费站工作人员更有可能暴露在机动车尾气的各种成分中，精子数量、精子活力和精子动力学显著下降。此外，男性职业暴露者的畸形精子比例增高，染色质和 DNA 片段（化）受损，这是凋亡的晚期征兆。苯是汽车尾气中主要的挥发性有机化合物之一，苯酚-对苯二酚和邻苯二酚是其重要的代谢产物。用不同浓度的苯酚-对苯二酚和邻苯二酚处理新鲜采集的人精子，导致精子活力下降，苯酚-对苯二酚处理效果更显著。此外，两种代谢产物的处理均导致精子中 DNA 显著变性。汽车尾气暴露与人类男性生殖功能受损密切相关，汽车尾气的成分对人类精子具有遗传毒性效应，并且这种效应可能影响男性的后代健康。孕妇职业性接触汽车尾气时，可导致新生儿低出生体重、流产、产期胎儿死亡等，通过对日本人进行的病例对照研究发现，在怀孕前和怀孕期间，隐睾症与父母暴露于柴油机尾气之间存在显著的正相关。有研究表明，有或无颗粒物质的汽车尾气成分可能影响整个下丘脑-垂体-性腺轴。汽车尾气中各种成分对男性生殖功能的毒性作用，主要取决于动物的种类和品系，排气成分的剂量，以及暴露的时长和时程。比较总排气成分（含 PM）和过滤排气成分（不含 PM）的影响时，过滤后的成分并未显示出不同的影响，这说明汽车尾气中的气体成分对男性生殖的毒性比颗粒物质更大。在与蛋白质表达有关的分子水平上，汽车尾气暴露可以通过 AHR/ARNT 途径影响涉及精子发生和睾酮合成的蛋白质或蛋白质编码基因的表达模式。

4. 丙烯腈

丙烯腈（acrylonitrile）是一种重要的有机不饱和脂肪族单腈，用途广泛，在化学工业中占有突出地位，常用于合成纤维、橡胶和某些树脂等，此外还有食品袋和医用材料，如假体软质材料、高透气性透析管和胰岛移植膜等。丙烯腈可以通过胃肠道、呼吸道和皮肤等途径进入人体，工业废水、食品包装、汽车尾气、烟草和职业环境中都可以被检测到。人群调查显示丙烯腈对于暴露其中的化学工作者有不良生殖影响。我国流行病学研究报道了丙烯腈对工人的生殖和发育影响，包括不育、出生缺陷和自然流产，也报道了男性相关的毒性证据，包括阳痿和男性不育，女性相关的包括女性不育，自发性流产发生率增加，月经不规律性增加，以及一些全身毒性（主要是贫血和临床症状）的证据。研究发现，丙烯腈会导致仓鼠胎儿骨骼畸形，使中胚层改变（细胞数目减少，细胞质皱缩，细胞间隙增加，此外细胞有丝分裂减少并出现病灶性坏死），受影响的胚胎体积小且发育迟缓。丙烯腈还会使小鼠精子数量减少，曲细精管变性，精母细胞减少，同时伴有睾丸山梨醇脱氢酶及酸性磷酸酶活性降低，乳酸脱氢酶和β葡萄糖醛酸苷酶活性增加。

5. 汽油

汽油是石油炼制的主要产品之一，是一种应用较广泛的有机溶剂，其化学成分丰富。研究表明汽油具有发育毒性的潜力，引起骨骼的变化，增加小鼠中胎儿死亡率，胎儿重量减轻，骨化延迟，腭裂发生率增加。长期接触汽油会影响女性月经周期，可导致女性出现月经周期紊乱和绝经期的症状，长期接触汽油会使月经周期异常、痛经、经量异常的发生率明显增高，并增加了妊娠中毒症状的发生。其成分二甲苯会产生明确的睾丸毒性，吸入高剂量（500 ppm[①]）的混合二甲苯会影响交配，而成分1,3-丁二烯会导致雄性小鼠异常精子的增加，有明确的毒性效应。

6．二硫化碳

二硫化碳（CS_2）是工业上应用十分广泛的有机溶剂，具有明显的性腺生殖毒性，可影响胚胎发育，导致胚胎死亡及自然流产或出生缺陷等。怀孕大鼠暴露于CS_2显示植入前损失、每窝死胎数量增加。CS_2对雄性大鼠生殖毒性很强，导致交配行为减少，睾丸精子和附睾精子数均减少，睾酮降低。男性和女性工人的生殖效应（精子异常、性欲减退和月经异常）在CS_2暴露时明显增加。

八、重金属

环境重金属污染物是指镉、汞、铅、铬及类金属砷等生物毒性显著的重金属，也是指具有一定毒性的一般重金属如锌、铜、钴、镍和锡等。重金属污染主要来自于工业“三废”的排放及城市生活垃圾、污泥和含重金属的农药及化肥等。重金属进入土壤并积累，因而农田被重金属污染后很难消除。农作物主要通过根系从土壤中吸收并积累重金属，人们食用被污染的农作物后，重金属进入人体内而危害健康。生殖系统对重金属及其化合物的作用非常敏感，重金属对男性和女性的生殖功能均能产生毒性作用，且存在剂量反应关系，剂量越大，生殖毒性越大。重金属可导致精子形态变化、精子数量减少和活力下降，还可导致不育和死胎等。

---

① 1ppm=10^{-6}

1. 砷

砷（arsenic）用于除草剂、杀虫剂和杀鼠剂的生产，由于其广泛用于农业和工业，如矿山尾矿和冶炼废物，是空气、土壤和水中常见的污染物。研究表明，它对鱼类和野生动物有生殖毒性。通过给小鼠喂食添加亚砷酸钠盐（人类饮用水砷暴露近似剂量）的饮用水来检测砷对生殖功能的慢性影响。发现砷暴露可以减小睾丸，但不影响附睾和辅助性器官重量，17β-羟基类固醇脱氢酶的活性明显下降，提示睾丸间质细胞功能受到影响。此外，小鼠的精子数量减少，异常精子数量增加，且精子活力降低。用亚砷酸盐处理的成年大鼠也观察到砷的生殖毒性作用，包括睾丸、精囊和腹侧前列腺重量降低，附睾精子计数、LH、FSH 和睾酮的血浆浓度呈剂量依赖性降低。给成年大鼠连续 4 周饮用含亚砷酸钠的饮用水可以诱导生殖细胞变性，同时降低血浆 LH 和 FSH 水平、血浆睾酮浓度、睾丸 3β-羟基类固醇脱氢酶和 17β-羟基类固醇脱氢酶活性。由于 hCG 与亚砷酸钠联合给药可部分防止亚砷酸盐的有害作用，而雌二醇可增强亚砷酸盐的作用，砷对睾丸的毒性作用可能是通过雌激素作用模式，与垂体促性腺激素有关。总之，这些研究表明砷对睾丸间质细胞类固醇生成的毒性部分归因于 3β-羟基类固醇脱氢酶和 17β-羟基类固醇脱氢酶活性的降低，而在这些研究中观察到的 LH 和 FSH 的降低表明对睾丸间质细胞的影响可能是间接的。

砷具有较强的生殖毒性和发育毒性，对生殖细胞有直接的损害，可导致死胎、畸形和生长迟缓，是较明确的生殖毒物之一。染毒雌性大鼠可导致胎儿死亡率和生长迟缓增加。用三氧化二砷水溶液给大鼠灌胃，发现仔鼠出生后的体重在高剂量组明显低于对照组和其他剂量组，提示砷可影响动物的发育能力。

2. 镉

镉（cadmium）是一种分布广泛的重金属。镉在聚氯乙烯聚合物、荧光颜料、磷肥、核中子过滤器和电池的生产中用作稳定剂。镉污染主要来自工业生产，如铅锌矿、有色金属冶炼厂、电镀厂、铜镉合金制造厂和荧光颜料厂等排出的“三废”中，都含有镉。吸烟也是摄取镉的主要来源。每支烟含有 5 mg 镉，吸烟可导致血镉水平升高，是不吸烟者的 4～5 倍。当环境受到镉污染后，镉可在生物体内富集，通过食物链进入人体，引起慢性中毒。镉的消除半衰期特别长，为 20～40 年，体内蓄积性较强。镉对女性生殖功能的流行病学研究不多。接触镉的女性的月经明显紊乱，而且与接触年限有关，镉还可导致女性工作者闭经和胎儿生长迟缓等。动物实验显示，体外镉抑制 SD 大鼠卵巢类固醇的合成；镉也抑制胎盘 11β-羟基类固醇脱氢酶 2 的表达，从而增加活性胎盘糖皮质激素水平，导致宫内发育迟缓；镉可能会导致新生儿男性生殖道畸形。成年 SD 大鼠在妊娠第 12 天接受单次腹腔注射 0 mg/kg、0.25 mg/kg、0.5 mg/kg 和 1.0 mg/kg 镉后，剂量依赖性地降低胎儿睾丸内的睾酮产生，降低胎儿睾丸间质细胞数量，下调睾丸间质细胞和支持细胞基因的表达。成年雄性 SD 大鼠接受单次腹腔注射 0 mg/kg、0.5 mg/kg 和 1.0 mg/kg 镉，永久损害睾丸间质再生和发育。重金属通过抑制睾丸间质细胞 cAMP/PKA 和 PKC 信号通路而抑制类固醇 StAR、CYP11A1 和 HSD3B1 的活化从而显著降低类固醇激素水平。

3. 铬

铬（chromium）的环境暴露主要通过污水和固体废物的污染及工业场所（如制革厂、焊接和镀铬工业）附近饮用水的污染而发生。高浓度铬是诱变剂和致癌物质。大鼠长期暴露于六价铬会导致睾丸间质细胞数量减少，显著抑制 3β-羟基类固醇脱氢酶活性，以及降低血清睾酮水平。对兔进行的体内研究也报道暴露于六价铬后睾酮水平、体重、睾丸和附睾体重下降。研究显示，成年猴暴露于饮用水中六价铬会破坏精子的发生。

4. 钴

钴（cobalt）是一种过渡金属，是生产硬质金属和合金的副产品，用于制造硬质合金切削或磨削工具。在热喷雾及用于着色玻璃、油漆、陶瓷和瓷釉的产品中也可以找到。从事钴相关工业的工人，因暴露于高剂量钴，硬金属肺病和其他各种呼吸系统疾病患病风险增加。大鼠长达 98 天的饮食暴露可引起睾丸变性和基底膜增厚，可能是因为睾丸供血受阻而使睾丸变成低氧的反应。

5. 铅

人类铅（lead）的暴露仍然是一个公共健康问题，主要是由于老房子油漆中含铅，同时铅也通过工业和市政排放、大气沉降和风化过程污染水生环境。所有报道都认为铅对人体健康是不利的。它通常抑制血红素的形成，从而对血液化学产生不利影响，影响生长，造成由退行性病变引起的神经影响，并影响生殖系统。男性铅暴露导致精子发生异常和游离睾酮指数（睾酮/性激素结合球蛋白）下降，与 LH 升高但 FSH 水平降低有关。此外，循环铅水平与精子数量呈负相关。综上所述，这些结果表明了铅暴露对人类睾丸的直接抑制作用。

大鼠体内铅暴露抑制下丘脑-垂体-睾丸轴，并抑制各种睾丸功能导致睾酮形成和精子发生减少。在大鼠中铅暴露导致循环中的睾酮水平呈剂量依赖性下降，但促性腺激素水平只有微小变化或无变化。铅暴露大鼠的 LHRH 刺激导致 LH 水平升高，但血浆睾酮水平仍然受到抑制，表明铅对睾丸间质细胞功能有直接影响。实际上，在体外实验中，乙酸铅减少体外分离的大鼠睾丸间质细胞 LH 刺激的睾酮产量。用乙酸铅直接体外处理分离的大鼠睾丸间质细胞也导致睾丸间质细胞孕酮和睾酮合成呈时间和剂量依赖性抑制。铅对类固醇生物合成的这些抑制作用与胆固醇侧链切割酶、3β-羟基类固醇脱氢酶和 17α-羟化酶/20-裂解酶表达减少有关。使用 MA-10 睾丸间质细胞作为模型，证实睾丸间质细胞暴露于乙酸铅抑制雄激素产生和 cAMP 诱导的类固醇形成，而且这种效应是由于胆固醇侧链切割酶和 3β-羟基类固醇脱氢酶活性的抑制引起的。研究还发现，铅可减少激素诱导的 StAR 蛋白的水平，从而影响胆固醇转运到线粒体。这些结果与早期的形态学和生化研究结果一致，表明慢性铅暴露导致睾丸间质细胞中脂质空泡的积累和睾丸胆固醇含量的增加。铅可能会加速成熟 StAR 蛋白的降解，而不是影响其合成。铅具有较强的女性生殖毒性和妊娠毒性，还可影响性激素的合成及下丘脑-垂体-性腺轴的正常生理调节功能，对胚胎的着床和胎儿发育有不良影响，可导致胚胎发育迟缓和畸形、自然流产率增高、早产和死胎等。SD 大鼠从妊娠第 14 天开始向饮用水中加入乙酸铅（0.1%）

至分娩，可使铅处理过的雌性后代的阴道开口时间明显延迟。在铅暴露雌性动物样本中，50%表现出不规律的发情期，而在 83 天日龄时没有观察到黄体。此外，雄性后代在 70 天和 160 天日龄时精子数量也减少。

6. 汞

汞（mercury）是人类活动的副产品。汞污染主要发生在水中，被水生生物摄入，转化为甲基汞并浓缩在组织中，这导致食物链中甲基汞浓度的增加。暴露于汞的无精子症和不育的患者及汞染毒的大鼠中，汞富集于睾丸间质细胞。接触甲基汞会抑制实验动物的精子发生和降低其生育力。长期给予甲基汞导致啮齿动物睾丸间质细胞变性，同时睾酮水平降低。长期接受甲基汞处理的成年大鼠体内注射 hCG 后雄激素形成减少，部分归因于 3β-羟基类固醇脱氢酶活性降低。

第三节 生物因素对生殖健康的影响

诸多生物因素，如病毒、细菌、寄生虫及其他微生物病原体等，均可能导致不孕、不育、流产、早产、子代先天缺陷或发育异常等生殖健康问题。

一、病毒

1. 单纯疱疹病毒

单纯疱疹病毒（herpes simplex virus）是全世界生殖器溃疡的主要病原体。单纯疱疹病毒 1 型（HSV1）和单纯疱疹病毒 2 型（HSV2）通过轻微的破裂感染皮肤和黏膜的上皮细胞，然后通过逆行运输到感觉神经节。临床病变通常发生在 10%～25%感染的原发感染后。从潜伏状态重新激活直至从皮肤或黏膜表面释放病毒。病毒脱落可以发生或不发生症状，并导致进一步传播。HSV1 病毒主要特异性感染口腔组织，并通过接触受感染的唾液传播，这种唾液传播通常在婴幼儿期发生。HSV2 通常感染生殖器并通过性接触传播。然而，近几十年来，HSV1 引起生殖器 HSV 感染的比例越来越高。有两个主要的发现被认为是导致这一趋势的原因：青少年和青年人中 HSV1 阳性的比例增加，且口交频率增加，因此更容易通过性途径获得 HSV1。生殖器疱疹感染的典型临床表现是以外生殖器红斑丘疹和囊泡为特征，尤其是女性排尿困难，伴有疼痛、瘙痒、灼痛。大约 40%有症状的男性和 70%有症状的女性出现发烧、头痛、不适和肌痛。并发症包括无菌性脑膜炎、外生殖性病变和包括尿道滞留在内的植物神经功能紊乱。生殖器疱疹可能与心理社会后果有关，包括愤怒、自卑、对性伴侣的排斥恐惧及抑郁症。大约有 57%和 89%的原发性 HSV1 或 HSV2 感染史的患者经历症状持续 5～10 天的症状性 HSV 再激活（复发）。生殖器 HSV2 感染者每年经历约 4 次复发，而生殖器 HSV1 感染每年约经历 1 次复发。前瞻性随访显示，大多数患者复发随时间增加而减少。生殖器疱疹可以从母亲传染给孩子，在接近分娩的母亲或最后 3 个月内感染的母亲是最具有传染性的。新生儿的感染症状包括皮肤和眼睛疾病，脑炎或播散性感染。认知障碍、严重的神经系统疾病、器官功能障碍和死亡是常见的后遗症。也有研究表明，生殖器疱疹增加了获得人类免疫缺陷病毒（HIV）传播和加重 HIV 病情的风险。2012 年，全球估计有 379 万 0～49 岁的人群感染了 HSV1，估计有 4.17 亿 15～49 岁的人群患有 HSV2，构成全球 HSV1 血清阳性率为 67%，全球 HSV2 血清阳性率为 11.3 %。

2. 巨细胞病毒

巨细胞病毒（cytomegalovirus）是疱疹病毒组的一种 DNA 病毒，它使受感染的细胞增大，用苏木精-伊红染色可以在细胞核内看到一个 5～15 μm 大小的紫色到暗红色的核内包含物，被一个薄的清晰的光环围绕着。在尸检时，组织学检查的诊断通常是在感染器官中发现特征性 CMV 核内包涵体。当典型的核内包涵体罕见或不存在时，免疫组织化学对于检测 CMV 是有诊断作用的。巨细胞病毒的主要传染源是患者，主要通过性接触传播。据报道，我国大城市孕妇的感染率高达 94.7%～96.3%，但多数感染者无临床表现；妇女孕前感染，仅 5%～15%的感染出现发热、乏力、肌痛、咽痛和淋巴结肿大等。妊娠期间感染巨细胞病毒，则很容易引起宫内胎儿感染，是出生缺陷的最常见病因。巨细胞病毒的致畸作用远比风疹强，严重危害后代的健康。

3. 艾滋病病毒（HIV）

20 世纪 90 年代的研究表明，艾滋病毒感染影响精液质量。在感染男性中，精子活力与 CD4 细胞计数呈正相关。最近对 33 名 HIV 感染者进行了多项研究表明，艾滋病毒感染的总精子数量、渐进动力和快速活动性皆降低，而形态不变。对 250 名艾滋病毒血清阳性男性和 38 名有生育能力的对照男性的精液进行评估分析发现，对照组男性精液量、精子浓度、百分活力、快速和线性运动明显比艾滋病毒血清阳性男子高。随后的研究中也有类似的发现。

4. 乙肝病毒（hepatitis B virus）

比较 5138 名乙型肝炎患者和 25 690 名非感染对照的男性生殖健康发现，乙型肝炎患者不孕症的发病率风险增加 1.59 倍。乙型肝炎患者的精子凋亡和坏死发生率增高，乙型肝炎患者感染的持续时间与精液量和精子活力呈负相关，病毒载量与精子数量和精子活力呈负相关。感染乙型肝炎患者的总血清睾酮降低而血清 E2 升高。

5. Zika 病毒

Zika 病毒（Zika virus）是黄病毒科黄病毒属成员。近来，Zika 病毒已经从不为人知到众所周知。Zika 病毒的传播严重影响生殖内分泌和不孕不育，已成为一个重大的公共卫生问题。生殖专家特别关注 Zika 病毒的传播，现在已知有性传播途径和经胎盘传播途径导致胎儿先天畸形。黄病毒科家族中的其他成员，丙型肝炎病毒和牛病毒性腹泻病毒（主要影响牛）是生殖专家众所周知的能够垂直传播的性传播疾病。

6. 风疹病毒

风疹病毒（rubella virus）感染通常会引起儿童和成人的轻微发烧和皮疹，但怀孕期间（尤其是孕早期）的感染可能会导致流产、胎儿死亡和先天性畸形，称为先天性风疹综合征。风疹病毒多在春季和冬季发病流行，经呼吸道传播，传染源为风疹患者。典型症状是经过 16～18 天潜伏期后出现轻度发热、卡他症状、皮疹及淋巴结肿大等。

二、寄生虫

弓形虫感染是一种人畜共患病，受感染的猫与其他动物是主要传染源。主要为经口感染，其次是伤口接触，胎盘传播也是常见途径之一。多数带虫者可能是无症状，仅少数人发病。先天性弓形体病对生殖健康危害较大，其严重程度主要取决于感染株的毒力和胎儿感染时所处妊娠期阶段。在妊娠早期感染，可能导致胎儿流产或严重畸形；在妊娠中晚期感染，可引起胎儿在宫内生长迟缓、智力障碍或神经系统损害，如脑膜脑炎、脑性瘫痪和脑积水，有时因脑组织丢失较多伴小头畸形，眼部表现为脉络膜视网膜炎。对流产儿、死胎或畸形儿死后的病理和体液检查证明，弓形虫是胎儿致畸致死的重要病原体。对弓形虫的研究主要集中在对女性生殖健康及子代生存率的影响上，近几年弓形虫感染对男性生殖健康的损害逐渐引起人们的关注。多数研究对男性不育的患者精液进行弓形虫检测，发现其弓形虫抗体阳性率明显高于正常人群的平均感染率；阳性患者精子活力异常比例较阴性患者显著增高。一项探究急性弓形虫感染对雄鼠生殖功能的影响的研究发现，雄鼠睾丸病理切片显示生精停滞、精原细胞胞质空泡性变，提示弓形虫急性感染对雄性小鼠的生殖机能具有一定影响。另外一项类似的研究表明，弓形虫感染可通过影响酶活性，干扰睾丸能量代谢和分裂过程，对睾丸造成一定程度损伤；血清性激素（LH、FSH、睾酮）含量表现出弓形虫感染组较正常对照组低，感染组大鼠血清睾酮水平与正常对照组相比有显著性下降，但弓形虫感染组大鼠血清 LH 和 FSH 在睾酮明显下降的情况下却没有相应的反馈性升高，反而降低或没有明显变化，提示弓形虫感染对生殖系统作用器官可能是睾丸，对垂体促性腺激素的分泌有一定影响。上述研究均证明弓形虫可以对男性生殖造成损害，对精子发生、激素水平等均有影响。

三、其他微生物

1. 支原体

支原体属共有 120 个种别，在人类中共检出 16 个支原体属，其中 6 个以泌尿生殖道为主要寄生部位，从人类生殖道中最常分离到的支原体是解脲支原体和人型支原体。在致病微生物中，细菌较衣原体大，衣原体较支原体大，而支原体又较病毒大。女性患者以子宫颈为中心扩散的生殖系统炎症多见，多数无明显自觉症状，少数重症患者有阴道下坠感，当感染扩散至尿道时，尿频尿急是引起患者注意的主要症状。感染局限在子宫颈时，表现为白带增多、混浊、子宫颈水肿、充血或表面糜烂。感染扩及尿道表现为尿道口潮红和充血，挤压尿道可有少量分泌物外溢。支原体感染常见的合并症为输卵管炎，少数患者可出现子宫内膜炎及盆腔炎。妊娠合并衣原体感染可引起早产、死胎、低体重儿和新生儿脑膜炎等。泌尿生殖道支原体属感染与男性的前列腺炎和附睾炎密切相关，是造成不孕不育症的原因之一。支原体能吸附于人类精子表面阻碍精子的运动，其产生的神经氨酸酶样物质可干扰精子与卵子的结合引起不育不孕。

2. 衣原体

微生物学家、感染科医师和妇产科医生意识到衣原体对人类生殖的潜在威胁。沙眼衣原体被认为是世界上最大的性传播细菌媒介，并与人类不良妊娠结局相关。衣原体感染可导致女性前庭大腺炎、子宫内膜炎、输卵管炎和宫颈炎等，以及输卵管粘连、梗阻和异位妊娠，甚至不孕。沙眼衣原体与早产风险增加也有关。对 4255 名妇女的队列研究表明，孕妇感染衣原体使胎膜早破和早产的风险增加 50%。相关研究表明：泌尿生殖道沙眼衣原体和支原体属感染可导致精子 DNA 碎片化程度增加，而精子 DNA 的完整性与精子活动率及精子正常形态有较强的相关性，经过治疗后，精子 DNA 损伤也得到了一定程度的控制，并且改变的幅度相对其他精液参数要更为明显。所以准备生育的夫妻，还是应该积极预防治疗支原体感染。

第四节　生活行为对生殖健康的影响

一、心理压力

压力是一个普遍的现象，压力源在现代社会中越来越多，其中包括噪声、过度拥挤、污染和心理压力。心理压力可能被定义为厌恶或要求苛刻的条件，从而增加或超过机体的行为资源。对于人类来说，这方面最大和最一致的文献是关于职业心理压力来源。心理压力往往严重影响生殖健康。在人类中，由于亲属或配偶的死亡带来的严重心理压力会造成精子数量持续下降。临床医生认为压力是导致人类不孕的一个因素。过多的糖皮质激素活性，甚至是局部的激素升高，被认为是压力的标志。心理压力表现为糖皮质激素升高，造成雄激素合成抑制。对女性生殖系统的主要影响表现为月经不调、排卵障碍及受孕困难。大鼠心理应激研究显示，心理应激使血清皮质酮水平升高约 10 倍，血清睾酮水平降低，许多睾丸间质细胞特异性雄激素生物合成相关基因表达下调。心理应激似乎也抑制大鼠的分娩结局，造成胎儿的低体重。

二、吸烟

香烟烟雾中含有超过 4000 种化学物质，如碳氢化合物、醇类、酚类、醛类和重金属等。尼古丁是香烟的主要成分之一，可导致性腺功能减退、睾丸萎缩、勃起功能障碍及男性不育。尼古丁可降低男性和女性的生育率。尼古丁在青春期可能通过下调一些关键的类固醇生成酶的表达从而破坏睾丸间质细胞的类固醇生成，从而引起睾酮的降低。吸烟与男性生育能力受损有关，往往 DNA 损伤，非整倍体精子突变增加，并且这些影响是可遗传的，会对后代产生不利影响。吸烟暴露引起的精子突变频率增加 25%。据估计，父亲吸烟每代增加 130 万例非整倍体怀孕的新增病例。接触二手烟的孕妇，死胎发生率会增加 23%，先天性畸形发生率会增加 13%。由于这种影响的时期和机制尚不清楚，因此在妊娠前和妊娠期间防止二手烟暴露还是重要的。

三、饮酒

虽然酒精被广泛使用，但其对男性生殖功能的影响仍存在争议。多年来，许多研究调查了饮酒对精子参数和男性不育的影响。对实验动物的研究表明，富含乙醇的饮食导致精子参数异常，表现出一些生殖抑制的改变，以及小鼠卵母细胞体外受精率降低。在停止饮酒后，这些影响部分是可逆的。大多数评估酒精对男性影响的研究都显示了对精子参数的负面影响。据报道，这与血浆睾酮降低和促性腺激素水平升高相关，表明酒精与中枢和睾丸的有害作用相关。尽管如此，在体外受精方案或基于人群的研究中，酒精似乎对生育率没有太大的影响。最后，遗传背景和其他伴随饮酒有关的条件也影响睾丸损伤的程度。总之，酒精与精子参数的恶化有关，在停止饮用酒精后可能部分可逆。母鼠饮酒延迟了雄性后代的生殖发育和精子发生的时间，其作用至少持续至成年。

参 考 文 献

Afifi N A, Ramadan A, el-Aziz M I, et al. 1991. Influence of dimethoate on testicular and epididymal organs, testosterone plasma level and their tissue residues in rats. Dtsch Tieraztl Wochenschr, 98: 419-423.

Akingbemi B T, Braden T D, Kemppainen B W, et al. 2007. Exposure to phytoestrogens in the perinatal period affects androgen secretion by testicular Leydig cells in the adult rat. Endocrinology, 148: 4475-4488.

Akingbemi B T, Ge R S, Klinefelter G R, et al. 2000. A metabolite of methoxychlor, 2, 2-bis (p-hydroxyphenyl)-1, 1, 1-trichloroethane, reduces testosterone biosynthesis in rat Leydig cells through suppression of steady-state messenger ribonucleic acid levels of the cholesterol side-chain cleavage enzyme. Biol Reprod, 62: 571-578.

Akingbemi B T, Sottas C M, Koulova A I, et al. 2004. Inhibition of testicular steroidogenesis by the xenoestrogen bisphenol A is associated with reduced pituitary luteinizing hormone secretion and decreased steroidogenic enzyme gene expression in rat Leydig cells. Endocrinology, 145: 592-603.

Almasiova V, Holovska K, Cigankova V, et al. 2014. Structural and ultrastructural study of rat testes influenced by electromagnetic radiation. J Toxicol Environ Health A, 77: 747-750.

Atanasov N A, Sargent J L, Parmigiani J P, et al. 2015. Characterization of train-induced vibration and its effect on fecal corticosterone metabolites in mice. J Am Assoc Lab Anim, 54: 737-744.

Beal M A, Yauk C L, Marchetti F. 2017. From sperm to offspring: Assessing the heritable genetic consequences of paternal smoking and potential public health impacts. Mutat Res, 773: 26-50.

Beard A P, Bartlewski P M, Chandolia R K, et al. 1999. Reproductive and endocrine function in rams exposed to the organochlorine pesticides lindane and pentachlorophenol from conception. J Reprod Fertil, 115: 303-314.

Biegel L B, Liu R C, Hurtt M E, et al. 1995. Effects of ammonium perfluorooctanoate on Leydig cell function: *in vitro*, *in vivo*, and *ex vivo* studies. Toxicol Appl Pharmacol, 134: 18-25.

Blanchard D C, Spencer R L, Weiss S M, et al. 1995. Visible burrow system as a model of chronic social stress: behavioral and neuroendocrine correlates. Psychoneuroendocrinology, 20: 117-134.

Braathen M, Mortensen A S, Sandvik M, et al. 2009. Estrogenic effects of selected hydroxy polychlorinated biphenyl congeners in primary culture of Atlantic Salmon (*Salmo salar*) hepatocytes. Arch Environ Contam Toxicol, 56: 111-122.

Britt W J. 2017. Congenital human cytomegalovirus infection and the enigma of maternal immunity. J Virol, 91: e02392-16.

Calogero A E, La Vignera S, Condorelli R A, et al. 2011. Environmental car exhaust pollution damages human sperm chromatin and DNA. J Endocrinol Invest, 34: e139-143.
Cao S, Ye L, Wu Y, et al. 2017. The effects of fungicides on human 3beta-hydroxysteroid dehydrogenase 1 and aromatase in human placental cell line JEG-3. Pharmacology, 100: 139-147.
Chambers C D. 2006. Risks of hyperthermia associated with hot tub or spa use by pregnant women. Birth Defects Res A Clin Mol Teratol, 76: 569-573.
Chandralekha G, Jeganathan R, Viswanathan, et al. 2005. Serum leptin and corticosterone levels after exposure to noise stress in rats. Malays J Med Sci, 12: 51-56.
Chatterjee S, Ray A, Ghosh S, et al. 1988. Effect of aldrin on spermatogenesis, plasma gonadotrophins and testosterone, and testicular testosterone in the rat. J Endocrinol, 119: 75-81.
Chen B, Chen D, Jiang Z, et al. 2014. Effects of estradiol and methoxychlor on Leydig cell regeneration in the adult rat testis. Int J Mol Sci, 15: 7812-7826.
Chowdhury A R. 1995. Spermatogenic and steroidogenic impairment after chromium treatment in rats. Indian J Exp Biol, 33: 480-484.
Cook R B, Coulter G H, Kastelic J P. 1994. The testicular vascular cone, scrotal thermoregulation, and their relationship to sperm production and seminal quality in beef bulls. Theriogenology, 41: 653-671.
Corrier D E, Mollenhauer H H, Clark D E, et al. 1985. Testicular degeneration and necrosis induced by dietary cobalt. Vet Pathol, 22: 610-616.
Dalsenter P R, Faqi A S, Webb J, et al. 1996. Reproductive toxicity and tissue concentrations of lindane in adult male rats. Hum Exp Toxicol, 15: 406-410.
Doering D D, Steckelbroeck S, Doering T, et al. 2002. Effects of butyltins on human 5alpha-reductase type 1 and type 2 activity. Steroids, 67: 859-867.
Drobnis E Z, Nangia A K. 2017. Antivirals and male reproduction. Adv Exp Med Biol, 1034: 163-178.
Ellis M K, Richardson A G, Foster J R, et al. 1998. The reproductive toxicity of molinate and metabolites to the male rat: effects on testosterone and sperm morphology. Toxicol Appl Pharmacol, 151: 22-32.
Ema M, Kurosaka R, Amano H, et al. 1996. Comparative developmental toxicity of di-, tri- and tetrabutyltin compounds after administration during late organogenesis in rats. J Appl Toxicol, 16: 71-76.
Ernst E, Moller-Madsen B, Danscher G. 1991. Ultrastructural demonstration of mercury in Sertoli and Leydig cells of the rat following methyl mercuric chloride or mercuric chloride treatment. Reprod Toxicol, 5: 205-209.
Forgacs A L, Ding Q, Jaremba R G, et al. 2012. BLTK1 murine Leydig cells: a novel steroidogenic model for evaluating the effects of reproductive and developmental toxicants. Toxicol Sci, 127: 391-402.
Galimov S N, Valeeva G R. 1999. Effect of 2, 4-D ecotoxicants on spermatogenesis and fertility of albino rats. Aviakosm Ekolog Med, 33: 32-34.
Gao H B, Tong M H, Hu Y Q, et al. 2002. Glucocorticoid induces apoptosis in rat Leydig cells. Endocrinology, 143: 130-138.
Grant G B, Reef S E, Patel M, et al. 2017. Progress in rubella and congenital rubella syndrome control and elimination-worldwide, 2000–2016. Morb Mortal Wkly Rep, 66: 1256-1260.
Guo X, Wang H, Wu X, et al. 2017. Nicotine affects rat Leydig cell function *in vivo* and *vitro* via down-regulating some key steroidogenic enzyme expressions. Food Chem Toxicol, 110: 13-24.
Guo X, Zhou S, Chen Y, et al. 2017. Ziram delays pubertal development of rat Leydig cells. Toxicol Sci, 160: 329-340.
Hardy M P, Ganjam V K. 1997. Stress, 11beta-HSD, and Leydig cell function. J Androl, 18: 475-479.
Hardy M P, Sottas C M, Ge R, et al. 2002. Trends of reproductive hormones in male rats during psychosocial stress: role of glucocorticoid metabolism in behavioral dominance. Biol Reprod, 67: 1750-1755.
Hashiguchi H, Ye S H, Morris M, et al. 1997. Single and repeated environmental stress: effect on plasma oxytocin, corticosterone, catecholamines, and behavior. Physiol Behav, 61: 731-736.
Hiipakka R A, Zhang H Z, Dai W, et al. 2002. Structure-activity relationships for inhibition of human 5alpha-reductases by polyphenols. Biochem Pharmacol, 63: 1165-1176.
Hoover R N, Hyer M, Pfeiffer R M, et al. 2011. Adverse health outcomes in women exposed in utero to

diethylstilbestrol. N Engl J Med, 365: 1304-1314.
Hoyes K P, Morris I D. 1996. Environmental radiation and male reproduction. Int J Androl, 19: 199-204.
Hu G X, Lian Q Q, Ge R S, et al. 2009. Phthalate-induced testicular dysgenesis syndrome: Leydig cell influence. Trends Endocrinol Metab, 20: 139-145.
Hu G X, Zhao B H, Chu Y H, et al. 2010. Effects of genistein and equol on human and rat testicular 3beta-hydroxysteroid dehydrogenase and 17beta-hydroxysteroid dehydrogenase 3 activities. Asian J Androl, 12: 519-526.
Hu G X, Zhao B, Chu Y, et al. 2011. Effects of methoxychlor and 2, 2-bis(p-hydroxyphenyl)-1, 1, 1-trichloroethane on 3beta-hydroxysteroid dehydrogenase and 17beta-hydroxysteroid dehydrogenase-3 activities in human and rat testes. Int J Androl, 34: 138-144.
Jana K, Jana S, Samanta P K. 2006. Effects of chronic exposure to sodium arsenite on hypothalamo-pituitary-testicular activities in adult rats: possible an estrogenic mode of action. Reprod Biol Endocrinol, 4: 9.
Jewell W T, Miller M G. 1998. Identification of a carboxylesterase as the major protein bound by molinate. Toxicol Appl Pharmacol, 149: 226-234.
Keck C, Bergmann M, Ernst E, et al. 1993. Autometallographic detection of mercury in testicular tissue of an infertile man exposed to mercury vapor. Reprod Toxicol, 7: 469-475.
Kelce W R, Stone C R, Laws S C, et al. 1995. Persistent DDT metabolite pp'-DDE is a potent androgen receptor antagonist. Nature, 375: 581-585.
Kilgallon S J, Simmons L W. 2005. Image content influences men's semen quality. Biol Lett, 1: 253-255.
Kim A, Park M, Yoon T K, et al. 2011. Maternal exposure to benzo[b]fluoranthene disturbs reproductive performance in male offspring mice. Toxicol Lett, 203: 54-61.
Kimmel C A, Cook R O, Staples R E. 1976. Teratogenic potential of noise in mice and rats. Toxicol Appl Pharmacol, 36: 239-245.
Korr G, Thamm M, Czogiel I, et al. 2017. Decreasing seroprevalence of herpes simplex virus type 1 and type 2 in Germany leaves many people susceptible to genital infection: time to raise awareness and enhance control. BMC Infect Dis, 17: 471.
Krause W, Hamm K, Weissmuller J. 1975. The effect of DDT on spermatogenesis of the juvenile rat. Bull Environ Contam Toxicol, 14: 171-179.
La Vignera S, Condorelli R A, Balercia G, et al. 2013. Does alcohol have any effect on male reproductive function? A review of literature. Asian J Androl, 15: 221-225.
Lan N, Vogl A W, Weinberg J. 2013. Prenatal ethanol exposure delays the onset of spermatogenesis in the rat. Alcohol Clin Exp Res, 37: 1074-1081.
Leonardi-Bee J, Britton J, Venn A. 2011. Secondhand smoke and adverse fetal outcomes in nonsmoking pregnant women: a meta-analysis. Pediatrics, 127: 734-741.
Li L, Li X, Chen X, et al. 2018. Perfluorooctane sulfonate impairs rat Leydig cell development during puberty. Chemosphere, 190: 43-53.
Li X, Liu J, Wu S, et al. 2018. In utero single low-dose exposure of cadmium induces rat fetal Leydig cell dysfunction. Chemosphere, 194: 57-66.
Lin H, Lian Q Q, Hu G X, et al. 2009. In utero and lactational exposures to diethylhexyl-phthalate affect two populations of Leydig cells in male long-evans rats. Biol Reprod, 80: 882-888.
Liu R C, Hahn C, Hurtt M E. 1996. The direct effect of hepatic peroxisome proliferators on rat Leydig cell function *in vitro*. Fundam Appl Toxicol, 30: 102-108.
Liu S, Li C, Wang Y, et al. 2016. In utero methoxychlor exposure increases rat fetal Leydig cell number but inhibits its function. Toxicology, 370: 31-40.
Liu X, Nie Z W, Gao Y Y, et al. 2017. Sodium fluoride disturbs DNA methylation of NNAT and declines oocyte quality by impairing glucose transport in porcine oocytes. Environ Mol Mutagen, 59: 223-233.
Lo S, Allera A, Albers P, et al. 2003. Dithioerythritol (DTE) prevents inhibitory effects of triphenyltin (TPT) on the key enzymes of the human sex steroid hormone metabolism. J Steroid Biochem Mol Biol, 84: 569-576.

Louis G M, Chen Z, Schisterman E F, et al. 2014. Perfluorochemicals and human semen quality: the LIFE study. Environ Health Perspect, 123: 57-63.

Mahgoub A A, El-Medany A H. 2001. Evaluation of chronic exposure of the male rat reproductive system to the insecticide methomyl. Pharmacol Res, 44: 73-80.

Mandani P, Desai K, Highland H. 2013. Cytotoxic effects of benzene metabolites on human sperm function: an *in vitro* study. ISRN Toxicol, 2013: 397524.

Maness S C, McDonnell D P, Gaido K W. 1998. Inhibition of androgen receptor-dependent transcriptional activity by DDT isomers and methoxychlor in HepG2 human hepatoma cells. Toxicol Appl Pharmacol, 151: 135-142.

McGivern R F, Sokol R Z, Berman N G. 1991. Prenatal lead exposure in the rat during the third week of gestation: long-term behavioral, physiological, and anatomical effects associated with reproduction. Toxicol Appl Pharmacol, 110: 206-215.

McVey M J, Cooke G M. 2003. Inhibition of rat testis microsomal 3beta-hydroxysteroid dehydrogenase activity by tributyltin. J Steroid Biochem Mol Biol, 86: 99-105.

Min K B, Min J Y. 2017. Exposure to environmental noise and risk for male infertility: A population-based cohort study. Environ Pollut, 226: 118-124.

Mitra S, Srivastava A, Khanna S, et al. 2014. Consequences of tributyltin chloride induced stress in Leydig cells: an ex-vivo approach. Environ Toxicol Pharm, 37: 850-860.

Mohamed M K, Burbacher T M, Mottet N K. 1987. Effects of methyl mercury on testicular functions in Macaca fascicularis monkeys. Pharmacol Toxicol, 60: 29-36.

Monder C, Hardy M P, Blanchard R J, et al. 1994. Comparative aspects of 11β-hydroxysteroid dehydrogenase. Testicular 11β-hydroxysteroid dehydrogenase: development of a model for the mediation of Leydig cell function by corticosteroids. Steroids, 59: 69-73.

Moorman W J, Skaggs S R, Clark J C, et al. 1998. Male reproductive effects of lead, including species extrapolation for the rabbit model. Reprod Toxicol, 12: 333-346.

Mortensen A S, Arukwe A. 2008. Activation of estrogen receptor signaling by the dioxin-like aryl hydrocarbon receptor agonist, 3, 3', 4, 4', 5-pentachlorobiphenyl (PCB126) in salmon *in vitro* system. Toxicol Appl Pharmacol, 227: 313-324.

Murata M, Takigawa H, Sakamoto H. 1993. Teratogenic effects of noise and cadmium in mice: does noise have teratogenic potential? J Toxicol Environ Health, 39: 237-245.

Murray F J, Smith F A, Nitschke K D, et al. 1979. Three-generation reproduction study of rats given 2, 3, 7, 8-tetrachlorodibenzo-p-dioxin (TCDD) in the diet. Toxicol Appl Pharmacol, 50: 241-252.

Murray M J, Meacham R B. 1993. The effect of age on male reproductive function. World J Urol, 11: 137-140.

Nanjappa M K, Simon L, Akingbemi B T. 2012. The industrial chemical bisphenol A (BPA) interferes with proliferative activity and development of steroidogenic capacity in rat Leydig cells. Biol Reprod, 86: 135.

Nawrot P S, Cook R O, Hamm C W. 1981. Embryotoxicity of broadband high-frequency noise in the CD-1 mouse. J Toxicol Environ Health, 8: 151-157.

Neal B H, Collins J J, Strother D E, et al. 2009. Weight-of-the-evidence review of acrylonitrile reproductive and developmental toxicity studies. Crit Rev Toxicol, 39: 589-612.

Negri E, Metruccio F, Guercio V, et al. 2017. Exposure to PFOA and PFOS and fetal growth: a critical merging of toxicological and epidemiological data. Crit Rev Toxicol, 47: 482-508.

Ohno S, Nakajima Y, Nakajin S. 2005. Triphenyltin and Tributyltin inhibit pig testicular 17beta-hydroxysteroid dehydrogenase activity and suppress testicular testosterone biosynthesis. Steroids, 70: 645-651.

Olsen G W, Mair D C, Church T R, et al. 2008. Decline in perfluorooctanesulfonate and other polyfluoroalkyl chemicals in American Red Cross adult blood donors, 2000–2006. Environ Sci Technol, 42: 4989-4995.

Pant N, Murthy R C, Srivastava S P. 2004. Male reproductive toxicity of sodium arsenite in mice. Hum Exp Toxicol, 23: 399-403.

Rasmussen S, Glickman G, Norinsky R, et al. 2009. Construction noise decreases reproductive efficiency in

mice. J Am Assoc Lab Anim, 48: 363-370.
Roberts L G, Gray T M, Marr M C, et al. 2014. Health assessment of gasoline and fuel oxygenate vapors: developmental toxicity in mice. Regul Toxicol Pharmacol, 70: S58-68.
Rodamilans M, Martinez-Osaba M J, To-Figueras J, et al. 1988. Inhibition of intratesticular testosterone synthesis by inorganic lead. Toxicol Lett, 42: 285-290.
Ronis M J, Badger T M, Shema S J, et al. 1996. Reproductive toxicity and growth effects in rats exposed to lead at different periods during development. Toxicol Appl Pharmacol, 136: 361-371.
Sarkar M, Chaudhuri G R, Chattopadhyay A, et al. 2003. Effect of sodium arsenite on spermatogenesis, plasma gonadotrophins and testosterone in rats. Asian J Androl, 5: 27-31.
Seckl J R, Holmes M C. 2007. Mechanisms of disease: glucocorticoids, their placental metabolism and fetal 'programming' of adult pathophysiology. Nat Clin Pract Endocrinol Metab, 3: 479-488.
Selander J, Albin M, Rosenhall U, et al. 2016. Maternal occupational exposure to noise during pregnancy and hearing dysfunction in children: a nationwide prospective cohort study in Sweden. Environ Health Perspect, 124: 855-860.
Sheynkin Y, Jung M, Yoo P, et al. 2005. Increase in scrotal temperature in laptop computer users. Hum Reprod, 20: 452-455.
Shi Z, Zhang H, Liu Y, et al. 2007. Alterations in gene expression and testosterone synthesis in the testes of male rats exposed to perfluorododecanoic acid. Toxicol Sci, 98: 206-215.
Shivanandappa T, Krishnakumari M K. 1983. Hexachlorocyclohexane-induced testicular dysfunction in rats. Acta Pharmacol Toxicol (Copenh), 52: 12-17.
Shokri S, Soltani A, Kazemi M, et al. 2015. Effects of Wi-Fi (2.45 GHz) exposure on apoptosis, sperm parameters and testicular histomorphometry in rats: a time course study. Cell J, 17: 322-331.
Sokol R Z. 1987. Hormonal effects of lead acetate in the male rat: mechanism of action. Biol Reprod, 37: 1135-1138.
Sokol R Z, Berman N. 1991. The effect of age of exposure on lead-induced testicular toxicity. Toxicology, 69: 269-278.
Sokol R Z, Madding C E, Swerdloff R S. 1985. Lead toxicity and the hypothalamic-pituitary-testicular axis. Biol Reprod, 33: 722-728.
Svechnikov K, Supornsilchai V, Strand M L, et al. 2005. Influence of long-term dietary administration of procymidone, a fungicide with anti-androgenic effects, or the phytoestrogen genistein to rats on the pituitary-gonadal axis and Leydig cell steroidogenesis. J Endocrinol, 187: 117-124.
Swan S H, Main K M, Liu F, et al. 2005. Decrease in anogenital distance among male infants with prenatal phthalate exposure. Environ Health Perspect, 113: 1056-1061.
Telisman S, Cvitkovic P, Jurasovic J, et al. 2000. Semen quality and reproductive endocrine function in relation to biomarkers of lead, cadmium, zinc, and copper in men. Environ Health Perspect, 108: 45-53.
Thibaut R, Porte C. 2004. Effects of endocrine disrupters on sex steroid synthesis and metabolism pathways in fish. J Steroid Biochem Mol Biol, 92: 485-494.
Thoreux-Manlay A, Le Goascogne C, Segretain D, et al. 1995. Lead affects steroidogenesis in rat Leydig cells *in vivo* and *in vitro*. Toxicology, 103: 53-62.
Thoreux-Manlay A, Velez de la Calle J F, Olivier M F, et al. 1995. Impairment of testicular endocrine function after lead intoxication in the adult rat. Toxicology, 100: 101-109.
Thundathil J C, Rajamanickam G D, Kastelic J P, et al. 2012. The effects of increased testicular temperature on testis-specific isoform of Na^+/K^+-ATPase in sperm and its role in spermatogenesis and sperm function. Reprod Domest Anim, 47 (Suppl 4): 170-177.
Trentacoste S V, Friedmann A S, Youker R T, et al. 2001. Atrazine effects on testosterone levels and androgen-dependent reproductive organs in peripubertal male rats. J Androl, 22: 142-148.
Walsh L P, McCormick C, Martin C, et al. 2000a. Roundup inhibits steroidogenesis by disrupting steroidogenic acute regulatory (StAR) protein expression. Environ Health Perspect, 108: 769-776.
Walsh L P, Stocco D M. 2000b. Effects of lindane on steroidogenesis and steroidogenic acute regulatory protein expression. Biol Reprod, 63: 1024-1033.

Walsh L P, Webster D R, Stocco D M. 2000c. Dimethoate inhibits steroidogenesis by disrupting transcription of the steroidogenic acute regulatory (StAR) gene. J Endocrinol, 167: 253-263.

Wan H T, Mruk D D, Wong C K, et al. 2013. Perfluorooctanesulfonate (PFOS) perturbs male rat Sertoli cell blood-testis barrier function by affecting F-actin organization via p-FAK-Tyr (407): an *in vitro* study. Endocrinology, 155: 249-262.

Weissman B A, Sottas C M, Holmes M, et al. 2009. Normal responses to restraint stress in mice lacking the gene for neuronal nitric oxide synthase. J Androl, 30: 614-620.

Winder C. 1989. Reproductive and chromosomal effects of occupational exposure to lead in the male. Reprod Toxicol, 3: 221-233.

Wu X, Guo X, Wang H, et al. 2017. A brief exposure to cadmium impairs Leydig cell regeneration in the adult rat testis. Sci Rep, 7: 6337.

Wu X, Liu J, Duan Y, et al. 2017. A short-term exposure to tributyltin blocks Leydig cell regeneration in the adult rat testis. Front Pharmacol, 8: 704.

Yang Q, Wang W, Liu C, et al. 2016. Effect of PFOS on glucocorticoid-induced changes in human decidual stromal cells in the first trimester of pregnancy. Reprod Toxicol, 63: 142-150.

Ye L, Su Z J, Ge R S. 2011. Inhibitors of testosterone biosynthetic and metabolic activation enzymes. Molecules, 16: 9983-10001.

Ye L, Zhao B, Hu G, et al. 2011. Inhibition of human and rat testicular steroidogenic enzyme activities by bisphenol A. Toxicol Lett, 207: 137-142.

Yousef M I, El-Demerdash F M, Kamil K I, et al. 2006. Ameliorating effect of folic acid on chromium(VI)-induced changes in reproductive performance and seminal plasma biochemistry in male rabbits. Reprod Toxicol, 21: 322-328.

Zhang Y, Yu C, Wang L. 2017. Temperature exposure during pregnancy and birth outcomes: an updated systematic review of epidemiological evidence. Environ Pollut, 225: 700-712.

Zhao B, Hu G X, Chu Y, et al. 2010. Inhibition of human and rat 3beta-hydroxysteroid dehydrogenase and 17beta-hydroxysteroid dehydrogenase 3 activities by perfluoroalkylated substances. Chem Biol Interact, 188: 38-43.

Zhao B, Li L, Liu J, et al. 2014. Exposure to perfluorooctane sulfonate in utero reduces testosterone production in rat fetal Leydig cells. PLoS One, 9: e78888.

（王义炎，葛仁山）

第十四章　现代生殖生物学研究方法与技术简介

现代分子生物学和细胞生物学理论与技术的发展，极大地推动了生殖生物学研究，使人们对生殖现象的认识深入到细胞和分子水平。从本质上讲，生殖过程是个体生命活动的一部分，与其他生命现象遵循共同的基本规律，如基因的时空特异性表达调控，细胞的增殖、分化和凋亡，细胞之间通过可溶性信号分子和细胞外基质相互作用等。但是，由于生殖过程在生命活动中担当特殊使命，因此也具有许多独特之处，如生殖细胞发生、性周期、受精、妊娠和分娩等。基于上述原因，现代生殖生物学技术一方面是常规细胞和分子生物学技术在生殖领域的应用，另一方面也建立了一些特有的研究手段和实验模型。本章简单介绍了常用的现代生殖生物学技术的原理、操作流程和应用范围。

第一节　生殖系统细胞离体培养和操作

在生理状态下，高等动物的细胞生活在成分复杂的体液环境中，细胞的生命活动处于众多激素、生长因子和局部作用因子（如前列腺素、组织胺、一氧化氮等）的调节之下。内环境的高度复杂性对生殖生物学研究造成了很大不便，在体内生理过程中，很难排除其他影响因素而阐明单一特定因素对该生理过程的调节效应及其分子基础。而且，高等哺乳动物体型较大，生命周期较长，难于实验操作，因此也限制了针对整个动物体进行生殖生物学研究。为了克服这些困难，近年来，人们逐渐建立了一系列适合于各种动物细胞或组织的体外培养系统，以期在人为控制的离体环境下，对特定生殖生物学过程进行实验研究。在适宜的条件下，大多数动物细胞都能在培养瓶（皿）中成活和增殖，并表现出它们的分化特征。如果人为向培养液中加入或减去一些特殊分子，如激素或生长因子，或者是把两种以上的不同细胞类型共培养，就可以在相对稳定和已知的培养环境中研究特定分子对细胞行为的影响，以及不同细胞群体之间的相互作用。另外，大量细胞周期同步化的细胞有利于进行生化分析。用体外（*in vitro*）培养的细胞进行的实验，易于操作和控制，但体外环境毕竟不能完全重现体内的生理过程，因此体外实验所得出的结果，必须与体内（*in vivo*）生长的细胞行为进行比较验证。

一、雄性生殖细胞培养

精原干细胞（spermatogonial stem cell，SSC）是雄性生殖系干细胞，位于睾丸曲细精管基膜上，是动物体内唯一能进行自我更新并将遗传信息传递给子代的成体干细胞。SSC 一方面能自我增殖维持自身数目的相对恒定，另一方面经过数次有丝分裂后进入减数分裂，形成精母细胞，最终形成精子。精原干细胞体外培养体系的建立和完善，有利于人们对精原干细胞自身增殖和分化调节机制的深入了解，为体外培养条件下诱导精原干细胞重启精子发生过程并进一步分化为精子样细胞和体外诱导形成多能干细胞提供基础。对精原干细胞的分离方法主要有两步酶消化法、差速贴壁法、Percoll 密度梯度分选法、免疫磁珠分选法、免疫荧光激活细胞分选法，也可同时将几种方法结合使用。

分离时期正确选择对于 SSC 的分离纯化非常重要，分离过早，睾丸发育不完全；分离过迟，SSC 已大部分分化为精母细胞，都会导致分离产物中 SSC 量不足。选择幼龄或者青春期前的动物，可获得纯度较高的 SSC，即小鼠的取材时期为 7 日龄，大鼠为 20 日龄，猪为 80 日龄，牛为 5 月龄。一般 SSC 的体外培养采用 DMEM 或 DMEM/F-12 培养液，α-MEM 培养液中添加 2%～5%血清也具有较好的培养效果。一般情况下 SSC 的体外培养需要额外添加丙酮酸钠以提供能量，一些辅助成分如必需氨基酸、非必需氨基酸、谷氨酰胺、某些激素成分和生长因子的添加，均可直接或者间接地促进 SSC 增殖和分化。

二、雌性生殖细胞培养

成年哺乳动物的卵母细胞在卵巢中停滞在第一次减数分裂前期的双线期，也称为生发泡（germinal vesicle，GV）期，当卵母细胞生长并受到适宜信号刺激（在哺乳动物中为促性腺激素）后恢复减数分裂，生发泡破裂（germinal vesicle breakdown，GVBD）、染色质凝集、纺锤体组装、排出第一极体（first polar body，PB1），发育到第二次减数分裂中期（MⅡ期），此时卵母细胞的发育会再次阻滞，此阶段称为卵母细胞成熟过程。体内卵母细胞成熟过程需要众多生长因子和激素调节，包括内分泌、旁分泌和自分泌的调节过程。体外成熟技术的关键在于模拟卵泡的微环境，使未成熟卵母细胞同步获得细胞核和细胞质的成熟。

为了研究卵母细胞减数分裂和分裂阻滞的分子机理，并且为生殖工程提供大量成熟卵子，人们建立了卵母细胞体外培养系统。临床上多囊卵巢综合征、促性腺激素刺激高反应患者无法正常排卵受精，需要通过体外培养获得发育成熟的卵子。

目前有两种实验模型可以支持哺乳动物卵母细胞在体外完成减数分裂。一种模型认为哺乳动物卵泡环境中高浓度 cAMP 抑制卵母细胞减数分裂，另一种模型认为卵泡液中存在某些卵母细胞成熟抑制物（oocyte maturation inhibitor，OMI），它们通过卵泡颗粒细胞及卵丘细胞作用于卵细胞，使卵细胞长期阻滞在减数分裂的 GV 期。如果人为把卵母细胞从抑制性的卵泡环境中释放出来，卵母细胞就能自发恢复减数分裂，发生 GVBD。通过针刺卵泡（家畜、大鼠、小鼠）可以得到卵丘包裹的卵母细胞（cumulus-enclosed oocyte，CEO）。之后通过脱卵丘，去除包裹在卵母细胞外围的卵丘，可以得到裸卵（denuded oocyte）。通过用刀片捣碎卵巢（大鼠、小鼠），能够直接得到没有卵丘细胞包裹的卵母细胞。

大多数动物的 CEO 和部分实验动物（大鼠、小鼠）的裸卵，可以在适宜的培养液中发生体外成熟。培养基成分以碳酸盐溶液为基础，并含有丙酮酸钠、乳酸钠、葡萄糖等提供能量的成分。不同物种，体外成熟所需时间不同，其中家畜卵母细胞体外成熟所需的时间较长（20～44 h），而小鼠体外成熟所需的时间较短（14～16 h）。

以小鼠卵母细胞体外培养为例，其基本流程如下：①体内注射 PMSG 44～48 h，促进卵母细胞生长；②提前 3 h 做好培养滴（外面覆盖矿物油防止挥发），放入 5%二氧化碳、37℃恒温培养箱中进行温度和碳酸平衡。通过针刺卵泡或者脱卵丘的方式，用口吸管吸出卵母细胞；③将卵母细胞培养在培养滴中，2～4 h 观察 GVBD，14～16 h 观察排出极体过程。

三、体外受精和早期胚胎培养

1. 体外受精

哺乳动物的卵子进行体内受精，受精卵在体内发育。体外受精（*in vitro* fertilization，IVF）是成熟卵子与获能精子在培养皿中完成受精。精子头后区与卵母细胞膜融合并促进一系列级联反应，受精引发了第二次减数分裂和第二极体的排放，开启了早期胚胎发育过程。运用体外受精技术的研究和应用，一方面加深了人们对受精机理的了解，另一方面这一技术无需大量种公鼠进行合笼交配，就可实现大量成熟卵子同步受精，为动物繁殖和人类辅助生殖提供了有力手段。这一技术的发展，也为利用冷冻精子获得后代提供了技术基础。

体外受精技术逐渐发展完善，成熟卵子一方面可以通过体外成熟培养而得到，也可以通过超数排卵技术从体内得到。但实际操作中发现，通过超数排卵获得的卵母细胞相比于体外成熟获得的卵母细胞更容易完成体外受精过程，并且体内直接取出的外面包裹卵丘细胞的 CEO 相较于裸卵受精率更高。精子质量对于体外受精的成功与否至关重要，精子活力越高，受精效果越好。若精子活力较低（如冷冻解冻后的精子）可以通过去除卵母细胞透明带的方法，帮助精子穿透卵子完成受精。受精液应能提供精子穿卵的正常条件，近年来常用的精子获能液也可兼用作受精液，如适用于大鼠的 DMEM+BSA 液，以及适用于猪的 mTBM 液（modified Tris-buffered medium），适用于小鼠和人的 HTF。HTF 培养液除了一些平衡盐成分以外，还包含葡萄糖、乳酸钠、丙酮酸钠、BSA 等提供能量的成分，其中 BSA 的质量对于体外受精成功与否至关重要。HTF 使用之前，要在 5%二氧化碳、37℃培养箱中过夜平衡。通常 HTF 储存在 4℃条件下，能存放 1～2 个月，时间久了会降低受精效果。获能后的精子在加入受精液之前要进行合适的稀释，选取获能滴外围的精子，因为此处精子游动较快，活力最强。受精结束以后要将卵子透明带外围的精子尽量洗去，以避免精子浓度过高，造成多精受精。因为绝大多数的胚胎在受精液中会有 2-细胞阻滞的现象，所以受精后，要把受精卵转移到合适的胚胎培养液中继续培养。

2. 早期胚胎培养

哺乳动物胚胎的早期发育是在输卵管中进行的，是指受精卵到囊胚的着床前胚胎发育过程，因此胚胎体外培养系统即是对输卵管环境的模拟。体外早期胚胎培养过程中，哺乳动物胚胎常表现种特异性的发育阻滞。胚胎发育阻滞并不存在于体内发育的胚胎，可能是由母体-胚胎基因表达转换期体外培养条件的不完备引起。目前支持早期胚胎发育的培养基经历了逐渐的改良，小鼠胚胎培养过程中常用的有 CZB、KSOM，以及人类临床上辅助生殖治疗过程中用到的 G1、G2 培养基。G1 培养基用于受精卵或激活胚胎到 8-细胞阶段的发育，G2 培养液支持 8-细胞阶段到囊胚的发育。M16 培养基中添加 LPA，也能够支持受精卵发育到囊胚。各种培养液其成分除了必需的盐离子以外，还有为受精卵到 8-细胞阶段提供能量的丙酮酸钠、乳酸钠，葡萄糖为后期囊胚的形成提供能量。谷氨酰胺的添加显著降低 3 次细胞分裂所需时间，增加发育率和小鼠胚胎存活率。EDTA 作为金属离子螯合剂通过减少 ROS 生成，改变小鼠胚胎的代谢，对卵裂阶段胚胎发育有益。另外，一些培养基中通过添加维生素、必需氨基酸、非必需氨基酸等有效促进胚胎发育。核移植（SCNT）过程中，一些去乙酰化酶抑制剂的添加和注射一些表观修饰功能相关基因的 mRNA 能够有效提高囊胚率，可能是通过改善胚胎发育过程中的表观修饰，从而促进胚胎发育。

四、性腺体细胞培养

（一）雌性颗粒细胞的培养

颗粒细胞（granulosa cell）对卵泡的发育成熟起重要作用，卵母细胞被颗粒细胞包裹，颗粒细胞能分泌各种转录因子和激素调控卵母细胞和自身的生长，卵母细胞分泌的因子也会影响颗粒细胞的生长和分化。为了研究各级卵泡发育、促排卵分子机理，寻找 PCOS 等临床疾病致病机理，探究生殖内分泌调控分子机制，科学家建立了颗粒细胞培养体系。

以小鼠颗粒细胞体外培养为例，技术流程是通过注射 PMSG 激素，促进卵巢中各级卵泡发育、颗粒细胞增殖。通过针刺卵泡的方式，将颗粒细胞从卵泡中释放出来，离心洗涤，稀释到合适浓度后，培养在高糖 DMEM 培养液（添加 5%胎牛血清）中，5%二氧化碳、37℃恒温培养箱中培养。刚分离出来的颗粒细胞呈圆形或椭圆形，过夜培养后贴壁生长，可以进行传代。取样材料年龄对于获得的颗粒细胞质量非常重要，通常年龄越大，颗粒细胞黄体化程度越高。辅助生殖临床从卵泡液中获得的颗粒细胞，由于 hCG 的作用，已启动黄体化过程，因此体外培养比较困难。

（二）睾丸支持细胞和间质细胞的培养

睾丸支持细胞是存在于生精上皮细胞上的一种体积较大的细胞，为曲细精管的重要组成部分，被认为是生精细胞的支架。它参与构成生精细胞分化发育的最适微环境，在支持、营养、传递激素信号等方面都发挥重要功能。睾丸支持细胞体外分离、培养对于明确体内精子发生分子机理具有重要功能。小鼠睾丸间质细胞是合成和分泌雄激素（睾酮）的主要场所，大约 95%的雄激素是由它合成并分泌的，分布于睾丸生精小管的疏松结缔组织中。分离培养睾丸间质细胞有利于探明雄激素的分泌调控及对生精细胞的调控机制。这两种生殖腺体细胞分离和培养基本操作流程是剥除睾丸被膜，用胶原蛋白酶、胰酶消化睾丸呈单细胞，用合适孔径的过滤筛，滤出合适大小的单细胞。通过 Percoll 等密度梯度离心的方法并结合不同细胞贴壁时间和渗透压差异培养，分离出需要的细胞类型进行单独培养。在体外，间质细胞贴壁性状良好，不需要特殊黏附因子，接种 8～10 h 后发生极化，胞质铺展，伸出突起，培养 14～15 h 时即开始贴壁。睾丸支持细胞体外接种 3～4 h 发生极化，胞质开始铺展，伸出突起，培养 7～8 h 后完全贴壁，12～14 h 后即可进入增殖期。

五、显微操作技术

生殖生物学研究中所指的显微操作技术就是借助显微操作仪，对卵母细胞进行核移植或显微注射（RNA、蛋白质、精子等），或者对早期胚胎进行分割、嵌合的技术。这一技术不仅对于揭示减数分裂、受精和早期胚胎发育的本质具有重要的理论意义，而且对于人类和珍稀动物的辅助生殖、家畜良种的繁育都具有巨大的应用价值。哺乳动物的生殖细胞和早期胚胎体积微小，对显微操作人员具有极高的技术要求，其中的核心环节是显微操作用玻璃工具，即注射用针和固定用针的制备（陈大元，2000）。显微操作在无菌并覆盖石蜡油的培养液微滴中进行，用固定针把待注射的卵子或胚胎固定住，然后用注射针吸取待注射的物质（RNA、蛋白质、体细胞、精子、胚胎干细胞乃至整个内细胞团等），穿透受体卵子或胚胎的透明带，把注射针的内容物注射到相应部位。例如，把编码某种蛋白质的 mRNA 或其反义 RNA、提纯的某种功能性蛋白质或其抗体直接注射到胞质或细胞核中，以研究特定基因产物对卵子成熟和胚胎发育的影响。该方法目前在研究减数分裂和胚胎有丝分裂的分子机理中得到广泛的应用。早在 1971 年，Masui 就在其著名实验中，通过向分裂间期的卵裂球中注射分裂中期细胞的细胞质，发现了成熟促进因子（MPF）和细胞静止因子（CSF）的存在。在动物克隆或研究核质关系的实验中，可把供体细胞注射到透明带下的卵周隙，再通过电融合方法把供体核导入受体胞质。当然，也可以把供体细胞核直接注射到受体胞质中。自 20 世纪 90 年代后期以来，体细胞克隆绵羊、山羊、小鼠、牛、猪、兔、猫乃至骡子已经相继问世，说明该技术已经取得长足进步。为了制作胚胎嵌合体，可以把胚胎干细胞或内细胞团细胞注入受体囊胚的囊胚腔中，以期外源细胞整合到胚胎的内细胞团中，将来发育成各种成体组织器官。该技术是制造转基因动物和基因敲除动物的一个重要环节。目前利用 CRISPR-Cas9 技术进行基因敲除，也是利用显微注射技术开展的。

第二节 基因的表达检测及功能分析

一、转录组学技术

转录组（transcriptome）广义上是指某一生理条件下，细胞内所有转录产物的集合，包括信使 RNA（mRNA）、核糖体 RNA、转运 RNA 及非编码 RNA；狭义上是指所有 mRNA 的集合。由转录组的定义可见，其包含了特定的时间和空间限定，这与基因组的概念不同。因此，同一组织或细胞在不同生长条件、生长阶段，其转录组是不同的。通过遗传学中心法则我们可以知道，遗传信息的传递是以 mRNA 为桥梁，从 DNA 传递到蛋白质。由此可见，转录组的研究不仅可以解释细胞或组织的基因组的功能元件，揭示分子成分，还可以用来认识生物学进程和疾病发生机制。转录组测序一般是对用多聚胸腺嘧啶（oligo-dT）进行亲和纯化的 RNA 聚合酶Ⅱ转录生成的成熟 mRNA 和 ncRNA 进行高通量测序，全面快速地获取某一物种特定器官或组织在某一状态下的几乎所有转录本，反映出它们的表达水平。

在早期，由于测序价格昂贵、基因序列数目有限，转录组学研究者只能进行极少数特定基因的结构功能分析和表达研究。最近十几年，分子生物学技术的快速发展使高通量分析成为可能，这为真正意义上的转录组学的研究奠定了基础。这些高通量研究方法主要可以分为两类：一类是基于杂交的方法，主要是指微阵列技术（microarray）；一类是基于测序的方法，目前主要是指 RNA 测序技术（RNA-seq）。该技术首先将细胞中的所有转录产物反转录为 cDNA 文库，然后将 cDNA 文库中的 DNA 随机剪切为小片段（或先将 RNA 片段化后再转录），在 cDNA 两端加上接头，利用新一代高通量测序仪测序，直到获得足够的序列，所得序列通过比对（有参考基因组）或从头组装（*De novo* assembling，无参考基因组）形成全基因组范围的转录谱。相对于传统的芯片杂交平台，转录组测序无须预先针对已知序列设计探针，即可对任意物种的整体转录活动进行检测，是目前深入研究转录组复杂性的强大工具。

RNA-Seq 的精确度高，能够在单核苷酸水平对任意物种的整体转录活动进行检测，可以用于分析真核生物复杂的转录本的结构及表达水平，精确地识别可变剪切位点及 cSNP（编码序列单核苷酸多态性），提供最全面的转录组信息；RNA-Seq 除了可以确定基因组信息已知物种的转录本，同样针对一些较低丰度的转录物，最大限度地收集基因组的基因表达信息，是从总体上全面研究基因表达、构建基因表达图谱的首选策略，并可在此基础上，发现新的基因。然而与其他所有新生技术一样，RNA-Seq 技术也面临着一系列新问题：其一是庞大的数据量所带来的信息学难题；其二是如何针对更复杂的转录组来识别和追踪所有基因中罕见 RNA 亚型的表达变化；其三，标准的 RNA-Seq 技术不能提供序列转录的方向信息。但随着 RNA-Seq 技术的进一步发展、测序成本和样本需要量的降低，RNA-Seq 已在转录组学研究领域占据主导地位。

二、DNA、RNA 修饰组

表观遗传学是研究在基因的核苷酸序列不发生改变的情况下，基因表达的可遗传变化的一门遗传学分支学科，包括 DNA 修饰、组蛋白修饰和非编码 RNA 修饰调控等方面。DNA 甲基化能引起染色质结构、DNA 构象、DNA 稳定性及 DNA 与蛋白质相互作用方式的改变，从而控制基因表达。RNA 修饰能够在转录后水平上调控 RNA 的稳定性、定位、运输、剪切和翻译，如 mRNA 的翻译和选择性剪接、降解及 microRNA 的成熟等。

目前 DNA 修饰主要集中在 DNA 甲基化修饰层面的研究。DNA 甲基化主要包括 5-甲基胞嘧啶（5mC）和 N6-甲基腺嘌呤（N6-mA）及 7-甲基鸟嘌呤（7mG），其中 5-甲基胞嘧啶最为常见。哺乳动物及其他脊椎动物的 DNA 中，每 100 个核苷酸就有 1 个含有甲基基团，并且通常是结合在胞嘧啶的 5′-C 位上。而这些甲基化胞嘧啶残基几乎都出现在对称序列的 5′—CG—3′二核苷酸上。这种序列并非随机分布，而是集中于富含 CG 的区域即“CG 岛”，CG 岛常位于转录调控区或其附近，它的甲基化程度直接影响转录的活性。

根据检测目的不同，DNA 甲基化检测可分为基因组整体甲基化水平检测和特定位点甲基化检测。整体甲基化水平检测主要通过测定基因组中 5mC 的含量，进而对基因组整体甲基化程度进行评定，典型的方法包括高效液相色谱、毛细管电泳和基于生物亲和的方法，特定位点甲基化检测主要通过甲基化敏感限制性内切酶、蛋白质或化学物质对基因组特定甲基化位点的识别作用及特异性引物来实现，常见的方法有亚硫酸氢盐处理转化和酶解法等。

高效液相色谱其主要过程是，依次用脱氧核糖核酸酶（DNase1），核酸酶 P1（nuclease P1）和细菌的碱性磷酸酶水解 DNA，将水解后的产物经过 RP-HPLC 分离，得到 5-甲基脱氧胞苷及其他各个脱氧核苷的峰，进而计算得出 5mC 在基因组中的含量及占胞嘧啶的比例。

毛细管电泳检测 5mC 是一种较 HPLC 更新的甲基化分离分析技术。其主要过程是 DNA 经过水杨酸水解之后，通过 CE 分离得到脱氧胞苷和 5-甲基脱氧胞苷的峰，进而得出 5mC 在基因组中的含量及占胞嘧啶的比例，以此反映整体甲基化水平。毛细管电泳的高分离性能及消耗试剂少等特点使其得到了广泛的应用。

亚硫酸氢盐测序方法检测 5mC 的基本原理为，先利用亚硫酸氢盐对 DNA 进行处理，使得未发生甲基化的胞嘧啶 C1 脱氨基转变成尿嘧啶 U，之后设计引物对目的片段进行 PCR 扩增，通过测序可以区分 5mC 与其他碱基，得到 5mC 的位点信息。

随着测序技术的不断发展，新的 DNA 甲基化检测方法——简化表观亚硫酸氢盐测序被建立起来：利用甲基化敏感的限制性内切酶 *Msp* I 剪切基因组，使 CpG 位点得到富集，之后通过测序来得到包含最多 CpG 位点甲基化信息的单碱基精度的甲基化图谱。甲基化特异性寡核苷酸芯片、基于比例竞争型定量 PCR 的横向流动核酸生物传感器等一大批新的测序技术逐渐被建立起来，其特异性、灵敏度及高效性逐步提升。

相比于 DNA 修饰组，RNA 修饰组由于本身受限于 RNA 转录组技术，技术形成相对较晚。近年来，随着少量样品 RNA 转录组（如 Smart Seq 2 等）技术的飞跃，RNA 修饰组测序技术成为目前的热点之一，并且方法的更新层出不穷，测序广度和精度不断提升。

RNA 修饰组目前主要集中在 RNA 的甲基化修饰组分析，其中 m6A（*N*-6-methyladenosine，6-甲基腺嘌呤）修饰相对更加成熟，在哺乳动物中，发生 m6A 修饰的腺嘌呤 A 比例为 0.1%～0.4%，平均每条 mRNA 有 3～5 个 m6A 甲基化位点，并主要集中在 mRNA 终止密码子附近和 3′非翻译区。

m^6A-seq（又称为 MeRIP-seq）是检测 RNA 的 m^6A 修饰的最早的方法。其基本原理是依赖于 RIP-seq，首先通过 m^6A 特异性的抗体对带有修饰的 RNA 免疫沉淀富集，然后基于 RNA-Seq 高通量测序进行建库分析，以检测发生 m^6A 修饰的 RNA 转录本。该方法可将 m^6A 残基定位在 100～200 nt 的转录本区域中，但无法在全转录组水平上鉴定 m^6A 的精确位置。m^6A-CLIP-seq 在 m^6A-seq 基础之上进行改进：①含有 m^6A 的 RNA

与 m^6A 特异性的抗体结合；②通过紫外进行交联后，再用超声波将其打断成一定长度的小片段；③加入双向铆钉序列进行扩增，然后进行逆转录。这样可以指示 m^6A 在 RNA 上存在的精确位置。该方法的分辨率为单核苷酸水平，较 m^6A-seq 有着更高的特异性和精确性。

随着测序技术的进步，RNA 甲基化修饰逐渐被人们所重视，但这种修饰具体是如何影响 RNA 转录、翻译及降解等过程，以及这个过程中具体是哪些分子在发挥着作用，依然不得而知，RNA 甲基化修饰的机制研究仍然任重而道远。

三、生物芯片技术

20 世纪 90 年代初开始实施的人类基因组计划取得了巨大进展。目前已经测定了多种微生物及高等动植物的全基因组序列，大量的基因序列数据正在以前所未有的速度膨胀。一个现实的科学问题摆到了人们面前：如何研究如此众多基因的功能？如何有效利用如此海量的基因信息揭示人类生命的一般规律？于是，一项类似于计算机芯片技术的生物技术——生物芯片技术，随着人类基因组研究的进展应运而生。它主要是指通过微加工和微电子技术在固体支撑物表面构建微型生物化学分析系统，以实现对生命机体的组织、细胞、蛋白质、核酸、糖类及其他生物组分进行准确、快速、大信息量的检测。目前常见的生物芯片主要分为基因芯片（gene ChIP，DNA ChIP，DNA microarray）和蛋白芯片（protein ChIP）两大类。基因芯片是高通量检测基因表达、突变等特征的一种新技术，它将分子生物学和微电子工艺有机地结合起来，使所设计的核酸探针阵列能够准确地、有效地检测出目标序列或其突变。基因芯片技术主要包括 4 个基本技术环节：芯片微阵列制备、样品制备、生物分子反应及信号的检测和分析。目前制备芯片主要采用表面化学的方法或组合化学的方法来处理固相基质如玻璃片或硅片，然后使 DNA 片段或蛋白质分子按特定顺序排列在载体上。目前已有近 40 万种不同 cDNA 片段的高密度基因芯片，并且正在制备包含上百万个 DNA 探针的人类基因芯片。生物样品的制备和处理是基因芯片技术的第二个重要环节。生物样品往往是非常复杂的生物分子混合体，一般不能直接与芯片进行反应。要将样品进行特定的生物处理，获取其中的蛋白质或 DNA、RNA 等信息分子并加以标记，以提高检测的灵敏度。第三步是生物芯片上进行的生物分子反应。芯片生物分子之间的反应是芯片检测的关键一步。通过选择合适的反应条件使生物分子间反应处于最佳条件，减少生物分子之间的非特异性反应，从而获取最能反映生物本质的信号。基因芯片技术的最后一步就是芯片信号的检测和分析。目前最常用的芯片信号检测方法是将芯片置入芯片扫描仪中，通过采集各反应点的荧光强弱和荧光位置，经相关软件分析图像，即可以获得有关生物信息。

蛋白芯片与基因芯片的原理相似。不同之处有，其一是芯片上固定的分子是蛋白质，如抗原或抗体等。其二，检测的原理是依据蛋白质分子之间、蛋白质与核酸、蛋白质与其他分子的相互作用。

生物芯片的主要特点是高通量、微型化和自动化。生物芯片上高度集成的成千上万密集排列的分子微阵列，能够在很短时间内分析大量的生物分子，使人们能够快速准确地获取样品中的生物信息。生命体内的生理过程，包括生殖过程，受众多基因协同作用的调节。因此，以往那些以单一或少数几个基因为研究对象的传统遗传学方法在现代功能基因组学研究中显得力不从心，生物芯片技术却能在现代生殖生物学研究中发挥有效作用，比如通过比较儿童和成人睾丸中基因表达的差异筛选精子发生相关基因，分析在胚胎干细胞向生殖干细胞分化时最初表达的基因以研究生殖细胞发生的机理等。

四、蛋白质组学研究技术

基因芯片反映的是基因在转录水平的变化，然而蛋白质是基因功能的执行者，mRNA 的翻译效率，蛋白质的折叠、修饰、降解和蛋白质间相互作用都直接影响到蛋白质的功能发挥。所以基因在 mRNA 水平的变化只是细胞功能变化的前提，需要在蛋白质水平进行验证，但通过对单个蛋白质进行分析的手段已经不适应于蛋白质组范畴内高通量地研究蛋白质功能。

蛋白质组学是后基因组时代的一个新领域，它通过在蛋白质水平上对细胞或机体基因表达的整体蛋白质的定量研究，来揭示生命的过程和解释基因表达控制的机理。蛋白质组学分为表达蛋白质组学和细胞图谱蛋白质组学，前者是指细胞和组织表达的蛋白质的定量图谱，它依赖二维凝胶电泳图谱和图像分析，能在整体蛋白质水平上研究细胞的通路，以及疾病、药物和其他生物刺激所引起的紊乱，因此它可能发现疾病标志和阐明生物通路；后者是指通过纯化细胞器或蛋白质复合物，用蛋白质谱技术鉴定蛋白质组分，确定蛋白质和蛋白质相互作用的亚细胞位置。

蛋白质谱技术简单来说就是一种将质谱仪用于研究蛋白质的技术。目前，它的基本原理是蛋白质经过蛋白酶的酶切消化后形成肽段混合物，在质谱仪中肽段混合物电离形成带电离子，质谱分析器的电场、磁场将具有特定质量与电荷比值（质荷比，*M*/*Z*）的肽段离子分离开来，经过检测器收集分离的离子，确定每个离子的 *M*/*Z* 值。经过质量分析器可分析出每个肽段的 *M*/*Z*，得到蛋白质所有肽段的 *M*/*Z* 图谱，即蛋白质的一级质谱峰图。离子选择装置自动选取强度较大肽段离子进行二级质谱分析，输出选取肽段的二级质谱峰图，通过和理论上蛋白质经过胰蛋白酶消化后产生的一级质谱峰图和二级质谱峰图进行比对而鉴定蛋白质。随着生命科学及生物技术的迅速发展，生物质谱目前已成为有机质谱中最活跃、最富生命力的前沿研究领域之一。它的发展强有力地推动了人类基因组计划及其后基因组计划的提前完成和有力实施，已成为研究生物大分子特别是研究蛋白质的主要支撑技术之一。

蛋白质是一条或多条肽链以特殊方式组合的生物大分子，复杂结构主要包括以肽链为基础的肽链线形序列称为一级结构及由肽链卷曲折叠而形成二级、三级或四级结构。目前质谱主要测定蛋白质一级结构包括分子量、肽链氨基酸排序及多肽或二硫键数目和位置。蛋白质的质谱序列测定方法具有快速、用量少、易操作等优点，这些都非常适合于现在科学研究的需要。质谱的准确性对测定结果有很大影响，因此质谱测序现在仍很难被应用于未知蛋白质的序列测定。随着科学技术的进步，质谱也得到了快速发展，特别是与生物技术的结合，开创了质谱应用的新领域。质谱已成为生命科学研究中非常重要的工具。其研究成果也将大大推动人类基因组的研究，并将使人类对生命的本质及其发生发展过程的认识达到一个前所未有的新高度。

蛋白质全谱分析也可称为质谱 shot-gun 分析（鸟枪法），目的在于识别出生物组织、血液或提取物中尽可能多的肽和蛋白质混合物的组分，基于高精度液质联用技术的蛋白质全谱分析，可以对蛋白质混合物进行组分分析，并进行相应的生物信息分析包括蛋白质的鉴定、GO 分类和代谢通路的分析等，为蛋白质组学提供有力工具。其技术原理是将溶液内蛋白质分子或 SDS-PAGE 条带的复杂混合物酶解成肽段混合物，通过液相色谱分离，如 2D-LC（阳离子柱 SCX 和 C18 反相柱串联）或 1D-LC 的 C18 反相柱，进行蛋白质谱测试，最后用相应的数据库进行检索匹配，可同时鉴定成百上千种蛋白质。蛋白质全谱分析适用于肽和蛋白质的鉴定及特殊生理状态下的整体规律研究查找特定生理状态下的特有蛋白质，进行后续个性化分析。

翻译后修饰（post-translational modification，PTM）是指对翻译后的蛋白质进行共价加工的过程。它通过在一个或多个氨基酸残基上加上修饰基团，可以改变蛋白质的物理、化学性质，进而影响蛋白质的空间构象和活性状态、亚细胞定位、折叠和其稳定性及蛋白质-蛋白质相互作用。蛋白质翻译后修饰的丰度变化在生命活动研究中具有重大意义，异常的翻译后修饰会导致多种疾病的发生。高通量研究蛋白质翻译后修饰的组学研究称为修饰蛋白质组学。蛋白质发生翻译后修饰时其分子量会发生相应的改变，通过质谱能够精确分辨蛋白质修饰前和修饰后分子量的变化，测定蛋白质或多肽的分子量。因此只要知道靶蛋白翻译后修饰（包括磷酸化、甲基化、乙酰化、泛素化、糖基化等修饰）前后分子量的精确变化，就能对任何翻译后修饰方式进行鉴定和定量。同时，发生翻译后修饰的蛋白质在样本中含量低且动态范围广，所以在质谱检测前需要对发生修饰的蛋白质或肽段进行富集。

五、ChIP-sequencing（ChIP-Seq）

ChIP-Seq 是将深度测序技术与染色质免疫共沉淀技术（chromatin immunoprecipitation，ChIP）实验相结合，分析全基因组范围内 DNA 结合蛋白结合位点、组蛋白修饰、核小体定位或 DNA 甲基化的高通量方法，可以应用到任何基因组序列已知的物种，并能确切得到每一个片段的序列信息。ChIP 也称为结合位点分析法，是研究体内蛋白质与 DNA 相互作用的有力工具，通常用于转录因子结合位点或组蛋白特异性修饰位点的研究。因其能真实、完整地反映结合在 DNA 序列上的靶蛋白的调控信息，是目前基于全基因组水平研究 DNA-蛋白质相互作用的标准实验技术。将 ChIP 与第二代测序技术相结合的 ChIP-Seq 技术，能够高效地在全基因组范围内检测与组蛋白、转录因子等互作的 DNA 区段。它的基本原理与过程如下：通过在特定时间点上用甲醛交联等方式“固定”细胞内所有 DNA 结合蛋白的活动，相当于这一时间点上细胞内蛋白质和 DNA 相互作用的关系被瞬时“快照（snapshot）”下来。再通过后续的裂解细胞、断裂 DNA，将蛋白质-DNA 复合物与特定 DNA 结合蛋白的抗体孵育，然后将与抗体特异结合的蛋白-DNA 复合物洗脱下来，最后将洗脱得到的特异 DNA 与蛋白质解离，然后对富集得到的 DNA 片段进行高通量测序。研究人员通过将获得的数百万条序列标签精确定位到基因组上，从而获得全基因组范围内与组蛋白、转录因子等互作的DNA区段信息。

其简要的技术路线是：①甲醛交联整个细胞系（组织），即将目标蛋白与染色质连接起来；②分离基因组 DNA，并用超声波将其打断成一定长度的小片段；③添加与目标蛋白质特异的抗体，该抗体与目标蛋白形成免疫沉淀免疫结合复合体；④去交联，纯化 DNA 即得到染色质免疫沉淀的 DNA 样本，准备测序；⑤将准备好的样本进行深度测序，并随后进行生物信息分析。

其大致流程是：①将测序得到的短序列片段匹配到参考基因组序列上。②有一部分短序列不能匹配到参考基因组上，有可能是未知的基因组序列；另一部分是能够匹配到基因组上的短序列，通常要对这些短序列进行覆盖度计算。③对匹配到基因组上的短序列进行富集区域的扫描。通常扫描到的富集区即被认为是蛋白质与 DNA 相互结合的区域（也有假阳性位点等的影响）。④对扫描到的富集区做深度分析，包括基因、GO 注释，利用基因浏览器进行可视化浏览，研究与基因结构的关系等。

由于 ChIP-Seq 的数据是 DNA 测序的结果，为研究者提供了进一步深度挖掘生物信息的资源，可以判断 DNA 链的某一特定位置会出现何种组蛋白修饰，检测 RNA polymerase II 及其他反式因子在基因组上结合位点的精确定位，研究组蛋白共价修饰与基因表达的关系，研究转录因子与基因启动子、增强子结合的偏好性和序列特异性，等等。ChIP 是相对成熟的技术，但目前还存在一些技术难点。例如，ChIP 实验涉及的步骤多，结果的重复性较低，需要大量的起始材料；染色质免疫沉淀获得的 DNA 数量往往很多，包含大量的非特异结合的假阳性结合序列；而对于生殖细胞和干细胞等，往往培养困难，并且难以区分个别细胞与总体细胞的表型。

ChIP-Seq 实验设计的关键主要有以下几个方面。①抗体质量：一个灵敏度高和特异性高的抗体可以得到富集的 DNA 片段，这有利于探测结合位点。②空白对照：空白对照是必要的，存在很多假阳性情况需要通过空白对照进行判断。③测序深度：在发表的 ChIP-Seq 实验中，一般使用 Illumina Genome Analyzer 上的一个 lane 产生的数据作为一个基本单位，目前一个 lane 大概是 800～1500 J reads。判断足够的测序深度的标准是：当增加测序得到更多的 reads 时不能发现更多的信息。将这一标准应用到结合位点的数量上就是：进行测序，增加 reads 数而无法得到更多的结合位点。

第三节　微观形态学技术

许多在生殖和发育上有重要意义的基因只是在复杂组织中的少数细胞里表达，或仅在一种器官及组织分化过程中的短暂时间内表达。确定这些基因及其蛋白质产物在组织、细胞中的时空表达规律，对于研究它们在生殖过程中发挥的作用，具有重要的参考价值。虽然用 RNA 印迹分析和免疫蛋白印迹分析可以研究特定 mRNA 和蛋白质在组织中的表达变化，但生殖器官是由多种组织和细胞类型构成的，特定基因的转录和翻译常发生在特定的细胞类型中和器官内很局限的一个部位，如卵巢中正在发育的卵泡和子宫中胚胎的着床位点。这样，只分析器官中的总 RNA 和蛋白质样品，不足以充分揭示生殖过程中的基因表达变化。只有通过原位杂交和免疫组化等方法，把特异基因表达的检测与特定时期的组织细胞类型联系起来进行研究，才能有效阐明生殖相关基因的时空调节规律。

一、组织切片和免疫组织化学

石蜡切片是组织学常规制片技术中最为广泛应用的方法。石蜡切片不仅用于观察正常细胞组织的形态结构，也是病理学和法医学等学科用以研究、观察及判断细胞组织的形态变化的主要方法，而且也已相当广泛地用于其他许多学科领域的研究中。活的细胞或组织多为无色透明，各种组织间和细胞内各种结构之间均缺乏反差，在一般光学显微镜下不易清楚区别出；组织离开机体后很快就会变形和坏死，失去原有正常结构，因此，组织要经固定、石蜡包埋、切片及染色等步骤以保持栩栩如生，而能清晰辨认其形态结构。石蜡切片包括取材、固定、洗涤和脱水、透明、浸蜡、包埋、切片与粘片、脱蜡、染色、脱水、透明、封片等步骤。一般的组织从取材固定到封片制成玻片标本需要数日，但标本可以长期保存，使生命的瞬间成为永恒。

染色的目的是使细胞组织内的不同结构呈现不同的颜色以便于观察。未经染色的细胞组织其折光率相似，不易辨认。经染色可显示细胞内不同的细胞器和内含物及不同类型的细胞组织。染色剂种类繁多，应根据观察要求及研究内容采用不同的染色剂及染色方法，还要注意选用适宜的固定剂才能取得满意的结果。经典的苏木精（hematoxylin）和伊红（eosin）染色法是组织学标本及病理切片标本的常规染色，简称 HE 染色。经 HE 染色后，细胞核被苏木精染成紫蓝色，多数细胞质及非细胞成分被伊红染成粉红色。由于苏木精是带阳离子的染料，染液呈碱性，核内染色质及胞质内核糖体等物质对这种染料有亲和性，称为嗜碱性；而带阴离子的染料伊红配制的染液呈酸性，对这种染料的亲和性，称为嗜酸性。有时不同的组织结构还需要用特殊的染料及染色方法加以显示，称为特殊染色。有些细胞组织经硝酸银浸润后，可使溶液中银离子还原成金属银或银粒附着在细胞组织上，呈棕黑色，这种性质称为亲银性，而有些细胞组织本身不能使硝酸银的银离子还原成金属银，还需加还原剂才能将银离子还原，称为嗜银性。

石蜡切片不仅是经典的方法，又是最基本的方法，它与其他新的技术方法相结合，使传统的技术扩大了应用范围，开辟了许多新领域，增加了许多新的研究、观察内容。随新的仪器及新的研究技术的不断问世及使用，组织学的观察研究从简单的形态结构深入到各种成分的定性观察，又从定性转向定量计测，使细胞组织的形态、功能及代谢三结合，从而达到定性可靠、定位准确及定量可测。其中，免疫组织化学（immunohistochemistry）简称免疫组化，是利用抗原抗体反应在组织细胞内检测特定蛋白质表达的方法，具有灵敏度高、特异性强、定位准确和操作方便等优点。免疫组化大致包括组织固定、包埋和切片、封闭、抗体孵育、信号检测、组织对染和封片等步骤。组织固定和切片是影响免疫组化实验成功与否的关键，常需针对每个具体实验用途进行优化。常用的固定剂包括甲醛、多聚甲醛、苦味酸、冰乙酸、甲醇、乙醇、丙酮、氯化汞、戊二醛等，它们的作用在于使组织中的蛋白质迅速发生变性，阻止组织自溶，维持其自然结构形态。其中有些固定剂也充当有机溶剂的作用，抽提细胞质和细胞膜中的脂类，有助于提高组织对亲水性染料或抗体的通透性。为了使生物组织尽量保持活体状态的微观结构，必须在动物体死亡之后对所需组织进行迅速固定，而且为了保证固定液迅速渗透到组织中去，组织块不能太大。另外，针对生殖生物学的研究特点，在组织取材时一定还要兼顾组织结构的完整性，以及它所包含的生理信息。比如为了研究胚胎着床过程中子宫组织的结构变化，就一定要在取材过程中保持子宫壁的完整性，并且要选取包含胚胎着床位点的组织块进行取材。根据标记物的性质，可将免疫组化分为免疫荧光法（immunofluorescence）、免疫酶法（immunoperoxidase）、免疫金法（immunogold）、ABC 法（avidin-biotin complex）等。

二、激光共聚焦显微术

激光共聚焦显微术（confocal microscopy）是一项用途广泛的现代生物显微技术，其基本原理是利用荧光物质标记组织或细胞的某一部分，然后用确定波长的入射光扫描样品的不同层面，并收集各个层面荧光物质发出的激发光，用与显微镜相连的计算机系统进行分析，把各个层面的荧光图像叠加起来，形成立体图像。免疫荧光化学术（immunofluorochemistry）是利用抗原-抗体特异性反应来研究特定蛋白质在组织、细胞中表达时间和部位的有用方法。其基本原理是利用特定蛋白质的抗体，即一抗（first antibody，Ab1），使之与组织切片或整装片（卵母细胞或早期胚胎）中的该种蛋白质结合，然后加入荧光物质标记的抗一抗的抗体，即二抗（second antibody，Ab2），在显微镜下用合适的入射光观察，由于抗原-抗体的结合是高度专一性的，所以只有在具有该种蛋白质的部位才可见荧光，由此研究蛋白质的表达规律。目前已有大量商品化抗体出售，使免疫荧光化学术成为当今生物学的常规技术。目前常用的荧光染料主要有异硫氰酸荧光素（FITC）、罗丹明（Rhodamine）、得克萨斯红（Texas red）和碘代丙啶（PI）等。

激光共聚焦显微术特别适合于哺乳动物卵母细胞和早期胚胎的分子细胞生物学研究。多种参与细胞周期调控、细胞信号转导的蛋白质及细胞骨架成分都在卵母细胞中呈现时空特异性分布，但是卵母细胞的体积远大于体细胞，且在排卵后游离于输卵管中，或在体外培养系统中游离于培养液中，不能采用常规的组织切片方法来进行免疫荧光化学处理，而必须使用适合于卵母细胞的特殊方法。首先，为了保证样品的立体形态，各个操作步骤都是在液滴中进行，用玻璃微吸管在各液滴之间转移样品，而不是像组织切片那样附着在载玻片上进行操作。其次，由于激光共聚焦显微术的研究对象是完整的细胞，而不是像组织切片中的细胞那样已经在切片过程中暴露出很多细胞断面，因此必须用合适的去污剂（如 Triton X-100 和 Tween-20 等）抽提细胞膜中的脂类，增加细胞膜对抗体的透性。对于猪卵、牛卵等富含脂滴的细胞，抽提过程更为重要，因为细胞质中的脂类也会影响抗体的扩散。在进行完一切操作步骤之后，再将样品以整装片的形式加载在载玻片上，用激光共聚焦显微镜观察。

三、原位杂交技术

原位杂交技术（*in situ* hybridization）的原理是用一个特异性标记（放射性同位素标记或地高辛标记）的核苷酸探针与各个细胞或组织切片中的 RNA 进行杂交，然后通过检测特异性标记来确定目的 RNA 的表达位置和时间。在生殖生物学领域，该技术被用于研究特定基因在生殖过程中的时间和细胞类型特异性表达，以及其他因素对特定基因表达的调节作用。这需要 3 个方面的技术知识：首先，制备适用的核酸探针需要掌握相应的分子生物学原理和技术（如质粒制备、探针标记、核酸提取）；其次，要有熟练的组织学技能，制备成功的组织切片；最后，对实验结果的正确解释，需要熟悉细胞生物学、动物组织学和相关的生殖生物学原理。因为组织样品中待检测的 RNA 非常微量，而且极易被 RNA 酶降解，因此在实验过程中用到的所有物品都要经过高温烘烤或 DEPC 处理，以除去可能的 RNA 酶污染，而且在操作过程中要戴手套，避免皮肤接触。探针标记可以采用放射性同位素标记、地高辛标记、荧光标记等不同方法。原位杂交可以在石蜡或冰冻切片上进行，二者各有优缺点。石蜡切片比冰冻切片更能保持清晰的组织形态和结构，而且更耐保存。但根据多数人的经验，用冰冻切片做原位杂交得到的表达信号更强，因为在石蜡包埋过程中会损失部分 RNA。此外，整体胚胎或器官的非同位素原位杂交是被广泛使用的方法，它使 RNA 空间分布的快速测定成为可能。无论采用何种方法，标本都要经过适当的固定，固定以后用蛋白酶消化，一方面使核蛋白结合的 mRNA 充分暴露其碱基，另一方面利于标记探针透过组织及细胞膜。在杂交前还要对组织切片进行脱脂，使探针更容易穿透细胞膜。

四、电子显微镜技术

光学显微镜的分辨率受到入射光线波长的限制，而电子束的波长比光波短得多，因此用电子束代替入射光的电子显微镜可以极大提高对样品的分辨率。虽然电子显微镜的基本原理与光学显微镜相似，但样品的制备方法却有着较大的不同。第一，要获得电子显微镜的高分辨率，样品必须很好地被固定。许多光学显微镜常用的固定液如乙醇和福尔马林不适合做电子显微镜的固定液，因为它们会造成在超微结构水平上不能忽视的样品结构破坏。第二，因为电子显微镜成像环境是高真空的，所以固定液必须能够脱水。第三，因为样品必须制成足够薄的切片以保证电子束能够有效穿透，所以样品必须包埋于树脂中防止剖面硬化，承受电子束轰击。第四，由于大多数生物结构在电子显微镜下只有很小的内在对比度，所以样品必须用能够增加反差的化合物进行染色，通常选择重金属盐作为染色剂。在生殖生物学研究中，电子显微镜技术主要被用于细胞超微结构的观察，如卵子表面的微绒毛、卵皮质颗粒的排放、精子顶体反应过程、内分泌细胞中分泌颗粒的积累、胚胎在子宫中着床时的母胎界面等。通过免疫电子显微镜技术，即利用重金属离子标记和抗原-抗体反应原理，可以在细胞超微水平上对特异蛋白质的分布变化进行研究。

五、细胞特殊染色技术

（一）活细胞成像和谱系追踪

钙离子是通用的第二信使，测定亚细胞钙离子浓度在空间和时间上的变化，对于监控许多生理活动，包括受精、平滑肌收缩、突触传递和细胞分裂等都很重要。在活细胞中 Ca^{2+}是不能被直接观察到的，必须与另外一种分子相互作用，引起该分子光学特性的改变，发出荧光，再通过光子传感仪或二维光子检测仪，以模拟形式或数据形式记录下细胞内钙离子引发的荧光发射变化。理想的钙指示剂应该是在钙浓度发生变化的地方，对钙的存在做出报告，而又不影响所研究的反应。目前常用的发光钙指示剂有人工合成物 fura-2、quin-2，以及水母发光蛋白等。

（二）精子获能、顶体反应的评价

准确、客观地评价精子功能状态对于生殖生物学研究和辅助生殖技术都有重要的参考价值。精子质膜完整性是其死活的一个间接指标，死精子特异性荧光探针有碘代丙啶（PI）、溴化乙啶（EB）和 Hoechst 33258 等，活精子特异性荧光探针有羧基荧光素双乙酸盐（carboxyfluorescein diacetate，CFDA）、羧基二甲基荧光素双乙酸盐（carboxy dimethyl fluorescein diacetate，CDMFDA）、钙黄绿素乙酰基甲基酯（calcein acetylmethyl ester，CAM）、Hoechst 33342、SYTO-17 和 SYBR-14 等。这两类荧光探针一般结合使用，从而使死精子和活精子能够同时得到鉴定。精子运动能力与其线粒体活性密切相关，因此线粒体的功能状态是精子功能质量的一个关键指标。检测线粒体活性最常用的特异性探针是罗丹明 123（R123）、Mitotracker green FM（MITO）和 JC-1。前两种探针染色阳性精子的线粒体部位发出绿色荧光，JC-1 染色阳性的精子发出绿色或红-橘红色荧光。精子获能过程中的一个重要事件是 Ca^{2+}的内流。金霉素（CTC）能够进入细胞内具高浓度 Ca^{2+}的区间，与 Ca^{2+}结合。而且 CTC-Ca^{2+}复合物能和细胞膜内的疏水区结合，在荧光显微镜下被激发出荧光，因而能够说明精子获能各时期 Ca^{2+}的短暂变化和分布规律。精子 CTC 染色类型有 3 种：①F 型，整个精子头部有均一荧光，为未获能、顶体完整的精子；②B 型，精子头部顶体后区，靠近尾部的部分无荧光，而头前部为均一荧光，为获能、顶体完整的精子；③整个精子头部无荧光或只有非常弱的荧光，为发生了顶体反应的精子。因此 CTC 染色不但可以检测精子获能的比例，还能检测精子顶体反应的比例。目前这项技术已经被用于猴、小鼠、山羊、马、猪和牛等动物和人的精子获能检测。另外，利用异硫氰酸荧光素（FITC）标记的植物凝集素和考马斯亮蓝可以检测精子的顶体状态。

（三）细胞器的特殊荧光标记

生殖生物学所研究的细胞中，有些重要的细胞器可以特异性地与某些荧光化合物、染料或蛋白质分子结合。利用这种现象，可以对这些细胞器进行快捷的染色标记，再借助显微成像系统进行观察，以研究这些细胞器相对应的生物功能。例如，猪精子顶体和猪卵子皮质颗粒中的多糖成分可以与一种植物凝集素——花生凝集素（PNA）发生特异结合，大鼠、小鼠、兔的卵皮质颗粒成分则特异性地结合另一种植物凝集素——扁豆凝集素（LCA）。于是，用荧光素标记的 PNA 或 LCA 就可以方便地示踪精子顶体或皮质颗粒内含物的分布和排放情况。几种荧光染料，如 Hochest 33342、Hochest 33258、DAPI、PI 等，可以结合到 DNA 双螺旋中，因此可被用于细胞核相的快速判断，或在显微操作过程中辅助去核。真菌代谢产物鬼笔环肽可以与聚合的肌动蛋白特异结合，因此可用荧光物质标记的鬼笔环肽显示细胞内微丝网络的组装和分布变化。另外，荧光染料罗丹明 123（R123）能特异性地与线粒体结合，NBDC$_6$-ceramide 和 DiOC6 能特异性地标记细胞内的高尔基体和内质网。

第四节　核移植和干细胞技术

一、细胞核移植

细胞核移植（nuclear transplantation or nuclear transfer，NT）是指将一个核供体（donor）通过显微操作的方法移植到一个核受体（recipient）中，组成核质杂合细胞，这种核质杂合细胞被称为重构胚（reconstructed embryo）。核供体即细胞核的来源，可以是胚胎细胞或体细胞，也可以是单纯的细胞核。核受体通常是指去核的卵母细胞、去核的合子或去核的 2-细胞期胚胎的卵裂球。根据核供体细胞的分化程度，核移植可分为胚胎细胞核移植和体细胞核移植；根据核供体和核受体是否为同一物种，可分为同种核移植和异种核移植。狭义的细胞核移植技术又被称为动物克隆技术，“克隆”一词来源于英文单词“clone”的音译，原义是指通过无性形式由单个细胞产生和亲代非常相像的个体。克隆动物（cloned animal）是指由一个动物经无性繁殖或孤雌生殖而产生的后代，克隆个体和被克隆个体在遗传上是完全相同的。

早在 1938 年，德国著名胚胎学家 Spemann 就提出了将分化程度较高的胚胎核移到无核的卵母细胞中使其重新发育的设想，以检验部分分化或完全分化的细胞核是否具有全能性。随后，科学家们相继在豹蛙、爪蟾、鱼类等低等动物中完成胚胎核移植。1995 年，苏格兰罗斯林研究所（Roslin Institute）的 Ian Wilmut 和 Keith Campbell 利用一只 6 岁绵羊的乳腺上皮细胞进行核移植，最终得到一只可存活的克隆绵羊，取名“多莉”（Dolly）。自此，细胞核移植由胚胎细胞核移植时代进入了体细胞核移植（somatic cell nuclear transfer，SCNT）时代。1986 年 Willadsen 改进了核移植的细胞融合方法，引入了较病毒或化学介导的细胞融合更加安全方便的电融合法，以绵羊的 8-细胞胚胎卵裂球作为核供体，去核的第二次减数分裂中期（second meiotic metaphase，MⅡ）卵母细胞作为受体，进行核移植，获得了克隆绵羊。这一方法极大程度地提高了克隆效率。利用这些方法，科学家们先后获得了小鼠、绵羊、牛、兔、猪、山羊和猴等哺乳动物的胚胎细胞克隆后代。

哺乳动物克隆的主要技术路线如下：①核供体细胞的选择和准备；②受体细胞的获取和去核；③细胞核的移植；④重构胚的激活；⑤重构胚的培养和移植。具体流程及注意事项如下所述。

1. 核供体细胞的选择和准备

哺乳动物的胚胎细胞和各种体细胞核中均包含了该物种特有的全套遗传信息。因此理论上讲，各类型的体细胞经核移植都能再次获得发育全能性。但介于目前实验技术及相关知识有限，目前常见的供体细胞有卵丘细胞、颗粒细胞、胎儿成纤维细胞、乳腺上皮细胞、皮肤成纤维细胞、终末分化的 B 淋巴细胞或 T 淋巴细胞等。从现有的研究来看，不同类型的体细胞经核移植后，去分化和重编程的能力有一定的差异。

应用于体细胞核移植的供体细胞主要有新鲜制备的和经体外培养的两大类。新鲜制备是指直接从新鲜组织分离，不经过体外培养过程，如小鼠卵丘细胞；经体外培养的细胞可以获得大量同一遗传背景的供体细胞，并且容易进行细胞周期同步化处理，但是对传代条件要求较高，有遗传突变的风险。

2. 受体细胞的获取和去核

用于核移植的受体细胞有去除原核的合子、2-细胞期胚胎卵裂球和去核的 MⅡ期卵母细胞 3 种。其中，MⅡ期卵母细胞由于在没有适当的刺激时，细胞周期是处于停滞状态，且其胞质环境可接纳处于不停细胞周期核的能力，在核移植研究中，一般作为主要的核受体。在核移植之前，需要将 MⅡ期卵母细胞中的核物质去除，去除核物质的主要方法有 DNA 染色示踪去核法、高渗处理示核法、化学去核法、显微镜显示法去核等。

3. 细胞核的移植

将一个细胞核移植到去核的受体胞质中的方法通常有两种，一是间接的细胞融合方法；另一种是直接的注入方法。间接的细胞融合方法包括病毒介导的融合、化学融合、电融合等。直接的注入方法即是把供体细胞核直接注射入受体卵胞质中的方法，该方法可以减少供体胞质对重构胚发育的影响，还可以精确控制核移植后激活的时间间隔。

4. 重构胚的激活

将一个细胞核移植到去核的卵母细胞中形成重构胚的染色体虽然恢复了二倍性，但其胞质依旧停滞在卵母细胞的 MⅡ期状态，只有通过一定外界刺激才能启动其发育程序，该过程被称为重构胚的激活（activation）。重构胚激活的方法目前主要有化学激活法、电激活法和精子提取物激活法。其基本的原理是模拟精子触发的钙振荡，促进细胞内储存 Ca^{2+}的释放，影响其下游信号分子，从而控制卵母细胞激活。

5. 重构胚的培养和移植

通过核移植的方法构建的重构胚一般在体外培养一段时间后才移植到假孕母体内，其体外培养条件与体外受精胚胎的体外培养系统基本一致，但其发育率不及体外受精胚胎。重构胚的移植方法和步骤基本与体外受精胚胎的移植方法相同。根据动物的种类不同，在胚胎发育的不同阶段采取手术移植或非手术移植。

1998 年，美国夏威夷大学 Yanagimachi 实验室率先进行了小鼠成年体细胞的克隆，借助压电装置（piezo）利用胞质直接注射法完成核移植，得到克隆小鼠，自此至今，几十年来科学家们试图提高小鼠体细胞核移植的成功率。许多研究者试图通过调节早期克隆胚胎中的染色体修饰水平来提高胚胎发育的存活率，有许多研究致力于比较体细胞核移植胚胎与自然形成的胚胎的表观遗传修饰的差异，例如，在体细胞核移植胚胎中的组蛋白 H3 的第 9 位赖氨酸的乙酰化（H3K9ace）水平较正常胚胎更低。在这一发现的基础上，利用组蛋白去乙酰化抑制剂（histone deacetylase inhibitor，HDACi）如 CBHA、Sriptaid 和曲古抑菌素 A（trichostatin A，TSA）等作用于体细胞核移植早期胚胎可提高小鼠 SCNT 效率。X 染色体失活（X-chromosome inactivation）的缺陷会导致 SCNT 胚胎中 X 染色体相关基因重编程出现异常，通过敲除 X 染色体失活特异转录因子（X-inactive specific transcript，*Xist*）非编码 RNA 能使得小鼠 SCNT 成功率提升 8～9 倍。另外，克隆技术的不断进步也进一步提升了 SCNT 的效率，如通过显微操作的方式将遗传物质一致的 4-细胞期克隆胚胎去除透明带后放在一起培养，形成两倍、三倍的克隆集合（double or triple clone aggregates），这些克隆集合发育而来的胚胎含有更多的细胞，并且在胚胎移植后，克隆小鼠能有更高的出生率。

细胞核移植为生物学带来了新的探究领域，对细胞学、胚胎发育学、分子生物学和遗传修饰学等研究都提供了新的方法和方向；将克隆技术运用于医学治疗，对肿瘤、细胞衰老等疾病将有革命性的作用；转基因生物反应器用于生产药物蛋白，更加安全高效；在畜牧业和环保方面，克隆技术对于遗传育种、促进濒危物种的扩繁和保存都有重要意义。

二、胚胎干细胞

胚胎干细胞（embryonic stem cell，ESC）是一种从早期胚胎的囊胚内细胞团细胞（inner cell mass，ICM）或胎儿原始生殖细胞（primordial germ cell，PGC）中经分离、体外抑制分化培养得到的具有发育全能性（或多能性）的一类干细胞。

胚胎干细胞研究起源于 20 世纪 70 年代对小鼠畸胎瘤的研究，人们发现将小鼠的早期胚胎移植到成年小鼠体内后会产生恶性畸胎瘤，这种畸胎瘤中的细胞能在体外自我更新并分化成不同类型的细胞。1981 年，Evans 等首次从小鼠囊胚的 ICM 中分离得到多能性细胞，以小鼠胚胎成纤维细胞作为滋养细胞，建立了第一株 ES 细胞系。1998 年，Thomson 等从人体外受精第 5 天的胚胎中分离建立了第一株人的胚胎干细胞（hES）。ESC 具有早期胚胎细胞类似的形态结构，体积小，核大，核质比高，核型正常，核仁结构明显。ESC 有全能性，在体外可以通过外源性生长因子诱导、转基因诱导、与其他细胞共培养的方式诱导分化成多种类型的细胞，在适当的培养条件下，可以无限增殖，便于进行基因改造操作。

以小鼠为例，ESC 建立的基本技术路线如下所述。

1. 饲养层细胞的选择与准备

ESC 需要特殊的培养环境，除了培养液之外，还需要培养层细胞向培养液中分泌多种细胞因子，从而促进和调节 ESC 生长。小鼠胚胎成纤维细胞（MEF）是培养 ESC 最常用的饲养层细胞，一般取妊娠期 12.5～13.5 天雌鼠的胎鼠，除头、尾、四肢及内脏后，将余下部分剪碎，用胰酶常温消化，过滤、洗涤后加入培养液重悬细胞，即可得到可传代培养的 MEF。将 3 代左右的 MEF 用丝裂霉素 C 处理以抑制细胞分裂，再次传代后培养 24 h 即可作为饲养层细胞使用。

后来的研究发现，MEF 分泌的白血病抑制因子（leukemia inhibitory factor，LIF）对维持小鼠 ESC 的全能性有促进作用；根据研究目的，需要对饲养层细胞进行筛选，因此人们建立了 SNL 细胞作为饲养层细胞，SNL 细胞是稳定转染了抗新霉素（Neomycin）基因和 LIF 基因的成纤维细胞系，同时具有抗 G418 和分泌 LIF 的能力，由此可对 SNL 进行抗性筛选，LIF 可以激活 ESC 的 JAK/STAT3 信号通路，从而调节 ESC 的自我更新，有利于 ESC 的培养。

2. 小鼠 ESC 的分离和培养

受孕后 3.5 天的雌鼠的早期胚胎发育到囊胚期，形成内细胞团（ICM）和滋养外胚层（trophectoderm，TE）。将囊胚移至种植了饲养层细胞的培养皿中培养，可观察到 ICM 呈明显的柱状生长，约 72 h 后，利用玻璃针将 ICM 挑出，胰酶消化后再次接种于种植了饲养层细胞的培养皿中，24 h 左右可见 ICM 贴壁，48 h 后可见鸟巢状 ES 样细胞集落，挑选形态典型、生长旺盛、无分化迹象的集落消化传代。

3. 碱性磷酸酶染色鉴定

碱性磷酸酶（alkaline phosphatase，AP）是一种碱性磷酸单脂酶，在碱性环境下水解磷酸单脂释放出磷酸，该酶可以被 Mn^{2+}、Mg^{2+}和某些氨基酸所激活，被氰化物及砷酸盐所抑制。将 ESC 利用 4%甲醛固定后经碱性磷酸酶染色，未分化的 ESC 呈棕红色，而周围的成纤维细胞不着色或呈淡黄色。

胚胎干细胞在体外长久稳定地自我复制，为体外诱导其分化成各种类型的细胞提供了前提条件，使得 ESC 成为研究哺乳动物早期胚胎发生、组织分红及体细胞核抑制的重要工具。1999 年，美国 *Science* 杂志将干细胞研究评为 21 世纪最重要的 10 项研究领域之首，ESC 的建立、研究和应用被认为是继“人类基因组计划”之后，生命科学上的又一次革命性发展。

三、诱导多能干细胞

干细胞可以自我更新从而在合适的体外培养条件下不断增殖，且具有多向分化的潜能，这两个特性使干细胞为细胞替代、组织修复、器官再生、基因治疗等多个方面提供了一种新的治疗方式，但是由于胚胎干细胞的移植在致癌性和伦理上具有争议，且有条件限制，所以研究者们试图寻找有效、可靠、简便的方法对体细胞重编程以获得具有增殖、分化能力、与胚胎干细胞相似的多功能干细胞。

2006 年，日本京都大学 Takahashi 与 Yamanaka 率先进行了特殊因子诱导体细胞成为多功能干细胞的研究，最终发现将 *Oct3/4*、*Sox2*、*Klf4*、*c-Myc* 4 种因子导入小鼠成纤维细胞，能诱导出具有胚胎干细胞特性的多功能细胞，该细胞在形态、基因和蛋白质表达、表观遗传修饰、细胞增殖能力、畸形瘤和嵌合体形成能力、分化能力等方面都与胚胎干细胞相似，由此实现了从体细胞到干细胞的重编程，自此，诱导多能干细胞（induced pluripotent stem cell，iPSC）问世。

建立 iPSC 大致包括的主要环节如下：①选择体细胞及编程因子；②将编程因子转染入体细胞内；③体细胞的培养；④iPSC 的筛选与鉴定。以人的 iPSC 为例，具体流程及注意事项如下所述。

1. 选择体细胞及编程因子

自小鼠成纤维细胞（MEF）被成功诱导成 iPSC 以后，进一步发现肝细胞、胃细胞、胃上皮细胞、肠上皮细胞、造血系细胞、成纤维状滑膜细胞、神经干细胞等均可以在体外被诱导为 iPSC。理论上，人们认为任何一种分化成熟的细胞均可以被编程为 iPSC，但是由于其不同来源或发育阶段不同，被重编程为 iPSC 所需要的基因组合、难度和时间会有所差异。

最初采用 *Oct3/4*、*Sox2*、*Klf4*、*c-Myc* 转录因子组合的方式对 MEF 进行体外诱导，而之后的研究发现了许多其他的编程因子组合，如 *Oct4*、*Sox2*、*Nanog*、*Lin28* 组合，*Oct*、SV40、*large T* 组合，*Oct*、*Sox2*、SV40、*large T* 组合等，这些组合也可以将体细胞重编程为 iPSC。

2. 将编程因子转染入体细胞内

将转录因子转染入体细胞内的方式多样，主要包括逆转录病毒、慢病毒、腺病毒和转座子介导等方式。其中腺病毒转染后并不整合到细胞基因组中，使获得的 iPSC 更加安全，而转座子作为转染媒介使获得的 iPSC 没有病毒基因组成成分。

3. 体细胞的培养

与 ESC 培养类似，病毒感染过的体细胞需接种到 MEF 饲养层细胞培养，在培养的过程中添加小分子化合物如组蛋白脱乙酰化酶抑制剂丙戊酸（VPA）、G9a 组蛋白甲基转移酶抑制剂（BIX-01294）或维生素 C 等来促进体外编程。

4. iPSC 的筛选与鉴定

iPSC 的筛选主要通过基因表达和形态学改变筛选。最早选用了 Fbx15 作为筛选 iPSC 的报道基因，利用同源重组技术将 β-geo 序列插入到 Fbx15 的序列中，使得 Fbx15 表达后会产生抗药性，能在加入一般剂量 G418 的培养液中存活。之后的研究者们相继选用了 *Nanog* 和 *Oct4* 激活作为报道基因。随着 iPSC 的形成，可见细胞形态发生改变，聚集成团状，接种到饲养层细胞培养后其形态学变化类似于 ESC 典型特点。以后发现在转染病毒后第 11 天、第 16 天挑选出的 ES 样克隆经过 1～3 次传代，可以挑选出稳定表达 *Oct4* 和 *Nanog* 的 iPSC。对挑选后余下的 iPSC 进行 AP 染色鉴定，iPSC 显示深紫色为阳性，MEF 饲养层不着色或呈现淡粉色为阴性。

经过不断的技术优化和研究探索，iPSC 在细胞移植、器官再生、构建疾病模型、筛选新药等临床应用上都极具发展前景，2008 年 12 月，美国 *Science* 杂志将 iPSC 研究评为 10 项科学突破之首；2012 年，日本京都大学 Yamanaka 由于在细胞核重新编程研究领域的杰出贡献而获得诺贝尔生理学或医学奖。

四、单倍体干细胞

在自然条件下，酵母菌能以单倍体形式稳定存在，一旦基因发生突变，则缺乏另一套染色体去弥补，这一特性对于基因功能研究和筛选都十分有利，而在正常情况下，哺乳动物的所有体细胞均带有两套遗传物质，只有双等位突变才能表现出等位基因，给基因研究工作造成了不便。在哺乳动物体内有两类单倍体状态的细胞：减数分裂后的生殖细胞和一些肿瘤细胞。卵子或精子在功能上过于具有特异性且在体外不能长期培养和扩增，故难以进行基因操作和筛选；肿瘤细胞来源的单倍体细胞虽然可以长期培养，但是存在非整倍性的限制，因此，研究者们试图建立单倍体胚胎干细胞系（haploid embryonic stem cell line，haESC），根据遗传物质来源的不同，haESC 可分为孤雄胚胎干细胞（androgenetic embryonic stem cell）和孤雌胚胎干细胞（parthenogenetic embryonic stem cell）。单倍体胚胎干细胞系的建立使得人们更容易获得隐性特征的动物，从而方便快捷地进行正反向遗传筛选，缩短基因打靶周期，为哺乳动物的基因研究提供了更有利的条件。

人们在建立单倍体胚胎干细胞的过程中发现，虽然单倍体可以在早期胚胎细胞中存在，但是在培养过程中会快速二倍化，因此获得的胚胎干细胞系都是二倍体形式。2011 年，Elling 及 Leeb 和 Wutz 分别利用流式分选技术，在培养和传代过程中不断地进行单倍体细胞分选，从小鼠孤雌发育的单倍体胚胎中建立了小鼠孤雌单倍体胚胎干细胞系，并建立了高通量的纯合型遗传突变细胞库。2012 年，李劲松团队首次建立了具有能替代精子能力的小鼠孤雄单倍体胚胎干细胞，将其注射入卵细胞，得到了存活且可育的小鼠后代（Yang et al.，2012）。

建立单倍体胚胎干细胞系首先需要得到孤雌胚胎或孤雄胚胎，孤雄胚胎的构建过去主要依赖原核互换技术，随着 SCNT 技术的发展，孤雄胚胎的构建效率获得了很大提高，通过 SCNT 将两个雄性生殖细胞注入到一个去核的卵母细胞中，经过激活则可获得孤雄胚胎。而孤雌胚胎的构建就相对简单，利用物理或化学方法引起 MⅡ期卵母细胞胞内钙振荡，模拟精子入卵的过程，则可以获得孤雌激活胚胎。

得到的孤雌胚胎或孤雄胚胎需要培养至囊胚期，之后去除其滋养层，将得到的内细胞团接种于经丝裂霉素 C 处理过的 MEF 饲养层细胞上，使用干细胞培养液进行培养。在传代的过程中，利用流式分选技术进行筛选、富集，最终可建立单倍体胚胎干细胞系。

单倍体胚胎干细胞系与二倍体的干细胞在形态、扩增能力、基因表达、分化等方面比较相似，但值得注意的是，孤雌单倍体胚胎干细胞和孤雄单倍体胚胎干细胞，都只带有一条 X 染色体，利用此类干细胞注射入卵细胞，得到的半克隆小鼠均为雌性。

单倍体胚胎干细胞具有自发二倍体化的特点，基因改造后的单倍体细胞自发二倍体化有利于得到纯和基因型的转基因细胞，但是在进行基因操作前，则需要维持该细胞稳定的单倍体状态。2014 年，日本科学家 Takahashi 等研究发现，向培养体系中添加适量

Week1 激酶的小分子抑制剂 PD166285 可使孤雌单倍体干细胞保持单倍体状态至少 4 周的时间。

haESC 既具有胚胎干细胞的优点，同时还便于基因操作，利用这两个优势，人们可以更高效地得到单倍体干细胞体外分化体系，结合 CRISPR/Cas9 技术可建立单倍体细胞突变文库。经过基因改造的单倍体胚胎干细胞可以代替精子注射进卵母细胞，从而获得半克隆动物等。可见，单倍体干细胞可能为生殖生物学、发育生物学、遗传学和进化生物学带来重要的应用前景。

第五节　基因编辑技术

一、转基因技术

将人工分离和修饰过的基因导入到生物体基因组中，由于导入基因的表达，引起生物体的性状可遗传的变化，这一技术被称为基因转移（gene transfer）技术。转基因动物是指以实验方法导入外源基因，在染色体组内稳定整合并能遗传给后代的一类动物。1982 年获得的转基因小鼠，是转入大鼠的生长激素基因，导致小鼠体重为正常个体的 2 倍，因而被称为“超级小鼠”。在以后 10 年间相继报道过转基因兔、绵羊、猪、鱼、昆虫、牛、鸡、山羊、大鼠等转基因动物的成功。由于转基因动物体系打破了自然繁殖中的种间生殖隔离，使基因能在种系关系很远的机体间流动，它将对整个生命科学产生全局性影响。

转基因动物生产主要步骤包括：①目的基因的选择。②将重组基因转入受精卵，常使用的方法有显微注射法、反转录病毒感染法、胚胎干细胞法、精子载体法、脂质体法等。将转入了外源基因的受精卵植入同期发情的受体动物，在植入前完成整合胚胎的检测、筛选，建立 ES 细胞系。③对出生后基因整合、表达情况进行检测，对整合、表达的转基因动物进行育种试验，建立由成功转基因个体或群体组建的转基因系。

转基因动物是对多种生命现象本质深入了解的工具，如研究基因的结构与功能的关系，细胞发育的潜能性、细胞核与细胞质的相互关系、胚胎发育调控、性别分化机理等。例如，把一个来自 Y 染色体的 *Sry* 基因注入基因型为雌性的鼠胚胎内，可以使这些本来应该发育成雌鼠的胚胎最后发育成雄性。这个结果表明，*Sry* 基因是决定哺乳动物雄性性别的基因。利用转基因操作技术可以有选择地杀死某些特殊形态的细胞，其原理是：把某些经过改造的基因注入鼠的胚胎内，这些新基因只能在胚胎内的某些区域得到表达。这些区域内的细胞被由新基因控制产生的毒性物质杀死，其后的一系列结果要跟踪观察。这种方法对于追踪细胞的世系大有帮助。另一个研究途径是把标志基因注入胚胎。这些新导入的标志基因可以遗传给后代。通过研究这些标志基因的行为就可以更好地获得有关细胞“谱系”的信息。

二、基因敲除技术

基因敲除（gene knockout）是指从分子水平上设计实验，将目的基因去除，或用其他序列取代，然后从整体观察实验动物，推测相应基因的功能。基因敲除的技术路线如下：①构建重组基因载体；②用电穿孔、显微注射等方法把重组 DNA 转入受体细胞核内；③用选择培养基筛选已发生同源重组的细胞；④将发生同源重组的细胞转入胚胎使其生长成为转基因动物；⑤对转基因动物进行回交及自交后，筛选缺陷型的动物，并进行形态观察及分子生物学检测。

基因敲除的靶细胞目前最常用的是小鼠 ES 细胞。20 世纪 80 年代初，胚胎干细胞（ES 细胞）分离和体外培养的成功奠定了基因敲除的技术基础。通过该技术，体外精细的基因操作与小鼠的整个生长发育和生命过程得到了直接的结合，为探讨高等动物基因组结构和功能提供了有效的方法。深入研究基因敲除小鼠在胚胎发育及生命各期的表型，可以得到详细的有关该基因在生长发育中的作用，为研究基因的功能和生物效应提供模式。目前人类基因组研究多由新基因序列的筛选检测入手，进而用基因敲除法在小鼠上观察该基因缺失引起的表型变化。在线虫、果蝇、非洲爪蟾等低等模式生物中筛选出来的重要基因，也常常通过克隆并敲除其在小鼠基因组中的同源基因，来研究它们在高等哺乳动物中的相应功能。比如，敲除了编码白血病抑制因子（LIF）、环氧合酶-2（COX-2）、同源盒基因产物 HOX-10、细胞膜糖蛋白 Basigin、前列环素（prostacyclin）核受体等分子的基因以后，小鼠的胚胎着床过程受到抑制，这是对阐明胚胎着床机理的重要提示。敲除了小鼠原癌基因 *c-mos* 以后，成熟的卵母细胞不能阻滞在 MⅡ期，而是发生自发的孤雌激活，说明 *c-mos* 编码的蛋白激酶及其下游信号转导途径，对于维持哺乳动物卵母细胞的 MⅡ期阻滞是至关重要的。有人发现并敲除了一种平滑肌细胞膜上的离子通道蛋白基因，却意外地发现能引起小鼠不育。深入研究证明，配子发生没有受到影响，只是由于雄鼠交配时输精管平滑肌不能收缩，无法射精，说明该基因编码的离子通道对于接受交配刺激，引起射精，发挥着不可替代的作用，还有环氧合酶-1（COX-1）基因敲除导致小鼠不能分娩、核仁蛋白 *Npm2* 基因敲除引起受精卵不能发生卵裂，等等。但是，当人们敲除了一些以前认为极为重要的基因以后，却往往不能观察到预期的严重生理缺陷。例如，人们久已认识到催产素是一种重要的生殖激素，在体内具有相当广泛的作用。但敲除催产素基因以后，原先认为是由催产素介导的生理过程却很多不受影响。这并不能说催产素在体内没有作用，而是由于生命体内很多重要的生理过程都存在替代途径（redundant pathway）。当一个基因被敲除之后，其功能缺陷往往可以被其他分子补偿而不表现出来，从而影响人们恰如其分地评价被敲除基因的作用。这种现象被认为是基因敲除技术的一个重要缺陷。另外，有些对个体生存极为重要的基因，其缺失会导致个体在胚胎早期即死亡，无法用于研究基因在特定生理过程中的作用。总之，基因敲除技术虽然有其局限性，但仍然是目前证实特定基因功能的最可靠方法之一，在生殖生物学研究中得到极为广泛的应用。

三、条件基因敲除技术

经典的基因敲除技术影响了一个动物的每个细胞，常常无法从一个复杂的表型中区分首要和次要的变化，而且经常导致胚胎在发育早期死亡，阻碍了对它们在发育后期和成体中功能的研究，包括它们在生殖系统中的功能。所以这种“全或无”的基因敲除技术已不足以满足后基因组时代对基因功能研究的要求。为了准确了解一个基因在一种特异细胞类型、疾病或发育的关键时期的作用，需要设计更佳技术路线。

条件基因敲除（conditional knockout）技术是近年来新兴的小鼠基因敲除技术，其原理是：由位点特异的重组酶（site-specific recombinase）切除带有相应酶识别序列的靶基因片段，使后者无法产生活性产物。根据重组酶的组织特异表达模式或/及可诱导的方式，使目的基因以细胞类型特异的方式或/和在特定时间被诱导敲除。其中，产生各种可控制的转重组酶基因小鼠是控制发生基因敲除的组织和时间的关键。目前被广泛应用的是噬菌体 Cre-loxP 系统。例如，Yu 等（2013）发现，CRL4 泛素连接酶复合体的多个亚基在小鼠卵母细胞和受精后的早期胚胎中高表达，但具体作用不清楚，而且缺失 CRL4 关键成分的小鼠胚胎在围植入期死亡，他们接着利用在卵母细胞中特异性表达 Cre 重组酶的 *Gdf9*-Cre 转基因小鼠与 *Ddb1* flox 小鼠杂交，使 DDB1 在生殖细胞系中特异缺失，发现雌鼠的卵泡发育受阻，卵母细胞大量死亡，造成卵巢早衰。

在生殖生物学研究中，往往需要利用含有特异性在某些组织或细胞中表达的启动子启动的 *Cre* 转基因小鼠与需要敲除基因的 flox 小鼠进行杂交，以实现条件敲除。研究中常见的 *Cre* 工具鼠如表 14-1 所示。

表 14-1　生殖生物学研究中常见 *Cre* 工具小鼠一览表

基因缩写	基因全称	雄性表达时间/位置	雌性表达时间/位置	*Cre* 小鼠功能
Ddx4	DEAD （Asp-Glu-Ala-Asp） box polypeptide 4	从交配后 12.5 天胚胎生殖嵴中的原始生殖细胞一直持续到减数分裂后的精子细胞	最先表达于交配后 10.5～11.5 天胚胎中迁移到生殖嵴的原始生殖细胞，从生殖嵴中原始生殖细胞一直持续到减数分裂后的初级卵母细胞	自原始生殖细胞开始实现特异性敲除
Stra8	stimulated by retinoic acid gene 8	小鼠出生后在精原细胞中开始表达并诱发减数分裂，使得细胞向初级精母细胞转变	在小鼠胚胎 12.5～16.5 天的卵巢中持续表达 4 天左右，随之诱发减数分裂，在胚胎 17.5 天和出生后的卵巢中均无法检测到	自进入减数分裂的初级精母细胞开始实现特异性敲除
Gdf9	growth differentiation factor 9	在睾丸和下丘脑中有极少量表达	自原始卵泡开始，各阶段卵泡中的卵母细胞均有表达，参与促进卵泡生长	自原始卵泡的卵母细胞开始实现特异性敲除
Zp3	zona pellucida glycoprotein 3	无	自初级卵泡开始各级卵泡中的卵母细胞均有表达，参与形成透明带	自初级卵泡的卵母细胞开始实现特异性敲除
Cyp19a1	cytochrome P450	在睾丸支持细胞中表达	在颗粒细胞中大量表达，是雌激素合成中的关键酶	在卵巢颗粒细胞中实现特异性敲除

四、CRISPR-CAS9 技术

CRISPR/CAS 9 基因敲除技术作为基因修饰的重要手段之一，可以同时沉默多个数量的单个基因、靶向性优良、构建简单、成本相对较低，所以被广泛应用于比较复杂的基因组精确修饰之中，从而进行基因功能的研究。

CRISPR 是 clustered regularly interspaced short palindromic repeats 的简称，即成簇的、规律间隔的短回文重复序列。在细菌生存的自然环境中，同时存在着针对细菌的病毒，即噬菌体。细菌在面对噬菌体的长期选择压力，便进化出多种防御机制，而 CRISPR/Cas 便是其中较为有效的一种获得性免疫机制。

CRISPR 簇广泛存在于细菌和古生菌基因组中，是一种特殊的 DNA 重复序列家族，其序列构成包括一个富含 AT 长度为 300～500 bp 的前导区（leader），一般位于 CRISPR 簇的上游，被认为可能是 CRISPR 簇的启动子序列；多个短而高度保守的重复序列区（repeat），重复序列的长度通常在 21～48 bp，具有回文序列，可形成发夹结构，重复次数可达 250 次左右；在重复序列之间存在 26～72 bp 的间隔区（spacer），间隔区的长度与细菌种类和 CRISPR 位点相关。Spacer 区域类似于细菌的免疫记忆，由俘获的外源 DNA 组成，当含有同样序列的外源 DNA 再次入侵时，可被细菌机体识别，并进行剪切使之表达沉默，从而达到保护自身安全的目的。

对 CRISPR 簇两侧基因序列测序分析发现，在其附近存在一个多态性家族基因，其编码的蛋白质含有能与核酸发生相互作用的功能域，该蛋白质具有核酸酶、解旋酶、整合酶和聚合酶等的活性，并且能和 CRISPR 区域共同发生作用，所以被命名为 Cas（CRISPR associated）即 CRISPR 相关基因，目前发现的 Cas 包括 Cas1～Cas10 等。Cas 基因与 CRISPR 在自然选择中共同进化，构成一个高度保守的系统。

CRISPR 的高度可变的间隔区其实就是指外来入侵的质粒或噬菌体 DNA 的一段较短的 DNA 序列，这段序列被整合到宿主菌的基因组，整合的位置位于 CRISPR 的 5'端的两个重复序列之间。所以，CRISPR 基因座中的间隔序列从 5′端到 3′端的排列也记录了外源遗传物质入侵的时间顺序。在噬菌体或是质粒上，与间隔序列对应的序列被称为 protospacer，通常往该序列的 5′端或 3′端延伸的几个碱基序列是比较保守的，称为 PAM（protospacer adjacent motif），长度一般为 2～5 bp，一般与 protospacer 相隔 1～4 bp。而形成新的间隔序列就是靠细菌首先扫描入侵的核酸 DNA 潜在的 PAM，将临近 PAM 的序列选择为 protospacer，而该基因再次入侵时，细菌也依靠 PAM 来识别外源基因并将其剪切。

当噬菌体等外源 DNA 入侵时，在引导序列的调控下，CRISPR 被转录为长的 RNA 前体（pre-CRISPR RNA，pre-crRNA），然后在 Cas 蛋白或核酸内切酶的作用下被剪切成一些小的含有保守重复序列区和间隔区的 RNA 单元，这就是成熟 crRNA，它们最终识别并结合到与其互补的外源 DNA 序列上发挥剪切作用。

由于参与的 Cas 蛋白质和序列的不同，目前在细菌中发现的 CRISPR/Cas 系统被分为 3 种类型（Ⅰ型、Ⅱ型和Ⅲ型），Ⅰ型和Ⅲ型的 CRISPR/Cas 系统特定的 Cas 蛋白质内切酶剪切加工转录出的 pre-crRNA，加工成熟后的 crRNA 与 Cas 蛋白质聚合成大的复合体识别并剪切与 crRNA 互补的外源核酸序列；Ⅱ型 CRISPR/Cas 系统 crRNA 的成熟除了需要 Cas9 和 Rnase Ⅲ参与以外，还需要 tracrRNA 来进行指导，而目前广泛用于基因修饰的 CRISPR/Cas 系统即是Ⅱ型 CRISPR/Cas 系统。

tracrRNA 的存在对靶点的识别和切割是必需的，tracr RNA 的 5′端与成熟的 crRNA 3′端有部分序列（约 14bp）能够配对形成茎环结构，对维持 crRNA 与靶点的配对十分重要，根据这一结构特点，将 tracrRNA 和成熟 crRNA 组合表达为一条嵌合的向导 RNA（guide RNA，gRNA），gRNA 在体外可发挥 tracrRNA 和 crRNA 的功能。Cas9 蛋白 N

端的 RuvC 结构负责切割非互补链，中部 HNH 结构负责切割互补链，互补链切割位点位于 PAM 的 5′端的第三个碱基外侧，非互补链切割的结果是在 PAM 上游的 3～8 个碱基。Cas9 蛋白来源于细菌，为了将 CRISPR/Cas 系统利用于真核生物的基因改造，要使 Cas9 蛋白高效地转运到真核动物细胞核内，所以，需在 Cas9 蛋白 N 端或 C 端添加核定位信号 NLS，并且在核定位信号和 Cas9 蛋白之间加上 32 个氨基酸残基的接头。

CRISPR-Cas9 技术在医学、遗传育种、科学研究等方面的广泛应用证明了这项发明的重要意义，这一技术也于 2013 年和 2015 年两次入选美国 *Science* 评选的十大科学突破，对生命科学、医学等发展具有极大的推动作用。

参考文献

陈大元. 2000. 受精生物学——受精机制与生殖工程. 北京: 科学出版社.

范衡宇, 佟超, 李满玉, 等. 2001. 用激光共聚焦显微术在小鼠卵母细胞中检测蛋白激酶 C. 生物化学与生物物理进展, 28: 900-903.

霍立军, 杨增明. 2002. 哺乳动物精子质量评价方法的研究进展. 动物学杂志, 37: 89-93.

晋康新, 李晴. 1999. 新基因克隆技术进展. 国外医学分子生物学分册, 21: 35-40.

汪堃仁, 薛少白, 柳惠图. 1998. 细胞生物学. 第二版. 北京: 北京师范大学出版社.

杨景山. 1990. 医学细胞化学与细胞生物技术. 北京: 北京医科大学/中国协和医科大学联合出版社.

Aoto T, Takahashi R, Ueda M. 2011. A protocol for rat *in vitro* fertilization during conventional laboratory working hours. Transgenic Res, 20: 1245.

Babu M, Beloglazova N, Flick R, et al. 2011. A dual function of the CRISPR-Cas system in bacterial antivirus immunity and DNA repair. Mol Microbiol, 79: 484-502.

Bai M, Wu Y, Li J. 2016. Generation and application of mammalian haploid embryonic stem cells. J Intern Med, 280: 236-245.

Boiani M, Eckardt S, Leu N A, et al. 2003. Pluripotency deficit in clones overcome by clone-clone aggregation: epigenetic complementation? EMBO J, 22: 5304-5312.

Brochard V, Liu Z. 2015. Nuclear transfer in the mouse. Methods Mol Biol, 1222: 1-14.

Bumgarner R. 2013. Overview of DNA microarrays: types, applications, and their future. Curr Protoc Mol Biol, 22: Unit 22.1.

Chang Y F, Lee-Chang J S, Panneerdoss S, et al. 2011. Isolation of Sertoli, Leydig, and spermatogenic cells from the mouse testis. Biotechniques, 51: 341.

Chistiakov D A, Bobryshev Y V, Orekhov A N. 2015. Changes in transcriptome of macrophages in atherosclerosis. Cell Mol Med, 19: 1163-1173.

Coticchio G, Dal-Canto M, Guglielmo M C, et al. 2012. Human oocyte maturation *in vitro*. Int J Dev Biol, 56: 909-918.

Damdimopoulou P, Rodin S, Stenfelt S, et al. 2016. Human embryonic stem cells. Best Pract Res Clin Obstet Gynaecol, 31: 2-12.

Elling U, Taubenschmid J, Wirnsberger G, et al. 2011. Forward and reverse genetics through derivation of haploid mouse embryonic stem cells. Cell Stem Cell, 9: 563-574.

Fan H Y, Tong C, Lian L, et al. 2003. Characterization of ribosomal S6 protein kinase p90rsk during meiotic maturation and fertilization in pig oocytes: MAPK-associated activation and localization. Biol Reprod, 68: 968-977.

Fauser B C, Serour G I. 2013. Introduction: optimal *in vitro* fertilization in 2020: the global perspective. Fertil Steril, 100: 297-298.

Guan K, Nayernia K, Maier L S, et al. 2006. Pluripotency of spermatogonial stem cells from adult mouse testis. Nature, 440: 1199.

Hamra F K, Chapman K M, Nguyen D M, et al. 2005. Self renewal, expansion, and transfection of rat spermatogonial stem cells in culture. Proc Natl Acad Sci U S A, 102: 17430.

Inoue K, Kohda T, Sugimoto M, et al. 2010. Impeding Xist expression from the active X chromosome improves mouse somatic cell nuclear transfer. Science, 330: 496-499.

Jiang Z, Zhou X, Li R, et al. 2015. Whole transcriptome analysis with sequencing: methods, challenges and potential solutions. Cell Mol Life Sci, 72: 3425-3439.

Lander E S. 2016. The heroes of CRISPR. Cell, 164: 18-28.

Leeb M, Wutz A. 2011. Derivation of haploid embryonic stem cells from mouse embryos. Nature, 479: 131-134.

Li R, Albertini D F. 2013. The road to maturation: somatic cell interaction and self-organization of the mammalian oocyte. Nat Rev Mol Cell Biol, 14: 141-152.

Li W, Shuai L, Wan H, et al. 2012. Androgenetic haploid embryonic stem cells produce live transgenic mice. Nature, 490: 407-411.

Liu L, Kong N, Xia G, et al. 2013. Molecular control of oocyte meiotic arrest and resumption. Reprod Fertil Dev, 25: 463.

Lothrop A P, Torres M P, Fuchs S M. 2013. Deciphering post-translational modification codes. FEBS Lett, 587: 1247-1257.

Mali P, Ye Z, Hommond H H, et al. 2008. Improved efficiency and pace of generating induced pluripotent stem cells from human adult and fetal fibroblasts. Stem Cells, 26: 1998-2005.

Martello G, Smith A. 2014. The nature of embryonic stem cells. Annu Rev Cell Dev Biol, 30: 647-675.

Meissner A, Wernig M, Jaenisch R. 2007. Direct reprogramming of genetically unmodified fibroblasts into pluripotent stem cells. Nat Biotechnol, 25: 1177-1181.

Mundade R, Ozer H G, Wei H, et al. 2014. Role of ChIP-seq in the discovery of transcription factor binding sites, differential gene regulation mechanism, epigenetic marks and beyond. Cell Cycle, 13: 2847-2852.

Sambrook J, Fritsch E F, Maniatis T. 1989. Molecular Cloning: A Laboratory Manual. 2nd edition. New York: Cold Spring Harbor Laboratory Press.

Spector D L, Goldman R D, Leinwand L A. 1998. Cells: A Laboratory Manual. New York: Cold Spring Harbor Laboratory Press.

Takahashi I, Yamanaka S. 2006. Induction of pluripotent stem cells from mouse embryonic and adult fibroblast cultures by defined factors. Cell, 126: 663-676.

Takahashi K, Tanabe K, Ohnuki M, et al. 2007. Induction of pluripotent stem cells from adult human fibroblasts by defined factors. Cell, 131: 861-872.

Takahashi S, Lee J, Kohda T, et al. 2014. Induction of the G2/M transition stabilizes haploid embryonic stem cells. Development, 141: 3842-3847.

Wakayama T, Perry A C, Zuccotti M, et al. 1998. Full-term development of mice from enucleated oocytes injected with cumulus cell nuclei. Nature, 394: 369-374.

Wang F, Kou Z, Zhang Y, et al. 2007. Dynamic reprogramming of histone acetylation and methylation in the first cell cycle of cloned mouse embryos. Biol Reprod, 77: 1007.

Willadsen S M. 1986. Nuclear transplantation in sheep embryos. Nature, 320: 63-65.

Wilmut I, Bai Y, Taylor J. 2015. Somatic cell nuclear transfer: origins, the present position and future opportunities. Philos Trans R Soc Lond B Biol Sci, 370: 20140366.

Wilmut I, Schnieke A E, McWhir J, et al. 1997. Viable offspring derived from fetal and adult mammalian cells. Nature, 385: 810-813.

Yang H, Shi L, Wang B A, et al. 2012. Generation of genetically modified mice by oocyte injection of androgenetic haploid embryonic stem cells. Cell, 149: 605-617.

Ying Q L, Wray J, Nichols J, et al. 2008. The ground state of embryonic stem cell self-renewal. Nature, 453: 519-523.

Yu C, Ji S Y, Dang Y J, et al. 2016. Oocyte-expressed yes-associated protein is a key activator of the early zygotic genome in mouse. Cell Res, 26: 275-287.

Yu C, Ji S Y, Sha Q Q, et al. 2016. BTG4 is a meiotic cell cycle-coupled maternal-zygotic-transition

licensing factor in oocytes. Nat Struct Mol Biol, 23: 387-394.
Yu C, Zhang Y L, Pan W W, et al. 2013. CRL4 complex regulates mammalian oocyte survival and reprogramming by activation of TET proteins. Science, 342: 1518-1521.
Yu J, Vodyanik M A, Smuga-Otto K, et al. 2007. Induced pluripotent stem cell lines derived from human somatic cells. Science, 318: 1917-1920.
Zhang H, Bai H, Yi Z, et al. 2012. Effect of stem cell factor and granulocyte-macrophage colony-stimulating factor-induced bone marrow stem cell mobilization on recovery from acute tubular necrosis in rats. Renal Failure, 34: 350-357.
Zhang J Y, Jiang Y, Lin T, et al. 2015. Lysophosphatidic acid improves porcine oocyte maturation and embryo development *in vitro*. Mol Reprod Dev, 82: 66.

（范衡宇）